Molekulare Reaktionsdynamik

Von Raphael D. Levine
Professor an der Hebrew University Jerusalem
und Richard B. Bernstein †

Nach der Ausgabe von 1989 aus dem Englischen übersetzt
von Prof. Dr. Christoph Schlier
Universität Freiburg

Mit 299 Figuren

B. G. Teubner Stuttgart 1991

CIP-Titelaufnahme der Deutschen Bibliothek

Levine, Raphael D.:
Molekulare Reaktionsdynamik / von Raphael D. Levine und
Richard B. Bernstein. Nach der Ausg. von 1989 aus dem Engl.
übers. von Christoph Schlier. — Stuttgart: Teubner, 1991
 (Teubner Studienbücher: Chemie)
 ISBN 3-519-03507-3
NE: Bernstein, Richard B.:

Das Werk einschließlich aller seiner Teile ist urheberrechtlich geschützt. Jede Verwertung außerhalb der engen Grenzen des Urheberrechtsgesetzes ist ohne Zustimmung des Verlages unzulässig und strafbar. Das gilt besonders für Vervielfältigungen, Übersetzungen, Mikroverfilmungen und die Einspeicherung und Verarbeitung in elektronischen Systemen.

© 1987 by Oxford University Press, New York, Oxford
Titel der Originalausgabe: Molecular Reaction Dynamics and Chemical Reactivity

© 1991 der deutschen Übersetzung B. G. Teubner Stuttgart

Printed in Germany
Satz: Schreibdienst Henning Heinze, Nürnberg
Druck und buchbinderische Verarbeitung: Präzis-Druck GmbH, Karlsruhe
Umschlaggestaltung: P. P. K, S-Konzepte T. Koch, Ostfildern/Stuttgart

Vorwort des Übersetzers

Levine und Bernsteins *Molecular Reaction Dynamics* von 1974 war seit vielen Jahren die einzige Einführung in das Gebiet der Moleküldynamik, das heißt die Dynamik elastischer, inelastischer und insbesondere reaktiver Stöße, die man Studenten mittlerer Semester in die Hand geben konnte. Verglichen mit dem Nachbargebiet Molekülspektroskopie, wo es viele gute Darstellungen gibt (wenn auch selten in deutscher Sprache), war die Situation immer sehr viel schlechter.

Um so mehr scheint mir die jetzige Neuerscheinung des Levine-Bernstein unter etwas verändertem Titel eine gute Gelegenheit zu sein, das Buch auch in deutscher Sprache herauszubringen, und damit den Zugang zu diesem interessanten und fruchtbaren Grenzgebiet zwischen Chemie und Physik insbesondere den jüngeren Studentinnen und Studenten des deutschen Sprachraums zu erleichtern.

Das Buch wendet sich an angehende und erfahrene Wissenschaftler, die sich über atomare und molekulare Stöße, intra- und intermolekularen Energieaustausch, die molekulare Basis chemischer Reaktionen oder über das Verhalten von Molekülen an Oberflächen informieren wollen. In den letzten zwei Jahrzehnten hat unser Verständnis dieser Dinge große Fortschritte gemacht, was wir nicht zuletzt zwei technischen Entwicklungen verdanken: im Experiment dem Laser (selbst ein Produkt des immer besseren Verständnisses der Moleküldynamik), in der Theorie dem Computer. Wachsende öffentliche Förderung (z.B. in mindestens 5 Sonderforschungsbereichen der DFG) und die Verleihung des Nobelpreises für Chemie 1988 an Herschbach, Lee und Polanyi zeugen für die internationale Anerkennung dieser Thematik.

Das Buch ist bewußt als Einführung gedacht und sollte deutschen Studenten der Physik oder Chemie bald nach dem Vordiplom zugänglich sein. Einzelne Lücken in den Vorkenntnissen werden Physiker am besten mit einem Lehrbuch der Physikalischen Chemie, Chemiker eher mit einem Physikbuch überbrücken.

Der Physiker, der sich für moderne Atom- und Molekülphysik interessiert, sollte sich durch die etwas „chemische" Diktion dieses Buches nicht abschrecken lassen. Die historische Entwicklung hat es mit sich gebracht, daß praktisch die ganze Atom- und Molekülphysik in den USA (nicht aber in Deutschland!) unter dem Namen Chemical Physics in Chemistry Departments betrieben wird. Die Autoren gehen daher davon aus, daß sie zu Chemikern sprechen und formulieren manches chemischer als nötig, ohne daß allerdings dabei der physikalische Gehalt zu kurz käme.

Die Übersetzung hält sich eng an das Original, so daß in Seminaren die englische Fassung zusammen mit der deutschen benutzt werden könnte. An wenigen Stellen habe ich Anmerkungen (mit ** bezeichnet) hinzugefügt, um das Verständnis unter hiesigen Verhältnissen zu erleichtern.

Dem dient auch das englisch/deutsche „Lexikon von Fachausdrücken", das im Anhang zu finden ist. Es soll dazu dienen, Begriffe, die einem Leser in der englischsprachigen Originalliteratur begegnen, hier in ihrer deutschen Entsprechung zu finden und umgekehrt zu deutschen Fachwörtern (die zum Teil erst erfunden werden mußten) die englische Entsprechung. Im übrigen habe ich mich bemüht, deutsch und nicht anglo-deutsch zu schreiben oder in Labor-Slang zu fallen; ob es gelungen ist, möge der Leser entscheiden.

Am Schluß darf ich die Hoffnung aussprechen, daß das Durcharbeiten dieses Buches nicht nur Einsicht in die Moleküldynamik bringt, sondern auch zum Aufgreifen der vielen offenen Probleme anregt.

Freiburg, März 1990   Ch. Sch.

Richard B. Bernstein wurde am 8. Juni 1990 durch einen plötzlichen Tod aus seinem Forschen gerissen. Dies Buch sei seinem Andenken gewidmet.

Ch. Sch.

Vorwort der Autoren

Die zwölf Jahre, die seit der Fertigstellung unseres Buches *"Molecular Reaction Dynamics"* vergangen sind, waren ereignisreich und fruchtbar.[1] Wir wurden Zeugen des exponentiellen Wachstums unseres Arbeitsgebiets, der Moleküldynamik, in Experiment und Theorie. Unsere frühere Absicht, ein Buch zu schreiben, das als Einführung in dieses Gebiet dienen kann, hat sich dagegen nicht geändert. Dieses ist allerdings so gewachsen, daß der Versuch einer Neuauflage ein völlig neues Buch zur Folge haben mußte. Wir sahen uns außerdem genötigt, eine sehr gezielte Auswahl aus dem verfügbaren Material zu treffen. Geblieben ist wie früher die Absicht, eine Einführung in die Reaktionsdynamik von Molekülen zu geben.

Die Anordnung des Stoffes geschah nicht nach Methoden oder Techniken. Wir wollen vielmehr dem Leser helfen, vom Einfachen zum Komplexen fortzuschreiten. Im Durcharbeiten des Buches soll er immer tiefer in die mikroskopischen Einzelheiten der chemischen Reaktivität eindringen.

Obwohl unser Arbeitsgebiet beständig wächst, ist es weit davon entfernt, ein gereiftes Alter erreicht zu haben. Wir glauben eher, daß es noch in kräftigem Jugendwachstum begriffen ist. Das kann man auch daran sehen, daß wir am Schluß vieler Kapitel feststellen werden, daß noch viel Arbeit auf dem betreffenden Gebiet getan werden muß. Manche Teilgebiete sind dabei in vollem Wachstum begriffen, andere, wie z.B. die Dynamik von Oberflächenreaktionen, entwachsen gerade erst dem Säuglingsalter.

Ein anderer Beweis für die großartige Aktivität auf dem Gebiet der molekularen Reaktionsdynamik ist die große Anzahl und Breite von Übersichtsartikeln in der Literatur. Wir haben daher alle unsere Vorschläge „Zum Weiterlesen" auf solche Überblicke beschränkt. Die meisten von ihnen sind erst nach unserem früheren Buch erschienen. Im übrigen ist ein Literaturhinweis im allgemeinen *nur einmal zitiert*, und zwar an der ersten Stelle, an der er relevant ist. Man sollte daher davon ausgehen, daß die Literaturliste der späteren Kapitel die der früheren mit umfaßt. Um dem Leser die Sache

---

[1] Japanische Übersetzung durch H. Inouye: Tokyo University Press, Tokyo, 1976; chinesische Übersetzung durch Y. Tao, Press of the Academy of Science, Bejing, 1986.

zu erleichtern, sind die Titel aller zitierten Arbeiten angegeben worden. Insbesondere auf die Liste von Übersichtsartikeln und Büchern am Ende von Kapitel 1 werden wir immer wieder Bezug nehmen.

Theoretische Überlegungen nehmen in unserem Gebiet einen entscheidenden Platz ein. Das gilt sowohl für die Interpretation vorhandener Beobachtungen als auch für den Entwurf neuer Experimente. Die vorliegende Einführung ist allerdings nicht als Handbuch der Theorie und ebensowenig als Handbuch für Experimente gedacht. Niemand darf erwarten, er könne dieses Buch lesen und dann ins Labor gehen und sogleich eines der hier behandelten Experimente wiederholen, ohne daß er erhebliche weitere Literaturstudien betrieben hat. Ebensowenig geben wir hier die Einzelheiten an, die es dem Leser erlauben würden, die Theorie ohne weiteres in Rechenprogramme umzusetzen. Unser Ziel ist darauf beschränkt, die wesentlichen Ideen zu erläutern und zu zeigen, wie in unserem Gebiet Theorie und Experiment ineinander verwoben sind. Die Listen „zum Weiterlesen" sollen den interessierten Lesern (und wir hoffen, das sind die meisten!) helfen, sich genug Fachwissen anzueignen, um sich der zunehmenden Anzahl von Forschern anzuschließen, die das Gebiet der molekularen Reaktionsdynamik experimentell oder theoretisch bearbeiten.

Der gute Gesundheitszustand unseres Gebietes kann an der Qualität und der Zahl seiner Jünger abgelesen werden. Wir sind stolz auf alle die vielen Kollegen überall auf der Welt, die dieses Gebiet zu dem gemacht haben, was es heute ist. Aufzählen können wir leider nur diejenigen, deren Arbeiten zur Veranschaulichung bestimmter Punkte im Text herausgesucht wurde (s. Autorenverzeichnis).

Wir danken unseren Familien, die mit uns wie bisher Geduld hatten. Auch die Institutionen der Wissenschaftsförderung haben mit großem Verständnis unsere Arbeit unterstützt. Insbesondere danken wir dem U.S. Air Force Office of Scientific Research, der U.S. National Science Foundation, der U.S.-Israel Binational Science Foundation, der Minerva Gesellschaft und der Volkswagen-Stiftung.

Wir hoffen, daß dieser Band für das Gebiet der molekularen Reaktionsdynamik als Katalysator wirkt, und hilft, es einem „reifen Alter" zuzuführen, in dem wir die chemische Reaktivität mikroskopisch voll verstehen.

Jerusalem R.D.L.

Los Angeles R.B.B.

Dezember 1985

Inhalt

1	**Molekulare Stöße - ein erster Überblick**	**17**
1.1	Was heißt Moleküldynamik?	17
1.2	Ein Beispiel: Infrarot-Chemilumineszenz	18
1.2.1	Verteilung der Energiezustände der Produkte	19
1.2.2	Von der Besetzungsinversion zum chemischen Laser	20
1.3	Wozu Moleküldynamik?	21
1.3.1	Die pragmatische Betrachtungsweise	21
1.3.2	Ungleichgewicht	22
1.3.3	Die puristische Betrachtungsweise	24
1.4	Ein einfaches Modell für die Energieaufteilung	25
1.4.1	Der Zuschauer	26
1.4.2	Die Winkelverteilung der Produkte	27
1.4.3	Eine quantitative Betrachtung	27
1.4.4	Die Rückwärtsreaktion	29
1.4.5	Laser in der Moleküldynamik	30
1.5	Was wollen wir wissen?	33
1.5.1	Die Größe der Moleküle	34
1.5.2	Die Winkelverteilung	34
1.5.3	Energie und chemische Umwandlung	35
1.5.4	Die Praxis der molekularen Reaktionsdynamik	35
1.5.5	Energieübertragende Stöße	36
1.5.6	Molekulare Reaktionsdynamik	37
1.6	Zum Weiterlesen	39
1.6.1	Allgemeine Liste von Sammelbänden und Übersichtsartikeln, die im ganzen Buch ohne weiteren Hinweis zitiert werden	39
1.6.2	Kürzere Übersichtsartikel als Ergänzung zu Kapitel 1	43
2	**Molekulare Stöße**	**44**
2.1	Molekulare Stöße und freie Weglänge	44

2.1.1	Der Begriff der Molekülgröße	44
2.1.2	Transporterscheinungen	45
2.1.3	Bestimmung der freien Weglänge im Streuexperiment	45
2.1.4	Der Streuquerschnitt	47
2.1.5	Die Stoßfrequenz	48
2.1.6	Moleküle als harte Kugeln	49
2.1.7	Realistische intermolekulare Potentiale	51
2.1.8	Der Begriff der Molekülgröße	54
2.2	Die Dynamik elastischer Stöße	56
2.2.1	Elastische Stöße strukturloser Teilchen	56
2.2.2	Das Schwerpunktsystem	56
2.2.3	Die Zentrifugalenergie	58
2.2.4	Der Stoßparameter	59
2.2.5	Drehimpulserhaltung und Stoßparameter	62
2.2.6	Die Zentrifugalbarriere	63
2.2.7	Der Stoßquerschnitt	65
2.3	Der Reaktionsquerschnitt	67
2.3.1	Definition des Reaktionsquerschnitts	68
2.3.2	Die energetische Schwelle für eine Reaktion	69
2.3.3	Anforderungen an die Translationsenergie	73
2.4	Die Reaktionswahrscheinlichkeit	73
2.4.1	Die Reaktivitätsfunktion	73
2.4.2	Der Reaktionsquerschnitt	74
2.4.3	Eine einfache Reaktivitätsfunktion	75
2.4.4	Der sterische Faktor	76
2.4.5	Reaktionsasymmetrie	77
2.4.6	Die Zentrifugalbarriere als Reaktionshindernis	80
2.4.7	Querschnitte für Reaktionen ohne Barriere	81
2.4.8	Reaktionen mit energetischer Schwelle	82
2.4.9	Ein einfaches Modell sterischer Erfordernisse	84
2.5	Zum Weiterlesen	87
3	**Streuung als Sonde für die Stoßdynamik**	**90**
3.1	Elastische Streuung als Sonde für das Wechselwirkungspotential	91
3.1.1	Die Winkelablenkung	91
3.1.2	Die Ablenkfunktion	91

Inhalt 11

3.1.3	Die Winkelverteilung im Schwerpunktsystem	94
3.1.4	Streuung als Potentialsonde	97
3.1.5	Vom Potential zur Ablenkfunktion	98
3.1.6	Der differentielle Streuquerschnitt	100
3.1.7	Der quantenmechanische Zugang zur elastischen Streuung	103
3.1.8	Integraler Streuquerschnitt und Glorieneffekt	108
3.1.9	Regenbogenstreuung als Sonde für den Potentialtopf	111
3.1.10	Regenbögen in der inelastischen Streuung	113
Exkurs 3A	Beziehungen zwischen Schwerpunkt- und Laborsystem	117

3.2	Zwischenmolekulare Potentiale aus Experiment und Theorie	120
3.2.1	Quellen für Wechselwirkungspotentiale	120
3.2.2	Potentialkurven aus Streuexperimenten	121
3.2.3	Der nichtsphärische Anteil des zwischenmolekularen Potentials	125
3.2.4	Langreichweitige zwischenmolekulare Kräfte	129

3.3	Winkelverteilungen in direkten reaktiven Stößen	132
3.3.1	Der Begriff des direkten reaktiven Stoßes	132
3.3.2	Winkelverteilungen für direkte Reaktionen	134
3.3.3	Das optische Modell für direkte Reaktionen	137
3.3.4	Nichtreaktive Streuung	138
3.3.5	Winkelverteilungen für Rückwärtsreaktionen	139

| 3.4 | Zum Weiterlesen | 142 |

4 Chemische Dynamik als Vielkörperproblem 146

4.1	Energie und chemische Veränderung	146
4.1.1	Energieaufteilung	146
4.1.2	Energiebedarf	149

4.2	Dreikörperpotentiale in chemischen Reaktionen	151
4.2.1	Potentialenergieflächen	151
4.2.2	Der Reaktionsweg	155
4.2.3	Die Bestimmung von Potentialflächen	159
4.2.4	Halbempirische Potentialflächen	162
4.2.5	Der „Harpunen"-Mechanismus	165
4.2.6	Der sterische Faktor: Qualitativ und quantitativ	168
4.2.7	Der sterische Effekt im Polardiagramm	173
4.2.8	Unimolekulare Reaktion und stoßinduzierte Dissoziation	177

4.3	Die Methode der klassischen Trajektorien	180
4.3.1	Von der Potentialfläche zur Dynamik	180
4.3.2	Die Notwendigkeit, Trajektoriendaten zu mitteln	181
4.3.3	Energieaufteilung in exoergischen Reaktionen	184
4.3.4	Energiebedarf in Reaktionen mit einer Barriere	188
4.3.5	Dynamische Daten aus klassischen Trajektorien	190
4.3.6	Direkte und komplexe Stöße	193
4.3.7	Monte-Carlo-Integration	197
Exkurs 4A	Massengewichtete Koordinaten	199
Exkurs 4B	Die Rolle des Drehimpulses	204
Exkurs 4C	Kinematische Modelle	206
4.4	Von der mikroskopischen Dynamik zur makroskopischen Kinetik	208
4.4.1	Zustandsspezifische Ratenkoeffizienten	209
4.4.2	Summiere über Endzustände, mittle über Anfangszustände	210
4.4.3	Detailliertes Gleichgewicht	213
4.4.4	Der thermische Ratenkoeffizient	215
4.4.5	Die Aktivierungsenergie	217
4.4.6	Die Konfiguration ohne Wiederkehr	219
4.4.7	Berechnung der Reaktionsrate	220
4.4.8	Der aktivierte Komplex	225
4.4.9	Die Statistische Näherung	228
4.4.10	Komplexstöße: Unimolekulare und bimolekulare Raten	230
4.4.11	Selektive Photochemie	234
4.5	Zum Weiterlesen	237
5	**Die Praxis der Moleküldynamik**	**246**
5.1	Wunsch und Wirklichkeit	246
5.1.1	Wünsche	246
5.2	Moleküle, Strahlung und Laserwechselwirkung	249
5.2.1	Chemilumineszenz	249
5.2.2	Chemische Laser	251
5.2.3	Der Laser als Pumpe und Analysator	254
5.2.4	Photofragmentations-Spektroskopie	258
5.2.5	Laser zum Auslösen und Nachweisen chemischer Prozesse	268
Exkurs 5A	Laserinduzierte Fluoreszenz	270
5.3	Streuung von Molekül- und Ionenstrahlen	275

Inhalt 13

5.3.1	Gekreuzte Molekularstrahlen	275
5.3.2	Ionen-Molekül-Reaktionen	278
Exkurs 5B	Überschallstrahlen	285
5.4	Stoßprozesse als Untersuchungsmethode	290
5.4.1	Winkelverteilungen von Reaktionsprodukten	290
5.4.2	Streuung im Geschwindigkeitsraum	291
5.4.3	Höhenlinienkarten der Intensität: Qualitative Ergebnisse	296
5.4.4	Translationsexoergizität und Winkelverteilung	300
5.5	Der Überraschungswert	304
5.5.1	Maße für Selektivität und Spezifizität	305
5.5.2	Überraschungs-Analyse der Energieaufteilung	307
5.5.3	Überraschungs-Analyse des Energiebedarfs	314
5.5.4	Der Formalismus der Entropie-Maximierung	316
Exkurs 5C	Die A-priori-Verteilung	320
5.6	Quantendynamik	323
5.6.1	Gekoppelte Kanäle	324
5.6.2	Von der S-Matrix zum Streuquerschnitt	326
5.6.3	Die klassische Bahn als Grenzfall	329
5.6.4	Die „plötzliche" Näherung für schnelle Stöße	332
5.6.5	Wellenpakete	334
5.6.6	Natürliche Stoßkoordinaten	336
5.6.7	Statistische Dynamik	336
5.6.8	Schlußbemerkungen	338
5.7	Zum Weiterlesen	339

6 Energieübertragung zwischen Molekülen 349

6.1	Makroskopische Beschreibung der Energieübertragung	349
6.1.1	Gleichgewicht und Nichtgleichgewicht	350
6.1.2	Ratengleichungen für die Relaxation	351
6.1.3	Die Relaxationszeit	352
6.1.4	Überblick über Relaxationsraten	353
6.1.5	Eine Hierarchie von Relaxationszeiten	355
6.1.6	Laserinduzierte Fluoreszenzspektroskopie	356
6.1.7	V-V'-Prozesse in mehratomigen Molekülen	356
6.1.8	Der CO_2-Laser	362
6.2	Einfache Modelle der Energieübertragung	363

14 Inhalt

6.2.1 Zwei Extremfälle 363
6.2.2 Der Adiabasie-Parameter 366
6.2.3 Die „Exponentiallücke" 368
6.2.4 Zwischenmolekulare Potentiale für Schwingungsanregung ... 372
6.2.5 Schwingungsübertragung im Landau-Teller-Modell 375
6.2.6 Klassische Trajektorien und das Landau-Teller-Modell 378
6.2.7 Rotationsübertragung im plötzlichen Grenzfall 380
6.3 Zustandsspezifische inelastische Stöße 385
6.3.1 Zustandsspezifische Ratenkoeffizienten 385
6.3.2 Molekularstrahlversuche zu inelastischen Stößen 390
6.3.3 Winkelverteilungen 392
6.4 Stöße von Molekülen an Oberflächen 394
6.4.1 Oberflächenstreuung 394
6.4.2 Inelastische Atomstreuung an Oberflächen 395
6.4.3 Experimente zur Molekül-Oberflächenstreuung 399
6.5 Bimolekulare Spektroskopie 403
6.5.1 Stöße und Spektroskopie 404
6.5.2 Stoßinduzierte Lichtabsorption 405
6.5.3 Quasigebundene Zustände und Prädissoziation 407
6.5.4 Druckverbreiterung von Spektrallinien 409
6.5.5 Bimolekulare Emissionsspektroskopie 412
6.5.6 Laserunterstützte Stoßprozesse 420
6.6 Energieübertragung zwischen elektronischen Freiheitsgraden . 425
6.6.1 Stöße elektronisch angeregter Teilchen 425
6.6.2 Löschprozesse 427
6.6.3 Der Helium-Neon-Laser 430
6.6.4 Strahlungslose Übergänge 431
6.6.5 Kurvenkreuzung 434
6.6.6 Der Adiabasie-Parameter 435
6.6.7 Die Übergangswahrscheinlichkeit nach Landau und Zener ... 436
6.6.8 Winkelverteilungen bei Kurvenkreuzung 438
6.6.9 Sterische Effekte in Stößen elektronisch angeregter Reaktanden 441
6.6.10 Zurück zur Chemie 441
Exkurs 6A Stimulierte Emission, Laserwirkung und Moleküllaser .. 442
6.7 Zum Weiterlesen 448

7 Reaktionsdynamik und chemische Reaktivität 457

7.1 Fallstudie einer einfachen Reaktion 457
7.1.1 Die Reaktion $F + H_2$ 457
7.1.2 Frühe Experimente 457
7.1.3 Ein Meilenstein: Kreuzstrahlexperimente 458
7.1.4 Theoretische Vorstöße 460
7.1.5 Endlich definitive Produktverteilungen! 463
7.1.6 Produktwinkelverteilungen und Resonanzen 471

7.2 Stoßkomplexe: ihre Bildung und ihr Zerfall 474
7.2.1 Bimolekulare und unimolekulare Konzepte vereinigt 474
7.2.2 Ein einfaches Modell für die Winkelverteilung 475
7.2.3 Qualitative Kriterien für Komplexbildung: Struktur und Stabilität 480
7.2.4 Quantitative Überlegungen: Die verfügbare Energie 487
7.2.5 Die unimolekulare Rate nach der RRKM-Theorie 490
7.2.6 Energieaufteilung und Energiebedarf in komplexen Stößen .. 492

7.3 Multiphoton-Dissoziation 495
7.3.1 Innermolekulare Umverteilung der Schwingungsenergie 495
7.3.2 Multiphoton-Dissoziation im Infraroten 498
7.3.3 Molekularstrahlexperimente 502
7.3.4 Multiphoton-Ionisation und -Fragmentation 505
Exkurs 7A Jenseits von RRKM und QET 509

7.4 Van-der-Waals-Moleküle und Cluster 512
7.4.1 Cluster-Strahlen 512
7.4.2 Spektroskopische und strukturelle Fragen 515
7.4.3 Die chemische Reaktivität von Clustern 519
7.4.4 Reaktionsdynamik 521

7.5 Moleküldynamik von Oberflächenreaktionen 527
7.5.1 Adsorption und Desorption 527
7.5.2 Dissoziative Adsorption 531
7.5.3 Heterogene chemische Reaktivität 536
7.5.4 Die Dynamik von Gas-Oberflächen-Reaktionen 539
7.5.5 Laserinduzierte Prozesse 542

7.6 Stereospezifische Dynamik 544
7.6.1 Orientierung von Reaktandenmolekülen 544

7.6.2	Orbitale Steuerung	553
7.6.3	Ausgerichtete Reaktionsprodukte	554
7.6.4	Energiefreisetzung im Rückstoß	560
7.6.5	Photopolarisation	562
7.7	Neue Horizonte	567
7.7.1	Chemische Reaktivität verstehen	567
7.7.2	Richtungen in die Zukunft	569
7.8	Zum Weiterlesen	575

Anhang 584

Nützliche Zahlenwerte ... 584
  A Werte einiger Fundamentalkonstanten ... 584
  B Umrechnungsfaktoren alter Einheiten ... 584
  C Energieäquivalente ... 585

Lexikon von Fachausdrücken ... 586
  A Englisch–Deutsch ... 586
  B Deutsch–Englisch ... 588

Autorenverzeichnis 590

Sachverzeichnis 604

1 Molekulare Stöße - ein erster Überblick

1.1 Was heißt Moleküldynamik?

Als Moleküldynamik bezeichnet man heute das Arbeitsgebiet, das sich mit der Untersuchung der molekularen Mechanismen elementarer physikalischer und chemischer Umwandlungsprozesse befaßt. Es umschließt ebenso *intra*molekulare Bewegung wie *inter*molekulare Stöße (einschließlich der Stöße von Molekülen an Oberflächen). Es schließt ferner die Hilfsmittel ein, die dazu dienen können, solche Stöße zu beeinflussen, oder ihr Ergebnis abzufragen, wie etwa die Wechselwirkung mit Photonen. Das Verständnis des dynamischen Verhaltens eines Systems auf der *molekularen* Ebene ist dann der Schlüssel zur Interpretation der *makroskopischen* Kinetik, wie man sie im Glaskolben durchführt.

Seitdem die kinetische Gastheorie allgemein akzeptiert wurde, weiß man, daß intermolekulare Stöße den mikroskopischen Mechanismus „unterhalb" aller beobachtbaren Umwandlungsprozesse von Gasen und Flüssigkeiten darstellen. Es ist allerdings noch gar nicht so lange her, daß die Fortschritte der Experimentiertechnik und der theoretischen Behandlung uns so weit gebracht haben, daß wir Umwandlungsprozesse *direkt* auf dem mikroskopischen, molekularen Niveau untersuchen können. Inzwischen gehen wir auf eine Ära zu, in der die intimsten Details physikalischer Veränderung und chemischer Reaktivität experimentell beobachtet und theoretisch verstanden werden können. Wir beginnen, einen Vorposten zu erobern, von dem aus wir den *Prozeß* der chemischen Veränderung *als solchen* überblicken können, die *chemische Dynamik* eines reaktiven Systems.

Die Moleküldynamik ist mittlerweile ein eigenes Arbeitsgebiet geworden; die chemische Dynamik ist eines ihrer wichtigsten Teilgebiete. Diese dient ihrerseits nicht nur zur Begründung makroskopischer chemischer Kinetik, sondern auch als reiche Quelle neuen Wissens von den grundlegenden Phänomenen, die mit dem elementaren chemischen Akt verknüpft sind.

Während die technischen Details der experimentellen und theoretischen Methoden der Moleküldynamik in der Tat kompliziert sind, sind die neuen Konzepte recht einfach. Ein Verständnis dieser Konzepte, die Fähigkeit, die

18　1 Molekulare Stöße - ein erster Überblick

neue Sprache zu verstehen, ist alles, was nötig ist, um die neuen Phänomene auf dem mikroskopischen Niveau zu verstehen, das die Moleküldynamik entschleiert. Dieses Buch soll als Einführung in diese Sprache dienen.

1.2 Ein Beispiel: Infrarot-Chemilumineszenz

Typisch für die Art von Information, die durch die neuen Methoden der Moleküldynamik verfügbar wird, ist die Bestimmung der Energieaufteilung (energy disposal[1])) in exoergischen Atom-Molekül-Austauschreaktionen. Ein Beispiel hierfür ist die Wasserstoff-Übertragungsreaktion

$$Cl + HI \rightarrow I + HCl.$$

Im Verlauf dieser Reaktion wird die relativ schwache HI-Bindung aufgebrochen und durch die stärkere HCl-Bindung ersetzt, vgl. Bild 1.1. Die Reaktion setzt daher chemische Energie frei, ihre Exoergizität ist $-\Delta E_0 = 133$ kJ·mol^{-1}.[2]) Es stellt sich die Frage: *Auf welche Weise* wird diese Energie nach dem reaktiven Stoß von Cl mit HI frei? Selbst wenn beide Produkte im elektronischen Grundzustand gebildet werden, gibt es ja noch drei weitere Freiheitsgrade, auf die die Energie aufgeteilt werden kann: die Schwingung

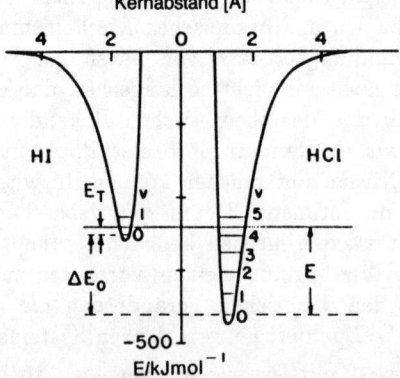

Bild 1.1 Schematische Darstellung der Energieverhältnisse der Reaktion Cl+HI → I+HCl. Beginnt man im Grundzustand von HI mit einer Translationsenergie E_{tr}, so kann HCl in allen Schwingungs-Rotationszuständen unterhalb der verfügbaren Gesamtenergie E gebildet werden. Die Exoergizität ΔE_0 der Reaktion ist gleich dem Unterschied der Bindungsenergien: $\Delta E_0 = D_0(HI) - D_0(HCl) = -133$ kJ·mol^{-1}.

---

[1])** Ein Wörterbuch englisch/deutscher Fachbegriffe ist im Anhang zu finden.
[2]) Umrechnungsfaktoren für Energie und andere Größen sind im Anhang zu finden.

1.2 Ein Beispiel: Infrarot-Chemilumineszenz

des HCl, die Rotation des HCl und die relative Translation der wegfliegenden Partner I und HCl. Welches ist dann die Verteilung der Energie auf diese Freiheitsgrade?

Wenn die Reaktion in der Gasphase in einem Kolben untersucht wird, und die Produkte mit anderen Molekülen zusammenstoßen, wird bei jedem solchen Stoß Energie übertragen und so im Ergebnis auf alle Moleküle im Kolben verteilt. Auf diese Weise wird die Reaktionsexoergizität schließlich in ihrer minderwertigsten Form frei: als Wärme. Makroskopisch ausgedrückt sagen wir: die Reaktion ist exotherm. Im Gegensatz dazu interessiert sich die mikroskopische Betrachtungsweise der Moleküldynamik für den Ausgang des individuellen reaktiven Stoßvorgangs als solchen. Daher verlangt die Experimentiertechnik gewöhnlich Messungen bei sehr niedrigen Drucken (z.B. in schnellen Flußreaktoren) oder in sehr kurzen Zeitintervallen. Dadurch werden die neu gebildeten Produkte daran gehindert, in großem Umfang Relaxation durch Stöße zu erleiden. Nun können die in der Schwingung angeregten neugebildeten HCl-Moleküle ihre Überschußenergie durch Strahlung (hier im Infraroten) verlieren. Indem man sich diese IR-Chemilumineszenz im Spektrometer anschaut, kann man die relativen Besetzungszahlen der verschiedenen angeregten Zustände und daraus ihre relativen Bildungsraten bestimmen.

Statt zu versuchen, die Relaxation während der verhältnismäßig langen Zeit, die für die spontane Emission im IR nötig ist, zu verhindern, kann man folgende Alternativen benutzen: (1) induzierte Emission, oder (2) Bestimmung der Konzentration der Moleküle in den verschiedenen Niveaus durch Absorption von Licht. Die erste Alternative ist genau das, was im chemischen Laser passiert, den wir in Abschn. 1.2.2 weiter unten diskutieren.

1.2.1 Verteilung der Energiezustände der Produkte

Bild 1.2 zeigt ein typisches experimentelles Ergebnis: die relative Besetzung der Schwingungszustände von HCl, unabhängig von der Rotationsverteilung in jedem Schwingungszustand. Man sieht, daß ein großer Bruchteil der verfügbaren Energie in Schwingungsanregung des HCl geht, man wird daher auch nur einen kleinen Teil im gegenseitigen Rückstoß von HCl und I wiederfinden.

Diese Schwingungsverteilung kann mit derjenigen verglichen werden, die man erwartet, wenn die Reaktion im Glaskolben abläuft, wo es zu einer Boltzmann-Verteilung kommt. Hier ist der wahrscheinlichste Zustand $v = 0$, und die relativen Besetzungszahlen nehmen mit der Schwingungsquantenzahl schnell ab. Natürlich entsteht die Verteilung im Glaskolben nicht in

20 1 Molekulare Stöße - ein erster Überblick

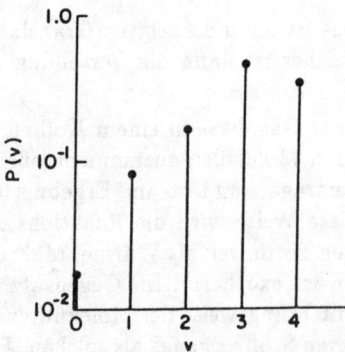

Bild 1.2 Halblogarithmische Darstellung der Wahrscheinlichkeiten, $P(v)$, in der Reaktion Cl + HI von Bild 1.1 die HCl-Moleküle im Schwingungszustand v zu bilden. Man beachte die „Besetzungsinversion", d.h. die stärkere Besetzung der höheren v-Zustände verglichen mit den niederen. (Experimentelle Infrarot-Chemilumineszenz-Daten nach D.H. Maylotte, J.C. Polanyi, K.B. Woodall: J. Chem. Phys., 57, 1547 (1972).) Da der Zustand $v = 0$ kein Infrarot abstrahlen kann, kann $P(0)$ aus diesen Experimenten nicht gewonnen werden, doch können die Verhältnisse $P(0)/P(1)$, $P(1)/P(2)$ usw. aus Experimenten an chemischen Lasern abgeleitet werden.

einem Elementarprozeß, sondern durch eine Abfolge von Energie umverteilenden Stößen der energiereichen HCl-Moleküle mit allen anderen Molekülen.

Die Moleküldynamik in ihrer puristischen Betrachtungsweise versucht, die wirklich elementaren Ereignisse herauszupräparieren und zu verstehen. Sie ist daher daran interessiert, die Verteilung in Bild 1.2 in statu nascendi zu bestimmen. Sie beschäftigt sich allerdings nicht ausschließlich mit dem primären reaktiven Stoßprozeß, sondern ebenso mit den nichtreaktiven inelastischen Schritten des Energietransfers, die das System aus der ursprünglichen Verteilung von Bild 1.2 ins thermische Gleichgewicht bringen.

1.2.2 Von der Besetzungsinversion zum chemischen Laser

Das System HCl + I ist keineswegs eine Ausnahme. Viele exoergische Reaktionen entlassen einen merklichen Anteil ihrer Energie in der Form von innerer Anregung der frisch entstandenen Produkte. In Abschn. 1.4 und ausführlicher in Kapitel 4 werden wir zeigen, daß dies daher kommt, daß die Energie bereits bei der Annäherung der Reaktanden frei wird. Ein gut untersuchtes Beispiel, das auch praktische Anwendungen findet, ist die Elementarreaktion

$$F + H_2 \to HF + H.$$

Die reaktiven Fluoratome können in situ durch Photolyse flüchtiger Fluorverbindungen, z.B. von CF_3I, erzeugt werden. Benutzt man die Blitzlicht-Photolyse, kann man eine hohe Anfangskonzentration von Fluoratomen herstellen, die schnell in eine hohe Konzentration von schwingungs- und rotationsangeregten HF-Molekülen umgewandelt wird. Die entstehende Besetzungsverteilung von HF weicht (ähnlich wie die von HCl in Bild 1.2) in extremer Weise vom Gleichgewicht ab. Der Bruchteil von Molekülen in höheren Zuständen ist erheblich größer als derjenige in den niedrigen Zuständen. Das gilt für viele Paare von Zuständen, zwischen denen erlaubte Übergänge im Infraroten möglich sind. Führt man die Reaktion in einem resonanten Hohlraum aus, kann das System leicht die Strahlung verstärken: Ein angeregtes HF-Molekül kann durch die Anwesenheit eines Photons der richtigen Frequenz stimuliert werden, seinerseits ein Photon derselben Frequenz auszusenden, dieses kann ein zweites Molekül stimulieren usw. Die Strahlung ist kohärent (daher auch gut kollimiert), da die stimulierte Emission die Strahlung verschiedener angeregter Moleküle synchronisiert. Stimulierte Emission erfolgt schneller als die spontane und dauert solange an, wie die Besetzung des strahlenden Zustands höher ist als die des Endzustands nach der Aussendung des Photons. Solch eine Anordnung ist daher ein Laser (laser = light amplification by stimulated emission of radiation), in diesem Fall ein chemischer Laser, in dem chemische Energie in kohärente Strahlung umgesetzt wird.

1.3 Wozu Moleküldynamik?

Um die Details der - hier als Beispiel benutzten - Energieumverteilung in einer elementaren Reaktion zu erfahren, braucht es erhebliche experimentelle Geschicklichkeit ebenso wie komplizierte und daher oft teure Apparaturen. Trotzdem studieren viele Labors in der ganzen Welt das Gebiet der Moleküldynamik. Wozu? Was können wir aus der Untersuchung der Elementarprozesse lernen? Es gibt in der Tat für das Interesse an einer so grundsätzlichen Betrachtungsweise mindestens zwei Rechtfertigungen, die „pragmatische" und die „puristische". Sehen wir uns die Argumente an.

1.3.1 Die pragmatische Betrachtungsweise

Die Untersuchung von Elementarprozessen hat sich bereits in vielen Gebieten von Physik und Chemie als nützlich erwiesen. Ein Beispiel ist der chemische Laser, wo die sehr *spezifische* Energieabgabe, wie man sie in vielen exoergischen Reaktionen findet (wie z.B. die hier behandelten Cl + HI und F + H$_2$), zur Inversion der Zustandsbesetzung führt und damit für diese intensive Lichtquelle verantwortlich ist. Für eine wirkungsvolle Umwandlung von chemischer Energie in Strahlungsenergie braucht man daher nicht nur eine schnelle Erzeugung angeregter Zustände, sondern auch die Unterdrückung von Stoßprozessen, die die Energie umverteilen und die angeregten Zustände entvölkern. Um die notwendige Besetzungsinversion aufrechtzuerhalten, müssen außerdem die Moleküle aus dem unteren Niveau des Laserübergangs entfernt werden.

Eine fast geniale Lösung des Problems hat den Excimer-Laser ermöglicht, der heute in dem chemisch so wichtigen ultravioletten Spektralbereich verfügbar ist. Der entscheidende Schritt ist hierbei die Bildung der Halogenverbindung eines elektronisch angeregten Edelgasatoms, z.B. Kr*F. Da das äußere Elektron im angeregten Kr* locker gebunden ist, ist Kr* einem Alkaliatom ähnlich, und Kr*F ist ein ziemlich fest gebundenes Molekül. Wenn es einen elektronischen Übergang nach unten macht, entsteht KrF, welches dissoziiert. Eine ganze Reihe weiterer Schritte sind allerdings im realen Laser notwendig, um Kr*F zu bilden. Für den intelligenten Entwurf eines Hochleistungslasers, d.h. für einen rein technischen Fortschritt, brauchen wir dazu detaillierte Information über viele verschiedene Elementarprozesse. Sie alle gehören in den Bereich der Moleküldynamik.

Relaxationsprozesse können nicht völlig vermieden werden, daher sind Laser-Photonen teuer. Aus diesem Grunde muß nicht nur ihre Erzeugung, sondern auch ihre Anwendung mit gebührender Rücksicht auf die molekularen Prozesse geschehen. Eine aufregende neue Möglichkeit wäre die Laser-Katalyse von chemischen Reaktionen. Eine etwas näher liegende Anwendung in der chemischen Synthese ist die Benutzung des Lasers zur Auslösung einer Kettenreaktion. Ein Beispiel ist der Einsatz des KrF-Lasers, um damit Cl$_2$ in der Gegenwart von Ethylen, C$_2$H$_4$, zu dissoziieren, was zur Bildung des CH$_2$CH$_2$Cl-Radikals führt. Ein weiterer Schritt führt zum Vinylchlorid-Monomer, CH$_2$ = CHCl, das in der Produktion von Polyvinylchlorid (PVC) Verwendung findet, einem Schlüsselprodukt der Industrie, dessen jährliche Produktion in Megatonnen gemessen wird.

1.3.2 Ungleichgewicht

Das Verständnis von Elementarprozessen ist auch dort wichtig, wo wir unsere praktischen Fähigkeiten, eine Vielzahl von Umweltphänomenen zu beherrschen, verbessern wollen. (Wir nennen als Beispiel die Atmosphären- und Ionosphären-Chemie und die Luftverschmutzung durch Verbrennungsvorgänge.) Diese Phänomene bestehen aus einem komplizierten Gewebe

1.3 Wozu Moleküldynamik?

neben- und hintereinander ablaufender Elementarschritte, die das Gesamtsystem der ablaufenden Reaktionen bilden. Viele der elementaren Prozesse sind schnelle Reaktionen, deren Produkte nicht im Gleichgewicht entstehen. Wir wissen auch, daß die Produkte solcher exoergischen Elementarreaktionen oft unverhältnismäßig energiereich sind. Daher müssen wir den Einfluß ihrer Anregung auf ihre weitere Reaktivität ebenfalls betrachten. Insbesondere dann, wenn einer der langsamen Schritte im Gesamtablauf eine Aktivierungsbarriere hat, kann dessen Rate erheblich beschleunigt werden, wenn einer der Reaktanden eine anomal hohe Bevölkerung angeregter Zustände besitzt. In vielen Fällen sind solche Reaktionen sehr *selektiv* in ihrem Energiebedarf. Oft ist Schwingungsenergie dabei viel wirksamer zur Überwindung der Barriere als Translationsenergie.

Um dies einzusehen, stelle man sich einen exoergischen reaktiven Stoß in Zeitlupe vor. Wir nehmen an, die Exoergizität der Reaktion werde in sehr spezifischer Weise umgesetzt. Dann lassen wir den Film rückwärts laufen: Die vormaligen Produkte fliegen zusammen, stoßen aneinander und erscheinen als die früheren Reaktanden. Indem das geschieht, wird die Exoergizität von vorher verbraucht, um die Energiebarriere der umgekehrten, endoergischen Reaktion zu überwinden. Es ist klar, daß, wenn die Energieaufteilung der exoergischen Reaktion *spezifisch* ist, der Energieverbrauch in der umgedrehten, endoergischen Reaktion *selektiv* sein muß. In anderen Worten: Bei gegebener Gesamtenergie wird die endoergische Reaktion effizienter sein, wenn ein größerer Anteil der Gesamtenergie schon als innere Energie der Reaktanden zur Verfügung steht, denn sie kann dann innere Energie verwenden, um die Barriere zu überwinden. Erst wenn die innere Energie allein höher als die Barriere ist, wird diese Bevorzugung aufhören.

Die Reaktion von Br mit HCl ist mit 65 kJ·mol^{-1} endoergisch. Die Abhängigkeit ihrer Reaktionsgeschwindigkeit vom anfänglichen Schwingungszustand wird in Bild 1.3 gezeigt. Der exponentielle Anstieg des Ratenkoeffizienten bis zu $v = 2$ und der darauf folgende, viel sanftere Anstieg sind klar zu erkennen.

Nun müssen wir uns hier nicht nur auf skalare Eigenschaften wie Besetzungszahlen beschränken. Wir werden eine Menge von Informationen auch aus der *räumlichen* Verteilung der Reaktionsprodukte ableiten, welche keinesfalls isotrop sein muß und es oft nicht ist. Ebenso kann man sich vorstellen, daß die räumliche Orientierung der Reaktanden eine beherrschende Wirkung auf deren Reaktivität ausübt. Eine Abweichung von der Eintönigkeit des Gleichgewichtsverhaltens ist ein wichtiges Charakteristikum realer Prozesse, wenn man sie auf molekularer Ebene untersucht.

24   1 Molekulare Stöße - ein erster Überblick

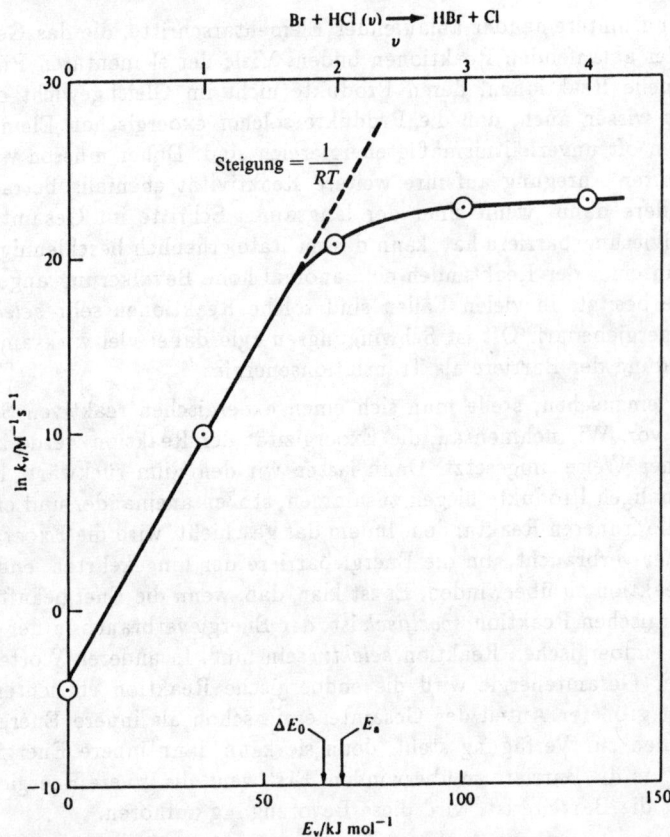

Bild 1.3 Halblogarithmische Darstellung des Ratenkoeffizienten (bei 298 K) der Reaktion Br+HCl als Funktion der Schwingungsenergie des HCl. (Daten aus D.J. Douglas, J.C. Polanyi, J.J. Sloan: J. Chem. Phys., 59, 6679 (1973) und D. Arnoldi, J. Wolfrum: Ber. Bunsenges. Phys. Chem., 80, 892 (1976).) Die Pfeile bezeichnen die Endoergizität und die Barrierenhöhe. Die gestrichelte Linie hat die Steigung $1/RT$, die man aus theoretischen Überlegungen erwartet (R.D. Levine, J. Manz: J. Chem. Phys., 63, 4280 (1975)).

1.3.3   Die puristische Betrachtungsweise

Die Moleküldynamik ist das natürliche Ergebnis uralter Versuche, den *elementaren chemischen Akt* zu erforschen. Auf der Suche nach diesem Gral hat die chemische Kinetik immer kürzere Zeitskalen bis hin zum Femtosekunden-Bereich untersucht. Die Erkenntnis, daß elementare reaktive Ereignisse eigentlich nur unter Einzelstoßbedingungen untersucht werden können, hat

1.4 Ein einfaches Modell für die Energieaufteilung   25

zur Entwicklung der modernen Moleküldynamik geführt. Sie ist der konsequente nächste Schritt bei unserem Versuch, den *molekularen Mechanismus der Chemie* zu erforschen.

Natürlich haben Kern- und Teilchenphysiker seit den Zeiten Rutherfords (1871–1937) individuelle Stoßereignisse angeschaut. Und seit einem halben Jahrhundert haben Forscher auf dem Gebiet der Atom-, Molekül- und Elektronenphysik die Kräfte zwischen den Teilchen mit Hilfe von Streuversuchen an Teilchenstrahlen untersucht, genauso wie durch fleissige Anwendung der Schrödingergleichung. Es ist daher nur natürlich, daß auch der Physikochemiker diese Werkzeuge aufgreift, um den elementaren chemischen Akt zu studieren. Mit der in jüngster Zeit eingeführten Lasertechnik können wir diese Dynamik jetzt in Realzeit studieren, selbst ohne die Benutzung von Teilchenstrahlen.

Die Dynamik einzelner molekularer Stöße ist natürlich nicht nur für das Verständnis der chemischen Reaktivität wichtig. Sie ist an allen Prozessen beteiligt, die Gase oder Flüssigkeiten im Nicht-Gleichgewicht betreffen, seien sie chemisch oder physikalisch. Ebenso, wie reaktive Stöße Ungleichgewicht hervorbringen können, stellen nichtreaktive Stöße den Mechanismus zur Verfügung, der das Gleichgewicht wieder herstellt.

In dem Maße, in dem wir den Umgang mit der Dynamik von größeren vielatomigen Aggregaten lernen, können wir dann hoffen, auch zum Verständnis des flüssigen Zustands beizutragen und schließlich das Problem des Nicht-Gleichgewichts anzugreifen, das so charakteristisch für biologische Systeme ist. Am Ende wird auch hier eine moleküldynamische Interpretation liegen müssen.

1.4 Ein einfaches Modell für die Energieaufteilung

Im letzten Abschnitt haben wir zwei verwandte Themen eingeführt: Die Ungleichmäßigkeit der Energieaufteilung nach elementaren exoergischen Reaktionen und die Selektivität des Energieverbrauchs in elementaren endoergischen Reaktionen (bzw. in solchen mit einer Aktivierungsbarriere). Es ist klar, daß wir eine Menge Grundlagenwissen sowohl experimenteller wie theoretischer Art bereitstellen müssen, ehe wir mit diesen Phänomenen richtig umgehen können. Es ist aber vielleicht instruktiv, zunächst einmal eine Abkürzung zu nehmen und das genauere Hintergrundmaterial später zu präsentieren.

Wir wollen die Wasserstoffübertragungsreaktion

Cl + HI → I + HCl

betrachten, die wir in Abschn. 1.2 erwähnten. Kann man für die beobachtete Energieaufteilung eine einfache Interpretation finden? Kann man ein (möglicherweise übertrieben vereinfachtes) Modell konstruieren, das wenigstens etwas Licht auf die experimentellen Ergebnisse wirft? Wir wollen dabei jedes sich bietende Werkzeug benutzen, das uns helfen kann, die Dynamik dieses Problems zu simulieren.

1.4.1 Der Zuschauer

Ein Aspekt dieser Reaktion ist es, daß sie die Übertragung eines sehr leichten Atoms (H) zwischen zwei sehr viel schwereren bedeutet. Das dreiatomige ClHI-System ist in dieser Hinsicht mit dem H_2^+-Ion zu vergleichen, wo das leichte Elektron zwischen den beiden schweren Protonen den „Vermittler" spielt.

Macht ein Molekül einen elektronischen Übergang, so können wir qualitative (oft sogar halbquantitative) Einsicht in die Verteilung der (Schwingungs-) Endzustände durch das Franck-Condon Prinzip gewinnen. Dieses sagt, daß während des sehr schnellen *elektronischen* Übergangs die schweren *Kerne* ihren Impuls nicht merklich ändern. Während der schnellen elektronischen Umordnung agieren diese nur als Zuschauer. (Ein Zuschauer ist jemand, der nicht mitwirkt und auf den keine Kräfte wirken. Nach Newtons zweitem Gesetz ändert er dann auch seinen Impuls nicht.)

Um ähnliche Ideen auf das augenblickliche Problem anzuwenden, nehmen wir an, daß die Übertragung des leichten H-Atoms ebenfalls schnell ist, d.h., daß die Übertragungsreaktion in einer Zeitspanne erfolgt, die kurz gegen diejenige Zeit ist, in der die schweren Kerne sich merklich bewegen. Das Modell sieht dann so aus, daß das schwere Jod-Atom bei der Übertragung des leichten Wasserstoffatoms an das schwere Chlor-Atom nur zuschaut. Das bedeutet aber, daß der Endimpuls des I-Atoms nach dem Stoß, p'_I, im wesentlichen derselbe wie sein Anfangsimpuls, p_I ist:

$$p'_I = p_I \tag{1.1}$$

Weil das H-Atom verglichen mit dem I-Atom so leicht ist, folgt aus dem Zuschauer-Modell ausgedrückt durch Gl. (1.1), daß die kinetische Energie des I-Atoms *nach* dem Stoß fast dieselbe sein muß wie die des HI-Moleküls *vor* dem Stoß. Für thermische Reaktanden ist diese Energie klein, daher muß auch die Translationsenergie nach dem Stoß klein sein. Die Exoergizität der Reaktion muß daher in der Form innerer Energie des HCl auftauchen.

1.4 Ein einfaches Modell für die Energieaufteilung

Ehe wir diese Überlegung quantitativ durchführen, wollen wir uns noch das experimentelle Material ansehen, das dieses Modell unterstützt.

1.4.2 Die Winkelverteilung der Produkte

Mit der in Abschn. 6.1 zu beschreibenden Technik der gekreuzten Molekülstrahlen ist es möglich, die Winkelverteilung der Reaktionsprodukte zu messen. Nach dem Zuschauer-Modell bleibt nicht nur der Betrag, sondern auch die Richtung des Impulses des Jod-Atoms im Stoß unverändert, da ja keine Kraft auf dieses wirken soll. Daher sollte das als Produkt des Stoßes entstehende I in der Richtung des einfallenden HI erscheinen und das Produkt HCl in der Richtung des einfallenden Cl. Da das Jod nur „Zuschauer" ist, nimmt das Chlor das leichte H einfach mit, wobei die beiden schweren Atome ihre ursprüngliche Richtung beibehalten. Das ist aber qualitativ genau der experimentelle Befund aus den Versuchen mit gekreuzten Molekularstrahlen: Das Produkt HCl erscheint hauptsächlich „in Vorwärtsrichtung", d.h. in der Richtung des einfallenden Chloratoms.

Allein die Tatsache, daß die Winkelverteilung der Produkte stark *anisotrop* ist, bedeutet, daß der Zwischenkomplex ClHI nicht langlebig sein kann. Wäre nämlich die Reaktionsdauer lang im Vergleich mit der Rotationsperiode eines solchen Zwischenkomplexes (d.h. hier: mehrere Picosekunden), so würde die Erinnerung an die Anfangsrichtungen der Reaktanden verlorengehen, und die Winkelverteilung hätte Vorwärts-Rückwärts-Symmetrie[3]. Für die Reaktion Cl + HI ist das nicht der Fall. Wenn ein langlebiger Komplex entstünde, würden wir übrigens auch keine sehr spezifische Energieverteilung erwarten, da dann Zeit genug vorhanden wäre, um Gleichverteilung der Energie unter den Freiheitsgraden Translation, Schwingung und Rotation zu bewirken.

1.4.3 Eine quantitative Betrachtung

Nachdem wir die qualitativen Aussagen des Modells diskutiert haben, können wir versuchen, einen Schritt weiterzugehen und eine quantitative Behandlung ins Auge fassen. Zur Vereinfachung wollen wir die Nullpunktsenergie der Schwingung der reagierenden HI-Moleküle (die sich im Schwingungsgrundzustand $v = 0$ befinden) vernachlässigen. Wir wollen die Formeln andererseits aber für den allgemeineren Fall einer B-Übertragungsreaktion

---

[3] Solche symmetrischen Winkelverteilungen wurden auch beobachtet, unter anderem für die Austauschreaktion RbCl + Cs → CsCl + Rb. Hier existiert ein ionisch gebundenes Zwischenmolekül RbClCs, dessen Lebensdauer einige ps übersteigt.

A + BC → AB + C ableiten und am Ende A, B und C wieder mit Cl, H und I identifizieren.

Nehmen wir an, daß A und BC die Geschwindigkeiten w_A und w_{BC} haben. Alle Geschwindigkeiten seien relativ zum Schwerpunkt des ABC-Systems gemessen, der selbst mit gleichförmiger Geschwindigkeit durch das Labor fliegt. Aus der Impulserhaltung folgt dann $p_A = -p_{BC}$, also $m_A w_A = -m_{BC} w_{BC}$ und daher für die (relative) Translationsenergie E_{tr}

$$E_{tr} = \frac{1}{2} m_A w_A^2 + \frac{1}{2} m_{BC} w_{BC}^2 = \frac{1}{2} M \frac{m_{BC}}{m_A} w_{BC}^2. \qquad (1.2)$$

Dabei ist $M = m_A + m_B + m_C$.

Nach der Reaktion gilt $p'_{AB} = -p'_C$ oder $m_{AB} w'_{AB} = -m_C w'_C$, wo w'_{AB} und w'_C die Geschwindigkeiten der Produkte AB und C im Schwerpunktsystem sind. Dann ergibt sich für die (relative) Translationsenergie nach dem Stoß

$$E'_{tr} = \frac{1}{2} M \frac{m_C}{m_{AB}} w_C'^2, \qquad (1.3)$$

und das Verhältnis der Translationsenergien nach und vor dem Stoß ist

$$\frac{E'_{tr}}{E_{tr}} = \frac{m_A m_C}{m_{AB} m_{BC}} \left(\frac{w_C}{w_{BC}} \right)^2. \qquad (1.4)$$

An dieser Stelle benutzen wir nun die Annahme des Zuschauer-Modells, daß C nur ein Zuschauer ist, d.h. daß $p'_C = p_C$ ist. Da BC anfangs keine Schwingungsenergie hat, ist die Anfangsgeschwindigkeit von C gleich w_{BC}, d.h., im Zuschauer-Modell gilt $w'_C = w_{BC}$. Das Verhältnis der Translationsenergien nach und vor dem Stoß ist daher nach Gl. (1.4) nur ein Massenverhältnis, d.h.

$$E'_{tr} = \frac{m_A m_C}{m_{AB} m_{BC}} E_{tr} = \cos^2 \beta E_{tr}. \qquad (1.5)$$

(Für den späteren Gebrauch schreiben wir das Massenverhältnis schon einmal als Cosinusquadrat eines „Scherungswinkels" β.) Für das System Cl+HI ist $\cos^2 \beta = 0.96$, was unsere frühere qualitative Schlußfolgerung bestätigt, daß die kinetische Energie fast erhalten bleibt. Fast die ganze relative Translationsenergie der Reaktanden wird in ebensolche der Produkte umgewandelt. Für die isotopische Reaktion von Cl mit DI ist $\cos^2 \beta = 0.92$, so daß E'_{tr} vergleichbar groß sein sollte wie für die Reaktion mit HI.

Manchmal ist es nützlich, die Größe $Q = E'_{tr} - E_{tr}$, die Stoß- oder Translations-Exoergizität (auch als Q-Faktor bezeichnet) zu definieren und sie unter Benutzung von Gl. (1.5) durch β auszudrücken:

$$Q = -\sin^2 \beta \cdot E_{tr}. \qquad (1.6)$$

1.4 Ein einfaches Modell für die Energieaufteilung

Wird die kinetische Energie erhöht, und ist $\sin^2\beta$ nicht sehr klein, so wird mehr und mehr Translationsenergie der Reaktanden in innere Energie des entstehenden Produkts umgewandelt. Irgendwann wird dann sein Energieinhalt so groß sein, daß es dissoziiert. Man wird daher erwarten, daß stoßinduzierte Dissoziation auf dem Umweg über die versuchte Bildung von Produkten ein wirksamer Prozeß ist, sobald das übertragene Atom schwer ist, d.h. $\cos^2\beta < \sin^2\beta$ wird.

Das vorliegende Modell ist natürlich übermäßig vereinfacht. Sowohl das Experiment wie auch die genauere Theorie zeigen, daß das Ergebnis des Stoßes eine *Verteilung* der Endenergie E'_{tr} um den wahrscheinlichsten Wert herum sein muß. Ebenso wird es eine Verteilung von Streuwinkeln, wenn auch vorzugsweise in der vorderen Hemisphäre, geben. Nichtsdestoweniger ist dieses Modell ein guter Anfang.

1.4.4 Die Rückwärtsreaktion

Schließlich können wir uns noch fragen, ob unser Modell auch etwas vorhersagen kann. Kann es z.B. die Art des Energiebedarfs in der umgekehrten, endoergischen Reaktion I + HCl → Cl + HI erklären? Die Endoergizität der Reaktion muß dann aus der Anfangsenergie der Reaktanden aufgebracht werden. Das kann (relative) Translationsenergie des Stoßpaares und/oder innere, d.h. Schwingungs- und Rotationsenergie des HCl, sein. Wenn die Gesamtenergie der Reaktanden die Endoergizität gerade eben übersteigt, wird sie nicht ausreichen, um in der Schwingung angeregtes HI zu bilden, und der Impuls des I-Atoms wird sehr klein sein. Wenn dieser Impuls durch den Stoß nahezu unverändert bleiben soll, kann die für die Reaktion benötigte Energie nicht aus der Translationsenergie der Reaktanden stammen, denn das würde einen großen Impuls des I-Atoms im Schwerpunktsystem erfordern. Die Reaktions-Endoergizität muß daher wenigstens in der Nähe der Schwelle als *innere* Energie des HCl bereitgestellt werden.

Diese vorläufige Schlußfolgerung kann mittels des Prinzips der mikroskopischen Umkehrbarkeit präzisiert werden, das wir bereits im Zusammenhang mit endoergischen Reaktionen benutzt haben. Wir erinnern uns, daß die Experimente mit Cl + HI zeigten, daß bei niederer Stoßenergie in der Schwingung *kaltes* HI hauptsächlich zur Bildung von in der Schwingung *heißem* HCl führt, wobei nur ein kleiner Bruchteil der Energie als Translation frei wird. Da in der Schwingung kaltes HCl in der Vorwärtsreaktion nur mit kleiner Wahrscheinlichkeit gebildet wird, folgt für die umgekehrte Reaktion, d.h. den Stoß von in der Schwingung kaltem HCl mit einem Jodatom bei hoher Translationsenergie, daß die meisten Stöße nicht reaktiv sein können.

Daher erfolgt eine Reaktion bei solchen Stößen sehr selten. Umgekehrt werden Stöße von in der Schwingung *heißem* HCl mit Jodatomen sehr wirksam sein, selbst bei niedriger Translationsenergie. Die Ergebnisse für HCl(v) + Br in Bild 1.3 bestätigen diese Erwartung vollständig.

In unser Modell ist die Annahme eingeschlossen, daß die Reaktionsexoergizität der Vorwärtsreaktion frühzeitig frei wird, während sich die Reaktanden noch näherkommen. Wenn statt dessen die Energie erst dann frei wird, wenn sich die Produkte trennen, wird sie hauptsächlich in relative Translation der Produkte kanalisiert werden. In der umgekehrten Reaktion wird es dann die Translation sein, die die Reaktion besonders fördert. Da die Besetzung von angeregten Produktzuständen dann niedrig sein wird, ist es oft praktischer, die Translationsgeschwindigkeit der Produkte zu messen, als ihre innere Anregung. Dies kann z.B. mit der Flugzeitmethode geschehen. Um die umgekehrte Reaktion einzuleiten, kann man Reaktanden hoher Translationsgeschwindigkeit mit der Methode der gemischten Überschallstrahlen (seeded beams) erzeugen. Beide Techniken werden wir später (Kapitel 5) diskutieren. An dieser Stelle soll noch eine andere Methode besprochen werden, die durch die Verfügbarkeit von Lasern ermöglicht wird.

1.4.5 Laser in der Moleküldynamik

Laser spielen eine Schlüsselrolle, sowohl in der Präparation von Reaktanden in Nichtgleichgewichts-Verteilungen, als auch in der Analyse von Nichtgleichgewichts-Verteilungen neugebildeter Produkte. Als Beispiel betrachten wir die Wasserstoff-Austauschreaktion

$$H + D_2 \rightarrow HD + D,$$

die die einfachste nicht-triviale chemische Reaktion ist. Sie hat eine Aktivierungsbarriere von 41 kJ·mol^{-1} (Kapitel 4). Um die Barriere zu überwinden, erzeugt man sich schnelle H-Atome, z.B. aus der Photolyse von HI mit einem kurzen UV-Laserimpuls.[4] Ein zweiter (Analyse-) Laser liefert einen Photonenimpuls einer anderen Wellenlänge, der außerdem gegenüber dem Photolyse-Laser verzögert ist. Ist die Verzögerung kurz, kann man die neugebildeten HD-Moleküle abfragen, bevor sie weitere Stöße erleiden. (Wie kurz „kurz" sein muß, wird in Abschn. 2.1.5 behandelt.) Bild 1.4 zeigt die beobachteten Schwingungsverteilungen des HD.

---

[4] Die Veränderung der Wellenlänge des Photolyse-Lasers ändert die kinetische Energie der H-Atome, die gleich der Photonenenergie minus der Dissoziationsenergie von HI ist. Da H so viel leichter als I ist, besteht praktisch die ganze Überschußenergie aus kinetischer Energie des H-Atoms.

1.4 Ein einfaches Modell für die Energieaufteilung 31

Die zugeführte kinetische Energie der Reaktanden wird teilweise in innere Energie der Produkte verwandelt. Der umgewandelte Bruchteil ist deutlich kleiner, als es Gl. (1.5) (mit $\cos^2\beta = 1/6$) vorschreibt, und wir brauchen weitere Überlegungen, um diesen Trend qualitativ zu verstehen. Auch der quantitative Weg ist möglich. Die Kräfte zwischen den Atomen können von Quantenchemikern berechnet werden und wurden für unseren Fall berechnet. Setzen wir die Anwendbarkeit der klassischen Mechanik voraus, brauchen wir nichts weiter zu tun, als Newtons Bewegungsgleichungen zu lösen. Tut man dies, so sind die Ergebnisse, wie sie die rechte Seite von Bild 1.4 zeigt, in guter Übereinstimmung mit den Beobachtungen. Allerdings erhebt sich die Frage, ob die Quantenmechanik tatsächlich nur gebraucht wird, um die Kräfte zu berechnen. Und wenn wir die Kräfte kennen: können wir dann nicht bessere qualitative Schlüsse ziehen, bevor wir voll darauf losrechnen? Hier ist offensichtlich noch viel zu klären.

Wir haben oben betont, daß Abweichungen vom Gleichgewicht typisch für das Ergebnis dynamischer Prozesse sind. In den Kurven der linken Hälfte von Bild 1.4 ist implizit ein quantitatives Maß für diese Abweichungen im Falle der Reaktion $H + D_2$ enthalten. Es gründet sich auf die Vorstellung, daß

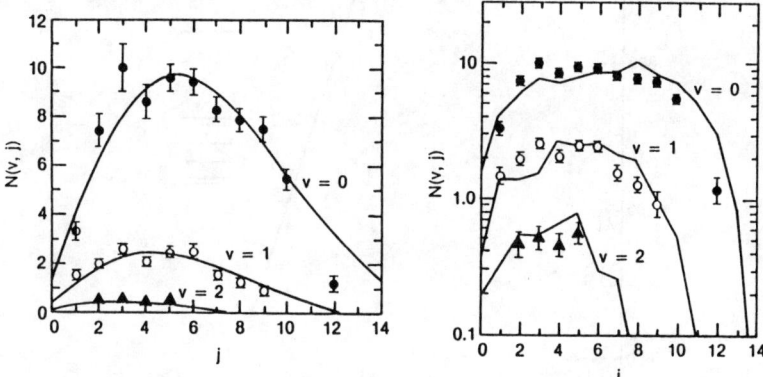

Bild 1.4 Verteilung der Schwingungs-Rotationszustände von frischgebildetem HD als Produkt der Reaktion $H + D_2$ bei einer Stoßenergie $E_{tr} = 1.3$ eV.
(Links:) Experimentelle Werte; die durchgezogenen Linien entsprechen einer Anpassung der Daten an einen sog. „linearen Überraschungswert (linear surprisal)" (vgl. Abschn. 5.5). (Rechts:) Halblogarithmische Darstellung derselben Daten im Vergleich mit den Ergebnissen von quasi-klassischen Trajektorienrechnungen. (Nach D.P. Gerrity, J.J. Valentini: J. Chem. Phys., 81, 1298 (1984); 82, 1323 (1985); Trajektoriendaten nach N.C. Blais, D.G. Truhlar: Chem. Phys. Lett., 102, 120 (1983); vgl. auch E.E. Marinero, C.T. Rettner, R.N. Zare: J. Chem. Phys., 80, 4142 (1984).)

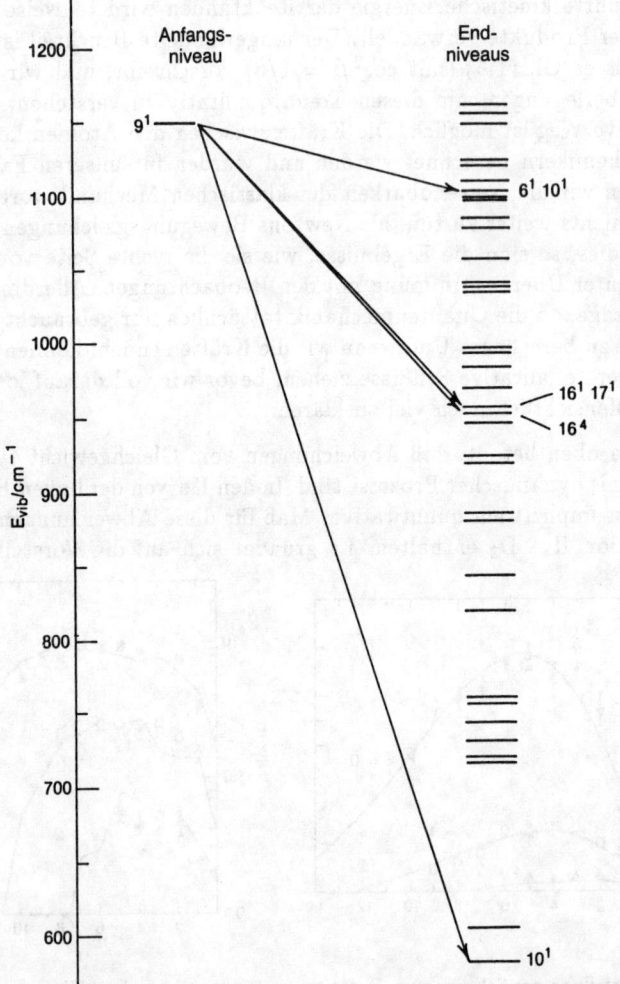

Bild 1.5 Selektivität der Relaxationswege für die Schwingung: Ein gebundener van-der-Waals-Komplex Benzol-He (vgl. Abschn. 7.4) wird mit dem Laser in den Schwingungszustand 9^1 angeregt. Die Neuverteilung der Schwingungszustände geschieht während der Photodissoziation des Komplexes und wird durch Messung des zerlegten Fluoreszenzlichtes beobachtet. Nur eine kleine Untermenge der vielen energetisch möglichen Zustände wird bevölkert. Die Schwingungsquantenzahlen sind für diejenigen Zustände angegeben, die merklich besetzt werden. (Nach T.A. Stephenson, S.A. Rice: J. Chem. Phys., 81, 1083 (1984).)

bei einem festen Wert der Gesamtenergie im Gleichgewicht alle Quantenzustände des Systems gleich wahrscheinlich sind. (Näheres in Abschn. 5.5) Das ist für die Ergebnisse in Bild 1.4 ebensowenig der Fall, wie für viele andere Systeme.

Unter Ausnutzung ihrer hohen Frequenzauflösung kann man mit Lasern mehratomige Moleküle selektiv in bestimmte Zustände pumpen oder in solchen Zuständen analysieren und damit ein besseres Verständnis der intramolekularen Dynamik erreichen. Selbst ein so einfaches Problem wie die Relaxation eines schwingungs- und rotationsmäßig angeregten aromatischen Moleküls durch ein He-Atom erweist sich unter der hohen Auflösung, die der Laser hat, als ziemlich kompliziert.

Unsere Fähigkeit, einfache Modelle zu entwickeln und damit Trends vorherzusagen, gründet sich selbstverständlich darauf, daß wir eine große Menge experimenteller Ergebnisse und ausführlicher theoretischer Entwicklungen überblicken. Das Ziel des vorliegenden Buches ist es, die notwendigen Grundlagen zu vermitteln, die für das Verständnis dieser Schlüsselresultate der Moleküldynamik gebraucht werden. Daher sollten wir uns als nächstes erst einmal fragen, was wir denn eigentlich wissen wollen.

1.5 Was wollen wir wissen?

Wir haben soeben das Thema der Besetzungsinversion in elementaren exoergischen Reaktionen, genauer: der relativen Wahrscheinlichkeiten für die Erzeugung bestimmter Schwingungszustände von HCl in der Reaktion von Cl mit HI, betrachtet. Das ist schon eine recht komplexe Fragestellung, wenn sie auch von großem theoretischen und praktischen Interesse ist. Es gibt jedoch sehr viel näherliegende Fragen, die sicher zuerst beantwortet werden sollten. Wir wollen z.B. wissen, wie wirkungsvoll überhaupt der Stoßprozeß ist. Passiert die Reaktion jedesmal, wenn Cl und HI zusammenstoßen, oder ist sie ein sehr seltenes Ereignis? Vielleicht prallen die Reaktanden in den meisten Stößen einfach voneinander ab, ohne zu reagieren, wie es ja tatsächlich in vielen Reaktionen mit einer Aktivierungsschwelle der Fall ist? Aber selbst um diese Frage zu diskutieren, müssen wir wissen, wie oft ein Stoß zwischen zwei Molekülen, sei er nun reaktiv oder nicht-reaktiv, überhaupt stattfindet, und - was wichtiger ist - welche inneren und äußeren Gegebenheiten insgesamt die Stoßdynamik beeinflussen.

1.5.1 Die Größe der Moleküle

Wir müssen mit einer Klärung des Begriffs der „Größe" von Molekülen beginnen. Wir werden ein quantitatives Maß für diese Größe einführen, den Stoßquerschnitt, dann allerdings feststellen, daß dieser energieabhängig ist. Wir werden seine Beziehung zu den abstandsabhängigen Kräften zwischen den Molekülen herstellen. Wir suchen dabei nach allgemeinen Prinzipien, die auf alle Arten molekularer Stöße anwendbar sind. Sie werden uns die Grundlage verschaffen, von der aus wir verstehen, wieso die Beobachtung molekularer Streuung Aufklärung über die Stoßdynamik gibt.

Als nächstes führen wir dann den Begriff der Reaktionswahrscheinlichkeit und des *Reaktionsquerschnitts* ein. Wir lernen damit, wie wir die „Größe" eines reagierenden Paars von Molekülen hinsichtlich ihrer Neigung zu chemischer Veränderung charakterisieren können. Wir werden sehen, warum diese Größe einmal groß und einmal klein ist, d.h. die Faktoren betrachten, die den Reaktionsquerschnitt bestimmen. Kapitel 2 schließt mit einer Diskussion der Energieabhängigkeit des Reaktionsquerschnitts für Stöße mit und ohne „Reaktionsbarriere".

1.5.2 Die Winkelverteilung

In Kapitel 3 gehen wir genauer auf die Dynamik ein und betrachten die Winkelverteilungen der Streuprodukte. Zunächst behandeln wir die Rolle des Potentials bei der Bestimmung des sogenannten *differentiellen elastischen Streuquerschnitts* und sehen, was wir aus detaillierten elastischen Streuexperimenten über das zwischenmolekulare Kraftfeld lernen können. Wir werden finden, daß die klassische Mechanik nicht immer angemessen ist und daß wir eine quantenmechanische Beschreibung brauchen, um solche Experimente vollständig zu beschreiben. Als Beispiel für die Ergebnisse solcher Studien bringen wir einen Überblick über die hauptsächlichen Eigenschaften intermolekularer Kräfte, wie wir sie aus Experiment und Theorie kennen.

Danach kann es ernst werden. Wir betrachten die Winkelverteilungen der Produkte reaktiver Stöße und sehen, wie man feststellen kann, ob die Reaktion auf *direktem* Weg oder über einen *langlebigen Komplex* abläuft. Innerhalb der Gruppe der direkten Reaktionen vergleichen wir ein Paar von Gegensätzen: den hauptsächlich nach „vorwärts" und den hauptsächlich nach „rückwärts" gestreuten Typus reaktiver Streuung.

Als Beispiel dafür, welche mikroskopischen Details heute verfügbar werden, werden wir den sterischen Einfluß auf die Reaktion von Methyljodid (CH_3Cl)

mit Alkali-Atomen diskutieren. Stoßexperimente mit Strahlen von *orientierten* Methyljodid-Molekülen haben gezeigt, daß die Reaktionswahrscheinlichkeit für die ungünstige Orientierung $Rb + H_3CI$ vernachlässigbar klein gegen denjenigen für die günstige Orientierung $Rb + ICH_3$ ist. Es gibt daher um die Symmetrieachse des CH_3I Moleküls einen Akzeptanzkegel, so daß die Reaktion nur stattfindet, wenn das Rb-Atom innerhalb dieses Kegels einfällt. Wir werden viele andere Beispiele neuer mikroskopischer Experimente sehen und ihre theoretische Begleitmusik kennenlernen. Das Ziel ist - nochmals - die Einsicht in die internen Details des elementaren chemischen Akts.

1.5.3 Energie und chemische Umwandlung

Kapitel 4 führt in die Vielkörperbeschreibung der Reaktionsdynamik ein. Wir beginnen mit weiteren Beispielen für die Rolle der Energie bei der chemischen Reaktivität. Um die Dynamik hinter solchen spezifischen Einflüssen zu sehen, konstruieren wir Potential-(hyper-)flächen, die zwischen Reaktanden und Produkten interpolieren. Die qualitativen Züge dieser Flächen werden diskutiert; um quantitative Aussagen zu machen, benutzen wir die Methode der klassischen Trajektorien als Beschreibung des Reaktionsablaufs. Wir sind dann in der Lage, die verschiedenen heuristischen Ansätze und angenäherten Theorien für die gesamte Reaktionsrate zu verstehen.

Die Methode des Übergangszustandes (transition state) hat als Näherung eine bedeutende Rolle in der Entwicklung der Theorie der Reaktionsraten gespielt. Wir werden dieses Modell ableiten und seine Konsequenzen für die makroskopische Kinetik betrachten. Die zentrale Annahme dieses Modells, die Existenz einer Konfiguration ohne Wiederkehr, wird vom dynamischen Standpunkt aus diskutiert. Die beiden unterschiedlichen Weisen, in der diese Annahme im Fall direkter bzw. komplexer Stöße ausgenutzt wird, werden beschrieben.

Wir sind allerdings nicht zufrieden damit, nur die totale Reaktionsrate zu betrachten. Ratenkoeffizienten zwischen einzelnen Zuständen (state-to-state) werden im Detail diskutiert, wobei wir das Prinzip des detaillierten Gleichgewichts äußerst nützlich finden werden.

1.5.4 Die Praxis der molekularen Reaktionsdynamik

Kapitel 5 behandelt die Praxis unseres Themas: Was möchten wir messen, was können wir messen, und was sind typische Resultate? Wir wenden uns zunächst dem Laser als Hilfsmittel zur Förderung und zum Nachweis chemischer Reaktionen zu, insbesondere dem chemischen Laser, den laserinduzierten Reaktionen und der Photofragmentation von Molekülen mittels der Laserstrahlung. Dann behandeln wir die Molekularstrahltechnik und die Information, die wir mit ihrer Hilfe über Winkel-, Geschwindigkeits- und Zustandsverteilungen der Streuprodukte aus reaktiven Stößen gewinnen können.

Wir erinnern uns an den alten Satz der chemischen Kinetik, daß ein postulierter Reaktionsmechanismus nie als gültig, sondern höchstens als ungültig erwiesen werden kann. Nachdem wir heute die elementaren reaktiven Schritte beobachten können, ist dieser Satz nicht mehr wahr. Nehmen wir die früher als „wohlbekannt" angesehene bimolekulare Reaktion HI + HI → $H_2 + I_2$ als Beispiel. Molekularstrahldaten zeigen, daß diese Reaktion im Einzelstoß überhaupt nicht stattfindet. Die stoßenden Moleküle prallen ohne chemische Umwandlung voneinander ab. Ein ähnliches Beispiel einer Vierzentren-Reaktion liefert die Mischung von Br_2 mit Cl_2, wo in der Retorte der Gesamtprozeß teilweise zur Bildung von BrCl führt. Im Molekularstrahl jedoch findet die Reaktion $Br_2 + Cl_2 \rightarrow$ BrCl + BrCl ebenfalls nicht statt. Bemerkenswert ist allerdings, daß in einem Strahl mit $(Cl_2)_2$-Dimeren, den man durch Expansion von Cl_2 in einem Überschallstrahl erhält, die Reaktion $(Cl_2)_2 + Br_2 \rightarrow 2\,BrCl + Cl_2$ im Einzelstoß leicht vonstatten geht.

Eine Analyse der Rolle von Energie zur Beförderung chemischer Umwandlung und des komplementären Problems der Energieaufteilung nach exoergischen Reaktionen, schließlich die quantenmechanische Beschreibung molekularer Stöße sind die weiteren Inhalte dieses Kapitels.

1.5.5 Energieübertragende Stöße

Wir sind inzwischen am Anfang von Kapitel 6 und haben reichlich experimentelles wie theoretisches Anschauungsmaterial dafür gesammelt, daß angeregte Reaktanden erhöhte Reaktivität zeigen und daß die Bildung angeregter Produkte ganz spezifischen Regeln folgt. Um diese Kenntnisse praktisch nutzen zu können, müssen wir etwas über die Mechanismen für die Entvölkerung angeregter Zustände wissen. Wie lange überleben angeregte Molekülzustände in der Gasphase? Erst, wenn wir etwas über die Lebensdauern aufgrund von Strahlungs- und Stoßprozessen wissen, können wir wichtige Fragen angreifen, z.B., wie man Bevölkerungsinversionen produziert und im stationären Zustand hält, um damit eine Quelle energiereicher Reaktanden zu besitzen. Oder auch die Frage, wie man Gebrauch von dem häufig so speziellen Muster der Energiefreisetzung in exoergischen Reaktionen macht. Der Wirkungsgrad aller Laser, die in der Gasphase arbeiten, ist durch solche Relaxationsprozesse weitgehend bestimmt.

1.5 Was wollen wir wissen? 37

Eines der Probleme beim Studium dieser Energieübertragungsprozesse ist der weite Bereich der dabei vorkommenden Raten. Daher haben wir schon etwas erreicht, wenn wir die wirksameren von den weniger wirksamen Energietransferprozessen unterscheiden können. Typische Stoßrelaxationsraten für verschiedene Prozesse in der Gasphase (bei Zimmertemperatur) überdekken immerhin einen Bereich von neun Zehnerpotenzen. Um die Spielregeln für intermolekularen Energieübertrag zu verstehen, werden wir sowohl einfache Modelle heranziehen, wie auch die zugrundeliegende Theorie benutzen. Auch die Übertragung elektronischer Energie in Stößen wird behandelt.

Ein wichtiges praktisches Beispiel für die Wirkung relaxierender Stöße ist der Überschall-Düsenstrahl. In einer solchen Gas-Expansion kann eine erhebliche Abkühlung der inneren Freiheitsgrade der Moleküle vonstatten gehen, daher kann man Überschallstrahlen sehr kalter Moleküle erzeugen, die dann mit der Laser-Spektroskopie studiert werden können. Neue Information über Struktur und Dynamik wird so zutage gefördert.

Energieübertragung in Stößen von Molekülen mit Oberflächen und die Energieverteilung in Molekülen, die von Oberflächen desorbieren, werden ebenfalls in Kapitel 6 diskutiert. Laser-Spektroskopie zeigt, daß auch hier keineswegs Gleichgewicht die Regel ist.

Weitere Themen von Kapitel 6 sind die spektroskopischen Konsequenzen energieübertragender Stöße, laserunterstützte Stöße und die Spektroskopie des Stoß-Aktes selbst. Diese sogenannte „Spektroskopie des Übergangszustandes" verspricht, einen wichtigen Beitrag zu unserem Verständnis der Dynamik zu leisten.

1.5.6 Molekulare Reaktionsdynamik

Kapitel 7 ist einer noch weiter gehenden Untersuchung der Einzelheiten chemischer Umwandlung gewidmet. Als Fallstudie einer gut charakterisierten chemischen Reaktion betrachten wir die gesamte verfügbare Information über die direkte Reaktion von F mit H_2. Danach studieren wir die genauen Details der Bildung und des Zerfalls langlebiger Komplexe vom theoretischen und vom experimentellen Standpunkt aus. Wir merken, welche Fülle von Anregungsprozessen durch Hochleistungslaser möglich wurde, z.B. durch die Einstrahlung von Obertonfrequenzen, die das Molekül direkt in hohe Schwingungszustände pumpen. Bei genügend hoher Leistung ist es außerdem möglich, daß ein Molekül innerhalb sehr kurzer Zeit mehrere Photonen absorbiert. Solche Multiphoton-Prozesse sind sowohl mit infrarotem als auch mit sichtbarem und ultraviolettem Licht möglich.

Indem wir die Komplexität weiter erhöhen, wenden wir uns danach der Dynamik und der Reaktivität von Molekülen mit van-der-Waals-Bindung und von „Clustern" zu. Die Einführung neuer Methoden zur Bildung und Beobachtung solcher Dimere und Multimere stellt uns eine Zwischenstufe bereit, die zwischen elementaren Molekül-Molekül-Prozessen und Molekül-Oberflächen-Prozessen vermittelt. Diesen wenden wir uns als nächstes zu. Das Fernziel ist es, Katalyse auf dem Niveau der molekularen Beschreibung zu verstehen. Viele interessante und manche unerwartete Details werden hier sichtbar. Schließlich besprechen wir noch unser augenblickliches Verständnis der Rolle der gegenseitigen Orientierung der Reaktanden für die Reaktivität und unser Wissen von der bevorzugten relativen Orientierung der auseinanderfliegenden Produkte. Wir schließen mit einem Blick auf „neue Horizonte".

Ein durchgehendes Thema in diesem Buch ist die enge Wechselbeziehung zwischen der grundlegenden Molekültheorie und den Experimenten auf molekularem Niveau. Quantenmechanische Ab-initio Berechnungen inter- und intramolekularer Wechselwirkungen liefern inzwischen Potentialflächen brauchbarer Genauigkeit. Für die Wechselwirkung zweier einfacher Atome heißt das, daß wir heute das beobachtete Verhalten der elastischen Streuung (d.h. Winkelverteilungen und Energieabhängigkeit) vollständig vorhersagen können. Das impliziert, daß wir auch die makroskopischen Transportprozesse und andere makroskopische Größen eines solchen Systems vorausberechnen können.

Für wechselwirkende zwei- oder mehratomige Moleküle sind genaue quantenmechanische Berechnungen teilweise möglich, aber auf jeden Fall teuer. Verschiedene Approximationsverfahren erlauben es jedoch, brauchbare, wenn auch angenäherte Potentialflächen anzugeben. Haben wir die Fläche, können wir die Streutheorie (wenn möglich quantenmechanisch, normalerweise eher klassisch oder halbklassisch) benutzen, um damit inelastische oder reaktive Streuquerschnitte oder detaillierte Relaxationsraten zwischen definierten Zuständen zu berechnen. In einigen Fällen müssen wir sich kreuzende Potentialkurven bzw. mehrfache Potentialflächen berücksichtigen, um Erscheinungen wie Ladungsaustausch, Stoßionisation, den unimolekularen Zerfall angeregter Moleküle oder das Löschen von Fluoreszenz zu beschreiben. Ebenso wie die Theorie, sei sie quantenmechanisch oder klassisch, eine zentrale Rolle bei der Interpretation von Molekülspektren im Hinblick auf die Molekül*struktur* spielt, sind die neueren Entwicklungen in der Streutheorie eng mit den neuartigen Experimenten verwoben, die das Gebiet der Molekül*dynamik* charakterisieren.

In den folgenden Kapiteln können wir die ungeheure Menge interessanter und wichtiger Ergebnisse der jüngsten Forschung auf dem Gebiet der molekularen Reaktionsdynamik nur gerade antippen. Was wir allerdings hoffen, ist, daß wir ihre Sprache und ihren Geist einem größeren Leserkreis vermitteln können.

1.6 Zum Weiterlesen

1.6.1 Allgemeine Liste von Sammelbänden und Übersichtsartikeln, die im ganzen Buch ohne weiteren Hinweis zitiert werden

Almoster, M.A. (Ed.): *Ionic Processes in the Gas Phase*, Reidel, Boston, 1984

Ausloos, P. (Ed.): *Interaction between Ions and Molecules*, Plenum, New York, 1975

Ausloos, P. (Ed.): *Kinetics of Ion-Molecule Reactions*, Plenum, New York, 1979

Baer, M. (Ed.): *The Theory of Chemical Reaction Dynamics*, CRC Press, Boca Raton,Fla., 1985

Bamford, C.H., Tipper, C.F.H. (Eds.): *Chemical Kinetics*, Vol. 24, Elsevier, Amsterdam, 1983

Bederson, B., Fite, W.L. (Eds.): *Methods of Experimental Physics*, Vol. 7, Academic, New York, 1968

Benedek, G., Valbusa, U. (Eds.): *Dynamics of Gas-Surface Interaction*, Springer, Berlin, 1982

Bernstein, R.B. (Ed.): *Atom-Molecule Collision Theory. A Guide for the Experimentalist*, Plenum, New York, 1979

Birks, J.B. (Ed.): *Organic Molecular Photophysics*, Vols. 1 und 2, Wiley, New York, 1973 und 1975

Birnbaum, G. (Ed.): *Phenomena Induced by Intermolecular Interactions*, Plenum, New York, 1985

Bowers, M.T. (Ed.): *Gas Phase Ion Chemistry*, Vols. 1-3, Academic, New York, 1979-1984

Bowman, J.M. (Ed.): *Molecular Collision Dynamics*, Springer, Berlin, 1983

Brooks, P.R., Hayes, E.F. (Eds.): *State-to-State Chemistry*, American Chemical Society, Washington, D.C., 1977

Clary, D.C. (Ed.): *The Theory of Chemical Reaction Dynamics*, Reidel, Boston, 1986

Crosley, D.R. (Ed.): *Laser Probes for Combustion Chemistry*, Americal Chemical Society, Washington, D.C., 1980

Davidovits, P., McFadden, D.L. (Eds.): *The Alkali Halide Vapours*, Academic, New York, 1979

Ehlotzky, F. (Ed.): *Fundamentals of Laser Interactions*, Springer, Berlin, 1985

Eichler, J., Hertel, I.V., Stolterfot, N. (Eds.): *Electronic and Atomic Collisions*, North-Holland, Amsterdam, 1984

El-Sayed, M.A. (Ed.): *J.B. Fenn-Dedicated Issue*, J. Phys. Chem., 88, No. 20 (1984)

El-Sayed, M.A. (Ed.): *Chemical Kinetics Issue*, J. Phys. Chem., 90, No. 3 (1986)

Eyring, H., Henderson, D. (Eds.): *Theoretical Chemistry: Advances and Perspectives*, Academic, New York, 1981

Eyring, H., Jost, W., Henderson, D. (Eds.): *Physical Chemistry — An Advanced Treatise*, Vol. 6, Academic, New York, 1974-1975

Faraday Discussions of the Chemical Society, 55 (1973): *Molecular Beam Scattering*

Faraday Discussions of the Chemical Society, 62 (1977): *Potential Energy Surfaces*

Faraday Discussions of the Chemical Society, 72 (1981): *Selectivity in Heterogeneous Catalysis*

Faraday Discussions of the Chemical Society, 73 (1982): *van der Waals Molecules*

Faraday Discussions of the Chemical Society, 75 (1983): *Intramolecular Kinetics*

Ferreira, M.A.A. (Ed.): *Ionic Processes in the Gas Phase*, Reidel, Dordrecht, 1982

Fontijn, A. (Ed.): *Gas-Phase Chemiluminescence and Chemi-Ionization*, North Holland, Amsterdam, 1985

Fontijn, A., Clyne, M.A.A. (Eds.): *Reactions of Small Transient Species*, Wiley, New York, 1983

Gardiner, W.C., Jr. (Ed.): *Combustion Chemistry*, Springer, New York, 1984

George, T.F. (Ed.): *Theoretical Aspects of Laser Radiation and Its Interaction with Atomic and Molecular Systems*, University of Rochester Press, Rochester, N.Y., 1978

Gerber, R.B., Nitzan, A. (Eds.): *Dynamics of Molecule-Surface Interactions*, Isr. J. Chem., 22, No. 4 (1982)

Gianturco, F.A. (Ed.): *Atomic and Molecular Collision Theory*, Plenum, New York, 1982

Glorieux, P., Lecler, D., Vetter, R. (Eds.): *Chemical Photophysics*, Editions du CNRS, Paris, 1979

Gole, J., Stwalley, W.C. (Eds.): *Metal Bonding and Interactions in High Temperature Systems*, American Chemical Society, Washington, D.C., 1982

Gomer, R. (Ed.): *Interactions on Metal Surfaces*, Springer, Heidelberg, 1975

Gross, R.W.F., Bott, J.L. (Eds.): *Handbook of Chemical Lasers*, Wiley, New York, 1976

Haas, Y. (Ed.): *Multiphoton Excitation*, Isr. J. Chem., 24, No. 3 (1984)

Hall, R.B., Ellis, A.B. (Eds.): *Chemistry and Structure at Interfaces: New Laser and Optical Techniques*, VCH Publishers, Deerfield Beach, Fla., 1986

Harper, P.G., Wherret, B.S. (Eds.): *Nonlinear Optics*, Academic, New York, 1977

Henderson, D. (Ed.): *Theoretical Chemistry: Theory of Scattering*, Academic, New York, 1981

Hinkley, E.D. (Ed.): *Laser Monitoring of the Atmosphere*, Springer, Berlin, 1976

Hinze, J. (Ed.): *Energy Storage and Redistribution in Molecules*, Plenum, New York, 1983

Hirschfelder, J.O. (Ed.): *Intermolecular Forces*, Adv. Chem. Phys., 12 (1967)

Hochstim, A.R. (Ed.): *Kinetic Processes in Gases and Plasmas*, Academic, New York, 1969

Jackson, W.M., Harvey, A.B. (Eds.): *Lasers as Reactants and Probes in Chemistry*, Howard University Press, Washington, D.C., 1985

Jortner, J., Pullman, B. (Eds.): *Intermolecular Dynamics*, Reidel, Dordrecht, 1982

Jortner, J., Levine, R.D., Rice, S.A. (Eds.): *Photoselective Chemistry*, Adv. Chem. Phys., 47 (1981), Parts 1-2

King, D.A., Woodruff, D.P. (Eds.): *The Chemical Physics of Solid Surfaces and Heterogeneous Catalysis. Adsorption at Solid Surfaces*, Vol. 2, Elsevier, Amsterdam, 1983

Kleinpoppen, H., Williams, J.F. (Eds.): *Coherence and Correlation in Atomic Collisions*, Plenum, New York, 1980

Kleinpoppen, H., Briggs, J.S., Lutz, H.O. (Eds.): *Fundamental Processes in Atomic Collision Physics*, Plenum, New York, 1985

Kliger, D.S. (Ed.): *Ultrasensitive Laser Spectroscopy*, Academic, New York, 1983

Kompa, K.L., Smith, S.D. (Eds.): *Laser-Induced Processes in Molecules*, Springer, Berlin, 1979

Kompa, K.L., Walther, H. (Eds.): *High-Power Lasers and Applications*, Springer, Berlin, 1979

Lahmani, F. (Ed.): *Photophysics and Photochemistry above 6 eV*, Elsevier, Amsterdam, 1985

Laubereau, A., Stockburger, M. (Eds.): *Time-Resolved Vibrational Spectroscopy*, Springer, Berlin, 1985

Lawley, K.P. (Ed.): *Molecular Beam Scattering*, Adv. Chem. Phys., 30 (1975)

Lawley, K.P. (Ed.): *Photodissociation and Photoionization*, Adv. Chem. Phys., 60 (1985)

Leach, S. (Ed.): *Molecular Ion Studies*, J. Chim. Phys., 77, 7/8(1980)

Lester, W.A., Jr. (Ed.): *Potential Energy Surfaces in Chemistry*, IBM, San Jose, Calif., 1970

Letokhov, V.S., Ustinov, N.D. (Eds.): *Power Lasers and their Applications*, Harwood, New York, 1983

Levine, R.D., Jortner, J. (Eds.): *Molecular Energy Transfer*, Wiley, New York, 1976

Levine, R.D., Tribus, M. (Eds.): *Maximum Entropy Formalism*, MIT Press, Cambridge, Mass., 1979

McGowan, J.W. (Ed.): *The Excited State in Chemical Physics*, Parts 1-2, Wiley, New York, 1975, 1981

Miller, W.H. (Ed.): *Dynamics of Molecular Collisions*, Plenum, New York, 1976

Mooradian, A., Jaeger, T., Stockseth, P. (Eds.): *Tunable Lasers and Applications*, Springer, Berlin, 1976

Moore, C.B. (Ed.): *Chemical and Biochemical Applications of Lasers*, Vols. 1-5, Academic, New York, 1974-1980

Pao, Y.H. (Ed.): *Optoacoustic Spectroscopy and Detection*, Academic, New York, 1977

Picosecond Phenomena, Vol. I, Shank, C.W., Ippen, E.P., Shapiro, S.L. (Eds.), 1978; Vol. II, Hochstrasser, R.M., Kaiser, W., Shank, C.V. (Eds.), 1980; Vol. III, Eisenthal, K.B., Hochstrasser, R.M., Kaiser, W., Laubereau, A. (Eds.), 1982; Vol. IV, Auston, D.H., Eisenthal, K.B. (Eds.), Springer, Berlin, 1984

Pimentel, G.C., (Ed.): *Opportunities in Chemistry*, National Academy Press, Washington, D.C., 1985

Pullman, B. (Ed.): *Intermolecular Interactions from Diatomics to Biopolymers*, Wiley, New York, 1978

Pullman, B. (Ed.): *Intermolecular Forces*, Reidel, Boston, 1981

Pullman, B., Jortner, J., Nitzan, A., Gerber, R.B. (Eds.): *Dynamics on Surfaces*, Reidel, Boston, 1984

Radziemski, L.J., Solarz, R.W., Paisner, J.A. (Eds.): *Applications of Laser Spectroscopy*, Dekker, New York, 1986

Rahman, N.K., Guidotti, C. (Eds.): *Collisions and Half-Collisions with Lasers*, Harwood, Utrecht, 1984

Rahman, N.K., Guidotti, C. (Eds.): *Photon-Assisted Collisions and Related Topics*, Harwood, New York, 1984

Rhodes, C.K. (Ed.): *Excimer Lasers*, Springer, Berlin, ^{2}1984

Rhodin, T.N., Ertl, G. (Eds.): *The Nature of the Surface Chemical Bond*, North Holland, Amsterdam, 1979

Ross, J. (Ed.): *Molecular Beams*, Adv. Chem. Phys., 10 (1966)

Schlier, Ch. (Ed.): *Molecular Beams and Reaction Kinetics*, Academic, New York, 1970

Scoles, G., Buck, U. (Eds.): *Atomic and Molecular Beam Methods*, Oxford University Press, New York, 1986

Setser, D.W. (Ed.): *Gas Phase Intermediates, Generation and Detection*, Academic, New York, 1980

Shen, Y.R. (Ed.): *Nonlinear Infrared Generation*, Springer, Berlin, 1977

Smith, I.W.M. (Ed.): *Physical Chemistry of Fast Reactions: Reaction Dynamics*, Plenum, New York, 1980

Steinfeld, J.I. (Ed.): *Electronic Transition Lasers*, MIT Press, Cambridge, Mass., 1976

Steinfeld, J.I. (Ed.): *Lasers and Coherence Spectroscopy*, Plenum, New York, 1981a

Steinfeld, J.I. (Ed.): *Laser-Induced Chemical Processes*, Plenum, New York, 1981b

Truhlar, D.G. (Ed.): *Potential Energy Surfaces and Dynamics Calculations*, Plenum, New York, 1981

Truhlar, D.G. (Ed.): *Resonances in Electron Molecule Scattering, van der Waals Complexes, and Reactive Chemical Dynamics*, ACS Symp. Ser. No. 263 (1984)

Vetter, R., Vigue, J. (Eds.): *Recent Advances in Molecular Reaction Dynamics*, Editions CNRS, Paris, 1986

Walther, H. (Ed.): *Laser Spectroscopy of Atoms and Molecules*, Springer, Berlin, 1976

Wilson, L.E., Suchard, S.N., Steinfeld, J.I. (Eds.): *Electronic Transition Lasers II*, MIT Press, Cambridge, Mass., 1977

Woolley, R.G. (Ed.): *Quantum Dynamics of Molecules*, Plenum, New York, 1980

Zewail, A.H. (Ed.): *Advances in Laser Chemistry*, Springer, Berlin, 1978

Zewail, A.H. (Ed.): *Photochemistry and Photobiology, Proceedings of the International Conference, Alexandria, Egypt*, Vols. 1-2, Harwood, New York, 1983

1.6.2 Kürzere Übersichtsartikel als Ergänzung zu Kapitel 1

Bernstein, R.B.: *Introduction to Atom-Molecule Collisions: The Interdependency of Theory and Experiment*, in: Bernstein (1979)

Kuppermann, A., Greene, E.F.: *Chemical Reaction Cross Sections and Rate Constants*, J. Chem. Ed. 45, 361 (1968)

Lawrence, W.D., Moore, C.B., Petek, H.: *Understanding Molecular Dynamics Quantum-State by Quantum-State*, Science 227, 895 (1985)

Lee, Y.T., Shen, Y.R.: *Studies with Crossed Lasers and Molecular Beams*, Phys. Today 33, 52 (1980)

Leone, S.R.: *Laser Probing of Chemical Reaction Dynamics*, Science 227, 889 (1985)

Letokhov, V.S.: *Laser-Induced Chemical Processes*, Phys. Today 33, 34 (1980)

Levy, D.H.: *The Spectroscopy of Supercooled Gases*, Sci. Am. 245, 68 (1984)

Ronn, A.M.: *Laser Chemistry*, Sci. Am. 240, 103 (1979)

Zare, R.N., Bernstein, R.B.: *State-to-State Reaction Dynamics*, Phys. Today 33, 43 (1980)

Zewail, A.H.: *Laser-Selective Chemistry — Is It Possible?*, Phys. Today 33, 27 (1980)

2 Molekulare Stöße

Eine bimolekulare chemische Reaktion äußert sich als Austausch oder als Umordnung der Atome der Reaktanden. Vorbedingung für die Reaktion ist es daher, daß die Reaktanden sich überhaupt treffen, d.h. daß sie zusammenstoßen. Wir müssen deswegen als erstes die Faktoren verstehen, die die relative, *zwischen*molekulare Bewegung der Reaktanden beeinflussen. Erst dann können wir uns mit der Dynamik der *inner*molekularen Bewegungen befassen, die während eines reaktiven Stoßes ablaufen. Unsere erste Aufgabe ist also, die *Dynamik einfacher* molekularer *Stöße* zu verstehen. Das wird uns später in die Lage versetzen, die Bedingungen dafür untersuchen zu können, daß ein Stoß zur *Reaktion* führt.

Mit den chemischen Reaktionen werden wir daher erst in Abschn. 2.3 zur Sache kommen. Das heißt aber nicht, daß Abschn. 2.1 und 2.2 überschlagen werden sollten (selbst wenn es einer „Aktivierungsenergie" bedarf, sie zu lesen). Die Begriffe und Werkzeuge, die in diesen etwas technischen Abschnitten gebildet werden, sollen uns für den ganzen Rest des Buches weiter begleiten. Dabei kommt es weniger auf die (im allgemeinen einfachen) Ableitungen, auch nicht auf die genaue Form quantitativer Ergebnisse an, sondern auf das *Verständnis* der Begriffe und die physikalische *Bedeutung* der Formeln. In späteren Kapiteln werden wir finden, daß dieselben Ideen uns erlauben, andere Aspekte der Moleküldynamik zu verstehen, z.B. den Zusammenhang zwischen Stößen und zwischenmolekularem Potential oder die Wahrscheinlichkeiten verschiedener Energieübertragungsprozesse.

2.1 Molekulare Stöße und freie Weglänge

2.1.1 Der Begriff der Molekülgröße

Wir erinnern uns, daß viele Eigenschaften verdünnter Gase leicht verstanden werden können, wenn man sie mit dem einfachsten Molekülmodell, dem Modell nicht-wechselwirkender Massenpunkte, beschreibt. Dazu gehören hauptsächlich Gleichgewichtseigenschaften, wie die Zustandsgleichung idealer Gase und die spezifische Wärme einatomiger Gase, aber auch die Verteilung der

2.1 Molekulare Stöße und freie Weglänge

Molekülgeschwindigkeiten und das Ausströmungsgesetz von Gasen ins Vakuum. Diese Fragestellungen, die sich auf *strukturlose* Teilchen beziehen, konnten schon vor 100 Jahren mittels der klassischen Mechanik behandelt werden. Um die Gleichgewichtseigenschaft der spezifischen Wärme *molekularer* Gase zu berechnen, muß man einen Schritt weitergehen und ihre innere *Struktur* berücksichtigen. Der Einfluß von *Ausdehnung und Gestalt* der Moleküle wird schließlich dann wichtig, wenn wir die Eigenschaften von Gasen im *Nicht*gleichgewicht erklären wollen.

Sobald wir die räumliche Homogenität, die ein Gas im Gleichgewicht hat, stören, veranlassen wir das Gas zu einer Antwort, die auf eine Verkleinerung der Störung abzielt. Der Mechanismus dieser *Relaxation* wird von den stets vorhandenen molekularen Stößen geliefert.

2.1.2 Transporterscheinungen

Wir betrachten ein Gas, dem durch zwei gegenüberstehende Flächen verschiedener Temperatur ein Temperaturgradient aufgezwungen wird. Mit Hilfe von Stößen wird dann Energie von der warmen Fläche durch das Gas auf die kalte Fläche transportiert. Die Tendenz ist, daß sich die Temperatur der Flächen angleicht und so der Temperaturgradient abgebaut wird. Entsprechend tendiert ein Druckgradient dazu, einen Fluß im Gas in Bewegung zu setzen, der das Druckgefälle zum Verschwinden bringt, wobei impulsübertragende molekulare Stöße den Fluß in Gang setzen. Ganz allgemein zielt die Antwort des Gases immer in Richtung der Wiederherstellung des Gleichgewichts. Die beobachtbare Geschwindigkeit dieser Antwort wird von der Rate der zwischenmolekularen Stöße und daher von der Größe der Moleküle bestimmt. Diese bestimmt nämlich die mittlere freie Weglänge λ, d.h. die mittlere Wegstrecke, die ein Molekül zwischen aufeinanderfolgenden Stößen durchmißt. Messungen der Transportkoeffizienten (Wärmeleitung, Zähigkeit, Diffusion) sind daher ein Weg, um die Größe der Moleküle zu charakterisieren. Wir werden diesen Weg allerdings nicht weiter verfolgen, sondern die *direkte* experimentelle Bestimmung der mittleren freien Weglänge mit Hilfe von Molekularstrahlen betrachten.

2.1.3 Bestimmung der freien Weglänge im Streuexperiment

Die wesentlichen Bestandteile eines solchen Experiments sind ein kollimierter Strahl von Molekülen (Sorte A), der entlang der x-Achse gerichtet sei, und der durch eine Streukammer der Länge l geht, die ein Gas von sogenannten Target-Molekülen (Sorte B) enthält. Die Intensität des Strahls wird dadurch abgeschwächt, daß einige A-Moleküle durch Streuung an (d.h.

2 Molekulare Stöße

Stöße mit) B-Molekülen aus dem Strahl gelenkt werden. Mit einem *Detektor* für den Nachweis von Molekülen messen wir denjenigen Bruchteil von A-Molekülen, der durchgelassen, also nicht gestreut wird, als Funktion der Anzahldichte n_B der Moleküle im Targetgas. Um die mittlere freie Weglänge zu bestimmen, gehen wir so vor: $I(x)$ sei der Fluß der A-Moleküle im Strahl, definiert als die Zahl der Moleküle, die pro Zeiteinheit die Flächeneinheit (senkrecht zum Strahl) durchdringen. Ausgedrückt durch die Geschwindigkeit v der Strahlmoleküle gilt

$$I(x) = v n_A(x), \tag{2.1}$$

wo $n_A(x)$ die Anzahldichte der A-Moleküle an der Stelle x des Strahls ist. Wegen der Stöße mit dem Targetgas werden A-Moleküle aus dem Strahl gelenkt, so daß der Strahlfluß entlang der x-Richtung der Streukammer abnimmt.

Die mittlere Wegstrecke λ, die ein Strahlmolekül im Targetgas durchfliegt, ehe es durch einen Stoß aus dem Strahl gelenkt wird, steht mit dem relativen Intensitätsverlust im Strahl in der Beziehung

$$-\frac{\Delta I}{I} = \frac{I(x) - I(x + \Delta x)}{I(x)} \approx \frac{\Delta x}{\lambda}, \tag{2.2}$$

d.h. für genügend kleines Δx ist die relative Abnahme des Strahlflusses gerade $\Delta x/\lambda$. Als Grenzwert er gibt sich

$$-\frac{\mathrm{d}I}{I\mathrm{d}x} = -\frac{\mathrm{d}\ln I}{\mathrm{d}x} = \frac{1}{\lambda}. \tag{2.3}$$

Integration von Gl. (2.3) zwischen 0 und der Länge l ergibt dann das erwartete Ergebnis

$$I(l) = I(0)\exp\left(-\frac{l}{\lambda}\right), \tag{2.4}$$

wo $I(0)$ der Fluß am Eingang ($x = 0$) der Streukammer und $I(l)$ der Fluß an ihrem Ende ist.

Der Strahlfluß ist daher eine exponentiell abnehmende Funktion der Länge des Streuwegs. Das Ergebnis entspricht völlig der Abschwächung eines Lichtstrahls durch Absorption und heißt dort Lambert-Beersches Gesetz. Bild 2.1 zeigt Ergebnisse für einen CsCl-Strahl, der an den Targetgasen Ar bzw. CH_2F_2 gestreut wird. Aufgetragen ist die logarithmierte relative Transmission $I(l)/I(0)$ gegen den Streugasdruck. Wir sehen, daß die mittlere freie Weglänge umgekehrt proportional zu diesem ist, d.h. $\lambda \propto p^{-1}$.

Die Betrachtung von Bild 2.1 zeigt auch, daß für jede Gasdichte die Abschwächung des CsCl-Strahls (und damit die freie Weglänge) für das polare

2.1 Molekulare Stöße und freie Weglänge 47

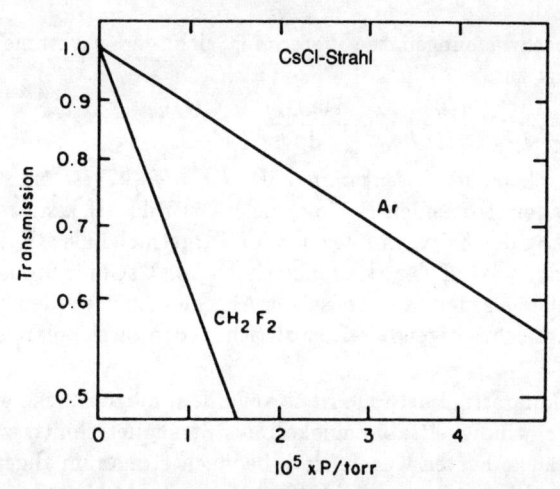

Bild 2.1 Abschwächungsdaten für die Streuung eines thermischen ($\simeq$ 1100 K) CsCl-Strahls durch Ar-Atome bzw. polare CH_2F_2-Moleküle ($\simeq$ 300 K, Streukammerlänge 44 mm). Der Logarithmus der durchgelassenen Intensität nimmt linear mit dem Druck des Targetgases p und daher mit dessen Dichte n_B ab. (Nach H. Schumacher, R.B. Bernstein, E.W. Rothe: J. Chem. Phys., 33, 584 (1960))

Gas CH_2F_2 stärker (daher λ kleiner) ist als für Ar. Im nächsten Kapitel werden wir die beiden Einflüsse Gasdichte und Molekülart trennen und so ein wahres Maß für die Molekülgröße bekommen: den Streu- oder Stoßquerschnitt für die A-B-Stöße.

2.1.4 Der Streuquerschnitt

Die Wahrscheinlichkeit, daß ein Molekül A auf der Strecke x bis $x+\Delta x$ einen Stoß macht, ist durch $\Delta x/\lambda$ gegeben, sie sollte aber auch proportional zu $n_B (= p_B/kT)$, der Anzahldichte der Targetmoleküle, sein. Daher ist $\Delta x/\lambda \propto n_B \Delta x$. Wir definieren jetzt den Stoßquerschnitt oder Streuquerschnitt σ als diejenige Proportionalitätskonstante, die $1/\lambda = \sigma n_B$ macht, d.h.

$$\lambda = \frac{1}{n_B \sigma}. \tag{2.5}$$

Mit (2.5) in (2.4) erhält man dann

$$I(l) = I(0) \cdot \exp(-n_B l \sigma). \tag{2.6}$$

Der Stoßquerschnitt ist ein Maß für die Ausdehnung der zusammenstoßenden Moleküle. Je größer er ist, desto kleiner ist die mittlere freie Weglänge, und desto häufiger gibt es molekulare Zusammenstöße.

2 Molekulare Stöße

Aus den Abschwächungsdaten berechnet sich der wirksame Streuquerschnitt[1] sofort zu

$$\sigma = \frac{1}{n_B l} \ln\left(\frac{I(0)}{I(l)}\right) \propto -\frac{d\ln I(l)}{dp}, \qquad (2.7)$$

wo p der Druck in der Streukammer ist. ($p = n_B kT$ ist ein Maß für die Anzahldichte der streuenden B-Moleküle.) Aus Bild 2.1 kann man ablesen, daß die Steigung der Kurve $\ln I$ gegen p für Targetmoleküle CH_2F_2 größer ist als für Ar-Atome, so daß der Streuquerschnitt von CsCl für Stöße mit CH_2F_2 erheblich größer als der mit Ar ist. In Abschn. 3.2.4 werden wir das den stärkeren langreichweitigen Kräften zwischen den zwei polaren Molekülen zuschreiben.

Mit der Molekularstrahlmethode ist es außerdem möglich, eine eventuell bestehende Geschwindigkeitsabhängigkeit des Streuquerschnitts zu messen.[2] Da Moleküle keine harten Kugeln sind, beobachtet man im allgemeinen eine Verkleinerung von σ mit steigender Stoßenergie (vgl. Abschn. 2.1.7).

2.1.5 Die Stoßfrequenz

Ehe wir dieses Thema verlassen, ist es nützlich, ein paar einfache Zusammenhänge zwischen der mittleren freien Weglänge, der Häufigkeit von Stößen und dem bimolekularen Ratenkoeffizienten für molekulare Stöße hinzuschreiben.

Für ein Strahlmolekül der Geschwindigkeit v, das durchschnittlich zwischen zwei Stößen den Weg λ zurücklegt, ist die Zahl der Stöße pro Zeiteinheit ω im Mittel

$$\omega = \frac{v}{\lambda} = v n_B \sigma, \qquad (2.8)$$

wobei von (2.5) Gebrauch gemacht wurde. Die Größe ω ist als Stoßzahl oder Stoßfrequenz bekannt.

Eine andere wichtige Größe ist die Häufigkeit oder Rate Z der bimolekularen Stöße pro Volumeneinheit. Z ist ein bimolekularer Ratenkoeffizient, der in

---

[1] Der gemessene Querschnitt kann auch noch durch den kleinsten Winkel beeinflußt werden, den das Experiment auflösen kann.
[2] Eine Möglichkeit, diese Messung durchzuführen, gibt die Flugzeitmethode: Der Strahl wird vor dem Eintritt in die Streukammer mechanisch in kurze Impulse zerhackt. Die Strahlintensität am Detektor zu einer späteren Zeit t ist dann durch die Moleküle der Geschwindigkeit $v = L/t$ bestimmt, wo L die Wegstrecke vom Zerhacker bis zum Detektor ist. Vergleicht man die mit und ohne Streugas durchgelassene Strahlintensität bei gegebener Geschwindigkeit v, so kann man die Abhängigkeit der Abschwächung von der Geschwindigkeit und damit $\sigma(v)$ ausrechnen.

denselben Einheiten, z.B. cm³mol⁻¹sec⁻¹, gemessen wird wie der bekannte Ratenkoeffizient für Reaktionen zweiter Ordnung. Er bezieht sich allerdings auf *alle* Stöße zwischen A und B und nicht nur auf diejenigen, die zu einer Reaktion führen. Da ein Molekül A im Gas B der Dichte n_B pro Zeiteinheit ω Stöße durchführt, ist

$$Z = v\sigma. \tag{2.9}$$

Man beachte, daß $Z = Z(v)$ nicht der übliche Ratenkoeffizient ist: Er bezieht sich auf Stöße, für die die Relativgeschwindigkeit (hier die Strahlgeschwindigkeit) nach Größe und Richtung wohldefiniert ist. Der übliche „thermische" Ratenkoeffizient $Z(T)$ ist ein Mittelwert von $Z(v)$ über die Verteilung der Relativgeschwindigkeiten der Moleküle beider Gase im thermischen Gleichgewicht

$$Z(T) = \langle Z(v) \rangle = \langle v\sigma \rangle. \tag{2.10}$$

Die spitzen Klammern bezeichnen dabei die Bildung des Mittelwertes über die Geschwindigkeitsverteilung in einem Gas der Temperatur T.

Schon an dieser Stelle möchten wir darauf hinweisen, daß der bimolekulare Ratenkoeffizient für eine Reaktion, $k(T)$, ebenso durch einen Ausdruck

$$k(T) = \langle v\sigma_R(v) \rangle \tag{2.11}$$

gegeben wird. σ_R ist aber jetzt der *Reaktions*querschnitt für A-B-Stöße. Da höchstens *alle* A-B-Stöße zur Reaktion führen können, ist $\sigma_R \leq \sigma$ und $k(T) \leq Z$. Wegen der starken Mittelungsprozesse, die sich hinter den unschuldigen Klammern $\langle \rangle$ in (2.10) und (2.11) verbergen, ist es jedoch schwer, Information über $\sigma_R(v)$ aus $k(T)$ herauszuholen.

Nachdem wir eine Methode für die direkte Messung von λ und somit σ gewonnen haben, wollen wir nun versuchen, für die Größe und die Geschwindigkeitsabhängigkeit des Stoßquerschnitts eine physikalische Interpretation zu finden.

2.1.6 Moleküle als harte Kugeln

Um die physikalische Bedeutung des Streuquerschnitts besser zu verstehen, beginnen wir mit einem sehr idealisierten Modell: Moleküle als harte Kugeln. Wenn ein Molekül der Sorte A einem der Sorte B entgegenfliegt, soll - so nehmen wir an - so lange keine Wechselwirkung erfolgen, bis ihr Abstand einen bestimmten Wert d unterschritten hat. Diesen können wir als Summe der Radien der beiden Kugeln interpretieren. In anderen Worten: ein Stoß erfolgt, sobald der Mittelpunkt eines Moleküls sich dem anderen so weit

2 Molekulare Stöße

angenähert hat, daß er in eine Kugel mit dem Radius d um das zweite Molekül eintritt (Bild 2.2).

Wir stellen uns vor, daß eine solche Kugel jedes Strahlmolekül umgibt. In der Ebene senkrecht zur Strahlgeschwindigkeit entspricht der Kugel eine Kreisfläche mit dem Radius d. Das Molekül überstreicht daher einen Zylinder mit dem Volumen $\pi d^2 \Delta x$, wenn es sich um eine Strecke Δx durch das Targetgas bewegt. Wenn der Mittelpunkt eines Target-Moleküls in diesem Volumen liegt, wird ein Stoß stattfinden, und das Strahlmolekül wird von der x-Achse abgelenkt und geht dem Detektor verloren.

Die Wahrscheinlichkeit, daß ein Strahlmolekül während des Flugs entlang der Strecke Δx einen Stoß erleidet (d.h. $\Delta x/\lambda$ nach Gl. (2.2)), ist daher einfach die Wahrscheinlichkeit, im Volumen $\pi d^2 \Delta x$ ein Target-Molekül zu finden, d.h.

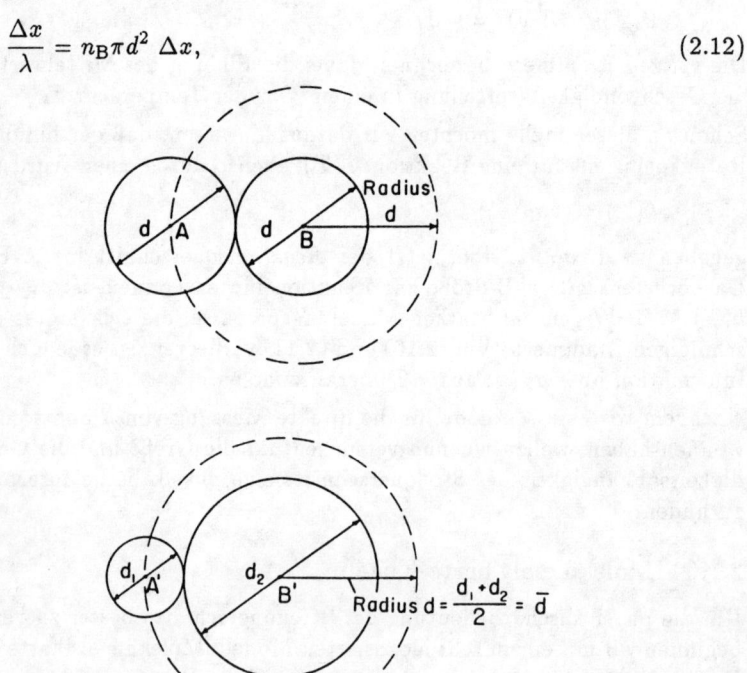

$$\frac{\Delta x}{\lambda} = n_B \pi d^2 \, \Delta x, \qquad (2.12)$$

Bild 2.2 Stoß harter Kugeln. (Oben:) Zwei Kugeln mit gleichem Durchmesser d mit den Mittelpunkten bei A und B. (Unten:) Die gestrichelte „Ersatzkugel" hat den Radius $\bar{d} = (d_1 + d_2)/2$, der gleich d im oberen Teilbild ist.

2.1 Molekulare Stöße und freie Weglänge

wo n_B wie oben die Anzahldichte des Targetgases ist. Mit Gl. (2.5) erhalten wir daher für das Modell harter Kugeln (und nur für dieses)

$$\sigma_{HK} = \pi d^2, \qquad (2.13)$$

so daß der Streuquerschnitt nichts anderes ist als die Fläche, die ein Targetmolekül vom Strahlmolekül sieht (und umgekehrt).

Chemiker haben seit langem eine verbesserte Version dieses einfachen Modells harter Kugeln benutzt, bei dem jedem *Atom* im Molekül eine harte Kugel zugeordnet wird. Dabei wird der Radius d so festgelegt, wie es sich aus Transportphänomenen und Abweichungen vom idealen Gasgesetz ergibt. Solche Modelle betonen einen wichtigen Aspekt, der bisher in unserer einfachen Beschreibung fehlt: Die zwischenmolekularen Kräfte hängen nicht nur vom Abstand, sondern auch von der gegenseitigen Orientierung der Moleküle ab. Diese Orientierungsabhängigkeit wird uns (in Abschn. 2.4.4 und 4.2.6) auf den Begriff des sterischen Faktors in reaktiven Molekülstößen führen.

2.1.7 Realistische intermolekulare Potentiale

Es ist klar, daß reale Moleküle keine harten Kugeln sind. Trotzdem können wir ihre Stoßquerschnitte ähnlich interpretieren: der Querschnitt ist die „effektive" oder „äquivalente" Fläche σ, so daß $1/(n\sigma)$ gleich der experimentell ermittelten mittleren freien Weglänge ist, d.h. daß Gl. (2.5) gilt. Um Gebrauch von diesen Messungen zu machen, müssen wir allerdings lernen, was uns diese effektive Fläche über das reale zwischenmolekulare Potential sagt. Dies können wir vollständig erst in Kapitel 3 tun. Ein vorläufiger Überblick über die wichtigsten Dinge soll jedoch schon hier gegeben werden.

Zunächst bemerken wir, daß die kurzreichweitige abstoßende Kraft $F(R)$ zwischen realen Molekülen natürlich nicht „unendlich hart" ist. D.h., das Potential ist keine „senkrechte Wand" an einer bestimmten Stelle $R = d$ des Kernabstands. Eher kann man schon von einer exponentiellen Abstoßung

$$V(R) = A \cdot \exp\left(-\frac{R}{\rho}\right) \qquad (2.14)$$

reden, so daß sich die Kraft zu

$$F(R) = \frac{A}{\rho} \cdot \exp\left(-\frac{R}{\rho}\right) \qquad (2.15)$$

ergibt, wo ρ ein charakteristischer Längenparameter (von typischerweise 0.1 bis 0.4 Å für einfache Moleküle) ist, und A die Stärke der Kraft (in Energieeinheiten) angibt.

52 2 Molekulare Stöße

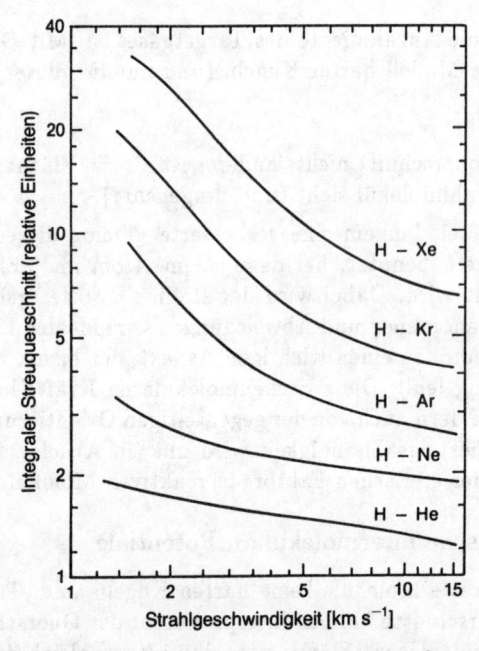

Bild 2.3 Typische Geschwindigkeitsabhängigkeit des integralen Streuquerschnitts bei hohen Geschwindigkeiten. Die Streuung ist hauptsächlich vom abstoßenden Teil des Potentials abhängig. Gezeigt ist die doppelt-logarithmische Darstellung von $\sigma(v)$ für die elastische Streuung von H an Edelgasen. (Nach R.W. Bickes, B. Lantsch, J.P. Toennies, K. Walaschewski: Faraday Discuss. Chem. Soc. 55, 167 (1973))

Die funktionale Form der abstoßenden Kräfte wird aus der Analyse von Streuexperimenten mit Strahlen hoher Geschwindigkeit gewonnen. Sie zeigen (vgl. Kapitel 3), daß der Stoßquerschnitt typischerweise abnimmt, wenn die Geschwindigkeit bzw. die Stoßenergie zunimmt (s. Bild 2.3). Wie man in Bild 2.4 sieht, wird die exponentielle Form der Abstoßung auch bei Systemen aus einem Ion und einem neutralen Atom gefunden.

Noch interessanter ist das Ergebnis von Stoßversuchen bei niedrigen, „thermischen" Energien. Diese Stöße sind besonders empfindlich gegenüber dem *lang*reichweitigen Teil des Potentials (vgl. Abschn. 3.1.4). Wir werden in Abschn. 3.1.8 sehen, daß aus der globalen Energieabhängigkeit des Querschnittes folgt, daß ein realistisches zwischenmolekulares Potential einen anziehenden langreichweitigen Teil von der Form (Bild 2.5)

$$V(R) \approx -\frac{C_6}{R^6} \tag{2.16}$$

2.1 Molekulare Stöße und freie Weglänge 53

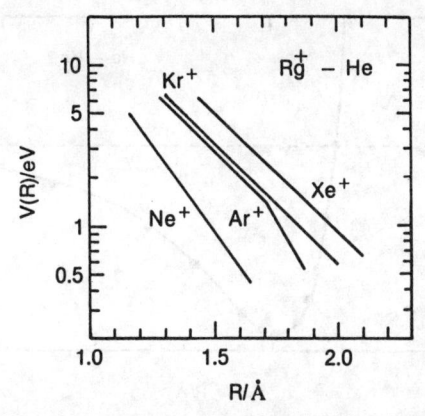

Bild 2.4 Experimentell bestimmte abstoßende Potentiale zwischen den Edelgasionen und He. Sie wurden aus der Energieabhängigkeit der Ionenstrahlstreuung gewonnen. (Nach H. Inouye, K. Tanji-Noda: J. Chem. Phys., 77, 5990 (1982))

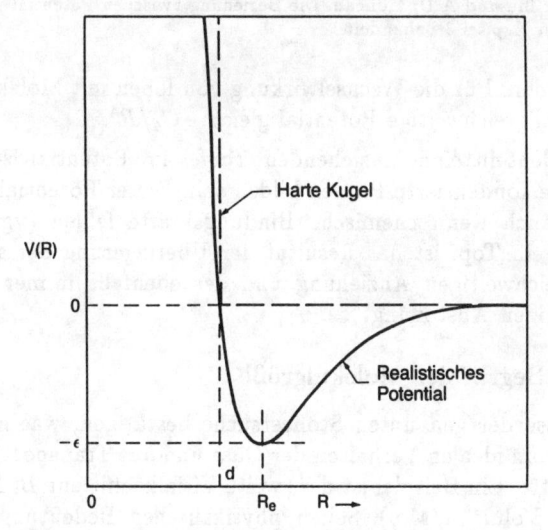

Bild 2.5 Schematische Darstellung eines realistischen zwischenmolekularen Potentials (durchgezogene Kurve). Das Minimum des anziehenden Topfes liegt bei R_e und hat die Tiefe $V(R_e) = -\epsilon$. Zum Vergleich zeigt die gestrichelte senkrechte Linie bei d das Potential für das Harte-Kugel-Modell.

hat. Diese R^{-6}-Abhängigkeit ist typisch für nichtpolare neutrale Moleküle mit geschlossenen Elektronenschalen. Noch weiter reichen die Kräfte, die der Anziehung polarer Moleküle zugrunde liegen, wie wir in Abschn. 3.2.4 be-

54   2 Molekulare Stöße

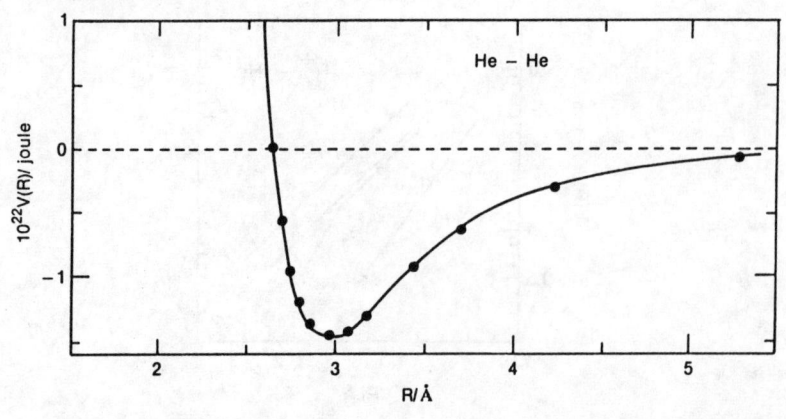

Bild 2.6 Zwischenatomares Potential für das Paar He-He. Die durchgezogene Kurve stellt experimentelle Werte dar (nach A.L. Burgmans, J.M. Farrar, Y.T. Lee: J. Chem. Phys., **64**, 1345 (1976)), die Punkte stammen aus unveröffentlichen Rechnungen von B. Liu und A.D. McLean. Die Beziehung zwischen Potential und Streudaten wird in Kapitel 3 behandelt.

sprechen werden. Für die Wechselwirkung von Ionen mit Molekülen schließlich ist das langreichweitige Potential gleich $-C_4/R^4$.

Das Vorhandensein eines anziehenden *Topfes* im Potential ist notwendig, wenn Materie kondensierte Phasen bilden soll. Dieser Potentialtopf ist stets vorhanden, auch wenn chemische Bindungskräfte fehlen (vgl. dazu Bild 2.6)[3]. Solch ein Topf ist das Resultat der Überlagerung der stets vorhandenen langreichweitigen Anziehung und der ebenfalls immer anwesenden kurzreichweitigen Abstoßung.

2.1.8 Der Begriff der Molekülgröße

Die Ergebnisse der genannten Stoßversuche bestätigen, was man aus Abweichungen vom idealen Verhalten der Gase und aus Transportphänomenen abgeleitet hatte. Ein Beispiel ist der zweite Virialkoeffizient $B(T)$ (gemessen in Einheiten Volumen/Mol). Seiner physikalischen Bedeutung nach ist er der mittlere relative Unterschied zwischen dem tatsächlichen Molvolumen einer Molekülsorte und demjenigen Molvolumen, das einer gleichmäßigen Verteilung der Moleküle im Raum entspräche. Für harte Kugeln ergibt die Betrachtung des ausgeschlossenen Volumens $B(T) = \frac{2}{3}N_A \pi d^3 > 0$, wo N_A die Avogadrozahl ist. Experimentell findet man zwar für hohe Temperaturen

---

[3] Der anziehende Topf für He-He ist nur 0.9 meV tief, er ist auf ±5% genau bekannt.

2.1 Molekulare Stöße und freie Weglänge

eine positive T-unabhängige Asymptote, aber bei niedrigen Temperaturen ist der Wert oft negativ, ein Ausfluß der schwachen *Netto-Anziehung* zwischen den Molekülen. Andere makroskopische Eigenschaften, insbesondere die Transportkoeffizienten, sind ebenfalls vom zwischenmolekularen Potential abhängig und zu seiner Bestimmung benutzt worden.

Wie empfindlich sind nun die verschiedenen makroskopischen Phänomene gegenüber den Details unseres molekularen Modells? In Tabelle 2.1 zeigen wir eine Liste makroskopischer Phänomene, die auf verschiedenen Beschreibungsebenen für Moleküle und ihre Wechselwirkung verstanden werden können. Wir sehen, daß die Vorstellung eines orientierungsabhängigen zwischenmolekularen Potentials mit kurzreichweitiger Abstoßung und langreichweitiger Anziehung geeignet ist, *alle* Makro-Phänomene zu beschreiben (wenigstens solange die Moleküle im Grundzustand sind). Unglücklicherweise können wir jedoch das Potential aus diesen Eigenschaften nicht eindeutig bestimmen. Die „Auflösung" makroskopischer Experimente ist nicht so gut, wie wir es gerne hätten. Das ist der Grund, weswegen man sich dem *mikroskopischen*, d.h. dem Stoßexperiment zugewandt hat, genauer gesagt, der direkten Messung der Winkelverteilung der Streuung. Mit Molekularstrahlen durchgeführt, haben sich solche Experimente als die emp-

Tab. 2.1 Molekülmodelle und die damit erklärbaren Phänomene

	Modell	Erklärbare Wechselwirkungen	Makroskopische Phänomene
(a)	Punktmassen	Keine	Ideales Gas, Effusion u.ä.
(b)	Harte Kugeln	Abstoßung, Kontakt	van-der-Waals-Parameter b (ausgeschlossenes Volumen), Transportkoeffizienten bei hohen T für Kugelmoleküle
(c)	Harte konvexe Körper	wie (b)	Transportkoeffizienten bei hohen T für nichtsphärische Moleküle
(d)	Weiche Kugeln	Abstoßung, Kompressibilität	T-Abhängigkeit der Transportkoeffizienten (sphärische Moleküle)
(e)	Weiche Kugeln	wie (d), aber mit langreichweitiger Anziehung	Volle Zustandsgleichung (sphärische Moleküle), Kondensation
(f)	Weiche nichtsphärische Körper	wie (e), aber winkelabhängige Kräfte	Reale Flüssigkeiten aus anisotropen Molekülen: Gleichgewichts- und Transporteigenschaften

2 Molekulare Stöße

findlichste Methode für die Bestimmung zwischenmolekularer Potentiale erwiesen.

Aber wie kommt man vom beobachteten Streuquerschnitt zum Potential? Bevor wir diese Frage beantworten, wollen wir erst einen genaueren Blick auf die *Rolle des Potentials* in der Dynamik molekularer Stöße werfen.

2.2 Die Dynamik elastischer Stöße

2.2.1 Elastische Stöße strukturloser Teilchen

Es besteht wenig Aussicht, reaktive oder auch nur inelastische (lediglich Energie übertragende) Stöße zu verstehen, wenn wir nicht vorher den Umgang mit der einfachsten Kategorie molekularer Stöße lernen: den *elastischen* Stößen *strukturloser Teilchen*. Die einzige Auswirkung des Stoßes ist es in diesem Fall, daß die Teilchen sich gegenseitig von ihrer ursprünglichen geraden Bahn ablenken.

Stöße zwischen Edelgasatomen sind bei niedriger Energie stets elastisch, dagegen können Stöße zwischen Molekülen, die ja eine innere Struktur besitzen, ihre innere Energie verändern oder sogar chemische Umordnung hervorbringen. Thermische unimolekulare Reaktionen sind ein bekanntes Beispiel, wo die zur Isomerisierung oder Dissoziation notwendige Energie durch bimolekulare inelastische Stöße aufgebracht wird. Selbst bei niedrigen Temperaturen sind inelastische Stöße wichtig, besonders für große vielatomige Moleküle mit ihren dicht gepackten Energieniveaus (vgl. Bild 1.5). Eine Folge solcher energieübertragenden Stöße ist es, daß das Absorptionsspektrum dieser Moleküle auch bei Zimmertemperatur recht komplex ist, weil so viele Anfangszustände besetzt sind. (Experimentell kann man dies vermeiden, wenn man die Moleküle in einem Überschallstrahl abkühlt, vgl. Exkurs 5B.)

Auf den kommenden Seiten wenden wir vorerst unsere Aufmerksamkeit den einfachen *elastischen* Stößen strukturloser Teilchen zu, deren charakteristische Eigenschaften auch für das Verständnis sehr viel komplizierterer Stoßphänomene wichtig sind.

2.2.2 Das Schwerpunktsystem

Die vollständige Beschreibung zweier Teilchen, die sich im dreidimensionalen Raum stoßen, verlangt die Angabe von $2 \cdot 3 = 6$ skalaren Koordinaten als Funktion der Zeit. Die Kräfte zwischen den Teilchen hängen jedoch nur vom gegenseitigen Abstand R zwischen den Stoßpartnern ab. Es ist daher

2.2 Die Dynamik elastischer Stöße

vorteilhaft, den Stoß nicht durch Angabe der Bewegung jedes einzelnen Teilchens zu beschreiben, sondern durch Angabe ihres Abstandsvektors R und der Bewegung ihres Schwerpunkts (SP, cm = center of mass). Da gewöhnlich keine äußeren Kräfte wirken, ist die Bewegung des SP ungestört (d.h. geradlinig gleichförmig) und die damit verbundene kinetische Energie während des ganzen Stoßes konstant. Es ist daher zweckmäßig, diese konstante Energie von der Gesamtenergie abzuziehen und nur den Rest, die kinetische Energie der Relativbewegung, zu betrachten. Das ist gleichbedeutend mit der Benutzung des sogenannten *Schwerpunktssystems* (SPS), d.h. eines Koordinatensystems, in welchem der SP der zusammenstoßenden Moleküle ruht.

Wegen des Impulserhaltungssatzes muß im SPS gelten:

$$m_1 w_1 + m_2 w_2 = 0, \tag{2.17}$$

wo m_1 und m_2 die Massen und w_1 und w_2 die Geschwindigkeiten der Teilchen 1 und 2 relativ zum SP sind[4]. Die *Relativgeschwindigkeit* v ist

$$v = w_1 - w_2 \tag{2.18}$$

und die relative kinetische Energie

$$T = \frac{1}{2} m_1 w_1^2 + \frac{1}{2} m_2 w_2^2 = \frac{1}{2} \mu v^2. \tag{2.19}$$

Dabei ist

$$\mu = \frac{m_1 m_2}{m_1 + m_2} \tag{2.20}$$

die reduzierte Masse, und der zweite Teil von Gl. (2.19) folgt aus (2.17) und (2.18).

Bei Abwesenheit von Kräften, die auf die beiden Teilchen wirken, sind ihre Geschwindigkeiten und daher auch T zeitlich konstant. Wenn sie sich jedoch so weit genähert haben, daß ihre Wechselwirkung beginnt, ändert sich die relative kinetische Energie. Nur die gesamte Stoßenergie

$$E = \frac{1}{2} \mu v_0^2 = T + V(R) = \text{const} \tag{2.21}$$

---

[4] Der Zusammenhang zwischen den Geschwindigkeiten der Teilchen $i(i = 1,2)$ im Labor- und im Schwerpunktssystem wird durch $v_i = v_{cm} + w_i$ hergestellt, wo v_i die Geschwindigkeiten im Labor bezeichnet, w_i diejenigen im SP-System, und $v_{cm} = (m_1 v_1 + m_2 v_2)/(m_1 + m_2)$ die Geschwindigkeit des SP im Labor ist.

bleibt erhalten. Dabei ist v_0 der Anfangswert der Relativgeschwindigkeit in einem Abstand, wo $V(R) = 0$ gesetzt werden kann. E ist daher auch gleich der kinetischen Energie vor und nach dem Stoß. Die momentane kinetische Energie *während* des Stoßes $T = E - V(R)$ hängt von R ab, solange die Teilchen wechselwirken, d.h. $V(R) \neq 0$ ist. Die Aufteilung der Gesamtenergie während des Stoßverlaufs in kinetische und potentielle Energie wird durch Gl. (2.21) bestimmt. In den nächsten zwei Abschnitten wollen wir die Konsequenzen dieser Beziehung untersuchen.

2.2.3 Die Zentrifugalenergie

Die Relativbewegung zweier Teilchen unter dem Einfluß einer Kraft, die nur von ihrem gegenseitigen Abstand abhängt, ähnelt der Bewegung eines Planeten um die Sonne. Wie Kepler beobachtete und Newton begründete, sind solche Bewegungen auf eine Ebene beschränkt. Es genügt daher, zwei Koordinaten anzugeben, um die Relativbewegung festzulegen: Der Abstandsvektor R kann durch Angabe seiner Länge R und seiner Orientierung ψ relativ zu einer festen Richtung festgelegt werden (Bild 2.7).

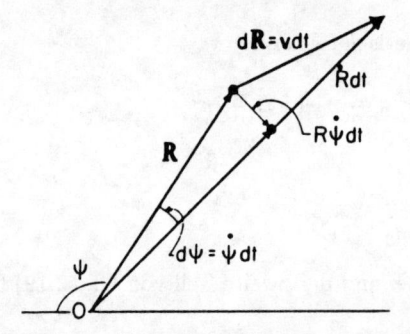

Bild 2.7 Zerlegung des Vektors $v dt = R(t + dt) - R(t)$ in seine Radialkomponente $\dot{R} dt$ und seine Tangentialkomponente $R d\psi = R\dot{\psi} dt$. Letztere ist senkrecht zu R und stellt daher die Veränderung der Richtung von R dar. Der nicht gezeichnete Drehimpulsvektor L steht senkrecht auf der durch $R(t)$ und $R(t+dt)$ aufgespannten Zeichenebene.

Im Laufe des Stoßes ändern sich sowohl der Relativabstand R wie der Orientierungswinkel ψ. Bezeichnen wir wie üblich die Ableitung nach der Zeit mit einem Punkt, so ist $\dot{R}$ die Geschwindigkeit, mit der sich die Teilchen nähern oder voneinander entfernen und $\dot{\psi}$ die Winkelgeschwindigkeit der Rotation von R während des Stoßes. Nun ist es offensichtlich, daß wir $R(t)$ kennen müssen, um den Stoß zu beschreiben, da es die Annäherung und das Auseinanderfliegen der Teilchen beschreibt. Wozu brauchen wir aber $\psi(t)$?

2.2 Die Dynamik elastischer Stöße

Zwei Gründe sind es, die die Beschäftigung mit $\psi(t)$ erfordern. Erstens nimmt die *Rotation* von R, d.h. die Änderung von ψ mit der Zeit, *Energie auf*. Je näher die Atome sich kommen, desto kleiner ist ihr Trägheitsmoment (im SPS: $I = \mu R^2$) und um so größer ist die Rotationsenergie $E_{\text{rot}} = \frac{1}{2}I\omega^2 = \frac{1}{2}\mu R^2 \dot\psi^2$. Da diese Energie nicht zur Verfügung steht, um das zwischenatomare Potential $V(R)$ zu überwinden, d.h., um bei ansteigendem Potential R noch zu verkleinern, brauchen wir ein Maß für die in der Rotation von R steckende Energiemenge, um zu beschreiben, wie nahe sich die Teilchen kommen können. Die Rotation verhindert jedenfalls, daß sich die Teilchen so nahekommen, wie sie es bei $\dot\psi = 0$ täten. Wir diskutieren die Frage, wie nahe die Teilchen sich kommen können, d.h. wieviel Energie hierfür vorhanden ist, im nächsten Kapitel.

Der zweite Grund, sich mit $\psi(t)$ zu beschäftigen, ist so wichtig, daß ihm fast das ganze Kapitel 3 gewidmet ist: Vor und nach dem Stoß, wenn die Teilchen weit voneinander entfernt sind und keine Kräfte wirken, bewegen sie sich auf geraden Bahnen. Dann ist natürlich $\dot\psi(t) = 0$, weswegen sich ψ nur ändert, wenn die Teilchen sich nahe sind. Indem wir die *gesamte Änderung von ψ im Stoß* messen, bekommen wir Einsicht in die während des Stoßes zwischen den Teilchen wirkenden Kräfte. Mehr darüber in Kapitel 3.

Die *Zentrifugalenergie*, d.h. diejenige Energiemenge, die in der Rotation steckt, steigt bei Annäherung der Teilchen an. Daher steht bei kleiner werdendem R ein immer kleinerer Teil der ursprünglichen kinetischen Energie für die Annäherung der Teilchen zur Verfügung. Dieser Übergang von ursprünglicher translatorischer kinetischer Energie in Rotationsenergie spielt in molekularen Stößen eine Schlüsselrolle. Daher bringt Abschn. 2.2.5 eine detaillierte, quantitative Behandlung dieses Themas. In den Abschn. 2.2.4 und 2.2.6 beschränken wir uns auf eine mehr qualitative Diskussion.

2.2.4 Der Stoßparameter

Wir suchen jetzt ein Maß dafür, wie zentral ein Stoß ist, um damit ψ aus dem Ausdruck für die Zentrifugalenergie zu eliminieren und den Minimalabstand im Stoß berechnen zu können. Wir beginnen mit einem einfachen Fall.

In der Abwesenheit von gegenseitigen Kräften bewegt sich jedes Teilchen auf einer Geraden. Der relative Abstandsvektor R kann dann als

$$R = R_1 - R_2 = (R_{10} + v_1 t) - (R_{20} + v_2\,t) = b + vt \quad (2.22)$$

geschrieben werden. $v = v_1 - v_2 = w_1 - w_2$ ist die Relativgeschwindigkeit und die Vektoren v und b spannen die Stoßebene auf. Wählen wir t so, daß für $t = 0$ der kleinste Abstand der Teilchen erreicht wird (der Stoß beginnt also bei negativen Zeiten), so ist b der Vektor des kleinsten Abstands zwischen den Teilchen und muß senkrecht auf v stehen (vgl. Bild 2.8).

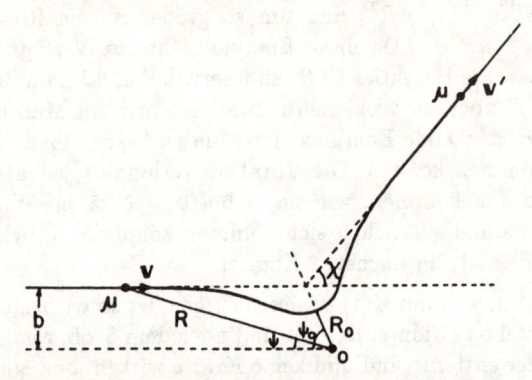

Bild 2.8 Eine Stoßtrajektorie im Schwerpunktsystem. Die durchgezogene Kurve stellt eine Bahn mit der Anfangsgeschwindigkeit v und dem Stoßparameter b dar. Der Abstandsvektor $R(t)$ ist durch seine Komponenten, Abstand R und Orientierungswinkel ψ eindeutig festgelegt. Der gesamte Ablenkwinkel ist $\chi = \pi - 2\psi_0$, wo ψ_0 der Wert von ψ beim Minimalabstand ist. Ohne Potential würde die Bahn der horizontalen gestrichelten Linie folgen. Die Trajektorie $R(t)$ entspricht derjenigen eines Teilchens der Masse μ, das an einem im Ursprung O fixierten Potential $V(R)$ gestreut wird.

Der Stoßparameter b ist also der Abstand der größten Annäherung der beiden Teilchen in *Abwesenheit* gegenseitiger Kräfte zwischen ihnen. Wir können b jedoch auch bei Anwesenheit von Kräften als Betrag von b definieren, wenn der Vektor b so gewählt wird, daß Gl. (2.22) *vor* dem Stoß, d.h. für genügend große negative t, richtig war. Zwar ist b jetzt nicht mehr der Abstand stärkster Annäherung, aber er ist immer noch ein Maß für die Zentralität des Stoßes. Bei kleinem b zielt der Stoß praktisch „mitten hinein", während er für große b „am Rande vorbeigeht". (Für harte Kugeln berühren sich die Teilchen überhaupt nur dann, wenn $b < d$ ist, sonst findet gar kein Stoß statt.)

Bild 2.8 zeigt eine Stoßbahn oder Trajektorie in Abwesenheit und Anwesenheit eines Kraftfeldes zwischen den Teilchen. Der Ablenkwinkel oder *Streuwinkel* χ ist der Winkel zwischen der Anfangsgeschwindigkeit v und der Endgeschwindigkeit v'.

Jetzt können wir die Relativbewegung der beiden Teilchen weiter diskutieren. Wenn wir später chemisch reaktive Stöße studieren, werden wir finden,

2.2 Die Dynamik elastischer Stöße

daß die einfachen hier eingeführten Begriffe den Schlüssel für das Verständnis der viel komplizierteren Dynamik *molekularer* Stöße darstellen.

Wir sagten schon, daß während der Teilchenbewegung der relative Abstandsvektor $\boldsymbol{R}(t)$ sich in zweierlei Weise mit der Zeit t ändert: Sein Betrag $R(t)$, der Abstand zwischen den Teilchen, ändert sich, und seine Richtung, bestimmt durch $\psi(t)$, dreht sich. Es gibt daher zwei Anteile der kinetischen Energie der Relativbewegung

$$T = \frac{1}{2}\mu \dot{\boldsymbol{R}}^2 = \frac{1}{2}\mu(\dot{R}^2 + R^2\dot{\psi}^2). \tag{2.23}$$

Hier haben wir $d\boldsymbol{R} = \dot{\boldsymbol{R}}dt$ in zwei Bestandteile zerlegt (Bild 2.7). Die beiden Summanden in (2.23) stellen die kinetische Energie der Änderung von Betrag und Richtung von $\boldsymbol{R}$ getrennt dar. Der erste Teil ist die (kinetische) *Radialenergie*, d.h. die kinetische Energie, die von der Geschwindigkeitskomponente in Richtung des Abstands zwischen den Teilchen herrührt. Der zweite Teil ist die *Zentrifugalenergie*, d.h. diejenige kinetische Energie, die durch die Geschwindigkeitskomponente senkrecht zu diesem Abstand bestimmt wird.

Der Stoßparameter b ist ein Maß für die Zentralität des Stoßes. Wir vermuten daher, daß die Zentrifugalenergie durch b bestimmt wird. Im nächsten Kapitel sehen wir in der Tat, daß bei großem Abstand

$$\omega = \dot{\psi} = \frac{bv}{R^2}, \tag{2.24}$$

wo v die Anfangsgeschwindigkeit und $E = \frac{1}{2}mv^2$ die Anfangs- und damit Gesamtenergie ist. Daher ist $(R\dot{\psi})^2 = b^2v^2/R^2$, und wir können (2.23) in

$$T = \frac{1}{2}\mu \dot{R}^2 + \frac{Eb^2}{R^2} \tag{2.25}$$

umschreiben. In dieser Form ist die kinetische Energie nur noch von $R(t)$ und den vorher festgelegten Werten von Stoßenergie und Stoßparameter abhängig.

Mit (2.25) haben wir die Zahl der Koordinaten, die zur Beschreibung einer Stoßtrajektorie nötig sind, von zwei auf eine reduziert. Wir halten fest: Gibt man im Schwerpunktsystem die reduzierte Masse, die Stoßenergie und den Stoßparameter vor, so wird die Trajektorie durch eine einzige Funktion der Zeit beschrieben, nämlich durch den Relativabstand $R(t)$ der zusammenstoßenden Teilchen.

2.2.5 Drehimpulserhaltung und Stoßparameter

Wir wenden uns jetzt einer quantitativen Diskussion der Bewegungsgleichungen für den Stoß zweier strukturloser Teilchen zu. Der Kraftvektor zwischen ihnen liegt in der Verbindungsachse, daher ist

$$m_1 \ddot{R}_1 = F(R) \cdot \hat{R} \text{ und } m_2 \ddot{R}_2 = -F(R) \cdot \hat{R}.$$

Hier ist $\hat{R}$ ein Einheitsvektor in Richtung von $R = R_1 - R_2$, und die Kraft auf Teilchen 2 ist natürlich gleich der negativen Kraft auf Teilchen 1. Mit zwei Punkten ist, wie üblich, die zweite Ableitung nach der Zeit, d.h. die Beschleunigung der Teilchen, bezeichnet. Es folgt sofort

$$\mu \ddot{R} = F(R) \cdot \hat{R}. \tag{2.26}$$

Schon Newton zeigte, daß aus Gl. (2.26) die Erhaltung des Drehimpulses der Relativbewegung relativ zum Schwerpunkt folgt. Dieser ist durch das Vektorprodukt

$$L = R \times \mu \dot{R} \tag{2.27}$$

definiert, seine Konstanz ergibt sich aus

$$\dot{L} = \dot{R} \times \mu \dot{R} + R \times \mu \ddot{R} = 0, \tag{2.28}$$

da beide Summanden als Kreuzprodukt zwischen parallelen Vektoren verschwinden.

Die Erhaltung der *Richtung* von L hat zur Folge, daß die Stoßtrajektorie auf eine Ebene beschränkt bleibt. Um dies einzusehen, betrachte man die Ebene senkrecht zu L, die (nach (2.27)) durch die beiden Vektoren $R(t)$ und $R(t + dt) = R(t) + \dot{R}(t) dt$ aufgespannt wird. Da die *Richtung* von L konstant ist, bleiben $R(t)$ und $R(t + dt)$ somit immer in derselben Ebene. Deshalb genügt es auch, die Trajektorie bloß durch zwei Variablen R und ψ zu beschreiben.

Die Konstanz des *Betrages* L von L können wir benutzen, um $\psi(t)$ durch $R(t)$ und b auszudrücken. Wir betrachten zuerst L vor dem Stoß. Da b senkrecht zur Anfangsgeschwindigkeit steht (s. bei Gl. (2.22)), ist

$$L = \mu v b. \tag{2.29}$$

Während des Stoßes ist die Komponente von $\dot{R}$, die senkrecht auf R steht (vgl. Bild 2.7), $R\dot{\psi}$, daher ist

$$L = \mu R^2 \dot{\psi} = I\omega \tag{2.30}$$

2.2 Die Dynamik elastischer Stöße

Da L während des Stoßes konstant ist, sind diese beiden Werte gleich, und wir erhalten Gl. (2.24): $\dot{\psi} = bv/R^2$.

In der Quantenmechanik sind für L nur noch die diskreten Werte $L = (l(l+1))^{\frac{1}{2}}\hbar$ erlaubt, wo die Bahndrehimpuls-Quantenzahl l nur ganze Zahlen $0, 1, 2, \ldots$ annimmt. Aus (2.29) folgt dann $b = L/\mu v = (l(l+1))^{\frac{1}{2}}/\mu v$ oder angenähert $b \approx (l + \frac{1}{2})/k$, wo $k = 2\pi/\lambda = \mu v/\hbar$ die Wellenzahl der de Broglie-Welle ist. Für die Stöße schwerer Teilchen, d.h. von Atomen und Molekülen, bei normalen Energien ist diese Wellenlänge im Vergleich zu den Molekülradien sehr klein, also $kd \gg 1$. Daraus folgt, daß selbst mittleren Werten von b recht hohe Werte von l ($10 \ldots 1000$ und mehr) entsprechen. Damit ergibt sich schon jetzt, daß in vielen Fällen die klassische Näherung angemessen sein wird (mehr dazu später).

2.2.6 Die Zentrifugalbarriere

Indem R während des Stoßes abnimmt, wird die kinetische Energie, die anfangs allein aus Translationsenergie (erster Summand in Gl. (2.25)) besteht, mehr und mehr in Zentrifugalenergie (zweiter Summand) umgewandelt. Da $\psi(t)$ in (2.25) nicht mehr vorkommt, können wir die Stoßtrajektorie bestimmen, indem wir bei vorgegebenen Werten von E und b die dem Energiesatz entsprechende Gleichung

$$E = T + V(R) = \frac{1}{2}\mu \dot{R}^2 + \frac{Eb^2}{R^2} + V(R)$$
$$= \frac{1}{2}\mu \dot{R}^2 + \frac{L^2}{2\mu R^2} + V(R) \qquad (2.31)$$

lösen, d.h. $R(t)$ daraus bestimmen. Für spätere Anwendungen schreiben wir dies noch als

$$E\left(1 - \frac{b^2}{R^2}\right) = \frac{1}{2}\mu \dot{R}^2 + V(R). \qquad (2.31a)$$

Die Annäherungsbewegung der beiden Moleküle ist offenbar äquivalent zur Bewegung *einer* Masse μ in einem Potential $V(R)$ mit einer effektiven kinetischen Energie $E(1 - b^2/R^2)$. Diese wird oft als Energie „entlang der Verbindungslinie" (line-of-centers) bezeichnet. Sie ist um so kleiner, je größer b ist.

Eine gleichwertige Betrachtungsweise ist es, die Zentrifugalenergie und das Potential $V(R)$ als „effektives Potential"

$$V_{\text{eff}}(R) = V(R) + E\frac{b^2}{R^2} \qquad (2.32)$$

64 2 Molekulare Stöße

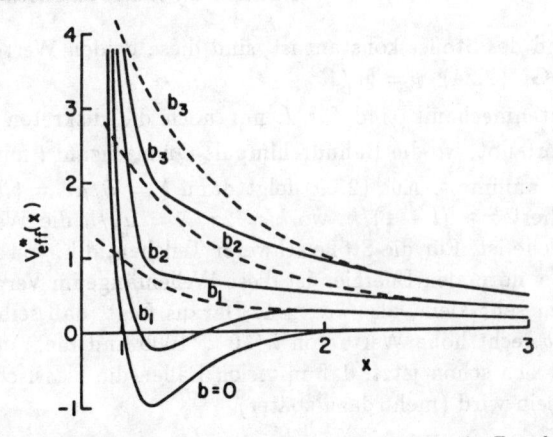

Bild 2.9 Das effektive Potential V_{eff} bei gegebener Gesamtenergie E und bei verschiedenen Stoßparametern b ($b_3 > b_2 > b_1 > 0$) für ein realistisches Wechselwirkungspotential. Abszisse und Ordinate in dimensionslosen reduzierten Einheiten. Die gestrichelten Kurven gelten für $V = 0$. Für $0 \leq b < b_2$ hat V_{eff} ein Maximum.

zusammenzufassen (Bild 2.9), so daß

$$E = \frac{1}{2}\mu \dot{R}^2 + V_{\text{eff}}(R) \tag{2.33}$$

Die Zentrifugalenergie wirkt wie ein abstoßendes Zusatzpotential, das auch als *Zentrifugalbarriere* bekannt ist.[5] Sie verhindert eine zu große Annäherung der stoßenden Teilchen dadurch, daß die bei der Annäherung ansteigende Zentrifugalenergie Eb^2/R^2 auf Kosten der potentiellen und der radialen kinetischen Energie aufgebracht werden muß, da die Gesamtenergie ja erhalten bleibt. Schließlich wird ein Punkt kleinster Annäherung, der *Umkehrpunkt* R_0, erreicht, an dem $\dot{R} = 0$ wird. Aus (2.31) sehen wir, daß R_0 als Lösung der impliziten Gleichung

$$E = V(R_0) + E\frac{b^2}{R_0^2} \tag{2.34}$$

berechnet werden kann. Ist kein Potential vorhanden, so ist $R_0 = b$, wie oben erwähnt. Für das Modell harter Kugeln erhält man, wie erwartet,

$$R_0 = \begin{cases} b, & \text{falls } b > d \\ d, & \text{falls } b \leq d. \end{cases} \tag{2.35}$$

Mit anderen Worten, wenn $b > d$ ist, kommen sich die Kugeln nicht nahe

---

[5] Die quantenmechanische Zentrifugalbarriere ist $\hbar^2\, l(l+1)/2\mu R^2$.

2.2 Die Dynamik elastischer Stöße 65

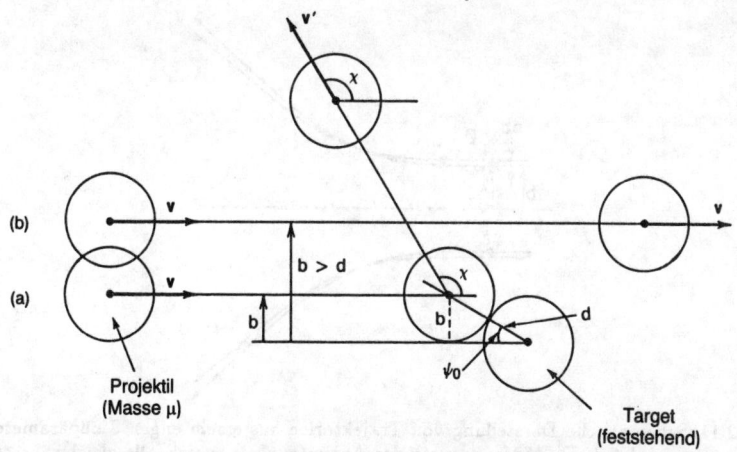

Bild 2.10 Modell harter Kugeln: Trajektorien für zwei verschiedene Stoßparameter.
a) Falls $b \leq d$, gibt es einen Stoß mit dem Ablenkwinkel χ. Es gilt $\chi = \pi - 2\psi_0$ mit $\psi_0 = \arccos(b/d)$. Die Radialenergie (line-of-centers energy) ist $E_{lc} = \frac{1}{2}\mu(v\cos\psi_0)^2 = E(1 - \sin^2\psi_0) = E(1 - b^2/R^2)$.
b) Ist $b > d$, so gibt es keinen Stoß, und es ist $v' = v$ und $\chi = 0$.

genug, um die harte Abstoßung zu spüren und fliegen ohne Wechselwirkung geradeaus weiter. Am Punkt größter Annäherung ist $R = b$, und die ganze kinetische Energie ist in Rotationsenergie Eb^2/R_0^2 umgesetzt worden. Für $b < d$ reicht die Radialenergie $E(1 - b^2/R^2)$ aus, um $R = d$ zu erreichen. Bild 2.10 vergleicht die Bahnen in diesen beiden Fällen.

Für realistischere zwischenmolekulare Potentiale hängt der Abstand der größten Annäherung sowohl von b als auch von E ab. Man sieht allerdings aus Gl. (2.34), daß für genügend große Stoßparameter $R_0 \to b$ gehen muß, unabhängig von der Stoßenergie. Bei der Behandlung von Stößen mit großem b ist daher $R_0 \approx b$ oft eine gute Näherung.

2.2.7 Der Stoßquerschnitt

Wir haben gesehen, daß bei gegebener Energie und bekanntem Stoßparameter die Stoßtrajektorie eindeutig definiert ist. Wir betrachten jetzt Stöße, deren Stoßparameter zwischen b und $b + db$ liegt. Da alle Orientierungen von L bzw. b in einer Ebene senkrecht zu v gleich wahrscheinlich sind, müssen alle diese Bahnen einen Kreisring mit dem Radius b und der Breite db in dieser Ebene durchsetzen (Bild 2.11). Alle Bahnen in diesem Ring sind äquivalent.

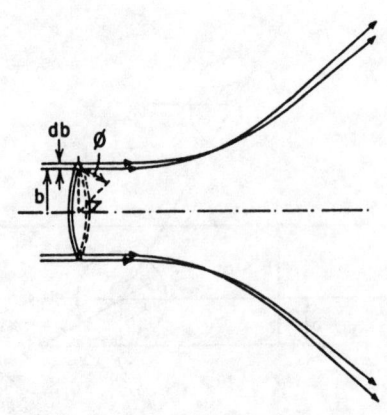

Bild 2.11 Schematische Darstellung von Trajektorien aus einem engen Stoßparameterbereich bei b. Die Anfangswerte des Azimutwinkels φ sind alle gleichwahrscheinlich, so daß alle Trajektorien, die in den Kreisring zwische b und $b+db$ eintreten, in einen engen, zylindersymmetrischen Kegelbereich gestreut werden.

Wir haben oben den Stoßquerschnitt als die effektive Fläche in der Ebene senkrecht zu v definiert, in der der Abstandsvektor R liegen muß, damit ein Stoß stattfindet. Ist daher b im Bereich $b \ldots b + db$, so ist der zugehörige (differentielle) Streuquerschnitt gleich der Ringfläche

$$d\sigma = 2\pi b\, db, \tag{2.36}$$

die die Bahn durchsetzen muß. Schreiben wir nur die Energie vor, so werden Stöße mit allen möglichen Werten von b vorkommen, daher ist der gesamte Streuquerschnitt

$$\sigma = \int_0^d 2\pi b\, db. \tag{2.37}$$

Das Integral muß über den gesamten Stoßparameterbereich genommen werden, der zu einem Stoß führt. Für das Modell harter Kugeln finden nach Gl. (2.35) Stöße nur für $b \leq d$ statt. Daher ist für harte Kugeln

$$\sigma = \int_0^d 2\pi b\, db = \pi d^2. \tag{2.38}$$

In Abschn. 3.1 werden wir die Berechnung von σ für realistische Potentiale besprechen. Wir werden die Quantenmechanik anwenden müssen, um die obere Integrationsgrenze des Integrals (2.37) für realistische, langreichweitige zwischenmolekulare Kräfte zu bestimmen. Es wird sich zeigen, daß die Unbestimmtheitsrelation dafür sorgt, daß der Stoßquerschnitt endlich bleibt. An dieser Stelle wollen wir uns jetzt zunächst einmal den *reaktiven* molekularen Stößen zuwenden, nachdem der Boden dafür vorbereitet ist.

2.3 Der Reaktionsquerschnitt

Die Reaktionsrate einer elementaren bimolekularen Reaktion in der Gasphase, z.B. F + HCl → Cl + HF, wird durch den „thermischen" Ratenkoeffizienten (rate constant, deutsch auch: Geschwindigkeitskonstante) $k(T)$, der nur eine Funktion der Temperatur ist, beschrieben. Er ist ein Maß für die Geschwindigkeit, mit der die Reaktanden abnehmen und die Produkte erscheinen, hier z.B.

$$-\frac{d[F]}{dt} = \frac{d[Cl]}{dt} = k(T)[F][Cl] \qquad (2.39)$$

Auf der molekularen Beschreibungsebene ist diese chemische Veränderung das Resultat vieler molekularer Stöße, bei denen die Stoßpartner sowohl nach ihrem inneren Anregungszustand als auch nach ihrer Translationsgeschwindigkeit verschieden sind. Gleichermaßen ist über die Anregungszustände der Produkte und ihre Winkelverteilung stillschweigend summiert worden.

In diesem Buch haben wir uns vorgenommen, vom makroskopischen Beschreibungsniveau (für das Gl. (2.39) ein Beispiel ist) herunter auf das mikroskopische Niveau zu gehen. Zu den Eigenschaften, die wir auskundschaften wollen, gehören die folgenden:

a) Die energetischen Bedingungen für die chemische Reaktion, insbesondere die Schwellenenergie, d.h. die kleinste Energie, bei der die Reaktion ablaufen kann, und die Änderung der Reaktivität mit der translatorischen und inneren Energie der Reaktanden,[6]
b) die sterischen Bedingungen für die Reaktivität, d.h. ihre Abhängigkeit von der relativen Orientierung der Reaktanden,
c) die Energieaufteilung in den Produkten und
d) die Winkelverteilung der Produkte nach der Reaktion.

Einen Anfang bezüglich c) und d) haben wir in Kapitel 1 schon gemacht. Ehe wir weitermachen, müssen wir sehen, wie eine Reaktionsrate bei nichtthermischen Verhältnissen beschrieben werden kann.

---

[6] Die Schwellenenergie ist dabei nicht gleich der Aktivierungsenergie im Arrhenius-Gesetz für $k(T)$. Die letztere ist vielmehr die mittlere Energie aller Stöße, die zur Reaktion führen, minus der mittleren Energie aller Stöße. Siehe dazu Abschn. 4.4.

2.3.1 Definition des Reaktionsquerschnitts

Wir definieren den Reaktionsquerschnitt oder reaktiven Stoßquerschnitt σ_R auf ähnliche Weise wie den totalen Streuquerschnitt in Abschn. 2.2. Für Moleküle, die mit einer wohldefinierten Relativgeschwindigkeit v zusammenstoßen, wird der Reaktionsquerschnitt so definiert, daß der elementare, noch von der Geschwindigkeit v abhängige Ratenkoeffizient $k(v)$ durch

$$k(v) = v \cdot \sigma_R \tag{2.40}$$

gegeben wird. Lassen wir daher einen Molekülstrahl eine Streukammer durchsetzen, so ist der Verlust, den die Strahlintensität durch *reaktive* Stöße erleidet,

$$-\left(\frac{dI}{dx}\right)_R = k(v) n_A n_B = I(x) n_B \sigma_R. \tag{2.41}$$

Hier ist (ebenso wie in Gl. (2.1) bis (2.4)) $I(x)$ der Fluß der Strahlmoleküle an der Stelle x und n_B die Anzahldichte der durchsetzten Reaktanden. Es führen jedoch nicht alle Stöße zur Reaktion, daher ist $\sigma_r \leq \sigma$, und es genügt nicht, nur die Abschwächung des Strahls zu messen. Wir müssen auch wissen, wieviele der Stöße reaktiv sind, d.h., wir müssen den Bruchteil der Anfangsintensität bestimmen, der in Reaktionsprodukte umgewandelt wird.

Ein leichter Fall für die Messung des Produktflusses sind Reaktionen, die Ionen erzeugen: Man sammelt diese einfach mit einem elektrischen Feld auf. Eine interessante Klasse solcher Reaktionen ist die endotherme Stoßionisation, wo zwei neutrale Moleküle zusammenstoßen und ein Ionenpaar bilden, z.B.

$$K + Br_2 \rightarrow K^+ + Br_2^-$$

(ohne Atomaustausch) oder

$$N_2 + CO \rightarrow NO^+ + CN^-$$

mit gleichzeitigem Atomaustausch.

Ein anderer Reaktionstyp, bei dem Ionen sowohl als Reaktanden wie als Produkte beteiligt sind, sind die sogenannten *Ionen-Molekülreaktionen*, z.B.

$$H_2^+ + He \rightarrow HeH^+ + H.$$

Natürlich muß man hier nicht nur die geladenen oder die neutralen Reaktionsprodukte sammeln, man muß auch ihre chemische Natur feststellen. Das wird normalerweise mit Massenspektrometern durchgeführt. Ganz besonders wichtig ist es, wenn mehrere Reaktionswege möglich sind, z.B. (Bild 2.12)

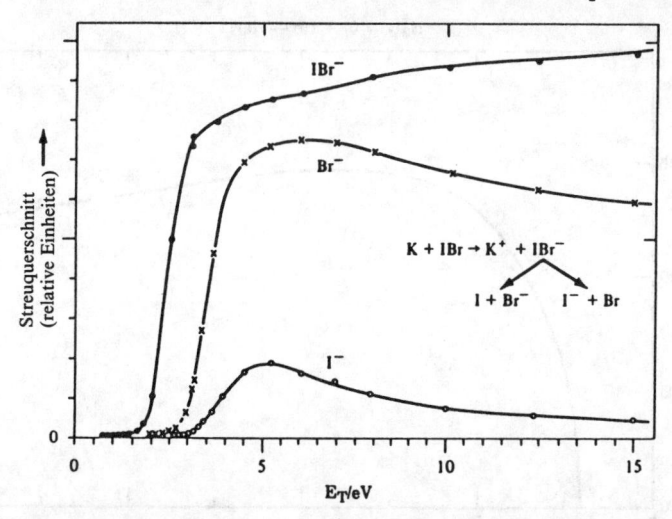

Bild 2.12 Querschnitte für die Bildung negativer Ionen beim Stoß schneller K-Atome mit Br. Die Stoßenergie E geht bis 15 eV. (Nach D.J. Auerbach, M.M. Hubers, A.P. Baede, J. Los, Chem. Phys. 2, 107 (1973))

$$K + IBr \rightarrow \begin{cases} KI + Br \\ KBr + I \\ K^+ + IBr^- \\ K^+ + Br^- + I \\ K^+ + I^- + Br. \end{cases}$$

Man gibt dann oft auch noch das *Verzweigungsverhältnis*, d.h. den relativen Beitrag jedes Prozesses zum totalen Reaktionsquerschnitt an. Eine weitergehende Analyse, die sich auch noch für Winkelverteilungen und für den inneren Zustand der Produkte interessiert, verlangt im allgemeinen *zwei gekreuzte* Molekularstrahlen als Ausgangsanordnung. Das wird in den Abschn. 3.3 und 5.3 besprochen.

2.3.2 Die energetische Schwelle für eine Reaktion

Wir beginnen unsere Beschäftigung mit der Rolle der Energie in der chemischen Dynamik, indem wir die Abhängigkeit des Reaktionsquerschnitts von der Translationsenergie der Stoßpartner untersuchen. Bild 2.13 zeigt diese für die Reaktion $H_2^+ + He$, die für viele endotherme Reaktionen typisch ist. Der Reaktionsquerschnitt ist bis zu einer *Schwellenenergie* E_{th} gleich Null (*threshold* = Schwelle), wobei E_{th} mit der Endoergizität

$$\Delta E_0 = D_0(H_2^+) - D_0(HeH^+) = 2.65 - 1.84 \text{ eV} = 0.82 \text{ eV} \quad (2.42)$$

2 Molekulare Stöße

$$H_2^+(v=0) + He \rightarrow HeH^+ + H$$

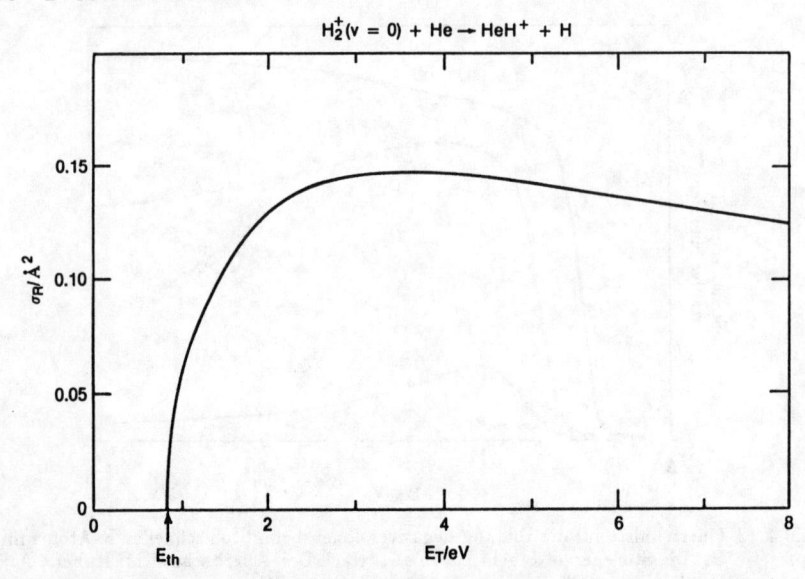

Bild 2.13 Abhängigkeit des Querschnitts für die Reaktion $H_2^+(v=0) + He \rightarrow HeH^+ + H$ von der Translationsenergie zwischen Schwelle ($E_{th} = 0.8$ eV) und 8 eV. (Nach T. Turner, O. Dutuit, Y.T. Lee: J. Chem. Phys., 81, 3475 (1984))

gleichgesetzt werden kann.[7] Er steigt dann schnell mit der Translationsenergie an.

Eine Energieabhängigkeit der gleichen Form wird häufig auch bei Reaktionen beobachtet, die eine *Aktivierungsbarriere* haben. Hier ist σ_R unterhalb einer Schwellenenergie praktisch gleich Null, die *höher* liegt als das, was der Energiesatz „erlaubt". Ein Beispiel ist die exotherme Reaktion

$$O + H_2 \rightarrow OH + H$$

oder die nahezu thermoneutrale Reaktion

$$H + D_2 \rightarrow HD + D,$$

die Schwellenenergien von etwa 4 kJ mol^{-1} bzw. 41 kJ mol^{-1} haben (vgl. Bild 2.14). Eine Energieschwelle findet sich also *notwendigerweise* bei allen

---

[7] In dieser Reaktion findet man die Schwellenenergie gleich dem Minimalwert, den man aufgrund thermochemischer Daten erwartet, d.h. gleich der Differenz der Bindungsenergien von Reaktanden und Produkten. Die Reaktion hat also keine nennenswerte Aktivierungsbarriere.

2.3 Der Reaktionsquerschnitt 71

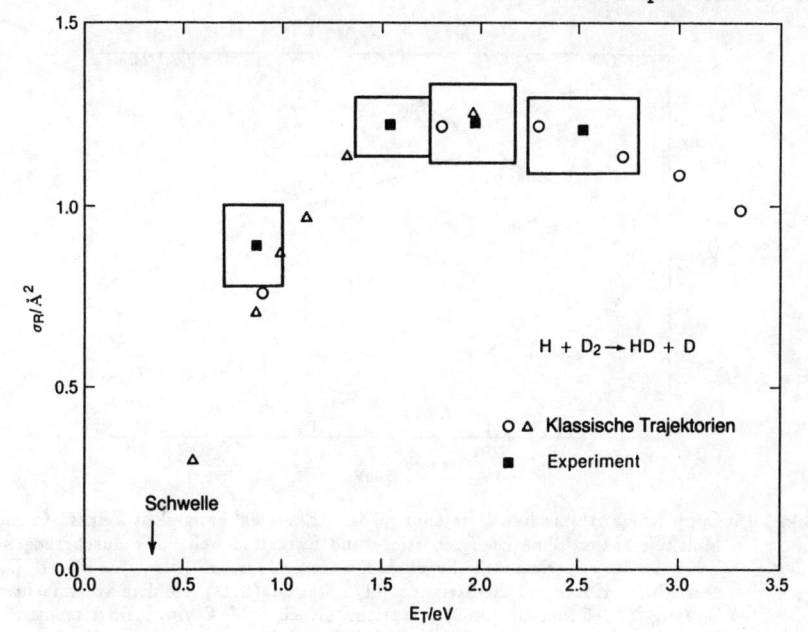

Bild 2.14 Abhängigkeit des Querschnitts für die Reaktion $H + D_2 \to HD + D$ von der Translationsenergie. Dreiecke: Klassische Trajektorienrechnung (N.C. Blais, D.G. Truhlar, unveröffentlicht) ; Kreise: gleichartige Rechnungen von I. Schechter (unveröffentlicht) ; Rechtecke: Experimentelle Ergebnisse aus einem Experiment mit zwei Lasern (zur Erzeugung der schnellen H-Atome bzw. zum Nachweis der H- bzw. D-Atome, vgl. Abschn. 1.4.5). (Nach K. Tsukimaya, B. Katz, R. Bersohn: J. Chem. Phys., 84, 1934 (1986), unter Benutzung unveröffentlichter Daten)

endothermen Reaktionen, sie *kann* sich als *effektive* Schwelle aber auch bei exothermen finden. Die Schwellenenergie E_{th} kann zwar nicht kleiner als die Endothermizität ΔE_0 sein, wohl aber viel größer.

Eine wichtige Klasse von Reaktionen, für die man sich besonders in der Chemie der Atmosphäre, der Aeronomie, interessiert, sind die exothermen Ionen-Molekülreaktionen, z.B.

$$N^+ + O_2 \to \begin{cases} NO^+ + O \\ N + O_2^+ .\end{cases}$$

Solche Reaktionen zeigen in der Regel keine Schwellenenergie, und der Reaktionsquerschnitt für alle außer den allerkleinsten Energien ergibt sich als

72 2 Molekulare Stöße

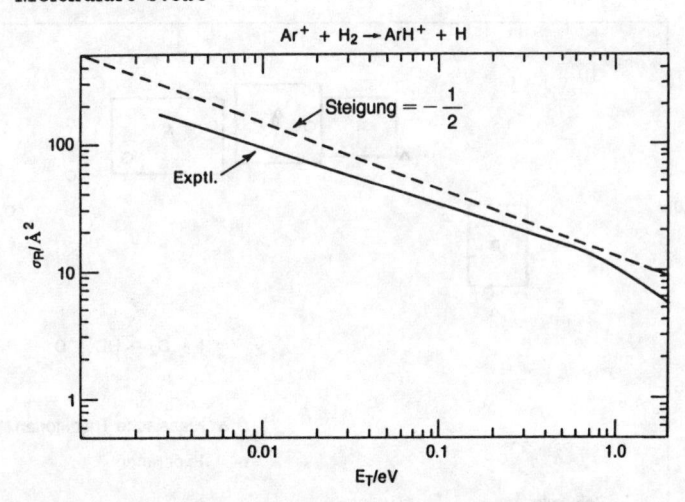

Bild 2.15 Doppeltlogarithmische Darstellung der Energieabhängigkeit einer Ionen-Molekülreaktion ohne Energiebarriere und Energieschwelle. Die durchgezogene Kurve ist das experimentelle Ergebnis für das System $Ar^+ + H_2 \rightarrow ArH^+ + H$. Die gestrichelte Kurve hat die Steigung $-1/2$ von Gl. (2.43), die dem vereinfachten Einfang-Modell von Gl. (2.59) entspricht. (Nach K.M. Ervin, P.B. Armentrout: J. Chem. Phys., 83, 166 (1985))

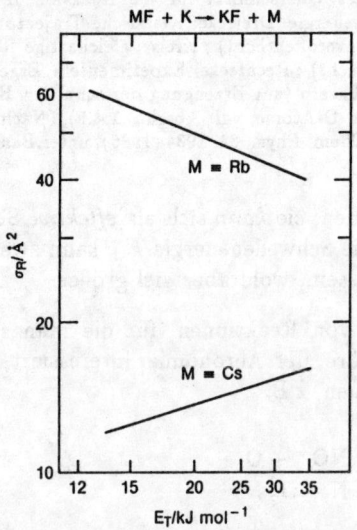

Bild 2.16 Translations-Energieabhängigkeit der Querschnitte für die endoergische Reaktion CsF + K und die exoergische Reaktion RbF + K. (Nach S. Stolte, A.E. Proctor, R.B. Bernstein: J. Chem. Phys., 65, 4990 (1976))

eine mit der Wurzel aus der Stoß- oder Translationsenergie E_{tr}[8] abnehmende Größe (vgl. Bild 2.15), also

$$\sigma_R(E_{tr}) = A\, E_{tr}^{-\frac{1}{2}}. \tag{2.43}$$

Eine mit der Energie abnehmende Querschnittsfunktion wird auch für neutrale Reaktionen gefunden, die keine Schwelle haben, wie z.B.

$$K + I_2 \rightarrow KI + I.$$

In Bild 2.16 wird die Abhängigkeit des Streuquerschnitts von der Translationsenergie für die beiden Austauschreaktionen

$$K + CsF \rightarrow KF + Cs \text{ und } K + RbF \rightarrow KF + Rb$$

gegenübergestellt, von denen die erste exotherm, die zweite endotherm ist. Der Unterschied im Verhalten ist augenscheinlich.

2.3.3 Anforderungen an die Translationsenergie

Im Hinblick auf den Bedarf chemischer Reaktionen an Translationsenergie können wir somit die folgende grobe Korrelation feststellen: Reaktionen, die eine Energieschwelle haben (darunter notwendigerweise alle endothermen Reaktionen), haben einen reaktiven Querschnitt, der oberhalb der Schwelle mit der Energie ansteigt. Reaktionen, die ohne sichtbare Schwelle ablaufen (darunter viele, aber keineswegs alle exothermen Reaktionen), haben einen Reaktionsquerschnitt, der mit der Stoßenergie abnimmt. Wenn die Translationsenergie weiter erhöht wird und sich andere, bisher endotherm geschlossene Reaktionswege öffnen, wird der Reaktionsquerschnitt für die bisher erlaubten Prozesse abnehmen. Um diese Zusammenhänge etwas quantitativer zu machen, führen wir den Begriff der Reaktionswahrscheinlichkeit ein.

2.4 Die Reaktionswahrscheinlichkeit

2.4.1 Die Reaktivitätsfunktion

Der Reaktionsquerschnitt σ_R bestimmt die Rate derjenigen Stöße, die zu einer chemischen Reaktion führen. Er ist sozusagen ein Maß für die effektive Größe der Moleküle in bezug auf ihre Reaktionswilligkeit. Wie oben ausgeführt, ist er jedenfalls kleiner als der Stoßquerschnitt, der die Rate *aller*

---

[8] **Die Stoßenergie wurde bisher mit E bezeichnet, da sie mit der totalen Energie zusammenfiel. Lassen wir Teilchen mit *innerer Struktur* zu, so gilt das nicht mehr. Daher wird die Stoßenergie (= Translationsenergie vor dem Stoß) von jetzt an mit E_{tr} bezeichnet.

2 Molekulare Stöße

Stöße unabhängig von ihrem Ergebnis bestimmt. Was wir nun brauchen, ist offenbar ein Maß für die Reaktionswahrscheinlichkeit. Es soll möglichst anschaulich sein und sich leicht in einfache Modelle umsetzen lassen.

Bei gegebener Energie charakterisieren wir die Annäherung der sich nähernden Reaktanden durch den Stoßparameter b. Als *Reaktivitätsfunktion* (opacity function) $P(b)$ definieren wir jetzt den Bruchteil der Stöße mit Stoßparameter b, welcher zur Reaktion führt. Zwei Eigenschaften dieser Funktion sind klar: Erstens kann der oben genannte Bruchteil höchstens Eins sein, so daß also gilt $0 \leq P(b) \leq 1$. Zweitens müssen die Moleküle, damit sie reagieren können, sich genügend nahekommen, damit die „chemischen Kräfte" die notwendigen Umordnungen der Bindungen hervorbringen können. Für große Stoßparameter sorgt jedoch die Zentrifugalbarriere dafür, daß die Moleküle weit voneinander entfernt bleiben (vgl. Abschn. 2.2.6). Wir erwarten daher, daß eine Reaktion nur dann stattfindet, wenn b klein ist, d.h. nicht größer als die „Reichweite" der zwischenmolekularen Kräfte, und daß für große b die Reaktion nicht mehr abläuft, so daß $P(b)$ dort verschwindet.

2.4.2 Der Reaktionsquerschnitt

Ausgedrückt durch die Reaktivitätsfunktion kann man den Reaktionsquerschnitt differentiell als

$$d\sigma_R = 2\pi\, P(b)b\,db \tag{2.44}$$

bzw. integriert als

$$\sigma_R = \int_0^\infty 2\pi P(b)b\,db \tag{2.45}$$

schreiben (vgl. 2.2.7). Durch die Möglichkeit, zu reagieren oder nicht zu reagieren teilt sich der Stoßquerschnitt in einen *reaktiven* Anteil (2.44) und einen *nichtreaktiven* Anteil

$$d\sigma_{NR} = 2\pi(1 - P(b))b\,db \tag{2.46}$$

auf. $1 - P(b)$ ist der Bruchteil der Stöße, der nicht reaktiv ist.[9] Wir bemerken, daß zwar die Aufteilung zwischen reaktiven und nichtreaktiven Stößen in intimer Weise von der Stoßdynamik abhängt, ihre Summe aber stets $2\pi b\,db$ ist. Ähnlich gilt, daß bei verschiedenen Reaktionswegen der eine

---

[9] In der Quantenmechanik enthält $d\sigma_{NR}$ noch einen weiteren Term, die sog. „Schattenstreuung", die auch für $P(b) = 1$ nicht verschwindet.

2.4 Die Reaktionswahrscheinlichkeit

reaktive Querschnitt immer nur auf Kosten des anderen oder von nichtreaktiver Streuung wachsen kann. Es ist nie mehr als ein Querschnitt von $2\pi b db$ vorhanden, der unter die möglichen Produkte von Stößen mit b im Bereich zwischen b und $b + db$ aufzuteilen ist.

Gemäß dem Prinzip „wer hat, dem wird gegeben" ist σ_R ein gewichtetes Mittel von $P(b)$, in dem die Beiträge größeren bs ein höheres Gewicht haben. Daher haben Reaktionen, deren Reaktivitätsfunktionen sich bis zu großen b erstrecken, besonders hohe Reaktionsquerschnitte.

In der *Quantenmechanik* ist die Reaktionswahrscheinlichkeit für jeden diskreten Wert l der Drehimpulsquantenzahl definiert. Der Reaktionsquerschnitt wird durch die diskrete Summe

$$\sigma_R = \frac{\pi}{k^2} \sum_{l=0}^{\infty} (2l + 1) P(l) \qquad (2.47)$$

gegeben, wo $P(l)$ die Wahrscheinlichkeit der Reaktion für gegebenes l ist. Wenn genügend viele Werte von l beitragen, können wir die halbklassische Korrespondenz $bk \simeq (l + \frac{1}{2})$ benutzen, um die Summe über l in ein Integral über b zu verwandeln und erhalten damit wieder (2.45).

2.4.3 Eine einfache Reaktivitätsfunktion

Die Messung eines Reaktionsquerschnitts σ_R läßt keinen eindeutigen Schluß auf $P(b)$ zu, sondern nur auf dessen mit b gewichteten Durchschnitt, vgl. (2.45).[10] Daher wollen wir zunächst eine einfache funktionale Form von $P(b)$ annehmen, die wenige Parameter enthält, und versuchen, diese Parameter aus dem beobachteten Querschnitt oder aus dynamischen Modellvorstellungen zu bestimmen. Eine extrem vereinfachte, einparametrige Darstellung ist die Stufenfunktion (Bild 2.17)

$$P(b) = \begin{cases} 1 & \text{für } b \leq b_{\max} \\ 0 & \text{für } b > b_{\max}. \end{cases} \qquad (2.48)$$

Der Abschneideparameter $b_{\max}$ ist der größte Stoßparameter, bei dem die Reaktion abläuft. Der Reaktionsquerschnitt ist einfach

$$\sigma_R = 2\pi \int_0^{b_{\max}} b \, db = \pi b_{\max}^2 \qquad (2.49)$$

---

[10] Wir werden in Abschn. 3.3 sehen, daß die Messung reaktiver *Winkel*verteilungen Information über $P(b)$ liefern kann.

2 Molekulare Stöße

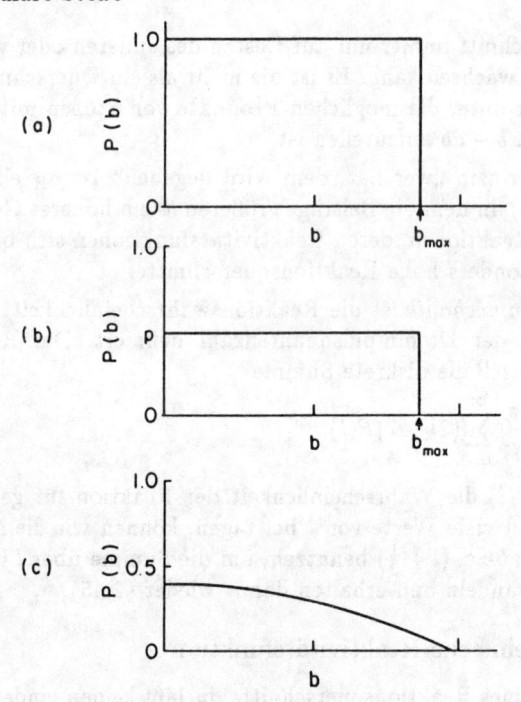

Bild 2.17 Schematische Reaktivitätsfunktionen $P(b)$ bei gegebener Energie. Der größte Stoßparameter, der zur Reaktion führt, ist mit b_{max} bezeichnet.
a) Einfachste Stufenfunktion, Gl. (2.48);
b) Stufenfunktion mit sterischem Faktor p, Gl. (2.50);
c) realistische Funktion für eine Reaktion mit sterischem Faktor < 1.

so daß b_{max} (und eventuell dessen Energieabhängigkeit) durch Messung von σ_R bestimmt werden kann.

Die einfache funktionale Form (2.48) und ihre Interpretation mittels dynamischer Modelle (siehe Abschn. 2.4.6) haben in der anfänglichen Entwicklung unseres Arbeitsgebiets eine wichtige Rolle gespielt. Inzwischen sind sowohl Experiment wie Theorie so weit fortgeschritten, daß sie nur noch als grobes Modell angesehen werden kann.

2.4.4 Der sterische Faktor

Gewöhnlich gibt es neben der Zentralität des Stoßes noch andere Bedingungen dafür, daß eine Reaktion stattfinden kann. Insbesondere kann es *sterische* Bedingungen geben, d.h. bestimmte räumliche Anordnungen der zusammenstoßenden Moleküle neigen mehr oder weniger zur Reaktion. Betrachten wir z.B. die Reaktion H + D$_2$ → HD + D. Die Energiefläche des dreiatomigen Systems HD$_2$ ist so geartet, daß die Reaktion für nahezu kollineare Annäherung von H an D-D bevorzugt abläuft. Der Stoßparameter beschreibt dagegen nur, um wieviel das H-Atom am Schwerpunkt von D$_2$ vorbeizielt. Bei jedem Wert von b können im Prinzip alle Orientierungen von D$_2$ beitragen. Da es aber Stöße mit ungeeigneten Orientierungen gibt, wird $P(b)$ seinen Höchstwert von 1 nicht erreichen. Um eine solche sterische Zusatzbedingung (oder auch andere Faktoren) in das Modell einzubringen, kann man die einfache Stufenfunktion von (2.48) durch einen *sterischen Faktor* $p < 1$ modifizieren:

$$P(b) = \begin{cases} p & \text{für } b \leq b_{\max} \\ 0 & \text{für } b > b_{\max}. \end{cases} \qquad (2.50)$$

Das führt zu

$$\sigma_R = 2\pi p \int_0^{b_{\max}} b\,db = \pi p b_{\max}^2 \qquad (2.51)$$

Eine Messung von σ_R allein kann jetzt allerdings nur das *Produkt* $pb_{\max}^2$ festlegen, und man braucht zusätzliche Daten, um die Parameter einzeln zu bestimmen.

2.4.5 Reaktionsasymmetrie

Ein direkter experimenteller Nachweis sterischer Bedingungen, der gleichzeitig auch einen Wert für p liefert, kann durch Messungen an *orientierten* Molekülen erfolgen. Ein solches Experiment erlaubt die Bestimmung der *Reaktionsasymmetrie*, d.h. der Reaktivität als Funktion der gegenseitigen Orientierung der Reaktanden. Man kann z.B. CH$_3$I-Moleküle in dafür konstruierten elektrischen Feldern ausrichten und erhält dann die in Bild 2.18 gezeigten Reaktionswahrscheinlichkeiten für Stöße mit kleinem Stoßparameter ($b \approx 0$) von Rb mit CH$_3$I($\rightarrow$ RbI + CH$_3$). Die Reaktivität ist am größten, wenn das Rb von der I-Seite des Moleküls kommt und fällt innerhalb eines Kegels von etwa 45° praktisch auf Null ab. Integriert man über alle Winkel, so bekommt man einen experimentell bestimmten sterischen Faktor von $p \approx 0.4$ (bei $b \approx 0$).

Selbst in einem Glaskolben kann man durch Absorption von linear polarisiertem Licht angeregte orientierte Moleküle erzeugen. Die Absorptionswahrscheinlichkeit ist proportional zum Quadrat des Skalarprodukts des molekularen Dipolmoments und des elektrischen Strahlungsfeldes. Die Zustandsbesetzung ist dann für diejenigen Moleküle kleiner, deren Übergangsmomente nicht parallel zur Polarisationsebene liegen. Allerdings wird solch eine Orientierung durch Stöße mit anderen Molekülen schnell zerstört.

Für Reaktionen mit einer Aktivierungsbarriere können u.U. nur die *angeregten* Zustände chemisch reagieren. Ein polarisierter Laserimpuls kann diese angeregten Reaktanden erzeugen. Die Reaktionsprodukte lassen sich nachweisen, indem man mit einem zweiten gepulsten Laser bei einer anderen Wellenlänge nachschaut. Wenn der zweite Impuls kaum verzögert ist (d.h. die Verzögerungszeit kurz gegen die reziproke Stoßzahl ω^{-1} ist, vgl. Gl. (2.8)), haben die angeregten Moleküle bis zur Analyse im Mittel weniger als einen Stoß erlebt. Jeder reaktive Stoß, der bis dahin stattfand, fand

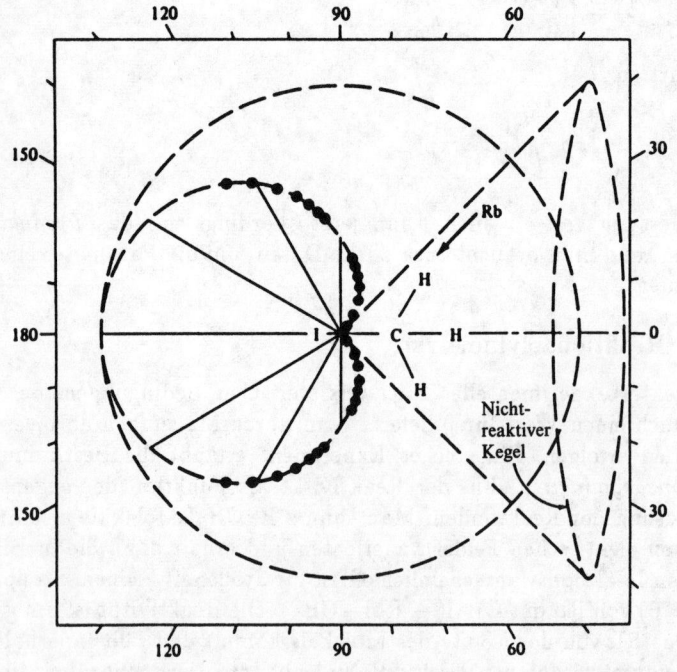

Bild 2.18 Orientierungsabhängigkeit der Reaktion von CH_3I mit Rb. In Polardarstellung wird die Reaktionswahrscheinlichkeit als Funktion des Orientierungswinkels zwischen der C-H-Bindung und dem herankommenden Rb-Atom (im Schwerpunktsystem) gezeigt. Die Richtung der Reaktion ist vorzugsweise rückwärts. Die Punkte sind die experimentellen Daten; sie werden mit der gestrichelten Linie extrapoliert.(Nach D.H. Parker, K.K. Chakravorty, R.B. Bernstein: J. Phys. Chem., 85, 466 (1981))

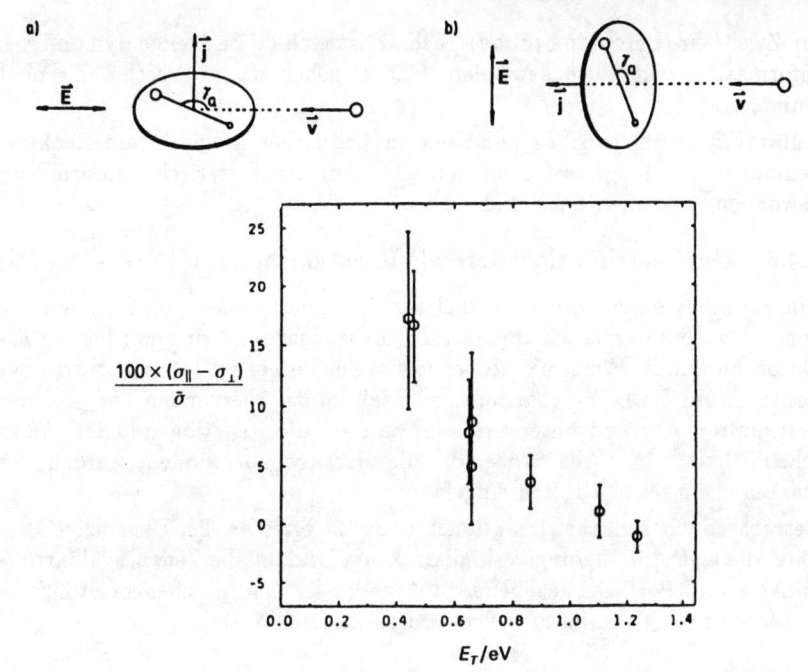

Bild 2.19 (Oben) Klassisches Bild der Annäherungsgeometrie nach optischer Ausrichtung eines zweiatomigen Reaktanden, z.B. HF($v = 1, j = 1$), mit linear polarisierter Infrarotstrahlung. E ist die Polarisationsrichtung, v die Relativgeschwindigkeit, j der Drehimpuls des Diatoms, zu diesem gehört der Rotationswinkel γ_a.
(a) $E \parallel v$, (b) $E \perp v$.
(Unten) Relativer Unterschied der Stoßquerschnitte als Funktion der Stoßenergie E_{trans} für die Reaktion von ausgerichtetem HF mit K (Nach M. Hoffmeister, R. Schleysing, H.J. Loesch: J. Phys. Chem., 91, 5441 (1987))

mit (in laborfesten Koordinaten) orientierten Molekülen statt. Indem wir also eine Reaktion mit einem *Pump*laser in Gang setzen und nach kurzer Zeitverzögerung mit einem *Abfrage*laser (probe laser) untersuchen, können wir Einzelstöße unter sonst makroskopischen Bedingungen untersuchen. Wir werden sehen, daß ein solcher Abfragelaser nicht nur die innere Anregungsenergie der Moleküle messen kann, sondern mittels des Dopplereffekts auch ihre Bewegung im Raum. Da aber auch die Wechselwirkung zwischen den Produktmolekülen und diesem Analysator von der Orientierung des Dipolmoments des Übergangs zum Laserfeld abhängt, liefert die Beobachtung der Reaktionsprodukte mit einem *polarisierten* Laser Information darüber, ob es eine *bevorzugte Ausrichtung der Produkte im Raum* gibt. Mit dieser Zweilaser-(pump-and-probe)-Technik ist eine große Menge dynamischer Information zugänglich geworden. Darauf gehen wir in Abschn. 7.6 noch einmal ein.

Selbst mit einem einzigen polarisierten Laser, der ausgerichtete Reaktandenmoleküle erzeugt, kann ein beträchtliches Stück sterischer Information gewonnen werden, s. dazu Bild 2.19.

2.4.6 Die Zentrifugalbarriere als Reaktionshindernis

Ein einfaches quantitatives Modell für die Abhängigkeit von b_{max} und σ_R von der Stoßenergie erhält man, wenn man folgendes Kriterium für die Reaktion annimmt: Wenn die stoßenden Moleküle genug Translationsenergie besitzen, um die Energiebarriere der Reaktion zu überwinden und so einen bestimmten Abstand unterschreiten, passiert die Reaktion mit der Wahrscheinlichkeit eins. Alle Stöße, die die Barriere überwinden, werden von starken chemischen Kräften eingefangen.

Betrachten wir zunächst Reaktionen ohne Energieschwelle. Die einzige Barriere, die eine Annäherung verhindern kann, ist dann die Zentrifugalbarriere (s. Abschn. 2.2.6). Bei gegebener Stoßenergie E_{tr} und gegebenem Stoßparameter b gibt es dann im effektiven Potential (Bild 2.9)

$$V_{\text{eff}} = V(R) + E_{tr}\frac{b^2}{R^2} \qquad (2.52)$$

ein Maximum bei einem $R = R_{max}$, das im allgemeinen eine Funktion von E_{tr} und b ist. Dieses Maximum entsteht unter dem gemeinsamen Einfluß der sehr langreichweitigen Zentrifugalabstoßung (die bei sehr großen Werten von R dominiert) und dem anziehenden Teil von $V(R)$ (der bei mittleren Abständen dominiert). Seine Lage wird durch

$$\frac{d}{dR}(V_{\text{eff}}(R))_{R_{max}} = 0 \qquad (2.53)$$

festgelegt. Nur wenn die Moleküle sich bis auf weniger als R_{max} annähern, können sie das Gebiet chemischer Kräfte erreichen.[11] Das Reaktionskriterium ist also, daß die Moleküle die Stelle $R = R_{max}$ mit einem Rest von Translationsenergie erreichen. Unter Benutzung von Gl. (2.31) können wir das so schreiben:

$$\frac{1}{2}\mu\left(\dot{R}^2\right)_{R_{max}} = E_{tr} - V_{\text{eff}}(R_{max}) \geq 0 \qquad (2.54)$$

---

[11] Diese Beschreibung gilt nicht für Potentiale $V(R) \propto R^{-s}$ mit $s \leq 2$, ein Fall, der nur für Ionen verschiedenen Vorzeichens auftritt.

2.4 Die Reaktionswahrscheinlichkeit

Bei gegebenem E_{tr} nimmt die kinetische Energie an der Stelle R_{max} mit zunehmendem b ab. Es gibt daher einen größten Wert von b, b_{max}, für den die Moleküle die Barriere im Effektivpotential gerade noch überwinden können (vgl. Bild 2.9). Er wird durch die Auflösung der Gleichung

$$\left(E_{tr} - V(R) - E_{tr}\frac{b^2}{R^2} \right)_{R_{max}} = 0 \tag{2.55}$$

geliefert. Die folgenden Abschnitte zeigen, daß wir mit Hilfe dieses Kriteriums den Streuquerschnitt nach (2.49) direkt berechnen können.

2.4.7 Querschnitte für Reaktionen ohne Barriere

Das Potential zwischen den Reaktanden ist in den meisten Fällen unbekannt. Wenn R_{max} (und daher b_{max}) genügend groß sind, können wir es jedoch durch seine asymptotische Form bei großen Abständen

$$V(R) = -\frac{C_s}{R^s} \tag{2.56}$$

annähern. Aus (2.53) folgt dann für $s > 2$

$$R_{max}^2 = \left(\frac{sC_s}{2b^2 E_{tr}} \right)^{\frac{2}{s-2}}. \tag{2.57}$$

Rechnet man $V_{eff}(R_{max})$ mit Hilfe von (2.53) und (2.57) aus, so findet man $V_{eff}(R_{max}) \propto (b^2 E_{tr})^{s/(s-2)}$. Bei b_{max} ist (wegen (2.55)) $V_{eff}(R_{max}) = E_{tr}$, und so folgt schließlich

$$\sigma_R(E_{tr}) = \pi q(s) \left(\frac{C_s}{E_{tr}} \right)^{\frac{2}{s}}, \tag{2.58}$$

wobei $q(s) = (s/2)((s-2)/2)^{-(s-2)/s}$ ist.

Für den Sonderfall der Ionen-Molekülreaktionen ist $s = 4$ und $C_s = \alpha/2$, wo α die Polarisierbarkeit des neutralen Stoßpartners ist (s. Abschn. 3.2.4). Wir erhalten damit

$$\sigma_R(E_{tr}) = \pi \left(\frac{2\alpha}{E_{tr}} \right)^{\frac{1}{2}}, \tag{2.59}$$

was zugleich (2.43) begründet. Dieses einfache, meist nach Langevin benannte *Einfang*-Modell liefert also die Erklärung für den schwachen Abfall von σ_R mit steigendem E_{tr} bei Reaktionen ohne Schwelle. Im Fall der Ionen-Molekülreaktionen liefert es sogar den ungefähren Absolutwert von σ_R (vgl. Bild 2.15). Da nach (2.59) $\sigma_R \propto v^{-1}$, wo v die Stoßgeschwindigkeit ist, ist hier der elementare Ratenkoeffizient $k(v) = v\sigma_R(v)$ *unabhängig von v* und damit von der Stoßenergie. Wir werden in Abschn. 4.4 zeigen, daß man den thermischen Ratenkoeffizienten $k(T)$ erhält, indem man $k(v)$ über die Maxwellsche Geschwindigkeitsverteilung mittelt, d.h. $k(T) = \langle v\sigma_R(v)\rangle$. Daher ist dann auch $k(T)$ unabhängig von der Temperatur, was man in der Tat für Ionen-Molekülreaktionen ohne energetische Schwelle häufig findet.

2.4.8 Reaktionen mit energetischer Schwelle

Für Reaktionen mit einer Energieschwelle müssen wir sowohl die Zentrifugalbarriere als auch die permanente Reaktionsbarriere berücksichtigen. Wir ersetzen daher jetzt (2.52) durch die Bedingung, daß bei einem gewissen Abstand die Energie, die für die R-Bewegung noch übrig ist, den Wert der Schwellenenergie $E_{th} = E_0$ übersteigen muß[12]. D.h. wir fordern

$$E_{tr} - E_0 - E_{tr}\frac{b^2}{d^2} \geq 0 \ . \tag{2.60}$$

$E_{tr}(1 - b^2/d^2)$ ist die kinetische Energie der R-Bewegung bei $R = d$ (Vgl. Gl. (2.25)). Das Reaktionskriterium (2.60) kann daher wie folgt formuliert werden: Reaktion findet statt, wenn die Radialenergie der Reaktanden E_0 übertrifft. Man achte hier auf den doppelten Gesichtspunkt, unter dem man die Rotationsenergie $E_{tr}b^2/R^2$ betrachten kann: Einerseits kann man sie zum statischen Potential $V(R)$ addieren, sie spielt dann die Rolle eines abstoßenden Zusatzpotentials und führt zum effektiven Potential $V_{\text{eff}}(R)$, andererseits kann man sie als Teil der kinetischen Energie ansehen, was dazu führt, daß nur der Anteil $E_{tr}(1 - b^2/R^2)$ für die R-Bewegung übrigbleibt.

Ebenso wie im vorigen Fall sei $b_{\max}$ der größte Wert von b, bei dem (2.60) gilt, d.h. $b_{\max} = d(1 - E_0/E_{tr})^{\frac{1}{2}}$. Aus (2.49) folgt dann

$$\sigma_R(E_{tr}) = \pi b_{\max}^2 = \begin{cases} 0 & \text{für } E_{tr} \leq E_0 \\ \pi d^2(1 - E_0/E_{tr}) & \text{für } E_{tr} > E_0 \ . \end{cases} \tag{2.61}$$

Auch in diesem Fall ist der Anstieg von σ_R mit E_{tr} in qualitativer Übereinstimmung mit den Meßresultaten an vielen Reaktionen mit Energieschwelle. Bild 2.20 zeigt den Verlauf des Querschnitts nach (2.61). Die funktionale Form der Energieabhängigkeit (2.61) wird manchmal als *Arrhenius-Form* bezeichnet (oder auch als line-of-centers Modell). Der Grund für die erste

---

[12] Man darf sich E_0 als Wert von $V(R)$ bei $R = d$ vorstellen, falls $V(R)$ dort abstoßend ist.

2.4 Die Reaktionswahrscheinlichkeit

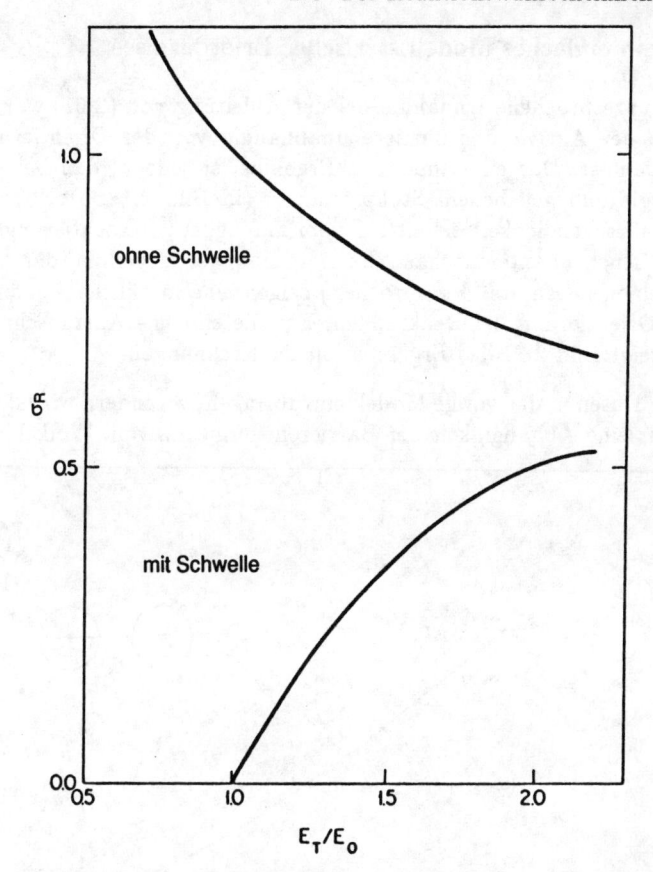

Bild 2.20 Die Abhängigkeit des Reaktionsquerschnittes σ_R von der Translationsenergie E_{tr} für Reaktionen mit und ohne Energieschwelle $E_{th} = E_0$. (Nach R.D. Levine, R.B. Bernstein: J. Chem. Phys., 56, 2281 (1972))

Bezeichnung ist, daß bei thermischer Mittelung ein Ratenkoeffizient der traditionellen Arrhenius-Form $k(T) = A \exp(-E_0/kT)$ herauskommt. Der Vorfaktor A wird durch $A = \langle v \rangle \pi d^2 = (8kT/\pi\mu)^{\frac{1}{2}} \pi d^2$ gegeben. Die Tatsache, daß dieses Ergebnis für A die meisten elementaren bimolekularen Reaktionen *über*schätzt, war es, die zur Einführung eines sterischen Faktors zwang. Hätten wir (2.51) statt (2.49) benutzt, um (2.61) abzuleiten, wäre A um den Faktor p kleiner ausgefallen. Aber das ist natürlich eine ad-hoc Einführung. Die Frage bleibt, ob wir den sterischen Faktor auch physikalisch begründen können.

2.4.9 Ein einfaches Modell sterischer Erfordernisse

Eine unausgesprochene Annahme bei der Ableitung von (2.61) war es, daß die Höhe der Aktivierungsbarriere unabhängig von der Orientierung der Reaktanden ist. Das experimentelle Ergebnis ist jedoch, daß bei gegebener Energie und gegebenem Stoßparameter (in Bild 2.18: $b \simeq 0$) die Reaktionswahrscheinlichkeit sehr wohl vom anfänglichen Orientierungswinkel abhängt. Auch quantenmechanische Berechnungen der Höhe der Barriere (im einzelnen in Kapitel 4 besprochen) zeigen eine merkliche Abhängigkeit von der Orientierung der Reaktanden. Für die einfache Austauschreaktion $H + H_2$ zeigt Bild 2.21 das Ergebnis solcher Rechnungen.

Um diese Daten in das vorige Modell einzubringen, verändern wir Gl. (2.60), indem wir eine Abhängigkeit der Barrierenenergie E_0 vom Winkel γ zulas-

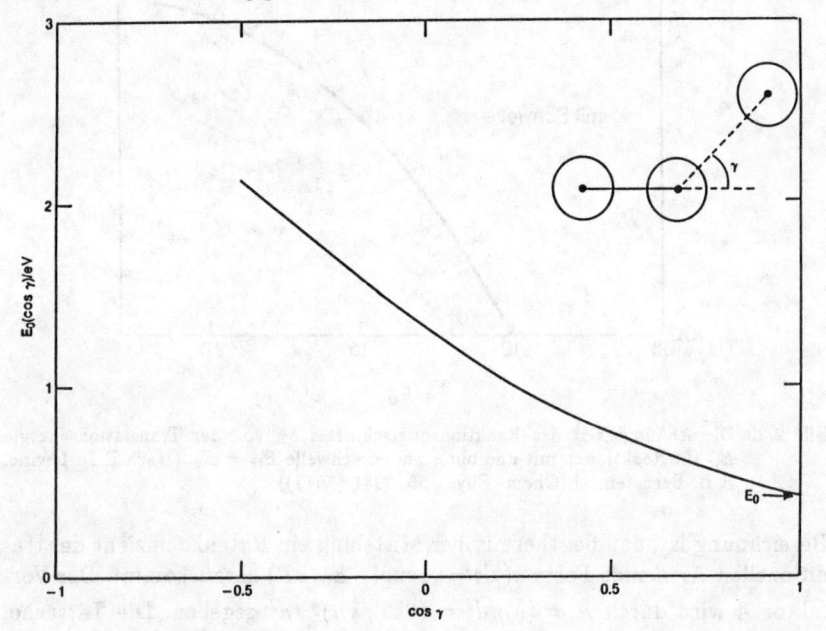

Bild 2.21 Höhe der Barriere $E_0(\gamma)$ gegen $\cos \gamma$ für die ab initio Potentialfläche von H_3. γ ist der im Bild definierte Knickwinkel. Die niedrigste Barriere entspricht einer kollinearen Annäherung, der Pfeil zeigt sie bei $E_0 = 0.425$ eV. (Ab-initio Rechnungen von P. Siegbahn, B. Liu: J. Chem. Phys., 68, 2457 (1978); parametrisierte Energiefläche von D.J. Truhlar, C.J. Horowitz: J. Chem. Phys., 68, 2466 (1978) und 71, 1514 (1979). Nach R.D. Levine, R.B. Bernstein: Chem. Phys. Lett., 105, 467 (1984))

sen[13)], d.h. $E_0 = E_0(\gamma)$. Die Bedingung für die Überwindung der Barriere ist nun:

$$E_{\text{tr}} - E_0(\gamma) - E_{\text{tr}}\frac{b^2}{d^2} \geq 0 \tag{2.62}$$

Nur für Orientierungswinkel γ, die (2.62) erfüllen, ist jetzt die Reaktion möglich. Im Einklang mit dem vorigen Fall nehmen wir an, daß sie dann mit der Wahrscheinlichkeit eins stattfindet.

Den Stoßquerschnitt für orientierte Reaktanden (bei festem γ) erhält man durch Integration von (2.49) über alle Stoßparameter, für die (2.62) erfüllt ist. Genau wie oben folgt

$$\sigma_{\text{R}}(\gamma) = \begin{cases} 0 & \text{für } E_{\text{tr}} \leq E_0(\gamma) \\ \pi d^2(1 - E_0(\gamma)/E_{\text{tr}} & \text{für } E_{\text{tr}} \geq E_0(\gamma) \end{cases} \tag{2.63}$$

Diese Ergebnis wird in Bild 2.22 mit dynamischen Rechnungen für die Reaktion $H + D_2$ verglichen, wobei die benutzte Barriere diejenige aus Bild 2.21 ist.

Für zufällig orientierte Reaktanden müssen wir (2.63) über alle Winkel γ integrieren:

$$\sigma_{\text{R}} = \int\limits_{-1}^{+1} \text{d}(\cos\gamma)\sigma_{\text{R}}(\gamma) \tag{2.64}$$

Dabei muß man darauf achten, $\sigma_{\text{R}}(\gamma) = 0$ zu setzen, wenn die Bedingung (2.62) nicht erfüllt ist. Diese Integration muß im allgemeinen numerisch erfolgen. In der Nähe der Schwelle können wir jedoch $E_0(\gamma)$ in eine Taylor-Reihe entwickeln und nur den linearen Term behalten:

$$E_0(\gamma) \simeq E_0 + E_0'(1 - \cos\gamma). \tag{2.65}$$

Hier ist E_0' die negative Steigung von $E_0(\gamma)$ gegen $\cos\gamma$ bei $\gamma = 0$, wie es der Barriere in Bild 2.21 entspricht. Setzt man (2.65) in (2.63) ein, so kann man (2.64) analytisch integrieren und erhält

$$\sigma_{\text{R}} = \pi d^2(E_{\text{tr}} - E_0)^2/2E_0'E_{\text{tr}} \tag{2.66}$$

[13)] γ ist dabei nicht gleich dem Winkel ψ aus Abschn. 2.2, da der erstere die Richtung von R vor dem Stoß, γ diejenige beim Erreichen von $R = d$ beschreibt. Nur für harte Kugeln sind γ und ψ gleich groß, und es gilt $\cos^2\psi = 1 - b^2/d^2$, vgl. Bild 2.10.

86 2 Molekulare Stöße

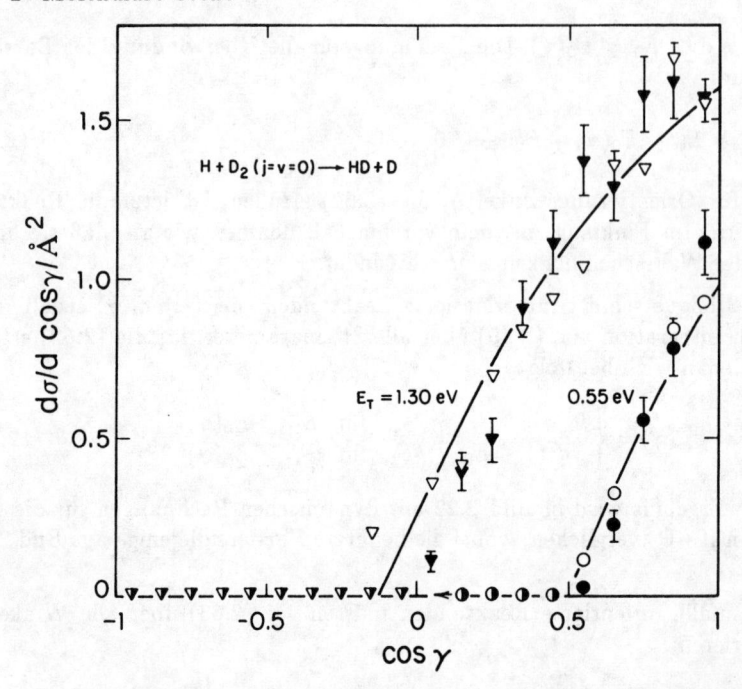

Bild 2.22 Orientierungsabhängigkeit des Querschnitts für die Reaktion $H + D_2 (v = j = 0) \to HD + D$ bei den beiden angegebenen Stoßenergien E_{tr}. Die Ordinate ist $d\sigma_R/d\cos\gamma (= 2\sigma_R(\gamma)$ von Gl. (2.63)). Die durchgezogenen Kurven wurden nach dem winkelabhängigen „Verbindungslinien-Modell" von Gl. (2.63) berechnet, die Punkte mit ihren Fehlerbalken stellen quasiklassische Trajektorienrechnungen auf der unter Bild 2.21 angegebenen Energiefläche dar. (Nach N.C. Blais, R.B. Bernstein, R.D. Levine, J. Phys. Chem., 89, 10 (1985)).

Die Mühe der analytischen Integration lohnt sich: Gl. (2.66) sagt an der Schwelle E_0 ein *konkaves*, quadratisches Ansteigen von σ_R mit der Stoßenergie voraus, ganz im Gegensatz zu der konvexen Funktionalität der einfachen Arrhenius-Form (2.61).

Experimente zeigen oft diese nach oben konkave Energieabhängigkeit. Allerdings sind nahe der Schwelle, wo σ_R klein ist, wegen der unvermeidlichen Unschärfe der Stoßenergie die Fehler meist groß. Dynamische Rechnungen legen es jedoch nahe, daß tatsächlich der Anfangsanstieg von $\sigma_R(E_{tr})$ normalerweise einen konkaven Verlauf hat.

Wie steht es mit dem sterischen Faktor selbst? Unter der Annahme, daß die Reaktion stattfindet, wenn (2.62) erfüllt ist, ergibt eine Integration über den erlaubten γ-Bereich

$$P(b) = \int_{-1}^{+1} \mathrm{d}(\cos\gamma) H\left(E_{\mathrm{tr}}\left(1 - \frac{b^2}{d^2}\right) - E_0(\gamma)\right) = \frac{1}{2}(1 - \cos\overline{\gamma}) \tag{2.67}$$

Hier ist $H(x)$ der Einheitssprung $H(x) = 0$ für $x < 0$ und $H(x) = 1$ für $x \geq 1$. $\overline{\gamma}$ ist der b-abhängige maximale Winkel des Akzeptanzkegels, der als Lösung von

$$E_0(\overline{\gamma}) = E_{\mathrm{tr}}\left(1 - \frac{b^2}{d^2}\right) \tag{2.68}$$

definiert ist. Nur wenn die Barriere für alle Annäherungswinkel $\gamma \leq \gamma_0$ eine konstante Höhe E_0 hat und für alle anderen γ unendlich hoch ist, ist $\overline{\gamma}$ unabhängig von b mit dem Wert $\overline{\gamma} = \gamma_0$. Solch ein Modell für $E_0(\gamma)$ ist einfacher als (2.65), aber auch weniger realistisch. Es stimmt jedoch mit (2.50) überein, wobei der sterische Faktor p durch $(1 - \cos\gamma_0)/2$ und $b_{\max}$ wie in Abschn. 2.4.8 durch $E_{\mathrm{tr}}(1 - b_{\max}^2/d^2) = E_0$ gegeben ist.

Das anscheinend so einfache Konzept der Zentrifugalenergie als der Energie, die zur Rotation der Verbindungslinie der Reaktanden gehört, hat uns eine ganze Strecke weit zum Verständnis molekularer Stöße geführt. Wir sind nun in der Lage, eine viel direktere Folge dieser Rotation zu betrachten: die *Ablenkung*, d.h. die eigentliche *Streuung der Teilchen* durch den Stoß.

2.5 Zum Weiterlesen

Abschnitt 2.1

Bücher:

Golden, S.: *Elements of the Theory of Gases*, Addison-Wesley, Reading, Mass., 1964
Hirschfelder, J.O., Curtiss, C.F., Bird, R.B.: *Molecular Theory of Gases and Liquids*, Wiley, New York, 1964
Jordan, P.C.: *Chemical Kinetics and Transport*, Plenum, New York, 1979
Kauzmann, W.: *Kinetic Theory of Gases*, Benjamin, New York, 1966
Present, R.D.: *Kinetic Theory of Gases*, McGraw-Hill, New York, 1958

Abschnitt 2.2

Bücher:

Child, M.S.: *Molecular Collision Theory*, Academic Press, New York., 1974
Goldstein, H.: *Classical Mechanics*, Addison-Wesley, New York, 1950
Johnson, R.E.: *Introduction to Atomic and Molecular Collisions*, Plenum Press, New York, 1982
Lawley, K.P. (Ed.): *Molecular Beam Scattering*, Adv. Chem. Phys., 30 (1975)

Massey, H.S.W.: *Atomic and Molecular Collisions*, Taylor & Francis, London, 1979
Mott, N.F., Massey, H.S.W.: *The Theory of Atomic Collisions*, Clarendon Press, Oxford, 1965
Schlier, Ch. (Ed.): *Molecular Beams and Reaction Kinetics*, Academic Press, New York, 1970

Übersichtsartikel:

Buck, U.: *Elastic Scattering*, Adv. Chem. Phys. 30, 313 (1975)
Pauly, H.: *Elastic Scattering Cross Sections: Spherical Potentials*, in: Bernstein (1979)
Toennies, J.P.: *Molecular Beam Scattering Experiments on Elastic, Inelastic and Reactive Collisions*, in: Eyring et al. (1974-5)

Abschnitt 2.3

Bücher:

Amdur, I., Hammes, G.: *Chemical Kinetics: Principles and Selected Topics*, McGraw-Hill, New York, 1966
Bunker, D.L.: *Theory of Elementary Gas Reaction Rates*, Pergamon, Oxford, 1966
Eyring, H., Lin, S.H., Lin, S.M.: *Basic Chemical Kinetics*, Wiley, New York, 1980
Massey, H.S.W., Burhop, E.H.S., Gilbody, H.B.: *Electronic and Ionic Impact Phenomena*, Vol. III, Clarendon, Oxford, 1971
Moore, J.W., Pearson, R.G.: *Kinetics and Mechanism*, Wiley, New York, 1981
Nikitin, E.E.: *Theory of Elementary Atomic and Molecular Processes in Gases*, Clarendon, Oxford, 1974
Pilling, M.J.: *Reaction Kinetics*, Oxford University Press, Oxford, 1975
Smith, I.W.M.: *Kinetics and Dynamis of Elementary Gas Reactions*, Butterworths, London, 1980
Weston, R.E., Jr., Schwarz, H.A.: *Chemical Kinetics*, Prentice-Hall, Englewood Cliffs, N. J., 1972

Übersichtsartikel:

Grice, R.: *Reactive Scattering of Ground-State Oxygen Atoms*, Acc. Chem. Res. 14, 37 (1981)
Lacmann, K.: *Collisional Ionization*, Adv. Chem. Phys. 42, 513 (1980)
Levy, M.R.: *Dynamis of Reactive Collisions*, Prog. Reaction Kinetics 10, 1 (1979)
Lin, M.C.: *Dynamics of Oxygen Atom Reactions*, Adv. Chem. Phys. 42, 113 (1980)
Mascord, D.J., Gorry, P.A., Grice, R.: *Alkali Atom-Dimer Exchange Reactions: $Na + Rb_2$*, Faraday Disc. Chem. Soc. 62, 255 (1977)
Menzinger, M.: *The $M + X_2$ Reactions: A Case Study*, in: Fontijn (1985)
Steinfeld, J.I., Kinsey, J.L.: *The Determination of Chemical Reaction Cross-Sections*, Prog. React. Kinetics 5, 1 (1970)

Weber, J.N., Berry, R.S.: *Collisional Dissociation and Chemical Relaxation of Rubidium and Cesium Halide Molecules*, Adv. Chem. Phys. 58, 127 (1984)

Wexler, S., Parks, E.K.: *Molecular Beam Studies of Collisional Ionization and Ion-Pair Formation*, Ann. Rev. Phys. Chem. 30, 179 (1979)

Abschnitt 2.4

Übersichtsartikel:

Brooks, P.R.: *Reactions of Oriented Molecules*, Science 193, 11 (1976)

Bunker, D.L.: *Simple Kinetic Models from Arrhenius to the Computer*, Acc. Chem. Res. 7, 195 (1974)

Chesnavich, W.J., Su, T., Bowers, M.T.: *Ion-Dipole Collisions: Recent Theoretical Advances*, in: Ausloos (1979)

Clary, D.C.: *Rates of Chemical Reactions Dominated by Long-Range Intermolecular Forces*, Mol. Phys. 53, 3 (1984)

Friedman, L., Reuben, B.G.: *A Review of Ion-Molecule Reactions*, Adv. Chem. Phys.19, 33 (1971)

Polanyi, J.C., Schreiber, J.L.: *The Dynamics of Bimolecular Reactions*, in: Eyring et al. (1974)

Smith, I.W.M.: *A New Collision Theory for Bimolecular Reactions*, J. Chem. Ed. 59, 9 (1982)

Stolte, S.: *Reactive Scattering Studies on Oriented Molecules*, Ber. Bunsenges. Phys. Chem. 86, 413 (1982)

Su, T., Bowers, M.T.: *Classical Ion-Molecule Collision Theory*, in: Bowers (1979)

Talrose, V.L., Vinogradov, P.S., Larin, I.K.: *On the Rapidity of Ion-Molecule Reactions*, in: Bowers (1979)

Truhlar, D.G., Dixon, D.A.: *Direct-Mode Chemical Reactions: Classical Theories*, in: Bernstein (1979)

3 Streuung als Sonde für die Stoßdynamik

Eine direkte Sonde für die Stoßdynamik ist die Beobachtung der Streuung, d.h. der Ablenkung der Teilchen als Folge ihres Aufeinandertreffens. Wir versuchen daher, aus der Beobachtung dieser Ablenkung *nach* dem Stoß die Trajektorie *während* des Stoßes zu rekonstruieren, um daraus schließlich die Wechselwirkungskräfte zwischen den Teilchen zu bestimmen.

Die Beobachtung großer Ablenkwinkel in Stößen von α-Teilchen veranlaßte Rutherford zu Beginn dieses Jahrhunderts, sein Atommodell vorzuschlagen, in dem die positive Ladung in einem kleinen, zentralen Kern konzentriert ist. Seit dieser Zeit ist die Winkelverteilung nach dem Stoß ein wichtiges diagnostisches Hilfsmittel, um die Wechselwirkungen während des Stoßes zu verstehen.

Wir beginnen dieses Kapitel mit einer Einführung, in der diese Methode auf die elastische Streuung angewendet wird, und studieren die daraus gewonnenen zwischenmolekularen Potentiale. Dann verbinden wir die neuen Erkenntnisse mit den Überlegungen des vorigen Kapitels und versuchen, in die sehr viel komplizierteren Fragen der Dynamik reaktiver Stöße einzudringen. Einen gewissen Ausgleich für diese größere Komplexität bildet die Existenz zahlreicher weiterer Sonden, sobald einmal mit der Relativbewegung gekoppelte innere Freiheitsgrade verfügbar sind. Einige der neuen Daten sind skalarer Natur wie die Verteilung der inneren Zustände, die in Kapitel 1 diskutiert wurde. Andere sind Vektorgrößen wie die Orientierungsabhängigkeit der Reaktivität oder die Polarisation der Produkte nach dem Stoß, die wir in Abschn. 2.4.5 besprochen haben. Im übrigen sind diese verschiedenen Verteilungen keineswegs unabhängig voneinander, sondern oft miteinander korreliert. Da reale Moleküle nicht kugelsymmetrisch sind (d.h. das Potential nicht nur vom Abstand, sondern auch von der relativen Orientierung abhängt), können die Produktmoleküle bei gegebenem Ablenkwinkel eine ganze Verteilung von Orientierungen haben. Die Verteilung der Molekülrichtungen wird ebenso wie die der inneren Energiezustände im allgemeinen vom Streuwinkel abhängen. Erst in Kapitel 7 können wir diesen Verhältnissen völlig gerecht werden. Hier diskutieren wir zunächst einmal elastische Stöße und versuchen dann, die gewonnenen Vorstellungen auf komplexere Fälle zu übertragen.

3.1 Elastische Streuung als Sonde für das Wechselwirkungspotential

3.1.1 Die Winkelablenkung

Wir sahen in Kapitel 2, daß die Rolle des Potentials darin besteht, die zusammenstoßenden Moleküle von ihren ursprünglichen geradlinigen Bewegungen abzulenken. Abschn. 2.2.4 zeigte, daß für kugelsymmetrische Potentiale die Anfangsgeschwindigkeit und der Stoßparameter eine eindeutige Stoßtrajektorie bestimmen. Die Ablenkung der Teilchen als Folge des Stoßes ist als Winkel zwischen der Verbindungslinie nach dem Stoß und derjenigen vor dem Stoß definiert.[1] Daher ist in diesem Fall auch der Ablenkwinkel eine eindeutige Funktion von E_{tr} und b. Ist das Wechselwirkungspotential gegeben und haben wir die Stoßtrajektorie $R(t)$ berechnet, so kann der Ablenkwinkel bestimmt werden. Wie wir sogleich sehen werden, ist der beobachtbare Ablenkwinkel auf den Bereich $0\ldots\pi$ beschränkt, während die Trajektorie selbst Ablenkungen von mehr als π erleiden kann. Verschiedene Trajektorien können daher zu ein und derselben Ablenkung führen.

3.1.2 Die Ablenkfunktion

Ehe wir uns quantitativen Überlegungen zuwenden, wollen wir versuchen, die qualitative Abhängigkeit der Ablenkung vom Stoßparameter vorwegzunehmen. Wir erinnern daran, daß die typische Abstandsabhängigkeit der zwischenmolekularen Wechselwirkung $V(R)$ bei großen Abständen anziehend, bei kleinen stark abstoßend ist. Eine Anziehung bei großem Abstand ist stets vorhanden, selbst zwischen Edelgasatomen. Die starke Abstoßung dominiert bei kleinen Abständen, wo sich die Elektronenwolken der beiden Moleküle merklich überlappen.

Der Potentialtopf bei mittleren Abständen kann sehr flach sein und nur das Gleichgewicht zwischen diesen beiden wenig spezifischen „physikalischen" Kräften widerspiegeln. Er wird dann van-der-Waals-Topf genannt. Er kann aber auch ziemlich tief sein, dadurch daß „chemische" Wechselwirkungen dazu beitragen. Jedenfalls ist immer ein Topf vorhanden; er ist im allgemeinen umso tiefer, je stärker der anziehende Teil des Potentials ist.

---

[1] Er ist gleichzeitig der Winkel zwischen den jeweiligen Geschwindigkeiten, d.h. $\chi = \arccos(\tilde{v} \cdot \tilde{v}')$, wo mit $\sim$ Einheitsvektoren bezeichnet werden.

3 Streuung als Sonde für die Stoßdynamik

Die Folgen der Existenz eines anziehenden und eines abstoßenden Teils des Potentials sieht man aus den schematischen Trajektorien von Bild 3.1, die zu verschiedenen Stoßparametern, aber derselben Stoßenergie E_{tr} gehören. Zweckmäßigerweise definiert man einen *reduzierten Stoßparameter* $b^* = b/R_e$, indem man den Abstand R_e im Minimum des Potentialtopfes als Längeneinheit nimmt. Für großes b ($b^* \gg 1$) erfahren die Moleküle nur die langreichweitigen anziehenden Kräfte, und die Trajektorien werden nur wenig zu kleinen negativen Winkeln χ abgelenkt. Wenn b abnimmt, wird der Winkel immer stärker negativ, bis er ein Minimum, den sogenannten *Regenbogenwinkel* χ_r beim Stoßparameter b_r erreicht. Nimmt b noch weiter ab, wird der Einfluß der abstoßenden Kräfte vorherrschend, und χ wird wieder größer. Beim sogenannten Glorienstoßparameter b_g wird $\chi = 0$, danach immer stärker positiv. Für $b \to 0$ wird der Stoß zentral, und die Moleküle werden schließlich nach rückwärts abgestoßen ($\chi \to \pi$).

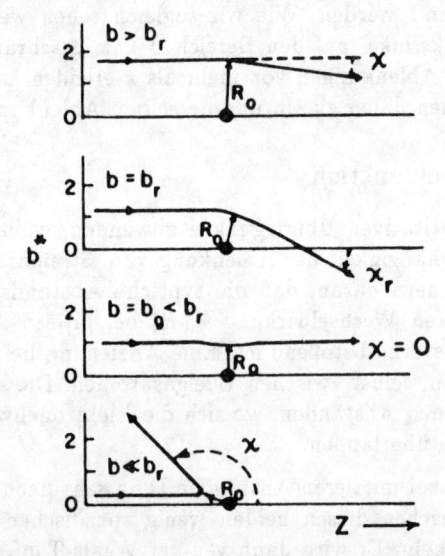

Bild 3.1 Stoßtrajektorien zu verschiedenen Stoßparametern bei gegebener Stoßenergie: Ein Projektil der Masse μ startet mit der Geschwindigkeit v beim Stoßparameter b parallel zur z-Achse. Als Ordinate ist der reduzierte Stoßparameter $b^* = b/R_e$ genommen. χ ist der Streuwinkel, b_r der Stoßparameter zum Regenbogenwinkel χ_r und R_0 der Abstand im Augenblick stärkster Annäherung.

Die funktionale Abhängigkeit $\chi(b)$ des Ablenkwinkels vom Stoßparameter wird *Ablenkfunktion* genannt. Sie ist so wichtig für das Verständnis der Stöße, daß wir in Bild 3.2 dieselbe Information nochmals in anderer Form

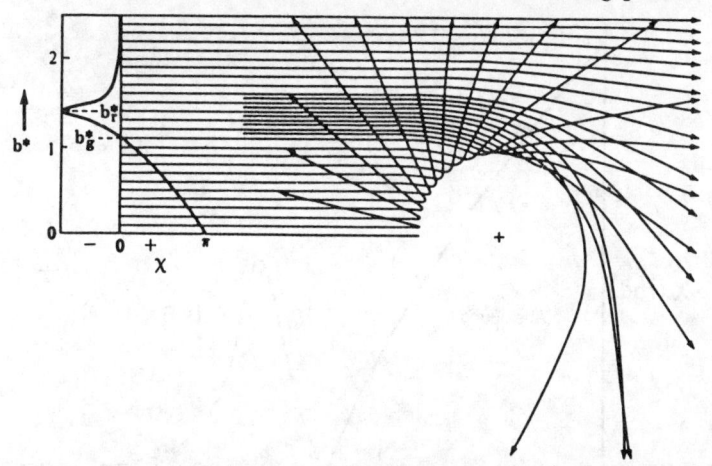

3.1 Elastische Streuung als Sonde für das Wechselwirkungspotential

Bild 3.2 Klassische Trajektorien für ein realistisches Potential bei fester Geschwindigkeit v, aber verschiedenen reduzierten Stoßparametern b^*. Die linke Kurve zeigt die Abhängigkeit des Streuwinkels χ von b^*. Die (reduzierten) Stoßparameter für Glorie und Regenbogen, b_g^* und b_r^*, sind bezeichnet. Man beachte die negativen Ablenkwinkel für $b > b_g$; der kleinste (negative) Winkel, χ_{min}, definiert den beobachteten Regenbogenwinkel $\vartheta_r = |\chi_{min}|$. (Nach H. Pauly in: Bernstein (1979))

zeigen, nämlich als Trajektorienschar für verschiedene Stoßparameter, die mit einem realistischen Potential berechnet wurde.

Wegen der Zylindersymmetrie um die Achse $b = 0$ (Bild 2.11) ist das Vorzeichen des Ablenkwinkels im Experiment ohne Bedeutung. Der beobachtbare Ablenkwinkel ϑ ist daher der *Betrag* des berechneten Ablenkwinkels (modulo π): $\vartheta = |\chi| \pmod{\pi}$.

Die Beziehung zwischen χ und b bei vorgegebenem E_{tr} wird in Bild 3.3 zusammengefaßt. Für $\chi > \chi_r$ ist sie eindeutig, für $\chi < \chi_r$ gehören *drei* verschiedene Stoßparameter zum gleichen Ablenkwinkel $\vartheta = |\chi|$. Diese Vieldeutigkeit gibt es für rein abstoßende Potentiale nicht, bei denen $\chi(b)$ mit b monoton abnimmt. Das gilt z.B. für den in Bild 2.10 gezeigten Stoß harter Kugeln. Dort sieht man leicht, daß $\chi = \pi - 2\psi_0$ ist, wobei $\sin\psi_0 = b/d$. Daher gilt für das Potentialmodell harter Kugeln

$$\chi = \begin{cases} 2\arccos(b/d) & \text{für } b \leq d \\ 0 & \text{für } b < d. \end{cases} \tag{3.1}$$

Wenn wir die b-Abhängigkeit der Ablenkfunktion messen könnten, hätten wir eine sehr empfindliche Sonde für das zwischenmolekulare Potential. Wir werden sogar sehen, daß für große b die Funktion $\chi(b)$ die gleiche ist wie

3 Streuung als Sonde für die Stoßdynamik

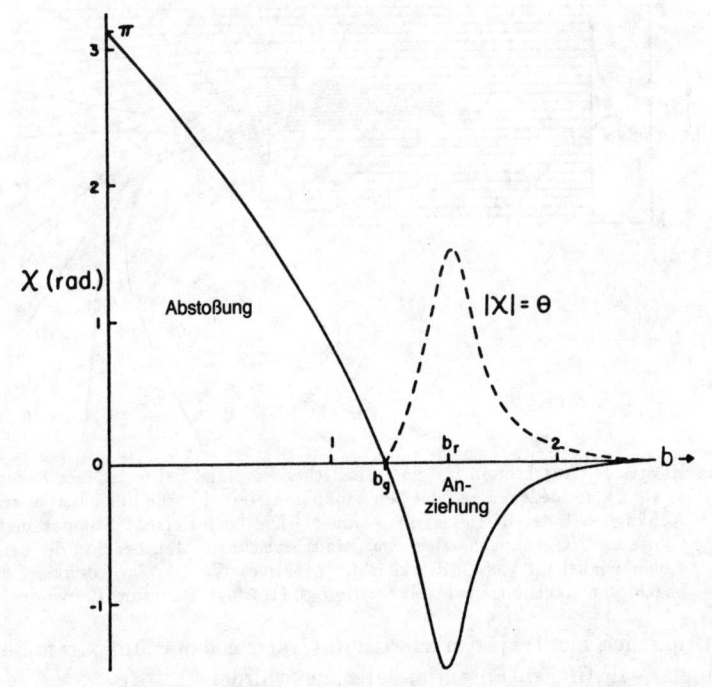

Bild 3.3 Typische Ablenkfunktion bei gegebener Energie. Der Stoßparameter b ist in reduzierten Einheiten angegeben. Bei großen b ist der Streuwinkel wegen der anziehenden langreichweitigen Kräfte negativ (aber zunächst sehr klein). Wird b kleiner, wird χ stärker negativ, erreicht jedoch bei $\chi = \chi_r$ einen kleinsten Wert χ_r. Wird b weiter vermindert, so tragen die abstoßenden Kräfte immer mehr bei. Bei $b = b_g$ kompensieren sie gerade die anziehenden Kräfte, so daß χ verschwindet. Bei noch kleinerem b überwiegt die Abstoßung und damit die Rückwärtsstreuung, wobei $\chi \to \pi$ mit $b \to 0$. Der beobachtbare Streuwinkel ist $\vartheta = |\chi|$.

$V(b)$, das Potential bei $R = b$. Ebenso ist die Existenz des Minimums bei kleineren b ein Anzeichen dafür, daß ein Minimum in $V(R)$ vorhanden ist, wie die Bilder 3.2 und 3.3 zeigen.

3.1.3 Die Winkelverteilung im Schwerpunktsystem

Das naive Ziel, die b-Abhängigkeit der Ablenkung experimentell zu bestimmen, ist auf direkte Weise unerreichbar. Selbst bei Stößen zwischen Molekülen mit genau definierter Geschwindigkeit sind alle Werte von b möglich (Abschn. 2.2.4). Was wir jedoch tun können, ist, die *Winkelverteilung der Produkte* (d.h. den gestreuten Teilchenfluß) als Funktion des Streuwinkels ϑ zu messen und daraus die Relation zwischen ϑ und b zu berechnen.

3.1 Elastische Streuung als Sonde für das Wechselwirkungspotential 95

Wir betrachten ein Bündel von Trajektorien mit Stoßparametern im Bereich von b bis $b + db$. Ist b klein genug, werden die Moleküle abgelenkt. Wie Bild 3.4 zeigt, liegt der Ablenkwinkel zwischen ϑ und $\vartheta + d\vartheta$, wo $\vartheta = |\chi(b)|$. Für ein kugelsymmetrisches Potential hängt die ganze Angelegenheit vom Azimutwinkel φ nicht ab. D.h., alle Trajektorien, die in einem Kreisring mit Radien zwischen b und $b + db$ starten, enden im ringförmigen Kegel mit dem Raumwinkel $d\omega$, der alle φ zwischen 0 und 2π und alle ϑ zwischen ϑ und $\vartheta + d\vartheta$ umfaßt. Es gilt daher $d\omega = 2\pi \sin\vartheta d\vartheta$.

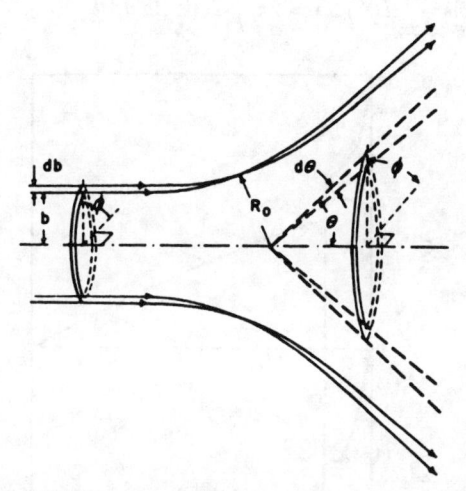

Bild 3.4 Eine Skizze, die die Korrelation von Trajektorien mit Anfangs-Stoßparametern zwischen b und $b + db$ mit End-Ablenkungen zwischen ϑ und $\vartheta + d\vartheta$ zeigt, wobei $\vartheta = |\chi(b)|$ ist. Im Normalfall gibt es keine Abhängigkeit vom Azimutwinkel φ, und alle Anfangswerte von φ sind gleichwahrscheinlich. Die Trajektorien mit dem Streuwinkel ϑ liegen daher gleichmäßig dicht auf einem *Streukegel*.

Wir können die Zahl der Moleküle $d\dot{N}(\vartheta)$, die pro Zeiteinheit in diesen Raumwinkel $d\omega$ abgelenkt werden, messen (s. Exkurs 3A). Ebenso wie der Streuquerschnitt ein Maß für die Stoßrate war (vgl. Gl. (2.9)), ist der nun einzuführende *differentielle Streuquerschnitt* $I(\vartheta)$ ein Maß für die Rate derjenigen Stöße, die zu Ablenkungen in einen engen Winkelbereich um ϑ führen, d.h. es gilt $d\dot{N}(\vartheta) \propto I(\vartheta)d\omega$.

Alle Trajektorien, die in den Winkelbereich von ϑ bis $\vartheta + d\vartheta$ führen, haben Stoßparameter zwischen b und $b + db$. Der differentielle Streuquerschnitt $d\sigma$ für diese Stöße ist nach Gl. (2.36) $2\pi b db$. Daher gilt $d\sigma = I(\vartheta)d\omega = 2\pi b db$,

3 Streuung als Sonde für die Stoßdynamik

und der differentielle Streuquerschnitt (bei vorgegebener Energie) ergibt sich zu[2)]

$$I(\vartheta) = \frac{b}{\sin\vartheta \frac{d\vartheta}{db}} = \frac{b}{\sin\vartheta \left|\frac{d\chi}{db}\right|} \tag{3.2}$$

Der *integrale Streuquerschnitt*[3)] ist natürlich das Integral des differentiellen Streuquerschnitts über alle Raumwinkel

$$\sigma = \int d\sigma = \int I(\vartheta)d\omega = 2\pi \int_0^\pi I(\vartheta) \sin\vartheta d\vartheta. \tag{3.3}$$

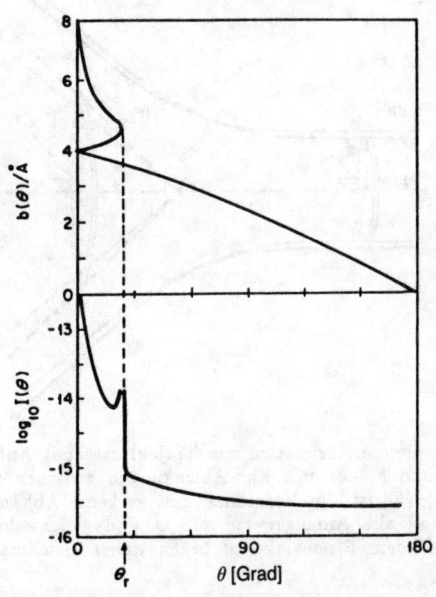

Bild 3.5 Klassisch berechnete Winkelverteilung $I(\vartheta)$ der elastischen Streuung für ein realistisches Molekülpotential. Für feste Stoßenergie sind $I(\vartheta)$ (in $cm^2 sr^{-1}$) und das zugehörige $b(\vartheta)$ (in $Å^2$) aufgetragen. Man beachte die klassische Divergenz am Regenbogen.

[2)] Das Betragszeichen bei $d\chi/db$ ist notwendig, weil diese Ableitung negativ werden kann. Ferner haben wir noch nicht berücksichtigt, daß zu einem ϑ verschiedene b gehören können. Das wird in Abschn. 3.1.9 geschehen.

[3)]** Dieser ist für Stöße von strukturlosen Teilchen mit dem *totalen* Streuquerschnitt identisch und wird daher oft so bezeichnet. Um späteren Verwechslungen vorzubeugen, werden wir konsequent vom integralen Streuquerschnitt sprechen.

3.1 Elastische Streuung als Sonde für das Wechselwirkungspotential   97

Hat man die Ablenkfunktion bei der Energie eines Experiments, so kann man leicht die Winkelverteilung $I(\vartheta)$ der gestreuten Teilchen im Schwerpunktsystem berechnen (Bild 3.5). Eine Ausnahme bildet die Umgebung von $\vartheta = 0$, wo (3.2) divergiert. Diese Divergenz ist ein Fehler der klassischen Mechanik bei der Behandlung eines Problems, das eigentlich quantenmechanisch behandelt werden muß. Genau besehen gibt es sogar drei derartige Probleme: (a) Eine Divergenz für große b, wo $\vartheta \to 0$ geht; das wird in Abschn. 3.1.8 besprochen. (b) Eine Divergenz beim Glorienstoßparameter, wo $\chi(b_g) = 0$, daher $\sin\vartheta = 0$; sie wird ebenfalls dort weiter behandelt. (c) Eine Divergenz beim Regenbogen-Stoßparameter χ_r, wo $d\chi/db$ verschwindet; sie wird in Abschn. 3.1.9 besprochen. In allen drei Fällen liefert die richtige quantenmechanische Behandlung einen endlichen Wert für $I(\vartheta)$. Die physikalischen Phänomene, die mit diesen klassischen Singularitäten verknüpft sind, sind eine besonders wichtige Informationsquelle über den Topfbereich des zwischenmolekularen Potentials.

3.1.4 Streuung als Potentialsonde

Als Beispiel wollen wir die Winkelverteilung für das Potential zwischen harten Kugeln berechnen. Aus (3.1) und (3.2) folgt, völlig unabhängig von ϑ

$$I(\vartheta) = \frac{1}{4}d^2 \tag{3.4}$$

D.h., die Streuung ist *isotrop* und unabhängig von der Stoßenergie! Für den integralen Querschnitt folgt aus (3.3), wie erwartet, $\sigma = \pi d^2$.

Für ein realistischeres zwischenmolekulares Potential ist die Streuwinkelverteilung sowohl *anisotrop* als auch *energieabhängig*. Sie bevorzugt die kleinen Streuwinkel (Bild 3.5). Da das Potential bis zu großen Abständen reicht, gibt es einen Beitrag immer größerer Kreisringflächen $2\pi b db$ bei großen b und daher kleinen $|\chi|$ (vgl. Bild 3.3). Daher sagt uns die Kleinwinkelstreuung hauptsächlich etwas über den langreichweitigen Teil des Potentials. Dagegen kommt die Großwinkelstreuung im wesentlichen vom abstoßenden Teil des Potentials (wir erinnern an $\chi(b \to 0) = \pi$) und wird der Großwinkelstreuung harter Kugeln immer ähnlicher, was auch für die Ablenkfuktionen gilt.

Die experimentelle Bestimmung der Winkelverteilung $I(\vartheta)$ zu verschiedenen Energien erlaubt es daher, die Ablenkfunktion in einem weiten b-Bereich abzutasten und stellt so eine empfindliche Sonde für das zwischenmolekulare Potential dar.[4]

---

[4] Die Umrechnung der im Laborsystem gemessenen Winkelverteilung auf das Schwerpunktsystem wird in Exkurs 3A abgehandelt.

3 Streuung als Sonde für die Stoßdynamik

Um dieses Programm wirklich durchzuführen, brauchen wir allerdings eine *quantitative* Beziehung zwischen $\chi(b)$ und $V(R)$, d.h. mehr als die bloß qualitative Feststellung, daß Vorwärtsstreuung (kleine ϑ) zu großen b gehört und daher die äußeren Teile von $V(R)$ abtastet, während Rückwärtsstreuung (große ϑ) von Stößen mit kleinen b kommt, die den inneren „harten Kern" des Potentials erreichen. Wir müssen z.B. wissen, bei welchen Winkeln wir nach den Folgen der Existenz des Potentialtopfes suchen sollen. Gerade haben wir z.B. festgestellt, daß das Potentialminimum zur Folge hat, daß $d\chi/db$ bei $b = b_r$ verschwindet, so daß eine Divergenz entsteht. Offenbar müssen wir auch über den Regenbogeneffekt mehr lernen.

In den folgenden Abschn. 3.1.5 bis 3.1.10 wollen wir quantitativ die klassische Streudynamik beschreiben und die zugehörigen Quanteneffekte besprechen. Wir werden auch sagen, was man aus der Geschwindigkeitsabhängigkeit $\sigma(v)$ des Streuquerschnitts lernen kann.[5] Abschn. 3.2 ist die Belohnung und zeigt, was man heute aus Stoßexperimenten über die zwischenmolekularen Kräfte weiß.

3.1.5 Vom Potential zur Ablenkfunktion

Die Berechnung differentieller Querschnitte verlangt, daß wir die Ablenkfunktion $\chi(b)$ kennen, damit wir die Observable $I(\vartheta)$ in Bezug zum Potential $V(R)$ setzen können.

Wir berechnen die Ablenkfunktion aus der Bewegungsgleichung (2.24) für den Winkel ψ der Orientierung von R (vgl. Bild 2.7)

$$\dot{\psi} = bv/R^2. \tag{3.5}$$

Um (3.5) zu integrieren, gehen wir von der Zeitableitung zur Ortsableitung über, d.h. benutzen $d\psi/dR = \dot{\psi}/\dot{R}$. Mit Gl. (2.31) bekommt man

$$\dot{R} = v\left(1 - \frac{V(R)}{E_{tr}} - \frac{b^2}{R^2}\right)^{\frac{1}{2}} \tag{3.6}$$

und daher

$$\frac{d\psi}{dR} = -\frac{b}{R^2}\left(1 - \frac{V(R)}{E_{tr}} - \frac{b}{R^2}\right)^{-\frac{1}{2}}. \tag{3.7}$$

---

[5] Entgegen einer naiven Erwartung wird damit nicht der abstoßende Teil des Potentials beobachtet. Tatsächlich bestimmt im sogenannten thermischen Energiebereich ($E_{tr} \simeq kT$) nur der langreichweitige, anziehende Potentialast die Gesamtgröße von $\sigma(v)$, vgl. Abschn. 3.1.8.

3.1 Elastische Streuung als Sonde für das Wechselwirkungspotential

Das Minuszeichen kommt daher, daß ψ beginnend mit $\psi = 0$ ansteigt, während das zugehörige R von $R = \infty$ abnimmt (Bild 2.8). Wir können jetzt Gl. (3.7) von $R = \infty$ vor dem Stoß bis zum *Umkehrpunkt* $R = R_0$, $\psi = \psi_0$ integrieren und erhalten

$$\psi_0 = \int_\infty^{R_0} \frac{d\psi}{dR} dR = b \int_{R_0}^\infty \frac{dR}{R^2} \left(1 - \frac{V(R)}{E_{tr}} - \frac{b^2}{R^2}\right)^{-\frac{1}{2}}. \tag{3.8}$$

Der Integrand ist überall definiert, da R_0 die positive Wurzel der Gleichung $1 - V(R_0)/E_{tr} - b^2/R_0^2 = 0$ ist. Aus Bild 2.28 lesen wir ab $\chi = \pi - 2\psi_0$, so daß

$$\chi = \pi - 2b \int_{R_0}^\infty \frac{dR}{R^2} \left(1 - \frac{V(R)}{E_{tr}} - \frac{b^2}{R^2}\right)^{-\frac{1}{2}} \tag{3.9}$$

Gl. (3.9) ist für jedes $V(R)$ im Rahmen der klassischen Mechanik exakt. Kennen wir also $V(R)$, so können wir mit (3.9) die Ablenkfunktion bei jeder gewünschten Energie E_{tr} berechnen. Damit sind wir in der Lage, die Streuwinkelverteilung mittels Gl. (3.2) vorherzusagen.

Eine nützliche Hochenergienäherung für Gl. (3.9) kann man im Grenzfall großer Stoßparameter bekommen, weil dann $R_0 \approx b$ wird. Dann ist während des ganzen Stoßes $V(R)/E_{tr} \ll 1$ und damit $V(R_0)/E_{tr} \ll b^2/R_0^2$. Man kann dann zeigen, daß die Variable

$$\tau(b) = E_{tr} \cdot \chi(b, E_{tr}) \tag{3.10}$$

praktisch nur noch von b und nicht mehr von E_{tr} abhängt, und findet, daß die Abhängigkeit von $\tau(b)$ im wesentlichen die von $V(b)$ ist. Bei großen Stoßparametern ist die funktionale Abhängigkeit der Ablenkfunktion von b und E_{tr} daher von der Form

$$\chi(b, E_{tr}) \propto \frac{V(b)}{E_{tr}}. \tag{3.11}$$

Ausgedrückt durch die Variable τ (Gl. (3.10)) können wir (3.2) in die Form

$$\vartheta \sin \vartheta I(\vartheta) = \frac{1}{2}\tau \left|\frac{db^2}{d\tau}\right| \tag{3.12}$$

umschreiben, die nicht mehr explizit von E_{tr} abhängt. In dieser Hochenergienäherung ist daher eine Darstellung, bei der $I(\vartheta)\vartheta \sin\vartheta$ gegen τ aufgetragen wird, unabhängig von der Stoßenergie.

Für ein langreichweitiges Potential der Form $V \propto R^{-s}$ ist $I(\vartheta)\vartheta \sin\vartheta \propto \tau^{-1/2}$. Für kleine Winkel ($\sin\vartheta \approx \vartheta$) gilt daher

100   3 Streuung als Sonde für die Stoßdynamik

$$(E_{tr}\vartheta)^{2/s}\,\vartheta\sin\vartheta I(\vartheta) \simeq E_{tr}^{2/s}\vartheta^{(2s+2)/s}I(\vartheta) = \text{const} \tag{3.13}$$

Wie wir in Abschn. 3.2 sehen werden, ist für reale (neutrale) Molekülpaare das anziehende Potential von einem R^{-6}-Term beherrscht. Gl. (3.13) bedeutet dann, daß $I(\vartheta) \propto \vartheta^{-7/3}E_{tr}^{-1/3}$, was im Einklang mit experimentellen Daten bei kleinen Winkeln ist. Für Ionen-Molekül-Streuung ist $s = 4$ (Abschn. 2.4.7), so daß $I(\vartheta) \propto \vartheta^{-5/2}E_{tr}^{-1/2}$.

3.1.6   Der differentielle Streuquerschnitt

Kennen wir die Ablenkfunktion, so sind wir in der Lage, die Winkelverteilung im Schwerpunktsystem zu berechnen und daraus die beobachtbare Streuverteilung im Labor vorherzusagen. Wir fragen, wieviele Moleküle $d\dot{N}(\vartheta,\varphi)$ pro Zeiteinheit in ein Raumwinkelelement $d\omega = \sin\vartheta d\vartheta d\varphi$ bei einer bestimmten Richtung ϑ,φ gestreut werden. Hier ist ϑ der Ablenkwinkel im Schwerpunktsystem (SPS), φ der Azimutwinkel (Bild 3.4). Erinnern wir uns zunächst, daß die Gesamtzahl der Moleküle, die pro Zeiteinheit in alle Winkel gestreut werden, durch (vgl. (2.9))

$$\dot{N} = Z n_A n_B \Delta V = n_A n_B v \sigma \Delta V = I_A N_B \sigma \tag{3.14}$$

gegeben wird. Hier sind ΔV das Volumen der Streuzone, v die Relativgeschwindigkeit und n_A und n_B die Anzahldichten der Molekülsorten A und B. $N_B = n_B\Delta V$ ist die Gesamtzahl der Targetmoleküle und $I_A = n_A v$ die Strahlintensität (der Fluß der A-Moleküle pro Flächeneinheit und Zeiteinheit). Wir können daher die verlangte differentielle Größe als

$$d\dot{N}(\vartheta,\varphi) = \dot{N} P(\vartheta,\varphi) d\omega \tag{3.15}$$

ausdrücken, wo die Winkelverteilung $P(\vartheta,\varphi)$ eine auf der vollen Kugel normierte Wahrscheinlichkeitsdichte (der Dimension sterad^{-1}) ist:

$$\iint P(\vartheta,\varphi)\sin\vartheta d\vartheta d\varphi = 1 \tag{3.16}$$

Die Anzahl der A-Teilchen, die pro Zeiteinheit in den Einheitswinkel bei ϑ,φ gestreut werden, ist dann

$$\frac{d\dot{N}(\vartheta,\varphi)}{d\omega} = n_A n_B v \sigma \Delta V P(\vartheta,\varphi) = I_A N_B \sigma P(\vartheta,\varphi) \tag{3.17}$$

Das Produkt $\sigma P(\vartheta,\varphi)$ ist daher der *auf den Raumwinkel bezogene differentielle Querschnitt* und hat die Dimension Fläche pro Raumwinkel.

Für ein kugelsymmetrisches Potential $V(R)$ gibt es keine φ-Abhängigkeit der Streuung, und $P(\vartheta,\varphi)$ hängt nur von ϑ ab (Zylindersymmetrie der Streuung

3.1 Elastische Streuung als Sonde für das Wechselwirkungspotential

um v). Dann können wir über φ integrieren, um die Streuintensität in einen ringförmigen Kegel von ϑ bis $\vartheta + \mathrm{d}\vartheta$ (vgl. Bild 3.5) zu bekommen:

$$\mathrm{d}\dot{N}(\vartheta) = \int_0^{2\pi} \mathrm{d}\varphi \frac{\mathrm{d}\dot{N}(\vartheta,\varphi)}{\mathrm{d}\varphi}$$

$$= 2\pi \sin\vartheta \frac{\mathrm{d}\dot{N}(\vartheta,\varphi)}{\mathrm{d}\omega} = I_\mathrm{A} N_\mathrm{B} 2\pi \sin\vartheta I(\vartheta)\mathrm{d}\vartheta \qquad (3.18)$$

Hier wurde im Einklang mit Gl. (3.2) $I(\vartheta) = \sigma P(\vartheta,\varphi)$ für den räumlichen differentiellen Querschnitt gesetzt. Daher ergibt sich wieder

$$\sigma = 2\pi \int_0^\pi \mathrm{d}\vartheta \sin\vartheta I(\vartheta). \qquad (3.19)$$

Damit haben wir unsere Analyse der elastischen Streuung zu Ende geführt. Wir haben einen quantitativen Weg vom Potential $V(R)$ zur Ablenkfunktion, $\chi(b, E_\mathrm{tr})$, zum differentiellen Streuquerschnitt $I(\vartheta)$, zur beobachtbaren Winkelverteilung des Streuflusses $\mathrm{d}\dot{N}(\vartheta,\varphi)$ und schließlich zum integralen Streuquerschnitt beschrieben.

Wir wollen nun den umgekehrten Weg betrachten, der vom beobachtbaren differentiellen Querschnitt zum Potential führt. Das ist das berühmte Problem der *Inversion* von Streudaten, das für alle Arten von Streuung existiert. Wir beschränken uns hier auf den einfachsten Fall, wo die Beziehung zwischen χ und b eins zu eins, d.h. $\chi(b)$ monoton ist. Das bedeutet, daß entweder das Potential rein abstoßend ist oder wir nur solche Winkel betrachten, für die diese Beziehung eindeutig ist, wie z.B. für Ablenkungen größer als der Regenbogenwinkel χ_r (Bild 3.5). Natürlich können wir dann auch nur den Teil des Potentials bestimmen, der für die Weitwinkelstreuung verantwortlich ist, d.h. den abstoßenden Teil.

Wir betrachten den sog. *unvollständigen* integralen Querschnitt $\sigma_>(\vartheta)$, der entsprechend Gl. (3.3) zu

$$\sigma_>(\vartheta) = 2\pi \int_\vartheta^{2\pi} \mathrm{d}\vartheta \sin\vartheta I(\vartheta) \qquad (3.20)$$

definiert wird. Mit (3.2) für $I(\vartheta)$ bekommt man

$$\sigma_>(\vartheta) = 2\pi \int_\vartheta^\pi \mathrm{d}\vartheta b \left|\frac{\mathrm{d}b}{\mathrm{d}\vartheta}\right| = \pi \int_\vartheta^\pi \mathrm{d}\vartheta \left|\frac{\mathrm{d}b^2}{\mathrm{d}\vartheta}\right| = \pi \left(b(\vartheta)\right)^2 \qquad (3.21)$$

Kennen wir daher den beobachteten differentiellen Querschnitt $I(\vartheta)$, so können wir durch die Integration nach (3.20) $\sigma_>(\vartheta)$ bestimmen und daraus nach (3.21) $b(\vartheta)$. Dieses ist jedoch durch Gl. (3.9) mit dem Potential verknüpft. Um (3.9) zu invertieren, geht man wie folgt vor: Man berechnet ein Integral $I(x)$, das durch

$$I(x) = \pi^{-1} \int_{b=x}^{\infty} db \frac{\vartheta(b)}{(b^2 - x^2)^{1/2}} \tag{3.22}$$

definiert ist, als Funktion des formalen Parameters x. Man kann dann zeigen, daß

$$V(R) = E_{tr}\{1 - \exp(-2I(x))\} \tag{3.23}$$

ist, wo

$$R = x \exp(I(x)). \tag{3.24}$$

Aus (3.23) und (3.24) folgt auch, daß

$$x = R\left(1 - \frac{V(R)}{E_{tr}}\right)^{\frac{1}{2}}, \tag{3.25}$$

aber das ist für die Analyse nicht wichtig.

Für jeden Wert von x hat man aus (3.22) den numerischen Wert von $I(x)$ und kennt aus (3.24) R und aus (3.23) $V(R)$ für dieses R. Das muß für jedes x wiederholt werden und liefert dann eine Tabelle von Paaren R, $V(R)$. Damit ist der abstoßende Teil des Potentials bis hinauf zur Stoßenergie E_{tr} in Tabellenform bestimmt.

Wie aus der Herleitung folgt, ist die Methode ist in zweierlei Weise eingeschränkt: In (3.21) haben wir angenommen, daß es nur einen Wert von b zu jedem Wert von ϑ gibt. Außerdem wird $V(R)$ natürlich nur bis zu dem Punkt bestimmt, der $b = 0$ entspricht, d.h. bis zu $V(R_0) = E_{tr}$ (vgl. (2.34)).

Die Ableitung ist außerdem klassisch und daher auf jeden Fall nur eine Näherung. Nur eine volle quantenmechanische Behandlung kann als vollständig richtig angesehen werden. Da aber in vielen Fällen höherer Komplexität die Benutzung der klassischen Mechanik sehr viel leichter ist, müssen wir wenigstens in diesem einfachen Fall die Gültigkeit der klassischen Behandlung prüfen. Das ist die Aufgabe des nächsten Abschnitts.

3.1.7 Der quantenmechanische Zugang zur elastischen Streuung

Die quantenmechanische Behandlung der elastischen Streuung ist in vieler Hinsicht der klassischen ähnlich. Der entscheidende Unterschied ist das *Superpositionsprinzip*, das nur in der Quantenmechanik gilt: Wenn ein Ereignis auf mehreren Wegen zustandekommen kann, wird seine Wahrscheinlichkeit berechnet, indem man Wahrscheinlichkeits*amplituden* addiert, d.h. superponiert, und *dann* die Summe quadriert. Schreibt man dieses Summenquadrat aus, so gibt es viele gemischte Terme, die das Produkt verschiedener Amplituden enthalten. Diese Mischterme sind es, die Anlaß zu der weiter unten besprochenen Interferenzstruktur geben, die für die Quantenmechanik der Streuung so typisch ist. Der klassische Grenzfall entsteht, wenn diese Mischterme so zahlreich und ihre Oszillationen so schnell sind, daß sie praktisch weggemittelt werden.

Anstelle eines Bündels von Trajektorien bei allen Stoßparametern (Bild 3.2) haben wir bei der zeitunabhängigen Behandlung der quantenmechanischen Streuung als Wellenfunktion eine Summe von Partialwellen:

$$\Psi(R) = \sum_{l=0}^{\infty} (2l+1) i^l \, \Psi_l(R) P_l(\cos\vartheta). \tag{3.26}$$

Hier ist ϑ der Polarwinkel bezüglich der Einfallsrichtung und l die Drehimpulsquantenzahl (Abschn. 2.2.5). Die Wellenfunktion $\Psi(R)$ ist selbst eine Wahrscheinlichkeitsamplitude, die die Form einer Summe von Wahrscheinlichkeitsamplituden für die verschiedenen Werte des Drehimpulses annimmt. Die P_l sind Legendre-Polynome, die wie so oft die Winkelabhängigkeit beschreiben. Bei gegebener Stoßenergie E führt die Schrödingergleichung ($E - H)\Psi = 0$ nach Abspaltung des Winkelanteils zur Radialgleichung

$$\left(k^2 + \frac{d^2}{dR^2} - \frac{l(l+1)}{R^2} - \frac{2\mu}{\hbar^2}V(R)\right) G_l(R) = 0. \tag{3.27}$$

Dies ist die effektive Schrödingergleichung für die Relativbewegung, in der $\Psi_l(R) = G_l(R)/kR$ gesetzt ist. k ist die Wellenzahl, mit $E = \hbar^2 k^2/2\mu$, $p = \hbar k$ und $k = 2\pi/\lambda$, wobei λ die de-Broglie-Wellenlänge ist.

Im Gegensatz zu Problemen, bei denen es um gebundene Zustände geht, müssen bei Streuproblemen auch die Randbedingungen explizit festgelegt werden, d.h. das Verhalten der Wellenfunktion für $R \to \infty$. Allen elastischen Streuproblemen gemeinsam ist es, daß die einfallende Bewegung in Richtung abnehmender R erfolgt, die gestreute Bewegung in Richtung wachsender R. Wenn daher R so groß ist, daß $V(R) \approx 0$ ist, erwarten wir, daß man die Wellenfunktion $G_l(R)$ in der folgenden Form schreiben kann:

3 Streuung als Sonde für die Stoßdynamik

$$G_l(R) \to \exp\left(-i\left(kR - \frac{l\pi}{2}\right)\right) - S_l \exp\left(i\left(kR - \frac{l\pi}{2}\right)\right). \tag{3.28}$$

Hier ist S_l die „*Streuamplitude*" für die *l*te *Partialwelle*. Die Phasen der einfallenden und der gestreuten Wellen werden bestimmt, indem man (3.27) zunächst einmal für den Fall verschwindenden Potentials löst. Man findet dann, daß die Lösung, die eine Bewegung zum Nullpunkt ausschließt, durch

$$G_l(R) \propto kR j_l(kR) \to \begin{cases} \sin\left(kR - \frac{l\pi}{2}\right) & \text{für } R \to \infty \\ 0 & \text{für } R \to 0 \end{cases} \tag{3.29}$$

gegeben ist. Hier ist $j_l(kR)$ die reguläre gewöhnliche Bessel-Funktion der Ordnung l. Sie ist eine oszillierende Funktion, die ihre asymptotische Form $\sin(kr - l\pi/2)$ praktisch bis zu ihrem ersten Maximum (bei $R \simeq l\pi/2k$) behält und dann gegen Null geht. Da $l \simeq kb$ ist (vgl. (2.29)), ist der innerste Wendepunkt von $G_l(R)$ ungefähr beim klassischen Wendepunkt, nämlich bei $R = b$.

Die Lösung der *freien* Bewegung ist daher von der Form (3.28) mit der Streuamplitude $S_l = 1$. In Gegenwart eines Potentials ist der Umkehrpunkt der Radialbewegung nicht länger bei $R = b$. Die Wellenfunktion verändert sich und wird daher eine etwas andere Phase als die freie Welle haben. Es kommt dann auf die *Phasenverschiebung* der Streuwelle an. Die allgemeine Lösung von (3.27) muß daher die Form

$$G_l(R) \to \begin{cases} e^{i\delta_l} \cdot \sin\left(kR - \frac{l\pi}{2} + \delta_l\right) & \text{für } R \to \infty \\ 0 & \text{für } R \to 0 \end{cases} \tag{3.30}$$

haben. δ_l ist die sogenannte *Streuphase*. Vergleicht man (3.30) und (3.28), so erhält man die Streuamplitude als

$$S_l = e^{2i\delta_l}. \tag{3.31}$$

Man sieht, daß $|S_l|^2 = 1$ ist, d.h., der einlaufende Fluß ist gleich dem auslaufenden. Die einzige Rolle des Potentials bei der elastischen Streuung ist es, die Phase zu verschieben! Die Größe dieser Verschiebung wird im allgemeinen durch numerische Lösung von (3.27) gewonnen, und δ_l wird durch Vergleich mit der asymptotischen Form (3.30) ermittelt.

Die *Streuamplitude* $f(\vartheta)$ beim Winkel ϑ, d.h. die Amplitude der gesamten Streuwelle relativ zur einlaufenden Welle wird definiert, indem man die volle Wellenfunktion $\Psi(R)$ mit der Wellenfunktion $\Phi(R)$ der freien Bewegung vergleicht:

3.1 Elastische Streuung als Sonde für das Wechselwirkungspotential

$$\Psi(R) = \Phi(R) + \frac{e^{ikR}}{R} f(\vartheta) \text{ für } R \to \infty. \tag{3.32}$$

Mit ((3.26)...(3.30)) bekommen wir schließlich

$$f(\vartheta) = (2ik)^{-1} \sum_{l=0}^{\infty} (2l+1)(e^{2i\delta_l} - 1) P_l(\cos\vartheta). \tag{3.33}$$

Die Streuintensität ist

$$I(\vartheta) = |f(\vartheta)|^2 \tag{3.34}$$

und kann mit dem differentiellen Querschnitt $d\sigma/d\omega$ identifiziert werden.

Zwei Eigenheiten des Resultats (3.33) verdienen sogleich einen Kommentar: Erstens, daß $S_l - 1 = \exp(2i\delta_l) - 1$ und nicht S_l selbst in der Streuamplitude zum Winkel ϑ auftaucht. Für genügend große l spürt die Wellenfunktion das Potential kaum noch, da sie durch das Zentrifugalpotential ferngehalten wird. Daher muß die Phasenverschiebung schließlich gegen Null gehen, d.h. S_l gegen Eins, wenn $l \gg A = k\rho$ wird, wo ρ die effektive Reichweite des

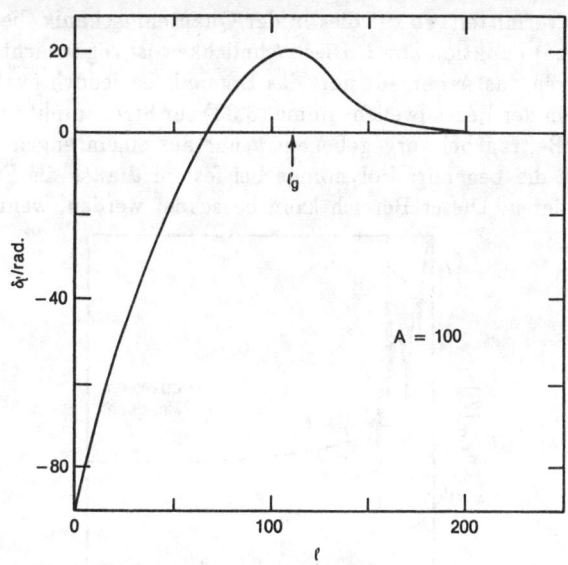

Bild 3.6 Abhängigkeit der Streuphase δ_l vom Drehimpuls l für ein realistisches Potential bei einer reduzierten Wellenzahl des Stoßes von $A = 100$. Man beachte die großen negativen Werte von δ_l bei kleinem l, die von der Vorherrschaft der Abstoßung herrühren, und die positiven Werte bei größerem l, die zur langreichweitigen Anziehung gehören. Die Anfangssteigung $d\delta_l/dl|_{l=0}$ ist $\pi/2$. Das Maximum von $\delta_l(l)$ liegt bei l_g in Korrespondenz mit dem Glorienstoßparameter $l_g = b_g \cdot k$.

Potentials bezeichnet (Bild 3.6). Daher ist (3.33) effektiv eine Summe über endlich viele Terme und auf jeden Fall konvergent. Die klassischen Divergenzen im differentiellen Streuquerschnitt treten hier nicht auf.

Allerdings besteht die Summe in (3.33) im allgemeinen aus vielen Summanden. Der Grund ist, daß - außer bei den allerkleinsten Geschwindigkeiten - die de-Broglie-Wellenlänge von Atomen und Molekülen, $\lambda = h/\mu v$, wegen deren großer Masse merklich kleiner als die Reichweite des Potentials ist. $\lambda \ll \rho$ bedeutet jedoch $A \gg 2\pi$, und da in (3.33) Terme bis $l \gg A$ behalten werden müssen, ist das größte l deutlich größer als 2π. Da die Legendre-Polynome oszillierende Funktionen von ϑ sind, finden wir dann in $|f(\vartheta)|^2$ viele schnelle Oszillationen (Bild 3.7). Bei höherer Energie wird λ immer kürzer und die Zahl der Terme, die zur Summe (3.33) beitragen, immer größer. Die Oszillationen werden „schneller" und mitteln sich mehr und mehr zum klassischen Ergebnis hin weg (Bild 3.7 und 3.8).

Ebenso wie in der klassischen Mechanik die Ablenkfunktion $\vartheta(b)$ als Zwischengröße dient, die zwischen Potential und beobachtetem differentiellem Querschnitt vermittelt, so tut dies in der Quantenmechanik die Streuphase δ als (diskrete) Funktion von l. Diese Ähnlichkeit ist sogar nicht nur formal. (Wir skizzieren das Argument nur, das Ergebnis ist jedoch exakt:) Obwohl alle l-Werte in der Partialwellensumme (3.33) zur Streuamplitude beitragen, kommt der Beitrag bei vorgegebenem ϑ nur aus einem engen Bereich von l-Werten, da die Legendre-Polynomne bei festem ϑ auch als Funktion von l stark oszillieren. Dieser Bereich kann berechnet werden, wenn man weiß,

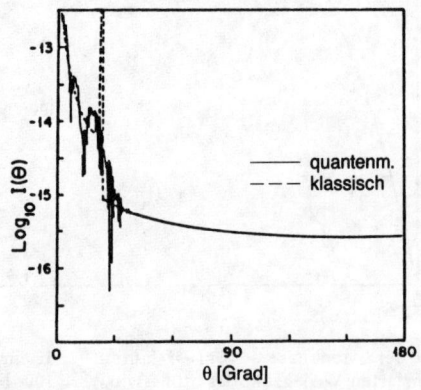

Bild 3.7 Vergleich einer quantenmechanischen Berechnung von $I(\vartheta)$ mit einer klassischen bei gleichem Potential und gleicher Energie. Während die klassische Kurve (- - -) bei $\vartheta = 0$ und $\vartheta = \vartheta_r$ divergiert, ist der oszillierende Quantenquerschnitt überall endlich.

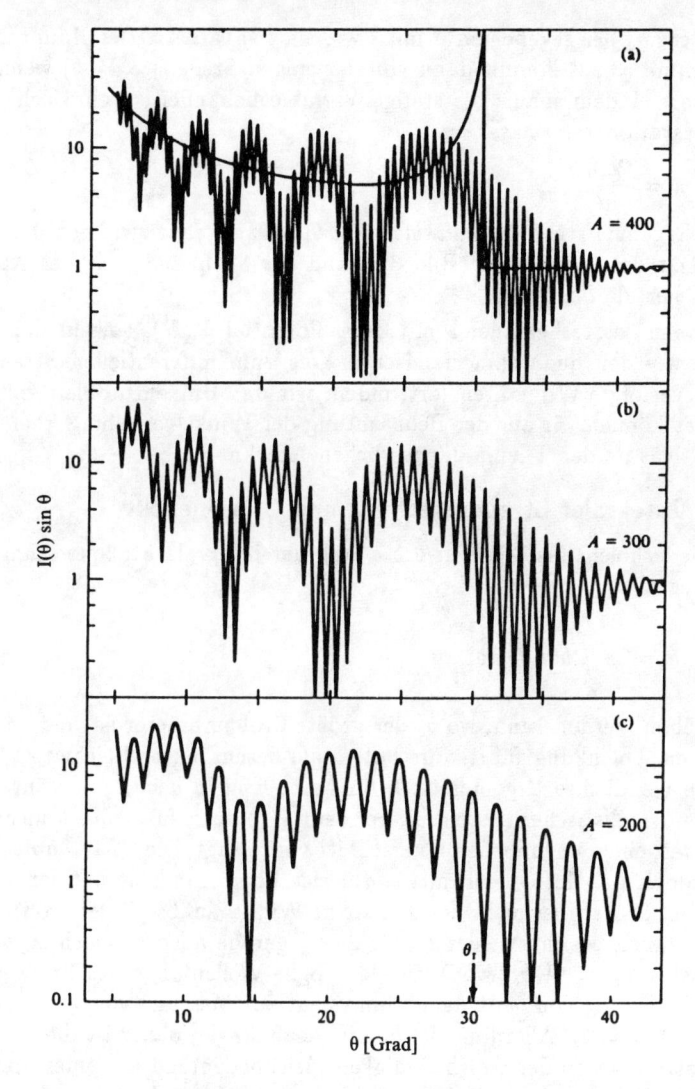

3.1 Elastische Streuung als Sonde für das Wechselwirkungspotential 107

Bild 3.8 Quantenmechanisch berechnete differentielle elastische Querschnitte $I(\vartheta)$, multipliziert mit $\sin\vartheta$, für eine realistische Potentialfunktion. Die Bilder gehören zu einer festen reduzierten Energie E_{tr}/ϵ, aber verschiedenen Werten der reduzierten Wellenzahl $A = kR_e$. Größeres A bedeutet größere Nähe zur klassischen Streuung, da mehr Partialwellen zur Streuamplitude beitragen (Gl. (3.33)). Der klassische Querschnitt ist von A unabhängig, er ist als glatte Kurve in Teilbild (a) eingezeichnet. (nach H. Pauly in: Bernstein (1979))

daß $P_l(\cos\vartheta)$ bei gegebenem ϑ mit l wie $\sin(l\vartheta)$ variiert. Der Hauptbeitrag zur Summe (3.33) kommt dann von derjenigen Stelle, wo $P_l(\vartheta)$ wenig mit l oszilliert. Indem man l als stetige Variable behandelt, ergibt sich dieser Punkt „stationärer Phase" zu

$$\vartheta = \frac{2\mathrm{d}\delta_l}{\mathrm{d}l}. \tag{3.35}$$

Dieses Ergebnis stellt die *halbklassische Korrespondenz* zwischen der l-Abhängigkeit der Streuphase (Bild 3.6) und der b-Abhängigkeit des Ablenkwinkels her, da $l \simeq kb$ ist.

Wir haben jetzt, beginnend mit dem Potential $V(R)$, sowohl den klassischen wie den quantenmechanischen Weg zum differentiellen Streuquerschnitt verfolgt. Wir fahren fort, indem wir das Umkehrproblem betrachten: Was können wir aus der Beobachtung der Winkelverteilung über $V(R)$ lernen? Das ist das Thema des restlichen Abschn. 3.1.

3.1.8 Integraler Streuquerschnitt und Glorieneffekt

Wir wiederholen aus Abschn. 2.2.7, daß der integrale Stoßquerschnitt als das Integral

$$\sigma = 2\pi \int_0^{b_c} b\,\mathrm{d}b = \pi b_c^2 \tag{3.36}$$

geschrieben werden kann, wo b_c der größte Stoßparameter ist, der zu einer meßbaren Ablenkung führt. Für Potentiale beschränkter Reichweite liefert (3.36) ein endliches Ergebnis (z.B. für harte Kugeln $\sigma = \pi d^2$), während es bei einem realistischen Potential, bei dem $\chi(b)$ auch für große b nicht verschwindet, einen unendlichen Querschnitt vorhersagt. Die Quantenmechanik zeigt jedoch, daß der Querschnitt *endlich* ist, denn man kann mit den „Materiewellen" de Broglies nicht beliebig kleine Winkel auflösen. Der größte Wert von b, nennen wir ihn wieder b_c, für den χ gerade noch beobachtet werden kann, ist $\chi(b_c) = \lambda/b_c$, wo λ die de-Broglie-Wellenlänge des Stoßsystems ist. Die Messung von σ ist daher äquivalent zur Messung von $\chi(b)$ bei dem einen Wert $b = b_c$. Allerdings ist b_c energieabhängig, daher ist die Messung von σ als Funktion der Geschwindigkeit gleichbedeutend mit einer Messung von $\chi(b)$ über einen ganzen b-Bereich bei großen b. Deshalb kann man speziell den langreichweitigen Teil des Potentials aus $\sigma(v)$ bestimmen. Mit dem Ansatz $V(R) = -C_s R^{-s}$ bekommen wir in der Hochenergienäherung (3.11)

$$\chi(b_c) \propto \frac{V(b_c)}{E_{\mathrm{tr}}} \quad \text{oder} \quad \frac{h}{\mu v b_c} \propto \frac{C_s}{b_c^s \mu v^2} \quad \text{oder} \quad b_c \propto \left(\frac{C_s}{hv}\right)^{\frac{1}{s-1}} \tag{3.37}$$

3.1 Elastische Streuung als Sonde für das Wechselwirkungspotential

und daher

$$\sigma = p_s \left(\frac{C_s}{hv}\right)^{\frac{2}{s-1}}. \tag{3.38}$$

p_s hängt schwach von s ab, ist aber stets ungefähr gleich 2π. Da b_c bei kleinen Geschwindigkeiten groß ist, ist $\sigma(v)$ bei thermischen Energien hauptsächlich gegen das langreichweitige Potential empfindlich.

Sehen wir uns Bild 3.9 an, so stellen wir fest, daß die doppeltlogarithmische Darstellung von σ gegen v bei kleinen Geschwindigkeiten im Einklang mit (3.38) eine Gerade ist, die zur Bestimmung von s und C_s benutzt werden kann. Die „Glorien-Oszillationen", die dieser Geraden überlagert sind, werden wir sogleich diskutieren.

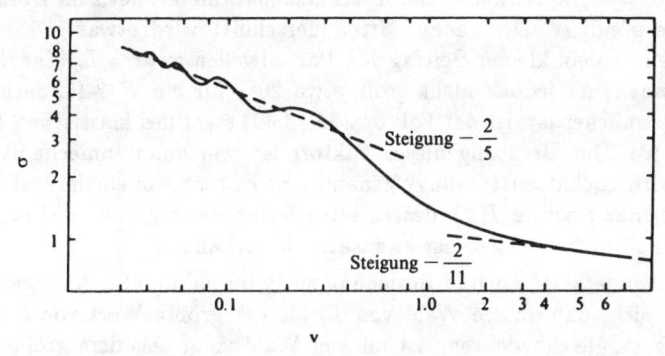

Bild 3.9 Doppeltlogarithmische Darstellung des integralen elastischen Streuquerschnitts gegen die Geschwindigkeit (in relativen Einheiten) für ein Lennard-Jones-(12,6)-Potential. Sie zeigt, wie sich die Glorien-Extrema einem mittleren Abfall mit der Steigung $-2/3$ überlagern, der zur langreichweitigen Anziehung $\propto R^{-6}$ gehört. Für hohe Geschwindigkeiten ist die Steigung nur noch $-2/11$, sie entspricht einer Abstoßung $\propto R^{-12}$. (Nach H. Pauly in: Eyring (1974-75))

Die quantentheoretische Ableitung von (3.38) geht wie folgt vor: Zunächst integrieren wir den Ausdruck für $I(\vartheta)$ (Gl. (3.34)) über den vollen Raumwinkel und bekommen die exakte Formel

$$\sigma = \frac{4\pi}{k^2} \sum_{l=0}^{\infty} (2l+1) \sin^2 \delta_l. \tag{3.39}$$

Wie in der klassischen Näherung, so ist auch die exakte Quantenform des integralen Querschnitts eine Summe von Partialwellen ohne Mischterme. Um die Summe anzunähern, bemerken wir, daß viele Partialwellen beitragen ($k\rho \gg 1$) und daß δ_l groß ist und stark mit l variiert. δ_l erreicht dabei Werte von vielen π, wenn l, von Null ausgehend, wächst. Daher oszilliert $\sin^2 \delta_l$

schnell zwischen 0 und 1 und kann durch seinen Mittelwert 1/2 ersetzt werden. Für genügend große l wird δ_l allerdings wieder abnehmen und schließlich gegen 0 gehen (Bild 3.6). Die gerade gemachte Zufallsphasen-Näherung (random phase approximation) gilt daher nur bis zu einem höchsten Wert von l, nennen wir ihn L_c, bei welchem das letzte Mal $\delta_l = \pi/2$ (d.h. $\sin \delta_l = 1$) ist. Oberhalb von L_c wird $\delta_l < \pi/2$ bleiben und immer kleiner werden. Der Beitrag zum Streuquerschnitt von allen Partialwellen mit $l \leq L_c$ ist daher

$$\sigma = \frac{4\pi}{k^2} \sum_{l=0}^{L_c} \frac{1}{2}(2l+1) = \frac{2\pi L_c^2}{k^2} = 2\pi b_c^2. \tag{3.40}$$

Hier ist $b_c = L_c/k$ der klassische Abschneideparameter, der zum Drehimpuls L_c korrespondiert. Der genaue Streuquerschnitt wird etwas größer als in (3.40) sein, da ein kleiner Beitrag von Partialwellen mit $l > L_c$ hinzukommt. Der Zuwachs ist jedoch nicht groß, etwa 20% für ein R^{-6}-Potential. Was viel erstaunlicher ist, ist der Faktor 2 in (3.40) statt des klassischen Faktors 1 in (3.36). Der Ursprung dieses Faktors ist rein quantenmechanisch, der Effekt wird „Schattenstreuung" genannt. Er kommt von einem zusätzlichen Vorwärtsmaximum in $I(\vartheta)$, dessen integrierter Beitrag etwa πb_c^2 ist. Selbst für den Fall harter Kugeln ist er zusätzlich vorhanden.

Wir müssen jetzt L_c noch in Beziehung zu Potential und Stoßenergie setzen. Es zeigt sich, daß unsere Wahl von L_c als der größte Wert von l, für den $\delta_l = \pi/2$ ist, gleichbedeutend ist mit der Wahl von b_c als dem größten Wert von b, für den die Ablenkfunktion den Wert λ/b hat. Das Quantenresultat für σ ist daher ebenfalls Gl. (3.38). Der quantenmechanische exakte Wert von p_s liegt ein paar Prozent über 2π.

Bild 3.9 zeigt die Geschwindigkeitsabhängigkeit des Streuquerschnitts im thermischen und überthermischen Bereich. Die *oszillierende Geschwindigkeitsabhängigkeit* von $\sigma(v)$ um die durch (3.38) gegebene Mittellinie ist ein quantenmechanisches Interferenzphänomen. Es kann mit Hilfe der klassischen Trajektorien aus Bild 3.2 verstanden werden. Dort sehen wir, daß Vorwärtsstreuung ($\vartheta \simeq 0$) von zwei Gruppen von Trajektorien kommt, denen bei sehr großen Stoßparametern ($b \simeq b_c$) und denjenigen beim Glorienstoßparameter ($b \simeq b_g$). Es ist eine allgemeine Erscheinung der Quantenmechanik, daß, wo immer zwei verschiedene klassische Bahnen zum gleichen beobachtbaren Resultat führen, ein Interferenz-Muster entsteht.[6] Im vorliegenden

---

[6] Das oft zitierte Beispiel ist das Doppelspalt-Experiment mit Elektronen, wo *ein* Elektron durch zwei Spalte geht und anschließend „mit sich selbst" interferiert.

3.1 Elastische Streuung als Sonde für das Wechselwirkungspotential

Fall entsteht die Interferenz zwischen Trajektorien bei $b = b_g$ und solchen bei sehr großen b. Sie kann die Vorwärtsstreuung entweder vergrößern oder verkleinern, je nachdem, wie groß die (geschwindigkeitsabhängige) Phasendifferenz zwischen den Partialwellen ist, die mit den obengenannten Trajektorien korrespondieren.

Diese geschwindigkeitsabhängige Interferenz zeigt sich im oszillierenden Verhalten von $\sigma(v)$. Bei den *Glorien*-Extremwerten, d.h. den Maxima und Minima von $\sigma(v)$, ist die Interferenz maximal konstruktiv bzw. destruktiv. Um die Abweichungen deutlich zu machen, trägt man manchmal $\sigma v^{2/(s-1)}$ auf, da dies nach (3.38) im Mittel konstant ist. Für Moleküle mit geschlossenen Elektronenschalen findet man üblicherweise $s = 6$. Der zum Glorienstoßparameter b_g gehörige Drehimpuls l_g ist in Bild 3.6 angegeben, dort ist $d\delta_l/dl = 0$ (vgl. (3.35)). Daher variiert die Streuphase hier nur langsam mit l, und die Zufallsphasen-Näherung ist nicht ganz richtig. Eine bekannte Korrekturformel liefert die Glorienoszillationen nach Höhe und Lage. Bei großen Geschwindigkeiten haben die Extrema auf einer $1/v$-Skala gleiche Abstände.

Die Betrachtung der Bilder 3.2 und 3.3 legt es nahe, daß für $\vartheta < \vartheta_r$ Interferenz zwischen *drei* Trajektorien, die zum gleichen Ablenkwinkel führen, entstehen sollte. Wir wollen uns dieser Erscheinung, dem sogenannten Regenbogen-Effekt, jetzt zuwenden.

3.1.9 Regenbogenstreuung als Sonde für den Potentialtopf

Um das Regenbogenphänomen einzuführen, kehren wir zunächst zur klassischen Mechanik zurück. Wie in Abschn. 3.1.2 ausgeführt wurde (s.a. Bild 3.3), können drei (manchmal sogar noch mehr!) Werte von b zum gleichen Winkel ϑ, d.h. $|\chi|(\bmod \pi)$ führen. Jeder dieser Stoßparameter trägt zur Intensität bei, die in den Winkel ϑ gestreut wird, daher wird aus Gl. (3.2) nun für $\vartheta < \vartheta_r$

$$I(\vartheta) = \sum_{i=1}^{3} \frac{b}{\sin\vartheta \left|\frac{d\chi}{db}\right|_i}, \qquad (3.41)$$

wobei $\vartheta = |\chi(b_i)|(\bmod \pi)$ für $i = 1\ldots 3$.

Für $\vartheta > \vartheta_r$ trägt nur ein Term zu $I(\vartheta)$ bei, für $\vartheta < \vartheta_r$ drei, daher muß $I(\vartheta)$ bei ϑ_r eine Unstetigkeit haben. Wenn jedoch ϑ sehr nahe beim Extremwinkel ϑ_r, d.h. b sehr nahe bei b_r ist, hat $I(\vartheta)$ wegen $|d\chi/db|_r = 0$ außerdem eine Divergenz. Diese ist allerdings wiederum ein Artefakt der klassischen Näherung.

3 Streuung als Sonde für die Stoßdynamik

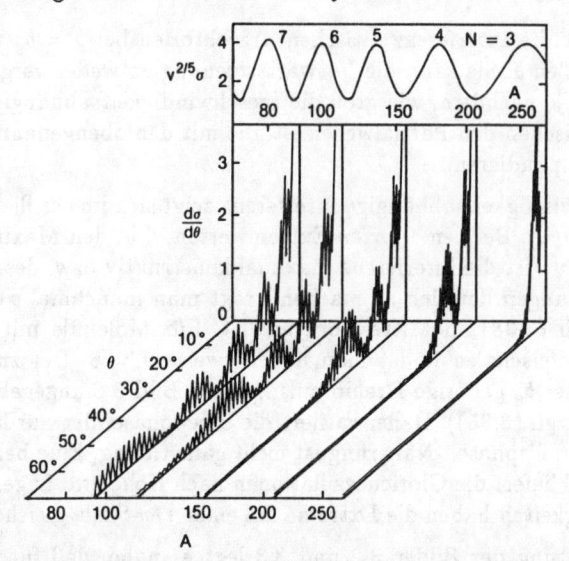

Bild 3.10 Unten: Differentieller elastischer Streuquerschnitt $d\sigma/d\vartheta$ als Funktion von ϑ mit der reduzierten Wellenzahl $A = kR_e$ als Parameter, berechnet für ein Lennard-Jones-(12,6)-System. Man sieht die Regenbögen als Einhüllende der „schnellen" Quantenoszillationen.
Oben: Der Glorieneffekt, d.h. $v^{2/5}\sigma$ gegen A aufgetragen. N ist der Glorienindex. Der Exponent 2/5 gehört zum Exponenten $s = 6$ des asymptotischen Potentials.
(Nach U. Buck in: Lawley (1975))

In der quantenmechanischen Behandlung der Streuung entsteht der Regenbogen ganz natürlich als Interferenzeffekt, daher kann es keine Divergenz geben. Die Winkelverteilung zeigt ein schnell oszillierendes Interferenzmuster, dessen Enveloppe für $\vartheta < \vartheta_r$ Berge und Täler zeigt, wobei das größte Maximum, der sogenannte *primäre Regenbogen*,[7] bei ϑ_r liegt. Die anderen Maxima werden sekundäre Regenbögen genannt. Auf der dunklen Seite des Regenbogens fällt die Intensität stark ab. Die Bilder 3.7 und 3.8 zeigen klassische und quantenmechanische Winkelverteilungen im Vergleich. Es handelt sich dabei um relativ hohe Geschwindigkeiten ($A = k\rho$ groß), bei denen viele Partialwellen beitragen.

Daß der Regenbogen, d.h. das Minimum in $\chi(b)$, das Spiegelbild des Potentialmimimums bei $R = R_e$ ist, kann man auch an Gl. (3.11) sehen. Da der

---

[7] Die farbenfrohe Terminologie kommt von der Analogie zwischen der Streuung von Molekülstrahlen und derjenigen von Lichtstrahlen. (Das gilt auch für den Glorieneffekt.) Auch der optische Regenbogen entsteht als Interferenz verschiedener Lichtstrahlen bei der Streuung von Sonnenlicht an Wassertropfen.

3.1 Elastische Streuung als Sonde für das Wechselwirkungspotential

Regenbogen-Stoßparameter ungefähr gleich R_e ist, ist der Regenbogenwinkel durch das Verhältnis der Topftiefe $\epsilon = |V(R_e)|$ zur Stoßenergie bestimmt:

$$\vartheta_r \propto \frac{\epsilon}{E_{\text{tr}}} \qquad (3.42)$$

Die experimentelle Beobachtung des Regenbogen-Effekts hat schon früh einen Nachweis für die Existenz und die geringe Tiefe der van-der-Waals-Minima vieler nichtreaktiver Systeme geliefert.

Es sei erwähnt, daß die Zahl der Regenbogenmaxima und der Index des Glorienextremums bei derselben Stoßenergie eng zusammenhängen (vgl. Bild 3.10).

3.1.10 Regenbögen in der inelastischen Streuung

Das Potential zwischen *Molekülen* hängt im allgemeinen nicht nur von ihrem relativen Abstand, sondern auch von ihrer relativen Orientierung ab. Die einfachste Situation ist die Atom-Diatom-Streuung, bei der das Potential von R und von *einer* weiteren Größe, dem Winkel γ zwischen R und der Molekülachse, abhängt. Genaugenommen hängt das Potential auch noch von r, dem Abstand der beiden Atome im Diatom, ab, aber das wollen wir jetzt vernachlässigen und das Molekül als starren Rotator behandeln.

Selbst wenn das Diatom anfangs nicht rotiert, wird es durch die nichtzentrale (winkelabhängige) Kraft während des Stoßes in Rotation versetzt. Sei J der (klassische) Drehimpuls des Diatoms nach dem Stoß. Wäre die Kraft zentralsymmetrisch, so würde zu jedem anfänglichen Bahndrehimpuls l (oder Stoßparameter $b = l/\mu v$, vgl. Gl. (2.29)) ein eindeutiger Ablenkwinkel gehören. Da die Umkehrung dieser Beziehung nicht eindeutig ist, d.h. zu einem ϑ mehrere l gehören können, bekommen wir die oben besprochenen Interferenzmuster. Jetzt gehört zu jedem anfänglichen l *und* zu jeder Anfangsorientierung γ ein eindeutiger Ablenkwinkel $\chi(l,\gamma)$ *und* ein Drehimpuls $J(l,\gamma)$ des Diatoms nach dem Stoß. Wie bei der elastischen Streuung können χ und J bestimmt werden, indem man die klassischen Bewegungsgleichungen integriert, im allgemeinen numerisch. Der einzige Aspekt, der Vereinfachungen erlaubt, ist, daß typischerweise die Rotationsbewegung langsam gegen die sonstige Stoßbewegung ist. Daher kann man bei nicht zu kleinen Stoßgeschwindigkeiten häufig annehmen, daß der Stoß bezüglich der Rotation „plötzlich " erfolgt. D.h. man setzt voraus, daß das Molekül *während* des Stoßes praktisch nicht rotiert. In diesem Fall lassen sich $\chi(l,\gamma)$ und $J(l,\gamma)$ ebenso als Integrale schreiben wie früher $\chi(l)$ (Gl. (3.9)).

3 Streuung als Sonde für die Stoßdynamik

Sowohl χ wie J sind eindeutige Funktionen der Anfangswerte l und γ. Umgekehrt ist das wiederum nicht der Fall, im allgemeinen werden mehrere Anfangsbedingungen zum gleichen Endzustand ϑ, J führen, wobei $\vartheta = |\chi(l,\gamma)|$ und $J = |J(l,\gamma)|$. Führen mehrere benachbarte Trajektorien zum gleichen beobachteten J, so wird das über die Orientierungen γ gemittelte $J(l)$ ein Extremum haben, den sogenannten *Rotationsregenbogen*, als Interferenz-Maximum der Streuintensität bei gegebenem ϑ als Funktion von J.

Im Gegensatz zur Situation bei der elastischen Streuung ist ein solcher Re-

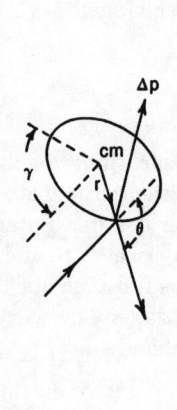

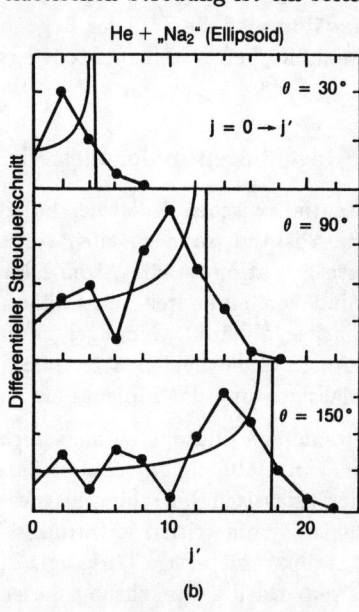

Bild 3.11 Rotationsregenbögen in der Streuung eines Modell-Systems Atom gegen starres Ellipsoid.
a) Ein Projektil trifft das Ellipsoid (dessen Orientierung durch γ gegeben ist) und wird in den Winkel ϑ gestreut. Der Rückstoß Δp überträgt auf das Ellipsoid einen Drehimpuls $\Delta J = r \times \Delta p$. Variiert man γ für festes ϑ, so geht $\Delta J(\gamma)$ durch ein Maximum. Daher muß der klassische über alle Orientierungen gemittelte Querschnitt für Rotationsanregung $d\sigma(\Delta J;\vartheta)/d\omega$ bei diesem ΔJ eine Singularität haben. (Nach W. Schepper, U. Ross, D. Beck: Z. Phys. A, 290, 131 (1979))
b) Rechnungen für das Modellsystem He + Na$_2$ bei $E_{tr} = 0.1$ eV. Gezeigt wird der differentielle Querschnitt $d\sigma(j = 0 \rightarrow j';\vartheta)$ gegen j' bei den angegebenen Streuwinkeln. Durchgezogene Kurven sind klassische Rechnungen, die Punkte quantenmechanische Rechnungen in der sog. „plötzlichen" Näherung, die in Kapitel 5 und 6 diskutiert wird. (Nach H.J. Korsch, R. Schinke: J. Chem. Phys., 75, 3850 (1981))

3.1 Elastische Streuung als Sonde für das Wechselwirkungspotential 115

genbogen auch bei rein abstoßendem Potential möglich. Bild 3.11 zeigt berechnete Werte für den Extremfall, daß das Potential ein hartes Ellipsoid ist. Die Glättung der klassischen Singularität in den quantenmechanischen Ergebnissen ist ebenfalls evident.

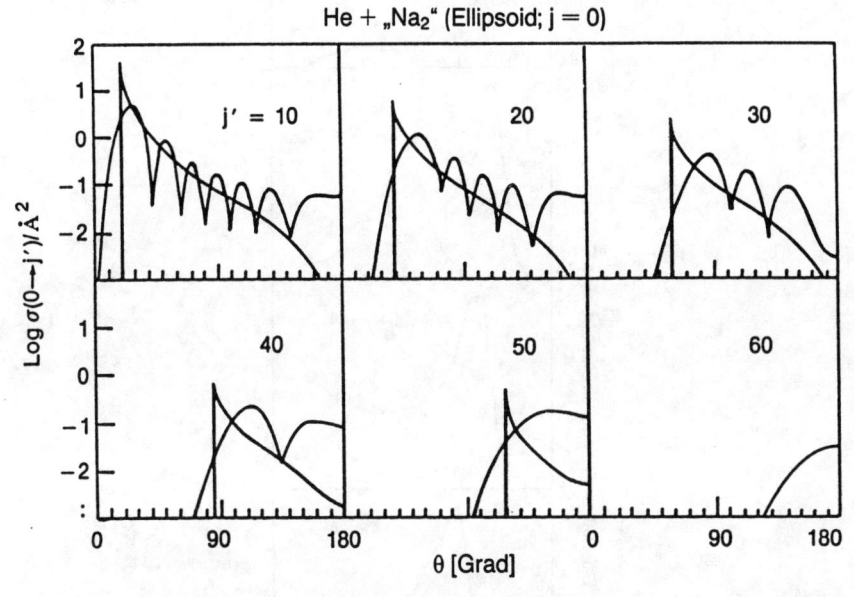

He + „Na$_2$" (Ellipsoid; j = 0)

Bild 3.12 Berechnete Rotationsregenbögen für das Modell von Bild 3.11, ebenfalls als Simulation von He + Na$_2$. Jetzt sind die differentiellen Streuquerschnitte für feste Übergänge $j \to j'$ als Funktion des Streuwinkels aufgetragen. Man sieht, wie die klassische Regenbogen-Singularität mit wachsendem Δj zu größeren Winkeln rückt. Die oszillierenden Kurven sind wieder quantenmechanisch in der „plötzlichen" Näherung berechnet. (Nach D. Beck, U. Ross, W. Schepper: Z. Phys. A, 293, 107 (1979))

Der Rotationsregenbogen ist auch in den Winkelverteilungen sichtbar. Klassisch bekommt man eine scharfe Kante (Bild 3.12) und dahinter einen monotonen Abfall. Mit wachsendem J (nach dem Stoß) rückt die Kante zu größeren Winkeln. Experimente bestätigen diese Überlegungen. Bild 3.13 zeigt ein neueres Beispiel.

Als Zwischenbilanz stellen wir fest, daß Streuexperimente zur Messung der Stoßdynamik dienen können und detaillierte Information über das zwischenmolekulare Potential liefern. In Abschn. 3.2 wollen wir die Resultate ansehen.

116 3 Streuung als Sonde für die Stoßdynamik

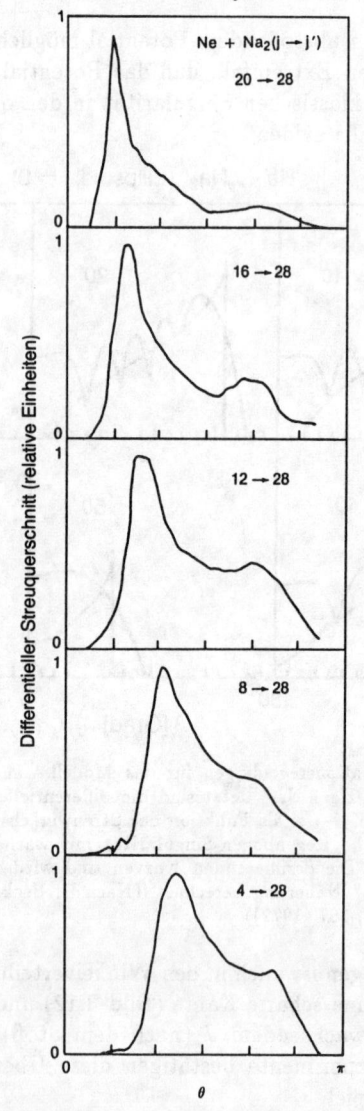

Bild 3.13 Gemessene Struktur der Rotationsregenbögen in der rotationsinelastischen Streuung von Na_2 an Ne bei 0.19 eV. Aufgetragen sind differentielle Streuquerschnitte $d\sigma(j \to j'; \vartheta)/d\omega$ für verschiedene j und festes $j' = 28$. Man beachte die Verschiebung des Maximums des Rotationsregenbogens zu größeren Winkeln mit wachsendem Δj. Die experimentelle Anordnung ist in Bild 5.5 skizziert. (Nach P.L. Jones, U. Hefter, A. Mattheus, J. Witt, K. Bergmann, W. Müller, W. Meyer, R. Schinke: Phys. Rev., A26, 1283 (1982). Kürzlich durchgeführte Experimente für niedrige Anfangswerte von j haben für dieses System sogar die sekundären Regenbögen aufgelöst: U. Hefter, P.L. Jones, A. Matthews, J. Witt, K. Bergmann, R. Schinke: Phys. Rev. Lett., 46, 915 (1981))

3.1 Elastische Streuung als Sonde für das Wechselwirkungspotential

Exkurs 3A Beziehungen zwischen Schwerpunkt- und Laborsystem

In einem typischen Experiment zur Messung der Winkelverteilung bei thermischen Energien kreuzt man einen kollimierten Strahl von A-Teilchen mit einem ebensolchen von B-Teilchen, die beide ziemlich wohldefinierte Geschwindigkeiten, nennen wir sie v_1 und v_2, haben. Die Strahlen schneiden sich in einem kleinen Streuvolumen ΔV. Gemessen wird die Winkelverteilung der abgelenkten Moleküle, d.h. die Intensität einer Molekülsorte (z.B. A) als Funktion des Winkels Θ zur ursprünglichen Strahlrichtung von A. Sind die B-Moleküle sehr schwer (Grenzfall des „stationären Targetgases"), so ist die beobachtete Labor-Winkelverteilung $I_{\text{LAB}}(\Theta)$ der Winkelverteilung im Schwerpunktsystem $I_{\text{SPS}}(\vartheta)$ sehr ähnlich, da der Ablenkwinkel im Labor mit dem im Schwerpunktsystem praktisch zusammenfällt.

Im Normalfall sind allerdings die Geschwindigkeiten der A und B-Moleküle eher vergleichbar groß. Dann zeigt das Geschwindigkeitsdiagramm von Bild 3A.1 die Beziehung zwischen den Labor- und SPS-Geschwindigkeiten.

Im Labor-System bewegt sich der Schwerpunkt mit konstanter, beim Stoß unveränderter Geschwindigkeit v_{SP} (Abschn. 2.2.2). Im SPS ist der Schwerpunkt in Ruhe, und die Ablenkung ϑ ist die Ablenkung des Vektors der Relativgeschwindigkeit $v \to v'$. Die Geschwindigkeit der Teilchens nach dem Stoß erhält man durch Vektor-Addition von v'_i, der Endgeschwindigkeit des Teilchens i im SPS, und von v_{SP}, der Geschwindigkeit des Schwerpunkts im Labor. Bei elastischer Streuung ändert sich der Betrag der Relativgeschwindigkeit v naturgemäß nicht. Daher erhält man die Teilchengeschwindigkeiten im SPS nach dem Stoß als

$$w'_1 = v' \frac{m_2}{m_1 + m_2} \tag{3A.1}$$
$$w'_2 = v' \frac{m_1}{m_1 + m_2}.$$

Auch w'_1 und w'_2 sind dem Betrag nach gleich den Werten vor dem Stoß, haben aber die Richtung geändert. Die Endgeschwindigkeiten im Labor folgen zu

$$v'_1 = v_{\text{SP}} + w'_1 \tag{3.2}$$
$$v'_2 = v_{\text{SP}} + w'_2$$

und sind nach *Richtung und Betrag* von denjenigen vor dem Stoß *verschieden*.

Aus Gl. (3A.2) und der entsprechenden Beziehung vor dem Stoß können wir die Relation zwischen Θ und ϑ berechnen. Die notwendigen trigonometrischen Formeln können Bild 3A.1 entnommen werden. Bild 3A.2 zeigt zwei

3 Streuung als Sonde für die Stoßdynamik

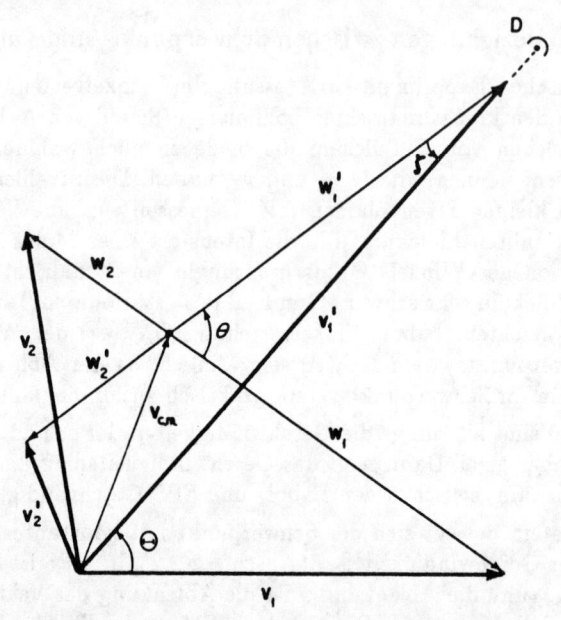

Bild 3A.1 Schema der Geschwindigkeitsvektoren, sog. „*Newton-Diagramm*", das die Beziehungen zwischen den Geschwindigkeiten im Labor- und im Schwerpunktsystem zeigt. Die einlaufenden Geschwindigkeiten sind v_1 und v_2 (sie schneiden sich hier unter einem Winkel > 90°), die auslaufenden v_1' und v_2'. Der Detektor D, der hier unter dem Laborwinkel Θ (in Bezug auf die v_1-Richtung) steht, sieht Teilchen der Sorte 1, die im Schwerpunktsystem um den Winkel ϑ elastisch gestreut wurden. Der Winkel ζ wird in der Transformation SPS $\rightarrow$ Labor gebraucht. Durch ein gegebenes ϑ wird sowohl ζ wie auch Θ festgelegt.

verschiedene Typen von Stößen im Labor-System. Aus Teilbild (a) läßt sich keineswegs entnehmen, daß die einmal gestrichenen Endgeschwindigkeiten das Resultat von Vorwärtsstreuung ($\vartheta \approx 30°$) sind und die doppeltgestrichenen zu einem Stoß nach rückwärts ($\vartheta \approx 180°$) gehören. Teilbild (b), das die Transformation vom Labor ins SPS zeigt, macht die Sache klarer. Teilbild (c) zeigt schließlich, wie der Stoß im SPS aussieht.

Es bleibt noch die Umrechnung der beobachteten Labor-Intensität $I_{\text{LAB}}(\Theta)$ in die zugehörige Schwerpunkts-Intensität $I(\vartheta)$. Wegen der Möglichkeit, daß mehrere SP-Winkel zum gleichen Laborwinkel führen, führt man die Transformation am besten in der Richtung SPS $\rightarrow$ Labor aus. Eine angenommene SP-Intensität $I(\vartheta)$ wird in eine Labor-Intensität I_{LAB} umgerechnet. Für jedes ϑ gibt die Erhaltung der Intensität

$$I_{\text{LAB}}(\Theta)\,d\Omega_{\text{LAB}} = I(\vartheta)\,d\omega, \tag{3.3}$$

3.1 Elastische Streuung als Sonde für das Wechselwirkungspotential 119

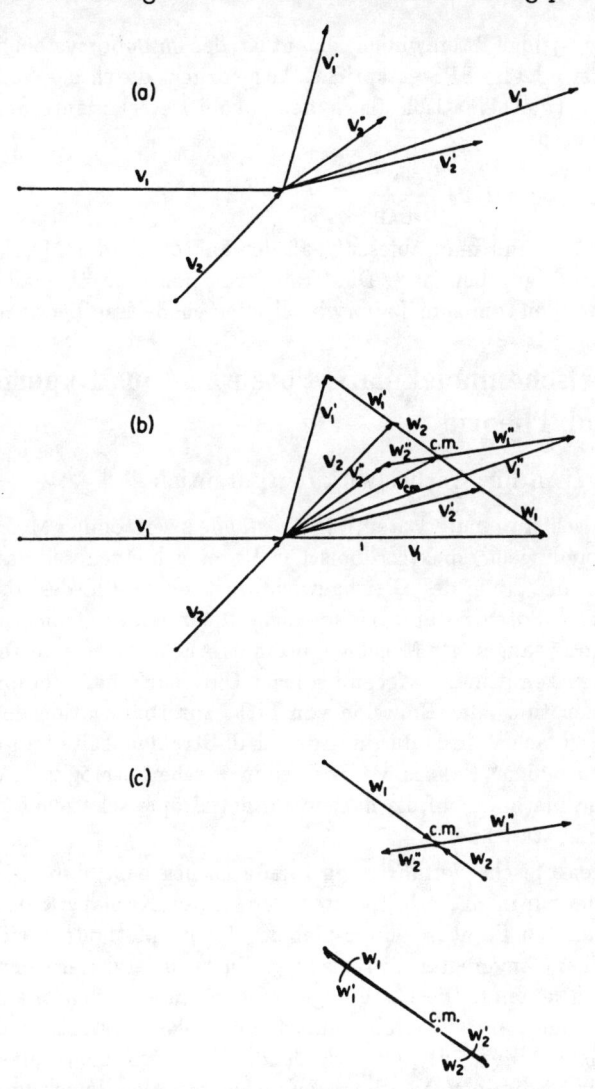

Bild 3A.2 Die Notwendigkeit der Transformation vom Labor- ins Schwerpunktsystem: (a) Anfangsgeschwindigkeiten und zwei Sätze von Endgeschwindigkeiten (einfach und doppelt gestrichen) für die aneinander elastisch gestreuten Moleküle 1 und 2. Ohne die Transformation vom Labor ins SPS durchzuführen, die in (b) durch Hilfslinien angedeutet ist, fällt es schwer, auch nur die Frage zu beantworten, welcher der beiden Fälle der Vorwärts- oder Rückwärtsstreuung entspricht. Die Schwerpunktbewegung selbst ist für beide Fälle in (c) gezeigt.

wo dΩ_{LAB} dasjenige Raumwinkelelement ist, das im Laborsystem dem Raumwinkelelement dω im SPS entspricht. Ausgedrückt durch das Verhältnis der Raumwinkel (mathematisch gleich der Jakobi-Determinante der Transformation) ist also

$$I_{\text{LAB}}(\Theta) = I(\vartheta)\frac{d\omega}{d\Omega_{\text{LAB}}}. \tag{3.4}$$

Aus Bild 3A.1 kann man ablesen, daß der Faktor für das Molekül 1 durch $(v_1'/w_1')^2|\cos\zeta|$ gegeben ist.[8] Die Transformation muß über alle Winkel ϑ summiert werden, die zum Laborwinkel Θ einen Beitrag liefern.

3.2 Zwischenmolekulare Potentiale aus Experiment und Theorie

3.2.1 Quellen für Wechselwirkungspotentiale

Genaue zwischen*atomare* Potentiale für *stabile* zweiatomige Moleküle kennt man aufgrund vieler spektroskopischer Untersuchungen seit langem. Das Potential in der Nähe des Gleichgewichtszustandes, d.h. des üblicherweise ziemlich tiefen Potentialtopfs, ist sogar meist für den elektronischen Grundzustand und für angeregte Moleküle bekannt. Auch abstoßende Teile von Potentialkurven kennt man aufgrund solcher Untersuchungen, besonders dort, wo die Absorption oder Emission von Licht zur Dissoziation des Moleküls führt. Die einfache Methode, in Überschall-Strahlen kalte van-der-Waals-Moleküle zu bilden (Exkurs 5B), hat es inzwischen ermöglicht, diese spektroskopische Methode auf die flachen Potentialtöpfe schwächer gebundener Atompaare auszudehnen.

Das spektroskopische Verfahren wird dadurch begrenzt, daß die Übergänge das Potential nur in einem begrenzten Bereich von Kernabständen abtasten, dem sogenannten Franck-Condon-Gebiet. Neuere Methoden, wie die Emission aus einem angeregten dissoziativen Zustand, erweitern den zugänglichen Bereich laufend. Die beste allgemeine Methode, wenn man das *ganze* Potential ausmessen will, stellt jedoch die Molekularstrahl-Streuung dar. Das gilt insbesondere für den abstoßenden Teil, wo die Inversion eindeutig ist. Wir bekommen allerdings zunächst nur den kugelsymmetrischen Anteil, d.h. das über alle Orientierungen gemittelte Potential. Den winkelabhängigen, nichtsphärischen Anteil kann man nur bestimmen, wenn man

---

[8] Der Faktor $(v_1'/w_1')^2$ kommt von den zwei verschiedenen Radien, die ein bei D gelegenes Raumwinkelelement definieren. ζ ist der Winkel zwischen den Richtungen von v_1' und w_1'.

3.2 Zwischenmolekulare Potentiale aus Experiment und Theorie   121

die inneren Endzustände analysiert (vgl. Abschn. 3.1.10) oder wenn man die Anfangszustände einzeln auswählt und, wenn möglich, auch ihre Orientierung festlegt. Das wird umso dringender, wenn wir ab Kapitel 4 berücksichtigen, daß das zwischenmolekulare Potential auch noch von den inneren (Schwingungs-) Koordinaten der Moleküle abhängt.

Quantenmechanische *Ab-initio*-Berechnungen der Potentialkurven zwischen zwei Atomen, auch für elektronisch angeregte Zustände, sind heute gang und gäbe. Das gilt in eingeschränkterem Maße auch für die Potentialflächen in mehratomigen Systemen, und wir werden Beispiele für moleküldynamische Rechnungen auf solchen Potentialflächen zitieren (z.B. Bild 3.27). Als nächstes sehen wir uns einige Resultate an, an denen sich das Wechselspiel von Theorie und Experiment verfolgen läßt.

3.2.2 Potentialkurven aus Streuexperimenten

Die ersten Streuexperimente waren solche, in denen die Geschwindigkeitsabhängigkeit des effektiven integralen Stoßquerschnitts bei hohen Energien gemessen wurde (vgl. Bild 2.3), um den abstoßenden Teil des Potentials zu bestimmen. Für die benutzten Edelgase (und andere ziemlich inerte Moleküle) ergab sich, daß die Abstoßung im wesentlichen exponentiell ist (Gl. (2.14)), und die Reichweite des Potentials ρ entsprach den Erwartungen, die man aus der Bindungsenergie von Kristallen, aus Kompressibilitätsdaten und aus Ab-initio Rechnungen hatte.

Später wurden die Streuexperimente mit Molekularstrahlen zu niedrigeren Energien erweitert, und mit ausreichender Energieauflösung und genügender Winkelauflösung des Detektors bei 0° konnte aus integralen Querschnitten

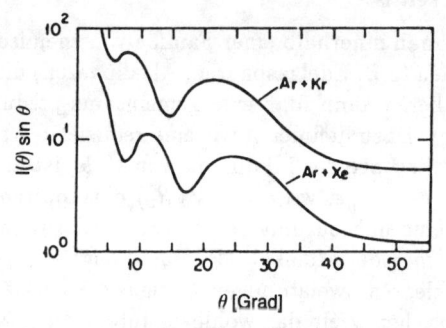

Bild 3.14 Winkelverteilung nach der Streuung von Ar an Kr und Xe bei einer Stoßenergie von etwa 10^{-20} J. Aufgetragen ist $I(\vartheta)\sin\vartheta$ gegen ϑ. (Nach J.M. Pearson, T.P. Schafer, P.E. Siska, F.P. Tully, Y.C. Wong, Y.T. Lee: J. Chem. Phys., 53, 3755 (1970))

3 Streuung als Sonde für die Stoßdynamik

die langreichweitige Anziehung und der Potentialtopf für eine große Anzahl von van-der-Waals-Molekülen bestimmt werden. In Bild 2.3 wurde bereits $\sigma(v)$ für die im wesentlichen abstoßenden Wasserstoff-Edelgaspotentiale gezeigt.

Die beste Sonde für das Potential ist jedoch die Winkelverteilung, d.h. der *differentielle* Streuquerschnitt. Bild 3.14 zeigt experimentelle, hochaufgelöste Winkelverteilungen für zwei Edelgassysteme und Bild 3.15 die daraus abgeleiteten Potentialkurven.

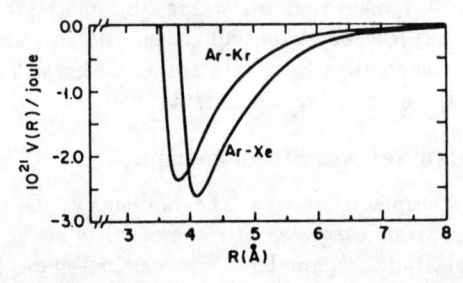

Bild 3.15 Potentialtöpfe für die Wechselwirkung Ar-Kr und Ar-Xe aus den Winkelverteilungen von Bild 3.14.

Umfangreiche Untersuchungen haben genaue van-der-Waals-Töpfe und abstoßende Potentiale für alle Edelgaspaare geliefert. Bild 3.16 zeigt diese für die homonuklearen Edelgas-Paare. Man beachte die Zunahme der Topftiefe und der Ausdehnung des Potentials mit zunehmender Polarisierbarkeit der Atome, die ein Maß sowohl für die Größe der Elektronenwolke als auch für ihre Deformierbarkeit ist.

Es zeigt sich, daß man innerhalb einer Familie von chemisch ähnlichen zweiatomigen Molekülen (z.B. Edelgaspaaren, Alkalipaaren) die Potentiale näherungsweise so skalieren kann, daß eine gemeinsame „reduzierte" Potentialform herauskommt. Dazu definieren wir eine reduzierte Abstandskoordinate $z = R/R_e$, wo R_e die Lage des Minimums von $V(R)$ ist, und eine reduzierte Potentialenergie $V^* = V/\epsilon$, wo $\epsilon = -V(R_e)$ die Topftiefe ist. Man findet dann, daß $V^*(z)$ eine nahezu universelle Kurve ist, zumindest für Familien vergleichbarer Atome oder Moleküle. Bild 3.17 zeigt eine reduzierte Darstellung der homonuklearen zweiatomigen Edelgase. So erklärt es sich, warum in der makroskopischen Welt das wohlbekannte *Gesetz korrespondierender Zustände* gilt. Bild 3.18 zeigt zur Illustration noch den reduzierten zweiten Virialkoeffizienten $B^*(T^*) = B(T)/(\frac{2}{3}\pi\, N_A R_e^3)$ als Funktion der reduzierten Temperatur $T^* = kT/\epsilon$.

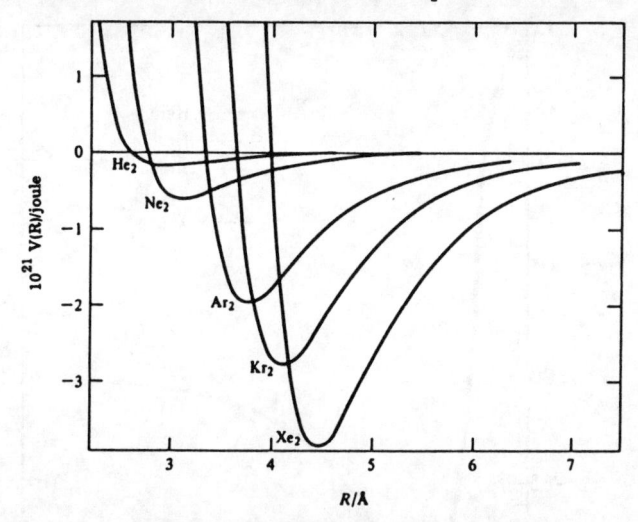

3.2 Zwischenmolekulare Potentiale aus Experiment und Theorie 123

Bild 3.16 Potentialkurven für die homonuklearen Edelgasdimere gewonnen aus der elastischen Streuung gekreuzter Strahlen. (Nach J.M. Farrar, T.P. Schafer, Y.T. Lee in: J. Kestin (Ed.): *Transport Phenomena*, A.I.P. Conference Proceedings No. 11 (1973))

Zwischen zwei Atomen mit geschlossener Elektronenschale ist das Potential natürlich kugelsymmetrisch, während es für Atom-Molekül- oder Molekül-Molekül-Wechselwirkung sowohl vom Abstand wie von der Orientierung abhängt. Gewöhnliche Streuexperimente messen dann nur den über die Orientierungen gemittelten, sphärischen Teil des Potentials.[9] Die Ergebnisse stimmen mit den Daten überein, die man aus der Temperaturabhängigkeit von Transportkoeffizienten, aus Virialkoeffizienten und aus Flüssigkeits- und Festkörperdaten gewonnen hat. Die Topftiefen der elektronischen Grundzustände solcher Diatome, die normalerweise als einatomiges Gas vorliegen, reichen von etwa 1 meV (für He_2) bis zu etwa 0.6 eV (für Na_2).

Für elektronisch angeregte Atome oder Moleküle gibt es weniger Untersuchungen.[10] Interessant ist in diesen Fällen die Rolle der Ausdehnung der Elektronenwolke. Der Vergleich der Streuquerschnitte $\sigma(v)$ für He, das von

---

[9] Einige ausgefuchste Experimente sind mit orientierten Molekülen gemacht worden und haben Daten über die orientierungsabhängigen, anisotropen Wechselwirkungen erbracht.

[10] Eine der Schwierigkeiten ist es hier, daß die Teilchen gewöhnlich mit mehr als einer Potentialkurve wechselwirken. In anderen Worten, es dissoziieren mehrere elektronische Zustände des Diatoms zu den gleichen Zuständen der getrennten Atome. Dieselbe Schwierigkeit besteht ebenfalls für den Grundzustand *offen*schaliger Atome und macht auch hier die Interpretation von Streudaten sehr viel schwieriger.

124 3 Streuung als Sonde für die Stoßdynamik

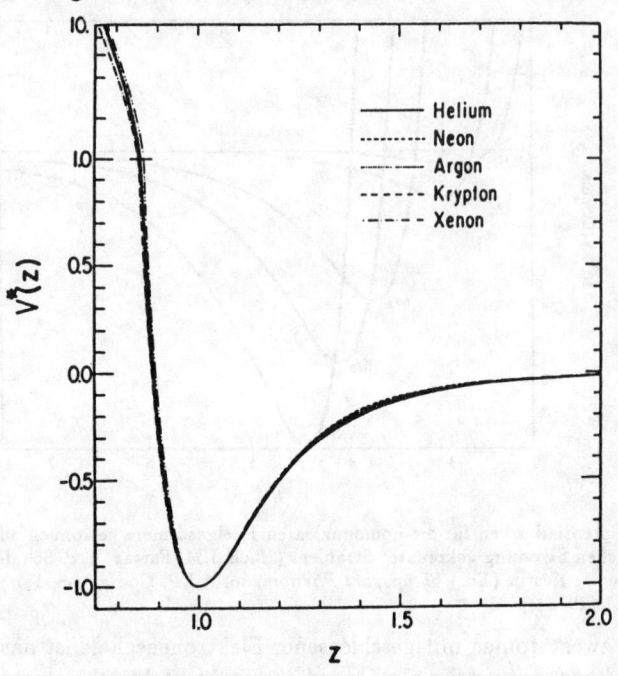

Bild 3.17 Reduzierte Potentiale $V^* = V/\epsilon$ für die homonuklearen Edelgaspaare aufgetragen gegen den reduzierten Abstand $z = R/R_e$. ϵ und R_e sind die Topftiefe und die Lage des Topfminimums. (Quelle wie in Bild 3.16; einen gründlichen Überblick geben Maitland et al. (1981))

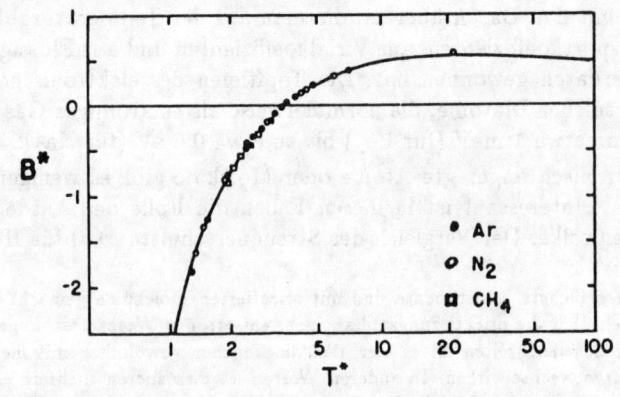

Bild 3.18 Reduzierter zweiter Virialkoeffizient $B^*(T^*)$ von Ar, N_2 und CH_4 aufgetragen gegen die reduzierte Temperatur $T^* = kT/\epsilon$ zur Illustration des Gesetzes der korrespondierenden Zustände.

He, angeregtem He* und Li gestreut wurde, hat gezeigt, daß das angeregte $1s2s$ He* und das $1s^2 2s$ Li sich ähnlich sind. Beide sind merklich größer als das $1s^2$ He im Grundzustand. (Das zeigen auch die Polarisierbarkeiten, die für He, He* und Li 0.2, 46 und 22 Å^3 betragen.)
Auch die Streuung von Ionenstrahlen hat in den letzten Jahren Potentialkurven für Ion-Atom- und Ion-Molekül-Systeme über große Bereiche des zwischenmolekularen Abstandes geliefert.

Fassen wir zusammen: Man kann heute experimentelle Zweikörperpotentiale mit guter Genauigkeit messen, auch zwischen komplexen Molekülen, für die die genaue Berechnung der zwischenmolekularen Kräfte noch schwierig ist. Es ist jedoch bemerkenswert, daß ein ziemlich einfacher theoretischer Ansatz existiert, der brauchbare Daten für den langreichweitigen Teil des Potentials zwischen beliebigen Partnern liefert. Das wird in Abschn. 3.2.4 behandelt. Vorher beschäftigen wir uns mit dem nichtsphärischen Anteil des Potentials. Potentiale, die eine chemische Reaktion erlauben, werden erst in Kapitel 4 behandelt.

3.2.3 Der nichtsphärische Anteil des zwischenmolekularen Potentials

Zwischen der elastischen und der reaktiven Streuung steht die inelastische, bei der nicht nur die Richtung der Relativgeschwindigkeit, sondern auch ihre Größe sich ändert. Die Gesamtenergie bleibt dabei erhalten, indem die innere Energie der Stoßpartner sich ändert. Um inelastische Stöße zu behandeln, müssen wir die inneren Freiheitsgrade des Moleküls und ihre Kopplung mit der Relativbewegung explizit berücksichtigen. Nur wegen dieser Kopplung kann während der Relativbewegung eine Kraft auf die inneren Freiheitsgrade wirken. Mit anderen Worten: Nur solche Anteile des Potentials, die gleichzeitig vom Abstand R der Molekülschwerpunkte *und* von den inneren Koordinaten r_i der Moleküle abhängen, können zu inelastischen Stößen führen. In diesem Fall führt nämlich die Änderung von R während des Stoßes zu einer zeitabhängigen Kraft auf die r_i. Im folgenden betrachten wir nur den allereinfachsten Fall: ein starres zweiatomiges Molekül, das mit einem kugelförmigen Atom (z.B. einem Edelgas) zusammenstößt. Die einzige innere Koordinate ist dann die Orientierung γ des zweiatomigen Moleküls (Bild 3.19).

Das Potential zwischen Atom und starrem Diatom hängt dann von R, dem Abstand ihrer Schwerpunkte, und γ, dem Orientierungswinkel des Diatoms relativ zu R, ab. γ wurde so definiert, daß keine andere Koordinate eingeht, z.B. ändert sich nichts, wenn man die Figur in Bild 3.19 bei festem R um die

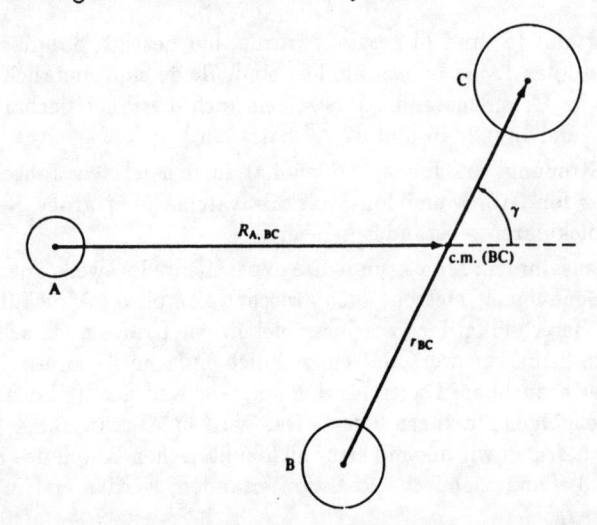

Bild 3.19 Koordinaten für die Beschreibung der Wechselwirkung des Atoms A mit dem Molekül BC. Der Orientierungswinkel ist $\gamma = \arccos \tilde{r}\tilde{R}$.

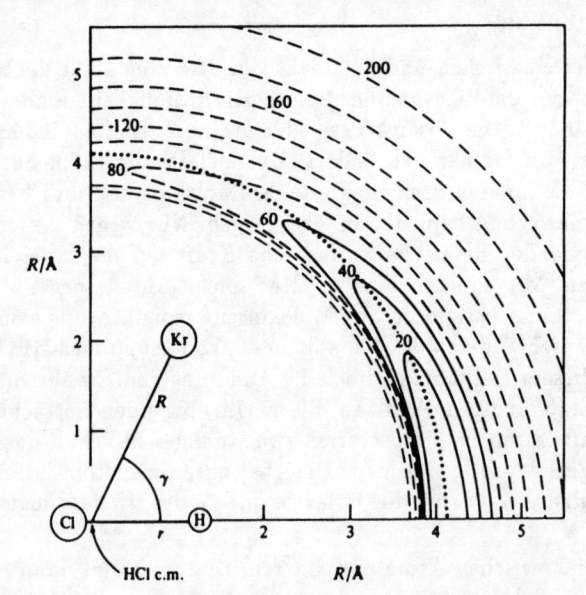

Bild 3.20 Polardiagramm der Potentialfläche für das Molekül Kr · HCl. Energien in cm^{-1} relativ zu dem bei $\gamma = 0$ liegenden Minimum. (Nach J.M. Hutson, A.E. Barton, P.R. Langridge-Smith, B.J. Howard: Chem. Phys. Lett., 73, 218 (1980))

3.2 Zwischenmolekulare Potentiale aus Experiment und Theorie 127

Achse des Diatoms dreht. Die einfachste Methode $V(R,\gamma)$ darzustellen, ist dann ein Höhenliniendiagramm in Polarkoordinaten, wie es Bild 3.20 zeigt.

Das Kr-HCl-System ist ein typisches Beispiel für ein gebundenes van-der-Waals-Molekül. Das Potentialminimum bei $\gamma = 0$ ist offenkundig, man sieht aber auch, wie wenig das Potential bei festem R mit γ ansteigt. Die Barriere gegen die Rotation des HCl ist klein. Der steile Anstieg des Potentials für

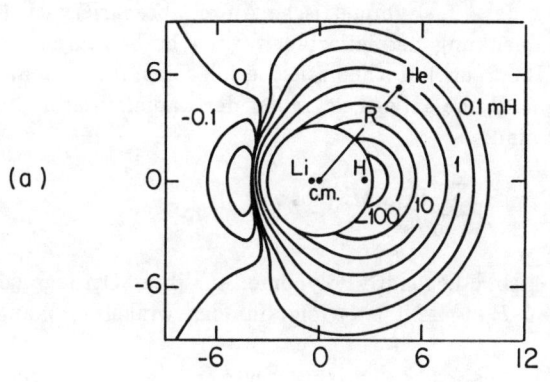

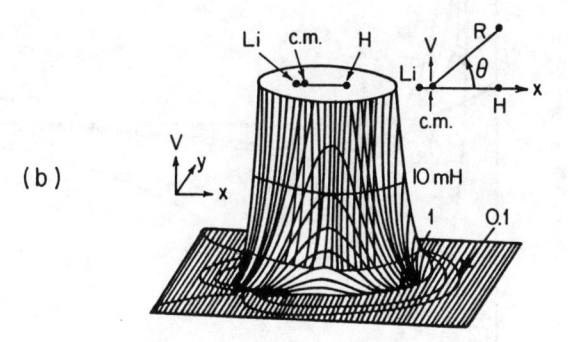

Bild 3.21 Ab-initio berechnete Potentialfläche für das System LiH-H:
a) Äquipotentiallinien für die Wechselwirkung von He mit starrem LiH bei $r = r_e$. Die potentielle Energie an jedem Punkt ist die eines He, das mit dem LiH an der angedeuteten Stelle wechselwirkt. Abstände in bohr (0.529 Å), Energien in mhartree (27.2 meV).
b) Dreidimensional dargestelltes Bild derselben Fläche, bei 0.5 eV abgeschnitten. Man beachte die Ähnlichkeit der Wechselwirkung mit einem starren Ellipsoid. Der Kreis mit Radius 3 bohr um das LiH im oberen Bild soll die anisotrope Natur der Wechselwirkung verdeutlichen. (Nach D.M. Silver: J. Chem. Phys., 72, 6445 (1980))

kleine R, der es uns erlaubt, bei höheren Stoßenergien das Potential durch ein hartes Ellipsoid zu ersetzen, ist deutlich sichtbar, besser noch in Bild 3.21 für das System He-LiH.

Die Potentialanisotropie bedeutet, daß in normalen, nicht vollständig zentralen Stößen die Rotation des Moleküls angeregt oder abgeregt wird. Für die Analyse dieser inelastischen Stöße ist es nützlich, das Potential so darzustellen, daß der kugelsymmetrische Anteil abseparated ist. (Er kann zwar eine Winkelablenkung der Relativbewegung herbeiführen, aber keinen inelastischen Übergang.) Mathematisch erfolgt das, indem man das Potential $V(R,\gamma)$ in eine Reihe entwickelt, in der der Radialanteil und der Winkelanteil getrennt sind:

$$V(R,\gamma) = \sum_{\lambda=0} V_\lambda(R) P_\lambda(\cos\gamma) \tag{3.43}$$

Die $P_\lambda(\cos\gamma)$ sind Legendre-Polynome, aus ihrer Orthogonalität (und der Tatsache, daß $P_0(x) \equiv 1$ ist,) folgt für den winkel*un*abhängigen Teil des Potentials

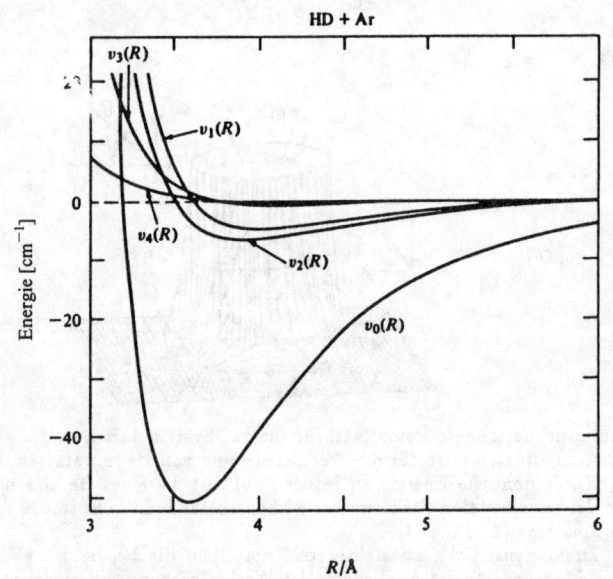

Bild 3.22 Radiale Potentialfunktionen $V_\lambda(R)$, wie sie in der Legendre-Entwicklung des anisotropen Potentials, Gl. (3.43), benutzt werden, hier für HD-Ar. (Nach H. Kreek, R.J. LeRoy: J. Chem. Phys., 63, 338 (1975))

3.2 Zwischenmolekulare Potentiale aus Experiment und Theorie

$$V_0(R) = 2\pi \int_0^\pi V(R,\gamma)\sin\gamma\,d\gamma. \tag{3.44}$$

Für van-der-Waals-Paare ist V_0 tatsächlich der bestimmende Teil des Potentials, wie Bild 3.22 zeigt. Daher ist es keine schlechte Näherung, wenn man die Trajektorie so berechnet, als wäre $V_0(R)$ das einzige Potential. Umgekehrt wird die Messung der Ablenkung auch hauptsächlich $V_0(R)$ festlegen. Um über den anisotropen Anteil des Potentials Information zu erhalten, müssen wir den Rotationszustand des Moleküls nach dem Stoß messen (vgl. Abschn. 3.1.10). Die Rotationsanregung erfolgt dabei ausschließlich durch die höheren Terme ($\lambda = 1,2,\ldots$) in (3.43).

Im Bereich des Topfes ist auch die Spektroskopie von gebundenen van-der-Waals-Molekülen ein wichtiges Werkzeug. Die Photodissoziation solcher Moleküle, insbesondere wenn man die Verteilung der Winkel und Rotationszustände der Fragmente mitbestimmt, vereinigt die Vorteile von spektroskopischen und Streumethoden. Wie bei gewöhnlichen Molekülen kann man die Photodissoziation als „halben Stoß" auffassen, da das Molekül im Wechselwirkungsgebiet startet, und die Bruchstücke beobachtet werden, wenn die Wechselwirkung vorbei ist.

3.2.4 Langreichweitige zwischenmolekulare Kräfte

Die Anziehung der Moleküle bei großen Abständen sowie die Abstoßung bei kleinen sind „physikalische" Kräfte, die keine chemische Spezifität besitzen. Die anziehenden chemischen Austauschkräfte tragen merklich erst bei mittleren Abständen bei, wo sich die Elektronenwolken überlappen. Die kurzreichweitige Abstoßung dagegen entsteht hauptsächlich durch den Energieanstieg, der sich ergibt, wenn zuviele Kerne und Elektronen in ein kleines Volumen gebracht werden. Das langreichweitige Potential der Londonschen Dispersionskräfte ist ein quantenmechanischer Effekt, der zu einer Anziehung zwischen *beliebigen* polarisierbaren Systemen führt.

Eine sehr vereinfachte klassische Theorie der langreichweitigen Kraft können wir leicht formulieren, wenn wir jedem erlaubten elektronischen Übergang in den Atomen oder Molekülen ein Übergangs-Dipolmoment zuordnen. Zur Vereinfachung betrachten wir zwei Atome, von denen jedes nur einen einzigen angeregten Zustand haben soll, den ein Übergangsmoment μ mit dem Grundzustand verbindet. Das elektrische Feld, das der Dipol des ersten Atoms in der Entfernung R erzeugt, ist, $E_1 = \mu_1/R^3$. Setzen wir das zweite Atom, dessen Polarisierbarkeit α_2 sei, in diesen Abstand, so gewinnen wir die Energie $-\alpha_2 E_1^2/2$. Ein ähnlicher Energiegewinn ergibt sich durch die

Polarisierbarkeit von Atom 1 im Feld von Atom 2. Die resultierende Wechselwirkung ist die Summe

$$V(R) = -\frac{1}{2}(\alpha_2 E_1^2 + \alpha_1 E_2^2) = -\frac{\alpha_2 \mu_1^2 + \alpha_1 \mu_2^2}{2R^6} = -\frac{C_{\text{disp}}}{R^6}. \qquad (3.45)$$

Dieser Energiegewinn aus der Polarisierbarkeit eines Atoms im Feld des Übergangsdipols des anderen wird *Dispersionsenergie* genannt. Für Atom-Atom- oder Atom-Diatom-Wechselwirkungen hat die Dispersions- (oder van-der-Waals-) Konstante C_{disp} typischerweise Werte von 10^{-77} bis 10^{-79} Jm^6.

Bei der Dispersionswechselwirkung eines Atom-*Molekül*-Systems müssen wir beachten, daß die Polarisierbarkeit eines Moleküls auch von seiner Orientierung im elektrischen Feld abhängt. Das Dispersionspotential für die Kombination Atom-Diatom schreibt sich z.B.

$$V(R) = -\frac{C_{\text{disp}}}{R^6}(1 + a_1 P_1(\cos\gamma) + a_2 P_2(\cos\gamma) + \ldots) \qquad (3.46)$$

Für den homonuklearen Fall fallen alle ungeraden Terme aus Symmetriegründen weg. Für die Wechselwirkung von He mit dem fast kugelsymmetrischen H$_2$ ist $a_2 = 0.12$, aber der Anisotropie-Parameter a_2 kann auch viel größere Werte annehmen.

Ist eines der Moleküle geladen oder hat es ein permanentes Dipolmoment, so kann die Polarisierbarkeit des zweiten mit dem Feld der Ladung oder des permanenten Dipols des ersten wechselwirken. Das führt zur sogenannten *Induktionswechselwirkung*. So hat das Feld eines Ions der Ladung q im Abstand R den Wert $E = q/R^2$, so daß der kugelsymmetrische Anteil der Induktionswechselwirkung zwischen Ion und Molekül durch

$$V(R) = -\frac{1}{2}\alpha E^2 = -\frac{\alpha q^2}{2R^4} \qquad (3.47)$$

beschrieben wird. Hier ist α die Polarisierbarkeit des Atoms oder die über die Orientierung gemittelte des Moleküls. Entsprechend ist die Induktionsenergie zwischen einem Atom und einem permanenten elektrischen Dipol μ

$$V(R) = -\frac{\alpha\mu^2}{2R^6} = -\frac{C_{\text{ind}}}{R^6}, \qquad (3.48)$$

wo wir $C_{\text{ind}} = \frac{1}{2}\alpha\mu^2$ gesetzt haben.

Weitere Ausdrücke für diese sogenannten *asymptotischen zwischenmolekularen Potentiale* ergeben sich für andere Kombinationen, auch die orientierungsabhängigen Terme. Die wichtigsten davon sind das elektrostatische Potential zwischen zwei permanenten Dipolen

3.2 Zwischenmolekulare Potentiale aus Experiment und Theorie

$$V(R) = -\frac{\mu_1\mu_2 - 3(n\mu_1)(n\mu_2)}{R^3} \tag{3.49}$$

und das besonders weitreichende Potential zwischen einem Ion und einem permanenten Dipol

$$V(R) = -\frac{\mu \cdot n}{R^2}. \tag{3.50}$$

Dabei sind μ_i die Vektoren des Dipolmoments und n ein Einheitsvektor in R-Richtung, so daß $\mu n = \mu \cos\gamma$ ist, mit γ als Winkel zwischen der Dipolachse und dem Abstandsvektor R. Der großen Reichweite des Dipol-Dipol-Potentials sind wir schon beim großen Streuquerschnitt für die Streuung von CsCl durch CH_2F_2 (beides polare Moleküle) in Bild 2.1 begegnet. Diese elektrostatischen Kräfte dominieren die Streuung, wenn sie vorhanden sind.

Die Kenntnis des langreichweitigen Potentials genügt häufig, um einen Großteil des dynamischen Verhaltens nichtreaktiver Systeme zu verstehen. Das gilt besonders dann, wenn die beobachteten Effekte hauptsächlich von streifenden Stößen bestimmt werden, d.h. von Stößen mit großem b, die sich vollständig bei großen R abspielen. Dafür haben wir bereits zwei Beispiele besprochen: die ungefähre Bestimmung des Stoßquerschnitts für Reaktionen ohne Schwelle (Abschn. 2.4.7) und die Geschwindigkeitsabhängigkeit des integralen Querschnitts $\sigma(v)$ für die Atom-Atom-Streuung (Gl. (3.38)).

Natürlich wäre es am schönsten, man hätte genaue, quantenmechanisch ab initio berechnete van-der-Waals-Potentiale nicht nur für große Kernabstände, sondern auch in der Nachbarschaft des Potentialtopfes und im abstoßenden Bereich. Das ist heute für Systeme mit wenigen Elektronen möglich, z.B. He-He, Li-He, He-He* und andere einfache zweiatomige Moleküle. Diese Berechnungen bekommen allmählich „spektroskopische" Genauigkeit, und es wird immer häufiger möglich sein, solche Zweikörperpotentiale für Systeme von praktischem Interesse zu berechnen.

Inzwischen haben wir etwas Einsicht in Begriffsbildung und Technik der Streuung von Molekülen aneinander.gewonnen und uns an die Beziehungen zwischen den intermolekularen Kräften und der Dynamik elastischer Stöße gewöhnt. Nun können wir uns wieder mit der interessanteren Dynamik reaktiver Stöße beschäftigen. Wir nehmen den Faden von Abschn. 2.4 wieder auf und betrachten die Winkelverteilung der Produkte binärer reaktiver Stöße.

3.3 Winkelverteilungen in direkten reaktiven Stößen

3.3.1 Der Begriff des direkten reaktiven Stoßes

Der Beobachtung sehr spezifischer Energieaufteilungen als Ergebnis exoergischer Reaktionen, die mit Hilfe der Infrarot-Chemilumineszenz (Abschn. 1.2) gemacht wurden, ging die Entdeckung voraus, daß es bei der Streuung gekreuzter Molekülstrahlen Vorzugsrichtungen für die Produkte verschiedener Reaktionen gibt. Z.B. beobachtete man, daß in der Reaktion

$$CH_3I + K \rightarrow KI + CH_3$$

die Produktmoleküle KI vorzugsweise in die rückwärtige Halbkugel (bezüglich der einfallenden K-Atome) gestreut werden. Andererseits wird bei der Reaktion

$$K + I_2 \rightarrow KI + H$$

das KI stark nach vorn (in die Richtung der einfallenden K-Atome) gestreut. Letzteres entspricht einem typischen „Abstreifprozeß", wie er schon früh in gewissen Kernreaktionen gefunden wurde.

Die Darstellung einer solchen atomaren Austauschreaktion A+BC → AB+C im Schwerpunktsystem gibt Bild 3.23. Die beiden antiparallel gerichteten Einfallgeschwindigkeiten w_A und w_{BC} (vgl. Gl. (2.17)) definieren den relativen Geschwindigkeitsvektor v (Gl. (2.18)) vor dem Stoß. In einem reaktiven Stoß kann sich der Vektor der Relativgeschwindigkeit v' nach dem Stoß nach

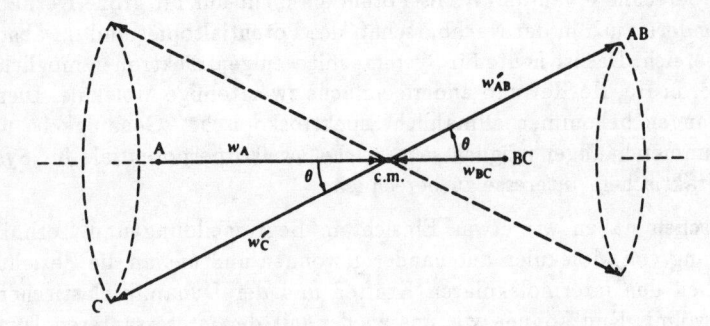

Bild 3.23 Darstellung eines Stoßes A + BC im Schwerpunktsystem (SPS), der zu Produkten AB + C führt, die beim Streuwinkel ϑ mit den Geschwindigkeiten w_{AB} und w_C wegfliegen. Wegen der (bei unpolarisierten Reaktanden) vorhandenen Axialsymmetrie liegen die Produkte auf Kegeln, und ihre Intensität hat keine Abhängigkeit von φ.

3.3 Winkelverteilungen in direkten reaktiven Stößen 133

Betrag und Richtung von v unterscheiden. In Bild 3.23 wird ein spezielles Paar von auslaufenden Geschwindigkeiten w'_{AB} und w'_C mit dem Streuwinkel ϑ gezeigt. Für nichtorientierte Reaktanden ist der Fluß der Produkte zylindersymmetrisch um die v-Achse, d.h. es besteht keine Abhängigkeit der Streuintensität in das Raumwinkelelement $d\omega = \sin\vartheta d\vartheta d\varphi$ des Schwerpunktsystems vom Azimutwinkel φ.

In einem realen Experiment, zu dem viele Stoßparameter beitragen, ist das Ergebnis komplizierter als in Bild 3.23. Die Produkte können in einen ganzen Winkelbereich gestreut werden und gleichzeitig mit einer Energieverteilung herauskommen. Dabei wird die Energieerhaltung durch eine entsprechende

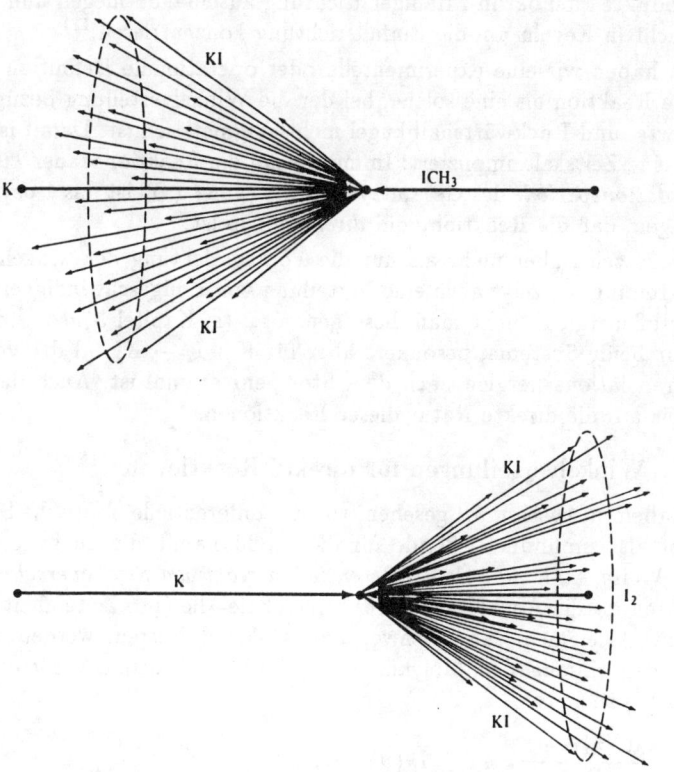

Bild 3.24 Die Kegel im SPS, in denen der größte Teil der Produktintensität liegt. Für die Reaktion $CH_3I + K$ (oben) erscheint das Produkt KI hauptsächlich in Rückwärtsrichtung, anders als für $K + I_2$ (unten), wo ein Abstreifmechanismus herrscht. Die Kegel umschließen den größten Teil der Winkelverteilung des KI-Flusses.

Verteilung der inneren Anregung von AB, u.U. auch durch elektronische Anregung von C oder AB sichergestellt.

Bild 3.24 zeigt die Vorzugskegel des gestreuten KI als Produkt der obengenannten Reaktionen. Mit solchen anisotropen Winkelverteilungen, wie sie zuerst mit den primitiven Molekularstrahlapparaturen der 60er Jahre beobachtet wurden, hatte man nicht gerechnet. Sie beweisen, daß der reaktive Prozeß, d.h. die Umordnung der Atome, vorbei sein muß, bevor die Reaktanden Zeit haben, eine oder mehrere Rotationen umeinander auszuführen. Denn würden die Reaktanden einen „Komplex" bilden, der länger als ein paar klassische Rotationsperioden zusammenbliebe, so müßten die Reaktionsprodukte offenbar in zufälliger Richtung auseinanderfliegen und könnten sich nicht in Kegeln um die Einfallsrichtung konzentrieren.[11]

Damit haben wir eine experimentelle oder operationale Definition für eine direkte Reaktion als eine solche, bei der die Winkelverteilung bezüglich der Vorwärts- und Rückwärtshalbkugel nicht symmetrisch ist. Damit ist gleichzeitig eine Zeitskala impliziert: Immer, wenn die Reaktionsdauer *kurz gegen die Rotationsperiode* des Gesamtsystems ist (ganz grob ist das 1 ps), können wir sagen, daß die Reaktion vom *direkten* Typ ist.

Bild 3.24 zeigt aber mehr als nur die Vorzugsrichtung der winkelabhängigen Streuung. Es zeigt auch eine Verteilung von Endgeschwindigkeiten bzw. Rückstoßenergien. Sieht man diese genau an (s. Kapitel 5), so findet man, daß für beide Systeme, besonders aber für K + I_2 → KI + I die Verteilung der Translationsenergien nach dem Stoß sehr schmal ist. Auch das ist ein Hinweis auf die direkte Natur dieser Reaktionen.

3.3.2 Winkelverteilungen für direkte Reaktionen

Wir haben in Abschn. 3.1 gesehen, wie der differentielle elastische Stoßquerschnitt als empfindliche Sonde für die Stoßdynamik dienen kann. In ähnlicher Weise kann man den *differentiellen reaktiven Streuquerschnitt* $I_r(\vartheta)$ einführen als die Anzahl der Produktmoleküle, die (pro Zeiteinheit und pro Raumwinkelelement) zum Schwerpunktwinkel ϑ gestreut werden, dividiert durch den einfallenden Molekülfluß. In anderen Worten, wir modifizieren Gl. (3.17) zu

$$\frac{\mathrm{d}\dot{N}_R(\vartheta,\varphi)}{\mathrm{d}\omega} = I_A N_B I_R(\vartheta), \tag{3.51}$$

---

[11] Reaktionen, die tatsächlich langlebige Komplexe bilden, werden wir in Kapitel 7 betrachten.

3.3 Winkelverteilungen in direkten reaktiven Stößen

wo $I_R(\vartheta) = \sigma_R P_R(\vartheta, \varphi)$ ist. Hier ist σ_R der *integrale reaktive Streuquerschnitt* und $P_R(\vartheta, \varphi)$ eine normierte Wahrscheinlichkeitsdichte für die Streuung in verschiedene Winkel. Daher ergibt $I_R(\vartheta)$ über alle Winkel integriert wieder den integralen reaktiven Streuquerschnitt σ_R von Abschn. 2.4. Bild 3.25 zeigt ein Polardiagramm von $I_R(\vartheta)$ für KI aus der Reaktion von K mit CH$_3$I, das noch einmal die rückwärts gerichtete Natur dieser Reaktion zeigt. Wie wir in Abschn. 3.3.5 ausführen werden, spiegelt das primär die Tatsache wider, daß zu dieser Reaktion hauptsächlich kleine Stoßparameter beitragen. Das ist typisch für Reaktionen mit einer auf einer Barriere beruhenden Reaktionsschwelle. Bild 3.26 zeigt ähnliche Ergebnisse einer quantenmechanischen Berechnung der Winkelverteilung der H$_2$-Produkte aus der Austauschreaktion H + H$_2$ → H$_2$ + H, die mit Molekularstrahlexperimenten für den Isotopenaustausch H + D$_2$ → HD + D verglichen werden. Auch hier bedeutet die starke Rückwärtsstreu-

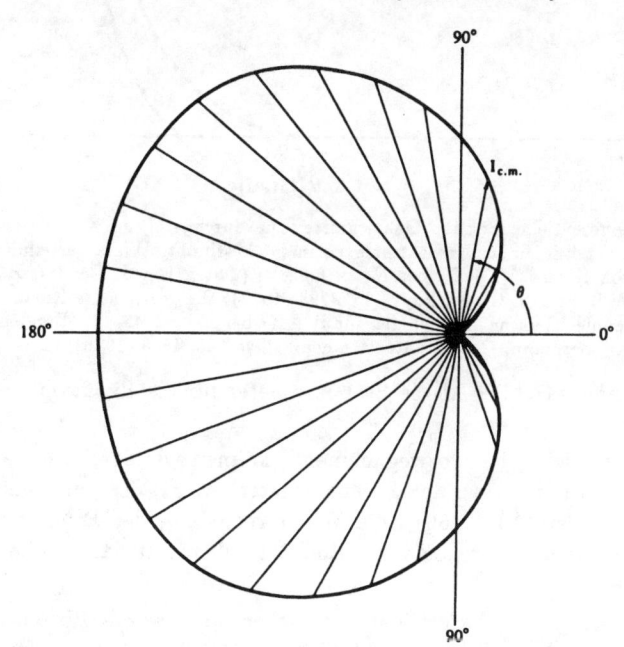

Bild 3.25 Polardiagramm der Winkelverteilung von KI aus der Reaktion K+CH$_3$I gemessen in einem Kreuzstrahlexperiment bei $E_{tr} \simeq 0.2$ eV. Der Länge der „Speichen" für die verschiedenen Winkel entspricht die Streuintensität in diese Richtung. (Nach R.B. Bernstein, A.M. Rulis: Discuss. Faraday Soc., 55, 293 (1973))

136 3 Streuung als Sonde für die Stoßdynamik

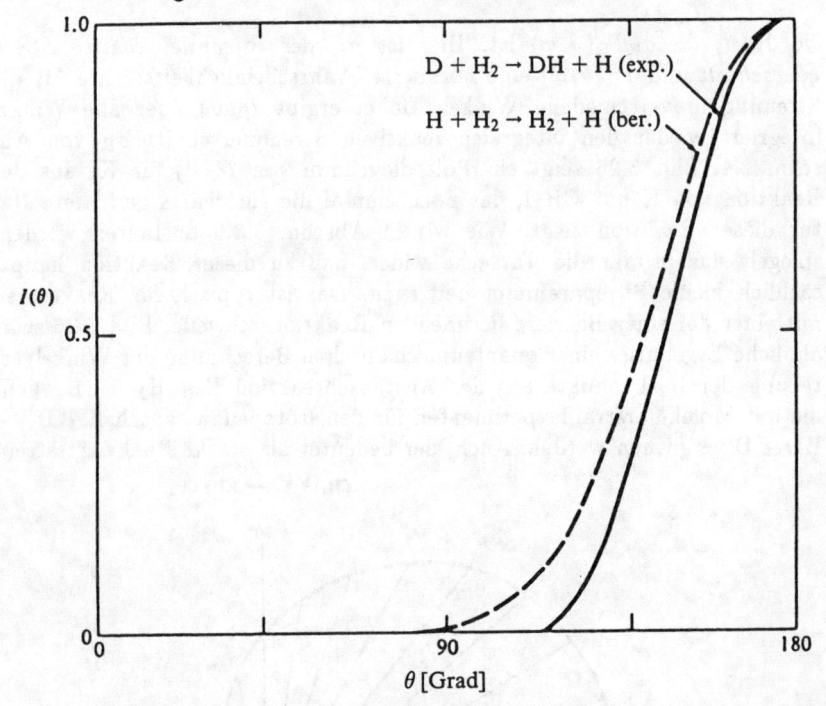

Bild 3.26 Differentielle reaktive Querschnitte: Die durchgezogene Kurve ist die experimentell in einem Kreuzstrahlexperiment bestimmte Winkelverteilung (im SPS) von HD aus $H + D_2$ bei $E_{tr} \simeq 0.5$ eV. (Daten von J. Geddes, H.F. Krause, W.L. Fite: J. Chem. Phys., 56, 3298 (1972)) Die gestrichelte Kurve zeigt quantenmechanische Rechnungen für $H + H_2$ bei $E_{tr} = 0.45$ eV. (Ergebnisse von A. Kuppermann, G.C. Schatz: J. Chem. Phys., 65, 4668 (1976))

ung, daß hauptsächlich kleine Stoßparameter für die Reaktion verantwortlich sind.

Die weitere Diskussion vorwegnehmend, können wir bereits erwarten, daß bei höherer Energie, wo der Stoßparameterbereich, der zur Reaktion beiträgt, größer ist (Gl. (2.66)), die Winkelverteilung der Produkte mehr in die Vorwärtsrichtung gehen wird. Bild 3.27 illustriert das für die Reaktion $H + D_2$.

Die Einführung des Lasers hat inzwischen die direkte Beobachtung der Winkelverteilung im Schwerpunktsystem mittels der Doppler-Verschiebung ermöglicht, sie wird in Abschn. 5.2 besprochen. Hier wenden wir uns einer systematischeren Analyse des Verhältnisses von Reaktionswahrscheinlichkeit und Winkelverteilung in direkten Reaktionen zu.

3.3 Winkelverteilungen in direkten reaktiven Stößen

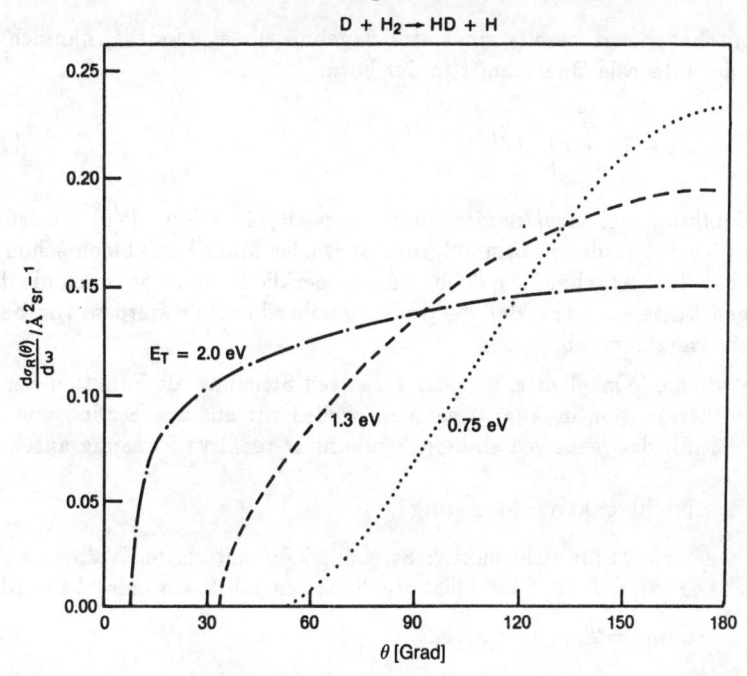

$D + H_2 \rightarrow HD + H$

Bild 3.27 Mittels der Methode der klassischen Trajektorien berechnete differentielle Reaktionsquerschnitte für die Reaktion $D + H_2 \rightarrow HD + H$ bei den angegebenen Werten von E_{tr} (Ergebnisse von H.R. Mayne, J.P. Toennies: J. Chem. Phys., 75, 1794 (1981)). Molekularstrahlmessungen bei $E_{tr} \simeq 1$ eV haben Form und Größe des Rechnungsergebnisses bestätigt. (R. Götting, H.R. Mayne, J.P. Toennies: J. Chem. Phys., 80, 2230 (1984))

3.3.3 Das optische Modell für direkte Reaktionen

Das sogenannte optische Modell liefert einen allgemeinen Rahmen für die vereinfachte Analyse der Stoßdynamik auf der Basis allgemeiner Prinzipien. Wir gehen vom totalen, d.h. nichtreaktiven plus reaktiven Querschnitt für Reaktanden mit Stoßparametern zwischen b und $b + db$, aus:

$$d\sigma = 2\pi b db = d(\pi b^2). \tag{3.52}$$

Wie wir in Abschn. 2.4 betonten, folgt dieser Ausdruck aus allgemeinen Flußbetrachtungen und ist unabhängig davon, was beim Stoß passiert. Wenn eine Reaktion möglich ist, führt ein Bruchteil $P(b)$ der Stöße dorthin, daher ist

$$d\sigma_r = 2\pi P(b) b db. \tag{3.53}$$

Damit haben wir bereits ein erstes Ergebnis dieses Modells, nämlich daß sich der integrale Querschnitt in der Form

$$\sigma_R = 2\pi \int_0^\infty P(b) b\, db \tag{3.54}$$

als Funktion der *Reaktivitätsfunktion* (opacity function) $P(b)$ ausdrücken läßt. Wir haben diese Form aufgrund spezieller Modellannahmen schon einmal berührt (Abschn. 2.5), doch hängt weder die Form (3.54) noch die darin ausgedrückte Tatsache, daß die großen b höher bewertet werden, von besonderen Annahmen ab.

Ehe wir die Winkelverteilung der reaktiven Streuung als Funktion der Reaktivitätsfunktion in Angriff nehmen, wollen wir uns den Einfluß von $P(b)$ auf die mit der reaktiven einhergehende nicht-reaktive Streuung ansehen.

3.3.4 Nichtreaktive Streuung

Der Querschnitt für nichtreaktive Streuung kann mittels der Wahrscheinlichkeit $1 - P(b)$, daß der Stoß nicht zur Reaktion führt, ausgedrückt werden:

$$d\sigma_{NR} = 2\pi (1 - P(b))\, b\, db \tag{3.55}$$

Dieser Querschnitt ist notwendigerweise kleiner als derjenige, den man hätte, wenn es keine Reaktion gäbe, d.h. wenn $P(b) = 0$ wäre:

$$d\sigma_{NR}^0 = 2\pi b\, db. \tag{3.56}$$

Gleichheit $d\sigma_{NR} = d\sigma_{NR}^0$ gibt es nur, wenn die Reaktion verschwindet. Im anderen Fall wird der nichtreaktive Querschnitt durch die Existenz des reaktiven *unterdrückt*. Je näher $P(b)$ bei 1 liegt, umso stärker ist diese Unterdrückung.

Wir unterstellen im Augenblick, daß wir den differentiellen reaktiven Querschnitt $d\sigma_R/db$ nicht messen können, jedoch die Winkelverteilung $I_{NR}(\vartheta)$ der *nicht*reaktiv gestreuten Moleküle. Wieder erwarten wir, daß $P(b)$ hauptsächlich bei *kleinen b* beiträgt. Die Unterdrückung von $d\sigma_{NR}$ dadurch, daß dort fast die ganze Streuung reaktiv ist, sollte daher hauptsächlich dazu führen, daß nichtreaktive Stöße bei großen Winkeln, d.h. in Rückwärtsrichtung, fehlen. Bild 3.28 zeigt berechnete Ergebnisse für $I_{NR}^0(\vartheta)$ und $I_{NR}(\vartheta)$ für eine angenommene, ebenfalls gezeigte Form von $P(b)$. Der Verlust von rückwärts gestreuter Intensität ist deutlich. In quantitativer Form haben wir

$$I_{NR}(\vartheta) = (1 - P(b)) I_{NR}^0(\vartheta), \tag{3.57}$$

3.3 Winkelverteilungen in direkten reaktiven Stößen

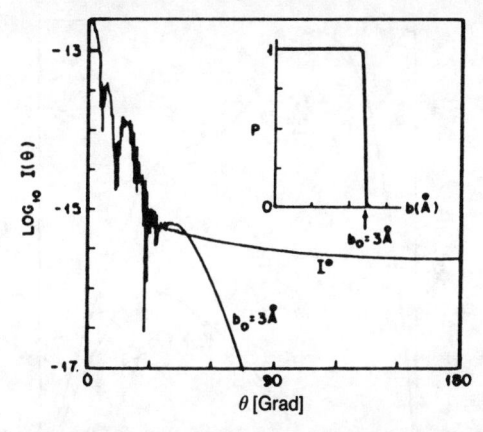

Bild 3.28 Berechnung der Unterdrückung der elastischen Streuung $I^0(\vartheta)$ in Rückwärtsrichtung durch eine Reaktion. Hier ist $I^0(\vartheta)$ die Winkelverteilung, die man in der *Abwesenheit* von Reaktion bekommen *hätte*. Die Reaktionswahrscheinlichkeit $P(b)$ ist als Einschub dargestellt, ihr Abschneideparameter ist b_0. Die Unterdrückung erfolgt nur in Rückwärtsrichtung. Der Verlust an elastischer Weitwinkelstreuung wird durch die hier nicht dargestellte reaktive Streuung kompensiert. (Nach R.D. Levine, R.B. Bernstein: Isr. J. Chem., 7, 315 (1969))

wo $b = b(\vartheta)$. Die Bedeutung dieser Formel ist klar. $I^0_{NR}(\vartheta)$ wird bei Reaktion unterdrückt, und je größer der b-Bereich ist, in dem das geschieht, desto breiter ist der entsprechende Winkelbereich.

Alle bisherigen Überlegungen gehen implizit davon aus, daß zwischen der Ablenkfunktion χ und dem Stoßparameter b eine eindeutige Beziehung besteht. Das ist zunächst einmal für elastische Streuung richtig. Man findet jedoch, daß es in guter Näherung auch für alle direkten Stöße gilt, d.h. für solche, die innerhalb weniger Schwingungsperioden ablaufen. Ist die Zeit für die atomare Umordnung länger, etwa von der Größenordnung einer Rotationsperiode, so ist die Beziehung zwischen χ und b auch nicht mehr näherungsweise eindeutig. Nur für direkte Stöße sind χ und b gut korreliert, und wir können dies ausnutzen, um Verteilungsfunktionen des Streuwinkels in Beziehung zu solchen des Stoßparameters zu setzen.

3.3.5 Winkelverteilungen für Rückwärtsreaktionen

In Bild 3.29 werden die Winkelverteilungen zweier Reaktionen verglichen, die beide das Produkt KI bilden. Bei maßstäblicher Auftragung sieht man, daß die ganze nach rückwärts gestreute Intensität der im wesentlichen nach rückwärts gerichteten Reaktion $K + CH_3I$ unter dem nach hinten gerichteten „Schwanz" der vornehmlich nach vorwärts gerichteten Reaktion $K + I_2$ paßt.

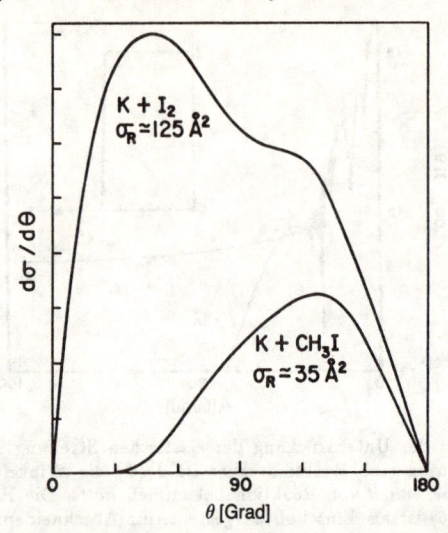

Bild 3.29 Die vollständige Winkelverteilung von KI aus den Reaktionen K + I$_2$ bzw. K + CH$_3$I bei $E_{tr} \simeq 12$ kJ mol^{-1}. Aufgetragen ist der polare differentielle Querschnitt $2\pi \sin \vartheta \cdot I_R(\vartheta)$ gegen ϑ. Über ϑ integriert ergibt dieser direkt den integralen Reaktionsquerschnitt. (Nach experimentellen Ergebnissen von K.T. Gillen, A.M. Rulis, R.B. Bernstein: J. Chem. Phys., 54, 2831 (1971); A.M. Rulis, R.B. Bernstein: J. Chem. Phys., 57, 5497 (1972))

Wir interpretieren das unter Benutzung der Reaktivitätsfunktion $P(b)$: Stöße mit kleinen b führen in beiden Fällen zur Reaktion; da sie sehr zentral auftreffen, geht das Produkt nach rückwärts. Für K + I$_2$ führen jedoch zusätzlich Stöße mit großem Stoßparameter wirksam zur Reaktion, d.h. $P(b)$ ist bis zu großen $b (\simeq 7$ Å) nahezu 1. Für solche „peripheren" Stöße liest das K-Atom eines der I-Atome einfach auf und nimmt es ohne große Ablenkung mit. Das zweite I-Atom „schaut dabei zu" und fliegt in der anderen Richtung langsam weg, damit der Impulssatz gewahrt bleibt. Dies nennt man den *Abstreifmechanismus*, er ist durch überwiegende Vorwärtsstreuung der Produkte gekennzeichnet.

Der Grund für den viel größeren integralen reaktiven Querschnitt der Abstreifreaktion liegt daher in dem viel größeren b-Bereich, für den die Reaktion stattfindet. Warum das so ist, soll in Abschn. 4.2 diskutiert werden, wo wir die Kräfte während eines reaktiven Stoßes betrachten. Wir werden sehen, daß es unter den direkten Reaktionen auch vorwiegend seitwärts gerichtete gibt.

Man kann diese allgemeinen Betrachtungen noch weiter führen, indem man

3.3 Winkelverteilungen in direkten reaktiven Stößen

den differentiellen reaktiven Streuquerschnitt durch den Bezugsquerschnitt (3.57) ausdrückt:

$$I_R(\vartheta) = P(b(\vartheta)) I_R^0(\vartheta). \tag{3.58}$$

Um praktischen Gebrauch davon zu machen, muß man diesen kennen. Manchmal kann man für direkte Reaktionen annehmen, daß die Umordnung der Kerne so schnell geht, daß der Ablenkwinkel die Summe der Ablenkwinkel von einlaufenden Reaktanden und auslaufenden Produkten ist. Explizite Ergebnisse bekommt man allerdings nur mit spezifischen Modellen. Ein solches Modell ist das der *Rückwärts-Reaktion*. Hier nimmt man an, daß Reaktion nur dann geschieht, wenn die Reaktanden unter den Einfluß der kurzreichweitigen Abstoßung geraten. Die Umordnung der Atome findet daher bei kleinen Abständen statt, und die neuen Produkte fliegen unter dem Einfluß der kurzreichweitigen Kräfte auseinander. Die Netto-Ablenkung ist daher typisch die gleiche wie bei Stößen harter Kugeln, d.h., $I_{NR}^0(\vartheta)$ ist eine Konstante (vgl. Gl. (3.4)). Die Winkelverteilung von $I_{NR}(\vartheta)$ spiegelt dann einzig und allein die Funktion $P(b)$ wider. Das Modell sagt Rückwärtsstreuung voraus, da $P(b)$ nur bei kleinen b nicht verschwindet. Jedoch ist selbst in Abstreifreaktionen eine Rückwärts-Komponente vorhanden, da es auch hier Stöße mit kleinem b gibt.

Erhöhen wir die Stoßenergie, so ändert sich die bevorzugte Rückwärtsstreuung in eine mit mehr Vorwärtscharakter. Zwei Faktoren bestimmen dieses Verhalten: Einer davon ist ganz allgemein. Da (nach Gl. (3.10)) $\tau(b) = E_{tr}\chi(b)$ näherungsweise unabhängig von E_{tr} ist, führen Stöße mit einem bestimmten Stoßparameter, wenn die Energie wächst, zu immer kleinerer Ablenkung. Zusätzlich steigt für Reaktionen mit Schwelle mit wachsender Energie auch der Stoßparameterbereich, bei dem Reaktion möglich ist (s. Abschn. 2.4). Beide Faktoren führen in (3.58) zu verstärkter Vorwärtsstreuung.

Wir können zusammenfassen: *Direkte Reaktionen*, die hauptsächlich bei kleinem Stoßparameter stattfinden, sind durch einen *kleinen Reaktionsquerschnitt* charakterisiert. Die reaktive Streuung geht hauptsächlich nach rückwärts, wodurch die elastische Streuung bei großen Winkeln unterdrückt wird. Reaktionen, die mit hoher Wahrscheinlichkeit in einem *großen Stoßparameterbereich* stattfinden, haben einen *großen Reaktionsquerschnitt*. Ihre Produkte erscheinen vorwiegend *in Vorwärtsrichtung*, und die elastische Streuung wird bei allen Winkeln, außer den allerkleinsten, unterdrückt. Bei steigender Energie steigt die Tendenz zur Vorwärtsstreuung ganz allgemein an.

3.4 Zum Weiterlesen

Abschnitt 3.1

Bücher:

Bowman, J.M. (Ed.): *Molecular Collision Dynamics*, Springer Verlag, Berlin, 1983
Brandsen, B.H.: *Atomic Collision Theory*, Benjamin, New York, [2]1983
Geltman, S.: *Topics in Atomic Collision Theory*, Academic Press, New York, 1969

Übersichtsartikel:

Beck, D.: *Elastic Scattering of Nonreactive Atomic Systems*, in: Schlier (1970)
Bernstein, R.B.: *Quantum Effects in Elastic Molecular Scattering*, Adv. Chem. Phys. 10, 75 (1966)
Child, M.S.: *Semiclassical Methods in Molecular Collision Theory*, in: Miller (1976)
Child, M.S.: *Low Energy Atom-Atom Collisions*, in: Gianturco (1982)
Gianturco, F.A., Palma, A.: *Rotational Rainbows in Collisions Involving van der Waals Molecules*, in: Jortner und Pullman (1982)
Miller, W.H.: *The Semiclassical Nature of Atomic and Molecular Collisions*, Acc. Chem. Res., 4, 161 (1971)
Pauly, H., Toennies, J.P.: *The Study of Intermolecular Potentials with Molecular Beams at Thermal Energies*, Adv. At. Mol. Phys., 1, 195 (1965)
Reuss, J.: *Scattering from Oriented Molecules*, Adv. Chem. Phys., 30, 389 (1975)
Schinke, R., Bowman, J.M.: *Rotational Rainbows in Atom-Diatom Scattering*, in: Bowman (1983)
Stolte, S., Reuss, J.: *Elastic Scattering Cross Sections: Noncentral Potentials*, in: Bernstein (1979)
Thomas, L.D.: *Rainbow Scattering in Inelastic Molecular Collisions*, in: Truhlar (1981)

Abschnitt 3.2

Bücher:

Arrighini, P.: *Intermolecular Forces and their Evaluation by Perturbation Theory*, Springer, Heidelberg, 1981
Goodisman, J.: *Diatomic Interaction Potential Theory*, Academic Press, New York, 1973
Hirschfelder, J.O. (Ed.): *Intermolecular Forces*, Wiley, New York, 1967
Israelachvili, J.N.: *Intermolecular and Surface Forces*, Wiley, New York, 1985

3.4 Zum Weiterlesen

Maitland, A., Rigby, M., Smith, E.B., Wakeham, W.A.: *Intermolecular Forces: Their Origin and Determination*, Clarendon Press, Oxford, 1981

Margenau, H., Kestner, N.R.: *Theory of Intermolecular Forces*, Pergamon Press, Oxford, 1969

Pullman, B. (Ed.): *Intermolecular Interactions from Diatomics to Biopolymers*, Wiley, New York, 1978

Pullman, B. (Ed.): *Intermolecular Forces*, Reidel, Boston, 1981

Übersichtsartikel:

Amdur, I., Jordan, J.E.: *Elastic Scattering of High-Energy Beams: Repulsive Forces*, Adv. Chem. Phys., 10, 29 (1966)

Andersen, T., Neitzke, H.P.: *Shapes of Atoms Excited in Hard or Soft Collisions*, in: Eichler et al. (1984)

Baudon, J.: *Low Energy Collisions with Excited Atoms*, in: Eichler et al. (1984)

Bernstein, R.B., Muckerman, J.T.: *Determination of Intermolecular Forces via Low Energy Molecular Beam Scattering*, Adv. Chem. Phys., 12, 389 (1967)

Buckingham, A.D.: *Permanent and Induced Molecular Moments and Long-Range Intermolecular Forces*, Adv. Chem. Phys., 12, 107 (1967)

Certain, P.R., Bruch, L.W.: *Intermolecular Forces*, Int. Rev. Sci. Phys. Chem., 1, 113 (1972)

Cross, R.J., Jr.: *Determination of Intermolecular Potentials Using High-Energy Molecular Beams*, Acc. Chem. Res., 8, 225 (1975)

Dalgarno, A.: *New Methods for Calculating Long-Range Intermolecular Forces*, Adv. Chem. Phys. 12, 143 (1967)

Este, G.O., Knight, D.G., Scoles, G., Valbusa, U., Grein, F.: *Interaction of Hydrogen Atoms with Polyatomic Molecules Studied by Means of Scattering Experiments and Hybrid Hartree-Fock plus Damped Dispersion Calculations*, J. Phys. Chem., 87, 2772 (1983)

Ewing, G.E.: *Vibrational Predissociation of van der Waals Molecules and Intermolecular Potential Energy Surfaces*, in: Truhlar (1981)

Gerber, R.B.: *The Extraction of Intermolecular Potentials from Molecular Scattering Data: Direct Inversion Methods*, in: Pullman (1981)

Haberland, H., Lee, Y.T., Siska, P.E.: *Scattering of Noble-Gas Metastable Atoms in Molecular Beams*, Adv. Chem. Phys., 45, 487 (1981)

Hirschfelder, J.O., Meath, W.J.: *The Nature of Intramolecular Forces*, Adv. Chem. Phys., 12, 3 (1967)

Klemperer, W.: *The Rotational Spectroscopy of van der Waals Molecules*, Faraday Disc. Chem. Soc., 62, 179 (1977)

Kutzelnigg, W.: *Quantum Chemical Calculation of Intermolecular Interaction Potentials, Mainly of van der Waals Type*, Faraday Disc. Chem. Soc., 62, 185 (1977)

LeRoy, R.J.: *Vibrational Predissociation of Small van der Waals Molecules*, in: Truhlar (1984)

LeRoy, R.J., Carley, J.S.: *Spectroscopy and Potential Energy Surfaces of van der Waals Molecules*, Adv. Chem. Phys., 42, 353 (1980)

Lindinger, W.: *State Selected Ion-Neutral Interactions at Low Energies*, in: Eichler et al. (1984)

Luck, W.A.P.: *Studies of Intermolecular Forces by Vibrational Spectroscopy*, in: Pullman (1981)

Mason, E.A., Monchik, L.: *Methods for the Determination of Intermolecular Forces*, Adv. Chem. Phys., 12, 329 (1967)

McCourt, F.R.W., Lui, W.-K.: *Anisotropic Intermolecular Potentials and Transport Properties in Polyatomic Gases*, Faraday Disc. Chem. Soc., 23, 241 (1982)

Mueller, C.R., Smith, B., McGuire, P., Williams, W., Chakraborti, P., Penta, J.: *Intermolecular Potentials and Macroscopic Properties of Argon and Neon from Differential Cross Sections*, Adv. Chem. Phys., 21, 369 (1971)

Pople, J.A., *Intermolecular Bonding*, Faraday Disc. Chem. Soc., 73, 7 (1982)

Schaefer, H.F., III: *Interaction Potentials: Atom-Molecular Potentials*, in: Bernstein (1979)

Schlier, Ch.: *Intermolecular Forces*, Ann. Rev. Phys. Chem., 20, 191 (1969)

Scoles, G.: *Two-Body, Spherical, Atom-Atom, and Atom-Molecular Interaction Energies*, Ann. Rev. Phys. Chem., 31, 81 (1980)

Stwalley, W.C.: *Observations on State-Resolved Cross Sections for Long-Range Molecules*, in: Brooks and Hayes (1977)

Toennies, J.P.: *Elastic Scattering*, Faraday Disc. Chem. Soc., 55, 129 (1973)

Van der Avoird, A.: *Intermolecular Forces: What Can Be Learned from Ab Initio Calculations*, in: Pullman (1981)

Wahl, A.C.: *The Calculation of Energy Quantities for Diatomic Molecules*, Int. Rev Sci. Phys. Chem., 1, 41, (1972)

Winn, J.S.: *A Systematic Look at Weakly Bound Diatomics*, Acc. Chem. Res., 14, 341 (1981)

Abschnitt 3.3

Buch:

Brooks, P.R., Hayes, E.F. (Eds.): *State-to-State Chemistry*, American Chemical Society, Washington, D.C., 1977

Übersichtsartikel:

Bernstein, R.B.: *Reactive Scattering: Recent Advances in Theory and Experiment*, Adv. At. Mol. Phys., 15, 167 (1979)

Farrar, J.M., Lee, Y.T.: *Chemical Dynamics*, Ann. Rev. Phys. Chem., 25, 357 (1974)

Greene, E.F., Moursund, A., Ross, J.: *Elastic Scattering in Chemically Reactive Systems*, Adv. Chem. Phys., 10, 135, (1966)

Grice, R.: *Reactive Scattering*, Adv. Chem. Phys., 30, 247 (1975)
Herschbach, D.R.: *Reactive Scattering in Molecular Beams*, Adv. Chem. Phys., 10, 319 (1966)
Herschbach, D.R.: *Reactive Scattering*, Faraday Disc. Chem. Soc., 55, 233 (1973)
Herschbach, D.R.: *Molecular Dynamics of Chemical Reactions*, Pure Appl. Chem., 47, 61 (1976)
Kinsey, J.L.: *Molecular Beam Reactions*, Int. Rev. Sci. Phys. Chem. 9, 173 (1972)

4 Chemische Dynamik als Vielkörperproblem

An jeder chemischen Reaktion, die ihren Namen zu Recht trägt, ist die Wechselwirkung von wenigstens drei Atomen beteiligt. Wir haben diese Tatsache bisher meist ausgeklammert und Zweikörper-Näherungen benutzt in der Hoffnung, daß damit die groben Züge des dynamischen Verhaltens des Dreikörper-Systems darstellbar seien. Für detailliertere Fragen, wie die nach der Rolle der inneren Energie oder nach der Herkunft des sterischen Faktors müssen wir jedoch explizit den *molekularen Charakter* von Reaktanden und Produkten zur Kenntnis nehmen. Dazu müssen wir das Konzept des Potentials zwischen zwei Atomen generalisieren und lernen, wie man Stoßtrajektorien berechnet, die eine Umwandlung der Reaktanden in die Produkte beschreiben. Als nächstes gilt es dann, theoretische Näherungen zu betrachten, die uns helfen können, die Brutto-Reaktionsrate abzuschätzen. Wir beginnen mit den experimentellen Hinweisen auf die *Rolle der Energie bei der chemischen Reaktivität*.

4.1 Energie und chemische Veränderung

4.1.1 Energieaufteilung

Wir haben schon gesehen, daß die Energie ein maßgeblicher Faktor in der Dynamik chemischer Veränderungen ist. Energie ist nötig, um die Reaktion anzutreiben, Energie bestimmt den Reaktionsquerschnitt und damit die Reaktionsrate, Energie beeinflußt die Details der Stoßtrajektorien, und Energie ist es, was wir aus den Produkten gewinnen können.

Wir wollen zuerst die Energieverwertung, d.h. die *Energieaufteilung* nach dem Stoß betrachten. Exoergische Reaktionen können ihre Energie in vielfacher Weise abgeben. Eine Möglichkeit ist es z.B., elektronisch angeregte Produkte zu bilden, die sichtbares oder UV-Licht aussenden, wie in

$$Cl + K_2 \longrightarrow K^* + KCl$$
$$\downarrow h\nu$$
$$K$$

oder[1]

$$NO_2 + Ba \longrightarrow BaO(A^1\Sigma) + NO$$
$$\downarrow h\nu$$
$$BaO(X^1\Sigma)$$

Eine andere Art der Energieverwertung ist die Erzeugung schwingungsmäßig angeregter Produkte, wie wir in Abschn. 1.2 sahen. Eines der vielen Beispiele ist die infrarot-chemilumineszente Reaktion († ist das Zeichen für Schwingungsanregung)

$$O + CS \rightarrow S + CO^\dagger.$$

In allen diesen Fällen ist die Quelle der Exoergizität die Ersetzung einer schwachen Bindung durch eine stärkere (Bild 1.1). Ein anderer Weg ist die sog. *chemische Aktivierung*, bei der die Energie durch die Neubildung einer zusätzlichen Bindung gewonnen wird (Abschn. 4.2.8). So liefert die Reaktionsfolge

$$CH_3 + CF_3 \rightarrow CH_3CF_3^\dagger$$
$$CH_3CF_3^\dagger \rightarrow CH_2CF_2 + HF^\dagger$$

das HF in Schwingungszuständen bis $v = 4$. Selbst elektronisch angeregte Produkte lassen sich bilden. Ein Beispiel ist die Thermolyse aromatischer Endoperoxyde,

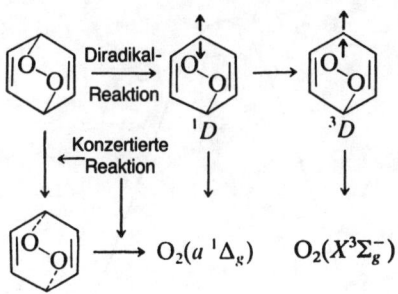

die mit hohen Ausbeuten (> 90%) zu angeregtem ($^1\Delta$) Sauerstoff führen kann.

Die freigesetzte Energie kann aber auch durch *physikalische Aktivierung* aufgebracht werden. Photoeliminierungs-Reaktionen, z.B.

---

[1] Solche chemilumineszenten Reaktionen des Ba wurden auch zum Studium der hohen Atmosphäre benutzt, indem Ba-Dampf aus Raketen ausgestoßen wurde, dessen Leuchten vom Boden aus beobachtet werden konnte.

4 Chemische Dynamik als Vielkörperproblem

$$\begin{array}{c}H\\ \end{array}\!\!\!\!C\!=\!C\!\!\!\!\begin{array}{c}H\\ F\end{array} \xrightarrow{h\nu} HC\!\equiv\!CH + HF^\dagger$$

$$\underset{N}{\overset{N}{\diagdown}} \xrightarrow{h\nu} N_2 + H_2C\!\!-\!\!CH_2{}^\dagger \atop {\underset{CH_2}{\diagdown}}$$

führen häufig zu schwingungsangeregten Produkten. Reaktionen, die *selektiv* die Schwingungszustände der Produkte bevölkern, können dann benutzt werden, um die für einen chemischen Laser notwendige Besetzungsinversion zu schaffen.

Schließlich kann die Reaktions-Exoergizität auch in Form von Translationsenergie der Produkte, der am wenigsten wertvollen Energieform, freigesetzt werden. Bild 4.1 zeigt die in der exoergischen Reaktion

$$CH_3I + K \rightarrow KI + CH_3$$

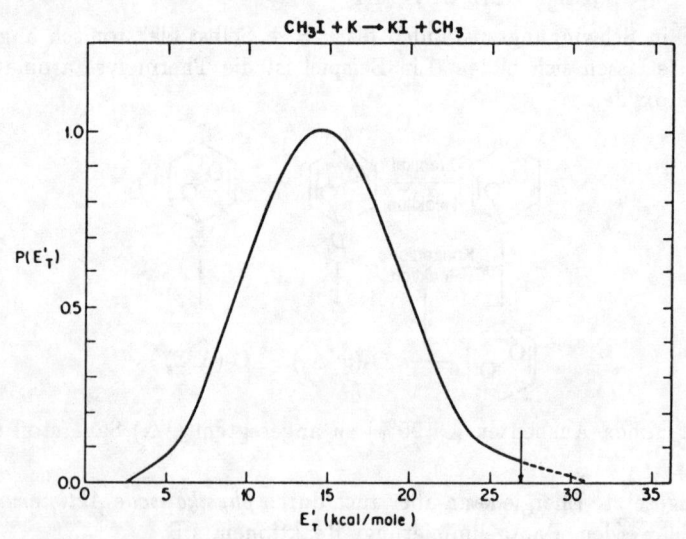

Bild 4.1 Verteilung $P(E'_{tr})$, der Translationsenergie nach dem Stoß, für die Reaktion $CH_3I + K \rightarrow KI + CH_3$ bei einer Stoßenergie von $E_{trans} = 1.8$ kcal/mol. Die gesamte verfügbare Energie wird durch den Pfeil angezeigt, der darüber hinausgehende Schwanz ist instrumentell bedingt. (Nach A.M. Rulis, R.B. Bernstein: J. Chem. Phys., 57, 5497 (1982))

freiwerdende Translationsenergie. Wie in anderen Fällen, kann auch hier die Energie primär durch physikalische Aktivierung zugeführt werden. Ein Beispiel ist die Photodissoziation

$$\text{HI} \xrightarrow{h\nu} \begin{cases} \text{H} + \text{I}(^2P_{3/2}) \\ \text{H} + \text{I}(^2P_{1/2}) \end{cases}$$

die als Quelle für H-Atome mit hoher Translationsenergie benutzt wird. Diese sogenannten *heißen Atome* benutzt man, um chemische Reaktivität bei überthermischen Energien zu studieren. Nimmt man z.B. Photonen von $\lambda = 266$ nm, so ist die Energie der H-Atome so groß, daß die Reaktion H + D$_2$ (Bild 1.4) bei Stoßenergien (im SPS) von $E_{tr} = 1.3$ bzw. 0.55 eV abläuft. Ändert man λ, so ändert sich die Stoßenergie, und man kann so die Abhängigkeit des Stoßquerschnitts (vgl. Bild 2.14) und der Energieaufteilung von der Translationsenergie messen. Diese schnellen H-Atome können auch benutzt werden, um lediglich Energie übertragende Stöße zu untersuchen.

4.1.2 Energiebedarf

Die Energieausnutzung in Reaktionen mit einer Potentialbarriere ist sehr selektiv. Besonders wichtig für die Überschreitung der Reaktionsbarriere ist die Schwingungsenergie der Reaktanden (vgl. Abschn. 4.3.4). Auch Translationsenergie kann benutzt werden, um selbst große Endoergizitäten zu überwinden, wie die Reaktionen heißer Atome zeigen. Energien, die ausreichen, um Bindungen zu trennen, können heute leicht mit gemischten Überschallstrahlen (seeded beams) erzeugt werden (s. Exkurs 5B). Damit ist es möglich geworden, die stoßinduzierte *Dissoziation* zu untersuchen, z.B. die Reaktion

$$\text{Xe} + \text{CsCl} \rightarrow \text{Xe} + \text{Cs}^+ + \text{Cl}^-,$$

die eine Schwelle[2] von 4.85 eV hat. Der Anstieg des Dissoziationsquerschnitts mit der Stoßenergie (Bild 4.2) ist stärker als linear. Auch für diesen Prozeß hat man gefunden, daß zusätzliche Schwingungsenergie des gestoßenen Moleküls zu einem überproportionalen Anstieg des Dissoziationsquerschnitts führt.

Ein seit langem bekannter Weg, um chemische Reaktionen in Gang zu setzen, ist die elektronische Anregung durch *Absorption von Licht*. Die organische

---

[2] Die Schwelle ist hier im wesentlichen die Endoergizität, d.h. die Dissoziationsenergie des Salzes in ein Ionenpaar.

4 Chemische Dynamik als Vielkörperproblem

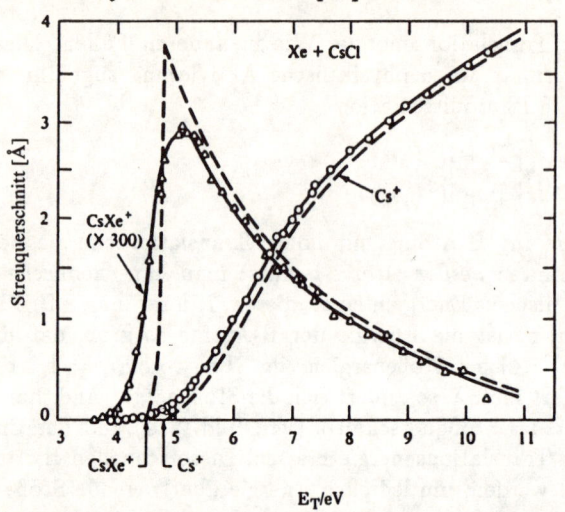

Bild 4.2 Gemessene absolute Querschnitte für die Bildung von Cs^+ und $CsXe^+$ in Stößen von CsCl mit Xe als Funktion der mittleren relativen Stoßenergie (Kurve mit Meßpunkten). Entfaltung ergibt die gestrichelten Kurven, aus denen die mit Pfeilen angezeigten Schwellen abgeleitet wurden. (Nach S.H. Sheen, G. Dimoplon, E.K. Parks, S. Wexler: J. Chem. Phys., 68, 4950 (1978))

Photochemie liefert viele Beispiele dafür, wie ein bestimmtes Reaktionsergebnis davon abhängen kann, daß man Licht der richtigen Wellenlänge benutzt. Häufig wird ein völlig anderes (und manchmal unerwartetes) Produkt gebildet, wenn man die Reaktionsbarriere durch Einstrahlung von Photonen überwindet, z.B. in der unimolekularen Umlagerung

Ähnlich liefert oft die Ausnutzung elektronisch angeregter Reaktanden in bimolekularen Reaktionen Überraschungen und neue Synthesewege! So kann man mit elektronisch angeregten Hg-Atomen die Reaktion

$$CH_3Cl + Hg^* \rightarrow HgCl + CH_3$$

in Gang setzen. Angeregte O_2-Moleküle können sich direkt an Doppelbindungen anlagern,[3] z.B. in

---

[3] Daher werden elektronisch angeregte Sauerstoffmoleküle zur Desinfektion von Schmutzwasser benutzt!

$$\underset{H}{\overset{EtO}{>}}C=C\overset{H}{\underset{OEt}{<}} + O_2(a\,^1\Delta_g) \longrightarrow \underset{H}{\overset{EtO}{>}}\overset{O-O}{\underset{|}{C}-\underset{|}{C}}\overset{H}{\underset{OEt}{<}}$$

Potentialenergiefunktionen und ihre wichtigsten Eigenschaften werden wir gleich besprechen. Regt man Moleküle elektronisch an, so bedeutet das, daß die Reaktion auf einer anderen, nämlich der angeregten Potentialfläche abläuft. Die Topografie dieser angeregten Fläche kann von der des Grundzustands völlig verschieden sein. Ein schlagendes Beispiel ist die Reaktion elektronisch angeregten Wasserstoffs, H(2s), mit H_2. Das Supermolekül, H_3^*, ist metastabil, d.h. das Potential hat einen Topf, während der Grundzustand eine Barriere besitzt.

Ein wichtiges Ziel photoselektiver Chemie ist es, *spezifische* Produkte auf einer *gegebenen* Potentialfläche zu erzeugen. Das ist nicht einfach und ohne ein Verständnis zwischenmolekularer Potentiale und der darauf ablaufenden Dynamik sicher nicht erreichbar.

4.2 Dreikörperpotentiale in chemischen Reaktionen

4.2.1 Potentialenergieflächen

Wie kann man das Konzept des Potentials zwischen einem Paar von Atomen verallgemeinern? Offenbar muß man die Wechselwirkungsenergie als Funktion der *Konfiguration* des Systems während der ganzen Umordnung von den Reaktanden bis zu den Produkten kennen (Bild 4.3). Selbst im einfachsten Fall von nur 3 beteiligten Atomen ist die potentielle Energie dann eine Funktion von drei Koordinaten, z.B. den drei Kernabständen.[4] Selbst in diesem einfachsten Fall ist es schwer, sich die potentielle Energie vorzustellen. Ein anschauliches Bild bekommt man, indem man eingeschränkte Geometrien betrachtet, z.B. nur das Potential der *kollinearen* Konfiguration A-B-C, für die es jetzt nur zwei unabhängige Atomabstände, etwa R_{AB} und R_{BC} gibt. In diesem Fall kann man das Potential als Funktion der beiden Koordinaten in Form eines *Höhenlinienbildes* auftragen. Es zeigt Äquipotentiallinien in der gleichen Art, wie es topografische Karten tun. Bild 4.3a zeigt eine solche *Potentialfläche* in perspektivischer, dreidimensionaler Form, während Bild 4.3b dieselbe Fläche als Höhenlinienbild darstellt.

---

[4] Die Lage der drei Kerne im Raum wird natürlich durch 9 Koordinaten bestimmt. Die Energie des Systems hängt aber nicht davon ab, ob das Kern-Dreieck im Raum verschoben oder gedreht wird. Es bleiben daher nur drei Koordinaten übrig, die das Dreieck festlegen.

4 Chemische Dynamik als Vielkörperproblem

Das Verständnis der wichtigsten topografischen Eigenschaften der Potentialenergiefläche ist der erste Schritt zum qualitativen Verständnis der Reaktionsdynamik. Die „Paßstraße" aus dem „Tal" der Reaktanden in das „Tal" der Produkte, genannt „Weg minimaler Energie" oder „Reaktionskoordinate" oder einfach *"Reaktionsweg"*, ist das beherrschende Charakteristikum vieler Potentialflächen. Es erklärt, warum die Energieschwelle einer Reaktion meist viel kleiner als die Dissoziationsenergie einer Bindung ist: Wie Eyring, Polanyi und Evans in den 30er Jahren ausführten, läuft eine elementare chemische Reaktion, etwa

$$H + H\text{---}H \rightarrow H\text{---}H + H,$$

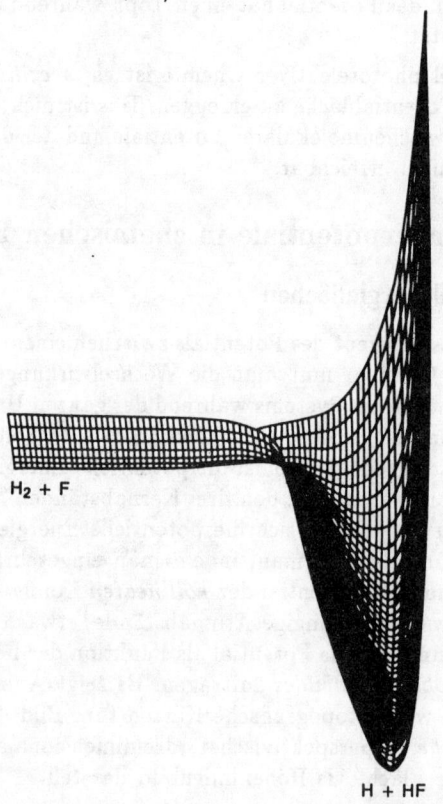

Bild 4.3 (a) Perspektivische Darstellung der Ab-initio berechneten Potentialfläche für das kollineare FH_2-System, gesehen aus dem Produkt-Tal der Reaktion $F + H_2 \rightarrow HF + F$. (Nach C.F. Bender, P.K. Pearson, S.V. O'Neil, H.F. Schaefer III: J. Chem. Phys., 56, 4626 (1972))

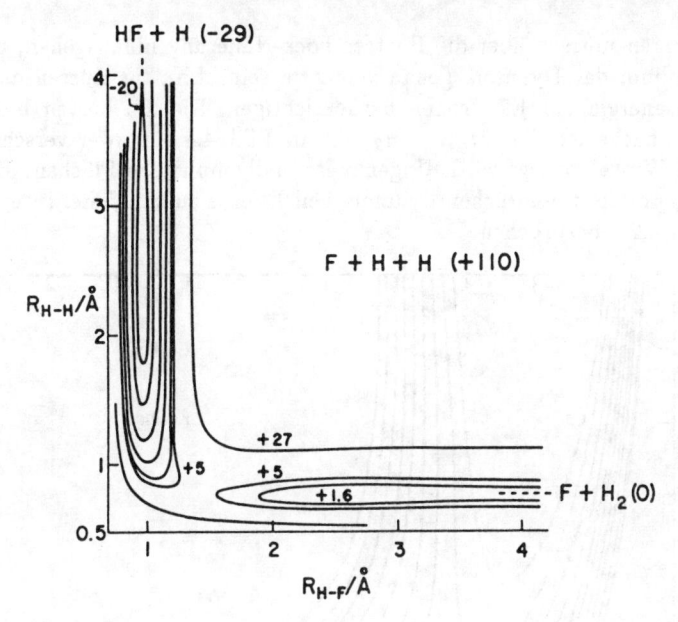

4.2 Dreikörperpotentiale in chemischen Reaktionen

Bild 4.3 b) Höhenlinienbild zu a).

nicht in mehreren Schritten ab, indem erst die alte Bindung aufgebrochen und dann die neue gebildet wird, sondern in einer „konzertierten Bewegung" der Kerne mit stetigem Übergang aus dem Tal der Reaktanden in das Tal der Produkte. Die Potentialfläche dient dazu, diesen stetigen Übergang zu vermitteln.[5]

Einer der wesentlichsten Fortschritte der angewandten Quantenchemie ist die Entwicklung von Rechenverfahren, um dreiatomige Potentialflächen mit Genauigkeiten der Größenordnung $1 \, \text{kJ} \cdot \text{mol}^{-1} (\simeq 43 \, \text{meV})$ zu berechnen. Die

---

[5] Das Konzept der Potentialenergiefläche als Unterlage für die Kernbewegung ist eine Näherung, deren Gültigkeit von der Separierbarkeit von Elektronen- und Kernbewegung abhängt, die als Born-Oppenheimer-Näherung bekannt ist. Wenn diese Näherung gilt, ist die Potentialfläche auch invariant gegen isotopische Substitution. Ihr wesentlicher Inhalt ist es, daß in jeder Kernkonfiguration nur *ein* Elektronenzustand besetzt ist. Sie ist gut, wenn es sich um „langsame" Stöße handelt, d.h. wenn die Kerngeschwindigkeiten wesentlich kleiner als die der Elektronen sind. Es gibt jedoch durchaus Fälle, wo die Born-Oppenheimer-Näherung nicht gilt, z.B. die Reaktion K + IBr. Weiteres dazu in Abschn. 6.6. Generell kann ein elektronisch angeregter Zustand immer dann gebildet werden, wenn die dazugehörige Energieschwelle überschritten ist. Zur Behandlung der Reaktion müssen dann gleichzeitig zwei Flächen betrachtet werden.

154   4 Chemische Dynamik als Vielkörperproblem

Rechnungen müssen über die Hartree-Fock-Näherung hinausgehen, um für das Studium der Dynamik genau genug zu sein, d.h., sie müssen die Korrelationsenergie der Elektronen berücksichtigen. Die am besten bekannte Potentialfläche ist die für $H + H_2$, die in Bild 4.4 für zwei verschiedene H–H–H Winkel gezeigt wird. Ungenauere, halbempirische Flächen, die ausreichen, um die wesentlichen dynamischen Effekte zu simulieren, werden in Abschn. 4.2.3 besprochen.

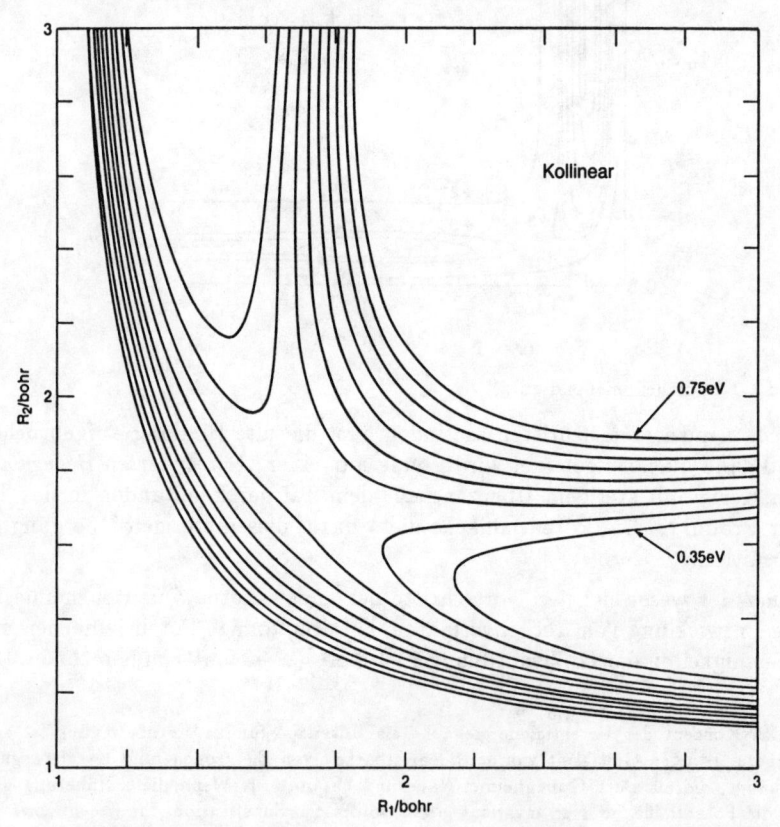

Bild 4.4 Ab-initio berechnete Höhenlinienkarte für H_3 in kollinearer ($\gamma = 0°$) und gewinkelter ($\gamma = 50°$) Anordnung. R_1 und R_2 sind in bohr (0.529 Å), die Energien in eV angegeben. Der Abstand der Höhenlinien ist 0.05 eV. Man beachte die Symmetrie um die Diagonale. Die Potentialfläche stammt aus der Parametrisierung (von D.G. Truhlar, C.J. Horowitz: J. Chem. Phys., 68, 2466 (1978); 71, 1514 (1979)) konvergierter Ab-initio Rechnungen (von P. Siegbahn, B. Liu: J. Chem. Phys., 68, 2457 (1978)) und wird LSTH-Fläche genannt.

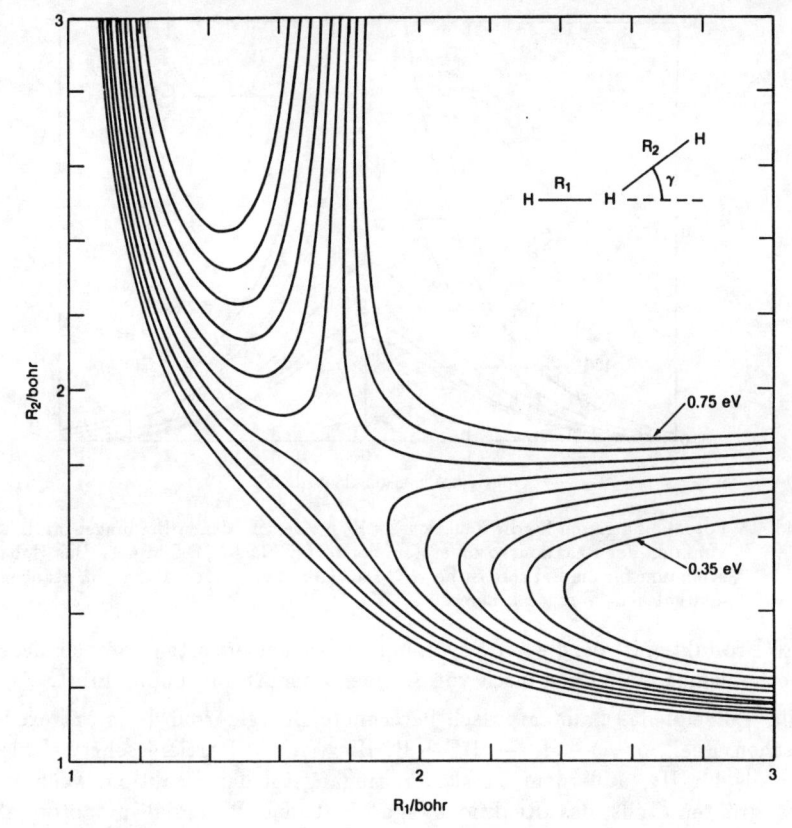

4.2 Dreikörperpotentiale in chemischen Reaktionen

Bild 4.4 (Fortsetzung)

4.2.2 Der Reaktionsweg

Um besser zu verstehen, wie die energetische Schwelle für eine Reaktion zustandekommt, wollen wir den Energieaufwand bei der Bewegung aus dem Gebiet der Reaktanden in das der Produkte betrachten. Wir definieren den *Reaktionsweg* als den Weg der minimalen Energie, der aus dem Tal der Reaktanden in das der Produkte führt. Bild 4.5 zeigt ihn für das H_3-System, bei dem die kollineare Schwelle diejenige mit der niedrigsten Energie ist. Wir bemerken, daß diese Barriere relativ niedrig ist ($\simeq 40$ kJ · mol^{-1} $\simeq 1.7$ eV): Die Energie, die nötig ist, um ein H-Atom in einer konzertierten Bewegung auszutauschen, ist weniger als 30% der Dissoziationsenergie des H_2. Die Existenz solcher niedrigen „Pässe" zwischen den Tälern von Reaktanden

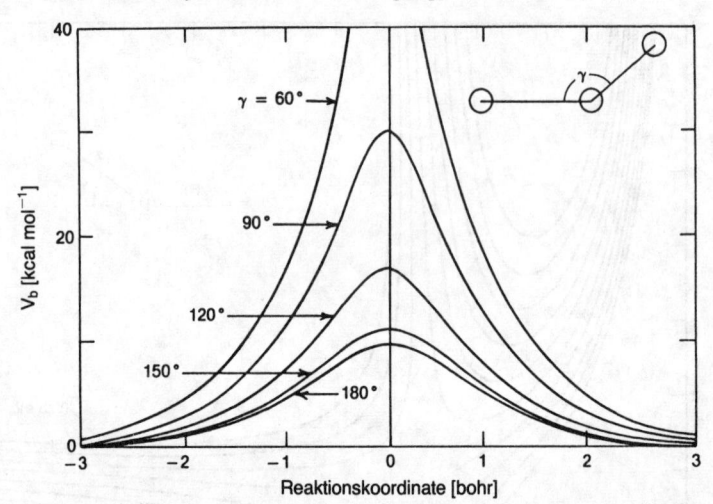

156   4 Chemische Dynamik als Vielkörperproblem

Bild 4.5 Potentialbarrieren für die Reaktion $H+H_2$ bei verschiedenen Bindungswinkeln als Funktion der Reaktionskordinate auf der LSTH-Fläche (s. Bild 4.4). Das globale Minimum für die Barriere ist bei $\gamma = 180°$ (Achtung: andere Definition als oben!) und hat den Wert 9.8 kcal·mol^{-1}.

und Produkten ist es, die zur Bevorzugung des konzertierten, bimolekularen Mechanismus beim Austausch von Atomen oder Atomgruppen führt.

Bild 4.6 zeigt das halb-empirisch berechnete Energieprofil der stark exoergischen Reaktion $F + H_2 \rightarrow HF + H$. Hier ist die Barriere sehr viel kleiner als für H_3, außerdem ist sie im Eingangstal der Reaktion. Während des größten Teils des Reaktionsweges fällt das Potential monoton ab. Die Exoergizität wird frühzeitig längs des Reaktionsweges frei und ist verfügbar, um sie in die Schwingung der neu zu bildenden Bindung zu pumpen. Eine solche Fläche mit frühzeitigem Freisetzen der Exoergizität wird manchmal als „attraktive Fläche" bezeichnet. Der entgegengesetzte Fall mit später Energiefreisetzung heißt „repulsive Fläche". Eine Fläche, die für die Vorwärtsreaktion „attraktiv" ist, ist für die Rückwärtsreaktion „repulsiv".[6]

Eine nützliche, wenn auch keineswegs ohne Einschränkung gültige Regel ist es, daß exoergische Reaktionen im allgemeinen eine frühe Barriere haben.[7]

---

[6]**Die Bezeichnungen „attraktiv" und „repulsiv" sind in diesem Zusammenhang so mißverständlich, daß sie vermieden werden sollten. Besser ist es, von früher und später Energiefreisetzung zu reden.

[7]Organische Chemiker erkennen hier einen Spezialfall von Hammonds Postulat, das be-

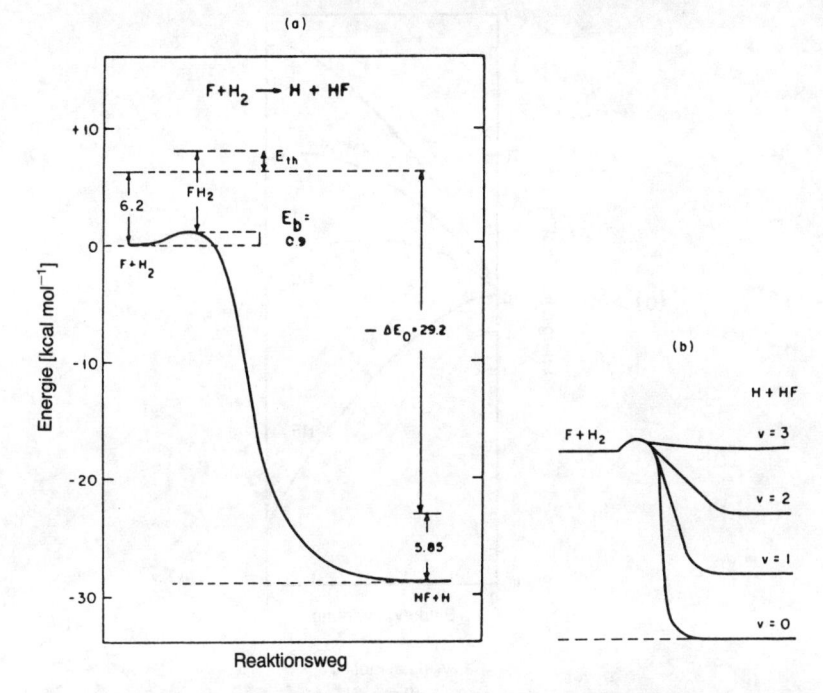

4.2 Dreikörperpotentiale in chemischen Reaktionen

Bild 4.6 (a) Potentialprofil entlang der Reaktionskoordinate für kollineares FH_2 basierend auf einer halbempirischen Potentialfläche. Die Barriere ist hier 0.9 kcal·mol^{-1}; die Nullpunktenergie von H_2 und HF ist 6.2 bzw. 5.85 kcal·mol^{-1}, diejenige am Übergangszustand 6.9 kcal·mol^{-1}. Bei einer Exoergizität ΔE_0 von -29.2 kcal·mol^{-1} ist die Schwellenenergie E_{th} nur 1.6 kcal·mol^{-1}. (Nach J.T. Muckerman: J. Chem. Phys., 54, 1155 (1971))
(b) An der Schwelle energetisch zugängliche Schwingungsniveaus des Produkts HF aus der Reaktion von F mit H_2.

In einer analogen Reihe von Reaktionen von Halogenatomen X, z.B. H_2 + X → H + HX, mit dem gleichen X erwarten wir daher, daß die Barriere sich umso mehr in das Produkttal verschiebt, je endoergischer die Reaktion ist, vgl. Bild 4.7. Sowohl Ab-initio berechnete als auch semiempirisch bestimmte Flächen zeigen diesen Effekt.

Da der Reaktionsweg jeweils das „Tal" der Fläche benutzt, nimmt die potentielle Energie bei seitlicher Abweichung von diesem Weg zu. In der Nähe der Barriere hat das Potential daher die Form eines *Sattels*. Der Ort der Barriere

---

sagt, daß in einer Reihe ähnlicher Reaktionen der Übergangszustand um so näher bei den Reaktanden liegt, je exoergischer die Reaktion ist.

4 Chemische Dynamik als Vielkörperproblem

(a)

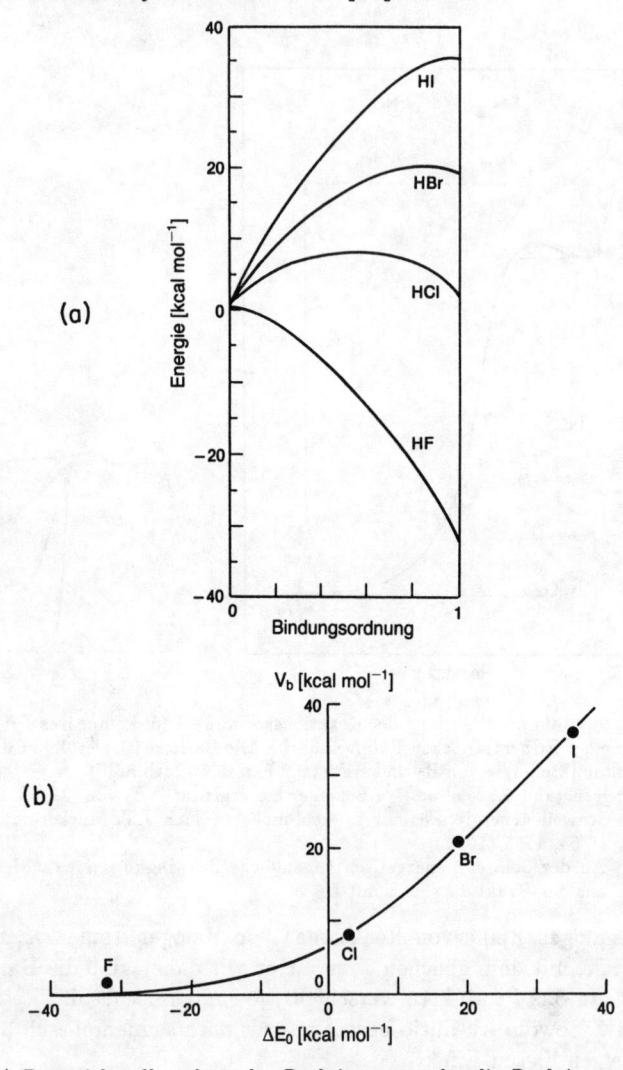

(b)

Bild 4.7 (a) Potentialprofil entlang des Reaktionsweges für die Reaktionen $H_2 + X \rightarrow H + HX$, mit X = Halogen. Die Kurven werden durch Benutzung der Bindungsordnung des HX entlang des Reaktionsweges auf eine gemeinsame Skala bezogen. In dieser halbempirischen Rechnung verschiebt sich der Ort der Barriere mit steigender Exoergizität der Reaktion deutlich in Richtung der Produkte.
(b) Mit steigender Exoergizität steigt auch die Barrierenhöhe (Punkte: ab initio, Kurve: halbempirisch). (Nach N. Agmon, R.D. Levine: Isr. J. Chem., 19, 330 (1980))

4.2 Dreikörperpotentiale in chemischen Reaktionen

wird daher auch als Sattelpunkt der Fläche bezeichnet. Auch die Krümmung des Potentials quer zum Reaktionsweg ändert sich entlang desselben. Die zugehörige Kraftkonstante geht dabei (im Falle von AB + C → A + BC) von derjenigen des Reaktanden AB stetig in die des Produktes BC über. Auf dem Sattel ist es die Kraftkonstante der symmetrischen Streckschwingung von ABC. Die asymmetrische Streck„schwingung" an dieser Stelle ist die Bewegung auf dem Reaktionsweg selbst. Die Beziehung zwischen der Potentialbarriere und der Energieschwelle für eine Reaktion wird in Abschn. 4.3.4 besprochen.

4.2.3 Die Bestimmung von Potentialflächen

Leider ist es immer noch nicht ganz trivial, eine genaue Potentialfläche ab initio zu berechnen, solange es sich nicht um Systeme mit wenigen Elektronen handelt. Der rechnerische Aufwand, der das Erreichbare begrenzt, liegt dabei in der genauen Berechnung der Korrelationsenergie, d.h. allem, was jenseits der Hartree-Fock-Näherung liegt. Neben diesen Ab-initio-Verfahren gibt es allerdings quantenmechanische Näherungsverfahren, die Flächen mit qualitativ guten topografischen Eigenschaften liefern. Ein Beispiel ist das

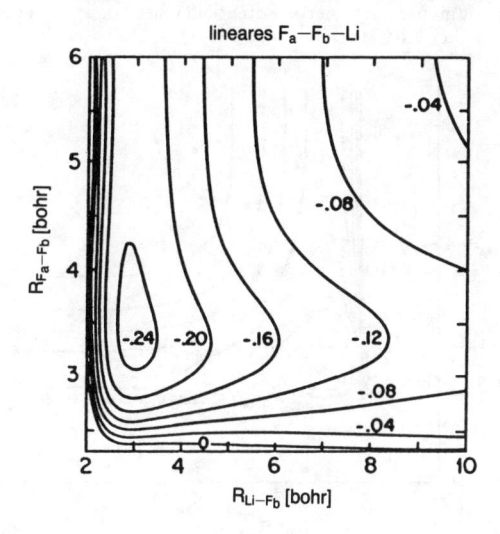

Bild 4.8 Höhenlinienkarte für kollineares LiF_2 (Längen in bohr (0.529 Å), Energien in hartree (627.5 kcal·mol^{-1}). (Die Potentialfläche stammt aus einer DIM-Rechnung von G.G. Balint-Kurti: Mol. Phys., 25, 393 (1973); s.a. B. Maessen, P.E. Cade: J. Chem. Phys., 80, 2618 (1984))

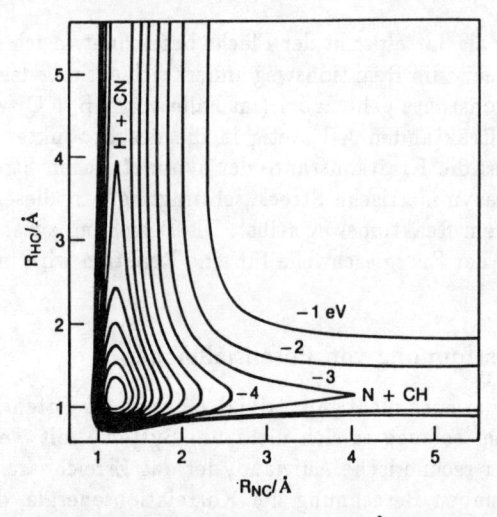

160 4 Chemische Dynamik als Vielkörperproblem

Bild 4.9 Potentialfläche für kollineares HCN (Längen in Å, Energien in eV). Das Potential wurde aus einem algebraischen Hamiltonoperator gewonnen, wobei beobachtete Oberton-Frequenzen der Streckschwingungen zur Festlegung der Parameter dienten. (Nach I. Benjamin, R.D. Levine: Chem. Phys. Lett., 117, 314 (1985). Methoden, um parametrisierte Potentialflächen an spektroskopische Daten anzupassen, s. bei J.N. Murrell et al. (1984))

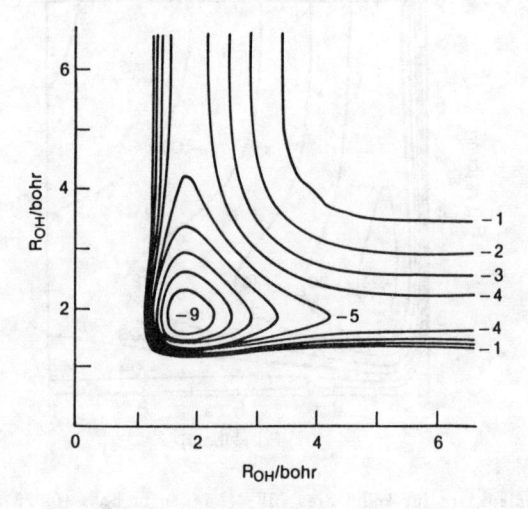

Bild 4.10 Ab-initio berechnete Höhenlinienkarte für das Wassermolekül H_2O beim Bindungswinkel 104.5° (Längen in bohr (0.529 Å), Energien in eV). (Nach J.S. Wright, D.J. Donaldson, R.J. Williams: J. Chem. Phys., 81, 397 (1984))

4.2 Dreikörperpotentiale in chemischen Reaktionen   161

DIM-(diatomics in molecules)-Verfahren, mit dem die LiF$_2$-Fläche von Bild 4.8 berechnet wurde. Hier sieht man überhaupt keine Barriere; der Reaktionsweg führt beständig abwärts, und die Reaktion sollte keine Schwellenenergie haben. Diese frühe Freisetzung der Exoergizität kann man qualitativ mittels eines einfachen Modells verstehen, das in Abschn. 4.2.5 besprochen wird.

Für *stabile* dreiatomige Moleküle kann man die Potentialenergie um das Dreikörper-Minimum herum direkt aus spektroskopischen Daten berechnen. Als Beispiel dient in Bild 4.9 das HCN-Molekül. Auf dieser Fläche würde die kollineare Reaktion H + CN ablaufen. Andere dreiatomige Systeme haben eine geknickte Gleichgewichtskonfiguration, z.B. H$_2$O, Bild 4.10. Hier zeichnen wir das Höhenlinienbild zweckmäßigerweise, indem wir den HOH-Winkel nicht auf 180° festlegen, sondern kleiner, z.B. auf den Gleichgewichtswinkel 104.5°. Man bemerkt, daß diese Fläche so gezeichnet ist, wie

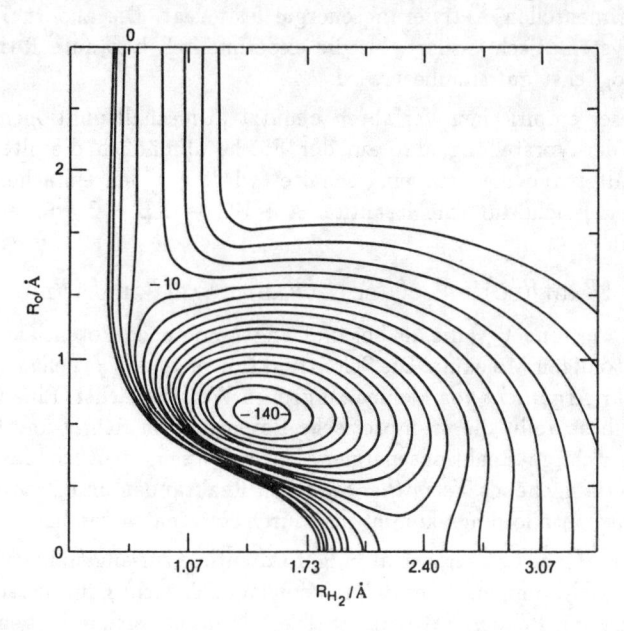

Bild 4.11 Halbempirische (DIM-)Höhenlinienkarte für die angeregte Fläche von H$_2$O, die asymptotisch nach O(^1D) + H$_2$ geht, in C$_{2v}$-Symmetrie. Abszisse ist der H-H-Abstand, Ordinate der Abstand des O-Atoms vom Schwerpunkt des H$_2$ (Längen in Å, Energien in kcal·mol^{-1}, der Energienullpunkt liegt auf dem Boden des Reaktandentals $R_O \to \infty$. (Nach P.A. Whitlock, J.T. Muckerman, E.R. Fisher: J. Chem. Phys., 76, 4468 (1982); vgl.a. G. Durand, X. Chapuisat: Chem. Phys., 96, 381 (1985))

es für die Reaktion H + OH nötig ist. Sind wir an der Einfügungsreaktion $O(^2D) + H_2 \to OH(^2\Pi) + H$ interessiert,[8] so müssen andere Koordinaten genommen werden wie in Bild 4.11.

4.2.4 Halbempirische Potentialflächen

Wir sahen, daß Ab-initio-Rechnungen in vielen Fällen Potentialflächen liefern, insbesondere für Systeme mit nicht zu vielen Elektronen. Doch ist die Barriere „Rechenzeit" für die Erzeugung rein theoretischer Flächen immer noch sehr groß. Eine gängige Methode zur Beschaffung von Potentialflächen arbeitet daher immer noch ziemlich empirisch: Man setzt eine halbempirische (notfalls auch rein empirische) funktionale Form für die Fläche an, die zwischen den bekannten Potentialen der (zweiatomigen) Reaktanden und Produkte *interpoliert*. Die Barriere wird dabei näherungsweise entsprechend der experimentellen Aktivierungsenergie festgelegt. Die andern Parameter werden systematisch variiert, bis die experimentell bekannte Reaktionsdynamik möglichst gut simuliert wird.

Eines dieser empirischen Verfahren benutzt „Umschaltfunktionen". Es beruht auf der Vorstellung, daß auf der Fläche allmählich die alte Bindung ausgeschaltet und die neue eingeschaltet wird. Für den einfachen Fall der kollinearen Fläche für eine Reaktion $A + BC \to AB + C$ würde man z.B. schreiben

$$V(R_{AB}, R_{BC}) = V_{BC}(R_{BC})f_1(R_{AB}) + V_{AB}(R_{AB})f_2(R_{BC}). \quad (4.1)$$

Hier sind V_{BC} und V_{AB} die als bekannt angenommenen Potentiale der stabilen zweiatomigen Moleküle. Die Schaltfunktionen f_1 und f_2 gehen von 0 nach 1, wenn ihr Argument von kleinen zu großen Werten wächst. Eine Gleichung wie (4.1) beschreibt die asymptotische Potentialform richtig und liefert daher auch richtige Reaktionsenergien. Sie zeigt sehr deutlich das Konzept der Potentialfläche als *Vermittler* zwischen Reaktanden und Produkten. Die Schaltfunktion allerdings kommt nur durch Erraten zustande!

Die Benutzung bekannter zweiatomiger Potentiale zur angenäherten Bestimmung der dreiatomigen Potentialfunktion ist auch wichtig für das sogenannte London-Eyring-Polanyi-Sato-(LEPS-)Verfahren, das sich in halbempirischer

---

[8] Das Sauerstoffatom hat den Grundzustand ^3P. Der Stoß $O(^3P) + H_2$ passiert jedoch auf einer Fläche, die im Sinne der Born-Oppenheimer-Näherung nicht mit der Fläche des Grundzustands von H_2O korreliert. Um diese zu erreichen, muß man entweder mit $O(^2D)$ anfangen oder einen nicht-adiabatischen Übergang, d.h. einen Sprung von der einen zur anderen Fläche machen.

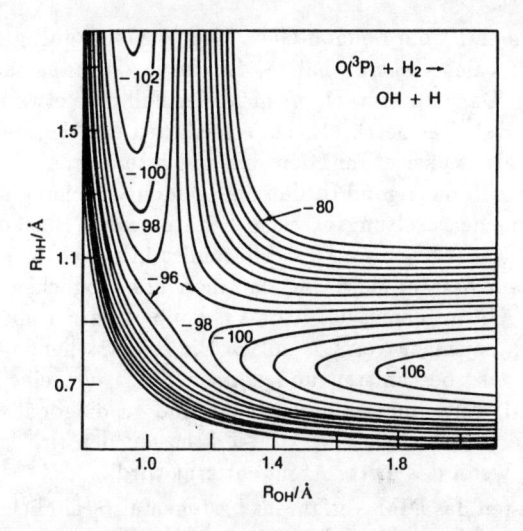

4.2 Dreikörperpotentiale in chemischen Reaktionen

Bild 4.12 Halbempirische (LEPS-) Höhenlinienkarte für kollineares OH_2, zur Veranschaulichung der Reaktion $O(^3P) + H_2 \to OH + H$ (Längen in Å, Energien in kcal·mol^{-1}). (LEPS-Fläche von B.R. Johnson, N.W. Winter: J. Chem. Phys., 66, 4116 (1977))

Form auf die London-Gleichung stützt. In seiner primitivsten Form beginnt man mit einer Darstellung des zweiatomigen Potentials als Summe eines Coulombterms Q und eines Austauschterms J:

$$V(R) = Q_{AB} \pm J_{AB}. \tag{4.2}$$

Hier gehört des Pluszeichen zum elektronischen Singlettzustand, das Minuszeichen zum Triplett.[9] Q und J sind Funktionen von R und gehen für großes R gegen Null. Sind die drei Atome beieinander, so wird ihr Potential mit

$$V_{ABC} = Q_{AB} + Q_{BC} + Q_{CA}$$
$$\pm \left(\frac{1}{2}(J_{AB} - J_{BC})^2 + \frac{1}{2}(J_{BC} - J_{CA})^2 + \frac{1}{2}(J_{CA} - J_{AB})^2 \right)^{\frac{1}{2}} \tag{4.3}$$

approximiert. Wird ein Atom entfernt, verschwinden Coulomb- und Austauschterme für die beiden zerstörten Bindungen, und (4.3) wird zu (4.2). Bild 4.12 ist ein Beispiel für eine sogenannte „optimierten LEPS-Fläche", die auf das System $O(^3P) + H_2$ zugeschnitten wurde.

---

[9] J ist negativ, und in der Nähe des Gleichgewichts ist $|J| > Q$.

Genau genommen ist die London-Gleichung (4.3) nur gültig, wenn alle drei Atome nur *ein* Valenzelektron haben, d.h. in ^2S Grundzuständen sind, wie im Fall des H_3. Das ist natürlich oft nicht der Fall (wie etwa bei $F(^2P) + H_2$ oder $O(^3P) + H_2$). Der beträchtliche Vorteil, den eine Formel bietet, in der das Potential als explizite Funktion der drei interatomaren Abstände vorkommt, hat jedoch dazu geführt, daß die London-Gleichung auch außerhalb ihres ursprünglichen Geltungsbereichs benutzt wird. Ein korrekteres Verfahren ist dann allerdings die DIM-(diatomics in molecules)-Methode. Für ein ABC-System besteht sie darin, daß man *alle* möglichen elektronischen Zustände von AB mit denen des Atoms C koppelt, ferner alle Zustände von BC mit A und diejenigen von CA mit B. Die so entstehende Basis wird (im allgemeinen stark) beschnitten und dann benutzt, um eine (angenäherte) elektronische Hamiltonmatrix aufzustellen und zu diagonalisieren. Wie die London-Fläche reduziert sich die DIM-Fläche auf den richtigen zweiatomigen Grenzfall, wenn das dritte Atom entfernt wird.

Die Eingabedaten des DIM-Verfahrens bestehen also (ähnlich wie bei LEPS, das einen Spezialfall von DIM darstellt) aus den Potentialkurven aller wichtigen gebundenen und abstoßenden Zustände von AB, BC und CA. Für jede Kernkonfiguration muß dann die Matrix H diagonalisiert werden. Diese Matrizen sind meist nicht groß (z.B. 4x4 für Halogen (^2P) + H_2), müssen aber sehr oft diagonalisiert werden, wenn man eine ganze Fläche generieren will.[10]

Die Eigenschaften halbempirischer Potentialflächen sind mehrfach systematisch untersucht worden. Man hat Hinweise gefunden, daß in einer Familie von verwandten Reaktionen mit abnehmender Potentialbarriere der Ort der Barriere immer früher auf dem Reaktionsweg liegt. Ebenso gilt in solchen Familien, daß die Höhe der Barriere bei Zunahme der Exoergizität der Reaktion abnimmt, vgl. Bild 4.7.

Damit wir die wesentlichen Flächeneigenschaften in Beziehung zur beobachteten Dynamik setzen können, müssen wir als erstes wissen, wie man die Stoßdynamik bei gegebener Fläche berechnet. Bevor wir das versuchen, sollen noch einige qualitative Eigenschaften, die für die Dynamik wichtig sind, eingeführt werden. Das hilft uns zu lernen, wie man aus der beobachteten Dynamik auf die wichtigsten qualitativen Eigenschaften der Fläche schließen kann.

---

[10] Trajektorienrechnungen (Abschn. 4.3) brauchen das Potential an vielen Stützpunkten und für jede Trajektorie von neuem. Das bedeutet, daß man auch hier, ebenso wie im Fall der ab-initio berechneten Potentiale, eventuell interpolierende Flächendarstellungen finden muß.

4.2 Dreikörperpotentiale in chemischen Reaktionen 165

4.2.5 Der „Harpunen"-Mechanismus

Wir haben in Abschn. 2.3 gesehen, daß es viele schnelle exoergische Reaktionen gibt, die keine Schwellenenergie haben. Ein Beispiel dafür war Li + F_2, dessen Potentialfläche in Abschn. 4.2.3 besprochen wurde. Wir haben auch die frühe Freisetzung der Exoergizität und das Fehlen der Barriere festgestellt. Kann man eine Ursache für diese Topografie finden und sie dann zur Vorhersage ihrer dynamischen Folgen benutzen?

Lange Zeit, bevor mit dem Computer berechnete oder sonstwie angenäherte Potentialflächen für Reaktionen von Alkaliatomen mit Halogenverbindungen verfügbar waren, wurde ein einfaches Modell zur Erklärung des interessantesten Ergebnisses der Beobachtung vorgeschlagen, einer extrem großen Reaktionsrate mit dazugehörigen Querschnitten bis 200 Å^2! Das hierfür von M. Polanyi vorgeschlagene Bild eines „Harpunen"-Mechanismus wurde später von Magee auf eine halbquantitative Basis gestellt.

Als erste Stufe der Reaktion stellt man sich vor, daß das Valenzelektron des Alkaliatoms auf das Halogen-Molekül übergeht. Ein solcher Übergang, bei dem nur das leichte Elektron seinen Ort wechselt, ist selbst bei großen Abständen der Reaktanden (5 bis 10 Å) möglich. Findet er statt, so hat man als Folge ein Ionenpaar (z.B. Li$^+F_2^-$), und die stark anziehenden Coulomb-Kräfte ziehen die beiden entgegengesetzt geladenen Ionen zusammen. Dabei bildet sich dann ein stabiles LiF-Molekül, und ein F-Atom wird ausgestoßen. Das Metall-Atom hat somit sein Valenzelektron als „Harpune" benutzt, um erst einmal das Halogen-Molekül zu sich heranzuziehen, wobei die Coulombkraft als „Seil" dient.

Eine einfache Abschätzung der Reichweite der Harpune kann man bekommen, wenn man die Energieverhältnisse beim Übergang der Ladung betrachtet. Zunächst stellt man fest, daß die Ionisierungsarbeit des Metallatoms (das ein Alkali oder Erdalkali sein kann) die Elektronenaffinität des Halogenmoleküls übertrifft, so daß bei großen Abständen der Ladungstransfer *endo*ergisch ist und bei thermischen Stoßenergien nicht stattfinden kann. Wenn sich jedoch die Reaktanden ein Stück angenähert haben, kann das Ionenpaar gebildet werden, weil jetzt zu seiner Bildung zusätzliche *Coulomb-Energie* des neugebildeten Paares zur Verfügung steht.

Bild 4.13 zeigt schematisch die Potentialkurven für das Beispiel der Reaktion K+Br$_2$. Man sieht, daß der größte Abstand R_x, bei dem ein Ladungstransfer energetisch möglich ist, sich als Lösung der Gleichung

$$\frac{e^2}{R_x} + \Delta E_0 = -\frac{C_6}{R_x^6} \simeq 0 \tag{4.4}$$

4 Chemische Dynamik als Vielkörperproblem

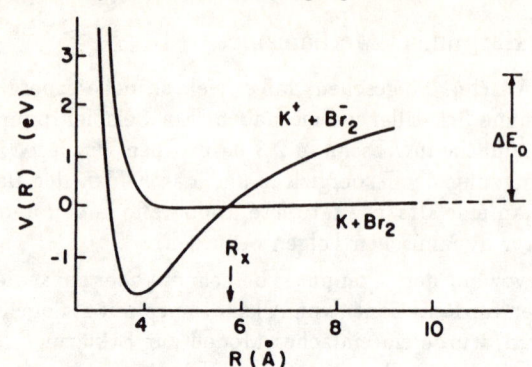

Bild 4.13 Schematische Zeichnung der sich kreuzenden Potentialkurven von $K + Br_2$ zur Veranschaulichung des Harpunen-Modells. Die fast flache Kurve ist das kovalente Potential zwischen K und Br_2 bei großem R, die steilere das ionische Potential zwischen K^+ und Br_2^-. Nähert sich K dem Br_2, so schaltet bei R_x das Potential von der kovalenten auf die ionische Kurve um, worauf sich K^+Br^- bildet (unter Ausstoßung eines Br). Der asymptotische Abstand ΔE_0 ist der Unterschied zwischen der Ionisierungsenergie des K und der (vertikalen) Elektronenaffinität des Br_2.

ergibt. Dabei ist ΔE_0 die Endoergizität, wie man sie als Differenz der Ionisierungsenergie des Metalls und der Elektronenaffinität[11] des Halogens erhält. C_6/R^6 ist die langreichweitige Dispersionswechselwirkung, die aber bei R_x relativ zu e^2/R vernachlässigt werden kann.

Man kann dann (4.4) zu einer expliziten Formel für R_x vereinfachen:

$$R_x \simeq \frac{e^2}{\Delta E_0} = \frac{14.4 \text{ (Å)}}{\Delta E_0 \text{ (eV)}}. \tag{4.5}$$

Wegen der starken Coulombanziehung erfolgt die Reaktion sofort und vollständig nach dem Elektronenübergang. Wir erwarten daher $P(b) = 1$ für $0 \leq b \leq b_{max} \simeq R_x$. Für $b > R_x$ kommen sich dagegen die Reaktanden nicht nahe genug für einen Elektronenübergang und $P(b)$ verschwindet. Der erwartete Querschnitt ist dann $\sigma_R \simeq \pi R_x^2$.

Gl. (4.5) hat zur Folge, daß R_x mit abnehmenden Ionisationspotential des Metalls größer wird, daher sollte σ_R für ein vorgegebenes Halogenmolekül in der Reihenfolge Li, Na,..., Cs des Partners anwachsen.

---

[11]**Es ist die sogenannte *vertikale* Elektronenaffinität zu nehmen, bei der sich der Kernabstand nicht ändert, wenn das Elektron angelagert wird. Sie unterscheidet sich von der adiabatischen Elektronenaffinität, die dem Energieunterschied der Minima der beiden beteiligten Potentialkurven entspricht, und die üblicherweise tabelliert ist.

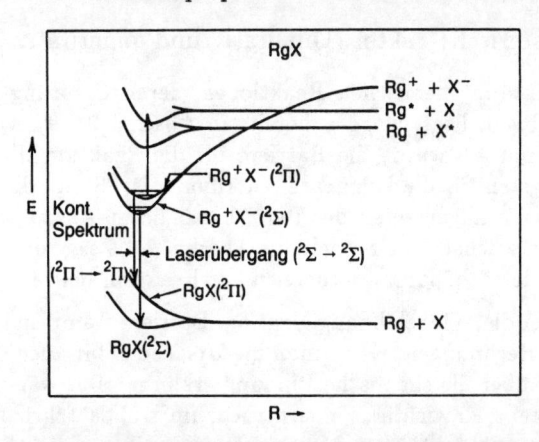

4.2 Dreikörperpotentiale in chemischen Reaktionen 167

Bild 4.14 Schematische Potentialkurven der Edelgashalogenide (RgX). Die stark gebundenen ionischen Zustände (Rg^+X^-) können durch den Stoß eines metastabilem Edelgasatoms (Rg^*) mit einem Halogenmolekül gebildet werden; die RgX^*-Moleküle strahlen dann den Laserübergang $^2\Sigma \to\, ^2\Sigma$ ab und gehen in den kovalenten (schwach gebundenen und thermisch zerfallenden) Zustand $RgX(^2\Sigma)$ über. (Nach C.K. Rhodes, (Ed.)): *Excimer Lasers*, Springer, Berlin (1979))

Dieser einfache Mechanismus bietet eine qualitative Erklärung sowohl für die großen Absolutwerte der Alkali-Halogenreaktionen als auch für die Trends, wenn die Art des Metalls oder Halogens geändert wird. Er sagt noch größere Querschnitte für elektronisch angeregte Alkaliatome, deren Ionisierungsenergie ja noch kleiner ist, voraus. Das Harpunenmodell erklärt ferner den Mechanismus von Stoßionisation wie $K + Br_2 \to K^+ + Br_2^-$ und macht verständlich, warum die Schwellenenergie für solche Reaktionen gleich der Endoergizität (ohne zusätzliche Barriere) ist (vgl. Bild 2.12).

Die wesentliche Voraussetzung des Harpunen-Mechanismus, die Überkreuzung einer ionischen Potentialkurve (von asymptotisch höherer Energie) mit einer kovalenten bei endlichem Abstand, findet sich auch in anderen Systemen. Ein schon erwähntes Beispiel (Abschn. 1.3.1) sind die Potentialkurven, die im Excimer-Laser ausgenutzt werden. Bild 4.14 zeigt schematische Potentiale für die Edelgas-Monohalogenide RgX. Das elektronisch angeregte Edelgasatom Rg^* verhält sich dabei wie ein Alkaliatom.[12]

---

[12] Die Ionisierungsenergien von $Ar^*(^3P_2)$ und $Kr^*(^3P_2)$ sind 4.21 bzw. 4.08 eV, verglichen mit 4.34 und 4.18 für K und Rb.

4.2.6 Der sterische Faktor: Qualitativ und quantitativ

Sterische Effekte in chemischen Reaktionen, deren Ursprung in bevorzugten Orientierungen liegt, wurden bereits in Abschn. 2.4.9 erwähnt. In den Bildern 2.21 und 4.5 wurde die Barriere für die Reaktion $H + H_2$ gezeigt, die am niedrigsten für die kollineare Anordnung ist. Steigt die Stoßenergie, so erhöht sich im allgemeinen der Bereich möglicher Akzeptanzwinkel: der *Akzeptanzkegel* wächst. Das Modell aus Abschn. 2.4.9 sagt dann voraus, daß ein zunehmender Stoßparameterbereich zur Reaktion beiträgt.

Die Daten über die Winkelabhängigkeit der Barriere stammen in diesem Fall aus Ab-initio Rechnungen. Kann man die Ursache dafür auch mit einfachen Vorstellungen über die chemische Bindung erklären? Das wäre nicht nur für diesen konkreten Fall wichtig, sondern auch, um grundsätzlich zu zeigen, daß die Theorie der elektronischen Molekülstruktur einen einheitlichen Zugang zur chemischen Reaktivität bietet.

Eine einfache Interpretation der Bindungsverhältnisse im Verlauf eines reaktiven Stoßes kann man aus der üblichen Vorstellung der Molekülorbitale (MOs) gewinnen. Diese werden gewöhnlich in der Form von Linearkombinationen aus Atomorbitalen (AOs) konstruiert (LCAO-Methode). Dafür sind mindestens soviele AOs nötig, wie MOs gebraucht werden („Minimalbasis"). Um die MOs nach aufsteigenden Orbitalenergien zu ordnen, bemerken wir, daß jedesmal, wenn ein MO eine neue Knotenfläche bekommt, seine Energie anwächst. Hat man so die Reihenfolge der Orbitale festgelegt, so bestimmt man die Elektronenkonfiguration, indem man jedem Orbital ein Elektronenpaar (mit gepaartem Spin) zuordnet. Dabei muß man bei der tiefsten Energie anfangen und solange weitermachen, bis alle Elektronen verteilt sind.

Wir diskutieren wieder das System $H + H_2$, zunächst den Reaktanden H_2. Wenn wir ein $1s$-Orbital an jedem H-Atom benutzen, das wir hier durch einen Kreis darstellen, gibt es zwei linear unabhängige Kombinationen

⊕◯• $\sigma^*(1s)$

◯•◯• $\sigma(1s)$

Die Punkte repräsentieren den Kern und die Schattierung die Phase der Atomorbitale. Im σ-Orbital haben beide $1s$-Funktionen die gleiche Phase. Das MO hat keine Knotenfläche und ist daher ein bindendes Orbital mit niedriger Energie. Im (antibindenden) σ^*-MO haben die beiden AOs entgegengesetzte Phase, und eine Knotenfläche entsteht in der Mitte zwischen

4.2 Dreikörperpotentiale in chemischen Reaktionen

den Kernen. Die Konfiguration des Grundzustandes muß daher $\sigma(1s)^2$ sein. Das alles ist Anfänger-Chemie.

Nehmen wir nun ein weiteres H-Atom mit seinem $1s$-Orbital hinzu und lassen es sich kollinear dem H_2 nähern. Das $1s$-Orbital des Atoms kann bezüglich des σ- oder des σ^*-Orbitals des Moleküls gleiche oder entgegengesetzte Phase haben. Es gibt also 4 Fälle:

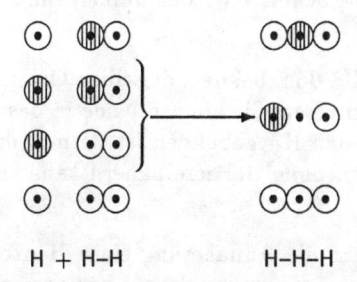

H + H–H   H–H–H

Die gleichphasige Addition von 1s und σ liefert das knotenfreie, niedrigste Molekülorbital des H_3. Die Addition mit entgegengesetzter Phase zu σ^* gibt zu einem stark antibindenden MO des H_3 Anlaß. Die beiden mittleren Fälle sind faktisch gleich: Die eine H-H-Bindung hat einen Knoten, die andere nicht. Eine alternative Beschreibung dafür erhält man durch Addition der beiden gezeichneten Bilder. Rechts sieht man, daß das neue Orbital eine Knotenfläche (und sehr geringe Dichte) beim mittleren Kern hat, es ist daher schwach antibindend.[13]

Jetzt müssen wir drei Elektronen verteilen. Zwei davon passen in das tiefste, bindende MO, das dritte geht in das „etwas antibindende" MO, das aus der Addition der beiden mittleren Fälle entstand. Wir erwarten daher, daß bei der kollinearen Annäherung wegen dieses dritten Molekülorbitals eine schwache Energiebarriere entsteht.

Betrachten wir jetzt den Fall, daß das H-Atom sich in einem Winkel < 180° (relativ zur H_2-Bindung) nähert. Die zugehörigen H_3-Orbitale sehen so aus:

---

[13]**Die Subtraktion der beiden äquivalenten MOs links ergibt noch einmal das oberste MO rechts, also nichts Neues. (Aus 3 AOs lassen sich nur 3 unabhängige MOs konstruieren!)

Die Energie des bindenden und des stark antibindenden Orbitals wird durch den geänderten Winkel kaum berührt. Aber das dritte besetzte, schwach antibindende Orbital muß in der Energie zunehmen, d.h. stärker antibindend werden, denn die sich abstoßenden äußeren Protonen kommen sich jetzt näher. Daher ist die Barriere bei dieser Annäherung von H an H_2 höher als beim gestreckten Winkel und sollte überdies weiter ansteigen, wenn der Annäherungswinkel weiter sinkt. Diese Schlüsse werden durch genaue Rechnungen bestätigt (vgl. Bild 4.5).

Ein noch einfacheres Beispiel ist das H_3^+-Ion, bei dem dieselben Orbitale mit nur zwei Elektronen besetzt werden müssen. Sie können beide in das tiefste Orbital gehen. Wir erwarten daher, daß H_3^+ gebunden ist, ferner, daß das H^+ sich dem H_2 aus allen Richtungen ohne Barriere nähern kann. Das ist in der Tat der Fall.

Ein mehr „chemisches" Beispiel liefert die Annäherung eines H-Atoms an ein Halogen-Molekül, wobei wir mit einem homonuklearen beginnen wollen, sagen wir mit Cl_2. Wir fangen wieder mit der kollinearen Annäherung längs der z-Achse an. Die Orbitale $1s$, $2s$, $2p$ und $3s$ der Cl-Atome liegen viel zu tief, um mit dem $1s$-Orbital des H wechselwirken zu können. Nur die $3p$-Orbitale interessieren uns. Von den $3p$-Orbitalen jedes Cl-Atoms sind je 2 quer zur Verbindungsachse des Cl_2 gerichtet (d.h. sind p_x- und p_y-Orbitale). Aus Symmetriegründen haben sie keine Wechselwirkung mit dem kugelsymmetrischen $1s$-Orbital des H-Atoms, wenn es aus der z-Richtung kommt. Nur die Orbitale $\sigma(3p_z)$ und $\sigma^*(3p_z)$ können mit $1s(H)$ kombiniert werden. Um die HClCl-Orbitale zu konstruieren, sehen wir uns die Cl_2-Orbitale an,

$\sigma^*(3p_z)$

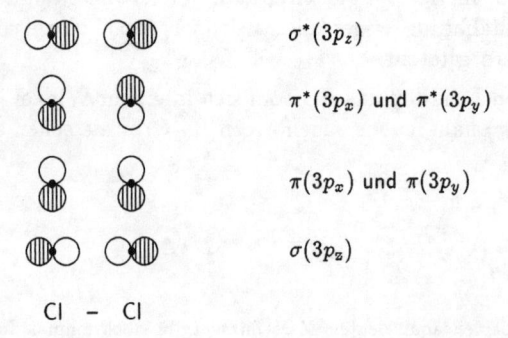

$\pi^*(3p_x)$ und $\pi^*(3p_y)$

$\pi(3p_x)$ und $\pi(3p_y)$

$\sigma(3p_z)$

Cl – Cl

und fügen nun das $1s$-Orbital des H mit beiden Phasen hinzu:

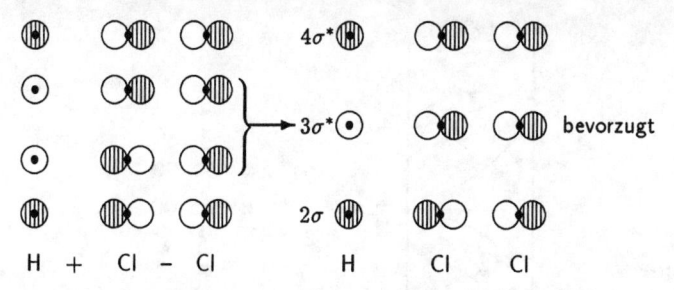

4.2 Dreikörperpotentiale in chemischen Reaktionen

			$4\sigma^*$			
			$3\sigma^*$			bevorzugt
			2σ			
H	+	Cl − Cl		H	Cl Cl	

Wie in H_3 können wir aus den drei Atomorbitalen, $1s$ an H und $3p_z$ an jedem Cl, drei linear unabhängige MOs machen. Im Gegensatz zum H_3 finden wir jetzt, daß das mittlere Orbital primär bindend zwischen H-Cl und antibindend zwischen Cl-Cl ist und nicht wie im H_3 eine gleichförmige Mischung von beiden. Der Grund dafür ist die Tatsache, daß die HCl-Bindung stärker als die Cl-Cl Bindung ist.

Jedes Cl-Atom hat fünf $3p$-Elektronen, zusammen mit dem H gibt es also 11 Valenzelektronen. Zwei gehen in das bindende HClCl-Orbital. Vier sind in Orbitalen $\pi(3p_x)$ und $\pi(3p_y)$, die Cl-Cl-Bindungen bilden, vier weitere in antibindenden Orbitalen der gleichen Art. Damit sind 10 Elektronen versorgt. Das verbleibende unpaarige Elektron geht wie beim H_3 in das mittlere Orbital des HClCl, d.h. dasjenige, das zwischen H-Cl bindend, aber zwischen Cl-Cl antibindend ist.

Wir schließen daraus, daß bei kollinearer Annäherung keine sehr hohe Barriere vorhanden sein sollte, und daß die Energiefreisetzung „repulsiv" ist, d.h., die Exoergizität erscheint als *Abstoßung* zwischen den beiden Cl-Atomen.[14]

Nehmen wir jetzt an, daß das H-Atom sich dem Cl_2 von der *Seite* in der $x-z$-Ebene nähert. Das $\pi(3p_y)$-MO bleibt senkrecht auf dieser Ebene und hat daher wie bisher aus Symmetriegründen mit dem H nichts zu schaffen. Das gilt allerdings nicht mehr für die Molekül-Orbitale $\pi(3p_x)$ und $\pi^*(3p_x)$ des Cl_2. Insbesondere bekommt das $\pi^*(3p_x)$ stark bindenden Charakter bezüglich H-Cl mit erheblich erniedrigter Energie. Die Orbitalenergien als Funktion des Winkels H-Cl-Cl werden in Bild 4.15 gezeigt. Als gegenläufiger Effekt wird die Energie des 2σ-Orbitals angehoben, da die Überlappung des $1s(H)$

---

[14] Der HClCl-Komplex wird daher in Richtung der Cl-Cl-Achse dissoziieren, so daß der Streuwinkel der Produkte derjenige Winkel ist, den die Cl-Cl Achse mit der Anfangsgeschwindigkeit einschließt. Da das H-Atom leicht ist und sich daher schnell bewegt, wird das Cl_2-Molekül während der Stoßzeit kaum rotieren. Der Streuwinkel zeigt daher die in der Reaktion bevorzugte Annäherungsrichtung an.

4 Chemische Dynamik als Vielkörperproblem

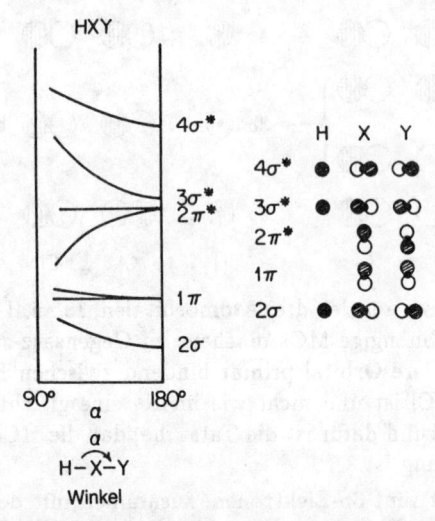

Bild 4.15 Qualitatives Bild der Orbitalenergie als Funktion des Bindungswinkels für die Valenzorbitale von HXY-Molekülen (X und Y sind Halogenatome, Y ist stärker elektronegativ). Solche „Walsh-Diagramme" werden oft benutzt, um die Geometrie gebundener Moleküle zu erklären (A.D. Walsh: J. Chem. Soc., 2266 (1953)). Sie sind aber ebenso nützlich zum Verständnis des Ursprungs sterischer Effekte in der Reaktionsdynamik (D.R. Herschbach: Faraday Discuss. Chem. Soc., 55, 233 (1973); C.F. Carter, M.R. Levy, R. Grice: Faraday Discuss. Chem. Soc., 55, 357 (1973)). Wir erinnern uns, daß in gebundenen und ungebundenen molekularen Systemen *dieselben* Kräfte wirken.

jetzt sinkt. Welcher Effekt überwiegt, d.h. ist ein kollineares oder ein abgewinkeltes HXY-Molekül stabiler? Das ist schwer zu raten und muß quantitativen Betrachtungen entnommen werden. Allerdings genügen schon halbempirische Rechnungen.

Bild 4.16 zeigt die Höhen der Barriere als Funktion des Bindungswinkels für einige H+XY und X+HY Reaktionen. Sie wurden mit der DIM-Methode berechnet. Für H + Cl_2 ist die kollineare Anordnung deutlich bevorzugt. Experimentell findet man in der Tat, daß das Produkt HCl stark nach rückwärts gestreut wird, d.h. das HCl „stößt sich vom Cl ab". Das Maximum von $\sigma_R(\vartheta)$ ist bei 180°.

Ein weiterer Aspekt des allgemeinen Falls H + XY(X $\neq$ Y) ist die Frage, an welchem Ende (X oder Y) das H bevorzugt angreifen wird. Um das zu beantworten, bemerken wir, daß in einem heteronuklearen zweiatomigen Molekül die bindenden MOs stärker am stärker elektronegativen Atom konzentriert sind, während die antibindenden stärker an das weniger elektronegative ge-

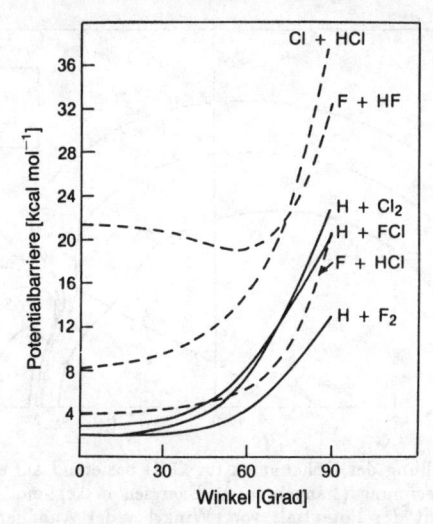

4.2 Dreikörperpotentiale in chemischen Reaktionen

Bild 4.16 Höhe der Potentialbarriere gegen den Bindungswinkel für verschiedene Atom-Diatom-Reaktionen. Sie wurden aus halbempirischen (DIM-)Potentialflächen entnommen (durchgezogen: $H + XY \to HX + Y$, gestrichelt: $X + HY \to HX + Y$, wo X und Y Halogenatome bezeichnen). (Nach I. Last, M. Baer: J. Chem. Phys., 80, 3246 (1984))

hen. Nun ist das entscheidende $3\sigma^*$-Orbital, das die Dynamik beherrscht, im wesentlichen eine lineare, gleichphasige Kombination des $1s$-Orbitals des H mit dem antibindenden $\sigma^*(3p)$ Orbital des XY, das stärker am weniger elektronegativen Atom lokalisiert ist. Das H-Atom wird daher bevorzugt dieses angreifen. In der Reaktion $H + ICl$ wird daher das Produkt HI häufiger als HCl gebildet werden, und das gilt, *obwohl* die Reaktion nach HCl die stärker exoergische ist!

Qualitative Überlegungen bezüglich der Höhe der Barriere als Funktion des Annäherungswinkels können detaillierte Rechnungen sicher nicht ersetzen. Sie liefern jedoch wertvolle Einsicht in die Verhältnisse, die dann zur Argumentation in den Fällen benutzt werden kann, für die genaue Rechnungen nicht durchführbar sind.

4.2.7 Der sterische Effekt im Polardiagramm

Wir haben den sterischen Effekt bisher charakterisiert, indem wir die Höhe der Barriere als Funktion des Orientierungswinkels (d.h. des Bindungswinkels) betrachtet haben. Für ein genaueres Verständnis könnten wir Höhenlinienkarten des Potentials bei verschiedenen Winkeln anschauen. Damit könnten wir sowohl die Geometrie des Sattelpunkts wie auch die Barrie-

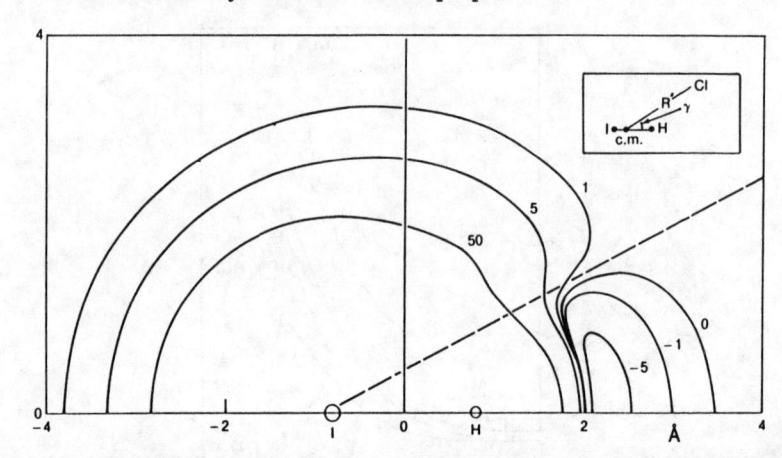

Bild 4.17 Polardarstellung der Höhenlinien für ClHI basierend auf einer halbempirischen (LEPS-) Rechnung (Längen in Å, Energien in kcal·mol^{-1}). Gezeigt wird die Abhängigkeit des Potentials vom Winkel γ der Annäherung des Cl und von dessen Abstand R vom Schwerpunkt des HI bei festem HI-Abstand. Die gestrichelte Gerade zeigt den Kegel, innerhalb dessen das Cl das H „mitnehmen" kann. (Nach C.A. Parr, J.C. Polanyi, W.H. Wong: J. Chem. Phys., 58, 5 (1973))

renhöhe als Funktion des Winkels untersuchen. Eine etwas weniger detaillierte, aber sehr instruktive andere Darstellung ist ein Polardiagramm. Die Höhenlinien werden jetzt als Funktion der Koordinaten R und ϑ dargestellt, die die Annäherung des Atoms relativ zum Schwerpunkt bzw. zur Achse des Diatoms beschreiben. Der Atomabstand im Diatom wird dabei konstant gehalten, gewöhnlich bei seinem Gleichgewichtswert.

Bild 4.17 zeigt ein solches Diagamm für die Anäherung von Cl an HI, das auf einer halbempirischen Rechnung basiert. Der Bindungsabstand des HI ist bei seinem Gleichgewichtswert festgehalten.[15] Die Höhenlinien zeigen klar, daß die Abstraktion des H-Atoms durch das „dicke" Jodatom behindert wird, und daß nur ein schmaler Kegel übrigbleibt, in dem das Cl-Atom das kleine H-Atom erreichen kann.

Die I-Cl-Abstoßung, die in Bild 4.17 so evident ist, ist ein typischer sterischer Verdrängungseffekt, wie er in der organischen Chemie oft zur Erklärung herangezogen wird. Indem man den Atomen und später auch den funktionellen Gruppen sogenannte van-der-Waals-Radien zuordnet, kann man die steri-

---

[15] Im Verlauf einer wirklichen Reaktion nimmt dieser Abstand bei der Annäherung des Cl allmählich zu, so daß diese Höhenlinienkarte die sterische Situation nur angenähert darstellt.

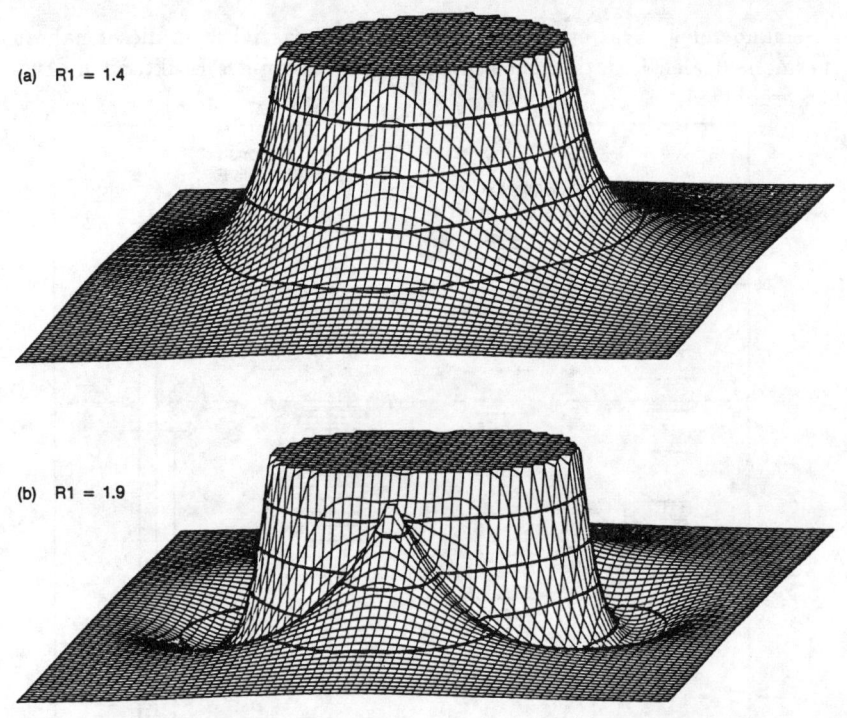

4.2 Dreikörperpotentiale in chemischen Reaktionen 175

(a) R1 = 1.4

(b) R1 = 1.9

Bild 4.18 Polardarstellung des Potentials von $H + H_2$ bei zwei verschiedenen Werten des Bindungsabstands des H_2 ($R_{H-H} = 1.4$ bzw. 1. Å). Die Höhenlinien haben 0.5 eV Abstand. (Nach I. Schechter, R. Kosloff, R.D. Levine: Chem. Phys. Lett.,121, 297 (1985))

sche Zugänglichkeit der verschiedenen möglichen Reaktionsorte eines gegebenen Isomers für einen sich nähernden Reaktanden beurteilen. Ein noch genaueres Verfahren ist es, das ganze sogenannte Kraftfeld (force field) zu bestimmen. Das ist nichts anderes als unsere Potentialfläche, allerdings für ein System mit vielen Freiheitsgraden. Das Verfahren der sog. „Molekülmechanik" (molecular mechanics) in der organischen physikalischen Chemie beschäftigt sich mit der Konstruktion solcher Flächen auf weitgehend empirischer Basis. Angesichts eines großen Vorrats an Daten kann es diese Methode zu beachtlicher Genauigkeit bringen.

In den Polardiagrammen wird die Bindungslänge des Diatoms konstant gehalten; will man sie variieren, muß man mehrere Diagramme zeichnen. Bild 4.18 zeigt für $H + H_2$, was bei vergrößertem Bindungsabstand passiert. Man sieht, daß sich der Akzeptanzkegel öffnet, wenn man die H-H-Bindung auseinanderzieht. Das erklärt, warum sich die Reaktivität in dieser nahezu thermoneutralen Reaktion bei Schwingungsanregung des Reaktanden deutlich erhöht.

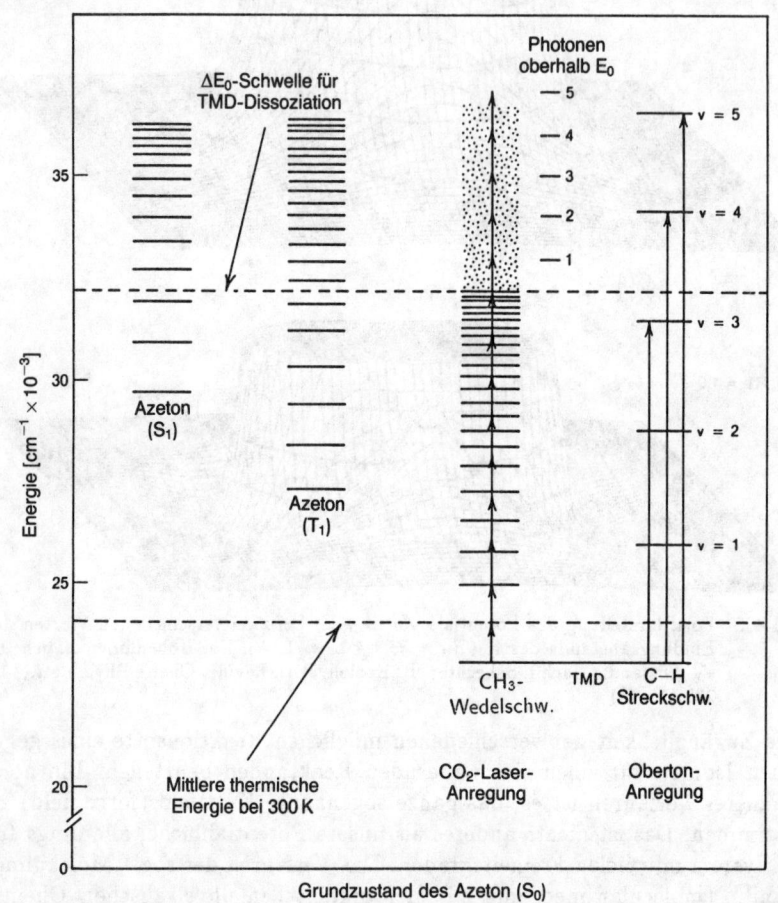

Bild 4.19 Energieniveaus der Schwingungszustände von Tetramethyldioxetan (TMD), die durch Anregung mit einem CO_2-Laser über die Wedelfrequenz des CH_3-Rings oder mit einem sichtbaren Laser über die Obertöne der CH-Streckschwingung erreicht werden können. Wird die Schwelle ΔE_0 für die Dissoziation überschritten, kann Azeton in angeregten Schwingungszuständen der elektronisch angeregten Zustände S_1 und T_1 (ebenso des Grundzustandes) gebildet werden. (Nach T.R. Rizzo, B.D. Cannon, E.S. McGinley, F.F. Crim: Laser Chem., 2, 321, (1983); vgl.a. Y. Haas, S. Ruhman, G.D. Greenblatt, O. Anner: J. Am. Chem. Soc., 107, 5068 (1985))

4.2 Dreikörperpotentiale in chemischen Reaktionen

4.2.8 Unimolekulare Reaktion und stoßinduzierte Dissoziation

Die Potentialfläche eines stabilen mehratomigen Moleküls hat auf dem Reaktionsweg einen Potential*topf* anstelle eines Sattels (Abschn. 4.2.3). Bei niedriger Schwingungsanregung ist die Bewegung des Moleküls auf diesen Topf beschränkt. Erhöht man die Energie, kann das Molekül irgendwann die Barrieren überschreiten, die den Topf von den Austritts-Tälern trennen, und in Bruchstücke zerfallen.

Eine *unimolekulare Dissoziation* kann als „halber Stoß" auf der Potentialfläche angesehen werden. Um die für die Dissoziation notwendige Energie zu erreichen, muß das Molekül allerdings erst aktiviert werden. Aktivierungsprozesse, die sich auf den Topf beschränken, sind die Infrarot-Multiphoton-Absorption (Abschn. 7.3) und die direkte Anregung hoher Obertöne von Molekülschwingungen.[16] Bild 4.19 zeigt ein Niveauschema für die unimolekulare Dissoziation von Tetramethyldioxetan in zwei Azeton-Moleküle, von denen eines elektronisch angeregt ist:

$$\begin{array}{c} CH_3 \\ \diagdown \\ \end{array} \begin{array}{c} O-O \\ | | \\ C-C \end{array} \begin{array}{c} CH_3 \\ \diagup \\ CH_3 \end{array} \longrightarrow \begin{array}{c} O \\ \| \\ C \\ \diagup\diagdown \\ CH_3 CH_3 \end{array} + \begin{array}{c} O^* \\ \| \\ C \\ \diagup\diagdown \\ CH_3 CH_3 \end{array}$$

Man muß mindestens den Oberton $v' = 4$ der CH-Streckschwingung anregen, damit die Energie ausreicht, um die Barriere dieser Vierzentrenreaktion zu überwinden. Alternativ sind mindestens 9 Photonen der Wedelfrequenz (wag frequency) der CH_3-Gruppe nötig.

Energiereiche Moleküle in einer topfnahen Konfiguration kann man auch mit chemischen Mitteln bereitstellen. Das gilt insbesondere dann, wenn es mehr als ein Eintritts- bzw. Austrittstal gibt. Ein Beispiel für diese sog. „chemische Aktivierung" ist

$$CH_3 + CF_3 \rightarrow [CH_3CF_3]^\dagger \rightarrow CH_2 = CF_2 + HF.$$

Das Energieprofil für diese HF-Eliminierungsreaktion wird in Bild 4.20 gezeigt. Die Energie der zunächst neu gebildeten C-C-Bindung (von mehr als 400 kJ·mol^{-1} $\simeq$ 17 eV) steht als Anregungsenergie des neuen CH_2CF_2-Moleküls zur Verfügung. Die Barriere für die HF-Eliminierung schätzt man

---

[16] Beide Prozesse widersprechen den gewöhnlichen Auswahlregeln $\Delta v = \pm 1$, die jedoch nur für den harmonischen Oszillator und „normale" Lichtintensitäten gelten. Für realistische, anharmonische Potentiale existiert eine gewisse Wahrscheinlichkeit für Übergänge $\Delta v > 1$ mit einem Photon, d.h. sog. Obertonzustände können direkt vom Grundzustand aus erreicht werden. Ist der Photonenfluß groß genug, so genügen selbst kleine Wahrscheinlichkeiten für eine gute Ausbeute.

auf 300 kJ·mol^{-1}, so daß das chemisch aktivierte Molekül genug Energie besitzt, um sie zu überschreiten.

Das energiereiche CH$_3$CF$_3^\dagger$ wird allerdings einige Zeit in der Topfgegend verbringen, bevor es dissoziiert. Der Grund, der zuerst von Lindemann und Hinschelwood angegeben wurde, ist der, daß es sehr viele Schwingungsfreiheitsgrade gibt ($3N - 6 = 18$, wo N die Atomzahl ist), von denen aber nur

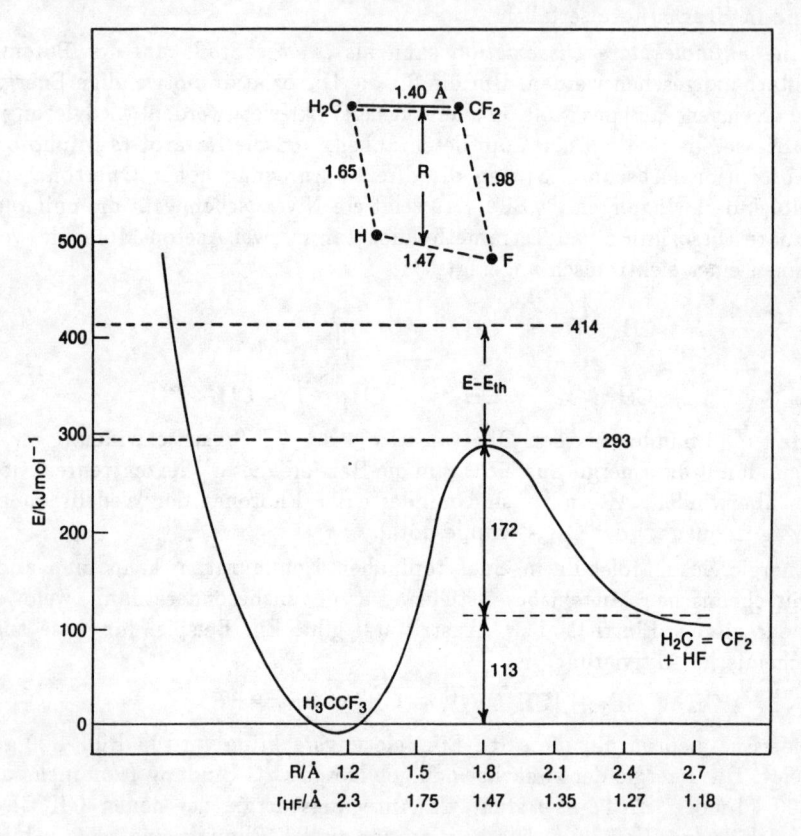

Bild 4.20 Energieprofil für die Elimination von HF aus CH$_3$CF$_3$, dem durch chemische Aktivierung eine Zusatzenergie von 414 kcal·mol^{-1} gegeben wurde. Die Barrierenhöhe von 293 kcal·mol^{-1} entspricht etwa dem experimentellen Wert. Die *Endo*ergizität der Elimination von HF aus dem *Grund*zustand ist 113 kcal·mol^{-1}. Verzeichnet ist auch der schrumpfende HF-Abstand entlang des Reaktionswegs und (oben) die Geometrie des viergliedrigen Rings im Übergangszustand. (Nach R.M. Benito, J. Santamaria: Chem. Phys. Lett., 109, 478 (1984))

4.2 Dreikörperpotentiale in chemischen Reaktionen

einer zum Reaktionsweg werden kann. Es braucht daher Zeit, bis mehr als 300 von den vorhandenen 400 kJ·mol^{-1} in *einem* dieser 18 Freiheitsgrade lokalisiert sind.

Das Argument gilt genauso für dreiatomige Moleküle ($3N - 6 = 3$). Die Anregungsenergie verteilt sich auf die Biegeschwingung, die symmetrische Streckschwingung und die antisymmetrische Streckschwingung. Die letztere gehört zum Reaktionsweg, und es dauert wiederum eine Weile, bis durch die Anharmonizitäten der Fläche genug Energie in diese Schwin-

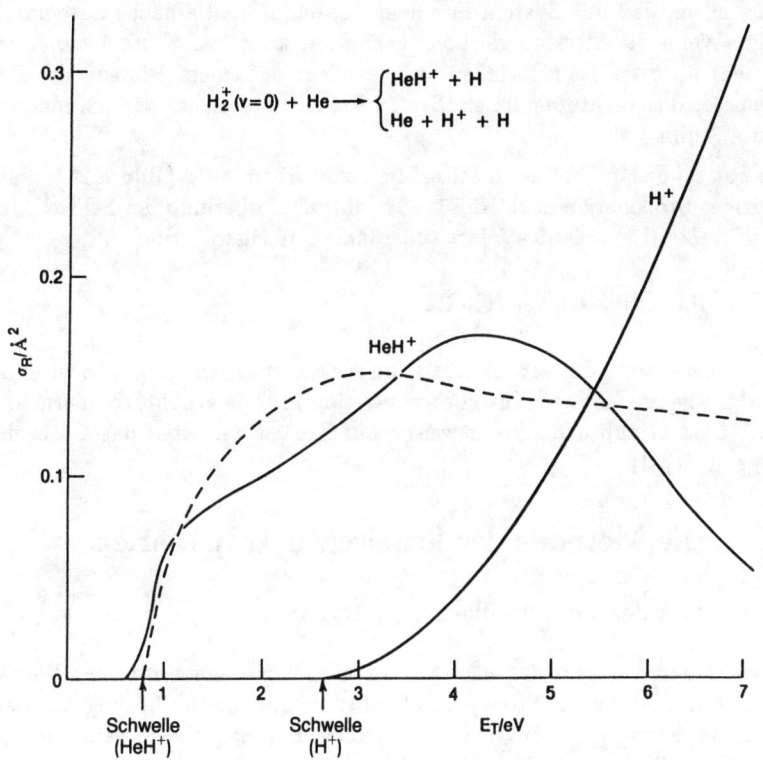

Bild 4.21 Abhängigkeit des Querschnitts von der Translationsenergie für den Austausch eines H-Atoms bzw. für die stoßinduzierte Dissoziation beim Stoß von $H_2^+(v = 0)$ mit He. Die thermodynamischen Schwellen liegen bei 0.8 bzw. 2.65 eV und sind durch Pfeile bezeichnet. Durchgezogen sind frühe experimentelle Ergebnisse (nach W.A. Chupka, J. Berkowitz, M.E. Russel: Proc. VI ICPEAC, MIT Press 1969, p. 71), gestrichelt neuere Experimente (nach T. Turner, O. Dutuit, Y.T. Lee: J. Chem. Phys., 81, 3475 (1984)).

gung kanalisiert wird.[17] Aus alledem folgt, daß Stöße, in deren Reaktionsweg ein Topf liegt, *langlebig* sind: das Molekül verbringt eine anomal lange Zeit, die 1 ps um viele Zehnerpotenzen überschreiten kann, in der Topfgegend, bevor es zerfällt. Ein solcher *langlebiger Komplex* als Zwischenzustand einer Reaktion entspricht einem alten Konzept in der Reaktionskinetik.

Bei höheren Stoßenergien können die wirklichen Trajektorien immer mehr vom Weg minimaler Energie abweichen, und schließlich ist es gar nicht mehr nötig, daß das System in einem Tal der Potentialfläche auseinanderfliegt. Wenn die Stoßenergie hoch genug ist, kann das System daher auch in mehr als zwei Teile zerfallen, d.h. es fliegt auf einem Plateau der Energiefläche, das mehreren freien Bestandteilen entspricht, auseinander (vgl. Bild 4.3 und 4.4).

Ein gut studierter Fall ist die Reaktion von H_2^+ mit He (Bild 4.21), die bei niedriger Stoßenergie nach $HeH^+ + H$ geht, aber oberhalb der Schwelle, d.h. für $E > D_0(H_2^+) = 2.65$ eV fast vollständig zur Dissoziation

$$H_2^+ + He \to H^+ + H + He$$

führt. Diese stoßinduzierte Dissoziation illustriert gleichzeitig, was wir in Abschn. 2.4 gesagt haben: Wird die Translationsenergie erhöht, so übernehmen neue, jetzt erlaubte Reaktionsweisen auf Kosten der alten das Geschehen. (Jugend siegt!)

4.3 Die Methode der klassischen Trajektorien

4.3.1 Von der Potentialfläche zur Dynamik

Schon in den dreißiger Jahren erkannte man, daß es einen direkten Weg von der Potentialfläche zur Stoßdynamik gibt: die numerische Lösung der klassischen Bewegungsgleichungen für die Atome. Für elastische Zweikörperstöße haben wir diese Methode bereits in Abschn. 2.3 diskutiert. Sie erlaubt es, alle wesentlichen Erscheinungen der Reaktionsdynamik zu simulieren, soweit

---

[17] Diese *intra*molekulare Neuverteilung der Schwingungsenergie (intramolecular vibrational redistribution, IVR) vor der Dissoziation ist im vorherigen Fall allerdings noch krasser, weil dort der Ort der ursprünglichen Energieaufnahme weiter vom Reaktionsort entfernt ist.

4.3 Die Methode der klassischen Trajektorien

es nicht Quanteneffekte sind.[18] Man macht diese rechnerischen Untersuchungen aus zwei Gründen, (1) zur Diagnose allgemeiner Trends, d.h. dynamischer Erscheinungen, die mit verschiedenen topografischen Eigenschaften der Fläche oder mit Parametern des Systems wie Stoßenergie, Massen u.a. zusammenhängen, und (2) zur Untersuchung einzelner Reaktionen in der Hoffnung, beobachtete dynamische Eigenschaften auf diese Weise erklären zu können.

Grundsätzlich besteht das Verfahren darin, ein Potential vorzugeben, einen Satz von Anfangsbedingungen auszuwählen und dann die klassischen Bewegungsgleichungen für die drei (oder mehr) Teilchen zu lösen. Für jede Anfangsbedingung wird die zeitliche Entwicklung der Koordinaten jedes Teilchens im Schwerpunktssystem berechnet. Das Ergebnis ist eine *Trajektorie* des Systems, die in verschiedener Weise grafisch dargestellt werden kann. Sehr aussagekräftig ist z.b. die Darstellung der Abstände $R_{ij}(t)$ aller Paare (i,j) von Atomen. Für ein Dreiteilchensystem sind diese Kurven leicht verständlich (Bild 4.22). Was kann man sonst damit machen?

4.3.2 Die Notwendigkeit, Trajektoriendaten zu mitteln

Jede Trajektorie von Bild 4.22 gehört zu einer speziellen Wahl der Anfangskoordinaten und -impulse der Teilchen. Um physikalisch interessante Eigenschaften wie Streuquerschnitte, Reaktionsraten o.ä. zu bekommen, muß man über einige oder alle Anfangsbedingungen mitteln. Selbst um solche Rechengrößen wie die Reaktionswahrscheinlichkeit $P(b)$ bei gegebener Energie zu bestimmen, muß man ja über alle möglichen Anfangs*orientierungen* der Reaktanden bei festem b mitteln. (Wir haben in Abschn. 2.4.9 gesehen, wie diese Mittelung zur Idee des sterischen Faktors führt.) Im Prinzip (und manchmal sogar in der Praxis) kann der Reaktionsquerschnitt für orientierte Reaktanden allerdings gemessen werden. Dann darf die entsprechende Trajektorienrechnung (wie in Bild 2.22) natürlich *nicht* über die Orientierung gemittelt werden, sondern muß den Querschnitt als Funktion dieses Winkels berechnen. Es gibt jedoch noch einen anderen, tieferen Grund, warum es unausweichlich ist, über Anfangsbedingungen zu mitteln, ein Grund, der selbst beim Vergleich mit einem idealen Experiment bestehen bleibt.

---

[18] Abschn. 3.1 hat gezeigt, daß es wichtige Unterschiede zwischen der klassischen und dem quantenmechanischen Dynamik gibt. Die klassische Mechanik hat jedoch den Vorteil wesentlich größerer Anschaulichkeit, ist leichter durchführbar und gibt im allgemeinen die Trends selbst dort richtig an, wo sie im Detail versagt.

182   4 Chemische Dynamik als Vielkörperproblem

(a)

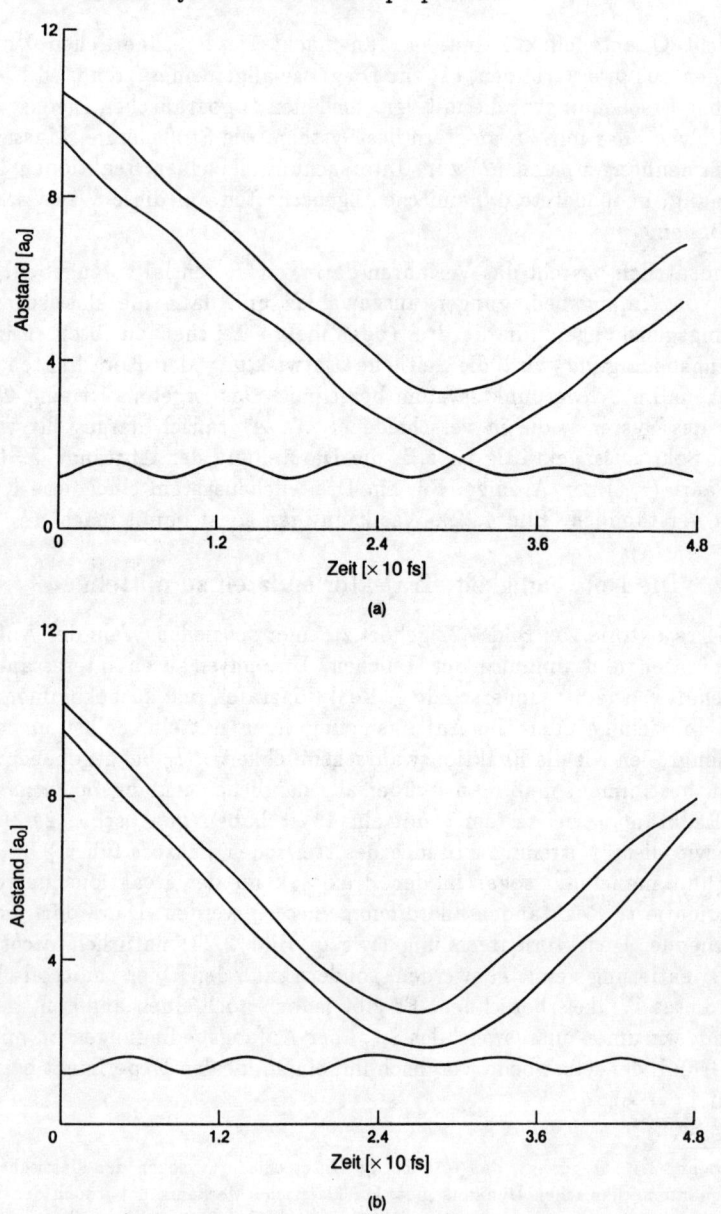

(b)

Bild 4.22 Klassiche Trajektorien für Stöße von H mit $D_2(v=0)$ bei $E_{tr} = 79$ kcal·mol^{-1}. Nur in (a) ist der Stoß reaktiv und führt zu HD + D (unveröffentlichte Rechnungen von I. Schechter).

4.3 Die Methode der klassischen Trajektorien

Ein wesentlicher Unterschied zwischen klassischer und Quantenmechanik ist nämlich die Zahl der Anfangsbedingungen, die man für eine bestimmte Trajektorie überhaupt angeben darf. In der *klassischen* Mechanik muß man für jeden Freiheitsgrad *Ort und Impuls* festlegen. In der Quantenmechanik folgt jedoch aus der Unbestimmtheitsrelation, daß, wenn z.B. der Impuls genau festgelegt wird, die Ortskoordinate beliebig unbestimmt ist. Da Moleküle nun einmal *Quanten*systeme sind, besteht eine vollständige Festlegung von Anfangsbedingungen für den Stoß bei einem System von n Freiheitsgraden aus n *Quantenzahlen*. Im Gegensatz dazu verlangt eine klassische Trajektorie für das System $2n$ Anfangsbedingungen. Die Methode der klassischen Trajektorien *simuliert* dieses Quantenverhalten, indem *viele* klassische Trajektorien gestartet werden, bei denen von den $2n$ Anfangsbedingungen n vorgegeben werden (dieselben wie im Quantenfall), während die anderen n variiert werden. Das Endergebnis bekommt man durch Mittelung über diese variierten Anfangsbedingungen.[19]

Betrachten wir z.B. die Trajektorien in Bild 4.22. Sie unterscheiden sich nur in den n Anfangsbedingungen, über die gemittelt werden muß. Nun hat aber jede Trajektorie ihr eigenes Ergebnis, z.B. daß eine Reaktion stattfand oder nicht. Wenn wir viele Anfangsbedingungen benutzen, haben wir kein bestimmtes Ergebnis mehr. Einige Trajektorien haben zur Reaktion geführt, andere nicht. Daher bekommen wir durch Mittelung nur eine Reaktions*wahrscheinlichkeit*, den Bruchteil der Trajektorien, die bei einem festen Satz von n Anfangswerten zur Reaktion geführt haben. Durch Mittelung über Anfangsbedingungen wird somit der *probalistische* Charakter der Quantenmechanik *simuliert*.

Die Auswahl der Anfangsbedingungen mit dem Ziel, hinterher darüber zu mitteln, wird oft unter dem Namen *Monte-Carlo-Verfahren* in der Form einer Zufallsauswahl durchgeführt. Daher nennt man häufig das ganze Verfahren der Berechnung beobachtbarer dynamischer Eigenschaften durch Mittelung über klassische Trajektorien die Monte-Carlo-Methode. Einige Gesichtspunkte dieser Methode in Bezug auf unsere Fragestellung werden in Abschn. 4.3.6 besprochen. Daneben gibt es auch systematische (d.h. nicht zufällige) Verfahren, die Anfangsbedingungen auszuwählen. Diese können unter Umständen zur Berechnung von Mittelwerten bei vorgegebenem Fehler effizienter als die Monte-Carlo-Methode sein.[20]

---

[19] Im einfachsten Fall einer Reaktion A + BC muß man über die Phasen der Schwingung und Rotation und die Drehimpulsrichtung von BC mitteln.

[20] Je nachdem bis zu welchem Detail man die beobachtbare Größe festlegen will, braucht

4 Chemische Dynamik als Vielkörperproblem

4.3.3 Energieaufteilung in exoergischen Reaktionen

Vor mehr als einem halben Jahrhundert zeigten die „Atomflammen"-Experimente von M. Polanyi, daß in Reaktionen wie

$$K + Br_2 \rightarrow KBr^\dagger + Br$$

das neugebildete Salzmolekül KBr in der Schwingung hochangeregt ist (was wir mit † kennzeichnen). Diese Anregung ist so hoch, daß in einem nachfolgenden Stoß mit einem Alkaliatom *elektronische* Anregung erfolgen kann:

$$KBr^\dagger + K \rightarrow KBr + K^*.$$

Das angeregte Alkaliatom K^* gibt seine Energie durch Fluoreszenz (d.h. Lichtemission) ab:

$$K^* \rightarrow K + h\nu,$$

was zu einer sichtbaren „Flamme" mit der für das Alkali-Metall typischen Farbe führt.

Zur gleichen Zeit benutzten Eyring, Polanyi, Evans und andere eine Form der London-Gleichung, um zum ersten Mal realistische Potentialflächen zu berechnen, und versuchten dann, die Dynamik solcher reaktiver Stöße (einschließlich der Schwingungsanregung der Produkte) mit Hilfe dieser Flächen zu interpretieren. Seit dieser Zeit wird die Energieaufteilung in exoergischen Reaktionen durch Analyse klassischer Trajektorien auf Potentialflächen interpretiert.

Eines der qualitativen Ergebnisse, die sich ergaben, lautet wie folgt: Für gegebene Reaktandenmassen und nicht zu hohe Stoßenergie ist der Wirkungsgrad der Umsetzung der Exoergizität der Reaktion in Schwingungsenergie des Produkts um so höher, je früher die Endoergizität freigesetzt wird.

Das untere Bild 4.23a zeigt in vereinfachter Form die Verhältnisse. Eine frühe Freisetzung der Exoergizität, während noch das angreifende Atom A sich den Reaktanden BC nähert, führt zu einer Abstoßung zwischen A und B bei kleinen Abständen und überträgt die Exoergizität in Schwingung der Produkte. Parallel dazu zeigt der obere Teil von 4.23a eine typische Trajektorie auf der zugehörigen Potentialfläche. Die frühzeitig freigesetzte Exoergizität erscheint zunächst als kinetische Energie in der AB-Richtung. Das führt zum sog. „Bobbahn-Effekt": Wo die „Wände" des Potentials gekrümmt sind (weil die AB- und BC-Abstoßung einsetzt), kann die Trajektorie nicht

---

man eine mehr oder weniger große Zahl von Trajektorien, um eine bestimmte Genauigkeit zu erreichen. Typisch sind 10^3 Trajektorien für grobe Daten, z.B. integrale Querschnitte, während doppelt differentielle Querschnitte eher 10^6 verlangen.

4.3 Die Methode der klassischen Trajektorien

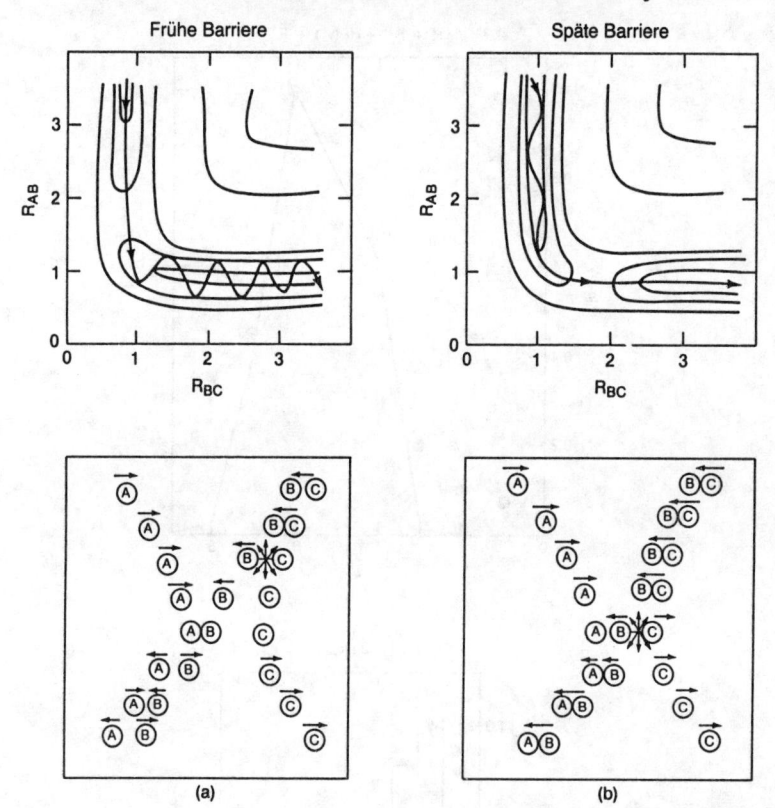

Bild 4.23 Schematische Darstellung von (a) einer frühzeitigen, („attraktiven") Energiefreisetzung auf einer Energiefläche mit früher Barriere und (b) einer späten („repulsiven") Freisetzung bei später Barriere. In (a) wird die Exoergizität frei, *während* das Atom A und das Molekül BC sich noch nähern, was zur Schwingungsanregung des Produktes AB führt. In (b) wird die Energie erst frei, wenn A schon nahe bei BC und fast zur Ruhe gekommen ist, so daß das Produkt AB einen Rückstoß erleidet, und der größte Teil der Energie als Translationsenergie der Produkte frei wird. (Nach J.C. Polanyi: Acc. Chem. Res., 5, 161 (1972))

mehr weiter der Talsohle (dem Weg niedrigster potentieller Energie) folgen, sondern führt wegen des großen Impulses in AB-Richtung zunächst ziemlich geradeaus. Das führt sie auf die Wand der „Bobbahn" hinauf. Damit hat der Einfluß der frühen Anziehung, die wir nach dem Harpunen-Modell erwarten durften (Abschn. 4.2.5), und der kurzreichweitigen AB-Abstoßung die Exoergizität in Schwingung des Produkts AB verwandelt.

Bisher hat die ganze Diskussion der Beziehungen zwischen der Topogra-

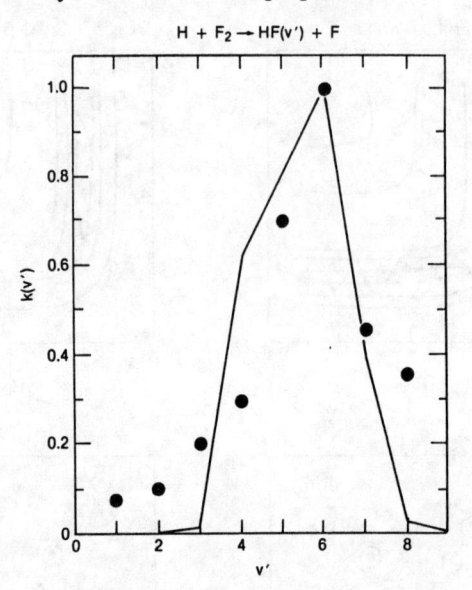

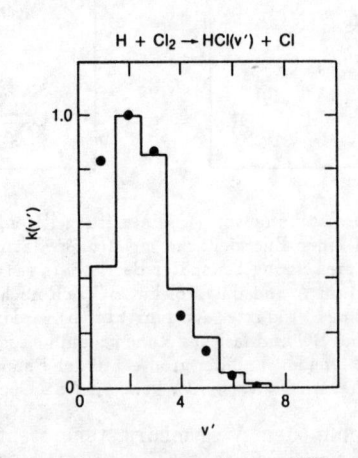

186   4 Chemische Dynamik als Vielkörperproblem

Bild 4.24 Oben: Verteilung der Schwingungsenergien von HF unmittelbar nach der Reaktion $H + F_2 \to HF + F$, ausgedrückt durch relative Ratenkoeffizienten $k(v')$. Es werden experimentelle Daten (Punkte) mit klassischen Trajektorienrechnungen (Linie) auf einer halbempirischen Potentialfläche verglichen. (Nach J.C. Polanyi, J.L. Schreiber, J.J. Sloan: Chem. Phys., 9, 403 (1975))
Unten: Wie oben für die analoge Reaktion von H mit Cl_2. Die Trajektorienergebnisse sind hier als Histogramm dargestellt. (Nach M.D. Pattengill, J.C. Polanyi, J.L. Schreiber: J. Chem. Soc. Faraday Trans. 2, 72, 897 (1976))

4.3 Die Methode der klassischen Trajektorien

fie der Potentialfläche und der Dynamik des Systems eine wichtige Frage vernachlässigt: den Einfluß der *Massen* der Teilchen auf das Verhalten des Systems. Es wurde schon früh erkannt, daß es auf jeder gegebenen Potentialfläche starke Masseneffekte gibt (schließlich enthalten Newtons Gleichungen die Massen als Faktor!) Um diese Effekte besonders übersichtlich zu machen, hat man *massengewichtete Koordinaten* eingeführt und zur Darstellung der Potentialfläche benutzt.

In dieser Darstellung kann man das System mit der reibungsfreien Bewegung eines Punktteilchens auf einer realen Oberfläche unter dem Einfluß der Schwerkraft identifizieren (vgl. Exkurs 4A). Man kann damit den Einfluß anfänglicher Translationsenergie oder anfänglicher Schwingungsenergie auf die Trajektorien und die Aufteilung der Exoergizität noch leichter verstehen.

Wegen des Masseneffekts ist es möglich, hohe Schwingungsanregung der Produkte selbst auf einer („abstoßenden") Fläche mit später Energiefreisetzung zu bekommen, wenn nur der wichtige Massenfaktor $\cos^2 \beta$ von Gl. (1.5) nahe bei eins liegt.[21] In diesem Grenzfall ist das ausgetauschte Atom sehr leicht, daher wird selbst auf einer „abstoßenden" Fläche die Exoergizität freigesetzt, während noch das heranfliegende Atom sich weiter nähert. Bild 4.24 vergleicht Ergebnisse klassischer Trajektorienrechnungen auf einer halbempirischen Potentialfläche mit der gemessenen Verteilung der Schwingungsenergie für die Produkte der Reaktionen $H + F_2 \rightarrow HF + F$ und $H + Cl_2 \rightarrow HCl + Cl$.

Man beachte, daß ein ähnliches Problem wie für die Anfangsbedingungen für die Endbedingungen existiert. Ja, eigentlich ist es noch schlimmer, denn die Anfangsbedingungen haben wir in der Hand: Wir können z.B. für alle Trajektorien festlegen, daß die Schwingungsenergie des F_2 zu Beginn des Stoßes die des F_2-Moleküls im Zustand $v = 0$ sein soll.[22] Die Trajektorien verlassen jedoch das Wechselwirkungsgebiet mit einer stetigen Verteilung von Schwingungsenergien des HF, so daß man irgend eine *Methode der „Quantisierung"* braucht, ehe man die Ergebnisse mit dem Experiment vergleichen kann. Die pragmatische Lösung ist die Aufteilung des Kontinuums der Schwingungsenergien in Intervalle, deren Mittelpunkt bei einem Quantwert der

---

[21] Die Bedeutung dieses überall auftretenden Massenfaktors wird in Exkurs 4A, der die massegewichteten Koordinaten beschreibt, weiter behandelt.

[22] Das geschieht, indem man die Anfangsamplitude der Schwingung geeignet festlegt. Die Phase wird variiert.

Schwingungsenergie liegt. Alle Schwingungsenergien in einem Intervall werden dieser Quantenenergie zugeordnet. Auf diese Weise kann man die stetige klassische Verteilung in ein diskretes *Histogramm* umwandeln. Es gibt auch andere, sogar „richtigere" Methoden für diese Diskretisierung, allerdings ist die Histogramm-Methode, die man auch *quasiklassische Methode* nennt, so bequem, daß sie sich gegen die anderen meist behauptet.

Klassische Trajektorienrechnungen sind zur Simulation der Energieaufteilung und anderer beobachtbarer Größen in elementaren chemischen Reaktionen recht erfolgreich gewesen. Das soll nicht heißen, daß es keine Quanteneffekte außer denen der Quantisierung der Anfangs- und Endbedingungen gäbe. Die globalen, durchschnittlichen dynamischen Eigenschaften der Reaktionen werden jedoch gut reproduziert. Auch experimentelle Arbeitsgruppen führen daher häufig parallel zu ihren Experimenten Trajektorienrechnungen am gleichen System durch.

4.3.4 Energiebedarf in Reaktionen mit einer Barriere

Als nächstes wollen wir versuchen, Information über die energetischen Erfordernisse für Reaktionen mit einer Barriere auf dem Reaktionsweg, insbesondere für endoergische Reaktionen zu gewinnen. Es ist klar, daß wir eine Stoßenergie E_{tr}, genauer eine Gesamtenergie E, bestehend aus E_{tr} und der inneren Energie der Reaktanden E_i, brauchen, die die Schwelle E_{th} übertrifft, wenn wir auch nur eine einzige reaktive Trajektorie haben wollen: Für $E < E_{th}$ muß jede Trajektorie in das Eingangstal zurückkehren. Aber für $E > E_{th}$ ist es keineswegs klar, ob E_{tr} oder E_i wirksamer bei der Überwindung der Barriere ist.

Wie schon in 4.3.3 diskutiert, gibt es eine Korrelation zwischen der Lage der Barriere auf dem Reaktionsweg und der Art der Anfangsenergie, die am leichtesten zur Reaktion führt. *Translations*energie ist am wirkungsvollsten, um eine *frühe* Barriere zu überwinden, d.h., eine solche im Eingangstal. Dagegen ist *Schwingungs*energie besser geeignet, wenn es gilt, eine *späte* Barriere, d.h. eine solche im Ausgangstal zu überwinden.

Diese Erfordernisse können anhand von Bild 4.25 interpretiert werden, indem man feststellt, ob kinetische Energie „in der richtigen Koordinate" vorhanden ist. Für eine frühe Barriere wird Impuls entlang R_{AB} benötigt, während die Überwindung einer späten Barriere Impuls in R_{BC}-Richtung braucht. Diese energetischen Erfordernisse werden offensichtlich weniger restriktiv sein, wenn die Stoßenergie hoch oder $\cos^2 \beta \simeq 1$ ist, da dann ein

4.3 Die Methode der klassischen Trajektorien

Frühe Barriere — **Späte Barriere**

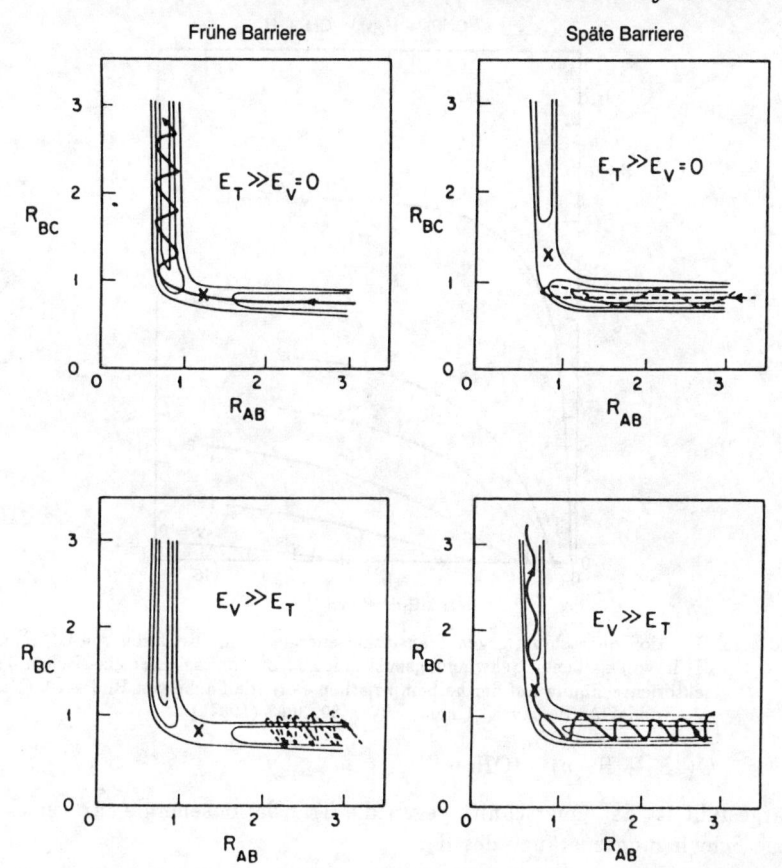

(Obere Bilder: $E_T \gg E_V = 0$; untere Bilder: $E_V \gg E_T$. Achsen: R_{BC} über R_{AB}.)

Bild 4.25 Einfluß der Energiezufuhr durch die Reaktanden auf eine thermoneutrale Reaktion $A + BC \rightarrow AB + C$, die auf einer LEPS-Fläche mit einer Barriere bei × abläuft. In allen 4 Fällen ist $E > E_b$ (Barrierenenergie), so daß die Reaktion energetisch erlaubt ist. Ist die Translationsenergie hoch (obere Bilder), so ist der Impuls entlang R_{AB} groß: Reaktion findet statt, wenn die Barriere im Eingangstal ist (links), jedoch nicht, wenn sie im Ausgangstal ist (rechts). Umgekehrte Verhältnisse findet man, wenn das Diatom zwar hohe Schwingungsenergie besitzt, aber die Translationsenergie niedrig (hier: niedriger als die Barriere) ist. Die Schwingungsenergie, d.h. kinetische Energie der R_{BC}-Bewegung hilft bei einer späten Barriere. (Nach J.C. Polanyi, W.H. Wong: J. Chem. Phys., 51, 1439 (1969))

wirkungsvoller Austausch von Schwingungs- und Translationsenergie entlang des Reaktionsweges wahrscheinlicher wird. Bild 4.26 zeigt berechnete Ergebnisse für die Reaktion

$O(^3P) + H_2(v) \to OH + H$

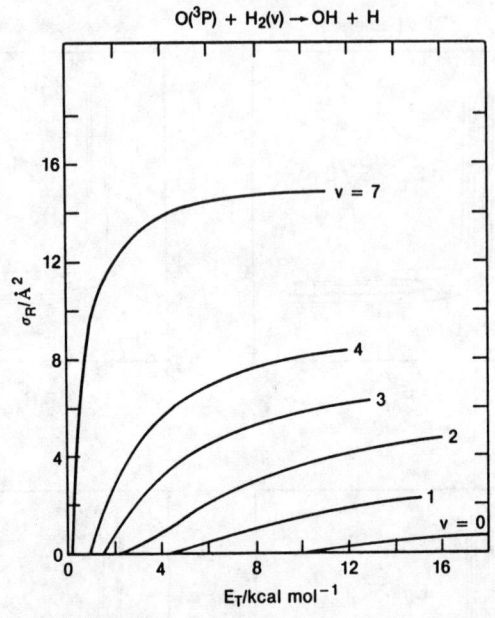

Bild 4.26 Reaktionsquerschnitt gegen Translationsenergie für die Reaktion von $O(^3P)$ mit H_2 in vorgegebenen Schwingungszuständen v. Ergebnisse einer klassischen Trajektorienrechnung auf der halbempirischen Potentialfläche von Bild 4.12. (Nach M. Broida, A. Persky: J. Chem. Phys., 80, 3687 (1984))

$$O(^3P) + H_2(v) \to OH + H.$$

Dargestellt ist der Querschnitt gegen die Translationsenergie für verschiedene Schwingungszustände des H_2.

Man sieht, daß nicht alle Formen der Energie gleich wirksam die Reaktion befördern. Die relative Bedeutung von Translations- bzw. innerer Energie für die Überwindung von Potentialbarrieren ist zur Zeit ein Thema aktiver Forschung, sowohl theoretisch wie experimentell. Wir gehen in Abschn. 5.5 nochmals darauf ein.

4.3.5 Dynamische Daten aus klassischen Trajektorien

Die Methode der klassischen Trajektorien bringt uns von einer gegebenen Potentialfläche zum meßbaren Ergebnis eines Stoßprozesses. Sie ermöglicht ein qualitatives Verständnis der Rolle, die Energie in der Reaktion spielt. Sie liefert aber noch viel mehr. Zuallererst einmal die Winkelverteilung der Produkte, d.h. die Beziehung zwischen den Richtungen von (relativer) Anfangs-

4.3 Die Methode der klassischen Trajektorien

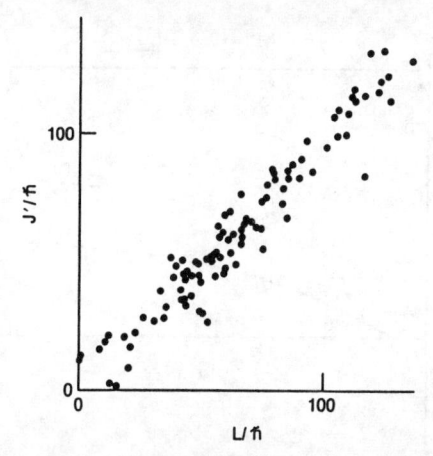

Bild 4.27 Auf klassischen Trajektorien beruhendes Korrelationsdiagramm für die Reaktion von F mit C_2H_4 bei $E_{tr} = 20$ kcal·mol^{-1}. Aufgetragen ist der Gesamtdrehimpuls J' nach dem Stoß gegen den Bahndrehimpuls L der Reaktanden. In Exkurs 4B begründen wir diese starke Korrelation mit der niedrigen reduzierten Masse der Produkte. 6674 Trajektorien wurden gestartet, von denen 2465 ein kurzlebiges Zwischenprodukt C_2H_4F bildeten, das in 106 Fällen in $H + C_2H_3F$ zerfiel. (Nach W.L. Hase, K.C. Bhalla: J. Chem. Phys., 75, 2807 (1981))

und Endgeschwindigkeit. Auch andere Größen können untersucht werden. Bild 4.27 gibt ein Beispiel für die Reaktion

$$F + C_2H_4 \rightarrow [C_2H_4F] \rightarrow C_2H_3F + H,$$

die über ein kurzlebiges, energiereiches Zwischenmolekül läuft. Um solche detaillierten Verteilungen von Produkt-Eigenschaften zu berechnen, müssen sehr viele Trajektorien gestartet werden, damit die Verteilung einigermaßen schwankungsfrei wird.[23] Da wir ein System von $2n$ gekoppelten klassischen Bewegungsgleichungen lösen müssen, ist der Rechenaufwand erheblich. Sehr detaillierte Verteilungen von Endzuständen werden daher manchmal unter vereinfachenden Annahmen über die Dynamik berechnet.

---

[23] Es sei daran erinnert, daß die Anfangsbedingungen nach dem Monte-Carlo-Verfahren ausgewählt werden. Da jede einzelne Anfangsbedingung zu einem bestimmten Endzustand führt, ändert eine Vergrößerung der Trajektorienzahl die Endverteilung solange, bis uns deren statistische Schwankung nicht mehr interessiert. Wenn im Histogramm N Trajektorien in einem „Kasten" landen, so ist deren relative Streuung $N^{1/2}/N = N^{-1/2}$. Gibt es nur zwei Möglichkeiten, z.B. Reaktion oder keine Reaktion, so genügt eine kleine Zahl von Trajektorien. Wollen wir jedoch eine hochaufgelöste Analyse, brauchen wir viele Kästen und in jedem müssen viele (z.B. wenigstens 100) Trajektorien enden. Die notwendige Gesamtzahl kann dabei sehr groß werden.

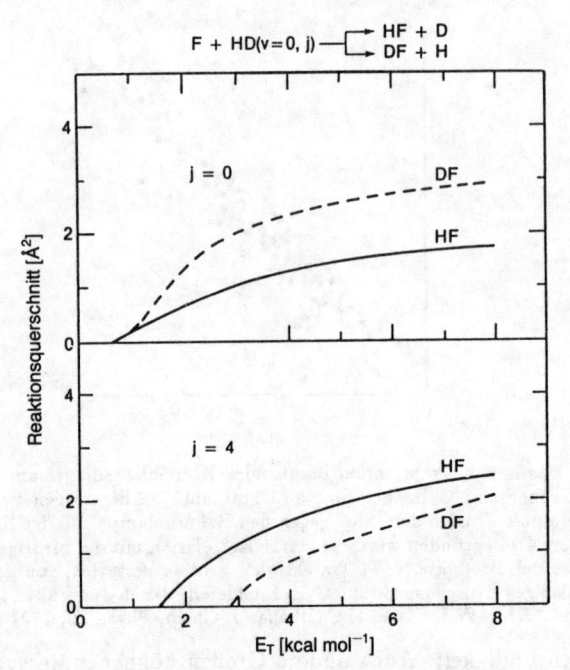

Bild 4.28 Reak s erschnitt für $F + HD(v = 0, j)$ gegen die Translationsenergie nach klass'sc a Trajektorienrechnungen. Die Bildung von DF ist für $j = 0$ wahrscheinlicher, für $j = 4$ unwahrscheinlicher als die von HF. (Nach J.T. Muckerman in: Henderson (1981))

Ein Aspekt der Stoßdynamik, der häufig mit klassischen Trajektorienrechnungen untersucht wird, ist die *Rolle der Rotation* der Reaktanden und, dazu komplementär, die Aufteilung der Rotationsenergie in den Produkten. Bei kleinen Drehimpulsen der Reaktanden sind die Ergebnisse durchaus von Details der Potentialfläche abhängig, hauptsächlich deshalb, weil die Reaktionsbarriere von der gegenseitigen Orientierung der Reaktanden abhängt (vgl. Abschn. 2.4.9). Diese empfindliche Abhängigkeit von der zugrundegelegten Wechselwirkung findet sich nicht nur bei Austauschreaktionen zwischen Atom und Molekül, sondern auch für kompliziertere Prozesse, etwa die dissoziative Adsorption von Molekülen auf Metalloberflächen (vgl. Abschn. 7.5). Es wird sich voraussichtlich zeigen, daß sie einen wichtigen diagnostischen Test für empirische und halbempirische Potentialflächen darstellt. Bei hoher Rotationsanregung drehen sich die Moleküle schnell. Für jede Anfangsorientierung wird es daher ungefähr dieselbe Reaktionswahrscheinlichkeit geben. Der Haupteffekt ist dann die zusätzlich verfügbare Energie. Es kann

4.3 Die Methode der klassischen Trajektorien

allerdings auch speziellere Effekte geben, wofür ein berühmtes Beispiel die Abhängigkeit des Verzweigungsverhältnisses $\sigma(\text{HF})/\sigma(\text{DF})$ vom Rotationszustand des HD in der Reaktion F + HD ist (Bild 4.28). Eine mögliche Interpretation der rechnerischen Ergebnisse ist die folgende: Bei $j = 0$ und thermischen Geschwindigkeiten, d.h. adiabatischer Annäherung, wird die Bildung von DF leicht bevorzugt. Bei höheren j kehren sich die Verhältnisse deswegen um, weil der Schwerpunkt von HD näher bei D als bei H liegt, weswegen das H-Atom einen größeren Kreis durchläuft als das D-Atom. Das sich nähernde F-Atom wird daher bevorzugt vom H-Atom abgefangen, bevor es nahe genug an das D-Atom herankommt.

4.3.6 Direkte und komplexe Stöße

Bei gegebener Potentialfläche und gegebenen Massen kann die klassische Mechanik benutzt werden, um das Fortschreiten der Reaktion darzustellen, indem man die zwischenatomaren Abstände als Funktion der Zeit aufzeichnet. Für die Wasserstofftransferreaktion H + H_2 → H_2 + H haben wir das in Bild 4.22 gesehen. Dies ist eine *direkte Reaktion*, bei der sich die H-H-Bindung stetig ausdehnt, während sich das H-Atom nähert, und der Wechsel zwischen den beiden Bindungen innerhalb sehr kurzer Zeit - etwa einer Schwingungsperiode - erfolgt. Das ist typisch für alle direkten Reaktionen. Als Gegenbeispiel wollen wir eine andere Trajektorienrechnung ansehen (Bild 4.29a), die die Reaktion

$$O(^1D) + H_2 \to [HOH] \to OH + H$$

simuliert. Im Gegensatz zur Reaktion von $O(^3P)$ mit H_2 läuft diese Reaktion über die Potentialfläche, die den Potentialtopf des stabilen H_2O-Moleküls enthält. Um diesen Topf zu erreichen, muß das O-Atom in die H_2-Bindung *eingefügt* werden. Infolgedessen hat das zwischendurch entstehende H_2O eine hochangeregte Biegeschwingung und schwingt mehrfach hin und her, ehe die Energie aus der Biegeschwingung in die asymmetrische Streckschwingung übergeht, die dann zur Dissoziation führt. Die Reaktion ist offensichtlich nicht direkt, denn während der Inversionsbewegung des H_2O oszilliert der H_2-Abstand ebenfalls mehrfach. Die Lebensdauer des energiereichen H_2O-Moleküls ist allerdings in diesem Fall nur wenige Schwingungsperioden lang und daher vergleichbar, bzw. je nach Gesamtenergie sogar kürzer als die klassische Rotationsperiode des Moleküls. Die resultierende Winkelverteilung (Bild 4.29b) hat beinahe, aber nicht ganz, die Vorwärts-Rückwärts-Symmetrie, die für länger lebende komplexe Zwischenmoleküle charakteristisch ist (vgl. Abschn. 7.2). Bild 4.30 zeigt die mit Trajektorien berechnete Rotationsverteilung des entstehenden OH.

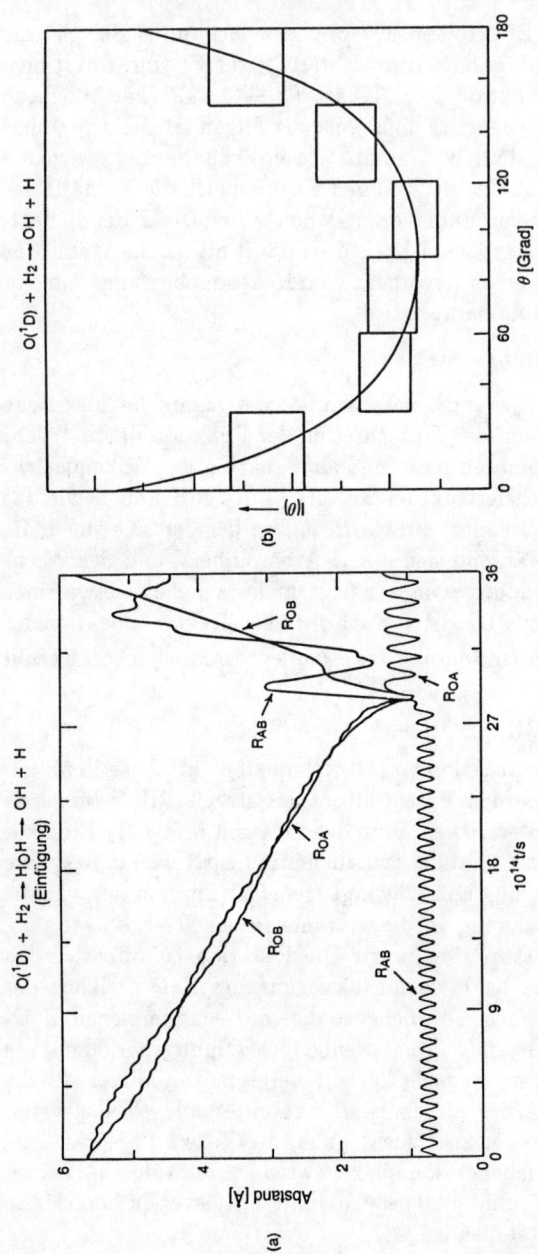

194 4 Chemische Dynamik als Vielkörperproblem

Bild 4.29 (a) Einzelne Trajektorie, dargestellt durch die Kernabstände $R_{ik}(t)$, die die Einfügung von $O(^1D)$ in eine H-H-Bindung zeigt (halbempirische Fläche, $E_{tr} = 0.5$ kcal·mol^{-1}, Längen in Å, Zeit in 10^{-14} s, A und B sind hier H-Atome). (b) Differentieller Reaktionsquerschnitt $I(\vartheta)$ für OH aus derselben Reaktion, berechnet aus klassischen Trajektorien auf einer halbempirischen Fläche bei $E_{tr} = 5$ kcal·mol^{-1}. Die rechnerischen Ergebnisse sind als Kästchen gezeigt (Intervallbreite mal statistische Unsicherheit von $I(\vartheta)$), während die Kurve die Vorhersage eines Modells darstellt, bei dem ein kurzlebiger Komplex angenommen wird. (Nach P.A. Whitlock, J.T. Muckerman, E.R. Fisher: J. Chem. Phys., 76, 4468 (1982))

$O(^1D) + H_2 \rightarrow OH(K, v=0) + H$

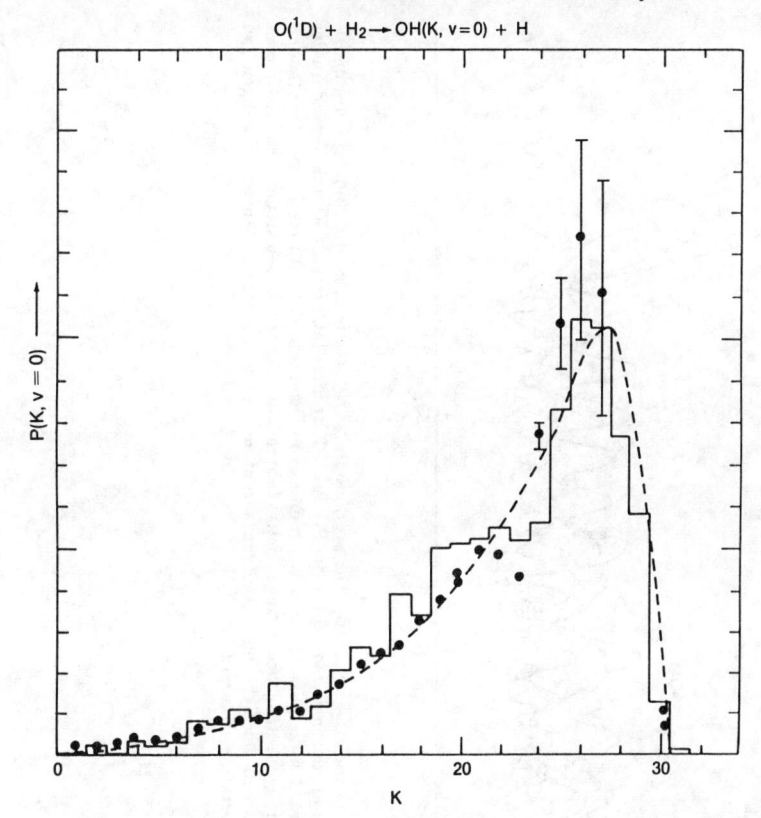

Bild 4.30 Verteilung der Rotationszustände in frisch entstandenem $OH(v=0)$ aus der Reaktion $O(^1D) + H_2$ bei $E_{tr} = 0.5$ kcal·mol^{-1}. K ist die Rotationsquantenzahl. Punkte sind experimentelle Daten; das Histogramm kommt aus einer quasiklassischen Trajektorienrechnung auf einer halbempirischen Fläche. Die gestrichelte Kurve ist eine a priori-Anpassung mit linearem Überraschungswert (vgl. Abschn. 5.5). (Nach A.C. Luntz, W.A. Lester Jr., H.H. Gunthard: J. Chem. Phys., 70. 5908 (1979); s.a. J.E. Butler, G.M. Jursich, I.A. Watson, J.R. Wiesenfeld: J. Chem. Phys., 84, 5365 (1986))

Ein qualitativer Unterschied fällt sofort ins Auge, wenn wir Bild 4.31 anschauen, eine Simulation der Reaktion

$$KCl + NaBr \rightarrow KBr + NaCl$$

(im Gaszustand). Wir sehen die „verknäulten Trajektorien" eines überaus lange dauernden Stoßes, was wir als Bildung eines *langlebigen Komplexes* bezeichnen. Es gibt auch experimentelle Hinweise dafür, daß dieser reak-

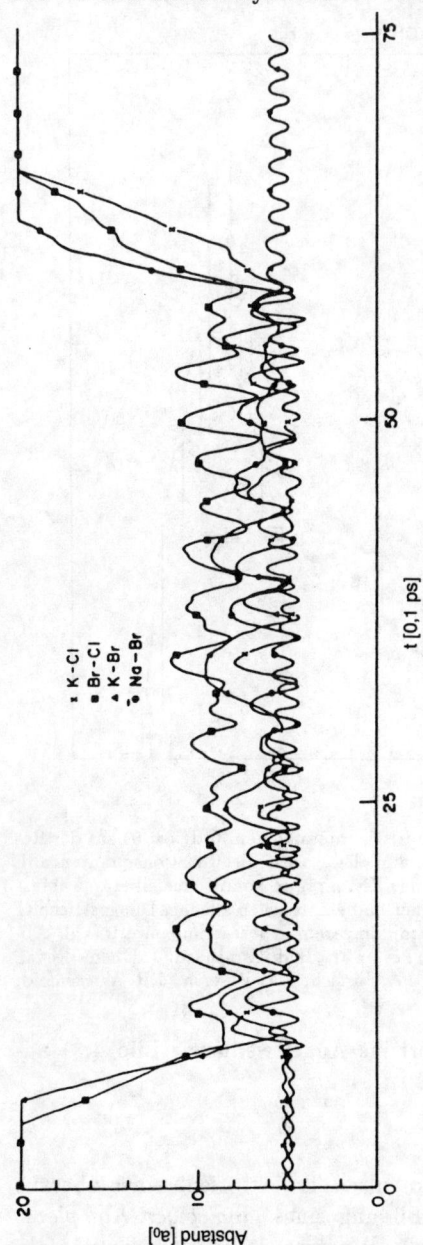

196   4 Chemische Dynamik als Vielkörperproblem

Bild 4.31 Trajektorie für einen komplexen Stoß von KCl mit NaBr. Die „verknäulte" Trajektorie zeigt die Bildung eines quasigebundenen, langlebigen Komplexes an, der in diesem Fall in die Produkte KBr und NaCl zerfällt. Durch Verändern der Anfangsbedingungen stellt man fest, daß die Dissoziation des Komplexes in Produkte oder zurück in die Reaktanden im wesentlichen *unabhängig* von diesen Anfangsbedingungen ist: Während der langen Lebensdauer des Komplexes ist genug Zeit, um die Energie zwischen den Schwingungsmoden auszutauschen und so die Anfangsbedingungen „zu vergessen". (Nach P. Brumer: Dissertation, Harvard (1972))

4.3 Die Methode der klassischen Trajektorien 197

tive Stoßprozeß ein langlebiges Zwischenprodukt, kurz einen „Komplex", durchläuft. Wir haben es mit einer nicht-direkten, *zusammengesetzten Reaktion* zu tun, die bei einem tiefen Potentialtopf auf dem Reaktionsweg regelmäßig entsteht. Es gibt also zwei extreme Fälle reaktiver Stöße: *Direkte* und zusammengesetzte oder *komplexe*.

Wir haben in diesem Abschnitt gelernt, daß bestimmte globale Eigenschaften der Potentialfläche die chemische Reaktion beherrschen. Können wir diese Kenntnis benutzen, um ein einfacheres (wenn auch stärker angenähertes) theoretisches Verfahren zu entwickeln, das den ausgiebigen Gebrauch von Trajektorienrechnungen umgeht? Am wahrscheinlichsten wäre das wohl für Reaktionen, bei denen das Gebiet des Sattelpunktes der Energiefläche die Hauptrolle für die Reaktion spielt. Wir werden diese Möglichkeit in Abschn. 4.4 untersuchen.

4.3.7 Monte-Carlo-Integration

Die Anwendung des Monte-Carlo-Auswahlverfahrens für die Anfangsbedingungen im Zuge der klassischen Trajektorienrechnungen soll hier an einem Beispiel illustriert werden. Wir betrachten die spezielle Aufgabe, den Reaktionsquerschnitt σ_R zu berechnen, der durch die Reaktionswahrscheinlichkeit $P(b)$ in der Form (Gl. (2.45))

$$\sigma_R = \int_0^\infty P(b) b \, db \tag{4.6}$$

gegeben wird. Wir wollen daher $N(b)$ klassische Trajektorien alle beim gleichen Anfangsstoßparameter b starten. Sie werden nicht unbedingt alle zur Reaktion führen, denn sie werden sich in anderen Anfangsbedingungen (z.B. der Schwingungsphase oder der Rotation des zweiatomigen Targets) unterscheiden. Sei nun $N_R(b) \leq N(b)$ die Zahl der Trajektorien, die in Richtung des Produkt-Tals herausfliegen. Wenn $N(b)$ groß genug ist, ist $P(b) = N_R(b)/N(b)$, so daß wir das Integral

$$\sigma_R = 2\pi \int_0^B \frac{N_R(b)}{N(b)} b \, db \tag{4.7}$$

ausrechnen müssen. Hier ist B ein so großer Stoßparameter, daß für $b \geq B$ keine Reaktion mehr stattfindet (d.h. $N_R(b) = 0$ für $b \geq B$). Wir könnten nun das Integral über b durch eine Summe über viele diskrete b-Werte ersetzen, d.h. ein Histogramm von $P(b)$ benutzen. Bei jedem solchen b müßten wir $N(b)$ Trajektorien starten, $N_R(b)$ bestimmen und schließlich die Summe

4 Chemische Dynamik als Vielkörperproblem

berechnen. Man kann das so machen, braucht aber dann Rechnungen bei vielen b-Werten. Wir wollen aber ja gar nicht $P(b)$ berechnen, sondern den Streuquerschnitt σ_R.

Daher wollen wir jetzt b mit etwas mehr physikalischer Einsicht auswählen. Große Werte von b tragen ein größeres Gewicht im Streuquerschnitt, da sie den Kreisring $2\pi b db$ repräsentieren. Wenn wir daher insgesamt N Trajektorien berechnen wollen, können wir z.B. eine Anzahl

$$N(b)\Delta b = N \cdot \frac{2\pi b \Delta b}{\pi B^2} \tag{4.8}$$

auf die Anfangswerte des Stoßparameters zwischen b und $b + \Delta b$ verteilen. Das Integral von 4.8 über den Bereich $0, \ldots, B$ (mit $\Delta B \to db$) ergibt dann

$$\int_0^B N(b) db = N, \tag{4.9}$$

so daß N in der Tat die Gesamtzahl der Trajektorien darstellt. Sei $N_R(b)\Delta b$, wie in (4.7) die Zahl der Trajektorien im Bereich $b, \ldots, b + \Delta b$, die zur Reaktion führen. Dann gilt für diese *spezielle* Auswahl von $N(b)$ gemäß Gl. (4.8), indem wir (4.7) einsetzen

$$\sigma_R = \frac{\pi B^2}{N} \cdot \int_0^B N_R(b) db. \tag{4.10}$$

Wir definieren jetzt N_R als die Gesamtanzahl aller reaktiven Trajektorien:

$$N_R \equiv \int_0^B N_R(b) db. \tag{4.11}$$

Da $N_R(b) \leq N(b)$ ist, ist auch $N_R \leq N$. Ausgedrückt durch N_R kann man jetzt (4.10) so schreiben:

$$\sigma_R = \pi B^2 \cdot \frac{N_R}{N}. \tag{4.12}$$

Wir wiederholen, daß, im Gegensatz zu (4.7), (4.12) ein Spezialfall ist, der nur dann gilt, wenn $N(b)$ gemäß (4.8) ausgewählt wird.

Das Rechenverfahren, das auf (4.12) basiert, ist daher das folgende: Man wähle zufällige Stoßparameter aus, tue das jedoch aus der *ungleichförmigen* Verteilung $f(b) = 2b/B^2$. ($f(b)$ ist nicht in b sondern in b^2 gleichförmig verteilt.) Auf diese Weise werden die hohen b-Werte so bevorzugt, wie es (4.8) verlangt. Das ganze mache man für insgesamt N Trajektorien und zähle die Anzahl N_R derjenigen, die reaktiv waren. Der Streuquerschnitt ist dann durch (4.12) gegeben.

Es ist klar, daß wir bei vorgegebener Computerzeit an Genauigkeit gewonnen haben. Wir brauchen weit weniger Trajektorien, um σ_R zu bestimmen, als zur expliziten Integration nach (4.7) nötig wären.[24] Der Preis dafür ist, daß die Reaktionswahrscheinlichkeit $P(b)$ nur ungenau bestimmt ist. Das Integral ist bei weitem genauer als der Integrand.

Die Monte-Carlo-Integration ist auch für andere Mittelwerte brauchbar. Nehmen wir an, wir wollen die (thermische) Geschwindigkeitskonstante $k(T) = \langle v\,\sigma_R(v) \rangle$ bestimmen. Die Mittelung über die thermische Geschwindigkeitsverteilung kann genau wie oben durch Monte-Carlo-Auswahl von Anfangswerten aus dieser erfolgen, so daß wir genauso viele Trajektorien brauchen, wie vorher für σ_R bei einer gegebenen Geschwindigkeit. Die Rechnung wird jetzt statistisch genügend genau für $k(T)$ sein, nicht jedoch für die Geschwindigkeitsabhängigkeit des Streuquerschnitts. Wollen wir $k(T)$ und $\sigma_R(v)$ berechnen, so brauchen wir sehr viel mehr Trajektorien, damit σ_R bei jeder verlangten Geschwindigkeit genügend genau ist. Das ist die Stärke und Schwäche der Monte-Carlo-Methode.

Exkurs 4A Massengewichtete Koordinaten

Trajektorien als Lösung der klassischen Bewegungsgleichungen bekommt man normalerweise nur durch ihre numerische Integration auf dem Computer. Eine ganze Menge an physikalischer Einsicht kann man jedoch auch schon dadurch gewinnen, daß man das Höhenlinienbild der Energiefläche in einem *massengewichteten Koordinatensystem* anschaut. Wir werden dies am Beispiel des kollinearen Stoßes illustrieren, bei dem man die wirkliche Trajektorie durch (reibungsfreies) Rollenlassen einer Kugel auf dieser Potentialfläche *exakt* simulieren kann. Die Monte-Carlo-Mittelung geschieht dann einfach dadurch, daß man die Startbedingungen für die Kugel variiert. Wir untersuchen zuerst die mathematische Transformation in die massengewichteten Koordinaten und dann ihre physikalischen Konsequenzen. Betrachten wir den kollinearen reaktiven Stoß $A+BC \to AB+C$. $V(R_{AB}, R_{BC})$ ist dann eine Funktion von nur zwei zwischenatomaren Abständen, $R_{AB} = R_B - R_A$ und $R_{BC} = R_C - R_B$. Wir führen nun zwei neue Koordinaten, Q_1 und Q_2,

---

[24] **Das ist nur bedingt richtig. Durch geschickte Wahl der Stützpunkte und/oder geeignete Wahl einer von b abhängigen Anzahl $N(b)$ („stratified sampling") kann das Verfahren nach (4.7) mit ebensowenigen Trajektorien durchgeführt werden, wie dasjenige nach (4.12).

und $R_{BC} = R_C - R_B$. Wir führen nun zwei neue Koordinaten, Q_1 und Q_2, durch die folgende Transformation ein:

$$Q_1 = aR_{AB} + bR_{BC}\cos\beta \qquad (4A.1)$$
$$Q_2 = bR_{BC}\sin\beta. \qquad (4A.2)$$

a, b und $\cos\beta$ hängen nur von den Massen ab:

$$a = \left(\frac{m_A(m_B + m_C)}{M}\right)^{\frac{1}{2}} \qquad (4A.3)$$

$$b = \left(\frac{m_C(m_B + m_A)}{M}\right)^{\frac{1}{2}}$$

$$\cos^2\beta = \frac{m_A m_C}{(m_B + m_C)(m_A + m_B)} \qquad (4A.4)$$

mit der Gesamtmasse $M = m_A + m_B + m_C$.

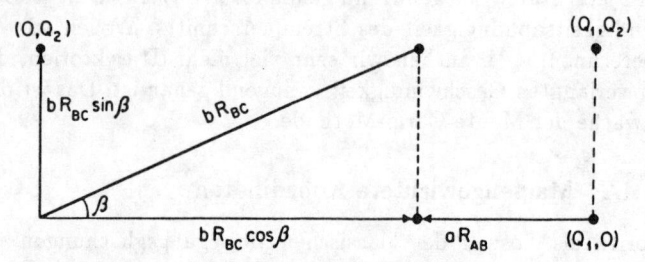

Bild 4A.1 Die Konstruktion der gescherten Koordinaten Q_1 und Q_2 aus den physikalischen Kernabständen R_{AB} und R_{BC} (Gl. (4A.1) und (4A.2)). (Nach J.O. Hirschfelder: Int. J. Quant. Chem. IIIS, 17 (1969))

Die geometrische Bedeutung dieser Abbildung ist in Bild 4A.1 dargestellt. Wenn wir Q_1 und Q_2 als kartesische Koordinaten auffassen, ist der Effekt der Transformation die *Scherung* der beiden Abstandskoordinaten, so daß sie einen Winkel β einschließen. Wenn wir daher die Potentialenergie als Funktion von Q_1 und Q_2 ansehen und in der Q_1-Q_2-Ebene zeichnen, werden Eingangs- und Ausgangstal asymptotisch den Winkel β miteinander bilden (Bild 4A.2). Solch ein Höhenlinienbild ist als *geschertes Höhenlinienbild* bekannt.

Der Variablenwechsel ((4A.1) bzw. (4A.2)) drückt die Koordinaten Q_i mittels der Bindungsabstände R_{ik} aus, die die natürlichen Koordinaten für die Energiefläche bilden. Stoßtheoretiker arbeiten lieber mit dem Abstand R_{A-BC} von A zum Schwerpunkt von BC und R_{BC}. Dadurch ausgedrückt bleibt Q_2 unverändert, während Q_1 zu

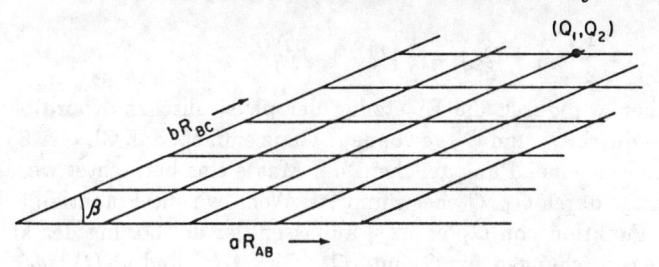

4.3 Die Methode der klassischen Trajektorien 201

Bild 4A.2 Gitter aus massengewichteten Koordinaten. Der Punkt (Q_1, Q_2) auf dem Gitter ist derselbe wie im vorigen Bild. (Quelle wie oben)

$$Q_1 = aR_{A-BC} \qquad (4A.5)$$

wird. Entsprechend wird der Theoretiker auf der Produktseite gerne die Abstände R_{C-AB} und R_{AB} benutzen. Damit kann man dann auch

$$Q'_1 = bR_{C-AB} \qquad (4A.6)$$
und $\quad Q'_2 = aR_{AB} \sin\beta \qquad (4A.7)$

benutzen. Die gestrichenen Koordinaten sind um $\beta + \pi$ gegenüber den ungestrichenen gedreht, vgl. Bild 4A.3. Für diese Koordinatensysteme findet man jetzt, daß die kinetische Energie des Stoßes (im Schwerpunktsystem) die sog. Diagonalform hat

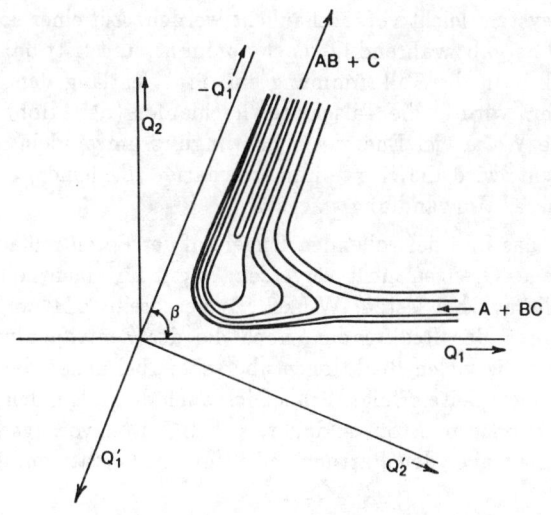

Bild 4A.3 Darstellung einer Potentialfläche für die Reaktion $A + BC \rightarrow AB + C$ in gescherten Koordinaten. Die Koordinaten Q' sind gegen die Q um $\pi + \beta$ gedreht. (Nach F.T. Smith: J. Chem. Phys., 31, 1352 (1959))

$$T = \frac{1}{2}\left(\dot{Q}_1^2 + \dot{Q}_2^2\right) = \frac{1}{2}\left(\dot{Q}_1'^2 + \dot{Q}_2'^2\right) \tag{4A.8}$$

Was haben wir durch die Ersetzung der physikalischen Koordinaten R_{AB} und R_{BC} durch Q_1 und Q_2 gewonnen? Ganz einfach, daß Gl. (4A.8) als kinetische Energie eines Punktteilchens der Masse eins betrachtet werden kann, dessen Lage durch Q_1, Q_2 bestimmt ist. Wenn wir die Potentialfläche ebenfalls als Funktion von Q_1 und Q_2 auffassen, ist die Lösung der klassischen Bewegungsgleichungen für Q_1 und Q_2, d.h. $Q_1(t)$ und $Q_2(t)$, *identisch* mit der Lösung der Bewegungsgleichung eines punktförmigen Teilchens, das sich reibungslos auf der Potentialfläche $V(Q_1, Q_2)$ bewegt. Statt die klassische Bewegungsgleichung numerisch zu lösen, könnten wir die Lösung simulieren, indem wir eine Kugel der Einheitsmasse auf der Fläche rollen lassen.[25]

Bild 4A.4 illustriert die Rolle der Massen, wenn von einer gewöhnlichen zu einer gescherten (und skalierten) Darstellung derselben Potentialfläche übergegangen wird. Die Buchstaben L und H bedeuten leichte und schwere (heavy) Atome mit einem Massenverhältnis von 1 : 80, und die beiden gezeigten Fälle entsprechen den Reaktionen L + HH → LH + H und H + HL → HH + L.

Effekte, wie die wirksame Umwandlung von Exoergizität in Schwingung der Produkte auf einer Fläche mit frühem Energieabfall, können im gescherten Koordinatensystem leicht veranschaulicht werden. Auf einer solchen Fläche rollt der Ball bergab, während Q_1 noch abnimmt, und tritt daher mit hoher Geschwindigkeit in die Talkrümmung ein. Statt entlang dem Ausgangstal herauszulaufen, wird er die Talschulter hochlaufen (der „Bobbahn"-Effekt) und auf diese Weise viel Energie in Schwingung umwandeln. Wenn $\cos^2 \beta$ gegen eins geht, wird die Kurve immer schärfer (β kleiner), und der Wirkungsgrad dieser Umwandlung wächst.

So instruktiv das Bild der rollenden Kugel auf der Potentialfläche sein mag, wir sollten seine Grenzen nicht vergessen: es gilt für einen kollinearen Stoß oder jedenfalls nur bei festem Winkel. Es beschreibt z.B. weder die Rolle der Orientierung der Reaktanden, noch die des Zentrifugalwalls. Es läßt uns auch leicht die vielen Reaktionen übersehen, bei denen die Annäherung bevorzugt von der Seite erfolgt. Schließlich auch den folgenden, gar nicht so seltenen Reaktionstyp: Atom A nähert sich BC zwar vorzugsweise von der B-Seite, wechselt aber den Partner und fliegt mit C statt mit B davon!

---

[25] Eine solche modellmäßige Lösung entspricht einem *Analog*rechner für die Lösung der Bewegungsgleichungen. **Streng genommen darf die Kugel allerdings nur gleiten, nicht rollen, damit die Analogie stimmt, d.h. ihre Rotationsenergie muß vernachlässigbar sein.

4.3 Die Methode der klassischen Trajektorien

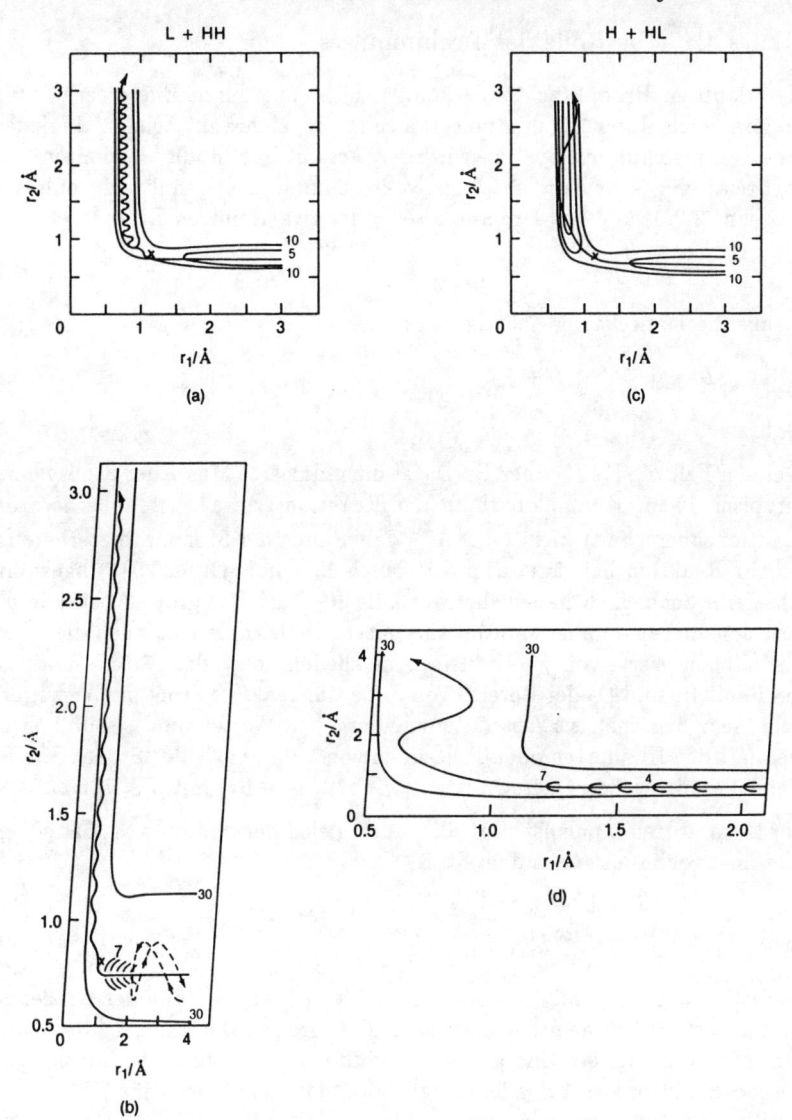

Bild 4A.4 (a) Bild einer LEPS-Potentialfläche mit einer Barriere von 7 kcal·mol^{-1} (bei ×) und einer kollinearen L + HH-Trajektorie bei $E_{tr} = 9$ kcal·mol^{-1}. (b) zeigt dasselbe in massengewichteten und gescherten Koordinaten. (c) bzw. (d) zeigen die entsprechenden Bilder für die Massenverteilung H + HL. (Nach B.A. Hodgson, J.C. Polanyi: J. Chem. Phys., 55, 4745 (1971))

Exkurs 4B Die Rolle des Drehimpulses

Die erlaubten Produktzustände können nicht nur durch Energieerhaltung, sondern auch durch Drehimpulserhaltung eingeschränkt sein.[26] In jedem isolierten molekularen System wird der Gesamtdrehimpuls J erhalten. Für ein dreiatomiges System ist J die Vektorsumme des Bahndrehimpulses L (Abschn. 2.2.5) und des Drehimpulses j des zweiatomigen Rotors

$$J = L + j, \tag{4B.1}$$

woraus die Dreiecksungleichung

$$|L - j| \leq J \leq L + j \tag{4B.2}$$

folgt.

In einem Fall wie $F + H_2$ oder $F + D_2$ ist die reduzierte Masse des Stoßsystems untypisch klein. Knapp oberhalb der Reaktionsschwelle ist außerdem der Reaktionsquerschnitt klein (≈ 2 Å^2), daher auch der Stoßparameterbereich, der zur Reaktion beiträgt. Damit ist auch $L (= \mu v b$, Gl. (2.29)) ungewöhnlich klein. Schließlich haben die Moleküle H_2 (und D_2) große Abstände der Rotationsniveaus, daher sind im thermischen Gleichgewicht auch die wahrscheinlichen Werte von j sehr klein. Aus alledem folgt, daß für die Reaktion von F mit H_2 und D_2 der Bereich von J, der für reaktive Stöße zur Verfügung steht, sehr begrenzt ist. Abschätzungen ergeben Werte von $J \lesssim 30\hbar$, verglichen mit den Hunderten oder Tausenden von $\hbar$ für „normale" Stöße schwerer Moleküle mit großen Querschnitten (wie z.B. $K + Br_2$ mit $J \lesssim 700\hbar$).

Der Gesamtdrehimpuls ist natürlich auch gleich der Summe von Bahn- und Diatom-Drehimpuls *nach* dem Stoß

$$J = L' + j' \tag{4B.3}$$

oder $\quad |L' - j'| \leq J \leq L' + j'. \tag{4B.4}$

Hier ist $L' = \mu' v' b'$, und da μ' sogar noch kleiner als μ ist, und der Größenbereich von b' ähnlich dem von b, ist auch L' begrenzt. Das gilt ganz besonders dann, wenn die innere Energie der Produkte E_i' groß und die Translationsenergie E_{tr}' klein ist. Aus allem folgt dann, daß der Bereich für j'

$$0 \leq j' \leq L' + J \tag{4B.5}$$

---

[26] In Abschn. 5.6.2 werden wir die Rolle der Drehimpulserhaltung für den Stoßquerschnitt, ausgedrückt durch die Reaktionswahrscheinlichkeit $P(b)$, betrachten.

4.3 Die Methode der klassischen Trajektorien

auch sehr eng ist. Wenn wir die Endzustände nach steigender innerer Energie ordnen, erwarten wir daher schmale Bänder, die den engen Bereichen erlaubter Rotationsenergien zu jedem Schwingungszustand entsprechen. Das hat man auch experimentell gefunden.

Im Gegensatz dazu stehen die üblichen Systeme wie $Cl + HI \to HCl + I$, wo sich diese Bänder überlappen, weil der Bereich zugelassener j' größer ist. Bild 4B.1 zeigt mit Hilfe der IR-Chemilumineszenz gewonnene Verteilungen der inneren Energie. Die einzelnen diskreten Niveaus wurden „verschmiert", um die Verbreiterung von $d\sigma/dE'_{tr}$, die von der unvollkommenen Geschwindigkeitsanalyse der Molekularstrahlen herrührt, zu simulieren.[27] Man beachte den Gegensatz zwischen den Verteilungen der beiden Reaktionen. Für $F + D_2$ überlappen sich die Rotationszustände für verschiedene Schwingungszustände nicht, wie man auch aus den Winkelverteilungen von Bild 7.1 sehen kann.

Ein anderes Beispiel, wo die Drehimpulserhaltung die Produktverteilung beeinflußt, ist die Reaktion

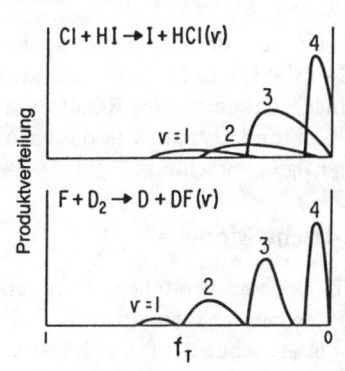

$$K + HBr \to H + KBr.$$

Bild 4B.1 Aufteilung der Energie, d.h. relativer Anteil der Translation, $P(f_{tr}|v)$, für festen Schwingungszustand der Produkte in den beiden exoergischen Reaktionen $Cl + HI$ und $F + D_2$. f_{tr} ist der Bruchteil der Energie in Translation, d.h. $f_{tr} = E_{tr}/E$. (Nach K.G. Anlauf et al.: J. Chem. Phys., 53, 4091 (1970))

---

[27] Bild 4B.1 wurde aus dem Balkendiagramm von Bild 7.4 abgeleitet. Bei der Umwandlung der diskreten in die stetige Verteilung ist jedoch Vorsicht geboten. Bei gegebenem v' ist $d\sigma/dE'_{tr} = -d\sigma/dE'_{rot}$. Aber $d\sigma/dE'_{rot}$ ist nicht die Enveloppe des Balkendiagramms. Die ist nämlich $d\sigma/dj' \propto P(v', j')$, dagegen ist $d\sigma/dE'_{rot} = (d\sigma/dj')/(dE'_{rot}/dj') = (d\sigma/dj') \cdot 2Bj'$.

4 Chemische Dynamik als Vielkörperproblem

Hier kann L sehr groß werden, daher ist $j \ll L$ und $J \simeq L$. Da die Reaktion nicht sehr exoergisch ist, ist das wahrscheinlichste E'_{tr} fast gleich E_{tr}, dagegen ist $\mu' \ll \mu$ und daher $L' \ll L$. Daraus folgt, daß $j' \simeq L$ ist, d.h. die Verteilung der Rotationszustände des Produkts KBr spiegelt die Verteilung derjenigen Stoßparameter wider, die zur Reaktion geführt haben. Die Verteilung von j' sollte daher die Reaktivitätsfunktion $2\pi b P(b)$ widerspiegeln, die ihr Maximum bei großen Werten von b haben wird. Das Experiment zeigt dies: Ein beträchtlicher Anteil der Reaktionsexoergizität findet sich als Rotationsanregung von KBr wieder.

Die soeben für K + HBr diskutierte Korrelation $j' \simeq L$ wurde in Bild 4.27 für die Reaktion $F + C_2H_4$ gezeigt. Sie gilt unabhängig von der genauen Form der während des Stoßes wirkenden Kräfte und ist ein Beispiel einer *kinematischen* (und nicht dynamischen) Korrelation. Das Resultat folgt schon allein aus den Erhaltungssätzen. Wenn das wegfliegende Atom *nicht* leicht ist, werden die Dinge komplizierter. Man kann etwa schreiben

$$j' = L\sin^2\beta + j\cos^2\beta + d\cos^2\beta$$
und
$$L' = L\cos^2\beta + j\sin^2\beta - d\cos^2\beta,$$
(4B.6)

wo d ein Vektor ist, der von der Dynamik abhängt und β der übliche Scherungswinkel.[28] Man sieht, daß für jeden Reaktionstyp, wenigstens teilweise, kinematische Einschränkungen des Reaktionsablaufs vorhanden sind. Die Anteile von Kinematik und Dynamik in diesen Abläufen zu trennen, ist ein aktuelles Thema heutiger Forschung.

Exkurs 4C Kinematische Modelle

Mit Modellen, wie wir sie hier verstehen, kann man versuchen, sich die Lösung der Bewegungsgleichungen zu ersparen. Mit Hilfe plausibler Annahmen (wie z.B. in den Abschn. 2.4.6 bis 2.4.9) kann man experimentell nachprüfbare Vorhersagen machen, die zu nützlichen Regeln führen. Das Zuschauer-Modell (Abschn. 1.4) ist das einfachste Modell, das die Zustände der Produkte mit denen der Reaktanden verknüpft. Wir wollen es jetzt genauer untersuchen und dabei auch die Wirkung von Kräften während des Stoßes darin unterbringen. Um die Einfachheit des Modells aufrechtzuerhalten, wollen wir annehmen, daß der Umschaltvorgang zwischen den Reaktionspartnern sehr schnell erfolgt, d.h. daß die Kräfte impulsartig sind. Als

---

[28] Gl. (4B.6) kann leicht aus der in Bild 4A.3 gezeigten Definition von β abgeleitet werden. Für den Transfer eines leichten Atoms ist $\beta \simeq 90°$, $\cos\beta \simeq 0$.

4.3 Die Methode der klassischen Trajektorien

Beispiel betrachten wir die Reaktion H + Cl$_2$ (Abschn. 4.2.6). Im Schwerpunktsystem nähert sich das H-Atom dem Cl$_2$ sehr schnell. Sobald es im Bereich „chemischer" Kräfte ist, tritt die H-Cl-Bindung ein, und die Cl-Atome stoßen sich ab. Diese plötzliche Produktabstoßung ist es, die in das Modell eingebaut werden muß (vgl. auch Bild 4.23b). Das Resultat, genannt das DIPR-Modell (*d*irect *i*nteraction *p*roduct *r*epulsion, vgl. a. Abschn. 7.6.4), ist eines von mehreren Modellen, die auf Grund der folgenden Ableitung gewonnen werden können.

Der Ausgangspunkt sind die Gl. (4A.2) bis (4A.7), die wir in Vektorschreibweise als

$$Q'_1 = \cos\beta Q_1 + \sin\beta Q_2 \tag{4C.1}$$

und $\quad Q'_2 = \sin\beta Q_1 + \cos\beta Q_2$

schreiben können (s.a. Bild 4A.3). Da $Q_1 = aR$ (Gl. (4A.5)) und $L = \mu R \times \dot{R}$ ist, gilt $L = Q_1 \times \dot{Q}_1$. Ähnliche Gleichungen für j, L' und j' leitet man schnell ab, und daraus Gl. (4B.6), mit $d = (Q_1 \times \dot{Q}_2 + Q_2 \times \dot{Q}_1)\cdot\tan\beta$. Bis hierhin ist alles exakt. Um d auszurechnen, müssen wir allerdings Annahmen machen.

Im Zuschauer-Modell wird $\dot{Q}_2 = 0$ gesetzt, und mit $E_{\text{tr}} = \frac{1}{2}\dot{Q}_1^2$ und $E'_{\text{tr}} = \frac{1}{2}\dot{Q}_1^{'2}$ erhalten wir aus (4C.1) die Formel $E'_{\text{tr}} = E_{\text{tr}}\cos^2\beta$, d.h. Gl. (1.5). Im DIPR-Modell wird außerdem angenommen, daß die plötzliche Abstoßung eine große Geschwindigkeit, sagen wir q, längs der *alten* Bindungsrichtung, d.h. parallel zu Q_2, erzeugt, daher gilt

$$\dot{Q}'_1 = -\cos\beta\dot{Q}_1 + \sin\beta q \tag{4C.2}$$

Daher hat die Produktgeschwindigkeit $\dot{Q}'_1$ eine Komponente in Richtung der alten Bindung. Ist das ausgetauschte Atom leicht ($\sin\beta \simeq 1$), so kann diese Komponente vorherrschen, so daß die Winkelverteilung der Produkte die Verteilung der ursprünglichen Bindungsrichtung relativ zur Anfangsgeschwindigkeit im Augenblick der Reaktion widerspiegelt (vgl. Bild 5.27). Hat die Reaktion keinen eingeschränkten Akzeptanzkegel, so ist q relativ zu $\dot{Q}_1$, zufällig orientiert und

$$E'_{\text{tr}} = \cos^2\beta E_{\text{tr}} + \sin^2\beta E_p \tag{4C.3}$$

wo $E_p = q^2/2$ die in Richtung Q_2 impulsmäßig freiwerdende Energie ist. Wenn die Reaktion vorzugsweise über einen abgewinkelten dreiatomigen Übergangszustand läuft, ist $\hat{Q}_1 \times \hat{Q}$ endlich. Die impulsartige Energiefreisetzung (bei der $\dot{Q}_2$ in Richtung Q_2 liegt) trägt dann merklich zu d und daher zu j' bei. Die einzige Ausnahme hiervon ist der Fall, daß das stoßende oder das wegfliegende Atom sehr leicht ist, so daß $\cos\beta \simeq 0$, woraus dann (wegen (4B.6)) $j' \simeq L$ folgt. In Abschn. 7.6.3 und 7.6.4 werden wir die Folgen solcher kinematischer Bedingungen für die Orientierung der Reaktionsprodukte besprechen.

4.4 Von der mikroskopischen Dynamik zur makroskopischen Kinetik

Dynamik ist die Beschreibung der Bewegung unter dem Einfluß einer Kraft, bzw. in einem Potential. Wenn wir mit einer Potentialfläche beginnen, klassische Trajektorien berechnen und auf diese Weise einen bimolekularen thermischen Ratenkoeffizienten ausrechnen, betreiben wir Dynamik. Es fragt sich, warum wir eigentlich den Begriff „Dynamik" mit detaillierten Experimenten auf der molekularen Ebene assoziieren, dagegen „Kinetik" mit Experimenten in Glaskolben, die zu Raten- und Transportkoeffizienten führen? Die Antwort liegt (wenigstens zum Teil) darin, daß *makroskopische* Beobachtungen notwendigerweise *Mittelwerte* über die verschiedenen stattfindenden Einzelprozesse sind. Diese Mittelwertbildung verschmiert natürlich alle Einzelheiten, wie wir schon in vielen Fällen gesehen haben. Ein typisches Beispiel ist die Unempfindlichkeit, die die makroskopischen Transportkoeffizienten gegen Abänderungen des zwischenmolekularen Potentials besitzen. Ein anderes Beispiel sahen wir in Abschn. 3.1.8: Der integrale Stoßquerschnitt ist völlig unempfindlich gegen den genauen Wert der Streuphase jeder Partialwelle. Die Summierung über viele Werte von l, bzw. die Integration über den Stoßparameter, löscht jede „Feinstruktur" in σ aus.

Der Zweck dieses Kapitels ist dreifach: (1) Die explizite Beschreibung der Mittelungsprozesse, die vom detaillierten Stoßquerschnitt zur thermischen Reaktionsrate führen; (2) die Ausnutzung von Symmetrien, speziell der Symmetrie unter Zeitumkehr, um Beziehungen abzuleiten, die für beliebige Potentiale gelten müssen; (3) die Untersuchung, wie weit es möglich ist, stärker gemittelte Raten schneller zu berechnen (ggf. näherungsweise) als weniger stark gemittelte. Was kann man noch sagen, wenn die Einzelheiten der Potentialfläche nicht verfügbar sind? Die Ergebnisse zu (1) und (2) werden exakt sein, in (3) suchen wir auch nach näherungsweise gültigen Regeln.

4.4 Von der mikroskopischen Dynamik zur makroskopischen Kinetik

4.4.1 Zustandsspezifische Ratenkoeffizienten

Berechnungen und in wachsendem Umfang auch Experimente können den Quantenzustand der Reaktanden festlegen und die Zustandsverteilung der Produkte messen. Das ideale Experiment wäre dasjenige, in dem der differentielle Querschnitt für die Bildung eines einzelnen Produktzustandes aus einem einzelnen Reaktandenzustand bei einem scharfen Wert der Anfangsgeschwindigkeit gemessen würde. Als erste Integration würde man dann über alle Winkel integrieren, um so den zustandsspezifischen integralen Reaktionsquerschnitt $\sigma_R(i \to f)$ zu erhalten. Jetzt nehmen wir an, daß die Reaktanden zwar in definierten Anfangszuständen sind, aber eine Verteilung der Anfangsgeschwindigkeit haben.[29] Wir müssen dann über diese Verteilung *mitteln*.

Im einfachsten Fall hat die Translationsgeschwindigkeit der Reaktanden eine thermische (Maxwell-) Verteilung zur Temperatur T. Die normierte Verteilungsfunktion für die Relativgeschwindigkeit ist dann:

$$f(v)dv = \left(\frac{\mu}{2\pi kT}\right)^{\frac{3}{2}} \exp\left(-\frac{\mu v^2}{2kT}\right) dv \qquad (4.13)$$

wo μ die reduzierte Masse und k die Boltzmann-Konstante ist. Der zustandsspezifische Ratenkoeffizient bei der Temperatur T ist dann durch

$$k(i \to f; T) = \langle v\sigma_R(i \to f)\rangle \qquad (4.14)$$

gegeben oder explizit durch

$$k(i \to f; T) = \int dv f(v) v \sigma_R(i \to f). \qquad (4.15)$$

Setzt man $dv = v^2 d\omega dv$, wo $d\omega$ das Raumwinkelelement im Geschwindigkeitsraum ist (das aufintegriert 4π ergibt), und wechselt man die Integrationsvariable von v zur kinetischen Energie[30] $E = \frac{1}{2}\mu v^2$, so daß $dE = \mu v dv$, so erhält man

$$k(i \to f; T) = \left(\frac{8kT}{\pi\mu}\right)^{\frac{1}{2}} \int_0^\infty d\left(\frac{E}{kT}\right)\left(\frac{E}{kT}\right) \exp\left(-\frac{E}{kT}\right) \sigma_R(i \to f). \qquad (4.16)$$

---

[29] Man beachte, daß das Verfahren nicht symmetrisch bezüglich der Vertauschung von Reaktanden und Produkten ist. Wir *summieren* über alle unaufgelösten Produktzustände (z.B. Streuwinkel), aber wir *mitteln* über die der Reaktanden. Wir zeigen alsbald, daß das korrekt ist.

[30]** Wir lassen den Index „tr" vorläufig weg.

4 Chemische Dynamik als Vielkörperproblem

Wir haben diese Formel absichtlich als Funktion der dimensionslosen Variablen E/kT geschrieben, damit die Dimensionen sichtbar werden: eine mittlere Geschwindigkeit $(8kT/\pi\mu)^{1/2}$ wird mit einer Fläche multipliziert, d.h. k hat die Dimension Volumen/Zeit. Man darf allerdings nicht $k = \langle v \cdot \sigma \rangle$ als $\langle v \rangle \cdot \langle \sigma \rangle$ interpretieren. Zwar ist der erste Faktor von (4.16) $\langle v \rangle$, aber das Integral ist *nicht* $\langle \sigma \rangle$.

Jetzt wollen wir für einen Augenblick alle Vorsicht fahren lassen und wie in Kapitel 2 annehmen, daß der Reaktionsquerschnitt unabhängig von Anfangs- und Endzustand sei und nur von der Translationsenergie E abhänge. Die einfachste funktionale Form dafür ist die „Arrhenius"-Form des „Verbindungslinien-Modells" von Gl. (2.66):

$$\sigma_R = \pi d^2 \left(1 - \frac{E_0}{E}\right) \quad \text{für } E \geq E_0 \tag{4.17}$$

und $\sigma_R = 0$ sonst. Aus (4.16) wird dann

$$k(T) = \pi d^2 \left(\frac{8kT}{\pi\mu}\right)^{\frac{1}{2}} \exp\left(-\frac{E_0}{kT}\right), \tag{4.18}$$

die Standardformel der sog. „Stoßtheorie" für den Ratenkoeffizienten. Die Temperaturabhängigkeit von $k(T)$ nach (4.18) heißt auch Arrhenius-Gesetz: $k(T) = A \cdot \exp(-E_0/kT)$, wobei in diesem Fall der Vorfaktor A eine Abhängigkeit von T wie $T^{1/2}$ hat. Allerdings sind die gemessenen Werte von A oft erheblich von dieser naiven Vorhersage, $A = \pi d^2 \langle v \rangle$, verschieden.

Wir wissen inzwischen, was falsch ist. Erstens ignoriert der Querschnitt (4.17) die Existenz eines sterischen Faktors (der möglicherweise noch energieabhäng ist, vgl. Abschn. 2.4.9). Zweitens steht die Annahme, der Querschnitt hänge nur von der Translationsenergie ab, in klarem Widerspruch zu rechnerischen (Bild 4.26) und experimentellen (Bild 1.3) Ergebnissen. Wir müssen daher jetzt an die Aufgabe gehen, wie man aus zustandsspezifischen Ratenkoeffizienten korrekt den globalen Ratenkoeffizienten zusammensetzt.

4.4.2 Summiere über Endzustände, mittle über Anfangszustände

Diese Überschrift gibt die Regel an, nach der man spezifische Ratenkoeffizienten zusammenfaßt. Die Argumentation, die dazu führt, wollen wir uns ansehen. Wir betrachten dazu eine elementare, bimolekulare Reaktion in der Gasphase, sagen wir

$$\text{F} + \text{H}_2(i) = \text{HF}(f) + \text{H}, \tag{4.19}$$

4.4 Von der mikroskopischen Dynamik zur makroskopischen Kinetik

wo i und f die inneren Zustände von Reaktand- und Produktmolekül vollständig beschreiben sollen, und wir der Einfachheit halber annehmen, daß die Atome F und H im Grundzustand seien (eine gute Annahme für H, nicht ganz so gut für F). Benutzen wir, wie üblich, eckige Klammern zur Bezeichnung von Konzentrationen, so haben wir das Gesetz zweiter Ordnung für die Bildung von HF(f):

$$\frac{d[\text{HF}(f)]}{dt} = k(i \to f; T)[\text{F}][\text{H}_2(i)], \qquad (4.20)$$

wo $k(i \to f; T)$ der zustandsspezifische Ratenkoeffizient bei der Temperatur T ist. Die Reaktion (4.19) kann aber natürlich auch HF in anderen Zuständen als dem gewählten f erzeugen. Die Gesamterzeugung ist daher die Summe

$$\frac{d[\text{HF}]}{dt} = \sum_f \frac{d[\text{HF}(f)]}{dt} = \sum_f k(i \to f; T)[\text{F}][\text{H}_2(i)]. \qquad (4.21)$$

Da nur der spezifische Ratenkoeffizient von f abhängt, ist dies gleich

$$\frac{d[\text{HF}]}{dt} = k(i; T)[\text{F}][\text{H}_2(i)], \qquad (4.22)$$

wo jetzt

$$k(i; T) = \sum_f k(i \to f; T) \qquad (4.23)$$

die Reaktionsrate für die Erzeugung *aller* Endzustände aus F + H$_2(i)$ ist. Damit ist (4.23) der Regel erster Teil: Man summiert über die Endzustände.

Das Gasgemisch der Reaktanden kann H$_2$-Moleküle in verschiedenen Quantenzuständen enthalten. Sei $p(i)$ der Molenbruch der H$_2$-Moleküle im Quantenzustand i, d.h.

$$p_i = \frac{[\text{H}_2(i)]}{\sum_i [\text{H}_2(i)]} = \frac{[\text{H}_2(i)]}{[\text{H}_2]}. \qquad (4.24)$$

Die Gesamtrate der HF-Erzeugung ist wiederum die Summe der Erzeugung aus allen Zuständen

$$\frac{d[\text{HF})]}{dt} = \sum_i k(i; T)[\text{F}][\text{H}_2(i)]. \qquad (4.25)$$

Man beachte, daß die Argumentation, die zu (4.21) und zu (4.25) führt, die gleiche ist: Man summiert über alle unabhängigen Prozesse, die HF liefern. Der zweite Teil der Regel wird klar, wenn wir jetzt [H$_2(i)$] = [H$_2$] · p_i aus (4.24) substituieren:

212 4 Chemische Dynamik als Vielkörperproblem

$$\frac{d[HF]}{dt} = \sum_i p_i k(i;T)[F][H_2]. \tag{4.26}$$

Wiederum können wir einen Faktor herausziehen und erhalten

$$\frac{d[HF]}{dt} = k(T)[F][H_2], \tag{4.27}$$

wo jetzt

$$k(T) = \sum_i p_i k(i;T)$$

$$= \sum_i p_i \sum_i k(i \to f;T). \tag{4.28}$$

Gl. (4.27) ist die operationale Definition des Ratenkoeffizienten $k(T)$. Die Mittelung über die Anfangszustände in (4.26) und (4.28) ist daher eine unmittelbare Folge dieser Definition.

Bei der Ableitung von (4.28) haben wir über die Verteilung p_i der Anfangszustände absichtlich keine Verfügung getroffen. Es ist klar, daß die Größe von $k(T)$ von dieser Verteilung abhängen muß. Wenn diese Verteilung z.B. zeitabhängig ist (etwa, weil die Anfangszustände durch die Reaktion entleert werden), wird auch $k(T)$ zeitabhängig werden (weswegen auch die Bezeichnung Raten„konstante" nicht angebracht ist). Gewöhnlich ist allerdings die Energieübertragung durch Stöße so schnell, daß während der Dauer, die die Reaktion braucht, die Reaktanden Zeit haben, in einen stationären Zustand, meist den thermischen, zu kommen. Ist allerdings der Reaktionsquerschnitt vergleichbar zum Energietransferquerschnitt, bricht das Konzept der globalen Konstanten $k(T)$ zusammen.[31]

Zum Schluß ein Wort zur Orientierung der Reaktanden. Wenn keine speziellen Vorkehrungen getroffen werden, sind alle Orientierungen gleich wahrscheinlich. Da sie alle die gleiche Energie haben, ist es üblich, von Anfang an, d.h. schon bei den Querschnitten darüber zu mitteln. Der über die Richtungsentartung gemittelte Querschnitt für ein zweiatomiges Molekül in einem gegebenen Schwingungs-Rotationszustand ist wie in (4.28) durch

---

[31] Im Labor wissen wir, wie das zu verhindern ist: Man verdünnt mit einem Puffergas, um die Relaxation zu erhöhen. Aber für einen technischen Prozeß (z.B. eine Verbrennungsmaschine) oder in der Natur (z.B. in der Atmosphäre) ist das nicht möglich. In der chemischen Kinetik wächst die Erkenntnis, daß die stillschweigende Annahme, daß die inneren Zustände der Reaktanden im Gleichgewicht sind, nicht in jedem Fall richtig sein muß.

4.4 Von der mikroskopischen Dynamik zur makroskopischen Kinetik 213

$$\sigma_R(vj) = (2j+1)^{-1} \sum_{m_j=-j}^{j} \sigma_R(vjm_j) \qquad (4.29)$$

definiert, wo das Gewicht $g_j = (2j+1)^{-1}$ der Entartungsfaktor, d.h. die Zahl der Quantenzustände gleicher Energie im Rotationszustand j ist, und m_j die Richtungsquantenzahl.

4.4.3 Detailliertes Gleichgewicht

Detailliertes Gleichgewicht nennt man eine Beziehung zwischen spezifischen Ratenkoeffizienten, die *unabhängig vom Wechselwirkungspotential* zwischen den Molekülen gültig ist. Sie ist so nützlich, daß ihre Ableitung lohnt. Man kann dazu zwei Wege beschreiten. Der eine geht von der Dynamik aus. Die Bewegungsgleichungen der klassischen Mechanik sind gegen Zeitumkehr invariant. Das heißt z.B.: Wir gehen von einer gegebenen Anfangsbedingung aus und integrieren eine klassische Trajektorie eine Zeit lang, sagen wir, bis die Stoßpartner (mit oder ohne Reaktion) wieder getrennt sind. In diesem Endzustand können wir alle Impulse dem Vorzeichen nach umkehren und wieder anfangen zu integrieren. Die neue Trajektorie wird dann - ein genügend genaues Rechenprogramm vorausgesetzt - zu den ursprünglichen Anfangsbedingungen zurückführen. Es gibt daher für jede Trajektorie, die vom Reaktandental ins Produkttal führt, einen exakten Gegenpart, der vom Produkttal ins Reaktandental führt. Da wir bereits festgestellt haben, daß der Reaktionsquerschnitt durch die Zahl der reaktiven Trajektorien ausgedrückt werden kann, ist es klar, daß es auch eine Beziehung zwischen den Querschnitten für die Vorwärts- und die Rückwärtsreaktion geben muß. Beide lassen sich ja offenbar aus den gleichen Trajektorien berechnen. Der Unterschied besteht lediglich in der verschiedenen Zahl von Test-Trajektorien. Richtiges Abzählen ergibt, daß die (über die Orientierung gemittelten) zustandsspezifischen Reaktionsquerschnitte der Beziehung

$$g_j k^2 \sigma_R(vj \to v'j') = g_{j'} k'^2 \sigma_R(v'j' \to vj) \qquad (4.30)$$

genügen. Das Resultat folgt aus der Abzählung derselben Menge reaktiver Trajektorien, wenn man beide Seiten von (4.30) bei derselben Gesamtenergie auswertet. Aus der Energieerhaltung haben wir jetzt für die Gesamtenergie

$$E = E_{\text{tr}} + E_{vj} = E'_{\text{tr}} + E_{v'j'} + \Delta E_0, \qquad (4.31)$$

wo $-\Delta E_0$ die Exoergizität der Reaktion ist. Die Wellenzahlen k und k' haben die übliche Beziehung zur Translationsenergie $E_{\text{tr}} = \hbar^2 k^2/2\mu$ und $E'_{\text{tr}} = \hbar^2 k'^2/2\mu'$, wo μ und μ' die reduzierten Massen von Reaktanden und Produkten sind.

Leitet man das Ergebnis (4.30) aus der Dynamik ab, wie wir es gerade getan haben, spricht man auch von „mikroskopischer Umkehrbarkeit". Setzt man es dann in (4.16) ein, so führt es zu einer Beziehung zwischen Ratenkoeffizienten, die als „detailliertes Gleichgewicht" bekannt ist. Da wir (4.30) nicht eigentlich abgeleitet haben, wollen wir das jetzt für das detaillierte Gleichgewicht tun und überlassen es dem Leser, das Endresultat auch aus der mikroskopischen Umkehrbarkeit herzuleiten.

Detailliertes Gleichgewicht heißt die Feststellung, daß für ein System im Gleichgewicht die Rate eines jeden Prozesses, wie sehr wir auch ins Detail gehen mögen, durch die Rate des Umkehrprozesses exakt aufgewogen wird.[32] Wir betrachten wieder ein System aus Fluoratomen und Wasserstoff, das sowohl thermisch wie chemisch im Gleichgewicht sei. Eines der detaillierten Gleichgewichte in dieser Mischung ist

$$F + H_2(v,j) \leftrightarrow HF(v',j') + H \qquad (4.32)$$

Nach dem Prinzip des detaillierten Gleichgewichts müssen die Raten der beiden entgegengesetzten Reaktionen in (4.32) gleich sein:

$$k(vj \to v'j'; T)[F][H_2(vj)] = k(v'j' \to vj; T)[H][HF(v'j')] \qquad (4.33)$$

Man beachte, daß es die Raten, nicht die Ratenkoeffizienten sind, die im Gleichgewicht stehen.[33]

Wir arrangieren nun Gl. (4.33) so, daß sie ihren praktischen Nutzen zeigt. Dazu erinnern wir uns, daß das System auch im chemischen Gleichgewicht sein soll und somit eine Gleichgewichtskonstante

$$K(T) = \frac{[H][HF]}{[F][H_2]}\bigg|_{eq} \qquad (4.34)$$

existiert. Da auch thermisches Gleichgewicht herrschen soll, ist der Molenbruch, z.B. von H_2 in einem gegebenen Schwingungs-Rotationszustand

$$p(v,j) = \frac{[H_2(v,j)]}{[H_2]} \qquad (4.35)$$

---

[32] Eine der ersten Anwendungen dieses Satzes war diejenige von Einstein auf ein molekulares System im Gleichgewicht mit Photonen. Indem er die Absorptions- und Emissionsraten gleichsetzte, konnte er argumentieren, daß es den Prozeß der stimulierten Emission geben und daß dessen Rate proportional zur Anzahldichte der Photonen sein muß. Dies ist die Grundlage der Laserwirkung, vgl. Exkurs 5A.

[33] Die Ratenkoeffizienten sind wohldefiniert, selbst wenn das System *nicht* im Gleichgewicht ist. Die einzige Bedingung ist, daß die Translationsbewegung der Reaktanden und Produkte eine thermische Verteilung zum gleichen T hat.

4.4 Von der mikroskopischen Dynamik zur makroskopischen Kinetik

ebenfalls festgelegt und hat den Wert des Boltzmann-Faktors

$$p(v,j) = g_j \frac{\exp\left(-\frac{E(v,j)}{kT}\right)}{Q_{H_2}},$$

wobei

$$Q_{H_2} = \sum_v \sum_j g_j \exp\left(-\frac{E(v,j)}{kT}\right) \tag{4.36}$$

die Zustandssumme ist. Daher wird aus Gl. (4.33)

$$\frac{k(vj \to v'j';T)}{k(v'j' \to vj;T)} = \frac{[H][HF(v'j')]}{[F][H_2(vj)]} = K(T)\frac{p(v'j')}{p(vj)}. \tag{4.37}$$

Gl. (4.37) kann man auch ableiten, indem man die Standardformeln, die in der statistischen Mechanik $K(T)$ durch die Zustandssummen ausdrücken, und die mikroskopische Umkehrbarkeit benutzt.

Die einzige Bedingung für die Gültigkeit von (4.37) ist, daß die Translation sich im thermischen Gleichgewicht befindet. Wie wir im einzelnen in Kapitel 6 sehen werden, geschieht die Einstellung dieses Gleichgewichts sehr schnell. Etwas langsamer, aber immer noch relativ schnell ist die Rotationsrelaxation. Nehmen wir an, daß sowohl Translation als auch Rotation im thermischen Gleichgewicht seien. Dann folgt aus (4.37)

$$\frac{k(\text{alle} \to v';T)}{k(v' \to \text{alle};T)} = K(T) \cdot p(v') \tag{4.38}$$

Dies stellt eine Beziehung zwischen der Energieaufteilung in der Vorwärtsreaktion und der Rolle der Schwingungsanregung in der Rückwärtsreaktion dar, wobei $p(v')$ der Molenbruch für den Schwingungszustand v' im thermischen Gleichgewicht ist.

4.4.4 Der thermische Ratenkoeffizient

In diesem Abschnitt führen wir die große Summe über alle Endzustände und die Mittelung über alle Anfangszustände durch. Im Endresultat, Gl. (4.41), werden alle dynamischen Details bei gegebener Energie in einer einzigen Funktion $N^\ddagger(E)$ zusammengefaßt sein.

Wir beginnen mit dem allgemeinen, expliziten Ausdruck für den thermischen Ratenkoeffizienten in einer Austauschreaktion A+BC → AB+C (Gl. (4.28)):

$$k(T) = \sum_v \sum_j \left(\frac{g_j \exp\left(-\frac{E_{vj}}{kT}\right)}{Q_{BC}} \sum_{v'} \sum_{j'} k(vj \to v'j';T) \right). \tag{4.39}$$

4 Chemische Dynamik als Vielkörperproblem

Der erste Faktor ist (wie in (4.36)) der Boltzmann-Faktor des Zustands vj des Diatoms im thermischen Gleichgewicht. Der zustandsspezifische Ratenkoeffizient selbst ist als Mittelwert (4.16) über die thermische Verteilung der Stoßgeschwindigkeiten angenommen. Führen wir die Wellenzahl k ein, mit $E_\text{tr} = \hbar^2 k^2/2\mu$, so können wir (4.16) als

$$k(vj \to v'j'; T) = \left(\frac{h^2}{2\pi\mu kT}\right)^{\frac{3}{2}} \int_0^\infty dE_\text{tr} \frac{k_{vj}^2}{\pi h} \sigma(vj \to v'j') \exp\left(\frac{-E_\text{tr}}{kT}\right) \qquad (4.40)$$

anschreiben. Der Faktor vor dem Integral ist der Kehrwert von Q_tr, der Zustandssumme der Translation pro Volumeneinheit.

Nun setzen wir (4.40) in (4.39) ein und vertauschen die Reihenfolge von Summe (über die inneren Zustände) und Integral (über die Translationsgeschwindigkeiten). Das Ergebnis kann dann als

$$k(T) = Q^{-1} \int_0^\infty d\frac{E}{h} N^\ddagger(E) \exp\left(\frac{-E}{kT}\right) \qquad (4.41)$$

geschrieben werden, wobei die gesamte Dynamik jetzt in

$$N^\ddagger(E) = \sum_v \sum_j g_j \left(\frac{k_{vj}^2}{\pi}\right) \sum_{v'j'} \sigma(vj \to v'j') \qquad (4.42)$$

steckt. Wie bisher ist $\hbar^2 k_{vj}^2/2\mu = E - E_{vj}$ die Translationsenergie des Stoßes von A gegen B(v, j), und die Gesamtenergie ist E. Q ist das Produkt der inneren Zustandssumme Q_BC von BC mit der Zustandssumme pro Volumeneinheit $(2\pi\mu kT/h^2)^{3/2}$ der Relativbewegung. Die Multiplikation der Boltzmann-Faktoren $\exp(-E_\text{tr}/kT)$ und $\exp(-E_{vj}/kT)$ ergibt mit (4.31) den gesamten Boltzmann-Faktor $\exp(-E/kT)$. Ein Faktor h bleibt übrig, aber Dimensionskontrolle zeigt, daß das richtig ist. ($N^\ddagger$ ist dimensionslos, das Integral hat die Dimension Zeit^{-1}, Q hat Volumen^{-1}, so daß $k(T)$ richtig als Volumen/Zeit herauskommt.)

Unsere Betrachtungen ergeben ferner, daß man die Reaktionsrate im differentiellen Energiebereich von E bis $E + dE$ als

$$k(E)dE = \frac{N^\ddagger(E)dE}{h} = \frac{1}{h}\sum_i g_i \frac{k_i^2}{\pi}\sigma(i) \qquad (4.43)$$

4.4 Von der mikroskopischen Dynamik zur makroskopischen Kinetik

schreiben kann. Wir haben damit nicht nur die gesamte Dynamik in die dimensionslose Funktion $N^\ddagger(E)$ gesteckt, sondern diese hat auch noch den gleichen Wert für die Vorwärts- und die Rückwärtsreaktion.[34] (Man setze (4.30) in (4.42) ein!) Natürlich muß $N^\ddagger(E)$ auch eine physikalische Bedeutung haben, auf die wir sogleich kommen werden. Vorher wollen wir aber noch weiter integrieren. Bei $E = 0$ ist keine Reaktion möglich, daher geht $N^\ddagger$ mit E gegen Null. Auf der anderen Seite gibt es bei sehr hohen Energien auch keine Moleküle mehr, da $\exp(-E/kT) \to 0$, wenn $E \to \infty$. Daher kann man 4.41 partiell integrieren und erhält

$$k(T) = Q^{-1} \frac{1}{h} \int_0^\infty N^\ddagger(E) \exp\left(-\frac{E}{kT}\right) dE$$

$$= -Q^{-1} \frac{kT}{h} \int_0^\infty N^\ddagger(E) \left(\frac{d}{dE} \exp\left(-\frac{E}{kT}\right)\right) dE$$

$$= Q^{-1} \frac{kT}{h} \int_0^\infty \frac{dN^\ddagger(E)}{dE} \exp\left(-\frac{E}{kT}\right) dE. \qquad (4.44)$$

Gl. (4.44) ist immer noch exakt, wenn $N^\ddagger(E)$ exakt berechnet wurde. Aber der einzige bisher besprochene Weg, das zu tun, ist über die exakte Dynamik, d.h. aus (4.42).

4.4.5 Die Aktivierungsenergie

Die nach Arrhenius benannte Aktivierungsenergie E_a

$$E_a = -k \frac{d \ln k(T)}{d(1/T)} \qquad (4.45)$$

ist unser bequemes, gewohntes Maß der Temperaturabhängigkeit der Reaktionsrate. In diesem Abschnitt wollen wir drei Dinge erreichen: Erstens, indem wir Tolman folgen, eine genaue Interpretation von E_a vorlegen, zweitens, die These aufstellen, daß es genauso instruktiv ist, die Aktivierungsenergie spezifischer Ratenkoeffizienten anzusehen, und drittens mit der physikalischen Identifizierung von $N^\ddagger(E)$ beginnen.

Setzt man (4.41) in (4.45) ein und schreibt $k = P/Q$ (so daß $\ln k = \ln P - \ln Q$ und $d \ln P = 1/P \ln P$), so findet man, daß die Aktivierungsenergie als Differenz zweier Mittelwerte geschrieben werden kann, nämlich

---

[34] Der Ratenkoeffizient für die Rückwärtsreaktion wird ebenfalls durch (4.41) gegeben, wenn man Q jetzt als Zustandssumme für AB + C versteht.

4 Chemische Dynamik als Vielkörperproblem

$$E_a = \langle E^* \rangle - \langle E \rangle. \tag{4.46}$$

Der zweite Term kommt von der Ableitung der Zustandssumme

$$\langle E \rangle = -k \frac{d \ln Q}{d(1/T)} \tag{4.47}$$

und ist gerade die mittlere Energie aller Reaktanden. Der erste Term

$$\langle E^* \rangle = \frac{\int_0^\infty dE\, N^\ddagger(E) E \exp\left(-\frac{E}{kT}\right)}{\int_0^\infty dE\, N^\ddagger(E) \exp\left(-\frac{E}{kT}\right)} \tag{4.48}$$

entsteht aus der Ableitung des Integrals in (4.41). Er ist ebenfalls ein Mittelwert, nämlich die über die Verteilung $f(E) = N^\ddagger(E)\exp(-E/kT)$ gemittelte Energie. Diese Verteilung beschreibt die Gesamtenergie derjenigen Paare von A und BC, welche reagieren, anders gesagt, E^* ist die mittlere Energie derjenigen Stöße, die zur Reaktion führen, oder die mittlere Energie der „reaktiven Reaktanden" (vgl. Bild 4.36).

Um eine bessere Vorstellung zu gewinnen, erinnern wir uns an die Monte-Carlo-Berechnung der Trajektorien. Bei jeder Energie wählen wir $N(E)$ Trajektorien aus. Diese werden sich unter anderem in der Aufteilung der Energie in innere Energie von BC und Translationsenergie der Relativbewegung unterscheiden. Nur $N_R(E)$ von ihnen werden zur Reaktion führen. Das sind die „reaktiven Reaktanden", d.h. diejenigen Stöße, die bei gegebener Gesamtenergie E die Reaktion vollenden.

Ähnliche Betrachtungen gelten für die spezifischen Ratenkoeffizienten (vgl. Gl. (4.40)), z.B.

$$k(v, j \to v'j') = \frac{1}{hQ_{tr}} \int_0^\infty dE_{tr} \frac{k_{vj}^2}{\pi} g_j \sigma(vj \to v'j') \exp\left(-\frac{E}{kT}\right) \tag{4.40}$$

Daher ist

$$-k d(\ln k(vj \to v'j'))/d(1/T) = \langle E^* \rangle_{vj \to v'j'} - \langle E_{tr} \rangle, \tag{4.49}$$

wo $\langle E_{tr} \rangle$ die mittlere relative Translationsenergie bei der Temperatur T ist:

$$\langle E_{tr} \rangle = -k d \ln Q_{tr}/d(1/T) = 3/2 kT, \tag{4.50}$$

und der erste Term die mittlere Translationsenergie derjenigen Stöße bedeutet, die Reaktanden im Zustand vj in Produkte des Zustands $v'j'$ umwandeln.

4.4.6 Die Konfiguration ohne Wiederkehr

Wir beginnen hier unseren Versuch, brauchbare Näherungsmethoden für die Reaktionsrate zu finden. Vielen solchen Näherungen ist das Konzept einer „Konfiguration ohne Wiederkehr" gemeinsam. Damit ist eine kritische Konfiguration gemeint, von der aus das System, ist sie erst einmal erreicht, mit Sicherheit zur Reaktion fortschreitet und nicht rückwärts wieder in das Gebiet der Reaktanden läuft. Unsere einfachen Reaktionsmodelle von Abschn. 2.4 haben dieses Konzept im Grunde schon benutzt. Dort war die kritische Konfiguration ein relativer Abstand, bei dem das System reagiert, wenn es ihn erreicht. Die Berechnung der Reaktionsrate wird dadurch sehr einfach. Man braucht nicht mehr alle Trajektorien den ganzen Weg bis ins Produkttal zu verfolgen, sondern es genügt, die kritische Konfiguration zu beobachten und die Rate zu zählen, mit der die Moleküle passieren.

Die Annahme, daß eine solche Konfiguration existiert, ist eine Näherung. Genau betrachtet können wir nur dann über den Ausgang der Reaktion sicher etwas wissen, wenn die Produkte sich weit voneinander getrennt haben. Für Reaktionen mit einer Barriere auf dem Reaktionsweg ist der Sattelpunkt eine gute Wahl für den Punkt ohne Wiederkehr. (Für Reaktionen ohne Energieschwelle, wie sie in Abschn. 2.4.7 behandelt wurden, nimmt man vernünftigerweise das Maximum des effektiven Potentials). Der Grund für diese Wahl ist der folgende: Die Theorie stellt sich die Aufgabe, den thermischen Ratenkoeffizienten für die Reaktion zu berechnen. Wenn die Barriere nicht gerade niedrig verglichen mit kT ist, haben die meisten Trajektorien, die sie überschreiten können, wenig Überschußenergie. Ist die Barriere aber dann überschritten, schließt sich eine schnelle Bewegung „den Berg hinab" an, bei der die kinetische Energie rasch zunimmt. Es ist sehr unwahrscheinlich, daß solch eine Trajektorie den Weg zurück durch den engen Durchlaß am Sattelpunkt wiederfindet. Das würde eine sehr konzertierte Bewegung bedingen, bei der die ganze Energie für die Bewegung entlang des Reaktionsweges zur Verfügung steht. Es ist viel wahrscheinlicher, daß die Trajektorie „das Tal herunterläuft".

Bild 4.32 zeigt aus klassischen Trajektorien gewonnene Ergebnisse für die mittlere Zahl von Überquerungen des Sattels für den Fall einer hohen (H + H_2) und für den einer niedrigen (F + H_2) Barriere. Es handelt sich um kollineare Rechnungen. Man sieht in beiden Fällen, daß die Trajektorien, die es gerade noch geschafft haben, in der Tat nicht noch einmal kreuzen, jedenfalls solange man in der Nähe der Schwelle ist. Bei hohen Energien bricht die Annahme der Nicht-Wiederkehr allerdings zusammen. Das ist nicht ganz unerwartet, da für Trajektorien hoher Energie der Sattel kein

220   4 Chemische Dynamik als Vielkörperproblem

H + H$_2$ → H$_2$ + H

(a)

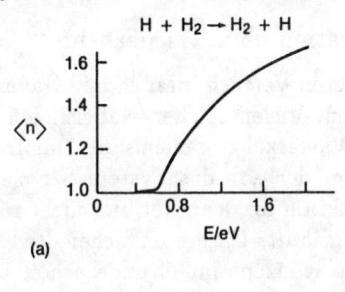

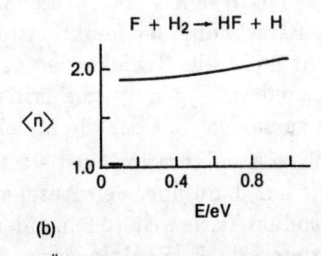

F + H$_2$ → HF + H

(b)

Bild 4.32 Mittlere Anzahl der Überkreuzungen der „Konfiguration ohne Wiederkehr" aufgetragen gegen die Gesamtenergie für die kollinearen Reaktionen (a) H+H$_2$ und (b) F + H$_2$. (Nach E. Pollak, R.D. Levine: J. Chem. Phys., 72, 2990 (1980); 76, 4931 (1982); s.a. Ch. Schlier, Chem. Phys. 77, 267 (1983))

enger Paß mehr ist. Es muß dann nicht mehr der größte Teil der Energie in die Translation kanalisiert werden, um über die Barriere zurück zu gelangen.

Die zentrale Annahme dieser Theorie ist es also, daß eine einzige Konfiguration ohne Wiederkehr existiert, man nennt sie den *Übergangszustand* (transition state). Hat das System diesen erreicht, bilden sich Produkte. Der Weg auf der Potentialfläche, auf dem die Reaktanden die kritische Konfiguration erreichen, und auf dem das „Molekül" sich vom Übergangszustand wegbewegt, um Produkte zu bilden, heißt auch *Reaktionskoordinate*. Es ist klar, daß man auf diese Weise eine Theorie für *direkte* Reaktionen bekommt, bei denen eine einzige Barriere Reaktanden und Produkte trennt. Das ist natürlich nicht immer der Fall. Für Reaktionen, deren Potentialfläche einen Topf hat, müssen wir sie später modifizieren.

4.4.7 Berechnung der Reaktionsrate

Vergleichen wir die beiden Teile von Bild 4.33: Beide zeigen eine Reihe von Trajektorien bei gegebener Gesamtenergie E. In 4.33a wird die einfache Situation gezeigt, bei der der Übergangszustand streng eine Konfiguration ohne Wiederkehr ist. Trajektorien die von der Seite der Reaktanden kommen, erreichen entweder den Übergangszustand erst gar nicht, oder sie

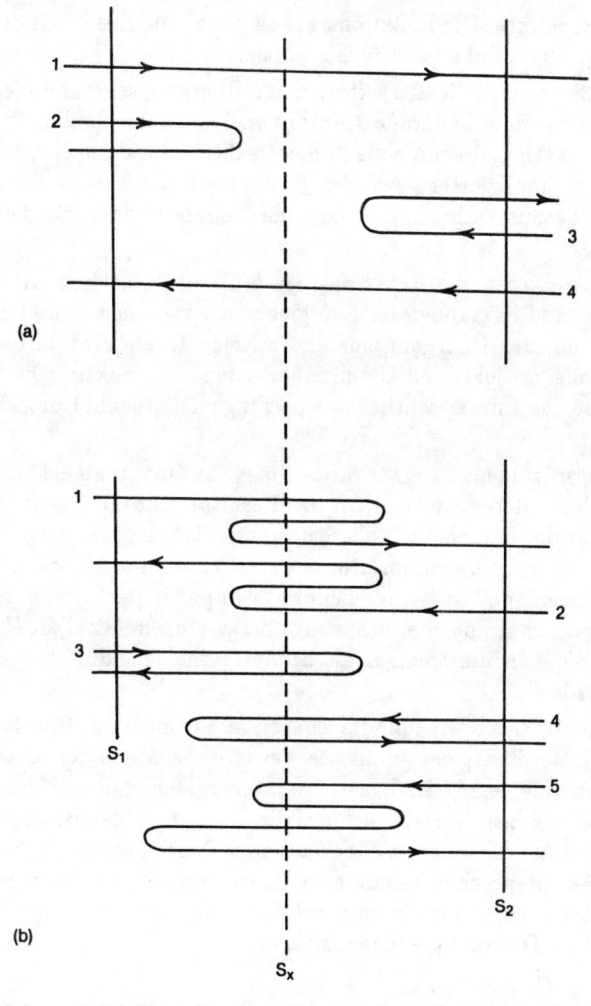

4.4 Von der mikroskopischen Dynamik zur makroskopischen Kinetik 221

Bild 4.33 (a) Schematische Darstellung verschiedenartiger Trajektorien für den Fall eines Übergangszustandes, der wirklich ein „Punkt ohne Wiederkehr" ist (s. den Text). Die Trajektorien 1 und 4 sind reaktiv, 2 und 3 nichtreaktiv.
(b) Dasselbe für den Fall, daß die Trajektorien den Übergangszustand mehrmals kreuzen können. Trajektorie 1 ist reaktiv, 2 ist ihr Inverses. Die Trajektorien 3, 4 und 5 sind nichtreaktiv mit 2 bzw. 4 Kreuzungen. S_1 und S_2 bezeichnen Anfangs- und Endzustand, S_x den Übergangszustand.

überkreuzen ihn und bilden Produkte. Alle Trajektorien, die den Übergangszustand von links nach rechts kreuzen, sind als Reaktanden gestartet und enden als Produkte. Die Reaktionsrate ist genau die Rate, mit der der Übergangszustand von links nach rechts passiert wird.

In Bild 4.33b kreuzen die Trajektorien den Übergangszustand *mehrfach*. Diejenigen, die das eine ungerade Anzahl von Malen tun, bilden Produkte, bei einer geraden Anzahl kehren sie in das Reaktandental zurück. Die Situation ist offenbar komplizierter geworden (wenn auch die Rate der Überkreuzung des Übergangszustandes immer noch eine obere Grenze für die Reaktionsrate ist).

Versuchen wir jetzt, die Reaktionsrate $k(T)$ zu berechnen. Als erstes wollen wir das für Reaktanden im Energiebereich zwischen E und $E + dE$ tun. Angenommen, der Übergangszustand sei eine Konfiguration ohne Wiederkehr, und alle Trajektorien, die hinüberlaufen sind reaktiv. Die Berechnung der Rate ist dann im wesentlichen eine Frage der Buchhaltung. Wie müssen wir zählen?

Um richtig zu zählen, ist es unvermeidbar, die Quantenmechanik zu benutzen.[35] Insbesondere brauchen wir das Resultat, daß ein (Quanten-)Zustand der Translation, den wir uns als Stück einer Trajektorie vorstellen können, ein bestimmtes Volumen im Phasenraum einnimmt: Betrachtet man ein Streckenelement dq, so ist der benötigte Impulsbereich h/dq und die Zahl der Zustände im Impulsbereich von p bis $p + dp$ daher $dp\,dq/h$. Zwei Trajektorien, die sich um weniger als dp unterscheiden, dürfen nicht getrennt gezählt werden.

Als erstes betrachten wir nun die Energieverhältnisse am Übergangszustand (Bild 4.34). Der Energienullpunkt sei der Grundzustand der Reaktanden, die Barrierenenergie sei E_0 und die Gesamtenergie E. Die verfügbare Energie ist daher $E - E_0$, sie verteilt sich auf die Energie ϵ_{tr} der Bewegung über die Barriere und auf die Energie ϵ_i der anderen Freiheitsgrade im Übergangszustand. Diese entsprechen gebundenen Zuständen, wie in einem gewöhnlichen Molekül. Man nennt sie die *inneren Freiheitsgrade* des Moleküls *im Übergangszustand*. Die Energiebilanz ist also

$$E = E_0 + \epsilon_i + \epsilon_{tr}. \tag{4.51}$$

---

[35] Der Fehler der klassischen Mechanik bei der Abzählung von Translationszuständen wurde zuerst in Verbindung mit der Strahlungsdichte der schwarzen Strahlung entdeckt, und führte Planck zur Einführung seiner Konstante h. Derselbe Fehler zeigte sich später im Beitrag der Translation zur Entropie (Formel von Sackur und Tetrode) und zu anderen thermodynamischen Eigenschaften der Gase.

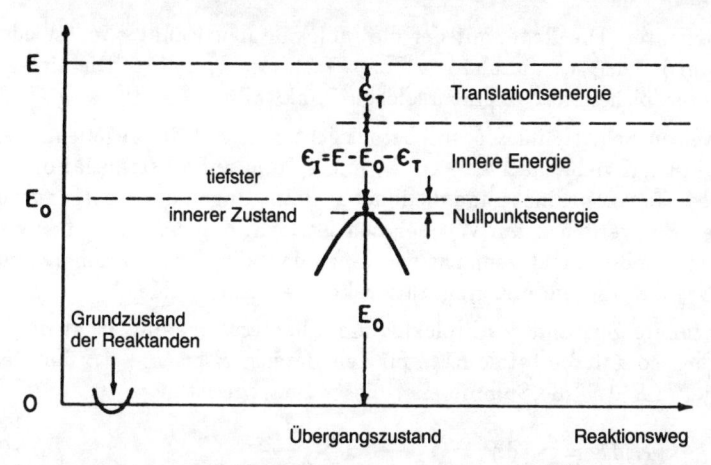

4.4 Von der mikroskopischen Dynamik zur makroskopischen Kinetik

Bild 4.34 Energieverhältnisse am Übergangszustand: Schematisches Energieprofil entlang der Reaktionskoordinate für ein Potential mit Barriere. E_0 ist die Nullpunktsenergie der inneren Schwingungsfreiheitsgrade des „Supermoleküls" im Übergangszustand vom Nullpunktsniveau der Reaktanden aus gemessen. E ist die Gesamtenergie, und $\epsilon_i = E - E_0 - \epsilon_{tr}$ ist die für die Anregung der inneren Freiheitsgrade des Supermoleküls verfügbare Energie. (Nach R.A. Marcus: J. Chem. Phys., 43, 2658 (1965))

Unsere erste Aufgabe ist die Berechnung der Rate, mit der die Moleküle den Punkt ohne Wiederkehr auf der Koordinate q kreuzen. Wir betrachten dazu eine Teilmenge aller Moleküle, nämlich das Ensemble derjenigen, deren Translationsenergie entlang q im Bereich ϵ_{tr} bis $\epsilon_{tr} + d\epsilon_{tr}$ ist. (Später können wir über alle ϵ_{tr} integrieren.)

Einem gegebenen ϵ_{tr} entspricht eine Geschwindigkeit der q-Bewegung $v^\ddagger = \dot{q} = (2\epsilon_{tr}/m^\ddagger)^{1/2}$ und ein Impuls $p^\ddagger = m^\ddagger v^\ddagger = (2m^\ddagger \epsilon_{tr})^{1/2}$. Wir benutzen hier das Zeichen ‡, um Eigenschaften des Übergangszustandes zu bezeichnen. $m^\ddagger$ ist eine effektive Masse der eindimensionalen q-Bewegung, die aus dem Ergebnis herausfällt. Der ϵ_{tr}-Bereich läßt sich als $p^\ddagger$-Bereich schreiben: $d\epsilon_{tr} = p^\ddagger dp^\ddagger / m^\ddagger$.

Die Übergangsrate, d.h. die Zahl der Moleküle, die im Energiebereich $d\epsilon_{tr}$ liegen und pro Zeiteinheit den Übergangszustand passieren, ist $dn^\ddagger = v^\ddagger dN^\ddagger$. Hier ist $dN^\ddagger$ die oben besprochene Zahl der Translationszustände („Zahl der zulässigen Trajektorien") auf dq, d.h. $dN^\ddagger/dq$ ist die eindimensionale Zustandsdichte, die gleich $dp^\ddagger/h$ ist. Damit ergibt sich die Übergangsrate zu

$$dn^\ddagger = \frac{v^\ddagger dp^\ddagger}{h} = \frac{p^\ddagger dp^\ddagger}{hm^\ddagger} = \frac{d\epsilon_{tr}}{h}. \tag{4.52}$$

4 Chemische Dynamik als Vielkörperproblem

Das bedeutet: Die Rate, mit der die Moleküle den Punkt ohne Wiederkehr kreuzen, ist $d\epsilon_{tr}/h$, unabhängig vom Wert von ϵ_{tr} selbst. Die einzige Annahme ist bisher, daß es einen solchen Punkt gibt.

Im zweiten Schritt müssen wir berücksichtigen, daß die gegebene Gesamtenergie E auf vielfache Weise auf ϵ_{tr} und ϵ_i, d.h. auf die Translation entlang der Reaktionskoordinate und die inneren Bewegungen des Übergangszustandes verteilt werden kann. Wir nehmen jetzt an, daß eine Zustandsselektion der Reaktanden nicht gemacht wurde, so daß alle Trajektorien zwischen E und $E + dE$, die diese Konfiguration kreuzen, auch zählen.

Jeder innere Zustand des Moleküls am Übergangszustand trägt $d\epsilon_{tr}/h$ zur Rate bei, so daß die totale Rate für den Bereich E bis $E + dE$ der Gesamtenergie, $k(E)dE$, die Summe aller dieser Beiträge ist:

$$k(E)dE = \sum_{n^{\ddagger}} dn^{\ddagger} = \sum_{n^{\ddagger}} \frac{d\epsilon_t}{h} = \sum_{n^{\ddagger}} \frac{dE}{h}. \tag{4.53}$$

Die Summe läuft dabei über alle $n^{\ddagger}$ inneren Zustände des Moleküls, deren ϵ_i im erlaubten Bereich von 0 bis $E - E_0$ liegt, für gegebenes ϵ_i ist $d\epsilon_{tr} = dE$. Die Gleichung definiert die „differentielle Reaktionsrate", d.h. $k(E)dE$ ist die Reaktionsrate, wenn die Energie zwischen E und $E + dE$ liegt.

Die Dimension von $k(E)$ ist daher Anzahl · Energie^{-1} · Zeit^{-1}. Das zentrale Ergebnis ist daher

$$k(E) = \sum_{n^{\ddagger}} \frac{1}{h} = \frac{N^{\ddagger}(E - E_0)}{h}. \tag{4.54}$$

$N^{\ddagger}$ ist als Zahl der Zustände des Moleküls im Übergangszustand definiert, für welche $\epsilon_i \leq E - E_0$ ist.

Wenn wir die Potentialfläche in der Nähe des Sattelpunkts gut kennen, könnten wir die Energien der erlaubten inneren Zustände berechnen und einfach abzählen, wieviele von ihnen $\epsilon_i \leq E - E_0$ haben. Als Ersatz können wir angenäherte Formeln für die Zustandsdichte $\rho^{\ddagger}(\epsilon_i) = dN^{\ddagger}/d\epsilon_i$ der inneren Zustände benutzen und die Summe durch ein Integral ersetzen:

$$N^{\ddagger}(E - E_0) = \int_{\epsilon_i=0}^{E-E_0} \rho^{\ddagger}(\epsilon_i)d\epsilon_i. \tag{4.55}$$

Mit (4.55) haben wir nicht nur eine Interpretation für $N^{\ddagger}(E)$ geliefert, das wir rein formal in (4.41) eingeführt hatten, sondern auch einen zweiten, brauchbaren Weg zu seiner Berechnung geliefert. Nach der Dynamik wird

4.4 Von der mikroskopischen Dynamik zur makroskopischen Kinetik

hier gar nicht gefragt. Das einzige, was notwendig ist, ist die Kenntnis der Potentialfläche in der Nähe der Konfiguration ohne Wiederkehr.

4.4.8 Der aktivierte Komplex

Eine besonders nützliche Formel für $k(T)$, die zuerst Eyring in den 30er Jahren vorschlug und die einen tiefen Einfluß auf die Entwicklung der chemischen Kinetik hatte, kommt aus der sogenannten Theorie des aktivierten Komplexes. Wir wollen sie hier so ableiten, daß die dabei gemachten Annahmen deutlich werden.

Die erste Annahme ist, daß die Reaktanden im thermischen Gleichgewicht sind. Das ist einfach eine Bedingung für die experimentellen Verhältnisse, unter denen die Theorie anwendbar ist.[36] Im thermischen Gleichgewicht der Reaktanden, gilt Gl. (4.45). Wir können dann (4.55) bemühen, um abzuleiten, daß $dN^{\ddagger}/d(E - E_0) = \rho^{\ddagger}(E - E_0)$. Wechsel der Variablen in (4.44) von E nach $E_i = E - E_0$ und Herausnahme des Faktors $\exp(-E_0/kT)$ liefert

$$k(T) = \frac{kT}{hQ} \exp\left(-\frac{E_0}{kT}\right) \int_0^\infty dE_i \rho^{\ddagger}(E_i) \exp\left(-\frac{E_i}{kT}\right)$$

$$= \frac{kT}{h} \frac{Q_i^{\ddagger}}{Q_{tr}Q_i} \exp\left(-\frac{E_0}{kT}\right) \qquad (4.56)$$

Das Integral läßt sich offenbar mit der Zustandssumme $Q_i^{\ddagger}$ der inneren Zustände des Moleküls im Übergangszustand identifizieren. Im Nenner haben wir die Zustandssumme Q der Reaktanden in diejenige der Relativbewegung und der inneren Zustände aufgespalten.

Mit Gl. (4.56) haben wir die Argumentationskette, die in Abschn. 4.4.4 begonnen wurde, zu Ende gebracht. Die Berechnung thermischer Ratenkoeffizienten konnte auf die Berechnung von Zustandssummen reduziert werden, für die überhaupt keine Kenntnis der Dynamik notwendig ist. Notwendig

---

[36] Sie ist nicht trivial und kann aus verschiedenen Gründen verletzt werden. So werden z.B. endoergische Reaktionen häufig in der Schwingung angeregte Reaktanden bevorzugen. Die Reaktion entvölkert dann diese Zustände, und nur, wenn der Nachschub durch Energie übertragende Stöße schneller als die Reaktionsrate ist, bleiben die Reaktanden im thermischen Gleichgewicht. Ähnlich vermag auch eine spezifische Freisetzung von Reaktionsexoergizität das System aus dem Gleichgewicht zu bringen. Dieses existiert wiederum nur dann, wenn der Stoßmechanismus, der das Gleichgewicht wiederherstellt, schneller als die Reaktion ist. Besonders bei „schnellen" Reaktionen ist diese Bedingung oft verletzt, und man braucht dann selbst für die makroskopische Reaktion eine Beschreibung mit Hilfe der Moleküldynamik.

ist allerdings die Kenntnis der Potentialfläche in der Umgebung des Sattels, in der Form, daß sowohl die Sattelpunktsenergie E_0 als auch die Energien der inneren Zustände in der Sattelgegend bekannt sein müssen. Die letztgenannte Information ist in Wirklichkeit selten verfügbar. Meist nimmt man eine Struktur für den Übergangszustand an, mit der man $Q^\ddagger$ berechnet. Kann man jedoch im Einzelfall E_0 und $Q^\ddagger$ mittels einer genau definierten Potentialfläche berechnen, so findet man, daß Gl. (4.56) eine brauchbare Genauigkeit besitzt. Bild 4.35 zeigt die Vorhersage der Theorie des aktivierten Komplexes für die Austauschreaktion zwischen o- und p-Wasserstoff im Vergleich mit experimentellen Ergebnissen.

Der Ursprung der Aktivierungsenergie und ihre Beziehung zur Energieschwelle werden deutlicher, wenn wir den Integranden in (4.41) betrachten. Für Schwellenreaktionen verschwindet $k(E)$ unterhalb der Schwelle und steigt oberhalb derselben mit E an. Nach der Theorie des Übergangszustandes ist

$$k(E) = \begin{cases} 0 & \text{für } E \leq E_0 \\ N^\ddagger(E - E_0)/h & \text{für } E > E_0. \end{cases} \tag{4.57}$$

Dabei ist $N^\ddagger$ die Zahl der inneren Zustände, die oberhalb der Schwelle sehr schnell mit E ansteigt.

Der Integrand in (4.41) ist daher das Produkt zweier Funktionen, eines Boltzmann-Faktors, der schnell mit E abfällt (und mit T wächst) und von $k(E)$ selbst, das oberhalb der Schwelle schnell mit E ansteigt, wie Bild 4.36 zeigt. Häufig ist $E_0 > \langle E \rangle$, so daß nur die Werte von $k(E)$ unmittelbar oberhalb der Schwelle $k(T)$ bestimmen. Wächst die Temperatur, so wächst auch der Integrand und damit $k(T)$.

Man kann zeigen, daß der Hauptbeitrag zur Aktivierungsenergie E_a von der Schwellenenergie E_0 kommt. Mittels (4.56) erhält man nämlich

$$E_a = E_0 - \frac{1}{2}kT + \left(\langle E_i^\ddagger \rangle - \langle E_i \rangle\right), \tag{4.58}$$

Bild 4.35 Arrhenius-Darstellung des Ratenkoeffizienten für die Reaktion $H + p\text{-}H_2 \rightarrow o\text{-}H_2 + H$, d.h. der Temperaturabhängigkeit von $k_H = k + k'$ (wo der $'$ die Rückwärtsreaktion bezeichnet) im Temperaturbereich von 299 bis 549 K. (Nach B.C. Garrett, D.G. Truhlar: Proc. Nat. Acad. Sci. U.S.A., 76, 4755 (1979)) Die Punkte sind Messungen (von K.A. Quickert, D.J. LeRoy: J. Chem. Phys., 47, 1325 (1970); 54, 5444 (1971) und von A.A. Westenberg, N. de Haas: J. Chem. Phys., 47, 1393 (19679). Rechnung (a) benutzt die Theorie des Übergangszustandes auf der LSTH ab initio-Fläche (von Bild 4.4), (b) eine skalierte Version derselben, von der man glaubt, daß sie das wirkliche Potential noch besser darstellt.

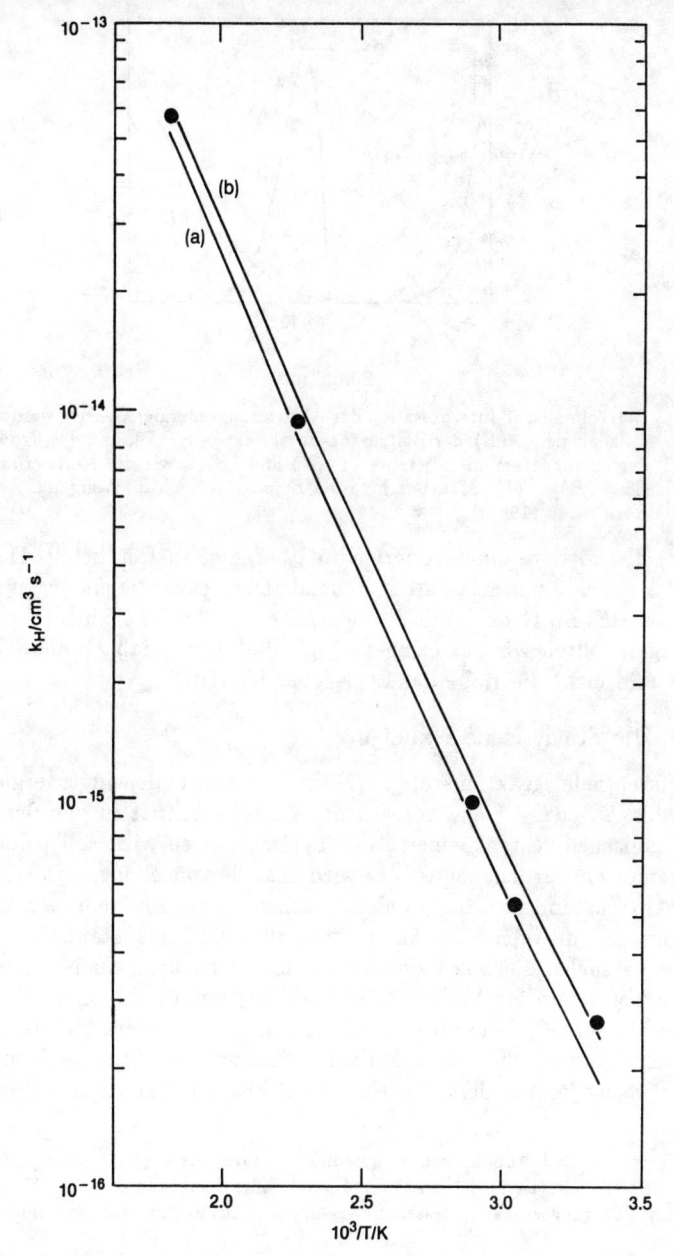

4 Chemische Dynamik als Vielkörperproblem

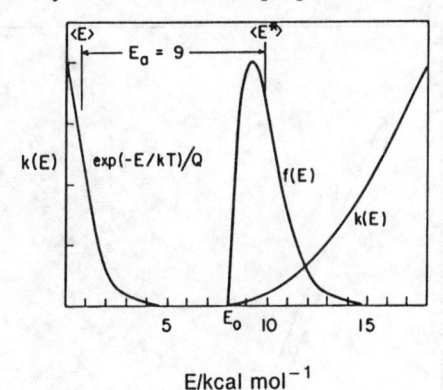

Bild 4.36 Die Tolmansche Interpretation der Aktivierungsenergie: Gezeigt werden der Ratenkoeffizient $k(E)$, der Boltzmann-Faktor $\exp(-E/kT)$, und das Produkt $f(E)$ derselben, ferner die Mittelwerte $\langle E^* \rangle$ und $\langle E \rangle$, sowie die Aktivierungsenergie $E_a = \langle E^* \rangle - \langle E \rangle$. Man beachte, daß $E_a \neq E_0$. (Nach R. Wolfgang: Acc. Chem. Res. 2. 248 (1969))

wo $\langle E_i^\ddagger \rangle$ die mittlere innere Energie im Übergangszustand ist.[37] Da sowohl $1/2\,kT$ als auch die in Klammern stehende Differenz oft klein gegen E_0 sind, können wir E_a im Groben mit E_0 identifizieren, obwohl sie nicht gleich sind. Im übrigen sollten wir uns erinnern (vgl. Bild 4.34), daß E_0 die Schwellenenergie und nicht die Höhe der Energiebarriere ist.

4.4.9 Die Statistische Näherung

Die differentielle Reaktionsrate $k(E)\mathrm{d}E$ für Reaktanden im Energiebereich von E bis $E + \mathrm{d}E$ ist ein wesentlicher Zwischenschritt in der Berechnung der thermischen Ratenkoeffizienten. Typischerweise wird soll jedoch nicht $k(E)$ gemessen werden, sondern es wird anstelle von E oder zusätzlich zu E der innere Zustand des Reaktanden spezifiziert, um zustandsspezifische Reaktionsraten (mit oder ohne Summation über die Endzustände) zu messen. Man ist versucht, die Methode von Abschn. 4.4.7 anzuwenden, aber dabei entsteht sofort ein Problem: Dort haben wir am Punkt ohne Wiederkehr die durchlaufenden Trajektorien gezählt, ohne zu wissen, aus welchen Reaktandenzuständen diese kamen, da alle Zustände der Energie E zugelassen waren. Das ist jetzt anders. Es reicht nicht aus, am Punkt ohne Wiederkehr

---

[37] Der Term $-1/2kT$ kommt von der eindimensionalen Bewegung entlang der Reaktionskoordinate. Diese ist in der mittleren Energie aller Reaktanden eingeschlossen, nicht jedoch im Übergangszustand, dessen Bewegungen ja orthogonal zur Reaktioskoordinate sind.

4.4 Von der mikroskopischen Dynamik zur makroskopischen Kinetik

Trajektorien zu zählen. Wir müssen auch die Wahrscheinlichkeit $P(i)$ kennen, mit der das System vom inneren Zustand i der Reaktanden aus (der die Energie E haben soll) diesen Punkt erreicht.

Haben die Trajektorien den Punkt ohne Wiederkehr erreicht, so bilden sie jedenfalls Produkte. Der Reaktionsquerschnitt für Reaktanden im inneren Zustand i ist dann der Bruchteil $P(i)$ des Querschnitts für das Erreichen des Punkts ohne Wiederkehr

$$\sigma_i(i) = P(i)\sigma_R = \frac{\pi}{k_i^2} P(i) N^\ddagger(E). \tag{4.59}$$

Da $\sum P(i)$ zu 1 normalisiert ist, kommt insgesamt der totale Reaktionsquerschnitt $(\pi/k_i^2) N^\ddagger(E)$ bei der Energie E heraus.

Unser endgültiges Ziel ist der Reaktionsquerschnitt von Zustand zu Zustand. Brauchen wir dann noch eine Wahrscheinlichkeit, nämlich die, daß das System von Punkt ohne Wiederkehr in den Produktzustand j geht? Hier kommt uns das detaillierte Gleichgewicht zur Hilfe und sagt „Nein". Bei gegebener Gesamtenergie ist die Wahrscheinlichkeit $P(i)$, von $A + BC(i)$ aus die Konfiguration ohne Wiederkehr zu erreichen, exakt die gleiche, wie die Wahrscheinlichkeit $P'(i)$, beginnend mit den Reaktanden $AB + C$ von dort aus die Produkte $A + BC(i)$ zu bekommen. Wir beweisen das sogleich, erinnern aber vorher noch einmal daran, daß wir (ab Abschn. 4.4.6) vorausgesetzt haben, daß es eine eindeutige Konfiguration ohne Wiederkehr auf dem Weg von Reaktanden zu Produkten gibt, und daß wir bei fester Energie E arbeiten.[38] Der Beweis benutzt (4.30), nachdem beide Seiten über v und j summiert sind. Das gibt

$$k_i^2 \sigma_r(i) = \sum_f k_f^2 \sigma_r(f \to i) \tag{4.60}$$

Die rechte Seite von (4.60) ist die Reaktionsrate für $AB + C$ im Energiebereich E bis $E + dE$, soweit Produkte $A + BC$ im inneren Zustand i gebildet werden. Da es nur *eine* Konfiguration ohne Wiederkehr gibt, ist diese Rate gleich $N^\ddagger(E)$ mal der Wahrscheinlichkeit $P'(i)$, von dort aus $A + BC(i)$ zu erreichen. Die linke Seite von (4.60) ergibt sich andererseits aus (4.59) zu $k_i^2 \sigma_R(i) = \pi N^\ddagger(E) P(i)$, so daß

$$N^\ddagger(E) P(i) = N^\ddagger(E) P'(i). \tag{4.61}$$

---

[38] Genau genommen sollten wir bei einem scharfen Wert *aller* erhaltenen Größen arbeiten. Neben der Gesamtenergie ist dies insbesondere noch der Gesamtdrehimpuls. Bewirkt die Reaktion eine starke Änderung der reduzierten Masse, wie z.B. in $Cs + HBr \to CsBr + H$, ist die Drehimpulserhaltung eine wichtige Einschränkung (vgl. Exkurs 4B), andernfalls kann man sie oft übersehen.

Das zeigt, daß die Wahrscheinlichkeit $P'(i)$, aus dem Übergangszustand heraus $A + BC(i)$ zu erreichen, gleich der Wahrscheinlichkeit $P(i)$ ist, von $A + BC(i)$ aus den Übergangszustand zu erreichen. Daher hat der Reaktionsquerschnitt von Zustand zu Zustand die separierbare Form

$$\sigma_R(i \to f) = \frac{\pi}{k_i^2} N^{\ddagger}(E) P(i) P(f). \tag{4.62}$$

Die statistische Annahme in (4.59) hat uns zu dem unvermeidlichen Schluß geführt, daß die Verteilung der Produkte $AB(f) + C$ der Reaktion $A + BC(i)$ bei einer Gesamtenergie E

$$P(f) = \frac{\sigma_R(i \to f)}{\sum_f \sigma_R(i \to f)} = \frac{\sigma_R(i \to f)}{\sigma_R(i)} \tag{4.63}$$

unabhängig vom inneren Zustand der Reaktanden ist.

Es ist manchmal bequemer, nicht von der Wahrscheinlichkeit $P(i)$ zu sprechen, mit der man den Übergangszustand in Richtung $A + BC(i)$ oder umgekehrt erreicht, sondern von der Transmission $T(i)$ der Konfiguration ohne Wiederkehr, $T(i) = N^{\ddagger}(E) P(i)$. Damit ist

$$\sigma_R(i \to f) = \frac{\pi}{k_i^2} \frac{T(i) T(f)}{N^{\ddagger}(E)}. \tag{4.64}$$

In jedem Fall ist aber ein Problem noch nicht gelöst: wie man die Verteilung $P(f)$ der Produkte aus Gl. (4.63) nun wirklich bestimmt. Abschn. 5.5 nimmt diesen Punkt wieder auf.

4.4.10 Komplexstöße: Unimolekulare und bimolekulare Raten

Die Diskussion von Abschn. 4.4.6 bis 4.4.9 gilt immer dann, wenn man vernünftigerweise annehmen darf, daß es auf dem Weg von Reaktanden zu Produkten nur einen Flaschenhals gibt. Wir beziehen dann dort unsere Stellung und berechnen die Rate, mit der er von Bahnen durchlaufen wird und damit die Reaktionsrate. Die o.g. Annahme kann selbst für direkte Reaktionen mit einer einfachen Barriere falsch sein, denn es kann entropische neben den energetischen Barrieren geben.[39] Sie wird mit Sicherheit dann falsch sein, wenn die Potentialfläche in der Mitte einen Topf hat, der von zwei Barrieren flankiert wird, wie es Bild 4.37 zeigt. Für eine solche Fläche

---

[39] Deshalb ist es angebracht, die Konfiguration ohne Wiederkehr durch ein Variationsverfahren festzulegen. Bei gegebenem E kann man z.B. $N^{\ddagger}(E)$ bei verschiedenen Werten der Reaktionskoordinate berechnen. Die beste Konfiguration ohne Wiederkehr ist dann dort, wo für gegebene Energie E die Zustandsdichte $dN^{\ddagger}(E)/dE$ am kleinsten ist. Diese Stelle kann sich mit der Energie verschieben.

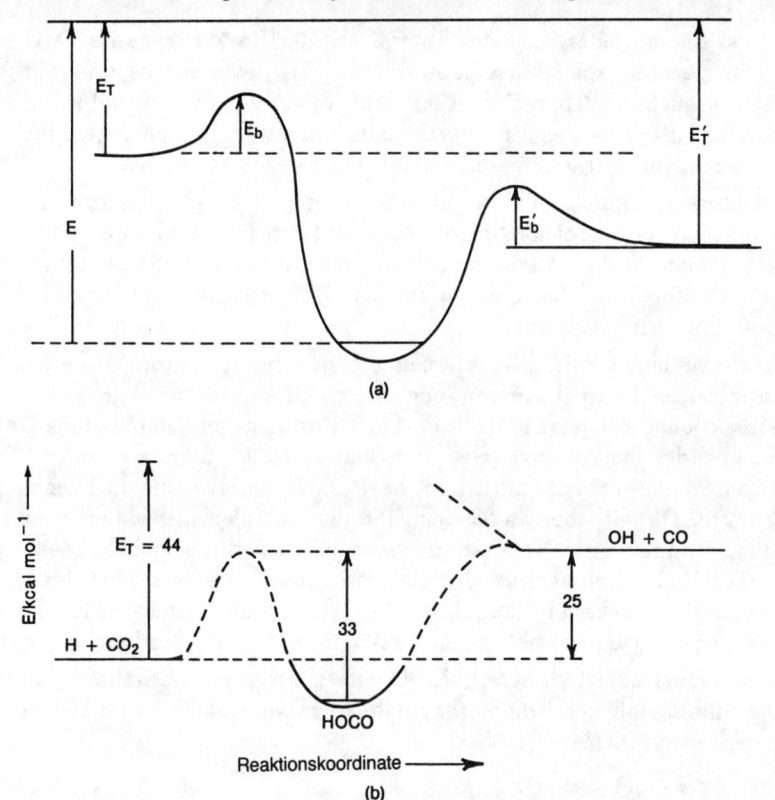

4.4 Von der mikroskopischen Dynamik zur makroskopischen Kinetik

Bild 4.37 (a) Schematische Darstellung des Energieprofils für eine Potentialfläche mit einem Topf, der von zwei Barrieren flankiert wird (wie es für manche Komplexreaktionen typisch ist). (b) Realistisches Energieprofil für das System $H(^2S) + CO_2(^1\Sigma_g^+) \leftrightarrow HOCO \leftrightarrow OH(^2\Pi) + CO(^1\Sigma^+)$. Die gesamte Reaktion ist mit etwa 25 kcal·mol^{-1} endoergisch, aber Experimente mit translatorisch „heißen" H-Atomen (gezeigt ist $E_{tr} = 44$ kcal·mol^{-1}) lieferten die Produkte OH + CO über einen langlebigen Komplex, den man für HOCO hält. Die beiden Barrieren gehören zu abgewinkelten Übergangszuständen dieses Zwischenmoleküls. (Nach J. Wolfrum: J. Phys. Chem, 89, 2525 (1985))

erwarten wir, wenigstens bei niedriger Energie, daß die Trajektorien einige Zeit im Potentialtopf verbringen (vgl. Abschn. 4.3.6 und 4.2.6).

Auch unter diesen Umständen können wir das Konzept der Konfiguration ohne Wiederkehr wieder benutzen, weisen aber den Leser ausdrücklich darauf hin, daß diese Näherung jetzt eine andere Bedeutung bekommt. Im Hinblick auf Bild 4.37 postulieren wir jetzt *zwei* Konfigurationen ohne Wiederkehr, je eine an jeder Seite des Topfes. Auf der Reaktandenseite bestimmt die eine den Eingang in den Topf, d.h. alle Trajektorien, die sie erreichen, erreichen auch den Topf. Umgekehrt läuft es auf der Produktseite. Um von den Reaktanden zu den Produkten (oder umgekehrt) zu gelangen, müssen jetzt *beide* Konfigurationen ohne Wiederkehr gekreuzt werden.

Trajektorien, die im Topf anfangen, d.h. die unimolekulare Dissoziation eines gebundenen ABC-Moleküls beschreiben und den linken Paß überschreiten, sollen gemäß unserer Annahme dies nur einmal tun und die „Reaktanden" $A + BC$ bilden, solche, die den rechten Paß erreichen, entsprechend die „Produkte" $AB + C$.

Für *direkte* bimolekulare Reaktionen gilt, daß die Trajektorien, die den ersten, einzigen Engpaß kreuzen, sogleich zu Produkten werden. Für *Komplex*reaktionen der jetzt betrachteten Art wird angenommen, daß die Überkreuzung des ersten Engpasses zur *Bildung eines Komplexes* führt. Dieser kann dann entweder zurück in die Reaktanden dissoziieren oder in die Produkte. Da wir aber annehmen, daß die Komplexlebensdauer groß ist, können Bildung und Dissoziation *unabhängig voneinander* behandelt werden. Die Wahrscheinlichkeit, daß eine Trajektorie sich im Gebiet des Komplexes aufhält, bekommt man durch Abzählen an den kritischen Konfigurationen, egal, ob die Trajektorie im Reaktanden- oder im Produkttal begann.

Um den Querschnitt zu berechnen, benutzen wir unsere Annahme, daß Bildung und Zerfall des Komplexes unabhängig voneinander sind. Dann gilt bei gegebener Totalenergie E

$$\sigma(i \to f) = \sigma_c(i) P_c(f), \tag{4.65}$$

wo $\sigma_c(i)$ der Querschnitt für die Bildung des Komplexes aus dem Reaktandenzustand i ist und $P_c(f)$ die Wahrscheinlichkeit, daß er in den Zustand f der Dissoziationsprodukte zerfällt. An dieser Stelle weichen wir von Redeweise für direkte Reaktionen (Abschn. 4.4.9) ab: Die Dissoziations„produkte" des Komplexes schließen Produkte *und* Reaktanden der Gesamtreaktion ein. $P_c(f)$ wird zu 1 normiert, indem man sowohl über die Zustände der Reaktanden als auch über die der Produkte summiert.

Wenn wir $P_c(f)$ nur über die eigentlichen Produktzustände summieren, bekommen wir den Verzweigungsfaktor F, d.h. den Bruchteil der Komplexe, die in Produkte zerfallen. Da die Dissoziation des Komplexes unimolekular erfolgt, ist das *Verzweigungsverhältnis* Γ, das Verhältnis der unimolekularen Raten für Dissoziation in Reaktanden und Produkte gleich $F/(1-F)$. In den Konfigurationen ohne Wiederkehr sind diese beiden Raten einfach $N_R^{\ddagger}(E - E_R^0)/h$ und $N_P^{\ddagger}(E - E_P^0)/h$ d.h.

4.4 Von der mikroskopischen Dynamik zur makroskopischen Kinetik

$$\Gamma = \frac{N_P^\ddagger (E - E_P^0)}{N_R^\ddagger (E - E_R^0)} \tag{4.66}$$

wo $N_\alpha^\ddagger (E - E_\alpha^0)$ die Zahl der Zustände am Übergangszustand α und E_α^0 die Höhen der zugehörigen Barrieren sind.

Der gesamte Reaktionsquerschnitt aus dem Zustand i heraus ist daher

$$\sigma_R(i) = \sigma_c(i) \frac{N_P^\ddagger (E - E_P^0)}{N^\ddagger(E)}. \tag{4.67}$$

Dabei ist der Bruch gleich dem Verzweigungsfaktor, und es wurde

$$N^\ddagger(E) = \sum_\alpha N_\alpha^\ddagger \left(E - E_\alpha^0\right) \tag{4.68}$$

gesetzt. Dieser Reaktionsquerschnitt ist natürlich stets kleiner als der Komplexbildungsquerschnitt, da der Komplex auch zurück in die Reaktanden dissoziieren kann.

Der Querschnitt für die Bildung des Komplexes, $\sigma_c(i)$ kann ebenso wie in Abschn. 4.4.9 berechnet werden, da σ_c der Querschnitt dafür ist, daß aus dem Zustand i eine bestimmte Konfiguration ohne Wiederkehr erreicht wird. Mit $T_c(i) = N^\ddagger(E) P_c(i)$ folgt daher

$$\sigma(i \to f) = \frac{\pi}{k_i^2} N^\ddagger(E) P_c(i) P_c(f) = \frac{\pi}{k_i^2} \frac{T_c(i) T_c(f)}{N^\ddagger(E)}. \tag{4.69}$$

Obwohl es so aussieht, als sei (4.69) mit (4.64) identisch, ist dem nicht so. Die Definition von $N^\ddagger(E)$ in (4.68) umfaßt jetzt nämlich die *Summe* der Raten für die *beiden* möglichen Dissoziationsprozesse. Die formale Ähnlichkeit der Formeln (4.64) und (4.69) darf daher den Unterschied der ablaufenden chemischen Dynamik nicht verwischen. Der totale Querschnitt für die Komplexreaktion ist z.B. nicht $\sigma_c(i)$, da dies nur der Gesamtquerschnitt dafür ist, daß der *erste* Engpaß überwunden wurde.[40]

Wir haben also jetzt explizite Ausdrücke für $k(E)$, die keine Dynamik enthalten, für zwei Grenzfälle:

---

[40] Der Verzweigungsfaktor in (4.67) kann daher auch als Bruchteil derjenigen Trajektorien interpretiert werden, die die erste Konfiguration ohne Wiederkehr durchlaufen haben, aber die zweite nicht schaffen. Man kann ihn daher auch als Korrekturfaktor für solche direkten Reaktionen auffassen, in denen die Annahme, es gäbe keine Wiederkehr, nicht streng gilt. Man beachte aber, daß er jetzt ein Korrekturfaktor in einer Theorie direkter Reaktionen ist: Man ersetzt (4.57) durch $k(E) = \kappa(E) N^\ddagger(E - E_0)$, wo $\kappa(E)$ Transmissionskoeffizient heißt, aber mit unserem Verzweigungsfaktor identisch ist.

a) direkte Reaktionen mit einer einzigen Konfiguration ohne Wiederkehr, wo

$$hk(E) = N^{\ddagger}(E - E_0) \quad \text{für} \quad E \geq E_0, \tag{4.57}$$

b) Komplexreaktionen mit zwei solchen Konfigurationen, die durch einen tiefen Topf getrennt und daher unabhängig voneinander sind, wo statt dessen

$$hk(E) = \frac{N_R^{\ddagger}(E - E_R^0) N_P^{\ddagger}(E - E_P^0)}{N^{\ddagger}(E)} \quad \text{für } E \geq E_0^{(p)}, E_0^{(r)} \tag{4.70}$$

und mit $N^{\ddagger}(E)$ aus (4.68). Interessant wäre es jetzt, das Gebiet zwischen den beiden Extremen zu behandeln. Dann kommt man allerdings nicht mehr ohne Dynamik aus.

4.4.11 Selektive Photochemie

Mit der Verfügbarkeit von Lasern entwickelte sich ein großes Interesse an selektiver Photochemie. Ist allerdings die Dissoziation des durch Lichteinstrahlung angeregten Moleküls, unseres jetzigen Komplexes, unabhängig von der Art seiner Bildung, so kann man seinen Zerfall durch Pumpen in verschiedene Zustände nicht so steuern, wie es Bild 4.38 voraussetzt. Mit anderen Worten: Der schnelle Energietransfer zwischen den Schwingungsmoden, der so charakteristisch für die Komplexdynamik ist, *verhindert* die Möglichkeit, selektive Reaktionen zu beobachten, wenn man nur das Molekül selektiv in eine bestimmte Schwingung (oder in einem bestimmten Teilstück) anregt.

Eines der ersten Experimente, die sich mit diesem Aspekt der Chemie beschäftigten, stammt schon aus der Zeit vor dem Laser und nahm daher die „chemische Aktivierung" zu Hilfe. Energiereiches Methylcyclopropan wurde auf zwei Wegen erzeugt, einmal durch die Anlagerung von Triplett-Methylen an Propen,

$$CH_2(^3\Sigma_g^-) + CH_3CH{=}CH_2 \longrightarrow CH_3{-}\underset{\diagdown CH_2 \diagup}{CH{-}CH_2}$$

das andere Mal durch die Einfügung von Singlett-Methylen in Cyclopropan,

$$CH_2(^1A_1) + \underset{\diagdown CH_2 \diagup}{CH_2{-}CH_2} \longrightarrow CH_3{-}\underset{\diagdown CH_2 \diagup}{CH{-}CH_2}$$

Das gebildete, energiereiche Methylcyclopropan hat auf beiden Wegen etwa die gleiche Energie erhalten. Im ersten Fall ist sie jedoch zunächst im Ring konzentriert, dagegen im zweiten an der „heißen Stelle" im Seitenzweig. Die

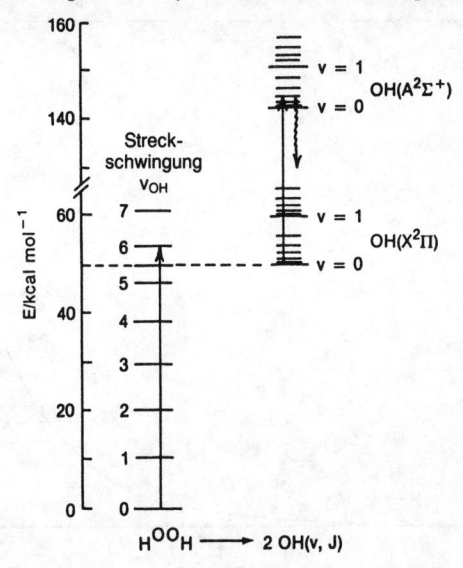

4.4 Von der mikroskopischen Dynamik zur makroskopischen Kinetik   235

Bild 4.38 Schema der Energieniveaus für den Zerfall von H_2O_2 durch Schwingungsanregung im Oberton $6\nu_{OH}$ und für den Nachweis des Produktes OH mittels laserinduzierter Fluoreszenz. (Nach T.R. Rizzo, C.C. Hayden, F.F. Crim: J. Chem. Phys., 81, 4501 (1984))

Isomerisierung erfolgt überwiegend zu verschiedenen Isomeren des Buten.[41] Die Verzweigungsfaktoren für die verschiedenen Isomere stellten sich als fast gleich heraus, ihr Unterschied kann auf die nicht exakt gleiche Energie in beiden Reaktionen zurückgeführt werden.

Weitere Experimente mit chemischer Aktivierung haben diese Ergebnisse bestätigt und verfeinert. Sobald ein energiereiches Molekül einmal 10 bis 100 Schwingungsperioden hinter sich hat, ist die ursprüngliche Anregung über viele Schwingungsfreiheitsgrade verteilt: die Umverteilung der Schwingungsenergie geschieht sehr schnell. Die Rate dieser intramolekularen Energie-Umverteilung hängt im einzelnen von strukturellen und energetischen Faktoren ab (vgl. dazu Abschn. 7.2 und 7.3). Ein klarer Fall eines strukturellen Einflusses (den man auch auf die Zustandsdichten zurückführen kann, vgl.

---

[41] Man könnte denken, auch ein Zerfall zurück in die Reaktanden müßte auftreten. Das ist nicht der Fall, weil die Schwelle für die Bildung der Isomeren viel niedriger liegt, und daher die Überschußenergie am entsprechenden Übergangszustand sehr viel höher ist. Daher ist auch die Zahl der inneren Zustände der jeweiligen Übergangszustände für Isomerisierung sehr viel höher, denn $N^{\ddagger}(x)$ steigt mit der Überschußenergie x wie x^{s-1} an, wo s die Zahl der Schwingungsfreiheitsgrade des Komplexes ist.

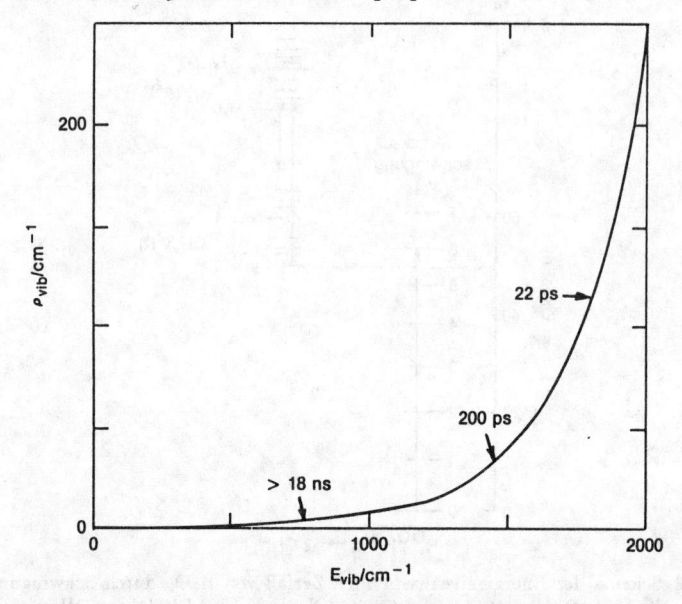

236   4 Chemische Dynamik als Vielkörperproblem

Bild 4.39 Dichte der Schwingungsniveaus von Anthrazen gegen die Schwingungsenergie und typische Zeiten für die intramolekulare Umverteilung der Schwingungsenergie, die (im ps-Bereich) durch zeitaufgelöste Fluoreszenz bestimmt wurden. (Nach P.M. Felker, A.H. Zewail: J. Chem. Phys., 82, 2975 (1985); s.a. J.B. Hopkins, D.E. Powers, R.E. Smalley: J. Chem. Phys., 72, 5039 (1980); 73, 683 (1980) Man bedenke, daß die Überschußenergie in diesem Experiment weit unter derjenigen liegt, die in einem typischen Experiment mit „chemischer Aktivierung" übertragen wird.

Bild 6.5), ist die Fluoreszenz der Alkylbenzole $C_6H_5 \cdot (CH_2)_n CH_3$. Nach elektronischer und schwingungsmäßiger Anregung des Benzolrings kann Schwingungsenergie in die Alkyl-Kette wandern. Die Rate dieser Energieumverteilung hängt von der Länge der Seitenkette ab. Sie ist am kleinsten für Äthylbenzol ($n = 1$) und erreicht bei $n = 4$ bereits die Größenordnung ps^{-1}. Auch wachsende Schwingungsenergie läßt sie ansteigen (vgl. Bild 4.39).

Soll man daraus den Schluß ziehen, die Anregung eines Moleküls zur Bildung *bestimmter* Produkte sei unmöglich? Sicherlich nicht in dieser Allgemeinheit. Wir haben bereits zahlreiche Beispiele von direkten Reaktionen gesehen, wo bei gleichen Gesamtenergie ihre spezielle Verteilung auf innere und Translationsenergie einen merklichen Einfluß hatte. Natürlich ist hier die Zeitskala eine andere. Daher ist es ein vielversprechender Weg zur selektiven Photochemie (der in Abschn. 6.5.6 besprochen wird), das Molekül mit dem Laser genau dann zu pumpen, wenn die Energie benötigt wird, d.h. *während* eines

Stoßes. Wir werden auch sehen (in Abschn. 7.2), daß die Dynamik immer direkter wird, je mehr wir die Überschußenergie steigern. Es gibt daher einige Möglichkeiten; allerdings ist aus dem Bisherigen klar, daß aus der Selektivität der Anregung allein keineswegs folgt, daß die anschließende Dynamik ein „Gedächtnis" für die Anfangsbedingungen behält.

4.5 Zum Weiterlesen

Abschnitt 4.1

Bücher:

Ben-Shaul, A., Haas, Y., Kompa, K.L., Levine, R.D.: *Lasers and Chemical Change*, Springer, New York, 1981

Birks, J.B. (Ed.): *Organic Molecular Photophysics*, Bd. 1/2, Wiley, New York, 1973, 1975

Cowan, D.O., Drisko, R.L.: *Elements of Organic Photochemistry*, Plenum, New York, 1984

Duley, W.W., Williams, D.A.: *Interstellar Chemistry*, Academic, New York, 1984

Faraday Discussions of the Chemical Society: *Kinetics of State Selected Species*, 67, (1979)

Fontijn, A. (Ed.), *Gas-Phase Chemiluminescence and Chemi-Ionization*, North-Holland, Amsterdam, 1985

Fontijn, A., Clyne, M.A.A. (Eds.): *Reactions of Small Transient Species*, Wiley, New York, 1983

Gardiner, W.C., Jr. (Ed.): *Combustion Chemistry*, Springer, New York, 1984

Jortner, J., Levine, R.D., Rice, S.A. (Eds.): *Photoselective Chemistry*, Adv. Chem. Phys., 47 (1981)

Lahmani, F. (Ed.), *Photophysics and Photochemistry Above 6 eV*, Elsevier, Amsterdam, 1985

McGowan, J.W. (Ed.): *The Excited State in Chemical Physics*, Parts 1/2, Wiley, New York, 1975, 1981

Polanyi, M.: *Atomic Reactions*, Williams and Norgate, London, 1932

Smith, I.W.M. (Ed.): *Physical Chemistry of Fast Reactions: Reaction Dynamics*, Plenum, New York, 1980

Turro, N.J.: *Modern Molecular Photochemistry*, Benjamin, Menlo Park, 1978

Wasserman, H.H., Murray, R.W.: *Singlet Oxygen*, Academic, New York, 1979

Zewail, A.H. (Ed.): *Advances in Laser Chemistry*, Springer, Berlin, 1978

Übersichtsartikel:

Agrawalla, B.S., Setser, D.W.: *Hydrogen Abstraction Reactions of F, Cl and O Atoms Studied by Infrared Chemiluminescence and Laser-Induced Fluorescence in a Flowing Afterglow Reaction*, in: Fontijn (1985)

Basov, N.G., Oraevsky, A.N., Pankratov, A.V.: *Stimulation of Chemical Reactions with Laser Radiation*, in: Moore (1974)

Bauer, S.H.: *How Energy Accumulation and Disposal Affect the Rates of Reactions*, Chem. Rev., 78, 147 (1978)

Bauer, S.H.: *Four Center Metathesis Reactions*, Ann. Rev. Phys. Chem. 30, 271 (1979)

Bernstein, R.B.: *State-to-State Chemistry via Molecular Beams and Lasers*, in Glorieux et al. (1979)

Berry, M.J.: *Chemical Laser Studies of Energy Partitioning into Chemical Reaction Products*, in: Levine and Jortner (1976)

Bersohn, R.: *Final State Distributions in the Photodissociation of Triatomic Molecules*, J. Phys. Chem., 88, 5145 (1984)

Campbell, I.M., Baulch, D.L.: *Chemiluminescence in the Gas Phase*, Spec. Per. Rep. 3, 42 (1978)

Carrington, T., Polanyi, J.C.: *Chemiluminescent Reactions*, Int. Rev. Sci. Phys. Chem., 9, 135 (1972)

Clary, D.C., Henshaw, J.P.: *Light-Heavy-Light Chemical Reactions*, in: Clary (1986)

Dalgarno, A.: *Collisions in the Ionisphere*, Adv. At. Mol. Phys., 4, 381 (1968)

Ferguson, E.E., Fehsenfeld, F.C., Albritton, D.L.: *Ion Chemistry of the Earth's Atmosphere*, in: Bowers (1979)

Franklin, J.L.: *Energy Distribution in the Unimolecular Decomposition of Ions*, in: Bowers (1979)

Frimer, A.A.: *The Reaction of Singlet Oxygen with Olefins: The Question of Mechanism*, Chem. Rev., 79, 359 (1979)

Golde, M.F.: *Reactions of Electronically Excited Noble Gas Atoms*, Spec. Per. Rep., 2, 13 (1976)

Green, S.: *Interstellar Chemistry: Exotic Molecules in Space*, Ann. Rev. Phys. Chem., 32, 103 (1981)

Grice, R.: *Effect of Translational Energy on Reaction Dynamics*, Faraday Disc. Chem. Soc., 67, 16 (1979)

Hamilton, C.E., Leone, S.R.: *Nascent Product Vibrational State Distributions of Thermal Ion-Molecule Reactions Determined by Infrared Chemiluminescence*, in: Fontijn (1985)

Holmes, B.E., Setser, D.W.: *Energy Disposal by Chemical Reactions*, in: Smith (1980)

Houston, P.L.: *Initiation of Atom-Molecule Reactions by Infrared Multiphoton Dissociation*, Adv. Chem. Phys., 47, 625 (1981)

Kempter, V.: *Electronic Excitation in Collisions Between Neutrals*, Chem. Phys., 30, 417 (1975)

King, D.L., Setser, D.W.: *Reactions of Electronically Excited-State Atoms*, Ann. Rev. Phys. Chem., 27, 407 (1976)

Kneba, M., Wolfrum, J.: *Bimolecular Reactions of Vibrationally Excited Molecules*, Ann. Rev. Phys. Chem., 31, 47 (1980)

4.5 Zum Weiterlesen

Knudtson, J.T., Eyring, E.M.: *Laser-Induced Chemical Reactions*, Ann. Rev. Phys. Chem., 25, 255 (1974)

Lee, E.K.C.: *Laser Photochemistry of Selected Vibronic and Rotational States*, Acc. Chem. Res., 10, 319 (1977)

Leone, S.R.: *Infrared Fluorescence: A Versatile Probe of State-Selected Chemical Dynamics*, Acc. Chem. Res., 16, 88 (1983)

Leventhal, J.J.: *The Emission of Light from Excited Products of Charge Exchange Reactions*, in: Bowers (1984)

McDonald, J.D.: *Creation and Disposal of Vibrational Energy in Polyatomic Molecules*, Ann. Rev. Phys. Chem., 30, 29 (1979)

McElroy, M.B.: *Chemical Processes in the Solar System: A Kinetic Perspective*, Int. Rev. Sci. Phys. Chem., 9, 127 (1975)

McGowan, J.W., Kummler, R.H., Gilmore, F.R.: *Excitation and De-Excitation Processes Relevant to the Upper Atmosphere*, Adv. Chem. Phys., 28, 379 (1975)

Marx, R.: *Charge Transfers at Thermal Energies: Energy Disposal and Reaction Mechanisms*, in: Ausloos (1979)

Menzinger, M.: *Electronic Chemiluminescence in Gases*, Adv. Chem. Phys., 42, 1 (1980)

Moore, C.B., Smith, I.W.M.: *Chemical Reaction of Vibrationally Excited Molecules*, Faraday Disc. Chem. Soc., 67, 146 (1979)

Nicolet, M.: *Atmospheric Chemistry*, Adv. Chem. Phys., 55, 63 (1985)

Ogryzlo, E.A.: *Chemiluminescent Association Reactions in the Upper Atmosphere*, in: Fontijn (1985)

Oldershaw, G.A.: *Reactions of Photochemically Generated Hot Hydrogen Atoms*, Spec. Per. Rep., 2, 96 (1976)

Ottinger, Ch.: *Electronically Chemiluminescent Ion-Molecule Exchange Reactions*, in: Bowers (1984)

Ottinger, Ch.: *Electronic Chemiluminescence from Ion-Molecule Reactions*, in: Fontijn (1985)

Porter, R.N.: *State-to-State Considerations in Reactions in Interstellar Clouds*, in: Brooks and Hayes (1977)

Rowland, F.S.: *Experimental Studies of Hot Atom Reactions*, Int. Rev. Sci. Phys. Chem., 9, 109 (1972)

Russek, A.: *Chemistry from Atom-Molecule Collisions*, in: Eichler et al. (1984)

Smalley, R.E.: *Dynamics of Electronically Excited States*, Ann. Rev. Phys. Chem., 34, 129 (1983)

Smith, I.W.M.: *The Production of Excited Species in Simple Chemical Reactions*, Adv. Chem. Phys., 28, 1 (1975)

Smith, I.W.M.: *Reactive and Inelastic Collisions Involving Molecules in Selected Vibrational States*, Spec. Per. Rep., 2, 1 (1976)

Smith, I.W.M.: *Chemical Reactions of Selectively Energized Species*, in: Smith (1980)

Ureña, A.G.: *Influence of Translational Energy upon Reactive Scattering Cross Section: Neutral-Neutral Collisions*, Adv. Chem. Phys., 66, 214 (1987)

Watson, W.D.: *Interstellar Chemistry*, Acc. Chem. Res., 10, 221 (1977)

Watson, W.D.: *Gas Phase Reactions in Astrophysics*, Ann. Rev. Astron. Astrophys., 16, 585 (1978)
Whitehead, J.C.: *The Distribution of Energy in the Products of Simple Reactions*, in: Bamford und Tipper (1983)
Wiesenfeld, J.R.: *Atmospheric Chemistry Involving Electronically Excited Oxygen Atoms*, Acc. Chem. Res., 15, 110 (1982)
Wilson, T.: *Chemiluminescence in the Liquid Phase: Thermal Cleavage of Dioxetanes*, Int. Rev. Sci. Phys. Chem., 9, 265 (1975)
Winn, J.S.: *Chemiluminescent Chemi-Ionization*, in: Fontijn (1985)
Wolfrum, J.: *Atom Reactions*, in: Eyring et al. (1975)
Woodin, R.L., Kaldor, A.: *Enhancement of Chemical Reactions by Infrared Lasers*, Adv. Chem. Phys., 47, 3 (1981)

Abschnitt 4.2

Bücher:

Burkert, U., Allinger, N.L.: *Molecular Mechanics*, Am. Chem. Soc. Monograph No. 177 (1982)
Davidovits, P., McFadden, D.L. (Eds.): *The Alkali Halide Vapors*, Academic Press, New York, 1979
Faraday Discussions of the Chemical Society, *Potential Energy Surfaces*, 62 (1977)
Fukui, K., *Theory of Orientation and Stereoselection*, Springer, Berlin, 1970
Herzberg, G.: *Molecular Spectra and Molecular Structure, Vol. II: Infrared and Raman Spectra of Polyatomic Molecules*, Van Nostrand, New York, 1945
Herzberg, G.: *Molecular Spectra and Molecular Structure, Vol. III: Polyatomic Molecules*, Van Nostrand, New York, 1966
Hirst, D.M.: *Potential Energy Surfaces: Molecular Structure and Reaction Dynamics*, Taylor & Francis, London, 1985
Laidler, K.J.: *Theories of Chemical Reaction Rates*, McGraw-Hill, New York, 1969
Lester, W.A., Jr. (Ed.): *Potential Energy Surfaces in Chemistry*, IBM, San Jose, Calif., 1970
Murrell, J.N., Carter, S., Farantos, S.C., Huxley, P., Varadas, A.J.C.: *Molecular Potential Energy Functions*, Wiley, New York, 1984
Pearson, R.G.: *Symmetry Rules for Chemical Reactions*, Wiley, New York, 1976
Salem, L.: *Electrons in Chemical Reactions: First Principles*, Wiley, New York, 1982
Schaefer III, H.F.: *Electronic Structure of Atoms and Molecules*, Addison-Wesley, New York, 1972
Schaefer III, H.F.: *Quantum Chemistry*, Clarendon Press, Oxford, 1984
Truhlar, D.G. (Ed.): *Potential Energy Surfaces and Dynamics Calculations*, Plenum Press, New York, 1981
Woodward, R.B., Hoffmann, R.: *The Conservation of Orbital Symmetry*, Verlag Chemie, Weinheim, 1971

4.5 Zum Weiterlesen

Übersichtsartikel:

Balint-Kurti, G.G.: *Potential Energy Surfaces for Chemical Reaction*, Adv. Chem. Phys., 30, 137 (1975)

Bender, C.F., Meadows, J.H., Schaefer III, H.F.: *Potential Energy Surfaces for Ion-Molecule Reactions*, Faraday Disc. Chem. Soc., 62, 59 (1977)

Bersohn, R.: *Reactions of Electronically Excited Atoms: Superalkalis in Superhalogens*, in: Levine und Jortner (1976)

Bottcher, C.: *Excited-State Potential Surfaces and Their Applications*, Adv. Chem. Phys., 42, 169 (1980)

Dunning, T.H., Harding, H.B.: *Ab-initio Determination of Potential Energy Surfaces for Chemical Reactions*, in: Baer (1985)

Dunning, T.H., Harding, L.B., Bair, R.A., Eades, R.A., Shepard, R.L.: *Theoretical Studies of the Energetics and Mechanisms of Chemical Reactions*, in: El-Sayed (1986)

Dykstra, C.E.: *Potential Energy Barriers in Unimolecular Rearrangements*, Ann. Rev. Phys. Chem., 32, 25 (1981)

Gordon, M.S.: *Potential Energy Surfaces in Excited States of Saturated Molecules*, in: Truhlar (1981)

Hirst, D.M.: *The Calculation of Potential Energy Surfaces for Excited States*, Adv. Chem. Phys., 50, 517 (1982)

Jasinski, J.M., Frisoli, J.K., Moore, C.B.: *Unimolecular Reactions Induced by Vibrational Overtone Excitation*, Faraday Disc. Chem. Soc., 75, 289 (1983)

Kaufman, J.J.: *Potential Energy Surface Considerations for Excited State Reactions*, Adv. Chem. Phys., 28, 113 (1975)

Kuntz, P.J.: *Features of Potential Energy Surfaces and Their Effect on Collisions*, in: Miller (1976)

Kuntz, P.J.: *Interaction Potentials: Semiempirical Atom-Molecule Potentials for Collision Theory*, in: Bernstein (1979)

Kuntz, P.J.: *Semiempirical Potential Energy Surfaces*, in: Baer (1985)

Mahan, B.H.: *Electronic Structure and Chemical Dynamics*, Acc. Chem. Res., 8, 55 (1975)

Malrieu, J.P.: *Elementary Aspects of the Electronic Control of Photoreactions*, in: Glorieux et al. (1979)

Morokuma, K., Kato, S.: *Potential Energy Characteristics for Chemical Reactions*, in: Truhlar (1981)

Moylan, C.R., Brauman, J.I.: *Gas Phase Acid-Base Chemistry*, Ann. Rev. Phys. Chem., 34, 187 (1983)

Scrocco, E., Tomasi, J.: *Electronic Molecular Structure, Reactivity and Intermolecular Forces: A Heuristic Interpretation by Means of Electrostatic Molecular Potentials*, Adv. Quant. Chem., 11, 116 (1978)

Setser, D.W., Dreiling, T.D., Brashears, H.C., Jr., Kolts, J.H.: *Analogy Between Electronically Excited State Atoms and Alkali Metal Atoms*, Faraday Disc. Chem. Soc. 67, 255 (1979)

Sidis, V., Dowek, D.: *Extension of the MO Promotion Model to Atom-Molecule Collisions Using Cubic and Cylindric Correlation Diagrams*, in: Eichler et al. (1984)
Simons, J.: *Roles Played by Metastable States in Chemistry*, in: Truhlar (1984)
Simons, J., Jorgensen, P., Taylor, H., Ozment, J.: *Walking on Potential Energy Surfaces*, J. Phys. Chem., 87, 2745 (1983)
Truhlar, D.G., Brown, F.B., Steckler, R., Isaacson, A.D.: *The Representation and Use of Potential Energy Surfaces in the Wide Vicinity of a Reaction Path for Dynamics Calculations on Polyatomic Reactions*, in: Clary (1986)
Tully, J.C.: *Semiempirical Diatomics-in-Molecules Potential Energy Surfaces*, Adv. Chem. Phys., 42, 63 (1980)
Zimmerman, H.E.: *Some Theoretical Aspects of Organic Photochemistry*, Acc. Chem. Res., 15, 312 (1982)

Abschnitt 4.3

Übersichtsartikel:

Bunker, D.L.: *Classical Trajectory Methods*, Methods Comput. Phys., 10, 287 (1971)
Kuntz, P.J.: *Collision-Induced Dissociation: Trajectories and Models*, in: Bernstein (1979)
Mahan, B.H.: *Collinear Collision Chemistry I. A Simple Model for Inelastic and Reactive Collision Dynamics*, J. Chem. Ed., 51, 308 (1974)
Muckerman, J.T.: *Applications of Classical Trajectory Techniques to Reactive Scattering*, in: Henderson (1981)
Pattengill, M.D.: *Rotational Excitation: Classical Trajectory Methods*, in: Bernstein (1979)
Polanyi, J.C.: *Some Concepts in Reaction Dynamics*, Acc. Chem. Res., 5, 161 (1972)
Porter, R.N.: *Molecular Trajectory Calculations*, Ann. Rev. Phys. Chem., 25, 317 (1974)
Porter, R.N., Raff, L.M.: *Classical Trajectory Methods in Molecular Collisions*, in: Miller (1976)
Raff, L.M., Thompson, D.L.: *Classical Trajectory Approach to Reactive Scattering* in: Baer (1985)
Sathyamurthy, N.: *Effect of Reagent Rotation on Elementary Bimolecular Exchange Reactions*, Chem. Rev., 83, 601 (1983)
Schatz, G.C.: *Overview of Reactive Scattering*, in: Truhlar (1981)
Schatz, G.C.: *Quasiclassical Trajectory Studies of State to State Collisional Energy Transfer in Polyatomic Molecules*, in: Bowman (1983)
Schlier, Ch.: *Trajectory Calculations and Complex Collisions*, in: Hinze (1983)
Smith, I.W.M.: *The Collision Dynamics of Vibrationally Excited Molecules*, Chem. Soc. Rev., 14, 141 (1985)
Thompson, D.L.: *Quasiclassical Trajectory Studies of Reactive Energy Transfer*, Acc. Chem. Res., 9, 338 (1976)
Truhlar, D.G., Dixon, D.A.: *Direct-Mode Chemical Reactions II: Classical Theories*, in: Bernstein (1979)

4.5 Zum Weiterlesen 243

Truhlar, D.G., Muckerman, J.T.: *Reactive Scattering Cross Sections: Quasiclassical and Semiclassical Methods*, in: Bernstein (1979)

Abschnitt 4.4

Bücher:

Baer, M. (Ed.): *The Theory of Chemical Reaction Dynamics*, CRC Press, Boca Raton, Fla., 1985
Benson, S.W.: *Thermochemical Kinetics*, Wiley, New York, ^{2}1976
Christov, S.G.: *Collision Theory and Statistical Theory of Chemical Reactions*, Springer, Berlin, 1980
Clary, D.C. (Ed.): *The Theory of Chemical Reaction Dynamics*, Reidel, Boston, 1986
Faraday Discussion of the Chemical Society, *Intramolecular Kinetics*, 75 (1983)
Forst, W.: *Theory of Unimolecular Reactions*, Academic Press, New York, 1973
Glasstone, S., Laidler, K.J., Eyring, H.: *The Theory of Rate Processes*, McGraw-Hill, New York, 1941
Robinson, P.J., Holbrook, K.A.: *Unimolecular Reactions*, Wiley, New York, 1972

Übersichtsartikel:

Aquilanti, V.: *Resonances in Reactions: A Semiclassical View*, in: Clary (1986)
Baer, M., Kouri, D.J.: *The Sudden Approximation for Reactions*, in: Clary (1986)
Baer, T.: *The Dissociation Dynamics of Energy Selected Ions*, Adv. Chem. Phys., 64, 111 (1986)
Basilevsky, M.V.: *Transition State Stabilization Energy as a Measure of Chemical Reactivity*, Adv. Chem. Phys., 33, 345 (1975)
Bigeleisen, J., Wolfsberg, M.: *Theoretical and Experimental Aspects of Isotope Effects in Chemical Kinetics*, Adv. Chem. Phys., 1, 15 (1958)
Bloembergen, N., Zewail, A.H.: *Energy Redistribution in Isolated Molecules and the Question of Mode-Selective Laser Chemistry Revisited*, J. Phys. Chem., 88, 5459 (1984)
Callear, A.B.: *Basic RRKM Theory*, in: Bamford und Tipper (1983)
Chesnavich, W.J., Bowers, M.T.: *Statistical Methods in Reaction Dynamics*, in: Bowers (1979)
Connor, J.N.L.: *The Distorted Wave Theory of Chemical Reactions*, in: Clary (1986)
Crim, F.F.: *Selective Excitation Studies of Unimolecular Reaction Dynamics*, Ann. Rev. Phys. Chem., 35, 657 (1984)
Gardiner, W.C., Jr., Olson D.B.: *Chemical Kinetics of High Temperature Combustion*, Ann. Rev. Phys. Chem., 31, 377 (1980)
Gardiner, W.C., Jr., Troe, J., *Rate Coefficients of Thermal Dissociation, Isomerization and Recombination Reactions*, in: Gardiner (1984)
Hase, W.L.: *Variational Unimolecular Rate Theory*, Acc. Chem. Res., 16. 258 (1983)
Jortner, J., Levine, R.D.: *Photoselective Chemistry*, Adv. Chem. Phys., 47, 1 (1981)
Kaufman, F.: *Kinetics of Elementary Radical Reactions in the Gas Phase*, J. Phys. Chem., 88, 4909 (1984)

Kaufman, F.: *Rates of Elementary Reactions: Measurements and Applications*, Science, 230, 393 (1985)

Keck, J.C.: *Variational Theory of Reaction Rates*, Adv. Chem. Phys., 13, 85 (1967)

Kouri, D.J., Baer, M.: *Arrangement Channel Quantum Mechanical Approach to Reactive Scattering*, in: Clary (1986)

Laidler, K.J., King, M.C.: *The Development of Transition-State Theory*, J. Phys. Chem., 87, 2657 (1983)

Light, J.C.: *Complex-Mode Chemical Reactions: Statistical Theories of Bimolecular Reactions*, in: Bernstein (1979)

Light, J.C.: *The R-Matrix Method*, in: Clary (1986)

Marcus, R.A.: *On the Theory of Intramolecular Energy Transfer*, Faraday Disc. Chem. Soc., 75, 103 (1983)

Marcus, R.A.: *Statistical Theory of Unimolecular Reactions and Intramolecular Dynamics*, Laser Chem., 2, 203 (1983)

McIver, J.W., Jr.: *The Structure of Transition States: Are They Symmetric?*, Acc. Chem. Res., 7, 721 (1974)

Menzinger, M., Wolfgang, R.: *The Meaning and the Use of the Arrhenius Activation Energy*, Angew. Chemie, 8, 438 (1969)

Miller, W.H.: *Importance of Nonseparability in Quantum Mechanical Transition-State Theory*, Acc. Chem. Res., 9, 306 (1976)

Miller, W.H.: *Symmetry-Adapted Transition-State Theory: Nonzero Total Angular Momentum*, J. Phys. Chem., 87, 2731 (1983)

Miller, W.H.: *On the Question of Mode-Specificity in Unimolecular Reaction Dynamics*, Laser Chem., 2, 243 (1983)

Miller, W.H.: *Reaction Path Models for Polyatomic Reaction Dynamics — From Transition State Theory to Path Integrals*, in: Clary (1986)

Noid, D.W., Koszykowski, M.L., Marcus, R.A.: *Quasiperiodic and Stochastic Behavior in Molecules*, Ann. Rev. Phys. Chem., 32, 267 (1981)

Oref, I., Rabinovitch, B.S.: *Do Highly Excited Reactive Polyatomic Molecules Behave Ergodically?*, Acc. Chem. Res., 12, 166 (1979)

Parmenter, C.S.: *Vibrational Energy Flow Within Excited Electronic States of Large Molecules*, J. Phys. Chem., 86, 1735 (1982)

Pechukas, P.: *Statistical Approximations in Collision Theory*, in: Miller (1976)

Pechukas, P.: *Transition State Theory*, Ann. Rev. Phys. Chem., 32, 159 (1981)

Pollak, E., *Periodic Orbits and the Theory of Reactive Scattering*, in: Baer (1985)

Quack, M., Troe, J.: *Unimolecular Reactions and Energy Transfer of Highly Excited Molecules*, Spec. Per. Rep., 2, 175 (1976)

Quack, M., Troe, J.: *Statistical Methods in Scattering*, in: Henderson (1981)

Rice, S.A.: *An Overview of the Dynamics of Intramolecular Transfer of Vibrational Energy*, Adv. Chem. Phys., 47, 117 (1981)

Rizzo, T.R., Cannon, B.D., McGinley, E.S., Crim, F.F.: *Local Mode Excitation for Time Resolved Unimolecular Decay Studies*, Laser Chem., 2, 321 (1983)

Römelt, J.: *Calculations on Collinear Reactions using Hyperspherical Coordinates*, in: Clary (1986)

Ross, J., Light, J.C., Schuler, K.E.: *Rate Coefficients, Reaction Cross Sections, and Microscopic Reversibility*, in: Hochstim (1969)

Schatz, G.C.: *Recent Quantum Scattering Calculations on the $H+H_2$ Reaction and its Isotopic Counterparts*, in: Clary (1986)

Smalley, R.E.: *Vibrational Randomization Measurements with Supersonic Beams*, J. Phys. Chem., 86, 3504 (1982)

Troe, J.: *Unimolecular Reactions*, Int. Rev. Sci. Phys. Chem., 9, 1 (1975)

Troe, J.: *Atom and Radical Recombination Reactions*, Ann. Rev. Phys. Chem., 29, 223 (1978)

Troe, J.: *Inter- and Intramolecular Dynamics of Vibrationally Highly Excited Polyatomic Molecules*, in: Jortner und Pullman (1982)

Truhlar, D.G., Wyatt, R.E.: *History of H_3 Kinetics*, Ann. Rev. Phys. Chem., 27, 1 (1976)

Truhlar, D.G., Garrett, B.C.: *Variational Transition-State Theory*, Acc. Chem. Res., 13, 440 (1980)

Truhlar, D.G., Isaacson, A.D., Skodje, R.T., Garrett, B.C., *Incorporation of Quantum Effects in Generalized Transitions-State Theory*, J. Phys. Chem., 86, 2252 (1982)

Truhlar, D.G., Hase, W.L., Hynes, J.T.: *Current Status of Transition-State Theory*, J. Phys. Chem., 87, 2664 (1983)

Truhlar, D.G., Garrett, B.C.: *Variational Transition State Theory*, Ann. Rev. Phys. Chem., 35, 159 (1984)

Truhlar, D.G., Isaacson, A.D., Garrett, B.C.: *Generalized Transiton State Theory*, in: Baer (1985)

Walker, R.B., Hayes, E.F.: *Reactive Scattering in the Bending-Corrected Rotating Linear Model*, in: Clary (1986)

Zellner, R.: *Bimolecular Reaction Rate Coefficients*, in: Gardiner (1984)

5 Die Praxis der Moleküldynamik

Viele experimentelle Ergebnisse der molekularen Reaktionsdynamik haben wir schon berührt und sind kurz auf die theoretischen Grundlagen zu ihrer Interpretation eingegangen. Jetzt wollen wir genauer nachfragen. Was wollen wir gerne messen? Was für Experimente sind durchführbar? Was für Information können wir daraus gewinnen? Was für theoretische Hilfsmittel gibt es für ihre Interpretation und für die Planung neuer Experimente? — Im folgenden Kapitel werden wir versuchen, die wesentlichen Methoden, wenn auch nicht alle Details, darzustellen, die die Praktiker der molekularen Reaktionsdynamik heute benutzen.

5.1 Wunsch und Wirklichkeit

Es existiert immer noch so etwas wie eine „Technologie-Lücke" zwischen den sehr detaillierten Experimenten, die wir gerne durchführen *würden*, und denen, die wir durchführen *können*. In diesem Abschnitt widmen wir uns zunächst den wichtigsten Elementen eines idealen Experiments und schauen dann, wie weit die heute verfügbaren Methoden diesem Ideal nahekommen.

5.1.1 Wünsche

Um die Diskussion zu vereinfachen, beschränken wir unsere Aufmerksamkeit auf eine Elementarreaktion, die nur drei Atome umfaßt, sagen wir

$$H + ICl \to HI + Cl.$$

Selbst in diesem einfachen Fall gibt es dazu eine energetisch mögliche Alternative, nämlich

$$H + ClI \to HCl + I.$$

Außerdem kommen gleichzeitig nicht-reaktive, elastische und inelastische Stöße vor. Für jeden der Reaktionswege kann das Halogenatom in seinem Grundzustand ($^2P_{3/2}$) oder im angeregten Feinstrukturzustand ($^2P_{1/2}$) gebildet werden; das entstehende Diatom wird zwar im elektronischen Grundzustand ($X^1\Sigma$) sein, kann aber in jedem der vielen energetisch erlaubten Schwingungs-Rotationszustände vorliegen.

5.1 Wunsch und Wirklichkeit 247

Eine vollständige Festlegung des Stoßvorgangs verlangt also nicht nur die (chemische) Identifizierung des Produkts (HCl oder HI), sondern auch die Feststellung des inneren Zustands von Reaktanden und Produkten, d.h.

$$H(^2S) + ICl(v,j) \to HI(v'j') + Cl(^2P_{1/2}),$$

und dazu die genaue Kenntnis der Stoßenergie. In einem „noch idealeren" Experiment mit orientierten Molekülen würden wir auch noch die Spezifikation der Quantenzahlen m_j und m'_j verlangen, die die Orientierung der Reaktanden bzw. Produkte bezüglich einer gegebenen Richtung beschreiben.[1] Im allgemeinen wird man dazu Molekularstrahlen und Laser brauchen, wie wir an Beispielen sehen werden.

Das Idealexperiment müßte demnach den Streuquerschnitt und die Winkelverteilung der Produkte für einen derart vollständig spezifizierten Stoßvorgang bestimmen. In der Praxis versuchen wir dem möglichst nahezukommen, nicht zuletzt, um mit der Theorie vergleichen zu können. Das bedeutet in der Reihenfolge immer größeren Details die Messung folgender Größen: Integraler Reaktionsquerschnitt bei vorgegebener Stoßenergie, Winkelverteilungen der Produkte, möglichst zusätzlich die Geschwindigkeitsverteilung bei jedem Winkel, aus der man wegen der Energieerhaltung ihre innere Energie rekonstruieren kann, Zustandsanalyse der Produkte, Zustandsvorgabe der Reaktanden, Vorgabe der Orientierung der Reaktanden, Analyse der Orientierung der Produkte. Im übrigen sind alle diese Eigenschaften nicht unabhängig voneinander, so daß wir uns auch noch für ihre Korrelationen interessieren müssen!

Ein ideales Experiment, das alle diese Wünsche gleichzeitig erfüllt, hat es bisher noch nicht gegeben. Einzeln sind allerdings alle diese Daten schon einmal gemessen worden, auch Kombinationen von ihnen. Es ist klar, daß eine der ernsten Grenzen der Methode die Nachweisempfindlichkeit ist: Je genauer man das Ergebnis spezifiziert haben will, desto weniger Moleküle sind zum Nachweis da, und desto mehr geht das Signal im Rauschen des Detektors unter.[2] Der Fortschritt in der Trennschärfe der Experimente der letzten Jahren wurde dabei von einer zweiten Entwicklung begleitet, nämlich von der wachsenden Komplexität der untersuchten Reaktanden. Laser, die bei Experimenten mit einfachen Reaktanden die Auflösung erhöhen halfen, waren auch hier ein wesentliches Hilfsmittel des Fortschritts.

---

[1] Dies wird üblicherweise die Richtung der Relativgeschwindigkeit sein. Für Nicht-S-Zustände kann man auch noch die Orientierung der Atomorbitale festlegen und im Prinzip auch noch die Kernspinzustände.

[2] Den entsprechenden Effekt bei den Monte-Carlo-Rechnungen haben wir erwähnt.

$$O(^3P) + C_6H_6 \longrightarrow \begin{bmatrix} \text{O-C}_6\text{H}_5 \end{bmatrix} \xrightarrow{\text{EI}} m/e = 65$$
$$ \begin{bmatrix} \text{OH-C}_6\text{H}_5 \end{bmatrix} \xrightarrow{\text{EI}} m/e = 66$$

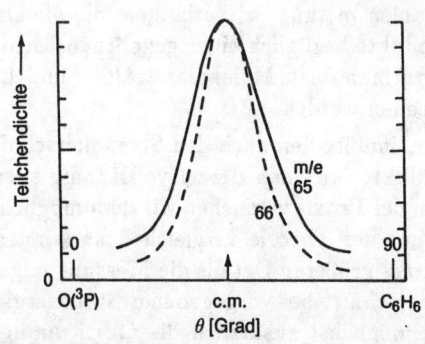

Bild 5.1 Laborwinkelverteilungen der primären Produkte der Reaktion von $O(^3P)$ mit C_6H_6 bei $E_{tr} = 6.5$ kcal·mol^{-1}. Die Produkte sind C_6H_5OH oder C_6H_5O plus ein nicht nachgewiesenes H. Wegen der Fragmentierung bei der Elektronenstoß-Ionisation, die als Nachweis dient, sind die wirklich beobachteten Ionen die Hauptfragmente der Reaktionsprodukte. Die Winkelverteilungen haben ihr Maximum in der Nähe des Schwerpunktwinkels, was auf kleine Rückstoßgeschwindigkeit schließen läßt. (Sie ist Null für das Addukt C_6H_5OH.) (Nach S.J. Sibener, R.J. Buss, P. Casavecchia, T. Hiroka, Y.T. Lee: J. Chem. Phys., 72, 4341 (1980))

Natürlich verlangt man für große vielatomige Moleküle nicht das gleiche Detail wie für kleine. Hat man komplexe Reaktanden und Produkte mit vielen Freiheitsgraden, so führt die stärkere Summierung bzw. Mittelung über End- bzw. Anfangszustände zu Ergebnissen, die oft ohnehin nicht weit von statistischen A-priori-Erwartungen entfernt liegen. Überdies sind die Stöße großer Moleküle viel häufiger vom komplexen und nicht vom direkten Typ (vgl. Abschn. 7.2). Für größere Systeme haben wir daher bescheidenere Ziele, z.B. einfach nur zu wissen, was denn die primären Produkte überhaupt sind. Als Beispiel diene ein Experiment, in dem Molekularstrahlen von O-Atomen und Kohlenwasserstoffen gekreuzt werden,

$$O(^3P) + C_6H_5CH_3 \rightarrow \begin{cases} C_6H_5O + CH_3 \\ C_7H_7O + H \end{cases}$$

$$O(^3P) + C_6H_6 \rightarrow \begin{cases} C_6H_5O + H \\ C_6H_5OH, \end{cases}$$

und in dem die Produkte in statu nascendi eindeutig identifiziert und ihre Winkel- und Energieverteilungen gemessen wurden (Bild 5.1). Entgegen den Erwartungen gibt es keine Primärprodukte, die auf CO- oder OH-Elimination basieren.

Als nächstes wollen wir einzelne experimentelle Methoden und typische Resultate ansehen.

5.2 Moleküle, Strahlung und Laserwechselwirkung

Die Benutzung von Photonen als „Reaktanden" und ihr Nachweis als „Produkte", neuerdings auch ihr Gebrauch als „Katalysatoren", sind für die heutige Praxis bezeichnend.

5.2.1 Chemilumineszenz

Diese Methode besteht in der spektroskopische Analyse der Strahlung, die von angeregten Primärprodukten einer elementaren chemischen Reaktion ausgesandt wird, und hat das Ziel, die relativen Besetzungszahlen der angeregten inneren Zustände der Produktmoleküle zu messen. Besonders detaillierte Ergebnisse erhielt man für Reaktionen, in denen Halogenwasserstoff gebildet wird, da dieser ein auflösbares Infrarotspektrum aussendet. Andere Experimente lieferten Schwingungsverteilungen in angeregten elektronischen Zuständen (*), indem deren sichtbares oder UV-Spektrum untersucht wurde, z.B.

$$Ca + F_2 \rightarrow CaF^*(v', j') + F.$$

Ein typisches Chemilumineszenzexperiment führt man in einem schnellen Flußreaktor unter stationären Bedingungen durch. Problematisch ist die Stoßrelaxation (hauptsächlich der Rotationsverteilungen), deshalb muß man bei sehr niedrigen Drücken arbeiten. Üblicherweise kreuzt man zwei unkollimierte Düsenstrahlen und sorgt dafür, daß sie schnell abgepumpt werden. Die Strahlung aus der Reaktionszone wird gesammelt und in ein IR-Spektrometer fokussiert. Aus der Messung der relativen Linienintensitäten kann man bei bekannten Franck-Condon-Faktoren die relative Besetzung der Ausgangszustände errechnen. Wichtig ist, daß man die normalerweise sofort einsetzende schnelle Relaxation der Rotationsbesetzung zu einem gegebenen Schwingungszustand „festsetzt", d.h. die relaxierten Moleküle an der Aussendung von Strahlung in den Detektor hindert. Extrapolation auf verschwindende Relexation erlaubt dann die zuverlässige Bestimmung der Zustandsverteilung der frisch entstandenen Moleküle.

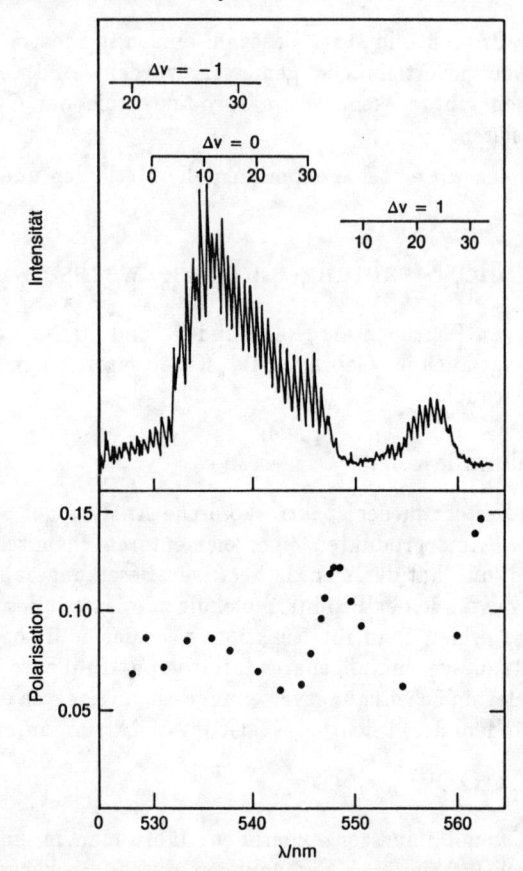

Bild 5.2 Chemilumineszenz von CaF(B $^2\Sigma^+$) aus der Reaktion von Ca mit F_2. (Oben) Chemilumineszenz-Spektrum, das die Hauptsequenz $\Delta v = 0$ und die Nebensequenzen $\Delta v = \pm 1$ zeigt. (Unten) Polarisation der Chemilumineszenz, aus der man auf die Ausrichtung des entstehenden CaF schließen kann (s. Abschn. 7.6). (Nach M.G. Prisant, C.T. Rettner, R.N. Zare: Chem Phys. Lett., 88, 271 (1982); J. Chem. Phys., 81, 2699 (1984))

Die Beobachtung der Chemilumineszenz liefert *relative* Raten für die Bildung von Produktzuständen (v', j'). Absolutwerte können jedoch aus der Messung integraler Raten in konventionellen Experimenten übernommen werden.

Beobachtet man *elektronisch* angeregte Produkte, so sind die Strahlungslebensdauern wesentlich kürzer als im Infraroten, was zu höheren Intensitäten der Emission führt. Man kann dann nicht nur die Zustandsbesetzun-

5.2 Moleküle, Strahlung und Laserwechselwirkung

gen messen, sondern oft weitere Details, wie die Polarisation der Strahlung (die ihrerseits Aussagen über die Orientierung der Produkte macht, vgl. Abschn. 7.6). Bild 5.2 zeigt ein Chemilumineszenzspektrum von CaF^* aus der Reaktion von Ca mit F_2 mit Angabe der Schwingungsübergänge und die Polarisation dieser Strahlung.

5.2.2 Chemische Laser

Der chemische Laser kann als Kombination der Chemilumineszenztechnik mit derjenigen der zeitaufgelösten oder „kinetischen" Spektroskopie (Abschn. 6.1) betrachtet werden. (Dort wird das Licht, das die angeregten Produktmoleküle aussenden, als Funktion der Zeit nach dem Beginn der Reaktion beobachtet.) Um Laserwirkung zu erreichen, läßt man eine Reaktion, die Besetzungsinversion produziert, in einem optischen Resonator ablaufen und bekommt so stimulierte Emission (vgl. Exkurs 6A). Den Anstoß für die Reaktion kann man in verschiedener Weise geben, der häufigste Weg ist ein Lichtblitz, den einer der Reaktanden absorbiert (Bild 5.3). Eine gute Quelle für F-Atome ist z.B. CF_3I. In Gegenwart von H_2 und eines Puffergases laufen dann die folgenden Prozesse ab:

$$CF_3I \xrightarrow[\text{Blitz}]{h\nu(UV)} F + CF_2I$$

$$F + H_2 \longrightarrow H + HF^\dagger$$

$$HF^\dagger \xrightarrow[\text{stimuliert}]{h\nu} HF + h\nu.$$

Das angeregte HF sendet ein IR-Photon aus, das seinerseits die Emission eines anderen, frisch entstandenen, angeregten HF stimuliert, das wiederum ein Photon aussendet usw., so daß eine Kaskade entsteht.

Um Laserwirkung zu erreichen, muß die Kaskade genug Verstärkung lie-

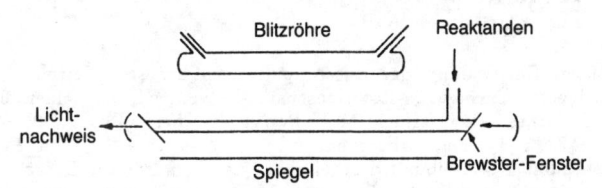

Bild 5.3 Schematische Zeichnung eines blitzgezündeten chemischen Lasers. Nach der Füllung des Rohres mit einer geeigneten Reaktionsmischung in einem Überschuß von inertem Puffergas, wird die Blitzlampe gezündet. Der Lichtimpuls photolysiert eines der Vorläufer-Moleküle und erzeugt so den eigentlichen Reaktanden (Atom oder Radikal). Das setzt die Reaktion in Gang, die zur Besetzungsumkehr und damit zur Laserwirkung führt. (Nach K.L. Kompa, J.H. Parker, G.C. Pimentel: J. Chem. Phys., 49, 4257 (1968))

fern, um die Verluste (z.B. durch die Fenster hindurch) wettzumachen. Diese Verstärkung hängt vom Grad der Zustandsinversion ab, d.h. der Überbesetzung der verschiedenen Schwingungszustände relativ zur Gleichgewichtsverteilung. Durch Verändern der Betriebsbedingungen und Messung der Verstärkung für verschiedene Übergänge kann man die relative Besetzung der Schwingungszustände in den Reaktionsprodukten ermit-

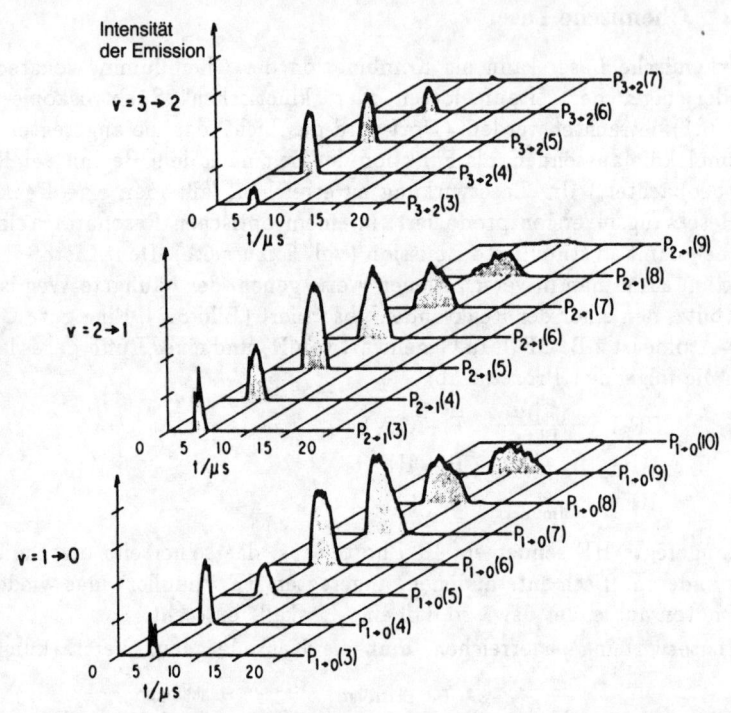

Bild 5.4 Zeitliche Entwicklung der Laserimpulse aus der stimulierten Emission verschiedener Schwingungs-Rotationszustände von HF aus einer blitzgezündeten Kettenreaktion. (Nach M.J. Berry: J. Chem. Phys., 59, 6229 (1973)) Die $P_{v'\to v'-1}(j)$ sind Übergänge $(v, j-1) \to (v-1, j)$ im P-Zweig. Eine vollständige Beschreibung der Zeitabhängigkeit würde die Berücksichtigung aller „Leitern" gekoppelter Schwingungs-Rotationszustände des frisch entstandenen HF verlangen. Für jedes Niveau müßte dann berücksichtigt werden: ein Zuwachs aus der Erzeugung des Niveaus durch die Reaktion, ein zweiter aus der Abstrahlung von einem höheren Zustand, ein Verlust wegen der eigenen Abstrahlung und zusätzlich bimolekulare Stoßterme vom Typ $R \to R'$ und $R \to T$. Neu ist hier die Strahlungskaskade innerhalb der Rotationsniveaus. (Die Schwingung ist in dieser kurzen Zeit praktisch nicht relaxiert.)

5.2 Moleküle, Strahlung und Laserwechselwirkung

Tab. 5.1 Chemische Laser[a]

Art des Prozesses	Reaktionen
Photodissoziation	$IBr \rightarrow Br^* + I$
	$RI \rightarrow I^* + R$
	$H_3CNC \rightarrow CN^* + CH_3$
	$Cs_2 \rightarrow Cs^* + Cs$
	$OCS \rightarrow CO^\dagger + S$
	$H_2CCO \rightarrow CO^\dagger + CH_2$
	$ClNO \rightarrow NO^\dagger + Cl$
	$(CN)_2 \rightarrow CN^\dagger + CN$
	$HFCO \rightarrow HF^\dagger + CO$
Photoelimination	$H_2C{=}CHF \rightarrow HF^\dagger + C_2H_2$
	$H_2C{=}CHCl \rightarrow HCl^\dagger + C_2H_2$
	$H_3C{-}CCl_3 \rightarrow HCl^\dagger + H_2C = CCl_2$
Atom-Diatom-Austausch	$F + H_2 \rightarrow HF^\dagger + H$
	$H + F_2 \rightarrow HF^\dagger + F$
	$Cl + HI \rightarrow HCl^\dagger + I$
	$Cl + HBr \rightarrow HCl^\dagger + Br$
	$CN + H_2 \rightarrow HCN^\dagger + H$
	$O + CH \rightarrow CO^\dagger + H$
	$O + CS \rightarrow CO^\dagger + S$
	$O + CN \rightarrow CO^\dagger + N$
	$O^* + CN \rightarrow CO^\dagger + N^*$
	$Xe^* + F_2 \rightarrow XeF^* + F$
Diatom-Diatom-Austausch	$O_2 + CH \rightarrow CO^\dagger + OH$
	$NO + CH \rightarrow CO^\dagger + NH$
Abstraktion	$F + CH_4 \rightarrow HF^\dagger + CH_3$
	$H + ClN_3 \rightarrow HCl^\dagger + N_3$
	$H + O_3 \rightarrow OH^\dagger + O_2$
	$Ar + F_3N \rightarrow ArF^* + NF_2$
	$Xe_2^* + N_2O \rightarrow XeO^* + N_2 + Xe$
Einfügung + Elimination	$O + CHF \rightarrow HF^\dagger + CO$
	$O^* + CHF_3 \rightarrow HF^\dagger + F_2CO$
Addition + Elimination	$O + H_2CCHF \rightarrow HF^\dagger + H_2CCO$
	$NF^* + C_2H_4 \rightarrow HF^\dagger + H_3CCN$
	$CH_3 + CF_3 \rightarrow HF^\dagger + C_2H_2F_2$
Kettenreaktion	$\begin{cases} F + H_2 \rightarrow HF^\dagger + H \\ H + F_2 \rightarrow HF^\dagger + F \end{cases}$
Energieübertrag	$N_2^\dagger + CO_2 \rightarrow CO_2^\dagger + N_2$
	$DF^\dagger + CO_2 \rightarrow CO_2^\dagger + DF$
	$O_2^* + I \rightarrow I^* + O_2$
Strahlungsassoziation	$O^* + Ar \rightarrow ArO^*$

[a] Nach Ben-Shaul et al. (1981), S. 292

teln.[3]) Bild 5.4 zeigt die zeitliche Entwicklung der Laserintensität der Reaktion F + H_2.

Viele Reaktionen haben bisher chemische Laser durch Zustandinversion ihrer unmittelbaren Produkte ermöglicht. Tabelle 5.1 zeigt die wichtigsten Prozesse; die meisten strahlen im Infraroten. Sogar die Verbrennung von CS_2 in Luft hat man ausgenutzt, um einen chemischen CO-Laser zu bauen, ein Beispiel für einen rein chemischen Laser ohne externen Pumpmechanismus.

Um das Pumpen ganz zu vermeiden, kann man auch Kettenreaktionen benutzen. Im $H_2 - F_2$ Gemisch ist die sogenannte HF-Kette sehr wirksam:

$$F + H_2 \rightarrow HF(v \leq 3) + H$$
$$H + F_2 \rightarrow HF(v \leq 9) + F.$$

Die analogen Reaktionen von Cl und Br sind energetisch nicht brauchbar.[4])

5.2.3 Der Laser als Pumpe und Analysator

Die scharfe Frequenz, die hohe Leistung und die gute Kollimation des Laserstrahls machen ihn zu einer idealen Photonenquelle, um Reaktanden zu präparieren oder Produkte zu analysieren. Eine typische experimentelle Anordnung für ein Molekularstrahlexperiment mit Lasern zeigt Bild 5.5. Sie enthält ein Paar gekreuzter Molekülstrahlen, von denen einer kurz vor der Stoßzone vom Pumplaser gekreuzt wird. Der hohe Photonenfluß dieses Lasers pumpt einen merklichen Anteil der Strahlmoleküle in einen gewünschten Quantenzustand. Die scharfe Frequenz sorgt dafür, daß dieser wohldefiniert ist, die Abstimmbarkeit (wenn vorhanden) für die Möglichkeit, verschiedene angeregte Zustände zu erreichen. Wenn das Laserlicht linear polarisiert ist, also der elektrische Feldvektor E eine feste Richtung (senkrecht zum Laserstrahl) hat, haben die Moleküle nach der Absorption im Laborsystem eine nicht zufällige Orientierung.[5])

---

[3]) Da meist relativ hohe Drucke notwendig sind, ist die Rotationsbesetzung der einzelnen Schwingungszustände normalerweise völlig relaxiert. Die Zeitskala des Experiments ist µs!
[4]) Die Reaktion Cl + H_2 ist schwach endotherm ($\Delta H^0 \simeq 4$ kJ/mol), die Reaktion Br + H_2 stark ($\Delta H^0 \simeq 70$ kJ/mol), daher sind beide für eine schnelle Fortpflanzung der Kette zu langsam.
[5]) Die Absorption ist proportional zu $|\mu E|^2$, wo μ das molekulare Übergangsmoment (definiert im molekülfesten Koordinatensystem) und E die elektrische Feldstärke (definiert im Laborsystem) sind. Die Orientierung des Moleküls bestimmt sich relativ zu E und daher zu einem laborfesten Koordinatensystem.

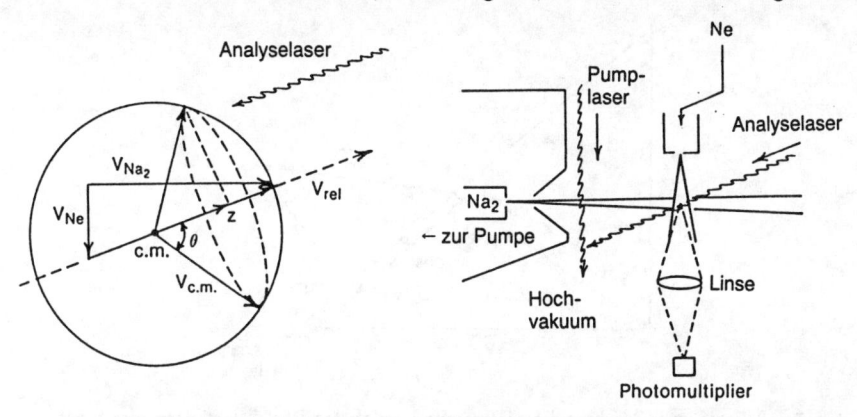

5.2 Moleküle, Strahlung und Laserwechselwirkung

Bild 5.5 Schema einer Apparatur mit gekreuzten Molekularstrahlen und je einem Pump- und Analyse-Laser zur Messung zustandsselektiver Querschnitte. (Nach J.A. Serri, C.H. Becker, M.B. Elbel, J.L. Kinsey, W.P. Moskowitz, D.E. Pritchard: J. Chem. Phys., 74, 5116 (1981); s.a. K. Bergmann, U. Hefter, J. Witt: J. Chem. Phys., 72, 4777 (1980)) Typische Ergebnisse z.B. in Bild 3.13.

Der Analyselaser fragt die Stoßprodukte ab. Die meisten Stöße führen in den elektronischen Grundzustand, regen jedoch verschiedene Schwingungszustände an. Eine wichtige Analysemethode ist dann die *laserinduzierte Fluoreszenz* (LIF) (s. Exkurs 5A). Hier wird mit einem abstimmbaren Laser ein geeigneter Wellenlängenbereich im Sichtbaren oder UV überstrichen, wodurch (bei passenden Wellenlängen) die Moleküle, deren Schwingungsverteilung man sucht, elektronisch angeregt werden. Ihre Fluoreszenz zurück in den elektronischen Grundzustand wird ohne spektrale Zerlegung gemessen. Da die Fluoreszenzlebensdauern elektronisch angeregter Moleküle kurz sind (z.B. 10 ns), haben sie sich während der Beobachtung praktisch nicht bewegt. Im Gegensatz dazu sind Fluoreszenzlebensdauern im Infraroten lang (> 1 ms), und die Moleküle können während dieser Zeit das Beobachtungsgebiet leicht verlassen.

Auch der Analyselaser kann linear polarisiert sein. Beobachtet man die Doppler-Verschiebung des Übergangs, so kann man die Geschwindigkeitsverteilung des Produktflusses in Richtung des Lichtstrahls messen. Liegt der Laserstrahl in Richtung der anfänglichen Relativgeschwindigkeit der Stoßpartner, v, so wird die Doppler-Verschiebung von der Komponente der Relativgeschwindigkeit nach dem Stoß w' in Richtung v erzeugt (Bild 5.6). Mit anderen Worten, mit der Doppler-Verschiebung kann man bei bekannter Translationsenergie direkt die Winkelverteilung im Schwerpunktsystem

256 5 Die Praxis der Moleküldynamik

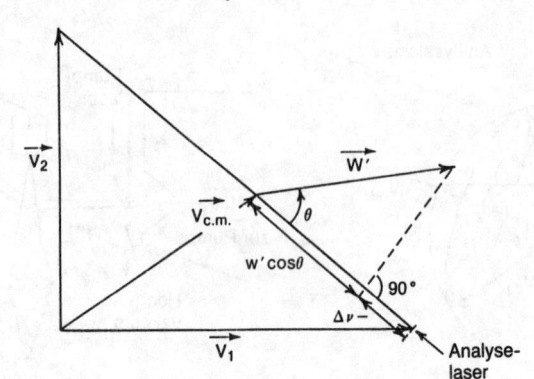

Bild 5.6 Schema zur Geschwindigkeitsmessung an zustandsselektierten Produkten einer Reaktion in gekreuzten Molekularstrahlen mittels der Doppler-Verschiebung. Der Analyselaser steht in Richtung der Relativgeschwindigkeit der Produkte, und die Doppler-Verschiebung $\Delta\nu$ der laserinduzierten Fluoreszenz des frisch entstandenen Produkts in einem bestimmten Zustand wird gemessen. $\Delta\nu$ ist proportional zu $\cos\vartheta - 1$ und bestimmt daher $w'\cos\vartheta$, wo w' die Geschwindigkeit des Produkts im SPS und ϑ der Streuwinkel ist. (Nach J.L. Kinsey: J. Chem. Phys., 66, 2560 (1977))

bestimmen. Bild 5.7 zeigt das Ergebnis einer solchen Studie für die Reaktion von H mit NO_2.

Im Photo*dissoziations*experiment gibt es nur *einen* Molekülstrahl. Aufgabe des Pumplasers ist die Dissoziation der Moleküle. Manchmal wird dies durch Absorption eines einzigen Photons bewirkt. Bei den hohen, heute verfügbaren Laserleistungen kann aber auch Multiphoton-Absorption stattfinden (siehe Abschn. 7.3).[6] Zum Nachweis der Produkte in einem Photodissoziations-Experiment kann ein anderer Laser oder auch ein Elektronenstoß-Massenspektrometer dienen.[7]

---

[6] Auch beim Analyselaser kann man gegebenenfalls Multiphotonenprozesse benutzen. Das ist z.B. wichtig, wenn laserinduzierte Fluoreszenz mangels geeigneter angeregter Zustände nicht durchführbar ist.

[7] Von wesentlicher praktischer Bedeutung beim Gebrauch von Lasern ist die Strahlintensität bei einer bestimmten Wellenlänge. Der Energieinhalt eines Photons der Wellenlänge λ (in nm) ist

$$\epsilon = hc/\lambda = 1.987 \cdot 10^{-16}/\lambda \text{ J} = 1240/\lambda \text{ eV}.$$

Daher ist die Zahl der Photonen in einem Laserimpuls der Energie j (in J)

$$N = j/\epsilon = 5.034 \cdot 10^{15} j \cdot \lambda.$$

Für einen Dauerstrich-Laser der Leistung P (in W) bei der Wellenlänge λ (in nm) ist die Intensität, d.h. die Photonenzahl pro Sekunde

5.2 Moleküle, Strahlung und Laserwechselwirkung 257

NO$_2$ + H → OH (v=0, K=17, J=17.5) + NO

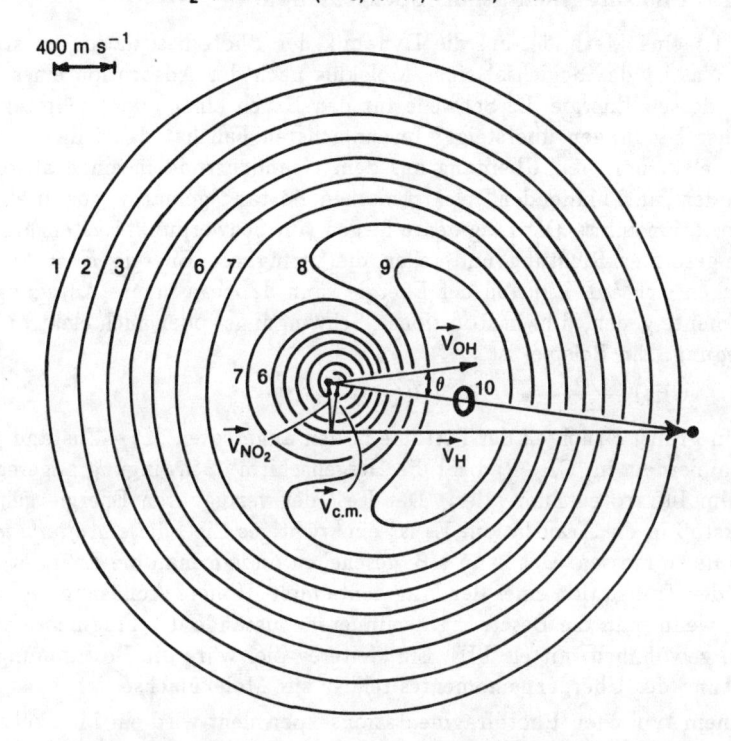

Bild 5.7 Experimentelles Ergebnis der räumlichen Geschwindigkeitsverteilung des Flusses von OH im oben angegebenen Zustand aus der Reaktion H + NO$_2$, gewonnen mittels der Doppler-verschobenen, laserinduzierten Fluoreszenz. Die (Labor-)Geschwindigkeiten von H und NO$_2$ vor dem Stoß und der Streuwinkel ϑ (im SPS) sind eingezeichnet. Der Fluß geht im wesentlichen nach vorn, kleinere Intensitäten auch nach hinten. (Nach E.J. Murphy, J.H. Brophy, G.S. Arnold, W.L. Dimpfl, J.L. Kinsey: J. Chem. Phys., 70, 5910 (1979))

$I = 5.034 \cdot 10^{15} P\lambda$ s^{-1}.

Als Beispiel nehmen wir einen gepulsten Laser im Sichtbaren, z.B. einen frequenzverdoppelten YAG-Laser bei $\lambda = 532$ nm, der Impulse von 100 mJ mit einer Wiederholungsfrequenz von 10 Hz liefern möge. Dann werden $2.68 \cdot 10^{17}$ Photonen der Energie 2.33 eV pro Impuls erzeugt. Für eine Impulsbreite von 5 ns ist die mittlere Leistung während des Impulses $P = 2$ MW oder $I = 5.36 \cdot 10^{25}$ Photonen/s. Für Dauerbetrieb bei $P = 1$ W wäre $I = 2.68 \cdot 10^{18}$ Photonen/s.

5.2.4 Photofragmentations-Spektroskopie

Dies ist eine Methode, um die Dynamik der Photodissoziation zu studieren. Was ist das Schicksal eines Moleküls nach der Absorption eines Photons, dessen Energie die Schwelle für den Bruch einer oder mehrerer chemischer Bindungen übersteigt? Im einfachsten Fall hat dabei das Molekül einen elektronischen Übergang aus dem Grundzustand in einen abstoßenden oder „anti-bindenden" elektronischen Zustand gemacht, der direkt zur Dissoziation führt. Die Fragmente fliegen (im Schwerpunktssystem) in entgegengesetzter Richtung und teilen die verfügbare Energie $E = h\nu - D$ zwischen sich auf. Ein Teil der Energie kann dabei in innere Anregung der Fragmente gehen, d.h. in Rotations-, Schwingungs- oder auch elektronische Anregung. Ein Beispiel ist

$$CH_3I \xrightarrow[266\text{ nm}]{h\nu} CH_3 + I(^2P),$$

wo ein großer Bruchteil der I-Atome in den angeregten $^2P_{1/2}$-Zustand geht, und außerdem im CH_3-Radikal die „Regenschirm"-Schwingung angeregt ist und im Infraroten fluoresziert. Der Rest der verfügbaren Energie geht als Rückstoß in die Translation. Es ist ein wichtiges Ziel, diese *Aufteilung der Energie* zu messen. Das kann z.B. geschehen, indem man die Energieverteilung der Translation eines der Fragmente mißt. Höhere Auflösung bekommt man, wenn man die Besetzung der inneren Zustände der Fragmente direkt mißt, gewöhnlich mittels LIF. Ein weiteres Ziel wäre die Bestimmung der Richtung des Übergangsmomentes relativ zur Molekülachse.

In einem typischen Photofragmentationsexperiment wird ein Molekülstrahl von einem intensiven, gepulsten, polarisierten Laserstrahl gekreuzt (Bild 5.8). Die Polarisationsebene kann gedreht werden, so daß sich der Winkel zwischen dem E-Vektor des Lichts und der Flugrichtung der Fragmente (nachgewiesen z.B. durch ein Massenspektrometer) ändern läßt. Die so gemessene Winkelverteilung der Produkte gibt direkt Auskunft über den Winkel zwischen Bindungsachse und Übergangsdipolmoment.[8]

Um die Translationsenergie zu bestimmen, triggert der Lichtimpuls den Detektor, der die Zahl der Fragmente pro Zeiteinheit in Abhängigkeit von der

---

[8] Der elektrische Vektor des Lichts regt den Übergangsdipol des Moleküls an, der eine bestimmte Orientierung zum Molekülgerüst hat. In einem zweiatomigen Molekül kann z.B. der Dipol nur parallel oder senkrecht zur Bindungsrichtung stehen. Die Tatsache, daß die Winkelverteilung der Produkte oft von der Orientierung der Polarisationsebene abhängt, zeigt an, daß die Photodissoziation meist ein direkter Prozeß (Abschn. 3.3) ist. Bliebe das energiereiche Molekül für mehr als eine Rotationsperiode beisammen, ginge diese Korrelation verloren. Vgl. auch Abschn. 7.2.

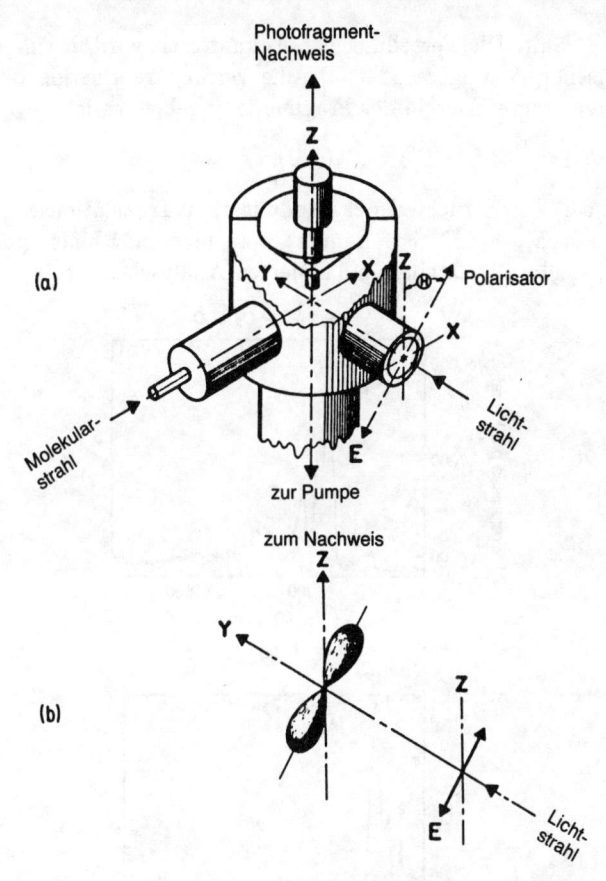

5.2 Moleküle, Strahlung und Laserwechselwirkung 259

Bild 5.8 a) Photofragment-Spektrometer. Ein Molekularstrahl in X-Richtung wird von einem Lichtstrahl in Y-Richtung gekreuzt, die Bruchstücke aus der Photodissoziation, die in die Z-Richtung fliegen, werden massenspektrometrisch nachgewiesen. Das Licht wird gepulst, so daß die Geschwindigkeit der Fragmente und damit ihre Translationsenergie bestimmt werden kann. Der Polarisator erlaubt die Untersuchung der Ausbeute der Photodissoziation als Funktion des Winkels Θ zwischen dem elektrische Lichtvektor E und der Richtung des Übergangsdipols μ des absorbierenden Moleküls. (Nach G.E. Bush, K.R. Wilson: J. Chem. Phys., 56, 3626 (1972))
b) Winkelverteilung der wegfliegenden Photofragmente. Wenn das zweiatomige Molekül langsam rotiert, erreichen nur diejenigen Moleküle den Detektor, die in Richtung der Z-Achse zerfallen sind. Die Absorptionswahrscheinlichkeit des Moleküls ist $\propto |\mu \cdot E|^2$. Ist μ entlang der Molekülachse gerichtet und der Detektor in Z-Richtung, so ist $|\mu \cdot E|^2 \propto \cos^2 \Theta$. Diese Verteilung, die Zylindersymmetrie um E hat, ist ebenfalls angedeutet.

Verzögerung zählt. Die Verteilung der Ankunftszeit wird in eine solche der Translationsenergie umgerechnet. Da die verfügbare Energie bekannt ist, kann man die innere Energie der Fragmente angeben; es ist

$$P_\text{i}(E_\text{i}') = P_\text{tr}(E - E_\text{i}') = P_\text{tr}(E_\text{tr}'), \tag{5.1}$$

wo $P_\text{tr}(E_\text{tr}')\text{d}E_\text{tr}'$ der Bruchteil der Produkte mit Translationsenergien zwischen E_tr' und $E_\text{tr}' + \text{d}E_\text{tr}'$ ist. Benutzt man nicht nur einen polarisierten Pumplaser, sondern auch einen polarisierten Analyselaser, so kann man ne-

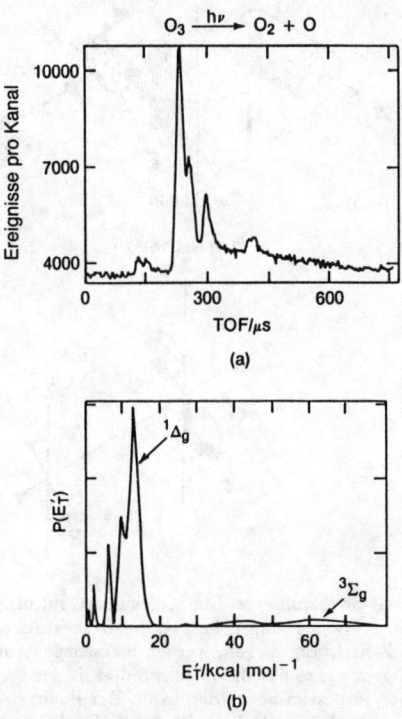

Bild 5.9 a) Flugzeitverteilung des Bruchstücks O_2 aus der Photodissoziation von O_3 bei 266 nm. Der Nachweis erfolgt $30°$ neben dem Laserstrahl.
b) Dieselben Daten, aber jetzt als Verteilung der Translationsenergie im SPS, $P(E_\text{tr}')$. Das höchste Maximum entspricht der Bildung von $O(^1\text{D}) + O_2(^1\Delta_g, v' = 0)$. Daneben sind Maxima zu $v' = 1, 2$ und 3 zu sehen. Der schwache hochenergetische „Schwanz" gehört zum Zerfall in $O(^3\text{P}) + O_2(^3\Sigma_g^-)$. Eine genaue Analyse zeigt, daß die relativen Ausbeuten der Schwingungszustände 0,1,2 und 3 sich wie 57:24:12:7 verhalten, und daß rund 17% der übrigen Energie in Rotationsanregung des O_2 gehen. (Nach R.K. Sparks, L.R. Carlson, K. Shobatake, M.L. Kowalzcyk, Y.T. Lee: J. Chem. Phys., 72, 1401 (1980))

5.2 Moleküle, Strahlung und Laserwechselwirkung

ben der Energieverteilung auch noch die relative Orientierung der Fragmente nach dem Stoß messen. So wurde bei der Photodissoziation von I_2 im Sichtbaren ($\lambda \simeq 500$ nm)

$$I_2(X^1\Sigma) \xrightarrow{h\nu} I_2(B^3\Pi_u) \longrightarrow \begin{cases} I(^2P_{3/2}) + I^*(^2P_{1/2}) \\ 2I(^2P_{3/2}) \end{cases}$$

aus dem Translationsspektrum erschlossen, daß die Fragmentation in zwei Atome im Grundzustand überwiegt, und aus der Polarisationsabhängigkeit, daß die Richtung der auseinanderfliegenden I-Atome, d.h. die Bindungsachse, *senkrecht* zum elektrischen Vektor des absorbierten Lichts steht. (Das letztere war für einen $^2\Sigma \to {^3\Pi}$-Übergang zu erwarten.) Für drei- und mehratomige Moleküle, wo die Fragmente auch noch Schwingungsenergie tragen können, ist für ein derartiges Experiment allerdings höhere Auflösung nötig.

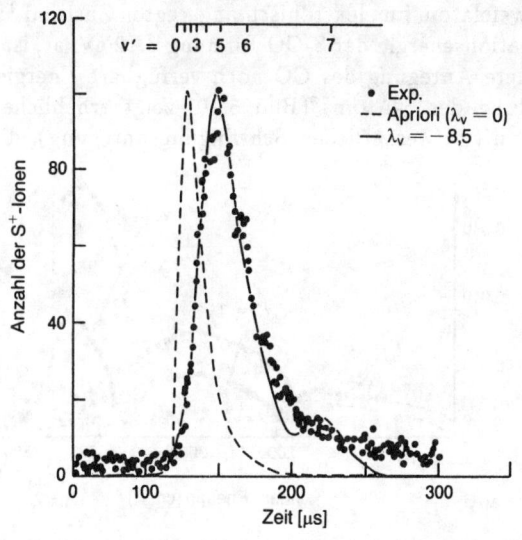

Bild 5.10 Flugzeitverteilung der Anzahldichte von S-Atomen aus der Photodissoziation von OCS bei 157 nm (Flugweg 78 mm). Oben sind die Flugzeiten angegeben, die für einzelne Zustände v' unter der Annahme $j' = 0$ berechnet wurden. (Letzteres erwartet man wegen der Linearität des OCS-Moleküls.) Der höchste energetisch erlaubte Zustand ist $v' = 7$. Die gestrichelte Kurve ist die A-priori-Verteilung, die durchgezogene ist für einen linearen Überraschungswert $\lambda_{vib} = -8,5$ berechnet (s. Abschn. 5.5). Das Experiment zeigt, daß $\langle E_{vib} \rangle$ rund 73% der verfügbaren Energie umfaßt, d.h. daß die Schwingungsbesetzung des Bruchstücks CO stark invertiert ist. (Nach G. Ondrey, S. Kanfer, R. Bersohn: J. Chem. Phys., 79, 179 (1983)) Der Wert von λ_{vib} ist ungefähr der gleiche, wie er für die Reaktion $O + CS \to CO(v) + S$ gefunden wird.

262 5 Die Praxis der Moleküldynamik

Ein Beispiel, wo man aus der Messung der Rückstoßgeschwindigkeit den Schwingungszustand der Produktmoleküle bestimmen konnte, ist die Photodissoziation von O_3:

$$O_3 \to O_2^\dagger + O.$$

Die in Bild 5.9 gezeigte Verteilung der inneren Energie des O_2 zeigt, daß diese weit über dem thermischen Gleichgewicht liegt. Auch diese spezielle Energieverteilung zeigt den direkten Charakter dieses Dissoziationsvorgangs. Die Besetzungsinversion in den Produkten solcher Prozesse ist häufig in chemischen Lasern verwandt worden.

Die Photofragmentation des linearen OCS-Moleküls ist insofern interessant, als sie fast vollständig als kollinearer Halb-Stoß beschreibbar ist. Mit einem F_2-Excimerlaser bei $\lambda = 157$ nm (Photonenenergie 7.90 eV) liefert die Photolyse ein Schwefelatom im elektronisch angeregten Zustand $^1S_0$ bei 2.75 eV. Da die Dissoziationsenergie der S-CO Bindung 3.12 eV ist, ist die für Translation und innere Anregung des CO noch verfügbare Energie 2.03 eV. Die Flugzeitverteilung des S-Atoms (Bild 5.10) zeigt erhebliche innere Anregung des CO an (im wesentlichen Schwingungsanregung), die vergleichbar

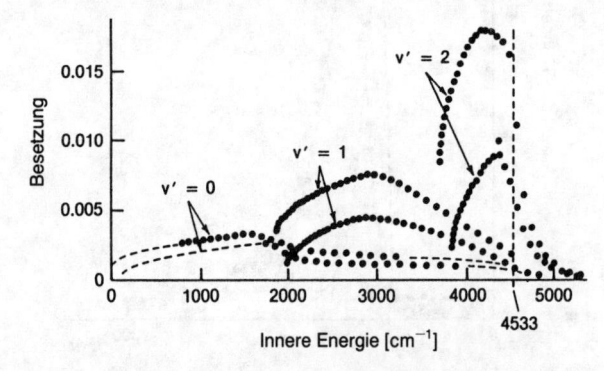

Bild 5.11 Mittels der laserinduzierten Fluoreszenz bestimmte Besetzungsverteilung von $NO(X\ ^2\Pi_{1/2}$ (obere Kurven) und $^2\Pi_{3/2}$ (untere Kurven)) in den Schwingungszuständen $v' = 0, 1, 2$ aus der Photofragmentation von NO_2 bei 337.1 nm (3.667 eV). Da die Dissoziationsenergie von $O - NO$ 3.115 eV ist, bleiben 0.562 eV oder 4533 cm^{-1} übrig. Die gestrichelte senkrechte Linie gibt daher die maximale innere Energie an, falls NO_2 im Grundzustand ist. Der Schwanz der Verteilung läßt sich durch die mittlere innere Energie des NO_2 von 310 cm^{-1} erklären. Man beachte die starke Inversion der Schwingung; ungefähr 70% der verfügbaren Energie geht in innere Anregung des NO, fast alles in Schwingung. Die gebildeten O-Atome sind praktisch alle im ^3P-Zustand. (Nach H. Zacharias, M. Geilhaupt, K. Meier, K.H. Welge: J. Chem. Phys., 74, 218 (1981))

5.2 Moleküle, Strahlung und Laserwechselwirkung

mit derjenigen des $CO^\dagger$ ist, das in einem ganzen Stoß $O + CS \rightarrow CO^\dagger + S$ erzeugt wird.

Laserinduzierte Fluoreszenz (Exkurs 5A) der Dissoziationsprodukte wurde in Photofragmentationsstudien oft benutzt. Bild 5.11 zeigt nach der Schwingung aufgelöste Verteilungen der inneren Energie von NO aus der Photodissoziation von NO_2:

$$NO_2 \xrightarrow[337\text{ nm}]{h\nu} NO + O.$$

Für größere Moleküle müssen *beide* Produkte analysiert werden. Das einfachste Beispiel ist der Zerfall eines vieratomigen Moleküls in zwei zweiatomige Fragmente, wie etwa (Bild 5.12)

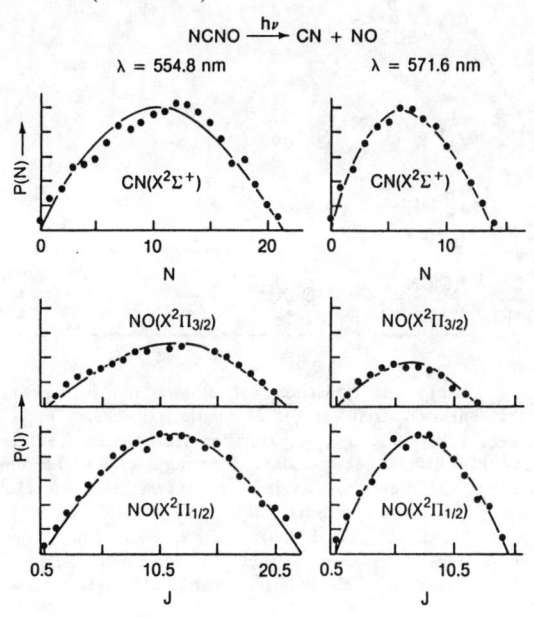

Bild 5.12 Mittels der laserinduzierten Fluoreszenz gewonnene Daten für die Photodissoziation von NCNO bei den beiden angegebenen Wellenlängen: Aufgetragen sind die Besetzungsverteilungen für die Rotation der Photofragmente (oben) $CN(X\,^2\Sigma^+, v = 0, N)$ und (unten) $NO(X\,^2\Pi_{3/2}$ und $^2\Pi_{1/2}, v = 0, j + \frac{1}{2})$. Zum Vergleich mit den experimentellen Punkten zeigen die durchgezogenen Kurven die Ergebnisse der statistischen Phasenraumtheorie. Die verfügbare Energie ist 939 cm^{-1} bei $\lambda = 554.8$ nm und nur 411 cm^{-1} bei $\lambda = 571.6$ nm. (Nach S. Buelow, M. Noble, G. Radhakrishnan, H. Reisler, C. Wittig: J. Phys. Chem., 90, 1015 (1986); s.a. I. Nadler, J. Pfab, H. Reisler, C. Wittig: J. Chem. Phys., 81, 653 (1984))

264   5 Die Praxis der Moleküldynamik

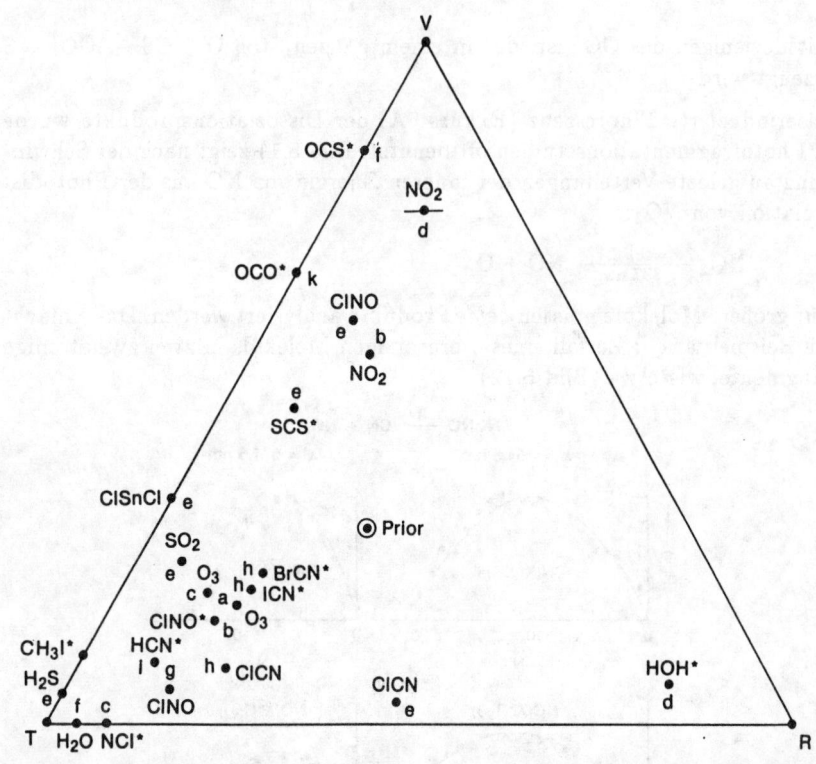

Bild 5.13 Dreiecksdiagramm mit typischen Ergebnissen der Energieaufteilung bei der Photofragmentation dreiatomiger Moleküle. Die Ecken T, R und V entsprechen einem vollständigen Übergang der verfügbaren Energie in Translation der Produkte bzw. Rotation oder Schwingung des Diatoms. Jeder Punkt gibt die mittlere Energieaufteilung des angeschriebenen Moleküls bei einer codierten Wellenlänge (in nm) an: a, 532; b, 337; c, 266; d, 248; e, 193; f, 157; g, 150; h, 147; i, 130; j, 122; k, 90.1. Ein * bedeutet, daß das Produkt S, I, CO, NO, CN, oder OH in einem elektronisch angeregten Zustand gebildet wird. Methyljodid wurde als dreiatomiges Modell behandelt.

Der Punkt „Prior" stellt die einfachste statistische Vorhersage dar, in welcher $\langle f_{tr}\rangle$, $\langle f_{vib}\rangle$ und $\langle f_{rot}\rangle$ die Werte 3/7, 2/7 und 2/7 haben. Dabei ist das Diatom modellmäßig als starrer Rotator und harmonischer Oszillator (RRHO-model) behandelt worden, vgl. Exkurs 5C. Man beachte die Moleküle auf der VT-Achse, für die $\langle f_{rot}\rangle \simeq 0$ ist. Bei ihnen muß der angeregte, dissoziierende Zustand kollinear sein, so daß beim Zerfall $b = 0$ ist, d.h. kein Drehimpuls entsteht. Interessant sind auch die Moleküle, bei denen $\langle f_{vib}\rangle$ den A-priori-Wert übertrifft; sie sind normalerweise dadurch charakterisiert, daß die Bindungslänge sich beim Zerfall stark ändert. (Nach R. Bersohn: J. Phys. Chem., 88, 5145 (1984))

5.2 Moleküle, Strahlung und Laserwechselwirkung   265

$$NCNO \xrightarrow{h\nu} CN + NO.$$

Einen Überblick über die Energieaufteilung in einer ganzen Reihe von Photodissoziationsexperimenten gewinnt man in Bild 5.13.

Wir haben bisher von der Photodissoziation starker, „chemischer" Bindungen mit Lasern im Sichtbaren und im UV gesprochen. Die Photodissoziation schwach gebundener van-der-Waals-Moleküle kann auch mit IR-Lasern geschehen. Sie liefert wertvolle Einsicht in die Kopplung zwischen Translation und Schwingung auf Potentialflächen mit einem Topf.[9] Bild 5.14 zeigt das Ergebnis der IR-Photodissoziation (mit einem CO_2-Laser) des Äthylen-Dimers

$$(C_2H_4)_2 + \xrightarrow{h\nu} 2C_2H_4.$$

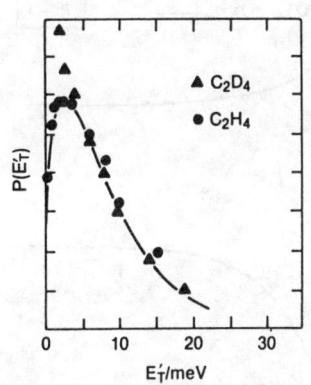

Bild 5.14 Verteilung der Translationsenergie von C_2H_4 und C_2D_4 aus der Photodissoziation der Dimere $(C_2H_4)_2$ bzw. $(C_2D_4)_2$ mittels CO_2-Laserstrahlung bei 947.8 bzw. 1073.3 cm^{-1}. Die Abszisse ist E'_{tr} in meV. Die Punkte sind experimentelle Daten, die Kurve stellt eine Boltzmann-Funktion $P(E'_{tr}) \propto (E'_{tr})^{1/2} \cdot \exp(-cE'_{tr}/E_{av})$ dar, wo $E_{av} = \langle E'_{tr} \rangle = 8.8$ meV und $c = 1.5$. (Nach M.A. Hoffbauer, K. Liu, C.F. Giese, W.R. Gentry: J. Chem. Phys., 78, 5567 (1983))

Mit IR kann man allerdings auch stark gebundene Moleküle photodissoziieren, wenn man *Mehrphotonenprozesse* benutzt; s. Abschn. 7.3.

Die wichtigste Sonde für die Aufklärung der Photodissoziation ist das dissoziierende Molekül selbst. Da das Experiment es in einen angeregten Zustand bringt (wir denken hier wieder an elektronische Anregung), fluoresziert es.

---

[9] Der Topf der van-der-Waals-Moleküle ist zwar flach, aber man kann die Überschußenergie ja kleinhalten. Wie wir in Abschn. 7.2 sehen werden, ist das Verhältnis der verfügbaren Energie zur Topftiefe die entscheidende Größe.

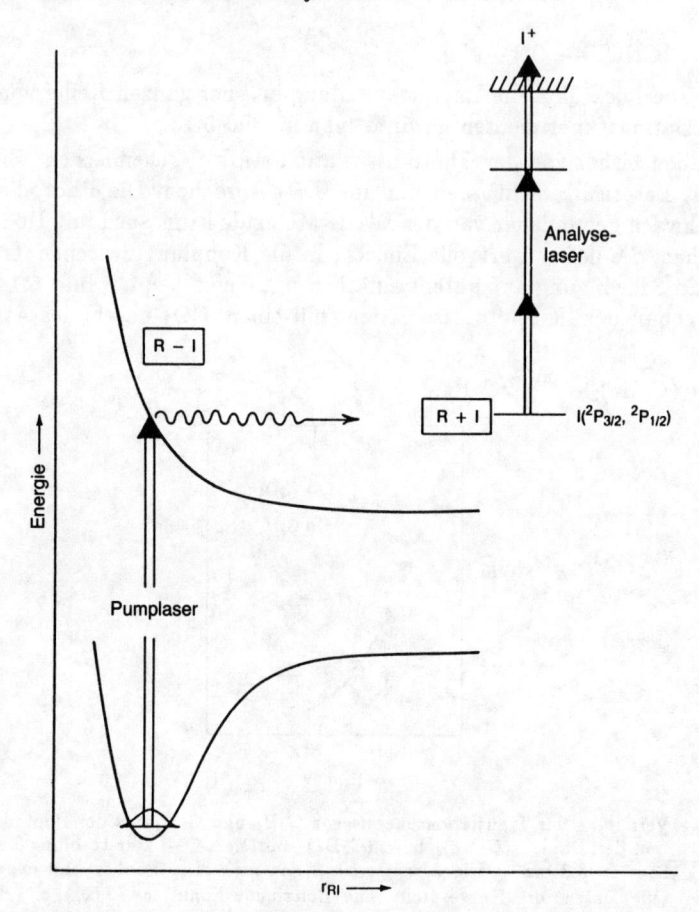

Bild 5.15 Bestimmung der Lebensdauer des $\tilde{A}$-Zustands von CH_3I als Zwischenzustand in der Photofragmentation in $CH_3 + I$ oder I^* durch einen Picosekundenlaser.
a) Schema des Experiments, bei dem ein Picosekundenlaser bei 280 nm den X-Zustand von CH_3I (im Molekularstrahl) in den abstoßenden $\tilde{A}$-Zustand pumpt. Die Jodatome werden durch resonanzverstärkte Zweiphotonenionisation mit einem weiteren Picosekundenlaser bei 304.0 nm (I^* $^2P_{1/2}$) bzw. 304.0 nm (I $^2P_{3/2}$) nachgewiesen, wie in Abschn. 7.3 beschrieben wird.
b) Nachweis von I^* als I^+ in einem Flugzeitmassenspektrometer. Die Punkte sind experimentelle Daten, die Kurve ist das erwartete Signal unter Berücksichtigung der Impulsbreite des Lasers und bei Annahme einer Lebensdauer von $\tau \leq 0.5$ ps. (Nach J.L. Knee, L.R. Khundar, A.H. Zewail: J. Chem. Phys., 83, 1966 (1985)) Das untere Bild zeigt neuere Ergebnisse für die Photofragmentation von ICN mit einem Femtosekundenlaser bei 306 nm. (Nach N.F. Scherer, J.L. Knee, D.D. Smith, A.H. Zewail: J. Phys. Chem., 89, 5141 (1985))

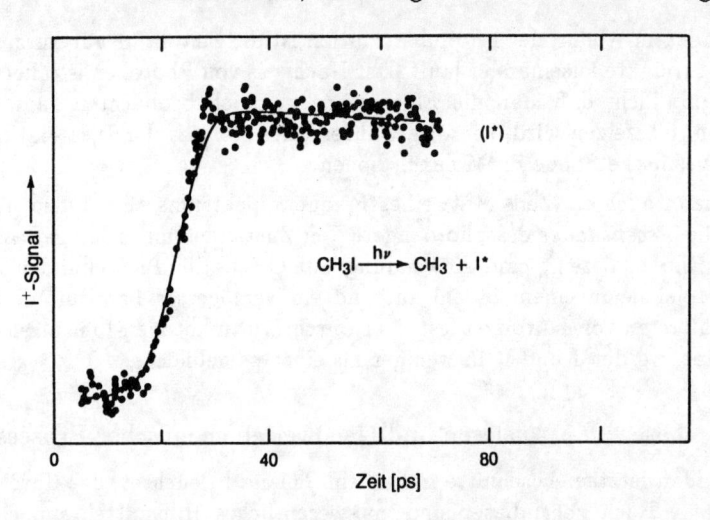

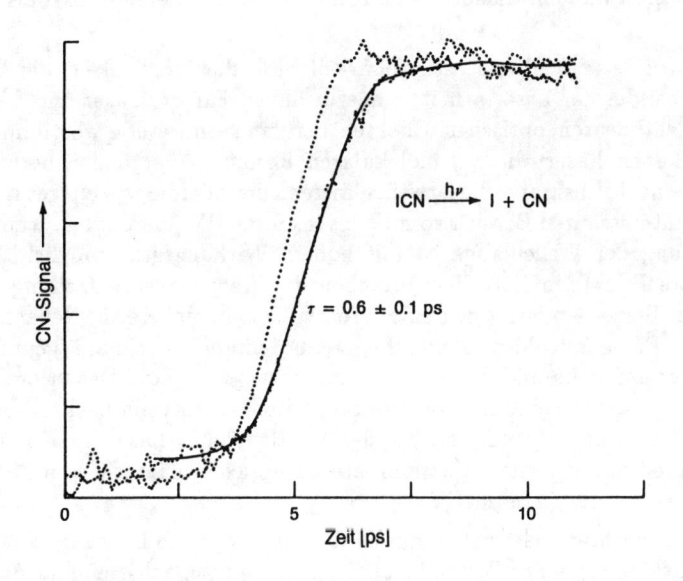

5.2 Moleküle, Strahlung und Laserwechselwirkung 267

$$CH_3I \xrightarrow{h\nu} CH_3 + I^*$$

$$ICN \xrightarrow{h\nu} I + CN$$

$\tau = 0.6 \pm 0.1$ ps

Bild 5.15 (Fortsetzung)

Bei direktem Ablauf der Photodissoziation ist die Zeit dafür nur kurz, da es in die Produkte auseinander läuft. Der Nachweis von Photonen ist allerdings so empfindlich, daß man die Fluoreszenz dennoch beobachten kann. Wie Abschn. 6.5 zeigen wird, kann sie während des Ablaufs der Dissoziation als sehr spezifische Sonde im Molekül dienen.

Man kann auch ein Zeit- statt eines Frequenzspektrums aufnehmen, indem man die *Lebensdauer* des photoangeregten Zustandes mit schnellen Lasern mißt. Bild 5.15 zeigt eine Anwendung auf CH_3I. Ein Picosekunden-Laser regt Moleküle in einem Strahl an, und ein verzögerter Laserimpuls stellt das Auftreten von I-Atomen fest, hier durch Multiphotonen-Ionisation. Wie erwartet, werden I und I* in weniger als einer ps gebildet.

5.2.5 Laser zum Auslösen und Nachweisen chemischer Prozesse

Die beiden letzten Abschnitte haben ein Thema beleuchtet, das durch dieses ganze Buch geht: Laser sind ein wesentliches Hilfsmittel, um chemische Abläufe anzutreiben oder deren Produkte zu analysieren. Tabelle 5.2 zeigt die wichtigsten Laserquellen im hier interessierenden Energiebereich. Was sind ihre entscheidenden Eigenschaften für die „mikroskopische" Chemie?

Ganz wichtig ist z.B. ihre Abstimmbarkeit, d.h. die Möglichkeit, die Wellenlänge, bei der der Laser arbeitet, auszuwählen. Farbstofflaser und Laser, die auf nichtlinearen optischen Effekten beruhen, sind stetig abstimmbar. Dagegen haben Laser, die auf molekularen Resonanzübergängen beruhen, nur eine Anzahl diskreter Laserwellenlängen, die allerdings den gesamten chemisch interessanten Bereich vom IR bis ins ferne UV überdecken. Raman-Verschiebung der Wellenlänge ist mit hohem Wirkungsgrad möglich, und nichtlineare Effekte in Kristallen erlauben die Frequenzvervielfachung und -mischung. Beides erweitert den nutzbaren Wellenlängenbereich. Neuerdings konnte mit Edelgasstrahlen als nichtlinearem Medium brauchbare (gepulste) Intensitäten im Vakuum-UV ($\lambda < 100$ nm) erzeugt werden. Das erlaubt es u.a., H- und O-Atome durch resonante Einphotonenionisation nachzuweisen! Zuletzt aber nicht am wenigsten ist der Freielektronen-Laser im Kommen als prinzipiell am weitesten abstimmbare Laserquelle, nämlich vom Mikrowellengebiet bis ins Vakuum-UV.

Ein weiterer wichtiger Gesichtspunkt ist die ausgekoppelte Leistung (d.h. die abgestrahlte Energie pro Zeiteinheit). Diese hängt zunächst einmal davon ab, ob der Laser im Dauerstrich oder gepulst betrieben wird. Im letzteren Fall ist es leicht, während des Impulses die Leistung hochzutreiben,

5.2 Moleküle, Strahlung und Laserwechselwirkung

Tab. 5.2 Lasertypen[1]

Art des Lasers	Wellenlängen (μm)
CW-Ionenlaser[2], z.B. Ar^+	Linien im Sichtbaren
CW-Festkörper-Laser (Nd:YAG)	1.064
Gepulste Festkörper-Laser (Nd:YAG)	1.064, 0.532, 0.355, 0.266
Gepulste Excimer-Laser (ArF*)	0.193, 0.248, 0.308, 0.351
CW-Farbzentrenlaser	1.4 bis 1.6, 2.3 bis 3.3
CW-Farbstofflaser	0.4 bis 1.0
Gepulster Farbstofflaser	0.26 bis 0.95
CO_2-Laser (Entladung)	9.6 bis 10.4
Molekül-Gas-Laser	Linien zwischen 2 und 11
CW-Halbleiterlaser	0.3 bis 0.8
Gepulster Metalldampflaser	0.51, 0.58, 0.628
Farbstoff-Ringlaser	0.4 bis 0.8
Freielektronen-Laser	VUV bis fernes IR

[1] Nach Pimentel, G.C. (Ed.): *Opportunities in Chemistry*, National Academy Press, Washington, D.C., 1985, S. 93
[2] CW = Dauerstrich (continuous wave)

aber für manche Anwendung wünschte man sich dann lieber eine hohe Wiederholungsfrequenz.[10]

Weitere wichtige Eigenschaften der Laserstrahlung sind Kollimation (Parallelität des austretenden Strahls), Monochromasie und Polarisation. Anwendungen davon haben wir bereits gesehen, weitere werden folgen.

Laser sind bequeme „Zünder" für chemische Reaktionen, indem sie reaktive Radikale (z.B. H-Atome) oder hochangeregte Moleküle erzeugen. Benutzt man einen Laserpuls zum Zünden der Reaktion und einen zeitverzögerten zweiten Laser zur Analyse, so kann man die Moleküldynamik sogar im Glaskolben studieren (vgl. die Bilder 1.4, 2.4 oder 5.16). Die Verfügbarkeit kurzer (ps) oder „ultrakurzer" (fs) Laserimpulse erlaubt so kurze Verzögerungszeiten zwischen Pumpen und Analysieren, daß man sogar die *intra*molekulare Dynamik studieren kann, auch dies u.U. im Glaskolben und nicht nur im Strahl. Der Fortschritt der Meßtechnik, sowohl im Frequenzbereich (Abschn. 6.5) als auch im Zeitbereich (Bild 5.15) bei der Abfrage chemischer

---

[10] Im allgemeinen ist die höchste Leistung mit Elektronenstrahlanregung zu erzielen (100 J pro Impuls in Eximerlasern), danach folgt die Anregung durch elektrische Gasentladungen (1 bis 10 J pro Impuls in Edelgasen oder CO_2). Da diese Impulse sehr kurz sind, sind die Spitzenleistungen sehr hoch (bis 10 MW und darüber). Die Wiederholungsfrequenzen erreichen bei Excimerlasern einige kHz.

270   5 Die Praxis der Moleküldynamik

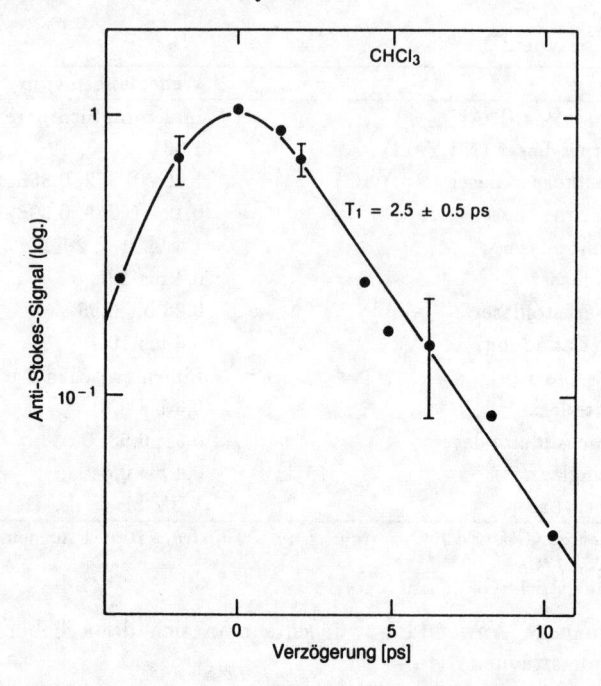

Bild 5.16 Die CH-Streckschwingung des $CHCl_3$ (0.1 molar gelöst in CCl_4, bei 295 K) wird durch den Impuls ($\simeq$ 4 ps breit) eines Infrarotlasers angeregt. Die Überbesetzung des angeregten Schwingungszustands wird mittels der Anti-Stokes-Streuung eines zweiten kurzen Laserimpulses beobachtet. Aufgetragen ist das Anti-Stokes-Signal gegen die Verzögerung zwischen den Lasern. Bei der Verzögerung Null fallen die Maxima der Laserimpulse zusammen. Das gemessene Signal ist direkt proportional zur momentanen Zustandsbesetzung. (Nach A. Laubereau, S.F. Fischer, K. Spanner, W. Kaiser: Chem. Phys., 31, 335 (1978))

Prozesse hat uns den Idealen der molekularen Reaktionsdynamik bereits viel näher gebracht.

Exkurs 5A   Laserinduzierte Fluoreszenz

Die Methode der laserinduzierten Fluoreszenz (LIF) besteht darin, die zu analysierenden Moleküle mit einem durchstimmbaren Laser anzuregen und die gesamte, unzerlegte Fluoreszenz der angeregten Moleküle zu beobachten. Die Lebensdauern dieser Zustände müssen kurz sein (nicht wesentlich über 100 ns), damit die Moleküle nicht weggeflogen sind, bevor sie strahlen. In Bild 5A.1 ist eine Apparatur schematisch dargestellt. Bild 5A.2 zeigt das LIF-Spektrum von BaBr aus der Reaktion

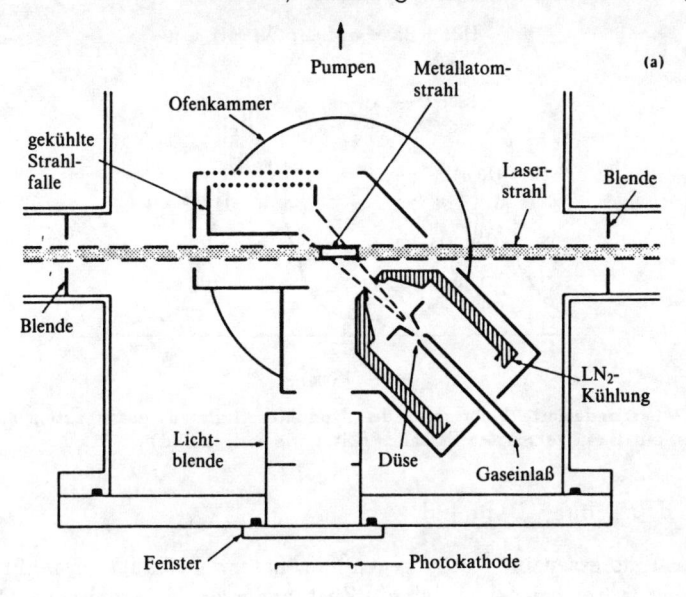

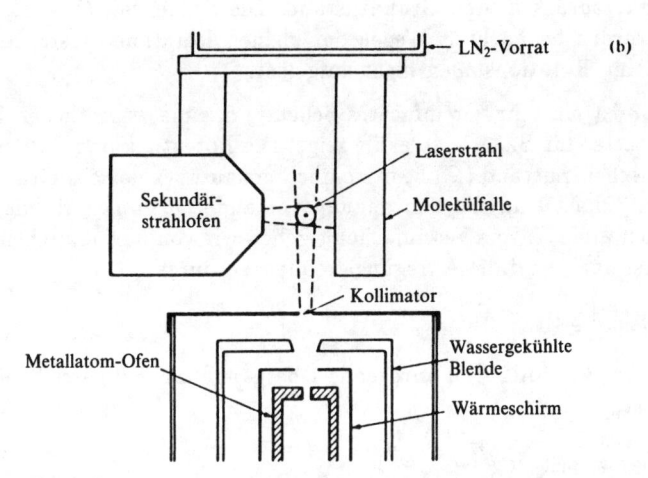

5.2 Moleküle, Strahlung und Laserwechselwirkung

Bild 5A.1 Schemazeichnungen einer Apparatur mit gekreuzten Molekularstrahlen zur Beobachtung der Produkte aus der Reaktion eines Erdalkaliatoms mit einem Halogenwasserstoff mittels der laserinduzierten Fluoreszenz. (Nach H.W. Cruse, P.J. Dagdigian, R.N. Zare: Faraday Discuss. Chem Soc., 55, 277 (1973); s.a. R.N. Zare: ibid. 67, 7 (1979))

272 5 Die Praxis der Moleküldynamik

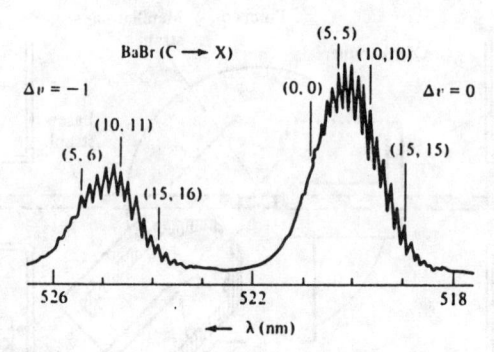

HBr + Ba ⟶ BaBr (X) + H

Bild 5A.2 Laserinduzierte Fluoreszenz des Produktes BaBr aus der Reaktion von HBr mit Ba in gekreuzten Strahlen. (Zitat wie voriges Bild)

$$HBr + Ba \to BaBr + H,$$

d.h. die Fluoreszenzintensität gegen die Laserwellenlänge. Das Produkt BaBr, das in verschiedenen (v'', j'')-Zuständen des elektronischen Grundzustands ($X\,^2\Sigma^+$) gebildet wird, wird in den $C\,^2\Pi_{3/2}$-Zustand angeregt und fluoresziert zurück in den Grundzustand. Die Sequenzen $C \to X$, $\Delta v = 0$ und -1 werden beobachtet. Wegen der kleinen Rotationskonstante B_v werden einzelne Rotationslinien nicht aufgelöst.

Bild 5A.3 ist ein sehr vereinfachtes Schema, das die wesentlichen Züge des LIF-Prozesses für Ba(X)-Moleküle zeigt. Die Potentialkurve für den oberen elektronischen Zustand (C) liegt ziemlich genau über der des Grundzustandes (X), jedoch sind die Schwingungsabstände ω' größer als die für den Grundzustand, ω''. Zur Vereinfachung gehen wir von harmonischen Oszillatoren aus, dann sind die Anregungsfrequenzen durch

$$\nu_{v'v''} = \nu_{00} + v'\omega' - v''\omega'' \tag{5A.1}$$

gegeben. In Bild 5A.2 sind anregende Übergänge $\Delta v = 0$ gezeichnet, für die $v' = v''$ ist, so daß

$$\nu_{v'v''} = \nu_{00} + v'(\omega' - \omega''). \tag{5A.2}$$

Für BaBr werden aber auch die Übergänge $\Delta v = -1$ beobachtet, d.h. $v' = v'' - 1$ oder

$$\nu_{v'v''} = \nu_{00} + v'(\omega' - \omega'') - \omega''. \tag{5A.3}$$

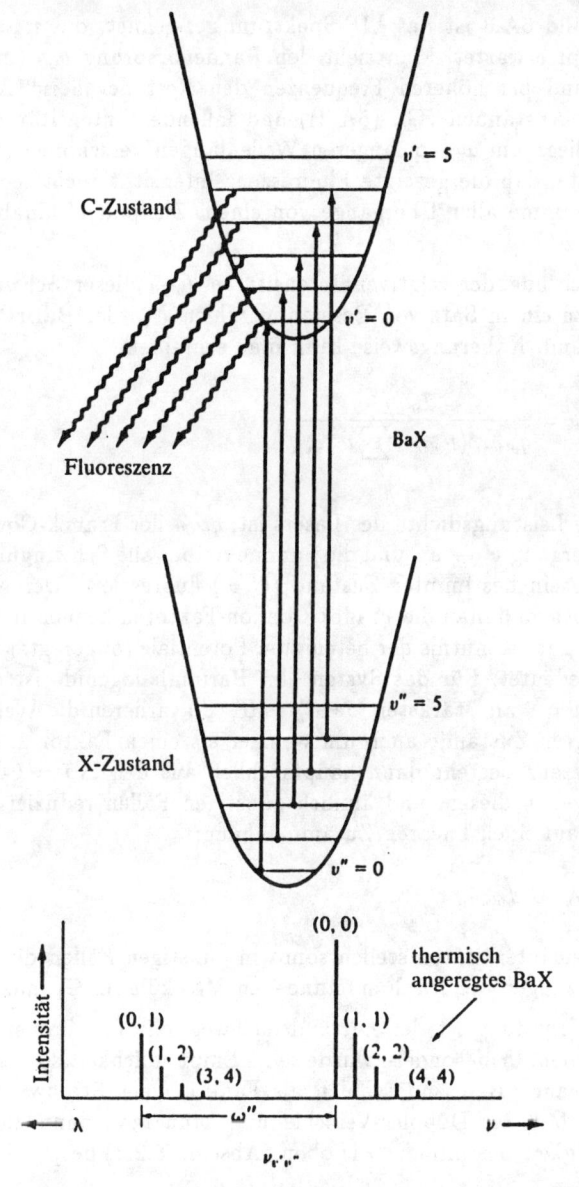

5.2 Moleküle, Strahlung und Laserwechselwirkung 273

Bild 5A.3 Prinzipskizze für die laserinduzierte Fluoreszenz, im Beispiel für heiße BaX-Moleküle, z.B. BaBr, s. den Text.

Unten in Bild 5A.3 ist das LIF-Spektrum gezeichnet, das man für heißen BaBr-Dampf erwartet. Man sieht den Bandenursprung ν_{00} (mit (0.0) bezeichnet) und bei höheren Frequenzen den Rest der Serie $\Delta v = 0$ mit konstanten Abständen (Gl. (5A.2)) und fallenden Intensitäten. Die Serie $\Delta v = -1$ liegt um ω'' zu längeren Wellenlängen verschoben (Gl. (5A.3)). Man beachte, daß die gezeigte Fluoreszenz-Intensität *nicht zerlegt* ist, d.h. es ist die Summe aller Übergänge von einem Zustand v' hinab in die verschiedenen v''.

Die Beobachtung der relativen Intensitäten $I_{v'v''}$ dieser Schwingungsbanden führt zu einem Satz von Besetzungszahlen $N_{v''}$ der BaBr-Moleküle im Grundzustand. Näherungsweise kann man schreiben

$$N_{v''} = \frac{I_{v'v''}}{q_{v'v''}\rho(\nu_{v'v''})\sum_{v}\nu_{v'v}^4 q_{v'v}}, \qquad (5A.4)$$

wo $\rho(\nu)$ die Leistungsdichte des Lasers ist, $q_{v'v''}$ der Franck-Condon-Faktor für den Übergang $v' \to v''$, und die Summe σ über alle Schwingungszustände geht, in die ein bestimmter Zustand (C, v') fluoresziert. Der Nachteil von Gl. (5A.4) ist, daß man die Franck-Condon-Faktoren kennen muß, was wiederum eine gute Kenntnis der beteiligten Potentiale (angeregter und Grundzustand) bedeutet. Für das System der Bariumhalogenide ist die Sequenz $C \to X$, $\Delta v = 0$ am stärksten, da $B'_v \simeq B''_v$. So variieren die Werte der q für die angeregten Zustände auch um weniger als einen Faktor 2. Die Summe der Fluoreszenz besteht dann hauptsächlich aus den $\Delta v = 0$-Linien, d.h. $q_{v'v''} \simeq \delta_{v'v''}$. In diesem und ähnlich günstigen Fällen reduziert sich daher Gl. (5A.4) auf einen linearen Zusammenhang:

$$N_{v'v''} \propto I_{v'v''}. \qquad (5A.5)$$

Die relativen Intensitäten stellen somit in günstigen Fällen direkt die relativen Besetzungen der frisch entstandenen Moleküle im Grundzustand dar. Seit ihrer Erfindung ist der Zustandsnachweis mit LIF immer weiter entwickelt worden. Insbesondere wurde seine Empfindlichkeit so gesteigert, daß man heute auch Besetzungszahlen als Funktion des Streuwinkels bestimmen kann. Mit der Doppler-Verschiebung kann man dann zusätzlich die Geschwindigkeit bestimmen, wie oben (Abschn. 5.2.3) besprochen wurde.

5.3 Streuung von Molekül- und Ionenstrahlen

In diesem Abschnitt werden die Experimentiertechniken, die man bei Streuexperimenten benutzt, anhand vieler Anwendungsbeispiele besprochen. Exkurs 5B beschreibt danach Eigenschaften von Überschallstrahlen, die heute sowohl für Streuexperimente als auch in der Spektroskopie intensiv benutzt werden.

5.3.1 Gekreuzte Molekularstrahlen

Die Methode der gekreuzten Strahlen ist zum Studium der genauen Dynamik reaktiver Stöße hervorragend geeignet. Wie die Chemilumineszenz liefert sie Information über die Energieaufteilung, indem die Produktzustände analysiert werden; zusätzlich eröffnet sie jedoch noch die Möglichkeit, die Winkelverteilung der gestreuten Produkte zu messen. Wie wir (in Abschn. 3.3) bereits sahen, kann man aus der Form solcher Winkelverteilungen entscheidende dynamische Information gewinnen, darunter die wichtige Aussage, ob die Reaktion „direkt" oder „komplex" ist, je nachdem

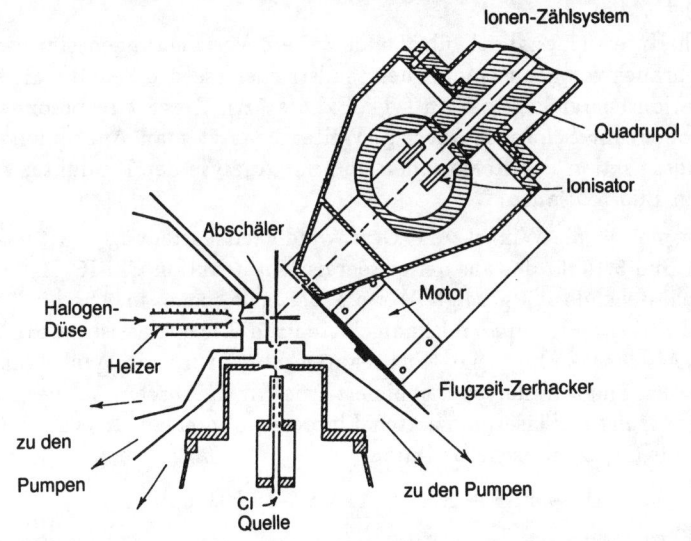

Bild 5.17 Schema einer Apparatur für die Untersuchung der Streuung von Cl-Atomen an Halogen-Molekülen in gekreuzten Strahlen. Vorhanden sind: zwei getrennt gepumpte Überschall-Düsenstrahlen, ein Flugzeit-Zerhacker, eine drehbare Detektor-Kammer mit Ultrahochvakuum, eine Elektronenstoß-Ionenquelle hohen Wirkungsgrades, ein Quadrupol-Massenfilter und ein Ionen-Zähler. (Nach J.J. Valentini, Y.T. Lee, D.J. Auerbach: J. Chem. Phys., 67, 4866 (1977))

nämlich, ob die Winkelverteilung im Schwerpunktsystem anisotrop oder isotrop ist.[11)]

Bild 5.17 zeigt schematisch den Aufbau eines Kreuzstrahlexperiments. Die reagierenden Moleküle (oder Atome oder Ionen) werden zu kollimierten Strahlen geformt, vorzugsweise mit enger Geschwindigkeitsverteilung, wie sie eine Überschalldüse liefert (vgl. Exkurs 5B). Die beiden Strahlen durchsetzen sich dann gewöhnlich im rechten Winkel in einem kleinen Volumen, in dem die Streuung passiert, der Streuzone. Der Umgebungsdruck wird niedrig gehalten ($< 10^{-7}$ torr), um sekundäre Stöße zu vermeiden. Ein Detektor, der die Teilchensorten unterscheidet, gewöhnlich ein Massenspektrometer mit Elektronenstoß-Ionenquelle, kann relativ zum Strahlsystem gedreht werden und so die Winkelverteilungen der verschiedenen gestreuten Spezies (Reaktanden und Produkte) in Laborkoordinaten messen. Gleichzeitig kann man ihre Geschwindigkeitsverteilung bestimmen, z.B. mit der Flugzeitmethode. Aus der Winkelverteilung im Labor und der Geschwindigkeitsverteilung kann man den detaillierten differentiellen Reaktionsquerschnitt im Schwerpunktsystem ableiten (dazu Abschn. 5.4).

Je nach Untersuchungsziel führt man weitere Verfeinerungen ein, darunter den Gebrauch von gemischten Überschallstrahlen (seeded beams), die höhere Translationsenergien gestatten (vgl. Exkurs 5B). Dies ist insbesondere bei Reaktionen mit Schwellen wichtig. Weiter benutzt man Anordnungen zur Zustandsselektion der Reaktanden und zur Analyse der Produkte, wie wir schon in Bild 5.5 sahen.

Ein Beispiel für die Winkel- und Geschwindigkeitsverteilung von Produkten wird in Bild 5.18 für das aus der endoergischen Reaktion $Cl + IC_2H_5 \rightarrow ICl + C_2H_5$ entstehende ICl gezeigt. Weitere Beispiele folgen in Abschn. 5.4 und Kapitel 7. Zustands- und winkelaufgelöste Produkte unelastischer Stöße werden in Abschn. 6.3.2 gezeigt. Für reaktive Stöße wird die Winkelauflösung oft mit der Flugzeitanalyse kombiniert, wie wir in Abschn. 5.4 besprechen. Die Benutzung der laserinduzierten Fluoreszenz in einem Kreuzstrahlexperiment für die exoergische Reaktion

$$Ba + HF \rightarrow BaF + H, \quad \Delta E_0 \simeq -18 \text{ kJ} \cdot \text{mol}^{-1}$$

wird in Bild 5.19 illustriert. Hier stammt die Energie zum Teil aus dem schnellen HF-Strahl, der durch Überschallexpansion von HF in H_2 oder He

---

[11)**] Der Fall, daß eine direkte Reaktion eine sehr symmetrische Winkelverteilung hat, kann natürlich nicht ausgeschlossen werden, scheint aber selten zu sein.

entsteht. Auf diese Weise kann man einen beträchtlichen Energiebereich überstreichen. Der Einfluß auf die Energieaufteilung ist im Bild klar zu sehen.

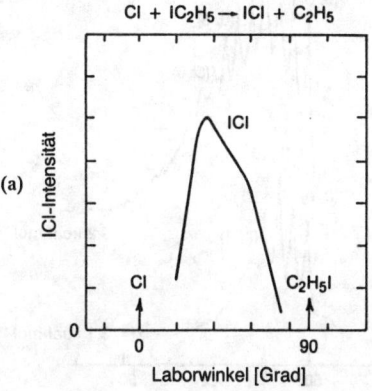

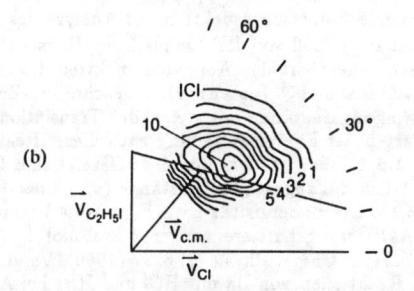

Bild 5.18 a) Laborwinkelverteilung von ICl aus der Reaktion $Cl + IC_2H_5 \to ICl + C_2H_5$ in gekreuzten Strahlen. Die Cl-Atome wurden in einer Hochdruck-Mikrowellenentladung gebildet, ihre Geschwindigkeit konnte zwischen 1 und 2 km/s variiert werden, indem man das Verhältnis von Cl_2 und Trägergas (Ne oder He) änderte. Der thermische C_2H_5I-Strahl kreuzte unter $90°$. Die Produkte ICl wurden mit einem drehbaren Massenspektrometer nachgewiesen. Die mittlere Translationsenergie war 56 kJ·mol^{-1} bei einer Endoergizität von $\Delta E_0 = 10$ kJ·mol^{-1}. Die gemessene Schwelle lag bei einer Translationsenergie von etwa 15 kJ·mol^{-1}.
b) Experimentelle Höhenlinienkarte des Flusses von ICl aus diesem Experiment. Die mittlere Geschwindigkeit des Schwerpunkts v_{cm} ist angedeutet; relative Intensitäten sind bezeichnet. Die Ergebnisse werden als langlebiger Komplex mit einer kleinen Beimischung von Abstreif-Mechanismus (in Vorwärtsrichtung) interpretiert, s. Abschn. 7.2. (Nach S.M. Hoffmann, D.J. Smith, A.G. Ureña, R. Grice: Chem. Phys. Lett., 107, 99 (1984))

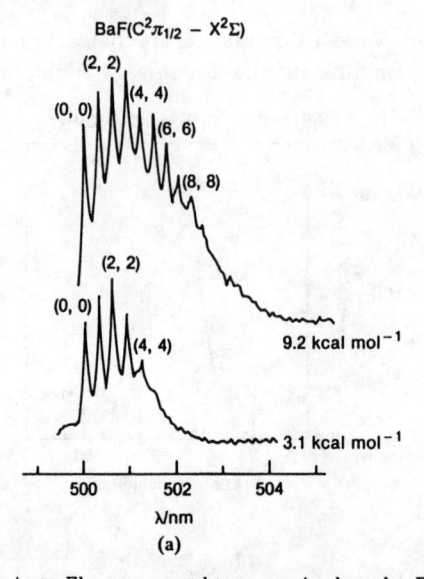

Bild 5.19 a) Laserinduzierte Fluoreszenzspektren zur Analyse des Produktzustandes von $BaF(v', j')$ aus dem Stoß von HF (gemischter Überschallstrahl von HF in He) mit Ba (thermischer Strahl); Anregungsspektren für $E_{tr} = 9.2$ kcal·mol^{-1} (oben) und 3.1 kcal·mol^{-1} (unten). Man beachte die Zunahme der Besetzung höherer Schwingungszustände mit steigender Translationsenergie.
b) Dreieckskarten der Energieaufteilung nach dieser Reaktion bei Translationsenergien von 1.6, 6.5 bzw. 13.2 kcal·mol^{-1}. Gezeigt sind Linien gleichen Reaktionsquerschnitts in die angezeigten Zustände (v', j') der Produkte. Koordinaten wie in Bild 5.13. Die Exoergizität ist $\Delta E_0 = -4.4$ kcal·mol^{-1}, und es existiert eine kleine Aktivierungsbarriere von $\simeq 2$ kcal·mol^{-1}. (Nach A. Gupta, D.S. Perry, R.N. Zare: J. Chem. Phys., 72, 6237 (1980). Vergleichbare Ergebnisse für die analogen Reaktionen von Ba mit HCl und HBr bei A. Siegel, A. Schultz: J. Chem. Phys., 72, 6227 (1980))

5.3.2 Ionen-Molekül-Reaktionen

Solche Reaktionen wurden erstmals in den Ionenquellen von Massenspektrometern beobachtet. Z.B. wurde 1913 das H_3^+-Ion entdeckt, das in der Ionenquelle durch die Reaktion

$$H_2^+ + H_2 \rightarrow H_3^+ + H$$

entsteht. Diese Reaktion verläuft sehr schnell selbst bei Drucken unter 10^{-5} torr. Der Ratenkoeffizient einer großen Zahl solcher exoergischer Ionen-Molekül-Reaktionen wurde in ähnlichen Experimenten bestimmt, und die meist vorhandene Unabhängigkeit des Ratenkoeffizienten von der Temperatur als Beweis für das Einfang-Modell (Langevin-Modell, vgl. Ab-

5.3 Streuung von Molekül- und Ionenstrahlen

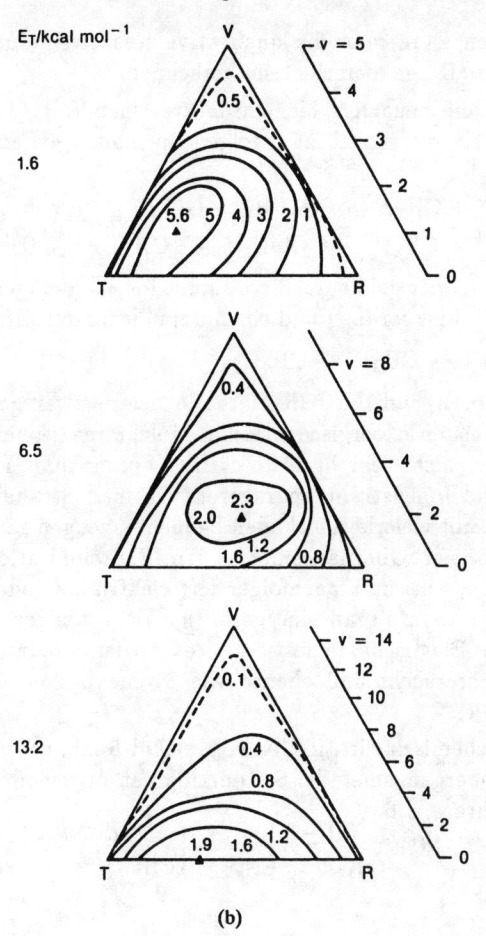

Bild 5.19b

schn. 2.4.7) angesehen. Aber erst die Methoden der Ionenstrahltechnik, der Ionen-Flußreaktoren (flowing afterglow) und der Ionen-Zyklotronresonanz (ICR) erlaubten es, die Reaktivität von Ionen in ihrer ganzen Breite zu erforschen.

Bei der ICR-Methode läuft ein Ion mit einem bestimmten Verhältnis von Ladung zu Masse, e/m, in einem Magneten auf einer Zyklotronbahn um und reagiert bei niedrigem Druck ($\simeq 10^{-6}$ torr) mit neutralen Molekülen. Die Lebensdauer der Ionen auf ihrer Bahn kann μs bis ms betragen. Aus der Abnahme der Ionenzahl mit der Zeit und der Rate des Erscheinens der Produktionen kann man die qualitative Reaktivität und quantitative kinetische Daten (Ratenkoeffizienten) berechnen. Ein Beispiel für die neuartige hier entdeckte Chemie ist die Reaktion von CH_3F^+ mit CH_3F, die schnell zum folgenden Ablauf exoergischer Schritte führt:

$$CH_3F^+ + CH_3F \to CH_3FH^+ + CH_2F \quad (Protonierung)$$
$$CH_3FH^+ + CH_3F \to [C_2H_7F_2]^+ \to (CH_3)_2F^+ + HF.$$

Das im zweiten Schritt gebildete Fluoronium-Ion ist genügend energiereich, um sich gründlich umzuordnen und einen unimolekularen Zerfall zu erleiden:

$$(CH_3)_2F^+ \to CH_2F^+ + CH_4(!).$$

Ionen-Flußreaktoren und die ICR-Methode liefern zwar genügend genaue Daten für die meisten exoergischen Ionen-Molekülreaktionen, für endoergische sind sie aber nicht sehr brauchbar. Hier nimmt man Tandem-Massenspektrometer und Ionenstrahlapparaturen. Da man Strahlen eines breiten Ionensortiments mit vielerlei Methoden bequem erzeugen kann (Elektronenstoß, Ladungstransfer, Oberflächenionisation, Photoionisation, Laser-Multiphoton-Ionisation, alles mit nachfolgender, elektrischer oder magnetischer Massentrennung) konnte man eine gewaltige Zahl von Ionen-Molekülreaktionen studieren. Elastische, inelastische, reaktive und ladungsübertragende Stöße wurden untersucht und ebenso wie Streuexperimente mit Neutralstrahlen analysiert.

Ein Beispiel für chemisch wichtige Ionen-Molekül-Reaktionen sind diejenigen der Ionen der Übergangsmetalle. Sie durchlaufen oft einen Komplex, nicht selten sogar mehrere, z.B.

(Man beachte die beiden unterschiedlichen Produktsorten.)

5.3 Streuung von Molekül- und Ionenstrahlen

Die Analyse der Produktzustände ist, wie immer, zur Diagnose der Dynamik wichtig. Bild 5.20 zeigt Verteilungen der Translationsenergie für die Dissoziationsprodukte aus zwei verschiedenen Stoßkomplexen. Im Vorgriff auf Abschn. 7.2 können wir sagen, daß hier eine starke Wechselwirkung *während des Auseinanderfliegens* der Fragmente (genannt Wechselwirkung im Endzustand (final state interaction), besser: Wechselwirkung im Ausgangskanal) die nahezu statistische Verteilung der Produktzustände maskiert, die wir nach dem Durchlaufen eines langlebigen Komplexes erwarten. Doch zurück zu den Experimenten.

In vieler Hinsicht ist die Untersuchung der Stoßdynamik von Ionen mit Neutralteilchen technisch einfacher als diejenige entsprechender Stöße zwischen zwei Neutralen, da man Ionenstrahlen besser steuern kann als Neutralstrahlen. Die Methode der gekreuzten Strahlen ist die Methode der Wahl, davon gibt es eine wichtige Variante, die der *überlagerten Strahlen* (merging beams), die einen großen Energiebereich *und* gute Energieauflösung erlaubt, selbst bei niedriger Stoßenergie. So kann man insbesondere Schwellen bestimmen oder den Querschnittsverlauf von Ionen-Molekülreaktionen oberhalb der Schwelle ausmessen.[12]

Eine typische Apparatur wird in Bild 5.21 schematisch gezeigt. Der Neutralstahl wird durch Ladungsaustausch eines schnellen Ionenstrahls erzeugt. Der Ionenstrahl wird so abgelenkt, daß er sich dem Neutralstrahl überlagert. Wenn beide Strahlen gut kollimiert sind, wird die relative Translationsenergie eines Ion-Molekül-Stoßes durch die Differenz der Geschwindigkeiten beider Strahlen gegeben. Man kann dabei ziemlich hohe Laborenergien der Strahlen benutzen und doch niedrige *Relativ*geschwindigkeiten erreichen. Trotz der Energieverbreiterung in jedem der beiden Strahlen ist die Verteilung der Energie der *Relativ*bewegung sehr schmal, wie man leicht zeigen kann: Für koaxial laufende Reaktanden ist die relative Translationsenergie, ausgedrückt durch die einzelnen Geschwindigkeiten bzw. Energien

$$E_{tr} = \frac{1}{2}\mu(v_1 - v_2)^2 = \mu\left[(E_2/m_2)^{1/2} - (E_1/m_1)^{1/2}\right]^2. \qquad (5.2)$$

---

[12]** Der Fortschritt bei anderen Ionenstrahlmethoden, darunter geführten Strahlen (guided beams) hat dazu geführt, daß klassische überlagerte Strahlen bei keV-Strahlenergien kaum noch benutzt werden. Jedoch hat das Prinzip in der Form der Überlagerung eines neutralen Düsenstrahls und eines geführten Ionenstrahls bei eV-Energien (SMIMB: slow merged ion and molecular beams) neuen Auftrieb erhalten. Hier konnte der Bereich der Stoßenergien auf *subthermische Werte* (bis < 10 meV) ausgedehnt werden! (Gerlich, D. in: Aquilanti, V. (Ed.): XII Int. Symp. on Molecular Beams, Perugia 1989, S. 37)

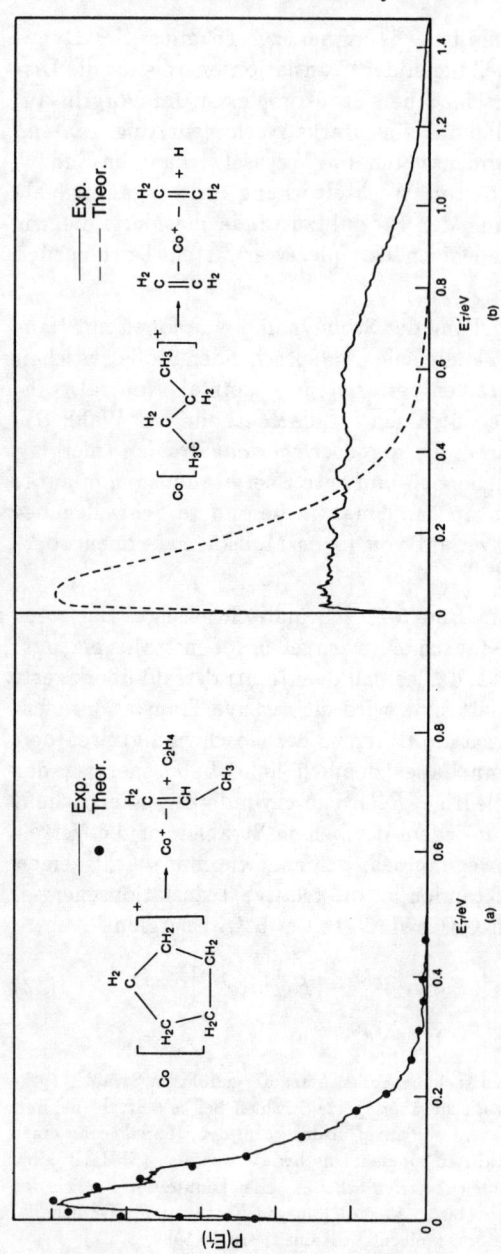

Bild 5.20 Verteilung der Translationsenergie der Produkte aus den angegebenen Reaktionen von Co$^+$ mit organischen Molekülen. a) Eine Reaktion ohne Barriere im Ausgangstal: Gute Übereinstimmung mit einer statistischen Verteilung (Punkte). b) Eine Reaktion mit einer solchen Barriere: Das Ergebnis weicht stark von der Statistik (gestrichelt) ab. (Nach A.M. Hanratty, J.L. Beauchamp, A.J. Illies, M.T. Bowers: J. Am. Chem. Soc., 107, 1788 (1985). Näheres zur Chemie s. P.B. Armentrout, J.L. Beauchamp, J. Am. Chem. Soc., 103, 784 (1981))

5.3 Streuung von Molekül- und Ionenstrahlen 283

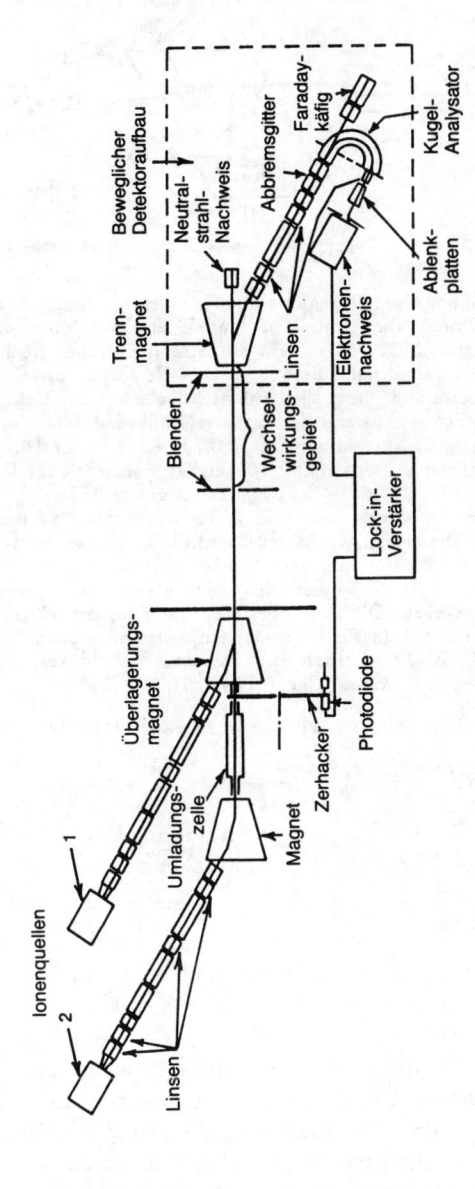

Bild 5.21 Schemazeichnung einer Apparatur mit überlagerten Strahlen (merged beams) zur Untersuchung der Reaktion von Ionen mit neutralen Molekülen. Der Neutralstrahl wird aus einem massenselektierten Vorläufer-Ionenstrahl durch Ladungsaustausch in einem geeigneten Gas erzeugt (d.h. $H_2^+ + M \rightarrow H_2 + M^+$). Der entstandene H_2-Strahl hat die hohe Geschwindigkeit der ursprünglichen H_2^+-Ionen. Die unerwünschten H_2^+-Ionen werden aus dem neutralen H_2-Strahl abgelenkt, dem danach der Ionenstrahl des zweiten Reaktanden überlagert wird. Hinter der Reaktionszone werden die Produktionen durch magnetische Ablenkung abgetrennt. (Nach S.M. Trujillo, R.H. Neynaber, E.W. Rothe: Rev. Sci. Inst., 37, 1655 (1966); zusätzliche Enegieanalyse der Produkte, wie oben gezeigt, ist möglich: W.R. Gentry, D.J. McClure, C.H. Douglas: Rev, Sci. Inst., 46, 367 (1975))

284 5 Die Praxis der Moleküldynamik

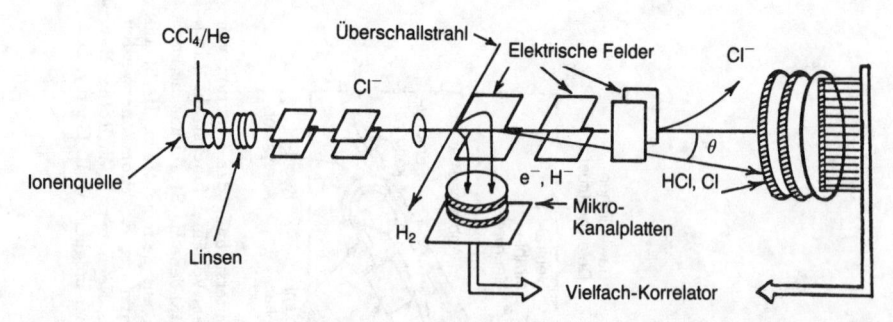

Bild 5.22 Schemazeichnung einer Streuapparatur für Ionen-Molekülstöße mit Mehrfachkoinzidenz-Nachweis. Die wichtigsten Bauteile sind zwei Mikrokanalplatten (multichannel plates, MCP): eine dient als ortsempfindlicher Nachweis für die abgelenkten Neutralteilchen, die andere zum Nachweis von e^- oder H^-. Orts- und Zeitkodierung in einem Vielfachkorrelator liefert den Ort (Auflösung 4 bit) und den zeitlichen Abstand der Signale (Auflösung 6 bit) an einen On-line-Computer. Der Cl^--Strahl wird aus CCl_4 in einer He-Entladung gebildet. Ein H_2-Überschallstrahl kreuzt unter $90°$, er hat eine sehr enge Geschwindigkeitsverteilung ($\Delta v/v < 1\%$, $T \leq 0.01$ K) und ist gut kollimiert. Langsame negative Ionen aus der Reaktion werden durch ein elektrisches Feld herausgezogen und auf ein MCP beschleunigt. Schnelle neutrale Produkte werden auf dem ortsempfindlichen Detektor mit einer Winkelauflösung von $\leq 0.3°$ nachgewiesen. (Die unerwünschten Cl^--Ionen, die nicht reagiert haben, werden vorher aus dem Strahl gekehrt.) Die Daten bestehen aus Flugzeitspektren bei verschiedenen Laborstreuwinkeln für Streuenergien zwischen 5.6 und 12 eV (im SPS). (Nach M. Barat, J.C. Brenot, J.A. Fayeton, J.C. Houver, J.B. Ozenne, R.S. Berry, M. Durup-Ferguson: Chem. Phys., 97, 165 (1985))

Der Einfachheit halber nehmen wir $m_1 = m_2$ an. Dann ist

$$E_{tr} = \frac{1}{2}\left(E_2^{1/2} - E_1^{1/2}\right)^2 \simeq \frac{\Delta E^2}{8\bar{E}}, \qquad (5.3)$$

wo $\Delta E = E_1 - E_2$, $\bar{E} = (E_1 + E_2)/2$. Die Näherung (5.3) gilt für $\Delta E/\bar{E} \ll 1$. Die relative Energiebreite, $\delta E_{tr}/E_{tr}$ kann daher zu

$$\frac{\delta E_{tr}}{E_{tr}} \simeq 2\frac{\delta \Delta E}{\Delta E} \qquad (5.4)$$

abgeschätzt werden. Als Beispiel sei $E_1 = 980 \pm 1$ eV, $E_2 = 1020 \pm 1$ eV, dann ist $\Delta E = 40 \pm 1.4$ eV. Aus (5.3) und (5.4) ergibt sich $E_{tr} = 0.200$ eV und $\delta E_{tr} = \pm 0.014$ eV!

Die Methode der geführten Strahlen (guided beams), mit der die Querschnitte in Bild 2.15 bestimmt wurden, ist dagegen eine Anordnung aus Strahl und Gaszelle. Das Besondere an ihr ist, daß hochfrequente elektrische Multipolfelder benutzt werden, um den Ionenstrahl zu führen, und um sicherzustellen, daß alle Ionen nach dem Stoßprozeß den Detektor erreichen.

5.3 Streuung von Molekül- und Ionenstrahlen

Die Auflösung dieser Methode ist vergleichbar derjenigen der überlagerten Strahlen, doch hat sie den großen Vorteil, daß die inneren Zustände beider Reaktanden wohldefiniert sind, da der Neutralstrahl nicht erst durch Ladungsaustauschstöße erzeugt werden muß.

Auch die Reaktionen *negativer Ionen* wurden untersucht, z.B. diejenigen von Halogen-Ionen mit molekularem Wasserstoff. Die Streuapparatur von Bild 5.22, deren Besonderheit ein Vielkanal-Koinzidenzdetektor ist, wurde benutzt, um den differentiellen Querschnitt für mehrere konkurrierende Prozesse in einem weiten Energiebereich zu bestimmen:

	Produkte	ΔE_0 (in eV)
$Cl^- + H_2 \rightarrow$	$HCl + H^-$	2.91
$\rightarrow$	$Cl + H_2 + e^-$	3.60
$\rightarrow$	$HCl + H + e^-$	3.66
$\rightarrow$	$Cl + H + H^-$	7.34
$\rightarrow$	$Cl + H + H + e^-$	8.09

Die Schwingungsanregung des Produktes HCl aus der ersten Reaktion ergab sich als sehr niedrig (≤ 1 eV), während in der dritten Reaktion (bei der zusätzlich das Elektron des H^- abgetrennt wird) alle energetisch erlaubten Schwingungszustände auch besetzt werden.

Diese Experimente liefern eine Flut von Daten, und es bleibt die Aufgabe, sie mit Hilfe von Potentialenergieflächen genauer zu verstehen.

Exkurs 5B Überschallstrahlen

Wenn ein Gas bei niedrigem Druck durch ein kleines Loch aus einem Gefäß ins Vakuum strömt, ist seine Geschwindigkeitsverteilung eine Maxwell-Verteilung zur Gastemperatur T. Die Anzahldichte der Moleküle mit Geschwindigkeiten zwischen v und $v + dv$ ist

$$n(v)dv \propto v^2 \exp(-v^2/\alpha^2)dv, \tag{5B.1}$$

wo $\qquad \alpha = (2kT/m)^{1/2} \qquad$ (5B.2)

die wahrscheinlichste Geschwindigkeit des Gases im Gefäß ist.[13] Die Schallgeschwindigkeit $c = (\gamma kT/m)^{1/2}$ (mit $\gamma = c_p/c_v$, dem Verhältnis der spezifischen Wärmen) ist daher immer der mittleren Strahlgeschwindigkeit vergleichbar. Die Breite der Geschwindigkeitsverteilung (5B.1) ist so groß, daß

---

[13]** Man beachte, daß die Anzahldichteverteilung, Gl. (5B.2), nicht gleich der Flußdichteverteilung im Strahl ist, da die schnelleren Moleküle eine proportional zu v größere Chance haben, das Gefäß zu verlassen! Für letztere ergibt sich daher $f(v) \propto v^3 \exp(-v^2/\alpha^2)$ mit einem Maximum bei $\alpha \cdot \sqrt{3/2}$.

286   5 Die Praxis der Moleküldynamik

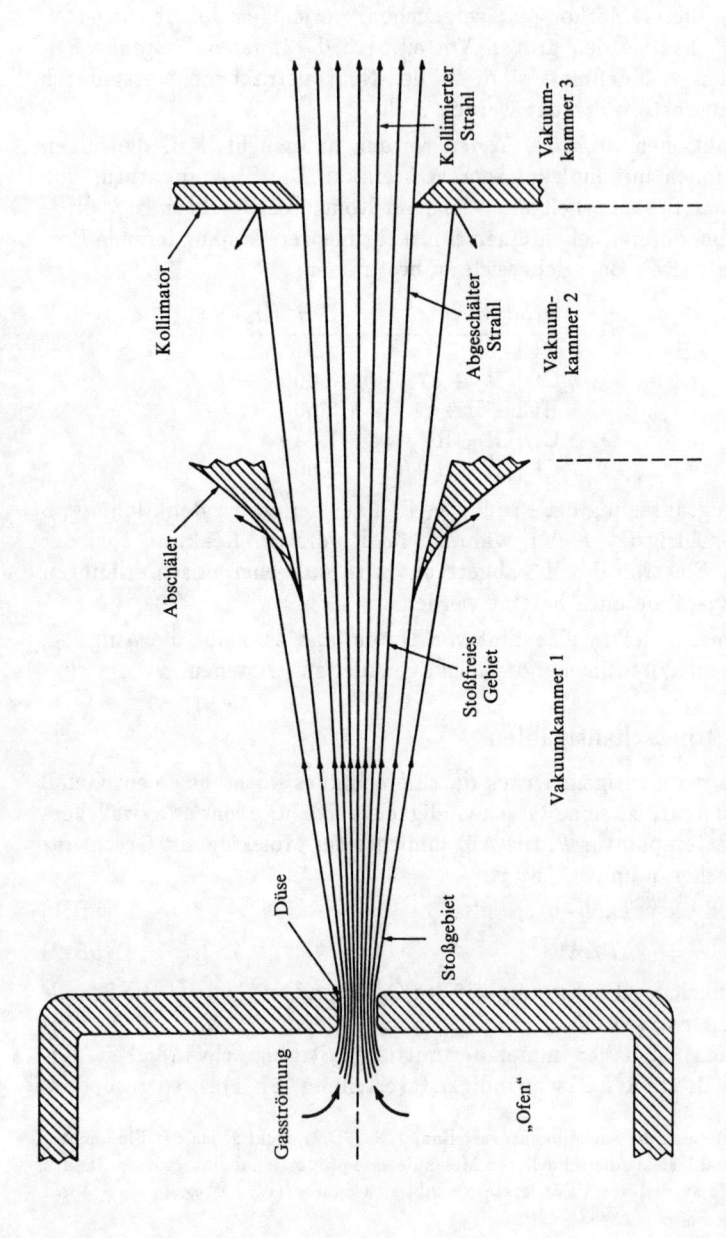

Bild 5B.1 Schema einer Anordnung zur Erzeugung eines intensiven, kollimierten Überschall-Molekularstrahls. Der Druck in der Quelle kann einige 10 bar erreichen, trotzdem muß die bepumpte Kammer (1) unter 10^{-3} torr erhalten werden. Die Drücke in den Kammern (2) und (3) sind kleiner, in (3) sollte der Druck unter 10^{-6} torr liegen. Der optimale Abstand von Düse zum Abschäler ist etwa 50 bis 100 Düsendurchmesser.

5.3 Streuung von Molekül- und Ionenstrahlen

man früher einen Geschwindigkeitsselektor brauchte, um einen genügend monoenergetischen Strahl für Streuexperimente zu erzeugen.

Eine alternative Strahlquelle ist ein Düsenstrahl. Läßt man das Gas wie in Bild 5B.1 durch eine Düse aus einem Gebiet hohen Drucks in eines mit niedrigem Druck expandieren, so entsteht ein Überschallstrahl mit einer engen Geschwindigkeitsverteilung. In solch einem Strahl ist die Strömungsgeschwindigkeit *höher* als die Schallgeschwindigkeit bei der Strahltemperatur. Die Geschwindigkeitsverteilung im Strahl ist nur für einen Beobachter, der sich mit der (mittleren) Strömungsgeschwindigkeit v_s bewegt, eine Maxwellverteilung. Für einen ans Labor gebundenen Beobachter (wie die meisten von uns) ist die Anzahldichte

$$n(v)dv \propto v^2 \exp\left(-\frac{(v-v_s)^2}{\alpha_s^2}\right)dv$$
$$= v^2 \exp\left(\frac{-S^2(v-v_s)^2}{v_s^2}\right)dv. \quad (5B.3)$$

Hier ist α_s die Breite der Geschwindigkeitsverteilung, wie sie ein mitbewegter Beobachter messen würde. α_s kann daher benutzt werden, um die Temperatur im Strahl analog zu (5B.2) zu definieren:

$$\alpha_s = (2kT_s/m)^{1/2}. \quad (5B.4)$$

Das Geschwindigkeitsverhältnis im Strahl ist als $S = v_s/\alpha_s$ definiert. Meist wird aber die Machzahl[14] benutzt, um den Strahl zu charakterisieren:

$$M = \frac{v_s}{(\gamma kT_s/m)^{1/2}} = \left(\frac{2}{\gamma}\right)^{1/2}\frac{v_s}{\alpha_s} = \left(\frac{2}{\gamma}\right)^{1/2} S \quad (5B.5)$$

Der Überschallstrahl hat den Vorteil einer sehr schmalen Geschwindigkeitsverteilung. Bild 5B.2 zeigt typische Verteilungen in Düsenstrahlen für verschiedene Geschwindigkeitsverhältnisse S.

Die Düsenstrahltechnik kann auch mit Vorteil dazu benutzt werden, um „gemischte Molekularstrahlen" (seeded beams) von weit überthermischer Energie herzustellen. Expandiert man ein leichtes Trägergas, dem man einen kleinen Bruchteil eines schwereren Gases beigemischt hat, so erreichen die schweren Moleküle fast dieselbe Strömungsgeschwindigkeit wie die leichten, d.h. sie werden in der Düse durch Stöße mit dem Trägergas beschleunigt. Da

---

[14]** Sie ist das Verhältnis der mittleren Strahlgeschwindigkeit zur Schallgeschwindigkeit *bei der im Strahl herrschenden Temperatur*, einer eher fiktiven Größe. Es sei darauf hingewiesen, daß S eindeutig aus einer gemessenen Verteilung $n(v)$ folgt (Gl. (5B.3)), während man zur Ermittlung von M die Größe γ bei der Strahltemperatur T_s kennen muß!

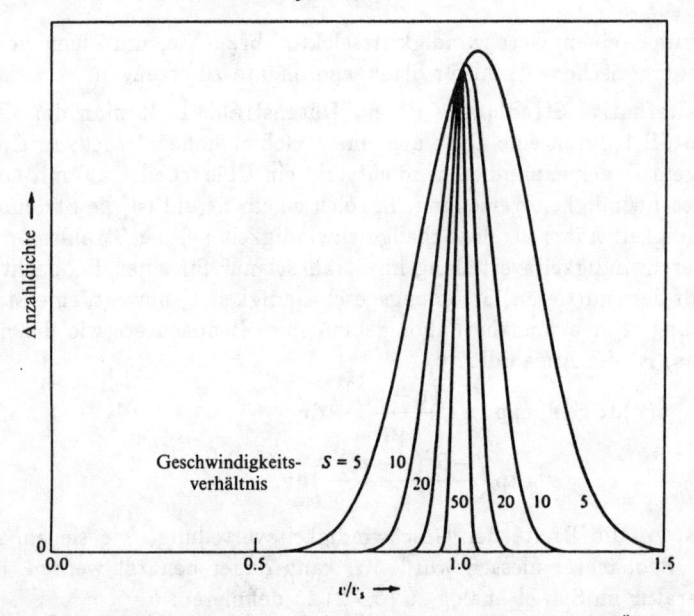

Bild 5B.2 Berechnete Geschwindigkeitsverteilungen (nach Gl. (5B.3)) für Überschall-Düsenstrahlen mit bestimmten Werten des Geschwindigkeitsverhältnisses $S = v_s/\alpha_s$ aufgetragen gegen die reduzierte Geschwindigkeit v/v_s. Experimentell wurden Verteilungen mit einer relativen Breite unter 1% erreicht.

sie jedoch schwerer sind, ist ihre kinetische Energie dann viel größer als die der leichten Moleküle. Die Beimischung eines schweren Reaktanden zu einem leichten Trägergas ist daher eine praktikable Methode, um Reaktanden mit definierten, hohen Translationsenergien zu erzeugen. Indem man das Mischungsverhältnis, die Art des Trägergases und die Quellentemperatur verändert, kann man die kinetische Energie über einen breiten Bereich von thermischer Energie bis zu mehreren eV (für genügend schwere Reaktanden) verändern.

Die schmale Geschwindigkeitsverteilung ist nicht der einzige Vorteil der Überschallstrahlen. Bei der isentropen Expansion durch die Düse geschieht nämlich auch noch eine erhebliche Abkühlung der inneren Freiheitsgrade der expandierenden Gasmoleküle. Es wird *ungerichtete* Translation *und innere Energie* in *gerichtete* Translation umgesetzt. Dies geschieht durch viele Stöße der Moleküle in der Düse, in denen die inneren Freiheitsgrade wirksam an die (ungerichtete) Translation gekoppelt sind und daher mit abgekühlt werden. Der wirksamste Prozeß ist dabei der Austausch zwischen Rotation und Translation, den wir in Abschn. 6.1 diskutieren. Messungen der Rotations-

5.3 Streuung von Molekül- und Ionenstrahlen

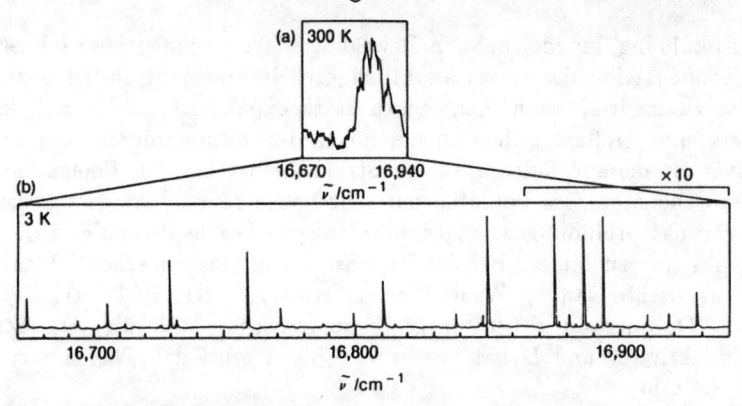

Bild 5B.3 Düsenstrahl-Spektroskopie.
a) Teil des Absorptionsspektrums von NO_2 bei 300 K. Selbst bei niedrigen Drucken verhindert die Komplexität des Spektrums eine Analyse.
b) „Kaltes" Spektrum eines Düsenstrahls auf einer 10 mal größeren Skala. Einzelne Spektallinien sind aufgelöst und können zugeordnet werden. (Nach D.H. Levy: Sci. Am., Feb. 1984, S. 68)

verteilung in Überschallstrahlen nach Erreichen der stoßfreien Zone zeigen im wesentlichen eine thermische (Boltzmann-) Verteilung mit einer Temperatur, die nicht höher als T_s ist und bis unter 5 K gehen kann. Die Abkühlung des Schwingungs-Freiheitsgrades bei zweiatomigen Molekülen dagegen hält sich in Grenzen, da die Energieabstände ziemlich groß sind. Bei vielatomigen Molekülen jedoch, deren Schwingungszustände viel dichter liegen, ist auch der Energieübergang aus der Schwingung schneller, und die Abkühlung der Schwingung bis in die Nähe von T_s ist erreichbar. Die Benutzung kalter Düsenstrahlen in der Spektroskopie der letzten Jahre hat erhebliche experimentelle Fortschritte ermöglicht, indem überladene Spektren vereinfacht und die sog. „heißen Banden" aus ihnen eliminiert wurden.

Das Absorptionsspektrum eines vielatomigen Moleküls in einem kalten Überschallstrahl ist nämlich viel weniger verwickelt als das des entsprechenden Dampfes bei Zimmertemperatur, wo viele Moleküle in angeregten Schwingungs-Rotationszuständen sind, die natürlich auch absorbieren (vgl. Bild 5B.3). Die Präparation solcher Moleküle in definierten angeregten Zuständen durch Absorption von Licht, um die Dynamik dieser Zustände zu studieren (vgl. Bild 1.5), wurde erst durch die Benutzung von Überschallstrahlen möglich.[15]

---

[15] Bei Zimmertemperatur ist der Energieinhalt vielatomiger Moleküle ganz beachtlich. Die beste Abkühlung bekommt man, indem man kleine Bruchteile des vielatomigen Gases einem einatomigen Trägergas beimischt.

Die Abkühlung der molekularen Bewegung führt normalerweise schließlich zur Kondensation des Gases als Flüssigkeit. In einem Strahl ist dazu die Dichte zu niedrig, wenn man jedoch stark expandiert, bilden sich leicht Dimere und größere „Cluster". Je höher der Kammerdruck, um so intensiver ist diese Kondensation im Strahl. Selbst bei den Edelgasen, deren zwischenatomares Potential nur sehr flache Minima hat, ist es leicht, Anlagerungsverbindungen, sogenannte van-der-Waals-Moleküle, z.B. Ar_2, Ar_3, Ar_4, ... zu bilden. Bei der Expansion von Gasgemischen bilden sich auch gemischte van-der-Waals-Cluster, etwa $Ar \cdot Kr$, $HCl \cdot Ar$, $He \cdot I_2$, $HCl \cdot NO$, oder auch Cluster großer organischer Moleküle. Die Struktur, Reaktivität und Dynamik solcher Cluster wird das Thema von Abschn. 7.4 sein.

5.4 Stoßprozesse als Untersuchungsmethode

Wie wir bereits gesehen haben, ist die Untersuchung von Stoßprozessen ein hilfreiches Werkzeug, das uns in die Nähe des in Abschn. 5.1 diskutierten idealen Experiments bringen kann. Aber es ist doch etwas Sorgfalt vonnöten, um zu einer brauchbaren Interpretation der experimentellen Rohdaten zu gelangen. Im folgenden Abschnitt gehen wir auf die wichtigsten Probleme der Analyse reaktiver Streudaten ein.

5.4.1 Winkelverteilungen von Reaktionsprodukten

In unserem Idealexperiment aus Abschn. 5.1 möchten wir am liebsten die Winkelverteilung der Produkte für jeden inneren Zustand getrennt messen. Das verlangt als Detektor einen „Analysator für innere Zustände", der den Fluß jedes Produkts in jedem Zustand als Funktion des Streuwinkels festhält. Wir haben gesehen, wie die Benutzung polarisierter Laserstrahlung als Analysator uns diesem Ideal näherbringt.

Auch wenn uns derart detaillierte Daten fehlen, können wir eine ganze Menge dynamischer Information aus der globalen Winkelverteilung der Produkte gewinnen. Es zeigt sich allerdings, daß selbst dieses begrenzte Ziel nur erreicht werden kann, wenn die Geschwindigkeitsverteilung der Produkte bekannt ist, damit man die Streuintensitäten, die als Funktion des Laborwinkels gemessen wurden, in aussagekräftige Winkelverteilungen im Schwerpunktsystem umrechnen kann.

Nehmen wir an, daß wir die anfängliche innere Energie der Reaktanden E_i und die anfängliche Translationsenergie E_{tr} kennen, so liefert uns die Erhaltung der Gesamtenergie E eine Beziehung zwischen der inneren Energie

5.4 Stoßprozesse als Untersuchungsmethode

der Produkte, E'_i, und der Energie der (relativen) Translation der Produkte nach dem Stoß, E'_{tr}:

$$E = E'_i + E'_{tr} = E_i + E_{tr} - \Delta E_0. \tag{5.5}$$

Hier ist ΔE_0 die Reaktionsendoergizität, d.h. der Energieabstand von Nullpunktsniveau zu Nullpunktsniveau (vgl. Bild 1.1). Kennen wir die Relativgeschwindigkeit der Produkte, so auch die relative Translationsenergie nach dem Stoß und daher die (Summe der) innere(n) Energie(n) E'_i.[16]
Die Geschwindigkeitsanalyse dient also zwei Zwecken: Erstens erlaubt sie uns, die Laborquerschnitte ins Schwerpunktsystem (SPS) zu transformieren, und zweitens, die Verteilung von E'_{tr} und damit der inneren Energie der Produkte als Funktion des Streuwinkels (im SPS) auszurechnen.

Die Frage erhebt sich, wie man eine solche Flut von Beobachtungen so darstellen kann, daß die wesentlichen Eigenschaften der Reaktion sichtbar werden, etwa, welche inneren Zustände am wahrscheinlichsten sind, oder, welche Raumrichtungen die Produkte bevorzugen. Um dies in kompakter Form darzustellen, wird eine Flußdarstellung im Geschwindigkeitsraum benutzt.

5.4.2 Streuung im Geschwindigkeitsraum

Die direkteste Methode zur Darstellung der beobachteten Flußverteilung der Geschwindigkeitsvektoren der Produkte ist ein Höhenliniendiagramm dieses Flusses, zunächst im Labor- dann im Schwerpunktsystem. Wir wollen dieses Konzept an einem Beispiel entwickeln und betrachten dazu die Elementarreaktion

$$K + I_2 \rightarrow KI(v', j') + I.$$

Jeder einzelne Schwingungsrotationszustand des KI hat sein eigenes E'_i und daher seine eigene Translationsenergie $E'_{tr} = E - E'_i$. Die Endgeschwindigkeit ergibt sich dann zu $v' = (2E'_{tr}/\mu')^{1/2}$, wo $\mu' = m_{KI}m_I/M$ die reduzierte Masse der Produkte und $M = m_K + 2m_I$ die Gesamtmasse sind. Nun müssen wir die gemessene Geschwindigkeit des KI im Laborsystem v'_{KI} mit der gesuchten Endgeschwindigkeit im Schwerpunktsystem v' in Beziehung bringen.

---

[16] Unter experimentellen Bedingungen hat man natürlich stets eine *Verteilung* der E'_{tr}, wenn auch oft eine sehr enge im Vergleich zu E. Auch E'_i hat eine Verteilung, wenn man nicht mit Zustandsselektion arbeitet. In der Praxis muß also statt (5.5) eine Summe aus Mittelwerten geschrieben werden, $\langle E \rangle = \langle E_i \rangle + \langle E_{tr} \rangle - \Delta E_0$.

Zuerst bemerken wir, daß die Endgeschwindigkeit im SPS zwischen den Rückstoßgeschwindigkeiten des I, w'_I, und des KI, w'_KI, aufgeteilt werden kann:

$$v' = w'_\text{KI} - w'_\text{I}. \tag{5.6}$$

Impulserhaltung verlangt dabei

$$m_\text{KI} w'_\text{KI} + m_\text{I} w'_\text{I} = 0, \tag{5.7}$$

so daß mit (5.6)

$$w'_\text{KI} = v'(m_\text{I}/M). \tag{5.8}$$

Die Laborgeschwindigkeit des KI ist aber gleich der Geschwindigkeit des KI im SPS plus der Geschwindigkeit des Schwerpunkts v_cm selbst:

$$v'_\text{KI} = w'_\text{KI} + v_\text{cm}. \tag{5.9}$$

Die letztere folgt aus den Anfangsgeschwindigkeiten

$$m_\text{K} v_\text{K} + m_{\text{I}_2} v_{\text{I}_2} = M v_\text{cm}. \tag{5.10}$$

Wenn also v'_KI beobachtet wird, kann v' und damit E'_I direkt berechnet werden. Wegen der Impulserhaltung (5.7) genügt es dazu, *eines* der beiden Produkte zu beobachten!

Wir betrachten nun die Produktverteilung im Geschwindigkeitsraum. Eine Kugel mit dem Radius w'_KI, zentriert im Schwerpunkt, ist der geometrische Ort der „Spitzen" aller der Geschwindigkeitsvektoren, die zu KI-Molekülen in einem bestimmten inneren Zustand (und daher mit einer gegebenen Translationsenergie E'_tr) gehören, egal, in welchen Winkel sie gestreut wurden. Verschiedene Zustände liefern verschiedene Kugeln im Geschwindigkeitsraum. Die Kugel mit dem größten Radius entspricht denjenigen KI-Molekülen, welche die größte Geschwindigkeit besitzen, die mit der Energieerhaltung verträglich ist, nämlich $(E'_\text{tr})_\text{max} = E$, also den Molekülen im Grundzustand. Alle anderen Kugeln entsprechen angeregten Produkten, dabei gilt: Je kleiner der Radius der Kugel, desto größer die innere Energie.

Diese Kugeln liefern nun ein System von Kugelkoordinaten für die zustandsspezifischen Winkelverteilungen. Der Radius (fest für gegebenes E'_tr) ist der Betrag der Rückstoßgeschwindigkeit w'_KI, und der Polarwinkel ϑ ist der Streuwinkel in Bezug auf v im SPS. Hat man keine äußeren Felder, so ist die Streuung zylindersymmetrisch um v und hängt nicht von φ ab; ein gegebener Winkel ϑ gehört zu einem Kegel gleicher Streuintensität im SPS.

5.4 Stoßprozesse als Untersuchungsmethode

Unter dieser Voraussetzung sind außerdem die Reaktanden zufällig orientiert, und wir können die Zylindersymmetrie um v voll ausnutzen und die Streuung nur in der Ebene betrachten, die durch die Reaktandengeschwindigkeiten aufgespannt wird. Die Geschwindigkeitskugeln erscheinen dann als Kreise, vgl. Bild 5.23b.

Alles KI, das in einem gegebenen SP-Winkel ϑ_{cm} gestreut wurde, liegt jetzt auf einem gegebenen Strahl, der von SP ausgeht, während die Produkte, deren E'_{tr} bzw. E'_i festliegt, auf Kreisen erscheinen. Der zustandsspezifische differentielle Reaktionsquerschnitt (Abschn. 3.1.4) kann in einer solchen Zeichnung durch Höhenlinien dargestellt werden, die die Punkte konstanten differentiellen Querschnitts verbinden. Aus der planaren Darstellung kann die räumliche Geschwindigkeitsverteilung wiedergewonnen werden, indem man das Bild um die Achse der Relativgeschwindigkeit vor dem Stoß dreht und auf diese Weise Kegel gleicher Intensität für ein gegebenes ϑ erzeugt.

Für die meisten zweiatomigen Produktmoleküle sind die Abstände der Rotationsniveaus nun allerdings so klein, daß wir die Energie nach dem Stoß (und damit die Geschwindigkeit v'_{KI}) als stetige Variable behandeln müssen. Die Kreise, die zu allen möglichen E'_{tr} gehören, sind so eng benachbart, daß sie zu einem Kontinuum verschmelzen. Anstatt also zu versuchen, den differentiellen Streuquerschnitt für einen bestimmten energetischen Zustand E'_i zu bestimmen, unterstellen wir eine *stetige Verteilung* der Produktzustände. Wir betrachten daher die Zahl der KI-Moleküle pro Raumwinkelelement und Zeiteinheit, die nach dem Stoß eine Translationsenergie *im Intervall* E'_{tr} bis $E'_{tr} + dE'_{tr}$ haben:

$$d\dot{N}(\vartheta, E'_{tr}) = \frac{d^3\sigma(\vartheta, E'_{tr})}{d^2\omega dE'_{tr}} d^2\omega I_K N_{I_2} dE'_{tr}. \tag{5.11}$$

Hier (wie früher in Gl. (3.17)) ist I_K der Fluß der K-Atome (d.h. ihre Zahl pro Flächen- und Zeiteinheit), und N_{I_2} ist die Anzahl der I_2-Moleküle im Streuvolumen.

Ein solcher differentieller Querschnitt ist in Wirklichkeit eine Summe über viele diskrete Verteilungen, die von allen Endzuständen des KI im gegebenen Energieintervall kommen. Wir haben daher formal

$$\frac{d^3\sigma(\vartheta, E'_{tr})}{d^2\omega dE'_{tr}} = \sum_{v'j'} \frac{d^2\sigma(vj \to v'j'; \vartheta)}{d^2\omega} \delta(E - E'_{tr} - E'_i). \tag{5.12}$$

Die diskrete Quantennatur der inneren Zustände wird, wie im Experiment bei der Mittelung über ein endliches Energieintervall verschmiert.

294 5 Die Praxis der Moleküldynamik

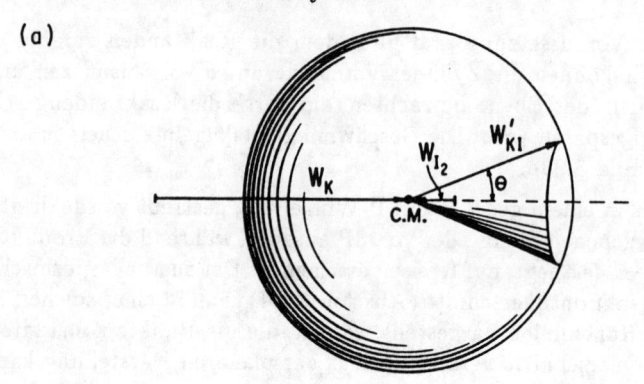

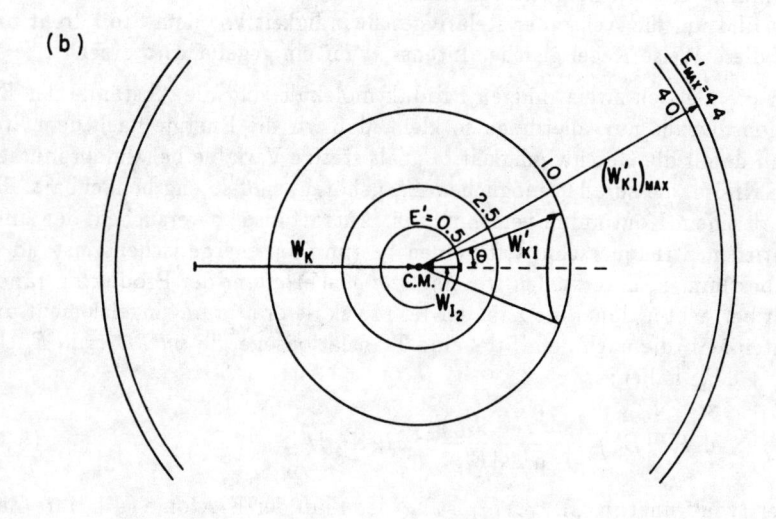

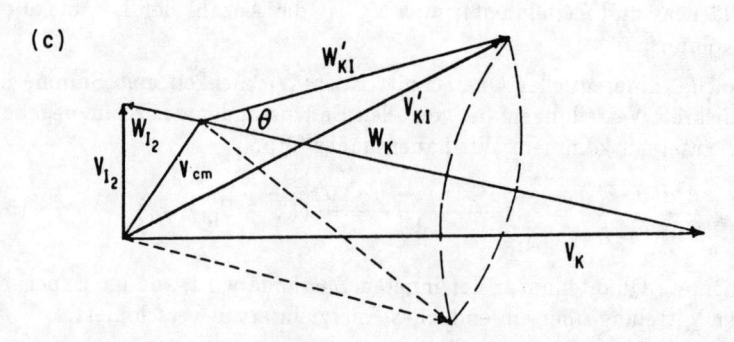

(a)

(b)

(c)

5.4 Stoßprozesse als Untersuchungsmethode

Das experimentelle Ergebnis der Geschwindigkeitsanalyse wird gewöhnlich als gestreuter Teilchenfluß im Geschwindigkeitsintervall w' bis $w' + dw'$ angegeben. Der dazu passende Streuquerschnitt ist dann wegen $E'_{tr} \propto w'^2$

$$\frac{d^3\sigma(\vartheta, w')}{d^2\omega dw'} = \frac{d^3\sigma(\vartheta, E'_{tr})}{d^2\omega dE'_{tr}} \cdot \frac{dE'_{tr}}{dw'}. \tag{5.13}$$

Das übliche Höhenliniendiagramm des Flusses im Geschwindigkeitsraum (flux velocity contour map) ist diese Größe in einem Polardiagramm (ϑ, w').[17]

Es muß betont werden, daß der Streuquerschnitt im SPS *nicht* einfach proportional zur beobachteten Streuintensität ist. Die Messung des Produkt-Flusses bei einem bestimmten Laborwinkel Θ_L integriert nämlich über verschiedene E'_{tr}-Kreise bei *verschiedenen* Werten von ϑ (Bild 5.24). Für ein ideales Experiment mit nahezu monochromatischen Reaktanden und mit Geschwindigkeitsanalyse der Produkte kann allerdings die Streuintensität in ein Volumenelement dv'_{KI} im Raum der Laborgeschwindigkeiten zur Streuintensität in ein Volumenelement dw'_{KI} im Raum der Schwerpunktgeschwindigkeiten in Beziehung gesetzt werden. Es gilt

$$\frac{d^3\sigma(\vartheta, w')}{dw'} = \frac{d^3\sigma(\Theta_{lab}, v')}{dv'} \tag{5.14}$$

---

[17] Es gibt auch Höhenliniendiagramme, in denen die Geschwindigkeitsverteilung *im dreidimensionalen Raum*, $d^3\sigma(\vartheta, w')/dw'$, dargestellt wird, wo $dw' = (w')^2 dw' d^2\omega$ ist. Sie heißen „kartesische Diagramme".

Bild 5.23 a) Kugel als Ort der Rückstoßgeschwindigkeiten w'_{KI} von KI aus der Reaktion von K mit I_2 für eine gegebene Translationsenergie nach dem Stoß und daraus folgendem Betrag w'_{KI}. Die Vektoren w_K und w_{I_2} sind die relativen Geschwindigkeiten der Reaktanden im SPS. Der dargestellte Kegel entspricht KI, das mit einem Winkel ϑ relativ zur Anfangsrichtung des K wegfliegt. (Das andere Produkt, I, fliegt in entgegengesetzte Richtung.)
b) Kugeln mit verschiedenen w'_{KI} (als Kreise projiziert), die zu den angegebenen Werten von E'_{tr} (in kcal·mol^{-1}) gehören. Der Maximalwert $w'_{KI\,max}$ gehört zur Energie $E'_{max} = E \simeq 44$ kcal·mol^{-1}. Der Kegel ist wie in a) für 10 kcal·mol^{-1} gezeichnet. Die relative Translationsenergie vor dem Stoß ist 2.7 kcal·mol^{-1}.
c) Geschwindigkeitsdiagramm („Newton-Diagramm"), das die Beziehung zwischen der Produktgeschwindigkeit im Labor, v'_{KI}, und derselben Größe im SPS, w'_{KI}, zeigt (Gl. (5.9)). Die Relativgeschwindigkeit vor dem Stoß $v = v_k - v_{i_2} = w_k - w_{i_2}$ bildet die Hypotenuse des Newton-Dreiecks. Die Rückstoßgeschwindigkeit des gestreuten KI (hier in der Streuebene gezeichnet) ist w'_{KI}, der Streuwinkel im SPS ist ϑ. Gestrichelt ist ein zweiter Vektor w'_{KI} gezeichnet, für den Betrag und Winkel im SPS übereinstimmen (vgl. den Kegel in a)), der aber im Labor zu ganz andern Werten führt.

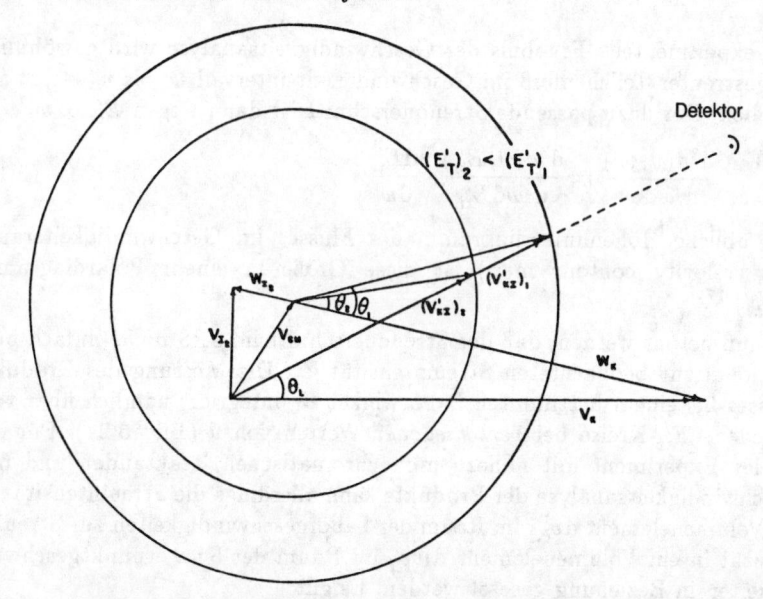

Bild 5.24 Geschwindigkeitsdiagramm (wie Bild 5.23c), welches zeigt, daß der Fluß von KI an einem Detektor unter dem Laborwinkel Θ_L aus Beiträgen von vielen Schwerpunktwinkeln ϑ und -geschwindigkeiten w'_{KI} (entsprechend auch Produktenergien im SPS) herrührt.

oder
$$\frac{d^3\sigma(\vartheta, w')}{d^2\omega dw'} = \frac{d^3\sigma(\Theta_{lab}, v')}{d^2\Omega dv'} \cdot \left(\frac{w'}{v'}\right)^2, \tag{5.15}$$

wo $(w'/v')^2$ die Jakobideterminante der benutzten Koordinatentransformation ist (vgl. Gl. (3A.4) für die elastische Streuung).

5.4.3 Höhenlinienkarten der Intensität: Qualitative Ergebnisse

Die meisten zweiatomigen und praktisch alle mehratomigen Moleküle haben Abstände der Rotationsniveaus, die klein gegen die Stoßenergie sind. Die Geschwindigkeitsanalyse der Stoßprodukte kann daher gewöhnlich einzelne innere Endzustände nicht auflösen. Was man statt dessen mißt, ist die relative Intensität der Produkte $P(\vartheta, w')$, die so in ein Raumwinkelelement gestreut wird, daß die Endgeschwindigkeit im Intervall w' bis $w' + dw'$ liegt.[18] Mit anderen Worten: $P(\vartheta, w')$ ist die Wahrscheinlichkeitsverteilung

---

[18] Wie in Abschn. 3.1.6 gilt $P(\vartheta, w') = [d^3\sigma(\vartheta, w')/d^2\omega dw']/\sigma_R$, wo σ_R der integrale Reaktionsquerschnitt ist.

5.4 Stoßprozesse als Untersuchungsmethode

des Flusses der Produkte unter Verschmierung der diskreten Energien nach dem Stoß.

Als Funktion der beiden Variablen (ϑ, w') betrachtet, können die $P(\vartheta, w')$ als Höhenlinien gleicher Intensität in Polarkoordinaten dargestellt werden. Der Nullpunkt liegt im Schwerpunkt, und der Abstand von diesem ist proportional zur Produktgeschwindigkeit w' nach dem Stoß.

Bild 5.25 zeigt ein solches Höhenliniendiagramm für KI aus der Reaktion $K + I_2$. Als Richtung $\vartheta = 0$ ist die Richtung des einfallenden atomaren Reaktanden, d.h. von w_K genommen worden. Aus den Höhenlinien ist unmittelbar zu entnehmen, daß die KI-Moleküle vorzugsweise in die Vorwärtsrichtung gestreut werden, und daß ihre Geschwindigkeit w'_{KI} klein ist. (Die

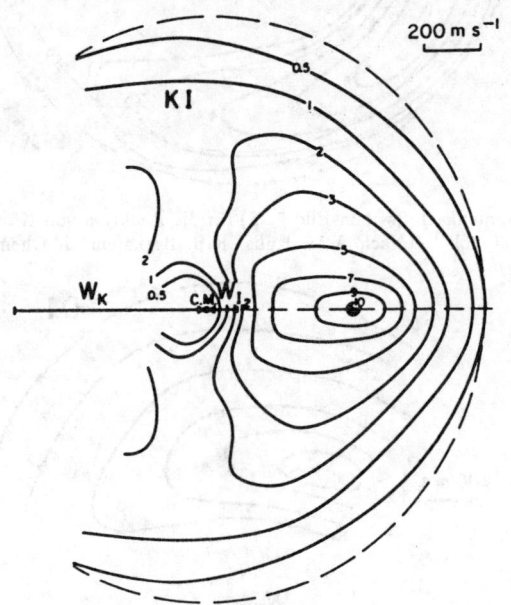

Bild 5.25 Höhenlinienkarte der Flußverteilung $P(\vartheta, w')$ von KI als Produkt der Reaktion von K mit I_2. Alle KI-Moleküle mit derselben Rückstoßgeschwindigkeit w' liegen auf einem Kreis um dem Schwerpunkt (c.m.). Die aus der Energieerhaltung folgende Höchstgeschwindigkeit w'_{max} ist als gestrichelter Kreis angedeutet. Ihr entsprechen KI-Moleküle im Grundzustand. Je näher ein Punkt zum Schwerpunkt liegt, desto größer ist die innere Energie des Produkts. Ein fester Streuwinkel relativ zum hereinkommenden K entspricht einem Strahl aus dem Schwerpunkt (c.m.). Die Anfangsgeschwindigkeiten von K und I_2 (bei $E_{tr} = 2.7$ kcal·mol^{-1}) sind ebenfalls gezeichnet. (Nach K.T. Gillen, A.M. Rulis, R.B. Bernstein: J. Chem. Phys., 54, 2831 (1971))

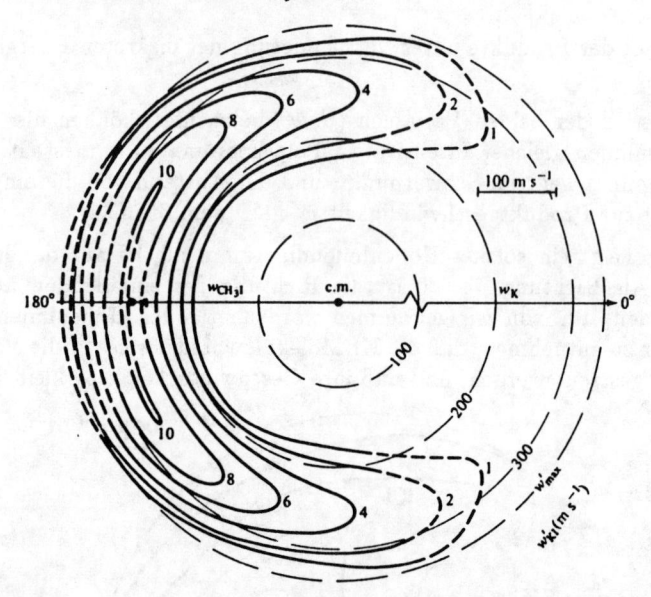

Bild 5.26 Höhenlinienkarte (wie in Bild 5.25) für die Reaktion von K mit ICH$_3$ bei E_{tr} = 2.8 kcal·mol^{-1}. (Nach A.M. Rulis, R.B. Bernstein, J. Chem. Phys., 57, 5497 (1972))

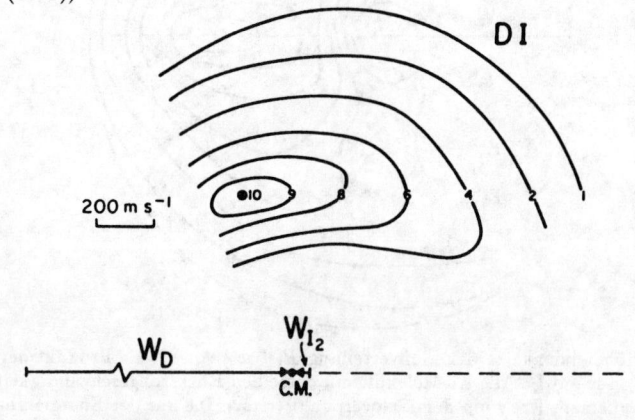

Bild 5.27 Obere Hälfte einer Höhenlinienkarte (wie in Bild 5.25) für das Produkt DI aus der Reaktion von D mit I$_2$ bei E_{tr} = 9 kcal·mol^{-1}. Die ausgesprochene Seitwärtsstreuung hat man als Ausdruck eines bevorzugt abgewinkelten Übergangszustandes interpretiert. Das paßt zu den Erwartungen auf Grund der besetzten Molekülorbitale (Walsh-Regeln für dreiatomige Strukturen) und zum DIPR-Modell (Exkurs 4C). (Nach J.D. McDonald, P.R. LeBreton, Y.T. Lee, D.R. Herschbach, J. Chem. Phys., 56, 769 (1972), dort auch Winkelverteilungen und Verzweigungsverhältnisse für D + IBr und ICl.)

5.4 Stoßprozesse als Untersuchungsmethode 299

räumliche Verteilung von w' ist in Bild 3.24 gezeigt worden.) Daher muß das Produkt KI hoch angeregt sein. Diese Ergebnisse stimmen mit unseren Erwartungen überein, die sich auf das Harpunen-Modell (Abschn. 4.2) stützen. Sehen wir uns jetzt eine andere Reaktion an, die KI bildet:

$$K + ICH_3 \to KI + CH_3.$$

Bild 5.26 gibt das Höhenliniendiagramm, es zeigt hauptsächlich Rückwärtsstreuung des KI, wir haben eine „Rückwärts-Reaktion" (Abschn. 3.3) mit später („repulsiver") Energiefreisetzung.

Bild 5.27 zeigt das Diagramm für DI aus der Reaktion

$$D + I_2 \to DI + I,$$

in der die Produkte bevorzugt seitwärts gestreut werden. Ähnlich sieht es

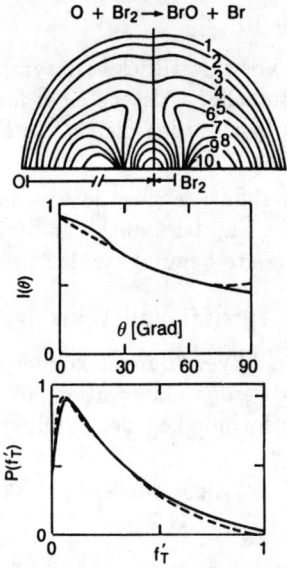

Bild 5.28 Einzelergebnisse der reaktiven Streuung von O an Br_2 bei $E_{tr} = 3.0$ kcal·mol^{-1}. (Oben) Höhenlinienkarte im SPS für den Fluß des Produkts BrO. (Mitte) Winkelverteilung bei einer festen Geschwindigkeit des BrO; 0° entspricht der Richtung des einfallenden O_2 im SPS. (Unten) Verteilung der relativen Translationsenergie nach dem Stoß E'_{tr} ausgedrückt als Bruchteil $f'_T = E'_{tr}/E$, wo $E = 13$ kcal·mol^{-1}. Ausgezogene Kurven sind experimentelle Daten, gestrichelte aus einem statistischen Komplexmodell berechnet. (Nach D.D. Parrish, D.R. Herschbach: J. Am. Chem. Soc., 95, 6133 (1973); Theorie dazu in: S.A. Safron, N.D. Weinstein, D.R. Herschbach, J.C. Tully: Chem. Phys. Lett., 12, 564 (9172))

aus, wenn I_2 durch IBr oder ICl ersetzt wird. Diese Verteilungen können mit einem Franck-Condon-Modell (Abschn. 1.4 und Exkurs 4C) verstanden werden. Während des schnellen Angriffs durch das leichte Atom bewegen sich die beiden schweren Teilchen kaum. Wir können daher die Reaktion D + IX in Analogie zur Photodissoziation von IX betrachten, bei der die schweren Atome in Richtung ihrer Verbindungslinie auseinanderfliegen. Wegen der kleinen Masse des D-Atoms wird das Produkt DI ebenfalls in die Richtung der IX-Achse im Augenblick des Bindungsbruchs fliegen. Die Rückstoßrichtung des DI relativ zur Einfallsrichtung des D zeigt uns daher den Winkelbereich an, in dem eine Annäherung des D besonders leicht zur Reaktion führt. Aus den Streudaten schließen wir somit, daß die Reaktion vorzugsweise bei seitlichem Angriff des D auf das IX erfolgt.

Bild 5.28 zeigt ein Höhenliniendiagramm für die Reaktion

$$O + Br_2 \rightarrow OBr + Br.$$

Man findet eine deutliche Vorwärts-Rückwärtssymmetrie des Streuprodukts, was die (durchaus verständliche) Existenz eines langlebigen Komplexes nahelegt (vgl. Abschn. 7.2). Wir werden die chemischen Implikationen solcher Resultate später besprechen.

Höhenlinienbilder des Streuflusses, wie sie hier für die reaktive Streuung benutzt wurden, werden in Kapitel 6 auch zur Beschreibung nichtreaktiver, inelastischer Streuexperimente benutzt werden.

5.4.4 Translationsexoergizität und Winkelverteilung

Weniger ins Einzelne gehende Verteilungen können aus den Flußverteilungen im SPS leicht abgeleitet werden. Integration über alle Winkel liefert die Verteilung der Relativgeschwindigkeit der Produkte

$$P(w') = \iint P(\vartheta, w') \sin\vartheta \, d\vartheta \, d\varphi = 2\pi \int_0^\pi P(\vartheta, w') \sin\vartheta \, d\vartheta. \quad (5.16)$$

Die Verteilung der Translationsenergie $P(E'_{tr})$ folgt nach Variablenwechsel aus $P(E'_{tr}) dE'_{tr} = P(w') dw'$ zu

$$P(E'_{tr}) = P(w') \left| \frac{dw'}{dE'_{tr}} \right|. \quad (5.17)$$

Bild 5.29 zeigt sie für die beiden Reaktionen von Bild 5.25 und Bild 5.26, die KI als Produkt ergeben. Der völlig verschiedene Charakter ist offensichtlich. Die Reaktion $K + I_2$ hat eine sehr kleine Energiefreisetzung, wie sie für einen Abstreif-Mechanismus typisch ist, während die Rückwärts-Reaktion

5.4 Stoßprozesse als Untersuchungsmethode

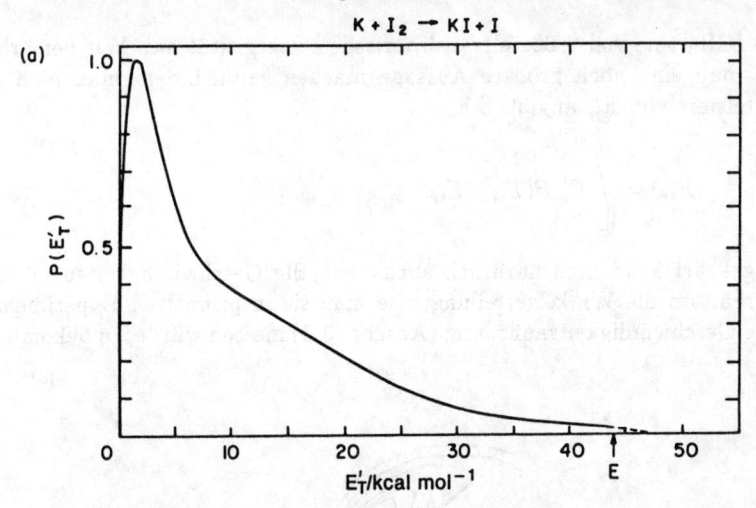

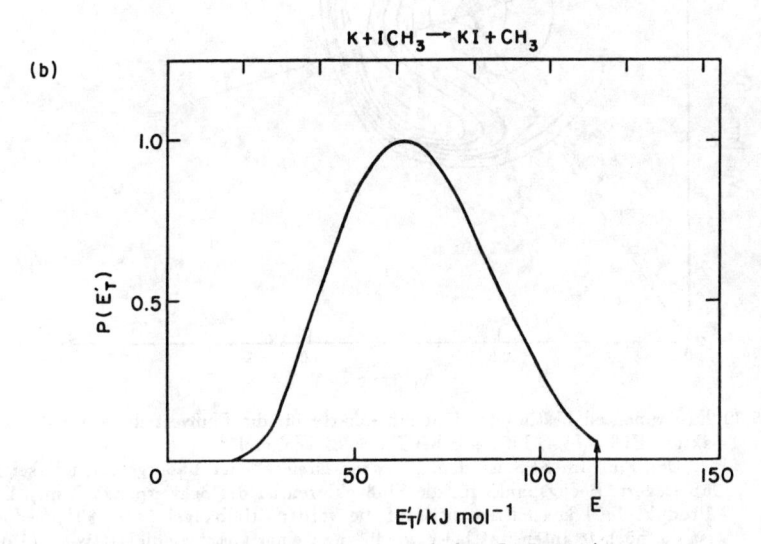

Bild 5.29 Verteilung der Translationsenergie nach dem Stoß, $P(E'_{tr})$.
a) Die Reaktion $K + I_2 \rightarrow KI + I$: Die Gesamtenergie ist durch den Pfeil bezeichnet. Man beachte den äußerst kleinen durchschnittlichen Energieanteil der Translation und vergleiche mit den Verhältnissen der in
b) gezeigten Reaktion $K + ICH_3$. (Daten wie in Bild 5.25 bzw. 5.26)

K + ICH$_3$ eine viel größere translatorische Exoergizität hat. Wir bemerken, daß man eine noch gröbere Aussage machen kann, indem man bloß den Mittelwert von E'_{tr} angibt, d.h.

$$\langle E'_{tr} \rangle = \int_0^E E'_{tr} P(E'_{tr}) \mathrm{d} E'_{tr}. \tag{5.18}$$

Umgekehrt kann man natürlich auch über alle Geschwindigkeiten w' integrieren, um die Winkelverteilung, wie man sie in primitiven Experimenten ohne Geschwindigkeitsauflösung (Abschn. 3.3) messen würde, zu bekommen:

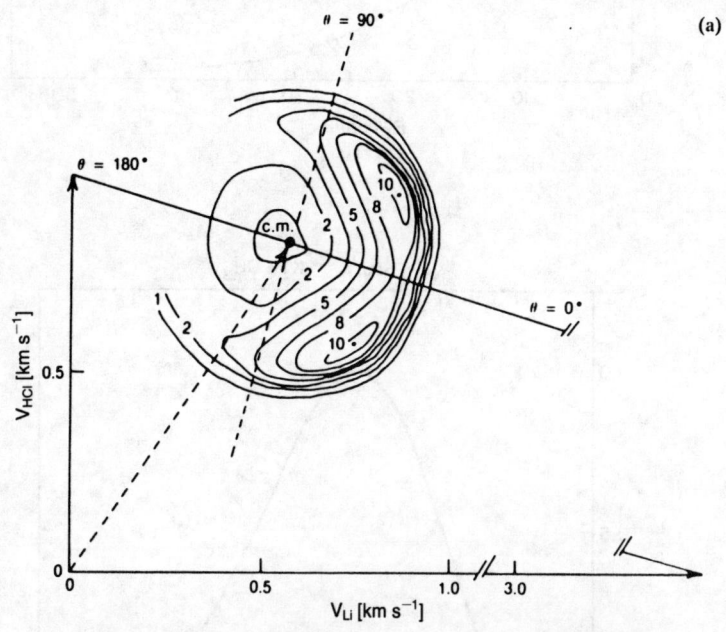

Bild 5.30 Experimentell bestimmte Höhenlinienkarte für die Flußverteilung aus der Reaktion HCl + Li → LiCl + H bei $E_{tr} = 9.2$ kcal·mol^{-1}.
a) Der Fluß im SPS ist dem „Newton-Dreieck" der Laborgeschwindigkeiten überlagert. Bezugspunkt für die Flußvektoren ist der Schwerpunkt (c.m.). Das Produkt LiCl konzentriet sich auf die vordere Halbkugel ($\vartheta < 90°$), jedoch ist die höchste Intensität bei etwa 45° und einer Geschwindigkeit von 3/4 der maximalen.
b) Integriert ergeben sich die Energieverteilung $P(E'_{tr})$ nach dem Stoß und die Winkelverteilung $P(\vartheta)$ im SPS. Durchgezogen: wahrscheinlichster Wert, schraffiert: Fehlerbereich. (Nach C.H. Becker, P. Casavecchia, P.W. Tiedemann, J.J. Valentini, Y.T. Lee: J. Chem. Phys., 73, 2833 (1980))

$$P(\vartheta) = \int_0^{w_{\max}} P(\vartheta, w')\mathrm{d}w'. \tag{5.19}$$

Hier ist $w_{\max}$ der größtmögliche Wert der Produktgeschwindigkeit (bei der alle Produkte im Grundzustand sind und alle Energie als Translation freigesetzt wird).

Bild 5.30 zeigt $P(E'_{\mathrm{tr}})$ und $P(\vartheta)$, wie man sie aus dem Höhenliniendiagramm der Reaktion

$$\mathrm{HCl} + \mathrm{Li} \rightarrow \mathrm{LiCl} + \mathrm{H},$$

das in einem Kreuzstrahlexperiment gemessen wurde, abgeleitet hat.

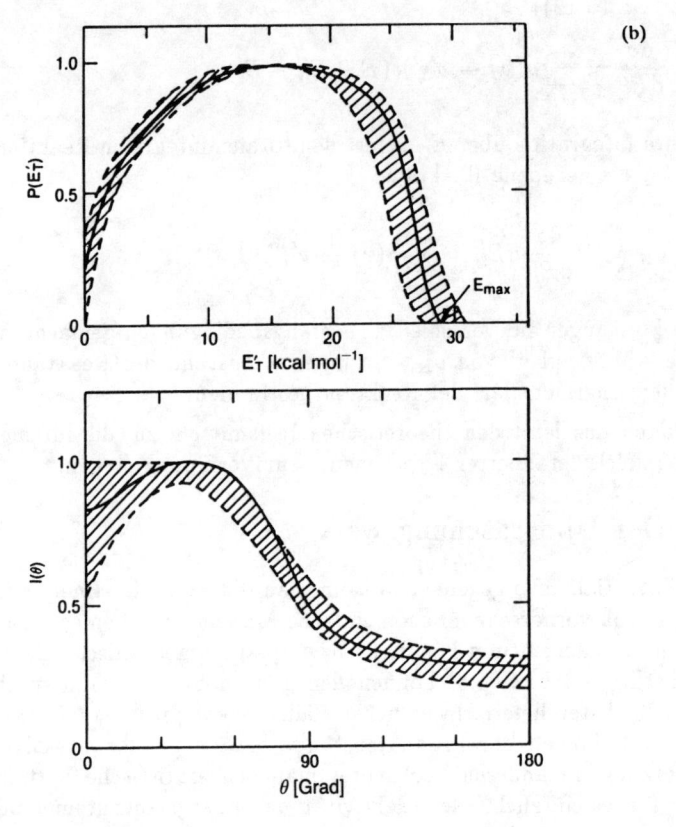

Bild 5.30 (Fortsetzung)

5 Die Praxis der Moleküldynamik

Um den integralen Streuquerschnitt auszurechnen, reicht es natürlich nicht, nur die relativen Verteilungen von Geschwindigkeit und Winkel zu kennen, sondern man braucht den absoluten differentiellen Querschnitt. Die erste Integration geht dann über alle Winkel (vgl. Gl. (5.16)) und liefert den Querschnitt für die Streuung mit fester Endenergie

$$\frac{d\sigma}{dE'_{tr}} = \iint d^2\omega \frac{d^3\sigma(\vartheta, E'_{tr})}{d^2\omega dE'_{tr}} = \iint \frac{d^3\sigma}{d^2\omega dE'_{tr}} \sin\vartheta d\vartheta d\varphi$$

$$= 2\pi \int_0^\pi \frac{d^3\sigma}{d^2\omega dE'_{tr}} \sin\vartheta d\vartheta. \tag{5.20}$$

Das ist das stetige Analogon des zustandsspezifischen integralen Streuquerschnitts (Gl. (5.12))

$$\frac{d\sigma}{dE'_{tr}} = \sum_{v'j'} \sigma(vj \rightarrow v'j')\delta(E - E'_{tr} - E'_i).$$

Die zweite Integration über E'_{tr} liefert den totalen integralen Reaktionsquerschnitt für die gegebene Reaktion

$$\sigma_R = \int_0^E \frac{d\sigma}{dE'_{tr}} dE'_{tr} = \sum_{v'j'} \sigma(vj \rightarrow v'j') \tag{5.21}$$

Werden Messungen für verschiedene Anfangsbedingungen gemacht, so kann man die Abhängigkeit von σ_R vom inneren Zustand der Reaktanden und daraus den Energiebedarf der Reaktion bestimmen.

Wir wenden uns jetzt den theoretischen Hilfsmitteln zu, die für die Interpretation solch detaillierter Experimente zur Verfügung stehen.

5.5 Der Überraschungswert

Ist die Potentialfläche gegeben, so kann man die Rolle der Energie in einer Reaktion grob vorhersehen. Schon einfache Modelle erlauben es, qualitative Aussagen zu machen, und klassische bzw. quantenmechanische Berechnungen (Abschn. 4.3 bzw. 5.6) können den ganzen Satz zustandsspezifischer Ratenkoeffizienten liefern. In manchen Fällen bekommt man dabei sehr spezifische Verteilungen der Produktzustände bzw. eine sehr selektive Energieausnutzung, in anderen beobachtet man fast statistische Verteilungen. Sicher wäre es nützlich, die Selektivität der Energieausnutzung oder die Spezifität der Energieverwertung zu parametrisieren, indem man von den beobachteten oder berechneten Daten selbst ausgeht. Wie man das macht, ist der Inhalt des folgenden Kapitels und des Exkurses 5C.

5.5.1 Maße für Selektivität und Spezifizität

Im statistischen Grenzfall sind alle Quanten-Endzustände der Produkte gleich wahrscheinlich. Da oft etwas anderes beobachtet wird, brauchen wir ein quantitatives Maß der Abweichung von diesem Grenzfall. Dieses Maß sollte im statistischen Grenzfall einen Höchstwert haben, aber ganz allgemein definiert sein. Ein solches globales Maß ist die mit einer Zustandsbesetzungsverteilung verbundene *Entropie*. Gegeben sei etwa eine Verteilung von Endzuständen f, die mit einer Häufigkeit (Wahrscheinlichkeit) $P(f)$ auftreten, die Entropie ist dann durch

$$S = - \sum_f P(f) \ln P(f). \tag{5.22}$$

definiert.[19] Gl. (5.22) verallgemeinert den Entropiebegriff der statistischen Mechanik: Wir haben die Verteilung $P(f)$ der Quantenzustände f gar nicht festgelegt, sie kann *irgendeine Verteilung* sein, z.B. auch diejenige der gerade entstandenen Produkte einer chemischen Reaktion. Nur wenn wir festlegen, daß $P(f)$ die Verteilung der Quantenzustände eines Systems *im Gleichgewicht* ist, ist die Entropie (5.22) gerade diejenige, die Clausius eingeführt hat. Um das zu verifizieren, erinnern wir uns daran, daß im thermischen Gleichgewicht $P(f) = \exp(-E_f/kT)/Q$, wo Q die Zustandssumme ist. Benutzen wir dies in (5.22) und multiplizieren noch mit $R = kN_A$ (wo N_A die Avogadrozahl ist), so bekommen wir das bekannte Ergebnis

$$S = R \ln Q + \frac{\langle E \rangle}{T},$$

wo $\quad \langle E \rangle = N_A \sum_f E_f P(f)$

die mittlere Energie pro Mol ist.

Im Prinzip ist Gl. (5.22) alles, was wir brauchen. Für Anwendungen sollte man allerdings berücksichtigen, daß man selten vollständig aufgelöste Zustandsverteilungen der Produkte mißt. Häufiger ist es, daß man Zustände in größere Gruppen zusammenfaßt. Bei der Reaktion eines Atoms mit einem Diatom können wir als Gruppe von Zuständen z.B. alles betrachten, was

---

[19] So definiert, ist die Entropie dimensionslos. Um die üblichen Einheiten zu bekommen, muß die Summe in (5.22) mit der allgemeinen Gaskonstanten R multipliziert werden.

5 Die Praxis der Moleküldynamik

in einem Schwingungsrotationszustand ist, oder auch, was in einem Schwingungszustand ist. Die Abzählung der Zustände in einer gegebenen Gruppe nehmen wir für einige einfache Fälle im Exkurs 5C vor. Im Augenblick nehmen wir an, $g(v)$ Zustände seien in einer Gruppe, und ihre Wahrscheinlichkeit sei $P(v)$. Die Wahrscheinlichkeit pro Zustand f der Gruppe v ist dann $P(f) = P(v)/g(v)$. Daher gilt

$$S = -\sum_f \frac{P(v)}{g(v)} \ln\left(\frac{P(v)}{g(v)}\right).$$

Wir summieren nun über f, indem wir zunächst über die Zustände innerhalb der Gruppen und dann über die Gruppen selbst summieren. Für jeden Wert von v gibt es $g(v)$ Summanden, die alle den gleichen Wert haben. Daher bleibt schließlich

$$S = -\sum_f P(v) \ln\left(\frac{P(v)}{g(v)}\right), \tag{5.23}$$

eine Summe, die nicht mehr die Form (5.22) hat!

Es hat sich als nützlich erwiesen, (5.23) wie folgt umzuschreiben: Es sei $P^0(v)$ die Verteilung, wenn alle Zustände gleich wahrscheinlich sind, also

$$P^0(v) = \frac{g(v)}{\sum_f g(v)}. \tag{5.24}$$

Wir nennen $P^0(v)$ aus bald erkennbaren Gründen die *A-priori-Verteilung*. Dann schreiben wir die Entropie als Funktion der *Abweichung* der betrachteten Verteilung von der Gleich- oder A-priori-Verteilung. Das Ergebnis ist

$$S = S_{\max} - DS, \tag{5.25}$$

wo $\quad S_{\max} = \ln\left(\sum g(v)\right) = \ln\left(\sum_f 1\right)$ (5.26)

der Logarithmus der Zahl der Quantenzustände ist. Der Index „max" bedeutet dabei, daß (5.26) den größten möglichen Wert der Entropie beschreibt, der gerade dann realisiert ist, wenn alle Quantenzustände gleich wahrscheinlich sind. $DS = S_{\max} - S$ ist ein Maß dafür, wie weit die aktuelle Entropie von der größtmöglichen abweicht und heißt *Entropiemangel*, dabei gilt

$$DS = \sum_v P(v) \ln\left(\frac{P(v)}{P^0(v)}\right) \geq 0. \tag{5.27}$$

Der Entropiemangel verschwindet, d.h. die Entropie erreicht ihr globales Maximum genau dann, wenn die aktuelle Verteilung gleich der A-priori-Verteilung ist.

Wenn die Verteilung $P(v)$ der Endzustände vorgegeben ist, kann man entweder das *integrale* Maß für die Spezifizität, welches durch DS gegeben ist, betrachten, oder das entsprechende *lokale* Maß

$$I(v) = -\ln\left(\frac{P(v)}{P^0(v)}\right), \tag{5.28}$$

welches als *Überraschungswert* (surprisal) bekannt ist.

In Abschn. 5.5.3 werden wir zeigen, daß alles bisher über Endzustände Gesagte gleichermaßen für Anfangszustände gilt. Und zwar so sehr, daß der Überraschungswert der Energieaufteilung in der Vorwärtsreaktion zahlenmäßig gleich dem Überraschungswert des Energiebedarfs der entsprechenden Rückwärtsreaktion ist. Dasselbe gilt natürlich auch für den Entropiemangel DS.

5.5.2 Überraschungs-Analyse der Energieaufteilung

Betrachten wir eine einfache Situation, die Verteilung der Schwingungsenergie in den Elementarreaktionen

$$\text{Cl} + \text{HI} \to \text{HCl}(v) + \text{I}$$
und $$\text{Cl} + \text{DI} \to \text{DCl}(v) + \text{I}.$$

Unter Benutzung der A-priori-Verteilung

$$P^0(v) = (E - E_{\text{vib}})^{3/2} \propto (1 - f_{\text{vib}})^{3/2} \tag{5.29}$$

aus Exkurs 5C zeigt Bild 5.31 den Überraschungswert $-\ln[P(v)/P^0(v)]$, aufgetragen gegen die reduzierte Schwingungsenergie

$$f_{\text{vib}} = \frac{E_{\text{vib}}}{E}, \tag{5.30}$$

den Bruchteil der Schwingungsenergie in der Gesamtenergie. Während die beobachtete Verteilung $P(v)$ qualitativ von der A-priori Verteilung abweicht (vgl. das Bild), stellt sich der Überraschungswert als Gerade dar:

$$I(f_{\text{vib}}) \equiv -\ln\left(\frac{P(v)}{P^0(v)}\right) = \lambda_0 + \lambda_{\text{vib}} f_{\text{vib}} \tag{5.31}$$

308 5 Die Praxis der Moleküldynamik

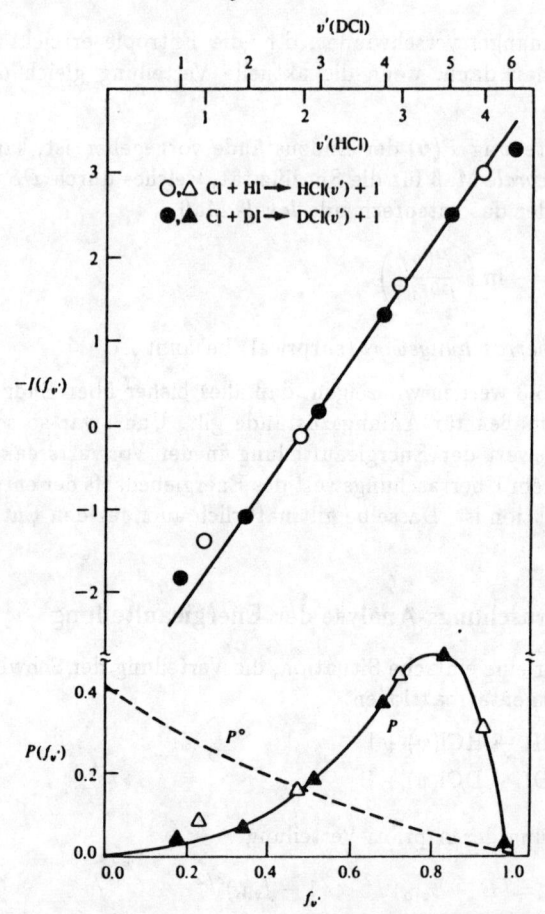

Bild 5.31 Energieaufteilung nach den Reaktionen von Cl mit HI und DI. Offene Symbole: HCl, geschlossene: DCl. Die Benutzung der reduzierten Energie $f_{v'}$ als Abszisse vereinheitlicht die Ergebnisse für die beiden isotopen Produkte. Die oben gezeigte Gerade ist der Überraschungswert für die Schwingung mit $\lambda_{\text{vib}} = -8.0$. (Nach A. Ben-Shaul, R.D. Levine, R.B. Bernstein: J. Chem. Phys., 57, 5427 (1972), dort auch die Quelle der Daten)

In Abschn. 5.5.4 werden wir λ_{vib} als Zwangsbedingung für die Schwingungsverteilung interpretieren und zeigen, daß λ_0 eine Funktion von λ_{vib} ist, so daß Gl. (5.31) eine *einparametrige* Darstellung der Daten ist. Daß diese Darstellung recht genau ist, kann man im Bild ablesen.

Man beachte den Vorteil, den die Benutzung der reduzierten Variablen f_{vib}

5.5 Der Überraschungswert

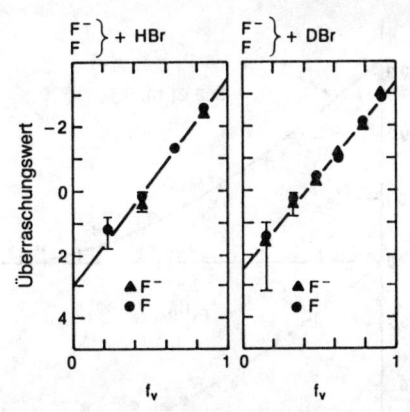

Bild 5.32 Überraschungswerte der Schwingungsverteilung von frischem HF aus den Reaktionen von F und F^- mit HBr und DBr. Wegen der weit auseinanderliegenden Rotationsniveaus von HF und DF wurde die A-priori-Verteilung als diskrete Summe über die Rotationszustände berechnet (Gl. (5C.5)). (Nach A.O. Langford, V.M. Bierbaum, S.R. Leone: J. Chem. Phys., 83, 3913 (1985), F-Daten aus K. Tamagake, D.W. Setser, J.P. Sung: J. Chem. Phys., 73, 2203 (1980))

für die Darstellung der Verteilung und des Überraschungswertes bietet. Das sieht man auch in Bild 5.32, das den Überraschungswert der Schwingungsverteilung des HF aus den Reaktionen

$$F + HBr \to FH + Br$$
und $\quad F^- + HBr \to FH + Br^-$

und die entsprechenden Daten für DBr zeigt. Wie wir in Abschn. 5.5.4 darlegen werden, folgt aus der funktionalen Form (5.31) für den Überraschungswert, daß $\langle f_{vib} \rangle$, der mittlere Anteil der Produktenergie, der als Schwingungsenergie vorliegt, ein geeigneter Parameter für das Ausmaß der Schwingungsanregung in den Produkten ist. Die allgemeine, eineindeutige Beziehung zwischen $\langle f_{vib} \rangle$ und der Größe λ_{vib} ist unten in Bild 5.39 dargestellt. Da $\langle f_{vib} \rangle$ abnimmt, wenn λ_{vib} von negativen zu positiven Werten wächst, bezeichnet man Verteilungen mit negativem λ_{vib} als „heißer" als die A-priori-Verteilung und umgekehrt solche mit positivem λ_{vib} als „kälter".

Für die Reaktion Cl + HI zeigt uns der negative Wert von λ_{vib} an, daß $P(v)$ bei hohen Werten von v sein Maximum hat. Das ist nicht bei allen Reaktionen so. Bild 5.33 zeigt Schwingungsverteilungen von CuF in verschiedenen elektronischen Zuständen als Resultat der chemilumineszenten Reaktion

$$Cu + F_2 \to CuF^*(v) + F.$$

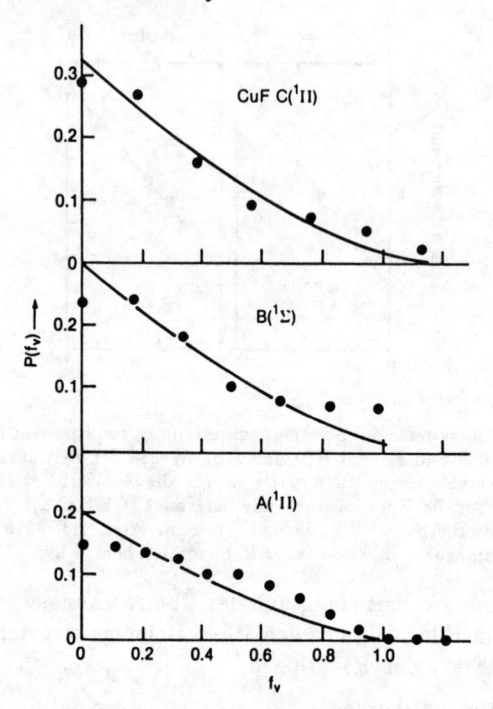

Bild 5.33 Reaktion $Cu + F_2 \rightarrow CuF + F$. Die Punkte sind die experimentellen Werte der Schwingungsbesetzung in den angegebenen elektronischen Zuständen aufgetragen gegen die reduzierte Schwingungsenergie. Die Kurven sind A-priori-Verteilungen. (Nach R.W. Schwenz, J.M. Parson: J. Chem. Phys., 73, 259 (1980))

Wie es häufig für Reaktionen der Fall ist, die eine Vielzahl von Kurvenkreuzungen haben (vgl. Abschn. 6.6), beobachtet man praktisch die A-priori-Verteilung. Ein anderes Beispiel für eine Reaktion mit A-priori-Verteilung der Überschußenergie ist

$$H + DCl \rightarrow HCl(v) + D,$$

es wird in Bild 5.34 gezeigt. Es gibt sogar Fälle, wo die Energiefreisetzung in die Schwingung *kleiner* als in der A-priori-Verteilung ist. Z.B. zeigt Bild 5.35 die Reaktion $H + D_2$ mit „heißen" H-Atomen Jedoch ist für exoergische Reaktionen, bei denen die Energiefreisetzung typischerweise früh erfolgt, ein negatives λ_{vib} eher die Norm, wie aus den Beispielen in der Tabelle 5.3 ersichtlich ist.

5.5 Der Überraschungswert

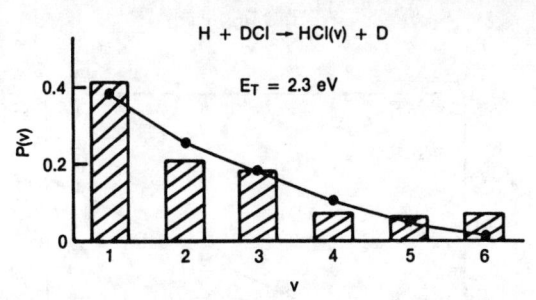

Bild 5.34 Experimentelle Schwingungsverteilungen von HCl aus der Reaktion von translatorisch „heißen" H-Atomen mit DCl bei $E_{tr} = 2.3$ eV (Histogramm). Die Punkte entsprechen der A-priori-Verteilung. (Nach C.A. Wight, F. Magnotta, S.R. Leone: J. Chem. Phys., 81, 3951 (1984)

Tab. 5.3 Überraschungsanalyse der Schwingungsenergie[a]

Reaktanden	E in (kcal/mol)	λ_{vib}	$\langle f_{vib} \rangle$
HBr + Cl	18.2	-3.0 ± 0.6	0.38
HBr + F[b]	51.0	-5.7 ± 0.1	0.60
DBr + F[b]	51.5	-5.4 ± 0.2	0.58
HI + O	34.4	-6.9 ± 0.1	0.67
H$_2$Se + F	61.3	-3.8 ± 0.5	0.48
H$_2$Se + Cl	29.1	-5.8 ± 0.5	0.40
H$_2$Se + O	29.0	-6.9 ± 0.1	0.47

[a] Nach Agrawalla, B.S.; Setser, D.W., in: Fontijn, A. (Ed.): *Gas-Phase Chemiluminescence and Chemi-Ionization*, North-Holland, Amsterdam 1985 (dort auch die Quellen der Daten)
[b] S. auch Bild 5.32

Die Analyse des Überraschungswerts ist nicht auf Schwingungsverteilungen beschränkt. Wir können etwa auch die Verteilung der Rotationszustände betrachten. Für ein gegebenes Schwingungsniveau ist es zweckmäßig, die reduzierte Variable

$$g_{rot} = \frac{E_{rot}}{E - E_{vib}} \tag{5.32}$$

einzuführen, die *innerhalb* einer Schwingungsmannigfaltigkeit zwischen 0 und 1 variiert. Die gemeinsame Schwingungs-Rotations-Verteilung ist dann oft durch

$$-\ln\left(\frac{P(v,j)}{P^0(v,j)}\right) = \lambda_0 + \lambda_{vib} f_{vib} + \theta_{rot} f_{rot} \tag{5.33}$$

darstellbar, wo die A-priori-Verteilung durch

312   5 Die Praxis der Moleküldynamik

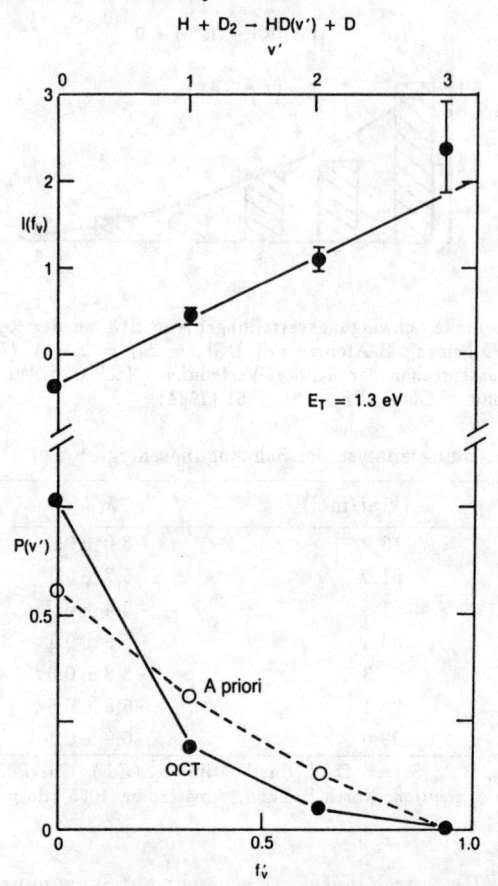

$$H + D_2 \rightarrow HD(v') + D$$

Bild 5.35 Schwingungsverteilung für die Reaktion von H mit D_2 bei 1.3 eV.
(Oben) Überraschungswerte der mit quasiklassischen Trajektorien berechneten Schwingungsbesetzung von HD (Punkte) gegen f_{vib} (unten) bzw. v (oben). Die Fehlerbalken entsprechen dem Fehler der Monte-Carlo-Rechnung. Die Steigung der Geraden ist $\lambda_{vib} = 2.3$.
(Unten) Schwingungsbesetzung. Die durchgezogenen Linien verbinden die Monte-Carlo-Punkte entsprechend einem streng linearen Überraschungswert. Die offenen Kreise sind die A-priori-Verteilung. (Nach E. Zamir, R.D. Levine, R.B. Bernstein: Chem. Phys. Lett., 107, 217 (1983))

$$P^0(v,j) \propto (2j+1)(E - E_{vib} - E_{rot})^{1/2} \tag{5.34}$$

gegeben ist. Für die Reaktion $H + D_2$ wurde diese Darstellung bereits in Bild 1.4 benutzt, für die Reaktion $O(^2D) + H_2$ in Bild 4.30. Eine schwächere

5.5 Der Überraschungswert

$$H + H_2(v = 0, J = 0) \longrightarrow H_2(v' = 0, J') + H$$

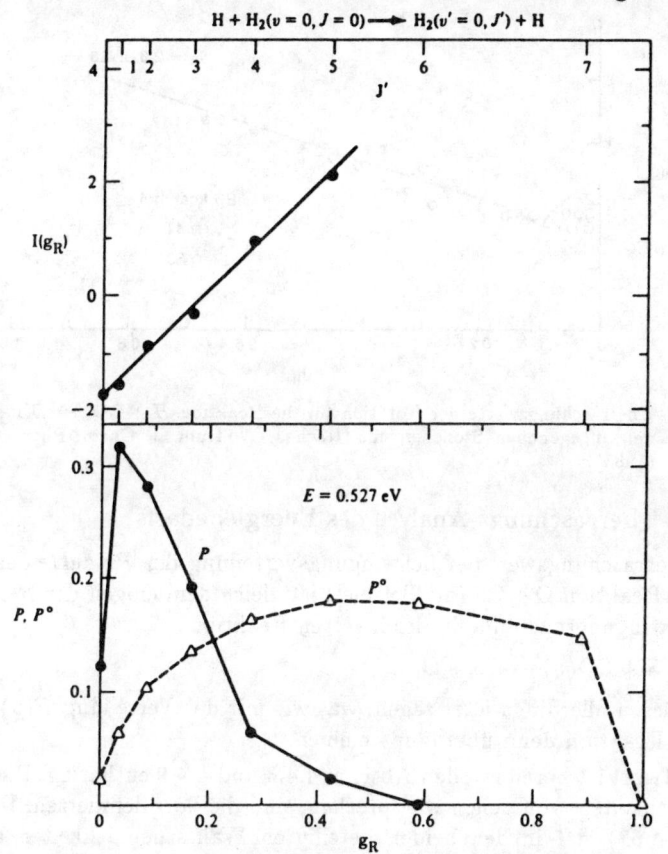

Bild 5.36 Rotationsverteilung von $H_2(v'=0)$ aus der Austauschreaktion $H+H_2(v=0, j=0) \rightarrow H_2(v=0, j') + H$ bei der angegebenen Gesamtenergie.
(Unten) Kreise: Mit genauen Quantenmethoden berechnetes $P(j')$, Dreiecke: A-priori-Verteilung.
(Oben) Überraschungswert. Beides ist gegen die reduzierte Rotationsenergie g_{rot} aufgetragen. (Nach R.E. Wyatt, Chem. Phys. Lett., 34, 167 (1975))

Rotationsanregung ist in Bild 5.36 für die Reaktion $H + H_2$ gezeigt; die Rotationsverteilung dazu stammt aus quantenmechanischen Streurechnungen. Eine Verteilung, die „kälter" ist als die A-priori-Verteilung, zeigt die Besetzung der Rotationszustände von OH aus der Reaktion $H + CO_2 \rightarrow HO + CO$ in Bild 5.37, im Gegensatz zu der „heißeren" Verteilung ($\theta_{rot} = -3.5$) von OH aus $O(^2D) + H_2$ aus Bild 4.30.

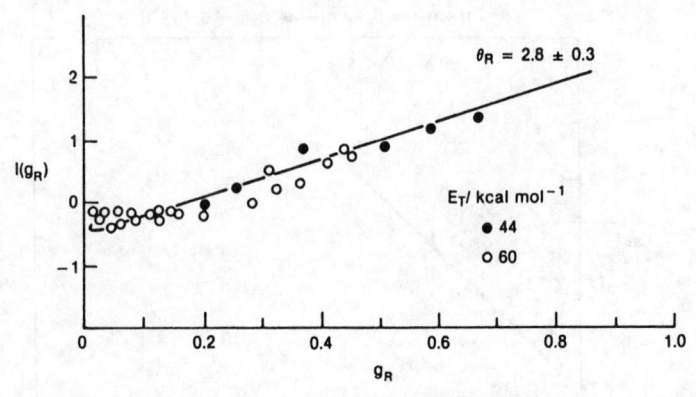

Bild 5.37 Überraschungswerte der Rotation für die Reaktion $H + CO_2 \rightarrow OH + CO$ bei den angegebenen Stoßenergien. (Nach J. Wolfrum: J. Chem. Phys., 89, 2525 (1985))

5.5.3 Überraschungs-Analyse des Energiebedarfs

Der Überraschungswert der Schwingungsverteilung der *Produkte* der exoergischen Reaktion O + CS (als Beispiel) ist gleich demjenigen der *Reaktivität* der Schwingungszustände in der inversen Reaktion

$$S + CO(v) \rightarrow CS + O.$$

Wir müssen allerdings jetzt sagen, was wir mit der Verteilung $P(v)$ für die inverse Reaktion denn überhaupt meinen.

Die Antwort ist bereits in den Abschn. 4.4.3 und 4.4.9 enthalten. Die Wahrscheinlichkeiten, von denen wir sprechen, sind die dort definierten. Der Ausdruck (4.62), der in den beiden beteiligten Wahrscheinlichkeiten symmetrisch ist, wurde auf Grund des detaillierten Gleichgewichts abgeleitet. Dasselbe Verfahren gilt auch für stärker gemittelte Raten. Wir betrachten eine exoergische Austauschreaktion

$$A + BC(v) \underset{r}{\overset{f}{\rightleftharpoons}} AB(v') + C.$$

Die thermischen Ratenkoeffizienten für die Vorwärts- (f) und Rückwärts- (r) Reaktion bei der Temperatur T, d.h. $k_f(T)$ bzw. $k_r(T)$ sind durch die Gleichgewichtskonstante $K(T)$ verknüpft: $K(T) = k_f(T)/k_r(T)$. Gl. (4.38) lautet

$$\frac{k_f(\text{alle} \rightarrow v'; T)}{k_r(v' \rightarrow \text{alle}; T)} = K(T)p(v'). \tag{5.35a}$$

Wir benutzen die Definition von $P(v')$ als der Schwingungsverteilung der Produkte der Vorwärtsreaktion,

5.5 Der Überraschungswert

$$P(v') = \frac{k_{\mathrm{f}}(\text{alle} \to v'; T)}{\sum_{v'} k_{\mathrm{f}}(\text{alle} \to v'; T)} = \frac{k_{\mathrm{f}}(\text{alle} \to v'; T)}{k_{\mathrm{f}}(T)}, \quad (5.35\mathrm{b})$$

setzen dort (5.35a) ein und erhalten

$$P(v') = K(T)p(v')\frac{k_{\mathrm{r}}(v' \to \text{alle}; T)}{k_{\mathrm{f}}(T)} = p(v')\frac{k_{\mathrm{r}}(v' \to \text{alle}; T)}{k_{\mathrm{r}}(T)}. \quad (5.35\mathrm{c})$$

Ist $p(v')$ eine thermische Verteilung, d.h. $p(v') = \exp(-E_{v'}/kT)$, so liefert

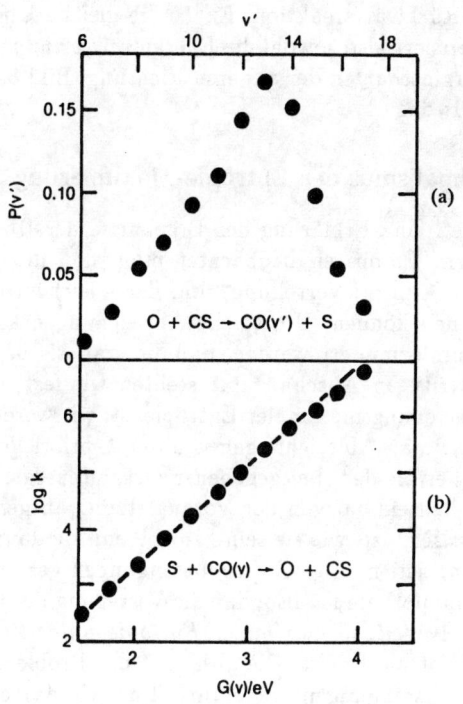

Bild 5.38 Schwingungsenergieverbrauch für die endoergische Reaktion $S + CO(v) \to O + CS$ berechnet aus der Schwingungsverteilung der Produkte der inversen, exoergischen Reaktion $O + CS \to CO(v') + S$.
a) Experimentell bestimmte relative Raten, ausgedrückt als $P(v')$, aus der Reaktion von O mit CS bei 300 K. Wegen des detaillierten Gleichgewichts ist $P(v)$ gleichzeitig die Reaktionswahrscheinlichkeit der Umkehrreaktion.
b) Logarithmus des relativen Ratenkoeffizienten für die Reaktion von S mit $CO(v)$ als Funktion der Schwingungsenergie $G(v)$ des CO. (Nach H.D. Kaplan, R.D. Levine, J. Manz: Chem. Phys., 12, 447 (1976))

5 Die Praxis der Moleküldynamik

Gl. (5.35c)

$$k_\mathrm{r}(v' \to \text{alle};T) \equiv k_\mathrm{r}(v';T) = k_\mathrm{r}(T)\frac{P(v')}{p(v')} \tag{5.36a}$$

oder $\qquad k_\mathrm{r}(v';T) \propto k_\mathrm{r}(T)P(v')\exp(E_{v'}/kT).$ (5.37b)

Über den exponentiellen Anstieg mit $E_{v'}$, der aus $p(v')$ folgt, hinaus haben wir somit aus $P(v')$ einen *weiteren* Anstieg mit $E_{v'}$. Insgesamt ist die Steigung von $k_\mathrm{r}(v';T)$ daher sehr groß, wie es z.B. Bild 1.3 gezeigt hat.

Gl. (5.35c) definiert $P(v')$, die Verteilung der Schwingungszustände der Reaktanden der Rückwärtsreaktion. Exakt die gleiche Überraschungswert-Analyse charakterisiert also sowohl die Energie*verwertung* in einer Richtung als auch den Energie*bedarf* in der anderen Richtung. Bild 5.38 zeigt noch ein typisches Ergebnis dazu.

5.5.4 Der Formalismus der Entropie-Maximierung

Dieser ist geeignet, eine Erklärung der Ergebnisse der Überraschungswert-Analyse zu liefern. Empirisch beobachtet man, daß die gemessenen Verteilungen von der A-priori-Verteilung, d.h. der Gleichverteilung aller Endzustände, abweichen können. Um solche Abweichungen zu verstehen, muß das Problem so umformuliert werden, daß die statistische Gleichverteilung als Grenzfall auftritt. In Abschn. 5.5.1 stellten wir fest, daß die A-priori-Verteilung die Verteilung maximaler Entropie ist; wir werden das unten formal beweisen. Hat man Abweichungen von der A-priori-Verteilung, so wird die Entropie kleiner als der (bei gegebener Gesamtenergie) mögliche Maximalwert. Wir wollen einmal von der Voraussetzung ausgehen, daß die Verteilung so „statistisch" ist, wie sie sein kann. Wenn sie dann *nicht* gleich der A-priori-Verteilung ist, muß es Zwangsbedingungen geben, die das verhindern. Die Arbeitshypothese ist also, daß die Verteilung der Quantenzustände des Systems die *Verteilung maximaler Entropie unter Zwangsbedingungen* ist. Dies ist der zentrale Punkt: Die „Physik" des Problems wird durch die Wahl von Zwangsbedingungen eingeführt. Ehe wir das näher betrachten, wollen wir den Formalismus beschreiben.

Die Zwangsbedingung für eine Verteilung ist eine beobachtbare Größe A (z.B. die Schwingungsenergie), die den Wert $A(f)$ hat, wenn das System im Quantenzustand f ist, und deren *Mittelwert*

$$\langle A \rangle = \sum_f A(f) P(f) \tag{5.37}$$

5.5 Der Überraschungswert 317

festliegt. Da es viele Endzustände f gibt, aber nur eine Bedingung (5.37), genügt der Zahlenwert von $\langle A \rangle$ nicht, um aus (5.37) eine eindeutige Verteilung $P(f)$ abzuleiten.

Benutzt man in (5.37) die A-priori-Verteilung $P^0(f)$, so ist der Zahlenwert, den man für $\langle A \rangle$ erhält, ein anderer. Während also Gl. (5.37) nicht ausreicht, um die gesuchte Verteilung festzulegen, reicht sie aus, um zu zeigen, daß diese nicht die A-priori-Verteilung ist. Es gibt aber noch eine zweite, stets wirksame Zwangsbedingung für die Verteilung, daß sie nämlich normiert ist:

$$1 = \sum_f P(f). \tag{5.38}$$

Es ist eine Gleichung der Form (5.37) mit $A(f) \equiv 1$ für alle f. Da die Normierung für *alle* Verteilungen gelten muß, kann sie die gesuchte Verteilung von der A-priori-Verteilung nicht unterscheiden. Anders die Bedingung (5.37). Wenn wir einen Zahlenwert für $\langle A \rangle$ vorgeben, schließen wir unendlich viele normierte Verteilungen aus. Nehmen wir sodann an, wir hätten noch eine Zwangsbedingung, den Mittelwert einer weiteren Observablen B, d.h. wir geben auch noch $\langle B \rangle$ vor. Unter allen normierten Verteilungen, die $\langle A \rangle$ als Mittelwert von A haben, werden einige den Mittelwert $\langle B \rangle$ haben, andere nicht. Jedesmal, wenn wir eine Zwangsbedingung hinzufügen, engen wir die Menge möglicher Verteilungen ein. (Im äußersten Fall ist diese Menge unverändert, jedenfalls kann sie nicht größer werden.) Man kann also weitermachen und immer mehr Zwangsbedingungen einführen, bis die Verteilung genügend genau festliegt. Wir wollen jedoch möglichst eine *minimale Anzahl* von Zwangsbedingungen benutzen, und aus der Menge der Verteilungen, die diese Bedingungen erfüllen, eine Auswahl treffen, indem wir diejenige Verteilung wählen, *deren Entropie maximal ist.*

Das wollen wir jetzt in Stufen durchführen. In Stufe 0 sei nur die Normierung verlangt. Die Verteilung maximaler Entropie ist dann die Gleichverteilung

$$P^0(f) = \exp(-\lambda_0). \tag{5.39}$$

λ_0 ist eine Zahl, bekannt als Lagrange-Faktor, deren Wert so gewählt werden muß, daß die Zwangsbedingung, hier die Normierungsbedingung (5.38), erfüllt ist, d.h.

$$1 = \sum_f P(f) = \exp(-\lambda_0) \sum_f 1 \tag{5.40}$$

Man kann daher (5.39) als

5 Die Praxis der Moleküldynamik

$$P^0(f) = \frac{1}{\sum_f 1} \tag{5.41}$$

schreiben. Die Wahrscheinlichkeit $P^0(v)$ einer Gruppe $g(v)$ von Quantenzuständen kann aus (5.41) berechnet werden:

$$P^0(v) = \frac{g(v)}{\sum_f 1} 1 = \frac{g(v)}{\sum_v g(v)}. \tag{5.42}$$

Mit (5.42) haben wir die Interpretation der A-priori-Verteilung wieder erreicht: Sie ist die Verteilung maximaler Entropie, die den stets vorhandenen Zwangsbedingungen (d.h. Normierung und Energieerhaltung) genügt.
Die A-priori-Verteilung paßt oft nicht zu den Daten (Abschn. 5.5.2). Eine oder mehrere spezifische Zwangsbedingungen können nötig sein. In Stufe 1 nehmen wir als Zwangsbedingung die mittlere Schwingungsenergie

$$\langle E_{\text{vib}} \rangle = \sum_f E_{\text{vib}}(f) P(f). \tag{5.43}$$

Unter allen normierten Verteilungen mit vorgegebenem $\langle E \rangle$ ist die (eindeutige) Verteilung maximaler Entropie, wie man zeigen kann,

$$P(f) = \exp(-\lambda_0 - \lambda_{\text{vib}} E_{\text{vib}}(f)). \tag{5.44}$$

Hier hat man zwei Zwangsbedingungen (die Normierung und den Wert von $\langle E_{\text{vib}} \rangle$) und daher zwei Lagrange-Faktoren λ_0 und λ_{vib}. Ihre Zahlenwerte können, wie stets, aus den Zwangsbedingungen ermittelt werden. Wir geben zunächst λ_0 an:

$$1 = \sum_f P(f) = \exp(-\lambda_0) \sum_f \exp(-\lambda_{\text{vib}} E_{\text{vib}}(f)). \tag{5.45}$$

Die Normierung macht λ_0 zur expliziten Funktion von λ_{vib}:

$$\exp(\lambda_0) = \sum_f \exp(-\lambda_{\text{vib}} E_{\text{vib}}(f)). \tag{5.46}$$

Die Verteilung maximaler Entropie (5.44) ist damit normiert und enthält nur noch *einen* Lagrange-Faktor, nämlich λ_0. Sein Wert kann durch $\langle E_{\text{vib}} \rangle$ ausgedrückt werden. Aus den Gleichungen (5.43), (5.44) und (5.46) folgt für λ_{vib} die implizite Formel

$$\langle E_{\text{vib}} \rangle = \frac{\sum_f E_{\text{vib}}(f) \exp(-\lambda_{\text{vib}} E_{\text{vib}}(f))}{\sum_f \exp(-\lambda_{\text{vib}} E_{\text{vib}}(f))} \tag{5.47}$$

Bild 5.39 zeigt eine grafische Darstellung der Beziehung zwischen $f_{\text{vib}} = \langle E_{\text{vib}} \rangle / E$ und λ_{vib} für eine Reaktion A + BC.

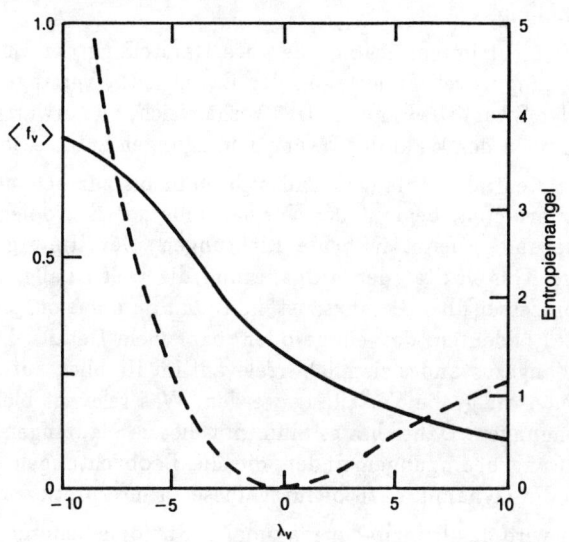

Bild 5.39 Die Rolle von λ_{vib} als Maß für die spezifische Energieaufteilung. Linke Skala: Mittlerer Anteil, $\langle f_{\text{vib}} \rangle$, der verfügbaren Energie, welcher als Schwingung der Produkte frei wird, gegen λ_{vib} (durchgezogene monotone Kurve). Rechte Skala: Entropiemangel der Schwingungsverteilung (gestrichelte Kurve). Im A-priori-Grenzfall $\lambda_{\text{vib}} = 0$ verschwindet der Entropiemangel und $\langle f_{\text{vib}} \rangle ist \equiv 2/7$. (Nach R.D. Levine, A. Ben-Shaul in : Moore (1976))

Was kann man über die Lösung (5.44) sagen? Es ist klar, daß die Einführung einer Zwangsbedingung zur Folge hat, daß nicht mehr alle Quantenzustände gleich wahrscheinlich sind. Es gibt aber immer noch Gruppen von Quantenzuständen, die dieselbe Wahrscheinlichkeit haben. Dies sind alle diejenigen Zustände, in denen BC in einem vorgegebenen Schwingungszustand v ist. Wir können daher $P(v)$ leicht ausrechnen, indem wir Gl. (5.44) über alle Zustände summieren, die zu einem bestimmten Schwingungsniveau v von BC gehören:

$$P(v) = g(v) \exp(-\lambda_0 - \lambda_{\text{vib}} E_{\text{vib}}(v)), \tag{5.48}$$

oder, indem wir durch $\Sigma\, g(v)$ dividieren und λ_0 entsprechend umdefinieren,

$$P(v) = P^0(v) \exp(-\lambda_0 - \lambda_{\text{vib}} E_{\text{vib}}(v)). \tag{5.49}$$

Eine Verteilung des Typs (5.49) wird häufig beobachtet, s. z.B. Bild 5.31. Die Überraschungswert-Analyse identifiziert die Zwangsbedingungen einer solchen Verteilung.

Gl. (5.49) ist nicht immer schon eine gute Darstellung der Energieverwertung. Späte, „repulsive" Freisetzung der Exoergizität verlangt oft eine andere Form der Zwangsbedingung. Das verhält sich, wie erwartet: Die „Dynamik" kommt in der Wahl der Zwangsbedingungen zum Ausdruck.

Statt beim Potential anzufangen und sich dann bis zur beobachteten Verteilung vorzuarbeiten, beginnt der Formalismus der Entropiemaximierung in der Mitte und arbeitet in beide Richtungen. Der Hintergrund ist der folgende: Die Komplexität der Aufgabe und die vielen i.allg. notwendigen Mittelungsprozesse (über Anfangszustände) und Summationsprozesse (über Endzustände) bedeuten, daß einige oder sogar viele Details des Potentials oder des Anfangszustandes ziemlich irrelevant im Hinblick auf die am Ende interessierende, oft grobe Verteilung werden. Was relevant bleibt, sind die Zwangsbedingungen. Daher hat es Sinn, mit diesen anzufangen, indem man einerseits Zwangsbedingungen findet, die die Beobachtungen beschreiben, andererseits die Dynamik dazu benutzt, diese zu interpretieren.

Warum aber wird das Prinzip der maximalen Entropie benutzt, um von den Zwangsbedingungen zur Verteilung zu gehen? Darauf gibt es mehrere Antworten. Die gängigste, die auf der Informationstheorie beruht, stellt fest, daß dies die am wenigsten voreingenommene, daher vernünftigste Schlußweise ist. In der Naturwissenschaft und insbesondere bei unseren Experimenten, in denen isolierte Stoßprozesse häufig wiederholt werden, können wir ein stärkeres Argument angeben: Für reproduzierbare Experimente ist die Maximierung der Entropie die einzige konsistente Schlußweise, die *unabhängig von der Zahl der Wiederholungen* ist. In anderen Worten: Das Verfahren der Entropiemaximierung entspricht dem Gesetz der großen Zahlen. Es ist ein Verfahren der Wahrscheinlichkeitstheorie, das nicht nur für ein spezielles Problem gilt. Die Natur kommt erst durch die Wahl der Zwangsbedingungen herein.

Exkurs 5C Die A-priori-Verteilung

Für Reaktionen, die die verschiedenen inneren Zustände der Produkte allein nach den Regeln der Statistik (d.h. gleichverteilt im Phasenraum) besetzen, bei denen also keine dynamischen Effekte sichtbar bleiben, ist die Zustandsverteilung der Produkte und ihre Abhängigkeit von der totalen Energie E und den Anfangszuständen ganz einfach durch die A-priori-Verteilung be-

5.5 Der Überraschungswert

stimmt. Ehe man also den Überraschungswert und den Entropiemangel berechnen kann, muß man die A-priori-Verteilung haben. Dazu ist nichts weiter nötig als das Abzählen von Quantenzuständen, da ja die A-priori-Erwartung dahin geht, daß jede energetisch erlaubte Gruppe von Produktzuständen mit einer Wahrscheinlichkeit bevölkert wird, die proportional der Zahl der Zustände in dieser Gruppe ist.

Wir bemerken zunächst, daß die Dichte der Translationszustände durch den Ausdruck

$$\rho_{tr}(E_{tr}) = \frac{\mu^{3/2}}{2^{1/2}\pi^2\hbar^3} E_{tr}^{1/2} \tag{5C.1}$$

gegeben wird. Hier ist ρ_{tr} die Anzahl der Zustände pro Volumeneinheit und Einheitsintervall von E_{tr} und μ die reduzierte Masse. Die Dichte der Quantenzustände der Produkte $AB(v'j') + C$ bei gegebener Totalenergie E ist daher

$$\rho(v'j', E) = (2j' + 1)\rho_{tr}(E - E_i'), \tag{5C.2}$$

wo E_i' die innere Anregungsenergie (einschließlich etwaiger elektronischer Anregung) ist, so daß $E_{tr}' = E - E_i'$. Die totale Zustandsdichte $\rho(E)$ erhält man durch Summation über die möglichen Endzustände

$$\rho(E) = \sum_{v'=0}^{v'*} \sum_{j'=0}^{j'*(v')} (2j' + 1)\rho_{tr}(E - E_i'), \tag{5C.3}$$

wo $j'^*(v')$ das größte energetisch erlaubte j' bei gegebenem v' und v'^* das größte erlaubte v' bei gegebenem E ist.

Die Summen in (5C.3) sind endlich und können explizit ausgeführt werden, sobald man die Schwingungs-Rotationszustände von $AB(v'j')$ kennt. Den Bruchteil der Quantenzustände in einer bestimmten Gruppe von Produktzuständen erhält man mit $\rho(E)$ als Normalisierungsfaktor. Die A-priori-Wahrscheinlichkeit eines individuellen Schwingungsrotationszustandes ist daher

$$P^0(v'j') = (2j' + 1)\frac{\rho_{tr}(E - E_i')}{\rho(E)}. \tag{5C.4}$$

Die A-priori-Verteilung der Schwingungszustände (*unabhängig* von den j') ist daher die Summe

$$P^0(v') = \sum_{j'=0}^{j'*(v')} P^0(v', j'). \tag{5C.5}$$

Daher folgt für die Produkte $AB(v'j') + C$:

$$P^0(v'j') \propto (2j' + 1)(E - E_{v'} - E_{j'})^{1/2}. \tag{5C.6}$$

In der Näherung, in der die Energieniveaus des zweiatomigen Moleküls durch die des harmonischen Oszillators und des starren Rotators idealisierbar sind (RRHO-Näherung, rigid rotor harmonic oscillator), kann man leicht kompakte, explizite Formeln für die A-priori-Verteilungen (hier in den reduzierten Energievariablen f) angeben:

$$P^0(f_{\text{vib}}) = \frac{5}{2}(1 - f_{\text{vib}})^{3/2} \tag{5C.7}$$

$$P^0(f_{\text{tr}}) = \frac{15}{4}f^{1/2}(1 - f_{\text{tr}}) \tag{5C.8}$$

$$P^0(f_{\text{rot}}|f_{\text{vib}}) = \frac{3}{2} \cdot \frac{(1 - f_{\text{vib}} - f_{\text{rot}})^{1/2}}{(1 - f_{\text{vib}})^{3/2}} = \frac{3}{2} \cdot \frac{(1 - g)^{1/2}}{1 - f_{\text{vib}}} \tag{5C.9}$$

Hier haben wir die Striche weggelassen. Die reduzierte Rotationsenergie g ist implizit in (5C.9) definiert: $g = f_{\text{rot}}/(1 - f_{\text{vib}})$.

Der Überraschungswert der Schwingung für den RRHO-Fall ist

$$I(f_{\text{vib}}) = -\ln\left(\frac{P(f_{\text{vib}})}{P^0(f_{\text{vib}})}\right) = -\ln\left(\frac{2P(f_{\text{vib}})}{5(1 - f_{\text{vib}})^{3/2}}\right). \tag{5C.10}$$

Die Ausdrücke (5C.7) bis (5C.9) wurden abgeleitet, indem die innere Energie als stetige Variable behandelt wurde. Manchmal, insbesondere bei Hydriden, sind die Energieniveaus der Schwingung so weit voneinander entfernt, daß das eine schlechte Näherung ist. Dann kann man als Zwischenlösung über $E_{j'}$ integrieren, aber über v' summieren. Wenn wir die v'-Abhängigkeit von $E_{j'}$ als diejenige eines starren Rotators annehmen, ist das Ergebnis

$$P^0(f_{\text{vib}}) = \frac{B_v^{-1}(1 - f_{\text{vib}})^{3/2}}{\sum_v B_v^{-1}(1 - f_{\text{vib}})^{3/2}}. \tag{5C.11}$$

Hier ist B_v die v-abhängige Rotationskonstante.

Für allgemeinere Prozesse, z.B. die Streuung von Atomen oder zweiatomigen Molekülen an mehratomigen, läuft die Abzählung der Zustände genauso ab, außer daß es viel mehr Quantenzahlen gibt. In der RRHO-Näherung kann man dann immer noch einfache Formeln ausarbeiten, doch ist sie in der klassischen Form nicht mehr quantitativ richtig, wenn sich die Energie über viele Freiheitsgrade verteilen kann.

5.6 Quantendynamik

Bisher haben wir weitgehend so getan, als ob klassische Trajektorien der Weg seien, um genaue dynamische Rechnungen durchzuführen. Wo und warum erwarten wir Quanteneffekte? Ein offenbarer Mangel der klassischen Mechanik ist die schlechte Beschreibung innerer Zustände (da sie keine Quantisierung kennt). Warum beschreiben wir diese dann nicht quantenmechanisch? Das Problem ist, daß die übliche Beschreibung mit Hilfe der Quantenmechanik nicht übermäßig genau arbeitet. Um die inneren Zustände von HCl mittels der Quantenmechanik zu beschreiben, muß man es nicht nur für die Schwingungszustände, sondern auch für die Rotationszustände tun. Das bedeutet aber nicht nur die Angabe der Größe j des Drehimpulses der Rotation, sondern auch diejenige von dessen Projektion m_j. Für jeden Wert von j gibt es $2j + 1$ solche verschiedenen Quantenzustände.

Wenn wir die Orientierung der Produkte untersuchen, wollen wir natürlich die Verteilung der m_j wissen. Andernfalls muß man über sie summieren. Zum Beispiel gibt es mehr als 5000 energetisch erlaubte Schwingungs-Rotationszustände von HCl aus der Reaktion Cl + HBr bei thermischer Energie. Die Entwicklung von Rechentechniken, die es vermeiden, erst genaue Details zu berechnen, um diese dann doch wegzumitteln, ist immer noch ein aktuelles Forschungsthema.

Der zweite Aspekt der Quantenmechanik befaßt sich mit der Relativbewegung. Mit Ausnahme vielleicht der Umgebung einer Reaktionsbarriere ist die de-Broglie-Wellenlänge der Relativbewegung gewöhnlich kurz gegen die Länge, über die das Potential sich merklich ändert.[20] An der Barriere oder am Umkehrpunkt inelastischer Stöße kann das System jedoch in klassisch unzugängliche Gebiete eindringen. Zwar ist die Wahrscheinlichkeit, durch die Barriere hindurchzutunneln, exponentiell klein, doch ist für thermische Reaktanden bei niederen Temperaturen die Wahrscheinlichkeit, eine Energie oberhalb der Barriere zu haben, ebenfalls klein. Die Tunnel-Korrektur ist daher besonders bei niedrigen Temperaturen von Interesse. Sollte man also nicht die Quantenmechanik auf die inneren Zustände beschränken und

---

[20] Diese Bedingung zeigt nicht nur, daß die klassische Mechanik eine vernünftige Näherung sein sollte, sondern auch, daß man bei der quantenmechanischen Berechnung der Wellenfunktion für die Relativbewegung aufpassen muß. Wenn nämlich die de-Broglie-Wellenlänge kurz ist, ist die Wellenfunktion schnell oszillierend, und man braucht kleine Integrationsschritte. Ein Ausweg ist es, Amplitude und Phase der Wellenfunktion getrennt zu berechnen. In diesem Fall ergibt sich als führender Term gerade der halbklassische Grenzfall.

die Relativbewegung klassisch behandeln? Das ist, in der Tat, eine oft angewandte Kompromißlösung.

Der dritte, wichtige Quantenaspekt kommt vom *Superpositionsprinzip* (vgl. Abschn. 3.1.7). In der Quantenmechanik werden Wahrscheinlichkeiten berechnet, indem man alle beitragenden Wahrscheinlichkeitsamplituden addiert und erst die Summe quadriert. Das resultierende Interferenzmuster kann experimentell aufgelöst werden, wenigstens für elastische Streuung. Ein solches Interferenzmuster tritt stets dann auf, wenn der interessierende Prozeß über mehr als einen klassischen Weg laufen kann. Jede Mittelung verschmiert allerdings die Interferenzen. Da deren Verlauf *im Mittel* dem klassischen Ergebnis entspricht, sind sie zwar immer vorhanden, aber nur bei hoher Auflösung im Experiment beobachtbar. Auch die Vielzahl von inneren Endzuständen tendiert auf eine Verschmierung der Interferenzmuster hin. Das heißt allerdings nicht, daß sie völlig unbeobachtbar wären, schließlich zeigt z.B. Bild 3.13 Regenbögen in einer Produktverteilung.

Über diese allgemeinen Bemerkungen hinaus müssen wir auch noch eine Reihe technischer Aspekte der quantenmechanischen Streutheorie betrachten. Die Diskussion in den folgenden Abschnitten zielt auf eine Erläuterung der Begriffe, nicht auf die Angabe zur Rechnung geeigneter Gleichungen.

5.6.1 Gekoppelte Kanäle

Bei der elastischen Streuung (Abschn. 3.1.7) verhält sich die Wellenfunktion der Relativbewegung bei großen Abständen wie eine einfallende ebene Welle plus eine auslaufende Streuwelle. Haben die Streupartner innere Struktur, so möchte man einen ähnlichen Ansatz versuchen. Für den einfallenden Teil ist das kein Problem: Man multipliziert einfach die einfallende Welle mit der Wellenfunktion $\Phi_n(r)$ für den inneren Anfangszustand. Im gestreuten Anteil sind dagegen viele innere Zustände möglich. Er ist daher eine Summe über viele Endzustände, wobei jeder Term das Produkt einer Streuwelle für die Relativbewegung und einer Wellenfunktion für einen inneren Zustand ist. Gl. (3.28) wird daher durch

$$G_{lm}(R) \to \sum_n k_n^{-1/2} \left\{ \delta_{nm} \exp\left[-i(kR - \frac{1}{2}\pi l)\right] - S_{nm}^l \exp\left[i(kR + \frac{1}{2}\pi l)\right] \right\} \Phi_n(r) \quad (5.50)$$

ersetzt. Hier ist n der Index des inneren Zustands, und der erste Term innerhalb der geschweiften Klammern betrifft nur den inneren Zustand $n = m$. Der Einfachheit halber haben wir so getan, als würde der Bahndrehimpuls

5.6 Quantendynamik 325

erhalten, was im allgemeinen nicht der Fall ist. Jeder Term in (5.50) wird gewöhnlich ein *Kanal* genannt. Wir bemerken, daß wir immer noch nicht bei der vollen Komplexität reaktiver Streuung angelangt sind, denn in (5.50) beziehen sich die einlaufende und die gestreute Welle auf die gleiche Abstandskoordinate R. Gl. (5.50) ist daher in Wirklichkeit nur auf inelastische (nichtreaktive) Streuung anwendbar. Stöße mit Umordnung der Kerne (und damit die ganze Chemie) verlangen zusätzlich eine Streuwelle entlang der Relativkoordinate der Produkte. Entweder addieren wir solche Ausdrücke zu (5.50) oder wir müssen die „natürlichen" Koordinaten benutzen, die in Abschn. 5.6.6 diskutiert werden.

Selbst für bloß inelastische Stöße kann die einfallende Welle von jedem energetisch erlaubten inneren Zustand begleitet sein.[21] Wenn daher N innere Zustände bei der Energie E erlaubt sind, wird es N verschiedene Wellenfunktionen des Typs (5.50) geben, eine für jeden inneren Anfangszustand. Daher ist die in (5.50) definierte Matrix S_{nm}^l von der Dimension $N \times N$. Sie ist als *Streumatrix* bekannt. Man mache sich klar, daß wir für jedes l eine andere Streumatrix haben!

Um die Streumatrix zu bestimmen, muß man die Schrödinger-Gleichung lösen. Während die Einzelheiten hierzu nicht in diese Einführung gehören, wollen wir einen Aspekt, der allen numerischen Methoden gemeinsam ist, erwähnen. Die Rechnungen bestimmen die *ganze* $N \times N$-Matrix, und jede Berechnung verlangt viele Matrixmanipulationen. Das schränkt die Zahl N der Quantenzustände, die man behandeln kann, stark ein. Der hohe Entartungsgrad der Rotationszustände bedeutet, daß die meisten realistischen Probleme immer noch außerhalb der Möglichkeiten heutiger Computer liegen. Er bedeutet auch, daß *viel mehr Einzelheiten, als man benötigt*, erzeugt werden. Für die meisten Probleme wollen wir ja nur wenige Anfangszustände berücksichtigen. Trotzdem müssen hier die Gleichungen für alle erlaubten Anfangszustände gelöst werden. (Dazu gehören in einem reaktiven Stoß auch alle möglichen Produktzustände!)

Brauchbare Näherungsmethoden für die Berechnung der S-Matrix waren und sind ein Thema der Forschung. Häufig nutzt man die halbklassische Natur der Relativbewegung der schweren Atome und ihre relativ langsame Rotation aus, um das Problem zu vereinfachen. Einige derartige Methoden werden in den folgenden Abschnitten skizziert.

---

[21] Bei gegebener Gesamtenergie E muß die innere Energie E_n der Gleichung $E = E_n + \hbar^2 k_n^2 / 2\mu$ genügen, wobei k_n reell sein muß.

Das Element S^l_{mn} der Streumatrix bestimmt die Amplitude der auslaufenden, d.h. gestreuten Welle im n-ten Kanal für eine einlaufende Welle der Amplitude Eins im m-ten Eingangskanal. Die mikroskopische Umkehrbarkeit bedeutet, daß S eine symmetrische Matrix ist, d.h.

$$S^l_{mn} = S^l_{nm}. \tag{5.51}$$

Die Erhaltung des Teilchenflusses verlangt zusätzlich

$$\sum_n \left|S^l_{nm}\right|^2 = 1 \quad \text{für alle } l, m. \tag{5.52}$$

Noch allgemeiner kann man zeigen, daß die Flußerhaltung heißt, daß die S-Matrix unitär ist. D.h., es ist $S \cdot S^\dagger = I$, wovon (5.52) ein Spezialfall ist.

5.6.2 Von der S-Matrix zum Streuquerschnitt

Die Berechnung der Streuamplitude für den Fall, daß der Bahndrehimpuls erhalten wird, geht wie im elastischen Fall, und das Endresultat sieht diesem täuschend ähnlich:

$$f_{mn}(\vartheta) = (2\mathrm{i}k_n)^{-1} \sum_{l=0}^\infty (2l+1)(S^l_{mn} - \delta_{mn}) P_l(\cos\vartheta). \tag{5.53}$$

Wesentliche Unterschiede bestehen darin, daß die Wellenzahl in (5.53) diejenige des einlaufenden Kanals ist, und daß die Subtraktion der einfallenden Welle nur diesen betrifft. Indem wir über die Winkel integrieren, bekommen wir für den integralen Querschnitt

$$\sigma_{nm} = \frac{\pi}{k_n^2} \sum_{l=0}^\infty (2l+1) \left|S^l_{mn} - \delta_{mn}\right|^2. \tag{5.54}$$

Die Summe in (5.54) konvergiert, da die S-Matrix, die für jedes l neu zu berechnen ist, mit steigendem l gegen die Einheitsmatrix geht. Der Grund ist ebenso wie bei der elastischen Streuung der Einfluß der Zentrifugalbarriere auf die kinetische Energie der Relativbewegung. Sowie l anwächst, rutscht der klassische Umkehrpunkt zu größeren kR. Im nicht-klassischen Bereich wird die Amplitude der Relativbewegung dann exponentiell klein.

5.6 Quantendynamik

Um verschiedene Kanäle zu koppeln, muß aber das intermolekulare Potential $V(R,r)$ für solche Werte von R genügend groß sein, die die Wellenfunktion auch abtastet. Daher verschwindet die Kopplung der Kanäle, sobald l genügend groß ist.[22]

Der Bahndrehimpuls wird nur für ein Zentralpotential wirklich erhalten. Da aber im Normalfall das zwischenmolekulare Potential von der Orientierung der Teilchen abhängt, wird l i.allg. weder dem Betrag noch der Richtung nach erhalten. Die Streuamplitude enthält daher eine dreifache Summe (eine Summierung über l' und die Projektion m_l' und eine Mittelbildung über l). Die Zahl der Indizes an jedem Matrixelement von S ist beträchtlich. Selbst im einfachsten Fall eines nichtreaktiven Stoßes Atom gegen starren Rotator muß der Eingangskanal durch 4 Quantenzahlen (j, m_j, l, m_l) spezifiziert werden, ebenso der Ausgangskanal. Die Zahl der gekoppelten Gleichungen und die Größe der Streumatrix wird dann bald unpraktikabel. Wir können das Problem aber vereinfachen, indem wir die Berechnung einer einzigen sehr großen Matrix durch diejenige vieler kleinerer Matrizen ersetzen. Für den einfachen Stoß A + BC erreicht man das, indem man den Erhaltungssatz für den Gesamtdrehimpuls J berücksichtigt:

$$J = j + l = j' + l' = J'. \tag{5.55}$$

Für einen vorgegebenen Wert J von J und einen bestimmten Übergang $j \to j'$ ist der Bereich von l und l' eingeschränkt durch

$$|J - j| \le l \le |J + j| \tag{5.56}$$

und entsprechend für l'. Wir müssen jetzt für jeden Wert von J *eine eigene S-Matrix* mit Elementen $S^J_{jlj'l'}$ berechnen. Indem wir über alle J summieren, bekommen wir für den über die Entartung gemittelten Querschnitt für den Übergang $j \to j'$

---

[22] Ein anderer Faktor, der uns in Kapitel 6 viel beschäftigen wird, ist die Veränderung der Relativenergie durch die innere Anregung. Es sei das einlaufende Molekül in seinem Grundzustand, während das auslaufende hochangeregt sei. Die kinetische Energie der Relativbewegung ist dann im Eingangskanal groß, im Ausgangskanal klein. Die Umkehrpunkte liegen bei deutlich verschiedenen R-Werten. In der Nähe des Umkehrpunkts des Ausgangskanals, wo die radiale Wellenfunktion groß ist, ist die Wellenfunktion des Eingangskanals noch schnell oszillierend, da ihre Wellenzahl groß ist. In der Nähe des Umkehrpunkts des einlaufenden Kanals ist die Wellenfunktion des Ausgangskanals schon exponentiell klein. Das ist eine Situation, in der nicht viel passiert. In Kapitel 6 werden wir sehen, daß unter diesen Umständen die Matrixelemente von S exponentiell klein werden.

5 Die Praxis der Moleküldynamik

$$\sigma(j \to j') = \frac{\pi}{k_j^2} \cdot (2j+1)^{-1} \sum_{J=0}^{\infty} (2J+1) \sum_{l=|J-j|}^{J+j} \sum_{l'=|J-j'|}^{J+j'} \left| S_{jlj'l'}^J \right|^2. \quad (5.57)$$

Summiert man erst über l', nennt diese Summe $P_{jj'}^J(l)$ und vertauscht die Reihenfolge der Summationen über l und J, so erhält man schließlich

$$\sigma(j \to j') = \frac{\pi}{k_j^2} \sum_{l=0}^{\infty} (2l+1) \sum_{J=|l-j|}^{l+j} \frac{(2J+1)}{(2j+1)(2l+1)} P_{jj'}^J(l) \quad (5.58)$$

Es gibt $(2j+1)(2l+1)$ Anfangszustände bei gegebenem j und l. Von diesen haben $(2J+1)$ den gleichen Wert von J:

$$\sum_{J=|l-l|}^{j+l} (2J+1) = (2j+1)(2l+1). \quad (5.59)$$

Der Bruch $(2J+1)/((2j+1)(2l+1))$ ist der Anteil der Anfangszustände mit gegebenem J, während $P_{jj'}^J(l)$ der Anteil derjenigen Zustände mit gegebenem J ist, der nach j' geht. Daher kann (5.58) in einer Form geschrieben werden, die uns vom optischen Modell her geläufig ist:

$$\sigma(j \to j') = \frac{\pi}{k_j^2} \sum_{l=o}^{\infty} (2l+1) P_{jj'}(l). \quad (5.60)$$

Hier ist $P_{jj'}(l)$ die Reaktivitätsfunktion für den Übergang $j \to j'$:

$$P_{jj'}(l) = \sum_{J=|j-l|}^{j+l} \frac{(2J+1)}{(2j+1)(2l+1)} P_{jj'}^J(l). \quad (5.61)$$

In Abschn. 2.4.2 haben wir die halbklassische Korrespondenzbeziehung $bk \simeq l + \frac{1}{2}$ benutzt, um (2.47) in (2.49) umzuformen. Dasselbe kann man hier tun und erhält aus (5.60)

$$\sigma(j \to j') = \int_0^{\infty} P_{jj'}(b) 2\pi b db, \quad (5.62)$$

wo $P_{jj'}(b)$ aus $P_{jj'}(l)$ zu berechnen ist.

5.6.3 Die klassische Bahn als Grenzfall

Die Näherung einer klassischen Bahn wird gewöhnlich angewandt, wenn Quanteneffekte in der Relativbewegung nicht sehr wichtig sind. Das setzt voraus, daß die de-Broglie-Wellenlänge kurz ist. In der gewöhnlich benutzten Formulierung verlangt es außerdem, daß die kinetische Energie groß gegen die Abstände der inneren Niveaus ist. Der Grund für die zweite Bedingung ist, daß die Relativbewegung vollständig klassisch behandelt wird. Das hat zur Folge, daß man bei jedem Wert der Relativkoordinate eine eindeutige Geschwindigkeit festlegen kann. Wenn ein Energieaustausch zwischen der Translation und den inneren Freiheitsgraden stattfindet, ist das nicht mehr richtig. Insbesondere müssen ja nach dem Stoß verschiedene innere Zustände der Produkte zu *verschiedenen* Translationsenergien gehören, die durch die Energieerhaltung vorgegeben sind. Das benutzt man ja gerade zur Messung der Verteilung der inneren Zustände, vgl. Abschn. 5.3. Die Näherung einer vollständig klassischen Bahn verlangt daher, daß die relative Änderung der anfänglichen Translationsenergie klein ist.

Eine kurze Ableitung soll folgen. Wir betrachten den Stoß eines Atoms A mit einem Molekül BC. Der Einfachheit halber sei das Molekül ein harmonischer Oszillator. Wir nehmen an, daß wir den relativen Abstand als Funktion der Zeit, $R(t)$, während des ganzen Stoßes kennen. Das Wechselwirkungspotential wird dann aus einer Funktion des Abstands zu einer Funktion der Zeit, $V[R(t)]$. Die richtige Gleichung ist jetzt die *zeitabhängige* Schrödingergleichung

$$i\hbar \frac{\partial \Psi(t)}{\partial t} = H(t)\Psi(t), \tag{5.63}$$

wo $H(t)$ der Hamiltonoperator des Systems ist. In genügendem Abstand vor ($t \to -\infty$) bzw. nach ($t \to +\infty$) dem Stoß ist $H(t)$ gerade der Hamiltonoperator H_0 des isolierten harmonischen Oszillators. Dieser Operator und seine Eigenfunktionen Φ_n und Energien E_n sind wohlbekannt und erfüllen die zeit*unabhängige* Schrödingergleichung

$$H_0 \Phi_n = E_n \Phi_n \tag{5.64}$$

und die Orthonormalitäts-Beziehung

$$\int \Phi_n \Phi'_n \, dR_{\mathrm{BC}} = \delta_{nn'}. \tag{5.65}$$

Um die Bewegungsgleichung (5.63) zu lösen, benutzen wir einen Funktionsansatz der Form

5 Die Praxis der Moleküldynamik

$$\Psi(t) = \sum_n a_n(t)\Phi_n \exp(-iE_n t/\hbar). \tag{5.66}$$

Dabei müssen die (komplexen) Koeffizienten $a_n(t)$ aus der Bedingung gewonnen werden, daß Ψ die Bewegungsgleichung erfüllt. Die physikalische Bedeutung der Koeffizienten ergibt sich aus der Betrachtung der Wahrscheinlichkeit, zur Zeit t den Oszillator im Zustand n' zu finden. Nach den Regeln der Quantentheorie ergibt sich diese Wahrscheinlichkeit zu[23]

$$\left| \int \Phi_{n'} \Psi(t) dR_{BC} \right|^2 = |a_{n'}(t)|^2. \tag{5.67}$$

Insbesondere ist die Wahrscheinlichkeit, daß der Oszillator nach dem Stoß im Zustand n' ist, durch $|a_{n'}(\infty)|^2$ gegeben.

Die zeitabhängige Wellenfunktion $\Psi(t)$ liefert eine vollständige Beschreibung der Dynamik während des ganzen Stoßes. Insbesondere beschreibt sie für $t \to -\infty$ den Anfangszustand des Oszillators vor dem Stoß. Dieser ist jedoch nicht beliebig, sondern wird vom Experimentator festgelegt, wenn er den Anfangszustand „präpariert". Die Wellenfunktion zur Zeit $t \to -\infty$ ist daher bekannt. Die Bewegungsgleichung (5.63) ist eine Differentialgleichung erster Ordnung, daher bekommen wir bei Vorgabe von $\Psi(-\infty)$ eine eindeutige Lösung $\Psi(t)$ für alle Zeiten, insbesondere auch für $t \to +\infty$. In anderen Worten: $\Psi(\infty)$, die Wellenfunktion nach dem Stoß, wird für ein gegebenes zwischenmolekulares Potential vom Anfangszustand bestimmt.[24]

Um diese abstrakten Überlegungen in eine konkretere Form zu gießen, kehren wir zum Konzept der Streumatrix zurück. Die Wellenfunktion (5.66) wird durch die Koeffizienten $a_{n'}(t)$ ausgedrückt. Es ist praktisch, die Menge der Koeffizienten zur Zeit t als Elemente eines Spaltenvektors $a(t)$ anzusehen. Die n-te Komponente dieses Vektors ist dann gerade der Koeffizient $a_n(t)$. Als Beispiel nehmen wir die Anfangsbedingung, daß der Oszillator in einem reinen Zustand n sei. Dann haben wir

---

[23] Um (5.67) abzuleiten, muß man (5.66) mit $\Phi_{n'}$ multiplizieren und über R_{BC} integrieren. Wegen der Orthogonalitätsrelation (5.65) bleibt nur der Term mit n' übrig.

[24] Da außerdem die Bewegungsgleichung linear ist, existiert eine lineare Transformation vom Anfangs- zum Endzustand. Mit anderen Worten: Wenn Ψ_1 und Ψ_2 Lösungen der Gleichung sind, ist es auch $\Psi = a\Psi_1 + b\Psi_2$ mit beliebigen Konstanten a und b.

5.6 Quantendynamik

$$a(-\infty) = \begin{pmatrix} 0 \\ 0 \\ \vdots \\ 1 \\ \vdots \\ 0 \end{pmatrix}, \qquad (5.68)$$

d.h. es gibt nur ein nichtverschwindendes Element von $a(-\infty)$, das n-te Element, dessen Wert eins ist. Allgemein kann man die Wellenfunktion vor dem Stoß durch einen beliebigen Vektor $a(-\infty)$ vorgeben. Die Lösung der Bewegungsgleichung bestimmt dann $a(t)$ für alle Zeiten, insbesondere für $t \to \infty$. Die *Wahrscheinlichkeit*, die Schwingung nach dem Stoß im Zustand n' zu finden, ist dann nach Gl. (5.67) $|a_{n'}(\infty)|^2$.

Die lineare Transformation vom Anfangs- zum Endzustand kann jetzt als Matrix-Gleichung geschrieben werden:

$$a(+\infty) = S \cdot a(-\infty) \qquad (5.69)$$

oder expliziter

$$a_{n'}(+\infty) = \sum_n S_{n'n} a_n(-\infty). \qquad (5.70)$$

Kennen wir daher den Anfangszustand, so können wir den Endzustand berechnen, falls wir die Matrix S kennen. *S enthält daher alle mögliche Information* für den dynamischen Prozeß, der zwischen $t = -\infty$ und $+\infty$ abläuft.

Gl. (5.69) hat die Struktur

$$\begin{pmatrix} a_1(+\infty) \\ a_2(+\infty) \\ \vdots \end{pmatrix} = \begin{pmatrix} S_{11} & S_{12} & \cdots \\ S_{21} & & \\ \vdots & & \end{pmatrix} \begin{pmatrix} a_1(-\infty) \\ a_2(-\infty) \\ \vdots \end{pmatrix}. \qquad (5.71)$$

Die Matrix S muß so geartet sein, daß die Erhaltung der Wahrscheinlichkeit gesichert ist

$$\sum_{n'} |a_{n'}(t)|^2 = 1. \qquad (5.72)$$

Mit (5.70) folgt daher, daß S auch der Beziehung

$$S^\dagger S = I \qquad (5.73)$$

genügen muß, wo I die Einheitsmatrix ist, und † die adjungierte Matrix bedeutet. Explizit heißt diese Bedingung

$$\sum_{n'} S_{nn'} S^*_{n'n''} = \delta_{n'n''}. \tag{5.74}$$

Die hier berechnete Matrix S ist die Streumatrix in der Näherung klassischer Bahnen.[25] Für jeden Anfangszustand $a(-\infty)$ bestimmt sie einen eindeutigen Endzustand $a(-\infty)$.

Wir bemerken noch einmal den großen Aufwand, den es bedeutet, global die S-Matrix zu berechnen. Die Experimente verlangen i.allg. die Streuquerschnitte nur für eine begrenzte Zahl von Anfangszuständen. Wir wenden uns daher jetzt Methoden zu, die (wie die Methode der klassischen Trajektorien) den Vorteil haben, daß die Aufmerksamkeit sich nur auf den verlangten Anfangszustand zu richten hat.

5.6.4 Die „plötzliche" Näherung für schnelle Stöße

Die Motivation für die Einführung dieser Näherung ist die große Anzahl von Rotationszuständen nach dem Stoß. Ermöglicht wird sie durch die relativ lange Rotationsperiode t_{rot}. Um diese (klassisch) zu berechnen, bemerken wir, daß die Rotationsenergie eines zweiatomigen starren Rotators durch $E_{\text{rot}} = \frac{1}{2}I\omega^2$ gegeben wird, wo I das Trägheitsmoment und ω die Winkelgeschwindigkeit sind. Das Quantenergebnis ist $E_{\text{rot}} = (\hbar^2/2I)j(j+1)$. Daher ist $\hbar j = I\omega$. Ausgedrückt durch die Rotationskonstante $B = \hbar^2/2I$, die wir in Energieeinheiten messen, ist $\omega = jB/\hbar$ oder $t_{\text{rot}} = \hbar/jB$. Mit Ausnahme der Hydride ist B meist unter 1 cm$^{-1} \simeq 2 \cdot 10^{-23}$ J und damit $t_{\text{rot}} \geq 5/j$ ps. Dagegen ist die Schwingungsperiode $t_{\text{vib}} = 1/\nu$ oft unter 0.1 ps und vergleichbar mit der Dauer des Stoßes.[26] Man sieht, daß für nicht zu große j die Rotationsperiode lang gegen die Dauer eines Stoßes ist, was im wesentlichen dasselbe ist, als zu sagen, daß die Abstände des Rotationsniveaus klein gegen die Stoßenergie sind.[27]

Unter diesen Umständen ist es eine vernünftige Annahme, die Rotationsbewegung sei während des Stoßes „eingefroren", vgl. dazu Bild 5.40. Die Streuung kann jetzt für verschiedene, feste Anfangsorientierungen γ des

---

[25] Da die Bahn $R(t)$ vom Stoßparameter abhängt (vgl. Gl. (2.31)), tut das auch die S-Matrix. Diese b-Abhängigkeit ist der halbklassische Grenzfall der Tatsache, daß es für jedes l eine eigene S-Matrix gibt, vgl. Abschn. 5.6.1.
[26] Als grobes Maß für die Stoßdauer t_c nehmen wir $t_c = a/v$, wo a die Reichweite des Potentials und v die Stoßgeschwindigkeit sind.
[27] Man nehme die Reichweite des Potentials a so groß an wie den Bindungsabstand des Diatoms. Dann ist $B = \hbar^2/2\mu a^2$. Die Ungleichung $t_c \ll t_{\text{rot}}$ bedeutet dann $(v/R)^2 \gg j(j+1)B^2/\hbar^2$ oder $E_{\text{tr}} = \frac{1}{2}\mu v^2 \gg Bj(j+1) = E_{\text{rot}}$.

zweiatomigen Moleküls berechnet werden. Diese Berechnung ist viel einfacher, da sie keine Rotationszustände kennt. Das ist insbesondere für inelastische, nicht-reaktive Stöße eines Atoms mit einem starren Rotator der Fall, für die sich die Berechnung auf ein elastisches Streuproblem reduziert. Natürlich ist jetzt für jeden Wert von $\gamma(\equiv \alpha, \beta)$ das Potential ein anderes, so daß die Phasenverschiebung als Funktion von γ zu berechnen ist. Haben wir $S(\gamma) = \exp[2i\delta(\gamma)]$, so können wir die S-Matrix berechnen:

$$S_{jm_j,j'm'_j} = \langle j'm'_j|S(\gamma)|jm_j\rangle, \tag{5.75}$$

wobei die Winkelklammern das übliche quantenmechanische Skalarprodukt bedeuten.

Wir bemerken, daß die ungefähre Gültigkeit der plötzlichen Näherung auch

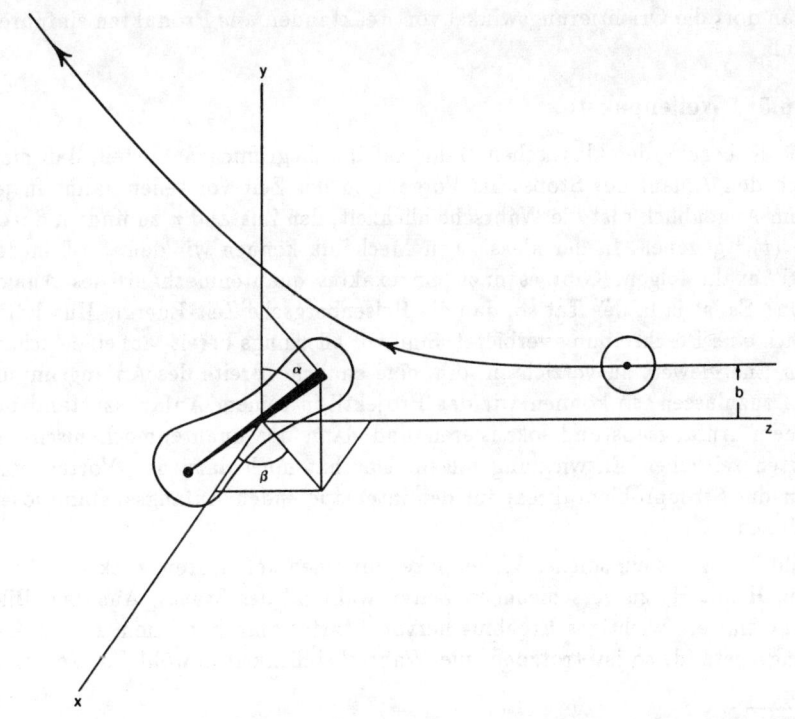

Bild 5.40 Schemazeichnung des „plötzlichen" Stoßes eines Atoms mit einem starren Molekül bei festen Winkeln α, β und gegebenem Stoßparameter b. Im allgemeinen bleibt die Trajektorie *nicht* in der yz-Ebene.

bedeutet, daß die Erhaltung des Gesamtdrehimpulses nicht kritisch ist.[28] Wir können daher auch die Streuamplitude mittels (5.53) berechnen:

$$f_{j'm'_j jm_j}(\vartheta) = (2\mathrm{i}k)^{-1} \sum_{l=0}^{\infty}(2l+1)\langle j'm'_j|\exp[2\mathrm{i}\delta_l(\gamma)]-1|jm_j\rangle P_l(\cos\vartheta) \quad (5.76)$$

das auch als

$$f_{j'm'_j} = \langle j'm'_j|f(\vartheta|\gamma)|jm_j\rangle \quad (5.77)$$

geschrieben werden kann, wo $f(\vartheta|\gamma)$ die elastische Streuamplitude bei vorgegebenem γ ist:

$$f(\vartheta|\gamma) = (2\mathrm{i}k)^{-1} \sum_{l=0}^{\infty}(2l+1)\left\{\exp[2\mathrm{i}\delta_l(\gamma)]-1\right\}P_l(\cos\vartheta). \quad (5.78)$$

Die plötzliche Näherung für reaktive Streuung ist natürlich komplizierter, da man dort die Orientierungswinkel von Reaktanden *und* Produkten einführen muß.

5.6.5 Wellenpakete

Die Näherung der klassischen Bahn hat den begrifflichen Vorteil, daß man sich den Ablauf des Stoßes als Vorgang in der Zeit vorstellen kann: In jedem Augenblick t ist die Wahrscheinlichkeit, den Zustand n zu finden, durch $|a_n(t)|^2$ gegeben. In der klassischen Mechanik können wir dem Stoß in der Zeit exakt folgen. Gibt es dazu ein exaktes quantenmechanisches Analogon? Es ist ja in der Tat so, daß die Heisenbergsche Zeit-Energie-Unschärfe solch eine Beschreibung verbietet. Sind wir allerdings bereit, auf einen scharfen Energiewert zu verzichten, d.h. eine endliche Breite des Anfangsimpulses zuzulassen, so können wir das Projektil in seinem Anfangszustand bei einem Anfangsabstand lokalisieren und dann der quantenmechanisch exakten zeitlichen Entwicklung folgen. Das hat noch dazu den Vorteil, daß wir das Streuproblem direkt für den interessierenden Anfangszustand lösen können.

Bild 5.41 zeigt ein solches Wellenpaket für einen kollinearen, reaktiven Stoß von H mit H_2 zu verschiedenen Zeiten während des Stoßes. Aus dem Bild geht klar ein wichtiges Ergebnis hervor: Startet man mit einem reinen Anfangszustand, so ist trotzdem die Wahrscheinlichkeit sowohl für Reaktion

---

[28] Die Reichweite des Potentials a werde als typischer Wert für den Stoßparameter genommen. Dann ist $\hbar l = \mu v a = \mu a^2/t = I/t_c$. Im Bereich der plötzlichen Näherung ist dann aber $\hbar l = I/t_c \gg I/t_\mathrm{rot} = \hbar j$, d.h. $l \gg j$ oder $l \pm j \simeq l$.

5.6 Quantendynamik

als auch für Nicht-Reaktion endlich. Das gibt es natürlich bei einer einzelnen klassischen Trajektorie nicht, die entweder im Eingangstal *oder* im Produkttal enden muß. Ein Wellenpaket entspricht *einem ganzen Bündel* klassischer Trajektorien (vgl. Abschn. 4.3.2), von denen einige reagieren, andere nicht.

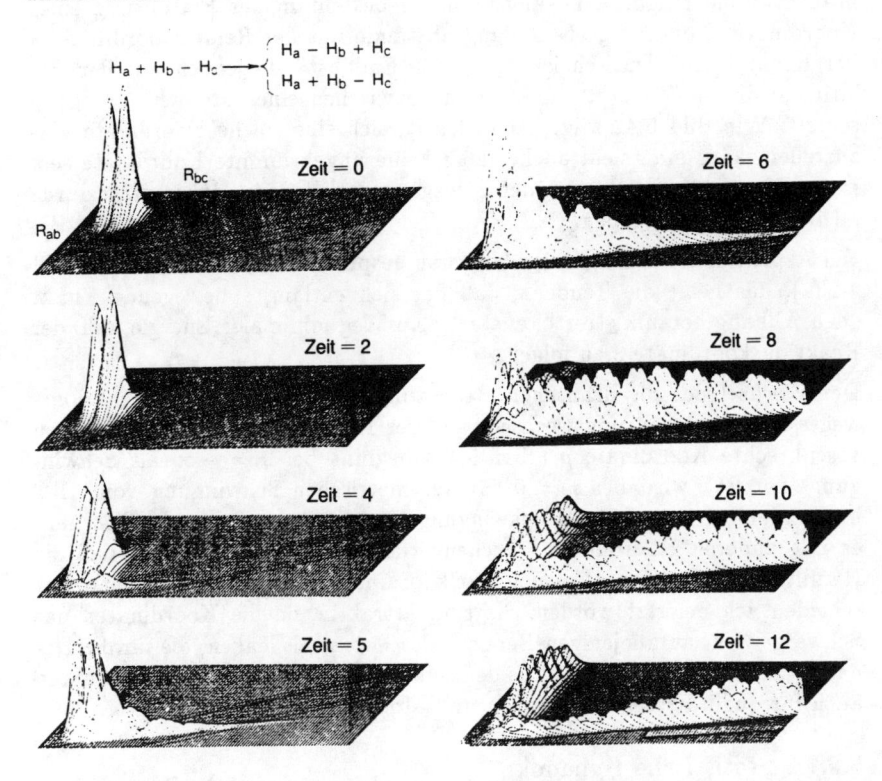

$$H_a + H_b - H_c \longrightarrow \begin{cases} H_a - H_b + H_c \\ H_a + H_b - H_c \end{cases}$$

Bild 5.41 Entwicklung eines Wellenpakets für die kollineare Reaktion $H + H_2(v=1)$. Gezeigt wird die Wahrscheinlichkeitsdichte (d.h. das Quadrat der Amplitude) des Wellenpakets in einem gescherten Koordinatensystem zu verschiedenen Zeiten (in 10^{-14} s). Zu Beginn ist das Wellenpaket im Eingangstal lokalisiert. (Man beachte die Knotenlinie entsprechend $v=1$.) Nach $4 \cdot 10^{-14}$ s beginnt es, die Barriere zu überkreuzen, und nach $6 \cdot 10^{-14}$ s findet man bereits einen beträchtlichen Teil im Ausgangstal. Nach $8 \cdot 10^{-14}$ s hat der größte Teil reagiert, jedoch ist ein anderer reflektiert worden. Das ist natürlich nur in der Quantentheorie möglich. Nach $10 \cdot 10^{-14}$ s ist kaum noch Wahrscheinlichkeit in der Gegend des Sattelpunkts vorhanden. Das Knotenbild im Ausgangstal zeigt, daß der Stoß weitgehend adiabatisch bezüglich der Schwingung verläuft, doch ist ein kleiner schneller Anteil von $v=0$ zu sehen. (Nach R. Kosloff, unveröffentlicht)

5.6.6 Natürliche Stoßkoordinaten

In Bild 5.41 haben wir endlich die volle Komplexität reaktiver Quantenstreuung vor uns. Ein nichttriviales Problem sind jetzt die Randbedingungen für $\Psi(R,r)$, da man auslaufende Wellen sowohl in der R- wie in der R'-Richtung braucht. Eine mögliche Lösungsmethode besteht in der Einführung einer Koordinate s, die für große Anfangsabstände mit der Relativkoordinate R der Reaktanden identisch ist, für große Endabstände jedoch mit der Relativkoordinate R' der Produkte und dazwischen einen stetigen Übergang schafft. Wie Bild 5.42 zeigt, ist es leicht, sich eine solche Koordinate vorzustellen, aber man sieht auch, daß s keine ungekrümmte Koordinate sein kann. Die kinetische Energie der Bewegung entlang s ist daher *nicht* durch $-(\hbar^2 2\mu)/\partial^2/\partial s^2$ gegeben.

Ein Aspekt dieser Situation ist der schon besprochene Bobbahn-Effekt (Bild 4.23a), das heißt die Tendenz, daß der sich entlang s bewegende Punkt „den Abhang heraufklettert", anstatt dem Weg minimaler Energie, d.h. der Reaktionskoordinate s zu folgen.

Der Wechsel der physikalischen Bedeutung von s entlang des Reaktionsweges ist mit Bedeutungswechseln anderer Koordinaten verknüpft. Die zu s senkrechte Koordinate ρ (Bild 5.42) beginnt bei $s = -\infty$ als Schwingung von BC, wird bei $s = 0$ zur symmetrischen Schwingung von ABC und endet bei $s = +\infty$ als Schwingungskoordinate von AB. Ähnlich geht es mit anderen Koordinaten. Rechenverfahren, die darauf fußen, daß die Hamiltonfunktion in natürlichen Stoßkoordinaten aufgestellt wird, sind verschiedentlich benutzt worden. Sie sind attraktiv, da die Koordinaten das Schwergewicht auf diejenigen Bereiche des Potentials lenken, die für die Dynamik am wichtigsten sind. Aus demselben Grund sind solche Koordinaten auch für qualitative Überlegungen und Modellbetrachtungen wichtig.

5.6.7 Statistische Dynamik

Der Aufwand für exakte dynamische Rechnungen ist so groß, daß Vereinfachungen immer willkommen sind. Eine Sorte von Näherungen macht z.B. Gebrauch davon, daß die Dynamik sich in manchen Fällen statistisch verhält. Betrachten wir etwa die Konfiguration ohne Wiederkehr. Selbst wenn die Näherung, eine Wiederkehr gäbe es nicht, nicht exakt ist, könnte sie doch ganz praktikabel sein. Um sie zu verbessern, können wir die Berechnung der (klassischen oder quantenmechanischen) Lösung an der Konfiguration ohne Wiederkehr starten und diese für einige Zeit verfolgen. Natürlich haben wir nichts gewonnen, wenn wir sie nun die ganze Strecke bis zu den Produkten

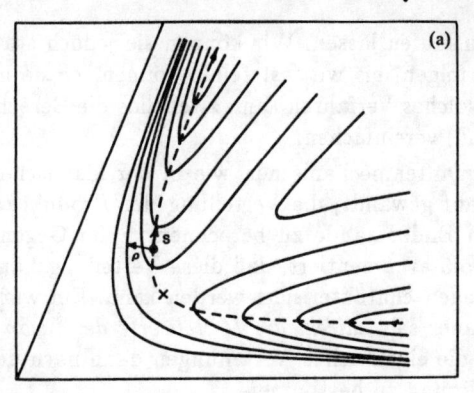

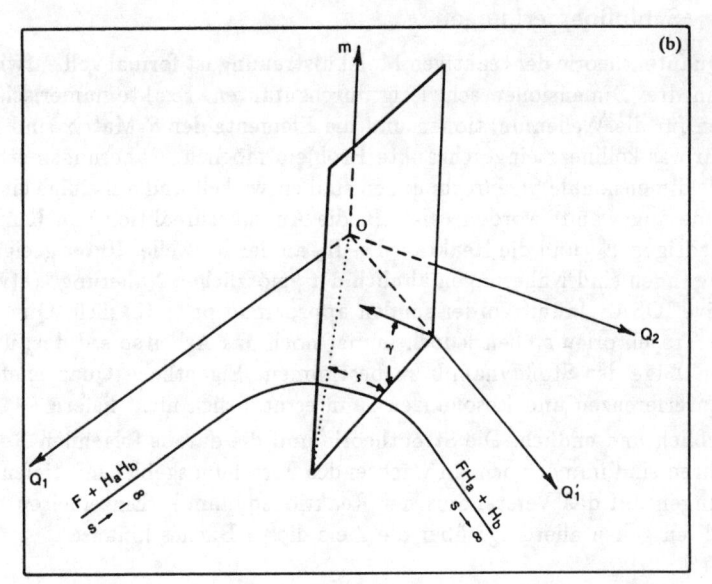

Bild 5.42 Höhenlinienbild eines Potentials mit eingezeichnetem Weg minimaler Energie. Die natürlichen Stoßkoordinaten sind s (Reaktionskoordinate) und ρ (orthogonal dazu).
a) Kollinearer Stoß. (Nach R.A. Markus: J. Chem. Phys., 45, 4493 (1966))
b) Dreidimensionaler Stoß am Beispiel der Reaktion $F + H_a H_b \to FH_a + H_b$. Q_1 und Q_2 sind die massengewichteten Abstände $F - H_2$ bzw. $H - H$. Q'_1 ist der $FH - H$-Abstand. Nichtlineare Geometrien werden durch m beschrieben, die Ebene $m = 0$ stellt kollineare Stöße dar. Bei großen Abständen ist γ der Orientierungswinkel der Reaktanden. (Nach J.F. McNutt, R.E. Waytt, M.J. Redmon: J. Chem. Phys., 81, 1693 (1984))

und Reaktanden laufen lassen. Wir können sie jedoch statt dessen nur gerade so weit verfolgen, bis wir feststellen können, *ob* sie herauslaufen oder umkehren. Ein solches Verfahren kann zweifellos die Berechnung des Ratenkoeffizienten $k(E)$ vereinfachen.

Sowohl in der quantenmechanischen wie in der klassischen Dynamik wird viel Arbeit darauf gewandt, die Verteilung der Produkte auf die verschiedenen erlaubten Endzustände zu berechnen.[29] Im Gegensatz dazu haben wir in Abschn. 5.5 argumentiert, daß diese Verteilung häufig durch wenige Zwangsbedingungen charakterisiert werden kann. Ein wirksameres Verfahren müßte es daher sein, *direkt die Mittelwerte der Zwangsbedingungen* zu berechnen, und die eigentlichen Verteilungen dann nach dem Verfahren der Entropiemaximierung zu bestimmen.

5.6.8 Schlußbemerkungen

Die Quantentheorie der reaktiven Molekülstreuung ist formal voll entwickelt, aber in drei Dimensionen schwierig durchzuführen. Exakte numerische Lösungen für die Wellenfunktionen und die Elemente der S-Matrix sind heute nur für das kollinear eingeschränkte Problem möglich. Näherungsmethoden für dreidimensionale Streurechnungen sind entwickelt und auf einige einfache Systeme angewandt worden, wie z.B. die Austauschreaktion von H mit H_2 bei niedrigen E_{tr} und die Reaktion $F + H_2$ an der Schwelle. Unter geeigneten Bedingungen sind Näherungen ähnlich der „plötzlichen Näherung" (etwa die reaktive IOSA, „infinite order sudden approximation") nützlich. Quasiklassische Trajektorien stellen jedoch immer noch das Arbeitspferd dar, um die großen Züge der Stoßdynamik zu bestimmen. Eigentliche Quanteneffekte, z.B. Interferenzen und Resonanzen kann es natürlich nicht liefern.

Schließlich und endlich: Die Streutheorie und die daraus folgenden Rechenverfahren sind immer noch ein wachsendes Forschungsgebiet mit tiefen Auswirkungen auf das Verständnis der Reaktionsdynamik. Einzelheiten dieser Verfahren gehen allerdings über die Ziele dieses Buches hinaus.

---

[29] Man erinnere sich, daß in der Monte-Carlo Version des Trajektorienverfahrens zur Berechnung eines zustandsspezifischen Ratenkoeffizienten im wesentlichen genausoviele „erfolgreiche" Trajektorien gebraucht werden, wie für die Berechnung des globalen Ratenkoeffizient mit derselben Genauigkeit.

5.7 Zum Weiterlesen

Abschnitt 5.1

Buch:

Bernstein, R.B.: *Chemical Dynamics via Molecular Beam and Laser Techniques*, Clarendon Press, New York, 1982

Übersichtsartikel:

Leone, S.R.: *State-Resolved Molecular Reaction Dynamics*, Ann. Rev. Phys. Chem., 35, 109 (1984)

Abschnitt 5.2

Bücher:

Corney, A.: *Atomic and Laser Spectroscopy*, Clarendon, Oxford, 1977
Crosley, D.R. (Ed.): *Laser Probes for Combustion Chemistry*, American Chemical Society, Washington, D.C., 1980
Demtröder, W.: *Laser Spectroscopy — Basic Concepts and Instrumentation*, Springer, Berlin, 1981
Glorieux, P., Lecler, D., Vetter, R. (Eds.): *Chemical Photophysics*, Editions du CNRS, Paris, 1979
Harper, P.G., Wherret, B.S. (Eds.): *Nonlinear Optics*, Academic, New York, 1977
Hinkley, E.D. (Ed.): *Laser Monitoring of the Atmosphere*, Springer, Berlin, 1976
Jacobs, S.F., Sargent, M., Scully, M.O., Walker, C.T.: *Laser Photochemistry, Tunable Lasers and Other Topics*, Addison-Wesley, Reading, Mass., 1976
Jackson, W.M., Harvey, A.B. (Eds.): *Lasers as Reactants and Probes in Chemistry*, Howard University Press, Washington, D.C., 1985
Kompa, K.L., Smith, S.D. (Eds.): *Laser-Induced Processes in Molecules*, Springer, Berlin, 1979
Lengyel, B.A.: *Lasers*, Wiley, New York, 1971
Letokhov, V.S., Chebotayev, V.P.: *Nonlinear Laser Spectroscopy*, Springer, Berlin, 1977
Mooradian, A., Jaeger, T., Stockseth, P. (Eds.): *Tunable Lasers and Applications*, Springer, Berlin, 1976
Moore, C.B. (Ed.): *Chemical and Biochemical Applications of Lasers*, Vols. I-V, Academic, New York, 1974-1980
Okabe, H.: *Photochemistry of Small Molecules*, Wiley, New York, 1978
Pao, Y.H. (Ed.): *Optoacoustic Spectroscopy and Detection*, Academic, New York, 1977
Picosecond Phenomena, Vols. I-IV, Springer, Berlin, 1979-1984
Rhodes, C.K. (Ed.): *Excimer Lasers*, Springer, Berlin, ^{2}1984
Schafer, F.P. (Ed.): *Dye Lasers*, Springer, Berlin, 1977
Shank, C.V., Ippen, E.P., Shapiro, S.L. (Eds.): *Picosecond Phenomena*, Vol. 1, Springer, Berlin, 1978
Shen, Y.R. (Ed.): *Nonlinear Infrared Generation*, Springer, Berlin, 1977

Shen, Y.R.: *The Principles of Nonlinear Optics*, Wiley, New York, 1984
Steinfeld, J.I.: *Molecules and Radiation*, M.I.T. Press, Cambridge, Mass.,1985
Steinfeld, J.I. (Ed.): *Laser and Coherence Spectroscopy*, Plenum, New York, 1981
Yariv, A.: *Quantum Electronics*, Wiley, New York, ²1975

Übersichtsartikel:

Altkorn, R., Zare, R.N.: *Effects of Saturation on Laser-Induced Fluorescence Measurements of Population and Polarization*, Ann. Rev. Phys. Chem., 35, 265 (1984)
Baggott, J.E.: *Gas Phase Photoprocesses*, in: Photochemistry, Vol. 16, Spec. Per. Rep., 1985
Balint-Kurti, G.G., Shapiro, M.: *Quantum Theory of Molecular Photodissociation*, in: Lawley (1985)
Baronavski, A.P.: *Laser Ultraviolet Photochemistry*, in: Jackson und Harvey (1985)
Baronavski, A.P., Umstead, M.E., Lin, M.C.: *Laser Diagnostics of Reaction Product Energy Distributions*, Adv. Chem. Phys., 47/2, 85 (1981)
Berry, M.J.: *Laser Studies of Gas Phase Chemical Reaction Dynamics*, Ann. Rev. Phys. Chem., 26, 259 (1975)
Beswick, J.A., Durup, J.: *Half Collisions Induced by Lasers*, in: Glorieux et al. (1979)
Brumer, P., Shapiro, M.: *Theoretical Aspects of Photodissociation and Intramolecular Dynamics*, in: Lawley (1985)
Bondybey, V.E.: *Relaxation and Vibrational Energy Redistribution Processes in Polyatomic Molecules*, Ann. Rev. Phys. Chem., 35, 591 (1984)
Clyne, M.A.A., McDermid, I.S.: *Laser-Induced Fluorescence: Electronically Excited States of Small Molecules*, Adv. Chem. Phys., 50, 1 (1982)
Cool, T.A.: *Chemical Lasers*, in: Smith (1980)
Craig, D.P., Thirunamachandran, T.: *Radiation-Molecule Interactions in Chemical Physics*, Adv. Quant. Chem., 16, 98 (1982)
Demtröder, W.: *High Resolution Laser Spectroscopy of Molecules*, in: Woolley (1980)
Dupont-Roc, J.: *Interaction Between Radiation and Matter*, in: Glorieux et al. (1979)
Durup, J.: *On the Extraction of Time Information from Energy-Resolved Experiments*, Laser Chem., 3, 85 (1983)
Eckbreth, A.C.: *Use of Lasers in Nonlinear Ramen Spectroscopy*, in: Jackson und Harvey (1985)
Eisenthal, K.B.: *Studies of Chemical Physical Processes with Picosecond Lasers*, Acc. Chem. Res., 8, 118 (1975)
Eisenthal, K.B.: *Picosecond Spectroscopy*, Ann. Rev. Phys. Chem., 28, 207 (1977)
Ewing, J.J.: *New Laser Sources*, in: Moore (1974)
Ewing, J.J.: *Rare-Gas Halide Lasers*, Phys. Today, 31, 32 (1978)
Fleming, G.R.: *Applications of Continuously Operating, Synchronously Mode-Locked Lasers*, Adv. Chem. Phys., 49, 1 (1982)

Flynn, G.W., Weston, R.E., Jr.: *Hot Atoms Revisited: Laser Photolysis and Product Detection*, Ann. Rev. Phys. Chem., 37, 551 (1986)

Gelbart, W.M.: *Photodissociation Dynamics of Polyatomic Molecules*, Ann. Rev. Phys. Chem., 28, 323 (1977)

Gelbart, W.M., Elert, M.L., Heller, D.F.: *Photodissociation of the Formaldehyde Molecule: Does It or Doesn't It?*, Chem. Rev., 80, 403 (1980)

Haas, Y., Asscher, M.: *Two-Photon Excitation as a Kinetic Tool: Application to Nitric Oxide Fluorescence Quenching*, Adv. Chem. Phys., 47/2, 17 (1981)

Harris, F.M., Beynon, J.H.: *Photodissociation in Beams: Organic Ions*, in: Bowers (1984)

Hilinski, E.F., Rentzepis, P.M.: *Chemical Applications of Picosecond Spectroscopy*, Acc. Chem. Res., 16, 224 (1983)

Hirota, I., Kawaguchi, K.: *High Resolution Infrared Studies of Molecular Dynamics*, Ann. Rev. Phys. Chem., 36, 53 (1985)

Hochstrasser, R.M., Trommsdorff, H.P.: *Nonlinear Optical Spectroscopy of Molecular Systems*, Acc. Chem. Res., 16, 376 (1983)

Huppert, D., Rentzepis, P.M.: *Picosecond Kinetics*, in: Levine und Jortner (1976)

Ippen, E.P., Shank, C.V.: *Sub-Picosecond Spectroscopy*, Phys. Today, 31, 41 (1978)

Kaufmann, K.J., Rentzepis, P.M.: *Picosecond Spectroscopy in Chemistry and Biology*, Acc. Chem. Res., 8, 407 (1975)

Kenney-Wallace, G.A.: *Picosecond Spectroscopy and Dynamics of Electron Relaxation Processes in Liquids*, Adv. Chem. Phys., 47/2, 535 (1981)

Kimel, S., Speiser, S.: *Lasers and Chemistry*, Chem. Rev., 77, 437 (1977)

Kinsey, J.L.: *Laser Induced Fluorescence*, Ann. Rev. Phys. Chem., 28, 349 (1977)

Kinsey, J.L.: *Fourier Transform Doppler Spectroscopy: A New Tool for State-to-State Chemistry*, in: Brooks und Hayes (1977)

Kresin, V.Z., Lester, W.A., Jr.: *Theory of Polyatomic Photodissociation. Adiabatic Description of the Dissociative State and the Translation Vibration Interaction*, J. Phys. Chem., 86, 2182 (1982)

Laubereau, A., Kaiser, W.: *Picosecond Spectroscopy of Molecular Dynamics in Liquids*, Ann. Rev. Phys. Chem., 26, 83 (1975)

Laudenslager, J.B.: *Ion-Molecule Processes in Lasers*, in: Ausloos (1979)

Lawley, K.P. (Ed.): *Photodissociation and Photoionization*, Adv. Chem. Phys., 60 (1985)

Leone, S.R.: *Photofragmentation Dynamics*, Adv. Chem. Phys., 50, 255 (1982)

Leone, S.R., Moore, C.B.: *Laser Sources*, in: Moore (1974)

Letokhov, V.S., Moore, C.B.: *Laser Isotope Separation*, in: Moore (1977)

Letokhov, V.S.: *Laser Selective Detection of Single Atoms*, in: Moore (1980)

Letokhov, V.S., Ryabov, E.A.: *Time-Resolved Raman Spectroscopy of Highly Excited Vibrational States of Polyatomic Molecules*, in: Laubereau und Stockburger (1985)

Lin, M.C., Umstead, M.E., Djeu, N.: *Chemical Lasers*, Ann. Rev. Phys. Chem., 34, 557 (1983)

Lineberger, W.C.: *Laser Spectroscopy of Gas Phase Ions*, in: Moore (1974)

Mead, R.D., Stevens, A.E., Lineberger, W.C.: *Photodetachment in Negative Ion Beams*, in: Bowers (1984)
Miller, T.A.: *Light and Radical Ions*, Ann. Rev. Phys. Chem., 33, 257 (1982)
Moore, C.B., Weisshaar, J.C.: *Formaldehyde Photochemistry*, Ann. Rev. Phys. Chem., 34, 525 (1983)
Moseley, J.T.: *Half-Collision Aspects of Ion Photofragment Spectroscopy*, J. Phys. Chem., 86, 3282 (1982)
Moseley, J., Durup, J.: *Fast Ion Beam Photofragment Spectroscopy*, Ann. Rev. Phys. Chem., 32, 53 (1981)
Pimentel, G.C., Kompa, K.L.: *What is a Chemical Laser?*, in: Gross and Bott (1976)
Reintjes, J.F.: *Coherent Vacuum Ultraviolet Sources*, in: Bass, M., Stitch, M.L. (Eds.): Laser Handbook, Vol. 5, North Holland, Amsterdam, 1985
Reisler, H., Mangir, M., Wittig, C.: *Laser Kinetics Spectroscopy of Elementary Processes*, in: Moore (1980)
Rentzepis, P.M.: *Picosecond Spectroscopy and Molecular Relaxation*, Adv. Chem. Phys., 23, 189 (1973)
Robinson, G.W., Jalenak, W.A.: *Chemical Reactions in Solution: The New Photochemistry*, Laser Chem., 3, 163 (1983)
Schafer, F.P.: *New Developments in Laser Dyes*, Laser Chem., 3, 265 (1983)
Shank, C.V.: *Advances in Femtosecond Optical Spectroscopy Techniques*, Laser Chem., 3, 133 (1983)
Shank, C.V., Greene, B.I.: *Femtosecond Spectroscopy and Chemistry*, J. Phys. Chem., 87, 732 (1983)
Simon, J.D., Peters, K.S.: *Picosecond Studies of Organic Photoreactions*, Acc. Chem. Res., 17, 277 (1984)
Simons, J.P.: *The Dynamics of Photodissociation*, Spec. Per. Rep., 2, 58 (1976)
Simons, J.P.: *Photodissociation: A Critical Survey*, J. Phys. Chem., 88, 1287 (1984)
Steinfeld, J.I.: *Laser-Induced Chemical Reactions: Survey of the Literature, 1965-1979*, in: Steinfeld (1981)
Swofford, R.L., Albrecht, A.C.: *Nonlinear Spectroscopy*, Ann. Rev. Phys. Chem., 29, 421 (1978)
Tramer, A.: *Relaxation of Photo-Excited Molecules*, in: Glorieux et al. (1979)
Valentini, J.J.: *Laser Raman Techniques*, in: Radziemski et al. (1986)
Wallace, S.C.: *Nonlinear Optics and Laser Spectroscopy in the Vacuum Ultraviolet*, Adv. Chem. Phys., 47/2, 153 (1981)
Walther, H. (Ed.): *Laser Spectroscopy of Atoms and Molecules*, Springer, Berlin, (1976)
Welge, K.H., Schmiedl, R.: *Doppler Spectroscopy of Photofragments*, Adv. Chem. Phys., 47/2, 133 (1981)
Wolfrum, J.: *Laser Stimulation and Observation of Bimolecular Reactions*, in: El-Sayed (1986)
Wolfrum, J.: *Laser Induced Chemical Reactions in Combustion and Industrial Processes*, Laser Chem., 6, 125 (1986)

Zare, R.N.: *Interference Effects in Molecular Fluorescence*, Acc. Chem. Res., 4, 361 (1971)

Zare, R.N.: *Photoejection Dynamics*, Mol. Photochem., 4, 1 (1972)

Zare, R.N., Dagdigian, P.J.: *Tunable Laser Fluorescence Method for Product State Analysis*, Science, 185, 739 (1974)

Zare, R.N.: *Laser Techniques for Determining State-to-State Reaction Rates*, in: Brooks und Hayes (1977)

Zare, R.N.: *Laser Chemical Analysis*, Science, 226, 298 (1984)

Zewail, A.H.: *Picosecond Laser Chemistry in Supersonic Jet Beams*, Laser Chem., 2, 55 (1983)

Abschnitt 5.3

Bücher:

Ausloos, P. (Ed.): *Interaction Between Ions and Molecules*, Plenum, New York, 1975

Ausloos, P. (Ed.): *Kinetics of Ion-Molecule Reactions*, Plenum, New York, 1979

Drukarev, G.F.: *Collisions of Electrons with Atoms and Molecules*, Plenum, New York, 1985

Eichler, J., Hertel, I.V., Stolterfot, N. (Eds.): *Electronic and Atomic Collisions*, North- Holland, Amsterdam, 1984

Faraday Discussions of the Chemical Society, 55 (1973): *Molecular Beam Scattering*

Ferreira, M.A.A. (Ed.): *Ionic Processes in the Gas Phase*, Reidel, Dordrecht, 1982

Kleinpoppen, H., Briggs, J.S., Lutz, H.O. (Eds.): *Fundamental Processes in Atomic Collision Physics*, Plenum, New York, 1985

Leach, S. (Ed.): *Molecular Ion Studies*, J. Chim. Phys., 77, 7/8, 1980

Ramsey, N.F.: *Molecular Beams*, Oxford University Press, New York, 1956

Setser, D.W. (Ed.): *Gas Phase Intermediates, Generation and Detection*, Academic, New York, 1980

Übersichtsartikel:

Baer, T.: *State Selection by Photoion-Photoelectron Coincidence*, in: Bowers (1979)

Brooks, P.R.: *Molecular Beams*, in: Moore, Vol. 1, (1974)

Dubrin, J., Henchman, M.J.: *Ion-Molecule Reactions*, Int. Rev. Sci. Phys. Chem. 9, 213 (1972)

Dunbar, R.C.: *Ion Photodissociation*, in: Bowers (1979)

Ferguson, E.E.: *Ion-Molecule Reactions*, Ann. Rev. Phys. Chem., 26, 17 (1975)

Ferguson, E.E., Arnold, F.: *Ion Chemistry of the Stratosphere*, Acc. Chem. Res., 14, 327 (1981)

Gentry, W.R.: *Molecular Beam Studies of Ion-Molecule Reactions*, in: Ausloos (1979)

Gentry, W.R.: *Molecular Beam Techniques: Applications to the Study of Ion-Molecule Collisions*, in: Bowers (1979)

Grice, R.: *Reactions Studied by Molecular Beam Techniques*, Spec. Per. Rep., 4, 1 (1981)

Hack, W.: *Detection Methods for Atoms and Radicals in the Gas Phase*, Int. Rev. Phys. Chem., 4, 165 (1985)

Koski, W.S.: *Scattering of Positive Ions by Molecules*, Adv. Chem. Phys., 30, 185 (1975)

Levy, D.H., Wharton, L., Smalley, R.E.: *Laser Spectroscopy in Supersonic Jets*, in: Moore (1974)

Mahan, B.H.: *Ion-Molecule Collision Processes*, Acc. Chem. Res., 3, 393 (1970)

Mahan, B.H.: *Ion-Molecule Collision Phenomena*, Int. Rev. Sci. Phys. Chem., 9, 25 (1975)

Moran, T.F.: *State-to-State Ion-Molecule Reactions*, in: Brooks und Hayes (1977)

Moseley, J.T.: *Ion Photofragment Spectroscopy*, Adv. Chem. Phys., 60, 245 (1985)

Powis, I.: *Ionization Processes and Ion Dynamics*, in: Mass Spectrometry, Vol. 8, Spec. Per. Rep., 1985

Smalley, R.E., Wharton, L., Levy, D.H.: *Molecular Optical Spectroscopy with Supersonic Beams and Jets*, Acc. Chem. Res., 10, 139 (1977)

Tiernan, T.O., Lifshitz, C.: *Role of Excited States in Ion-Neutral Collisions*, Adv. Chem. Phys., 52, 82 (1980)

Abschnitt 5.4

Buch:

Fluendy, M.A.D., Lawley, K.P.: *Chemical Applications of Molecular Beam Scattering*, Chapman and Hall, London, 1973

Übersichtsartikel:

Anderson, J.B., Andres, R.P., Fenn, J.B.: *Supersonic Nozzle Beams*, Adv. Chem. Phys., 10, 275 (1966)

Bernstein, R.B.: *Reaction Dynamics by Molecular Beams*, in: Zewail (1978)

Campargue, R.: *Progress in Overexpanded Supersonic Jets and Skimmed Molecular Beams in Free-Jet Zones of Silence*, in: El-Sayed (1984)

Gentry, W.R.: *Low Energy Pulsed Beam Sources*, in: Scoles (1986)

Lee, Y.T.: *Reactive Scattering: Non-Optical Methods*, in: Scoles (1986)

Neynaber, R.H.: *Merging Beams*, In: Bederson und Fite (1968)

Pauly, H., Toennies, J.P.: *Beam Experiments at Thermal Energies*, in: Bederson und Fite (1968)

Rettner, C.T., Marinero, E.E., Zare, R.N., Kung, A.H.: *Pulsed Free Jets: Novel Nonlinear Media for Generation of VUV and XUV Radiation*, in: El-Sayed (1984)

Smalley, R.E.: *Lasers and Pulsed Beams*, in: Jackson und Harvey (1985)

Abschnitt 5.5

Bücher:

Katz, A.: *Principles of Statistical Mechanics: The Information Theory Approach*, Freeman, San Francisco, 1967

Levine, R.D., Tribus, M. (Eds.): *Maximum Entropy Formalism*, MIT Press, Cambridge, Mass., 1979

Übersichtsartikel:

Bernstein, R.B., Levine, R.D.: *Role of Energy in Reactive Molecular Scattering: An Information Theoretic Approach*, Adv. At. Mol. Phys., 10, 216 (1975)

Jaynes, E.T.: *Statistical Physics*, in: 1962 Brandeis Lectures, K. Ford (Ed.), Benjamin, New York, 1963

Levine, R.D., Ben-Shaul, A.: *Thermodynamics of Molecular Disequilibrium*, in: Moore (1974)

Levine, R.D., Bernstein, R.B.: *Energy Disposal and Energy Consumption in Elementary Chemical Reactions: The Information Theoretic Approach*, Acc. Chem. Res., 7, 393 (1974)

Levine, R.D., Bernstein, R.B.: *Thermodynamic Approach to Collision Processes*, in: Miller (1976)

Levine, R.D.: *Information Theory Approach to Molecular Reaction Dynamics*, Ann. Rev. Phys. Chem., 29, 59 (1978)

Levine, R.D., Kinsey, J.L.: *Information-Theoretic Approach: Application to Molecular Collisions*, in: Bernstein (1979)

Levine, R.D.: *The Information Theoretic Approach to Intramolecular Dynamics*, Adv. Chem. Phys., 47/I, 239 (1981)

Levine, R.D.: *Statistical Dynamics*, in: Baer (1985)

Nesbet, R.K.: *Surprisal Theory*, in: Henderson (1981)

Abschnitt 5.6

Bücher:

Baer, M. (Ed.): *The Theory of Chemical Reaction Dynamics*, CRC Press, Boca Raton, Fla., 1985

Bernstein, R.B. (Ed.): *Atom-Molecule Collision Theory. A Guide for the Experimentalist*, Plenum, New York, 1979

Eu, B.C., *Semiclassical Theories of Molecular Scattering*, Springer, Berlin, 1984

Fain, B.: *Theory of Rate Processes in Condensed Media*, Springer, Berlin, 1980

Gianturco, F.A.: *The Transfer of Molecular Energies by Collision: Recent Quantum Treatments*, Springer, Berlin, 1979

Gianturco, F.A. (Ed.): *Atomic and Molecular Collision Theory*, Plenum Press, New York, 1982

Levine, R.D.: *Quantum Mechanics of Molecular Rate Processes*, Clarendon, Oxford, 1969

Newton, R.G.: *Scattering Theory of Waves and Particles*, Springer, Heidelberg, ^{2}1982

Woolley, R.G. (Ed.): *Quantum Dynamics of Molecules*, Plenum, New York, 1980

Übersichtsartikel:

Adelman, S.A., Doll, J.D.: *Brownian Motion and Chemical Dynamics on Solid Surfaces*, Acc. Chem. Res., 10, 378 (1977)

Baer, M.: *A Review of Quantum-Mechanical Approximate Treatments of Three-Body Reactive Systems*, Adv. Chem. Phys., 49, 191 (1982)

Baer, M.: *General Theory of Reactive Scattering: Differential Equation Approach*, in: Baer (1985)

Balint-Kurti, G.G.: *The Theory of Rotationally Inelastic Molecular Collisions*, Int. Rev. Sci. Phys. Chem., 1, 285 (1975)

Basilevsky, M.V., Ryaboy, V.M.: *Quantum Dynamics of Linear Triatomic Reactions*, Adv. Quant. Chem., 15, 1 (1982)

Bottcher, C.: *Numerical Solution of the Few-Body Schrodinger Equation*, in: Eichler et al. (1984)

Bowman, J.M.: *Reduced Dimensionality Theories of Quantum Reactive Scattering*, Adv. Chem. Phys., 61, 115 (1985)

Bowman, J.M., Ju, G.-Z., Lee, K.T.: *Incorporation of Collinear Exact Quantum Reaction Probabilities into Three-Dimensional Transition-State Theory*, J. Phys. Chem., 86, 2232 (1982)

Brumer, P., Shapiro, M.: *Theoretical Aspects of Photodissociation and Intramolecular Dynamics*, Adv. Chem. Phys., 60, 371 (1980)

Casassa, M.P., Western, C.M., Janda, K.C.: *Photodissociation of van der Waals Molecules: Do Angular Momentum Constraints Determine Decay Rates?*, in: Truhlar (1984)

Cerjan, C.J., Shi, S., Miller, W.H.: *Applications of a Simple Dynamical Model to the Reaction Path Hamiltonian: Tunneling Corrections to Rate Constants, Product State Distributions, Line Widths of Local Mode Overtones, and Mode Specificity in Unimolecular Decomposition*, J. Phys. Chem., 86, 2244 (1982)

Child, M.S.: *Semiclassical Reactive Scattering*, in: Baer (1985)

Chu, S.-I.: *Complex-Coordinate Coupled-Channel Methods for Predissociating Resonance in van der Waals Molecules*, in: Truhlar (1984)

DePristo, A.E., Rabitz, H.: *Vibrational and Rotational Collision Processes*, Adv. Chem. Phys., 42, 271 (1980)

Diestler, D.J.: *Collision-Induced Dissociation: Quantal Treatment*, in: Bernstein (1979)

Eno, L., Rabitz, H.: *Sensitivity Analysis and Its Role in Quantum Scattering*, Adv. Chem. Phys., 51, 177 (1982)

Freed, K.F., Metiu, H., Hood, E., Jedrzejek, C.: *Quantum Mechanical Model of the Dynamics of Desorption Processes*, in: Jortner and Pullman (1982)

Garrett, B.C., Schwenke, D.W., Skodje, R.T., Thirumalai, D., Thompson, T.C., Truhlar, D.G.: *Bimolecular Reactive Collisions: Adiabatic and Nonadiabatic Methods for Energies, Lifetime, and Branching Probabilities*, in: Truhlar (1984)

George, T.F., Ross, J.: *Quantum Dynamical Theory of Molecular Collisions*, Ann. Rev. Phys. Chem., 24, 263 (1973)

Gordon, R.G.: *Rational Selection of Methods for Molecular Scattering Calculations*, Faraday Disc. Chem. Soc., 55, 22 (1973)

Heller, E.J.: *Potential Surface Properties and Dynamics from Molecular Spectra: A Time-Dependent Picture*, in: Truhlar (1981)

Heller, E.J.: *The Semiclassical Way to Molecular Spectroscopy*, Acc. Chem. Res., 14, 368 (1981)

5.7 Zum Weiterlesen

Jellinek, J., Kouri, D.J.: *Approximate Treatments of Reactive Scattering: Infinite Order Sudden Approximation*, in: Baer (1985)

Jordan, K.D.: *Theoretical Studies of the Reactions of Atoms with Small Molecules*, in: Fontijn (1985)

Kouri, D.J., Fitz, D.E.: *Angular Momentum Decoupling Approximations. Current Status, Successes and Difficulties*, J. Phys. Chem., 86, 2224 (1982)

Kouri, D.J.: *General Theory of Reactive Scattering: Integral Equation Approach*, in: Baer (1985)

Kuppermann, A.: *Theoretical Aspects of the Mechanism of Simple Chemical Reactions*, in: Glorieux et al. (1979)

Kuppermann, A.: *Accurate Quantum Calculations of Reactive Systems*, in: Henderson (1981)

Lester, W.A., Jr.: *Calculation of Cross Sections for Rotational Excitation of Diatomic Molecules by Heavy Particle Impact: Solution of the Close-Coupled Equations*, Methods Comput. Phys., 10, 211 (1971)

Lester, W.A., Jr.: *Coupled-Channel Studies of Rotational and Vibrational Energy Transfer by Collision*, Adv. Quant. Chem., 9, 199 (1975)

Lester, W.A., Jr.: *The N Coupled-Channel Problem*, in: Miller (1976)

Levine, R.D.: *Quasi-Bound States in Molecular Collisions*, Acc. Chem. Res., 3, 273 (1970)

Light, J.C.: *Quantum Theories of Chemical Kinetics*, Adv. Chem. Phys., 19, 1 (1971)

Light, J.C.: *Reactive Scattering Cross Section: General Quantal Theory*, in: Bernstein (1979)

Light, J.C.: *Inelastic Scattering Cross Sections: Theory*, in: Bernstein (1979)

Manz, J.: *Molecular Dynamics Along Hyperspherical Coordinates*, Comments At. Mol. Phys., 17, 91 (1985)

Marcus, R.A.: *The Theoretical Approach*, Faraday Disc. Chem. Soc., 55, 9, (1973)

McCurdy, C.W., Miller, W.H.: *A New Helicity Representation for Reactive Atom-Diatom Collisions*, in: Brooks und Hayes (1977)

Micha, D.A.: *Long-Lived States in Atom-Molecule Collision*, Acc. Chem. Res., 6, 138 (1973)

Micha, D.A.: *Quantum Theory of Reactive Molecular Collisions*, Adv. Chem. Phys., 30, 7 (1975)

Micha, D.A.: *Optical Models in Molecular Collision Theory*, in: Miller (1976)

Micha, D.A.: *Overview of Non-Reactive Scattering*, in: Truhlar (1981)

Micha, D.A.: *General Theory of Reactive Scattering: A Many-Body Approach*, in: Baer (1985)

Miller, W.H.: *Classical-Limit Quantum Mechanics and The Theory of Molecular Collisions*, Adv. Chem. Phys., 25, 69 (1974)

Miller, W.H.: *Classical S-Matrix in Molecular Collisions*, Adv. Chem. Phys., 30, 77 (1975)

Miller, W.H.: *Reaction Path Hamiltonian for Polyatomic Systems: Further Developments and Applications*, in: Truhlar (1981)

Miller, W.H.: *Reaction-Path Dynamics for Polyatomic Systems*, J. Phys. Chem., 87, 3811 (1983)

Rabitz, H.: *Effective Hamiltonians in Molecular Collisions*, in: Miller (1976)

Reinhardt, W.P.: *Complex Coordinates in the Theory of Atomic and Molecular Structure and Dynamics*, Ann. Rev. Phys. Chem., 33, 223 (1982)

Secrest, D.: *Amplitude Densities in Molecular Scattering*, Methods Comput. Phys., 10, 243 (1971)

Secrest, D.: *Vibrational Excitation: The Quantal Treatment*, in: Bernstein (1979)

Secrest, D.: *Inelastic Vibrational and Rotational Quantum Collisions*, in: Bowman (1983)

Shapiro, M., Bersohn, R.: *Theories of the Dynamics of Photodissociation*, Ann. Rev. Phys. Chem., 33, 409 (1982)

Singer, S.J., Freed, K.F., Band, Y.B.: *Photodissociation of Diatomic Molecules to Open Shell Atoms*, Adv. Chem. Phys., 61, 1 (1985)

Tang, K.T.: *Approximative Treatments of Reactive Scattering: The T Matrix Approach*, in: Baer (1985)

Truhlar, D.G., Abdallah, J., Jr., Smith, R.L.: *Algebraic Variational Methods in Scattering Theory*, Adv. Chem. Phys., 25, 211 (1974)

Truhlar, D.G., Mead, C.A., Brandt, M.A.: *Time-Reversal Invariance, Representations for Scattering Wave Functions, Symmetry of the Scattering Matrix, and Differential Cross Sections*, Adv. Chem. Phys., 33, 295 (1975)

Walker, R.B., Light, J.C.: *Reactive Molecular Collisions*, Ann. Rev. Phys. Chem., 31, 401 (1980)

Wyatt, R.E.: *Reactive Scattering Cross Sections: Approximate Quantal Treatment*, in: Bernstein (1979)

Wyatt, R.E.: *Direct-Mode Chemical Reactions: Methodology for Accurate Quantal Calculations*, in: Bernstein (1979)

6 Energieübertragung zwischen Molekülen

6.1 Makroskopische Beschreibung der Energieübertragung

Inelastische, energieübertragende Stöße sind der Mechanismus, durch den ein System ins thermische Gleichgewicht gebracht wird. Das ist jedoch nur einer unter mehreren Gründen, sich mit der Beschreibung des Energieaustauschs auf der molekularen Ebene zu befassen. Ein anderer Grund ist z.B. die Bestimmung inter*molekularer* Potentiale. Ein Gesichtspunkt, den wir bisher nicht betont haben, der aber jetzt nicht mehr vernachlässigt werden kann, ist es auch, daß der Stoß nicht auf einer einzigen Potentialfläche abzulaufen braucht. Zwar verlangt das Konzept eines eindeutig von den zwischenatomaren Abständen abhängigen Potentials, daß das System in einem eindeutigen elektronischen Zustand ist. Jedoch folgt aus dem Phänomen, daß elektronische Energie in Stößen übertragen wird, etwa beim Löschen angeregter Hg-Atome,

$$\text{Hg}^* + \text{CO}(v = 0) \rightarrow \text{Hg} + \text{CO}(v'),$$

oder im Pumpprozeß des chemischen Jod-Lasers,

$$\text{O}_2^*(^1\Delta) + \text{I}(^2P_{3/2}) \rightarrow \text{O}_2(^3\Sigma) + \text{I}(^2P_{1/2}),$$

unmittelbar die Beteiligung von mehr als einem elektronischen Zustand des Systems. Und selbst, wenn der Stoß nur auf einer Fläche erfolgt, sind doch die elektronisch anregbaren Zustände vorhanden und können durch sichtbare oder UV-Strahlung, die mit dem Stoßpaar wechselwirkt, erreicht werden. Der umgekehrte Prozeß, die Aussendung von Strahlung in den Grundzustand durch ein Stoßsystem, das sich auf einer angeregten Fläche befindet, ist ebenfalls ein wichtiges Beispiel der Stoßdynamik. Vom Standpunkt der Theorie aus gesehen sind die Randbedingungen für die Wellenfunktion bei einem bloß inelastischen Stoß so viel einfacher als bei einem reaktiven Stoß (vgl. Abschn. 5.5), daß die Theorie der energieübertragenden Stöße weiter entwickelt ist als im reaktiven Fall, und ihre Modelle realistischer sind als dort.

6 Energieübertragung zwischen Molekülen

6.1.1 Gleichgewicht und Nichtgleichgewicht

Gleichgewicht in der Gasphase kann man dadurch kennzeichnen, daß sich in jedem gegebenen Energieniveau ein konstanter (zeitunabhängiger) Bruchteil von Molekülen befindet. Bei einer Temperatur T wird die relative Besetzung des i-ten Niveaus durch die Boltzmann-Verteilung gegeben:

$$P_i = \frac{n_i}{N} = \frac{g_i \exp(-E_i/kT)}{Q_i} \tag{6.1}$$

Hier ist n_i die Anzahldichte der Moleküle im Niveau i und N die Gesamtzahl der Moleküle. Der Entartungsgrad g_i ist die Zahl der möglichen Quantenzustände des Moleküls im Energieniveau E_i. Q_i ist die Zustandssumme der inneren Freiheitsgrade.

Verschiedene Prozesse können zu zwischenzeitlichen Besetzungsverteilungen führen, die von Gl. (6.1) abweichen. Ein solcher Nichtgleichgewichtszustand kann z.b. durch sehr schnelles Aufheizen des Gases in einem Stoßwellenrohr erzeugt werden. Eine stärker ausgeprägte Besetzung angeregter Zustände kann entweder durch physikalische Aktivierung (z.B. Lichtabsorption) oder durch chemische Reaktion mit stark selektiver Energieaufteilung erfolgen. Anschließend an eine solche Störung *relaxiert* das Gas wieder in die Gleichgewichtsverteilung. Man kann diese Relaxation verfolgen, indem man den Verlauf der Besetzung verschiedener Energiezustände als Funktion der Zeit beobachtet. Solche Veränderungen sind ein Zeichen für energieübertragende molekulare Stöße.[1]

Z.B. kann ein schwingungsangeregtes HCl-Molekül seine überschüssige Energie in einem Stoß mit einem anderen Molekül M verlieren, bei welchem Schwingungsenergie des HCl in Translationsenergie der Stoßprodukte verwandelt wird:

$$\text{HCl}(v=1) + \text{M} \rightarrow \text{HCl}(v=0) + \text{M}.$$

---

[1] Die Relaxation kann auch durch einen unimolekularen Mechanismus erfolgen, bei dem die angeregten Moleküle Licht aussenden oder bei genügender Anregung sogar dissoziieren. I.allg. ist die Lebensdauer für die Abgabe von Schwingungs- und Rotationsenergie in Form von Strahlung weit länger (Größenordnung 1 ms) als die typischen beobachteten Relaxationszeiten von Gasen. Anders ist es im interstellaren Raum, wo die Moleküldichte und damit die Stoßfrequenz sehr klein sind. Dort beherrscht der unimolekulare Mechanismus den Weg zum Gleichgewicht. Eine andere Möglichkeit, die Rate der Photonenemission zu vergrößern, ist die Anwesenheit von Photonen der gleichen Frequenz. Dieser stimulierte Emissionsprozeß ist maßgebend für das Funktionieren des Lasers, wie wir in Exkurs 6A besprechen.

6.1 Makroskopische Beschreibung der Energieübertragung

Einen inelastischen Stoß dieser Art werden wir V-T-Übertragung nennen. Der umgekehrte Stoß, in dem das HCl Schwingungsanregung zu Lasten der Translationsenergie gewinnt, heißt T-V-Übertragung.

Die V-T-Übertragung aus dem niedrigsten angeregten Zustand in den Grundzustand ist gewöhnlich der langsamste und damit der geschwindigkeitsbestimmende Schritt bei der vollständigen Rückkehr ins thermische Gleichgewicht. In einem realen System, insbesondere bei vielatomigen Molekülen, tragen eine Vielzahl weiterer Prozesse bei, auf die wir unten zurückkommen.

6.1.2 Ratengleichungen für die Relaxation

Um die Rate zu bestimmen, mit der die gestörte Besetzungsverteilung gegen das Gleichgewicht relaxiert, betrachten wir ein einfaches Beispiel, bei dem die einzigen wichtigen inelastischen Prozesse Stöße sind, die Schwingung abregen und anregen:

$$\text{HCl}(v=1) + \text{M} \leftrightarrow \text{HCl}(v=0) + \text{M}.$$

Ein solches Modell ist realistisch, wenn wir bei niedriger Temperatur eine Gleichgewichtsmischung von HCl mit einem inerten Puffergas stören, wobei im Gleichgewicht fast alle HCl-Moleküle im Grundzustand $v=0$ sind. Wir schreiben nun die üblichen Gleichungen der chemischen Kinetik für Prozesse zweiter Ordnung auf, hier für die Hin- $(V\text{-}T)$- und Rück- $(T\text{-}V)$-Übertragung von Schwingungsenergie:

$$-\frac{dn_0}{dt} = \frac{dn_1}{dt} = -k_{10} n_\text{B} n_1 + k_{01} n_\text{B} n_0. \tag{6.2}$$

Hier sind n_0 und n_1 die Anzahldichten der HCl-Moleküle in den Zuständen $v=0$ bzw. $v=1$, n_B die Dichte des Puffergases, k_{10} der Ratenkoeffizient für den V-T-Prozeß, der den Zustand $v=1$ entleert und k_{01} derjenige für den Umkehrprozeß $(T-V)$, der $v=1$ neu bevölkert. Im Gleichgewicht ändern sich die Besetzungszahlen nicht, obwohl der mikroskopische Energietransfer weitergeht. Die Besetzungszahlen haben sich dann nämlich so eingestellt, daß die Vorwärts- und Rückwärtsraten gleich sind. Im Gleichgewicht liefert (6.2) daher

$$\frac{k_{01}}{k_{10}} = \left.\frac{n_1}{n_0}\right|_\text{eq} = \exp -\frac{E_1 - E_0}{kT} = \exp -\frac{\Theta}{T}. \tag{6.3}$$

Der Index eq bedeutet hier, daß das Dichteverhältnis im Gleichgewicht gemeint ist. Der Wert dieser Zahl ist durch die Boltzmann-Verteilung vorgege-

6 Energieübertragung zwischen Molekülen

ben (Gl. (6.1)); dabei ist $\Theta = (E_1 - E_0)/k = \hbar\omega/k$ eine für die Schwingung charakteristische Temperatur. Das Ergebnis (Gl. (6.3)) ist ein spezielles Beispiel für das in Abschn. 4.4.3 diskutierte detaillierte Gleichgewicht.

6.1.3 Die Relaxationszeit

Wenn die Gasmischung plötzlich aus dem Gleichgewicht gebracht wird (etwa durch einen Lichtimpuls mit der Resonanzfrequenz ω), wird die Besetzung des Zustandes $v = 1$ momentan von ihrem Gleichgewichtswert $n_{1\text{eq}}$ auf einen Wert $n_{1\text{eq}} + \Delta n_1$ erhöht. Die Besetzung des Grundzustandes $v = 0$ wird sich im gleichen Maß erniedrigen. Aus Gl. (6.2) folgt

$$\frac{dn_1}{dt} = \frac{d}{dt}[n_{1\text{eq}} + \Delta n_1] = -k_{10}[n_{1\text{eq}} + \Delta n_1]n_B + k_{01}[n_{0\text{eq}} - \Delta n_1]n_B$$

oder mit (6.3)

$$\frac{d\Delta n_1}{dt} = -(k_{10} + k_{01})n_B \Delta n_1 = \frac{-\Delta n_1}{\tau}. \tag{6.4}$$

Daher gilt

$$\Delta n_1(t) = n_1(t) - n_{1\text{eq}} = \Delta n_1(t = 0)\exp(-t/\tau), \tag{6.5}$$

wo $\quad 1/\tau = n_B(k_{10} + k_{01}) = n_B k_{10}\{1 + \exp(-\Theta/T)\} \simeq n_B k_{10} \tag{6.6}$

die *Relaxationszeit* für die Wiederherstellung des Gleichgewichts ist. Da die Anzahldichte des inerten Puffergases proportional zu dessen Druck ist, werden die Ergebnisse makroskopischer Relaxationsexperimente oft durch Angabe des Produkts $P\tau$ ausgedrückt. Dabei ist $(P\tau)^{-1}$ ein Ratenkoeffizient zweiter Ordnung in Einheiten $(\text{atm} \cdot \text{s})^{-1}$. Um $(P\tau)^{-1}$ in die übliche Einheit $\text{l} \cdot \text{mol}^{-1}\text{s}^{-1}$ umzuwandeln, bemerken wir, daß die molare Dichte (eines idealen Gases) P/RT ist, daher ist $k = RT/(P\tau)$ der Ratenkoeffizient in den üblichen Einheiten.[2]

---

[2] In praktischen Einheiten ist

$$k(\text{cm}^3\text{mol}^{-1}\text{s}^{-1}) = 2.445 \cdot 10^4 (T/298)/(P\tau),$$

wo T in K, P in atm und τ in s gemessen werden. Man kann die Relaxation auch durch einen effektiven Querschnitt σ ausdrücken, der mit k durch $k = <v>\sigma$ zusammenhängt. In praktischen Einheiten ist wiederum

$$k(\text{cm}^3\text{mol}^{-1}\text{s}^{-1}) = 8.76 \cdot 10^{11}(T/\mu)^{1/2}\sigma,$$

wo μ die reduzierte Masse in atomaren Masseneinheiten ist, und σ in Å^2 angegeben werden muß.

6.1.4 Überblick über Relaxationsraten

Ein Überblick über die möglichen Energie-Übertragungsprozesse (auf einer einzelnen Potentialfläche) zusammen mit typischen $P\tau$-Werten wird in Bild 6.1 gezeigt. Ein Beispiel für einen V-V-Prozeß ist

$$\text{HCl}(v=1) + \text{HCl}(v=1) \rightarrow \text{HCl}(v=2) + \text{HCl}(v=0).$$

Hier ist die Translationsexoergizität klein (sie kommt nur von der Anharmonizität des Potentials), obwohl eine Menge Energie ausgetauscht wird. Eine ziemlich wirksame R-V-Übertragung ist

$$\text{I}_2(v=0) + \text{H}_2(j=2) \rightarrow \text{I}_2(v=1) + \text{H}_2(j=0).$$

Die beiden genannten Stoßprozesse können auch zu anderen Endzuständen führen. Zum Beispiel gibt es im ersten Fall auch den V-T-Prozeß

$$\text{HCl}(v=1) + \text{HCl}(v=1) \rightarrow \text{HCl}(v=1) + \text{HCl}(v=0) + Q$$

mit einer größeren Translationsexoergizität Q. Oder eines der HCl-Moleküle könnte höher angeregt werden (T-V-Übertragung). Doch sind die beiden letztgenannten Prozesse sehr viel unwirksamer als der „nahezu resonante" V-V-Prozeß, bei dem sich die Translationsenergie kaum ändert.

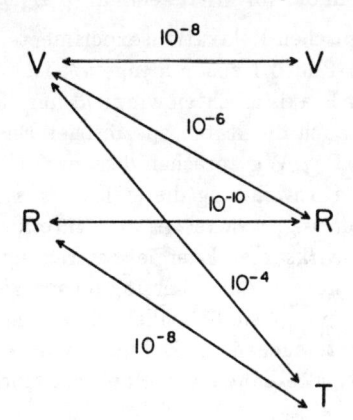

Bild 6.1 Schema der möglichen Energieübertragungsprozesse in thermischen molekularen Stößen. V, R und T bedeuten Schwingungs-, Rotations- und Translationsenergie. Die Zahlen sind typische Werte der globalen Relaxationszeit $P\tau$ in atm · s für den betreffenden Typ von Energieübertragung. (Nach W.H. Flygare: Acc. Chem. Res., 1, 121 (1968))

6 Energieübertragung zwischen Molekülen

Unser Ziel ist es, die wahrscheinlichen von den unwahrscheinlichen Prozessen unterscheiden zu lernen. Als Regel erkennen wir, daß ein *großer translatorischer Energie „defekt"* das Kennzeichen für einen *unwirksamen Energieübertragungsprozeß* ist. Diese Verallgemeinerung wird durch die Relaxationszeiten in Bild 6.1 bestätigt. Die energetischen Abstände von Rotationsenergien sind klein, daher sind sowohl R-R'- als auch R-T-Übertragungen sehr wirksam. Am wenigsten wirksam von allen ist die V-T-Übertragung, insbesondere für zweiatomige Moleküle mit größeren Schwingungsenergieabständen.

Ein Maß für die Wirksamkeit von energieübertragenden Stößen ist die *Stoßzahl* $Z_{A\text{-}B}$, die als Verhältnis zwischen der Relaxationszeit und dem zeitlichen Abstand zwischen Stößen (ω^{-1}, Gl. (2.8)) definiert ist[3]

$$Z_{A\text{-}B} = \omega \tau_{A\text{-}B}, \tag{6.7}$$

wo A-B einen beliebigen Relaxationsprozeß bezeichnet. Für R-R'-Übertragung liegt $Z_{R\text{-}R'}$ typisch zwischen 1 und 10, d.h. daß R-R'-Transfer praktisch bei „fast jedem Stoß" stattfindet. Dagegen ist für V-T-Übertragung, sagen wir von O_2 auf Ar bei Zimmertemperatur, $Z_{V\text{-}T} \simeq 10^6$. Näherungsweise können wir Z^{-1} auch als die Wahrscheinlichkeit dafür auffassen, daß der spezielle inelastische Übergang bei einem einzelnen Stoß passiert. Der betreffende Übergang findet im Mittel einmal in $Z_{A\text{-}B}$ Stößen statt.

Obwohl die makroskopischen Relaxationsexperimente wertvolle Information geliefert haben (die in Bild 6.1 zusammengefaßt ist), bleiben einige Fragen offen. Auf der Seite der Praxis möchten wir nicht nur die globale Relaxationsrate kennen, sondern auch die Raten spezifischer Energieübertragungsprozesse (wie z.B. in Bild 1.5). Wir sprechen dies im nächsten Abschnitt an, wo wir auch die praktische Anwendung dieser Kenntnisse demonstrieren. Weiter bedarf es einer Klärung, welcher Art die intermolekularen Kräfte sein müssen, damit sie zu wirksamer Energieübertragung führen, und was der physikalische Grund dafür ist, daß Übertragungsprozesse mit kleiner Translationsexoergizität bevorzugt sind. Schließlich wollen wir die elektronische Energieübertragung untersuchen. In Exkurs 6A untersuchen wir die Frage des Gleichgewichts in Anwesenheit von Photonen und die Bedingungen für den Laserprozeß.

---

[3] Man sollte die dimensionslose Stoßzahl $Z_{A\text{-}B}$ von der Rate für bimolekulare Stöße, dem Z von Gl. (2.10), unterscheiden. Ausgedrückt durch Z ist $Z_{A\text{-}B} = Z n_B \tau_{A\text{-}B} = Z/k_{A\text{-}B}$, wo k der Ratenkoeffizient für die Relaxation ist.

6.1.5 Eine Hierarchie von Relaxationszeiten

Wenn ein Gas gegen das Gleichgewicht relaxiert, laufen viele verschiedene mit Stößen verbundene Energieübertragungsprozesse mit ganz verschiedenen Raten ab. Trotzdem sind makroskopisch gemessene Relaxationsvorgänge oft durch eine einzige Relaxationszeit beschreibbar. Einen Hinweis darauf, warum das so ist, kann man in Bild 6.1 finden. Gerade deswegen, *weil* einige Prozesse so viel schneller als andere sind, d.h. weil

$$\tau_{R-R'} \ll \tau_{V-V'} \ll \tau_{V-T}, \tag{6.8}$$

sind die schnellen Prozesse auf der Zeitskala, die man braucht, um die langsamen zu beobachten, immer schon fertig. Mit anderen Worten, wenn wir uns vornehmen, die V-T-Relaxation zu messen, brauchen wir eine Zeitauflösung der Größenordnung von τ_{V-T}, z.B. 10^{-3}s bei einem Druck von 1 torr. Das ist eine sehr lange Zeit, was die R-R'-Prozesse angeht. Daraus folgt, daß immer genügend Zeit dafür bleibt, daß die Menge der Rotationszustände, die zu einem vorgegebenen Schwingungszustand gehört, unter sich ins Gleichgewicht kommt.[4] Danach führen V-V'-Prozesse zum Gleichgewicht unter den angeregten Schwingungszuständen. Schließlich kommen wir zum langsamsten Prozeß, der Desaktivierung des Zustandes $v = 1$ in den Zustand $v = 0$ durch V-T-Übertragung. Die beobachtete Relaxationszeit ist daher die Zeit für den langsamsten oder *geschwindigkeitsbestimmenden Schritt*. Die Besetzung der angeregten Zustände relaxiert mit dieser längsten Relaxationszeit, da die übrigen Prozesse viel wirksamer sind und in jedem Augenblick zu schneller Einstellung des Gleichgewichts unter sich führen. Der niedrigste angeregte Zustand muß jedoch durch eine langsame V-T- (oder V-R-)Übertragung relaxieren (wohin soll sonst die Energie gehen?), und *seine* Relaxationszeit bestimmt unter dem Strich die Entleerungsrate aller anderen angeregten Zustände.[5] Bevor wir diese Vorstellung akzeptieren, sollten wir versuchen, sie durch direkte experimentelle Beobachtung verifizieren.

---

[4] In Exkurs 6A untersuchen wir einige Konsequenzen dieser schnellen Relaxation.
[5] Für Reaktionen mit Aktivierungsenergie ist die Relaxationszeit für die Erreichung des *chemischen* Gleichgewichts gewöhnlich noch langsamer als selbst die langsamste Relaxation in Richtung auf physikalisches Gleichgewicht. Das ist der Grund, weswegen wir trotz des selektiven Energiebedarfs chemischer Reaktionen oft die Annahme machen können, daß die Reaktanden im thermischen Gleichgewicht sind. Diese Annahme geht in denjenigen Fällen fehl (z.B. bei der stoßinduzierten Dissoziation), in denen die Entleerungsrate der hohen Schwingungszustände durch Stoßdissoziation groß genug ist, um mit den T-V- und V-V'-Prozessen zu konkurrieren.

6.1.6 Laserinduzierte Fluoreszenzspektroskopie

Wenn Laserlicht die Frequenz einer Schwingungs-Rotations-Linie eines Moleküls trifft, ist es möglich, einen merklichen Bruchteil der Moleküle in einem Gefäß selektiv in den oberen Zustand anzuregen, und dann dessen Stoßrelaxation zu messen. Die Veränderung seiner Besetzung wird dabei entweder durch die Beobachtung der IR-Fluoreszenz des angeregten Zustands[6] oder durch Absorptionsspektroskopie verfolgt.

Eine Anwendung für den einfachsten Fall, V-V'-Übertragung in zweiatomigen Molekülen, wird in Bild 6.2 gezeigt. Eine Mischung von HCl und DCl im Überschuß von Ar als Puffergas wird mit einem kurzen Impuls von IR-Licht aus einem chemischen HCl-Laser bestrahlt. HCl-Moleküle werden dadurch selektiv aus dem Zustand $v = 0$ in den Zustand $v = 1$ angeregt. Danach entleert sich der Zustand $v = 1$ des HCl sowohl durch V-T-Übertragung (hauptsächlich in Stößen mit dem im Überschuß vorliegenden Argon) als auch durch den nichtresonanten V-V'-Prozeß

$$\text{HCl}(v = 1) + \text{DCl}(v = 0) \rightarrow \text{HCl}(v = 0) + \text{DCl}(v = 1), \quad Q = 775 \text{ cm}^{-1}.$$

Später entleert sich die entstandene Besetzung des Zustands $v = 1$ des DCl hauptsächlich durch V-T-Übertragung.

Die zeitaufgelöste Fluoreszenz des DCl zeigt in Bild 6.2b einen schnellen exponentiellen Anstieg durch den V-V'-Prozeß und einen langsameren exponentiellen Abfall aus der V-T- (und V-R)-Relaxation. Die gemessene Rate für den erstgenannten Prozeß ($P\tau \simeq 10^{-8}$ atm·s) ist etwa zwei Größenordnungen schneller als die für den V-T-Prozeß.

6.1.7 V-V'-Prozesse in mehratomigen Molekülen

In mehratomigen Molekülen sind noch andere V-V'-Prozesse möglich. Bild 6.3 zeigt die niedrig liegenden Schwingungszustände des CO_2 und ihre spektroskopische Bezeichnung. Das Zahlentripel m, n, p gibt die Zahl der Schwingungsquanten in der symmetrischen Streckschwingung (m), der Biegeschwin-

---

[6] Strahlungslebensdauern im Infraroten sind ausreichend lang, so daß man die Entleerung des angeregten Zustands durch Fluoreszenz, verglichen mit dem Verlust oder Zuwachs durch Stöße, vernachlässigen kann. Obwohl nur ein kleiner Teil der angeregten Moleküle seine Anregung auf dem (unimolekularen) Weg der Abstrahlung verliert, genügt dies, um mittels der Fluoreszenz-Intensität die Konzentration der angeregten Moleküle zu verfolgen. Strahlungslebensdauern im Sichtbaren oder UV sind demgegenüber viel kürzer, und dieser unimolekulare Zerfallsprozeß *kann* mit der bimolekularen Energieübertragung wirkungsvoll konkurrieren, vgl. dazu Abschn. 6.6.2.

6.1 Makroskopische Beschreibung der Energieübertragung

gung (n) und der asymmetrischen Streckschwingung (p) an. Die *intra*molekulare stoßinduzierte Energieübertragung

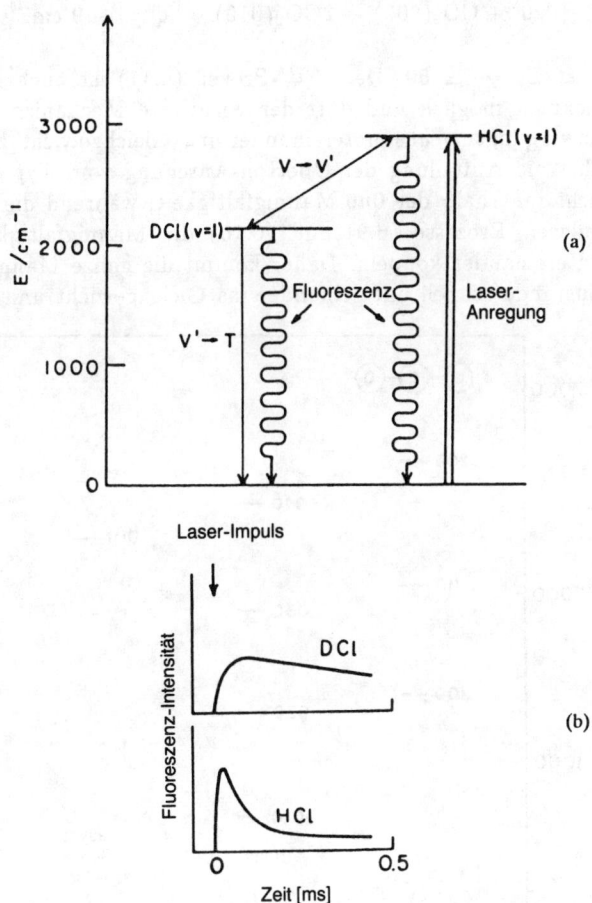

$$CO_2(020) + M \rightarrow CO_2(100) + M, \quad Q = 107 \text{ cm}^{-1} \tag{6.9}$$

Bild 6.2 a) Niveauschema für die V-V'-Übertragung von HCl nach DCl. Nach Laseranregung von $HCl(v = 1)$ kann dessen Besetzung durch ihre Fluoreszenz verfolgt werden.
b) Fluoreszenzintensität von HCl($v = 1$) nach einer impulsartigen Laseranregung und im Vergleich dazu diejenige des DCl($v = 1$), das daraus durch V-V'-Übertragung gebildet wurde. (Nach H.L. Chen, C.B. Moore: J. Chem. Phys., 54, 4072 (1971))

6 Energieübertragung zwischen Molekülen

hat sich als sehr wirksam erwiesen ($Z_{V-V'} \simeq 10$). Ähnlich wirksam sind zwei *inter*molekulare Energieverteilungsprozesse, nämlich

$$CO_2(100) + CO_2(000) \rightarrow 2CO_2(010), \quad Q = 57 \text{ cm}^{-1} \quad (6.10)$$

und $\quad CO_2(020) + CO_2(000) \rightarrow 2CO_2(010), \quad Q = -49 \text{ cm}^{-1}. \quad (6.11)$

Für beide ist $Z_{V-V'} \simeq 50$. Der V-V'-Prozeß (6.11) ist auch in zweiatomigen Molekülen möglich und dort der wichtigste Mechanismus, um angeregte Schwingungsniveaus untereinander ins Gleichgewicht zu bringen. In CO_2 führt die Aufteilung der Oberton-Anregung vom Typ (6.11) zum Gleichgewicht innerhalb der $0n0$-Mannigfaltigkeit, während die intra- und intermolekularen Prozesse (6.9) und (6.10) die Mannigfaltigkeiten $m00$ und $0n0$ untereinander koppeln. Daher kommt die ganze Mannigfaltigkeit der $mn0$-Zustände schnell untereinander ins Gleichgewicht und wird dann

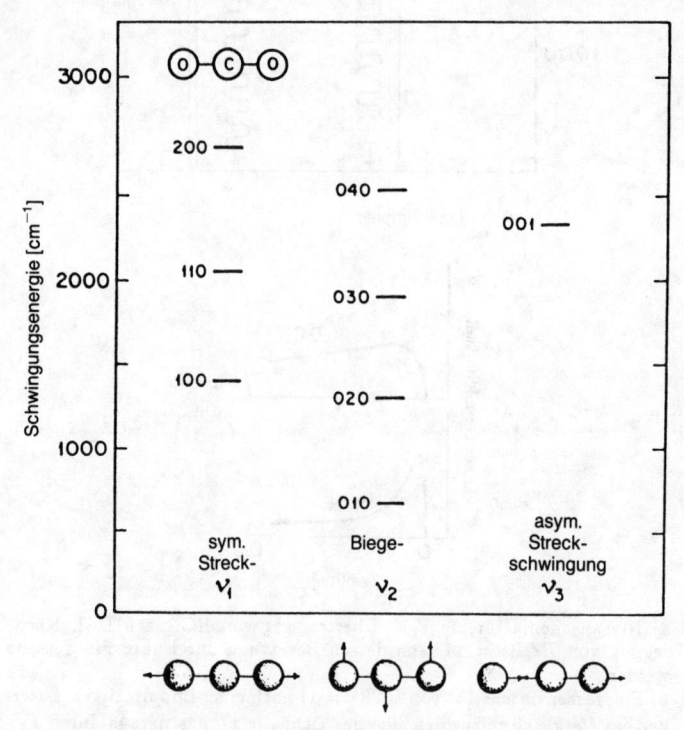

Bild 6.3 Niedrig liegende Schwingungsniveaus des CO_2 und ihre spektroskopischen Bezeichnungen (vereinfacht). (Nach C.B. Moore: Acc. Chem. Res., 2, 103 (1969))

6.1 Makroskopische Beschreibung der Energieübertragung 359

durch den langsamen V-T-Prozeß aus dem niedrigsten Zustand (010) heraus entleert:

$$CO_2(010) + M \to CO_2(000) + M, \qquad Q = 667 \text{ cm}^{-1}. \tag{6.12}$$

In reinem CO_2 ist dieser Prozeß ziemlich unwirksam ($Z_{V\text{-}T} \simeq 5 \cdot 10^4$) und wird damit zum geschwindigkeitsbestimmenden Schritt der makroskopischen Relaxation in CO_2.

Die $00p$-Mannigfaltigkeit andererseits erreicht ihr Gleichgewicht durch intermolekulare Verteilung, ist jedoch nicht sehr wirksam an die $mn0$-Mannigfaltigkeit gekoppelt, weil diese keine Zustände in der Nähe des 001-Zustandes hat (Bild 6.3). V-V'-Prozesse aus dem 001-Zustand heraus sind daher relativ unwirksam ($Z_{V\text{-}V'} \simeq 2 \cdot 10^4$). Hier liegt daher der relativ seltene Fall vor, daß ein langsamer V-V'-Schritt beinahe geschwindigkeitsbestimmend ist. Die V-V'-Übertragung aus dem 001-Zustand wird sogar völlig geschwindigkeitsbestimmend, wenn der Stoßpartner M im Schritt (6.12)

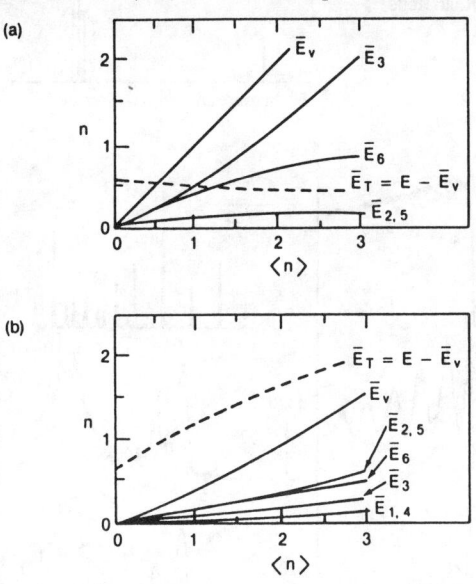

Bild 6.4 Energie in den Normalschwingungen des CH_3F gegen die Gesamtenergie im Molekül, die in Einheiten von CO_2-Laserphotonen (0.13 eV) ausgedrückt ist, so daß $\langle n \rangle$ die mittlere Anzahl absorbierter CO_2-Photonen bedeutet: a) Nach dem Laserpumpen der ν_3-Frequenz, wo sich nur die schnellen V-V'-Prozesse auswirken; b) im thermischen Gleichgewicht. (Nach I. Shamah, G.W. Flynn: J. Chem. Phys., 69, 2474 (1978), s. a. E. Weitz, G.W. Flynn: Adv. Chem. Phys., 47, 185 (1979))

360 6 Energieübertragung zwischen Molekülen

nicht CO_2, sondern etwa H_2 ist (dann ist $Z_{V-V'} \simeq 150$). In einem H_2-Puffer kann man daher schwingungsangeregtes CO_2 als eine Mischung zweier Gassorten ansehen, die beide im thermischen Gleichgewicht sind: Die eine Sorte ist CO_2 in Zuständen $00p$, die andere CO_2 in Zuständen $mn0$. Der Energieaustausch durch Stoß zwischen den beiden Sorten ist äußerst schwach.

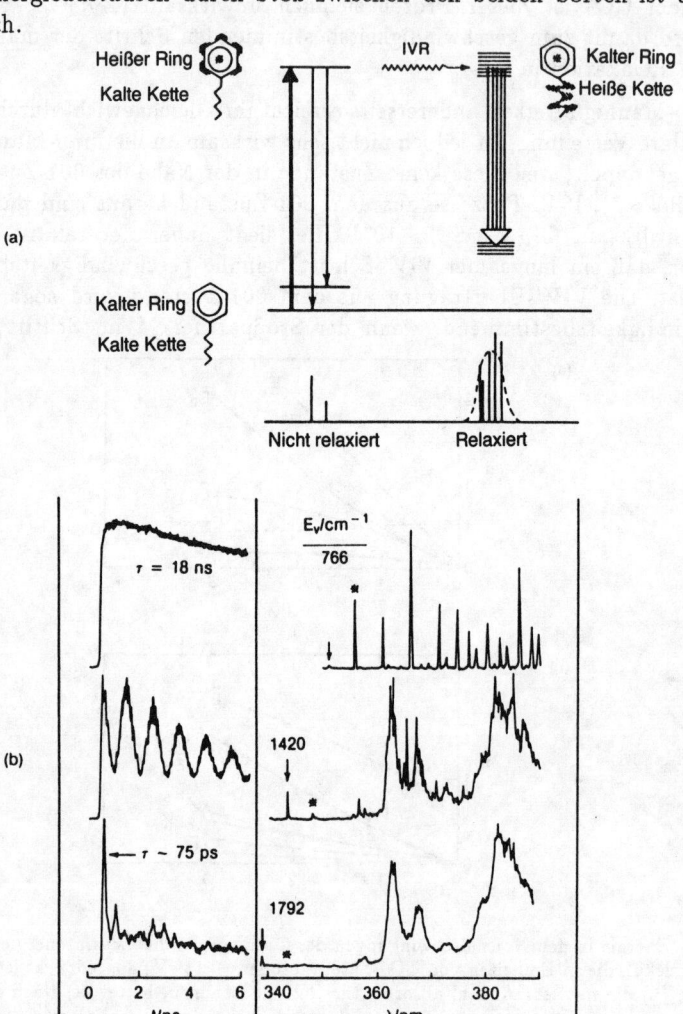

6.1 Makroskopische Beschreibung der Energieübertragung

Ein anderes, gut bekanntes Beispiel für V-V'-Prozesse zwischen den Normalschwingungen ist CH_3F. Dieses fünfatomige Molekül hat 9 Normalschwingungen, von denen drei entartet sind. Die CF-Streckschwingung (üblicherweise als ν_3 bezeichnet, mit der Frequenz 1050 cm^{-1}) ist in Stößen stark mit der CH_3-Schaukelschwingung (ν_6, 1190 cm^{-1}) verkoppelt, die C-H-Streckschwingungen (ν_1 und ν_4, 2980 cm^{-1}) dagegen mit den beiden Biegeschwingungen (ν_2, ν_5, 1470 cm^{-1}) durch einen Quantenaustausch im Verhältnis 1 : 2. Die schwächste V-V'-Kopplung herrscht zwischen ν_6 und ν_2 und ν_5. Auch hier schließen wir, daß für kurze Zeiten (d.h. kürzer als die V-T-Relaxationszeit, die bei 1 torr $\simeq$ 1 ms ist) die Energie in bestimmten Teilmengen aller Normalschwingungen des Moleküls gespeichert sein kann. Bild 6.4 vergleicht den Energieinhalt der verschiedenen Normalschwingungen des CH_3F für den Fall, daß nur V-V'- (aber kein V-T)-Gleichgewicht herrscht, mit der Verteilung bei vollständigem thermischen Gleichgewicht.

In größeren vielatomigen Molekülen, in denen die Zustandsdichte der Schwingungszustände einen kritischen Wert überschreitet (vgl. Bild 4.39), muß die intramolekulare Energieumverteilung nicht mehr durch Stöße erfolgen.[7] Der (z.B. optisch) angeregte Zustand kann mit anderen Zuständen entweder durch die Anharmonizität der Schwingung oder durch die Corioliskräfte der Rotation wechselwirken. Das führt zu einem (unimolekularen) Prozeß der Energieumverteilung, der durch zeitlich aufgelöste Beobachtung

---

[7] Mit anderen Worten: die hohe Zustandsdichte bedeutet, daß es mehr oder weniger viele optisch inaktive Niveaus gibt, die nahezu resonant zu dem anfangs durch Einstrahlung präparierten Zustand sind.

Bild 6.5 a) Prinzipschema eines zeitaufgelösten Fluoreszenz-Experiments an großen mehratomigen Molekülen (z.B. einem Alkylbenzol): Der Düsenstrahl-gekühlte Grundzustand wird in einen optisch aktiven Schwingungszustand (eines angeregten Elektronenzustands) gepumpt. Dieser kann entweder (resonant) fluoreszieren oder durch intramolekulare Schwingungsumverteilung (IVR) entleert werden. Nach der Relaxation ist die Fluoreszenz rotverschoben, da die Strahlungsübergänge zu angeregten Schwingungszuständen des Grundzustandes führen müssen (vgl.a. Abschn. 4.4.11).
b) Experimentelle Ergebnisse (mit Picosekunden-Laser und Molekularstrahl) für die IVR von Anthrazen: Links, zeitaufgelöste Daten für verschiedene Schwingungsanregungen, rechts die zugehörigen Fluoreszenzspektren (Aus P.M. Felker, A.H. Zewail: J. Chem. Phys., 82, 2975 (1985)). Ähnliche zeitaufgelöste Daten gibt es für Alkylaniline (J.S. Baskin, M. Dantus, A.H. Zewail: Chem. Phys. Lett., 130, 473 (1986)). Obwohl das Fluoreszenzspektrum stark überlagert ist (S.M. Beck, J.B. Hopkins, D.E. Powers, R.E. Smalley: J. Chem. Phys., 74, 43 (1981)), wurde hier kohärente Schwingungsbewegung (Quanteninterferenzen) beobachtet, was unvollständige IVR voraussetzt.

6 Energieübertragung zwischen Molekülen

der Fluoreszenz beobachtet werden kann, vgl. Bild 6.5. Solche intramolekularen Prozesse zerstören daher auch die Selektivität der anfänglichen Anregung.

6.1.8 Der CO_2-Laser

Der CO_2-Laser ist ein im Infraroten häufig benutztes Instrument. Er kann auf Linien zwischen 920 und 1080 cm^{-1} abgestimmt werden, wo viele Moleküle absorbieren und kann hohe Impulsenergien und Leistungsdichten (gepulst bis $10^3 \ldots 10^4$ MW/cm^2) liefern. Ein solches Gerät wird durch die oben besprochene V-V'-Kopplung zwischen den Normalschwingungen möglich gemacht.

Stickstoffmoleküle, die durch Elektronenstoß schwingungsangeregt sind,

$$N_2(v=0) + e^- \rightarrow N_2(v=1) + e^-,$$

wechselwirken leicht durch V-V'-Prozesse mit CO_2,

$$N_2(v=1) + CO_2(000) \leftrightarrow CO_2(001) + N_2(v=0), \qquad Q = -18 \text{ cm}^{-1} \quad (6.13)$$

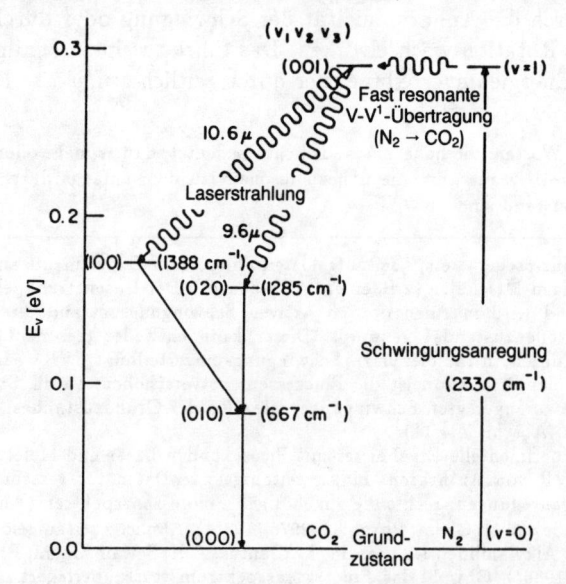

Bild 6.6 Niveauschema für den $N_2 - CO_2$-Laser: Schwingungsangeregte N_2-Moleküle sind die Quelle der Anregung der (001)-Schwingung des CO_2. Die Endzustände (100) und (020) des CO_2 werden durch V-V'-Übertragung entleert.

und bringen dadurch einen beachtlichen Teil des CO_2 in den 001-Zustand. Die Laseremission (Bild 6.6) erfolgt aus diesem:

$$CO_2(001) \rightarrow CO_2(100) + h\nu$$

oder $\quad CO_2(001) \rightarrow CO_2(020) + h\nu,$

vorausgesetzt, daß (a) der Verlust von $CO_2(001)$ durch Stöße gering gehalten wird, und (b) der Verlust von $CO_2(100)$ bzw. $CO_2(020)$ durch Stöße mindestens so groß ist, daß die Besetzung des oberen Zustands die des unteren übersteigt.

Die erste Bedingung ist wegen der Unwirksamkeit des V-V'-Energieübertrags aus dem 001-Zustand erfüllt, die zweite wegen der Entleerung der Zustände 020 und 100 durch die wirksamen Prozesse (6.10) und (6.11).

Der CO_2-Laser kann auch chemisch gepumpt werden. Zum Beispiel können schwingungsangeregte DF-Moleküle aus der schnellen exoergischen Reaktion

$$F + D_2 \rightarrow D + DF(v')$$

mit hohem Wirkungsgrad ihre Energie auf CO_2 übertragen:

$$DF(v') + CO_2(000) \rightarrow CO_2(001) + DF(v' - 1).$$

Von da an geht es wie bisher. Die notwendigen F-Atome kann man in der Vorläufer-Reaktion

$$NO + F_2 \rightarrow NOF + F$$

erzeugen. Auf diese Weise kann man durch bloßes Mischen von Flaschengasen (NO, F_2, D_2, CO_2) chemische Energie direkt in kohärente Infrarot-Laserstrahlung verwandeln.

Im Zentrum dieses Abschnitts stand das Konzept des zustandsspezifischen Ratenkoeffizienten für Energieübertragung und die große Variationsbreite dieser Raten. Im folgenden wollen wir die grundlegenden dynamischen Faktoren untersuchen, die diese bestimmen.

6.2 Einfache Modelle der Energieübertragung

6.2.1 Zwei Extremfälle

Der einfachste inelastische Vorgang, den man sich vorstellen kann, ist der kollineare Stoß zwischen einem Atom A und einem harmonischen Oszillator BC. In diesem Modell sind alle Atome an eine Gerade gebunden, und das Atom A trifft nur das benachbarte Atom des Oszillators, sagen wir B. Wir können zwei Grenzfälle betrachten: Wenn die „Feder" des Oszillators sehr *hart* ist, ist BC praktisch ein starrer Körper. Wenn A mit ihm zusammenstößt, wird alle Energie, die A verliert, auf das „strukturlose" Molekül BC in Form kinetischer Energie seiner Schwerpunktsbewegung übertragen. Mit anderen Worten: Nachdem A an B gestoßen ist, fliegen die Atome B und C zusammen weg, ohne daß sich ihre Relativgeschwindigkeit ändert. Im Grenzfall eines starren Moleküls ist der Stoß rein elastisch, die gesamte kinetische Energie ändert sich nicht.

Das entgegengesetzte Extrem ist das einer sehr *weichen* „Feder" des Oszillators. Jetzt ist das Atom C so schwach an B gekoppelt, daß es kaum auf eine Geschwindigkeitsänderung von B reagiert. Im Grenzfall verschwindender Kraftkonstante des Oszillators ist Atom C nur ein Zuschauer des Stoßes von A auf B. Jede Geschwindigkeitsänderung von B ist daher eine Änderung der Relativgeschwindigkeit von BC und daher der Schwingungsenergie von BC.

Betrachten wir einen kollinearen Stoß A + BC, wo BC anfangs ruhen möge. Im Grenzfall, in dem C nur Zuschauer ist, ist die Geschwindigkeit v'_B nach dem Stoß mit A gleichzeitig die Relativgeschwindigkeit von BC nach dem Stoß. Die Schwingungsenergie ist dann (vgl. Abschn. 2.2)

$$\Delta E_{\text{vib}} = \frac{1}{2}\mu_{BC}(v'_B)^2. \tag{6.14}$$

Dabei ist $\mu_{BC} = m_B m_C/(m_B m_C)$ die reduzierte Masse von BC. Bild 6.7 zeigt die Impulsbilanz, wenn C Zuschauer ist. Der Anfangsimpuls von A, P_A teilt sich nach dem elastischen Zusammentreffen von A und B zwischen diesen so auf, daß Energie und Impuls erhalten bleiben:

$$P_A = m_B v'_B + m_A v'_A, \qquad \frac{P_A^2}{2m_A} = \frac{1}{2}(m_B v'^2_B + m_A v'^2_A).$$

Daher können wir die Endgeschwindigkeit von B ausrechnen: $v'_B = 2P_A/(m_A + m_B)$. Nun ist die Anfangsenergie der Relativbewegung zwischen A und BC

$$E_{\text{tr}} = \frac{1}{2}\mu v_A^2 = \frac{1}{2}\frac{\mu}{m_A^2}P_A^2, \tag{6.15}$$

wo μ die reduzierte Masse ist: $\mu = m_A m_{BC}/(m_A + m_{BC})$ mit $m_{BC} = m_B + m_C$. Aus (6.15) und (6.14) folgt dann in kompakter Form

$$\Delta E_{\text{vib}}/E_{\text{tr}} = 4\cos^2\beta\sin^2\beta = \sin^2 2\beta \leq 1. \tag{6.16}$$

Hier tritt wieder der allgegenwärtige Massenfaktor

$$\cos^2\beta = \frac{m_A m_C}{(m_A + m_B)(m_B + m_C)} \tag{6.17}$$

6.2 Einfache Modelle der Energieübertragung

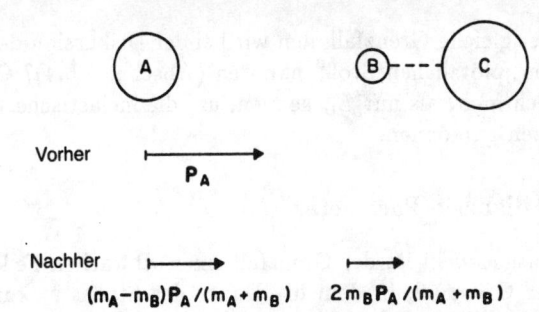

Bild 6.7 Impulserhaltung für das Zuschauer-Modell: P_A ist der Anfangsimpuls von A, $P_B = 0$ der von B. Nach dem Stoß ist $P'_A = (m_b - m_a)P_A/(m_a + m_b)$ und $P'_B = 2m_b P_A/(m_a + m_b)$, die Summe ist wieder P_A. (Nach B.H. Mahan, J. Chem. Phys., 52, 5221 (1970))

von Gl. (4A.4) auf. Wenn also C Zuschauer ist, so ist der Bruchteil der Stoßenergie, der in die Schwingung von BC übertragen wird, ein fester, durch die Massen vorgegebener Wert. Das ist der *Grenzfall verschwindender Kraftkonstante* von BC. Wenn daher A nur mit B wechselwirkt, so liefert (6.16) für den allgemeinen Fall eine *obere Grenze* für den relativen Energieübertrag. Bild 6.8 zeigt experimentelle Ergebnisse für den Stoß

$$K^+ + H_2 \rightarrow K^+ + H_2(v).$$

Bei hohen Stoßenergien ist die beobachtete wahrscheinlichste relative Energieübertragung in guter Übereinstimmung mit der oberen Grenze (6.16). Warum aber wird dieser Grenzfall erst bei ziemlich hohen Energien erreicht?

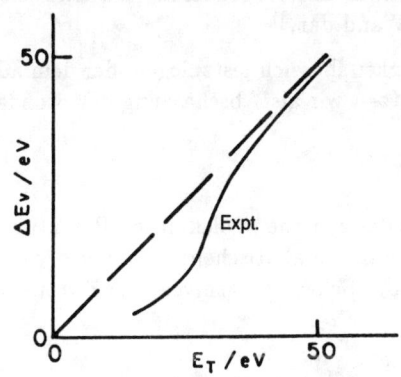

Bild 6.8 Experimentelle Daten für den wahrscheinlichsten Wert der übertragenen Schwingungsenergie als Funktion der Stoßenergie E_{tr} für das System $K^+ + H_2$. Gestrichelt ist die Vorhersage des Zuschauer-Modells. (Nach H. van Dop, A.J.H. Boerboom, J. Los: Physica, 54, 223 (1971))

6 Energieübertragung zwischen Molekülen

Ist das nicht der gleiche Grenzfall, den wir bei der Diskussion der Rotationsanregung einen „plötzlichen Stoß" nannten (Abschn. 5.6.4)? Offensichtlich müssen wir noch mehr als nur E_{tr} kennen, um die inelastische Energieübertragung schätzen zu können.

6.2.2 Der Adiabasie-Parameter

Physikalisch ausgedrückt ist der Grenzfall einer schwachen Feder des Oszillators auch der Grenzfall, in dem die Dauer des Stoßes t_c kurz gegen die Oszillatorperiode $t_v = \nu^{-1} = 2\pi(\mu_{BC}/k)^{1/2}$ ist:

$$t_c \ll t_v \quad \text{oder} \quad t_c \nu \ll 1. \tag{6.18}$$

Hier ist k die Kraftkonstante und ν die Oszillatorfrequenz. Da die Stoßdauer mit steigender Relativgeschwindigkeit abnimmt, ist (6.18) der Grenzfall hoher Geschwindigkeit oder der „plötzliche" Grenzfall. Das entgegengesetzte Extrem

$$t_c \gg t_v \quad \text{oder} \quad \nu t_c \gg 1 \tag{6.19}$$

ist der Grenzfall niedriger Geschwindigkeit oder der *adiabatische Grenzfall*. In diesem Fall ist die Energieübertragung sehr wenig wirksam. Die Dauer des Stoßes ist lang verglichen mit der Oszillatorperiode, der Stoß und die von ihm veranlaßte Störung verlaufen langsam. Der Oszillator kann sich an die Störung anpassen, in unserer früheren Sprechweise stellt er eine starre, nicht nachgebende Wand dar.[8]

Um den Geschwindigkeitsbereich festzulegen, der dem adiabatischen Grenzfall entspricht, benutzen wir als Abschätzung der Stoßdauer

$$t_c = \frac{a}{v}, \tag{6.20}$$

wo a die Reichweite des zwischenmolekularen Potentials und v die Relativgeschwindigkeit sind. Im adiabatischen Fall ist $v \leq a/t_v$ oder, ausgedrückt durch den Abstand der Schwingungsniveaus $\Delta E = h\nu = h/t_v$,

$$v \leq \frac{a\Delta E}{h} = a\nu. \tag{6.21}$$

---

[8] Wegen $t_c \gg t_v$ „sieht" das stoßende Atom A, dessen Zeitskala t_c ist, nur die *mittlere* Lage des Oszillators und reagiert nicht auf die Schwingungen um diese Mittellage.

6.2 Einfache Modelle der Energieübertragung

Für viele zweiatomige Moleküle ist $\nu \simeq 10^{13}$ s^{-1}, und mit einem geschätzten a von 2 Å erhalten wir $v < 2$ km s^{-1}. Bei gewöhnlichen Temperaturen, bei denen die Gasgeschwindigkeiten eine Größenordnung kleiner sind, sind wir daher für die Übertragung von Schwingungsenergie durch Stöße im adiabatischen Bereich.

Wir können unsere qualitativen Betrachtungen zusammenfassen, indem wir den *Adiabatizitäts-Parameter* ξ einführen:

$$\xi = \frac{t_c}{t_v} = \frac{a|\Delta E|}{h\nu}. \tag{6.22}$$

ΔE ist hier ein Maß für den mittleren Energieübertrag von der Translation in die Schwingung oder umgekehrt, so daß ΔE ungefähr gleich der Translationsexoergizität ist. *Große Werte von ξ entsprechen adiabatischen* Stößen, bei denen die Energieübertragung wenig wirksam ist. Unterhalb von $\xi \simeq 1$ beginnt das Gebiet wirksamer Übertragung, und für $\xi \ll 1$ sind wir im Bereich des *„plötzlichen"* Stoßes oder des *Zuschauer*-Modells.

Ähnliche Betrachtungen gelten für die Energieübertragung in die Rotation bzw. aus derselben, wobei der Adiabatizitäts-Parameter mittels der Rotationsperiode t_{rot} zu

$$\xi = \frac{t_c}{t_{rot}} \tag{6.23}$$

definiert wird.

Die Abstände zwischen Rotationsniveaus sind (mit Ausnahme der Hydride) zwei bis drei Größenordnungen kleiner als die der Schwingung. Daher ist für T-R-Übertragung der adiabatische Geschwindigkeitsbereich gewöhnlich unterhalb von 100 m/s. Bei gewöhnlichen Temperaturen ist daher die T-R-Energieübertragung im „plötzlichen" Bereich, daher kann die Rotationsrelaxation mühelos erfolgen (Bild 6.1).

Diese Abschätzung des Adiabasie-Parameters für die Energieübertragung in die bzw. aus der Rotation hängt mit den Überlegungen von Abschn. 5.6.4 zusammen, die auf

$$\xi = \frac{|\Delta E|}{h\omega} \tag{6.24}$$

führten, wo ω Winkelgeschwindigkeit v/a auf der Stoßbahn ist. Da für den Übertrag von Rotationsenergie $\Delta E = h\omega_{rot}$ gilt, wo ω_{rot} die Winkelgeschwindigkeit des Moleküls ist, gilt $\xi = \omega_{rot}/\omega$, so daß ξ gleich dem Verhältnis der Winkelgeschwindigkeiten von Rotation und Bahn ist.

6.2.3 Die „Exponentiallücke"

Ein quantitativeres Verfahren ist die Einführung einer „Resonanzfunktion" $R(\xi)$, die die Wirksamkeit der Energieübertragung bei gegebenem Wert von ξ beschreibt. Wenn $\langle \Delta E \rangle$ der mittlere Energieübertrag pro Stoß ist, definiert man $R(\xi)$ durch

$$\frac{\langle \Delta E \rangle}{E_{\text{tr}}} = \frac{\langle \Delta E \rangle_0}{E_{\text{tr}}} R(\xi). \tag{6.25}$$

Dabei ist $\langle \Delta E \rangle_0$ der mittlere Energieübertrag im plötzlichen Grenzfall ($\xi = 0$). Die genaue Berechnung der Resonanz-, oder besser Fehlanpassungs-Funktion würde natürlich die Kenntnis der Stoßdynamik erfordern. Wir werden aber gleich sehen, daß, wenigstens für $\xi > 1$, $R(\xi)$ durch

$$R(\xi) \simeq \exp(-\xi) \tag{6.26}$$

angenähert werden kann. Dieser exponentielle Abfall des Wirkungsgrades der Energieübertragung mit steigendem ξ ist eine wichtige Faustformel. Abweichungen von dieser Regel (s. z.B. Abschn. 6.6) sind ein diagnostischer Hinweis dafür, daß ganz besondere Bedingungen vorherrschen.

Einen Hinweis auf die physikalische Bedeutung der „Resonanzfunktion" $R(\xi)$ erhält man durch unser Modell eines kollinearen Stoßes A + BC. $R(\xi)$ war sehr klein, wenn es schwer war, den Impuls von B relativ zu C zu ändern („harte Feder"), während es im umgekehrten Fall groß war. $R(\xi)$ ist also ein Maß für die Leichtigkeit, mit der die BC-Bindung ihren Impuls ändert. Mit anderen Worten ist $R(\xi)$ ein quantitatives Maß für eine Art Franck-Condon-Prinzip, das besagt, daß die Kerne „ungern" ihre Impulse merklich ändern. Sind p und p' die Impulse vor und nach dem Stoß, so können wir den Adiabasie-Parameter auch als

$$\xi = (p - p')\frac{a}{h} = |\Delta E|\frac{a}{hv} \tag{6.27}$$

schreiben. Um die Gleichwertigkeit mit Gl. (6.22) zu zeigen, setzen wir $p - p' = (p^2 - p'^2)/(p + p')$; wegen $v \approx (p + p')/2\mu$ ist dann $p - p' \approx \Delta E/v$: Je größer die Impulsänderung der Kerne, um so größer wird ξ.

Wir können jetzt die notwendigen Bedingungen für wirksame Energieübertragung zusammenfassen: Bei gegebener Energielücke ΔE *wird $R(\xi)$ bei kleinen Geschwindigkeiten, $v \ll a\Delta E/h$ exponentiell klein* und nimmt mit größerer Geschwindigkeit zu. Dies ist die für die Stoßtheorie nützlichste Formulierung. Eine indirekte Folge dieses „Gesetzes der Exponentiallücke" (exponential gap law) ist eine starke positive Temperaturabhängigkeit der V-T-Relaxationsrate. Für die meisten zweiatomigen Moleküle wird diese

6.2 Einfache Modelle der Energieübertragung

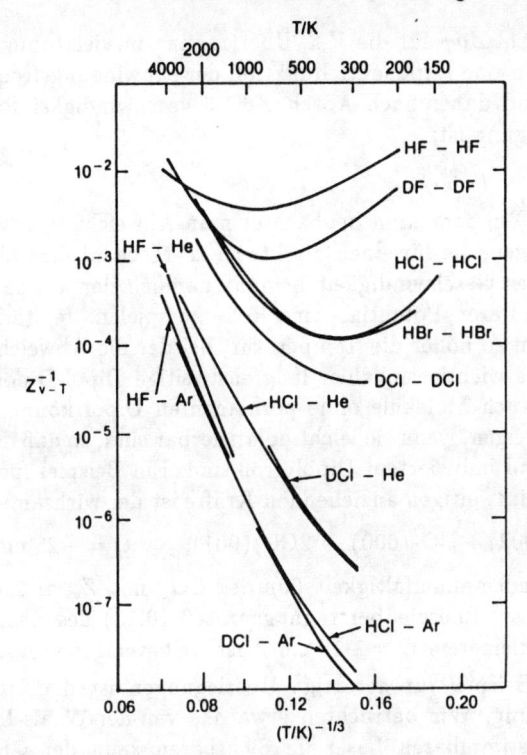

Bild 6.9 Landau-Teller-Darstellung der der Schwingungsrelaxation als Funktion der Temperatur für verschiedene Halogenwasserstoffe; dargestellt ist Z_{V-T}^{-1} gegen $T^{-1/3}$. Ein lineares Verhalten findet man nur bei hohen Temperaturen. Bei tiefen Temperaturen verstärkt das langreichweitige, anziehende Dipol-Dipol-Potential den Relaxationsprozeß. (Nach Ben-Shaul et al. (1981))

Abhängigkeit am besten durch die sog. *Landau-Teller-Formel* wiedergegeben (vgl. Bild 6.9):

$$(\ln P\tau)^{-1} = A - BT^{-1/3}, \tag{6.28}$$

die von der Arrhenius-Formel für die Temperaturabhängigkeit bimolekularer Ratenkoeffizienten völlig verschieden ist. Die Theorie zeigt, daß (6.28) zu erwarten ist, wenn der inelastische Streuquerschnitt exponentiell von der Stoßenergie abhängt:

$$\sigma_{VT} \propto \exp(-v_0/v). \tag{6.29}$$

Der Parameter v_0 wird dabei als nahezu lineare Funktion der Schwingungsfrequenz gefunden, was man wegen (6.21) erwartet. Ähnlich findet man, daß die Stoßzahl Z_{VT} für die V-T-Übertragung in vielatomigen Molekülen näherungsweise eine Exponentialfunktion der Schwingungsfrequenz ν_{min} der *niedrigsten*, und daher nach Abschn. 6.1.5 geschwindigkeitsbestimmenden Normalschwingung ist:

$$\log Z_{vt} \propto \nu_{min}. \tag{6.30}$$

Bei niedrigen Temperaturen beobachtet man Abweichungen von den einfachen Vorhersagen, die für einen direkten V-T-Mechanismus abgeleitet wurden. Bei kleiner Geschwindigkeit beginnt nämlich der anziehende Teil des zwischenmolekularen Potentials eine Rolle zu spielen. Je stärker diese Anziehung ist, um so höher die Temperatur, bei der die Abweichungen beginnen. Besonders wichtig sind hier langreichweitige Dipol-Dipol-Kräfte (Abschn. 3.2.4). Auch Moleküle ohne permanenten Dipol können starke V-T-Übertragung zeigen, wenn sie leicht polarisierbar sind, so daß die Kräfte zwischen Dipol und induziertem Dipol groß sind. Ein Beispiel für die Wichtigkeit der langreichweitigen anziehenden Kräfte ist der wirksame V-V'-Prozeß

$$CO_2(002) + CO_2(000) \to 2CO_2(001), \quad Q = -25 \text{ cm}^{-1},$$

der die Zustandsmannigfaltigkeit $00p$ des CO_2 mit $Z_v \simeq 2$ entleert (Abschn. 6.1.6). Der Energieübertragungsprozeß (6.13) des nichtpolaren N_2-Moleküls mit kleinerem $Q = -18$ cm^{-1} ist weit weniger wirksam.

Ein weiteres Beispiel für derartige Überlegungen ist die *intra*molekulare V-T-Übertragung. Wir betrachten etwa das van-der-Waals-Molekül HeI$_2$. Mit einem abstimmbaren Laser im Sichtbaren kann der Chromophor I_2 dieses van-der-Waals-Moleküls in spezifische Schwingungsniveaus eines gebundenen, elektronisch angeregten Zustands gebracht werden. Der Topf der He-I$_2$-Bindung ist sehr flach, daher besteht ein beträchtliches Mißverhältnis zwischen der Schwingungsfrequenz der Bindung I-I im angeregten I_2^* und derjenigen der Bindung He-I$_2$. Die ständigen „Stöße" des He gegen das I_2^* bewirken jedoch gelegentlich den Verlust eines Schwingungsquantums im I_2^*, dessen Energie in die Relativbewegung He-I$_2^*$ geht. Da sie die Topftiefe bei weitem überschreitet, dissoziiert das He-I$_2$-Molekül. Dieser Vorgang läßt sich durch Fluoreszenz aus Schwingungsniveaus des I_2^* nachweisen, die niedriger liegen als das ursprünglich angeregte Niveau. Die Lebensdauer des He-I$_2^*$ kann als reziproke „Stoßzahl" abgeschätzt werden, nämlich als Schwingungsfrequenz der He-I$_2^*$-Bindung multipliziert mit der Wahrscheinlichkeit pro Stoß, daß die Schwingung des I_2^* desaktiviert wird. Bild 6.10 zeigt in logarithmischer Darstellung berechnete Lebensdauern solcher van-der-Waals-Moleküle aufgetragen gegen den Adiabasieparameter $\xi = a|\Delta p|/h$, wo Δp die Impulsänderung der van-der-Waals-Bindung bei der Dissoziation ist.

6.2 Einfache Modelle der Energieübertragung

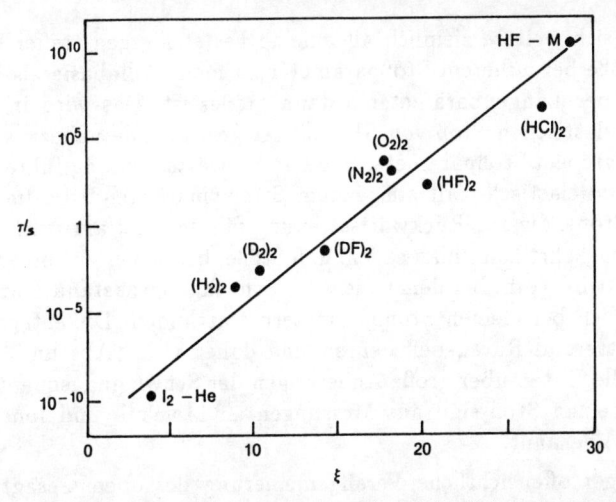

Bild 6.10 Korrelation zwischen der „Impulslücke" ξ und der Lebensdauer τ für die unimolekulare Dissoziation von van-der-Waals-Molekülen, die in der chemischen (nicht der van der Waals-) Bindung angeregt wurden [Nach G.E. Ewing: J. Chem. Phys., 71, 3143 (1979)). Berechnete Lebensdauern (s.a. A. Beswick, J. Jortner: Adv. Chem. Phys., 47, 363 (1981)) sind als Funktion des Parameters $\xi = p'/\alpha\hbar$ aufgetragen, wo $p' = 2\mu' E'$ der relative Impuls der Fragmente ist, $\alpha = 1/a$ der Reichweite-Parameter der als Morse-Potential behandelten van-der-Waals-Bindung ($\alpha \equiv \rho$ von Gl. (6.32))]

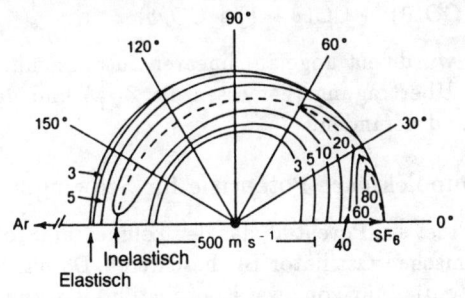

Bild 6.11 Höhenliniendarstellung des Geschwindigkeitsflusses im Schwerpunktsystem für die Streuung von SF_6 an Ar. Sie zeigt den Zuwachs an Inelastizität (Schwingungsanregung) mit steigendem Streuwinkel ϑ. Die Höhenlinien wurden aus beobachteten Geschwindigkeitsverteilungen bei verschiedenen Laborwinkeln konstruiert, die ins Schwerpunksystem umgerechnet wurden. Die Intensitätsskala geht von 100 (für Vorwärtsstreuung) bis herunter zu 3. Der äußere Kreis ist die Ortslinie für elastische Streuung, die gestrichelte Linie verbindet die inelastischen Maxima. Beider Abstand ist ein Maß für die wahrscheinlichste Energieübertragung, die mit ϑ zunimmt. Im Experiment wurde ein Überschallstrahl von SF_6 in He bei $E_{tr} = 0.73$ eV benutzt. (Nach J. Eccles, G. Pfeffer, E. Piper, G. Ringer, J.P. Toennies: Chem. Phys., 89, 1 (1984))

6 Energieübertragung zwischen Molekülen

Es lassen sich weitere ziemlich allgemeine Feststellungen treffen. Z.B. tendieren Stöße bei höherem Stoßparameter zu mehr Adiabasie als bei niederem, weil der Längenparameter a dann größer ist. Das wird in Bild 6.11 für den inelastischen Stoß von SF_6 mit Ar gezeigt. Die nahezu streifenden Stöße bei großem Stoßparameter, die zur Vorwärtsstreuung führen, sind im wesentlichen elastisch. Mit steigendem Streuwinkel steigt die Inelastizität. Zentrale Stöße, die zur Rückwärtsstreuung führen, sind am stärksten inelastisch. Umgekehrt kann man sagen, daß Stöße, bei denen viel innere Energie umgesetzt wird (d.h. bei denen sich der Schwingungszustand stark ändert) hauptsächlich bei kleinen Stoßparametern stattfinden. Die entsprechenden Querschnitte und Ratenkoeffizienten sind daher klein (Abschn. 3.3.5). Experimentelle Daten über große Änderungen der Schwingungsquantenzahl in einem einzelnen Stoß sind aus Messungen an Molekül- und Ionenstrahlen (Kapitel 5) bekannt.

Eine weniger offensichtliche Verallgemeinerung des oben Gesagten ist es, daß Energie leichter in den angeregten Zustand eines Oszillators hinein oder aus ihm heraus übertragen wird, als in den Grundzustand. Der physikalische Grund ist die größere Schwingungsamplitude des angeregten Oszillators. Experimentell kann das geprüft werden, indem man den Wirkungsgrad eines V-T-Übertragungsprozesses als Funktion der Schwingungsenergie vor dem Stoß mißt. Das ist für den Prozeß

$$CO(v) + CO(0) \rightarrow CO(v-1) + CO(1)$$

geschehen. Dabei wurde ein ungefähr linearer Zusammenhang zwischen der Wirksamkeit der Übertragung (gemessen als Z_{VT}^{-1}) und dem anfänglichen Schwingungszustand gefunden.

6.2.4 Zwischenmolekulare Potentiale für Schwingungsanregung

Der einfachste Fall ist ein Potential, das den kollinearen Stoß eines Atoms A mit einem harmonischen Oszillator BC beschreibt. Da das System kollinear ist, hängt das Potential nur von zwei Koordinaten, den Bindungsabständen R_{AB} und R_{BC}, ab. Ist das Atom A weit entfernt, so ist der einzige Beitrag zum Potential das harmonische Potential des Oszillators BC. Wir nehmen jetzt an, daß die Wechselwirkung von A mit BC *nur* vom Abstand R_{AB} abhängt. Dann ist das Gesamtpotential des dreiatomigen Systems die Summe zweier Teile (Bild 6.12):

$$V_{ABC}(R_{AB}, R_{BC}) = V_{BC}(R_{BC}) + V(R_{AB}). \qquad (6.31)$$

$V(R_{AB})$ ist hier das zwischenmolekulare Potential. In realistischer Näherung

6.2 Einfache Modelle der Energieübertragung 373

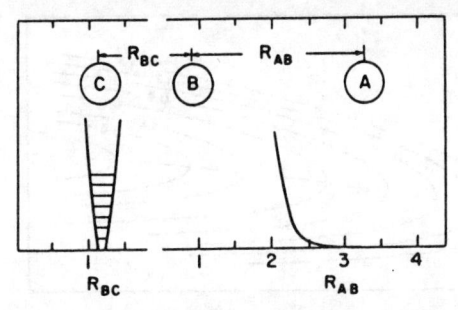

Bild 6.12 Potentiale für den kollinearen Stoß eines Atoms A mit einem harmonischen Oszillator BC. Links ist das harmonische Potential für BC (mit Schwingungsniveaus) gezeigt, rechts die exponentielle (Born-Mayer-) Abstoßung zwischen A und B.

beschreibt man es als exponentielle Abstoßung (Abschn. 2.1.7)

$$V(R_{AB}) = A \cdot \exp(-R_{AB}/\rho). \tag{6.32}$$

In der hier betrachteten Anwendung heißt es dann Landau-Teller-Potential.

Eine Höhenlinien-Darstellung (Abschn. 4.2) für diesen Fall wird in Bild 6.13 gezeigt. Der Stoßweg (Weg minimaler Energie) ist die Linie, die die Gleichgewichtsabstände des Oszillators für verschiedene Werte von R_{AB} verbindet. Sowie sich das Atom nähert, wird der Oszillator komprimiert. Bewegt es sich langsam, so ist diese Kompression und die darauffolgende Entlastung der „Feder" sanft, und der Oszillator bleibt im Stoß unverändert. Das ist der adiabatische Grenzfall. Ist die Annäherung des Atoms sehr schnell, so hinterläßt die schnelle Kompression einen heftig schwingenden Oszillator. Das ist der „plötzliche" Grenzfall.

Bild 6.13 zeigt zusätzlich eine Stoßtrajektorie für jeden der soeben besprochenen Fälle. Während beide gleichartig beginnen, zeigt die Trajektorie mit der hohen Geschwindigkeit bald eine große Schwingungsamplitude, die durch Umwandlung anfänglicher Translationsenergie in Schwingungsenergie des Diatoms entsteht.

Das Landau-Teller-Potential (Gl. (6.32)) kann in die Summe eines zentralen Anteils und eines Terms, der den Oszillator verändert, umgeformt werden. Wir schreiben den Relativabstand von A bis zum Schwerpunkt von BC als

$$R = R_{AB} - \gamma R_{BC} \tag{6.33}$$

mit $\gamma = m_C/(m_B + m_C) < 1$. Dann gilt

6 Energieübertragung zwischen Molekülen

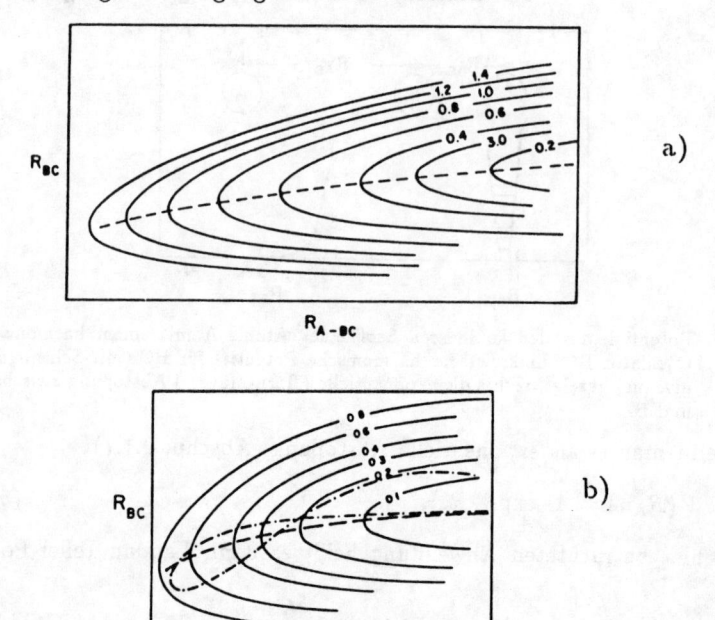

Bild 6.13 a) Höhenlinienkarte des in Bild 6.12 gezeigten Potentials (beliebige Energieeinheiten); die gestrichelte Linie ist der Weg minimaler Energie. Man beachte die „Kompression" der BC-Bindung bei der Annäherung des Atoms.
b) Zwei Stoßtrajektorien in einem Landau-Teller-Potential, in beiden Fällen ohne anfängliche Schwingungsanregung des BC. Die niederenergetische, „adiabatische" Trajektorie (gestrichelt) läuft auf demselben Weg heraus wie herein. Die hochenergetische, „plötzliche" Trajektorie (strichpunktiert) zeigt beim Auslaufen Schwingungsanregung der BC-Bindung. (Nach M. Attermeyer, R.A. Marcus: J. Chem. Phys., 52, 393 (1970))

$$\begin{aligned} V(R_{AB}) &= A \cdot \exp\left[-(R - \gamma R_{BC})/\rho\right] \\ &= A \cdot \exp\left[-(R - \gamma R_{BC}^e)/\rho\right] \exp\left[\gamma x/\rho\right] \\ &= A \cdot \exp\left[\gamma R_{BC}^e/\rho\right] \exp\left[-R/\rho\right] \exp\left[\gamma x/\rho\right] \\ &= A' \exp\left[-R/\rho\right] \{1 + \gamma x/\rho + \ldots\}, \end{aligned} \qquad (6.34)$$

wo $x = R_{BC} - R_{BC}^e$ und R_{BC}^e der Gleichgewichtsabstand des Diatoms BC sind. $A' = A \exp(\gamma R_{BC}^e/\rho)$ ist eine von R und x unabhängige Konstante. Das so geschriebene Potential zeigt deutlich, daß wir es mit einem *Zentral*potential zu tun haben, das durch einen Term *modifiziert* ist, der der Tatsache Rechnung trägt, daß der Oszillator BC nicht ein starres, strukturloses Teilchen ist, d.h. daß R_{BC} von seinem Gleichgewichtswert abweichen kann.

6.2.5 Schwingungsübertragung im Landau-Teller-Modell

Die Dynamik im Landau-Teller-Potential kann sowohl quantenmechanisch wie klassisch numerisch berechnet werden. Angenäherte, dafür aber analytische Formeln bekommt man in der Näherung des „klassischen Wegs" (classical path), bei der man die Kenntnis des Relativasbstands $R(t)$ während des ganzen Stoßes als bekannt annimmt (Abschn. 5.5.3). Man findet dann, daß die Verteilung der Schwingungszustände des harmonischen Oszillators nach dem Stoß nur von *einem* reduzierten Parameter abhängt, z.B. von $\bar{v} = \langle \Delta E_{\text{vib}} \rangle / h\nu$, dem mittleren Energieübertrag in Einheiten des Schwingungsquants. Wenn der Oszillator anfangs im Grundzustand ist, hat die Verteilung der Endzustände ein einziges Maximum und wird explizit durch die Poisson-Verteilung

$$P_v = \frac{\bar{v}^v}{v!} \exp(-\bar{v}) \tag{6.35}$$

gegeben. Man weist sofort nach, daß

$$\sum_v P_v = 1$$

und $\quad \sum_v E_v P_v = \langle \Delta E_{\text{vib}} \rangle. \tag{6.36}$

Verteilungen des Typs (6.35) sind in der Tat in hochenergetischen Atom-Molekül-Stößen beobachtet worden. Bild 6.14 zeigt eine Anpassung dieser analytischen Form an die Flugzeitspektren der inelastischen Streuung

$$H^+ + CF_4 \rightarrow H^+ + CF_4(n\nu_3)$$

bei der Stoßenergie 18.3 eV. Die angeregte Normalschwingung ν_3 ist die am stärksten infrarotaktive Schwingung des CF_4. Die Anregung der ebenfalls IR-aktiven Schwingung ν_4 wurde ebenfalls beobachtet.

Eine Bedingung für die Gültigkeit von (6.35) ist, wie gesagt, die Näherung der klassischen Flugbahn, die ihrerseits voraussetzt, daß der relative Energieverlust $\Delta E / E_{\text{tr}}$ klein ist. Das ist für das Beispiel von Bild 6.15 in der Tat der Fall. Eine andere Situation, in der diese Annahme gerechtfertigt ist, ist die Photodissoziation, wenn bei dieser das dreiatomige Molekül auf eine abstoßende Potentialfläche gebracht wird. Während des „Halbstoßes", bei dem das Atom sich vom Diatom entfernt, sind Translation und Schwingung gekoppelt. Ein weiteres Beispiel, das in Abschn. 6.6.2 diskutiert wird, ist das Löschen elektronisch angeregter Atome durch zweiatomige Moleküle.

6 Energieübertragung zwischen Molekülen

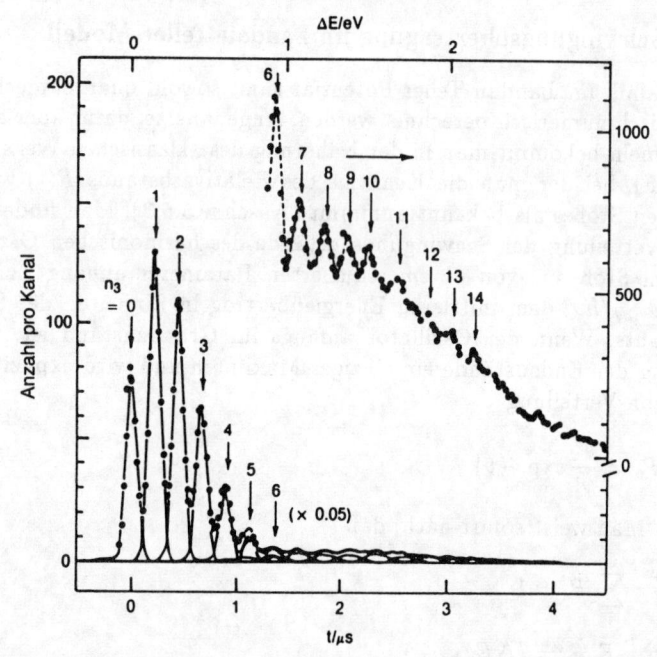

Bild 6.14 Flugzeitspektren von bei 5° gestreuten H$^+$-Ionen aus inelastischen Stößen von H$^+$ mit CF$_4$ bei $E_{tr} = 18.5$ eV. Untere Abszisse: Flugzeit, obere: Energieverlust ΔE. Die Punkte sind experimentelle Daten, die Kurven berechnet unter der Annahme, daß die ν_3-Schwingung eine Anregung n_3 nach Gl. (6.35) erfährt. (Nach M. Noll, J.P. Toennies: Chem. Phys. Lett., 108, 297 (1984))

Die in Bild 6.14 gezeigten experimentellen Ergebnisse gehören zu einem festen Streuwinkel und daher näherungsweise zu festem Stoßparameter.[9] Es existiert daher eine gut definierte klassische Bahn $R(t)$. Mit (6.34) ergibt sich dann

$$\bar{v} = \frac{\langle \Delta E_{\text{vib}} \rangle}{h\nu} = \left| \int_{-\infty}^{-\infty} \exp\left(\frac{-R(t)}{\rho}\right) \exp(2\pi i \nu t)\, dt \right|^2. \qquad (6.37)$$

Für kollineare Stöße führt (6.37) zu

$$\frac{\langle \Delta E_{\text{vib}} \rangle}{E_{tr}} = 4\cos^2\beta \sin^2\beta \left(\frac{\xi}{2}\operatorname{cosech}\frac{\xi}{2}\right)^2, \qquad (6.38)$$

---

[9] Näherungsweise deswegen, weil das zwischenmolekulare Potential nicht genau zentral ist.

wo ξ jetzt durch[10]

$$\xi = \frac{2\pi\omega\rho}{v} \tag{6.39}$$

gegeben ist. Im plötzlichen ($\xi \to 0$) bzw. adiabatischen ($\xi \to \infty$) Grenzfall ist

$$\frac{\langle \Delta E_{\text{vib}} \rangle}{E_{\text{tr}}} = 4\cos^2\beta \sin^2\beta \cdot \begin{cases} 1 & \text{für } \xi \to 0 \\ \xi^2 \exp(-\xi) & \text{für } \xi \to \infty \end{cases} \tag{6.40}$$

Der exponentielle Abfall der Energieübertragung im adiabatischen Bereich geht daraus klar hervor.[11]
Wenn der Oszillator zu Beginn des Stoßes nicht im Grundzustand ist, zeigt die Verteilung der Endzustände eine oszillierende Interferenzstruktur. Ein

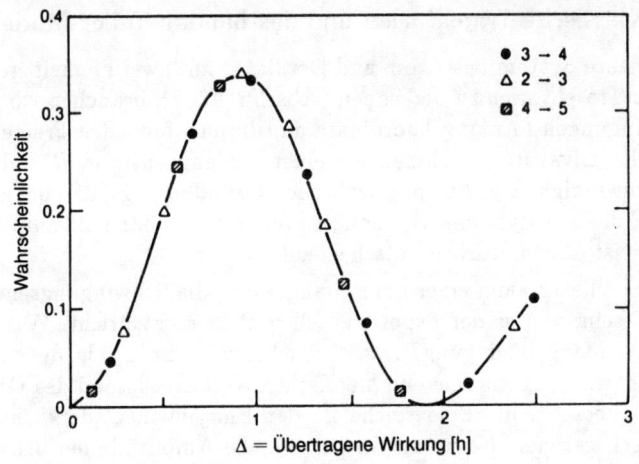

Bild 6.15 Übergangswahrscheinlichkeit für die Schwingungsanregung $\Delta v = 1$ eines harmonischen Oszillators in einem kollinearen Atomstoß aufgetragen gegen die übertragene Wirkung Δ. Man beachte, daß $\bar{v}$ von Gl. (6.41) gleich $2\Delta_{v,v+1}$ ist. Die Punkte stammen aus exakten Quantenrechnungen, die Kurve ist die halbklassische Gl. (6.41). (Nach R.D. Levine, B.R. Johnson: Chem. Phys. Lett., 8, 501 (1971))

---

[10] Man beachte, daß (6.39) sich von (6.22) um einen Faktor 2π unterscheidet. Sein Ursprung ist der folgende: Für eine harmonische Bewegung ist $R_{BC} = A \cdot \sin 2\pi t/t_v$, wo A die Amplitude ist. Wenn der Oszillator sich während einer Zeit t_v kaum bewegen soll, muß $2\pi t_c/t_v \ll 1$ sein. Daher ist ξ in Wirklichkeit $2\pi t_c/t_v$ und nicht einfach t_c/t_v.
[11] Man beachte, daß $\text{cosech}\,\xi = 2/[\exp\xi - \exp(-\xi)]$. Für kleine ξ ist $\exp\xi \approx 1+\xi$, für große ξ kann man $\exp(-\xi)$ vernachlässigen.

geschlossener Ausdruck dafür existiert, doch sieht man die oszillierende Abhängigkeit am besten aus seinem halbklassischen Grenzwert ($r = |v - v'|$)

$$P(r) = |J_r(\bar{v})|^2. \qquad (6.41)$$

$J_r(\bar{v})$ ist dabei die Bessel-Funktion der Ordnung r zum Argument $\bar{v}$ (Bild 6.15). Oszillationen treten für $\bar{v} > r$ auf, d.h. für Übergänge, bei denen die Quantenzahl nach dem Stoß nicht um mehr als $\bar{v}$ von derjenigen vor dem Stoß verschieden ist. Der wahrscheinlichste Übergang (erstes und höchstes Maximum der Verteilung) liegt bei $|v - v'| = 2\bar{v}/\pi - \frac{1}{2}$. Für größere Werte von Δv ist der Abfall exponentiell wie in Gl. (6.35).

Den Ursprung der Interferenzen sieht man am besten, indem man klassische Trajektorien betrachtet, wie wir es jetzt tun wollen.

6.2.6 Klassische Trajektorien und das Landau-Teller-Modell

Das kollineare System aus Atom und Oszillator hat zwei Freiheitsgrade. Um klassische Trajektorien zu berechnen (Abschn. 4.3.2), brauchen wir vier Anfangsbedingungen (Anfangskoordinate und Impuls für jeden Freiheitsgrad). Für den Relativabstand nehmen wir einen Anfangsabstand R und die Anfangsgeschwindigkeit v. Aus physikalischen Gründen folgt, daß bei genügend großem R die Stoßdynamik von dessen Wert nicht abhängen kann. Der Einfluß von v ist aber natürlich entscheidend.

Für den Oszillator kann einer der Anfangswerte die Schwingungsenergie vor dem Stoß sein, wie es der experimentellen Praxis entspricht. Was aber ist die zweite Anfangsbedingung? Dazu brauchen wir eine Größe, die zusammen mit der Schwingungsenergie den klassischen Anfangszustand des Oszillators vollständig beschreibt. Eine solche ist der Phasenwinkel der Schwingung. Physikalisch gesehen, bestimmt die Energie die Amplitude der Schwingung, während die Phase die momentane Aufteilung der Energie in kinetische und potentielle festlegt. Ein Phasenwinkel $\varphi = 0$ entspricht der Gleichgewichtslage des Oszillators, in der alle Energie kinetisch ist, während $\varphi = \pm\pi/2$ den Umkehrpunkten entspricht, in denen nur potentielle Energie vorhanden ist.

Ein gegebenes Tripel von Anfangswerten, v, E_{vib} und φ bestimmt eine Stoßtrajektorie vollständig und legt daher eindeutig fest, welchen Energiebetrag ΔE_{vib} der Oszillator gewinnt oder verliert. Andererseits würde die experimentelle Festlegung des Anfangszustands eines kollinearen Stoßes nur die Spezifikation von v und E_{vib} verlangen. Das liegt daran, daß der quantenmechanische Zustand des Oszillators durch die Angabe der Schwingungsenergie *allein* schon eindeutig festliegt. Bei gegebenem Schwingungszustand

6.2 Einfache Modelle der Energieübertragung

ist die Oszillatorphase völlig unbestimmt. Die Methode der klassischen Trajektorien simuliert diese Verhältnisse, indem bei gegebenem v und E_{vib} viele Trajektorien mit verschiedenen Anfangsphasen berechnet werden und über den damit berechneten Energieübertrag gemittelt wird:

$$\langle \Delta E_{\text{vib}} \rangle = \frac{1}{2\pi} \int_0^{2\pi} \Delta E_{\text{vib}}(\varphi) \mathrm{d}\varphi. \tag{6.42}$$

Hier ist $\Delta E_{\text{vib}}(\varphi)$ die Energieübertragung für die spezielle Trajektorie, die mit der Phase φ gestartet wurde. Wie schon erwähnt, kann die Auswahl der Anfangsphasen mit der Monte-Carlo-Methode getroffen werden.[12] Der Endzustand des Oszillators ist natürlich in der klassischen Trajektorienrechnung nicht quantisiert. (Er hätte es auch für den Anfangszustand nicht zu sein brauchen.) Wir können jedoch eine grobe Beziehung zwischen der Schwingungsenergie und dem Quantenzustand herstellen, indem wir alle Trajektorien im Energiebereich $v'h\nu$ bis $(v'+1)h\nu$ dem Schwingungsendzustand v' zurechnen, für den $E'_v = (v'+\frac{1}{2})h\nu$ ist. Wie oben besprochen, ist der Energieübertrag eine Funktion der Anfangsphase. Daher berechnet man mit der Methode der klassischen Trajektorien die Wahrscheinlichkeit eines Schwingungszustands nach dem Stoß letztlich als den Bruchteil der Anfangsphasen, der zu einer Schwingungsenergie im angegebenen Intervall führt (Bild 6.16):

$$P(v') = \frac{(\Delta\varphi)_{v'}}{2\pi}. \tag{6.43}$$

Wir wollen Bild 6.16 genauer betrachten. Für den vorliegenden einfachen Fall können wir Gl. (6.43) auswerten. Da es nur eine zu variierende Anfangsbedingung gibt, kann man den genauen Wert der Phasen feststellen, der zu einer bestimmten Endquantenzahl führt.[13] Die Periodizität der Kurve von v' gegen φ bedeutet, daß es im allgemeinen wenigstens zwei Anfangsphasen gibt, die zur gleichen Quantenzahl v' führen. In der Quantenmechanik können verschiedene Trajektorien, die zum gleichen Endzustand führen, interferieren. Die Ursache für die oszillierende Interferenzstruktur in den quan-

---

[12]** Für einen einzelnen Freiheitsgrad ist allerdings die systematische Variation der Phase einfacher und genauer.
[13] Um die Übergangswahrscheinlichkeit zu berechnen, setzen wir $P(v')\mathrm{d}v' = P(\varphi)\mathrm{d}\varphi$, wo $P(\varphi)$ die Wahrscheinlichkeitsdichte der Anfangsphase φ, d.h. $1/2\pi$ ist. Daher ist $P(v') = (1/2\pi)\cdot|\mathrm{d}v'/\mathrm{d}\varphi|$. Für hohe Quantenzahlen kann $\mathrm{d}v'/\mathrm{d}\varphi$ durch $\Delta v'/\Delta\varphi$ mit $\Delta v' = 1$ ersetzt werden. Das liefert wieder Gl. (6.43).

380 6 Energieübertragung zwischen Molekülen

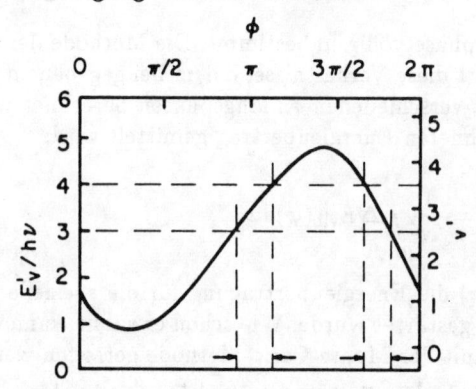

Bild 6.16 Beziehung zwischen der in einem Stoß mit A (bei gegebener Stoßenergie und Anfangsschwingung von BC) aufgenommenen Schwingungsenergie von BC und der Anfangsphase dieses Oszillators. Man beachte, daß *zwei* Bereiche des Phasenwinkels φ (durch Pfeile bezeichnet) zur Anregung in denselben Enegiebereich zwischen $3h\nu$ und $4h\nu$ führen. (Eine Diskussion, wie man aus solchen Darstellungen die richtigen klassischen und halbklassischen Grenzwerte konstruiert, findet sich bei W.H. Miller: Acc. Chem. Res., 4, 161 (1971).)

tenmechanischen Übergangswahrscheinlichkeiten (Bild 6.15) ist daher genau die gleiche wie für die Oszillationen des differentiellen Streuquerschnitts als Funktion des Streuwinkels (Abschn. 3.1.9).

6.2.7 Rotationsübertragung im plötzlichen Grenzfall

Wir betrachten den einfachen (wenn auch nicht immer realistischen) Fall, in dem der anisotrope Anteil des Potentials zwischen Atom A und Rotor BC, der ganz allgemein durch die Legendre-Entwicklung (3.43) beschrieben wird, durch einen einzigen Term beherrscht wird, entweder mit $n = 1$ (Atom gegen heteronukleares Diatom, vgl. Gl. (3.46)) oder mit $n = 2$ (Atom gegen homonukleares Diatom). In der Näherung einer klassischen Stoßbahn bei gleichzeitigem plötzlichen Grenzfall kann man zeigen, daß die Reaktivitätsfunktion für einen Übergang $j \to j'$ durch

$$P(j \to j') = (2j' + 1) \cdot \left| J_{|j-j'|/n}(q_n) \right|^2 \tag{6.44}$$

gegeben wird, wo q_n das sogenannte Wirkungsintegral ist:

$$q_n = \frac{a_n}{\hbar} \int_{-\infty}^{\infty} V_n[R(t)]\, dt. \tag{6.45}$$

Dabei ist $a_1 = 1$, $a_2 = 3/4$. Dieses Ergebnis kann mit dem Ausdruck (6.41) für die Schwingungsanregung verglichen werden. In beiden Fällen ist das

6.2 Einfache Modelle der Energieübertragung

Argument der Bessel-Funktion ein Integral über die zwischenatomare Kraft entlang der Stoßtrajektorie. Für die Schwingungsanregung wird der Integrand von einem Faktor exp($i\omega t$) entsprechend der natürlichen Oszillation des schwingenden Moleküls moduliert. Hier sind wir allerdings im plötzlichen Grenzfall. In einem Zeitintervall, in dem sich $V_n(R)$ merklich ändert, hat das Molekül keine Zeit zu rotieren, weswegen der Modulationsfaktor im wesentlichen gleich Eins ist.

Das Wirkungsintegral q_n kann explizit berechnet werden, wenn die R-Abhängigkeit des zwischenmolekularen Potentials bekannt ist. Parameter der Trajektorien und somit auch von q_n ist der Stoßparameter. Wächst b, so spürt die Trajektorie immer weniger das zwischenmolekulare Potential, daher muß q_n abnehmen, wenn $b \to \infty$ geht. Als ausführliches Beispiel betrachten wir das langreichweitige Potential $V_n(R) = -C_s R^{-s}$ (Abschn. 3.2.4). Da wir mit großen Abständen rechnen, kann die Trajektorie geradlinig approximiert werden (d.h. sie entspricht der ungestörten Bewegung), und es gilt $R^2 = b^2 + v^2 t^2$ mit v als Anfangsgeschwindigkeit. Variablenwechsel in (6.45) ergibt

$$q_n = 2\frac{a_n}{\hbar} \int_b^\infty V(R) \frac{dt}{dR} dR = \frac{2C_s a_s}{\hbar v} \int_b^\infty \frac{R dR}{R^s (R^2 - b^2)^{1/2}}$$

$$= 2 a_n \frac{C_s}{\hbar v} b^{-s+1} \int_1^\infty y^{-s+1}(y^2 - 1)^{-1/2} dy, \qquad (6.46)$$

wo in der letzten Zeile die reduzierte Variable $y = R/b$ benutzt wird. Das letzte Integral ist eine reine, nur von s abhängige Zahl. Die vollständige Abhängigkeit von q_n von den physikalischen Variablen ist daher jetzt sichtbar, insbesondere der schnelle Abfall von q_n mit wachsendem b.

Hier sollen noch drei Aspekte der Reaktivitätsfunktion (6.44) besprochen werden. Der erste ist die Winkelverteilung. Im plötzlichen Grenzfall gilt

$$\frac{d^2\sigma(j \to j'; \vartheta)}{d^2\omega} = \left(\frac{d^2\sigma^0(\vartheta)}{d^2\omega}\right) P(j \to j'|b). \qquad (6.47)$$

Hier ist $d^2\sigma^0(\vartheta)/d^2\omega$ der differentielle Querschnitt für elastische Streuung, wie er sich aus der klassischen Bahn $R(t)$ ergibt. $P(j \to j'|b)$ ist die Reaktivitätsfunktion (6.44) bei demjenigen speziellen Wert von b, der dem Streuwinkel ϑ entspricht. Die Tatsache, daß das erste Maximum der Bessel-Funktion $J_r(x)$ dominant ist, bedeutet, daß sowohl in einer Darstellung von $d\sigma/d\omega$ gegen ϑ bei festem j' als auch in einer solchen gegen j' bei festem ϑ ein einziges Maximum vorherrscht. Dieses wird durch die Bedingung $|j - j'|/n = 2q_n/\pi - \frac{1}{2}$ festgelegt, wo q_n eine Funktion von b und daher

6 Energieübertragung zwischen Molekülen

von ϑ ist. Ein derartiges Maximum wird selbst dann vorhanden sein, wenn die elastische Streuung von einem rein abstoßenden Potential herrührt, und daher $d^2\sigma^0(\vartheta)/d^2\omega$ eine monoton fallende Funktion von ϑ ist.

Ein zweiter wichtiger Aspekt ist das sogenannte Gebiet der starken Kopplung (dominant coupling). Solange nämlich $x > 2r$ ist, ist der Mittelwert von $J_r^2(x)$ unabhängig von r. (Wir erinnern uns an die damit zusammenhängende Zufallsphasen-Näherung in der elastischen Streuung, Abschn. 3.1.8). Daher ist die Reaktivitätsfunktion (6.44) für einen Übergang $j \to j'$ im Mittel einfach proportional zu $2j' + 1$. Da es für ein gegebenes j' gerade $2j' + 1$ quantenmechanische Endzustände gibt, heißt das, daß im Gebiet starker Kopplung (d.h. bei großem q_n) alle Quantenzustände nach dem Stoß gleich wahrscheinlich sind.

Schließlich kommen wir zur b-Abhängigkeit der Reaktivitätsfunktion. Da q_n mit steigendem b abnimmt, spiegelt eine Darstellung wie die in Bild 6.17 die Oszillation der Bessel-Funktion $J_r(x)$ wieder. Das erste, oben erwähnte Maximum ist bei hohen b-Werten (kleinen q) sichtbar. Je größer $|\Delta j|$, um so kleiner das b, bei dem das Maximum auftritt. Die Übergänge, die bei den höchsten Werten von b übrigbleiben, sind $j \to j \pm 1$ für $n = 1$, bzw. $j \to j \pm 2$ für $n = 2$.

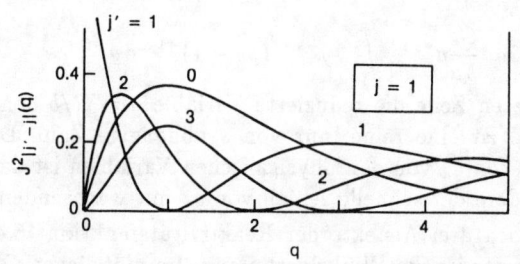

Bild 6.17 Darstellung der Größe $J_{|j'-j|}^2(q)$ gegen q (Gl. (6.45)) für $j = 1$ und $j' = 0, 1, 2, 3$. Die Ordinate entspricht $P_{j \to j'}/(2j+1)$, die Abszisse einer inversen Funktion von b. Für große q, d.h. kleine Stoßparameter, oszillieren die einzelnen P heftig, wie es für das Vorherrschen eines einzigen Kopplungsterms typisch ist. (Nach Y. Alhassid, R.D. Levine: Phys. Rev., A18, 89 (1978); frühe numerische Rechnungen mit der plötzlichen Näherung bei R.B. Bernstein, K.H. Kramer: J. Chem. Phys., 44, 4473 (1966))

Um den zustandsspezifischen Streuquerschnitt zu berechnen, muß man die Reaktivitätsfunktion eines bestimmten Übergangs über b integrieren. Wir betrachten jetzt den Spezialfall des totalen inelastischen Querschnitts aus einem Anfangszustand j heraus,

6.2 Einfache Modelle der Energieübertragung

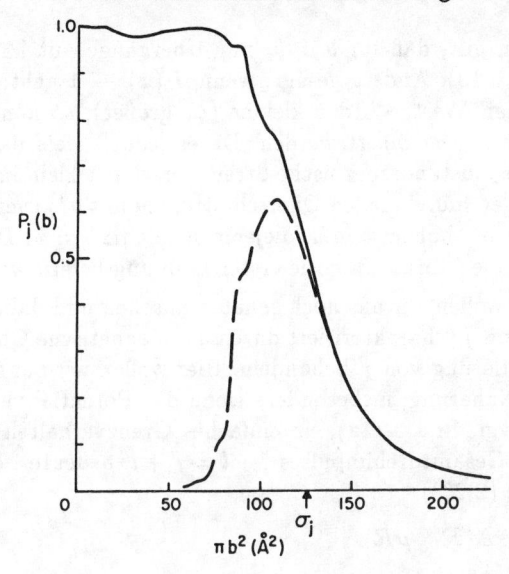

Bild 6.18 Relative Beiträge verschiedener Übergänge zum Querschnitt für Rotationsanregung, berechnet in plötzlicher Näherung. Gezeigt wird die Wahrscheinlichkeitsfunktion $P_j(b)$ gegen πb^2, so daß die Fläche unter der Kurve direkt der Streuquerschnitt ist. Der Pfeil zeigt den berechneten integralen inelastischen Querschnitt. Die durchgezogene Kurve ist die Wahrscheinlichkeit für *alle* inelastischen Übergänge aus dem Anfangszustand j, die gestrichelte Kurve der Beitrag der bei großen Abständen erlaubten Übergänge $j \to j \pm \Delta j$, hier mit $\Delta j = 1, 2, 3$. (Nach R.W. Fenstermaker, R.B. Bernstein: J. Chem. Phys., 47, 4417 (1967))

$$\sigma(j) = \sum_{j'}{}' \sigma(j \to j'). \tag{6.48}$$

Der Strich an der Summe zeigt an, daß über $j' = j$ nicht zu summieren ist. Mit einer Standardformel für Besselfunktionen berechnet man leicht, daß die Reaktivitätsfunktion für den totalen inelastischen Querschnitt gleich

$$P(b) = 1 - J_0^2(q) \tag{6.49}$$

ist. Für $q = 0$ ist $J_0^2(q) \ll 1$ und daher $P(b) \simeq 1$ bis zu so hohen b-Werten (d.h. so niedrigen q-Werten), daß $J_0(q)$ gegen 1 ansteigt (vgl. die Kurve $j' = 1$ in Bild 6.17). Das passiert etwa bei $q \sim \pi/2$. Daher können wir $P(b)$ als Einheitsstufe approximieren, die bei einem kritischen $b = b_c$, das die Lösung von $q(b_c) = \pi/2$ ist, auf Null fällt. Dann ist aber

$$\sigma(j) \simeq \pi b_c^2. \tag{6.50}$$

6 Energieübertragung zwischen Molekülen

Ganz allgemein gilt, daß für $b > b_c$ nur Übergänge mit $|\Delta j| = n$ beitragen (vgl. Bild 6.18). Anders gesagt, wenn $J_0(x) \to 1$ geht, hat nur $J_1(x)$ einen merklichen Wert. Wird b kleiner (q_n größer), so können mehr und mehr Endzustände bevölkert werden. Da es jedoch viele davon gibt, wird der individuelle, zustandsspezifische Streuquerschnitt klein im Verhältnis zu $\sigma(j)$. Die einzigen individuellen Querschnitte, die mit $\sigma(j)$ vergleichbar sind, sind diejenigen bei hohem b, d.h. diejenigen mit $|\Delta j| = n$. Das sind gerade diejenigen, die die Störungstheorie erster Ordnung liefern würden.

In Abschn. 7.6 wollen wir das noch genauer ansehen und dabei die Rolle der Orientierung von j (charakterisiert durch die magnetische Quantenzahl m_j) oder der Orientierung von j' behandeln. Hier wollen wir nur feststellen, daß in plötzlicher Näherung, insbesondere wenn das Potential zu impulsartigen Stößen führt (vgl. Bild 3.11a), ein einfaches Grenzverhalten resultiert. Die Erhaltung des Gesamtdrehimpulses $j + l = j' + l'$ bedeutet, daß $\Delta j = -\Delta l$ und daher (Gl. (2.27))

$$\Delta j = -\Delta(R \times \mu \dot{R}). \tag{6.51}$$

Bei einem plötzlichen, impulsiven Stoß ändert sich der Relativabstand R während des Drehimpulsübertrags nicht merklich. Daher ist (Bild 3.11a)

$$\Delta j = -R \times (p' - p), \tag{6.52}$$

d.h. Δj steht senkrecht auf dem Impulsübertrag. Die Richtung von j in Bezug auf den Impulsübertrag wird daher erhalten. Das hat sowohl experimentelle als auch rechnerische Konsequenzen. Es bedeutet z.B., daß selbst

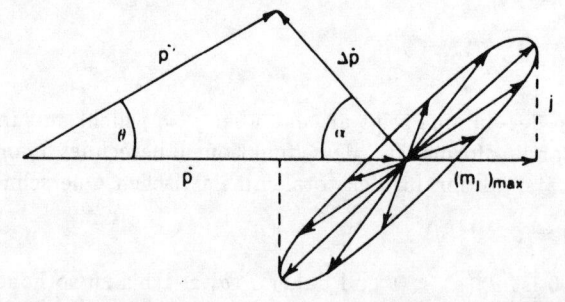

Bild 6.19 Klassische Orientierung von j' in einem impulsiven Stoß (vgl. Bild 3.11). Für $j = 0$ ergibt sich aus Gl. (6.52), daß j' senkrecht auf dem Impulsübertrag steht, die Vektoren j' liegen daher in der zu Δp senkrechten Ebene und spannen dort für festes j' einen Kreis auf. Die größtmögliche Projektion von j' auf die p-Achse ist $j' \sin \alpha$, wobei der Winkel α vom Streuwinkel ϑ abhängt. Im plötzlichen Grenzfall ($p' = p$) ist ist $\alpha = (\pi - \vartheta)/2$. (Nach R. Schinke, H.J. Korsch: Chem. Phys. Lett., 74, 449 (1980))

wenn m_j vorher nicht festgelegt wird, für anregende Stöße ($j' > j$) wegen der Erhaltung von m_j der mögliche Bereich von m'_j nach dem Stoß begrenzt ist und seinen Grenzwert $m'_j = \pm j'$ nicht erreichen kann, wie Bild 6.19 zeigt. Für eine Rechnung bedeutet das, daß man die Zahl der zu berücksichtigenden gekoppelten Kanäle (Abschn. 5.6.2) drastisch reduzieren kann. Solche näherungsweisen Betrachtungen können stets durch genauere Rechnungen (Abschn. 5.6) gestützt werden. Inzwischen haben wir genug theoretische Überlegungen durchgeführt, um zustandsspezifische Querschnitte zu interpretieren und vorherzusagen. Was aber sagt das Experiment dazu?

6.3 Zustandsspezifische inelastische Stöße

Zustandsspezifische Experimente bedeuten für die Stoßdynamik dasselbe wie spektroskopischen Messungen für die Strukturchemie. Hier wie dort sollen solche Experimente das Potential charakterisieren. Sie leisten dabei allerdings als Streuexperimente insofern mehr, als das zwischenmolekulare Potential während eines Stoßes im Normalfall wesentlich stärker ist als die elektrischen Felder, die die traditionelle Spektroskopie benutzt.[14] Das sieht man z.B. an den Vielquantenübergängen der Stöße von Bild 6.14. Außerdem können wir die Natur der Stoßpartner, ihre innere Energie und die Translationsenergie zu Beginn des Stoßes variieren. Der folgende Abschnitt gibt einen Überblick über die Ergebnisse solcher Experimente. Inelastische Stöße an Oberflächen werden in Abschn. 6.4 behandelt.

6.3.1 Zustandsspezifische Ratenkoeffizienten

Das Konzept des Ratenkoeffizienten ist besonders nützlich, wenn die Verteilung der Relativgeschwindigkeiten thermisch ist. Wir haben schon besprochen, wie die Benutzung von Lasern die Auswahl von Anfangszuständen und die Feststellung der Endzustände möglich macht. Durch geeignete Synchronisation zweier Laser ist es möglich, die Verteilung der Endzustände für einen ausgewählten Anfangszustand zu beobachten und so in der Gasphase zustandsspezifische Ratenkoeffizienten für Einzelstöße zu bestimmen. Bild 6.20 zeigt die spezifischen Raten für die Übergänge $j \to j'$ im Stoßprozeß

$$\text{He} + \text{Na}_2^*(v, j) \to \text{He} + \text{Na}_2^*(v, j')$$

---

[14] Ein Hochleistungslaser liefert allerdings ebenfalls ein elektromagnetisches Feld, das nicht länger als schwache Störung angesehen werden kann. Die Folgen dieser Tatsache werden in Abschn. 6.6 und 7.3 behandelt.

6 Energieübertragung zwischen Molekülen

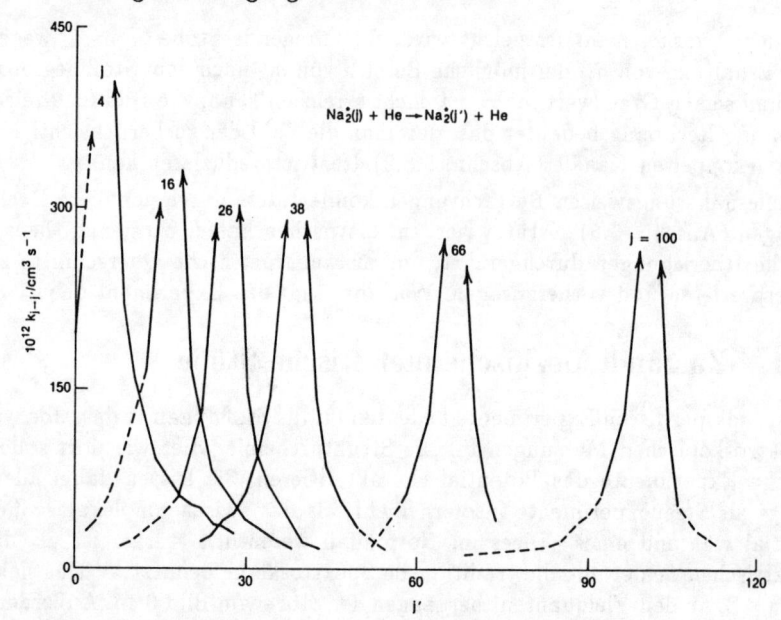

Bild 6.20 Ratenkoeffizienten $k_{j \to j'}$ für Rotationsanregung und -abregung von $Na_2^*(j)$ in Stößen mit He. Durchgezogene Linien verbinden experimentelle Punkte, die gestrichelten Extrapolationen folgen dem Gesetz der Exponentiallücke. (Nach Daten aus T.A. Brunner, N. Smith, A.W. Karp, D.E. Pritchard: J. Chem. Phys., 74, 3324 (1981))

für mehrere Anfangswerte von j. Man sieht den schnellen Abfall der Rate mit steigendem $|j - j'|$, ein qualitativer Beweis für das Exponentiallücken-Gesetz von Abschn. 6.2.3. Die quantitative Abhängigkeit der inelastischen Ratenkonstanten von der Energielücke wird in Bild 6.21 gezeigt. Aufgetragen ist der in Abschn. 5.5 eingeführte Überraschungswert (surprisal)[15] $\ln [k(j \to j')/k^0(j \to j')]$ gegen $\ln |\Delta E|$ für den Prozeß

$$Ar + Li_2^*(v,j) \to Ar + Li_2^*(v,j')$$

bei verschiedenen j-Werten.

---

[15] $k^0(j \to j')$ ist der A-priori-Ratenkoeffizient, der durch die Zahl der erreichbaren Endzustände bestimmt ist. Das Experiment untersucht Moleküle in der Gasphase, wo sie thermische Geschwindigkeiten und daher keinen scharfen Wert der Gesamtenergie haben, so daß über diese thermisch gemittelt werden muß. In Bild 6.21 ist außerdem eine gegenüber dem Faktor $2j' + 1$ eingeschränkte Entartung der Niveaus j' vorausgesetzt worden. Vgl. auch Bild 6.19 und Gl. (6.52).

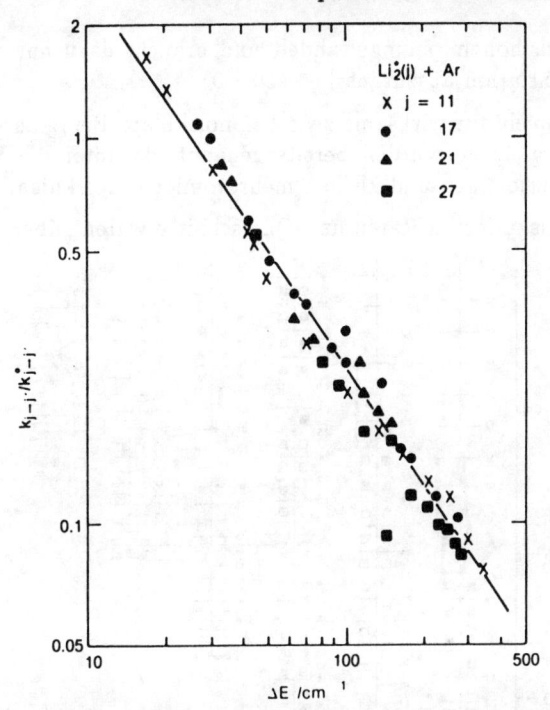

Bild 6.21 „Exponentiallücken"-Darstellung der zustandsspezifischen Übergangsraten für den Stoß von $Li_2^*(j)$ mit Ar. Aufgetragen ist der Überraschungswert gegen den Logarithmus der Energielücke $|\Delta E| = |E'_j - E_j|$. (Nach T.A. Brunner, D.E. Pritchard: Adv. Chem. Phys., 50, 589 (1982))

Man kann die Moleküle auch mittels ihrer stimulierten Emission identifizieren. Bild 6.22 zeigt eine Anzahl von beobachteten Laserlinien in HF, die aus reinen Rotationsübergängen stammen. Normalerweise ist zwar die Relaxation der Rotation zu schnell, um eine Besetzungsinversion zwischen benachbarten Rotationszuständen ein und desselben Schwingungszustandes zu erlauben. Die Übergänge in Bild 6.22 stammen jedoch von ungewöhnlich hohen j-Zuständen. Dort sind die Abstände zwischen benachbarten Zuständen so groß und daher die Rotationsperioden so klein, daß wir uns bei zweiatomigen Hydriden nicht länger im Bereich „plötzlicher" Stöße befinden. Die inelastischen R-T-Raten sind daher exponentiell langsam. Wie aber sind die HF-Moleküle in diese hohen j-Zustände gekommen? Die Betrachtung von Bild 6.22 legt einen V-R- oder V-T-Prozeß nahe: Ein Molekül mit hohem v und niedrigem (thermisch besetzten) j wird beim Stoß in ein solches mit

$v - 1$, jedoch hohem j umgewandelt und braucht dazu nur wenig Energie mit der Translation auszutauschen ($Q \approx 0$).

Andere Beispiele für wirksame zwischenmolekulare Energieübertragung bei kleiner Energielücke wurden bereits genannt, darunter die $V\text{-}V'$-Übertragung in zweiatomigen und kleinen mehratomigen Molekülen.

Die bisher diskutierten Raten und Querschnitte waren „über die Entartung

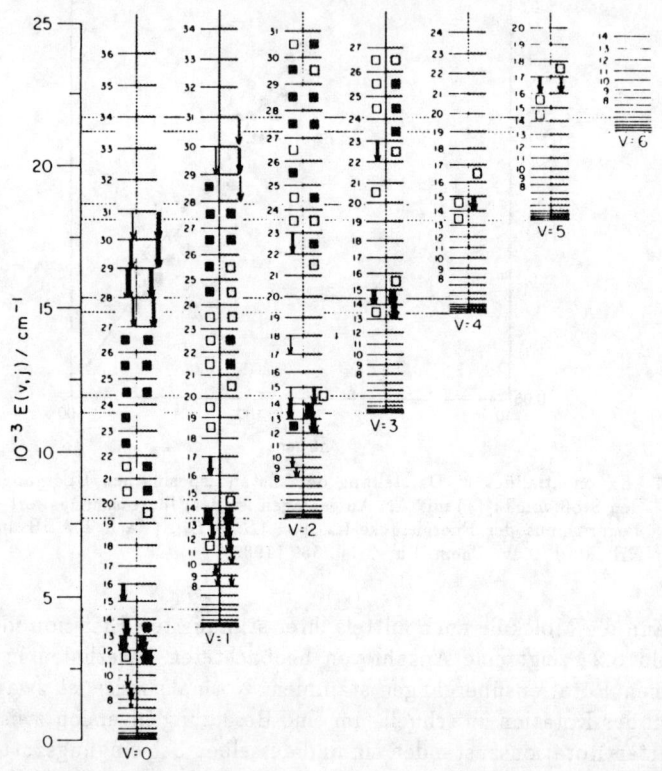

Bild 6.22 Schwingungsniveaus des HF für $v = 0\ldots 5$ und beobachtete Laserübergänge $v, j \to v, j-1$ (Rotationsübergänge); die Breite und Verschiebung der senkrechten Pfeile zeigen die Intensität und die zeitliche Lage des Laserübergangs an. Das HF stammt aus der Photoelimination von $H_2C = CHF$ (linke Spalten), bzw. $H_2C = CF_2$ (rechte Spalten) mit Ar als Puffergas. Horizontale Strichelung verbindet nahezu resonante Niveaus innerhalb der Zustände $j = 0\ldots 5$ jeder Mannigfaltigkeit v. Die Übergänge mit der höchsten Verstärkung zeigen eine Vorliebe für $V\text{-}R$-Übertragung des Typs $HF(v, j) + Ar \to HF(v', j') + Ar$ mit $\Delta E_{\text{rot}} \simeq -\Delta E_{\text{vib}}$. (Mit Erlaubnis aus E.R. Sirkin, G.C. Pimentel: J. Chem. Phys., 75, 604 (1981))

6.3 Zustandsspezifische inelastische Stöße

gemittelt" (genauer: über m_j gemittelt und über m'_j summiert). Mit polarisierten Lasern kann man jedoch auch noch m_j bzw. m'_j festlegen. Das erlaubt eine Messung des Querschnitts für Reorientierung, d.h. für stoßinduzierte Übergänge $\Delta m \neq 0$, die empfindlich auf die Orientierungsabhängigkeit des zwischenmolekularen Potentials reagieren.

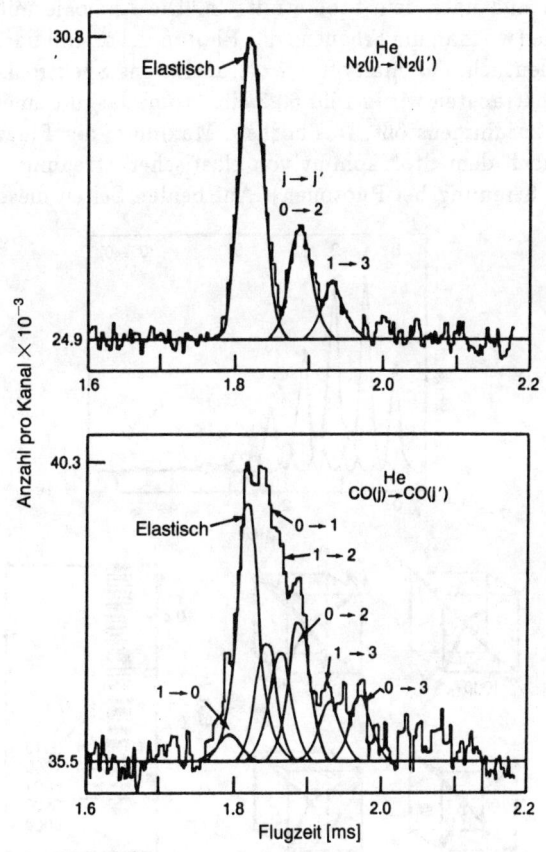

Bild 6.23 Flugzeitspektrum von He, das an N_2 (oben) bzw. CO (unten) gestreut wurde; in diesem Experiment mit gekreuzten Strahlen waren der Laborstreuwinkel $\Theta = 39.5°$ und die Stoßenergie $E_{tr} = 0.0277$ eV. Pfeile zeigen die für die angegebenen Rotationsübergänge $j \to j'$ erwarteten Maxima, die gaussförmigen Kurven wurden aus den experimentellen Daten entfaltet. In beiden Fällen überwiegen die elastischen Maxima. Aus Symmetriegründen erwartet man für das homonukleare N_2 die Auswahlregel Δj = gerade, während für CO Übergänge $\Delta j = 1, 2, 3, \ldots$ erlaubt sind und beobachtet werden. (Nach M. Faubel: Adv. At. Mol. Phys.,19, 345 (1983))

6.3.2 Molekularstrahlversuche zu inelastischen Stößen

Ein inelastischer Stoß ändert nicht nur die inneren Zustände der Stoßpartner sondern auch deren relative kinetische Energie. Wegen der Energieerhaltung kann man daher die Energetik des Stoßes auch durch Messung der Geschwindigkeiten vor und nach dem Stoß ermitteln. Die Analogie mit der Raman-Spektroskopie (wo man die Frequenz der Photonen vor und nach dem Prozeß mißt) ist so deutlich, daß man oft von „Translations-Spektroskopie" spricht. Als Beispiel betrachten wir in Bild 6.23 ein Atom, das mit einem zweiatomigen Molekül zusammenstößt. Das höchste Maximum der Flugzeitverteilung der Atome nach dem Stoß kommt von elastischer Streuung (entsprechend der Rayleigh-Streuung bei Photonen). Auf beiden Seiten dieses Maximums

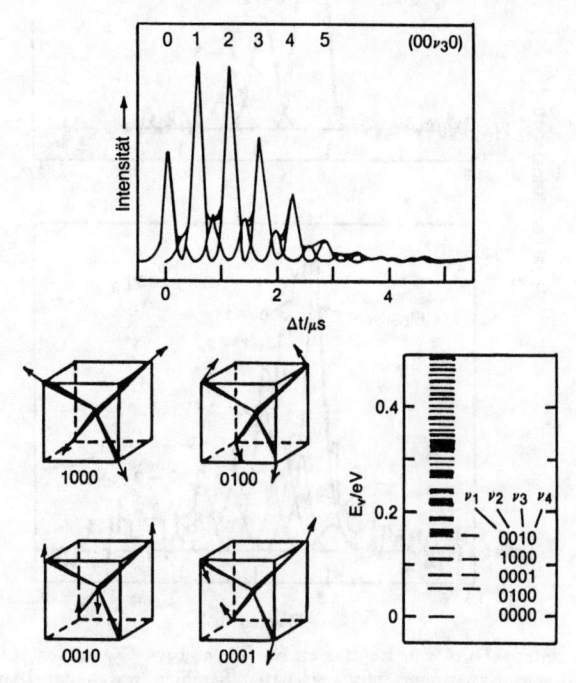

Bild 6.24 (Oben) Flugzeitspektrum von H^+, das an CF_4 bei $E_{tr} = 9.7$ eV in den Winkel $\Theta = 10°$ gestreut wurde. Die Hauptmaxima entsprechen der Anregung der Normalschwingung ν_3 mit bis zu 6 Quanten. (Unten) Normalschwingungen von CF_4 und Anregungsstufen dieses Moleküls. (Nach M. Faubel: Adv. At. Mol. Phys., 19, 345 (1983) auf Grund der Ergebnisse von U. Gierz, M. Noll, J.P. Toennies: J. Chem. Phys., 83, 2259 (1985), s.a. T. Ellenbrock, J.P. Toennies: Chem. Phys., 71, 309 (1982))

6.3 Zustandsspezifische inelastische Stöße

können schwächere Maxima erscheinen, die der Anregung des Moleküls (Abbremsung des Atoms) bzw. der Abregung eines vorher angeregten Moleküls (Beschleunigung des Atoms) entsprechen. In der Raman-Spektroskopie sind das die Stokesschen und die Anti-Stokesschen Nebenlinien. Die experimentellen Daten von Bild 6.23 zeigen im wesentlichen Rotationsanregung. Man beachte den Unterschied zwischen dem homonuklearen Molekül N_2 und dem dazu isoelektronischen, heteronuklearen CO.

Schwingungsanregung kann in Flugzeitexperimenten leichter aufgelöst werden als Rotationsanregung, da die Energiestufen größer sind, vgl. die Bilder 6.14 und 6.24. Bei niedrigen Stoßgeschwindigkeiten sind allerdings die Übergangswahrscheinlichkeiten erheblich kleiner, so daß Übergänge sehr viel

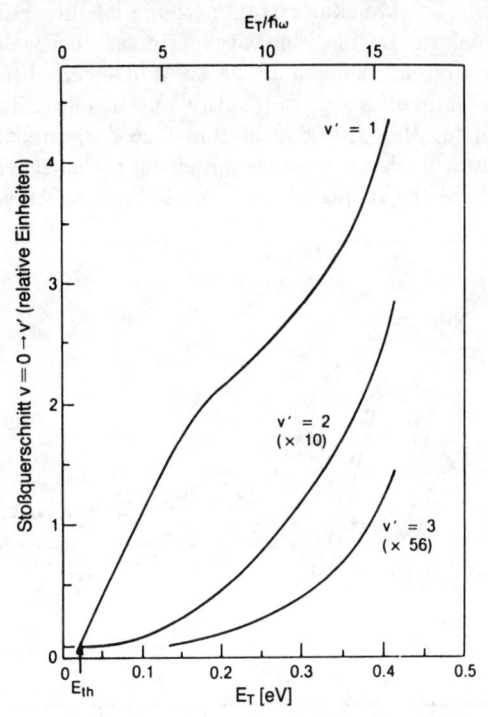

Bild 6.25 Stoßenergieabhängigkeit des inelastischen Querschnitts für die Schwingungsanregung von $I_2(v = 0 \rightarrow v' = 1, 2, 3)$ in Stößen mit He. Der Absolutwert für den Querschnitt $0 \rightarrow 1$ bei 0.4 eV ist etwa 0.2 Å^2. Die Abhängigkeit von E_{tr} hinter der Schwelle ist linear für $v' = 1$, quadratisch für $v' = 2$ und kubisch für $v' = 3$. Die Schwelle liegt, wie erwartet, bei $h\nu_{01}$. (Nach G. Hall, K. Liu, M.J. McAuliffe, C.F. Giese, W.R. Gentry: J. Chem. Phys., 81, 5577 (1984))

6 Energieübertragung zwischen Molekülen

schwerer nachzuweisen sind. Jedoch zeigt Bild 6.25 die Schwingungsanregungsquerschnitte unmittelbar nach der Schwelle für den Stoß

$$He + I_2(v = 0) \to He + I_2(v' = 1, 2, 3).$$

Die beobachtete, einfache Energieabhängigkeit oberhalb der Schwelle, $\sigma \propto (E_{tr})^{v'}$ zeigt einen impulsiven Mechanismus an, bei dem $\langle \Delta E_{vib} \rangle \propto E_{tr}$ (siehe Gl. (6.40).) Die nach Gl. (6.35) erwartete Abhängigkeit der Übergangswahrscheinlichkeit von E_{tr} wird gut wiedergegeben. (Es ist $\bar{v} = \langle E_{vib} \rangle / h\nu \propto E_{tr}$.)

6.3.3 Winkelverteilungen

Einer der Vorteile der Molekularstrahlmethode ist ihre Fähigkeit, Winkelinformation zu liefern. Da die Flugzeitexperimente bei vielen Streuwinkeln gemacht werden können, kann man sie zu Winkelverteilungen im Schwerpunktsystem zusammenfassen. Ergebnisse aus den in Bild 6.23 gezeigten Flugzeitspektren für He + N$_2$ sind in Bild 6.26 dargestellt. Zum Vergleich zeigt Bild 6.27 noch Rechenergebnisse mit einem realistischen Potential. Wie in der optischen Spektroskopie ist die Theorie für den Schluß vom Potential

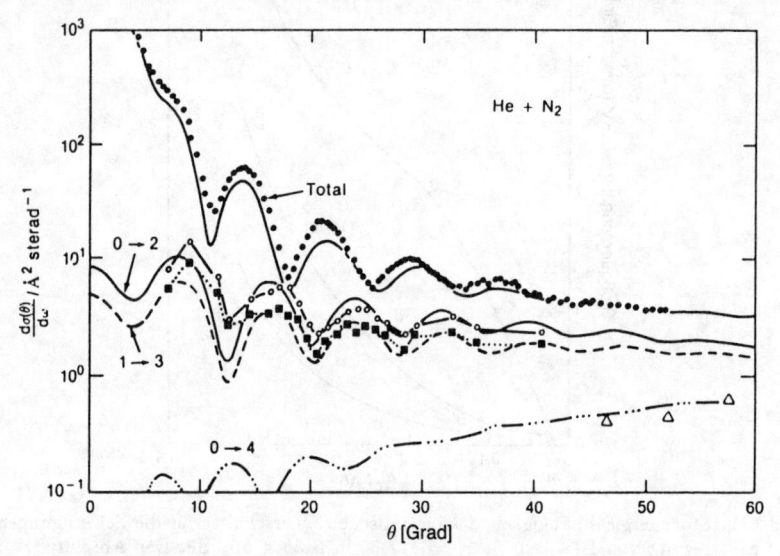

Bild 6.26 Differentielle Querschnitte für rotationsinelastische Streuung von N$_2$ an He bei $E_{tr} = 0.0273$ eV. Punkte: experimentelle Daten, Kurven: theoretische Rechnungen (Beugung an einem starren Ellipsoid), jeweils für die angegebenen Übergänge $j \to j'$. (Nach M. Faubel: J. Chem. Phys., 81, 5559 (1984))

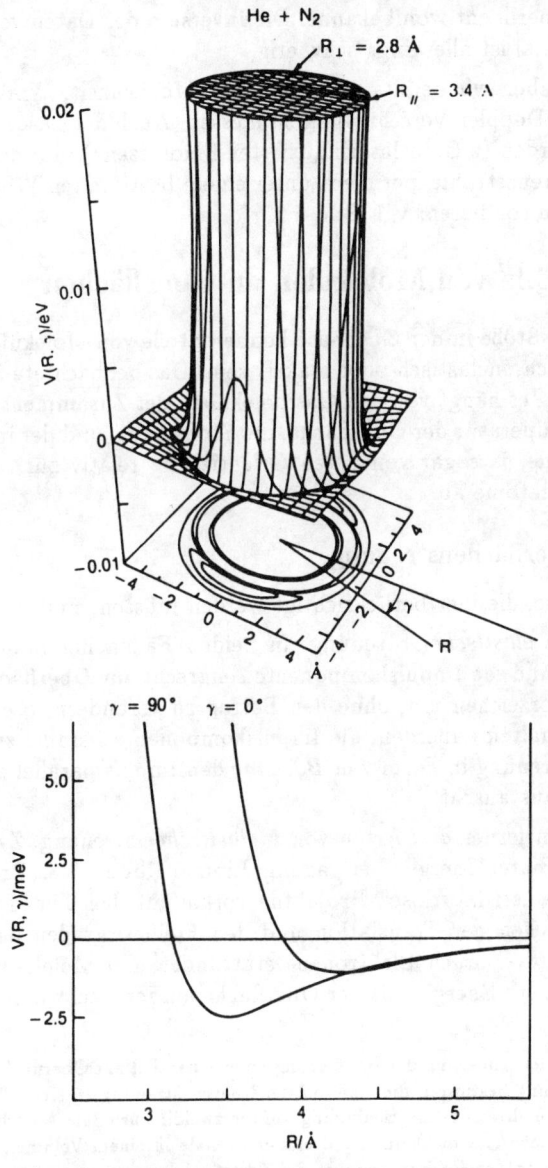

Bild 6.27 Eine realistische Potentialfunktion für das System He·N$_2$ in verschiedener Darstellung: Perspektivisch, Höhenlinienkarte und Schnitte. Für kollineare Annäherung ist $\gamma = 0°$. (Zitat wie Bild 6.26)

auf das Experiment wohlbekannt. Die Inversion der Daten vom Experiment zum Potential ist allerdings schwierig.

Erwähnt haben wir bereits die alternative Möglichkeit, Winkelverteilungen mittels der Doppler-Verschiebung zu messen. Auch der Laser kann natürlich benutzt werden (z.B. in laserinduzierter Fluoreszenz), um den Zustand der in einem Kreuzstrahlexperiment unter einem bestimmten Winkel gestreuten Moleküle zu sondieren, vgl. Bild 5.5.

6.4 Stöße von Molekülen an Oberflächen

Ebenso wie Stöße in der Gasphase können Stöße von Molekülen an Oberflächen elastisch, inelastisch oder reaktiv sein. Das beobachtete Streuverhalten ist vielfältig, es hängt von den Gasmolekülen, der Zusammensetzung, Struktur und Temperatur der Oberfläche, der Stoßenergie und der inneren Energie der Moleküle, ja sogar von deren Orientierung relativ zur Anordnung der Oberflächenatome ab.

6.4.1 Oberflächenstreuung

Die Prozesse, die hier berücksichtigt werden müssen, sind:

Zwei Arten elastischer Streuung. In beiden Fällen hat man keinen Energieverlust, und die Impulskomponente senkrecht zur Oberfläche kehrt beim Stoß das Vorzeichen um, ohne den Betrag zu verändern. *Spiegelnde* Streuprozesse erhalten außerdem die Impulskomponente parallel zur Oberfläche, wogegen Streuung in Form von *Beugung* den Impuls parallel zur Oberfläche mit dieser austauscht.[16]

Es existieren ferner *drei* Arten von *inelastischer* Streuung. Zwei davon entsprechen direkter Energieübertragung. Einmal gibt es einen Prozeß, der auch für atomare „strukturlose" Projektile vorkommt, bei dem der Energieaustausch zwischen der Translation und den Freiheitsgraden des Festkörpers (Phononen, evtl. auch Elektronen) stattfindet. Bei Molekülen kann dagegen auch innere Energie mit der Oberfläche ausgetauscht werden, genau wie

---

[16] Die Größe der Änderung der Impulskomponente parallel zur Oberfläche wird durch die Bragg-Bedingung bestimmt, die man aus der Röntgenstreuung an Kristallen kennt. In unserem Fall muß allerdings die Bedingung auf die zweidimensionale Anordnung der Atome an der Oberfläche und nicht auf die dreidimensionale in einem Volumen bezogen weden. Die Beobachtung der Beugungswinkel der Oberflächenstreuung ist ein wichtiges Werkzeug zur Diagnose des Oberflächenzustandes. Wie in der Gasphase liefert die Intensität der Beugung dabei die Information über das Potential zwischen Projektil und Oberfläche.

bei Stößen in der Gasphase. Die Energiebilanz muß jedoch jetzt nicht nur zu Lasten der Translation gehen. Besonders evident ist die Beteiligung der Oberfläche bei der dritten Art inelastischer Prozesse, die über einen zeitweiligen Einfang des Projektils an dieser verläuft. Das erinnert an die langlebigen Komplexe bei Gasstößen. Auch hier folgt auf den Einfang Desorption, so daß es selten ohne Energieaustausch abgeht.

Auf Oberflächen beschränkt sind Stöße, die in dieser „steckenbleiben". Sie führen zur Bildung einer chemisorbierten Oberflächenschicht oder aber auch zur Dissoziation des adsorbierten Projektils, wobei ein oder beide Fragmente an der Oberfläche kleben bleiben können. Die Moleküle oder ihre Bruchstücke können trotzdem auf der Oberfläche sehr beweglich sein. Sie können auf ihr herumdiffundieren oder sogar in das Gitter des Substrats eindringen.

Verschiedene Arten chemischer Reaktionen sind möglich und werden in Abschn. 7.5 genauer besprochen. Projektile können mit Oberflächenatomen oder vorher adsorbierten Molekülen reagieren, es sind aber auch komplexere Prozesse möglich, die die Diffusion der adsorbierten Teilchen voraussetzen. Allen reaktiven Prozessen kann später die Desorption von Produkten folgen.

6.4.2 Inelastische Atomstreuung an Oberflächen

Wir betrachten den allereinfachsten Prozeß, den Stoß eines Atoms (oder Atom-Ions) an einem sauberen Einkristall bei Stoßenergien unterhalb der Schwelle für elektronische Anregung. Die Änderung der kinetischen Energie muß dann von der Anregung (evtl. auch Abregung) von Oberflächenphononen kommen. Bild 6.28 zeigt Ergebnisse der Streuung von He-Atomen an der (100)-Oberfläche eines LiF-Kristalls, der Energieaustausch wird dabei als Anregung einzelner Phononen beschrieben. Für schwerere Atome (und Moleküle) und bei höherem Eingangsimpuls zeigt die Streuung Mehrphononenanregung, s. Bild 6.29. Für schwerere Atome, selbst solchen mit geschlossenen Schalen wie Ar, Kr, Xe, ist die anziehende Wechselwirkung mit den Oberflächenatomen auch immer stark genug, um den inelastischen Prozeß vom Typ Einfang und spätere Desorption zu unterstützen. Wie in der Gasphase kann man versuchen, mit Hilfe der Geschwindigkeits- und Winkelverteilungen der gestreuten Moleküle die beiden konkurrierenden Prozesse (direkte bzw. über den Einfang laufende inelastische Streuung) zu trennen. Bild 6.30 zeigt Flugzeitspektren von Xe-Atomen, die von der (111)-Fläche eines Pt-Kristalls mit der Oberflächentemperatur $T_s = 185$ K gestreut wurden. Die zweigipflige Geschwindigkeitsverteilung wird in einen Beitrag aus Einfang plus Desorption und einen aus direkter inelastischer

396 6 Energieübertragung zwischen Molekülen

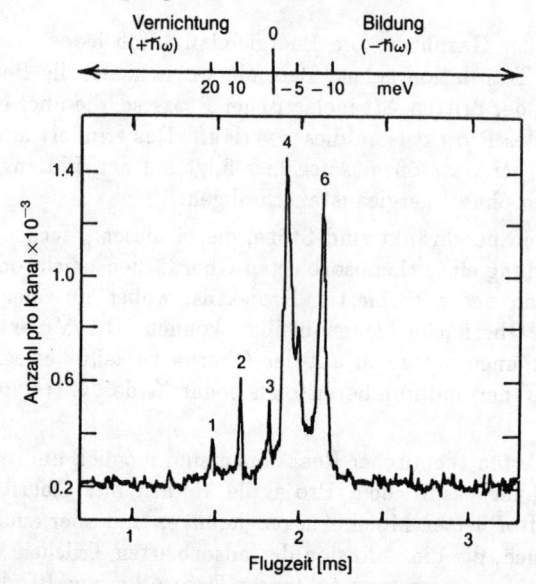

Bild 6.28 Flugzeitanalyse von He, das an der (001)-Fläche von LiF gestreut wurde. Stoßenergie 0.019 eV, Einfallswinkel gegen die Normale $\vartheta_i = 64.2°$, Beobachtungswinkel $\vartheta_f = 25.8°$. Die Analyse des Spektrums führt zu einer Zuordnung der Maxima 4 und 6 zur Erzeugung und des Maximums 1 zur Vernichtung eines Rayleigh-Phonons, des Maximums 5 zur Erzeugung eines normalen Phonons und der Maxima 2 und 3 zu „verstandenen Artefakten". Aus mehreren Experimenten bei verschiedenen Winkeln konnte die Dispersionsrelation für die Rayleigh-Phononen der Oberfläche bestimmt werden, d.h. die Abhängigkeit von $\omega = \Delta E/\hbar$ vom Wellenvektor k des einfallenden Strahls. (Nach G. Brusdeylins, R.B. Doak, J.P. Toennies: Phys. Rev. Lett., 46, 437 (1981))

Streuung aufgeteilt, wobei der letztere beim Spiegelwinkel überwiegt. Die Intensität der anderen Komponente variiert gemäß dem üblichen Kosinusgesetz, $I(\vartheta) \propto \cos\vartheta$, das z.B. auch für die Abdampfung von einer Oberfläche gilt, und die Geschwindigkeitsverteilung der desorbierten Atome paßt zu einer thermischen Verteilung mit der Oberflächentemperatur.[17] Zusätzliche Experimente über die direkte inelastische Komponente zeigen, daß die Energieübertragung hauptsächlich über eine Änderung der Normalkomponente des Impulses läuft.

---

[17] Mit der Verallgemeinerung dieser Feststellung auf Moleküle sollte man vorsichtig sein. Wenn die Moleküle z.B. durch Rekombination auf der Oberfläche gebildet werden (wie etwa H_2 auf Übergangsmetallen), oder wenn es starke anisotrope Kräfte zwischen Molekül und Oberfläche gibt, muß die Verteilung der desorbierenden Moleküle keineswegs die Akkomodation der adsorbierten Teilchen auf der Oberfläche widerspiegeln.

6.4 Stöße von Molekülen an Oberflächen 397

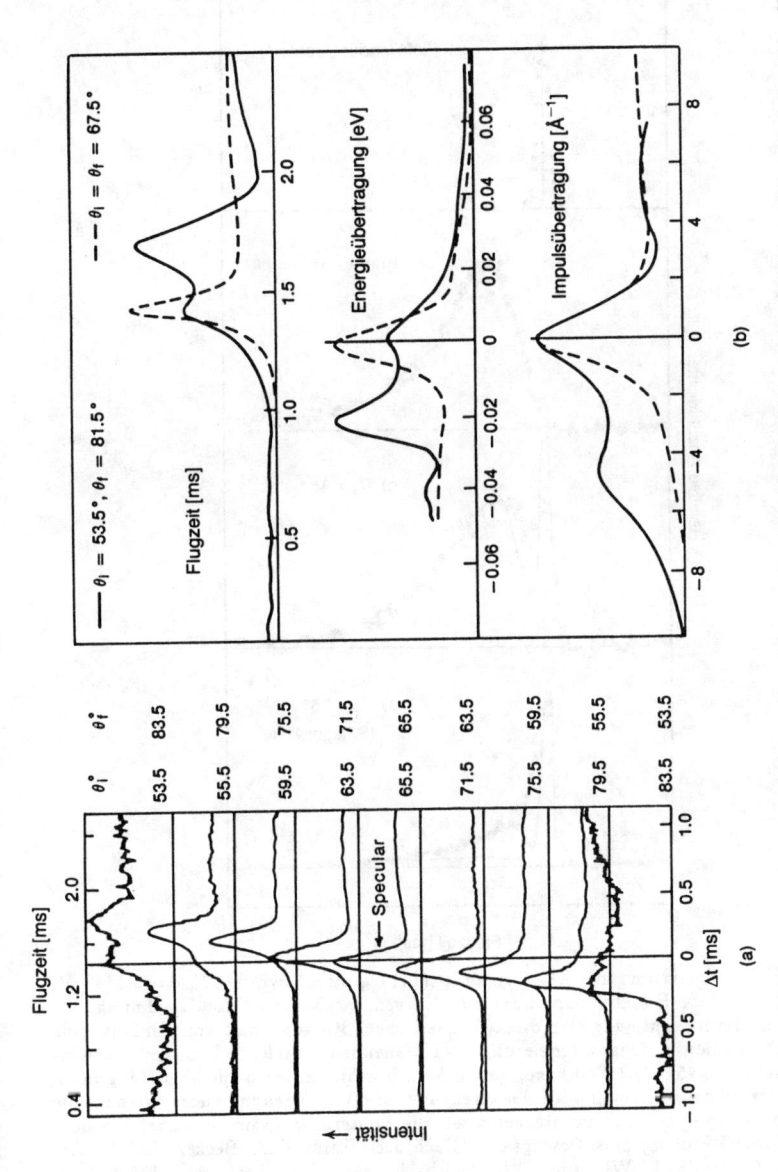

Bild 6.29 a) Flugzeitspektren von Ne, das bei $E_i = 0.065$ eV an einer (111)-Fläche von Ni gestreut wurde. Man beachte die Zeitverschiebung relativ zur spiegelnden Streuung.
b) Darstellung derselben Daten als Funktion von Energie- bzw. Impulsübertrag bei spiegelnder und nichtspiegelnder Streuung. (Nach B. Feuerbacher in: G. Benedek und U. Valbusa (1982))

398 6 Energieübertragung zwischen Molekülen

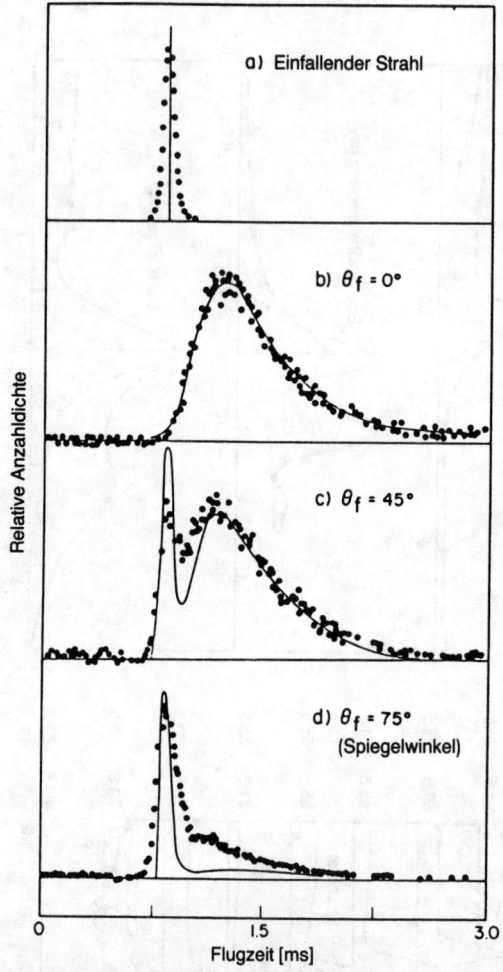

Bild 6.30 Flugzeitspektren von Xe, das an Pt(111) gestreut wurde; $E_t = 0.145$ eV, $\vartheta_i = 75°$; Punkte: experimentell; Kurven: nach einer Modellrechnung unter Berücksichtigung der direkt-inelastischen Streuung und von Einfang plus Desorption. a) Charakterisierung des einfallenden Strahls, b) Beobachtungswinkel 0°, c) 45°, d) 75°, d.h. spiegelnd. Man beachte die bimodale Verteilung in c): Der schnellere Anteil wird der direkt-inelastischen Streuung zugeschrieben, die beim Spiegelwinkel am stärksten ist, die breitere, langsamere Verteilung dem Prozeß Einfang plus Desorption. (Nach J.E. Hurst, C.A. Becker, J.P. Cowin, K.C. Janda, L. Wharton, D.L. Auerbach: Phys. Rev. Lett., 43, 1175 (1979); Theorie nach C.W. Muhlhausen, L.R. Williams, J.C. Tully: J. Chem. Phys., 83, 2594 (1985))

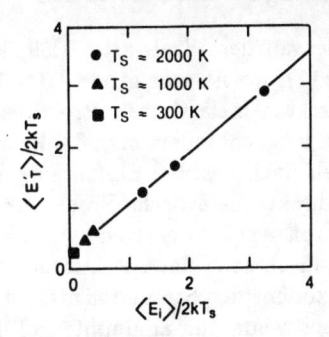

Bild 6.31 Abhängigkeit von $\langle E'_{tr} \rangle$ von E_{tr} für Ar, das bei Oberflächentemperaturen $T_s =$ 300, 1000 und 2000 K an W gestreut wurde. (Nach K.C. Janda, J.E. Hurst, C.A. Becker, J.P. Cowin, D.J. Auerbach, L. Wharton: J. Chem. Phys., 72, 2403 (1980); s.a. Janda et al. J. Chem. Phys., 78, 1559 (1983))

Ausgiebige Studien der Translations-Akkomodation der schweren Edelgase auf verschiedenen Oberflächen und in einem weiten Bereich von Stoßenergien und Oberflächentemperaturen führten zu einer Beziehung zwischen der mittleren Translationsenergie der gestreuten Atome und derjenigen der einfallenden Atome und der Oberflächentemperatur (Bild 6.31)

$$\langle E'_{tr} \rangle = C_1 E_{tr} + C_2 2kT_s. \tag{6.53}$$

Hierbei ist $C_1 \equiv d\langle E'_{tr}\rangle/dE_{tr} \simeq 0.8$ und $C_2 < C_1$.

6.4.3 Experimente zur Molekül-Oberflächenstreuung

Die wichtigste experimentelle Methode ist die Molekularstrahltechnik. Ein monoenergetischer, kollimierter Molekülstrahl trifft unter Ultrahochvakuumbedingungen auf eine gut charakterisierte Kristalloberfläche. Der massenspektrometrische Nachweis der gestreuten Moleküle als Funktion des Winkels im Verein mit der Flugzeitanalyse gehört wie in der Gasphase zum Standard. Die zusätzlichen Möglichkeiten der Energieübertragung auf die Oberfläche machen jedoch die Geschwindigkeitsanalyse weniger eindeutig und rufen nach einem Nachweis, der wirklich den inneren Zustand der gestreuten Moleküle mißt. Das leistet z.B. die laserinduzierte Fluoreszenz, ggf. unter Benutzung polarisierter Strahlung. Die schmalbandige Messung der Dopplerverschiebung kann dazu dienen, die Geschwindigkeitsmessung abzusichern. Auch die Multiphoton-Ionisation wird benutzt (Abschn. 7.3.4), die ebenfalls zustandsspezifisch und zudem sehr empfindlich sein kann.

Erhebliche Aufmerksamkeit hat die Streuung von NO an Ag(111) gefunden,

6 Energieübertragung zwischen Molekülen

wo die Bindungsenergie van der Waals-artig klein ist ($\simeq 0.2$ eV), und im Vergleich dazu an Pt(111), wo sie sehr groß ist (> 1 eV). Bei Ag war eine klare Trennung des direkten inelastischen Prozesses von demjenigen über Einfang und Desorption möglich, indem man die Produkte zustandspezifisch als Funktion des Winkels nachwies. Bei Einfallsenergien größer als die Topftiefe scheint daher der direkte inelastische Prozeß vorzuherrschen. Für einen kalten NO-Strahl, der von Ag(111) gestreut wird, erhält man für niedrige Rotationszustände j' nahezu spiegelnde Reflexion, s. Bild 6.32. Für höhere j' schiebt sich das Maximum der Streuintensität in die Vorwärtsrichtung. Das kann man verstehen, wenn man annimmt, daß die oberflächenparallele Impulskomponente des NO unverändert bleibt, jedoch die Normalkomponente sich verkleinert, weil aus ihr die Energie für die Rotationsanregung bezogen wird.

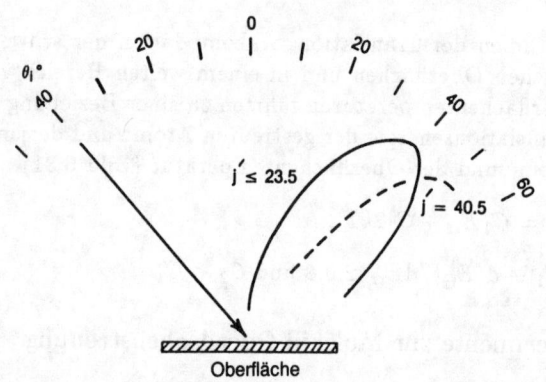

Bild 6.32 Polardiagramm der gestreuten Intensität von NO an Ag(111) bei $T_s = 650$ K, $E_{tr} = 1.1$ eV und $\vartheta_i = 40°$. Durchgezogen: Mittelwert für alle Zustände mit $j' \leq 23.5$, gestrichelt: $j' = 40.5$. (Nach A.W. Kleyn, A.C. Luntz, D.J. Auerbach: Surf. Sci.,117, 33 (1982))

Bild 6.33 zeigt die Verteilung der Rotationszustände des NO für spiegelnde Streuung an Ag(111) in einem weiten Stoßenergiebereich. Die Daten legen nahe, daß die Rotationsverteilung nach dem Stoß für niedrige j' thermisch ist. Sie hat jedoch eine Rotationstemperatur, die niedriger ist als die Oberflächentemperatur T_s. Wird T_s erhöht, so hinkt die Rotationstemperatur des gestreuten NO immer mehr nach, das gilt sowohl für Ag(111) wie für Pt(111), s. Bild 6.34. Die Rotationstemperatur steigt jedoch linear mit der Energiekomponente des Stoßes senkrecht zur Oberfläche an.

Schwingungsanregung wurde nur für NO auf Pt(111) und nur bei niedriger

6.4 Stöße von Molekülen an Oberflächen

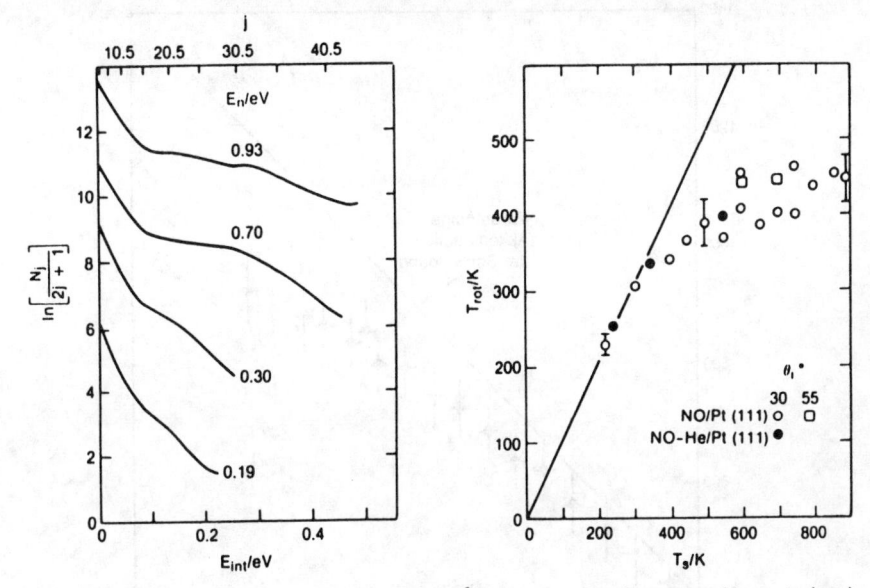

Bild 6.33 Rotationsenergieverteilung von $NO(^2\Pi_{1/2})$, das bei $T_s = 650$ K an Ag(111) gestreut wurde. Die einfallende Normalenergie $E_n = E_{tr} \cdot \cos^2 \vartheta_i$ ist angegeben. Für die oberen drei Kurven ist $\vartheta_i = \vartheta_f = 15°$, für die unterste $\vartheta_i = \vartheta_f = 40°$. Die Werte von j' wurden mittels der laserinduzierten Fluoreszenz bestimmt. Die linearen Stücke der Kurven bei kleinen j' entsprechen einer Boltzmann-Verteilung mit definierter Rotationstemperatur. (Nach A.W. Kleyn, A.C. Luntz, D.J. Auerbach: Phys. Rev. Lett., 47, 1169 (1981))

Bild 6.34 Rotationstemperatur T_{rot} von NO, das spiegelnd an einer Pt(111)-Oberfläche gestreut wurde, gegen die Oberflächentemperatur T_s. Daten für zwei Einfallswinkel ϑ_i. Volle Akkomodation entspräche der angegebenen Geraden mit der Steigung 1. (Nach J. Segner, H. Robota, W. Vielhaber, G. Ertl, F. Frenckel, J. Hager, W. Krieger, H. Walther: Surf. Sci., 131, 273 (1983); s.a. G.M. McClelland, G.D. Kubiak, H.G. Rennagel, R.N. Zare: Phys. Rev. Lett., 46, 831 (1981) und D.S. King, D.A. Mantell, R.R. Cavanagh: J. Chem. Phys., 82, 1046 (1985))

Stoßenergie beobachtet, wo Einfang mit Desorption stattfindet, wie es die nahezu kosinusartige Winkelverteilung zeigt. Die scheinbare Schwingungstemperatur hinkt ebenfalls hinter der Oberflächentemperatur her, s. Bild 6.35. Die Winkelverteilung der gestreuten, schwingungsangeregten NO-Moleküle ist dem Kosinusgesetz sehr ähnlich.

Eine sehr nützliche Entwicklung ist die Benutzung von Polarisationsdaten, um den Grad der Ausrichtung des Drehimpulses der gestreuten Moleküle zu messen, d.h. die Verteilung von m'_j bei gegebenem j'. Im Prinzip müßte

402 6 Energieübertragung zwischen Molekülen

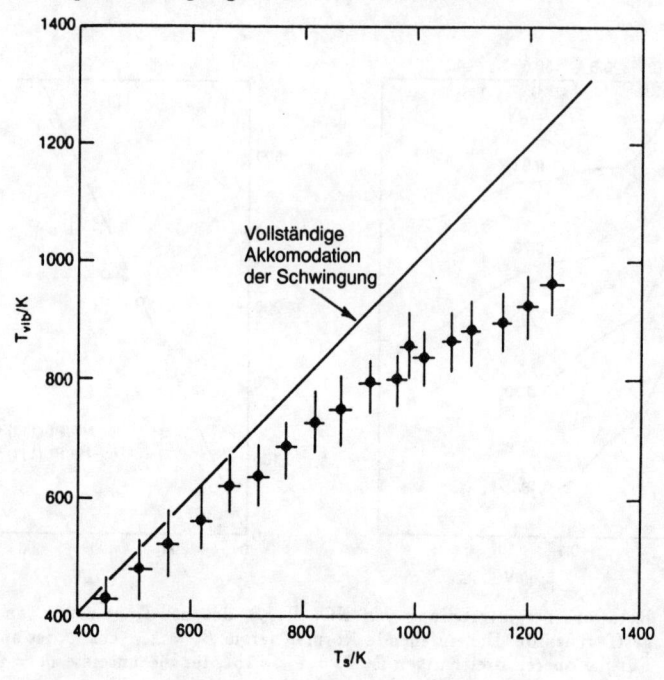

Bild 6.35 Schwingungstemperatur von an Pt(111) gestreutem NO gegen die Oberflächentemperatur T_s. (Nach M. Asscher, W.L. Guthrie, T.H. Lin, G.A. Somorjai: J. Chem. Phys., 78, 6992 (1983))

es möglich sein, die Polarisation der laserinduzierten Fluoreszenz ebenso zu messen wie die Abhängigkeit der Fluoreszenzintensität von der Polarisation des Lasers relativ zur Oberflächennormalen.

Ergebnisse für Experimente der zweiten Art zeigt Bild 6.36 für NO, das an Ag(111) gestreut wurde. Dabei steht das Dipolmoment des elektronischen Übergangs nahezu parallel zu j'. Um die Abhängigkeit der Fluoreszenzintensität $I(\vartheta_0)$ vom Winkel ϑ_0 der Polarisation des Lasers relativ zur Oberfläche zu beschreiben, benutzen wir die sogenannte Polarisations-Anisotropie

$$P = \frac{I(0) - I(\pi/2)}{I(0) + 2I(\pi/2)}, \tag{6.54}$$

für welche $-1/2 \leq P \leq 1$ gilt. Die obere Grenze $P = 1$ ist nur für $I(\pi/2) = 0$ möglich, d.h., eine perfekte Ausrichtung von j' entlang der Oberflächennormalen. Die untere Grenze für P entspricht einer genau senkrechten Ausrich-

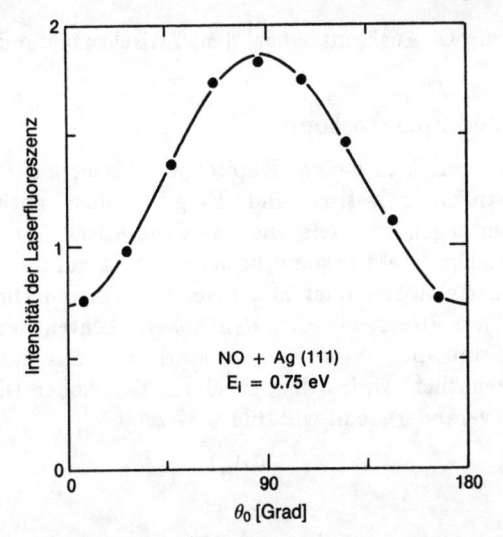

Bild 6.36 Gesamtintensität der Laserfluoreszenz von an Ag(111) gestreutem NO ($T_s =$ 650 K, $\vartheta_i = 40°$, $E_{tr} = 0.75$ eV) aufgetragen gegen den Winkel ϑ_0 der Laserpolarisation relativ zur Oberflächennormalen. Durchgezogen ist eine Anpassung an die theoretische Abhängigkeit $I \propto 1 + aP_2(\cos\vartheta_0)$. Die Analyse zeigt, daß die NO-Moleküle bevorzugt in der Normalenrichtung ausgerichtet sind. (Nach A.C. Luntz, A.W. Kleyn, D.J. Auerbach: Phys. Rev., B25, 4273 (1982); s.a. A.C. Luntz et al.: Surf. Sci., 152/153, 99 (1985))

tung. Bild 6.35 zeigt unmittelbar, daß $I(0) < I(\pi/2)$, d.h. daß die Ausrichtung von j' vorzugsweise senkrecht auf der Normalen steht.

Die inelastische Streuung zustandsselektierter Molekülstrahlen an wohl charakterisierten Oberflächen findet immer mehr Interesse und zeigt große Fortschritte sowohl was die Experimente als auch was die theoretischen und rechnerischen Methoden betrifft.

6.5 Bimolekulare Spektroskopie

Indem wir Anfangszustände präparieren und Endzustände einzeln beobachten, bekommen wir eine definitive, allerdings *indirekte* Antwort auf unsere zentrale Frage, was im Akt des Stoßes eigentlich passiert. Neuerdings sind aber auch Experimente möglich, in denen man die Moleküle *während* ihres Zusammenstoßes spektroskopisch untersucht. Sie eröffnen ganz neue Horizonte für das Studium der Stoßdynamik. Im folgenden Abschnitt untersuchen wir die Möglichkeit, durch

404 6 Energieübertragung zwischen Molekülen

Spektroskopie *direkt* Auskunft über den Zwischenzustand[18] zu gewinnen.

6.5.1 Stöße und Spektroskopie

Unser Hauptaugenmerk in diesem Kapitel war bisher auf Stoßphänomene gerichtet, die explizit inelastisch sind. Es gibt jedoch noch weitere Wirkungen ergieübertragender Stöße, die das dynamische Verhalten der Moleküle enthüllen. Die Spektroskopie bezieht sich ja nur bei sehr niedrigen Dichten auf isolierte Atome oder Moleküle. Bei höheren Dichten erzeugen Stöße nachweisbare Störeffekte. Bei den hohen Dichten der Flüssigkeiten und Festkörper sind diese Störungen so stark, daß das molekulare Spektrum völlig unkenntlich wird. Selbst in einem Gas hoher Dichte kann das Spektrum stark verändert sein, wie Bild 6.37 zeigt.

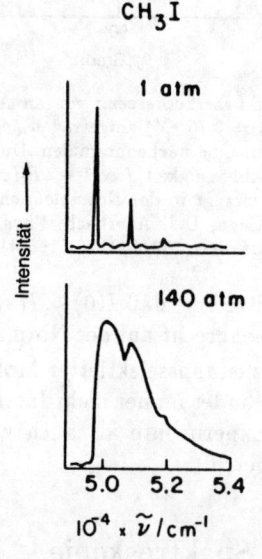

Bild 6.37 Einfluß des Fremdgasdrucks auf das elektronische Absorptionsspektrum von CH_3J. Die Druckverbreiterung hat ihr Analogon in den Spektren der Moleküle im Festkörper. (Nach M.B. Robin, N.A. Kuebler: J. Mol. Spectr., 33, 274 (1970))

---

[18]** Die Bezeichnung dieses Zwischenzustandes als Übergangszustand (transition state), wie sie sich jetzt manchmal findet, sollte man vermeiden, da es sich *keineswegs* um den Übergangszustand der „Theorie des Übergangszustandes" (transition state theory) handelt.

6.5 Bimolekulare Spektroskopie   405

In diesem Abschnitt betrachten wir allerdings den Grenzfall kleiner Dichte, wo die meisten Stöße bimolekular sind. Solche Stöße haben verschiedene Einflüsse auf die Spektren, wie wir sehen werden. Das gemeinsame Thema ist, daß die Spektren von den Stößen der strahlenden Moleküle abhängen und daher als Sonde für die Stoßdynamik dienen können.

6.5.2 Stoßinduzierte Lichtabsorption

Das einfachste bimolekulare spektroskopische Phänomen ist die stoßinduzierte Absorption. In Mischungen von Edelgasen findet man z.b. eine breitbandige Absorption, gewöhnlich im fernen Infrarot, deren Stärke bei der Frequenz ν vom Produkt der Gasdichten abhängt:

$$\log \left(\frac{I(0)}{I(l)} \right) = l\, n_A n_B A(\nu), \tag{6.55}$$

dabei ist l die Länge des Absorptionswegs. Der binäre Absorptionskoeffizient $A(\nu)$ ist unabhängig von der Dichte, hängt jedoch von den Atomsorten ab, vgl. Bild 6.38. Diese Absorption tritt in reinen Edelgasen nicht auf und verschwindet bei geringer Dichte. Es ist offenbar ein *bimolekulares* Phänomen, das nur Paare *verschiedenartiger* Atome betrifft.

Das in Bild 6.38 gezeigte Spektrum kann man als dasjenige des heteronuklearen Dimers AB betrachten, das sich „im Vorbeifliegen" während des Stoßes von A+B kurzzeitig bildet. In reinen Gasen wird es aus dem gleichen Grund nicht gefunden, aus dem heraus stabile homonukleare zweiatomige Moleküle nicht infrarot-aktiv sind. Klassisch gesprochen wird Licht absorbiert oder emittiert, wenn ein Dipol sich mit der Zeit ändert. Ein heteronukleares Diatom hat ein Dipolmoment $\mu(R)$, das eine Funktion des zwischenatomaren

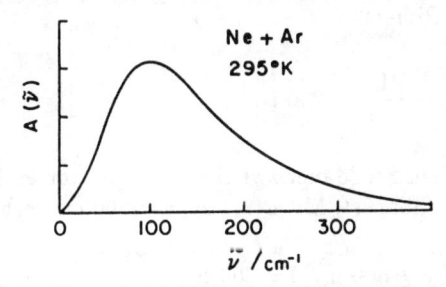

Bild 6.38 Bimolekularer Absorptionskoeffizient des Systems Ne-Ar im fernen Infrarot. Diese „stoßinduzierte Absorption" kommt vom Übergangs-Dipolemoment beim Vorbeiflug von Ne an Ar. (Nach D.R. Bosomworth, H.P. Gush: Can. J. Phys., 43, 751 (1965))

6 Energieübertragung zwischen Molekülen

Abstands ist, und daher ein Infrarot-Spektrum, denn dieser Abstand oszilliert. Ein ähnliches Dipolmoment hat ein heteronukleares Vorbeiflug-Dimer. Während des Stoßes ändert sich der Abstand von AB, daher auch das Dipolmoment $\mu(R(t))$, vgl. Bild 6.39. Diese Zeitabhängigkeit von μ liefert den Mechanismus, mittels dessen das kurzlebige Dimer, das nur während des Stoßes existiert, Licht absorbieren kann.

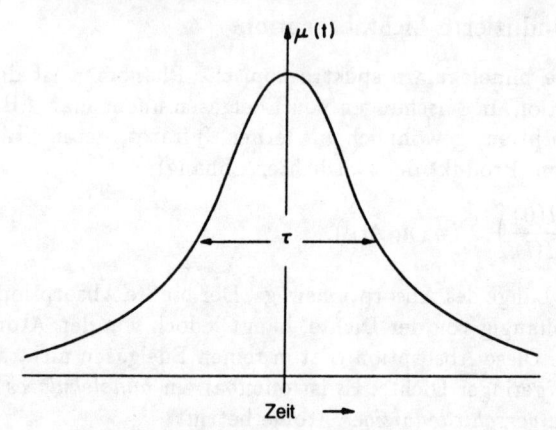

Bild 6.39 Schematische Zeitabhängigkeit des momentanen Dipolmomentes bei einem Vorbeiflug ungleicher Atome aneinander. Die Breite τ der Kurve ist reziprok zur Frequenz der stärksten Abstrahlung oder Absorption.

Eine Abschätzung der Lebensdauer solcher kurzlebiger Dimere ergibt sich direkt aus der Breite der Absorptionsbande mittels des Heisenbergschen Unbestimmtheits-Prinzips $\tau = h/\Delta E$. Man findet Absorptionsspektren mit einer Breite $\Delta \tilde{\nu}$ von etwa 200 cm^{-1} (Bild 6.39). Daher ist die mittlere Lebensdauer dieser „Dimere"

$$\tau = \frac{h}{hc\Delta\tilde{\nu}} = \frac{1}{c\Delta\tilde{\nu}} \simeq 200 \text{ fs}, \tag{6.56}$$

was mit der typischen Stoßdauer zwischen Edelgasatomen bei gewöhnlicher Temperatur vergleichbar ist. Mit $a = 1$ Å, $v = 500$ m/s erhält man nämlich

$$\tau_c \simeq 10^{-10} \text{ m}/(500 \text{ m/s}) = 200 \text{ fs}. \tag{6.57}$$

6.5.3 Quasigebundene Zustände und Prädissoziation

Eine breite, stoßinduzierte Absorptionsbande ist für das während eines *direkten* Stoßes gebildete kurzlebige Dimer charakteristisch (Abschn. 3.3). Wie aber steht es mit den langlebigen Dimeren, die in einem *komplexen* Stoß (Abschn. 4.3.6) gebildet werden? Wegen ihrer längeren Lebensdauern sollten sie schärfere Absorptionslinien liefern.

Das einfachste Beispiel sind die „umlaufenden" (orbiting) Dimere, die schon in Atom-Atom-Stößen gebildet werden können. Um ihr Zustandekommen zu untersuchen, betrachten wir das effektive Potential der Relativbewegung. Bei gegebenem Stoßparameter und vorgegebener Stoßenergie E_{tr} ist

$$V_{\text{eff}}(R) = V(R) + \frac{E_{tr} b^2}{R^2}, \qquad (2.32)$$

wo $V(R)$ das zwischenatomare oder (näherungsweise) der zentralsymmetrische Anteil des zwischenmolekularen Potentials ist (Bild 6.40). Für nicht zu große Werte von b behält das effektive Potential den inneren, für $V(R)$ charakteristischen Potentialtopf. Ein solches Potential kann *quasigebundene* Zustände haben, d.h. Zustände positiver Energie, die energetisch zur Dissoziation fähig sind, die jedoch (abhängig von ihrem energetischen Abstand vom Maximum der Barriere) eine Lebensdauer haben können, die sehr lang

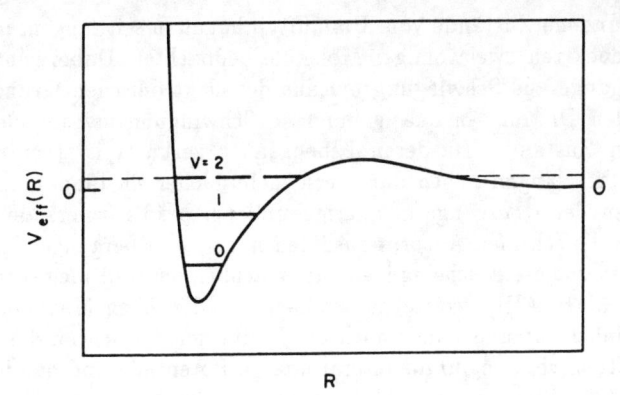

Bild 6.40 Gebundene ($v = 0, 1$) und quasigebundene ($v = 2$) Zustände eines effektiven Potentials $V_{\text{eff}}(R)$ zu vorgegebenem Drehimpuls. Der Bahndrehimpuls des Stoßsystems, aus dem der quasigebundene Zustand entstehen kann, ist identisch mit dem Rotationsdrehimpuls des quasigebundenen Diatoms. Seine Lebensdauer bestimmt sich aus der Tunnelrate durch die Potentialbarriere. Die dünne gestrichelte Linie zeigt die zugehörige Stoß- bzw. Zerfallsenergie.

im Vergleich zur Dauer eines direkten Stoßes ist. Diese „langsame" Dissoziation wird *Prädissoziation* genannt, hier speziell Prädissoziation durch Rotation.

Die quasigebundenen Zustände des effektiven Potentials sind hinter dem Zentrifugalwall im Potentialtopf gebunden. In der klassischen Mechanik wären sie dort für immer festgehalten, da sie zum Zerfallen den Potentialberg durchdringen müßten, wo ihre kinetische Energie negativ würde (vgl. Gl. (2.32)). Die Quantenmechanik erlaubt eine solche Bewegung mit negativer kinetischer Energie in der Form des *Tunnelns*. Jedesmal, wenn die Schwingungsbewegung den Relativabstand R in die Nähe des äußeren klassischen Umkehrpunktes (Gl. (2.34)) bringt, dissoziiert ein Bruchteil p der Dimere durch den Tunneleffekt.

Ist t_{vib} die Schwingungsperiode des quasigebundenen Moleküls in einem bestimmten Zustand, so erreicht die R-Bewegung den Umkehrpunkt an der Innenseite der Zentrifugalbarriere t_{vib}^{-1} mal pro Sekunde, und jedesmal erfolgt mit der Wahrscheinlichkeit p die Dissoziation. Die Dissoziationsrate ist daher p/t_{vib} und die Lebensdauer des Komplexes $\tau = t_{vib}/p$. Da t_{vib} von der Größenordnung der Dauer eines direkten Stoßes ist (vgl. Gl. (6.57)), können quasigebundene Zustände bei kleiner Tunnelwahrscheinlichkeit p sehr lange Lebensdauern haben. Im allgemeinen sinkt p, wenn die Barriere breiter, d.h. die Energie des Zustands kleiner, und wenn die reduzierte Masse größer wird.

Quasigebundene Zustände vom Umlauftyp hat man seit langem in den Absorptionsspektren zweiatomiger Moleküle beobachtet. Dabei geht es meist um Übergänge aus Schwingungsniveaus des elektronischen Grundzustands des stabilen Diatoms in quasigebundene Schwingungsniveaus elektronisch angeregter Zustände. Da deren Lebensdauer verkürzt ist (verglichen mit der unendlich langen Lebensdauer echt gebundener Zustände), sind die Linienbreiten der Übergänge in quasigebundene, prädissoziierende Zustände größer als die scharfen Absorptionslinien normaler Übergänge. Spektroskopisch hat man diese Erscheinungen hauptsächlich bei Hydriden studiert (z.B. H_2, HgH, MgH, AlH), wo wegen der kleinen reduzierten Masse die Tunnelwahrscheinlichkeit und damit auch die Breite der Absorptionslinien relativ groß ist. Rückschlüsse auf die interatomaren Potentiale sind damit möglich.

Auch in Atom-Atom-Stößen können solche quasigebundenen Zustände auf dem Weg des Tunnelns durch die Zentrifugalbarriere gebildet werden und dann auf dem gleichen Wege dissoziieren. Die Streuprodukte kommen dann gegenüber einer direkt gestreuten Streuwelle *verzögert* heraus. Da die energetische Lage der quasigebundenen Zustände für verschiedene Drehimpulse l

6.5 Bimolekulare Spektroskopie

verschieden ist, kann bei vorgegebener Stoßenergie höchstens *ein* solcher Zustand zum Streuquerschnitt beitragen. Da der Streuquerschnitt die Summe von Beiträgen verschiedener Partialwellen ist (vgl. Gl. (3.39)), und höchstens eine Partialwelle beteiligt sein kann, wird der beobachtbare Beitrag zum integralen Streuquerschnitt klein sein und allenfalls in der Winkelverteilung sichtbar werden. Hier hat die Spektroskopie einen deutlichen Vorteil: Regt man einen quasigebundenen Zustand an, so ist in jedem Fall nur ein Wert von l beteiligt.

Eine andere Art von Prädissoziation gibt es in drei- und mehratomigen Molekülen. Sie heißt *Prädissoziation durch Schwingung* und wurde schon mehrfach erwähnt: Ein und dieselbe Gesamtenergie kann sich verschiedenartig auf zwei oder mehr Normalschwingungen verteilen, wobei es möglich ist, daß für einige Verteilungen das Molekül gebunden, für andere ungebunden ist. Angeregte van-der-Waals-Dimere (Bild 6.10) sind nur ein Beispiel. Ein anderes ist ein komplexer Stoß, der von einer Potentialfläche mit einem tiefen Topf erzeugt wird (Abschn. 4.3.6). Es ist dann die *intra*molekulare Energieübertragung, die die Lebensdauer bestimmt. Ist ihre Rate hoch, so können wir zur Berechnung der Lebensdauer die Theorie des Übergangszustands zu benutzen, vgl. Abschn. 7.2.

Schließlich erwähnen wir den Einfang in Atom- oder Molekülstößen gegen eine Oberfläche. Das Potential als Funktion des Oberflächenabstands hat im allgemeinen eine anziehende Komponente. Daher kann das stoßende Teilchen in dem zugehörigen Potentialtopf eingefangen werden, falls seine Energie von Oberflächenschwingungen aufgenommen worden ist. Desorption ist die Prädissoziation solcher oberflächengebundener Teilchen.

6.5.4 Druckverbreiterung von Spektrallinien

Ein wichtiges spektroskopisches Anzeichen von unelastischen Stößen ist die Beobachtung der Druckverbreiterung molekularer Absorptionslinien. Nehmen wir z.B. den angeregten Schwingungszustand eines Moleküls, der bei verschwindender Gasdichte, d.h. in der Abwesenheit von Stößen, seine Anregung durch Strahlung verlieren würde. Inelastische R-R'- und V-V'-Stöße ändern diesen Quantenzustand und sind daher ein Mechanismus, der die normale Strahlung löscht. In Abwesenheit von Stößen ist die Strahlungslebensdauer recht lang, für Infrarotemission typischerweise im ms-Gebiet. Löschende Stöße können deswegen die Lebensdauer eines angeregten Zustands erheblich verkürzen. Nach der Unbestimmtheitsrelation muß dann die Absorptionslinie deutlich verbreitert sein. Die Linienbreite ist unter Vernachlässigung der Strahlungslebensdauer

6 Energieübertragung zwischen Molekülen

$$\Delta \nu = \tau^{-1} = nk, \qquad (6.58)$$

wo k die bimolekulare Rate für das Löschen des angeregten Zustands ist, n ($= P/kT$) die Anzahldichte des betreffenden Stoßpartners (vgl. auch Abschn. 6.6.2). Die Ableitung der Druckabhängigkeit der Linienbreite nach dem Druck liefert den Ratenkoeffizienten für die Summe aller inelastischen Stöße aus dem angeregten Zustand. Die sehr hohen Raten für R-R'-Transfer wurden so zum ersten Mal gemessen.

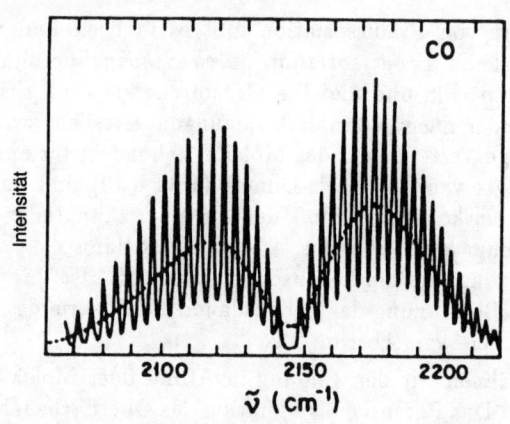

Bild 6.41 Druckverbreiterung der Rotationsstruktur der fundamentalen Absorptionsbande des CO. Die Struktur der durchgezogenen Kurve bei 10 atm wird bei 90 atm (gestrichelte Kurve) so verschmiert, daß nur noch die Einhüllenden des P- und R-Zweiges übrigbleiben. (Nach R.G. Gordon, R.P. McGinnis: J. Chem. Phys., 58, 4898 (1971))

Die Infrarot-Spektren der Moleküle enthalten viele benachbarte Linien, die zu verschiedenen Schwingungs-Rotations-Übergängen gehören.[19] Wenn der Druck steigt, fangen diese Linien an, sich zu überlappen. Schließlich fließen sie zusammen, und ihre Struktur geht verloren (Bild 6.41). Dieser Verlust von Einzelheiten durch Druckverbreiterung ist für Spektren bei hohen Drücken (Bild 6.37) und für Molekülspektren in Flüssigkeiten typisch.

Auch die Emission aus *elektronisch* angeregten Zuständen ist druckverbreitert. Zur Interpretation ziehen wir das Franck-Condon-Prinzip heran. Bild

---

[19] Reine Rotationsspektren sind einfacher. Wegen der hohen Auflösung der Mikrowellen-Spektroskopie bei niedrigen Gasdrucken mißt man sehr viel schmälere Linien. Hieraus konnten wichtige Einsichten in die inelasatische Streuung und daraus über intermolekulare Kräfte gewonnen werden.

6.5 Bimolekulare Spektroskopie   411

6.42 zeigt die zwischenatomaren Potentiale M-Na(3^2S) und M-Na(3^2P) für M = Ar. Die bekannte D-Linie des Natriums ist der Übergang $3^2P \to 3^2S$. Die Frequenz der ungestörten D-Linie entspricht dem Energieabstand der beiden Potentialkurven in Bild 6.42 bei unendlichem Abstand M-Na. Was passiert aber, wenn das störende M-Atom in endlichem Abstand R ist? Nach

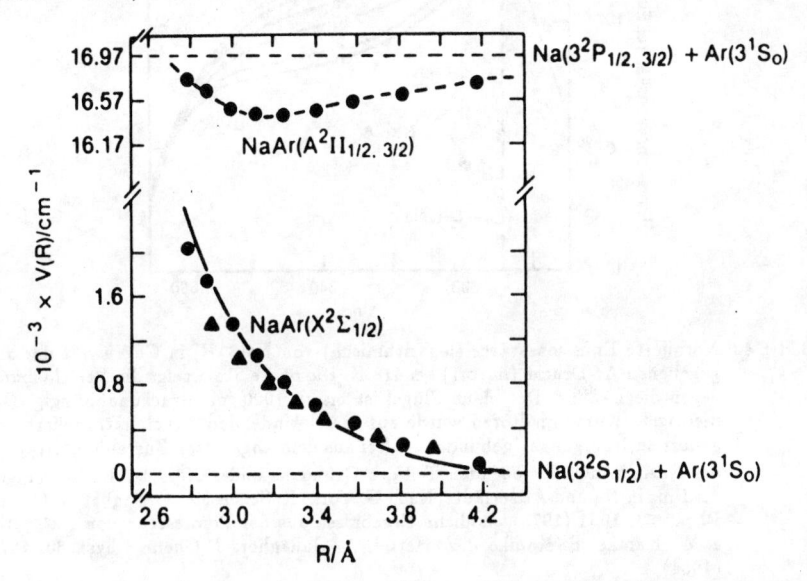

Bild 6.42 Potentiale $V(R)$ des NaAr-Moleküls, abgeleitet aus der Verbreiterung der D-Linie des Na durch Ar (Kreise) (G. York, R. Scheps, A. Gallagher: J. Chem. Phys., 63, 1052 (1975)); zum Vergleich als Dreiecke das Potential des abstoßenden Teils des Grundzustandes aus hochenergetischen Streudaten (C.J. Malerich, R.J. Cross: J. Chem. Phys., 52, 386 (1970)). Die durchgezogene Kurve für den Grundzustand ist eine Pseudopotentialrechnung (J. Pascale, J. Vanderplanque: J. Chem. Phys., 60, 2278 (1974)). Neue Streuexperimente mit angeregtem Na* haben zu Modifikationen und Ergänzungen dieser frühen Arbeiten geführt; Ergebnisse und eine Zusammenfassung genauer Alkali-Edelgas-Potentiale s. bei R. Düren, E. Hasselbrink, H. Tischer: J. Chem. Phys., 77, 3286 (1982) und R. Düren, E. Hasselbrink, G. Moritz: Z. Phys., A307, 1 (1982).

dem Franck-Condon-Prinzip bewegen sich die Atome während des elektronischen Übergangs nicht. Die Strahlungsfrequenz wird daher dem Abstand der beiden Potentialkurven bei endlichem R entsprechen. Zu jedem M-Na-Abstand gehört eine andere Strahlungsfrequenz. Haben beide Kurven eine deutlich verschiedene R-Abhängigkeit, kann die D-Linie breite Flügel bekommen. Das experimentelle Ergebnis gibt Bild 6.43 wieder.

412   6 Energieübertragung zwischen Molekülen

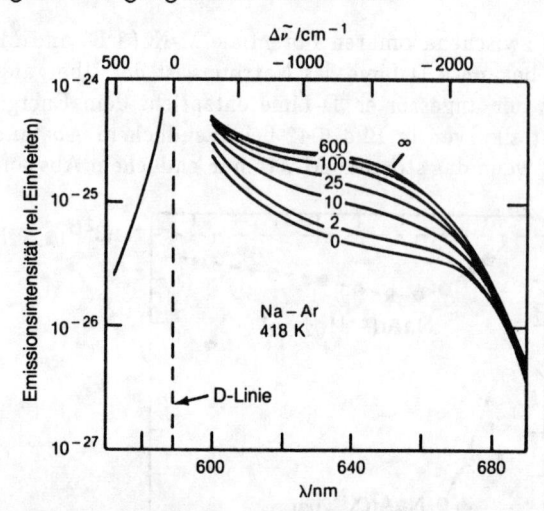

Bild 6.43 Normierte Emissionsstärke (logarithmisch) von $Na(3^2P)$ in Gegenwart der angegebenen Ar-Drucke (in torr) bei 418 K. Die obere Skala zeigt die Verschiebung gegen die D-Linie. Der blaue Flügel ist bis zu 1000 torr druckunabhängig. Die niedrigste Kurve im Roten wurde auf verschwindenden Druck extrapoliert, sie gehört zu Übergängen gebunden → frei aus dem angeregten Zustand $A^2\Pi_{1/2,3/2}$ des NaAr in den abstoßenden Teil des Grundzustandes $X^2\Sigma_{1/2}$, der in weniger als 1 ms in Na und Ar zerfällt. (Nach G. York, R. Scheps, A. Gallagher: J. Chem. Phys., 63, 1052 (1975); ähnliche Ergebnisse aus der Fluoreszenz von $Na^* + N_2$ s. W. Kamke, B. Kamke, I.V. Hertel, A. Gallagher: J. Chem. Phys., 80, 4879 (1984))

6.5.5 Bimolekulare Emissionsspektroskopie

Regt man NaI im Ultravioletten an (z.B. bei 220 nm Wellenlänge), so dissoziiert es zu $Na(3^2P) + I$. Die Folge der Dissoziation ist daher die Ausstrahlung der D-Linie. Auf dem Weg zur Dissoziation bewegt sich das elektronisch angeregte NaI*-Moleküle auf der oberen Potentialkurve von Bild 6.44. Die Photodissoziation von NaI ist ein „Halbstoß" von I mit $Na(3^2P)$. Das bedeutet dann, daß die D-Linie von einem blauverschobenen breiten Flügel begleitet ist[20]. Natürlich tragen nur diejenigen Moleküle dazu bei, die während des Dissoziationsprozesses emittieren. Nimmt man eine Strahlungslebensdauer von 10^{-8} s und eine Dauer des Halbstoßes von 10^{-13} s, so ist dies nur ein Bruchteil von 10^{-5}. Die Quantenausbeute der verschobenen Strahlung

---

[20] Die Verschiebung geht nach Blau, d.h. zu kürzeren Wellenlängen, weil bei kleinem R der Abstand der beiden Potentialkurven größer ist als der asymptotische Abstand.

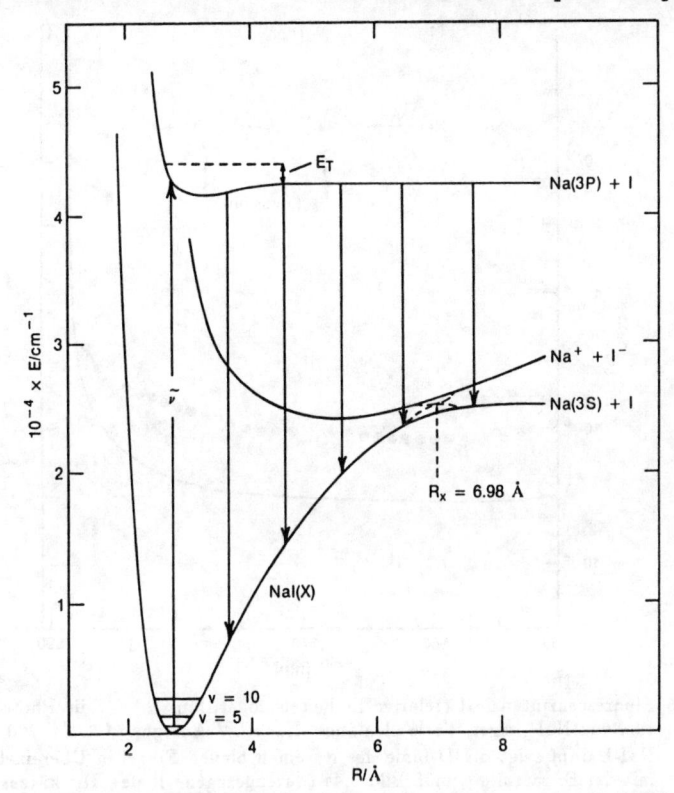

Bild 6.44 Potentialkurven für einige Zustände von NaI und Franck-Condon-Übergänge Na(3P) → Na(3S) (nach H.J. Foth, J.C. Polanyi, H.H. Telle: J. Chem. Phys., 86, 5027 (1982)). Photodissoziation bei der Frequenz $\tilde{\nu}(\lambda \simeq 235$ nm) liefert Na(3P) und I(5^2P) mit einer Translationsenergie E_{tr}. Während des Auseinanderlaufens kann das System in einem weiten Frequenzbereich strahlen, der durch Pfeile bezeichnet ist, und von $\tilde{\nu}$ bis zur D-Linie bei $\lambda \simeq 590$ nm reicht.

ist daher niedrig. Hinzu kommt noch, daß sich deren Intensität auf einen großen Frequenzbereich verteilt (Bild 6.45).

Grundsätzlich können die NaI*-Moleküle auch in gebundene Schwingungszustände des NaI im elektronischen Grundzustand emittieren. Dieses Emissionsspektrum ist vom Typ frei → gebunden und sollte daher Struktur haben. Der kleine Schwingungsabstand in NaI verbunden mit der schlechten Auflösung (als Folge der geringen Intensität) verschmiert allerdings in Bild 6.45 jede Struktur. Sie kann jedoch in anderen Experimenten beobachtet werden, wie wir noch sehen werden.

414   6 Energieübertragung zwischen Molekülen

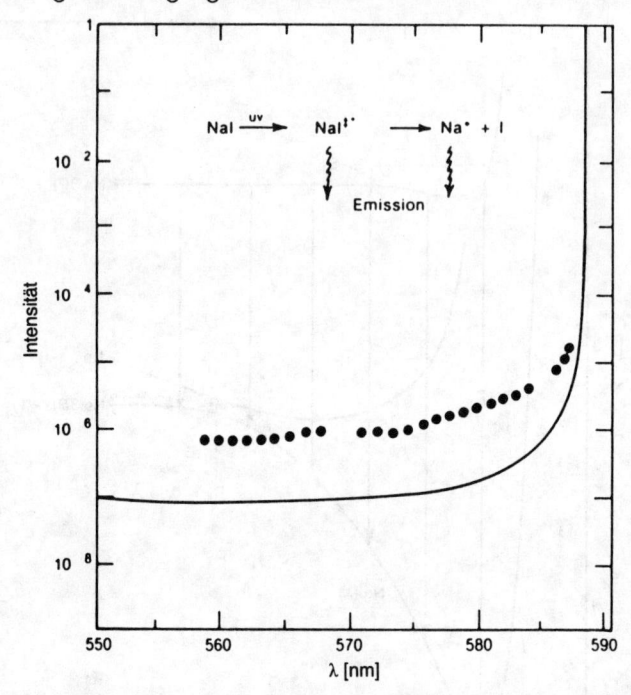

Bild 6.45 Fluoreszenzintensität (relative Einheiten, logarithmisch) für die Photodissoziation von NaI* gegen die Wellenlänge. Nach UV-Anregung (220...260 nm) von NaI-Dampf zeigt die D-Linie des Na einen blauen Flügel in Übereinstimmung mit der Erwartung gemäß Bild 6.44 (durchgezogene Linie). Die kürzesten Wellenlängen kommen von NaI*, das beim Auseinanderlaufen sofort emittiert, die langen von späterer Emission. (Nach H.J. Foth, H.R. Mayne, R.A. Poirier, J.C. Polanyi, H.H. Telle: Laser Chem., 2, 229 (1983))

Elektronisch angeregte Moleküle müssen nicht durch Anregung aus dem Grundzustand erzeugt werden, sondern können auch in einer chemischen Reaktion gebildet werden. Bild 6.46 zeigt die Flügel der D-Linie von Na aus der Reaktion

$$F + Na_2 \rightarrow \begin{cases} NaF + Na(3^2P) \\ NaF + Na(3^2S), \end{cases}$$

bei der sowohl angeregte wie nichtangeregte Na-Atome entstehen. Die Potentialkurven dieser Reaktion in kollinearer Anordnung sind schematisch in Bild 6.47 dargestellt. Wie dieses zeigt, beobachtet man rote und blaue Flügel der D-Linie. Natürlich wird das FNa_2^*-Molekül in vielen unterschiedlichen Konfigurationen gebildet, die Hauptbeiträge zur Ausstrahlung kommen

6.5 Bimolekulare Spektroskopie 415

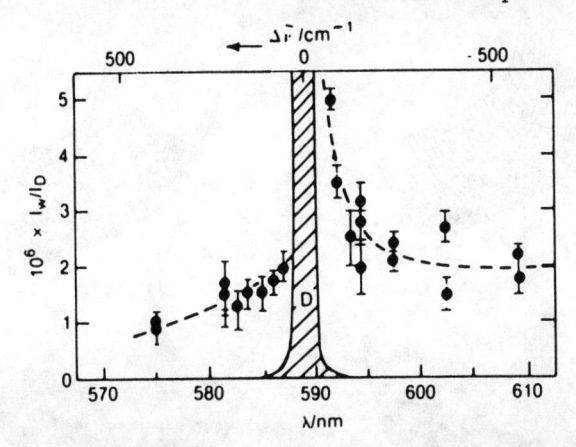

Bild 6.46 Ausstrahlung des Zwischenmoleküls FNaNa* aus der chemilumineszenten Reaktion F + Na$_2$ → FNaNa* → NaF + Na* in den Flügeln der Na-D-Linie. Man beobachtet einen roten und einen blauen Flügel. Die Punkte sind experimentelle Daten (mit Standardabweichungen), die gestrichelte Kurve interpoliert diese. Schraffiert ist das normale Emissionsprofil. (Nach P. Arrowsmith, S.H. Bly, P.E. Charters, J.C. Polanyi: J. Chem. Phys., 79, 283 (1983))

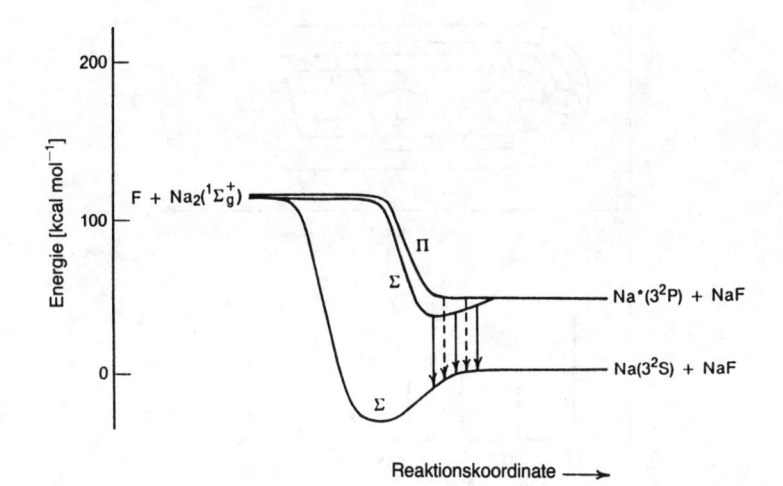

Bild 6.47 Empirische, adiabatische Potentialkurven für kollineares FNaNa, zur Erklärung des roten und blauen Flügels der D-Linie in der Chemilumineszenz der Reaktion F+Na$_2$ von Bild 6.46. Als Grundlage dienten analoge Kurven von FLi$_2$ von G.G. Balint-Kurti und M. Karplus. Die durchgezogenen Pfeile ($\Sigma \to \Sigma$) erzeugen den roten Flügel, die gestrichelten ($\Pi \to \Sigma$) den blauen. (Zitat wie Bild 6.46)

416 6 Energieübertragung zwischen Molekülen

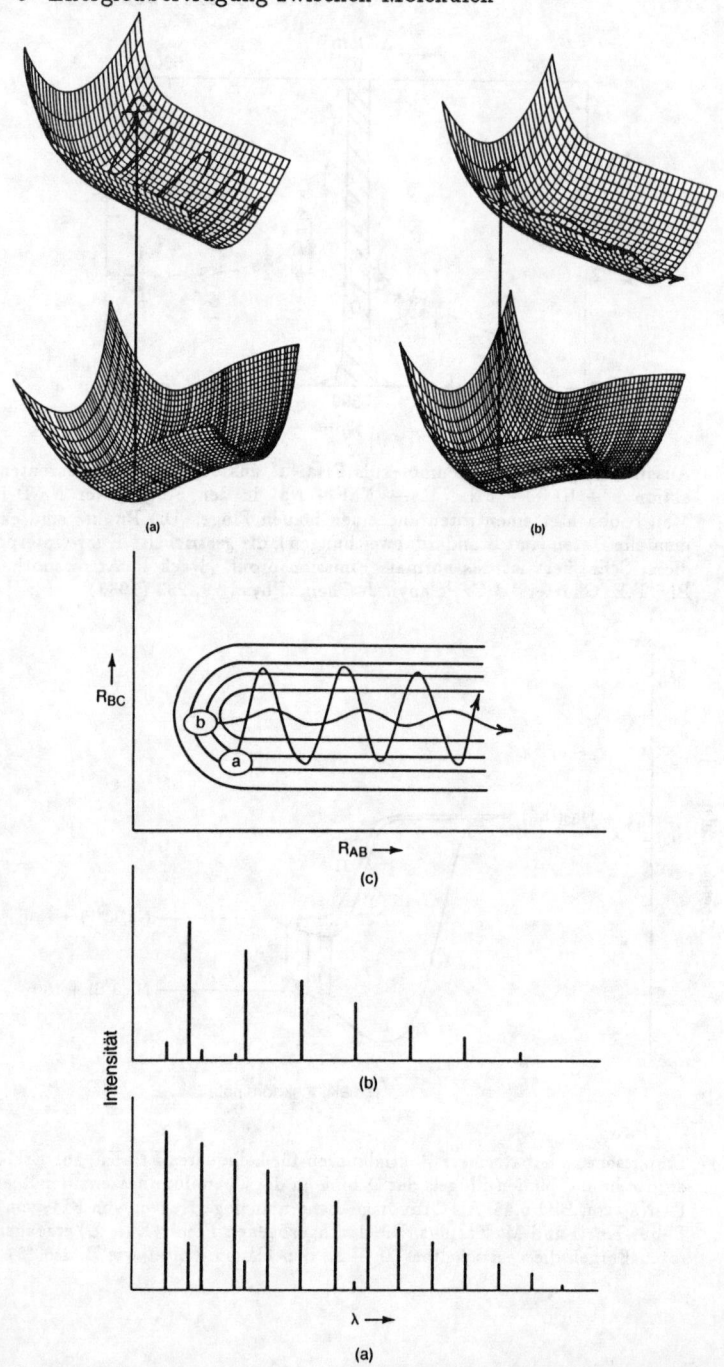

(a)

(b)

R_{BC}

$R_{AB} \rightarrow$

(c)

Intensität

(b)

(a)

$\lambda \rightarrow$

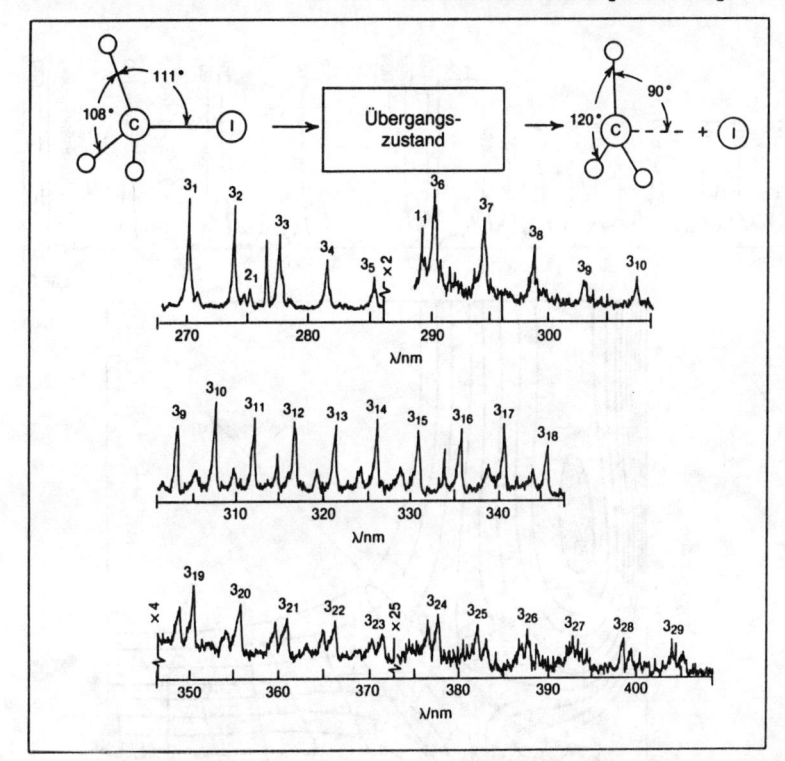

Bild 6.49 (Oben) Geometrie von Anfangs- und Endzustand der Photodissoziation von CH_3I; Abstände für CH_3I: $R_{CH} = 1.11$ Å, $R_{CI} = 2.14$ Å, für CH_3: $R_{CH} = 1.08$ Å; Winkel wie angegeben.
(Unten) Raman-Spektrum bei Anregung mit $\lambda = 266$ nm. Die wesentliche Schwingungsprogression ist die der Schwingung ν_3 bei 533 cm^{-1}, d.h. der CI-Streckschwingung. (Die Bezeichnung 3_m bedeutet ν_3 im m-ten angeregten Zustand.) (Nach D. Imre, J.L. Kinsey, A. Sinha, J. Krenos: J. Phys. Chem., 88, 3956 (1984))

Bild 6.48 (Oben) Wellenpaket-Beschreibung der Photodissoziation eines dreiatomigen Moleküls ABC. Nach Anregung aus dem Grundzustand startet das Wellenpaket in Richtung des steilsten Abfalls der angeregten Potentialfläche und macht einen „Halbstoß" ABC* → A + BC. a) ABC* wird mit einer zusammengepreßten BC-Bindung gebildet, das führt zu schwingungsangeregtem BC†. b) ABC* wird mit normalem BC-Abstand gebildet, die BC-Schwingung bleibt „kalt".
(Unten) Qualitative Darstellung der Fluoreszenzspektren für die beiden obigen Fälle. In a) wird haupsächlich die BC-Streckschwingung mit ihren Obertönen angeregt, in b) hauptsächlich die AB-Streckschwingung. (Nach E.J. Heller: Acc. Chem. Res., 14, 368 (1981); E.J. Heller, R. Sundberg, D. Tannor: J. Phys. Chem., 86, 1822 (1982))

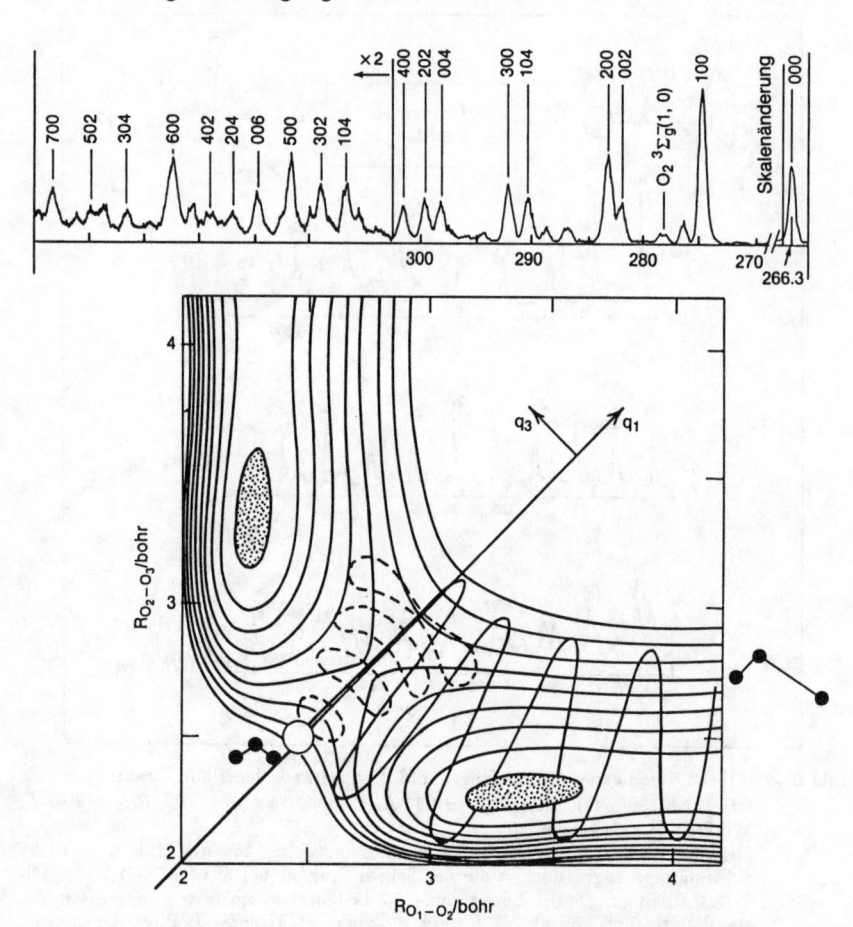

Bild 6.50a (Oben) Raman-Spektrum von O_3 bei Anregung mit 266 nm. Die Banden sind mit der Zahl der Quanten in ν_1 (symmetrische Streckschwingung), ν_2 (Biegeschwingung) und ν_3 (asymmetrische Streckschwingung) bezeichnet. Die Anregung von ν_1 herrscht vor.
(Unten) Berechnete Potentialfäche des angeregten Zustands B_2 von O_3; der Knickwinkel ist beim Gleichgewichtswert des Grundzustands festgehalten. q_1 und q_3 sind die Normalkoordinaten zu ν_1 und ν_3. Durchgezogen ist eine Photodissoziations-Trajektorie. Die gestrichelten Konturen umreißen das sich entwickelnde Wellenpaket nach der Anregung. Die punktierten Gebiete entsprechen quasigebundenen Töpfen in den Ausgangstälern. (Zitat wie Bild 6.49, nach Rechnungen von P.J. Hay, R.T. Pack, R.B. Walker, E.J. Heller: J. Phys. Chem., 86, 862 (1982))

6.5 Bimolekulare Spektroskopie 419

dann von denjenigen Anordnungen, in denen das FNa_2^* sich vorzugsweise befindet.

Um ein besser aufgelöstes Emissionsspektrum zu bekommen, ist es wünschenswert, die Zahl der erreichbaren Molekülanordnungen zu begrenzen. Ein Weg hierzu ist die Ausnutzung von Halbstößen. Dann ist die Anfangskonfiguration, in welche das Molekül optisch angeregt wird, durch Franck-Condon-Faktoren eingeschränkt. Bild 6.48 zeigt zwei unterschiedliche Möglichkeiten für die dann folgende Ausstrahlung. Wenn die Dissoziation des

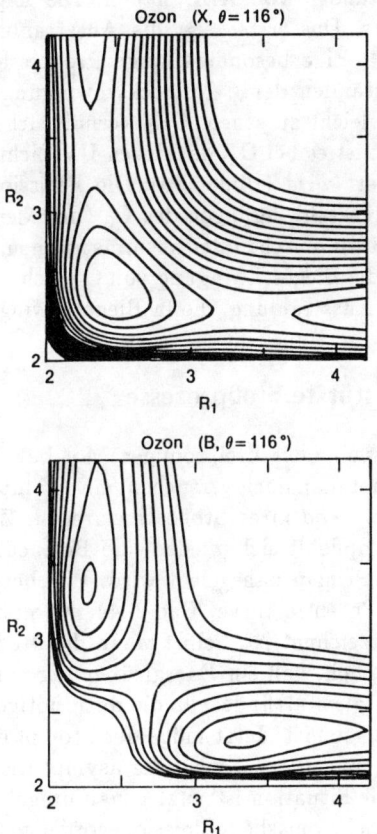

Bild 6.50b Vergleich der Potentialflächen für den Grundzustand $^1A_1$ und den angeregten Zustand $^1B_2$ des O_3 bei festem Bindungswinkel (Abstände in bohr). Halbempirische Rechnungen, in welchen Ab-initio-Rechnungen an bekannte Daten angepasst wurden. Man beachte den Wechsel vom tiefen Bindungstopf des Grundzustands zur beidseitig abstoßenden Fläche des angeregten Zustands.

ABC*-Moleküls vorzugsweise durch die abstoßende Kraft zwischen A und B erfolgt (eine Situation ähnlich der von Bild 6.44), ist die BC-Bindung nicht sehr gestört (es sei denn, die Translationsenergie ist so hoch, daß intramolekulare V-T-Kopplung wirksam wird). Die Ausstrahlung wird daher in der AB-Bindung angeregte Schwingungen von ABC zum Endpunkt haben, mit anderen Worten, BC wirkt wie ein einziges Atom. Wenn andererseits ABC* mit einer komprimierten BC-Bindung gebildet wird, muß die Trennung zwischen A und BC eine große Franck-Condon-Überlappung mit BC-angeregten Zuständen von ABC haben. Die folgenden beiden Bilder veranschaulichen das. Das erste zeigt die Ausstrahlung während der Dissoziation von CH_3I^*. Eine besonders lange Progression von Linien, die in den angeregten Zuständen der C-I-Streckschwingung des Grundzustandes des CH_3I enden, ist leicht zu sehen: CH_3 verhält sich wie ein zweiatomiges Molekül. Umgekehrt ist es bei O_3^*, das durch UV-Licht über den angeregten B_2-Zustand dissoziiert wird (Bild 6.50): Die Emission geht hauptsächlich in symmetrische Streckschwingungen des O_3 (mit kleineren Beimischungen von geradzahligen Harmonischen der asymmetrischen Schwingung). Da aus Symmetriegründen die Biegeschwingung von O_3^* nicht angeregt ist, beobachtet man auch keine Ausstrahlung, die in Biegeschwingungen des O_3 endet.

6.5.6 Laserunterstützte Stoßprozesse

Statt ein stabiles zwei- oder dreiatomiges Molekül in einen höheren Zustand anzuregen, kann man auch versuchen, ein Atompaar oder einen Atom-Diatom-Komplex *während* ihres Stoßes anzuregen. Zur Beschreibung solcher Experimente empfiehlt sich wieder eine Betrachtungsweise, die durch das Franck-Condon-Prinzip nahegelegt wird. Wir betrachten einen atomaren Stoß auf einer Potentialkurve, Bild 6.44, wo noch eine höherliegende Potentialkurve eingezeichnet ist. Selbst wenn die Stoßenergie ausreicht, ist es sehr unwahrscheinlich, daß ein Energieübertrag von Translationsenergie in elektronische Energie stattfindet, da die dazu nötige Impulsänderung der Relativbewegung zu groß ist. Jetzt möge der Stoß in einem Laserfeld stattfinden, dessen Frequenz zunächst nicht der asymptotischen Energiedifferenz entsprechen muß. Die Situation ist jetzt genau umgekehrt wie bei der Linienverbreiterung in elektronischen Emissionsvorgängen: Wenn die Laserfrequenz den Energieabstand zwischen den beiden Potentialkurven bei *irgendeinem* Relativabstand R der Atome trifft, kann der Übergang von unten nach oben erfolgen, sobald dieses R im Stoß erreicht wird. Das System wird anschließend auf der oberen Potentialkurve auseinanderfliegen.

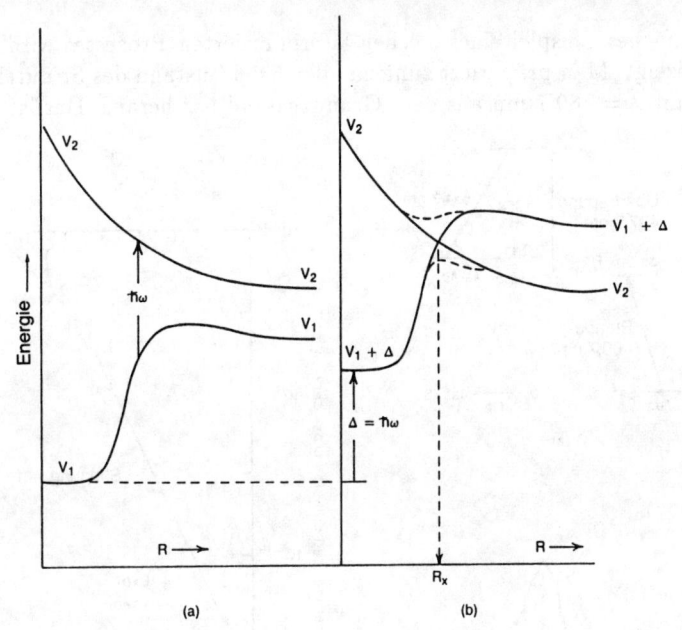

Bild 6.51 Schemazeichnung der Profile zweier Potentialflächen entlang der Reaktionskoordinate.
a) Feldfreie adiabatische Potentiale; in Gegenwart eines starken Laserfelds der Photonenenergie $\hbar\omega$ (Pfeil) kann das System von einer Adiabate zur andern übergehen.
b) Berücksichtigung des Laserfelds als „Bekleidung" des Systems mit einem Photon, wodurch die Grundzustandsfläche um $\Delta = \hbar\omega$ angehoben wird. Sie kreuzt jetzt die obere Fläche bei R_x. Die neuen Adiabaten haben eine vermiedene Kreuzung (gestrichelt); Details im Text. (Nach J.M. Yuan, T.F. George: J. Chem. Phys., 70, 990 (1979); s.a. die frühere Arbeit von A.M.F. Lau: Phys. Rev., A13, 139 (1976))

Übergänge werden mit der größten Wahrscheinlichkeit dort passieren, wo die Laserfrequenz den Energieabstand genau trifft. Eine andere Art, dies zu beschreiben, ist die Benutzung von mit Photonen „bekleideten Zuständen und ihren Potentialkurven, die um $\Delta E = h\nu$ nach oben verschoben sind,[21] dazu Bild 6.51. Beim obengenannten Abstand R kreuzt die bekleidete untere Kurve jetzt die unbekleidete obere. Übergänge erfolgen vorzugsweise an solchen Kreuzungen (vgl. auch Abschn. 6.6), da die relative Stoßenergie und damit der relative Impuls sich dann nicht ändern müssen.

---

[21] Bei hohen Laserfeldstärken kann ein Zustand auch mit mehreren Photonen „bekleidet" sein, mit entsprechender Verschiebung der Energie um Vielfache von $h\nu$.

422 6 Energieübertragung zwischen Molekülen

Ein einfaches Beispiel eines solchen laserinduzierten Prozesses wird in Bild 6.52 gezeigt. Man präpariert zunächst den $5s5p$-Zustand des Sr durch Anregung mit $\lambda = 460{,}7$ nm aus dem Grundzustand $5s^2$ heraus. Das ist nur ein

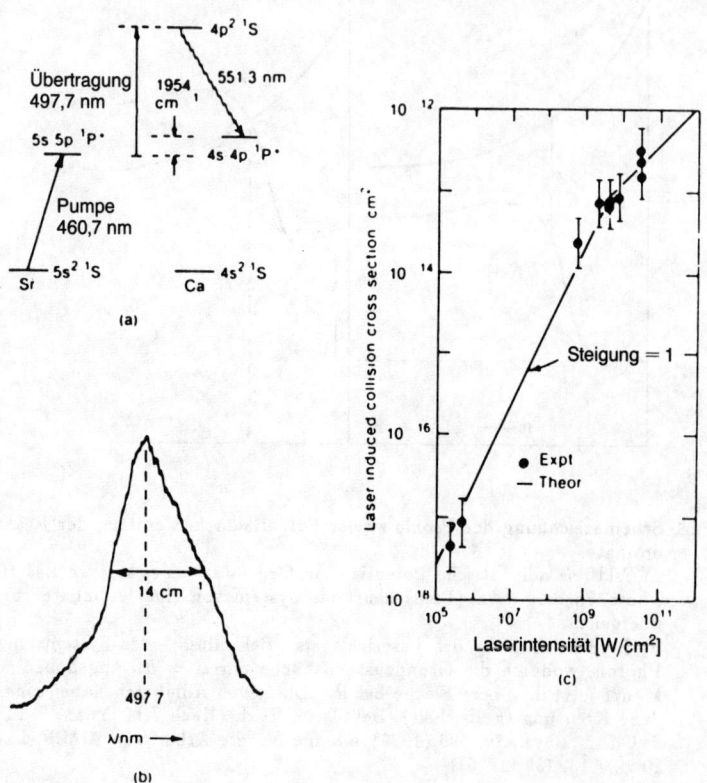

Bild 6.52 a) Energieschema zur Beschreibung des laserunterstützten, endoergischen inelastischen Stoßprozesses $Ca + Sr^* \to Ca^* + Sr$, $Q = -1954$ cm^{-1}. Der Pumplaser bei 460.7 nm regt das Sr an, ein zweiter Laser wird bei 498 cm^{-1} über ca. 40 cm^{-1} abgestimmt, die Fluoreszenz von Ca bei 531.3 nm wird beobachtet.
b) Intensität dieser Fluoreszenz gegen die Wellenlänge des zweiten Lasers. Das Maximum bei 497.7 nm entspricht einer Zwischenanregung in den Zustand $4p^2\ ^1S(Ca^{**})$ des Ca, der zum Zustand $4s4p^1 P_0(Ca^*)$ fluoresziert.
c) Doppeltlogarithmische Darstellung des laserinduzierten inelastischen Querschnitts gegen die Energiedichte des Lasers. Da der Übertragungsprozeß *ein* Photon braucht, ist der Querschnitt linear in der Laserenergie (Steigung 1); bei hohen Laserleistungen tritt dadurch „Sättigung" ein, daß der Reaktand verbraucht wird. (Nach W.R. Green, J. Lukasik, J.R. Wilson, M.D. Wright, J.F. Young, S.E. Harris: Phys. Rev. Lett.,42, 970 (1979))

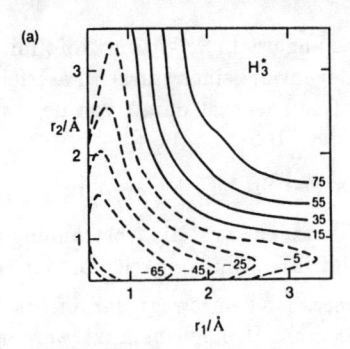

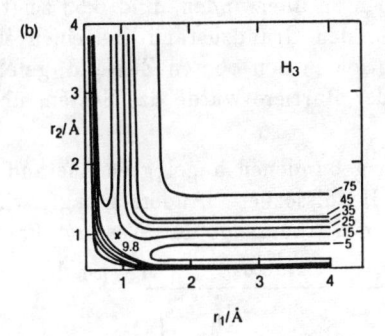

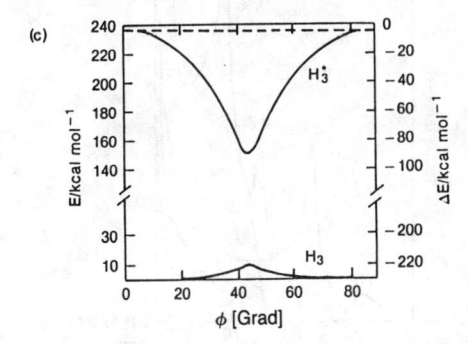

Bild 6.53 a) Halbempirische Potentialfläche für kollineares $H_3^*(^2\Pi)$, Energien in kcal · mol^{-1}. b) Ab initio-Grundzustand von H_3 (sog. SLTH-Fläche). c) Energieprofile entlang des Weges minimaler Energie auf der SLTH-Fläche; bei $\varphi = 45°$ ist der Übergangszustand. (Nach H.R. Mayne, R.A. Priorier, J.C. Polanyi: J. Chem. Phys., 80, 4025 (1984); Experimente an H_3^* s. G. Herzberg: J. Chem. Phys., 70, 4806 (1979); H. Figger, M.N. Dixit, R. Maier, W. Shrepp, H. Walther: Phys. Rev. Lett., 52, 906 (1984); J.F. Garvey, A. Kuppermann: Chem. Phys. Lett., 107, 491 (1984))

Vorbereitungsschritt. Das angeregte Sr*-Atom stößt mit einem Ca-Atom im Grundzustand ($4s^2$) in Gegenwart eines starken Laserfeldes der Wellenlänge $\lambda = 497$ nm zusammen. Der Laser ist damit von der asymptotischen Energieresonanz der Partner des Stoßes

$$\text{Sr}(5s5p) + \text{Ca}(4s^2) \rightarrow \text{Sr}(5s^2) + \text{Ca}(4p^2)$$

um 1954 cm^{-1} entfernt. Trotzdem wird die Abstrahlung $\text{Ca}(4p^2) \rightarrow \text{Ca}(4s4p)$ beobachtet. Bild 6.52 zeigt ihre Abhängigkeit von der Laserleistung.

Die Hilfswirkung des Lasers ist keineswegs darauf beschränkt, Energielücken zu überbrücken, er kann z.b. auch benutzt werden, um Potentialbarrieren in reaktiven Stößen zu überwinden. Bild 6.53 zeigt das Energieprofil des kollinearen H_3 für den Grundzustand und einen elektronisch angeregten Zustand. Absorption in den oberen Zustand, gefolgt von Emission auf der anderen Seite der Barriere würde das System über diese hinwegbringen.

Konkret wollen wir den gebundenen angeregten Zustand des H_3 betrachten, der nach $H(2p) + H_2$ dissoziiert. Anders gesagt, wir diskutieren die Verbreiterung des Lyman-α-Übergangs des Wasserstoffatoms durch Stöße

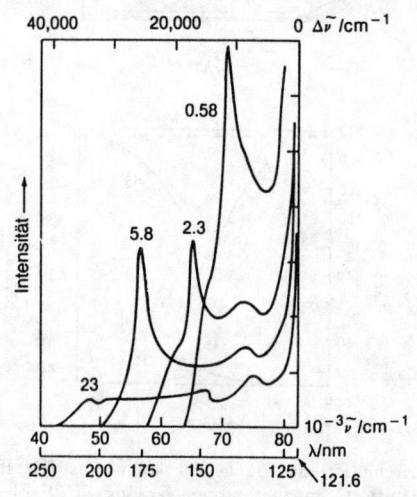

Bild 6.54 Berechnete Absorptionsspektren des Zwischenmoleküls beim Vorbeiflug von H an H_2 mit den angegebenen Stoßenergien (kcal · mol^{-1}). Die Ordinate ist proportional zu der Zeit, die die Bahn in einem Abstand verbringt, wo das Differenzpotential V^*-V den Wert $h\nu$ hat. Untere Abszisse: Absolutwerte von $h\nu$, obere Abszisse: Verschiebung gegen die Lage der Lyman-α-Linie. (Zitat wie Bild 6.53)

mit H_2. Bild 6.54 zeigt die berechneten Flügel der Absorptionslinie bei verschiedenen Stoßenergien, die alle *unterhalb der Reaktionsbarriere* liegen. Wir haben einen Übergang frei → gebunden vor uns, der entsprechend den gebundenen Schwingungszuständen des H_3^* strukturiert sein sollte. Diese sind allerdings so zahlreich, daß man im Spektrum kaum größeres Detail erwarten kann, als man in den klassischen Rechnungen von Bild 6.54 sieht. Die Strukturen, die im Bild übriggeblieben sind, liegen bei den Frequenzen, die für eine große Zahl verschiedener Trajektorien erlaubt sind und gehören zu den Umkehrpunkten der Trajektorien in der Nähe der Barriere.

In der bimolekularen Spektroskopie dient der Laser weder zur Präparation der Reaktanden noch zur Analyse der Produkte, sondern soll die Stoßdynamik selbst beeinflussen. Untersuchungen der Absorption-, Emissions- und Raman-Spektroskopie von zusammenstoßenden oder dissoziierenden Molekülen werden sicher in ihrer Bedeutung noch zunehmen. Zusätzlich haben diese neuen Forschungsergebnisse uns noch einmal klargemacht, daß es so etwas wie elektronisch angeregte Potentialflächen gibt. Im folgenden wollen wir die Laser ausschalten und uns mit den Einzelheiten von elektronischer Energieübertragung beschäftigen.

6.6 Energieübertragung zwischen elektronischen Freiheitsgraden

6.6.1 Stöße elektronisch angeregter Teilchen

Bisher haben wir unsere Aufmerksamkeit hauptsächlich auf V-, R- und T-Übertragung zwischen Molekülen in ihren elektronischen *Grund*zustand gerichtet. Von großem Interesse ist jedoch auch die Stoßdynamik *elektronisch angeregter* Teilchen, nicht nur wegen ihrer praktischen Bedeutung, sondern auch, weil sie neue theoretische Fragen stellt. Da elektronische Anregungsenergie normalerweise recht groß ist (sagen wir ≥ 1 eV), sieht es so aus, als ob nach dem adiabatischen Kriterium die wirksame Umwandlung von elektronischer Energie in Schwingungs- oder Translationsenergie im Stoß ausgeschlossen sei. Aber es gibt diese Prozesse, oft mit großem Wirkungsquerschnitt. Z.B. führt der Stoß eines elektronisch angeregten Natriumatoms mit zweiatomigen Molekülen zur E-V-Übertragung, etwa

$$Na^* + CO(v=0) \rightarrow Na + CO(v').$$

6 Energieübertragung zwischen Molekülen

Die Energieübertragung kann mittels der IR-Emission aus den angeregten Schwingungszuständen des $CO^†$ oder durch Translationsspektroskopie (Bild 6.55) beobachtet werden. Bei schwacher Bindung kann die elektronische Anregung sogar ausreichen, das Molekül zu dissoziieren. In der Tat begann die Erforschung elektronischer Energieübertragung mit der Beobachtung von Reaktionen freier Radikale, die durch löschende Stöße mit $Hg(6^3P)$-Atomen entstanden waren, deren Energieabgabe nahezu 5 eV ist.

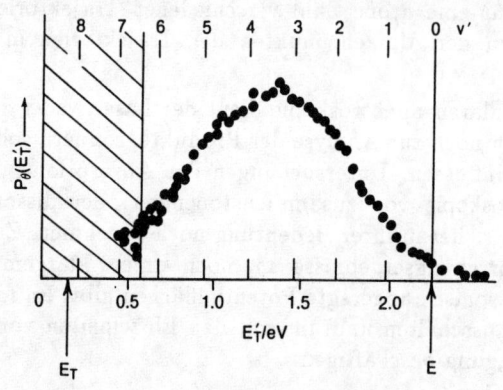

Bild 6.55 Spektrum der Energieübertragung aus der Analyse der Rückstoßenergie von Na*, das an CO in den Laborwinkel 10° gestreut wurde ($E_{tr} = 0.15$ eV, $T = 300$ K). Die Ordinate ist $P_\vartheta(E'_{tr})dE'_{tr} = (d^2\sigma/d\omega)E'_{tr}dE'_{tr}$. Die höchstens für den Rückstoß verfügbare Energie $(E'_{tr})_{max}$ ist $E_{tr} + E_{elec}$, wo E_{elec} (2.10 eV) die elektronische Anregungsenergie des 3^2P-Zustands des Na ist. In der schraffierten Zone sind die Daten durch nicht aufgelöste elastische Streuung gestört. Die obere Abszisse zeigt das zu E'_{tr} korrespondierende v' des CO; die Verteilung zeigt ein wahrscheinlichstes v' von 3 oder 4. (Nach I.V. Hertel in: J.W. Gowan (1981); neuere Experimente mit besserer Auflösung und sichtbarer Struktur bei W. Reiland, H.U. Tittes, I.V. Hertel, V. Bonacic-Koutecky, M. Persico: J. Chem. Phys., 77, 1908 (1982))

Der E-V-Löschprozeß des Na* ist nur ein Beispiel unter vielen für Stöße, die nicht auf einer einzigen Potentialfläche ablaufen. Einige dieser Prozesse haben wir schon erwähnt, z.B. Stoßionisation in Stößen von Atomen und Molekülen, den Harpunen-Mechanismus (Abschn. 4.2.5) und die Bildung elektronisch angeregter Produkte in stark exoergischen Reaktionen von Reaktanden im Grundzustand (Abschn. 4.1.1).

Stark endoergische chemische Reaktionen laufen oft leichter ab, wenn ein Reaktand elektronisch angeregt ist. Reaktionen angeregter Sauerstoff- und Stickstoff-Atome und -Moleküle sind dabei besonders interessant, weil sie zur Chemie der Atmosphäre (die die *Aeronomie* untersucht) beitragen. So

6.6 Energieübertragung zwischen elektronischen Freiheitsgraden 427

kommt der Hauptbeitrag zum Nachtleuchten im IR von der chemilumineszenten Reaktion

$$H + O_3 \rightarrow O_2 + OH(v'),$$

die zu schwingungsangeregten OH-Radikalen führt. Als Quelle der H-Atome, die diese Reaktion einleiten, nimmt man die Reaktionsfolge

$$O_2 \xrightarrow{h\nu} O(^3P) + O^*(^1D)$$
$$O^* + H_2 \rightarrow OH + H$$

an[22]) Die Dreikörper-Rekombination von Sauerstoffatomen andererseits führt zur Bildung von $O_2(A^3\Sigma_u^+)$, dessen Emission in den Grundzustand ($X^3\Sigma_g^-$) im UV den Hauptbeitrag zum Nachtleuchten liefert.

Elektronisch angeregte Atome oder Moleküle können auf verschiedenartige Weise entstehen, am häufigsten durch Absorption von Licht. Einmal gebildet, können sie durch ihre Fluoreszenz nachgewiesen und in ihrer Konzentration bestimmt werden. Für die sogenannten „erlaubten" Übergänge ist die Lebensdauer des unimolekularen strahlenden Zerfalls eines elektronisch angeregten Zustands von der Größenordnung 10^{-8} s. Für „verbotene" Übergänge kann die Lebensdauer erheblich größer sein[23]). Solche angeregten Zustände werden dann als *metastabil* bezeichnet. Die Strahlungslebensdauer des metastabilen Zustands ($a^2\Delta_g$) des O_2 ist z.B. etwa 45 min! Mit so langen Lebensdauern sind metastabile Atome und Moleküle oft nützliche energiereiche chemische Reaktanden (s. z.B. Abschn. 4.1.2).

6.6.2 Löschprozesse

Ein angeregter Zustand kann entweder durch unimolekulare Fluoreszenz zerfallen, z.B.

$$Na^* \rightarrow Na + h\nu,$$

oder durch eine bimolekulare Energieübertragung, z.B. den E-V-Prozeß

$$Na^* + H_2(v=0) \rightarrow Na + H_2(v').$$

---

[22])Einmal in Gang gebracht, läuft die Reaktion als Kettenreaktion weiter:
$$OH(v') \rightarrow OH(v'-1) + h\nu$$
$$OH + O \rightarrow O_2 + H.$$

[23])Genau betrachtet sollte ein Zustand stabil sein, wenn er nur durch Übergänge zerfallen kann, die „verboten" sind. Der Ausdruck „verbotener Übergang" bezeichnet jedoch in der Praxis Übergänge mit kleiner, aber endlicher Wahrscheinlichkeit.

6 Energieübertragung zwischen Molekülen

Die kinetische Gleichung für die Dichte der Na*-Atome in H_2 ist daher von der Form

$$\frac{d[Na^*]}{dt} = -[Na^*]\left(\tau_r^{-1} + k[H_2]\right). \tag{6.59}$$

Hier ist τ_r die Strahlungslebensdauer und k der bimolekulare Ratenkoeffizient für den Übertragungsprozeß. Die *effektive Lebensdauer* τ für den Abfall der Na*-Dichte ergibt sich aus

$$\frac{1}{\tau} = -[Na^*]^{-1}\frac{d[Na^*]}{dt} = \frac{1}{\tau_r} + k[H_2] \tag{6.60}$$

und ist daher kürzer als die Strahlungslebensdauer. Die Fluoreszenzintensität, die der Dichte der Na*-Atome proportional ist, nimmt daher mit einer Rate ab, die mit dem H_2-Druck wächst (vgl. Bild 6.56). Bimolekulare Energieübertragungsprozesse, die die Dichte der angeregten Atome erniedrigen, werden als löschende Stoßprozesse, kurz *Löschprozesse*, bezeichnet.

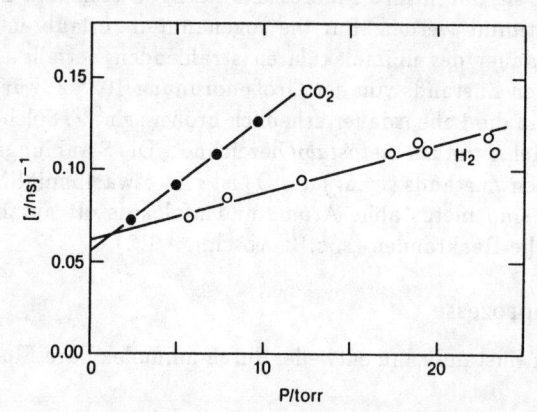

Bild 6.56 Abhängigkeit des scheinbaren Ratenkoeffizienten erster Ordnung für das Verschwinden von angeregten (3^2P) Na-Atomen vom Druck der Löschgase H_2 bzw. CO_2. Der Achsenabschnitt solte eigentlich der gleiche sein, nämlich τ_r^{-1} von Na*. Das in diesem Experiment benutzte Na* stammte aus der Photodissoziation von NaI mit einem Laser bei 255 nm und war translationsmäßig „heiß". (Nach J.R. Barker, R.W. Weston, Jr.: J. Chem. Phys., 65, 1427 (1976))

Wie in andern Fällen (vgl. Abschn. 6.5.4) kann man auch hier die Emission in den Linienflügeln beobachten und daraus Schlüsse auf die obere und untere Potentialfläche des Systems Na-H_2 ziehen.

Löschprozesse können in „physikalische" und „chemische" unterschieden werden. Physikalisches Löschen führt zu keiner chemischen Reaktion und

6.6 Energieübertragung zwischen elektronischen Freiheitsgraden

ist eine spezielle Klasse inelastischer Stöße. Für Atom-Atom-Stöße können dabei vorkommen:

$K^* + K \rightarrow K + K^*$	Symmetrische Energieübertragung
$He^* + Tl \rightarrow Hg + Tl^*$	Unsymmetrische Energieübertragung
$He^* + Ar \rightarrow He + Ar^+ + e^-$	Penning-Ionisation
$Hg^* + Xe \rightarrow Hg^{*\prime} + Xe$	$E\text{-}T$-Übertragung.

Die unsymmetrische Übertragung von Anregungsenergie wurde bereits als Kandidat für einen laserunterstützten Prozeß diskutiert. Wir werden gleich zeigen, daß im allgemeinen Übergänge zwischen zwei verschiedenen Potentialkurven oder -flächen nur stattfinden, wenn diese sich kreuzen. Kreuzen sich die „nackten" Flächen nicht, so können wir die Kreuzung unter Umständen erzwingen, indem wir sie mit Laser-Photonen „bekleiden" (vgl. Bild 6.51). Löschprozesse und ihre Umkehrung können daher auch als laserunterstützte Prozesse beobachtet werden.

Chemisches Löschen kann ebenfalls in Atom-Atom-Stößen erfolgen, z.B. als

$$Cs^* + Cs \rightarrow Cs_2^+ + e^- \qquad \text{Assoziative Ionisation;}$$

sie ist jedoch in Atom-Molekül- oder Molekül-Molekülstößen eher zu finden. Beispiele dazu sind

$Ar^* + NO \rightarrow ArNO^+ + e^-$	Assoziative Ionisation
$Ne^* + H_2 \rightarrow NeH^+ + H + e^-$	Dissoziative Ionisation
$Hg^* + H_2 \rightarrow Hg + H + H$	Dissoziative Abregung
$Ar^* + OSC \rightarrow Ar + O + CS^\dagger$	Dissoziative Schwingungsanregung
$I^* + C_3H_8 \rightarrow HI + C_3H_7$	Atom-Übertragung.

Die letzten drei Reaktionen illustrieren das Potential metastabiler Atome für die Synthese. Ein besonders interessanter chemischer Löschprozeß ist

$$Na^* + I_2 \rightarrow NaI + I.$$

Nach dem Harpunen-Modell (Abschn. 4.2.5) wird der Querschnitt für die Reaktion $Na + I_2$ hauptsächlich durch den Abstand bestimmt, bei dem Ladungsaustausch stattfinden kann. Da das Ionisationspotential von Na^* niedriger als das des Grundzustands ist, muß der Kreuzungsradius R_x (Gl. 4.5) jetzt größer sein. Daher sollte der Reaktions- (= Lösch-) Querschnitt für diesen Prozeß den Reaktionsquerschnitt der Reaktion $Na + I_2$ im Grundzustand übertreffen, was er in der Tat tut.

6.6.3 Der Helium-Neon-Laser

Ein physikalischer Löschprozeß mit technischer Anwendung ist das Löschen metastabiler $He(2^3S)$-Atome durch Stöße mit Ne im Grundzustand:

$$He(2^3S) + Ne(1^1S_0) \rightarrow He(1^1S_0) + Ne(2s), \quad Q \leq 0.15 \text{ eV}. \quad (6.61)$$

Das Symbol $2s$ steht hier für die ganze $2p^54s$ Konfiguration. Die angeregten Neonatome können durch Strahlung in eines der tieferen $2p$-Niveaus übergehen, wo $2p$ die Konfiguration $2p^53s$ bedeutet, wie es schematisch Bild 6.57 zeigt:

$$Ne(2s) \rightarrow Ne(2p) + h\nu.$$

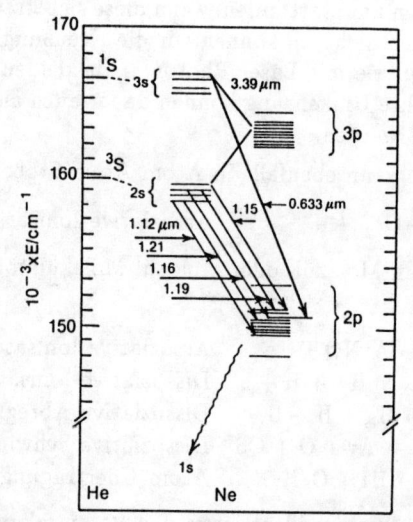

Bild 6.57 Energieniveaus von He und Ne, die für den HeNe-Laser wichtig sind. Die Konfigurationen des Ne sind abgekürzt bezeichnet: $2s \sim 2p^54s$, $2p \sim 2p^53p$, $1s \sim 2p^53s$. Wirksame Energieübertragung geschieht zwischen $He(^3S)$ bei 159 850 cm^{-1} und den $2s$ Niveaus des Ne zwischen 158 600 und 159 540 cm^{-1}, die bei den angedeuteten Wellenlängen von 1.118 bis 1.207 einen Laserübergang zu den $2p$-Niveaus machen können. $He(^1S)$ kann seine Anregung auf die $3s$-Konfiguration des Ne übertragen, die dann einen Laserübergang nach $2p_4$ bei 632.8 nm macht (dicker Pfeil). Bei dieser Wellenlänge arbeiten die kommerziellen HeNe-Laser. (Nach B.A. Lengyel: Lasers, ^{2}Wiley, New York, 1971)

Der Energieunterschied von 0.7 eV wird als Licht emittiert, die Lebensdauer hierfür ist 10^{-7} s. Der Übertragungsprozeß (6.61) ist erstaunlich wirksam[24]

---

[24] Die Freisetzung von 0.15 eV oder 1210 cm^{-1} als Translationsenergie ist so groß, daß man bei naiver Anwendung des adiabatischen Kriteriums mit

6.6 Energieübertragung zwischen elektronischen Freiheitsgraden

und kann eine *invertierte* elektronische Zustandsbesetzung der Ne-Atome aufrechterhalten und damit als Basis für den He-Ne-Laser dienen. Die angeregten He-Atome können in einer Entladung durch Elektronenstoß gebildet werden:

$$\text{He}(1^1S_0) + e^- \rightarrow \text{He}(2^3S) + e^-.$$

Die Laseremission entspricht dem Strahlungsübergang $2s \rightarrow 2p$ des Ne. Die Ne-Atome in den $2p$ Niveaus zerfallen schneller, als sie gebildet werden, nämlich mit einer Rate von 10^8 s^{-1} durch Strahlung in die metastabilen $1s$-Niveaus (Konfiguration $2p^5 3s$). Die notwendigen Bedingungen für eine invertierte Zustandsbesetzung sind daher erfüllt.

6.6.4 Strahlungslose Übergänge

Regen wir große, vielatomige Moleküle an, z.B. Benzol, so kann der elektronisch angeregte Zustand seine Energie außer durch Emission von Strahlung und Stöße auch durch einen *intra*molekularen Prozeß verlieren. Die elektronische Energie großer Moleküle kann nämlich auf die inneren Schwingungsniveaus umverteilt werden. Die Normalschwingungen, auf die die Energie übergeht, gehören zu einem elektronisch tieferen Zustand, meist dem Grundzustand, vgl. Bild 6.58.

*Intra*molekulare Schwingungen spielen hier die gleiche Rolle wie die *inter*molekulare Translationsbewegung in einem physikalischen Löschprozeß von einfachen Systemen. Für intramolekulares Löschen muß daher der Adiabasie-Parameter als t_{vib}/t geschrieben werden, wo t_{vib} die Periode der die Energie aufnehmenden Schwingung ist. Ist ΔE der Betrag an elektronischer Energie, der in Schwingungsenergie umgewandelt werden muß, so können wir t mit $\Delta E/h$ identifizieren und bekommen mit $\nu = t_{\text{vib}}^{-1}$

$$\xi = \frac{\Delta E}{h\nu}. \tag{6.62}$$

Am wirksamsten für intramolekulares Löschen sind daher hochfrequente Schwingungsmoden. In großen organischen Molekülen sind das gewöhnlich die C-H-Schwingungen. Ersetzung von H durch D setzt in der Tat die Wirksamkeit von intramolekularem Löschen erheblich herab.

$v = a\Delta E/h \simeq 3600$ m/s

bei thermischen Geschwindigkeiten einen nahezu adiabatischen Stoß erwartet. Daher muß offenbar die *effektive* Umsetzung von elektronischer in Translations-Energie kleiner als der auf der Exoergizität beruhende, nominelle Wert sein (vgl. Abschn. 6.6.6).

432   6 Energieübertragung zwischen Molekülen

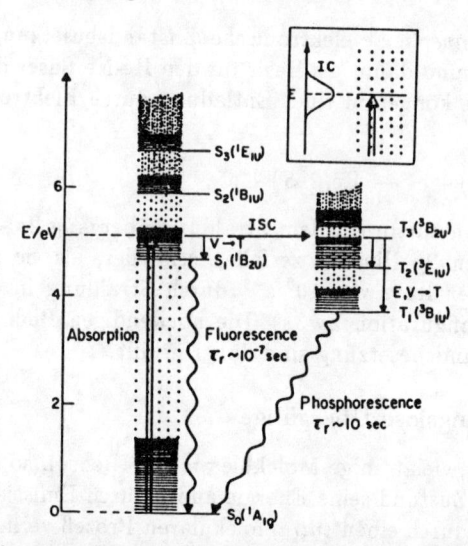

Bild 6.58 Energieschema zur inter- und intramolekularen Energieübertragung in Benzol, das in ein bestimmtes Schwingungsniveau des ersten angeregten elektronischen Singletts (S_1) angeregt wurde. Für alle elektronischen Zustände sind die ersten Schwingungszustände angedeutet. Für den Grundzustand sind bei Energien > 1 eV die Zustandsdichten so groß, daß ein Kontinuum gezeigt ist. Man sieht die folgenden Prozesse: (1) Innere Konversion (IC), eine intramolekulare E-V-Übertragung von S_1 nach S_0. Der Einschub zeigt die Ausbreitung der Anregungsenergie in das Schwingungskontinuum des Grundzustandes. (2) Unimolekulare Fluoreszenz des angeregten Zustandes. (3) Bimolekulare Übertragung $V \to V', T$ aus dem angeregten Benzol. (4) Singlett-Triplett-Übertragung (intersystem crossing, ISC), eine intramolekulare Energieübertragung, die mit einem Wechsel der Spin-Multiplizität verbunden ist. Alle vier Prozesse könne auch von dem durch ISC gebildeten Triplett-Zustand ausgehen. Schließlich kann auch der hochangeregte S_0-Zustand seine Energie durch V-V'- oder V-T-Übertragung verlieren. Die Möglichkeiten vermehren sich, wenn unimolekulare oder bimolekulare Reaktionen möglich sind.

Experimentell äußern sich solche *strahlungslosen Übergänge* durch die Ungültigkeit der durch Gl. (5.59) ausgedrückten Kinetik des Löschens. Selbst bei sehr niedrigen Puffergasdrucken werden nicht alle absorbierten Photonen wieder ausgesandt: Die unimolekulare Zerfallsrate des elektronisch angeregten Zustands ist höher als die Fluoreszenzrate. Der Zuwachs kommt von intramolekularem Löschen[25]. Die Kinetik, die zu Gl. (6.59) führt, ist zu ersetzen durch

---

[25] Man beachte, daß die intramolekulare Umverteilung von Schwingungsenergie (Bild 6.5) schließlich wieder Fluoreszenz, wenn auch rotverschobene, zur Folge hat.

6.6 Energieübertragung zwischen elektronischen Freiheitsgraden

$X^* \xrightarrow{T_r} X + h\nu$ Strahlungszerfall

$X^* \xrightarrow{T_{nr}} X^\dagger$ Strahlungsloser Zerfall (intramolekulares Löschen)

$X^* + M \xrightarrow{k} X + M$ Löschende Stöße,

und führt auf die kinetische Gleichung

$$\frac{d[X^+]}{dt} = -[X^*]\left(\tau_r^{-1} + \tau_{nr}^{-1} + k[M]\right) \tag{6.63}$$

Die Geschwindigkeit des strahlungslosen intramolekularen Zerfalls ist sehr klein, wenn die Dichte der Schwingungszustände nicht genügend groß ist (man beachte Abschn. 4.4.5). Daher tritt dieser Prozeß praktisch nur in großen Molekülen experimentell zutage. Ein direktes Maß seiner (Un-)Wirksamkeit ist die Quantenausbeute, d.h. der Bruchteil angeregter Moleküle, die durch Photonenemission zerfallen. Aus (6.63) erhalten wir für die Quantenausbeute bei niedrigem Druck ($[M] \to 0$)

$$\Phi = \frac{\tau_r^{-1}}{\tau_r^{-1} + \tau_{nr}^{-1}}. \tag{6.64}$$

Für kleine Moleküle geht $\tau_{nr}^{-1} \to 0$ und $\Phi \to 1$.

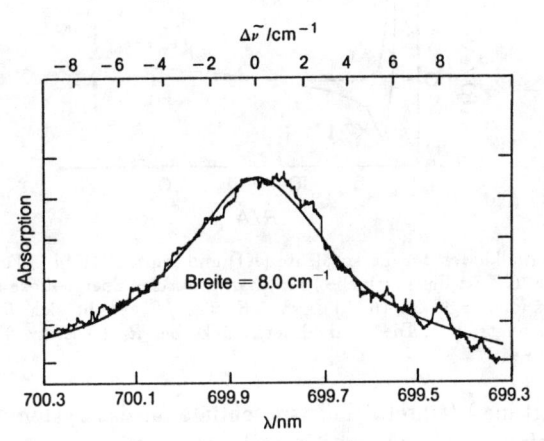

Bild 6.59 Absorptionsspektrum (Ursprung der Elektronenbande $S_0 \to S_1$) von Azulen, das in einem Ar-Düsenstrahl auf wenige K abgekühlt wurde. Durchgezogen ist ein Lorentz-Profil, seine Breite entspricht der fünffachen spektralen Auflösung. Nach Korrekturen für die endliche Auflösung und einen kleinen Anteil von Rotationsverbreiterung ergibt sich die Lorentzbreite zu $\Gamma = 9.6$ cm^{-1}. Die Lebensdauer des schwingungslosen S_1-Zustandes gegen elektronische Relaxation ist daher $\tau = (2\pi c)^{-1} = 0.55$ ps. (Nach A. Amirav, J. Jortner: J. Chem. Phys., 81, 4200 (1984))

434 6 Energieübertragung zwischen Molekülen

Ein Beispiel für die Verbreiterung eines elektronischen Übergangs durch die Kopplung zwischen den Schwingungsmannigfaltigkeiten von Grundzustand und elektronisch angeregtem Zustand ist in Bild 6.59 für Düsenstrahl-gekühltes Azulen dargestellt. Die Kühlung reduziert die inhomogene Verbreiterung durch die Absorption von Molekülen, die nicht im Grundzustand von Schwingung und Rotation sind, so daß die beobachtete Breite direkt die Lebensdauer für die Relaxation des elektronischen S_1-Zustands (hier ≤ 1 ps) ergibt.

6.6.5 Kurvenkreuzung

Inzwischen sind wir mehreren Übertragungsprozessen für elektronische Energie begegnet, die viel wirksamer sind als ihre hohe nominelle Translations-Exoergizität auf der Grundlage des adiabatischen Kriteriums erwarten läßt. Ein weiteres Beispiel ist der Prozeß der Ladungsneutralisierung, etwa

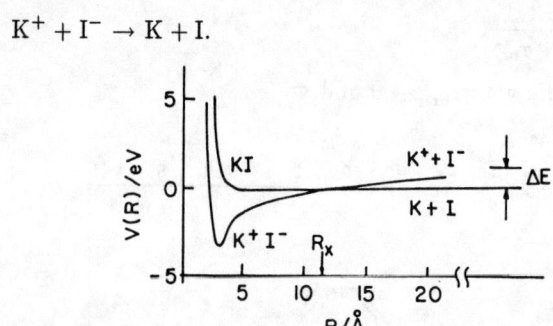

$$K^+ + I^- \to K + I.$$

Bild 6.60 Potentialkurven für die kovalente (KI) und ionische (K^+I^-) Form von Kaliumiodid. ΔE ist die nominelle, d.h. asymptotische Energielücke zwischen beiden Zuständen, vgl. Gl. (6.65). Aus $\Delta E = e^2/R_x$ ergibt sich $R_x \simeq 11.3$ Å als Kreuzungsradius. Die wahre Energielücke bei R_x (Abschn. 6.6.6) ist $\Delta E_x = 2.5$ meV.

Bild 6.60 zeigt die Wechselwirkungspotentiale für das System KI. Die nominelle Energiefreisetzung bei der Neutralisation ist

$$\Delta E = \text{IP}(K) - \text{EA}(I) = 4.34 - 3.04 \text{ eV} = 1.28 \text{ eV}, \qquad (6.65)$$

wo IP das Ionisationspotential, EA die Elektronenaffinität bedeuten. Aus dem Bild folgt allerdings sogleich, daß ΔE die Energiefreisetzung bei voneinander weit entfernten Atomen wäre. Bei Annäherung gibt es einen Abstand R_x, wo die elektronische Energie von K^+I^- mit der von KI gleich

6.6 Energieübertragung zwischen elektronischen Freiheitsgraden 435

ist. In der Nähe von R_x kann daher das System seinen elektronischen Zustand wechseln, *ohne* die kinetische Energie der Kerne merklich ändern zu müssen[26]. Solch ein „Umschalten" bedeutet einen Übergang von demjenigen elektronischen Zustand, der zu $K^+ + I^-$ dissoziiert, zu demjenigen, der $K + I$ ergibt. Ein solcher Wechsel des Elektronenzustands, der nur von minimalen Änderungen der kinetischen Energie der Kerne begleitet wird, ist genau das, was für einen wirksamen Neutralisierungsprozeß notwendig ist!

Für den Stoß $Na^* + CO$ erfolgt die E-V-Übertragung wahrscheinlich durch zwei solche Wechsel hintereinander. Der erste Wechsel ist vom „Harpunen"-Typ (Abschn. 4.2.5): $Na^* + CO \rightarrow Na^+ + CO^-$, ihm folgt[27] als zweiter die Neutralisation $Na^+ + CO^- \rightarrow Na + CO$. Ist diese Ansicht richtig, dann sollte der Löschquerschnitt für Stöße von Na^* mit Stoßpartnern M von deren Natur abhängen. Für Diatome wie NO, CO oder N_2 geht dieser Querschnitt bis zu 50 Å^2 hinauf, während er für das Löschen durch Edelgase weniger als 1 Å^2 ist. Entsprechendes erwartet man aufgrund des Harpunen-Mechanismus, wo R_x nach Gl. (4.5) mit steigender Elektronenaffinität von M wachsen muß.

Das Zusammenkommen zweier Potentialkurven in einer Weise, die den leichten Wechsel der Kerne zwischen ihnen möglich macht, nennt man eine Kurvenkreuzung[28].

6.6.6 Der Adiabasie-Parameter

Wenn ein Wechsel zwischen zwei Potentialkurven möglich ist, gibt es stets eine endliche Energielücke $\Delta E(R_x)$ zwischen ihnen.[29] Der Adiabasie-Parameter enthält daher die Zeit t, die benötigt wird, um das Gebiet der Flächenkreuzung zu durchlaufen

---

[26] Die kinetische Energie der Relativbewegung im Abstand R ist $E - V_{\text{eff}}(R)$. In der Nähe von R_x ist auch V_{eff} für beide Zustände gleich.

[27] Natürlich erfolgen diese beiden Wechsel in einem einzigen Stoß von Na^* mit CO. Sie erfolgen mit hoher Wirksamkeit aber nur bei solchen Na-CO-Abständen, bei denen die elektronischen Energien jeweils eines Paares von Zuständen nahezu die gleichen sind.

[28] Genau betrachtet ist diese Terminologie verwirrend. Die Kurven kreuzen sich nämlich gar nicht, sondern kommen sich nur nahe: die Kreuzung wird „vermieden". Bild 6.60 ist nur eine Näherung an die wahre Situation. Ähnliche Verhältnisse haben wir in mehratomigen Molekülen, wo wir allerdings (vermiedene) Flächen-Überschneidungen anstelle von Kurvenkreuzungen betrachten müssen. Stöße, in denen viel elektronische Energie freigesetzt wird, erfolgen wahrscheinlich stets über eine solche Flächenüberschneidung. Daneben gibt es echte „konische Kreuzungen", die aber wegen ihrer niedrigeren Dimension kein großes Gewicht haben.

[29] Das kann man auch mittels der Unbestimmtheitsrelation einsehen: Die elektronische Umlagerung erfordert Zeit, und $h/\Delta E(R_x)$ ist ein Maß dafür.

436 6 Energieübertragung zwischen Molekülen

$$\xi = t\,\Delta E(R_x)/h, \qquad (6.66)$$

wo $\Delta E(R_x)$ die Änderung der kinetischen Energie der Kerne am „Kreuzungspunkt" ist. Dieser Betrag wird im allgemeinen viel kleiner sein als der asymptotische, nominelle Wert von ΔE. Elektronische Energieübertragung kann daher auch für große nominelle ΔE sehr wirksam sein, falls eine Kurvenkreuzung vorhanden ist, die zu einem kleinen effektiven Wert von ΔE, nämlich $\Delta E(R_x)$ führt. Ein adiabatischer Durchgang wird erfolgen, wenn $\xi \gg 1$ ist. In diesem Grenzfall haben die Elektronen Zeit, sich an die Kernbewegung anzupassen. Mit anderen Worten: der Charakter des Elektronenzustands *wechselt*, wenn $\xi \gg 1$ ist. Dazu mehr hinter Gl. (6.69) unten.

Um ξ abzuschätzen, nehmen wir als Beispiel einen Stoß K+I, wo der Wechsel von einem kovalenten KI-Potential für $R > R_x$ auf ein ionisches für $R < R_x$ erfolgt (Bild 6.60). Aus der Zeichnung ist klar, daß der Bereich, in dem die beiden Potentialkurven sich nahekommen, und wo daher ξ nach Gl. (6.66) klein ist, sehr eng lokalisiert ist, sagen wir mit der Breite a um R_x herum. Übergänge zwischen den Kurven sind nur wahrscheinlich, solange das System sich in der Nähe von R_x befindet. Die Zeitdauer t in Gl. (6.66) ist dann $t = a/v$, wo v die (b-abhängige) Radialgeschwindigkeit bei R_x ist.

Eine Abschätzung von a erhält man, wenn man die Potentialkurven in der Nähe von R_x als lineare Funktionen von R ansieht. Wegen ihrer verschiedenen Steigung divergieren die Kurven schnell. Indem wir jede von ihnen in eine Taylorreihe um R_x entwickeln, können wir die Größe von a aus

$$\Delta E_x = \Delta E(R_x) = a\left|\frac{dV_1}{dR} - \frac{dV_2}{dR}\right|_{R_x} = a\,|\Delta F_x| \qquad (6.67)$$

abschätzen. a ist jetzt der Bereich um R_x, in dem sich der energetische Abstand verdoppelt, und $|\Delta F_x|$ ist der Absolutwert der Differenz der Steigungen bei $R = R_x$. Aus (6.67) und (6.66) folgt dann

$$\xi = \frac{\Delta E_x^2}{hv\,|\Delta F_x|}. \qquad (6.68)$$

6.6.7 Die Übergangswahrscheinlichkeit nach Landau und Zener

Was wir brauchen, ist eine Näherung für die Gesamt-Wahrscheinlichkeit, daß sich der Elektronenzustand in einem Stoß ändert. Haben wir diese als Funktion des Stoßparameters b, so können wir den Stoßquerschnitt (z.B. für die Stoßionisation) berechnen. Natürlich setzen wir dabei voraus, daß die Gesamtenergie die Endoergizität des Stoßes (Gl. (6.65)) übersteigt.

6.6 Energieübertragung zwischen elektronischen Freiheitsgraden 437

Die Methode der klassischen Bahnen (Abschn. 5.6.3) liefert für die Wahrscheinlichkeit, daß es während des Durchgangs des Systems durch das kritische Gebiet bei R_x keinen Wechsel des elektronischen Zustands gibt, die Näherung

$$P = \exp(-\pi^2 \xi). \tag{6.69}$$

Die Wahrscheinlichkeit für einen Wechsel, d.h. für eine Kurvenkreuzung, ist dann $1 - P$. Für einen sehr langsamen Stoß (großes ξ, $P \to 0$) ändert sich der Elektronenzustand beim Passieren von R_x mit hoher Wahrscheinlichkeit. Diesem Phänomen sind wir schon beim Harpunen-Modell (Abschn. 4.2.5) begegnet, wo bei R_x der Ladungsübergang für thermische Reaktanden praktisch mit der Wahrscheinlichkeit 1 erfolgt.

Betrachten wir nun den Stoß von K- mit I-Atomen. Wenn sie sich nähern, kann in der Nähe von R_x mit der Wahrscheinlichkeit $1 - P$ eine Kurvenkreuzung erfolgen. Das neugebildete Ionenpaar wird sich weiter annähern, allerdings auf der ionischen Potentialkurve, bis dort der Umkehrpunkt erreicht ist. Dann werden die Atome sich wieder voneinander entfernen. Sollen sie als Ionen auseinanderfliegen, darf beim erneuten Durchlaufen von R_x *keine* Kurvenkreuzung passieren. Die Wahrscheinlichkeit, auf diese Weise $K^+ + I^-$ zu formen, ist also $P(1 - P)$. Alternativ dazu kann es sein, daß bei der Annäherung von K und I keine Kurvenkreuzung passiert (Wahrscheinlichkeit P). Um Ionen zu bilden, muß jetzt auf dem Rückweg eine solche erfolgen (Wahrscheinlichkeit $1-P$). Die Gesamtwahrscheinlichkeit für Stoßionisation ist daher $Q = 2P(1 - P)$.[30]

Im speziellen Fall des Stoßes von Alkali und Halogen, wo das kovalente Potential bei R_x nur schwach von R abhängig ist, und wo $V_{\text{ion}} = -e^2/R$ gesetzt werden kann (Bild 6.60), folgt

$$|\Delta F_x| = \frac{e^2}{R_x^2} \tag{6.70}$$

und

$$\xi = \frac{R_x^2 |\Delta E_x|^2}{e^2 h v}. \tag{6.71}$$

Die Wahrscheinlichkeit Q der Ionenbildung kann $\frac{1}{2}$ nicht überschreiten, egal wie groß die Geschwindigkeit v ist. Ist v klein (ξ groß, adiabatischer Stoß), so ist P klein, daher auch Q. Ist v groß (ξ klein, „diabatischer" Stoß),

---

[30] Der andere Fall, daß es nicht zur Ionenbildung kommt, tritt ein, wenn auf *beiden* Wegen keine Kurvenkreuzung erfolgte (P^2), oder wenn sie zweimal erfolgte (($1 - P)^2$).

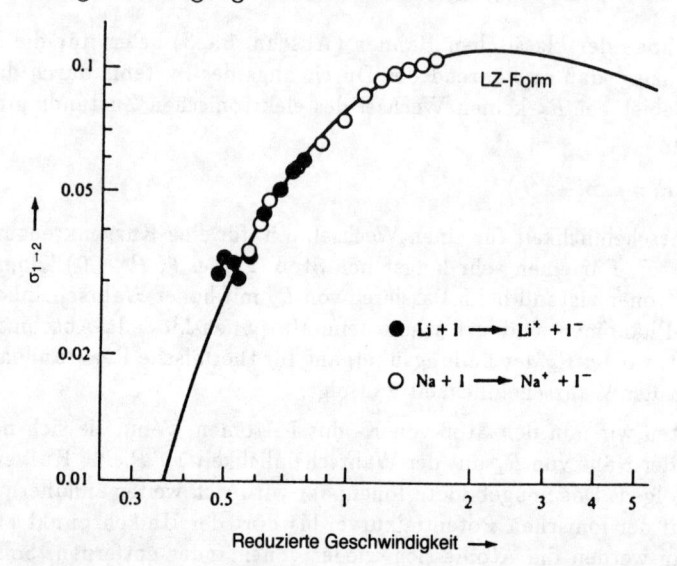

Bild 6.61 Anpassung experimenteller Querschnitte für Ladungsübertragung in den angegebenen Reaktionen an die Landau-Zener-Form. Die (logarithmische) Ordinate ist in Einheiten von $4\pi R_x^2$ gemessen, die (logarithmische) Abszisse ist die reduzierte Geschwindigkeit $\xi^{-1} = v/K$ aus Gl. (6.71). Die Anpassung erlaubt es, den Wert von K und damit von $\Delta E(R_x)$ zu bestimmen. (Nach A.M. Moutinho, J.A. Aten, J. Los: Physica, 53, 471 (1971); s.a. A.P. Baede: Adv. Chem. Phys., 30, 362 (1975))

so ist P und damit Q wiederum klein. Die Energieabhängigkeit des Querschnitts für Stoßionisation hat daher bei einem bestimmten v_{max} ein Maximum (Bild 6.61). Aus der Lage von v_{max} kann man $\Delta E(R_x)$ abschätzen.

6.6.8 Winkelverteilungen bei Kurvenkreuzung

Wie oben diskutiert wurde, kann Kurvenwechsel sowohl auf dem Hinweg als auch auf dem Rückweg geschehen oder nicht geschehen. Zu einem vorgegebenen Stoßparameter gibt es daher 4 verschiedene klassische Trajektorien (Bild 6.62). Zwei von ihnen verlassen das Stoßgebiet auf der einen Potentialfläche, zwei auf der anderen. Als Ergebnis ergibt sich ein zusätzliches Interferenzmuster in der Winkelverteilung über das der rein elastischen Streuung hinaus.

Betrachten wir Ionisierung in Stößen von Atomen mit *Molekülen*, (z.B. Abschn. 2.3.1), so kommt ein neuer Zug ins Spiel. Bild 6.63 zeigt, daß jetzt jedem Schwingungszustand v' des Diatoms X_2^- nach dem Stoß ein anderer

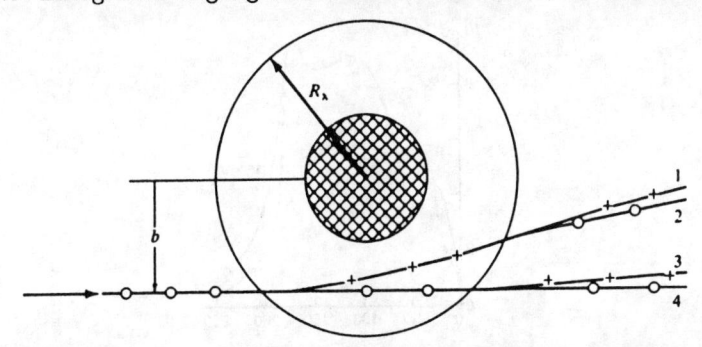

6.6 Energieübertragung zwischen elektronischen Freiheitsgraden   439

Bild 6.62 Darstellung der vier möglichen klassischen Trajektorien eines Stoßes von schnellen Alkaliatomen an einem festgehaltenen Halogenatom. Der innere Kreis bedeutet den abstoßenden Kern des Potentials, der äußere den Kreuzungsradius. Die Bahn verläuft auf dem kovalenten (o o o o) oder dem ionischen (+ + +) Potential. Der größte Streuwinkel entsteht, wenn das System bei der ersten Kreuzung auf das ionische Potential wechselt und dort verbleibt. (Nach J. Los, A.W. Kleyn in: P. Davidovits und D.L. McFadden (1979))

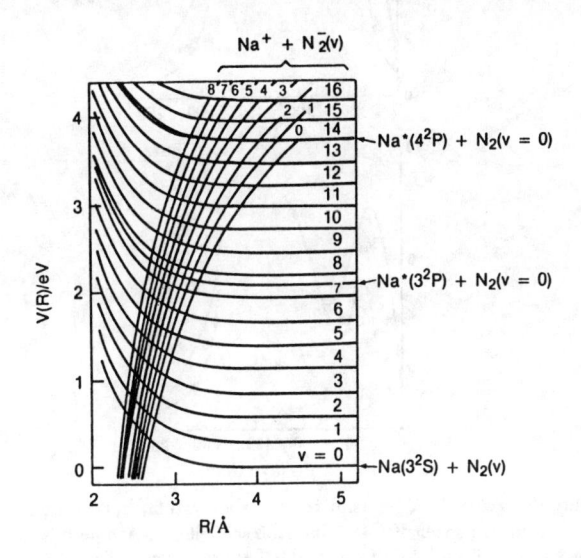

Bild 6.63 Gitterförmige Anordnung von Kreuzungen der vibronischen Potentialkurven für den Ladungsübertragungsprozeß $Na + N_2(v) \rightarrow Na^+ + N_2^-(v')$. Die Kurven sind mit v bzw. v' numeriert. Der energetische Nullpunkt liegt bei $N_2(v = 0) + Na(3^2S)$. (Nach E. Bauer, E.R. Fisher, F.R. Gilmore: J. Chem. Phys., 51, 4173 (1969))

440 6 Energieübertragung zwischen Molekülen

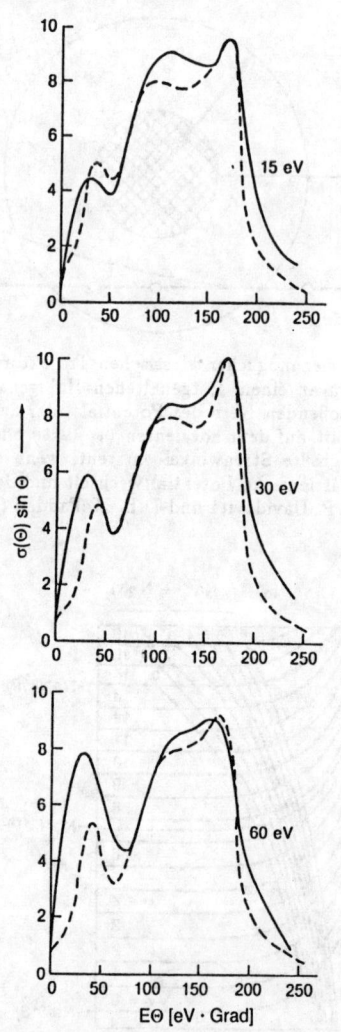

Bild 6.64 Polare differentielle Querschnitte im Laborsystem, $\sigma(\Theta)\sin\Theta$, für die Produktion von Ionenpaaren $K^+ + I_2^-$ im Stoß schneller K-Atome mit I_2 bei Laborenergien von 15, 30 und 45 eV. Θ ist der Laborstreuwinkel relativ zur Richtung des einfallenden K. Experimentelle Kurven (durchgezogen) und theoretische Berechnungen (gestrichelt) mit der Methode der Flächensprung-Trajektorien. In der Hochenergienäherung ist $E_{tr}\vartheta$ nur vom Stoßparameter abhängig (Abschn. 3.1.5) und $E\Theta \propto E_{tr}\vartheta$, so daß die wesentliche Abhängigkeit von E_{tr} herausdividiert ist, und die Regenbogenstruktur bei allen Stoßenergien gleich sein sollte. (Nach C. Evers: Chem. Phys., 21, 355 (1977))

Kreuzungsradius R_x entspricht, dasselbe gilt für die anfänglichen Schwingungszustände v von X_2. Das Resultat ist ein großer Irrgarten von Kurvenkreuzungen, und man wird erwarten, daß die Verteilung der Endzustände nicht sehr von der A-priori-Verteilung abweicht (vgl. Bild 5.33).

Die Methode der klassische Trajektorien kann an das Vorkommen von „Sprüngen" zwischen Potentialflächen angepaßt werden, indem man jeder Trajektorie erlaubt, sich beim Überschreiten des „Saumes", an dem sich die Potentialflächen überschneiden, in zwei Trajektorien zu teilen. Die Wahrscheinlichkeiten für den Verbleib auf der bisherigen Fläche bzw. den Wechsel auf die neue bestimmt man nach Landau-Zener. Bild 6.64 zeigt differentielle Querschnitte für Stöße von K auf I_2 bei verschiedenen Energien, die auf diese Weise berechnet wurden. Um die Ergebnisse zu interpretieren, ist es zweckmäßig, auf Bild 6.62 zurückzugehen: Diejenigen Trajektorien, die beim *Ein*laufen einen diabatischen (= nicht-adiabatischen) Übergang machen, erfahren längs ihres Weges fast nur das kovalente Potential und haben daher kleine Streuwinkel. Diejenigen, die beim Einlaufen adiabatisch verbleiben, erfahren die starken Kräfte des tiefen ionischen Potentialtopfes und führen zu größerem Streuwinkeln und zu einer Regenbogen-Struktur.

6.6.9 Sterische Effekte in Stößen elektronisch angeregter Reaktanden

Reaktionen von elektronisch angeregten Reaktanden (ebenso wie solche, die elektronisch angeregte Produkte liefern) müssen eine zusätzliche Abhängigkeit von der Orientierung der Reaktanden zeigen. Der Grund ist die räumliche Entartung des angeregten Elektronenzustands, die während des Stoßes aufgehoben wird. Wir betrachten z.B. ein Strahl-Gas-Experiment mit einem schnellen Na$^+$-Strahl und atomarem Na(3^2S) als Target. Ein Laser, der parallel oder senkrecht zur Relativgeschwindigkeit v polarisiert ist, kann Na(3^2P)-Atome erzeugen, deren p-Orbital parallel oder senkrecht zu v orientiert ist. Das Wechselwirkungspotential mit jedem beliebigen Stoßpartner ist für diese beiden Fälle verschieden. Bild 6.65 faßt die Beobachtungen zusammen. Man sieht, daß der molekulare Π-Zustand (bei 90°-Polarisation entstanden) vorwiegend zum $3s$-Zustand gelöscht wird, während der molekulare Σ-Zustand (bei 0°-Polarisation) vorzugsweise nach $3d$ geht.

6.6.10 Zurück zur Chemie

Wir werden uns nun wieder mit *Reaktions*dynamik beschäftigen. Das Intermezzo über inelastische Stoßprozesse war jedoch nicht umsonst. Wir müssen Energieübertragungsprozesse verstehen, wenn wir vollen Gebrauch von der

6 Energieübertragung zwischen Molekülen

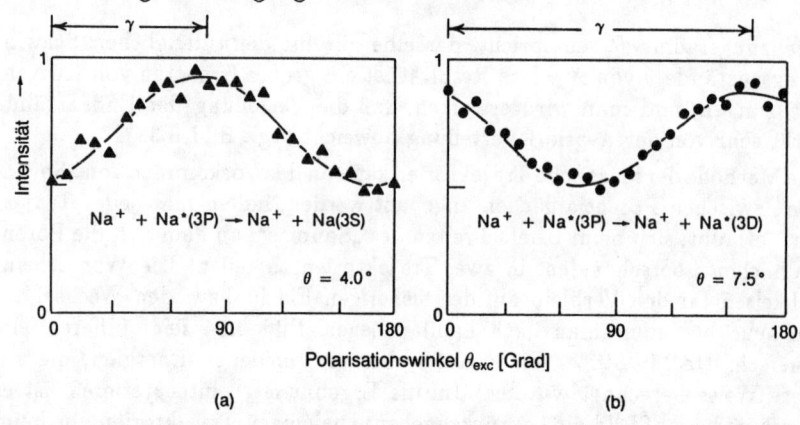

[Figure 6.65: Two plots showing Intensität vs. Polarisationswinkel θ_{exc} [Grad] from 0 to 180. (a) Na$^+$ + Na*(3P) → Na$^+$ + Na(3S), $\theta = 4.0°$. (b) Na$^+$ + Na*(3P) → Na$^+$ + Na*(3D), $\theta = 7.5°$.]

Bild 6.65 Experimentelle Werte der Abhängigkeit des inelastischen (Lösch-) Querschnitts vom Polarisationswinkel des anregenden Lasers für die Stoßprozesse a) Na$^+$ + Na($3P$) → Na$^+$ + Na($3S$) und b) Na$^+$ + Na($3P$) → Na$^+$ + Na($3D$) bei $E_{tr} = 45$ eV. Der Schwerpunkts-Streuwinkel ist angegeben. $\vartheta_{exc} = 0°$ heißt, daß die Laserpolarisation parallel zum anfänglichen Relativgeschwindigkeit steht, $\vartheta_{exc} = 90°$ senkrecht dazu. Der Winkel γ für maximale Fluoreszenz liegt im Fall a) bei 90°, d.h. der molekulare, ionische Zwischenzustand ist ein Σ-Zustand. Im Fall b) liegt er bei 180°, daher wird der 3D-Zustand über einen Π-Zustand gebildet. (Nach I.V. Hertel, H. Schmidt, A. Bähring, E. Meyer: Rep. Prog. Phys., 48, 375 (1985))

Selektivität der Energieausnutzung und der Spezifizität der Energiefreisetzung chemischer Reaktionen machen wollen. Grundsätzlicher gesagt, müssen wir verstehen, daß inelastische Stöße den Unterschied zwischen elastischen und reaktiven Stößen überbrücken. Die innere Deformation bei einem Stoß mit Schwingungsanregung geht in natürlicher Weise in die atomare Neuordnung in einem reaktiven Stoß über. Rotationsanregung ist die einfachste Ausprägung eines sterischen Effekts. Schließlich können wir nach unserer Diskussion der elektronischen Energieübertragung verstehen, warum bei niedrigen Stoßenergien chemische Reaktionen den Verbleib auf ein und derselben Potentialfläche bevorzugen, und daß das bei „schnellen" Stößen derselben Reaktanden nicht mehr der Fall sein wird.

Im nächsten Kapitel wollen wir noch tiefer in das Verständnis der Dynamik chemischer Reaktionen eindringen.

Exkurs 6A   Stimulierte Emission, Laserwirkung und Moleküllaser

In Abschn. 6.1 haben wir die Einstellung des Gleichgewichts durch energieübertragende Stöße diskutiert. Jetzt betrachten wir einen anderen Mechanismus dafür, die Emission von Photonen. Dieser Mechanismus ist besonders

6.6 Energieübertragung zwischen elektronischen Freiheitsgraden

für kurze Wellenlängen wichtig, insbesondere in der Gegenwart von weiteren Photonen, die den Übergang stimulieren können. Im Ausdruck „detailliertes Gleichgewicht" bedeutet das Attribut „detailliert", daß jeder Mechanismus für sich betrachtet werden kann. In echten Experimenten wirken sie stets gleichzeitig und stehen im Wettbewerb miteinander. Die Ratengleichungen (von denen Gl. (6.2) ein Spezialfall ist) müssen dann die Dichteänderungen sowohl durch Stöße als durch Strahlung enthalten. Hier betrachten wir nur die letzteren.

Das Gleichgewicht sei so verschoben, daß irgendein angeregter Zustand besonders stark besetzt ist. Es soll jetzt die Rate bestimmt werden, mit der er sich durch Aussendung von Photonen wieder entvölkert.

Der Strahlungsübergang $f \to i$ kann auf zwei Weisen erfolgen. Die eine ist die spontane (oder „unimolekulare") Aussendung von Photonen mit der Rate $A_{fi}n_f$. Hier ist A_{fi} eine Ratenkoeffizient *erster Ordnung*, dessen Kehrwert die Lebensdauer τ des Zustands f gegen spontane Emission ist. Die spontan ausgesandten Photonen gehen in alle räumlichen Richtungen. Daneben gibt es einen Mechanismus *zweiter Ordnung* für die Emission von Photonen, dessen Rate proportional sowohl zur Dichte ρ der vorhandenen Strahlung[31] als auch zur Dichte n_f des Zustands f ist. Die Rate dieser sogenannten „stimulierten" Emission ist $B_{fi}\rho n_f$, wo B_{fi} ein Ratenkoeffizient zweiter Ordnung ist. Die gesamte Emissionsrate ist $k_{fi}n_f$ mit

$$k_{fi} = A_{fi} + B_{fi}\rho. \tag{6A.1}$$

Natürlich werden Photonen der Frequenz ν, wenn sie einmal vorhanden sind, auch durch Übergänge $i \to f$ absorbiert, die Rate dafür ist $k_{if}n_i$ mit

$$k_{if} = B_{if}\rho. \tag{6A.2}$$

Absorption ist wie stimulierte Emission ein Prozeß zweiter Ordnung, dessen Rate proportional zur Photonendichte ist. Die beiden Koeffizienten A und B sind als Einstein-Koeffizienten bekannt.

Trifft Strahlung auf das System, so haben die Photonen, die durch stimulierte Emission ausgesandt werden, dieselbe Phase wie die einfallende Strahlung. Diese Photonen verstärken daher den stimulierenden Lichtstrahl, die stimulierte Strahlung ist mit diesem *kohärent* im Gegensatz zu den spontan emittierten Photonen, die inkohärent sind.

---

[31] $\rho = \rho(\nu)$ ist die Strahlungsenergie pro Volumeneinheit und pro Frequenzeinheit, daher $\rho(\nu)d\nu$ die Energie pro Volumeneinheit im Frequenzintervall von ν bis $\nu + d\nu$.

6 Energieübertragung zwischen Molekülen

Um die Verstärkung eines äußeren Lichtstrahls zu erreichen, reicht es daher nicht aus, einen Netto-Überschuß von Emission über die Absorption zu haben. Die bloße Einführung eines äußeren Pumpmechanismus, der die Dichte n_f so anhebt, daß

$$k_{fi}n_f > k_{if}n_i, \tag{6A.3}$$

ist nicht genug. (6A.3) ist nur die Bedingung einer *Netto-Emission* von Photonen. Um *Verstärkung* zu haben, muß die Rate der *stimulierten* Emission diejenige der Absorption übertreffen, d.h. $\rho B_{fi}n_f > k_{if}n_i$ oder

$$B_{fi}n_f > B_{if}n_i. \tag{6A.4}$$

Die Verstärkungsbedingung (6A.4) ist schärfer als die Ausstrahlungsbedingung (6A.3), die auch als

$$\left(B_{fi} + \frac{A_{fi}}{\rho}\right) n_f > B_{if}n_i \tag{6A.5}$$

geschrieben werden kann. Um einen quantitativen Vergleich zu ermöglichen und eine explizite Bedingung für die nötige Besetzungsinversion zu erhalten, müssen wir die Verhältnisse $B_{fi}\rho/A_{fi}$ und B_{fi}/B_{if} berechnen. Das geschieht mit Hilfe des *Prinzips des detaillierten Gleichgewichts*.

In einem realen System wird es stets mehrere Mechanismen für den Übergang von Molekülen vom Zustand i nach f und umgekehrt geben. Die Absorption und Emission von Photonen der Frequenz ν ist nur einer davon. Im Gleichgewicht ist die Gesamtrate des Übergangs von i nach f notwendigerweise gleich der umgekehrten Rate. Das Prinzip des detaillierten Gleichgewichts stellt fest, daß im Gleichgewicht nicht nur die Vorwärts- und Rückwärts-Raten gleich sind, sondern daß dies für jeden Mechanismus gesondert gilt. Im Gleichgewicht ist also die Rate für Übergänge $i \to f$ durch Photonen-Absorption gleich der Rate für Übergänge $f \to i$ durch Photonen-Emission, *unabhängig* davon, ob irgendein anderer Prozeß stattfindet.

Wir betrachten nun unser System im Gleichgewicht mit einem Strahlungsfeld der Dichte ρ bei der Temperatur T. Wegen des detaillierten Gleichgewichts gilt $k_{fi}n_f = k_{if}n_i$ oder

$$\frac{k_{if}}{k_{fi}} = \frac{n_f}{n_i} = \exp(-h\nu/kT). \tag{6A.6}$$

Eingesetzt in (6A.2) und (6A.1) folgt

6.6 Energieübertragung zwischen elektronischen Freiheitsgraden

$$B_{if}\rho(\nu) = \exp(-h\nu/kT)\left[A_{fi} + B_{fi}\rho(\nu)\right].$$ (6A.7)

Aufgelöst nach der Strahlungsdichte $\rho(\nu)$ erhält man

$$\rho(\nu) = \frac{A_{fi}}{B_{if}\exp(h\nu/kT) - B_{fi}}.$$ (6A.8)

Die Strahlungsdichte bei der Temperatur T ist andererseits nach Planck gegeben durch

$$\rho(\nu) = \frac{8\pi h\nu^3/c^3}{\exp(h\nu/kT) - 1}.$$ (6A.9)

Aus dem Vergleich von (6A.8) und (6A.9) sieht man, daß die drei Raten wie folgt zusammenhängen:

$$B_{fi} = B_{if} = \frac{c^3}{8\pi h\nu^3}\cdot A_{fi}.$$ (6A.10)

Man sieht ferner, daß im thermischen Gleichgewicht die stimulierte Emission gegenüber der spontanen vernachlässigbar ist:

$$\left[\frac{B_{fi}\rho(\nu)}{A_{fi}}\right]_{eq} = \frac{c^3\rho(\nu)}{8\pi h\nu^3} = \frac{1}{\exp(h\nu/kT) - 1}.$$ (6A.11)

Nur für sehr niedrige Frequenzen, für die $h\nu \simeq kT$ gilt, haben die beiden Emissionsprozesse vergleichbare Raten. (Bei noch niedrigeren Frequenzen, $h\nu \ll kT$, ist das Verhältnis näherungsweise $h\nu/kT$.) Unter gewöhnlichen Bedingungen ist daher die Lebensdauer gegen Photonenemission im wesentlichen diejenige für spontane Emission $\tau = 1/A_{fi} \propto \nu^3$. Die Lebensdauer für Strahlung im Sichtbaren (normalerweise verbunden mit einer Änderung des Elektronenzustands) ist dabei sehr viel kürzer (typischerweise 10^{-8} s) als die für Infrarotstrahlung (10^{-1} s im fernen IR), die typischerweise von Schwingungs- und Rotationsübergängen herkommt. Die Quantenmechanik liefert eine explizite Formel[32] für

---

[32] In praktischen Einheiten ist $A_{fi} = 10^{-38}\nu^3\mu^2$ s^{-1}, wenn ν in s^{-1} und μ_{fi} in Debye (D) = 10^{-18} esu · cm gemessen werden. Für $\mu_{fi} = 0.1$ D und $\nu = 10^{14}$ s^{-1} — das entspricht etwa dem $v = 1 \to 0$ Übergang des HF — ist $\tau = A^{-1} \simeq 10^{-2}$ s. Man beachte den Unterschied zwischen dem Übergangsdipol (-Matrixelement) μ_{fi} ($i \neq f$) und dem permanenten Dipolmoment μ_{ii} im Zustand i. Z.B. ist im HF-Molekül für den genannten Schwingungsübergang $\mu_{10} = 0.0985$ D, dagegen $\mu_{00} = 1.82$ D.

6 Energieübertragung zwischen Molekülen

A_{fi} ausgedrückt durch μ_{fi}, das *Übergangsdipolmoment*[33] für den Übergang $i \to f$

$$A_{fi} = \frac{64\pi^4}{3hc^3} \cdot |\mu_{fi}|^2 \nu^3. \tag{6A.12}$$

Da im übrigen $B_{fi} = B_{if}$ ist, können wir niemals hoffen, Verstärkung zu bekommen (Gl. 6A.4), indem wir bloß einen äußeren Lichtstrahl benutzen, der eine hohe, nicht im thermischen Gleichgewicht stehende Photonendichte bei der Frequenz ν erzeugt. Wie hoch auch $\rho(\nu)$ ist, mehr als $n_f = n_i$ können wir nicht erreichen, selbst wenn $B_{fi} \gg A_{fi}/\rho$, vgl. Gl. (6A.5).

Die Bedingung für Verstärkung (6A.4) kann man wegen der Beziehung (6A.10) zwischen den Einstein-Koeffizienten einfach als Bedingung für die Besetzungszahlen der beiden Zustände ausdrücken:

$$n_f > n_i. \tag{6A.13}$$

Verstärkung verlangt, daß die Besetzung des oberen Zustands die des unteren übertrifft. Das bedeutet eine so extreme Abweichung vom normalen, daß man dafür den besonderen Begriff „Besetzungsumkehr" („Inversion") geschaffen hat. Die normale Ordnung der Besetzungszahlen wird umgekehrt. Durch Vergleich mit (6A.5) kann man als Bedingung für eine Netto-Emission von Licht (erzeugt durch irgendeinen Pumpvorgang) unter Benutzung von (6A.10) feststellen:

$$\frac{n_f}{n_i} > \left(\frac{n_f}{n_i}\right)_{eq} = \exp(-h\nu/kT). \tag{6A.14}$$

Für die meisten Übergänge ist (6A.13) sehr viel schwerer zu realisieren als (6A.14), es sei denn, daß ν sehr niedrig oder T sehr hoch ist. Während daher jeder einseitige Pumpvorgang das Gleichgewicht in der richtigen Richtung verschiebt, werden an einen Pumpprozeß, der zur Verstärkung, d.h. zur

---

[33] Die Größe des Übergangs-Dipolmoments bestimmt die Rate der Spontanemission, der stimulierten Emission und der Absorption (Gl. (6A.12) und (6A.11)). μ_{if} mißt also die Antwort des molekularen Systems auf das Strahlungsfeld. Übergänge mit kleinerem μ_{if} (z.B. der Oberton $v = 0 \to 2$ des HF mit $\mu_{02} \simeq 10^{-2}$ D) heißen (fast) verboten, während solche mit großem μ_{if} (z.B. $v = 0 \to 1$ mit $\mu_{01} \simeq 0.1$ D) (stark) erlaubt genannt werden. Im Hinblick auf die klassische Beschreibung der Wechselwirkung zwischen Atomen und Strahlung, bei der das Elektron als oszillierender Dipol angesehen wird, wird der Grad der Erlaubtheit eines Übergangs oft durch die dimensionslose „Oszillatorenstärke" $f_{fi} = |\mu_{fi}|^2 \cdot (8\pi^2 m\nu/3he^2)$ ausgedrückt, wo m und e Elektronenmasse und -ladung bedeuten. Erlaubte (verbotene) Übergänge werden als solche bezeichnet, die viel (wenig) Oszillatorenstärke tragen.

6.6 Energieübertragung zwischen elektronischen Freiheitsgraden

Besetzungsinversion führt, besondere Anforderungen gestellt: er muß einen ständigen Überschuß von Molekülen im oberen Zustand f aufrechterhalten. Bisher haben wir angenommen, daß es nur einen einzigen Quantenzustand f bei der Energie $h\nu$ oberhalb des Zustandes i gibt. Falls es mehrere, sagen wir g_m, solcher Zustände bei der gleichen Energie gibt, sprechen wir von einem g_m-fach entarteten Niveau m. In diesem Fall wird aus (6A.10)

$$g_m B_{mn} = g_n B_{nm}, \tag{6A.15}$$

und die Verstärkungsbedingung heißt jetzt

$$\frac{n_m}{g_m} > \frac{n_n}{g_n}. \tag{6A.16}$$

Im Gegensatz dazu gilt jetzt im Gleichgewicht:

$$\left(\frac{n_m}{g_m}\right)_{\text{eq}} = \left(\frac{n_n}{g_n}\right)_{\text{eq}} \exp -\frac{E_m - E_n}{kT}. \tag{6A.17}$$

Als konkretes Beispiel betrachten wir den chemischen HCl-Laser, bei dem die notwendige Abweichung vom Gleichgewicht durch eine schnelle, exoergische chemische Reaktion erzeugt wird, die vorzugsweise HCl-Moleküle in angeregten Schwingungszuständen erzeugt. Damit solche Moleküle Laser-Emission auf einem Übergang $v, J \to v-1, J'$ zeigen, muß (nach (6A.16))

$$n_{v,j} > \frac{g_j}{g_{j'}} \cdot n_{v-1,j'} \tag{6A.18}$$

sein, wo $g_j = 2J+1$ die Entartung des Schwingungs-Rotations-Niveaus ist. Die schnelle Rate für die Übertragung von Rotationsenergie (Bild 6.1) hat zur Folge, daß innerhalb eines Schwingungsniveaus die Rotationszustände sehr schnell ins Gleichgewicht kommen (vgl. jedoch Bild 6.22 unten). Daher bekommt die Besetzungsdichte $n_{v,j}$ schnell den Wert

$$n_{v,j} = n_v g_j \cdot \frac{\exp\left(-E_j(v)/kT\right)}{Q_r(v)}$$

mit $\quad Q_r(v) = \sum_J (2J+1) \exp(-E_j(v)/kT),$ \hfill (6A.19)

der Zustandssumme der Rotation für die v-te Schwingungsmannigfaltigkeit. $E_j(v)$ ist die Energie des Niveaus J des Schwingungszustands v und ist in der Näherung des starren Rotators unabhängig von v, nämlich $E_j = BJ(J+1)$. n_v ist die Gesamtzahl der Moleküle im v-ten Schwingungszustand. Für Zeitintervalle, die kurz gegen $\tau_{V\text{-}T}$ sind, hat n_v *nicht* die Boltzmann-Form.

In der Näherung „Starrer Rotator" erhält man als notwendige Bedingung für Laserwirkung aus (6A.18) und (6A.19)

$$\frac{n_v}{n_{v-1}} > \begin{cases} \exp(2B(J+1)/kT) & \text{für } J' = J+1 \\ \exp(2BJ/kT) & \text{für } J' = J-1. \end{cases} \qquad (6A.20)$$

Laserwirkung in einem P-Zweig ($J' = J + 1$) ist daher noch möglich, wenn $n_v < n_{v-1}$ ist. Sprechen wir von „Besetzungsinversion" im strengen Sinn, so ist stets (6A.18) gemeint.

Gl. (6A.20) ist ein Beispiel dafür, daß die Rotationsrelaxation eine doppelt nützliche Rolle spielt. Die wahre, frisch entstandene Schwingungsverteilung enthält oft sehr hohe J-Zustände, so daß die Bedingung (6A.18) nur schwer erfüllt werden kann. Es ist dann die Rotationsrelaxation, die dafür sorgt, daß es weniger Zustände mit $J' = J + 1$ gibt als solche mit $J' = J$. Die zweite Rolle der Rotationsrelaxation ist es, den Endzustand $v - 1, J + 1$ zu entleeren. In der Abwesenheit von Relaxation würde die Laserwirkung zunächst einsetzen, dann aber bald aufhören, da das untere Niveau von den Molekülen, die gerade emittiert haben, aufgefüllt wird. Die schnelle Rotationsrelaxation schafft diese Besetzung in andere Rotationszustände derselben Schwingungsmannigfaltigkeit $v - 1$.

6.7 Zum Weiterlesen

Abschnitt 6.1

Bücher:

Cottrell, T.L.: *Dynamic Aspects of Molecular Energy States*, Wiley, New York, 1965

Flygare, W.H.: *Molecular Structure and Dynamics*, Prentice-Hall, Englewood Cliffs, N.J., 1978

Lambert, J.D.: *Vibrational and Rotational Relaxation in Gases*, Clarendon Press, Oxford, 1977

Levine, R.D., Jortner, J. (Eds.): *Molecular Energy Transfer*, Wiley, New York, 1976

Stevens, B.: *Collisional Activation in Gases*, Pergamon, Oxford, 1967

Yardley, J.T.: *Introduction to Molecular Energy Transfer*, Academic, New York, 1980

Übersichtsartikel:

Amme, R.C: *Vibrational and Rotational Excitation in Gaseous Collisions*, Adv. Chem. Phys., 28, 171 (1975)

Bailey, R.T., Cruickshank, F.R.: *Laser Studies of Vibrational, Rotational and Translational Energy Transfer*, Spec. Per. Rep. 3, 109 (1978)

Beenakker, J.J.M.: *The Internal Degrees of Freedom and the Transport Properties of Rotating Molecules*, in Levine and Jortner (1976)

Ben-Shaul, A.: *Chemical Laser Kinetics*, Adv. Chem. Phys. 47/II, 55 (1981)

6.7 Zum Weiterlesen

Buck, U.: *Rotationally Inelastic Scattering of Hydrogen Molecules and the Non-Spherical Interaction*, Faraday Disc. Chem. Soc. 73, 187 (1982)

Callear, A.B.: *An Overview of Molecular Energy Transfer in Gases*, Spec. Per. Rep. 3, 82 (1978)

Diestler, D.: *Theoretical Studies of Vibrational Relaxation of Small Molecules in Dense Media*, Adv. Chem. Phys. 42, 305 (1980)

Earl, B.L., Gamss, L.A., Ronn, A.M.: *Laser-Induced Vibrational Energy Transfer Kinetics: Methyl and Methyl-d_3 Halides*, Acc. Chem. Res., 11, 183 (1978)

Fischer, S.F.: *Intramolecular Vibrational Relaxation of Polyatomic Molecules*, in Jortner and Pullman (1982)

Flygare, W.H., Schmalz, T.G.: *Transient Experiments and Relaxation Processes Involving Rotational States*, Acc. Chem. Res., 9, 385 (1976)

Flynn, G.W.: *Energy Flow in Polyatomic Molecules*, in: Moore (1974)

Gole, J.L.: *Probing Ultrafast Energy Transfer Among the Excited States of High Temperature Molecules*, in: Fontijn (1985)

Gordon, R.G., Klemperer, W.A., Steinfeld, J.I.: *Vibrational and Rotational Relaxation*, Ann. Rev. Phys. Chem., 19, 215 (1968)

Gordon, R.G., Steinfeld, J.I.: *Spectroscopic Measurements of Energy Transfer by Fluorescence and Double Resonance*, in: Levine and Jortner (1976)

Heilweil, E.J., Moore, R., Rothenberger, G., Velsko, S., Hochstrasser, R.M.: *Picosecond Processes in Chemical Systems: Vibrational Relaxation*, Laser Chem., 3, 109 (1983)

Laubereau, A., Kaiser, W.: *Picosecond Investigations of Dynamics Processes in Polyatomic Molecules in Liquids*, in: Moore (1974)

Lemont, S., Flynn, G.W.: *Vibrational State Analysis of Electronic to Vibrational Energy Transfer*, Ann. Rev. Phys. Chem., 28, 261 (1977)

McCaffery, A.J.: *Reorientation by Elastic and Rotationally Inelastic Transitions*, Spec. Per. Rep., 4, 47 (1981)

McGurk, J.C., Schmalz, T.G., Flygare, W.H.: *A Density Matrix, Bloch Equation Description of Infrared and Microwave Transient Phenomena*, Adv. Chem. Phys., 25, 1 (1974)

Moore, C.B.: *Vibration-Vibration Energy Transfer*, Adv. Chem. Phys., 23, 41 (1973)

Moore, C.B., Zittel, P.F.: *State Selected Kinetics from Laser-Excited Fluorescence*, Science, 182, 541 (1973)

Phillips, L.F.: *Mercury-Sensitized Luminescence*, Acc. Chem. Res., 7, 135 (1974)

Rice, S.A.: *Collision Induced Intramolecular Energy Transfer in Electronically Excited Polyatomic Molecules*, Adv. Chem. Phys., 47/II, 237 (1981)

Smith, I.W.M.: *Vibrational Relaxation in Small Molecules*, in: Levine and Jortner (1976)

Smith, I.W.M.: *Relaxation in Collisions of Vibrationally Excited Molecules with Potentially Reactive Atoms*, Acc. Chem. Res., 9, 161 (1976)

Steinfeld, J.I.: *Energy-Transfer Processes*, Int. Rev. Sci. Phys. Chem., 9, 247 (1972)

Weitz, E., Flynn, G.: *Laser Studies of Vibrational and Rotational Relaxation in Small Molecules*, Ann. Rev. Phys. Chem., 25, 275 (1974)

Yang, K.: *The Mechanisms of Electronic Energy Transfer Between Excited Mercurcy ($^3P_1$) Atoms and Gaseous Paraffins*, Adv. Chem. Phys., 21, 187 (1971)

Yardley, J.T.: *Dynamic Properties of Electronically Excited Molecules*, in Moore (1974)

Abschnitt 6.2

Übersichtsartikel:

Barker, J.R.: *Direct Measurements of Energy Transfer Involving Large Molecules in the Electronic Ground State*, J. Phys. Chem., 88, 11 (1984)

Clark, A.P., Dickinson, A.S., Richards, D.: *The Correspondence Principle in Heavy-Particle Collisions*, Adv. Chem. Phys., 36, 63 (1977)

DePristo, A.E., Rabitz, H., *Vibrational and Rotational Collision Processes*, Adv. Chem. Phys., 42, 271 (1980)

Dickinson, A.S.: *Non-Reactive Heavy Particle Collision Calculations*, Comp. Phys. Comm., 17, 51 (1979)

Ewing, G.E.: *Relaxation Channels of Vibrationally Excited van der Waals Molecules*, Faraday Disc. Chem. Soc., 73, 325 (1982)

Ferguson, E.E.: *Vibrational Quenching of Small Molecular Ions in Neutral Collisions*, J. Phys. Chem., 90, 731 (1986)

Fisk, G.A., Crim, F.F.: *Single Collision Studies of Vibrational Energy Transfer Mechanisms*, Acc. Chem. Res., 10, 73 (1977)

Flynn, G.W.: *Collision-Induced Energy Flow Between Vibrational Modes of Small Polyatomic Molecules*, Acc. Chem. Res., 14, 334 (1981)

Gentry, W.R.: *Vibrational Excitation: Classical and Semiclassical Methods*, in: Bernstein (1979)

Helm, H.: *Ion-Atom Interactions Probed by Photofragment Spectroscopy*, in: Eichler et al. (1984)

Janda, K.C.: *Predissociation of Polyatomic van der Waals Molecules*, Adv. Chem. Phys., 60, 201 (1980)

Kouri, D.J.: *Rotational Excitation: Approximation Methods*, in: Bernstein (1979)

LeRoy, R.J., Corey, G.C., Hutson, J.M.: *Predissociation of Weak-Anisotropy van der Waals Molecules: Theory, Approximations and Practical Predictions*, Faraday Disc. Chem. Soc., 73, 339 (1982)

Oxtoby, D.W.: *Vibrational Population Relaxation in Liquids*, Adv. Chem. Phys., 47/II, 487 (1981)

Oxtoby, D.W.: *Vibrational Relaxation in Liquids*, Ann. Rev. Phys. Chem., 32, 77 (1981)

Rapp, D., Kassal, T.: *The Theory of Vibrational Energy Transfer Between Simple Molecules in Nonreactive Collisions*, Chem. Rev., 69, 61 (1969)

Secrest, D.: *Theory of Rotational and Vibrational Energy Transfer in Molecules*, Ann. Rev. Phys. Chem., 24, 379 (1974)

Shin, H.K.: *Vibrational Energy Transfer*, in: Miller (1976)

Weitz, E., Flynn, G.W.: *Vibrational Energy Flow in the Ground Electronic States of Polyatomic Molecules*, Adv. Chem. Phys., 47/II, 185 (1981)

Abschnitt 6.3

Übersichtsartikel:

Brunner, T.A., Pritchard, D.: *Fitting Laws for Rotationally Inelastic Collisions*, Adv. Chem. Phys., 50, 589 (1982)

Faubel, M., Toennies, J.P.: *Scattering Studies of Rotational and Vibrational Excitation of Molecules*, Adv. At. Mol. Phys., 13, 229 (1977)

Faubel, M.: *Vibrational and Rotational Excitation in Molecular Collisions*, Adv. At. Mol. Phys., 19, 345 (1983)

Gianturco, F.A., Staemmler, V.: *Selective Vibrational Inelasticity in Proton-Molecule Collisions*, in: Pullman (1981)

Gianturco, F.A.: *Internal Energy Transfer in Molecular Collisions*, in: Gianturco (1982)

Loesch, H.J.: *Scattering of Non-Spherical Molecules*, Adv. Chem. Phys., 42, 421 (1980)

McCaffery, A.J., Proctor, M.J., Whitaker, B.J.: *Rotational Energy Transfer: Polarization and Scaling*, Ann. Rev. Phys. Chem., 37, 223 (1986)

Rice, S.A., Cerjan, C.: *Very Low Energy Collision Induced Vibrational Relaxation: An Overview*, Laser Chem., 2, 137 (1983)

Toennies, J.P.: *The Calculation and Measurement of Cross Sections for Rotational and Vibrational Excitation*, Ann. Rev. Phys. Chem., 27, 225 (1976)

Whitaker, B.J., Brechignac, Ph.: *The Physical Origin of Fitting Laws for Rotational Energy Transfer*, Laser Chem., 6, 61 (1986)

Abschnitt 6.4

Bücher:

Aussenberg, F.R., Leitner, A., Lippitsch, M.E.: *Surface Studies with Lasers*, Springer, Berlin, 1983

Benedek, G., Valbusa, U. (Eds.): *Dynamics of Gas-Surface Interaction*, Springer, Berlin, 1982

Gerber, R.B., Nitzan, A. (Eds.): *Dynamics of Molecule-Surface Interactions*, Isr. J. Chem., 22, No. 4 (1982)

Gomer, R. (Ed.): *Interactions on Metal Surfaces*, Springer, Heidelberg (1975)

Goodman, F.O., Wachman, H.Y.: *Dynamics of Gas-Surface Scattering*, Academic, New York, 1976

Pullman, B., Jortner, J., Nitzan, A., Gerber, R.B. (Eds.): *Dynamics on Surfaces*, Reidel, Boston, 1984

Taglauer, E., Heiland, W.: *Inelastic Particle-Surface Collisions*, Springer, Berlin, 1981

Übersichtsartikel:

Apkarian, V.A., Hamers, R., Houston, P.L., Misewitch, J., Merrill, R.P.: *Laser Studies of Vibrational Energy Exchange in Gas-Solid Collisions*, in: Pullman et al. (1984)

Auerbach, D.J.: *Inelastic Scattering of Atoms and Molecules from Solid Surfaces*, Physica Scripta, T6, 122 (1983)

Barker, J.A., Auerbach, D.J.: *Gas-Surface Interactions and Dynamics: Thermal Energy Atomic and Molecular Beam Studies*, Surf. Sci. Rep., 4, 1 (1985)

Benedek, G.: *Probing Surface Vibrations by Molecular Beams: Experiment and Theory*, in: Pullman et al. (1984)

Cardillo, M.J.: *Gas-Surface Interactions Studied with Molecular Beam Techniques*, Ann. Rev. Phys. Chem., 32, 331 (1981)

Celli, V., Evans, D.: *Theory of Atom-Surface Scattering*, in: Benedek and Valbusa (1982)

Ceyer, S.T., Somorjai, G.A.: *Surface Scattering*, Ann. Rev. Phys. Chem., 28, 477 (1977)

Chance, R.R., Prock, A., Silbey, R.: *Molecular Fluorescence and Energy Transfer Near Interfaces*, Adv. Chem. Phys., 37, 1 (1978)

Chuang, T.J.: *Laser-Induced Gas-Surface Interactions*, Surf. Sci. Rep., 3, 1 (1984)

Cole, M.W., Vidali, G.: *Universal Laws of Physical Adsorption*, in: Benedek and Valbusa (1982)

Eichenauer, D., Toennies, J.P.: *Theory of One-Phonon Assisted Adsorption and Desorption of the Atoms from a LiF(001) Single Crystal Surface*, in: Pullman et al. (1984)

Garrison, B.J.: *Classical Trajectory Studies of keV Ions Interacting with Solid Surfaces*, in: Truhlar (1981)

Kolodney, E., Amirav, A.: *Collision Induced Dissociation of Molecular Iodine on Single Crystal Surfaces*, in: Pullman et al. (1984)

Lapujoulade, J., Salanon, B., Gorse, D.: *The Diffraction of He, Ne and H_2 from Copper Surfaces*, in: Pullman et al. (1984)

Levi, A.C.: *Atom Scattering from Overlayers*, in: Benedek and Valbusa (1982)

Micha, D.A.: *Scattering of Ions by Polyatomics and Solid Surfaces: Multicenter Short-Range Interactions*, in: Truhlar (1981)

Proctor, T.R., Kouri, D.J.: *Magnetic Transitions in Heteronuclear and Homonuclear Molecule-Corrugated Surface Scattering*, in: Pullman et al. (1984)

Rabitz, H.: *Dynamics and Kinetics on Surfaces*, in: Pullman et al. (1984)

Rosenblatt, G.M.: *Translational and Internal Energy Accommodation of Molecular Gases with Solid Surfaces*, Acc. Chem. Res., 14, 42 (1981)

Schinke, R.: *Rainbows and Resonances in Molecule-Surface Scattering*, in: Pullman et al. (1984)

Tully, J.C.: *Theories of the Dynamics of Inelastic and Reactive Processes at Surfaces*, Ann. Rev. Phys. Chem., 31, 319 (1980)

Tully, J.C.: *Interaction Potentials for Gas-Surface Dynamics*, in: Truhlar (1981)

Weare, J.H.: *Atom-Surface Potential Information from Low-Energy Atom-Surface Scattering*, in: Truhlar (1981)

Weinberg, W.H.: *Molecular Beam Scattering from Solid Surfaces*, Adv. Colloid Interface Sci., 4, 301 (1975)

Wolken, G., Jr.: *The Scattering of Atoms and Molecules from Solid Surfaces*, in: Miller (1976)

Abschnitt 6.5

Bücher:

Birnbaum, G. (Ed.): *Phenomena Induced by Intermolecular Interactions*, Plenum, New York, 1985

Delone, N.B., Krainov, V.P.: *Atoms in Strong Light Fields*, Springer, Berlin, 1985

George, T.F. (Ed.): *Theoretical Aspects of Laser Radiation and Its Interaction with Atomic and Molecular Systems*, University of Rochester Press, New York, 1978

Rahman, N.K., Guidotti, C. (Eds.): *Collision and Half-Collisions with Lasers*, Harwood, Utrecht, 1984

Rahman, N.K., Guidotti, C. (Eds.): *Photon-Assisted Collisions and Related Topics*, Harwood, New York, 1984

Sobelman, I.I., Vainshtein, L.A., Yukov, E.A.: *Excitation of Atoms and Broadening of Spectral Lines*, Springer, Berlin, 1981

Übersichtsartikel:

Andersen, N.: *Laser Spectroscopy of Collision Complexes: A Case Study*, in: Ehlotzky (1985)

Ben-Reuven, A.: *Spectral Line Shapes in Gases in the Binary-Collision Approximation*, Adv. Chem. Phys., 33, 235 (1975)

Birnbaum, G.: *Microwave Pressure Broadening and Its Application to Intermolecular Forces*, Adv. Chem. Phys., 12, 487 (1976)

Birnbaum, G., Guillot, B., Bratos, S.: *Theory of Collision-Induced Line Shapes — Absorption and Light Scattering at Low Density*, Adv. Chem. Phys., 51, 49 (1982)

Burnett, K.: *Spectroscopy of Collision Complexes*, in: Eichler et al. (1984)

Foth, H.J., Polanyi, J.C., Telle, H.H.: *Emission from Molecules and Reaction Intermediates in the Process of Falling Apart*, J. Phys. Chem., 86, 5027 (1982)

Fromhold, L.: *Collision-Induced Scattering of Light and the Diatom Polarizabilities*, Adv. Chem. Phys., 46, 1 (1981)

George, T.F., Zimmermann, I.H., Juan, J.-M., Laing, J.R., DeVries, P.L.: *A New Concept in Laser-Assisted Chemistry: Electronic-Field Representation*, Acc. Chem. Res., 10, 449 (1977)

Hamilton, C.E., Kinsey, J.L., Field, R.W.: *Stimulated Emission Pumping: New Methods in Spectroscopy and Molecular Dynamics*, Ann. Rev. Phys. Chem. 37, 493 (1986)

Imre, D., Kinsey, J.L., Sinha, A., Krenos, J.: *Chemical Dynamics Studied by Emission Spectroscopy of Dissociating Molecules*, J. Phys. Chem., 88, 3956 (1984)

Lau, A.M.F.: *The Photon-as-Catalyst Effect in Laser Induced Predissociation and Autoionization*, Adv. Chem. Phys., 50 191 (1982)

Mies, F.: *Quantum Theory of Atomic Collisions in Intense Laser Fields*, in: Henderson (1981)

Mukamel, S.: *Collisional Broadening of Spectral Line Shapes in Two-Photon and Multiphoton Processes*, Phys. Rep., 93, 1 (1982)

Orel, A.E.: *Laser-Induced Nonadiabatic Collision Processes*, in: Truhlar (1981)

Rabitz, H.: *Rotation and Rotation-Vibration Pressure-Broadened Spectral Lineshapes*, Ann. Rev. Phys. Chem., 25, 155 (1974)

Roussel, F.: *Laser-Assisted Atom-Atom Collisions*, in: Ehlotzky (1985)

Telle, H.H.: *Stimulated Processes in a Half-Collision*, Laser Chem., 5, 393 (1986)

Weiner, J.: *Inelastic Collision Processes in the Presence of Intense Optical Fields*, in: Glorieux et al. (1979)

Abschnitt 6.6

Bücher:

Nikitin, E.E., Umansky, S.Ya.: *Theory of Slow Atomic Collisions*, Springer, Berlin, 1984

Steinfeld, J.I. (Ed.): *Electronic Transition Lasers*, MIT Press, Cambridge, Mass. 1976

Wilson, L.E., Suchard, S.N., Steinfeld, J.I. (Eds.): *Electronic Transition Lasers II*, MIT Press, Cambridge, Mass., 1977

Übersichtsartikel:

Alexander, M.H.: *Pseudo-Quenching Model Studies of Spin-Orbit State Propensities in Reactions of $Ca(4s4p^3P)$ with Cl_2*, in: Fontijn (1985)

Aquilanti, V., Grossi, G., Pirani, F.: *Interference and Polarization in Low Energy Atom-Atom Collisions*, in: Eichler et al. (1984)

Avouris, Ph., Gelbart, W.M., El-Sayed, M.A.: *Nonradiative Electronic Relaxation Under Collision-Free Conditions*, Chem. Rev., 27, 793 (1977)

Baede, A.P.M.: *Charge Transfer Between Neutrals at Hyperthermal Energies*, Adv. Chem. Phys., 30, 463 (1975)

Baer, M.: *Quantum Mechanical Treatment of Electronic Transitions in Atom-Molecule Collisions*, in: Bowman (1983)

Baer, M.: *Theory of Electronic Nonadiabatic Transitions in Chemical Reactions*, in: Baer (1985)

Bardsley, J.N.: *Recombination Processes in Atomic and Molecular Physics*, in: Gianturco (1982)

Breckenridge, W.H., Umemoto, H.: *Collisional Quenching of Electronically Excited Metal Atoms*, Adv. Chem. Phys., 50, 325 (1982)

Carrington, T.: *The Geometry of Intersecting Potential Surfaces*, Acc. Chem. Res. 7, 20 (1974)

Child, M.S.: *Electronic Excitation: Nonadiabatic Transitions*, in: Bernstein (1979)

Desouter-Lecomte, M., Dehareng, D., Leyh-Nihant, B., Praet, M. Th., Lorquet, A.J., Lorquet, J.C.: *Nonadiabatic Unimolecular Reactions of Polatyomic Molecules*, J. Phys. Chem., 89, 214 (1985)

Drukarev, G.: *The Zero-Range Potential Model and Its Application in Atomic and Molecular Physics*, Adv. Quant. Chem., 11, 251 (1978)

Dunning, F.B., Stebbings, R.F.: *Collisions of Rydberg Atoms with Molecules*, Ann. Rev. Phys. Chem., 33, 173 (1982)

Freed, K.F.: *Radiationless Transitions in Molecules*, Acc. Chem. Res., 11, 74 (1978)

Freed, K.F.: *Collisional Effects on Electronic Relaxation Processes*, Adv. Chem. Phys., 42, 207 (1980)

Freed, K.F.: *Collision Induced Intersystem Crossing*, Adv. Chem. Phys. 47/II, 291 (1981)

Garrett, B.C., Truhlar, D.G.: *The Coupling of Electronically Adiabatic States in Atomic and Molecular Collisions*, in: Henderson (1981)

Hay, P.J., Wadt, W.R., Dunning, T.H., Jr.: *Theoretical Studies of Molecular Electronic Transition Lasers*, Ann. Rev. Phys. Chem., 30, 311 (1979)

Hertel, I.V.: *Collisional Energy-Transfer Spectroscopy with Laser-Excited Atoms in Crossed Atom Beams: A New Method for Investigating the Quenching of Electronically Excited Atoms by Molecules*, Adv. Chem. Phys., 45, 341 (1981)

Hertel, I.V.: *Progress in Electronic-to-Vibrational Energy Transfer*, Adv. Chem. Phys., 50, 475 (1982)

Hertel, I.V., Schmidt, H., Bähring, A., Meyer, E.: *Angular Momentum Transfer and Charge Cloud Alignment in Atomic Collisions: Intuitive Concepts, Experimental Observations and Semiclassical Models*, Rep. Prog. Phys., 48, 375 (1985)

Houston, P.L.: *Electronic to Vibrational Energy Transfer from Excited Halogen Atoms*, Adv. Chem. Phys., 47/II, 381 (1981)

Jaecks, D.H.: *Molecules in Nonadiabatic Collisions*, in: Eichler et al. (1984)

Jortner, J., Mukamel, S.: *Radiationless Transitions*, Int. Rev. Sci. Phys. Chem. 1, 329 (1975)

Kleyn, A.W., Los, J., Gislason, E.A.: *Vibronic Coupling at Intersections of Covalent and Ionic States*, Phys. Rep., 90, 1 (1982)

Köppel, H., Domcke, W., Cederbaum, L.S.: *Multimode Molecular Dynamics Beyond the Born Oppenheimer Approximation*, Adv. Chem. Phys., 57, 59 (1984)

Krause, L.: *Sensitized Fluorescence and Quenching*, Adv. Chem. Phys, 28, 267 (1975)

Leach, S.: *Electronic Spectroscopy and Relaxation Processes in Small Molecules in the Resonance Limit*, in: Levine and Jortner (1976)

6 Energieübertragung zwischen Molekülen

Leach, S., Dujardin, G.: *Ionic State Relaxation Processes in VUV-Excited Polyatomic Molecules*, Laser Chem., 2, 285 (1983)

Mahan, B.H.: *Recombination of Gaseous Ions*, Adv. Chem. Phys., 23, 1 (1973)

Morgner, H.: *Penning Ionization of Molecules*, in: Eichler et al. (1984)

Nakamura, H.: *Unified Treatment of Nonadiabatic Transitions in the Rotating Frame of the Complex*, in: Eichler et al. (1984)

Niehaus, A.: *Spontaneous Ionization in Slow Collisions*, Adv. Chem. Phys., 45, 399 (1981)

Nikitin, E.E.: *Theory of Nonadiabatic Collision Processes Including Excited Alkali Atoms*, Adv. Chem. Phys., 28, 317 (1975)

Ovchinnikov, A.A., Ovchinnikova, M.Ya.: *Problems of Nonlinear Radiationless Processes in Chemistry*, Adv. Quant. Chem., 16, 161 (1982)

Ozkan, I., Goodman, L., *Coupling of Electronic and Vibrational Motions in Molecules*, Chem. Rev., 79, 275 (1979)

Rebentrost, F.: *Nonadiabatic Molecular Collisions*, in: Henderson (1981)

Rhodes, W.: *Nonradiative Relaxation and Quantum Beats in the Radiative Decay Dynamics of Large Molecules*, J. Phys. Chem., 87, 30 (1983)

Saha, H.P., Lam, K.-S., George, T.F.: *Recent Advances in the Theory of Chemi-Ionization*, in: Fontijn (1985)

Siebrand, W.: *Nonradiative Processes in Molecular Systems*, in: Miller (1976)

Tramer, A., Nitzan, A.: *Collisional Effects in Electronic Relaxation*, Adv. Chem. Phys., 47/II, 337 (1981)

Tully, J.C.: *Nonadiabatic Processes in Molecular Collisions*, in: Miller (1976)

Tully, J.C.: *Collisions Involving Electronic Transitions*, in: Brooks and Hayes (1977)

Whetten, R.L., Ezra, G.S., Grant, E.R., *Molecular Dynamics Beyond The Adiabatic Approximation: New Experiments and Theory*, Ann. Rev. Phys. Chem., 36, 277 (1985)

Yencha, A.J.: *Penning Ionization and Chemi-Ionization in Reactions of Excited Rare-Gas Atoms*, in: Fontijn (1985)

Zülicke, L., Zuhrt, Ch., Umansky, S.Ya.: *Some Problems of the Dynamics of Nonadiabatic Energy Processes*, in: Eichler et al. (1984)

7 Reaktionsdynamik und chemische Reaktivität

Inzwischen sind wir so weit, daß wir uns mit aktueller Forschung auf dem Gebiet der molekularen Reaktionsdynamik beschäftigen können. Hier sind Experiment und Theorie gewöhnlich eng verzahnt und voneinander abhängig. Wir beginnen mit einer einfachen, gut untersuchten Reaktion und gehen dann zu komplexeren Systemen über. Am Ende werden wir auf den Einfluß chemischer „Struktur" auf die Reaktivität zurückkommen: Was sind die sterischen Bedingungen für Reaktionen? Das Kapitel endet mit einem (subjektiven) Überblick über die Front der Forschung in unserem Gebiet.

7.1 Fallstudie einer einfachen Reaktion

7.1.1 Die Reaktion $F + H_2$

Eine der wenigen elementaren Reaktionen, deren Dynamik im Detail mit vielen der in Kapitel 5 besprochenen experimentellen Methoden untersucht wurde, ist der F-Atomaustausch

$$F + H_2 \to HF(v', j') + H$$

und seine isotopischen Varianten. Gleichzeitig haben die Theoretiker alle ihre verfügbaren Werkzeuge auf diese Reaktion angesetzt, um die experimentellen Ergebnisse zu erklären, dabei wurden die Stärken und Grenzen dieser Methoden deutlich. Obwohl es vielleicht etwas pedantisch ist, wollen wir hier in ungefähr chronologischer Reihenfolge vorgehen, und die Geschichte der experimentellen und theoretischen Aufklärung dieser Reaktion nachzeichnen.

7.1.2 Frühe Experimente

Atomares Fluor ist kein angenehmes Reagens. Daher überrascht es nicht, daß es zunächst schwierig war, genaue absolute bimolekulare Ratenkoeffizienten für diese Wasserstoff-Abstraktion zu gewinnen. Jedoch gab es keinen Zweifel, daß die Reaktion „schnell" abläuft, und daß ihre Aktivierungsenergie klein ist. Der beste experimentelle Wert[1] hierfür ist $E_a = 4.2$ kJ $\cdot$ mol^{-1}.

Frühe Experimente mit chemischen Lasern, die Mischungen von UF$_6$ mit H$_2$ (oder D$_2$) benutzten, zeigten, daß die o.g. Reaktion eine invertierte Schwingungsbesetzung liefert, insbesondere, daß das frisch entstandene Besetzungsverhältnis N($v = 2$)/N($v = 1$) definitiv größer als Eins ist.

Frühe Chemilumineszenz-Experimente im Infraroten wurden bei mäßig niedrigem Druck ausgeführt, welcher Relaxation der Rotation, nicht jedoch der Schwingung zur Folge hatte. Die Ergebnisse bestätigten die Besetzungsinversion des Produkts HF aus der Laserstudie. Aus der gesamten v'-Verteilung berechnete man, daß ungefähr 2/3 der insgesamt verfügbaren Energie in Schwingungsenergie des HF umgewandelt wird. $v' = 2$ ist der wahrscheinlichste Produktzustand. Das war der Stand der Dinge vor dem ersten Molekularstrahlexperiment an dieser Reaktion, das wir jetzt besprechen.

7.1.3 Ein Meilenstein: Kreuzstrahlexperimente

Mit einem D$_2$-Strahl, der von einem Strahl aus F-Atomen gekreuzt wurde, die aus thermisch dissoziiertem F$_2$ stammten, wurde die Winkelverteilung des DF im Laborsystem gemessen. Aus Gründen, die unten klar werden, war es selbst ohne Geschwindigkeitsanalyse möglich, die Höhenlinienkarte für den Produktfluß im Geschwindigkeitsraum näherungsweise anzugeben. Eine neuere Version dieser Karte, die mittels der Geschwindigkeitsanalyse nach dem Flugzeitverfahren gewonnen wurde, zeigt Bild 7.1. Die Kreise zeigen das maximale E'_{tr}, das mit einem Schwingungszustand v' nach dem Stoß vereinbar ist. Es gehört zu verschwindender Rotationsenergie. Die verschiedenen Rotationszustände zu gegebenem v' haben Translationsenergien zwischen Null und dem Maximalwert $E - E'_{vib}$.

Obwohl im Prinzip Zustände mit verschiedenem v' nahezu gleiche Werte von E'_{tr} haben könnten (der Rest der Energie steckt dann in der Rotation), ist dies in unserem Beispiel nicht der Fall. Die Rotationsenergien des DF nach dem Stoß sind stets sehr klein, es werden nur ziemlich niedrige Werte von j' besetzt (vgl. Exkurs 4B). Diese Rotationszustände j' mit verschiedenem v' haben genügend verschiedenes E'_{tr}, um in der Höhenlinienkarte getrennt zu erscheinen.

---

[1] Da die Reaktion so schnell und so exoergisch ist, muß man aufpassen, daß die Reaktanden im thermischen Gleichgewicht bleiben!

7.1 Fallstudie einer einfachen Reaktion

In Bild 7.1 gibt es klare Intensitätsmaxima, die den verschiedenen Schwingungsmannigfaltigkeiten v' zugeordnet werden können. Die generelle Tendenz ist Rückwärtsstreuung des DF-Produkts. Durch Integration der Intensität zu einem bestimmten v' über alle Winkel und alle Endgeschwindigkeiten ließ sich die Besetzung der Schwingungszustände nach dem Stoß abschätzen. Die Ergebnisse sind in Tab. 7.1 angegeben.

Wenn man eine Überschalldüse mit variabler Temperatur zur Erzeugung des D_2-Strahls benutzt, kann man die Stoßenergie über einen relativ breiten Bereich ändern. Man erwartet, daß sich die Winkelverteilung bei Energieerhöhung allmählich nach vorwärts dreht. Das ist tatsächlich der Fall, jedoch

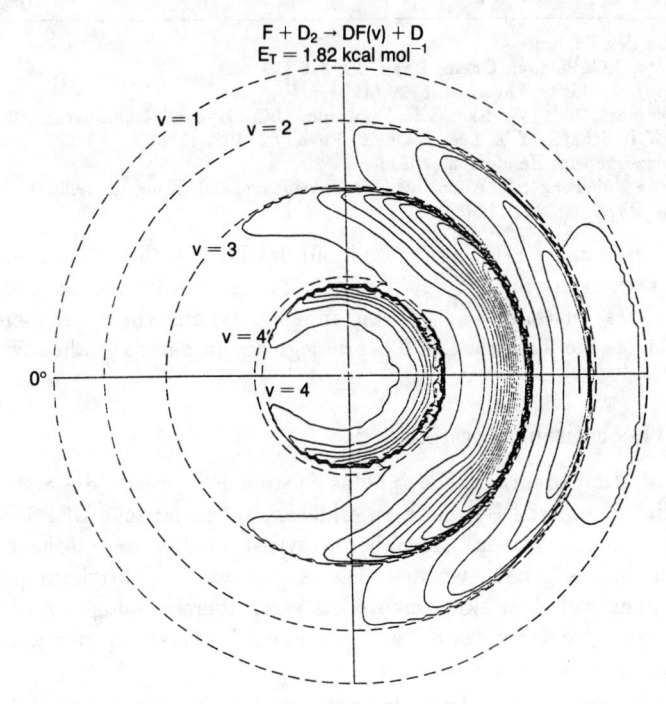

Bild 7.1 Höhenliniendiagramm des Geschwindigkeitsflusses im Schwerpunktsystem für die Reaktion $F + D_2$ bei $E_{tr} = 1.82$ kcal · mol^{-1}. Die gestrichelten Kreise zeigen die Grenzwerte der Geschwindigkeiten von DF für $v' = 1$ bis 4; der Kreis $v = 4'$ gilt für $D_2(j = 2)$, das 25% der Reaktanden ausmacht. Die Höhen sind linear gestaffelt. (Genehmigte Wiedergabe aus D.M. Neumark, A.M. Wodtke, G.N. Robinson, C.C. Hayden, K. Shobatake, R.K. Sparks, T.P. Shafer, Y.T. Lee: J. Chem. Phys., 82, 3067 (1985); s.a. D.M. Neumark, A.M. Wodtke, G.N. Robinson, C.C. Hayden, Y.T. Lee: J. Chem. Phys., 82, 3045 (1985) zum System $F+H_2$.)

Tab. 7.1 Verteilung der Schwingungsenergie von DF aus der Reaktion $F + D_2$
Die Relativbesetzungen $P(v')$ sind bei $P(3) = 1$ normiert.

1	2	3	4	5	6
v'	Chemilumineszenz	Chemischer Laser	Molekularstrahlen	Trajektorienrechnung	Quantenrechnung
0	0.04	0.00			
1	0.18	0.24	0.19	0.00	0.02
2	0.52	0.56	0.67	0.45	0.35
3	1.00	1.00	1.00	1.00	1.00
4	0.59	(0.4)	0.41	0.32	0.25

Literatur zu den Spalten:
2 D.S. Perry, J.C. Polanyi: Chem. Phys., 12, 419 (1976)
3 M.J. Berry: J. Chem. Phys., 59, 6229 (1973)
4 D.M. Neumark, A.M. Wodtke, G.N. Robinson, C.C. Hayden, K. Shobatake, R.K. Sparks, T.P. Schafer, Y.T. Lee: J. Chem. Phys., 82, 3067 (1985)
5 J.T. Muckerman in: Henderson (1981)
6 „Plötzliche Näherung": N. Abusalbi, C.L. Shoemaker, D.J. Kouri, J. Jellinek, M. Baer: J. Chem. Phys., 80, 3219 (1984)

wird ein bestimmter Schwingungszustand des DF, nämlich $v' = 4$, ganz besonders stark nach vorn gestreut (Bild 7.11). Es sieht so aus, als werde das Verhalten des Zustands $v' = 4$ von anderen dynamischen Gegebenheiten beherrscht als die übrigen. Die Theorie legt das in der Tat nahe. Wie sieht sie aus?

7.1.4 Theoretische Vorstöße

Ohne Ab-initio-Potentialfläche für das System FH_2 waren die ersten Versuche, seine chemische Dynamik zu erklären, auf empirische LEPS-Flächen (Abschn. 4.2) angewiesen, die näherungsweise an Ort und Höhe der Reaktionsbarriere angepaßt wurden. Die Arrheniussche Aktivierungsenergie stimmte dann mit dem experimentellen Wert überein, und auch die mittlere Schwingungsenergie des HF war in grobem Einklang mit den damaligen Daten über die Besetzungsverhältnisse.

Die Experimente wurden durch klassische Trajektorienrechnungen simuliert, so konnte die Potentialfläche getestet werden. Die Ergebnisse zeigten dann auch die Schwingungsanregung des HF (und DF), ebenso wie eine vorherrschende Rückwärtsstreuung, wie sie die frühen Molekularstrahlexperimente bei niedrigen Energien geliefert hatten.

Ein wichtiger Fortschritt war die Vollendung einer gründlichen (und teuren!) Ab-initio-Berechnung der Potentialfläche des FH_2, wie sie Bild 4.3 zeigt. Wie in Abschn. 4.2 besprochen wurde, sind die wesentlichen Charakteristika dieser Fläche denen der LEPS-Fläche ähnlich, insbesondere ein früher Sattelpunkt (bei praktisch noch unverändertem H_2-Abstand) und eine niedrige Barriere.

Erste quantenmechanische Rechnungen der kollinearen Reaktion von F mit H_2 (oder D_2) auf der LEPS-Fläche zeigten, daß die Verteilung der Schwingungszustände nach dem Stoß ganz empfindlich von der Stoßenergie abhängen sollte (Bild 7.2). Zudem zeigten Rechnungen auf etwas anderen, aber nicht unvernünftigen Potentialflächen merkliche Abweichungen in den Einzelheiten der Schwingungsverteilung nach dem Stoß. Der Grund für diese Empfindlichkeit liegt darin, daß die scharfen Maxima in der Energieabhängigkeit der zustandsspezifischen Reaktionswahrscheinlichkeit den Beitrag quasigebundener Zustände des FHH, d.h. von „Resonanzen" widerspiegeln. Diese entstehen durch Umverteilung von Schwingungsenergie und zerfallen durch Schwingungs-Prädissoziation. Das theoretische Rätsel besteht darin, daß die Potentialfläche gar keinen „Topf" zu haben scheint, in dem sich eine Resonanz ausbilden könnte. Woher dann aber quasigebundene Zustände? Um dies zu beantworten, vereinfachen wir ein bißchen. Wir betrachten die

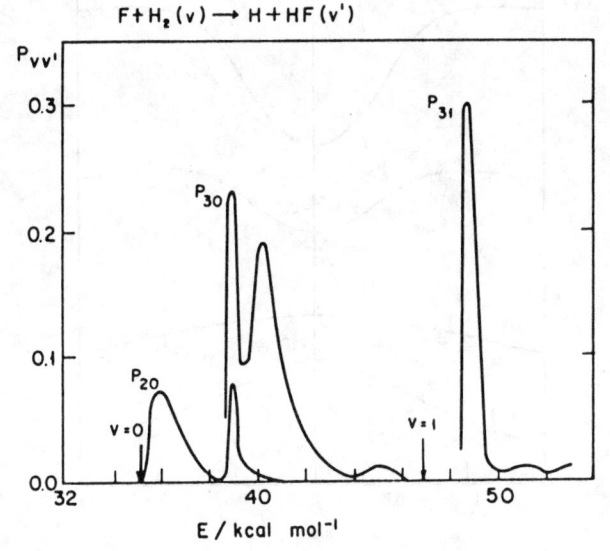

Bild 7.2 Reaktionswahrscheinlichkeit $P_{vv'}$ der kollinearen Reaktion $F + H_2(v) \rightarrow H + HF(v')$ nach einer quantenmechanischen Rechnung. Die Pfeile zeigen die Exoergizität, d.h. die niedrigstmögliche Produktenergie, aus den Zuständen $v = 0$ und 1 des H_2. (Nach S.F. Wu, B.R. Johnson, R.D. Levine: Mol. Phys., 25, 839 (1973))

462   7 Reaktionsdynamik und chemische Reaktivität

Bewegung entlang des Reaktionsweges, vergessen allerdings nicht die Bewegung senkrecht dazu, die als HH-Schwingung anfängt und als HF-Schwingung endet. Die Schwingungsfrequenz dieser Bewegung ist oft auf dem Sattel kleiner als an den Enden des Reaktionsweges. Um dies ganz deutlich zu sehen, gehen wir einen Schritt zurück zum einfacheren System H_3.

Bild 7.3 zeigt die Potentialenergie entlang der Reaktionskoordinate, wenn wir die Quantenzahl v der Schwingungsbewegung quer zu dieser einfrieren. Bei $v = 2$ wird die Barriere auf dem Reaktionsweg durch die Absenkung der Schwingungsfrequenz in dieser Gegend schon kompensiert. Selbst wenn daher die Gesamtenergie E nicht ausreicht, um am Ende $H + H_2(v = 2)$ zu erreichen, kann doch der Zustand $v = 2$ der symmetrischen Streckschwingung *während* des Stoßablaufs erreicht werden. Wenn das passiert, so kann sich das System, während es sich entlang der Reaktionskoordinate bewegt, zwischendurch innerhalb des „Topfes" von Bild 7.3 befinden.

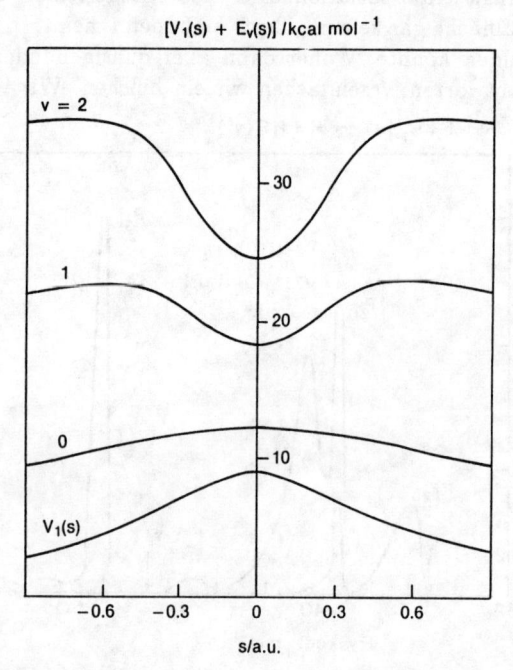

Bild 7.3 Potentialprofil $V_1(s)$ entlang der Reaktionskoordinate auf der Karplus-Porter-Fläche für das System $H + H_2$ und adiabatische Potentiale für die Schwingungsquantenzahlen $v = 0$, 1 und 2. (Nach R.D. Levine, S.F. Wu: Chem. Phys. Lett., 11.557 (1971))

Der intramolekulare Fluß von Schwingungsenergie in die symmetrische Streckschwingung hinein und wieder aus ihr heraus erzeugt in kollinearen Stößen von H mit H_2 quasigebundene Zustände. In F + H_2 ist der Mechanismus im großen und ganzen derselbe. In beiden Fällen beziehen sich die experimentellen Ergebnisse allerdings auf *drei*dimensionale Stöße. Wegen der Zentrifugalbarriere hat die Resonanzenergie für jeden Wert des Bahndrehimpulses l einen etwas anderen Wert. Die Wirkung dieser Resonanzen auf die Energieabhängigkeit des integralen Querschnitts wird somit sicher nicht dramatisch sein. Das ist anders bei der Winkelverteilung: Die Zeitverzögerung durch Bildung und Zerfall eines quasigebundenen Zustandes kann die Stoßdauer vergleichbar mit der Rotationsperiode werden lassen (Abschn. 7.2). Dann kann das System aber in alle Richtungen (des Schwerpunktsystems) gleichmäßig zerfallen (Abschn. 7.1.6). Die Teilnahme einer Resonanz am Stoß wird daher durch einen Beitrag der reaktiven Streuung in Vorwärtsrichtung signalisiert (Bild 7.11), der für Produkte, die aus einem direkten Prozeß stammen, nicht existiert.

Resonanzen sind eine sensible Sonde, um die Dynamik während eines Stoßes abzufragen. Die Methode kann zu Recht mit der bimolekularen Spektroskopie verglichen werden (Abschn. 6.5), denn es ist wirklich Translations-Spektroskopie der quasigebundenen Zustände der zusammenstoßenden Reaktanden.

7.1.5 Endlich definitive Produktverteilungen!

Mit der Technik der „arretierten Relaxation" (bei der die entstandenen Produkte an der Wand festgefroren werden, ehe die Rotation relaxiert) war es möglich, eine Studie der Infrarot-Chemilumineszenz zu machen, in der die entstehenden Besetzungsverteilungen sowohl für die Rotation als auch für die Schwingung des HF bzw. DF „in statu nascendi" gemessen wurden.

Der durchschnittliche Anteil der verfügbaren Energie, der in Schwingung übergeht, ist 66%, während 8% in Rotation gehen. Etwa die gleichen Zahlen gelten für beide Isotope! Die Verteilungen der Quantenzustände sind allerdings ganz verschieden, weil ja die Abstände zwischen benachbarten Zuständen für HF und DF sehr verschieden sind. Auf der Basis des *Energie*inhalts der Schwingung sind die Ergebnisse andererseits fast invariant gegen isotope Ersetzung. Das kann man verstehen, wenn man die klassische Variable f_{vib} betrachtet, die den Bruchteil der Energie mißt, der in Schwingung geht, wie in Abschn. 5.5.2 (s. Bild 5.31) besprochen wurde.

Die relativen Besetzungszahlen der Rotationszustände in den verschiedenen Schwingungmannigfaltigkeiten werden in Bild 7.4 für die Reaktion

464 7 Reaktionsdynamik und chemische Reaktivität

$$F + D_2 \rightarrow D + DF(v', j')$$

gezeigt. Die Höhe der Striche ist die relative Wahrscheinlichkeit für jeden Zustand v', j' nach dem Stoß. Die Wahrscheinlichkeiten sind so normalisiert, daß

$$P(v') = \sum_{j'} P(v', j'). \tag{7.1}$$

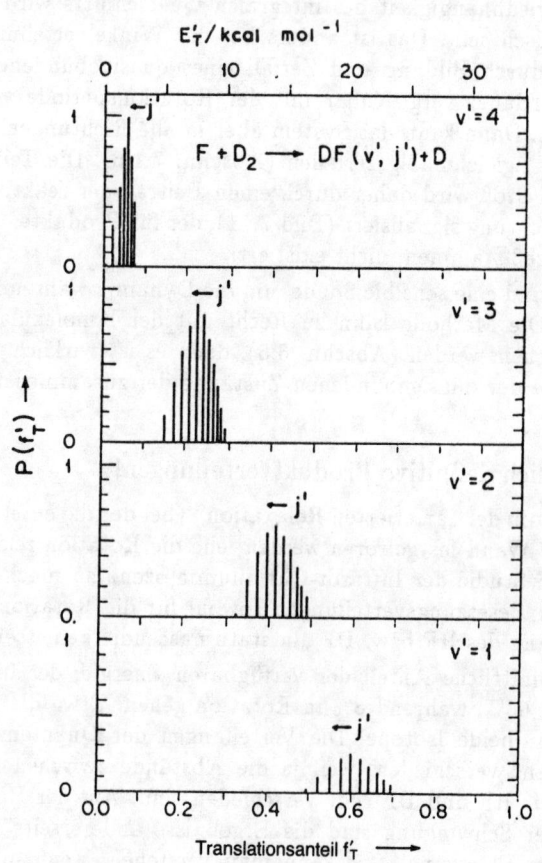

Bild 7.4 Verteilung der Rotationszustände in den verschiedenen Schwingungsmannigfaltigkeiten für DF aus der Reaktion $F + D_2$ aufgetragen gegen den Bruchteil f'_{tr} der Energie in der Translation. Energieerhaltung begrenzt die Verteilungen auf der hochenergetischen Seite: $f_{tr} \leq (1 - f_{vib})$. (Nach J.C. Polanyi, K.B. Woodall: J. Chem. Phys., 57, 1574 (1972))

7.1 Fallstudie einer einfachen Reaktion

Die Schwingungsverteilung ist gegen den Bruchteil der Energie aufgetragen, die in Translation verbleibt: $f_{tr} = E'_{tr}/E$, mit $E'_{tr} = E - E'_{vib} - E'_{rot}$.

Die Rotationsbesetzung verschiedener Schwingungszustände kann auf eine gemeinsame reduzierte Form gebracht werden, indem man die Variable

$$g_{rot} = \frac{E'_{rot}}{E - E'_{vib}} = \frac{f_{rot}}{1 - f_{vib}} \qquad (7.2)$$

einführt, d.h. den Bruchteil an Rotationsenergie in einer gegebenen Schwingungsmannigfaltigkeit. Das Bild der normalisierten Verteilung

$$P(j'|v') = \frac{P(v',j')}{P(v')} \qquad (7.3)$$

aufgetragen gegen g_{rot} ist oft fast unabhängig von v'.

Eine detaillierte Verteilung, wie sie Bild 7.4 darstellt, kann man in praktischer Form zusammenfassen, indem man die diskrete Verteilung in eine stetige umwandelt und Linien gleicher Wahrscheinlichkeit aufträgt. Drei Variable charakterisieren den Endzustand, Rotationsenergie (E'_{rot}), Schwingungsenergie (E'_{vib}) und Translationsenergie (E'_{tr}). Diese drei Variablen sind jedoch nicht unabhängig, sondern durch Energieerhaltung verbunden:

$$E = E'_{vib} + E'_{rot} + E'_{tr}. \qquad (7.4)$$

Eine Darstellung der Daten von Bild 7.4 als Höhenliniendiagramm ist in Bild 7.5 zu sehen. Dieses stellt eine kompakte Zusammenfassung der starken Spezifizität bei der Aufteilung der Exoergizität auf die drei Freiheitsgrade R, V, T dar. In Bild 7.5 ist ferner eine gestrichelte Gerade zu sehen, die in der V-Ecke beginnt. Entlang solcher Linien ist g_{rot} konstant.[2] Diese Linie folgt dem Höhenrücken des Diagramms recht gut und zeigt damit, daß g_{rot} eine brauchbare reduzierte Variable ist.

Die Besetzungsinversion, d.h. die überwiegende Besetzung höher liegender Schwingungszustände der Produkte, ist ein Ausdruck sehr spezifischer Energieaufteilung. Ein Maß für die Abweichung der beobachteten Verteilung $P(f_{vib})$ von der aus rein statistischen Gründen erwarteten A-priori-Verteilung $P^0(f_{vib})$ (Abschn. 5.5.1) ist der Überraschungswert $I(f_{vib})$, der (Gl. (5.28)) als der Logarithmus des Verhältnisses der Besetzungszahlen definiert wurde:

$$I(f_{vib}) = -\ln\left(\frac{P(f_{vib})}{P^0(f_{vib})}\right). \qquad (7.5)$$

---

[2] Der Wert von g_{rot} ist daher am Schnittpunkt mit der Basislinie R-T abzulesen, da für $E'_{vib} = 0$ $g_{rot} = f_{rot}$ gilt.

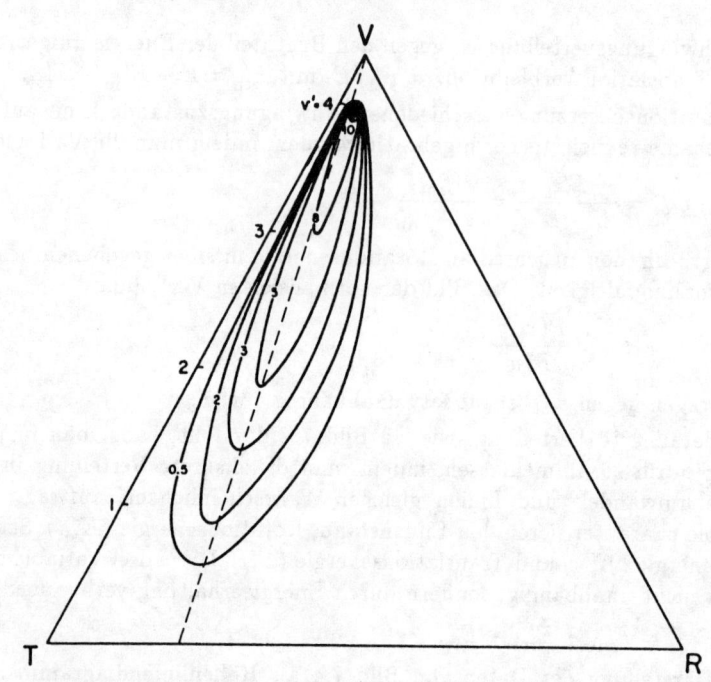

7 Reaktionsdynamik und chemische Reaktivität

Bild 7.5 Energieaufteilung in der Reaktion $F+D_2$ bei 34 kcal·mol^{-1} in Form eines Höhenliniendiagramms der relativen Besetzungszahl in einem dreieckigen Koordinatensystem. Energetisch ist das ganze Innere des Dreiecks erlaubt, jedoch findet man fast alle Intensität in einer Ecke. Man beachte, daß die wahrscheinlichste Intensität (der „Gebirgskamm") auf einer Geraden $g_{rot} = f_{rot}/(1-f_{vib}) = $ const liegt. (Aus den experimentellen Daten von Bild 7.4)

Man beobachtet, daß $P(f_{vib})$ für alle isotopischen Varianten der Reaktion nahezu dieselbe Funktion ist; da das gleiche für $P^0(f_{vib})$ gilt (Gl. (5.29)), schließen wir, daß der Überraschungswert nahezu isotopeninvariant und daher ein charakteristisches Maß für die Energiefreisetzung der Potentialfläche ist. Würde die Energieaufteilung nur nach der Statistik ablaufen, so würde der Überraschungswert verschwinden.

Ein differentielles Maß der Spezifizität der Energieaufteilung im Schwingungsfreiheitsgrad ist der Überraschungs-Parameter der Schwingung

$$\lambda_{vib} = \frac{dI(f_{vib})}{df_{vib}}. \tag{7.6}$$

Meist kann die Energieaufteilung durch einen linearen Überraschungswert ($\lambda_{vib} = $ const) dargestellt werden, das führt zu der kompakten Form

7.1 Fallstudie einer einfachen Reaktion

$$I(f_{\text{vib}}) = \lambda_0 + \lambda_{\text{vib}} f_{\text{vib}} \tag{7.7}$$

oder noch suggestiver (Bild 7.6) zu

$$P(f_{\text{vib}}) = P^0(f_{\text{vib}}) \frac{\exp(-\lambda_{\text{vib}} f_{\text{vib}})}{Q}. \tag{7.8}$$

Hier ist Q die Normierungskonstante

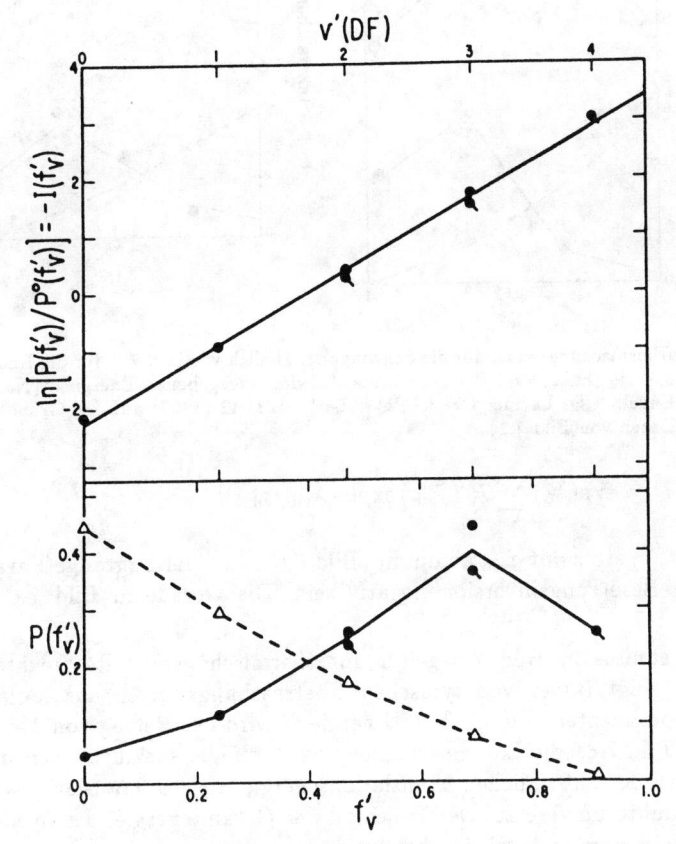

Bild 7.6 Analyse der Schwingungsverteilung von DF aus der Reaktion $F + D_2$. (Unten:) Beobachtete und a-priori erwartete, statistische Verteilungen der Schwingungszustände gegen f_{vib} aufgetragen. Über die Rotationszustände wurde summiert. (Oben:) Überraschungswert $I(f_{\text{vib}})$ gegen f_{vib}; die Gerade liefert $\lambda_{\text{vib}} = -5.7$. (Experimentelle Daten: ● M.J. Berry: J. Chem. Phys., 59, 6229 (1973); ♦ J.C. Polanyi, K.B. Woodall: J. Chem. Phys., 57, 1574 (1972))

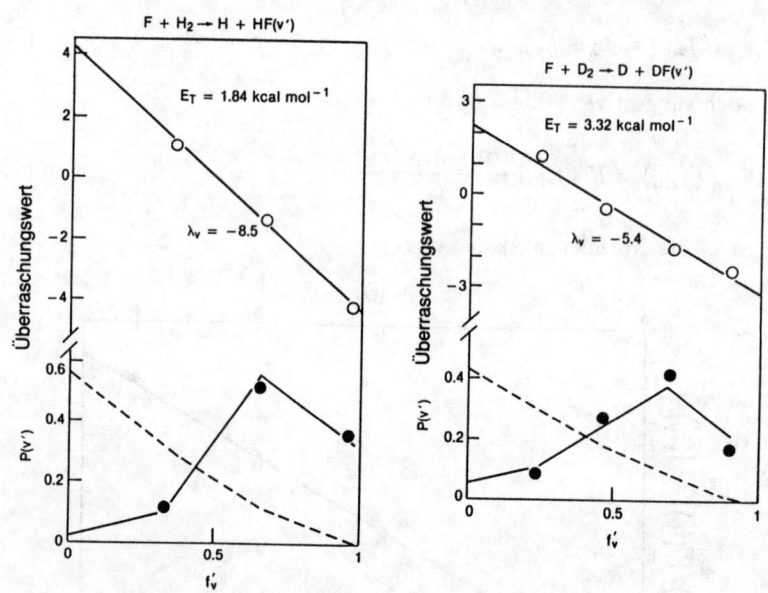

468   7 Reaktionsdynamik und chemische Reaktivität

Bild 7.7 Überraschungswerte für die Schwingung, ähnlich wie Bild 7.6, für die Reaktionen F + H$_2$ (links) und F + D$_2$ (rechts) bei den angegebenen Energien. (Nach Y.M. Engel, R.D. Levine: Chem. Phys. Lett., 123, 42 (1986) auf der Grundlage der Daten von Bild 7.1)

$$Q = \exp(\lambda_0) \sum_v P^0(f_{\text{vib}}) \exp(-\lambda_{\text{vib}} f_{\text{vib}}). \tag{7.9}$$

Da $P^0(f_{\text{vib}})$ stets mit f_{vib} abnimmt (Bild 7.6), muß der Lagrange-Parameter λ_{vib} bei Besetzungsinversion negativ sein. Die Gerade in Bild 7.6 ergibt $\lambda_{\text{vib}} = -5.7$.

Die Ergebnisse in Bild 7.6 gelten für thermisch gemittelte Reaktanden. Bild 7.7 zeigt Bilder von typischen Überraschungswerten aus Molekularstrahlexperimenten. Bei größerer Energie E wird der Betrag von λ deutlich kleiner (Bild 7.8): die Energieaufteilung wird weniger spezifisch. Ein steigender Anteil der anfänglichen Translationsenergie wird in Translationsenergie der Produkte umgesetzt. Der Bruchteil der Gesamtenergie, der in die Produktschwingung geht, wird daher kleiner.

Wie in Abschn. 5.5.3 besprochen, ist der Überraschungswert der Energieausnutzung der umgekehrten Reaktion (hier H+HF$(v, j) \to$ H$_2(v', j')$+F) bei gleicher Gesamtenergie gleich demjenigen der Energieaufteilung der Vorwärts-Reaktion. Daher kann man Bild 7.5 in ein Bild umkehren (Bild 7.9), das

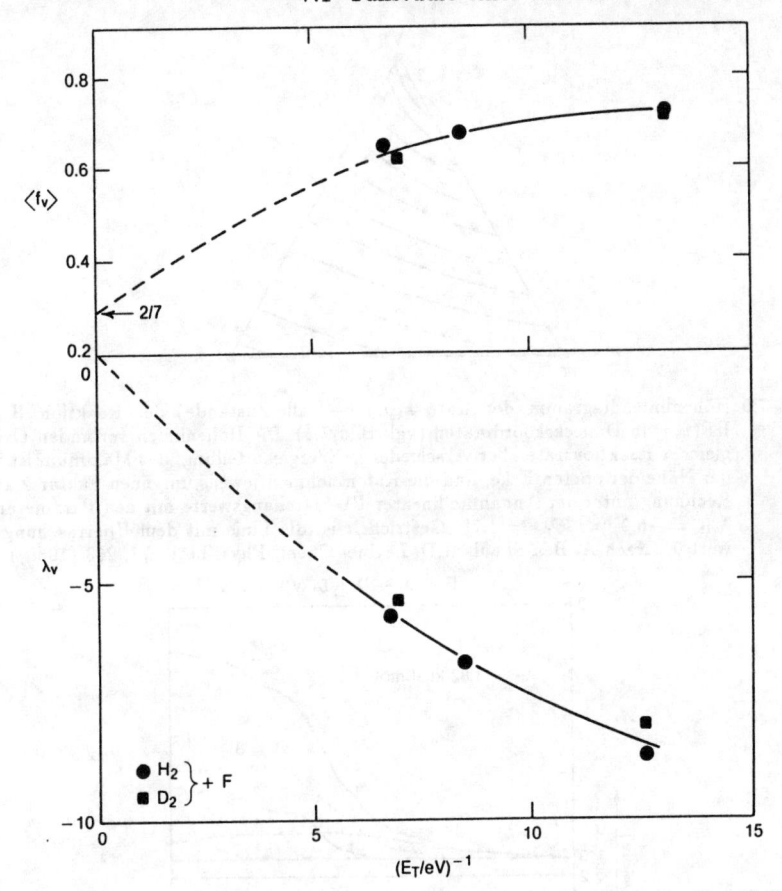

Bild 7.8 Schwingungsbesetzung der Produkte HF (DF) aus der Reaktion $F + H_2(D_2)$ aufgetragen gegen die reziproke Translationsenergie.
(Oben:) Durchschnittlicher Anteil der Schwingung an der Gesamtenergie ($f_{vib} = E'_{vib}/E$). Für $1/E_{tr} \to 0$ ist $\langle f_{vib} \rangle$ gegen seinen A-priori-Wert (in der RRHO-Näherung) von 2/7 extrapoliert worden.
(Unten:) Steigung λ_{vib} des Überraschungswertes gegen $1/E_{tr}$, in ähnlicher Weise auf den Grenzwert $\lambda_{vib} = 0$ extrapoliert. Die Ergebnisse sind praktisch invariant gegen isotopische Ersetzung. (Aus den Daten von Bild 7.1 abgeleitet)

die relativen Raten für verschiedene Energiezufuhr (bei gleicher Gesamtenergie) für der Reaktion H + HF darstellt. Schwingungsanregung ist z.B. für diese Reaktion sehr förderlich, Rotation hat die Tendenz, ihre Rate zu verkleinern, während eine Veränderung des Anteils der Translationsenergie nur wenig ändert.

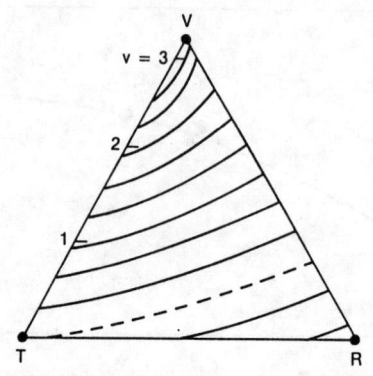

Bild 7.9 Höhenliniendiagramm der Rate $k(v, j \to$ alle Zustände) der Reaktion H + HF(v, j) in Dreieckskoordinaten (vgl. Bild 7.5). Die Höhenlinien verbinden Orte gleicher Reaktionsrate aber verschiedener Energieaufteilung; das Maximum ist in der Nähe der oberen Ecke, und die Raten nehmen jeweils um einen Faktor 2 ab. Rechnung unter der Annahme linearer Überraschungswerte mit den Parametern $\lambda_{\text{vib}} = -6.9$ und $\Theta_{\text{rot}} = 1.75$. Gestrichelt ist die Linie mit dem Überraschungswert 0. (Nach A. Ben-Shaul, R.D. Levine: Chem. Phys. Lett., 73, 263 (1980))

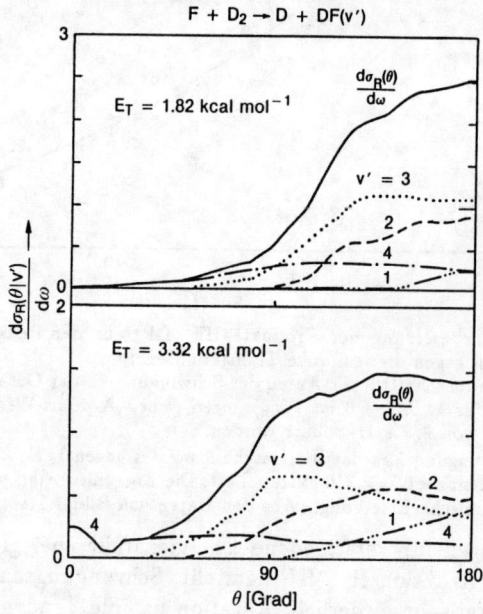

Bild 7.10 Differentieller Reaktionsquerschnitt für das Produkt DF aus F + D$_2$ in spezifischen Endzuständen v' bei Stoßenergien $E_{\text{tr}} = 1.82$ bzw. 3.32 kcal·mol^{-1}. Die oberste Kurve ist die Summe über alle v'. Man beachte das Vorwärtsmaximum für $v' = 4$ im unteren Bild. (Daten wie Bild 7.1)

7.1.6 Produktwinkelverteilungen und Resonanzen

Höhenlinienkarten des Geschwindigkeitsflusses, wie diejenige von Bild 7.1, sind für alle vier isotopen Reaktionen ($F+H_2 \rightarrow HF+H$, $F+D_2 \rightarrow DF+D$, $F + HD \rightarrow HF + D$, $F + DH \rightarrow DF + H$) in einem großen Bereich der Translationsenergie E_{tr} experimentell bestimmt worden. Integration dieser Karten über alle Winkel liefert die Zustandsverteilung der Produkte bei gegebenem E_{tr}. Wie besprochen, sind diese Verteilungen mit den ungenaueren, die aus der IR-Chemilumineszenz und aus chemischen Lasern gewonnen wurden (Tab. 7.1), in Einklang. Was aber kann man zusätzlich aus den *Winkel*verteilungen der Produkte in den verschiedenen Zuständen v', j' lernen? Es zeigt sich, daß diese eine empfindliche Sonde für Einzelheiten der Reaktionsdynamik sind.

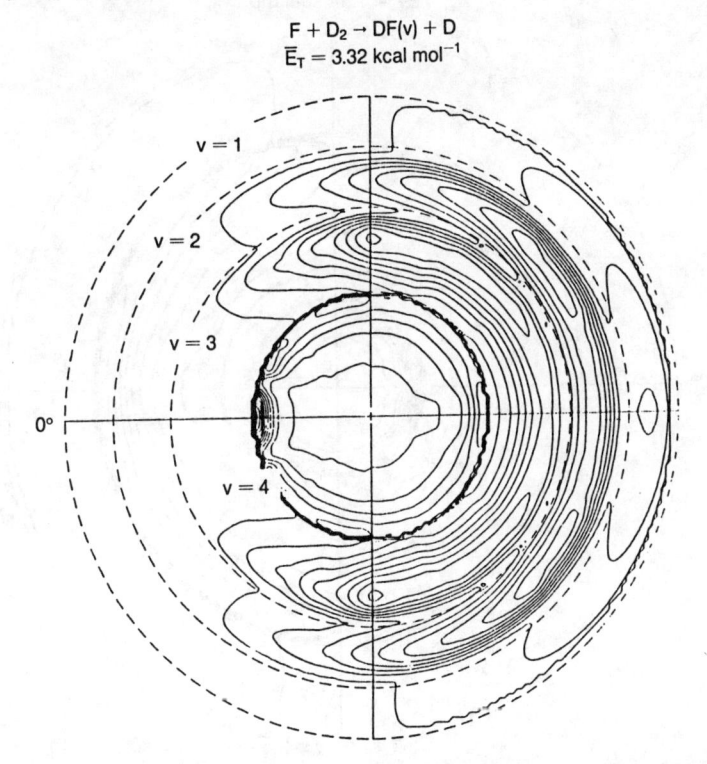

Bild 7.11 Höhenlinienkarte des Geschwindigkeitsflusses (im Schwerpunktsystem) der Reaktion $F + D_2$ bei $E_{tr} = 3.32$ kcal·mol^{-1}. Man beachte das Vorwärtsmaximum für $v' = 4$ und vergleiche mit Bild 7.1. (Quelle wie Bild 7.1)

7 Reaktionsdynamik und chemische Reaktivität

Für die Reaktion $F + H_2(D_2)$ kann man grob feststellen, daß die Produktmoleküle stark nach rückwärts gestreut werden, so daß das Maximum des differentiellen reaktiven Querschnitts nahe bei $180°$ (im Schwerpunktsystem) liegt. Bild 7.10 zeigt typische Ergebnisse für $F + D_2$ bei zwei verschiedenen Werten von E_{tr}.

Genaues Nachsehen zeigt allerdings, daß bei $E_{tr} = 3.32$ kcal·mol^{-1} der Zustand $v' = 4$ eine merkliche Vorwärtskomponente hat. Diese Besonderheit ist in der Höhenlinienkarte (Bild 7.11) sogar noch besser zu sehen. Entsprechendes Verhalten beobachtet man für den Zustand $v' = 3$ des HF aus der Reaktion von F mit $p - H_2$ bei einer Energie von $E_{tr} = 1.84$ kcal·mol^{-1}

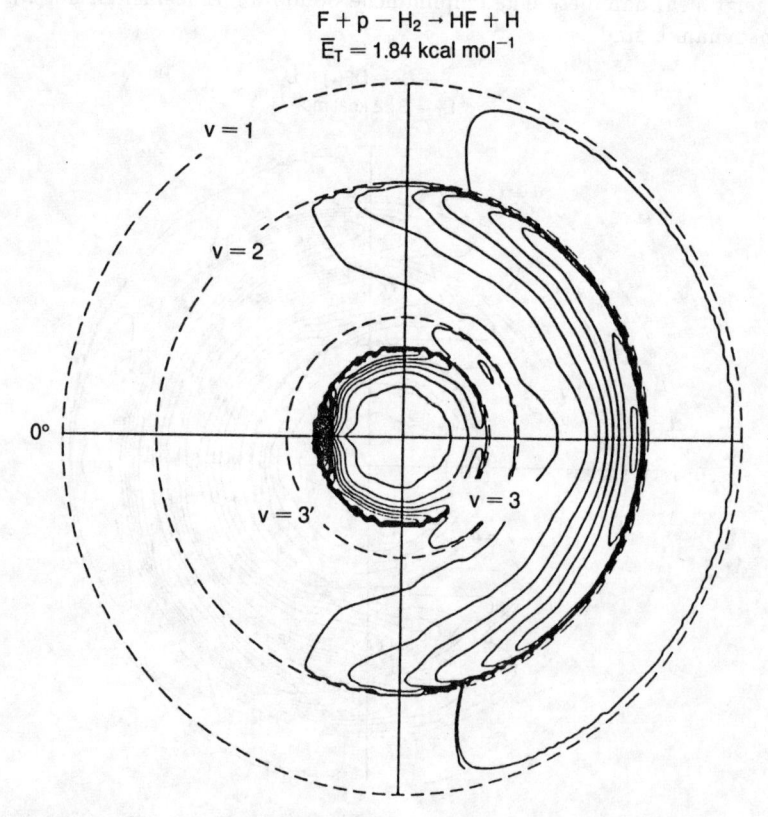

Bild 7.12 Höhenlinien des Geschwindigkeitsflusses der Reaktion $F + p - H_2$ bei $E_{tr} = 1.84$ kcal·mol^{-1}. Man beachte das Vorwärtsmaximum für $v' = 3$. (Quelle wie Bild 7.1)

(Bild 7.12). Diese Anomalien hat man mit Recht als Signatur langlebiger Resonanzen gedeutet, die bei bestimmten Energien gebildet werden und zu breiten, manchmal fast isotropen Winkelverteilungen eines bestimmten Schwingungszustandes führen. Theorie und angenäherte quantenmechanische Rechnungen, die mit den besten erreichbaren Potentialflächen durchgeführt wurden, bestätigen den Ursprung dieser Resonanzstreuung, doch ist quantitative Übereinstimmung noch nicht erreicht (Bild 7.13).

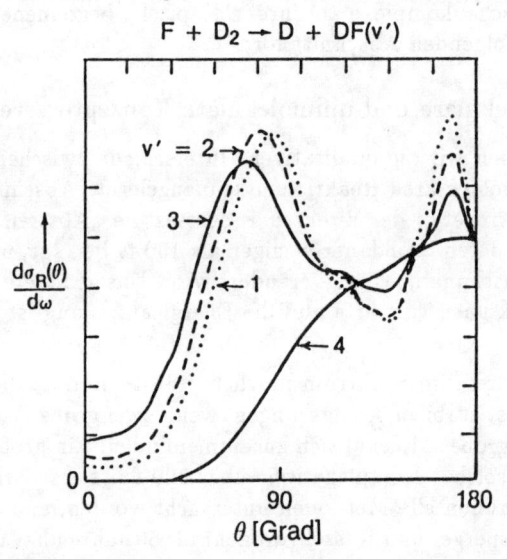

$$F + D_2 \rightarrow D + DF(v')$$

Bild 7.13 Differentielle Reaktionsquerschnitte in spezifische Schwingungszustände für die Reaktion $F + D_2 \rightarrow DF(v') + D$ bei $E_{tr} = 4.52$ kcal·mol^{-1} berechnet in quantenmechanischer, plötzlicher Näherung. (Nach N. Abusalbi, C.L. Shoemaker, D.J. Kouri, J. Jellinek, M. Baer: J. Chem. Phys., 80, 3219 (1984); s.a. R.E. Wyatt, J.F. McNutt, M.J. Redmon: Ber. Bunsenges. Phys. Chem., 86, 437 (1982) und die klassische Rechnung von S. Ron, E. Pollak, M. Baer: J. Chem. Phys., 79, 5204 (1983))

Wir sind daher gezwungen, diesen Abschnitt mit der Feststellung abzuschließen, daß trotz erheblicher experimenteller und theoretischer Anstrengungen, die in das Studium dieser Reaktion gesteckt wurden, eine vollständige quantitative Beschreibung immer noch nicht existiert. Mit etwas mehr Arbeit an der Ab-initio-Potentialfläche und weiteren Fortschritten bei der quantenmechanischen Beschreibung reaktiver Stöße müßte es jedoch in naher Zukunft gelingen, das beobachtete Verhalten reaktiver Streuvorgänge vollständig zu beschreiben.

7.2 Stoßkomplexe: ihre Bildung und ihr Zerfall

Ein großer Teil unserer Aufmerksamkeit war bisher *direkten* chemischen Reaktionen (wie $H + H_2$, $X + H_2$, $X + HY$; X,Y = Halogen) gewidmet. Diesen steht nun allerdings ein noch viel größeres Universum von Reaktionen komplizierter Reaktanden gegenüber, die ziemlich tiefe Potentialtöpfe und dazu oft winkelabhängige Barrieren besitzen. Solche Reaktionen laufen über langlebige Zwischenkomplexe ab. Ihre in Kapitel 4 begonnene Untersuchung setzen wir im folgenden Abschnitt fort.

7.2.1 Bimolekulare und unimolekulare Konzepte vereinigt

Inzwischen haben wir die qualitativen Unterschiede zwischen direkten und komplexen bimolekularen Reaktionen kennengelernt (Abschn. 3.3). Wir sahen, daß der Archetyp des direkten Prozesses die „Abstreif"-Reaktion ist (Abschn. 1.4), deren Stoßdauer weniger als 100 fs beträgt, und bei der der Impuls des „Zuschauers" kaum verändert wird. Das gebildete Reaktionsprodukt geht stark nach vorwärts und die Energieaufteilung ist sehr zustandsspezifisch.

Das andere Extrem im Spektrum möglicher Stoßzeiten ist die bimolekulare Bildung von fast stabilen Anlagerungen, wenn zwei große Radikale oder ein Atom und ein großes Molekül sich zusammenfinden. Ein großer Bereich von Lebensdauern solcher Komplexe weit über 100 fs ist inzwischen durch verschiedene experimentelle Methoden untersucht worden; und seit den Tagen von Rice, Ramsperger und Kassel vor mehr als 50 Jahren hat uns die Theorie ein immer besseres Verständnis unimolekularer Reaktionsraten erschlossen.

Heute neu ist die direkte Anwendung der Technik molekularer Stöße (Molekülstrahl- und Ionenstrahl-Streuung), der Laser-Anregung und des Laser-Nachweises zur Aufklärung der Dynamik sowohl der (bimolekularen) *Bildung*, wie auch des (unimolekularen) *Zerfalls* von Reaktionskomplexen. Diese Experimente liefern verschiedene neue Informationen:

a) Qualitative Angaben über Existenz oder Nichtexistenz eines binären Anlagerungsprodukts der Reaktanden mit einer Lebensdauer, die länger als z.B. eine Picosekunde und kürzer als die typische Durchflugzeit durch eine Apparatur von etwa einer Mikrosekunde ist.

b) Quantitative Messungen der Verzweigungsverhältnisse des Komplexzerfalls, d.h. der relativen Wahrscheinlichkeiten für den Zerfall des Komplexes in verschiedene Produkt-Kanäle oder zurück in die ursprünglichen Reaktanden.

7.2 Stoßkomplexe: ihre Bildung und ihr Zerfall

c) Winkelverteilungen (im Schwerpunktsystem) für alle Zerfallsprodukte des Komplexes.

d) Daten über die Energieaufteilung in den Produkten, d.h. die Translationsenergie der Zerfallsprodukte oder — komplementär dazu — ihre innere Energie.

e) Stoßquerschnitte für die Komplexbildung.

f) Die Abhängigkeit aller bisher aufgezählten Größen von der Energie der Reaktanden (Stoßenergie und innere Energien) und von der Art der optischen oder chemischen Aktivierung.

Die Renaissance, die das bimolekulare Experimentieren mit unimolekularen Prozessen erlebt hat, hat zu einem neuen Angriff auf die Theorie von Bildung und Zerfall langlebiger Reaktionskomplexe geführt. Wir beginnen mit einer Methode, die auf der Existenz einer Konfiguration ohne Wiederkehr beruht, der RRKM-Methode. Danach werden wir versuchen, über den statistischen Grenzfall hinauszugehen. Fragen, wie die nach der Geschwindigkeit der intramolekularen Umverteilung der Schwingungsenergie und nach den dazu führenden Mechanismen, werden dann wichtig. Wenn wir uns schließlich in Abschn. 7.3 mit lasergepumpten unimolekularen Prozessen befassen, werden wir die zentrale Bedeutung dieser Überlegungen sehen.

7.2.2 Ein einfaches Modell für die Winkelverteilung

Als einfachstes Modell eines langlebigen Komplexes wollen wir den Stoß zweier strukturloser Teilchen betrachten. Nehmen wir an, der Komplex wird bei der Annäherung der Teilchen geformt. Die Zentrifugalenergie der Relativbewegung ist jetzt die Rotationsenergie des Komplexes, und dieser muß in der Stoßebene rotieren. Nach einigen Umläufen hat er jedes Gedächtnis an die Anfangsrichtung der Relativbewegung des Stoßpaares verloren. Wenn daher die Lebensdauer des Komplexes die Dauer[3] einiger weniger Rotationsperioden t_{rot} übersteigt, wird seine Dissoziation in der Stoßebene isotrop

---

[3] Für die Rotationsperiode gilt $t_{rot} = \omega_{rot}^{-1} = (I/2E_{rot})^{1/2}$, wo I das Trägheitsmoment des Komplexes und E_{rot} seine Rotationsenergie sind. Wenn zwei strukturlose Streuteilchen mit einem Stoßparameter b einen Komplex im Abstand d bilden, folgt

$$E_{tr} = (E_{tr}b^2/d^2) + V(d) = E_{rot} + V(d)$$

mit $I = \mu d^2$ und $E_{tr} = \mu v^2/2$. Daher ist $t_{rot} = (d/v) \cdot (1 - V(d)/E_{tr})^{-1/2}$. Die Größe d/v wird oft zur Abschätzung der Dauer eines direkten Stoßes benutzt.

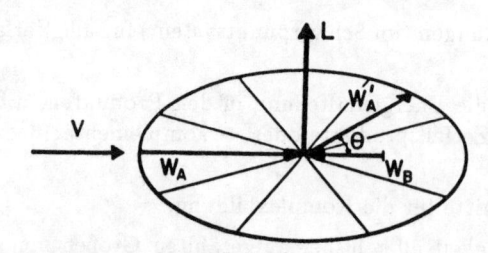

7 Reaktionsdynamik und chemische Reaktivität

Bild 7.14 Dynamik eines komplexen Stoßes zwischen zwei strukturlosen Teilchen im Schwerpunktsystem. Der Stoß verläuft in der Ebene senkrecht auf dem (erhaltenen) Bahndrehimpuls L (Abschn. 2.2.5). Der zweiatomige Komplex muß in Richtung seiner Achse dissoziieren; wenn er lange genug gelebt hat, sind alle Richtungen Θ der Relativgeschwindigkeit der beiden Teilchen nach dem Stoß gleich wahrscheinlich.

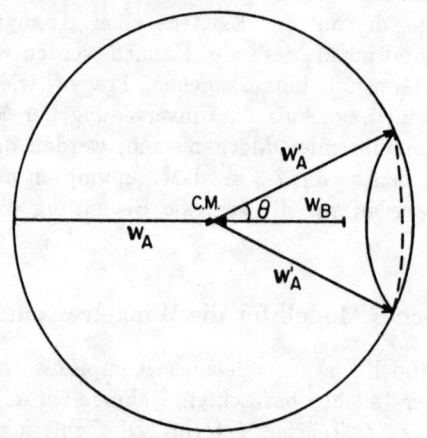

Bild 7.15 Räumliche Winkelverteilung: Ein Kegel konstanten Produktflusses entsteht, indem man den Geschwindigkeitsvektor (im SPS) eines Produktes nach dem Stoß um den Vektor der Relativgeschwindigkeit vor dem Stoß dreht. Der große Kreis ist der Ort aller mit einem bestimmten Geschwindigkeitsbetrag in der Ebene gestreuten Teilchen unabhängig vom Streuwinkel. Der Kegel ist der Ort aller gestreuten Teilchen dieser Geschwindigkeit mit dem Streuwinkel Θ. S.a. Bild 5.23.

erfolgen (vgl. Bild 7.14), und die beiden Teilchen werden mit gleicher Wahrscheinlichkeit in alle Richtungen ϑ der Ebene zerfallen.[4] Der Produktfluß in den Winkelbereich ϑ bis $\vartheta + d\vartheta$ ist somit unabhängig von ϑ, d.h.

---

[4] Im Gegensatz zur direkten Reaktion ist hier also die eindeutige Beziehung zwischen Stoßparameter b und Streuwinkel ϑ, die für jene so typisch ist, zerstört (vgl. Abschn. 3.3).

7.2 Stoßkomplexe: ihre Bildung und ihr Zerfall

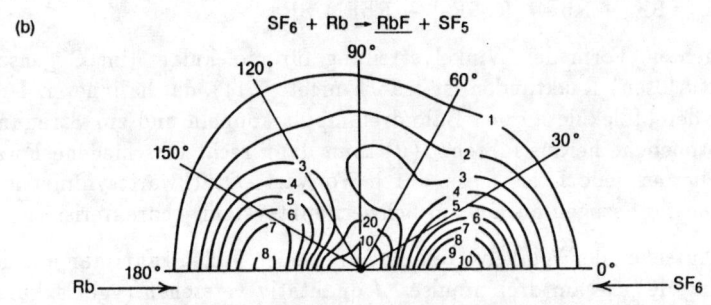

Bild 7.16 a) Skizze der Höhenlinien des Geschwindigkeitsflusses von CsCl aus der Reaktion RbCl + Cs. Vorwärts- und Rückwärtsmaximum der Winkelverteilung legen einen Komplex RbClCs nahe, der entlang seiner Achse zerfällt. (Nach unveröffentlichten Daten von W.B. Miller, S.A. Safron, G.A. Fisk, J.D. McDonald, D.R. Herschbach)
b) Genaue Höhenlinienkarte für die Reaktion Rb + SF$_6$. Die Flußverteilung des RbF ist fast symmetrisch mit etwas mehr Fluß nach vorn als nach hinten. (Nach S.J. Riley, D.R. Herschbach: J. Chem. Phys., 58, 27 (1973); s.a. S. Stolte, A.E. Proctor, W.M. Pope, R.B. Bernstein: J. Chem. Phys., 66, 3468 (1977))

$$\frac{\mathrm{d}\dot{N}(\vartheta)}{\mathrm{d}\vartheta} = \mathrm{const.} \tag{7.10}$$

Ausgedrückt durch den raumwinkelbezogenen differentiellen Streuquerschnitt ergibt sich für diese Winkelverteilung (Abschn. 3.1.3)

$$\dot{I}(\Theta) \propto \frac{\mathrm{d}\dot{N}(\vartheta)}{2\pi \sin\vartheta \mathrm{d}\vartheta} \propto \frac{1}{\sin\vartheta}. \tag{7.11}$$

Die unphysikalische Divergenz bei $\vartheta = 0$ und $\vartheta = \pi$ wird durch die Quantenmechanik ausgeschmiert. Wichtig ist, daß diese Winkelverteilung im Raum *nicht* gleichförmig ist. Die physikalische Ursache dafür ist offenkundig: Die

Verteilung ist gleichförmig *in der Streuebene* und hat wie gewöhnlich Zylindersymmetrie um die Relativgeschwindigkeit vor dem Stoß. Erzeugen wir die Kegel gleicher Dichte bei gegebenen ϑ und variablem φ (Bild 7.15), so erhalten wir sehr viel mehr Intensität in der Nähe der Pole ($\vartheta = 0$ und $\vartheta = \pi$) des Geschwindigkeitsraumes als an dessen Äquator ($\vartheta = \pi/2$). Gl. (7.11) zeigt jedoch, daß Vorwärts-/Rückwärtssymmetrie gilt.

Bild 7.16 zeigt Höhenlinienbilder des Geschwindigkeitsflusses für zwei neutrale Reaktionen, die unter Bildung langlebiger Komplexe ablaufen und die oben erwähnte Vorwärts-/Rückwärtsbetonung zeigen:

$$RbCl + Cs \rightarrow [RbClCs] \rightarrow Rb + CsCl$$
$$SF_6 + Rb \rightarrow [RbSF_6] \rightarrow RbF + SF_5.$$

Die genaue Form der Winkelverteilung für molekulare (im Gegensatz zu strukturlosen) Reaktanden ist jedoch nicht (7.11), da die inneren Drehimpulse der Moleküle an den Bahndrehimpuls koppeln und zur Streuung aus der Stoßebene heraus führen. $I(\vartheta)$ kann dann recht verschiedene Form zeigen, immer jedoch ist diese durch Vorwärts-/Rückwärtssymmetrie (d.h. Symmetrie bezogen auf 90° im Schwerpunktsystem) charakterisiert.

Das Aussehen der Winkelverteilungen in realen Fällen kann man aus der Erhaltung des Gesamtdrehimpulses J qualitativ verstehen (vgl. Exkurs 4B). In Bild 7.17 betrachten wir einen einfachen Fall, bei dem die Reaktanden keinen Drehimpuls führen. Die Produkte können dann immer noch rotationsangeregt sein, und da $J = J' = L' + j'$ gilt, muß die auslaufende Relativgeschwindigkeit w' zwar in einer Ebene senkrecht zu l' liegen, nicht jedoch in einer Ebene senkrecht zu J. Es sei nun M' der Betrag der Projektion von J auf v'. Bei gegebenem J und M' fliegen die Produkte auf einem Kegel um J heraus, dessen halber Öffnungswinkel durch $\alpha = \arccos(M'/J)$ gegeben ist. Die Richtung von J wird zwar beim Stoß erhalten, ist jedoch nicht festgelegt und zeigt daher mit gleicher Wahrscheinlichkeit in alle Azimutrichtungen bezogen auf v (ebenso wie L in Bild 7.14).

Wenn der Stoßkomplex hauptsächlich mit großen Werten von M' zerfällt, zeigt die auslaufende Relativgeschwindigkeit v' fast in die Richtung von J und steht daher fast senkrecht zur einlaufenden Geschwindigkeit v. Die Produkte werden dann vorzugsweise um den Äquator herum gestreut. Wenn umgekehrt niedrige M'-Werte überwiegen, so sind v' und v senkrecht zu J, und man findet die meisten Produkte in Richtung der Pole, wie im Falle $J = L$.

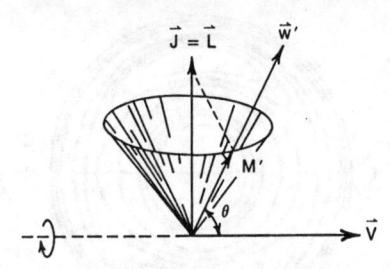

7.2 Stoßkomplexe: ihre Bildung und ihr Zerfall 479

Bild 7.17 Beziehungen zwischen den Drehimpulsen beeinflussen die Geschwindigkeitsverteilung der Produkte aus einem zerfallenden langlebigen Komplex. Im Gegensatz zu Bild 7.14, wo angenommen wurde, daß weder Reaktanden noch Produkte Drehimpuls besitzen (d.h. $j = j' = 0$, daher $L = L' = J$), nehmen wir hier $j = 0$, lassen aber $j' > 0$ zu (daher $J = L \neq L'$). Für einen Stoß mit gegebener Relativgeschwindigkeit v steht L senkrecht auf v und alle Azimuthrichtungen sind gleich wahrscheinlich. $J(= L)$ ist hier in der Bildebene gezeichnet, seine Projektion auf die Geschwindigkeit nach dem Stoß w' ist M'. Für gegebenes J und M' erhält man die Winkelverteilung der Produkte durch Präzession von w' um J (s. den Kegel) *und* von J um v. (Nach W.B. Miller, S.A. Safron, D.R. Herschbach: Faraday Discuss. Chem. Soc., 44, 108 (1967))

Quantitativ folgt aus Bild 7.17, daß der Streuwinkel ϑ für gegebenes M' auf einen Winkelbereich $\alpha' \ldots \pi - \alpha'$ beschränkt ist; genauer, daß bei gegebenem M'

$$I(\vartheta) \propto (\sin^2 \vartheta - \cos^2 \alpha')^{-1/2}. \tag{7.12}$$

Im allgemeinen Fall wird man eine *Verteilung* von M'-Werten erwarten. Die mit höherer Wahrscheinlichkeit auftretenden Werte werden dabei durch die Gestalt des Komplexes bestimmt. Ist dieser langlebig, so ist genug Zeit vorhanden, um die verfügbare Energie gleich zu verteilen. Falls ein dreiatomiger Komplex einen verlängerten Kreisel darstellt, bedeutet größeres M' (bei gegebenem J) eine vergrößerte Rotationsenergie des Komplexes. Für den abgeplatteten Kreisel verhält es sich umgekehrt. Daher wird ein verlängerter Kreisel vorzugsweise in Polrichtung dissoziieren (wie in Bild 7.16), während ein abgeplatteter Kreisel hauptsächlich seitwärts zerfällt. Bild 7.18 zeigt als Beispiel eines solchen vorzugsweise seitwärts zerfallenden Komplexes die Reaktion

$$C_2H_4 + F \rightarrow [C_2H_4F] \rightarrow HF + C_2H_3.$$

Sowohl Gl. (7.11) wie (7.12) sind klassische Näherungen und zeigen typisch klassische Divergenzen an den Grenzwinkeln. An der Stelle dieser Divergenzen zeigt die Quantenmechanik dann endliche, wenn auch sehr große Werte.

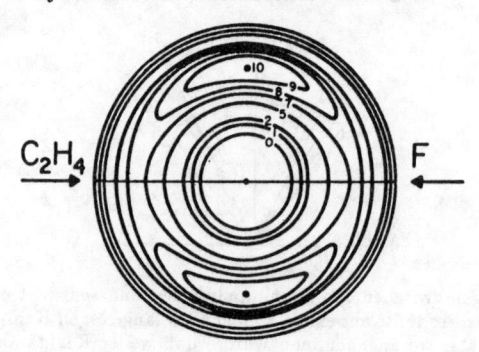

Bild 7.18 Höhenlinien des Geschwindigkeitsflusses des Produktes C_2H_3F aus der Reaktion $F + C_2H_4$. Die Winkelverteilung geht hauptsächlich zur Seite, d.h. das wegfliegende H-Atom hat eine Geschwindigkeit senkrecht zu der des ankommenden F-Atoms, d.h. aber senkrecht auf der C-C-F-Ebene. (Nach J.M. Parson, K. Shobatake, Y.T. Lee, S.A. Rice: Faraday Discuss. Chem. Soc., 55, 344 (1973))

Erhöht man die Stoßenergie, so findet ein allmählicher Übergang von der komplexen zur direkten Reaktion statt. Das folgt sowohl aus beobachteten Winkelverteilungen, die mit wachsendem E_{tr} asymmetrisch werden, als auch aus der Theorie, die abnehmende Lebensdauern liefert. Die Faktoren, die bestimmen, ob eine Reaktion über einen langlebigen Komplex abläuft oder nicht, umfassen daher sowohl die Art der Reaktanden, als auch dynamische Variable wie die Stoßenergie und die innere Energie der Reaktanden. Wir wollen dies jetzt genauer studieren.

7.2.3 Qualitative Kriterien für Komplexbildung: Struktur und Stabilität

Wir gehen zweckmäßigerweise von einem Bild des langlebigen Stoßkomplexes aus, das diesen als energiereiches Molekül ansieht, das stabil wäre, wenn es von seiner Überschußenergie befreit werden könnte (Abschn. 4.3.6). Die wichtigsten Faktoren, die zur Komplexbildung führen, sind daher „statische", nämlich die Natur der Reaktanden und ihrer Wechselwirkung. Damit ein Komplex gebildet wird, muß das Energieprofil des Reaktionsweges zwischen Reaktanden und Produkten unterwegs einen Topf haben (Abschn. 4.2.7, Bild 7.19). Das liefert unser erstes Kriterium: Die chemische Struktur für einen möglichen langlebigen Stoßkomplex muß eine Vertiefung in der Potentialfläche haben. In der Reaktion

$$C_2H_4^+ + C_2H_4 \rightarrow [C_4H_8^+] \rightarrow C_3H_5^+ + CH_3$$

erfüllt das Kation $C_4H_8^+$ (Buten oder Cyclobutan) diese Bedingung.

7.2 Stoßkomplexe: ihre Bildung und ihr Zerfall

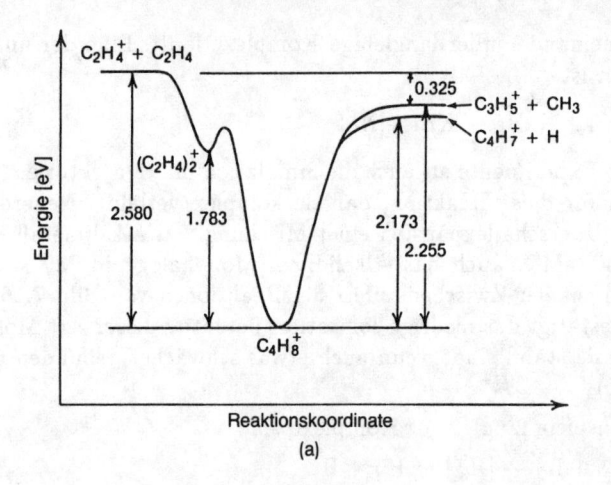

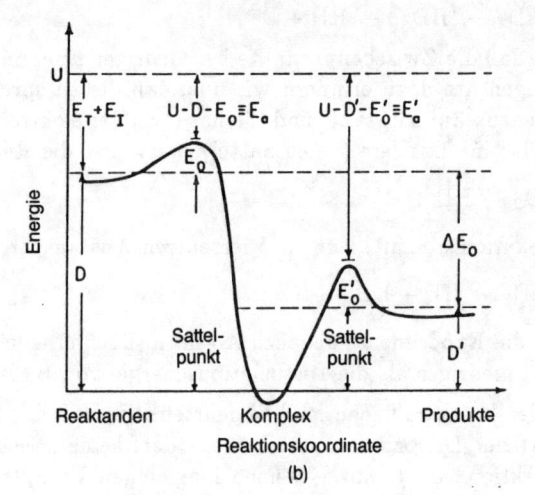

Bild 7.19 a) „Topographie" entlang der Reaktionskoordinate der exoergischen Reaktion $C_2H_4^+ + C_2H_4 \rightarrow (C_4H_8^+) \rightarrow C_3H_5^+ + CH_3$ oder $\rightarrow C_4H_7^+ + H$. Man beachte das Fehlen einer Ausgangsbarriere für beide Kanäle. (Nach W.J. Chesnavich, L. Bass, T. Su, M.T. Bowers: J. Chem. Phys., 74, 2228 (1981))
b) Schematisches Energieprofil für den allgemeinen Fall. Die Bezeichnungen werden in Abschn. 7.2.4 erklärt.

Ein anderes interessantes Beispiel finden wir in Verbindung mit Alkali-Halogeniden. Stabile Dimere wie $(NaCl)_2$ sind als Molekül im Gaszustand bekannt, daher ist es nicht überraschend, daß die Streuung von Alkali-Halogeniden aneinander über langlebige Komplexe läuft. Eine der untersuchten Reaktionen ist

$$KCl + NaBr \rightarrow KBr + NaI.$$

Sowohl die Experimente als auch die Simulation mit Trajektorien (Bild 4.31) bestätigen für diese Reaktion, daß sie komplex verläuft. Neuerdings kann man duch Überschallexpansion einer Mischung von Alkalimetall M und Alkalihalogenid M'X auch das Alkalidimer-Monohalogenid MXM' erzeugen. Das entspricht der Zwischenstufe[5] der Reaktionen von Bild 7.16. Photoionisation bestätigt das niedrige Ionisationspotential dieser Art Moleküle und zeigt, daß sie stabil sind, wenn auch etwas schwächer gebunden als die Dimere $(MX)_2$.

Andere Beispiele langlebiger Komplexe sind

$$H_2^+ + H_2 \rightarrow [H_4^+] \rightarrow H_3^+ + H$$
$$H^+ + D_2 \rightarrow [HD_2^+] \rightarrow HD + D^+,$$

wo man weiß, daß die Zwischenprodukte bei niedriger Energie stabile Ionen bilden. Im Gegensatz dazu erinnern wir uns, daß die entsprechenden neutralen Zwischenzustände instabil sind. So hat etwa der elektronische Grundzustand von H_3 eine Barriere (einen Sattel), weswegen die Reaktion

$$H + D_2 \rightarrow HD + D$$

als direkte Reaktion abläuft. Für die Vierzentren-Austauschreaktion

$$H_2 + D_2 \rightarrow HD + HD$$

zeigen sowohl die Experimente als auch Ab-initio-Rechnungen, daß die Barriere nicht viel niedriger als die Dissoziationsenergie von H_2 ist.

Der Topf in der Potentialfläche muß so geartet sein, daß das Supermolekül gegen *jede* Art der Dissoziation stabil ist, er darf keine „Lecks" haben. So bildet die Reaktion von K mit I_2 keinen langlebigen Komplex, obwohl die Potentialfläche entlang der Reaktionskoordinate frühzeitig steil abfällt. Der Grund dafür ist, daß das Zwischenprodukt $K^+I_2^-$ schnell und direkt nach $KI + I$ dissoziiert.

Eine weiterer, interessanter Fall ist die Wasserstoff-Abstraktion

$$O(^3P) + H_2 \rightarrow OH + H,$$

---

[5] In der Düsenexpansion dissoziieren die energiereichen dreiatomigen Moleküle MXM' nicht, weil sie durch Stöße mit dritten Körpern stabilisiert werden.

die als direkte Reaktion abläuft, obwohl H_2O ein bekanntes stabiles Molekül ist. Dagegen wird in der Reaktion von $O(^2D)$ mit H_2 durch Einfügung der Komplex HOH gebildet, der dann in $H + OH$ zerfällt. Die beiden Reaktionen laufen auf verschiedenen Potentialflächen ab, von denen nur die zweite einen tiefen Topf hat! Ein weiteres Beispiel ist das zugehörige ionische Analogon. Hier hat die Quantenchemie gezeigt, daß H_2O^+ *nicht* nach OH^+, sondern nach OH dissoziiert, d.h.

$$H_2O^+ \rightarrow OH + H^+.$$

Auch hier ist der Topf des Moleküls H_2O^+ in einer anderen Potentialfläche als derjenigen, auf der OH^+ gebildet wird.

Die Anwesenheit oder Abwesenheit eines Potentialtopfs zeigt sich auch in der Dynamik. In Bild 7.20 werden die berechneten Schwingungsverteilungen von CO aus zwei Reaktionswegen der gleichen Reaktion miteinander verglichen:

$$O(^3P) + CN \rightarrow \begin{cases} CO(v) + N(^4S) \\ [OCN] \rightarrow CO(v) + N(^2D) \end{cases}.$$

Solange man den elektronischen Zustand des N-Atoms nicht mißt, wird man daher eine bimodale Schwingungsverteilung des CO finden.

Ein stabiles Zwischenprodukt muß natürlich nicht nur existieren, es muß auch energetisch erreichbar sein, d.h. die Eingangsbarriere muß überwunden werden können, eventuell auch eine Ausgangsbarriere, die zu den Produkten führt. Auch die Zentrifugalbarriere kann zur Folge haben, daß die Stoßpartner so weit voneinander entfernt bleiben, daß sie keinen Komplex bilden können. Es gibt stets einen Wert von b, von dem ab der Abstand $R_0(\approx b)$ der stärksten Annäherung so groß ist, daß sich kein Komplex mehr bildet.

Unser erstes Kriterium, daß der Stoßkomplex bei genügend niedriger Energie einem stabilen Molekül entspricht, ist also notwendig, aber nicht hinreichend. Soll das energiereiche Supermolekül in einem wirklichen Experiment als langlebiger Komplex erscheinen, so muß es eine Lebensdauer haben, die die typische Dauer einer direkten Reaktion (d.h. eine Schwingungsperiode, $\approx 10^{-13}$ s) deutlich übertrifft und diejenige der Rotation ($\approx 10^{-12}$ s) ebenfalls überschreitet. Komplexbildung wird daher gefördert, wenn die Reaktanden komplizierter werden, da sich dann die überschüssige Stoßenergie zunächst auf die vielen Normalschwingungen verteilen kann, die ein mehratomiges Molekül hat. Bis diese Energie wieder in einer dissoziierbaren Bindung konzentriert ist, braucht es Zeit, daher verlängert sich die Lebensdauer des Anlagerungskomplexes drastisch, wenn die Anzahl s der Schwingungs-

484   7 Reaktionsdynamik und chemische Reaktivität

freiheitsgrade wächst. Ein Beispiel ist die Reaktion von F mit C_2H_4, die im Gegensatz zur Reaktion $F + H_2$ genügend Freiheitsgrade hat, auf die sich die Exothermizität verteilen kann. Ein anderes Beispiel ist das Paar von Reaktionen

$$Cl + Br_2 \rightarrow ClBr + Br$$

und $Cl + HCCBr \rightarrow HCCCl + Br,$

von denen die erste direkt, die andere über einen Komplex abläuft.

Wir wenden uns jetzt *dynamischen* Größen zu, die im Experiment variiert werden können, und dabei die Komplexbildung beherrschen. Nehmen

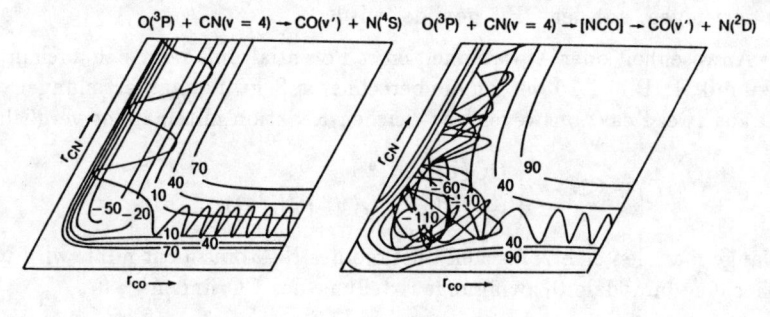

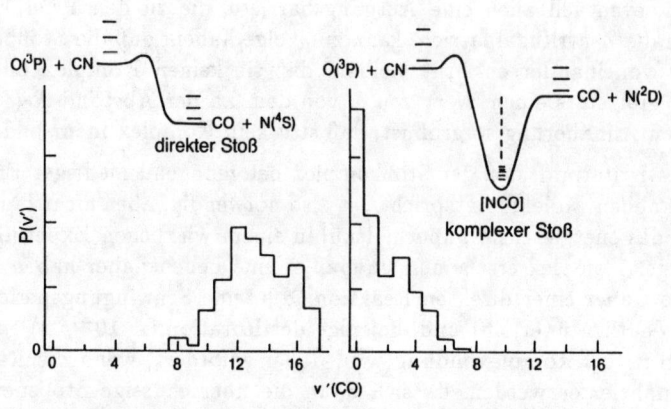

Bild 7.20 Typische reaktive Trajektorien für den Stoß $O+CN(v=4)$ auf Potentialflächen, die der Bildung von $N(^2D)$ bzw. $N(^4S)$ entsprechen. Unten werden die Schwingungsverteilungen des Produkts CO gezeigt, darüber ist das Potentialprofil entlang der Reaktionskoordinate angedeutet. (Nach J. Wolfrum: Ber. Bunsenges. Phys. Chem., 81, 114 (1977))

7.2 Stoßkomplexe: ihre Bildung und ihr Zerfall

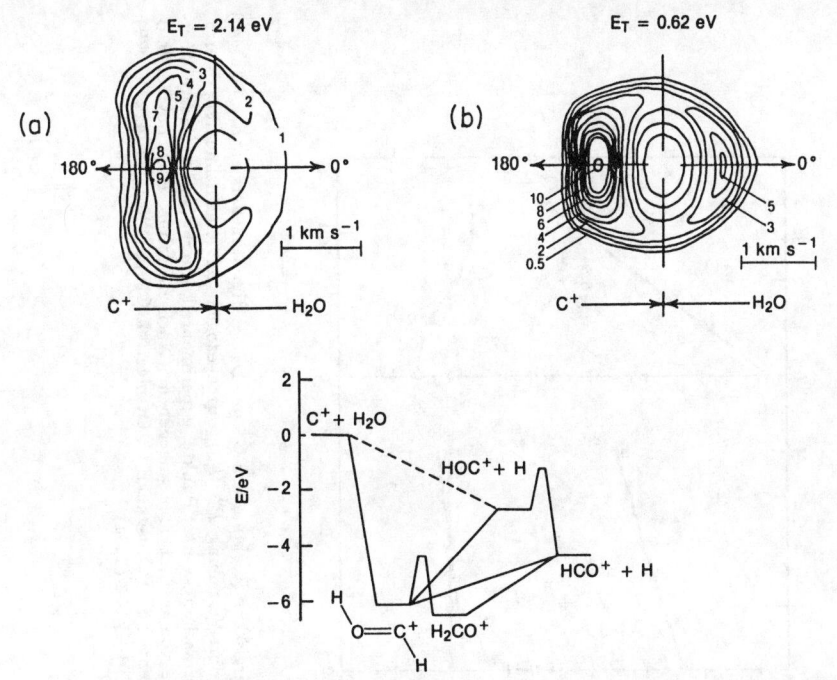

Bild 7.21 a) Höhenlinien des Geschwindigkeitsflusses für die Reaktion $C^+ + H_2O$ bei zwei Stoßenergien. Das nachgewiesene Ion hat $m/Z = 29$ und ist entweder HCO^+ oder HOC^+. Bei der niedrigeren Energie ist die Winkelverteilung halbwegs vorwärts-rückwärts-symmetrisch. Das läßt auf einen „kurzlebigen Komplex" schließen, dessen Lebensdauer knapp unter der Rotationsperiode liegt. Das Vorwiegen der Rückwärtsstreuung und die Analyse der Translationsenergie zeigen bei der höheren Stoßenergie, daß ein Beitrag direkter Streuung vorliegt, bei dem das ankommende C^+ ein H-Atom in Vorwärtsrichtung herausschlägt („KO-Prozeß").
b) Schematisches Energieprofil entlang der Reaktionskoordinate der Komplexreaktion mit Wegen zu beiden Isomeren. Die gestrichelte Linie entspricht dem KO-Prozeß. (Nach D.M. Sonnenfroh, R.A. Curtis, J.M. Farrar: J. Chem. Phys., 83, 3958 (1985); s.a. B. Mahan: Acc. Chem. Res., 3, 393 (1970))

wir z.B. die Stoßenergie. Bei Erhöhung der Energie werden die lokalen Einzelheiten der Potentialfläche immer weniger wichtig. Das Ergebnis ist ein Übergang zum direkten Stoß, den man regelmäßig bei höheren Energien findet.

Bild 7.21 zeigt für die Reaktion

$$C^+ + H_2O \rightarrow H + HCO^+$$

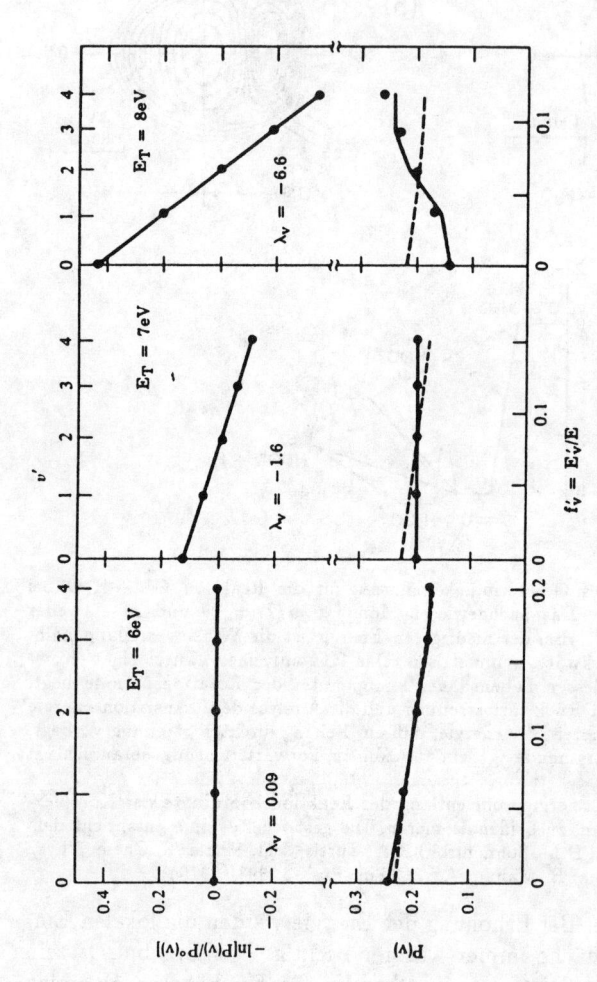

486 7 Reaktionsdynamik und chemische Reaktivität

Bild 7.22 Schwingungsverteilungen von CD^+ aus der endoergischen Reaktion von C^+ mit D_2 bei drei Stoßenergien E_{tr}. (Unten:) $P(f'_{vib})$, Punkte: experimentell, gestrichelt: A-priori-Verteilung $P^0(f'_{vib})$, durchgezogen: mit einem linearen Überraschungswert berechnete Verteilung. (Oben:) Überraschungswerte, Punkte: experimentell, durchgezogen: lineare Überraschungswerte. Die Abszisse ist f_{vib}, die Werte von v' sind oben angegeben. (Nach E. Zamir, R.D. Levine, R.B. Bernstein: Chem. Phys., 55, 57 (1981); Experimente von I. Kusunoki, C. Ottinger: J. Chem. Phys., 71, 4227 (1979); s.a. I. Kusunoki, C. Ottinger: Chem. Phys. Lett., 109, 554 (1984))

die nahezu symmetrische Höhenlinienkarte des Streuflusses bei niedriger Energie und den gleichen Fluß bei hoher Energie, wo er starke, anisotrope Vorwärtsstreuung zeigt. Eine andere Illustration dieser Tendenz ist die Schwingungsverteilung des $CH^+(A^1\Pi)$ aus der Reaktion

$$C^+(^3P) + H_2 \to CH^+(A^1\Pi) + H.$$

Bild 7.22 zeigt das Ergebnis einer Überraschungsanalyse der Schwingungsverteilung als Funktion der Stoßenergie. Bei niedrigen Energien ist die beobachtete Verteilung im wesentlichen die A-priori-Verteilung. Steigt die verfügbare Energie, so wird sie vorzugsweise in Schwingung verwandelt, wie es bei vielen anderen direkten Reaktionen geschieht.

7.2.4 Quantitative Überlegungen: Die verfügbare Energie

Was wir als nächstes brauchen, ist ein einfaches Modell, das quantitative Aussagen über die wesentlichen Züge von Komplexbildung und -zerfall macht. Insbesondere würden wir gern die Lebensdauer des Komplexes und das Verzweigungsverhältnis kennen, d.h. das Verhältnis der Zerfallsraten in Produkte oder in die Reaktanden. Die Einzelheiten der Methode, sowie Abschätzungen für den Komplexbildungsquerschnitt und die Energieaufteilung werden in Abschn. 4.3.10 und 7.2.5 mitgeteilt.

Betrachten wir eine exoergische Reaktion mit dem schematischen Energieprofil von Bild 7.19b. Dieses hat eine Barriere im Reaktionsweg von den Reaktanden zum Komplex und eine zweite zwischen Komplex und Produkten. Wir wollen die Annahme machen, daß Bildung und Zerfall des Komplexes über Übergangszustände (Abschn. 4.4) verlaufen, die auf den Barrieren des Reaktionsweges lokalisiert sind.[6] Für die Reaktion von Bild 7.19a wird also der Bildungsprozeß lauten

$$C_2H_4^+ + C_2H_4 \to [C_4H_8^+]$$

und der Zerfall in Produkte

$$[C_4H_8^+] \to [C_4H_8^+]' \to C_3H_5^+ + CH_3.$$

---

[6] Das bedeutet, daß die Dissoziation des Komplexes in die Produkte über den Übergangszustand auf der rechten Barriere von Bild 7.19b erfolgt, diejenige zurück in die Reaktanden ebenso wie die Bildung des Komplexes über die linke Barriere. Verschiedene Zerfallskanäle haben also verschiedene Übergangszustände.

7 Reaktionsdynamik und chemische Reaktivität

Damit ist klar, daß der Übergangszustand auf der Barriere *nicht* derselbe Zustand wie der Komplexzustand ist, der über dem Topf lokalisiert ist.

Akzeptieren wir dieses Modell[7] der Reaktion über einen Übergangszustand, so haben wir die volle Maschinerie der statistischen Theorie (Abschn. 4.4.7) zu unserer Verfügung. Jeder Zerfallskanal hat seinen eigenen Übergangszustand, und die Zerfallsrate in jeden Kanal ist nichts als die Rate des Übergangs über die ihm zugeordnete Übergangskonfiguration.

In der statistischen Theorie ist die Übergangsrate durch die Energie bestimmt, die im Übergangszustand zur Verfügung steht. Diese Energieverhältnisse zeigt Bild 7.19. U ist die Gesamtenergie, vom Grundzustand des Komplexes aus gemessen:

$$U = D + E_0 + E_a = D' + E_0' + E_a'. \tag{7.13}$$

E_a ist die Energie an der Eingangsbarriere, die auf die inneren Freiheitsgrade des Übergangszustandes und die Translationsbewegung entlang des Reaktionswegs verteilt werden kann, E_a' hat dieselbe Bedeutung für die Ausgangsbarriere.

Nehmen wir das RRKM-Modell für die Struktur des Übergangszustandes (vgl. Abschn. 7.2.5), so finden wir für die unimolekulare Zerfallsrate des Komplexes in Produkte

$$k' = \bar{\nu} \left(\frac{E_a'}{U} \right)^{s-1}. \tag{7.14}$$

Hier ist $\bar{\nu}$ die mittlere Schwingungsfrequenz des Komplexes (von der Größenordnung 10^{-13} s^{-1}) und s die Zahl der Schwingungsfreiheitsgrade im Komplex. Die entsprechende Rate für den Zerfall zurück in die Reaktanden ist $\bar{\nu}(E_a/U)^{s-1}$.

Soll der Komplex langlebig sein, so müssen wir also $E_a' \ll U$ voraussetzen, oder

$$\frac{U - D' - E_0'}{U} \ll 1, \tag{7.15}$$

---

[7] Ist ein komplexer Stoß nicht ein Stoß, der über eine Resonanz verläuft, oder in der Terminologie von Abschn. 6.5 über einen quasigebundenen, prädissoziierenden Zustand? Wenn ja, warum schreiben wir die Rate nicht als Summe über solche Beiträge? Sicher kann man das machen. Wir tun es nicht, weil unter den angenommenen Bedingungen so viele verschiedene quasigebundene Zustände besetzt sind, daß die Eigenschaften eines einzelnen solchen Zustands nicht mehr interessieren. Wir haben hier geradezu das Gegenteil von einem spektroskopischen Experiment, mit dem wir uns nur vergleichen könnten, wenn der Zustand vor dem Stoß genau festgelegt wäre.

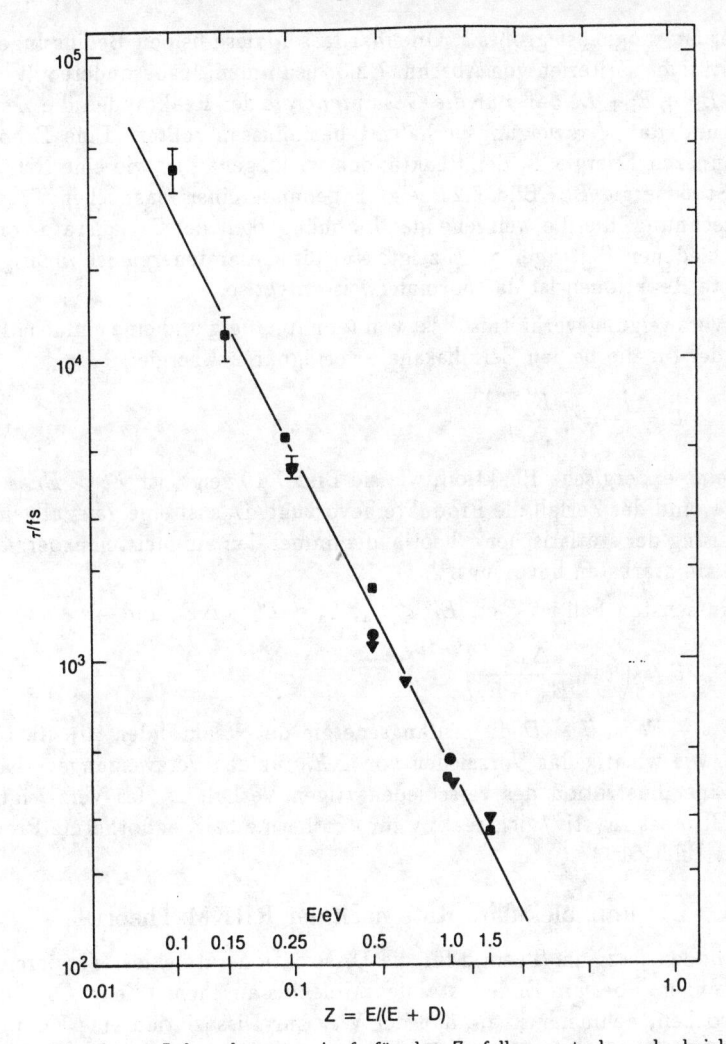

Bild 7.23 Berechnete Lebensdauern τ in fs für den Zerfall von stark wechselwirkenden Komplexen HD_2^+ aus der Reaktion $H^+ + D_2$ aufgetragen gegen die Stoßenergie. Verschiedene Symbole bezeichnen verschiedene Herkunft der Energie, d.h. E stammt hauptsächlich aus Translation (■), Schwingung (▼) oder Rotation (●). Die Ergebnisse streuen wenig um eine mittlere Kurve der RRK-Form $\tau = \tau_0 \cdot z^{-s}$, mit $z = E/(E + D)$. $D = 4.58$ eV ist die (angenommene) Topftiefe von HD_2^+ relativ zu $H^+ + D_2$. Die Parameter der Geraden sind $s = 1.97$ und $\tau_0 = 13.5$ fs. (Nach Ch. Schlier, U. Vix: Chem. Phys., 95, 401 (1985); s.a. D. Gerlich, U. Nowotny, Ch. Schlier, E. Teloy: Chem. Phys., 47, 245 (1980))

ferner ein möglichst großes s. Offenbar fassen diese beiden Bedingungen die qualitativen Kriterien von Abschn. 7.2.3 zusammen. Insbesondere gilt wegen $U = E_{\text{tr}} + E_{\text{i}} + D$, daß *nur die Gesamtenergie* der Reaktanden die Zerfallsrate und das Verzweigungsverhältnis beeinflussen sollten. Eine Erhöhung der inneren Energie E_{i} der Reaktanden wirkt genau so wie eine Erhöhung der Stoßenergie E_{tr}. Bild 7.23 zeigt Ergebnisse einer klassischen Trajektorienrechnung, die die weitgehende Unabhängigkeit der Zerfallsrate von den verschiedenen Beiträgen zu E zeigt. Nur die Gesamtenergie ist wichtig. Für direkte Reaktionen ist das normalerweise *nicht* so.

Das Verzweigungsverhältnis Γ ist von $\bar{\nu}$ unabhängig und eine einfache Funktion der für die beiden Zerfallskanäle verfügbaren Energie:

$$\Gamma = \frac{k'}{k} = \left(\frac{E'_{\text{a}}}{E_{\text{a}}}\right)^{s-1}. \tag{7.16}$$

Für eine exoergische Reaktion, wie sie Bild 7.19 zeigt, ist $E'_{\text{a}} > E_{\text{a}}$, so daß $\Gamma > 1$, und der Zerfall die Produkte bevorzugt. Das ist eine ganz allgemeine Folgerung der statistischen Theorie, die immer den am meisten exoergischen Pfad am stärksten bevorzugt.[8]

Im einfachsten Fall ist $E_0 \simeq E'_0 \ll E_{\text{a}}$, $E_{\text{a}} \simeq E'_{\text{a}} - \Delta E_0$ und

$$\Gamma = \left(1 - \frac{\Delta E_0}{E_{\text{tr}} + E_{\text{i}}}\right)^{s-1}, \tag{7.17}$$

wo $E_{\text{tr}} + E_{\text{i}} = U - D$ die Anfangsenergie der Reaktanden ist. Gl. (7.17) zeigt, wie wichtig das Vorzeichen von ΔE_0 für das Verzweigungsverhältnis ist. Eine Illustration des verschiedenartigen Verhaltens des Verzweigungsverhältnisses reaktiv/nichtreaktiv für exotherme bzw. endotherme Prozesse liefert Bild 2.16.

7.2.5 Die unimolekulare Rate nach der RRKM-Theorie

Wir wollen jetzt die Theorie für die Dissoziationsrate eines energiereichen, langlebigen, aber am Ende instabilen Moleküls ansehen. Wie in Abschn. 4.4 besprochen, nehmen wir an, daß der Weg zur Dissoziation eine Konfiguration ohne Wiederkehr kreuzt. Die Gesamtenergie liege im Intervall von E bis $E + dE$, der Gesamtdrehimpuls sei J. (Drehimpulserhaltung wurde in Abschn. 4.4 noch nicht vorausgesetzt.) Die Dissoziationsrate ist dann die Rate, mit der der Übergangszustand passiert wird, was zu

---

[8] Ausnahmen von dieser Regel findet man oft für direkte Reaktionen. Sie bevorzugen häufig die Freisetzung von möglichst wenig Translationsenergie (Abschn. 4.1).

$$k_J(E)\mathrm{d}E = N_J^\ddagger(E - E_0) \cdot \frac{\mathrm{d}E}{h} \tag{7.18}$$

führt (vgl. Gl. (4.53) und (4.54)). $N_J^\ddagger(E)$ ist die Anzahl der Zustände im Übergangszustand unterhalb der Energie E, die den Gesamtdrehimpuls J haben. Bis hierhin ist die einzige Annahme, daß wir eine Konfiguration ohne Wiederkehr haben. Eine zweite Annahme, die bei der Behandlung direkter bimolekularer Reaktionen (wo auf dem Weg von Reaktanden zu Produkten nur ein Übergangszustand existiert) nicht nötig war, kommt hinzu. Dort entsprangen die Trajektorien, die den Übergangszustand durchlaufen, den Reaktanden. Hier jedoch entstammen sie dem quasigebundenen Molekül, das „über" dem Potential*topf* sitzt. Es ist daher nicht von vornherein sicher, daß das energiereiche Molekül so präpariert wurde, daß alle seine Zustände zwischen E und $E + \mathrm{d}E$ mit gegebenem Drehimpuls J gleich wahrscheinlich sind.[9] Sind sie das jedoch nicht, so ist Gl. (7.18) nicht richtig, selbst wenn das Rückkreuzen des Übergangszustands ausgeschlossen ist. Man muß daher *voraussetzen*, daß, selbst wenn die ursprüngliche Präparation nicht alle Zustände gleichmäßig besetzt hat, die darauf folgende, schnelle intramolekulare Energieumverteilung eine gründliche Durchmischung schafft. Wir haben bereits Experimente diskutiert, mit denen man diese Annahme testen könnte (Abschn. 4.4.11), und kommen in Abschn. 7.3 darauf nochmals zurück.

Sind beide Annahmen erfüllt, so ist der Ratenkoeffizient für die Dissoziation eines Zustands des energiereichen Moleküls

$$k_J(E) = N_J^\ddagger \cdot \frac{E - E_0}{h \rho_J(E)}, \tag{7.19}$$

wo $\rho_J(E)\mathrm{d}E$ die Zahl der Zustände des energiereichen Moleküls im Bereich $E \ldots E + \mathrm{d}E$ mit Drehimpuls J ist.

Die Hauptschwierigkeit bei der Berechnung der Anzahl der Zustände im Übergangszustand liegt in denjenigen Freiheitsgraden, die durch den Zerfall zur freien Rotation der Fragmente und zur Bahnbewegung der Produkte werden.

Die RRKM-Theorie erklärt die Rate für den unimolekularen Zerfall oder die Isomerisierung eines energiereichen Moleküls mit ganz wenigen Annahmen über die Struktur des Übergangszustandes. Als Beispiel für eine Isomerisierung zeigt Bild 7.24 diejenige von angeregtem Diphenylbutadien.

---

[9] Für direkte Reaktionen sind alle Zustände in einem engen Energiebereich um E bei gegebenen J gleich wahrscheinlich, wenn nur die Reaktanden im thermischen Gleichgewicht sind.

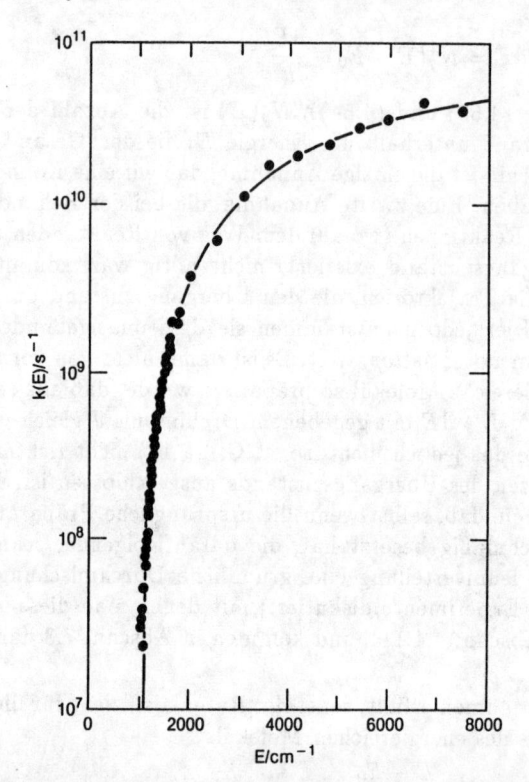

Bild 7.24 Ratenkoeffizient $k(E)$ für die Isomerisation von angeregtem Diphenylbutadien. Punkte: Experiment, durchgezogen: RRKM-Anpassung ($E_0 = 1100$ cm^{-1}, starrer Übergangszustand). (Aus J. Troe, A. Amirav, J. Jortner: Chem. Phys. Lett., 115, 245 (1985); Experimente von J.F. Shepanski, B.W. Keelan, A.H. Zewail: Chem. Phys. Lett., 103, 9 (1983) und A. Amirav, M. Sonnenschein, J. Jortner: Chem. Phys., 102, 305 (1986))

7.2.6 Energieaufteilung und Energiebedarf in komplexen Stößen

Daß ein Stoß über einen langlebigen Komplex läuft, hat keineswegs automatisch zur Folge, daß er nicht selektiv in seinem Energiebedarf oder nicht spezifisch in seiner Energieaufteilung ist. Ein schon erwähntes Beispiel ist die Eliminationsreaktion von HX-Molekülen aus energiereichen Alkyl-Halogeniden, bei der ein großer Teil der Energie in HX-Schwingung gepumpt wird. Wenn man auch die Rate der unimolekularen Dissoziation mit der RRKM-Theorie vorhersagen kann, so gilt das genau genommen nicht für die Energieaufteilung nach dem Stoß. Der Grund ist, daß die Theorie nichts

7.2 Stoßkomplexe: ihre Bildung und ihr Zerfall

darüber sagt, was hinter dem Übergangszustand passiert.[10] Damit stellt sich die Frage, unter welchen Bedingungen wir Gleichverteilung der Energie in den Produkten oder, was dasselbe ist, Unabhängigkeit der Rate von der Energieverteilung in den Reaktanden erwarten können.

Die Antwort beruht auf physikalischen Überlegungen, die über die einfache Annahme der RRKM-Theorie hinausgehen, daß die Energie im Komplex selbst zufällig verteilt ist. Diese Zusatzannahmen können falsch sein, *ohne* daß die eigentliche RRKM-Annahme schon falsch wäre. Als Beispiel betrachten wir den unimolekularen Bruch einer Bindung in einer der vielen erwähnten Reaktionen. Wo ist der Übergangszustand? Für einen einfachen Bindungsbruch wird die Energiebarriere, wenn sie überhaupt existiert, nicht groß sein. Das Maximum des effektiven Potentials wird daher im wesentlichen durch die Zentrifugalbarriere bestimmt und daher bei relativ großen Abständen liegen. Man nennt das einen *losen* Übergangszustand, damit ist gemeint, daß die beiden Produkte am Übergangszustand schon fast ihre endgültige Geometrie erreicht haben und daher weiter draußen nicht mehr stark wechselwirken. Die RRKM-Annahme hat dann zur Folge, daß die Energie *im Übergangszustand* gleichverteilt ist, und daher praktisch auch in den Produkten.

Eine andere Argumentation führt zum selben Schluß. Sie geht von der Unwirksamkeit der V-T-Energieübertragung unter adiabatischen Verhältnissen aus. Wieder nehmen wir an, daß die Energie im Übergangszustand gleichverteilt ist. Wenn dann die Produkte auseinanderlaufen, nimmt ihre Kopplung so schnell ab, daß die Bewegung im allgemeinen langsam genug ist, um adiabatische Verhältnisse für die Energieübertragung zu schaffen.

Obwohl diese Argumentation gut begründet ist, gibt es Fälle, wo sie falsche Ergebnisse liefert. Wir betrachten z.B. die Vierzentren-Eliminierung von HX (X = Halogen). Die Potentialbarriere ist sehr hoch (vgl. Bild 4.20). Die im Übergangszustand gleichverteilte Energie ist nur ihr Überschuß über die Energie der Barriere. Auf dem Weg jenseits des Übergangszustandes in Produktrichtung muß dann die gesamte Barrierenenergie ($\simeq 300$ kJ · mol^{-1} für CH_3CF_3) in innere und Translationsenergie der Produkte umgewandelt werden. Für diese Energie gibt es keinen Grund mehr, gleichverteilt zu sein, und sie ist es auch nicht. Anders bei der Dreizentren-Eliminierung von HX,

---

[10] In Abschn. 4.4.10 haben wir das genau beschrieben. Dort ergab sich auch eine explizite Formel (Gl. (4.69)) für den zustandsspezifischen Streuquerschnitt, gültig unter der Annahme, daß ein Übergangszustand existiert, und der weiteren (RRKM-) Annahme, daß die Energie im Komplex zufällig verteilt ist.

wo die Barrieren sehr viel niedriger sind: die Energieaufteilung ist hier viel weniger spezifisch als im Vierzentren-Fall.

*Rotations*verteilungen zweiatomiger Moleküle können sich auf dem Weg vom Übergangszustand zu den Produkten leichter verändern. Die beobachteten Verteilungen nach dem Stoß weichen selbst für Reaktionen, die einen tiefen Topf durchlaufen haben, oft merklich von den A-priori-Erwartungen ab. Tab. 7.2 gibt einen Überblick über die Überraschungswerte für die Rotation von OH aus verschiedenen Elementarreaktionen.

Tab. 7.2
Überraschungsanalyse der Verteilung der Rotationsenergie[a]

Reaktanden	E in kcal $\cdot$ mol^{-1}	ϑ_{rot}
$CO_2 + H$	18	2.8
	35	2.8
$O_2 + H$	6	1.2
	27	−0.7
	43	−1.2
$NO_2 + H$	31	−2.7
$O(^1D) + H_2$	45	−3.5
$O(^1D) + HCl$	46	−4.7
$O(^1D) + HCH_3$	45	−6.5

[a] Überraschungswert ϑ_{rot} der Rotationsverteilung für frisch entstandenes OH aus dem Zerfall langlebiger Zwischenkomplexe, die in den angegebenen Reaktionen bei verschiedenen Energien gebildet wurden. (Nach K. Kleinermanns, E. Linnebach, J. Wolfrum: J. Phys. Chem., 89, 2525 (1985))

Wechselwirkungen hinter dem Übergangszustand auf dem Weg zu den Produkten oder vor dem Übergangszustand auf dem Weg von den Reaktanden her werden manchmal *Wechselwirkungen im Ausgangstal* bzw. im Eingangstal genannt. Sie können das Ergebnis der Gleichverteilung der Energie im langlebigen Komplex drastisch modifizieren. Daneben sollten wir aber auch nicht übersehen, daß die Gleichverteilung der Energie selbst eine *Annahme* ist, ebenso wie die Nicht-Rückkehr aus dem Gebiet jenseits eines Übergangszustandes. Das letztere verlangt aus physikalischen Gründen, daß der Übergangszustand wirklich ein „Flaschenhals" für die Bewegung ist. Für größere Moleküle, in denen sich die Energie über viele Freiheitsgrade verteilt, wird dies oft bis zu ziemlich hohen Energien richtig sein.

7.3 Multiphoton-Dissoziation

Wenn Atome oder Moleküle von einem starken Laserstrahl getroffen werden, kann die Rate von Photon-Molekül-Stößen so hoch sein, daß Mehrphotonenprozesse ablaufen können. Frühen Berichten, daß die unimolekulare Dissoziation oder die Isomerisierung von Molekülen mittels der infraroten Multiphoton-Absorption erreicht werden kann, begegnete man jedoch mit Skepsis. Zwei Beobachtungen, die sich auf den Beschuß vielatomiger Moleküle mit einem CO_2-Laser bezogen, waren besonders rätselhaft. Die erste bezog sich auf den Mechanismus der Absorption. Die Laserstrahlung ist sehr gut monochromatisch. Nehmen wir an, das erste Photon sei in Resonanz mit einem Schwingungs-Rotations-Übergang aus einem Anfangsniveau, das thermisch besetzt ist. Dann folgt wegen der stets vorhandenen Anharmonizität der Schwingung, daß das zweite Photon mit der nächsten Stufe derselben „Leiter" von Schwingungszuständen *nicht* in Resonanz sein kann. Das zweite Rätsel war der unglaubliche Wirkungsgrad. Fast alle gasförmigen Moleküle konnten im Glaskolben durch intensive Laserbestrahlung mit einer bestimmten Wellenlänge dissoziiert werden. Trotzdem war es in einer Mischung von zwei Gassorten möglich, ganz selektiv nur die eine zu dissoziieren. Diese Selektivität bezüglich der Molekülsorte ist so groß, daß sie praktische Isotopentrennung ermöglicht, indem man eine Laserwellenlänge benutzt, bei der nur ein Isotopomer absorbiert.

Dieselbe hohe Selektivität bezüglich der Molekülsorte findet man für Multiphoton-Absorption von sichtbaren oder ultravioletten Photonen. Allerdings ist bei extrem hohen Laserfeldern das Strahlungsfeld so stark, daß die Energieniveaus der Moleküle merklich verschoben werden. Das reduziert die Selektivität etwas. Trotzdem ist „resonanzverstärkte" Multiphoton-Absorption eine weitverbreitete Erscheinung. Es stellt sich daher die Frage, wie eigentlich das zweite und weitere Photonen absorbiert werden.

7.3.1 Innermolekulare Umverteilung der Schwingungsenergie

Um die Multiphoton-Absorption und viele andere Phänomene der Moleküldynamik zu verstehen, müssen wir uns über die Niveau-Struktur und die Dynamik energiereicher vielatomarer Moleküle klarwerden. Bei niedriger Anregung haben wir den von der Spektroskopie her wohlbekannten Grenzfall, den Bild 6.3 zeigt: Die Bewegung des ganzen Moleküls besteht aus einer Überlagerung von unabhängigen Normalschwingungen. Die Anregung in jeder Normalschwingung bleibt zeitlich konstant. Aber selbst bei so niedrigen Energien, wie sie Bild 6.3 voraussetzt, gibt es verräterische Anzeichen, daß mit dem Obengesagten nicht alles stimmt. Das 020-Niveau ist energetisch dem 100-Niveau sehr nahe. Durch die Anharmonizität des Potentials sind beide gekoppelt. Steigt die Energie weiter, kommen Obertöne *verschiedener* Schwingungen mehr und mehr in Resonanz. Ein Beispiel für diesen intramolekularen Energieaustausch ist die Schwingungs-Prädissoziation.

Der andere Grenzfall sind die energiereichen, langlebigen quasigebundenen Moleküle von Abschn. 7.2, bei denen, wie sie auch entstanden sind, die Energie bis zur Dissoziation längst gleichverteilt ist. Spektroskopische Experimente bei hohen Energien, jedoch unterhalb der Dissoziationsschwelle sind nicht leicht. Die Wahrscheinlichkeiten für die direkte Anregung hoher Obertöne sind sehr klein, und die Spektren sind oft sehr verbreitert. Das wird als Verbreiterung durch intramolekulare Energieübertragung aus dem ursprünglich angeregten Zustand in andere Schwingungen interpretiert. Dies bedeutet allerdings nicht, daß das hochangeregte gebundene Molekül nicht stationäre Eigenzustände (Lösungen der Schrödinger-Gleichung) hätte, deren Energie zeitlich konstant ist. Natürlich existieren diese, sie sind jedoch in keiner Weise mehr Normalschwingungen. Sie sind auch als Eigenzustände nicht leicht zugänglich, weder durch optische Anregung noch durch Stöße. Die Anregungen erzeugen normalerweise *Überlagerungen* von stationären Zuständen, die sich *zeitlich entwickeln*. Da jeder stationäre Zustand seine eigene Energie hat, gewinnt er im Lauf der Zeit seinen eigenen Phasenfaktor $\exp(iEt/\hbar)$, der dafür sorgt, daß sich die Natur des angeregten Gemisches ändert.

Eine Methode, dieser Änderung zu folgen, ist die Beobachtung des Fluoreszenzlichts (vgl. Bild 6.5). Die Aufgabe ist dann, ein genügend gut zeitaufgelöstes Fluoreszenzexperiment zu machen. Ein indirekter, sehr brauchbarer Weg dazu ist die Beobachtung des Löschens der Fluoreszenz bei Zugabe fremder, gut löschender Moleküle. Bild 7.25 zeigt die Fluoreszenz von p-Difluorbenzol im Schwingungszustand $3^2 5^1$ eines angeregten Elektronenzustands bei verschiedenen Partialdrucken von O_2. Beim höchsten gezeigten Druck, bei dem bimolekulare Stöße sehr häufig sind, leben die Moleküle zwischen Anregung und Löschen im Mittel nur 10 ps. Die beobachtete Fluoreszenz ist praktisch die des anfänglich präparierten Zustands. Bei niedrigeren O_2-Drucken zeigt die Fluoreszenz viel weniger Struktur, weil jetzt weitere Zustände besetzt worden sind und abstrahlen können. In der Abwesenheit löschender Moleküle ist das Spektrum fast völlig strukturlos.

Derartige Experimente ebenso wie direkte frequenz- und zeitaufgelöste Beobachtungen (vgl. Bild 6.5) beweisen, daß intramolekulare Energie-Umverteilung ein sehr allgemeines Phänomen ist, das allerdings in den Einzel-

7.3 Multiphoton-Dissoziation

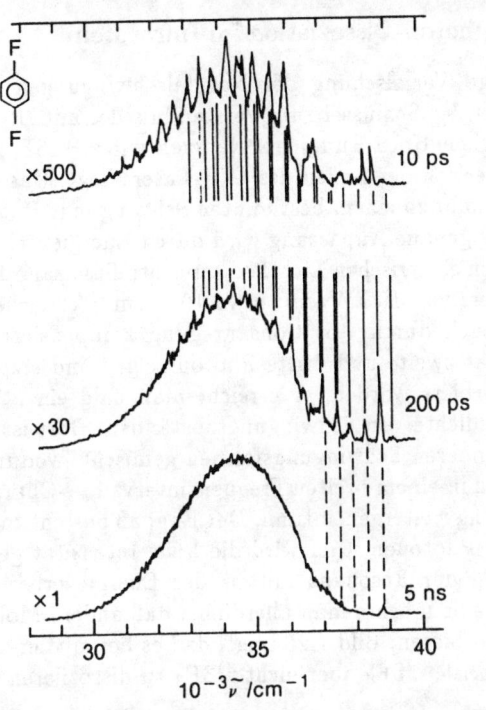

Bild 7.25 Emissionsspektrum von p-Difluorbenzol nach der Anregung der Bande $3_0^2 5_0^1 S_1 \leftarrow S_0$ mit Photonen, die das Molekül in ein Niveau nullter Ordnung mit $E_\text{vib} = 3100$ cm^{-1} bringen. (Unten:) Ohne O_2-Zugabe entspricht das Spektrum praktisch stoßfreier Emission in etwa 5 ns, der Lebensdauer des angeregten Zustandes. (Mitte:) Nach Zugabe von 0.67 atm O_2 verkürzt sich die Fluoreszenzlebensdauer auf etwa 200 ps. (Oben:) Mit 32.4 atm O_2 ist die Lebensdauer nur noch 10 ps. Die links angegebenen Multiplikatoren zeigen den Verlust an Intensität (Fluoreszenzausbeute) bei der Zugabe von O_2. (Nach R.A. Coveleskie, D.A. Dolson, C.S. Parmenter: J. Phys. Chem., 89, 645 (1985))

heiten systemabhängige Unterschiede zeigt. Sowohl die Anharmonizität der Potentialfläche als auch die durch Rotation vermittelte Kopplung zwischen den Schwingungen sind wichtig. In einem gegebenen Molekül beschleunigt die mit der Energie steigende Zustandsdichte im allgemeinen die Energieumverteilung (vgl. Bild 4.39). Die Raten hierfür sind daher sehr variabel, jedoch bei hochangeregten Molekülen im Sub-Picosekunden-Bereich, wie es die RRKM-Theorie verlangt. Andererseits zeigen genaue Untersuchungen auch, daß *nicht alle* Zustände gekoppelt sind, und daher ein gewisses „Gedächtnis" für die Art der ursprünglichen Anregung auf der hier interessierenden Zeitskala übrigbleibt.

7.3.2 Multiphoton-Dissoziation im Infraroten

Die vollständige Vermischung der Normalschwingungen bei hoher Anregungsenergie ist der Schlüssel zum Verständnis des mit IR-Photonen möglichen energetischen Hoch-Pumpens. Nehmen wir z.B. SF_6, bei dem die ν_3-Frequenz im Bereich der Linien des CO_2-Lasers liegt. Das erste absorbierte Photon ist resonant zu einem bestimmten Schwingungs-Rotations-Übergang (Bild 7.26). Die genaue Anpassung wird durch Energieverbreiterung der Niveaus im starken elektrischen Lichtfeld erreicht; diese kann für SF_6 im Strahl eines CO_2-Lasers von $10\ kW/cm^2$ etwa $10^{-2}\ cm^{-1}$ erreichen. Fehlende Resonanz kann auch durch Rotationsanregung kompensiert werden, wie es Bild 7.27 für das zweite und dritte Photon zeigt. Sind erst einmal ein paar Photonen absorbiert worden, so erreicht man bald ein „Quasikontinuum" hoher Zustandsdichte von Schwingungszuständen. Dort ist die Schwingung ν_3 mit vielen anderen Schwingungsformen gemischt, wodurch eine Vielzahl von Übergängen in einem breiten Frequenzintervall ν_3-Charakter hat, so daß der Pumpvorgang weitergehen kann. Der Engpaß besteht tatsächlich nur für die ersten paar Photonen. Hier wird die hohe Intensität gebraucht, um die Feinabstimmung der Resonanz mittels der Energieverbreiterung zu erreichen. In der Praxis möchte man allerdings, daß andere Molekülsorten nicht gleichzeitig absorbieren. Bild 7.28 zeigt, daß es bei mittleren Intensitäten in der Tat möglich ist, $^{32}SF_6$ aber nicht $^{34}SF_6$ zu dissoziieren.

Wird das Experiment in der Gasphase durchgeführt, so wird die Entleerung des anfänglichen Rotationszustandes durch das Hochpumpen mit Hilfe von Stößen kompensiert. Der Stoßquerschnitt für die Übertragung von Rotationsenergie ist ja recht groß. Ist der Druck zu hoch, merkt man auch die Stöße, die Schwingungsenergie übertragen, auch zwischen verschiedenen Molekülsorten (bei $^{34}SF_6 - ^{32}SF_6$ ab ca. 1 torr). Dann geht die Selektivität der Multiphoton-Dissoziation natürlich verloren.

Für große Moleküle ist der thermische Energieinhalt bei Zimmertemperatur so hoch, daß das Quasikontinuum schon bei sehr niedriger Energie einsetzt. Multiphoton-Aktivierung ist deshalb für große Moleküle besonders wirksam.

Überschreitet die absorbierte Energie die Dissoziationsschwelle, dann bilden die Molekülzustände ein echtes Kontinuum. Das Molekül kann dissoziieren, und jede weitere Absorption steht im Wettstreit mit dem unimolekularen Zerfall in Teilstücke. Wenn auch die RRKM-Rate für die Dissoziation schnell mit der Energie wächst (vgl. Bild 7.29), so ist sie doch gleich hinter der Schwelle noch klein. Hat man dann zwei verschiedene Dissoziationskanäle, deren Schwellen nicht zu verschieden sind, z.B. (Bild 7.29)

7.3 Multiphoton-Dissoziation 499

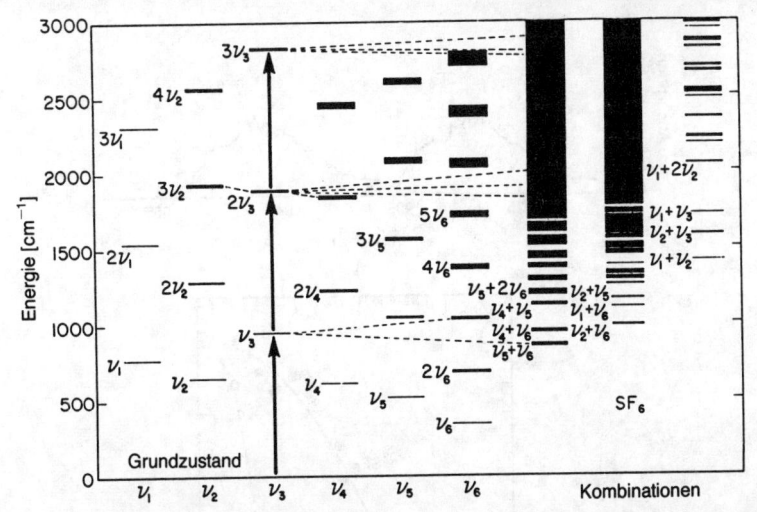

Bild 7.26 Schema der Schwingungsniveaus des SF_6 unterhalb von 3000 cm^{-1}. Die Pfeile deuten das Heraufpumpen der ν_3-Schwingung mit einem CO_2-Laser an; gestrichelt sind nahezu resonante Übergänge in andere Schwingungsmoden. (Nach M.I. Lester, L.M. Casson, G.B. Spector, G.W. Flynn, R.B. Bernstein: J. Chem. Phys., 80, 1490 (1984) basierend auf einem unveröffentlichten Energieschema von R.S. McDowell, J.R. Ackerhalt)

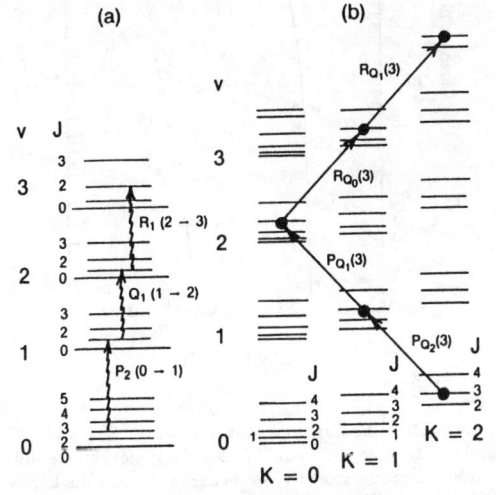

Bild 7.27 Kompensation fehlender Resonanz durch Rotationsanregung und Leistungsverbreiterung bei der Multiphoton-Anregung. (a) Rotationskompensation in einem zweiatomigen Molekül, (b) in einem symmetrischen Kreisel. Man beachte, daß J hier unverändert bleibt. (Nach A. Ben-Shaul et al. (1981), Fig. 5.24)

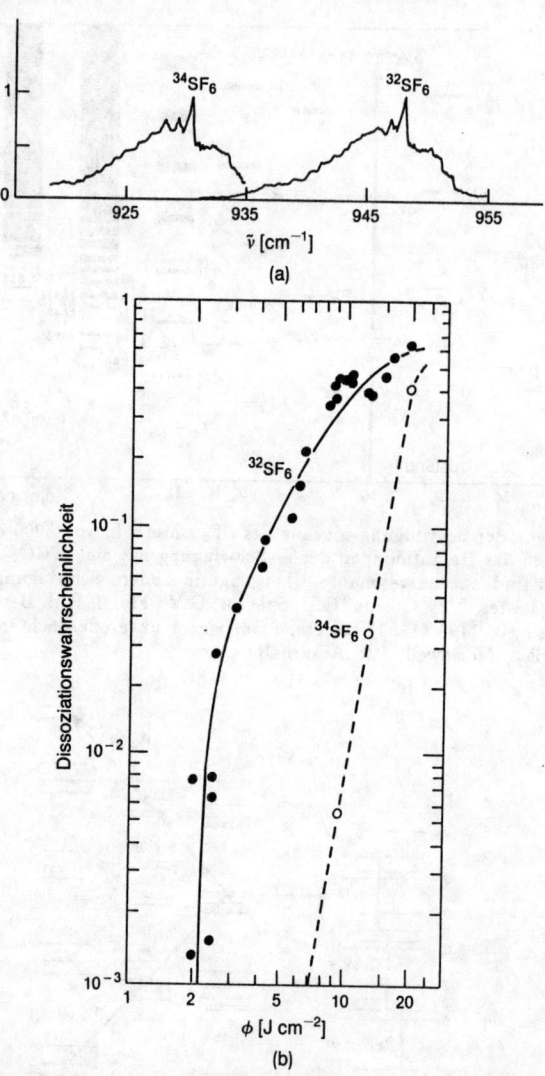

Bild 7.28 a) Niedrig aufgelöste Absorptionsspektren von $^{32}SF_6$ und $^{34}SF_6$ in der Gegend der ν_3-Bande (948 bzw. 930 cm^{-1}). Die Isotopieverschiebung ist groß, so daß man bestimmte Isotope selektiv dissoziieren kann. (Nach R.V. Ambartzumian, V.S. Letokhov: Acc. Chem. Res., 10, 61 (1977))
b) Wahrscheinlichkeit für Multiphoton-Dissoziation von $^{32}SF_6$ und $^{34}SF_6$ gegen die Fluenz (Pulsenergie pro Flächeneinheit) des CO_2-Lasers. (Nach W. Fuss, T.P. Cotter: Appl. Phys., 12, 265 (1977); Chem. Phys., 36, 135 (1979))

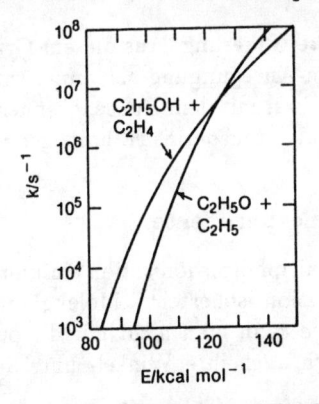

Bild 7.29 Unimolekulare Dissoziationsrate nach der RRKM-Theorie für $(C_2H_5)O_2$ aufgetragen gegen die Energie. Der Zerfall in $C_2H_5O + C_2H_5$ hat die höhere Aktivierungsenergie aber auch den höheren Frequenzfaktor ($10^{16.3}$) verglichen mit dem Zerfall in $C_2H_5OH + C_2H_4$ ($10^{13.9}$) und ist daher bei hohen Energien schneller. (Nach L.J. Butler, R.J. Buss, R.J. Brudzynski, Y.T. Lee: J. Phys. Chem., 87, 5106 (1983))

$$C_2H_5OC_2H_5 \rightarrow \begin{cases} C_2H_5O + C_2H_5, & E_a \simeq 81 \text{ kcal} \cdot \text{mol}^{-1} \\ C_2H_5OH + C_2H_4, & E_a \simeq 66 \text{ kcal} \cdot \text{mol}^{-1}, \end{cases}$$

so findet man, daß beide Zerfallsreaktionen gleichzeitig stattfinden.

Die Natur der primären Dissoziation kann auf der Basis der RRKM-Theorie verstanden werden, wenn man sich vernünftige Strukturen für die Übergangszustände überlegt; der wichtigste Dissoziationskanal hat dann den Übergangszustand mit der größten Anzahl von Zuständen. Ein entscheidender Faktor ist dabei die Höhe der Barriere, doch spielen auch die Geometrie des Moleküls im Übergangszustand und dessen Eigenfrequenzen eine Rolle. So hat für die Dissoziation von $(C_2H_5)_2O$ (s. oben) der C_2H_5-Kanal eine höhere Aktivierungsbarriere, aber niedrigere Schwingungsfrequenzen und daher bei Energien oberhalb 125 kcal $\cdot$ mol^{-1} die höhere Dissoziationsrate.

Der Ablauf des Multiphoton-Pumpens läuft so ab, daß zu einem bestimmten Zeitpunkt nicht alle Moleküle die gleiche Anzahl von Photonen absorbiert haben. Während einige die Dissoziationsschwelle schon überschritten haben, sind andere noch ganz unten auf der Leiter. Die gemessene unimolekulare Zerfallsrate spiegelt dann die Energieverteilung oberhalb der Schwelle wieder.[11] Eine thermische Verteilung der Gesamtenergie ist da-

---

[11] Wo Vergleichsmessungen angestellt wurden, waren diese Raten verträglich mit solchen, wo der Energieinhalt eine schärfere Verteilung hat, z.B. bei direkter Oberton-Anregung des Moleküls.

bei eine vernünftige nullte Näherung. Aus diesem Grund redet man manchmal von der Multiphoton-Anregungung als vom „Aufheizen" des Moleküls. Im Gegensatz zum Aufheizen mit dem Bunsenbrenner haben wir hier jedoch eine Methode, die molekülsortenspezifisch, homogen und bezüglich der Rate gut steuerbar ist.

7.3.3 Molekularstrahlexperimente

Der Beweis dafür, daß Multiphoton-Ionisation ein unimolekularer Prozeß ist, wurde durch die Dissoziation isolierter[12] Moleküle in einem Molekülstrahl gebracht. Auf diese Weise kann man nicht nur die primären Reaktionsprodukte feststellen, sondern auch ihre Winkel- und Geschwindigkeits- (oder Zustands-) Verteilung.

Normalerweise reicht die Zeit zwischen Anregung und Dissoziation aus, um die Energie gleichzuverteilen. Das wurde an der Winkelverteilung der Dissoziationsprodukte des archetypischen Prozesses

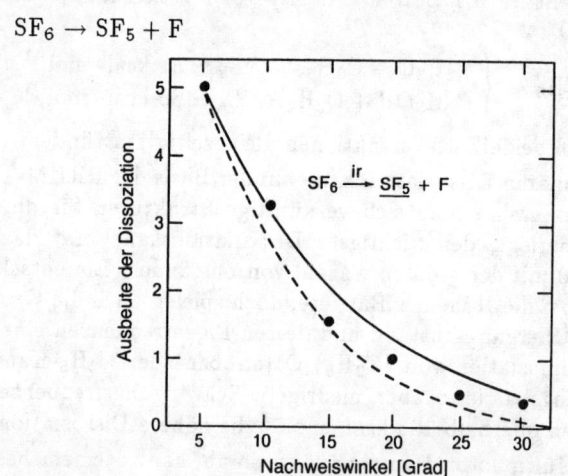

$$SF_6 \rightarrow SF_5 + F$$

Bild 7.30 Winkelverteilung von SF_5 aus der Multiphoton-Dissoziation von SF_6 mit einem CO_2-Laser von $5 \; J \cdot cm^{-2}$ und 60 ns Impulsdauer (Punkte). Zum Vergleich die Vorhersagen des RRKM-Modells unter der Annahme, daß 12 (ausgezogen) bzw. 5 (gestrichelt) Photonen über die zur Dissoziation gebrauchten hinaus absorbiert wurden. (Nach P.A. Schultz, A.S. Sudbo, E.R. Grant, Y.R. Shen, Y.T. Lee: J. Chem. Phys., 72, 4985 (1980))

---

[12] Natürlich gibt es auch in einem Überschallstrahl eine gewisse Geschwindigkeitsverteilung, so daß es innerhalb des Strahls immer noch zu einigen wenigen Stößen mit sehr großem Stoßparameter und niedriger Relativgeschwindigkeit kommt.

7.3 Multiphoton-Dissoziation 503

(Bild 7.30) verifiziert. Für einen CO_2-Laser mit einer Leistung von 100 MW/cm² ist die Pumprate etwa 10^9 s⁻¹. Daher haben die Moleküle, die unter diesen Bedingungen dissoziieren, Lebensdauern von mehr als etwa 10^{-10} s. Das ist reichlich Zeit für viele Rotationen und offensichtlich auch für die Gleichverteilung der Energie.

Die Verteilung der Translationsenergie der Produkte stimmt mit frühen Studien über die Energieverwertung in chemisch oder mit Einzelphotonen ak-

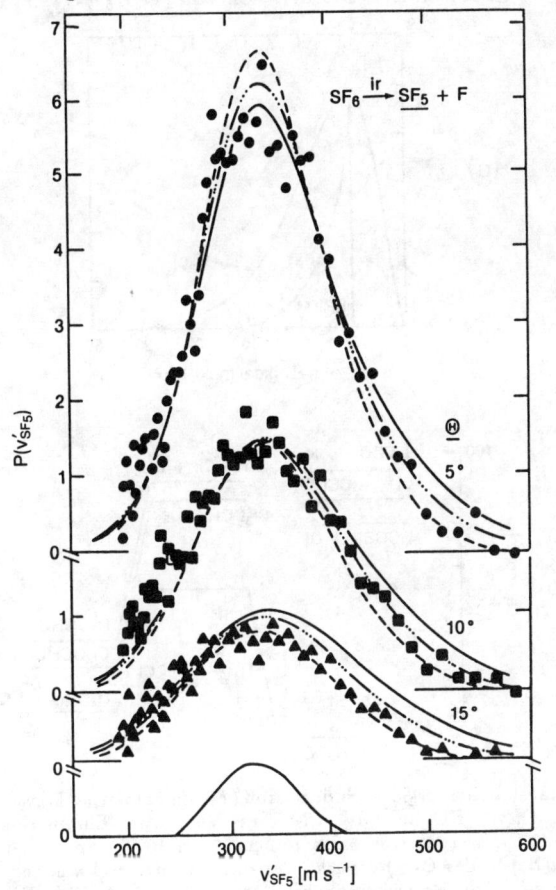

Bild 7.31 Geschwindigkeitsverteilungen von SF_5 aus der Multiphoton-Dissoziation von SF_6 (wie Bild 7.30). Die berechneten RRKM-Kurven entsprechen 5 (- - -), 8 (···) und 12 (—) Überschußphotonen. Die unterste Kurve gehört zu SF_4^*, $\Theta > 15°$ (Zitat wie Bild 7.30)

tivierten Molekülen überein. Für einfache Bindungsbrüche ist die Produktenergie gleichverteilt, und daher der Anteil der Translation klein (Bild 7.31). In einer Vierzentren-Eliminierung, z.B.

$$CH_3CCl_3 \rightarrow CH_2CCl_2 + HCl$$

oder ganz allgemein, wenn die umgekehrte Reaktion eine hohe Barriere hat (z.B. bei der oben erwähnten Dissoziation von $(C_2H_5)_2O$), ist der Anteil der

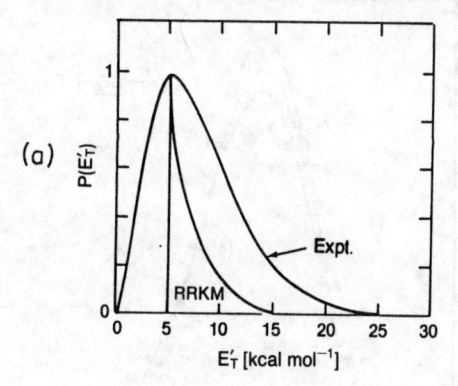

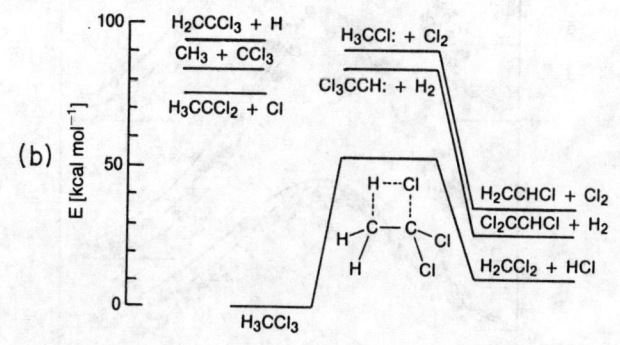

Bild 7.32 a) Translationsenergie nach dem Stoß (E'_{tr} im Schwerpunktsystem) für die Elimination von HCl aus CH_3CCl_3. Diese Vierzentren-Elimination wurde mit einem CO_2-Laserpuls von 5 bis 10 Jcm^{-2} bei 1073.3 cm^{-1} (der R12-Linie der 9.6 μ-Bande des CO_2) erreicht, der die C-C-Streckschwingung bei 1075 cm^{-1} und die Schaukelschwingung bei 1084 cm^{-1} anregt. Eine RRKM-Verteilung wurde zum Vergleich in der Höhe angepaßt, sie hat aber die falsche Form.
b) Energieniveauschema für diese Dissoziation mit angedeutetem Vierzentren-Übergangszustand. (Nach A.S. Sudbo, P.A. Schultz, Y.R. Shen, Y.T. Lee: J. Chem. Phys., 69, 2312 (1978))

Translationsenergie größer (Bild 7.32) und kann dann nicht so gut durch rein statistische Theorien beschrieben werden.

Auch im Molekularstrahl kann die Untersuchung der Photofragmentation erfolgen. Die beiden wichtigen Variablen sind die Intensität (Leistung) des Laser-Impulses und seine Fluenz (Energie), d.h. die Intensität integriert über die Impulsdauer. Intensität wird bei den ersten paar Absorptionen gebraucht, um die Flaschenhälse unterhalb des Quasikontinuums zu durchdringen. Von da ab bis über die Dissoziationsschwelle hinaus ist die wichtigste Variable die Fluenz. Wenn schließlich das Molekül genug Überschußenergie besitzt, wird die Dissoziation immer schneller und konkurriert mit weiterem Pumpen. Dann ist wieder die Intensität am wichtigsten. Je höher diese ist, um so höher hinauf kann das Muttermolekül gepumpt werden, ehe es dissoziiert.

Die Begrenzung der Anregungshöhe durch die Intensität kann man experimentell auf verschiedene Weise beobachten, am direktesten dadurch, daß die mittlere Überschußenergie der Produkte mit der Laserintensität ansteigt. Lassen wir ein und denselben Impuls auf verschiedene Moleküle wirken, so gehört zu einer kleinen unimolekularen Dissoziationsrate hohes Hinaufpumpen und daher hohe mittlere Energie der Produkte. Einen indirekten Hinweis geben die dissoziierten Produkte selbst: Ein Laser hoher Leistung läßt sie sehr energiereich sein, daher im Quasikontinuum ihres Schwingungsspektrums. Dann können sie selbst absorbieren und sekundäre Multiphoton-Dissoziation erfahren.

7.3.4 Multiphoton-Ionisation und -Fragmentation

Bei den meisten Molekülen liegt der erste angeregte elektronische Zustand weit über dem Grundzustand. Weiter oben steigt auch die Dichte der elektronischen Zustände, sowohl der Valenz- wie der Rydbergzustände schnell an. Wegen der Auswahlregeln können nicht alle diese Zustände durch Absorption eines einzelnen sichtbaren oder UV-Photons erreicht werden. Viele von den nicht erreichbaren Zuständen können allerdings durch kohärente Absorption von zwei (oder allgemeiner n) Photonen vom Grundzustand aus erreicht werden. Man findet dann oft, daß der angeregte Zustand, der durch den Resonanzprozeß erreicht wurde, durch ein oder mehrere (z.B. m) weitere Photonen leicht ionisiert werden kann. Die Rate der Ionenbildung ist meist durch diejenige der Absorption in den Zwischenzustand begrenzt. Der Gesamtprozeß ist als „resonanzverstärkte Multiphoton-Ionisation" (REMPI) bekannt. Da der Ionennachweis sehr empfindlich ist, stellt er eine leistungsfähige Sonde für die angeregten Zustände aus dem n-Photonenprozeß dar. Die m-Photonenabsorption aus dem Zwischenzustand ins Ionisations-Kon-

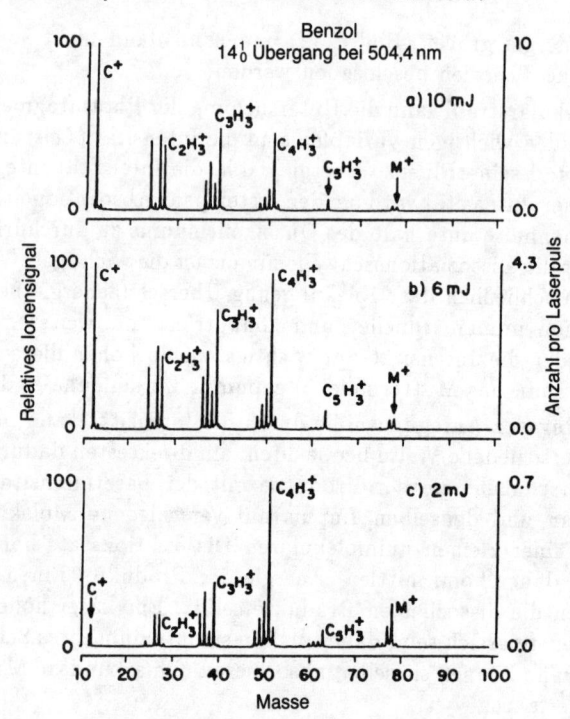

Bild 7.33 Massenspektrum der Fragmente aus der Multiphoton-Dissoziation von Benzol, das auf der Linie 14^1_0 bei 504.4 nm angeregt wurde, bei mehreren angegebenen Impulsenergien des Lasers. Man beachte die verstärkte Fragmentation bei hohen Impulsleistungen. (Nach D.W. Squire, M.P. Barbalas, R.B. Bernstein: J. Phys. Chem., 87, 1701 (1983); s.a. L. Zandee, R.B. Bernstein: J. Chem. Phys., 71, 1359; K.R. Newton, R.B. Bernstein: J. Phys. Chem., 87, 2246 (1983))

tinuum ist natürlich nichtresonant und kann mit einem zweiten Laser bei einer anderen Wellenlänge durchgeführt werden. Die Resonanzbedingung für den Zwischenzustand bedeutet jedoch, daß der Gesamtprozeß bezüglich der Molekülsorte selektiv ist. Daher ist auch hier Isotopentrennung möglich. Nur für sehr intensive Laser ist die Energieverbreiterung der Linien so groß, daß die Ionisierung auch ohne resonante Zwischenstufe erfolgt[13] und die Selektivität verschwindet.

---

[13] Die nichtresonante Multiphoton-Absorption ist eine merkliche Komplikation für laserunterstütze Prozesse (Abschn. 6.5.6). Wenn der Laser erst stark genug ist, um den Grundzustand mit Photonen zu „bekleiden", dann geschieht das auch mit den angeregten Zuständen und eröffnet damit zusätzliche Wege zum Hochpumpen des Moleküls.

7.3 Multiphoton-Dissoziation   507

Ist das Molekülion stabil, kann man es mit hoher Ausbeute erzeugen. Je nach der Energie der $n + m$ Photonen kann es dabei auch oberhalb seiner Dissoziationsschwelle erzeugt werden. Aber selbst, wenn das nicht der Fall ist, ist das Ion oft so energiereich, daß es selbst leicht ein oder mehrere zusätzliche Photonen absorbiert und darauf dissoziiert. Daher ist eine merkliche Fragmentation des Mutterions, wie sie Bild 7.33 zeigt, typisch. Ihr Ausmaß hängt von Wellenlänge und Impulsenergie des Lasers ab, während die gesamte Ionenausbeute im wesentlichen durch den Absorptionsquerschnitt des resonanten Anfangsprozesses bestimmt wird.

Bei hoher Laserenergie ist die Fragmentation besonders stark und liefert dann kleine Bruchstücke, z.B. C^+ aus großen Molekülen wie C_6H_6. Es wäre unvernünftig, anzunehmen, daß diese Produkte direkt durch Fragmentation des hochangeregten Mutterions entstünden. Alles deutet darauf hin, daß eine Folge von Prozessen abläuft, bei der das Mutterion ein oder mehrere Photo-

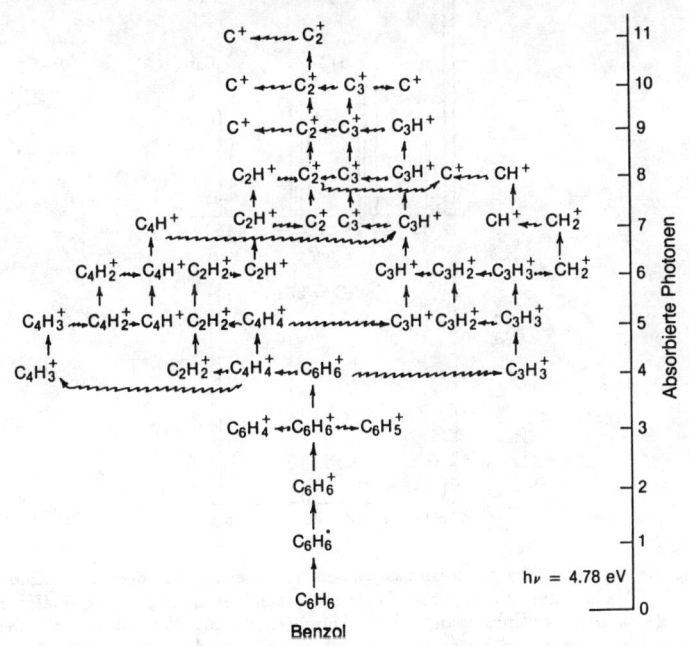

Bild 7.34 Fragmentationswege in der Multiphoton-Dissoziation von Benzol mit UV-Photonen von 259 nm (4.78 eV). Das Schema beruht auf Modellrechnungen, die an beobachtete Fragmentationsdaten angepaßt wurden. Senkrechte Pfeile: Absorption, horizontale: Fragmentation. (Nach W. Dietz, H.J. Neusser, U. Boesl, E.W. Schlag: J. Chem. Phys., 66, 105 (1982))

nen absorbiert und dissoziiert, danach die Sekundärionen absorbieren und dissoziieren und so fort, alles in den wenigen Nanosekunden des Laserimpulses. Die Zahl der möglichen Zerfallswege vervielfacht sich dabei schnell, wie Bild 7.34 für das Ion $C_6H_6^+$ zeigt.

In einer ersten Annäherung kann man die Verteilung der ionischen und neutralen Fragmente mit Hilfe des Verfahrens der maximalen Entropie (Abschn. 5.5.4) berechnen, wobei nur die Erhaltungssätze als Zwangsbedingungen auftreten. Für ein isoliertes Molekül sind die erhaltenen Größen Energie, Ladung und die Atomzahl jedes beteiligten Elements. Diese einfache Näherung erweist sich als recht erfolgreich für das Verständnis der Systematik der Multiphoton-Ionisation und -Fragmentation vielatomiger Moleküle (Bild 7.35).

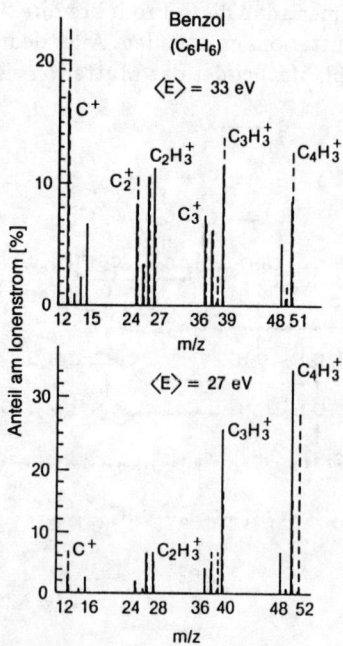

Bild 7.35 Multiphoton-Fragmentationsspektren von Benzol aus dem Experiment (- - -) und aus einer statistischen Rechnung nach der Methode maximaler Entropie (—). Letztere nimmt an, daß im Durchschnitt pro Molekül 33 eV (oben) bzw. 27 eV (unten) an Energie absorbiert wurde. (Nach J. Silberstein, R.D. Levine: Chem. Phys. Lett., 74, 6 (1980); experimentelle Daten von L. Zandee, R.B. Bernstein: J. Chem. Phys., 71, 1359 (1979) und U. Boesl, H.J. Neusser, E.W. Schlag: J. Chem. Phys., 72, 4327 (1980); s.a. D.A. Lichtin, R.B. Bernstein, K.R. Newton: J. Chem. Phys., 75, 5728 (1981) und J. Silberstein, R.D. Levine: J. Chem. Phys., 75, 5735 (1981))

Exkurs 7A Jenseits von RRKM und QET

Die mit RRKM oder auch QET (quasiequilibrium theory) bezeichneten Theorien gehen einen Schritt über die Theorie des Übergangszustands hinaus. Sie nehmen an, daß die Energie im energiereichen Molekül *gleichverteilt* ist. Wir haben jedoch gesehen, daß das bei niedriger Anregung, wo Spektroskopie normalerweise betrieben wird, typischerweise *nicht* der Fall ist, ebensowenig wie bei sehr hohen Anregungen, etwa einem „schnellen" Stoß auf einer Potentialfläche mit einem Topf. Wie kann man diesen Wechsel im dynamischen Verhalten als Funktion der Energie auf ein und derselben Potentialfläche verstehen?

Mathematiker, die nicht wissen, daß die Spektroskopie der Dynamik voranging, stellen die Frage anders herum. Da das wahre Potential anharmonisch ist, wieso finden wir dann überhaupt Normalschwingungen *ohne* gegenseitigen Energieaustausch? Das ist ein ganz wichtiger Gesichtspunkt. Wird doch in der Tat, wenn wir die symmetrische Streckschwingung von OCS anregen, in Abwesenheit von Stößen *überhaupt keine* Energie auf die asymmetrische Streckschwingung übertragen.

Wir betrachten vereinfachend ein System aus zwei Oszillatoren (z.B. ein OCS-Molekül ohne Biegeschwingung). Es hat stets *eine* gute Konstante der Bewegung, nämlich die Gesamtenergie, die allerdings in keiner Weise den intramolekularen Energieaustausch verhindert. Daher erhebt sich die Frage, ob es etwa eine zweite Konstante der Bewegung gibt. Analytische Überlegungen und ausgedehnte numerische klassische Rechnungen zeigen, daß eine solche für Anregungsenergien direkt über dem Boden des Potentialtopfs normalerweise näherungsweise existiert. Jedoch zeigen die klassischen Trajektorien, daß diese zweite Konstante mit steigender Energie *allmählich* verschwindet. Um diesen langsamen Einsatz des Energieaustauschs zu verstehen, erinnern wir uns, daß ein System von N Freiheitsgraden die Festlegung von $2N$ Anfangsbedingungen (Koordinaten und Impulsen) verlangt. Bei gegebener Gesamtenergie E bleiben $2N - 1$ Anfangsbedingungen übrig (d.h. 3 für zwei Oszillatoren). Existiert eine weitere Konstante der Bewegung, so bedeutet das eine Beziehung zwischen den $2N - 1$ Variablen, d.h. nur $2N - 2$ Variable (2 für zwei Oszillatoren) sind unabhängig. Daher läßt eine zweite Konstante der Bewegung ein System von zwei Oszillatoren sich verhalten wie ein einziger Oszillator, der in der klassischen Mechanik 2 Anfangsbedingungen benötigt. Ob dies im Einzelfall zutrifft, kann man durch numerische Rechnungen feststellen. Man findet dann bei mittleren Werten der Energie, daß einige Anfangsbedingungen eine begrenzte Bewegung (ähnlich einem einzelnen Oszillator) liefern, andere nicht. Der Anteil an Anfangsbedingungen, für die die Bewegung so aussieht, als gäbe es eine zweite Konstante, nimmt mit steigender Energie ab. Dann setzt „irreguläres" oder „chaotisches"Verhalten ein. Wann geschieht das? Zwei Faktoren spielen eine Rolle. Der eine ist die Größe der Anharmonizität, anders gesagt, die Größe der nicht-separablen Anteile der Hamiltonfunktion. Bei dem anderen, gleich wichtigen, geht es darum, wie kommensurabel das Verhältnis der beiden harmonischen Grundfrequenzen ist. Was sind die kleinsten ganzen Zahlen n und m, für die $n\omega_a \approx m\omega_s$? Man findet z.B., daß van-der-Waals-Anlagerungen wie I_2 − He ein Dissoziationsverhalten zeigen, das dem RRKM-Fall sehr unähnlich ist, während angeregtes Ar_3 entsprechend der RRKM-Vorschrift ein Atom abschüttelt.

Die Kenntnisse, die wir aus vielen Rechnungen nach der klassischen Mechanik an kollinearen dreiatomigen Systemen gewonnen haben, sind jedoch in zweierlei Hinsicht begrenzt. Zunächst gilt zwar für ein System von zwei Freiheitsgraden, daß die Existenz einer Konstanten der Bewegung neben der Energie die Bewegung vollständig einschränkt. Nicht jedoch für reale Systeme mit mehr Freiheitsgraden: Hier gibt es viele Möglichkeiten, von einer bis zu $N − 1$ zusätzlichen Konstanten. Sind es weniger als $N − 1$, verhindern sie *nicht* den Energieaustausch. Die Energie kann dann ungleich verteilt sein, ist aber nicht auf einen Freiheitsgrad eingeschränkt. Experimentelle Ergebnisse zeigen vorläufig, daß ein solcher eingeschränkter Energieaustausch tatsächlich der Normalfall ist. So sind die CH-Streckschwingungen organischer Moleküle (z.B. von C_6H_6), deren Frequenzen sich von den Frequenzen der anderen Schwingungen stark unterscheiden, im wesentlichen nur an die CH-Wedelschwingung gekoppelt.

Das zweite Problem ist die Frage, inwieweit man ein quantenmechanisches diskretes System überhaupt mit der klassischen Mechanik simulieren kann. Als Chemiker sind wir nicht nur daran interessiert, ob Energieaustausch stattfindet oder nicht, sondern auch an seiner Rate. Kann er z.B. unterhalb der Dissoziationsenergie mit der Pumprate in einem Laserstrahl konkurrieren? Ist er oberhalb der Schwelle schnell genug, um den selektiven Bruch der angeregten Bindung zu verhindern? Experimentelle Beispiele von unvollständigem Energieaustausch (auf einer Zeitskala von chemischem Interesse) sind vorhanden. Ihr Ergebnis in quantenmechanischer Sprache: der zunächst optisch angeregte Zustand ist mit wesentlich *weniger* Niveaus gekoppelt, als es der bloßen energetisch zugänglichen Anzahl entspricht (Bild 7A.1). Es bleibt zu prüfen, wie allgemein solche bindungsselektiven Prozesse in gewöhnlichen Molekülen sind.

7.3 Multiphoton-Dissoziation 511

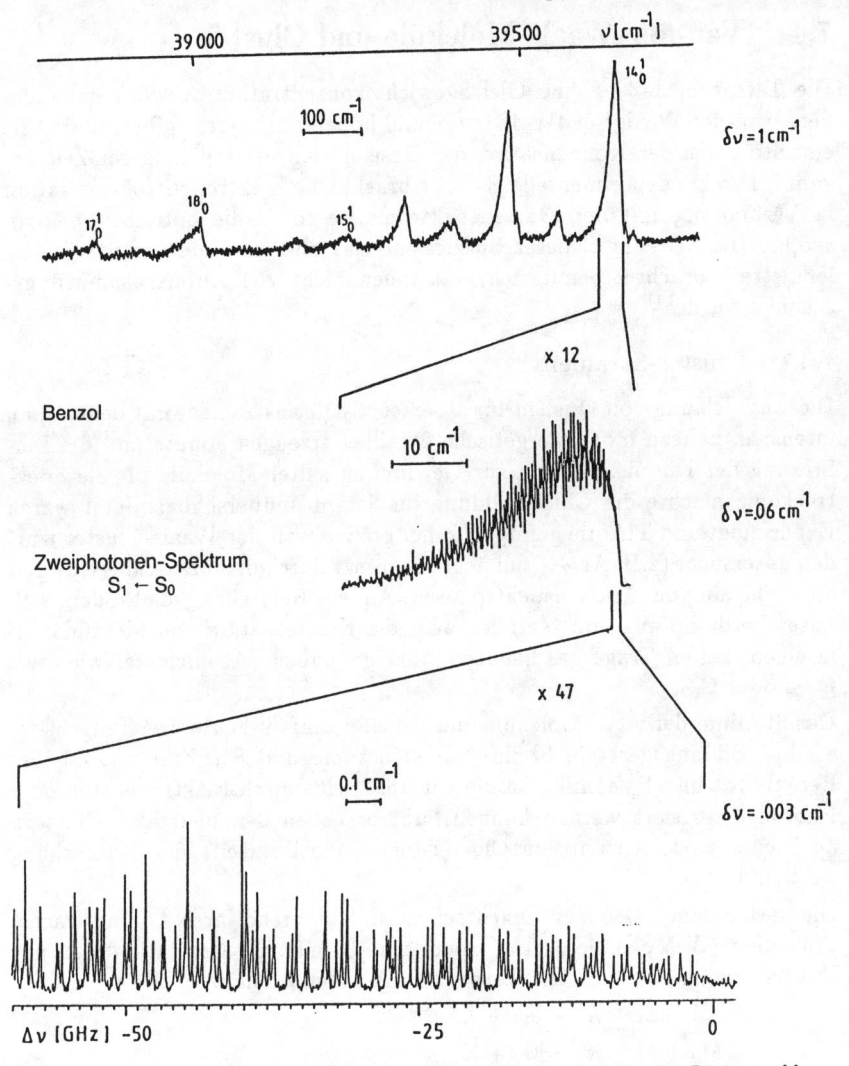

Bild 7A.1 Zweiphotonenspektrum ($S_1 \leftarrow S_0$) von Benzol, das mit der Düsenstrahlmethode gekühlt wurde. (Oben:) Niedrige Auflösung (etwa 1 cm^{-1}) mit der 14_0^1- und anderen Banden. (Mitte:) Die 14_0^1-Bande in mittlerer Auflösung (etwa 0.06 cm^{-1}). (Unten:) 60 GHz breites Stück des hochaufgelösten Spektrums (etwa 0.003 cm^{-1}). Jede Linie wurde zugeordnet und alle berechneten Linien wurden gefunden. (Siehe S.H. Lin, Y. Fujimura, H.J. Neusser, E.W. Schlag: *Multiphoton Spectroscopy of Molecules*, Academic Press, Orlando, FL (1984), Fig. 5.14)

7.4 Van-der-Waals-Moleküle und Cluster

Die Tatsache, daß es eine Gleichgewichtskonzentration schwach gebundener, „van-der-Waals"-(vdW-)Dimere und höherer „Cluster" gibt und daß sie eine Rolle bei der Kondensation der Gase spielen, ist seit längerer Zeit bekannt. Direkte experimentelle Beweise brachte die Elektronenstoß-Ionisation in Verbindung mit der Massenspektrometrie sowie die optische Spektroskopie. Die Seltenheit dieser Spezies im Gas oder in einem effusiven Molekülstrahl brachte es mit sich, daß ihnen nicht viel Aufmerksamkeit geschenkt wurde[14].

7.4.1 Cluster-Strahlen

Die Entwicklung von Quellen für Überschall-Düsenstrahlen, mit denen man intensive, nahezu monoenergetische Strahlen erzeugen konnte und die Einführung der Düsenexpansion zur Gewinnung kalter Moleküle für die Spektroskopie machte die Clusterbildung im Strahl unübersehbar. Jetzt waren Experiment und Theorie gefragt. Immer größere van-der-Waals-Cluster wurden untersucht (z.B. Ar_{170}), zunächst begrenzt durch den Massenbereich und die Auflösung der Massenspektrometer. Andere Herstellungsmethoden, z.B. Laser-Verdampfung von Metallen oder die Kondensation von Metalldampf in einem kalten Trägergas lieferten stark gebundene Atomcluster wie etwa Cu_{29} oder C_{60}.

Das Studium der vdW-Moleküle und -Cluster umfaßt heute drei Teilgebiete: a) ihre Bildungsgesetze, b) ihre Spektroskopie und Struktur und c) ihre Reaktivität und Dynamik. Da die Cluster leicht durch Elektronenstoß oder Photonen ionisiert werden können, gibt es neben den neutralen Clustern auch eine große Anzahl von Cluster-Ionen, die ihrerseits der Erforschung wert sind.

Die vorhandenen Beobachtungen zeigen, daß während ihres Anfangswachstums die vdW-Moleküle durch (exoergische) Dreikörperassoziation (d.h. mit Unterstützung eines dritten Körpers X) gebildet werden:

$$M + M + X \rightarrow M_2 + X$$
$$M_2 + M + X \rightarrow M_3 + X$$
$$M_{n-1} + M + X \rightarrow M_n + X$$

---

[14] Nichtsdestoweniger wurden gebundene Schwingungszustände einiger Edelgasdimere durch optische Spektroskopie nachgewiesen, vgl. Kapitel 3. Die Potentialtöpfe, die auf diese Weise bestimmt wurden, stimmten mit denen aus der elastischen Streuung von Edelgasatomstrahlen überein.

7.4 Van-der-Waals-Moleküle und Cluster   513

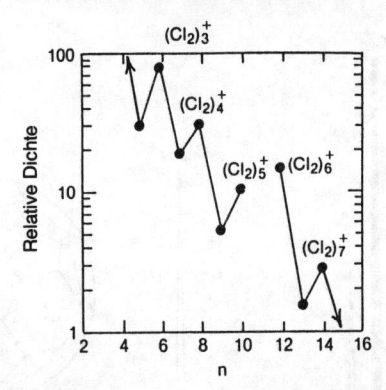

Bild 7.36 Relative Häufigkeit verschiedener Ionen $(Cl)_n^+$ im Elektronenstoß-Massenspektrum eines Überschall-Düsenstrahls von Chlor. Geradzahlige n herrschen vor, d.h. die Cluster-Moleküle $(Cl_2)_m$ verlieren bei der Ionisation leichter Cl_2 als Cl. (Nach R. Behrens, Jr., A. Freedman, R.R. Herm, T.P. Parr: J. Chem. Phys., 63, 4622 (1975))

Die Notwendigkeit des dritten Partners ist für die späteren Stufen nicht mehr ganz so dringend, da die Exoergizität vom Cluster-Molekül selbst aufgesaugt werden kann, wenn dort viele Schwingungs-Freiheitsgrade als Energiesenke vorhanden sind.[15]

Die relative Häufigkeit der verschiedenen Cluster hängt von vielen kinetischen und thermodynamischen Faktoren ab. Gewöhnlich ist der expandierte Düsenstrahl nicht im Gleichgewicht, so daß die relative Stabilität der Cluster wichtig, aber nicht allein entscheidend ist. Kinetische Faktoren sind besonders dann wichtig, wenn Konkurrenz zwischen gleichartigen und ungleichartigen Addukten möglich ist.

Das systematische Verständnis der Clusterbildung wird dadurch erschwert, daß es keine direkte experimentelle Methode für die Bestimmung der ursprünglichen Größenverteilung der Cluster gibt. Elektronenstoß führt (auch bei niedrigen Energien) außer zur Ionisation zu starker Fragmentierung. Bild 7.36 zeigt die relativen Intensitäten von Cl_n^+-Ionen im Massenspektrum eines stark mit Clustern versetzten Cl_2-Strahles. Obwohl die geraden Massenzahlen (z.B. Cl_8^+) intensiver als die benachbarten ungeraden (z.B. Cl_7^+) sind, kann man aus diesen Daten nicht schließen, daß Cl_8^+ allein vom neutralen $(Cl_2)_4$ herrührt.

---

[15]** Natürlich kann die Überschußenergie nicht endgültig verschwinden. Sie muß nur so lange in den andern Schwingungsfreiheitsgraden „geparkt" sein, bis sie abgestrahlt werden kann oder bis das Experiment mit dem Cluster vorbei ist.

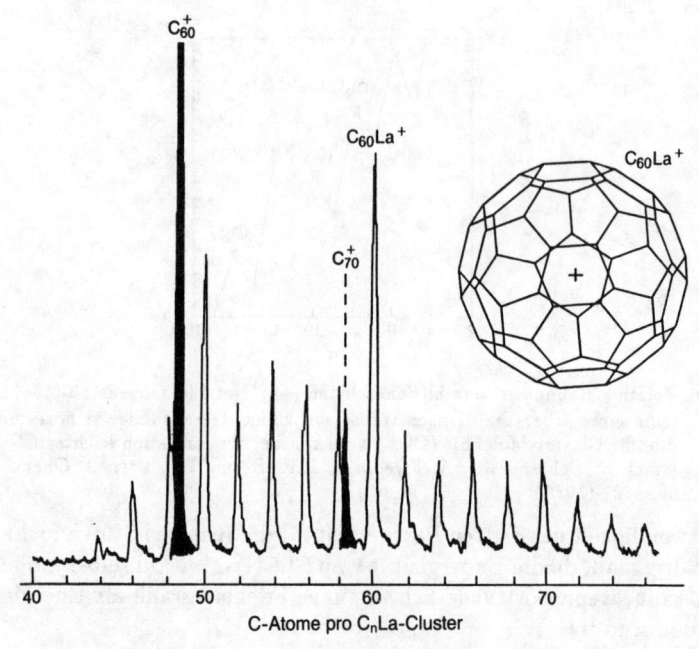

7 Reaktionsdynamik und chemische Reaktivität

Bild 7.37 Flugzeit-Massenspektrum der Produkte aus der Multiphoton-Ionisation von C_nLa- bzw. reinen C_n-Clustern. (Von den letzteren wurde nur $n = 60$ und 70 beobachtet.) Der Verdampfungslaser (Nd:YAG, $\lambda = 532$ nm) bestrahlt ein mit La imprägniertes Stück Graphit; zur Ionisierung dient ein ArF-Excimerlaser ($h\nu = 6.4$ eV). Die häufigsten La-C-Komplexe haben gerades n, am häufigsten ist $C_{60}La^+$. Eine mögliche Kugelform für dessen neutralen Vorgänger C_{60}La ist abgebildet, das La sitzt im Inneren der Kugel. (Nach J.R. Heath, S.C. O'Brien, Q. Zhang, Y. Liu, R.F. Curl, H.W. Kroto, F.K. Tittel, R.E. Smalley: J. Am. Chem. Soc., 107, 7779 (1985))

Im Massenspektrum von Edelgasclustern findet man oft herausstechende Spitzen bei „magischen Zahlen", z.B. 13, 19, 55, 71. Es gibt dazu theoretische Argumente, die sagen, daß bestimmte Clustergrößen stabiler als ihre Nachbarn sein sollten. Eine andere Möglichkeit wäre eine höhere Stabilität der entsprechenden Ionen. Experimente zeigen, daß bestimmte Cluster-Ionen „metastabil" sind, d.h. mit kleiner Rate einen neutralen Bestandteil abspalten, und so ein stabileres kleineres Cluster-Ion bilden, z.B.

$$Ar_{20} + e^- \to Ar_{20}^+ + 2e^-$$
$$\downarrow$$
$$Ar_{19}^+ + Ar$$

Auch solche Kaskadenprozesse können die aus der Intensität der Ionen erschlossenen Verteilungen der neutralen vdW-Moleküle verzerren.

Für stark gebundene Cluster (wie z.B. die Metallcluster) ist die Fragmentierung im Zuge der Ionisation weniger problematisch. Bild 7.37 zeigt als Beispiel das Massenspektrum nach der Multiphoton-Ionisation eines Strahls, der C_nLa-Cluster enthält. Bei weitem das häufigste reine C-Cluster ist C_{60}. Der häufigste Lanthankomplex ist C_{60}La. Man ist versucht, diese Ergebnisse wie folgt zu interpretieren: C_{60} könnte eine geschlossene, hohle Schale (ein Ikosaeder) aus 5er und 6er Kohlenstoffringen sein. C_{60}La hätte dann das La-Atom in die C-Schale eingebaut (Bild 7.37). Gemessen wurden allerdings nur die Massen der Cluster-Ionen. Bevor wir wirklich Strukturen ableiten können, ist noch viel Arbeit nötig.

7.4.2 Spektroskopische und strukturelle Fragen

Die Spektroskopie der van-der-Waals-Moleküle hat in einigen Fällen zur vollständigen Strukturbestimmung, in vielen anderen zu einschränkenden Schlußfolgerungen über die Struktur geführt. Die genauesten Ergebnisse stammen aus elektrischen Resonanzuntersuchungen und Mikrowellenmessungen an Molekularstrahlen, als Beispiel nennen wir das genaue Potential für Kr · HCl von Bild 3.20. Bild 7.38a zeigt die Gleichgewichtsstruktur des vdW-Moleküls C_2H_2 · HCN. Eine ähnlich einfache, durch eine Wasserstoffbindung vermittelte Struktur hat auch C_2H_2 · HCl, aber sie ist keineswegs allgemein. Die Gleichgewichtsstruktur von CH_2O · HF (Bild 7.38b) hat eine Wasserstoffbindung mit gewinkeltem O − HF, überdies ist das Molekül nicht eben! Viele andere vdW-Moleküle haben Wasserstoff-Brückenbindungen, aber die vdW-Moleküle HF · Cl_2 und HF · ClF haben keine solche! Quantenchemische Überlegungen helfen, die Bindung in solchen Molekülen zu verstehen, jedoch müssen einfache Regeln für die Struktur der vdW-Moleküle noch entwickelt werden.

Für größere vdW-Moleküle kommen die Strukturdaten hauptsächlich aus der Spektroskopie von Elektronenübergängen (gewöhnlich aus laserinduzierter Fluoreszenz, manchmal aus der Multiphoton-Ionisation). Bild 7.39 zeigt Ergebnisse für Tetrazin ($s - C_2N_4H_2$), allein und mit einem oder zwei durch van-der-Waals-Kräfte gebundenen He-Atomen. Aus solchen hochaufgelösten Spektren können geometrische Daten auf ±0.01 Å genau gewonnen werden.

Für noch größere vdW-Moleküle kann man zwar oft die Struktur nicht bestimmen, doch erhält man z.B. Information aus spektralen Verschiebungen. Bild 7.40 zeigt die gesamte laserinduzierte Fluoreszenz für Anthrazen aus einem gemischten Strahl mit Ar. Die Frequenzverschiebungen des

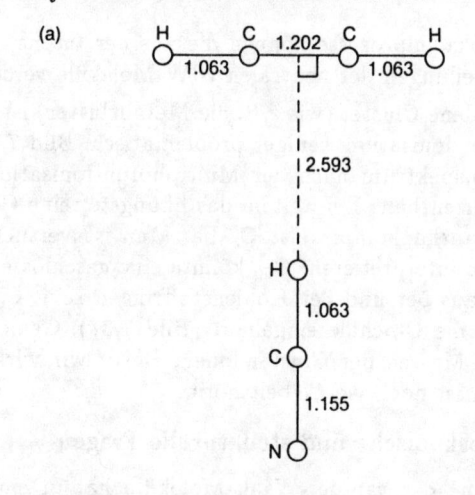

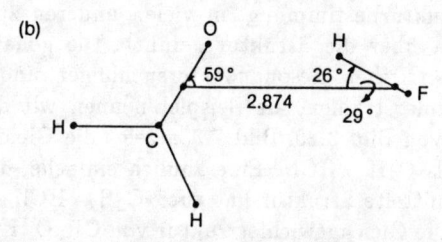

7 Reaktionsdynamik und chemische Reaktivität

Bild 7.38 a) Gleichgewichtsstruktur (Längen in Å) des van-der-Waals-Komplexes Azetylen-Cyanwasserstoff. Die Wasserstoffbindung steht senkrecht auf HCCH. (Nach P.D. Aldrich, S.G. Kukolich, E.J. Campbell: J. Chem. Phys., 78, 3521 (1983); ähnliche Ergebnisse für $C_2H_2 \cdot HF$ und $\cdot HCl$ bei J.A. Shea, W.H. Flygare: J. Chem. Phys., 76, 4857 (1982))
b) Mit der elektrischen Molekülstrahl-Resonanzspektroskopie gemessene Struktur des van-der-Waals-Moleküls $H_2CO \cdot HF$. Winkel und Schwerpunktsabstand sind eingezeichnet, man beachte, daß das HF um 29° aus der Ebene des H_2CO herausgedreht ist. (Nach F.A. Baiocchi, W. Klemperer: J. Chem. Phys., 78, 3509 (1983))

0-0-Übergangs des Anthrazens wurde als Funktion der Anzahl angelagerter Ar-Atome im vdW-Molekül bestimmt. Bild 7.41 zeigt analoge Daten für Tetrazen und Perylen. Die Analyse der Frequenzverschiebungen zeigt, daß es für die Anzahl der Atome, die durch van-der-Waals-Kräfte auf der „π-Elektronen-Seite" solcher aromatischer Moleküle gebunden werden können, Sättigungseffekte gibt.

Das eigentliche Ziel unseres Interesses an Clustern in diesem Buch ist jedoch ihre ungewöhliche chemische Reaktivität.

7.4 Van-der-Waals-Moleküle und Cluster 517

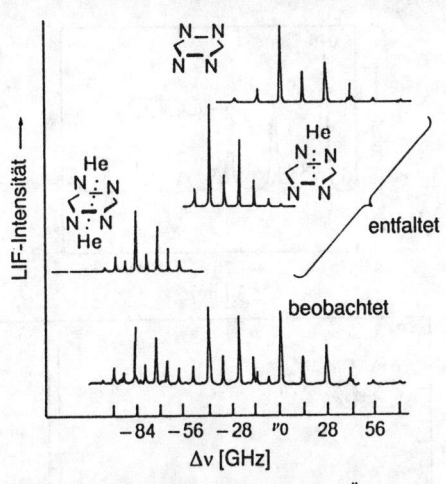

Bild 7.39 Laserfluoreszenz-Spektrum der 0-0-Bande des Übergangs $^1B_{3u} \leftarrow {}^1A_{1g}$ in s-Tetrazin ($C_2N_4H_2$), kurz S, und seiner beiden van-der-Waals-Komplexe mit He. Die experimentellen Daten (unten) wurden entfaltet und ergaben die drei Spektren oben, die S, S·He und He·S·He zugeordnet wurden. Man beachte die zusätzliche Rotverschiebung zwischen den beiden letzteren. (Nach R.E. Smalley, L. Wharton, D.H. Levy, D.W. Chandler: J. Chem. Phys., 68, 2487 (1978))

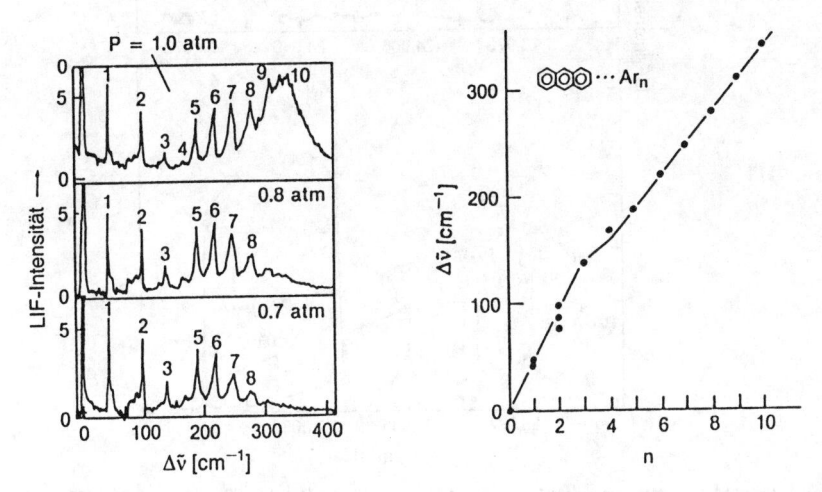

Bild 7.40 (Links:) Spektren der laserinduzierten Fluoreszenz von Anthrazen im gemischten Ar-Strahl bei verschiedenen Drucken. Die Zahlen bedeuten die Anzahl der Ar-Atome im Komplex. (Rechts:) Abhängigkeit der Linienverschiebung von n. Es gibt offenbar zwei Serien, eine von 1 bis 4, die andere von 5 bis 10. (Nach W.E. Henke, W. Yu, H.L. Selzle, E.W. Schlag: Chem. Phys., 92, 187 (1985))

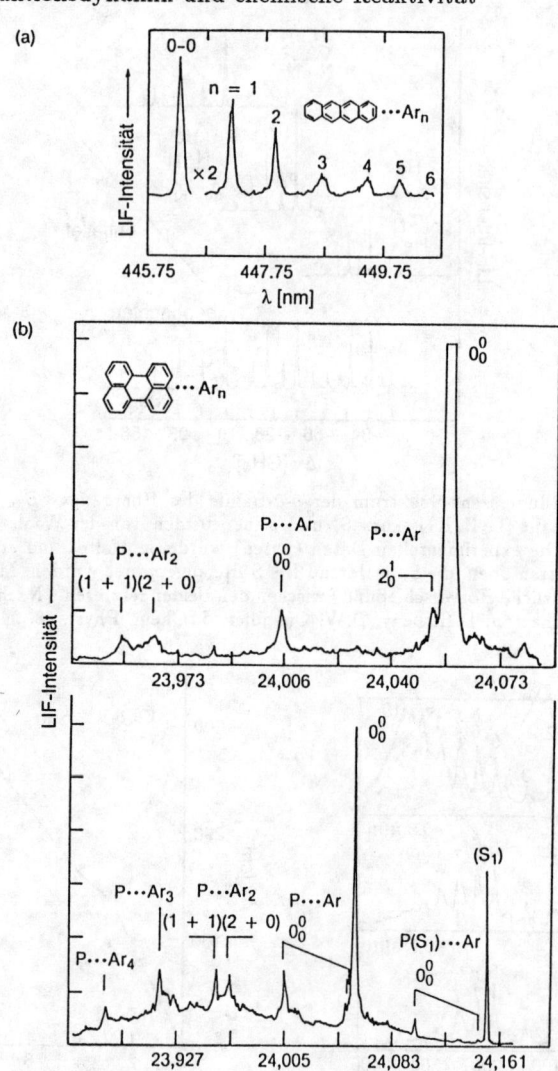

Bild 7.41 a) Laserinduzierte Fluoreszenz (Bande $S_0 \rightarrow S_1$) von Tetrazen und von van-der-Waals-Komplexen Tetrazen·Ar_n. (Nach A. Amirav, J. Jortner: Chem. Phys., 85, 19 (1984))
b) Dasselbe für Perylen (P); oben bei 1.5 atm Argondruck, unten bei 2 atm. Man achte auf die Isomere von $P \cdot Ar_2$, d.h. die verschiedenen Addukte $1 + 1$ bzw. $0 + 2$. (Nach S. Leutwyler: J. Chem. Phys., 81, 5480 (1984))

7.4.3 Die chemische Reaktivität von Clustern

Eine der ersten Feststellungen an Clustern, sogar ziemlich kleinen, war ihre Fähigkeit, bimolekulare chemische Reaktionen zu erleichtern. Sie wirken dabei als „angekettete dritte Körper", die eine Senke für überschüssige Energie oder überschüssigen Drehimpuls bieten. Sowohl Erhaltungssätze als auch empirische „Spielregeln" werden durch den dritten Körper abgeschwächt, wie es z.B. die Vierzentrenreaktion

$$Cl_2 + Br_2 \rightarrow 2BrCl$$

zeigt. Mit verdünnten, clusterfreien Molekularstrahlen wird hier bei thermischer Energie ein vernachlässigbarer reaktiver Querschnitt gemessen. Das erwartet man auch aus allgemeinen Überlegungen zur Erhaltung der Orbitalsymmetrie, die nahelegen, daß solche Vierzentrenreaktionen eine hohe Aktivierungsbarriere haben. Die Reaktion geht in Glaskolben jedoch durchaus vonstatten. Mit einem Cluster-Strahl findet man dann, daß das $(Cl_2)_2$-Dimer leicht reagiert:

$$(Cl_2)_2 + Br_2 \rightarrow 2ClBr + Cl_2,$$

ebenso höhere Cluster $(Cl_2)_n$. Bei diesen relativ lockeren vdW-Moleküle können wir dann von der *Solvatation der Reaktanden* sprechen.

Für stark gebundene (z.B. Metall-) Cluster müssen zwei weitere Aspekte beachtet werden: Einer ist die Möglichkeit, daß Reaktivität selektiv von der Clustergröße abhängt. Gibt es Werte von n, bei denen die elektronische Struktur von M_n besonders zur Reaktion geeignet ist? Wenn ja, gibt es dann unter den Clustern der Zahl n bestimmte Isomere, deren Struktur die Reaktion befördert?

Das Experiment zeigt beeindruckende Beispiele von Selektivität, vgl. Bild 7.42. Hier werden Metallcluster in einem Überschuß von He erzeugt, damit sie nicht miteinander und mit den Wänden zusammenstoßen. Das Massenspektrum wird vor und nach einer kurzzeitigen (150 μs) Beimischung von D_2-Gas aufgezeichnet. Die Reaktion von M_n mit D_2 läßt sich sowohl durch Entleerung der Ionenmasse M_n^+ als auch durch das Auftreten von Ionen $M_n \cdot (D_2)_m$ nachweisen. (Aus thermochemischen Gründen können keine D-Atome abgespalten werden.) Für Co als Metall sind Monomer, Dimer und die n-Mere mit $n = 6$ bis 10 nur schwach reaktiv. Aber die Cluster Co_3, Co_4, Co_5 und alle mit $n > 10$ sind extrem reaktiv, wobei die höheren gleich mehrere D_2-Moleküle anlagern. $(Nb)_n$-Cluster zeigen eine noch stärkere n-abhängige Selektivität. Cluster mit $n = 8$, 10 und 16 sind praktisch inert,

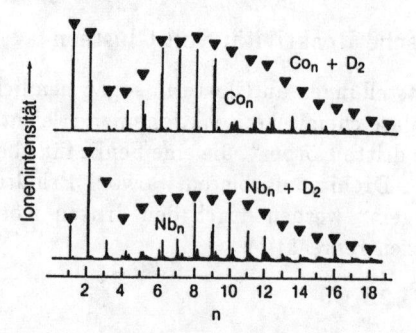

520   7 Reaktionsdynamik und chemische Reaktivität

Bild 7.42 Photoionisations-Massenspektren von Kobalt- und Niobclustern, die in einem schnellen Flußreaktor 150μs lang bei Raumtemperatur in einem Überschuß von 200 torr He mit 0.2 torr D_2 reagiert haben. Die Dreiecke bezeichnen das Cluster-Signal in He ohne D_2. Die Reaktion führt zur Intensitätsabnahme der reagierenden n-Mere und zu zusätzlichen Massen im Spektrum. Cluster von Co mit $n = 1$ bis 2 und 6 bis 9 sind kaum, solche mit 3 bis 5 und ≥ 10 besonders reaktiv. Für (Nb_n) sind die Cluster mit $n = 8, 10$ und 16 ungewöhnlich unreaktiv. (Nach M.E. Geusic, M.D. Morse, R.E. Smalley: J. Chem. Phys., 82, 590 (1985))

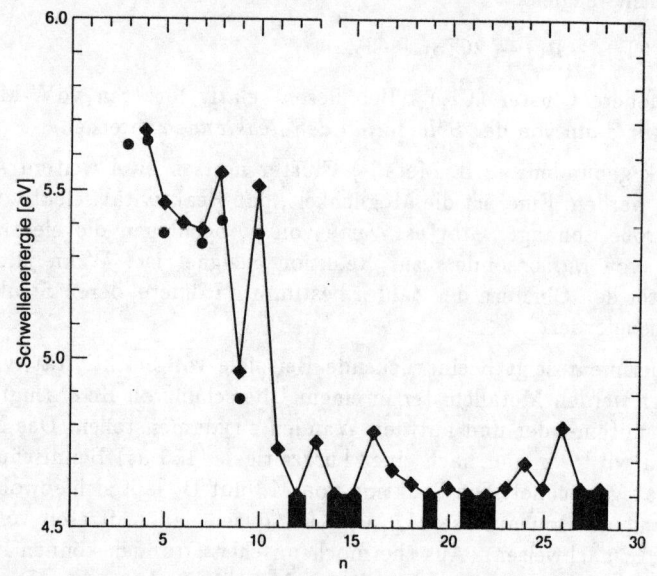

Bild 7.43 Schwellenenergien für die Ionisation von Clustern $(Nb)_n$ (♦) und $(Nb)_nO$ (●). Als Säule gezeigte Cluster haben Schwellen unterhalb der Spitze der Säule, d.h. ≤ 4.6 eV. Man beachte die Maxima der elektronischen Bindungsenergie für $n = 8, 10, 13, 16$ und 26 und vergleiche mit der Nichtreaktivität dieser Cluster im vorigen Bild. (Nach R.L. Whetten, M.R. Zakin, D.M. Cox, D.J. Trevor, A. Kaldor: J. Chem. Phys., 85, 1697 (1986))

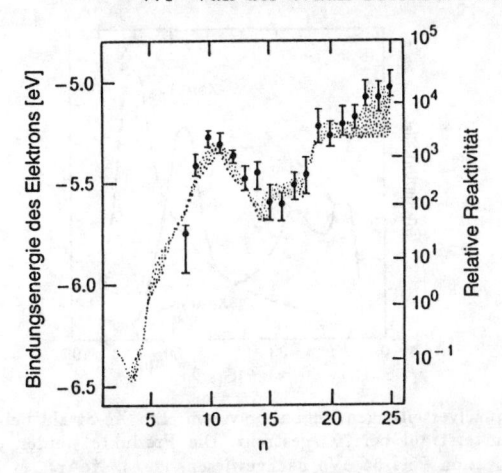

Bild 7.44 Empirische Korrelation zwischen der elektronischen Bindungsenergie (gemessen als Ionisierungsschwelle) und der relativen Reaktivität der Cluster $(Fe)_n$ mit D_2. Das schattierte Band zeigt die Unsicherheit der Ionisationsenergien, die Fehlerbalken die der Reaktivitätsdaten. Als Interpretation nimmt man an, daß die relative Reaktivität $k_n(T)/k_{n'}(T)$ der Größe $\exp(\epsilon(I_{n'} - I_n)/kT)$ entspricht, wobei der empirisch zu 0.2 bestimmte Faktor ϵ die Unterschiede der Bindungsenergien I_n in solche der Höhen der Reaktionsbarriere verwandelt. (Nach R.L. Whetten, D.M. Cox, D.J. Trevor, A. Kaldor: Phys. Rev. Lett., 54, 1494 (1985))

während andere zwischen $n = 3$ und $n = 20$ schnell zu hoch deuterierten Produkten reagieren. Die niedrige Reaktivität spezieller n-Mere ist mit der Ionisationsschwelle, d.h. der Bindungsenergie des äußersten Elektrons hoch korreliert, wie Bild 7.43 zeigt. Diese nicht-monotone Abhängigkeit der Reaktivität von der Clustergröße und die Korrelation von niedriger Ionisationsenergie mit hoher Reaktivität findet man auch für andere Metalle, z.B. Eisen (Bild 7.44).

Führt man das Experiment mit Kupfer-Clustern durch, beobachtet man für $n \leq 19$ keine Reaktion. Das erwartet man auch, wenn man an die Aktivierungs-Barriere denkt, die für die dissoziative Adsorption von D_2 auf metallischem Kupfer existiert (vgl. Abschn. 7.5). Diese Beziehung von Cluster-Reaktivität und Oberflächen-Reaktivität ist ein interessantes Thema.

7.4.4 Reaktionsdynamik

Alle verfügbaren Techniken der molekularen Reaktionsdynamik sind auch für Cluster-Reaktionen brauchbar. Das einfachste Beispiel ist vielleicht die exoergische Reaktion von Edelgas-Clustern

$$Xe + Ar_n \rightarrow XeAr_{n-1} + Ar.$$

522 7 Reaktionsdynamik und chemische Reaktivität

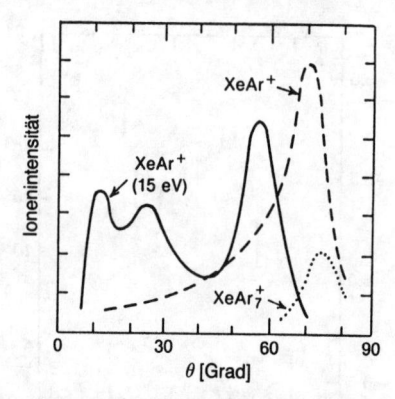

Bild 7.45 Streuwinkelverteilungen im Laborsystem: Ein Xe-Strahl bei 0° wird an einem Ar_n-Clusterstrahl bei 90° gestreut. Die Produkte werden durch Elektronenstoßionisation (bei 35 eV) nachgewiesen. (· · ·): $XeAr_7^+$, (- - -): $XeAr^+$, (—): $XeAr^+$ aber mit 15 eV ionisiert und 100fach überhöht. Das Maximum der gestrichelten Kurve liegt bei etwa 70°, ein Winkel, der für XeAr kinematisch gar nicht erreichbar ist; dieses XeAr muß also aus dem Zerfall größerer Ionen stammen. (Nach D.R. Worsnop, S.J. Buelow, D.R. Herschbach: J. Phys. Chem., 88, 4506 (1984))

Bild 7.45 zeigt die Labor-Winkelverteilung von $XeAr_7^+$, nachgewiesen mittels der Massenspektrometrie. Dieses Ion entspricht allerdings Reaktionsprodukten $XeAr_{7+m}$, $m \geq 0$, da das Mutterion nach der Ionisation noch dissoziieren kann.

Ein direkter Nachweis für die Fragmentation von vdW-Clustern bei der Ionisation (die für die Massenanalyse leider notwendig ist) wurde in einem Streuexperiment mit gekreuzten Molekularstrahlen erbracht. In dem in Bild 7.46 gezeigten Experiment wurden n-Mere durch Streuung an He räumlich getrennt und ihre Fragmentationsschemata einzeln gemessen. Man findet z.B., daß Ar_3 praktisch vollständig fragmentiert, selbst wenn man es mit Elektronen niedrigster Energie ionisiert. Dagegen fragmentiert Ar_2 nur zu 50%. Bei Molekül-Clustern ist Fragmentierung oft mit Umlagerung verbunden, z.B. liefern $(NH_3)_n$-Cluster vorzugsweise das Ion $(NH_3)_{n-2} \cdot NH_4^+$.

Solvatation der Reaktanden kann bei der Aufteilung der Reaktions-Exoergizität einen erheblichen Einfluß ausüben. Bild 7.47 vergleicht die Schwingungsverteilung von BaI aus der Reaktion von Ba mit monomerem und dimerem CF_3I:

$$Ba + CF_3I \rightarrow BaI + CF_3$$
$$Ba + (CF_3I)_2 \rightarrow BaI + CF_3 + CF_3I$$

7.4 Van-der-Waals-Moleküle und Cluster   523

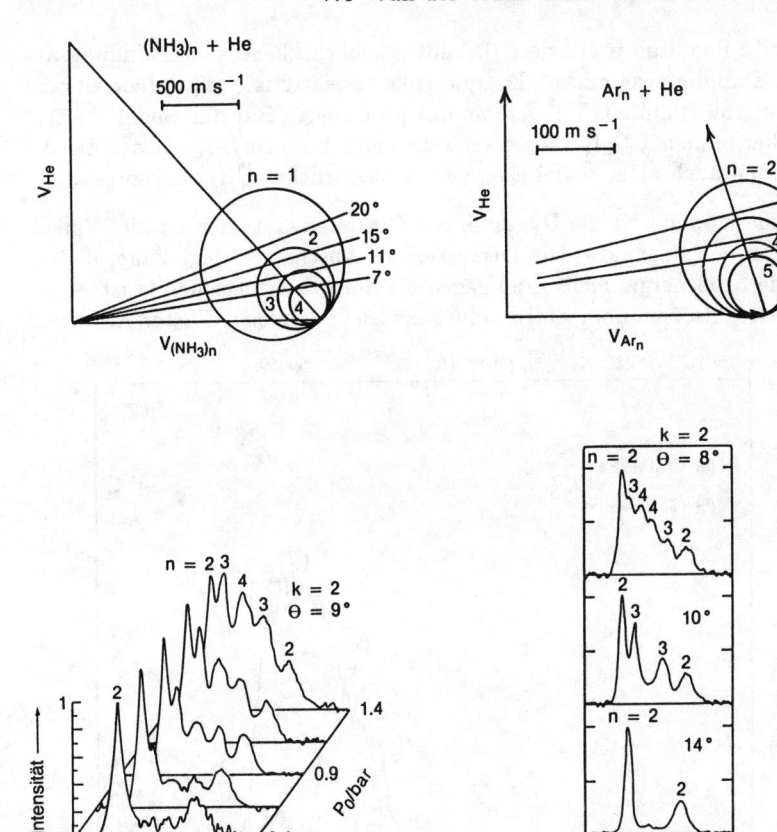

Bild 7.46 Analyse von van-der-Waals-Molekülstrahlen durch differentielle Streuung.
Linke Spalte: Streuung von $(NH_3)_n$ an He. (Oben:) Ein Newton-Diagramm zeigt die Ortslinien der Endgeschwindigkeiten der verschiedenen elastisch gestreuten n-Mere; die Geraden zeigen die Laborwinkel, bei denen eine Flugzeitanalyse gemacht wurde. (Unten:) Flugzeitspektrum des Dimer-Ions ($k = 2$) als Funktion des Drucks in der Düse. Die Maxima entsprechen verschiedenen neutralen Clustern ($n = 2 - 4$); deren Reihenfolge entspricht derjenigen auf einem Schnitt unter 9° durch das Newton-Diagramm. (Nach U. Buck, H. Meyer: Ber. Bunsenges. Phys. Chem. 88, 254 (1984))
Rechte Spalte: Streuung von Ar_n an He. Oben: Wie bei $(NH_3)_n$. Unten: Flugzeitspektren von Ar_2^+ bei festem Düsendruck für drei verschiedene Laborwinkel, die Maxima entsprechen den Erwartungen aus dem Newton-Diagramm. (Nach U. Buck, H. Meyer: Phys. Rev. Lett., 52, 109 (1984))

524 7 Reaktionsdynamik und chemische Reaktivität

Die zweite Reaktion produziert BaI mit erheblich kleinerer Schwingungsanregung. Daß die zusätzliche „Energiesenke" selektiv ist, zeigt einerseits die Reaktion von Ba mit $CH_3I \cdot Ar$, wo das produzierte BaI nur wenig „kälter" ist als bei reinem CH_3I, andererseits diejenige mit Alkyl-I, bei der die Alkylgruppen auch nicht soviel Energie wie zusätzliches CH_3I aufsaugen.

Eine andere Sonde für die Dynamik von Cluster-Reaktionen ist die Winkelverteilung der Produkte. Die Diskussion in Abschn. 7.2 legt nahe, daß — wenn die Stoßenergie nicht groß gegen die Solvatisierungsenergie ist — die Cluster-Reaktionen über einen solvatisierten Komplex (Cluster-Komplex)

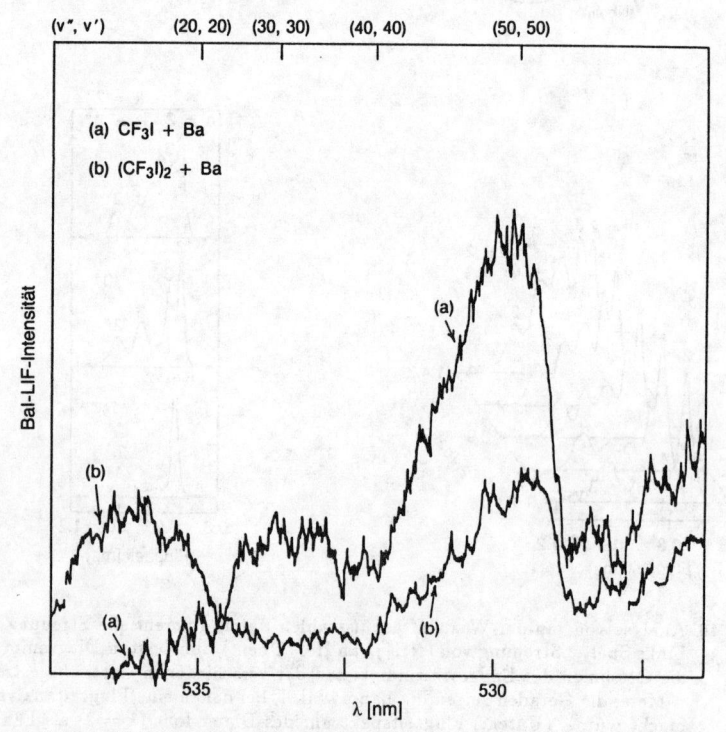

Bild 7.47 Laserinduziertes Fluoreszenzspektrum von BaI aus der Reaktion von Ba mit dem Monomer und Dimer von CF_3I. Ein elektrisches Quadrupolfeld wurde benutzt, um die Monomere aus dem Strahl herauszulenken. Die Reaktion mit dem Monomer erzeugt BaI mit einem wahrscheinlichsten v von etwa 50, während das Dimer nur etwa 10 bringt. Das entspricht einer um etwa 20 kcal·mol^{-1} kleineren Schwingungsanregung. (Nach R. Naaman: Laser Chem., 5, 385 (1986)) Trennt man die beiden Reaktionen nicht, so hat die Schwingungsverteilung scheinbar zwei Gipfel. (Siehe T. Munakata, T. Kasuya: J. Chem. Phys., 81, 5608 (1984))

laufen und daß dieser länger leben wird als der einfache Reaktionskomplex. Bild 7.48 zeigt die Winkelverteilung von elektronisch angeregtem NO_2 aus der Reaktion

$$O(^3P) + NO \cdot Ar \rightarrow NO_2^\dagger + Ar.$$

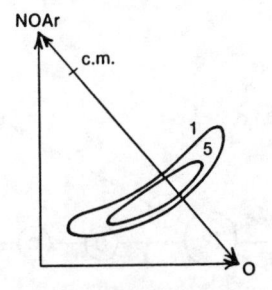

Bild 7.48 Höhenliniendiagramm des Geschwindigkeitsflusses der Produkte aus der Reaktion $O(^3P) + NO \cdot Ar$. Das Ar-Atom ist dabei kaum mehr als ein Zuschauer, denn die verfügbare Energie (etwa 9 kcal·mol^{-1}) ist groß gegen die (geschätzte) Bindungsenergie von $NO \cdot Ar$ (1.5 kcal·mol^{-1}). (Nach J. Nieman, R. Naaman: J. Chem. Phys., 84, 3825 (1986))

Das NO_2 wird hauptsächlich nach vorn gestreut, und ein beträchtlicher Anteil der vorhandenen Energie geht in Translation. Das Ar-Atom selbst reagiert fast nur als Zuschauer. Anders für den stark gebundenen Reaktanden $(NO)_2$,

$$O(^3P) + (NO)_2 \rightarrow NO_2^\dagger + NO.$$

Jetzt ist die Winkelverteilung des NO_2 symmetrisch zu 90°. Der Grund ist die viel kleinere Exoergizität (6 kcal·mol^{-1} für $(NO)_2$ gegen 1.5 kcal·mol^{-1} für $NO \cdot Ar$).

Kommen wir schließlich zu Orientierungseffekten. Eine vdW-Anlagerungsverbindung hat eine eindeutige, wenn auch lose Struktur. Man kann die relative Orientierung der beiden Bestandteile ausnutzen, um sterische Effekte zu erforschen. Bild 7.49 zeigt die Struktur von $CO_2 \cdot HBr$, extrapoliert aus derjenigen von $HCl \cdot CO_2$ und $HF \cdot CO_2$. Die Photolyse dieses vdW-Moleküls bei Wellenlängen, bei denen HBr dissoziiert, liefert translationsmäßig „heiße" H-Atome, deren Geschwindigkeit mehr oder weniger auf einen Kegel um die OCO-Achse beschränkt ist, s. Bild 7.49. Im Glaskolben reagiert heisses H in einem stark exoergischen Prozeß mit CO_2 (Bild 4.37):

$$H + CO_2 \rightarrow OH + CO.$$

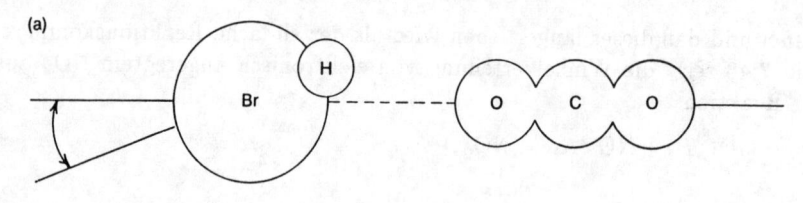

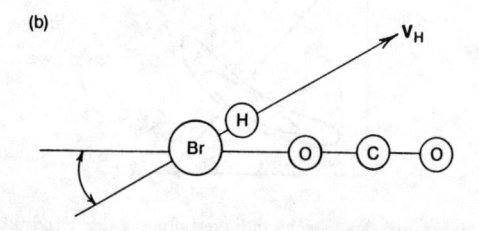

7 Reaktionsdynamik und chemische Reaktivität

Bild 7.49 a) Die lose Struktur von $CO_2 \cdot HBr$. Im Potentialminimum liegen alle Kerne auf einer Geraden, doch ist die Rückstellkraft sehr schwach und die gezeichnete abgewinkelte Konfiguration ist typisch. Der mittlere Winkel des H-Atoms relativ zur Verbindung der Schwerpunkte von HBr und OCO ist etwa 29°.
b) Ähnlich wie a), aber jetzt ist der Geschwindigkeitsvektor von heißen H-Atomen aus der Photolyse des HBr mit eingezeichnet. (Nach G. Radhakrishnan, S. Buelow, C. Wittig: J. Chem. Phys., 84, 727 (1986))

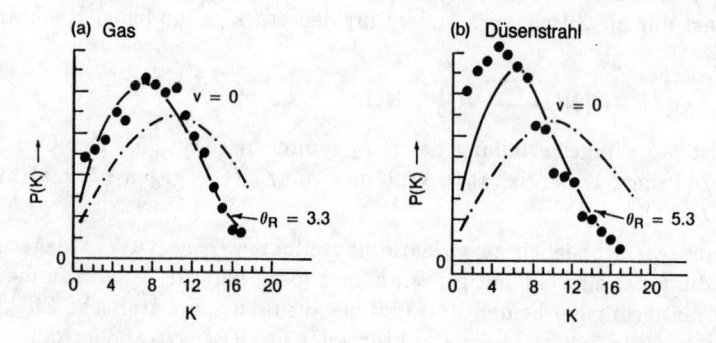

Bild 7.50 Rotationsverteilungen von $OH(v = 0)$ aus (a) der Reaktion von heißen H-Atomen mit CO_2 und (b) der Photolyse des Clusters $CO_2 \cdot HBr$ aufgetragen gegen die Rotationsquantenzahl K. (●): experimentelle Werte (aus laserinduzierter Fluoreszenz), (- - -): A-priori-Verteilung, (—): berechnet mit einem linearen Überraschungswert Θ_r wie angegeben. Beide Verteilungen sind „kälter" als A-priori erwartet, der van-der-Waals-Fall jedoch deutlich stärker. (Nach S. Buelow, M. Noble, G. Radhakrishnan, H. Reisler, C. Wittig, G. Hancock: J. Phys. Chem., 90, 1015 (1986) und G. Radhakrishnan et al.: wie zu Bild 7.49. Zum Thema s.a. C. Jouvet, B. Soep: Laser Chem., 5, 157 (1985))

Man kann die laserinduzierte Fluoreszenz des OH benutzen, um die Energieaufteilung für nicht orientiertes H (HBr nicht aus dem Cluster) und für orientiertes H (HBr aus dem Cluster) zu messen. Die Ergebnisse (Bild 7.50) zeigen, daß das OH, das aus den stärker kollinear orientierten Reaktanden (d.h. aus OCO · HBr) stammt, rotationsmäßig kälter ist. Derartige Korrelationen zwischen Anfangsbedingungen und Endergebnis zu verstehen und neue zu finden, ist eine Herausforderung für die Theorie und eine Gelegenheit für neuartige Experimente. Die molekulare Reaktionsdynamik von Clustern zeigt sich als neues Arbeitsgebiet am Horizont.

7.5 Moleküldynamik von Oberflächenreaktionen

Die heterogene Katalyse ist von enormer praktischer Bedeutung, deswegen wird die Kinetik heterogener chemischer Reaktionen seit langem erforscht. In diesem Abschnitt wollen wir — wie schon im ganzen Buch — die *molekulare Beschreibung* dieser Vorgänge geben. Wir machen dabei keinerlei Versuch, die riesige Literatur zu besprechen, die das makroskopische Verhalten zum Inhalt hat, sondern fangen gleich auf dem mikroskopischen Niveau an. Dabei sollen zuerst nicht-reaktive, danach reaktive Stöße an wohldefinierten Oberflächen betrachtet werden. (Die ersteren kamen auch schon in Abschn. 6.4 vor.) Viele experimentelle und theoretische Methoden sind mit denjenigen eng verwandt, mit denen man Stöße in der Gasphase untersucht. Allerdings ist die Dynamik an Oberflächen sowohl experimentell als auch theoretisch komplizierter. Trotzdem ist vieles schon verstanden, und wir sind heute Zeugen, wie die chemische Seite der Oberflächenwissenschaft immer stärker mikrophysikalisch erklärt wird.

7.5.1 Adsorption und Desorption

Die Streuung von Molekülen an reinen Metalloberflächen ist oft „direkt" und zeigt unvollständige Energie-Akkomodation und Abweichungen vom Kosinusgesetz der Winkelverteilung (Abschn. 6.4). Das trifft besonders dann zu, wenn die kinetische Einfallsenergie und die Oberflächentemperatur hoch sind, wobei man mit der Bindungsenergie E_d der Moleküle im Gitter zu vergleichen hat. Im übrigen findet man ein breites Spektrum von Verhaltensweisen von direkten Stößen mit kurzen Wechselwirkungszeiten ($\simeq 1$ ps) über komplexe Stöße mit Zeiten im Bereich von ps bis ns (Physisorption, vgl. Bild 7.51) bis hin zu langlebigen Komplexbindungen an der Oberfläche mit noch weit längeren Aufenthaltsdauern.

Der erste Schritt zur Charakterisierung des Adsorptionsprozesses ist die Einführung einer Haftwahrscheinlichkeit. Sie gibt an, welcher Bruchteil des

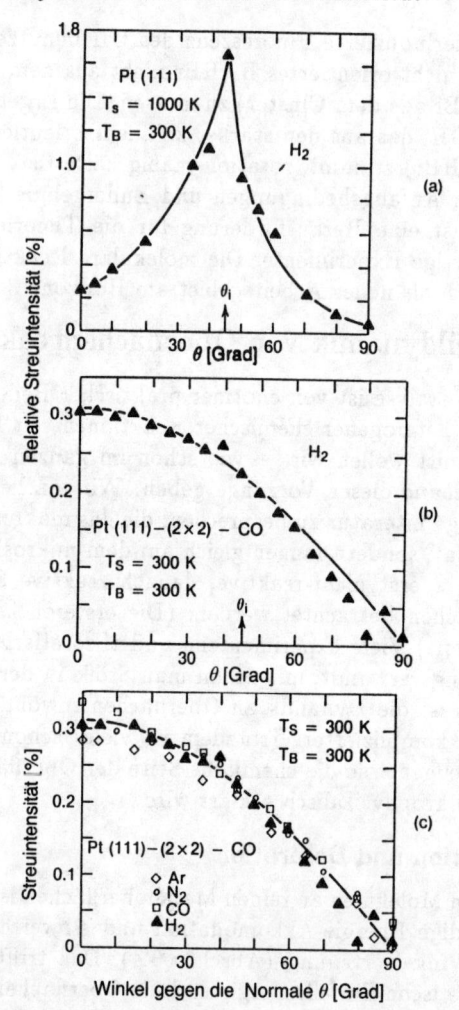

528 7 Reaktionsdynamik und chemische Reaktivität

Bild 7.51 a) Winkelverteilung der Streuprodukte eines effusiven H_2-Strahls von 300 K, der unter 45° auf die (111)-Fläche von Pt bei $T_s = 1000$ K auftrifft. Der Streuwinkel wird von der Normalen aus gemessen; die Ordinate ist in Prozent der einfallenden Intensität angegeben.
b) Dasselbe für eine CO-bedeckte (111)-Oberfläche bei $T_s = 300$ K. Die durchgezogene Kurve ist proportional zu $\cos\vartheta$.
c) Wie b), jedoch für Strahlen aus Ar, N_2, CO und H_2, mit eingezeichneter $\cos\vartheta$-Kurve. (Nach S.L. Bernasek, G.A. Somorjai: J. Chem. Phys., 60, 4552 (1974) und G. Somorjai: *Chemistry in Two Dimensions: Surfaces*, Cornell University Press, Ithaka, N.Y. (1981), p. 340)

7.5 Moleküldynamik von Oberflächenreaktionen

einfallenden Flusses ins völlige Gleichgewicht mit der Oberfläche kommt. Das Ziel ist dabei, zunächst einmal den primären Adsorptionsprozeß von der Vielzahl von Folgeprozessen zu isolieren (Oberflächendiffusion, Einfang in tiefe Potentialtöpfe, Dissoziation, Reaktion, Eindringen in das Gefüge des Festkörpers, Desorption usw.). Der Akt der Adsorption als solcher hat eine anziehende Wechselwirkung mit der Oberfläche zur Vorbedingung, wobei die Normalkomponente der Translationsenergie unter die Topftiefe E_d reduziert werden muß. Wie im analogen Prozeß der Dreikörper-Assoziation in der Gasphase, muß eine Energiesenke vorhanden sein, die die durch die Exoergizität der neugebildeten Bindung verfügbare Energie aufnimmt. Die Haftwahrscheinlichkeit hängt daher kritisch von der Bindung des einfallenden Moleküls an das Gitter ab und wird mit steigender Temperatur sinken.

Experimentelle Werte der Haftwahrscheinlichkeit für Atome und einfache Moleküle an sauberen Oberflächen überstreichen einen weiten Bereich zwischen der Nachweisgrenze und beinahe Eins und hängen von der Art der Wechselwirkung, der Oberflächenstruktur und natürlich von der Temperatur ab.

Wenn der Bedeckungsgrad steigt, nimmt die Haftwahrscheinlichkeit häufig dramatisch ab. Bild 7.52 zeigt die Ergebnisse für den gut charakterisierten Stoß (vgl. Abschn. 6.4) von NO mit Pt(111). Die Haftwahrscheinlichkeit auf der reinen Oberfläche ist sehr hoch und zeigt damit gute Ankopplung der Translationsenergie des NO an das Gitter an, nimmt aber dann mit wachsender Bedeckung der Oberfläche durch adsorbiertes NO nichtlinear ab. Ein Modell zur Erklärung dieser Nichtlinearität setzt voraus, daß ein Molekül, das auf einen schon besetzten Platz trifft, nicht sofort in das Gas zurückgestreut wird (wie es das Adsorptionsmodell von Langmuir annimmt), sondern zeitweilig mit van-der-Waals-Kräften an die vorhandenen adsorbierten Moleküle gebunden wird. Die lose Natur der van-der-Waals-Bindung ermöglicht es den Molekülen in dieser zweiten Schicht, ziemlich frei auf der Oberfläche herumzudiffundieren, bis es einen freien Platz findet, an dem es adsorbiert. Bei hoher Bedeckung wird die Anzahl der unbesetzten Plätze immer kleiner und ihr gegenseitiger Abstand größer, so daß die Haftwahrscheinlichkeit schnell gegen Null geht. Die einfallenden Moleküle werden dann nur noch physikalisch adsorbiert und nach einem Kosinusgesetz zurückgestreut.

Im Grenzfall verschwindender Bedeckung, und falls die Adsorption ohne Dissoziation erfolgt, kann man den Prozeß der Desorption mit dem der Adsorption in das detaillierte Gleichgewicht setzen. Ist die Haftwahrscheinlich-

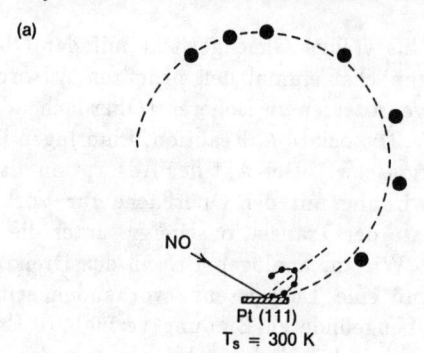

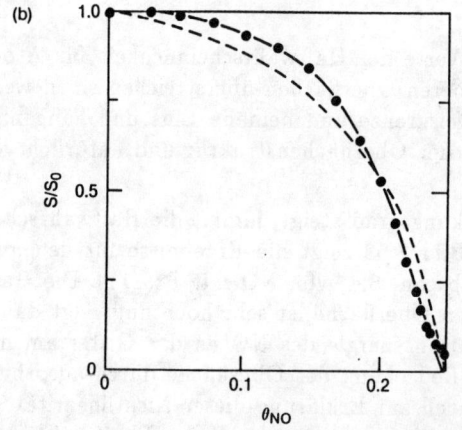

530 7 Reaktionsdynamik und chemische Reaktivität

Bild 7.52 a) Polardiagramm von an einer Pt(111)-Fläche bei 300 K gestreutem NO. Kleine Punkte: Streuung an einer blanken Fläche (Gasbedeckung $\Theta = 0$), bei welcher Spiegelstreuung vorherrscht, und die Streuintensität klein ist, da 85% der auftreffenden Moleküle adsorbiert werden. Dicke Punkte: Streuung an derselben, mit NO gesättigten Oberfläche (Bedeckungsgrad $\Theta = 0.25$ Monolagen). Die gestreute Intensität ist jetzt viel höher und gehorcht ungefähr einem Kosinusgesetz (gestrichelter Kreis).
b) Abhängigkeit der Haftwahrscheinlichkeit S des NO vom Bedeckungsgrad Θ_{NO}. $S_0 = 0.85$ ist die Haftwahrscheinlichkeit für eine saubere Oberfläche bei 300 K. Die durchgezogene Kurve geht durch die Meßpunkte, die gestrichelte stammt aus einem Modell, bei dem ein Vorläufer-Zustand angenommen wird. (Nach C.T. Campbell, G. Ertl, J. Segner: Surf. Sci., 115, 309 (1982); das Modell nach P.J. Kisliuk: J. Phys. Chem. Solids, 3, 94 (1957) und 5, 78 (1958))

keit klein, wird auch die Desorptionsrate niedrig sein. Experimentell findet man für diese Raten eine Temperaturabhängigkeit, die einem Arrhenius-Gesetz folgt

7.5 Moleküldynamik von Oberflächenreaktionen

$$k_\mathrm{d} = \nu_\mathrm{d} \exp\left(-\frac{E_\mathrm{d}}{kT}\right), \tag{7.20}$$

wo $1/k_\mathrm{d}$ die mittlere Verweilzeit auf der Oberfläche ist. Wenn man so die Desorption als unimolekularen Prozeß der „Verdampfung"[16] der Moleküle von der Oberfläche auffassen kann, so ist doch der Frequenzfaktor ν_d häufig viel höher (10^{14} bis 10^{15} s^{-1}), als man es für einen Bindungsbruch in der Gasphase erwarten würde. Die Theorie des Übergangszustandes (Abschn. 4.4) bietet dafür die folgende Interpretation an: In der kritischen Konfiguration „ohne Umkehr" für Desorption ist das Molekül praktisch frei, wogegen es im adsorbierten Zustand in seiner Bewegung sehr eingeschränkt ist. Daher sind am Übergangszustand erheblich mehr Zustände verfügbar als gewöhnlich (klassisch: ein erheblich größeres Phasenraumvolumen), weswegen das Verhältnis der Zustandssummen (Gl. (4.56)) untypisch hoch ist. Übliche Werte von E_d gehen von wenigen meV bis zu einigen eV (z.B. etwa 1.5 eV für NO auf Pt(111)) und entsprechen damit dem Bereich von van-der-Waals-Töpfen bis zu chemischen Bindungen in den entsprechenden Gas-Gas-Wechselwirkungen. E_d ist oft größer als die Aktivierungsenergie für Oberflächenreaktionen (und selbstverständlich für Oberflächendiffusion). Trotzdem kann bei sehr schneller Aufheizung, z.B. in laserinduzierter Desorption, der hohe Frequenzfaktor dazu führen, daß die Verdampfung erfolgreich mit anderen Prozessen konkurriert.

7.5.2 Dissoziative Adsorption

Bisher haben wir Adsorption ohne Bindungsbrüche diskutiert, d.h. das auftreffende Molekül behält während der Wechselwirkung mit der Oberfläche seine chemische Identität und wird nach einer gewissen Verweilzeit als gestreutes, aber intaktes Molekül mit möglicherweise veränderter innerer und kinetischer Energie nachgewiesen. Für die Chemie ist jedoch der Prozeß der *dissoziativen Adsorption* noch interessanter, bei dem im adsorbierten Molekül eine Bindung gelöst wird.

Die für den Bindungsbruch benötigte Energie (typisch 1 bis 5 eV) wird dabei durch die Bildung neuer Bindungen mit ungesättigten Oberflächenatomen geliefert. Als Beispiel kann die Adsorption von H_2 auf reinen Kupferoberflächen dienen:

---

[16]** Die Anführungszeichen sind wichtig: Verdampfung und unimolekularer Zerfall sind durchaus verschiedene Prozesse.

7 Reaktionsdynamik und chemische Reaktivität

$$\begin{array}{ccccc}
H_2(g) & & H\text{-}H & & H \quad\; H \\
+ & \longrightarrow & |\quad| & \longrightarrow & |\quad\; | \\
CuCuCuCu & & CuCuCuCu & & CuCuCu\ldots CuCuCu
\end{array}$$

Ein derartiger Prozeß zeigt sich im Experiment durch leichten Isotopenaustausch, z.B. den Nachweis von gestreutem HD, wenn der einfallende Strahl aus einer Mischung von H_2 und D_2 besteht (s. Abschn. 7.5.3 unten).

Der Mechanismus der dissoziativen Adsorption verlangt, daß sich (mindestens) zwei Potentialflächen kreuzen (Abschn. 6.6), da sowohl das undissoziierte als auch das dissoziierte Molekül an der gleichen Stelle der Oberfläche sitzen können. Ein vereinfachtes Diagramm hierfür zeigt Bild 7.53. Bei genügender Energie kann das Molekül aus dem schwachen (häufig auf van-der-Waals-Kräften beruhenden) Topf, der das undissoziierte Molekül an die Oberfläche bindet, über die Barriere mit der Energie E_b in einen tiefen „chemischen" Topf übergehen, der der Bildung zweier neuer Bindungen an die Oberfläche zu Lasten des Bindungsbruches des Diatoms entspricht.

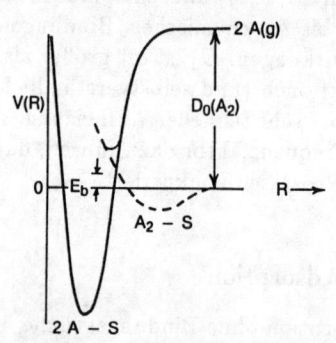

Bild 7.53 Schematische Darstellung des mit einer Kurvenkreuzung verbunden Mechanismus für dissoziative Chemisorption. Die gestrichelte Potentialkurve mit dem flachen van-der-Waals-Topf ist diejenige eines Diatoms A_2, das sich einer idealisierten Oberfläche nähert. R ist der Abstand des Schwerpunkts von A_2 von der Oberfläche. Die durchgezogene Kurve mit dem tiefen, „chemischen" Topf gehört zur Bindung von 2 getrennten Atomen A an die Oberfläche. Beide Kurven kreuzen sich und liefern eine adiabatische Grundzustandskurve mit einer Barriere E_b. (Nach G. Ertl: Ber. Bunsenges. Phys. Chem., 86, 425 (1982))

Die Energiebarriere E_b für die dissoziative, aktivierte Adsorption kann als Schwellenenergie E_{th} in der Abhängigkeit der Haftwahrscheinlichkeit S von der kinetischen Energie senkrecht zur Oberfläche $E_\perp = E_{tr} \cos^2 \vartheta_i$ gemessen werden. Hierzu Bild 7.54: Der schnelle Anstieg in der dissoziativen Haftwahrscheinlichkeit von H_2 auf Cu, sobald $E_\perp$ einmal 4 kcal $\cdot$ mol^{-1} übersteigt, legt nahe, daß $E_b \simeq E_{th} \simeq 4$ kcal $\cdot$ mol^{-1} ist. Allerdings kann die Höhe

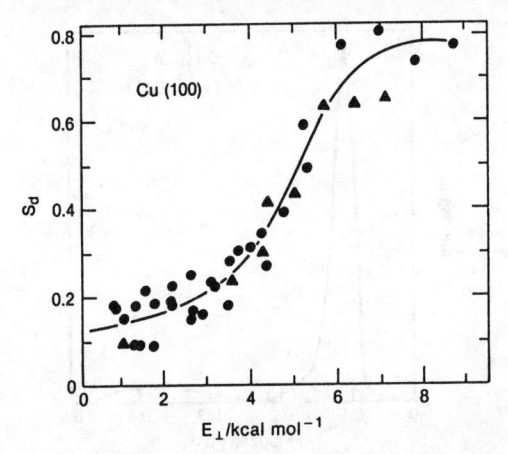

7.5 Moleküldynamik von Oberflächenreaktionen 533

Bild 7.54 Dissoziative Haftwahrscheinlichkeit S_d von H_2-Molekülen, die auf eine (100)-Oberfläche von Cu treffen, gegen die Normalkomponenete der Translationsenergie. (Nach M. Balooch, M.J. Cardillo, D.R. Miller, R.E. Stickney: Surf. Sci., 46, 358 (1974))

der Barriere genau wie in der Gasphase davon abhängen, ob das einfallende Molekül seine Energie in Form von Schwingungs- oder Translationsenergie enthält, ebenso davon, mit welcher Orientierung relativ zur Oberfläche es einfällt. Für die Oberfläche kommt noch hinzu, daß die Barriere auch noch von der Art der Kristallfläche abhängen kann, da diese die Atomanordnung an der Oberfläche beeinflußt (Bild 7.81).

Ein anderes Anzeichen für die Existenz der Dissoziationsbarriere ist die Energieaufteilung in desorbierten Molekülen. Man erwartet für eine Barriere im Ausgangstal, daß ihre Energie als Translationsenergie der desorbierten Moleküle erscheint. Die Geschwindigkeitsverteilungen von H_2- und D_2-Molekülen, die von Cu desorbieren, zeigen in der Tat Maxima bei hohen Geschwindigkeiten. Die Flugzeitverteilung von Bild 7.55 z.B. ist durch einen Wert von $\langle E'_{tr} \rangle \simeq 15$ kcal·mol^{-1} charakterisiert und schmaler als eine Maxwellverteilung zur Oberflächentemperatur $T_s = 1000$ K. Zusätzlich findet man eine enge Winkelverteilung, die ihr Maximum in der Nähe der Normalen hat. Für die innere Energie der desorbierten H_2- bzw. D_2-Moleküle findet man, daß die Rotationsverteilung nur wenig von einer thermischen bei T_s abweicht, daß jedoch die Schwingung sehr viel stärker als thermisch angeregt ist.

Um alle diese Beobachtungen zu erklären, ist das einfache Kurvenkreuzungsmodell von Bild 7.53 sicher unzureichend. Als erstes muß man eine Poten-

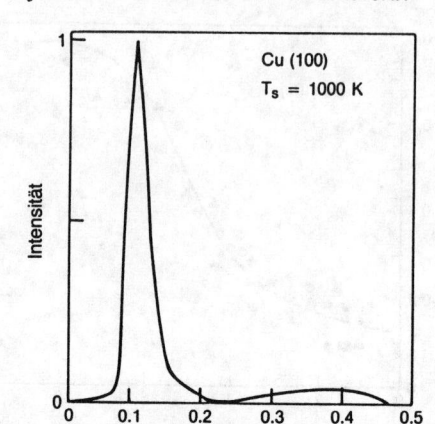

7 Reaktionsdynamik und chemische Reaktivität

Bild 7.55 Flugzeitspektrum von D_2-Molekülen, die senkrecht von einer (100)-Oberfläche von Cu bei $T_s = 1000$ K desorbieren. Das Deuterium wird „von hinten" zugeführt, indem es (als D) durch den Cu-Kristall diffundiert, um an der Oberfläche zu rekombinieren und dann in den Raumwinkel 2π zu desorbieren. Die Datenanalyse zeigt, daß die mittlere Translationsenergie der desorbierenden D_2-Moleküle $\langle E'_{tr}\rangle/2k = 3950 \pm 100$ K und damit vier mal so groß wie T_s ist. (Nach G. Comsa, R. David: Surf. Sci. 117, 77 (1982))

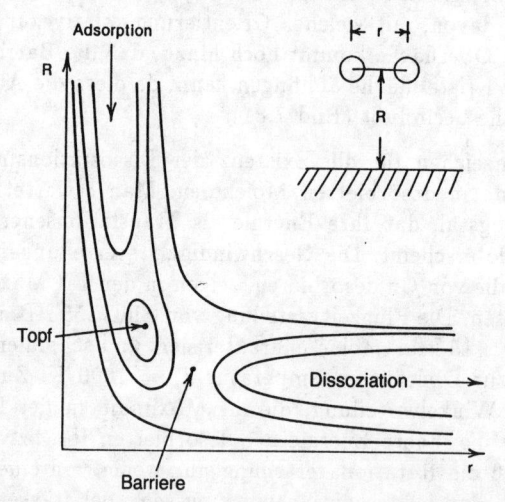

Bild 7.56 Schematische Potentialfläche für dissoziative Adsorption-Desorption. In diesem Modell ist die Barriere zwischen Dissoziation und Rekombination dort, wo bereits das Molekül gebildet ist, und liegt entlang dessen Bindungsabstand. Das führt zu schwingungsangeregten desorbierten Molekülen. Im Eingangskanal existiert ein flacher Topf. (Zitat wie Bild 7.53)

7.5 Moleküldynamik von Oberflächenreaktionen

tialfläche einführen, bei der das Potential nicht nur vom Oberflächenabstand, sondern auch vom Bindungsabstand des Diatoms abhängt (Bild 7.56). Außerdem muß man damit rechnen, daß die Wechselwirkung stark von der Orientierung des Moleküls relativ zur Oberfläche abhängt, so daß man eine Potential*hyper*fläche zur Beschreibung braucht. Weiter gibt es bei Oberflächenwechselwirkungen einen Einfluß der *Welligkeit* der Oberfläche, d.h. von der genauen Anordnung der Oberflächenatome (Bild 7.57). Schließlich, um das Maß voll zu machen, ist die Oberfläche selbst weder statisch noch zweidimensional. In der Tat hat man für H_2, das von Cu oder anderen Metallen desorbiert, gefunden, daß die Rekombination nach einer *Diffusion durch* den Festkörper erfolgt und daß die Energieaufteilung davon abhängt, wie stark die Oberfläche bedeckt ist.

Diese vielen Faktoren machen es schwierig, quantitative mikrophysikalische

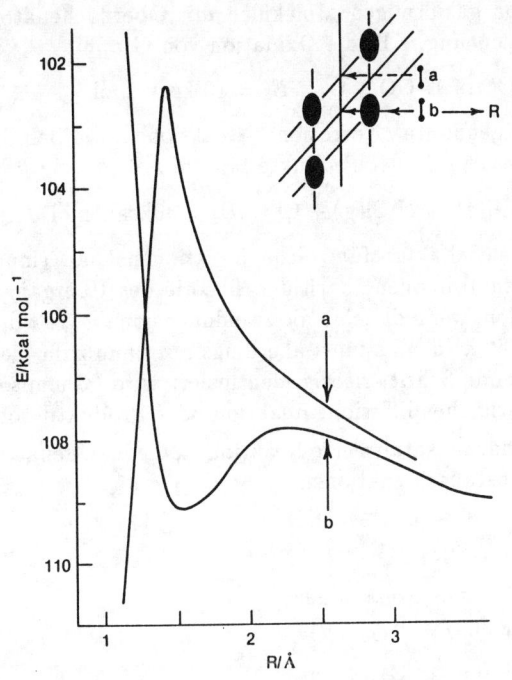

Bild 7.57 Wechselwirkungsenergie von parallel zur Oberfläche orientiertem H_2 mit Cu(100) als Funktion des Oberflächenabstandes (Querschnitt durch eine Potentialfläche vom LEPS-Typ, Abschn. 4.2). Kurve (a) entlang des Reaktionswegs für dissoziative Adsorption, (b) für einen Nachbarort, an dem die Wechselwirkung abstoßend ist. (Nach A. Gelb, M.J. Cardillo: Surf. Sci., 75, 199 (1978))

Schlüsse aus begrenzten Desorptionsdaten zu ziehen. Es ist jedoch klar, daß die Dynamik dieser vor-reaktiven Wechselwirkungen bei reaktiven Prozessen auf der Oberfläche eine wichtige Rolle spielen muß.

7.5.3 Heterogene chemische Reaktivität

In Gas-Oberflächen-Reaktionen können die Oberflächenatome entweder Reaktanden sein und bei der Reaktion verbraucht werden oder nur als Katalysator dienen. In diesem Fall unterscheidet man oft zwischen dem Mechanismus nach Eley und Rideal, bei dem die Gasmoleküle mit chemisorbierten Reaktanden auf der Oberfläche reagieren, und demjenigen nach Langmuir und Hinshelwood, wo beide Reaktanden vor der Reaktion chemisorbiert sind. Angesichts der häufig in vielen Stufen ablaufenden Natur des Adsorptionsprozesses selbst kann es natürlich auch gemischte Fälle geben.

Reaktionen von gasförmigen Molekülen mit Oberflächenatomen haben oft praktische Bedeutung, z.B. die Oxidation von Graphit

$$O_2 + C(gr) \rightarrow CO + O, \quad E_a = 30 \text{ kcal} \cdot \text{mol}^{-1}$$

und andere, sogenannte „Korrosions"-Reaktionen, die bei üblichen Temperaturen zur Desorption der Produkte führen, z.B.

$$Cl_2 + Ni(s) \rightarrow NiCl(g) + Cl, \quad E_a = 30 \text{kcal} \cdot \text{mol}^{-1}.$$

Der Präexponentialfaktor für solche Reaktionen kann (innerhalb von ein bis zwei Größenordnungen) nach der Theorie des Übergangszustandes abgeschätzt werden, wenn diese an die zweidimensionale Welt der Oberflächenchemie angepaßt wird. Das führt allerdings nur dann zum Ziel, wenn der die Rate bestimmende Schritt richtig identifiziert wird (Chemisorption der Reaktanden, Oberflächendiffusion, Reaktion oder Produktdesorption)!

Einfache, oberflächenkatalysierte Reaktionen, die man genau untersucht hat, sind Isotopenaustauschreaktionen

$$H_2 + D_2 \xrightarrow{s} 2HD$$
$$^{14}N^{14}N + {}^{15}N^{15}N \xrightarrow{s} 2\ {}^{14}N^{15}N,$$

bimolekulare Austauschreaktionen

$$CO + O_2 \xrightarrow{s} CO_2 + O$$
$$C_2H_4 + H_2 \xrightarrow{s} C_2H_5 + H,$$

und Dissoziationsreaktionen

$$N_2O \xrightarrow{s} N_2 + O$$
$$HCOOH \xrightarrow{s} H_2 + CO_2.$$

7.5 Moleküldynamik von Oberflächenreaktionen 537

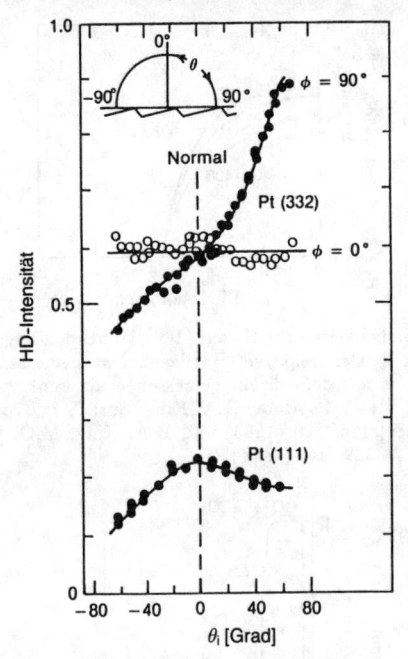

Bild 7.58 Bildung von HD aus einem gemischten H_2/D_2-Strahl von 300 K, der an einer reinen Pt-Oberfläche von $T_s = 1000$ K gestreut wurde, als Funktion des Einfallswinkels ϑ_i. Die untere Kurve ist für die glatte (111)-Fläche: die Ausbeute ist klein und kaum winkelabhängig. Die beiden oberen Kurven sind für die stufenförmige (332)-Fläche. Der Azimutwinkel Φ ist so definiert, daß die Blickrichtung auf die Skizze links oben 0° entspricht. Für $\Phi = 0$ ist die Ausbeute ebenfalls unabhängig von ϑ_i. Für $\Phi = 90°$ trifft der einfallende Strahl auf die Stufen, und die HD-Produktion hängt stark von ϑ_i ab, mit einem Maximum für große positive ϑ_i (vgl. die Skizze). (Nach G.A. Somorjai: *Chemistry in Two Dimensions: Surfaces*, Cornell University Press, Ithaka, N.Y. 1981, S. 370)

Am instruktivsten sind vielleicht die Austauschreaktionen, da sie nur aus dissoziativer Adsorption, Oberflächendiffusion und Rekombination bestehen. So kann man einen gemischten H_2/D_2-Strahl auf eine Pt-Oberfläche schicken und eine Ausbeute von 35% HD bekommen, die allerdings vom Einfallswinkel und von der genauen Anordnung der Oberflächenatome abhängt. In Bild 7.58 werden die Ausbeuten von HD auf einer glatten (111) und eine gestuften (332) Pt-Oberfläche verglichen. Aus den Daten folgt, daß die Wahrscheinlichkeit des Isotopenaustauschs für Orte mit „Stufen" rund siebenmal so hoch ist wie für Orte auf „Terrassen" und daß dieser Unterschied von der höheren Wahrscheinlichkeit für dissoziative Adsorption auf

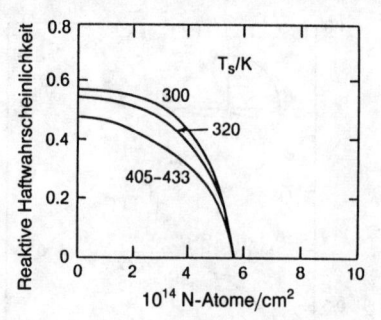

Bild 7.59 Haftwahrscheinlichkeiten für N_2 auf (100)-W bei den angegebenen Oberflächentemperaturen T_s. Der „reaktive" Haftkoeffizient, gemessen aus der Ausbeute von $^{14}N^{15}N$, stimmt mit dem direkt gemessenen als Funktion der Stickstoffbedeckung überein. (Nach P. Alnot, D.A. King: Surf. Sci., 126, 359 (1983); s.a. D.A. King: Surf. Sci., 126, 359 (1983) und D.A. King, M.G. Wells: Proc. Roy. Soc. London, Ser. A, 339, 245 (1974))

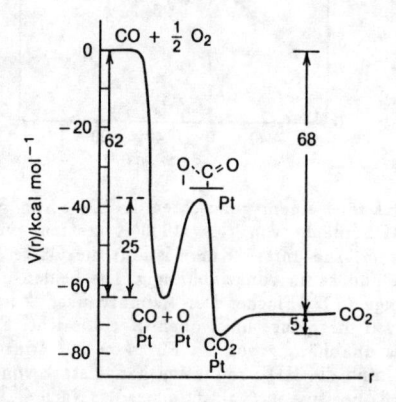

Bild 7.60 Potentialschema entlang der Reaktionskoordinate zur Erläuterung der auf (111)-Pt katalysierten Reaktion von CO mit O_2. Man beachte den flachen van-der-Waals-Topf für die Adsorption von CO_2. Die (Langmuir-Hinshelwood-) Barriere von 25 kcal·mol^{-1} zwischen adsorbiertem CO+O und adsorbiertem CO_2 wurde aus der gemessenen Aktivierungsenergie abgeleitet, die Adsorptionsenergien von CO und O wurden direkt gemessen. (Nach T. Engel, G. Ertl: J. Chem. Phys., 69, 1267 (1978); s.a. die Diskussion bei M.P. D'Evelyn, R.J. Madix: Surf. Sci. Rep., 3, 413 (1984))

der gestuften Oberfläche herrührt. (Man erinnere sich an Bild 7.57). Die nachfolgenden Prozesse sind wahrscheinlich für beide Oberflächenarten die gleichen.

Für N_2 auf W(100) ist die Ausbeute an $^{15}N^{14}N$ im großen und ganzen identisch mit der direkt gemessenen Haftwahrscheinlichkeit S (Bild 7.59).

Die Rolle der dissoziativen Adsorption zeigt sich auch im Fehlen jeder nachweisbaren CO_2-Bildung, wenn O_2 auf eine mit CO gesättigte Pt-Oberfläche trifft. Das Umgekehrte ist nicht der Fall. Da allerdings die Sättigungsbedeckung mit O-Atomen klein ist, muß man der Frage, ob CO vor der Reaktion adsorbiert werden muß, nachgehen. Man findet durch Modulation des CO-Strahls, daß die mittlere Verweilzeit des CO auf der Oberfläche sehr hoch ist. Die Reaktion zu CO_2 geschieht daher zwischen zwei adsorbierten Molekülsorten (d.h. „nach Langmuir und Hirshelwood", Bild 7.60). Daß dabei die adsorbierten Moleküle nicht in ihrer zur Gasphase gehörigen Gleichgewichtskonfiguration sein müssen, wird durch die Messung der Energieaufteilung enthüllt, wie der nächste Abschnitt zeigt.

7.5.4 Die Dynamik von Gas-Oberflächen-Reaktionen

Die vielen mitspielenden Variablen in Gas-Oberflächen-Reaktionen machen es notwendig, die Dynamik zu untersuchen, bevor man auch nur versuchsweise Schlüsse über den molekularen Mechanismus zieht. Die Bestimmung der Geschwindigkeits- und Winkelverteilungen für jeden einzelnen Quantenzustand der Produkte mit der Lasersonde (Abschn. 5.2) findet — wenn überhaupt — dann hier den entscheidenden Einsatz.

Die Molekülstrahl-Streuexperimente zur Oxydation von CO auf Pt in Anwesenheit adsorbierter O_2-Moleküle haben nicht nur eine lange Verweilzeit vor der Desorption des CO_2 nachgewiesen, sondern auch, daß diese Moleküle ziemlich „heiß" in ihrer Translation sind ($\langle E'_{tr} \rangle \simeq 0.3$ eV) und, wie die IR-Emission zeigt, auch schwingungsmäßig angeregt. Auch die Reaktion von atomarem Sauerstoff mit einer karbonisierten Oberfläche bei $T_s = 1400$ K liefert schwingungsangeregtes CO (Bild 7.61). Die Winkelverteilung der desorbierten CO_2-Moleküle ist schärfer als eine Kosinusverteilung, ein Zeichen für die Kräfte, die im Ausgangstal wirken. Im Gegensatz dazu ist die Winkelverteilung von NO aus der auf Ni(100) katalysierten Dissoziation von N_2O kosinusförmig, woraus man auf Akkomodation des NO vor der Desorption schließt.

Eine einfachere und leichter zu interpretierende Reaktion ist die Stoßdissoziation von I_2 (Bild 7.62). Die Dissoziationswahrscheinlichkeit von I_2 auf MgO(100) als Funktion der einfallenden kinetischen Energie steigt nach der thermochemischen Schwelle ($E_{th} \simeq D_0(I_2) = 1.54$ eV) rasch an und wird erst oberhalb von $E_{tr} \geq 5$ eV flacher. Auch wenn das Modell einer starren Oberfläche diesen Trend erklären könnte, so zeigen doch Flugzeitdaten für das undissoziierte I_2 einen großen Energieübertrag auf den Festkörper und

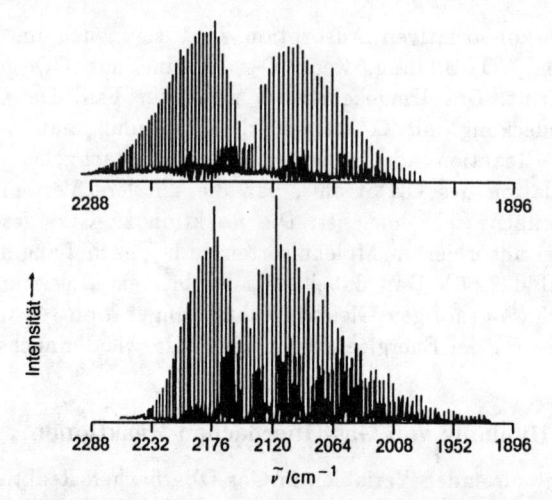

540   7 Reaktionsdynamik und chemische Reaktivität

Bild 7.61 (Unten:) IR-Emissionsspektrum von CO aus der Reaktion von atomarem O mit einer Monolage von C auf einer Pt-Oberfläche von $T_s = 1400$ K. (Oben:) Spektrum eines thermisch akkomodierten CO-Strahls bei 1400 K. Das frisch auf der Oberfläche entstandene CO hat eine deutlich höhere mittlere Schwingungsenergie als das thermische Gas. (Nach M. Kori, B.L. Halpern: Chem. Phys. Lett., 98, 32 (1983))

verlangen daher nach einer nicht-starren Beschreibung desselben. Ein solches Modell, das gleichzeitig die Daten aus inelastischen Stößen wiedergibt, liefert auch die richtige Energieabhängigkeit der Dissoziationswahrscheinlichkeit, wie Bild 7.62 zeigt.

Die theoretische Methode, die bisher die Dynamik von Adsorption, Desorption und von reaktiven Stößen mit der Oberfläche am besten beschreiben konnte, ist die der klassischen Trajektorien. Die wesentliche Voraussetzung ist ein realistischer, rechnerisch durchführbarer Ansatz für die Kopplung der Freiheitsgrade von Molekül, Oberfläche und Festkörper. Grundsätzlich kann man natürlich eine Potentialenergie halbempirisch einführen, die eine Funktion aller Atompositionen sowohl des Moleküls wie der Oberfläche ist und damit die klassischen Bewegungsgleichungen lösen. Da jedes Atom des Festkörpers mit allen Nachbaratomen wechselwirkt, hieße das, eine ungeheuer große Zahl gekoppelter Differentialgleichungen zu integrieren. Darüber hinaus müßte diese Rechnung mit vielen verschiedenen Anfangsbedingungen wiederholt werden, um z.B. die thermische Mittelung der Freiheitsgrade des Festkörpers durchzuführen. Das ist völlig unrealistisch, ist aber auch physikalisch unvernünftig, denn das Ergebnis einer Oberflächenreaktion kann sicher nicht von den Einzelhei-

7.5 Moleküldynamik von Oberflächenreaktionen 541

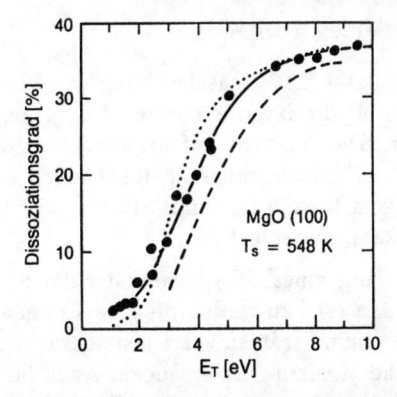

Bild 7.62 Dissoziationswahrscheinlichkeit (in %) für I_2-Moleküle, die auf eine (100)-Oberfläche von MgO bei $T_s = 548$ K treffen, als Funktion der einfallenden Translationsenergie. Durchgezogene Kurve mit Punkten: experimentelle Werte, ($\cdots$): Theorie, starre Oberfläche, (- - -): Theorie, nicht starre Oberfläche. (Nach E. Kolodney, A. Amirav, R. Elber, R.B. Gerber: Chem. Phys. Lett., 111, 366 (1984))

ten der atomaren Bewegungen einige Atomlagen unterhalb der Oberfläche abhängen.

Den Ausweg bietet die statistische Mechanik: Wir mitteln *erst* über die Freiheitsgrade des Festkörpers und integrieren *dann* die zeitliche Entwicklung der molekularen Freiheitsgrade. Das kann formal exakt durchgeführt werden und liefert in den Bewegungsgleichungen des Moleküls zwei Zusatzterme. Der eine ist eine dissipative „Reibungs"-Kraft, die zu einem Energiefluß in die Oberfläche oder aus ihr heraus führt. Der andere stellt eine Zufallskraft dar, die die thermischen Fluktuationen von Ort und Impuls der Oberflächenatome widerspiegelt. Die entstehende Gleichung wird oft generalisierte Langevin-Gleichung genannt.

Die exakte Berechnung dieser Zusatzterme ist so schwierig wie das ursprüngliche Problem. Da sie aber eine einfache physikalische Interpretation erlauben, kann man einfache und dennoch realistische Näherungen dafür finden. In der Praxis löst man manchmal die Bewegungsgleichungen auch so, daß man die Freiheitsgrade des Moleküls und derjenigen Atome berücksichtigt, an die es direkt gekoppelt ist. Nur über den übrigen Festkörper wird gemittelt. Diese strukturlose Beschreibung der Molekülumgebung als „Kissen" hat die Methode der klassischen Trajektorien nicht nur für Oberflächenreaktionen, sondern auch für Reaktionen in Flüssigkeiten handhabbar gemacht.

7.5.5 Laserinduzierte Prozesse

Wir betrachten als letztes die Wechselwirkung von Photonen mit adsorbierten Molekülen, speziell die laserinduzierte Desorption und laserinduzierte Photofragmentation. Die Aussicht auf praktische Anwendungen der ersteren hat zu erheblichen Anstrengungen geführt, doch kennt man noch keine endgültigen Spielregeln für die Dynamik. Photofragmentation auf Oberflächen wurde bisher kaum untersucht.

Die Desorption mit Hilfe eines CO_2-Lasers, der das Substrat aufheizt, wird häufig benutzt, um Material zu verdampfen, sei es um aufgedampfte Schichten zu erzeugen, sei es um Strahlen von sonst schwer verdampfbaren Stoffen (Metallen, organische Moleküle) zu erzeugen. Auch für die Verdampfung in Massenspektrometer-Ionenquellen oder zur Erzeugung von Clustern für die Spektroskopie wurde das Verfahren genutzt. Manchmal zieht man auch Laser im Sichtbaren oder UV vor, etwa bei der Verdampfung schwer schmelzbarer Materialien (seltene Erden, Übergangsmetalle).

Was die Photodissoziation angeht, so hat man bisher wenig dynamische Information, darunter eine Studie über CH_3Br, das auf LiF(100) chemisorbiert war. Mit einem auf $\lambda = 222$ nm arbeitenden UV-Laser wurde die Flugzeitverteilung von photodesorbiertem CH_3Br mit derjenigen von CH_3-Radikalen aus der Photodissoziation von adsorbiertem CH_3Br verglichen (Bild 7.63). Die Photodissoziation zeigt eine scharfe Verteilung der Translationsenergie des CH_3 senkrecht zur Oberfläche. Sie erstreckt sich bis zur theoretischen Obergrenze, bei der alle Überschußenergie ($h\nu$ minus der Bindungsenergie von $CH_3 - Br$) in den Rückstoß des CH_3 geht. Das bedeutet, daß das CH_3 von einem sehr viel schwereren „Teilchen" als dem Br, nämlich von der gesamten Oberfläche, abgestoßen wird. Man schließt daraus, daß die $H_3C - Br$-Bindung des chemisorbierten CH_3Br senkrecht auf der Oberfläche steht, und das Br oberhalb der Li^+-Ionen und nicht oberhalb von F^- adsorbiert ist. Getrennte thermische Desorptionsversuche ergeben als Bindungsenergie des CH_3Br an der Oberfläche $E_d \simeq 0.3$ eV, was mit der Affinität zwischen Br und Li^+ übereinstimmt. Es war hier also möglich, mikrophysikalische dynamische Information über eine gleichzeitig mit der Photodesorption stattfindende Photodissoziation zu gewinnen.

Es ist klar, daß hier eine Vielzahl neuer, aufregender Experimente möglich ist, ebenso wie theoretische Untersuchungen, die nur darauf warten, in diesem sich ausweitenden Gebiet der Reaktionsdynamik getan zu werden.

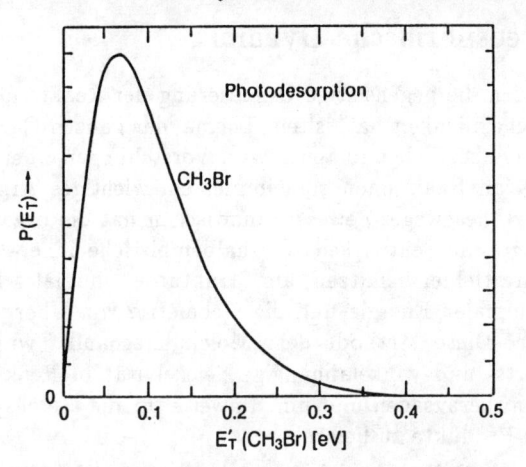

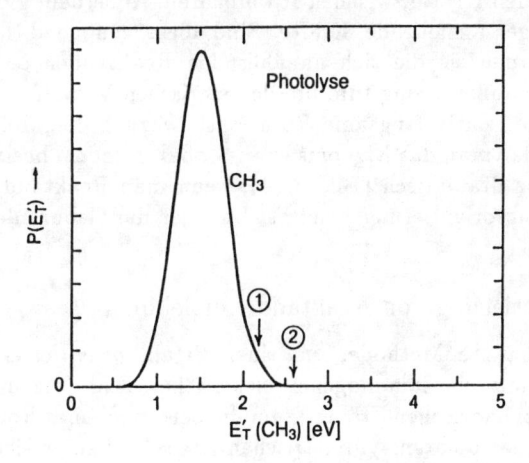

7.5 Moleküldynamik von Oberflächenreaktionen

Bild 7.63 a) Verteilung der Translationsenergie (aus der Flugzeitanalyse) von photodesorbiertem CH_3Br, das in weniger als einer Monolage auf einer (001)-Oberfläche von LiF bei $T_s = 115$ K adsorbiert war. Der Strahl eines Excimer-Lasers ($\lambda = 222$ nm, 2 bis 3 mJ pro Impuls) traf unter $85°$ (von der Normalen gerechnet) auf die Oberfläche; das CH_3Br wurde massenspektroskopisch unter $5°$ nachgewiesen. Das Maximum ist bei 0.06 eV mit einer Breite von 0.14 eV.
b) Ebenso für CH_3-Radikale, die durch Photolyse des adsorbierten CH_3Br entstanden. Hier liegt das Maximum bei 1.5 eV und ist 0.6 eV breit. Pfeil 1 zeigt die höchste thermochemisch erlaubte Rückstoßenergie, wenn das CH_3 aus freiem CH_3Br stammt, Pfeil 2 diejenige von CH_3Br, das an eine große Masse (d.h. den Kristall) gebunden ist. (Nach E.B.D. Bourdon, J.P. Cowin, I. Harrison, J.C. Polanyi, J. Segner, C.D. Stanners, P.A. Young: J. Phys. Chem., 88, 6100 (1984))

7.6 Stereospezifische Dynamik

Der Einfluß, den die gegenseitige Orientierung der Reaktanden auf die Reaktionswahrscheinlichkeit hat, ist ein Thema, das ganzen Generationen synthetischer Chemiker lieb und teuer war. Vorstellungen über die sterischen Bedingungen von Reaktionen sind immer ein wichtiges Argument für die Wahl eines Syntheseweges gewesen. Inzwischen hat die organische Chemie Computerprogramme entwickelt, die halbempirische inner- und zwischenmolekulare Kraftfelder benutzen, um Strukturen minimaler Energie, Reaktionswege minimaler Energie und die Geometrie von Übergangszuständen zu bestimmen. Diese Methode der „Molekülmechanik" wurde z.B. angewandt, um orts- und winkelabhängige Selektivität in Reaktionen chiraler Reaktanden vorherzusagen und um Hinweise für die stereospezifische Synthese chiraler Produkte zu liefern.

Eine überragende Rolle bei solchen Überlegungen spielen die kurzreichweitigen, abstoßenden Kräfte zwischen Atompaaren. Außerdem gibt es natürlich langreichweitige, anziehende Kräfte. Sind diese genügend stark und anisotrop, so werden sie die sich annähernden Reaktanden orientieren, und man kann von außen wenig tun, um den sterischen Verlauf der Reaktion zu verändern. Die relativ langsame Rotationsbewegung der Moleküle legte es jedoch nahe, daß man das Ergebnis eines Stoßes trotzdem beeinflussen kann, und zwar ganz dramatisch (Bild 7.64), wenn man Reaktanden mit vorgegebener Anfangsorientierung benutzt. Das war die Geburt der chemischen Stereodynamik.

7.6.1 Orientierung von Reaktandenmolekülen

Die heute benutzte Methode, um einen Strahl *orientierter Moleküle* zu erzeugen, nimmt ein inhomogenes elektrisches Feld (erzeugt von einem Sechspol aus zylindrischen Stäben), um die Selektion eines Rotationszustandes $|JKM\rangle$ eines polaren symmetrischen Kreisels[17] zu erreichen. Dahinter kommt ein schwaches, homogenes elektrisches Feld E, das den Dipol und damit das zustandsselektierte Molekül als ganzes im Laborsystem orientiert

---

[17] Für einen symmetrischen Kreisel in einem schwachen elektrischen Feld E ist das Quadrat des Drehimpulses mit den Eigenwerten $P^2 = J(J+1)\hbar^2$ quantisiert, wo $J \geq 0$ die Drehimpulsquantenzahl ist. Ferner sind zwei Komponenten von P quantisiert: P_z, die Komponente von P entlang der Figurenachse (z-Achse), mit $P_z = K\hbar$, $K = 0, \pm 1, \ldots, \pm J$, legt P im molekülfesten Koordinatensystem fest, während P_Z, die Komponente von P in der E-Richtung (hier Z-Richtung), mit $P_Z = M\hbar$, $M = 0, \pm 1, \ldots, \pm J$, die Projektion im laborfesten Koordinatensystem bestimmt.

7.6 Stereospezifische Dynamik

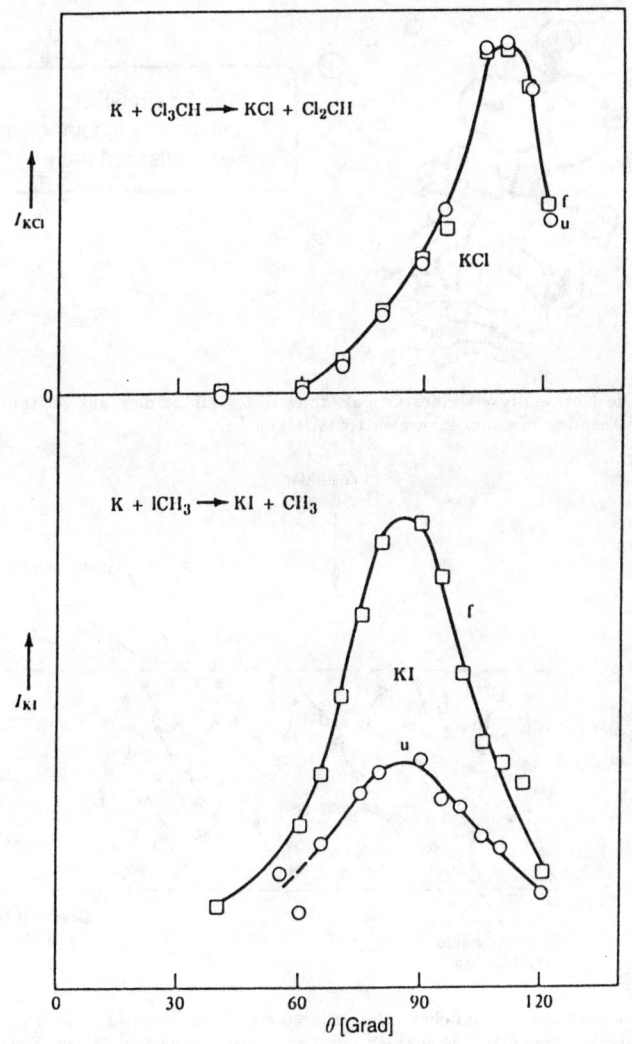

Bild 7.64 Direkte experimentelle Beobachtung des Einflusses der Molekül-Orientierung auf die Reaktivität in einem Kreuzstrahlexperiment. Dargestellt ist die Laborwinkelverteilung $I(\Theta)$ des Produktes (KI bzw. KCl). (Unten:) Die Reaktion $K + ICH_3$ zeigt einen starken Orientierungseffekt, f gehört zur günstigen Orientierung $K - ICH_3$, u zur ungünstigen $K - H_3CI$. Vgl. dazu Bild 2.18 mit der analogen Reaktion von Rb. (Oben:) Für $K + Cl_3CH$ wird keine Asymmetrie beobachtet. (Nach G. Marcelin, P.R. Brooks: Faraday Disc. Chem. Soc., 55, 318 (1973))

546 7 Reaktionsdynamik und chemische Reaktivität

Was für ein Glück, daß ich das inhomogene Feld verlassen habe!

Bild 7.65 Die Notwendigkeit eines Orientierungsfeldes hinter dem zur Zustandsselektion dienenden inhomogenen elektrostatischen Feld.

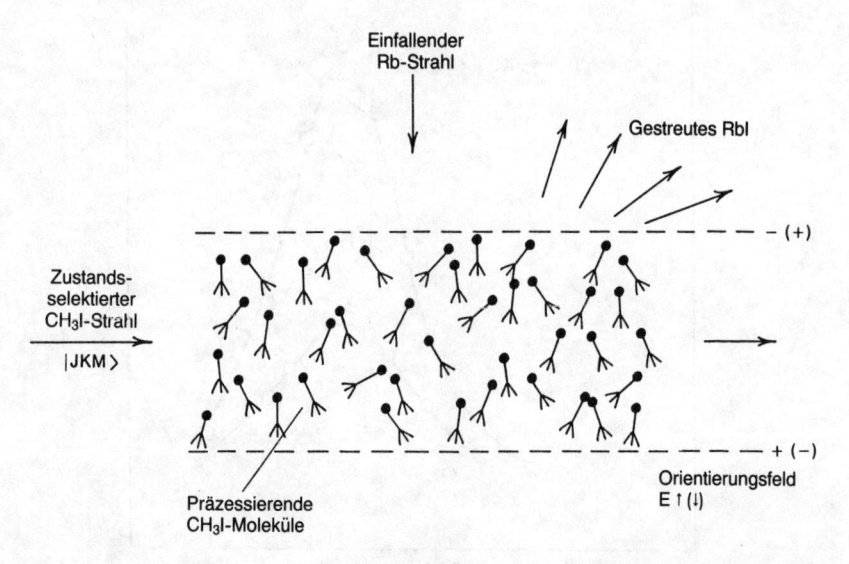

Bild 7.66 Versuch einer bildlichen Darstellung eines im Zustand $|JKM\rangle$ selektierten Strahls von CH_3I-Molekülen, die im Orientierungsfeld E als Stoßtarget für einfallende Rb-Atome dienen. Die Moleküle präzidieren, zeigen aber im Mittel mit ihrem I-Ende zur negativen Elektrode. (Das Dipolmoment μ der vom Sechspol-Selektor durchgelassenen Moleküle steht parallel zum elektrischen Feld E.) Drehte man die Feldrichtung wie eingeklammert um, so würde sich auch die Orientierung um 180° drehen. (K.H. Kramer, R.B. Bernstein: J. Chem. Phys., 42, 767 (1965); R.J. Beuhler, R.B. Bernstein, K.H. Kramer: J. Am. Chem. Soc., 88, 5331 (1966); neuere zustandselektierte Ergebnisse in S.R. Gandhi, T.J. Curtiss, Q.-X. Xu, S.E. Choi, R.B. Bernstein: Chem. Phys. Lett., 132, 6 (1986))

(Bild 7.65). Der zweite Strahl mit dem anderen Reaktanden wird so gegen die orientierten Moleküle geschickt, daß die Relativgeschwindigkeit v parallel zum Orientierungsfeld E und damit zum mittleren Dipolmoment μ der Moleküle liegt. Indem man E und damit die Orientierung von μ umkehrt, kann man zwischen zwei gegensätzlichen Orientierungen der Annäherung der beiden Reaktanden hin- und herwechseln (Bild 7.66). Ein Schema der Apparatur, die für die Experimente zur Asymmetrie der Reaktivität von Rb + CH_3I (Bild 2.18) benutzt wurde, ist in Bild 7.67 dargestellt.

Der mittlere Orientierungsgrad des präzidierenden symmetrischen Kreisels (hier des CH_3I) in bezug auf die Feldrichtung E, d.h. die Größe $\langle \hat{\mu} \cdot \hat{E} \rangle$, hängt vom ausgewählten Rotationszustand ab. Für gegebenes $|JKM\rangle$ folgt er zu

$$\langle \hat{\mu} \cdot \hat{E} \rangle = \langle \cos\vartheta \rangle = KM/J(J+1), \qquad (7.21)$$

wobei ϑ der Winkel zwischen den μ und E ist. Das Mittel ist dabei als quantenmechanisches Mittel zu nehmen, denn ein Zustand mit scharfen Werten von J, K und M hat klassisch keine definierte räumliche Orientierung. Allerdings präzidieren Zustände mit $K \approx J$ kaum. Selektiert man ein CH_3I-Molekül in einem solchen Zustand, und läßt man es mit Rb zusammenstoßen, so ist sein Dipolmoment im wesentlichen parallel oder antiparallel zur anfänglichen Relativgeschwindigkeit. Wählt man dagegen Zustände mit $K, M \ll J$, $\langle \cos\vartheta \rangle \simeq 0$ aus, so werden die Stöße im wesentlichen „breitseits" erfolgen. Der Unterschied der Reaktivität beim Umpolen des Orientierungsfeldes E sollte jetzt viel kleiner sein. Die Abhängigkeit der Reaktionswahrscheinlichkeit vom Angriffswinkel, mit dem das Rb sich dem CH_3I nähert, die in Bild 2.18 für Rückwärtsstöße ($b \simeq 0$) gezeigt wurde, konnte aus solchen Experimenten erschlossen werden. Die wichtigste Beobachtung ist, daß es in der Tat „sterische Behinderung" gibt, bzw. einen „Kegel der Nichtreaktivität", dessen Winkel im wesentlichen durch die Größe der Atome bedingt wird (Bild 7.68). Das klassische chemische Konzept, wonach ein Atom oder eine Atomgruppe sich der Reaktion in den Weg stellen kann, wird so direkt vom Experiment bestätigt. Schon in Abschn. 2.4.5 wurde die neue Erkenntnis besprochen: Für eine erlaubte Reaktion ist die Reaktivität keineswegs konstant, sondern vom Winkel des molekularen Angriffs abhängig. Die Größe der einzelnen Atome ist dabei allerdings allein nicht ausreichend, um die Beobachtungen zu erklären. Man braucht die Potentialfläche, speziell die Winkelabhängigkeit der Reaktionsbarriere dazu. Untersuchungen an anderen Reaktionen, z.B. K + CF_3I, unterstützen diese Forderung nach einer mehr als bloß „geometrischen" Interpretation der Ergebnisse.

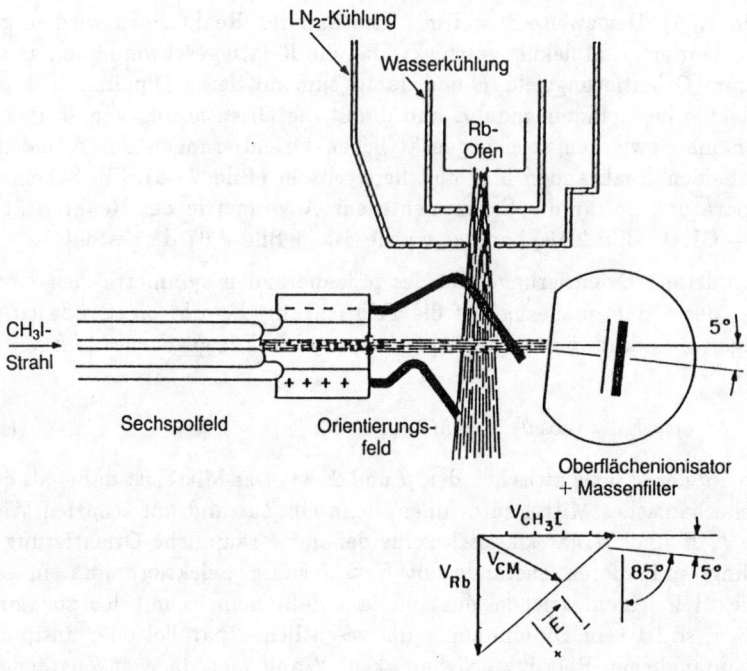

Bild 7.67 Experimentelle Anordnung für die genaue Messung der Asymmetrie der Reaktion $CH_3I + Rb$ (s. Bild 2.18). Die CH_3I-Moleküle durchfliegen das Sechspolfeld, und werden darin gemäß dem Parameter $KM/(J^2 + J)$ in Abhängigkeit von der Feldstärke E, und von Geschwindigkeit v, Masse m und Dipolmoment μ der Moleküle in das Streuzentrum fokussiert, wo sie der Rb-Strahl trifft. Das Orientierungsfeld ist um $45°$ geneigt, damit E parallel oder antiparallel zum Vektor der Relativgeschwindigkeit ist (s. das Newton-Diagramm). (Nach D.H. Parker, K.K. Chakravorty, R.B. Bernstein: Chem. Phys. Lett., 86, 113 (1982))

Der Grund, warum Moleküle vom Typ des symmetrischen Kreisels leicht nach Rotationszuständen selektiert und orientiert werden können (wenn auch mit unterschiedlicher Genauigkeit je nach dem speziellen Zustand $|JKM\rangle$), liegt in ihrem Starkeffekt *erster* Ordnung. Polare zweiatomige Moleküle können nach ihrem Rotationszustand ausgewählt werden, indem man in einem inhomogenen elektrischen Quadrupolfeld ihren Starkeffekt *zweiter* Ordnung ausnutzt. Sie können jedoch damit nicht orientiert werden, da sie im Gegensatz zu den symmetrischen Kreiseln, bei denen die Figurenachse nur präzidiert, eine „über-Kopf"-Bewegung ausführen. Ein Orientierungsfeld für zweiatomige Moleküle müßte sehr stark sein. Jedoch gibt es dynamische

7.6 Stereospezifische Dynamik 549

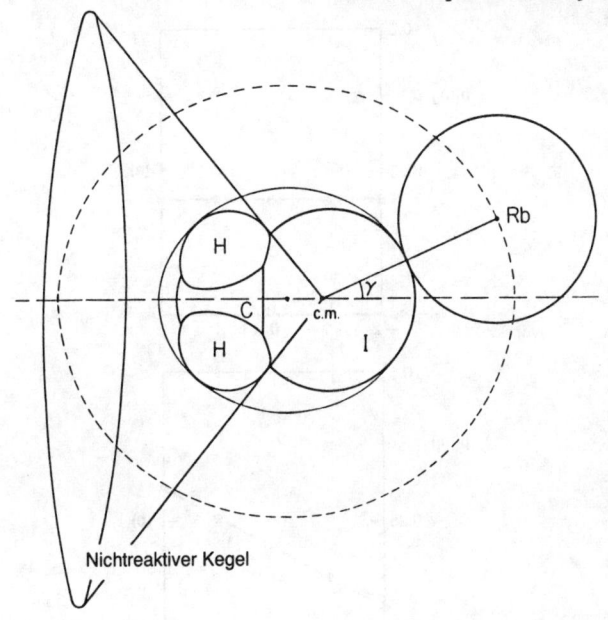

Bild 7.68 Bildliche Darstellung des „nichtreaktiven Kegels" von CH_3I für eine Reaktion mit Rb. Die Atome sind mit ihren konventionellen van der Waals-Radien dargestellt; γ ist der „Angriffswinkel". Der so geometrisch definierte Kegel hat einen halbem Öffnungswinkel von $50°$, der praktisch mit dem experimentellen Abschneidewinkel für die Reaktivität (Bild 2.18) zusammenfällt. (Nach S.E. Choi, R.B. Bernstein: J. Chem. Phys., 83, 4463 (1985); s.a. S. Stolte, K.K. Chakravorty, R.B. Bernstein, D.H. Parker: Chem. Phys., 71, 353 (1982))

Eigenschaften, die man schon mit einer bloßen *Ausrichtung* der Moleküle untersuchen kann.

Um den Unterschied zwischen Orientierung und Ausrichtung klar zu machen, betrachten wir als Beispiel ein zweiatomiges Molekül im vorgegebenen Rotationszustand j in einem schwachen elektrischen Feld. Für ein zufällig orientiertes oder unpolarisiertes Ensemble von Molekülen sind alle Orientierungsquantenzahlen $m_j(0, \pm 1, \ldots, \pm j)$ gleich wahrscheinlich (Bild 7.69a). Reine *Orientierung* ist der in Bild 7.69b gezeigte Fall, daß die Besetzungswahrscheinlichkeit linear mit m_j variiert. Wenn andererseits die Besetzung nur von m_j^2 abhängt, d.h. symmetrisch mit m_j variiert, spricht man von reiner *Ausrichtung* (Bild 7.69c). Natürlich gibt es auch gemischte Möglichkeiten. Jedoch ist Orientierung stets durch $\langle P_1(\hat{j}\cdot\hat{E})\rangle = \langle m_j\rangle/j$ charakterisiert, dagegen Ausrichtung durch $\langle P_2(\hat{j}\cdot\hat{E})\rangle = 3/2\langle m_j^2\rangle/j^2 - 1/2$. In beiden Fällen

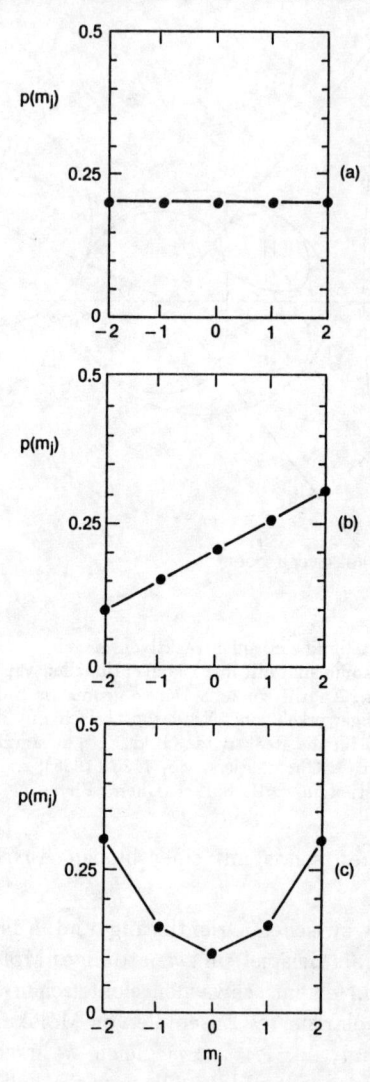

Bild 7.69 Verschiedene Verteilungen $P(m_j)$ für ein Diatom mit $j = 2$ in einem schwachen, die Z-Richtung definierenden elektrischen Feld. Jedesmal ist $\Sigma P(m_j)$ auf 1 normiert.
a) A-priori-Verteilung, d.h. zufällige Orientierung von j. b) Verteilung bei „reiner Orientierung". c) Verteilung bei „reiner Ausrichtung", symmetrisch zu $\pm m_j$ und damit zu $\pm Z$. (Nach C.H. Greene, R.N. Zare: Ann. Rev. Phys. Chem., 33, 119 (1982); s.a. C.H. Greene, R.N. Zare: J. Chem. Phys., 78, 6741 (1983))

7.6 Stereospezifische Dynamik

ist das Feld E in Z-Richtung genommen. Die Polarisation des Ensembles ist als Unterschied zwischen dem aktuellen Mittelwert des betrachteten Multipols und demjenigen eines unpolarisierten Ensembles definiert. Letzteres ist das A-priori-Ensemble, in dem alle m_j-Zustände gleich wahrscheinlich sind.

Im Laborkoordinatensystem kann man zweiatomige Moleküle auch mit einer Ausrichtung versehen, indem man linear polarisierte Laserstrahlung benutzt. Ein Molekül, das durch den Laser angeregt wird, hat sein Übergangs-Dipolmoment μ_{if} parallel oder antiparallel zum elektrischen Feld der Laserstrahlung.[18] Die im Laborsystem angeordneten angeregten Moleküle können mit einem zweiten Molekülstrahl reagieren, und man kann ihre Reaktivität als Funktion des Winkels zwischen E und der Relativgeschwindigkeit v und daher auch des Winkels zwischen v und der Molekülachse untersuchen. Die experimentelle Anordnung, die zum Studium der Reaktion

$$\text{HF}(v=1, j, m_j) + \text{Sr} \rightarrow \text{H} + \text{SrF}(v', j')$$

benutzt wurde, zeigen wir in Bild 7.70. Die Polarisation des Lasers, der das HF nach $v = 1$ anregt, kann man parallel oder senkrecht zu der Richtung stellen, aus der das Sr-Atom kommt. Bild 2.19 zeigt, daß die Produktion von SrF im Zustand $v = 2$ bei breitseitigem Angriff erhöht ist.

Zur Analyse und Vorhersage von sterischen Bedingungen für eine Reaktion kann sowohl die klassische wie die Quantenmechanik benutzt werden. Klassische Trajektorienrechnungen müssen für jeden Anfangszustand wiederholt werden und verlieren dadurch etwas von ihrem rechnerischen Vorteil, während die quantenmechanische Streutheorie ohnehin die ganze S-Matrix auf einmal erzeugt. Letztere wird oft in der sogenannten Helizitäts-Darstellung formuliert, die eine spezielle Wahl der Quantisierungsachse des Drehimpulses bedeutet.[19] Man wählt sie entlang der Richtung der Relativbewegung. In diesem Fall verschwindet (wegen $L = \mu \dot{R} \times R$) die Projektion des Bahndrehimpulses auf die Quantisierungsachse. Daher ist $j_z = J_z$, wo J der Gesamtdrehimpuls ist. Um den Vorteil einzusehen, betrachten wir ein Problem, dem wir uns in Kürze zuwenden werden: die Photodissoziation von düsengekühlten dreiatomigen Molekülen. Da die Rotation „kalt" ist, ist J klein, daher auch J_z. Nach der Dissoziation ist daher der Bereich für m_j

---

[18] Die Anregungswahrscheinlichkeit ist proportional zu $\cos^2 \vartheta = (\hat{\mu}_{if} \hat{E})^2$, wo ϑ der Winkel zwischen μ_{if} und E ist, vgl. Abschn. 6.1.4. Für ein zweiatomiges Molekül ist μ_{if} entweder parallel oder senkrecht zur Molekülachse, jedoch niemals schräg.

[19] Die Vorteile der Helizitäts-Darstellung für inelastische Stöße wurden im Zusammenhang mit Bild 6.19 besprochen.

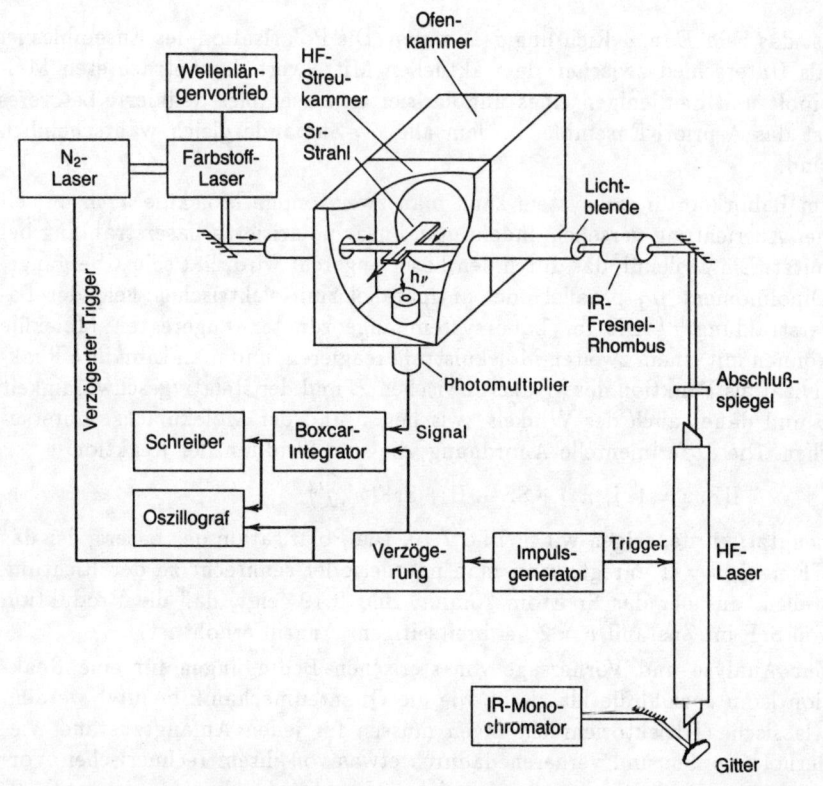

552　7 Reaktionsdynamik und chemische Reaktivität

Bild 7.70 Schemazeichnung einer Laser-Molekülstrahl-Apparatur für die Untersuchung der Abhängigkeit der Reaktivität von HF im Stoß mit Sr von der Ausrichtung und dem Schwingungszustand. Das HF in der Streukammer wird durch einen polarisierten, chemischen HF-Laser resonant angeregt und reagiert so mit dem Sr. Ein abstimmbarer Farbstofflaser weist das frisch entstandene SrF durch laserinduzierte Fluoreszenz nach. (Nach Z. Karny, R.C. Estler, R.N. Zare: J. Chem. Phys., 69, 5199 (1978); der Orientierungsgrad wird vom Kernspin beeinflußt, dazu s. R. Altkorn, R.N. Zare, C.H. Greene: Mol. Phys. 55, 1 (1985))

ebenfalls beschränkt, was die Dimensionalität der Rechnung merklich einschränkt. Das ist für andere Wahlen der Quantisierungsachse nicht so, da dann j' selbst bei kleinem J groß sein kann, wenn nur j' und L' entgegengesetzt gerichtet sind.

7.6.2 Orbitale Steuerung

Daß die äußeren Elektronenorbitale die chemische Reaktivität beherrschen, ist eine zentrale Vorstellung der Chemie. Mit einem polarisierten Laser, der das Molekül in einen elektronisch angeregten Zustand hineinpumpt und dabei ausrichtet, kann man die Rolle der Orientierung des Valenzorbitals direkt experimentell untersuchen. Bild 7.71 zeigt ein Experiment, bei dem ein Ca-Atom im Grundzustand ($^1S_0$) von einem Laser ($\lambda = 422.7$ nm) in den $^1P_1$-Zustand gepumpt wird, in welchem eines der Valenzelektronen ein ausgerichtetes p-Orbital besetzt. Die Ausrichtung des Ca($^1P_1$) weist man durch Resonanzfluoreszenz nach. Die Reaktion von Ca($^1P_1$) mit chlorhaltigen Reaktanden liefert CaCl sowohl im Zustand $B^2\Sigma^+$ als auch in $A^2\Pi$. Das Bild zeigt, daß für die Reaktion von *ausgerichtetem* Kalzium mit HCl die Polarisation der Fluoreszenz der beiden Produktzustände verschiedene Phasen hat: Die Ausrichtung, die CaCl im Zustand $A^2\Pi$ favorisieren, sind zur Produktion von Ca in $B^2\Sigma^+$ weniger geeignet und umgekehrt. Ein quantitatives Maß hierfür liefert der Empfindlichkeitsfaktor

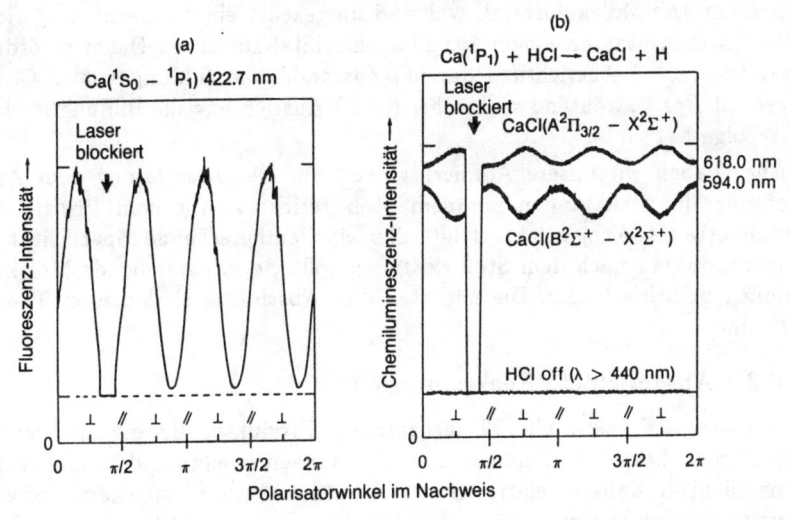

Bild 7.71 a) Änderung der Fluoreszenzintensität eines Atomstrahls von Ca, der (mit $\lambda = 422.67$ nm) aus dem Grundzustand $^1S_0$ in den Zustand $^1P_1$ angeregt wurde, mit der Ausrichtung des elektrischen Feldes des Lasers, d.h. seiner Polarisation. b) Ähnlich wie vor, jetzt aber für die Chemilumineszenz von CaCl aus der Reaktion des Ca($^1P_1$) mit HCl. Man achte auf die gegensätzliche Polarisation der Strahlung aus den Zuständen $B^2\Sigma^+$ und $A^2\Pi$. (Nach C.T. Rettner, R.N. Zare: J. Chem. Phys., 77, 2416 (1982))

$$S = (I_\parallel - I_\perp)/(I_\parallel + I_\perp), \tag{7.22}$$

wo $-1 \leq S \leq 1$ ist, und $I_\parallel$ und $I_\perp$ die Intensitäten sind, wenn das Laserfeld parallel bzw. senkrecht zur Relativgeschwindigkeit steht. $S = 0$ bedeutet keinen Einfluß der Ausrichtung, $S > 0$ heißt, daß parallele Ausrichtung mehr bewirkt, $S < 0$ senkrechte Ausrichtung. In Bild 7.71 sind die S-Werte etwa -0.03 für CaCl in $A^2\Pi$ und etwa $+0.08$ für CaCl in $B^2\Sigma^+$. Die Selektivität ist also nicht sehr groß. Das kann man mit dem Harpunen-Modell verstehen (Abschn. 4.2.5): Während sich die Reaktanden annähern, wird ein Elektron von Ca($^1P_1$) auf das HCl übertragen. Ist es das Elektron aus dem p-Orbital, das zum HCl herüber„springt" und dort HCl$^-$ bildet, dann wird das Ergebnis des Stoßes von der Ausrichtung unbeeinflußt bleiben, denn das angeregte Ca$^+$ ist jetzt kugelsymmetrisch Das ist der häufigere Fall, denn das Elektron im p-Orbital von Ca($^1P_1$) hat das niedrigere Ionisationspotential der beiden Valenzelektronen und damit einen größeren Kreuzungsabstand für Elektronenübertragung. In den wenigen Fällen jedoch, in denen das s-Orbital als Harpune benutzt wird, hat das übrigbleibende Ca$^+$-Ion ein ausgerichtetes p-Orbital. Ist es in Richtung der Relativgeschwindigkeit ausgerichtet, wird es zu einem $4p\sigma$-Molekülorbital, während umgekehrt ein senkrecht ausgerichtetes Atomorbital mit einem $4p\pi$-Molekülorbital korreliert. Daher befördert parallele („σ"-) Ausrichtung des $^1P_1$-Zustandes die Bildung von CaCl im Zustand $B^2\Sigma^+$, während senkrechte („π"-) Ausrichtung die Bildung in $A^2\Pi$ zur Folge hat.

Bisher haben wir unsere Aufmerksamkeit auf die Orientierung oder Ausrichtung der Reaktanden *vor* dem Stoß gerichtet. Aus dem Prinzip des detaillierten Gleichgewichts folgt, daß eine entsprechende Spezifizität in den Produkten nach dem Stoß existieren sollte, d.h. entstehende Moleküle können polarisiert sein. Die nächsten drei Abschnitte sind diesem Thema gewidmet.

7.6.3 Ausgerichtete Reaktionsprodukte

Die einfachste vektorielle Eigenschaft der Produkte, die wir auch schon ausführlich besprochen haben, ist ihre Winkelverteilung, d.h. die Wahrscheinlichkeit, daß der relative Geschwindigkeitsvektor v' nach dem Stoß eine bestimmte Orientierung relativ zum Geschwindigkeitsvektor v vor dem Stoß hat. Die Anisotropie solcher Produktwinkelverteilungen kann man dynamisch verstehen. Auch andere Vektorkorrelationen haben wir schon erwähnt, z.B. zwischen dem Drehimpuls der Produktmoleküle j' und dem ursprünglichen Bahndrehimpuls L (vgl. Exkurs 4B). Schließlich haben wir erwähnt, daß solche Korrelationen sowohl kinematische Effekte (Massenverhältnisse)

7.6 Stereospezifische Dynamik 555

als auch dynamische (etwa die Potentialfläche) widerspiegeln. Gibt es noch weitere Vektorkorrelationen? Kann man die Orientierung von j' relativ zu v oder auch zur Normalen auf die Stoßebene $v \times v'$ beobachten? Kann man die Ausrichtung der Reaktionsprodukte aus einem Strahl-Gas-Stoßexperiment mit zufällig orientierten Reaktanden erwarten? Die Antworten auf diese Fragen gibt die folgende einfache Darstellung zum Thema Polarisation neuentstandener Reaktionsprodukte.

Die Untersuchung von Polarisationseffekten kann man mit Erfolg bis auf die ehrwürdigen Beobachtungen der Lichtstreuung an Molekülen zurückverfolgen, die wir als Rayleigh- und Raman-Streuung kennen (Bild 7.72). Wir erinnern daran, daß für totalsymmetrische Molekülschwingungen (bei denen der Polarisierbarkeitstensor α ein Skalar ist, und damit das induzierte Moment αE parallel zu E steht) Rayleigh- oder Raman-Licht aus einem Ensemble von zufällig orientierten Molekülen vollständig polarisiert ist. Die Depolarisation der Raman-Linien findet man bei solchen Übergängen, die zu asymmetrischen Schwingungen gehören. Im Falle der Molekülfluoreszenz herrscht die Depolarisation deswegen vor, weil die Lebensdauer der elektronischen Anregung lang verglichen mit der Rotationsperiode ist. Die wechselnde Orientierung des Moleküls im Raum zerstört dann die Erinnerung an die Richtung des einfallenden Photonenstrahls.

Gehen wir jetzt zu elementaren Molekülreaktionen über. Die einfache Photofragmentation wird in Abschn. 7.6.5 besprochen. Hier wollen wir bimolekulare Reaktionen betrachten, speziell eine Strahl-Gas-Anordnung, in der eine chemilumineszente Reaktion Licht aussendet, das quer zum Strahl beobachtet wird. Daß dieses Licht polarisiert sein kann, kann man auf Grund von Bild 7.72 erwarten, wenn die Produktmoleküle „sich daran erinnern", daß sie aus einer höchst anisotropen Geschwindigkeitsverteilung der Reaktanden gebildet wurden. Dieses Erinnern der Anfangsrichtung hat ihre Ursache in der Drehimpulserhaltung. Für die einfache chemilumineszente Austauschreaktion

$$A + BC \rightarrow AB^* + C$$
$$\downarrow h\nu$$
$$AB$$

läuft die Argumentation wie folgt: Anfangs ist j, der Drehimpuls von BC, zufällig, d.h. kugelsymmetrisch verteilt, während L zufällig verteilt in einer Ebene senkrecht zur Relativgeschwindigkeit v (der YZ-Ebene von Bild 7.72) liegt. Der Einfachheit halber betrachten wir eine Reaktion, zu der viele Partialwellen beitragen, so daß $j \ll L$ ist, und bei der AB^* mit großer Rota-

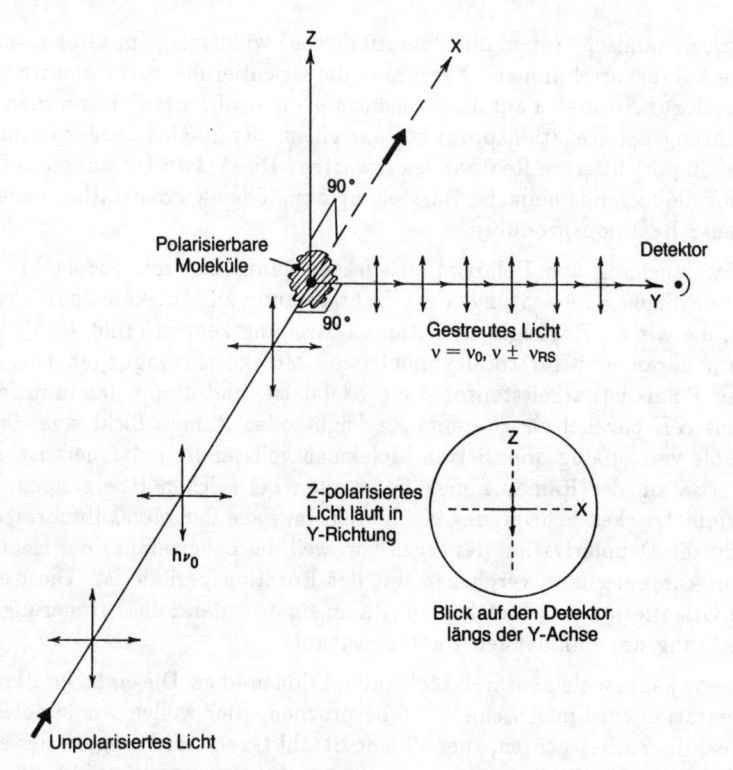

7 Reaktionsdynamik und chemische Reaktivität

Bild 7.72 Schematische Darstellung der Beobachtung polarisierten Streulichts (Rayleigh- und Raman-Streuung mit den Frequenzen ν_0 bzw. $\nu_0 \pm \nu_{RA}$) aus der Streuung eines unpolarisierten Laserstrahls an zufällig orientierten (polarisierbaren) Molekülen. Das Streulicht ist in Z-Richtung polarisiert und zwar vollständig dann, wenn das „Polaristionsellipsoid" des Moleküls kugelsymmetrisch ist. (Das ist z.B. bei S-Atomen oder Molekülen wie CH_4 mit der Punktgruppe T_d der Fall.) Bei unpolarisierter Anregung kann für beliebige Polarisationsellipsoide die Depolarisation $d = I_\perp / I_\parallel$ den Wert $1/2$ für Rayleigh- und $6/7$ für Ramanstreuung nicht unterschreiten.

tionsanregung gebildet wird, so daß $j' > L'$ gilt. Unter diesen Umständen folgt aus der Drehimpulserhaltung (Exkurs 4B) $j + L = j' + L'$, daß jetzt

$$j' \simeq L$$

gilt. D.h. j' wird nahezu parallel zu L sein und daher in einer Ebene (der o.g. YZ-Ebene von Bild 7.72) liegen. Dann ist aber die Chemilumineszenz polarisiert.

Der Polarisationsgrad wird üblicherweise durch

$$P = \frac{I_\| - I_\perp}{I_\| + I_\perp} \tag{7.23}$$

gemessen, wo $I_\|$ das I_z von Bild 7.72 und $I_\perp$ das zugehörige I_x ist. Je nachdem, ob die Chemilumineszenz von einem parallelen oder senkrechten Übergang stammt, wird die Polarisation verschieden sein. Eine ins Einzelne gehende Analyse zeigt, daß die Polarisation eines senkrechten Übergangs in der behandelten Geometrie einen Maximalwert von 1/3 hat, d.h. es gilt $0 \leq P \leq 1/3$, je nachdem, wie sehr j' von der Einschränkung auf die durch L definierte YZ-Ebene abweicht.

Für Moleküle im Grundzustand ist die Polarisation oft klein ($P \leq 0.05$). Große Werte hat man jedoch in Reaktionen metastabiler, elektronisch angeregter Atome gemessen. Bild 7.73 zeigt experimentelle Ergebnisse für die Abhängigkeit der Polarisation der Lumineszenz von der Translationsenergie für zwei Reaktionen von $Xe^*(^3P)$:

$$Xe^* + Br_2 \longrightarrow XeBr^*(B) + Br(^2P)$$
$$\downarrow h\nu$$
$$[XeBr(X)] \rightarrow Xe(^1S_0) + Br(^2P)$$

$$Xe^* + CH_3I \longrightarrow XeI^*(B,C) + CH_3$$
$$\downarrow h\nu$$
$$[XeI(X) \rightarrow Xe(^1S_0) + I(^2P)$$

Der Grundzustand der Xenonhalogenide ist repulsiv; vom Übergang $B \rightarrow X$ weiß man, daß er ein paralleles Übergangsmoment hat. Für die Reaktion mit Br_2 ist die beobachtete Polarisation bei der höchsten Stoßenergie 0.3, und damit fast gleich dem theoretischen Maximum 1/3. Allgemein erwartet man, daß die Ausrichtung des Drehimpulses des BC^* um so größer ist, je höher die Relativgeschwindigkeit war. Modellrechnungen verifizieren dies, man kann es jedoch auch anschaulich als steigenden Einfluß (Gl. (4B.6)) von kinematischen Zwangsbedingungen verstehen.[20]

Ein verwandtes Beispiel ist die laserunterstützte Photoassoziation von Xe und Br in ihren Grundzuständen unter Bildung von $XeBr^*(B)$ (Bild 7.74):

---

[20] Mit E_{tr} wächst auch die Zahl der zur Reaktion beitragenden Partialwellen, s. Abschn. 2.4. Ist j niedrig, so überwiegt — abgesehen von Ausnahmen — der Term proportional zu L in Gl. (4B.6).

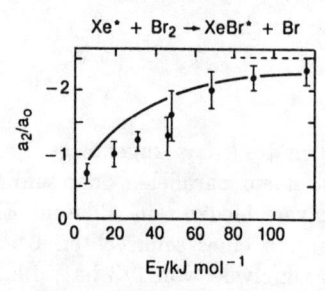

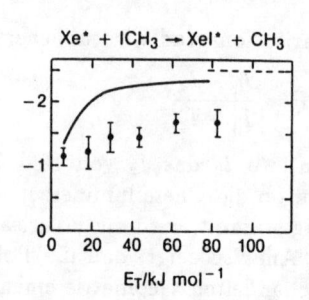

Bild 7.73 Koeffizient a_2/a_0 der Rotationsausrichtung von zweiatomigen Produkten als Funktion der Stoßenergie E_{tr} für die Reaktion $Xe^*(^3P_{2,0}) + Br_2 \rightarrow XeBr^*(B)$ (links) und die Reaktion $Xe^*(^3P_{2,0}) + CH_3I \rightarrow XeI^*(B,C)$ (rechts). Die Punkte wurden gemessen, die ausgezogene Linie aus dem DIPR-Modell berechnet. Die gestrichelten Linien zeigen den theoretischen Grenzwert der Ausrichtung. Die Ordinate folgt aus der gemessenen Polarisation P als $a_2/a_0 = 20P/(P-3)$. Der Höchstwert von P ist 1/3, dann ist $a_2/a_0 = -5/2$. (Nach R.J. Hennessy, Y. Ono, J.P. Simons: Mol. Phys. 43, 181 (1981); eine neuere Arbeit ist: K. Johnson, R. Pease, J.P. Simons, P.A. Smith, A. Kvaran: J. Chem. Soc. Far. Trans. II, 82, 1281 (1986); s.a. C.D. Jonah, R.N. Zare, C. Ottinger: J. Chem. Phys., 56, 271 (1972))

$$Xe(^1S_0) + Br(^2P) \longrightarrow XeBr^*(B)$$
$$\downarrow h\nu$$
$$[XeBr(X) \rightarrow Xe(^1S_0) + Br(^2P)].$$

Polarisierte Laserstrahlung induziert die Assoziation der zusammenstoßenden Atome.[21] Auf die Bildung von $XeBr^*(B)$ folgt Fluoreszenz wie bisher. Benutzt man horizontale Polarisation des Pumplasers, so ist auch die Emission $B \rightarrow X$ des $XeBr^*$ horizontal polarisiert (Bild 7.74). Extrapolation dieser Daten auf verschwindenden Druck würde Werte von P liefern, die mit denen der Reaktion $Xe^* + Br_2$ vergleichbar sind. Die laserinduzierte Photoassoziation liefert mithin $XeBr^*(B)$-Moleküle mit deutlicher Neigung zu einer Molekülrotation in der Ebene der Laser-Polarisation.

Die Ausrichtung elektronisch angeregter Produkte kann anhand der Polarisation ihrer Fluoreszenz verfolgt werden. Reaktionen mit Produkten im Grundzustand können genauso gut zur Ausrichtung führen, der Nachweis ist dann allerdings komplizierter. Wir haben die laserindizierte Fluoreszenz (z.B. Bild 6.36) als Methode zur Untersuchung der Produkte bereits erwähnt.

---

[21] Man kann einen gepulsten Farbstofflaser im Wellenlängenbereich 275 bis 285 nm einsetzen. Schon Energien von etwa 1 mJ pro Puls genügen, um die Anregung $X \rightarrow B$ des XeBr merklich werden zu lassen.

7.6 Stereospezifische Dynamik

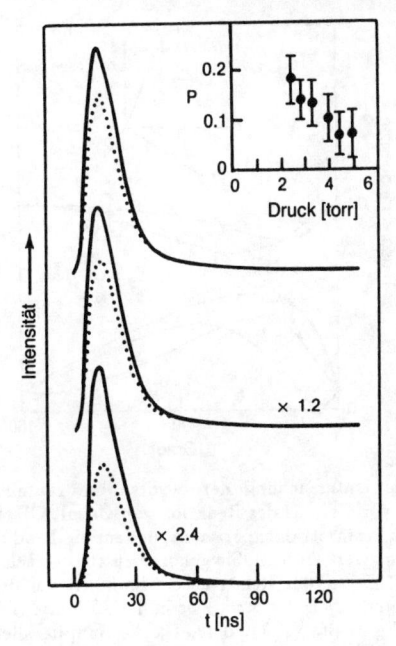

Bild 7.74 Zeitlicher Verlauf der Fluoreszenz $B \to X$ von XeBr* aus der mit Hilfe eines polarisierten Lasers bewirkten Assoziation von Xe*- mit $\text{Br}(^2 P_{3/2})$-Atomen bei Drucken von 4.5, 3.4 und 2.5 torr (von oben nach unten). Die Fluoreszenz wird unter 90° zum Laserstrahl beobachtet, sie ist parallel (durchgezogen) oder senkrecht (punktiert) zu derjenigen des Lasers polarisiert. Die Abhängigkeit der Polarisation vom Druck ist rechts oben gezeigt, die Extrapolation dieser Daten auf verschwindenden Druck, d.h. die Korrektur für die Depolarisation durch Stöße, ergibt einen Wert von etwa 0.3, der mit demjenigen aus Bild 7.73 vergleichbar ist. (Nach J.K. Ku, D.W. Setser, D. Oba: Chem. Phys. Lett., 109, 429 (1984))

Frühere Experimente benutzten die Ablenkung von Molekülen in einem inhomogenen elektrischen Feld, um verschiedene Zustände (j, m_j) getrennt zu beobachten. Geschickter ist es, die Ablenkung der Produkt-Moleküle für zwei Richtungen des elektrischen Feldes zu messen, einmal parallel zu v und einmal senkrecht zur Streuebene, d.h. parallel zu $v \times v'$. Aus solchen Daten kann man nicht nur die Ausrichtung von j' relativ zur Anfangsgeschwindigkeit v bestimmen, d.h. $\langle \hat{j}_z'^2 \rangle = \langle \cos^2(\hat{j}' \cdot \hat{v}) \rangle$, sondern auch $\langle \hat{j}_y'^2 \rangle$ und daher auch $\langle \hat{j}_x'^2 \rangle = 1 - \langle \hat{j}_y'^2 \rangle - \langle \hat{j}_z'^2 \rangle$, und diese Größen mit dem Wert $\langle \hat{j}_x'^2 \rangle = \langle \hat{j}_y'^2 \rangle = \langle \hat{j}_z'^2 \rangle = 1/3$ der isotropen A-priori-Verteilung vergleichen. Bild 7.75 zeigt Ergebnisse für die Reaktion

$$\text{CH}_3\text{I} + \text{Cs} \to \text{CsI} + \text{CH}_3.$$

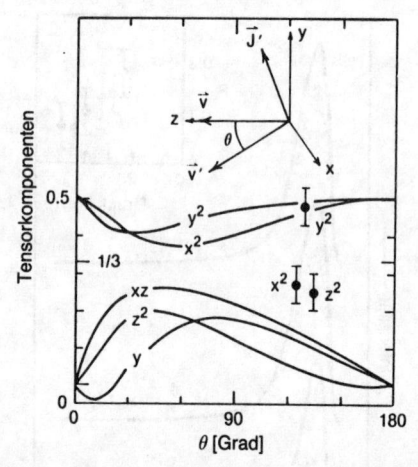

560　7　Reaktionsdynamik und chemische Reaktivität

Bild 7.75 Experimentelle Untersuchung der bevorzugten räumlichen Orientierung des Drehimpulses von CsI aus der Reaktion von Cs mit CH_3I. Die Ergebnisse stammen aus einem Kreuzstrahlexperiment, in dem die Produkte mittels elektrischer Ablenkung analysiert wurden. Sie gehören zu zwei verschiedenen Orientierungen des Feldes, (1) $E \parallel v$, der Relativgeschwindigkeit vor dem Stoß, hier in die Z-Achse gelegt, und (2) $E \perp v \times v'$, hier in der X-Achse. Die erste Messung ergibt $\langle \hat{J}_z^2 \rangle = 0.25$, die zweite $\langle \hat{J}_y^2 \rangle = 0.48$. Da die Summe aller Komponenten von J gleich 1 ist, ist $\langle \hat{J}_x^2 \rangle = 0.27$. Die experimentellen Punkte sind beim ungefähren Schwerpunktstreuwinkel eingezeichnet. Die A-priori-Erwartung (zufällige Orientierung von J) ist 1/3 für jede Komponente. Die durchgezogenen Kurven sind Modellrechnungen. (Nach D.S. Hsu, G.M. McClelland, D.R. Herschbach: J. Chem. Phys., 61, 4927 (1974); s.a D.A. Case, D.R. Herschbach: J. Chem. Phys., 64, 4212 (1976) und D.A. Case, G.M. McClelland, D.R. Herschbach: Mol. Phys., 35, 541 (1978))

7.6.4　Energiefreisetzung im Rückstoß

Wir haben stets betont, daß man sicherstellen muß, welche sterischen Effekte einfache kinematische Zwangsbedingungen widerspiegeln, und welche aus der Topographie der Potentialfläche stammen. Ein wichtiger Aspekt der zweiten Frage ist die Geometrie und Dynamik im Übergangszustand. Als Beispiel nehmen wir eine exoergische Reaktion A + BC, die einen abgeknickten Übergangszustand $A{-}B{-}C$ besitzt, und bei der die Energiefreisetzung im Rückstoß erfolgt, d.h. während C von AB wegfliegt. Diese „repulsive" Energiefreisetzung führt zu hoher Rotationsanregung des Produktes AB (s.a. Exkurs 4C).

Die *kinematische* Beschränkung von j' auf Richtungen parallel zu L herrscht meist vor, wenn $\sin^2 \beta$ von Gl. (4B.6) groß ist, d.h. wenn das wegfliegende

7.6 Stereospezifische Dynamik

Atom C leicht ist (vgl. Bild 4.27). *Dynamische* Effekte sind besonders dann wichtig, wenn das transferierte Atom B leichter als die beiden anderen ist, d.h. wenn $\cos^2 \beta$ groß ist. Natürlich muß zu allererst die Potentialfläche für eine starke „repulsive" Energiefreisetzung sorgen, damit das aus dem abgeknickten Übergangszustand abgestoßene Molekül AB überhaupt Eigenrotation mitbekommt.

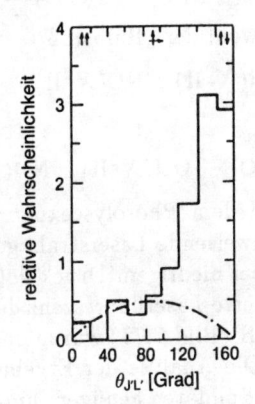

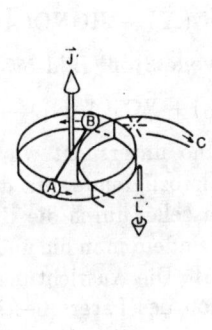

Bild 7.76 (Links:) Trajektorienrechnung für ein Modellsystem $A + BC \rightarrow AB + C$ mit starker, „repulsiver" Energiefreisetzung zur Bestimmung der Korrelation zwischen den Richtungen der Drehimpulse j' und L' nach dem Stoß. Das Histogramm für den Winkel zwischen J' und L' hat sein Maximum bei 180°. Die A-priori-Verteilung (Zufallsorientierung von j' relativ zu L') ist eine Sinusfunktion (gestrichelt, in der linken Hälfte in der Höhe an das Histogramm angepaßt). (Rechts:) Bildliche Darstellung der plötzlichen, repulsiven Energiefreisetzung für einen abgewinkelten Übergangszustand A^BC, der AB wie eingezeichnet zur Rotation bringt, worauf j' nach oben, L' nach unten zeigt. (Nach N.J. Hijazi, J.C. Polanyi: J. Chem. Phys., 63, 2249 (1975))

Diese Vorhersagen wurden mit Hilfe von Trajektorienrechnungen auf Modelflächen verifiziert, die die verlangten topografischen Eigenheiten hatten. Bild 7.76 zeigt die bemerkenswert strenge Korrelation zwischen j' und L'. Die Tendenz geht zur Antiparallelität, wie auf der Basis von Gl. (4B.6) zu erwarten war, und in Bild 7.76 am Spezialfall demonstriert wird. Die gegensätzliche Richtung von j' und L' hat zur Folge, daß die Stoßtrajektorie zur Planarität neigt, oder — technischer ausgedrückt — daß nur kleine Helizitäten einen Beitrag leisten.

Weitere experimentelle Daten und Rechnungen zur Dynamik sind nötig, um zu einer genaueren Interpretation der Abläufe zu gelangen.

7.6.5 Photopolarisation

Die laserindizierte Photofragmentation einfacher mehratomiger Moleküle mit einem polarisierten Laser, kombiniert mit der Untersuchung der Produkte mit einem ebenfalls polarisierten Laserstrahl, bringt uns dem Idealexperiment näher, bei dem der Quantenzustand der Produkte als Funktion der anfänglichen Quantenzustände kartiert wird.

Unser erstes Beispiel ist ein Fall, wo sowohl der „Halbstoß"

$$\text{HONO}(\tilde{X}) \to \text{HONO}(\tilde{A}) \to \text{OH}(X^2\Pi) + \text{NO}(X^2\Pi)$$

als auch der volle Stoß (Bild 5.7)

$$\text{H}(^1S_0) + \text{NO}_2(\tilde{X}^2A_1) \to [\text{HONO}] \to \text{OH}(X^2\Pi) + \text{NO}(X^2\Pi)$$

bis ins Einzelne untersucht wurden. In dem Photolyseexperiment bewegten sich der dissoziierende und der nachweisende Laserstrahl gegeneinander durch eine Gaszelle, durch die HONO bei niedrigem Druck floß. OH wurde nachgewiesen, indem man die undispergierte Laserfluoreszenz des Übergangs $X \to A$ vermaß. Die Ausrichtung des OH (Bild 7.77) wurde durch Drehung der Polarisation des Lasers bestimmt. Die Analyse der Ergebnisse im Einzelnen geht hier zu weit, aber selbst die Rohdaten genügen, um die Existenz einer polarisierten Verteilung des neugebildeten OH zu zeigen.

Die relativen Besetzungszahlen der Schwingungszustände des OH, wie sie durch die laserinduzierte Fluoreszenz bestimmt wurden, zeigen eine ziemlich kalte Verteilung. Daher müssen die Moleküle in bezug auf die Translation sehr heiß sein (vgl. Bild 5.7). Wir kommen sogleich auf die Frage der Λ-Dubletts zurück, wollen aber hier schon einmal erwähnen, daß sowohl der ganze als auch der halbe Stoß zu *ungleich* besetzten Λ-Dubletts des OH führen.

Für unser Finale in der Diskussion der Produktausrichtung wenden wir uns der polarisierten, laserinduzierten Dissoziation von H_2O aus einem abstoßenden, angeregten Elektronenzustand zu:

$$\text{H}_2\text{O}(^1A_1) \xrightarrow[157\,\text{nm}]{h\nu} \text{H}_2\text{O}(^1B_1) \to \text{H}(^2S_{\frac{1}{2}}) + \text{OH}(^2\Pi^+, ^2\Pi^-).$$

Die laserinduzierte Fluoreszenz des OH zeigt, daß dieses bezüglich der Translation *und* der Schwingung heiß ist, daß die Rotation nur „warm" und das Λ-Dublett invertiert ist. Letzteres bedeutet, daß das einsame, ungepaarte Elektron des OH sein p-Orbital vorzugsweise senkrecht zur Rotationsebene des OH orientiert. Man schließt ferner aus der Ausrichtung des OH, daß die Photofragmentation im wesentlichen als planarer Prozeß abläuft. Wir wollen dies nun interpretieren.

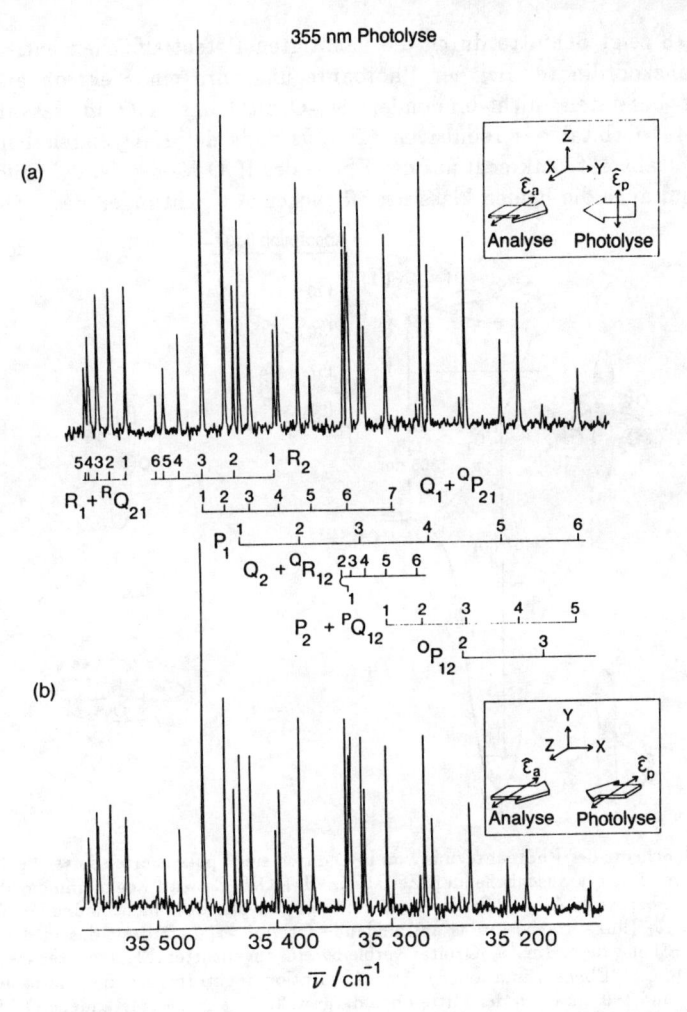

Bild 7.77 Laserinduzierte Fluoreszenz von OH aus der Photolyse von HONO bei $\lambda = 355$ nm. (Bei dieser Wellenlänge verläuft die Dissoziation über das sog. 2^2-Niveau des $\tilde{A}$-Zustandes, der sofort nach NO + HO dissoziiert.) Die Strahlen der beiden benutzten Laser laufen gegeneinander (kleine Skizze). Es ist die gesamte Fluoreszenzintensität gegen die Wellenzahl des Nachweislasers aufgetragen, (a) für aufeinender senkrechte, (b) für parallele Polarisation der Laser. Der Intensitätsunterschied der Zweige P und R verglichen mit dem Q-Zweig in den Anordnungen (a) und (b) läßt sich auf die Ausrichtung des Rotationsdrehimpulses j_{OH} von OH zurückführen. (Mit Genehmigung aus R. Vasudev, R.N. Zare, R.N. Dixon: J. Chem. Phys., 80, 4863 (1984))

564 7 Reaktionsdynamik und chemische Reaktivität

Bild 7.78 zeigt Schnitte durch die benötigten Potentialflächen entlang der Reaktionskoordinate. Bei der Photoanregung wird ein Elektron aus dem doppelt besetzten, nicht-bindenden $1b_1$-Orbital des H_2O in das antibindende $4a_1^*$-Orbital des repulsiven $^2B_1$-Zustands des H_2O angehoben. Das $4a_1^*$-Orbital steht senkrecht auf der Ebene des H_2O-Moleküls, vgl. Bild 7.78. Dort sind auch die beiden klassisch möglichen Ausrichtungen des p-Orbitals

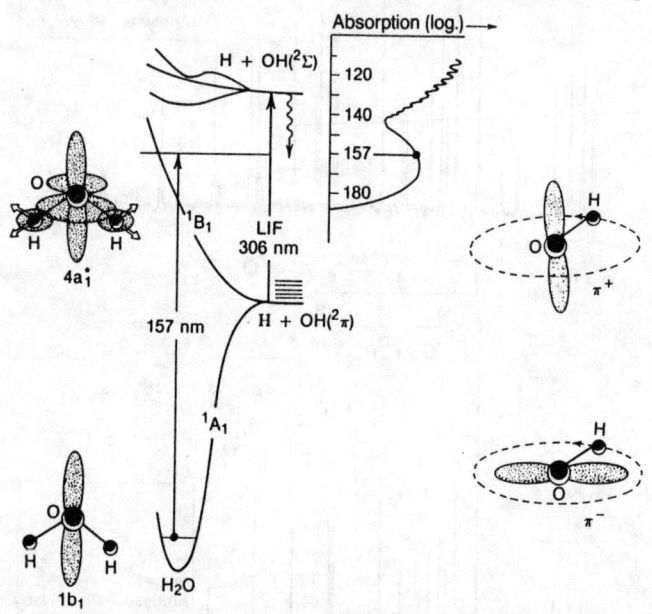

Bild 7.78 Schema der Photoanregung von H_2O durch einen polarisierten Laser bei 157 nm und seines anschließenden Zerfalls in H + OH. Es wird angenommen, daß der Übergang $^1A_1 \rightarrow {}^1B_1$ des H_2O ein Elektron aus dem nichtbindenden Orbital $1b_1$ (links unten) in das antibindende Orbital $4a_1^*$ befördert, das in der HOH-Ebene liegt. Im $^1b_1$-Orbital verbleibt ein ungepaartes Elektron senkrecht auf dieser Ebene (links oben). Das Absorptionsspektrum des H_2O zwischen 110 und 190 nm ist in der Mitte oben dargestellt. Das frisch entstandene OH im Zustand $^2\Pi$ wird durch polarisierte laserinduzierte Fluoreszenz im Bereich von 306 bis 320 nm nachgewiesen. Daraus können Schwingungs- und Rotationsbesetzungen, relative Anteile der Λ-Dubletts, die Ausrichtung des Drehimpulses und Spinverteilungen (Verhältnis von $^2\Pi_{3/2}$ zu $^2\Pi_{1/2}$) abgeleitet werden. Rechts sind idealisierte (klassische) Darstellungen der Ausrichtung des ungepaarten Elektrons relativ zur Rotationsebene des OH gezeigt. (Nach P. Andresen, G.S. Ondrey, B. Titze, E.W. Rothe: J. Chem. Phys., 80, 2548 (1984); s.a P. Andresen, V. Beushausen, D. Häusler, H.W. Lülf, E.W. Rothe: J. Chem. Phys., 83, 1429 (1985) und R. Schinke, V. Engel, P. Andresen, D. Häusler, G.G. Balint-Kurti: Phys. Rev. Lett., 55, 1180 (1985))

des OH senkrecht (Π^+) zur Rotationsebene des OH und in dieser Ebene (Π^-) dargestellt. Zwar ist der Zustand Π^- energetisch etwas tiefer, doch zeigt das Experiment, daß der Π^+-Zustand der bevorzugte ist: Offenbar wird die Orientierung des Orbitals des ungepaarten Elektrons ($^2b_1$ in H_2O, $p\Pi$ in OH) relativ zur Dissoziationsebene erhalten.[22]

Den wesentlichen Inhalt des Experiments zeigt Bild 7.79. Der Übergangsdipol μ_{H_2O} (der einem Ladungstransfer aus einem Orbital senkrecht zur Ebene des H_2O in ein solches in dieser Ebene entspricht) steht senkrecht auf dieser Ebene. Der linear polarisierte Dissoziationslaser hat sein elektrisches Feld E_1 in der hier als Z-Richtung bezeichneten Richtung des Düsenstrahls. Da die Absorption proportional zu $|\mu_{H_2O} \cdot E_1|^2$ ist, werden die H_2O-Moleküle im Zustand $^2B_1$ vorzugsweise so ausgerichtet, daß HOH in der XY-Ebene liegt. Die OH-Fragmente tendieren daher ebenfalls dazu, in diese Ebene zu rotieren. Der Strahl des Analyselasers läuft dem anderen entgegen und kann in X- oder Z-Richtung polarisiert werden. Die Q-Übergänge des OH haben ein Übergangsmoment senkrecht auf der Rotationsebene des OH und werden zum Nachweis mittels laserinduzierter Fluoreszenz benutzt. Ist $E_2 \| Z$, weist man daher OH-Radikale nach, die primär in der XY-Ebene rotieren, während diese Rotation für Laserstrahlung mit $E_2 \| X$ in der YZ-Ebene erfolgt.

Messungen der Polarisation der laserinduzierten Fluoreszenz wurden sowohl für $E_1 \| E_2$ als auch für $E_1 \perp E_2$ durchgeführt. Der Detektor war beidesmal quer zu den Laserstrahlen angeordnet. Die Polarisationsgrade sind hoch und nähern sich dem Grenzwert für hohe Rotation. Ihre j-Abhängigkeit spiegelt eine Verschiebung der Richtung des Übergangsdipols relativ zur Rotationsebene wider, die von der Zustandsmischung in den Λ-Dubletts herrührt. Die Präzession von μ_{OH} um j nimmt mit steigendem j ab und erreicht ihren klassischen Grenzwert (komplette Orientierung) bei hohen j. (Dieser Grenzwert ist in Bild 7.78 gezeigt.)

Auf Grund eines so ins einzelne gehenden Verständnisses können wir jetzt auch den Ursprung der interstellaren Maser-Emission des OH erklären, für die eine Besetzungsinversion des Λ-Dubletts vorausgesetzt werden muß: Diese Inversion und damit die Maserstrahlung ist eine indirekte Folge der Erhaltung der Orbitalsymmetrie im Verlauf der Dissoziation des angeregten Zustands $^2B_1$, welcher selbst durch ultraviolette Strahlung im galaktischen Raum entsteht.

---

[22] Der Düsenstrahl liefert rotationsmäßig kalte H_2O-Moleküle. Nach der Dissoziation muß das OH in der ursprünglichen Rotationsebene des H_2O rotieren, da keine Kräfte vorhanden sind, die es daraus herausdrehen könnten.

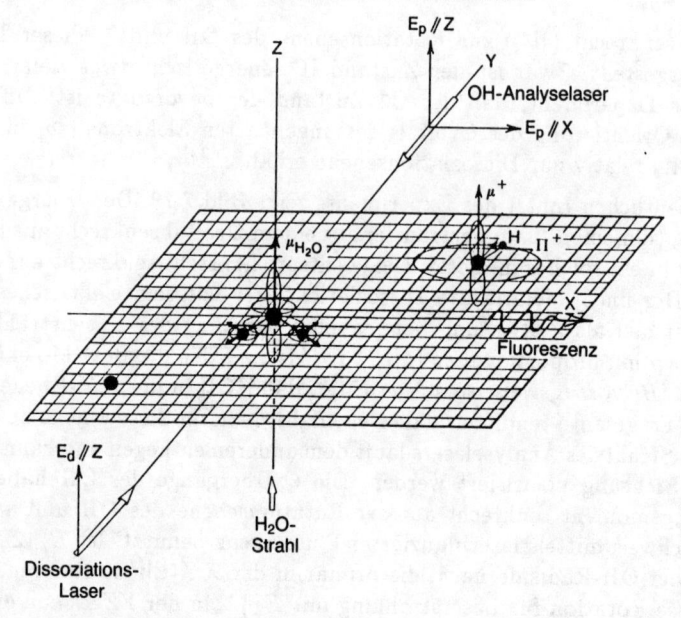

566   7 Reaktionsdynamik und chemische Reaktivität

Bild 7.79 Schematische Darstellung der Messung der Polarisation von OH aus der Photodissoziation des H_2O in Bild 7.78.

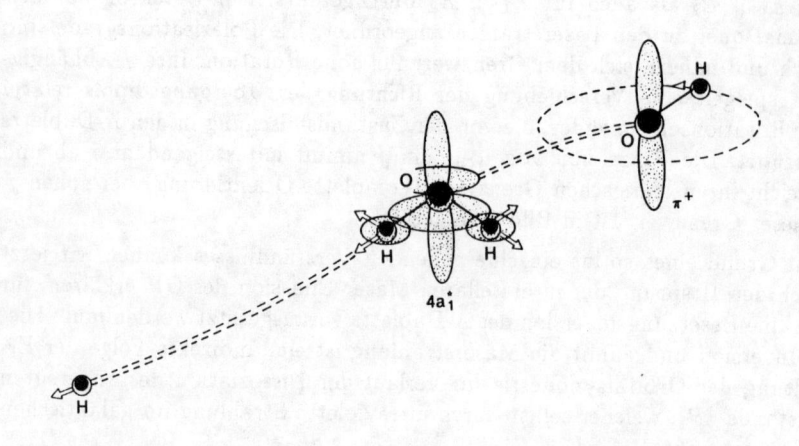

Bild 7.80 Darstellung der in einer Ebene verlaufenden Dissoziation des Zustandes $^1B_1$ des H_2O auf einer einzigen Potentialfläche. Das $^1b_1$-Orbital mit dem ungepaarten Elektron ist senkrecht gezeichnet, es korreliert mit dem $p\pi$-Orbital des OH-Radikals, wo daher hauptsächlich der Π^+-Zustand besetzt wird. (Zitat wie Bild 7.78)

7.7 Neue Horizonte

Wir haben jetzt den Punkt erreicht, wo wir den elementaren chemischen Akt sezieren können und das bei immer weiter ansteigender molekularer Komplexität. Bald wird auch in der chemischen Dynamik das Niveau erreicht sein, auf dem wir heute molekulare Struktur verstehen. Das bedeutet gleichzeitig, daß wir Struktur nicht länger statisch verstehen müssen, sondern uns auch den zeitlichen und dynamischen Aspekten von Struktur zuwenden können.

Eine wichtige Errungenschaft der Strukturtheorie ist die Systematik, die sie zur Verfügung stellt. Geometrische Struktur, Bindungsverhältnisse und Spektren einer gegebenen chemischen Verbindung werden nicht mehr isoliert betrachtet, sondern von einem umfassenderen Standpunkt aus, der viele ähnliche Moleküle gleichzeitig umfaßt. Ein neueres Beispiel hierfür sind die Komplexe der Übergangsmetalle. Eine Folge von Theorien von immer größerem Aussagenreichtum schafft hier einen Rahmen, der eine sich ständig erweiternde Menge von Beobachtungen zu interpretieren erlaubt. Je komplexer die Theorie ist (Soll sie die Rolle der π-Elektronen der Liganden einschließen?), um so ausgedehnter und detaillierter ist die Systematik. Sind wir dabei, den gleichen Stand in bezug auf chemische Reaktivität zu erreichen?

7.7.1 Chemische Reaktivität verstehen

Steht es inzwischen so, daß wir systematisch qualitative Trends der chemischen Reaktivität vorhersagen können? Können wir im Bedarfsfall die Vorhersage zu einer quantitativen verfeinern, die sich — wenn gewünscht — nur auf Ab-initio-Daten stützt?

Für Reaktionen, die auf einer einzigen Potentialfläche ablaufen, sind wir dem tatsächlich sehr nahegekommen: Gibt es eine Reaktionsbarriere? Die Theorie der Molekülorbitale erklärt die groben Unterschiede der Aktivierungsenergien und die feineren Details wie die Winkelabhängigkeit der Barrieren (d.h. sterische Effekte). Auch die einfachen topografischen Aspekte der Potentialflächen, etwa ob die Energiefreisetzung früh oder spät erfolgt, folgen aus dieser Theorie. Beziehungen zwischen Potentialeigenschaften und dynamischen Abläufen, die aus physikalischen Betrachtungen folgen (und rechnerisch verifiziert wurden), können dann herangezogen werden, um generell über dynamische Mechanismen zu sprechen.

Hinzu kommen halbempirische Theorien zur Berechnung von Potentialflächen, die mindestens eine halbquantitative Darstellungen des Potentials liefern. Diese können wiederum als Input einer vollen Streurechnung dienen oder in ungenauere, aber noch realistische Modelle (z.B. auf dem Niveau des Modells der Verbindungslinien) eingebracht werden. Eine detaillierte Berechnung lohnt sich dabei immer nur dann, wenn auch nach detaillierten Antworten gefragt wird. Je niedriger die experimentelle Auflösung ist, um so mehr können schon einfache Theorien helfen. Wenn die Moleküle immer größer werden, können wir unsere Unkenntnis genauer Potentiale und unsere Unfähigkeit, eine volle dynamische Rechnung durchzuziehen, durch die Benutzung statistischer Theorien kompensieren. Die Leistungsfähigkeit (und die Grenzen) der RRKM-Theorie zur Interpretation des unimolekularen Zerfalls haben wir zuletzt bei der Multiphoton-Ionisation gesehen.

Für einfache Systeme gibt es heute Ab-initio-Potentialflächen von „chemischer" Genauigkeit. Pilotrechnungen zur quantenmechanischen Streuung wurden benutzt, um verschiedene Näherungsverfahren zu „eichen", darunter die Simulation durch klassische Trajektorien. Ins einzelne gehende Experimente und eine auch Einzelheiten liefernde Theorie haben uns auf einen Stand gebracht, wo wir realistische physikalische Vorhersagen der chemischen Reaktivität mit vorgegebenem Detaillierungsgrad machen können (selbst wenn diese in praxi oft in der Rückschau erfolgen). Wir verstehen inzwischen, wie die Energie des Systems die Reaktivität bestimmt, wie die Anfangsaufteilung der Energie diese beeinflußt, und wie die Energie auf die Produkte verteilt wird. Ebenso haben wir genaue Vorstellungen der zeitlichen Aspekte molekularer Reaktionen und fangen gerade an, dies mittels der bimolekularen Spektroskopie zu testen. Auch sind unsere Theorien nicht auf Energien beschränkt, die in gewöhnlichen thermischen Experimenten vorkommen. Wir können Reaktionsraten und Details von Reaktionen auch bei höheren Energien berechnen, wie sie bei Laseranregung oder Hochtemperaturverbrennung oder in Schockwellen auftreten. Ja, auch die Rückkopplung ist schon vorhanden: Neue Arten der Reaktivität, wie z.B. laserunterstützte Prozesse, werden untersucht, *weil* wir glauben sie verstanden zu haben.

Für andere Probleme brauchen wir verbesserte theoretische Hilfen, z.B. für das Verständnis großer Systeme bei hoher Auflösung (intramolekulare Energieumverteilung!) oder für das volle Verständnis der sterischen Aspekte der Reaktivität (Produktpolarisation als Funktion des Streuwinkels!). Wie überall gilt auch hier: Einfache Theorien haben ihre Grenzen, und exakte Antworten brauchen exakte Rechenverfahren. (Wir können immer noch bessere Potentialflächen gebrauchen!) Schließlich müssen wir das erworbene Verständnis in die Untersuchung von Reaktionen in kondensierter Phase und an Oberflächen einbringen, wollen wir der Praxis realer Chemie wirklich nahekommen.

Auch für nichtadiabatische Stöße (d.h. solche, die nicht mehr nur auf einer Potentialfläche ablaufen) ist vieles verstanden. Ein altes Beispiel ist das Harpunen-Modell, das erfolgreiche und erfolglose Elektronen-„Sprünge" erklärt. Auf halbquantitativem Niveau beschreiben die Landau-Zener-Theorie und ihre Verfeinerungen die Rolle von Kurvenkreuzungen und Sprüngen von einer Fläche zur anderen. Damit kann eine Vielzahl nichtadiabatischer, unelastischer oder reaktiver Prozesse behandelt werden. In erster Näherung ist das gesamte Verhalten des Systems dabei nur von einem Parameter bestimmt: dem Matrixelement, das für die Energieaufspaltung zwischen den beteiligten Flächen $\Delta E(R_x)$ verantwortlich ist, und das halbempirisch abgeschätzt werden kann, wenn es aus Ab-initio-Rechnungen nicht verfügbar ist. Für große Moleküle macht die Theorie der vibronischen Kopplung schnelle Fortschritte. Das bis in die Details gehende Verständnis des photochemischen Prozesses ist soweit gediehen, daß sogar die Photosynthese im Blattgrün bereits Objekt genauer theoretischer Untersuchungen ist.

Die Beschäftigung mit der molekularen Reaktionsdynamik hat wirklich zu einem besseren Verstehen chemischer Reaktivität geführt. Was liegt jetzt vor uns?

7.7.2 Richtungen in die Zukunft

Schon die Inhaltsverzeichnisse zeigen, daß auf unserem Gebiet seit der Publikation von „Molecular Reaction Dynamics" vor 12 Jahren viel passiert ist. Der Fortschritt war dabei nicht auf das Sammeln von mehr oder besser aufgelösten Daten oder von solchen über größere Systeme beschränkt. Neuen Phänomenen, die damals noch gar nicht im Blickfeld lagen, und neuen Fragen, die damals noch nicht gestellt wurden, sind jetzt ganze Abschnitte gewidmet. Andere, die vor einem Dutzend Jahren kaum erwähnt wurden, sind heute voll entwickelt. Diese neuen Themen sind die Wachstumsthemen der nächsten Dekade.

Betrachten wir etwa das Gebiet der dynamischen Stereochemie. Seit vielen Jahren haben die synthetischen Chemiker ohne viel Widerspruch daran festgehalten, daß Moleküle nicht nur eine Ausdehnung, sondern auch eine Gestalt haben. Ihre „Molekülmodelle" und deren Verfeinerungen („Molekülmechanik") haben eine entscheidende Rolle beim Verständnis der Faktoren gespielt, die den Verlauf der Reaktionen bestimmen, und haben bei der

7 Reaktionsdynamik und chemische Reaktivität

Entwicklung neuer Synthesewege geholfen. Heute können wir sterische Effekte nicht mehr nur statisch, sondern auch dynamisch verstehen. Das ist so wichtig, daß wir es schon in Kapitel 2 diskutieren. Was zur Zeit unseres ersten Buches ein epochemachendes Experiment war, verspricht eine nützliche Beschäftigung für die Praktiker zukünftiger Jahre abzugeben. Während der organische Chemiker fragt, wie sterische Eigenheiten die Reaktivität be-

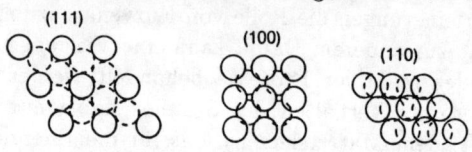

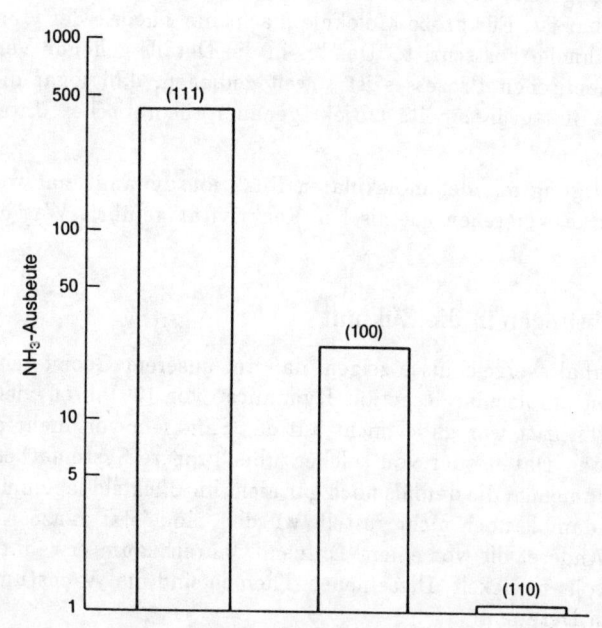

Bild 7.81 Oberflächen eines Eisen-Einkristalls. Die wirksamste Fläche, Fe(111), wandelt bei $T_s = 870$ K und hohem Druck $2 \cdot 10^{16}$ NH$_3$-Moleküle cm^{-2}s^{-1} um. Oberhalb der Reaktivitäts-Balken sind die Kristallflächen in Aufsicht gezeigt, durchgezogen die Eisenatome der obersten Schicht, gestrichelt die der zweitobersten. (Nach N.D. Spencer, R.C. Shoonmaker, G.A. Somorjai: J. Catal., 74, 129 (1982))
Es ist bemerkenswert, daß die ($11\bar{2}1$)-Fläche von Re fast 10 mal aktiver als die (111)-Fläche von Fe und die Strukturabhängigkeit sogar noch größer ist. (M. Asscher, G.A. Somorjai: Surf. Sci., 143, L389 (1984))

7.7 Neue Horizonte 571

herrschen und die Ausbeute an verschiedenen Produkten bestimmen, fragt der Moleküldynamiker, wie er die Orientierung und andere Bedingungen vor dem Stoß so auswählen kann, daß nicht nur die Reaktivität, sondern auch die Energiefreisetzung in die gewünschte Bahn geleitet wird.

Geometrische Aspekte der Dynamik sind jedoch nicht nur auf sterische Faktoren begrenzt. Die Auswahl des Angriffspunkts im Molekül bleibt ein wichtiges Ziel des Laserchemikers. Kann man ein Molekül so selektiv pumpen, daß darin ein „heißer Fleck" entsteht, der dann Ort einer chemischen Reaktion wird? Und wenn ein isoliertes Molekül seine Energie zu schnell überall hin verteilt, kann man es vielleicht mit einem intensiven Laser während des

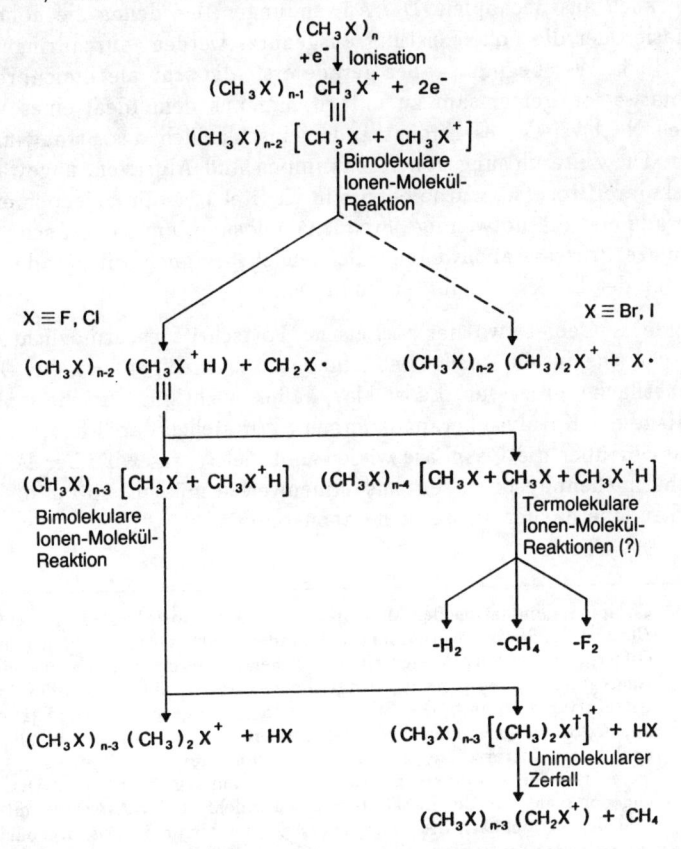

$$(CH_3X)_n$$
$$+e^- \downarrow \text{Ionisation}$$
$$(CH_3X)_{n-1} \; CH_3X^+ + 2e^-$$
$$|||$$
$$(CH_3X)_{n-2} \left[CH_3X + CH_3X^+ \right]$$
Bimolekulare Ionen-Molekül-Reaktion

$X \equiv F, Cl$ \qquad $X \equiv Br, I$

$$(CH_3X)_{n-2}(CH_3X^+H) + CH_2X \cdot \qquad (CH_3X)_{n-2}(CH_3)_2X^+ + X \cdot$$
$$|||$$

$$(CH_3X)_{n-3}\left[CH_3X + CH_3X^+H\right] \quad (CH_3X)_{n-4}\left[CH_3X + CH_3X + CH_3X^+H\right]$$
Bimolekulare Ionen-Molekül-Reaktion \qquad Termolekulare Ionen-Molekül-Reaktionen (?)

$-H_2 \quad -CH_4 \quad -F_2$

$$(CH_3X)_{n-3}(CH_3)_2X^+ + HX \qquad (CH_3X)_{n-3}\left[(CH_3)_2X^\dagger\right]^+ + HX$$
Unimolekularer Zerfall

$$(CH_3X)_{n-3}(CH_2X^+) + CH_4$$

Bild 7.82 Gesamtreaktionsschema von ionisierten Methylhalogenid-Clustern. (Nach J.F. Garvey, R.B. Bernstein: J. Phys. Chem., 90, 3577 (1986))

Stoßes so mit Photonen „bekleiden", daß auf diese Weise selektive unimolekulare Prozesse erzeugt werden? Die Theorie legt nahe, daß man hier viel mehr erreichen kann, als bisher geleistet wurde.

Laserinduzierte, laserunterstützte und laserkatalysierte Prozesse sind nicht nur wegen ihrer möglicherweise praktischen Anwendungen wichtig. Die „Spektroskopie des Übergangszustands" ermöglicht es uns, chemische Reaktionen mit einer Zeitauflösung zu beobachten, die vergleichbar ist mit derjenigen für die Reorganisation der Bindungen.

Wir sind noch weit davon entfernt, die einzigartigen Möglichkeiten des Lasers wirklich auszuschöpfen. Die Anwendungen, bei denen die hohe Monochromasie oder die hohe Leistung ausgenutzt werden, durchdringen dieses ganze Buch. Wir beginnen aber gerade erst, die schmale Linienbreite und die Polarisation gemeinsam zu nutzen, um uns dem Ideal eines voll aufgelösten Nachweises des Endzustands (einschließlich des Streuwinkels) zu nähern. Die Zeitauflösung von Hochpumpen und Abfragen, angewandt auf bimolekulare Prozesse, wurde bereits in Kapitel 1 erwähnt, jedoch erreichen wir gerade erst die notwendige Frequenzauflösung, um sie auf schnelle unimolekulare Prozesse anzuwenden. Schließlich beginnen wir gerade erst, die Kohärenz der Laserstrahlung auszunutzen.

Ein anderes Gebiet, wo der technische Fortschritt es ermöglicht, sowohl praktische wie intellektuelle Bedürfnisse zu befriedigen, ist die Dynamik von Oberflächenprozessen. Es ist klar, daß es wichtig ist, an die molekulare Grundlage der Katalyse heranzukommen. Wir stellen dabei fest, daß wir alles, was wir über die Gasphase wissen und vieles, was wir über Festkörper und Oberflächenphysik wissen, zusammenwerfen müssen, um an die Unzahl möglicher Oberflächen-Prozesse heranzukommen.

Bild 7.83 Computer-Simulation der Modellreaktion zweier adsorbierter Species $A(\text{ad}) + B(\text{ad}) \rightarrow AB(\text{gas})$. Am Anfang (a) werden 4 000 A-Atome zufällig auf 10 000 Gitterplätze verteilt. Wegen einer anziehenden Wechselwirkung neigen sie zur Aggregation, deren Rate τ_A ist durch die mittlere Diffusionszeit der Atome pro Gitterplatz bestimmt. Die Bilder (b) und (c) zeigen diese Aggregation, wenn nur A-Atome vorhanden sind. Bei (c) werden 4 000 B-Atome zufällig auf die noch leeren Gitterplätze verteilt. Diese diffundieren schnell ($\tau_B \ll \tau_A$) und reagieren mit den adsorbierten Atomen A, worauf AB sofort desorbiert. Es wird angenommen, daß die Reaktionswahrscheinlichkeit der A-Atome mit der Anzahl der A-Nachbarn des reagierenden Atoms abnimmt. Als Ergebnis, (d) bis (f), verschwinden isolierte A-Atome schnell, und die Ecken der A-Inseln werden geglättet. Die Gesamtrate ist geringer als für zufällig verteilte A-Atome. (Nach M. Silverberg, A. Ben-Shaul, F. Rebentrost: J. Chem. Phys., 83, 650 (1985))

7.7 Neue Horizonte 573

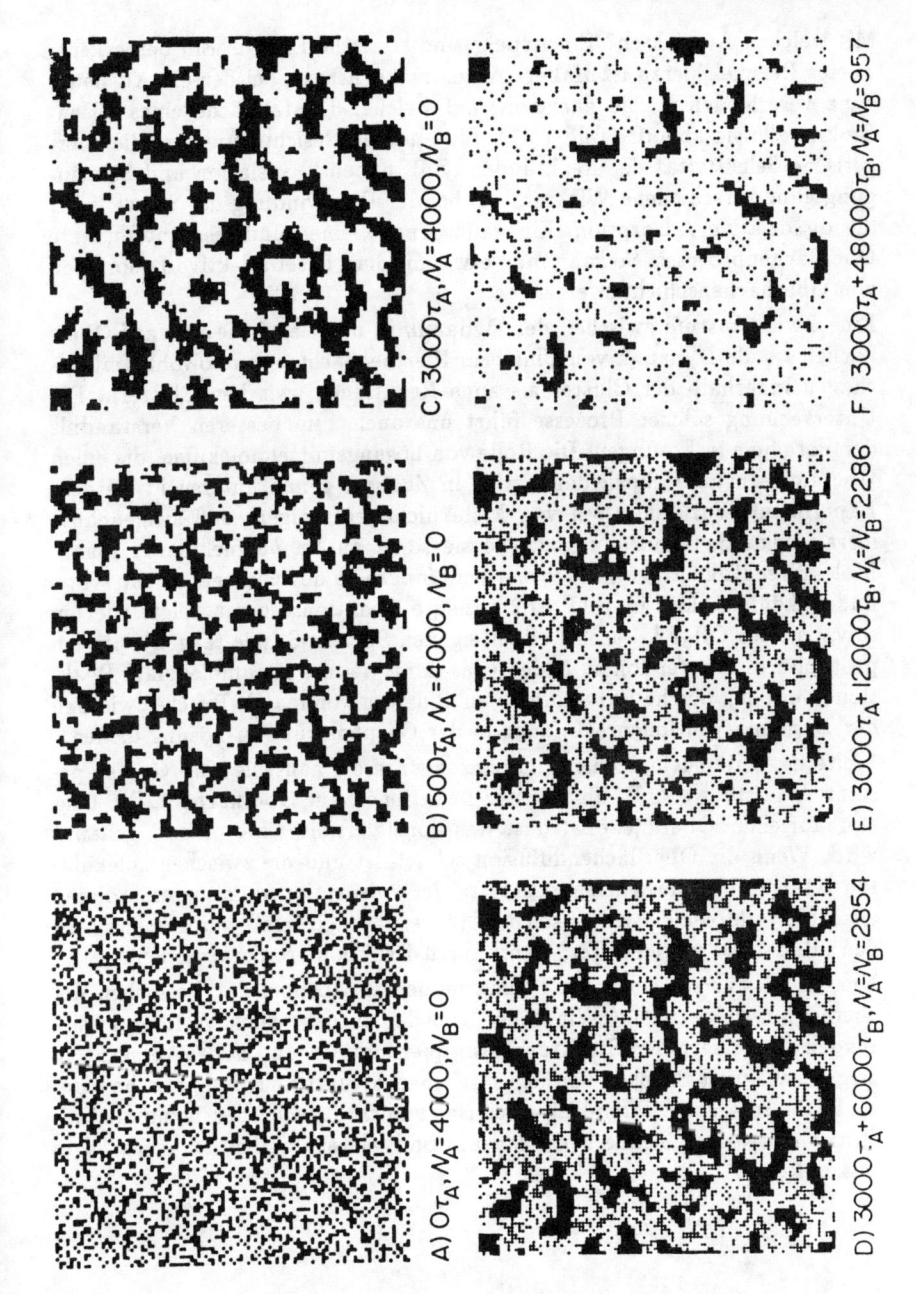

A) $0\tau_A, N_A=4000, N_B=0$

B) $500\tau_A, N_A=4000, N_B=0$

C) $3000\tau_A, N_A=4000, N_B=0$

D) $3000\tau_A+6000\tau_B, N_A=N_B=2854$

E) $3000\tau_A+12000\tau_B, N_A=N_B=2286$

F) $3000\tau_A+48000\tau_B, N_A=N_B=957$

Mit welchen Aussichten? Ein Aspekt sind sterische Effekte. Ein bemerkenswertes Beispiel hierzu ist Habers Ammoniaksynthese, bei der die Ausbeute ganz verschieden ist, je nachdem, auf welcher Kristallfläche eines Eisen-Einkristalls sie abläuft (Bild 7.81). Ein anderer Gesichtspunkt ist die energetische Selektivität der Reaktanden. Z.B. haben Translation und Schwingung ganz verschiedene Wirksamkeit bei der Überwindung der Schwelle für die dissoziative Adsorption. Ein ganz neues Gebiet sind laserunterstützte Oberflächenprozesse. So kann man etwa mit dem Laser selektive Desorption von Oberflächenschichten erzeugen.

Eine Zwischenstufe zwischen der Dynamik in der Gasphase und auf Oberflächen ist die Dynamik von Clustern. Hier beobachten wir sowohl Umlagerungen innerhalb der Cluster als auch Reaktionen zwischen Clustern. Die Untersuchung solcher Prozesse führt uns auch zum besseren Verständnis der Vorgänge in Lösungen. Die Rolle von Lösungsmittelmolekülen, die einen Übergangszustand „bekleiden", wird in Zukunft genau untersucht werden. Experimente zur Ionisation von Molekülclustern zeigen, daß ausgedehnte intramolekulare Umordnungen, wie sie sonst nur in *bi*molekularen Ionen-Molekülreaktionen beobachtet werden, *innerhalb* des Clusters selbst stattfinden können. Das in Bild 7.82 gezeigte Reaktionsschema zeigt, wie ein solvatisiertes CH_3F^+-Ion mit seiner eigenen Solvens-Schale reagiert, um ein protoniertes Cluster-Ion zu bilden (das dann weitere intramolekulare Reaktionen erlebt). Solche Experimente an Clustern können als Brücke zwischen der Dynamik von Ionenreaktionen in der Gasphase und in Lösung dienen.

Weiteren Untersuchungen ist nur durch unsere Phantasie eine Grenze gesetzt. Wie steht es z.B. um Cluster-Reaktionen auf Oberflächen? Ein Cluster auf einer Oberfläche ist das, was normalerweise eine „Insel" genannt wird. Wenn die Oberflächendiffusion schnell ist und die zwischenmolekularen Kräfte über die Anziehungskräfte der Adsorption dominieren, können adsorbierte Moleküle sich zu solchen Aggregaten, „Inseln", zusammenschließen (Bild 7.83), deren „Ufer" dann durch Reaktion erodiert werden.

Unser Ziel war ein zentrales Thema moderner Chemie: das Verstehen der chemischen Reaktivität. Wir haben von den in der realen Welt praktizierenden Chemikern den Strukturbegriff übernommen und haben versucht zu zeigen, wie man Brücken von der statischen Struktur zur dynamischen Reaktivität schlägt. Letztendlich aber ist es auch das Ziel der Dynamik, zur Praxis der realen Chemie beizutragen, womit sie sich hoffentlich eines Tages auszahlt.

7.8 Zum Weiterlesen

Abschnitt 7.1

Buch:

Truhlar, D.G. (Ed.): *Resonances in Electron Molecule Scattering, van der Waals Complexes, and Reactive Chemical Dynamics*, ACS Symp. Ser. No. 263, Washington, D.C. (1984)

Übersichtsartikel:

Anderson, J.B.: *The Reaction $F + H_2 \to HF + H$*, Adv. Chem. Phys., 41, 229 (1980)

Bowman, J.M., Lee, K.T., Romanowski, H., Harding, L.B.: *Approximate Quantum Approaches to the Calculation of Resonances in Reactive and Nonreactive Scattering*, in: Truhlar (1984)

Hayes, E.F., Walker, R.B.: *Reactive Resonances and Angular Distributions in the Rotating Linear Model*, in: Truhlar (1984)

Kuppermann, A.: *Reactive Scattering Resonances and Their Physical Interpretation: The Vibrational Structure of the Transition State*, in: Truhlar (1981)

Launay, J.M., LeDourneuf, M.: *Formation and Decay of Complexes: N_2^-, H_2^-, FH_2*, in: Eichler et al. (1984)

Lefebvre, R., *Complex Energy Quantization for Molecular Systems*, in: Truhlar (1984)

McCurdy, C.W.: *Direct Variational Methods for Complex Resonance Energies*, in: Truhlar (1984)

Micha, D.A., Kurudoglu, Z.C.: *Atom-Diatom Resonances Within a Many-Body Approach to Reactive Scattering*, in: Truhlar (1984)

Neumark, D.M., Wodtke, A.M., Robinson, G.N., Hayden, C.C., Lee, Y.T.: *Dynamic Resonances in the Reaction of Fluorine Atoms with Hydrogen Molecules*, in: Truhlar (1984)

Polanyi, J.C., Schreiber, J.L.: *The Reaction of $F + H_2 \to HF + H$*, Faraday Disc. Chem. Soc., 62, 267 (1977)

Römelt, J., Pollak, E.: *Vibrationally Bonded Molecules: The Road from Resonances to a New Type of Chemical Bond*, in: Truhlar (1984)

Schaefer III, H.F.,: *The $F + H_2$ Potential Energy Surface*, J. Phys. Chem. 89, 5336 (1985).

Shoemaker, C.L., Wyatt, R.E.: *Feshbach Resonances in Chemical Reactions*, Adv. Quant. Chem. 14, 169 (1981)

Zhang, Z.H., Abusalbi, N., Baer, M., Kouri, D.J., Jellinek, J.: *Resonance Phenomena in Quantal Reactive Infinite-Order Sudden Calculations*, in: Truhlar (1984)

Abschnitt 7.2

Bücher:

Beynon, J.H., Gilbert, J.R.: *Application of Transition State Theory to Unimolecular Reactions*, Wiley, New York, 1984

Hinze, J. (Ed.): *Energy Storage and Redistribution in Molecules*, Plenum Press, New York, 1983

Jortner, J., Pullman, B. (Eds.): Intramolecular Dynamics, Reidel, Dordrecht, 1982

Pritchard, H.O.: *The Quantum Theory of Unimolecular Reactions*, Cambridge University Press, 1984

Übersichtsartikel:

Bernstein, R.B., Zewail, A.H.: *Chemical Reaction Dynamics and Marcus' Contributions*, J. Phys. Chem., 90, 3467 (1986)

Beynon, J.H., Gilbert, J.R.: *Energetics and Mechanisms of Unimolecular Reactions of Positive Ions: Mass Spectrometric Methods*, in: Bowers (1979)

Brumer, P.: *Intramolecular Energy Transfer: Theories for the Onset of Statistical Behavior*, Adv. Chem. Phys., 47/1, 201 (1981)

Davis, M.J., Wagner, A.F.: *The Intramolecular Dynamics of Highly Excited Carbonyl Sulfide (OCS)*, in: Truhlar (1984)

Frey, H.M., Walsh, R., *Unimolecular Reactions*, Spec. Per. Rep., 3, 1 (1978)

Gentry, W.R.: *Vibrationally Excited States of Polyatomic van der Waals Molecules: Lifetimes and Decay Mechanisms*, in: Truhlar (1984)

Hase, W.L.: *Dynamics of Unimolecular Reactions*, in: Miller (1976)

Hase, W.L.: *Overview of Unimolecular Dynamics*, in: Truhlar (1981)

Hase, W.L.: *Unimolecular and Intramolecular Dynamics; Relationship to Potential Energy Surface Properties*, in: El-Sayed (1986)

Hedges, R.M., Jr., Skodje, R.T., Borondo, F., Reinhardt, W.P.: *Classical, Semiclassical, and Quantum Dynamics of Long-Lived Highly Excited Vibrational States of Triatoms*, in Truhlar (1984)

Holmer, B.K., Certain, P.R.: *Model Studies of Resonances and Unimolecular Decay of Triatomic van der Waals Molecules*, Faraday Disc. Chem. Soc., 73, 311 (1982)

Lifshitz, C.: *Unimolecular Decomposition of Polyatomic Ions: Decay Rates and Energy Disposal*, Adv. Mass Spectrom., 7A, 3 (1978)

Lifshitz, C.: *Intramolecular Energy Redistribution in Polyatomic Ions*, J. Phys. Chem., 87, 2304 (1983)

Parmenter, C.S.: *Vibrational Redistribution within Excited Electronic States of Polyatomic Molecules*, Faraday Disc. Chem. Soc., 75, 7 (1983)

Pritchard, H.O.: *State-to-State Theory of Unimolecular Reactions*, J. Phys. Chem., 89, 3970 (1985)

Reisler, H. Wittig, C.: *Photo-Initiated Unimolecular Reactions*, Ann. Rev. Phys. Chem., 37, 307 (1986)

Rice, S.A.: *Quasiperiodic and Stochastic Intramolecular Dynamics: The Nature of Intramolecular Energy Transfer*, in: Woolley (1980)

Sage, M.L.: *The Dynamics of Intramolecular Coupled Local Modes*, in: Jortner and Pullman (1982)

Shapiro, M.: *Dissociation and Intramolecular Dynamics*, in: Jortner and Pullman (1982)

Tabor, M.: *The Onset of Chaotic Motion in Dynamical Systems*, Adv. Chem. Phys., 46, 73 (1981)

Tardy, D.C., Rabinovitch, B.S.: *Intermolecular Vibrational Energy Transfer in Thermal Unimolecular Systems*, Chem. Rev., 77, 369 (1977)
Wolfgang, R.: *Energy and Chemical Reaction. Intermediate Complexes vs. Direct Mechanisms*, Acc. Chem. Res., 3, 48 (1970)

Abschnitt 7.3

Bücher:

Cantrell, C.D. (Ed.): *Multiple Photon Excitation and Dissociation of Polyatomic Molecules*, Springer, Berlin, ^{2}1986
Chin, S.L., Lambropoulos, P. (Eds.): *Multiphoton Ionization of Atoms*, Academic, New York, 1984
Grunwald, E., Dever, D.F., Keehn, P.M.: *Megawatt Infrared Laser Chemistry*, Wiley, New York, 1978
Haas, Y. (Ed.): *Multiphoton Excitation*, Isr. J. Chem., 24, No. 3 (1984)
Lin, S.H., Fujimura, Y., Neusser, H.J., Schlag, E.W.: *Multiphoton Spectroscopy of Molecules*, Academic, New York, 1984)

Übersichtsartikel:

Ambartzumian, R.V., Letokhov, V.S.: *Multiple Photon Infrared Laser Photochemistry*, in: Moore (1977)
Ambartzumian, R.V., Letokhov, V.S.: *Selective Dissociation of Polyatomic Molecules by Intense Infrared Laser Fields*, Acc. Chem. Res., 10, 61 (1977)
Ashfold, M.N.R., Hancock, G.: *Infrared Multiple Photon Excitation and Dissociation: Reaction Kinetics and Radical Formation*, Spec. Per. Rep., 4, 73 (1981)
Bagratashvili, V.N., Kuzmin, M.V., Letokhov, V.S.: *Chemical Radical Synthesis in Gas Mixtures Induced by Infrared Multiple-Photon Dissociation*, J. Phys. Chem., 88, 5780 (1984)
Cantrell, C.D., Makarov, A.A., Louisell, W.H.: *Laser Excitation of SF_6 : Spectroscopy and Coherent Pulse Propagation Effects*, Adv. Chem. Phys., 47/1, 583 (1981)
Chu, S.-I.: *Recent Developments in Semiclassical Floquet Theories for Intense-Field Multiphoton Processes*, Adv. At. Mol. Phys., 21, 197 (1985)
Danen, W.C., Jang, J.C.: *Multiphoton Infrared Excitation and Reaction of Organic Compounds*, in: Steinfeld (1981)
Davis, M.J., Wyatt, R.E., Leforestier, C.: *Classical and Quantum Mechanical Studies of Molecular Multiphoton Excitation and Dissociation*, in: Jortner and Pullman (1982)
Donovan, R.J.: *Ultraviolet Multiphoton Excitation: Formation and Kinetic Studies of Electronically Excited Atoms and Free Radicals*, Spec. Per. Rep., 4, 117 (1981)
Galbraith, H.W., Ackerhalt, J.R.: *Vibrational Excitation in Polyatomic Molecules*, in: Steinfeld (1981)
Gobeli, D.A., Yang, J.J., El-Sayed, M.A.: *Laser Multiphoton Ionization-Dissociation Mass Spectrometry*, Chem. Rev., 85, 529 (1985)
Golden, D.M., Rossi, M.J., Baldwin, A.C., Barker, J.R.: *Infrared Multiphoton Decomposition: Photochemistry and Photophysics*, Acc. Chem. Res., 14, 56 (1981)

Haas, Y.: *Electronically Excited Fragments Formed by Unimolecular Multiple Photon Dissociation*, Adv. Chem. Phys., 47/1, 713 (1981)

Hall, R.B., Kaldor, A., Cox, D.M., Horsley, A., Rabinowitz, P., Kramer, G.M., Bray, R.G., Maas, E.T., Jr.: *Infrared Laser Chemistry of Complex Molecules*, Adv. Chem. Phys., 47/1, 639 (1981)

Johnson, P.M.: *Molecular Multiphoton Ionization Spectroscopy*, Acc. Chem. Res., 13, 20 (1980)

Johnson, P.M., Otis, C.E.: *Molecular Multiphoton Spectroscopy with Ionization Detection*, Ann. Rev. Phys. Chem., 32, 139 (1981)

Kaldor, A., Woodin, R.L., Hall, R.B.: *Recent Advances in IR Laser Chemistry*, Laser Chem., 2, 335 (1983)

King, D.S.: *Infrared Multiphoton Excitation and Dissociation*, Adv. Chem. Phys., 50, 105 (1982)

Lee, Y.T.: *Photodissociation of Polyatomic Molecules by Megawatt Infrared Lasers*, in: Glorieux et al. (1979)

Letokhov, V.S.: *Laser Separation of Isotopes*, Ann. Rev. Phys. Chem., 28, 133 (1977)

McAlpine, R.D., Evans, D.K.: *Laser Isotope Separation by the Selective Multiphoton Decomposition Process*, Adv. Chem. Phys., 60, 31 (1980)

Mukamel, S.: *Reduced Equations of Motion for Collisionless Molecular Multiphoton Processes*, Adv. Chem. Phys., 47/1, 509 (1981)

Quack, M.: *The Role of Intramolecular Coupling and Relaxation in IR-Photochemistry*, in: Jortner and Pullman (1982)

Quack, M.: *Reaction Dynamics and Statistical Mechanics of the Preparation of Highly Excited States by Intense Infrared Radiation*, Adv. Chem. Phys., 50, 395 (1982)

Reisler, H., Wittig, C.: *Multiphoton Ionization of Gaseous Molecules*, Adv. Chem. Phys., 60, 1 (1980)

Reisler, H., Wittig, C.: *Electronic Luminescence Resulting from Infrared Multiple Photon Excitation*, Adv. Chem. Phys., 47/1, 679 (1981)

Ronn, A.M.: *Luminescence of Parent Molecule Induced by Multiphoton Infrared Ionization*, Adv. Chem. Phys., 47/1, 661 (1981)

Schlag, E.W., Neusser, H.J.: *Multiphoton Mass Spectrometry*, Acc. Chem. Res., 16, 355 (1983)

Schulz, P.A., Sudbo, A. S., Krajnovich, D.J., Kwok, H.S., Shen, Y.R., Lee, Y.T.: *Multiphoton Excitation and Dissociation of Polyatomic Molecules*, in: Cantrell (1981)

Thorne, L.R., Beauchamp, J.L.: *Infrared Photochemistry of Gas Phase Ions*, in Bowers (1984)

Woodin, R.L., Bomse, D.S., Beauchamp, J.L.: *Multiphoton Dissociation of Gas-Phase Ions Using Low Intensity CW Laser Radiation*, in: Moore (1979)

Abschnitt 7.4

Bücher:

Faraday Symposia of the Chemical Society, 14, *Diatomic Metals and Metallic Clusters* (1980)

Faraday Discussions of the Chemical Society, 73, *van der Waals Molecules* (1982)

Gole, J., Stwalley, W.C. (Eds.): *Metal Bonding and Interactions in High Temperature Systems*, American Chemical Society, Washington, D.C., 1982

Übersichtsartikel:

Beswick, J.A., Jortner, J.: *Intramolecular Dynamics of van der Waals Molecules*, Adv. Chem. Phys., 47/1, 363 (1981)

Blaney, B.L., Ewing, G.E.: *van der Waals Molecules*, Ann. Rev. Phys. Chem., 27, 553 (1976)

Brady, J.W., Doll, J.D., Thompson, D.L.: *Classical Trajectory Studies of the Formation and Unimolecular Decay of Rare Gas Clusters*, in: Truhlar (1981)

Castleman, A.W., Jr.: *Advances and Opportunities in Cluster Research*, in: Eichler et al. (1984)

Even, U., Amirav, A., Leutwyler, S., Ondrechen, M.J., Berkovitch-Yellin, Z., Jortner, J.: *Energetics and Dynamics of Large van der Waals Molecules*, Faraday Disc. Chem. Soc., 73, 153 (1982)

Ewing, G.E.: *Structure and Properties of van der Waals Molecules*, Acc. Chem. Res., 8, 185 (1975)

Haberland, H.: *What Happnes to a Rare-Gas Cluster When It Is Ionized*, in: Eichler et al. (1984)

Howard, B.J.: *The Structure and Properties of van der Waals Molecules*, Int. Rev. Sci. Phys. Chem., 2, 93 (1975)

Kappes, M.M., Schumacher, E.: *Preparation, Properties and Theory of Metal Clusters*, in: Eichler et al. (1984)

Klemperer, W.: *Structure and Dynamics of van der Waals Molecules*, in: Zewail (1978)

Levy, D.H.: *Laser Spectroscopy of Cold Gas-Phase Molecules*, Ann. Rev. Phys. Chem., 31, 197 (1980)

Levy, D.H.: *Supersonic Molecular Beams and van der Waals Molecules*, in: Woolley (1980)

Levy, D.H.: *van der Waals Molecules*, Adv. Chem. Phys., 47/1, 323 (1981)

Levy, D.H., Haynam, C.A., Brumbaugh, D.V.: *Spectroscopy and Photophysics of Organic Clusters*, Faraday Disc. Chem. Soc., 73, 137 (1982)

Levy, D.H., Haynam, C.A., Young, L., Brumbaugh, D.V.: *The Spectroscopy, Photophysics and Photochemistry of Organic Clusters*, in: Eichler et al. (1984)

Märk, T.D., Castleman, A.W., Jr.: *Experimental Studies on Cluster Ions*, Adv. At. Mol. Phys., 20, 65 (1985)

Muetterties, E.L., Rhodin, T.N., Band, E., Brucker, C.F., Pretzer, W.R.: *Clusters and Surfaces*, Chem. Rev., 79, 91 (1979)

Muetterties, E.L., Burch, R.R., Stolzenberg, A.M.: *Molecular Features of Metal Cluster Reactions*, Ann. Rev. Phys. Chem., 33, 89 (1982)

Ng, C.Y.: *Molecular Beam Photoionization Studies of Molecules and Clusters*, Adv. Chem. Phys., 52, 265 (1983)

Sattler, K.: *Microcluster Research: Between the Atomic and the Solid State*, in: Eichler et al. (1984)

Young, L., Haynam, C.A., Levy, D.H.: *Intramolecular Vibrational Relaxation and Photochemistry in Weakly Bound Organic Dimers*, in: Jortner and Pullman (1982)

Abschnitt 7.5

Bücher:

Faraday Discussions of the Chemical Society, 72, *Selectivity in Heterogeneous Catalysis* (1981)

Gomer, R. (Ed.): *Interactions on Metal Surfaces*, Springer, Heidelberg, 1975

King, D.A., Woodruff, D.P. (Eds.): *The Chemical Physics of Solid Surfaces and Heterogeneous Catalysis. Adsorption at Solid Surfaces*, Vol. 2., Elsevier, Amsterdam, 1983

Rhodin, T.N., Ertl G. (Eds.): *The Nature of the Surface Chemical Bond*, North-Holland, Amsterdam, 1979

Somorjai, G.A.: *Chemistry in Two Dimensions: Surfaces*, Cornell University Press, Ithaca, N.Y., 1981

Übersichtsartikel:

Adelman, S.A.: *Generalized Langevin Equations and Many-Body Problems in Chemical Dynamics*, Adv. Chem. Phys., 44, 143 (1980)

Adelman, S.A.: *The Molecular Time Scale Generalized Langevin Equation to Problems in Condensed-Phase Chemical Reaction Dynamics*, J. Phys. Chem., 89, 2213 (1985)

Adelman, S.A., Brooks, C.L., III: *Generalized Langevin Models and Condensed-Phase Chemical Reaction Dynamics*, J. Phys. Chem., 86, 1511 (1982)

Asscher, M., Somorjai, G.A.: *Energy Redistribution in Diatomic Molecules on Surfaces*, in: Pullman et al. (1984)

Bernasek, S.L.: *Heterogeneous Reaction Dynamics*, Adv. Chem. Phys., 41, 477 (1980)

Boudart, M.: *Concepts in Heterogeneous Catalysis*, in: Gomer (1975)

Burden, A.G., Grant, J., Martos, J., Moyes, R.B., Wells, P.B.: *Variation of Catalyst Selectivity by Control of the Environment of Surfaces Sites*, Faraday Disc. Chem. Soc., 72, 95 (1981)

Canning, N.D.S., Madix, R.J.: *Toward an Organometallic Chemistry of Surfaces*, J. Phys. Chem., 88, 2437 (1984)

Cardillo, M.J., Tully, J.C.: *Thermodynamic Implications of Desorption from Crystal Surfaces*, in: Pullman et al. (1984)

Chuang, T.J., Hussla, I.: *Molecule-Surface Interactions Stimulated by Laser Radiation*, in: Pullman et al. (1984)

Comsa, G.: *The Dynamics Parameters of Desorbing Molecules*, in: Benedek and Valbusa (1982)

Comsa, G., David, R.: *Dynamical Parameters of Desorption*, Surf. Sci., 5, 145 (1985)

D'Evelyn, M.P., Madix, R.J.: *Reactive Scattering from Solid Surfaces*, Surf. Sci. Rep., 3, 413 (1984)

Ehrlich, G., Stolt, K.: *Surface Diffusion*, Ann. Rev. Phys. Chem., 31, 603 (1980)

Ertl, G.: *Chemical Dynamics in Surface Reactions*, Ber. Bunsenges. Phys. Chem., 86, 425 (1982)

Ertl, G.: *Reaction Mechanisms in Catalysis by Metals*, Crit. Rev. Solid State Mater. Sci., 10, 349 (1982)

George, T.F., Lee, K.T., Murphy, W.C., Hutchinson, M., Lee, H.W.: *Theory of Reactions at a Solid Surface*, in: Baer (1985)

Gomer, R.: *Electron Spectroscopy of Chemisorption on Metals*, Adv. Chem. Phys., 27, 211 (1974)

Gomer, R.: *Some Approaches to the Theory of Chemisorption*, Acc. Chem. Res., 8, 420 (1975)

Greene, E.F., Keeley, J.T., Stewart, D.K.: *Alkali Atoms on Semiconductor Surfaces: The Dynamics of Desorption and of Surface Phase Transitions*, in: Pullman et al. (1984)

Halpern, B., Kori, M.: *Infrared Chemiluminescence from the Products of Exoergic Surface Catalyzed Reactions*, in: Fontijn (1985)

Halstead, J.A., Triggs, N., Chu A.-L., Reeves, R.R.: *Creation of Electronically Excited States by Heterogeneous Catalysis*, in: Fontijn (1985)

Heidberg, J., Stein, H., Szilagyi, Z., Hoge, D., Weiss, H.: *Desorption by Resonant Laser- Adsorbate Vibrational Coupling*, in: Pullman et al. (1984)

Landman, U., Rast, R.H.: *On Energy Pathways in Surface Reactions*, in: Pullman et al. (1984)

Lin, M.C., Ertl, G.: *Laser Probing of Molecules Desorbing and Scattering from Solid Surfaces*, Ann. Rev. Phys. Chem., 37, 587 (1986)

Lyo, S.K., Gomer, R.: *Theory of Chemisorption*, in: Gomer (1975)

Madix, R.J.: *Surface Reactivity: Heterogeneous Reactions on Single Crystal Surfaces*, Acc. Chem. Res., 12, 265 (1979)

Madix, R.J., Benzinger, J.: *Kinetic Processes on Metal Single-Crystal Surfaces*, Ann. Rev. Phys. Chem., 29, 285 (1978)

Meek, J.T., Randolphlong, S., Opsal, R.B., Reilly, J.P.: *Laser Ionization Studies of Gas Phase and Surface Adsorbed Molecules*, Laser Chem., 3, 3 (1983)

Menzel, D.: *Desorption Phenomena*, in: Gomer (1975)

Ozin, G.A.: *Spectroscopy, Chemistry and Catalysis of Metal Atoms, Metal Dimers and Metal Clusters*, Faraday Symp. Chem. Soc., 14, 7 (1080)

Sachtler, W.M.H.: *What Makes A Catalyst Selective?*, Faraday Disc. Chem. Soc., 72, 7 (1981)

Salem, L.: *A Theoretical Approach to Heterogeneous Catalysis Using Large Finite Crystals*, J. Phys. Chem., 89, 5576 (1985)

7 Reaktionsdynamik und chemische Reaktivität

Schmidt, L.D.: *Chemisorption: Aspects of the Experimental Situation*, in: Gomer (1975)

Selwyn, G.S., Lin, M.C.: *Laser Studies of Surface Chemistry*, in: Jackson and Harvey (1985)

Shustorovich, E., Baetzold, R.C., Muetterties, E.L.: *A Theoretical Model of Metal Surface Reactions*, J. Phys. Chem., 87, 1100 (1983)

Simonetta, M., Gavezzotti, A.: *The Cluster Approach in Theoretical Study of Chemisorption*, Adv. Quant. Chem., 12, 103 (1980)

Smalley, R.E.: *Laser Studies of Metal Cluster Beams*, Laser Chem., 2, 167 (1983)

Smith, J.R.: *Theory of Electronic Properties of Surfaces*, in: Gomer (1975)

Somorjai, G.A., Zaera, F.: *Heterogenous Catalysis on the Molecular Scale*, J. Phys. Chem., 86, 3070 (1982)

Tully, J.C.: *Dynamics of Chemical Processes at Surfaces*, Acc. Chem. Res., 14, 188 (1981)

Tully, J.C., Cardillo, M.: *Dynamics of Molecular Motion at Single Crystal Surfaces*, Science, 223, 445 (1984)

White, J.M.: *Surface Interactions in Nonreactive Coadsorption: H_2 and CO on Transition-Metal Surfaces*, J. Phys. Chem., 87, 915 (1983)

Woodruff, D.P., Wang, G.C., Lu, T.M.: *Surface Structure and Order-Disorder Phenomena*, in: King and Woodruff (1983)

Woodruff, D.P., Wang, G.C. and Lu, T.M.: *Theory of Chemisorption*, in: King and Woodruff (1983)

Abschnitt 7.6

Übersichtsartikel:

Bersohn, R., Lin, S.H.: *Orientation of Targets by Beam Excitation*, Adv. Chem. Phys., 16, 67 (1969)

Dagdigian, P.J.: *Spin-Orbit Effects in Chemiluminescent Reactions of State-Selected $Ca(^3P_j^0)$*, in: Fontijn (1985)

Greene, C.H., Zare, R.N.: *Photofragment Alignment and Orientation*, Ann. Rev. Phys. Chem., 33, 119 (1982)

Reuss, J.: *Scattering from Oriented Molecules*, Adv. Chem. Phys., 30, 389 (1975)

Sanders, W.R., Miller, D.R.: *Alignment of I_2 Rotation in a Seeded Molecular Beam*, in: El-Sayed (1984)

Stolte, S.: *Scattering Experiments with State Selectors*, in: Scoles (1986)

Abschnitt 7.7

Buch:

Pimentel, G.C. (Ed.): *Opportunities in Chemistry*, National Academy Press, Washington, D.C., 1985

Übersichtsartikel:

Adelman, S.A.: *Chemical Reaction Dynamics in Liquid Solution*, Adv. Chem. Phys., 53, 61 (1983)

Bado, P., Berens, P.H., Bergsma, J.P., Coladonato, M.H., Dupuy, C.G., Edelsten, P.M., Kahn, J.D., Wilson, K.R., Fredkin, D.R., *Molecular Dynamics of Chemical Reactions in Solution*, Laser Chem., 3, 231 (1983)

Connick, R.E., Adler, B.J.: *Computer Modeling of Rare Solvent Exchange*, J. Phys. Chem., 87, 2764 (1983)

Frei, H., Pimentel, G.C.: *Infrared Induced Photochemical Processes in Matrices*, Ann. Rev. Phys. Chem., 36, 491 (1985)

Hynes, J.T.: *Theory of Reactions in Solution*, in: Baer (1985)

Hynes, J.T.: *Chemical Reaction Dynamics in Solution*, Ann. Rev. Phys. Chem., 36, 573 (1985)

Kapral, R.: *Kinetic Theory of Chemical Reactions in Liquids*, Adv. Chem. Phys., 48, 71 (1981)

Oxtoby, D.W.: *Vibrational Relaxation in Liquids: Quantum States in a Classical Bath*, J. Phys. Chem., 87, 3028 (1983)

Warshel, A.: *Dynamics of Reactions in Polar Solvents. Semiclassical Trajectory Studies of Electron Transfer and Proton-Transfer Reactions*, J. Phys. Chem., 86, 2218 (1982)

Anhang

Nützliche Zahlenwerte

A Werte einiger Fundamentalkonstanten

Die folgenden Zahlen sind die seit 1986 empfohlenen Werte, s. z.B. J. Phys. Chem. Ref. Data, 17, 1795 (1988).

Größe	Symbol	Wert	Einheit	Fehler(in ppm)
Lichtgeschwindigkeit	c	2.99792458	10^8 m·s^{-1}	exakt
Coulomb-Konstante	ϵ_0	8.85418782...	10^{-12} F·m^{-1}	exakt
Planck-Konstante/2π	$\hbar$	1.05457266	10^{-34} J·s	0.60
Elementarladung	e	1.60217733	10^{-19} C	0.30
Avogadrozahl	N_A	6.0221367	10^{23} mol^{-1}	0.59
Gaskonstante	R	8.314510	J·mol^{-1}K^{-1}	8.4
Boltzmann-Konstante	k	1.380658	10^{-23} J·K^{-1}	8.5
Atomare Masseneinheit	m_u	1.6605402	10^{27} kg	0.59
Elektronenmasse	m_e	9.1093897	10^{-31} kg	0.59
Feinstrukturkonstante	α	7.29735308	10^{-3}	0.045
Rydberg-Energie	$(hc)R_\infty$	2.1798741	10^{-18} J	0.60
„hartree" =2(hc)R$_\infty$	h	4.3597482	10^{-18} J	0.60
Bohr-Radius(„bohr")	a_0	0.529177249	10^{-10} m	0.045
Bohr-Magneton	μ_B	9.2740154	10^{-24} J·T^{-1}	0.34

B Umrechnungsfaktoren alter Einheiten

Alte Einheit	Symbol	Wert	Einheit
Ångström	Å	$1 \cdot 10^{-10}$	m
Mikron	μ	1	μm
Kilokalorie	kcal	4.184	kJ
Atmosphäre (phys.)	atm	101 325	Pa
Torr = 1/760 atm	torr	133.322	Pa

C   Energieäquivalente

Wert und Einheit	Faktor	Wert in Joule
1 kJ·mol^{-1}	N_A^{-1}	$1.660540 \cdot 10^{-21}$
1 eV	e	$1.602177 \cdot 10^{-19}$
1 cm^{-1}	hc	$1.986447 \cdot 10^{-23}$
1 Hz	h	$6.626075 \cdot 10^{-34}$
1 m$_u$	c^2	$1.492419 \cdot 10^{-10}$
1 R$_\infty$	hc, wenn in cm^{-1}	$2.179874 \cdot 10^{-18}$
1 h („hartree")	hc, wenn in cm^{-1}	$4.359748 \cdot 10^{-18}$
1 K („kT")	k	$1.380658 \cdot 10^{-23}$

Lexikon von Fachausdrücken

Dieses Buch wurde nicht zuletzt geschrieben und übersetzt, um an die aktuelle Literatur heranzuführen. Um dies zu erleichtern, wird das folgende, kurze englisch-deutsche und deutsch-englische Lexikon beigefügt. Manche deutschen Ausdrücke mußten allerdings erst vom Übersetzer geschaffen werden, da es keine normierte Übersetzung für den englischen Begriff gab. Er hofft, daß die Kollegen sie akzeptieren und bedankt sich bei denjenigen, die ihn beraten haben.

A Englisch–Deutsch

ab-initio	ab initio	contour diagram, contour plot	Höhenliniendiagramm, -karte
abstraction	Abstraktion	cross section	Querschnitt, Streuquerschnitt
accomodation	Akkomodation	curve crossing	Kurvenkreuzung, -wechsel
activation (barrier)	Aktivierung (-sbarriere)	detailed balance	detailliertes Gleichgewicht
alignment	Ausrichtung	differential cross section	differentieller Streuquerschnitt
angular distribution	Winkelverteilung	direct (collision)	direkt (Stoß, Gegensatz: komplex)
branching ratio	Verzweigungsverhältnis	dressed (states, with photons)	bekleidet (Zustände mit Photonen)
capture	Einfang	dynamics	Dynamik
chemical dynamics	chemische Dynamik	efficient	wirksam
chemical kinetics	chemische Kinetik	elastic scattering	elastische Streuung
classical trajectory	klassische Trajektorie	endoergic	endoergisch
close collision	zentraler Stoß	endothermic	endotherm
closeness (of a collision)	Zentralität (eines Stoßes)	energy consumption	Energiebedarf, -ausnutzung, -verbrauch
cluster	Cluster	energy disposal	Energieaufteilung, -verwertung
collision complex	Stoßkomplex, langlebiger Stoßkomplex	energy partitioning	Energieaufteilung
collision dynamics	Stoßdynamik	energy release	Energiefreisetzung
collisional relaxation	Relaxation durch Stöße	energy requirement	Energiebedarf
complex (= collision complex)	Stoßkomplex, langlebiger Stoßkomplex	energy transfer	Energieübertragung
complex collision	komplexer Stoß	entropy deficiency	Entropiemangel
compound collision	komplexer Stoß	exoergic	exoergisch
cone of acceptance	Akzeptanzkegel	exothermic	exotherm
constraint	Zwangsbedingung	flash photolysis	Blitzlichtphotolyse

Lexikon von Fachausdrücken

fluence	Fluenz
force field	Kraftfeld
fragmentation	Fragmentierung
guided beams	geführte Strahlen
hopping (surface hopping)	Sprung (zwischen Potentialflächen)
insertion	Einfügung
intensity	Intensität
interatomic forces	zwischenatomare Kräfte
inversion (population)	Inversion, Besetzungsumkehr
jet	Düsenstrahl
laser assisted	laserunterstützt
long-lived complex	langlebiger Komplex
merging beams	überlagerte Strahlen
microscopic reversibility	mikroskopische Umkehrbarkeit
minimum energy path	Reaktionsweg, Weg minimaler Energie
molecular dynamics	Moleküldynamik
multiphoton (dissociation)	Multiphoton-(Dissoziation)
nascent	frisch entstanden, primär
nozzle beam	Düsenstrahl
opacity function	Reaktivitätsfunktion
oriented (reactants)	orientiert (Reaktanden)
partial cross section	unvollständiger Stoßquerschnitt
photofragmentation	Photofragmentierung
polarizability	Polarisierbarkeit
polyatomic (approach)	Vielkörper-(Ansatz)
population inversion	Besetzungsinversion
potential energy surface	Potentialfläche
prior (distribution)	A-priori (-Verteilung)
probe (subst.)	Sonde
probe (verb)	abfragen, messen
propensity	Wahrscheinlichkeit, Neigung
pump	Pumpe, Pump-
quantum chemistry	Quantenchemie
quench	löschen, unterdrücken
radiative lifetime	Strahlungslebensdauer
random phase (shift)	Zufallsphase (-nverschiebung)
rate constant	Ratenkoeffizient
reactant	Reaktand
reaction cross section	Reaktionsquerschnitt
reaction dynamics	Reaktionsdynamik
reaction path	Reaktionsweg
reactivity	Reaktivität
rearrangement	Umordnung, Umlagerung
rebound (scattering)	rückwärts (Streuung)
redistribution	Umverteilung
relaxation (rate)	Relaxation (-srate)
saddle point	Sattelpunkt
sample (subst.)	Probe
sample (verb)	abtasten
scattering	Streuung
seeded beam	gemischter Strahl
selectivity	Selektivität
specificity	Spezifizität
spectator	Zuschauer
spectator stripping process	Abstreifprozeß
state-to-state	zustandsspezifisch
steady (state)	stationär (Zustand)
stereospecific	stereospezifisch
steric factor	sterischer Faktor
sticking probability	Haftwahrscheinlichkeit
sticky collision	langlebiger Stoß
stripping	Abstreif-

sudden approximation	„plötzliche" Näherung	transition state	Übergangszustand
supersonic jet	Überschall-(Düsen-)strahl	translational energy	Stoßenergie, Translationsenergie
surprisal	Überraschungswert	turning point	Umkehrpunkt
target	Target	unimolecular	unimolekular
total cross section	integraler Streuquerschnitt	velocity distribution	Geschwindigkeitsverteilung
		wag frequency	Wedelfrequenz

B Deutsch–Englisch

ab initio	ab-initio	Energiebedarf, -ausnutzung	energy requirement, consumption
Abstraktion	abstraction		
Abstreifprozeß	(spectator) stripping process	Energiefreisetzung	energy release
Akkomodation	accomodation	Energieübertragung	energy transfer
Aktivierung (-sbarriere)	activation (barrier)	Entropiemangel, -defizit	entropy deficiency
Akzeptanzkegel	cone of acceptance	exoergisch	exoergic
A-priori (-Verteilung)	prior (distribution)	exotherm	exothermic
		Fluenz	fluence
Ausrichtung	alignment	Fragmentierung	fragmentation
Barriere	barrier	frisch entstanden	nascent
bekleidet (mit Photonen)	dressed (with photons)	geführte Strahlen	guided beams
Besetzung (eines Zustandes)	population	gemischter Strahl	seeded beam
		Geschwindigkeitsverteilung	velocity distribution
Blitzlichtphotolyse	flash photolysis		
Cluster	cluster	Haftwahrscheinlichkeit	sticking probability
detailliertes Gleichgewicht	detailed balance		
		Höhenliniendiagramm, -karte	contour plot, contour diagram
differentiell (Querschnitt)	differential (cross section)		
direkt (Stoß, Gegens.: komplex)	direct (collision)	integraler Streuquerschnitt	total (besser: integral) cross section
Düsenstrahl	jet, nozzle beam	Intensität	intensity
Dynamik	dynamics	Inversion	inversion
Einfang	capture	Kinetik	kinetics
Einfügung	insertion	komplex (Stoß, Gegens.: direkt)	complex (collision)
elastische Streuung	elastic scattering		
endoergisch	endoergic	Kraftfeld	force field
endotherm	endothermic	Kurvenkreuzung	curve crossing
Energieaufteilung, -verwertung	energy disposal, partitioning	langlebig (Komplex, Zustand)	long-lived

Lexikon von Fachausdrücken 589

laserunterstützt	laser-assisted	Stoßquerschnitt	collision cross section
Löschen	quenching	Strahl, gemischter	seeded beam
Multiphotonorientiert (Reaktanden u.ä.)	multiphoton oriented	Strahlen, geführte	guided beams
		Strahlen, überlagerte	merging beams
Phasenverschiebung	phase shift	Strahlungslebensdauer	radiative lifetime
„plötzliche" Näherung	sudden approximation	Streuung	scattering
		Streuquerschnitt	(scattering) cross section
Polarisierbarkeit	polarizability		
Potentialfläche	potential energy surface	Target	target
		Trajektorie	trajectory
Quantenchemie	quantum chemistry	Translation	translation
		Übergangszustand	transition state
Querschnitt	cross section	Überschallstrahl	supersonic jet
Ratenkoeffizient	rate constant	Überraschungswert	surprisal
Reaktand	reactant	Umkehrbarkeit, mikroskopische	microscopic reversibility
Reaktionsdynamik	reaction dynamics		
Reaktionsquerschnitt	reaction cross section	Umkehrpunkt	turning point
		Umlagerung, Umordnung	rearrangement
Reaktionsweg	reaction path, minimum energy path		
		Umverteilung	redistribution
		unimolekular	unimolecular
Reaktivität	reactivity	unvollständig (Querschnitt)	partial (cross section)
Reaktivitätsfunktion	opacity function		
Relaxation	relaxation	Verzweigungsverhältnis	branching ratio
rückwärts (Streuung)	rebound (scattering)		
		Wahrscheinlichkeit	probability
Sattelpunkt	saddle point	Wahrscheinlichkeit (Neigung)	propensity
Selektivität	selectivity		
Sonde	probe	Wedelfrequenz	wag frequency
Spezifizität	specificity	Winkelverteilung	angular distribution
stationärer Zustand	steady state		
		wirksam	efficient
		zentraler Stoß	close collision
stereospezifisch	stereospecific	Zufallsphase	random phase
sterischer Faktor	steric factor	Zuschauer	spectator
Stoß	collision	zustandsspezifisch	state-to-state
Stoßenergie	collision energy	Zwangsbedingung	constraint
Stoßkomplex	(collision) complex	zwischenatomar	interatomic

Autorenverzeichnis

Abdallah, J. 348
Abusalbi, N. 460, 473, 575
Ackerhalt, J.R. 499, 577
Adelman, S.A. 345, 580, 582
Adler, B.J. 583
Agmon, N. 158
Agrawalla, B.S. 237
Albrecht, A.C. 342
Albritton, D.L. 238
Aldrich, P.D. 516
Alexander, M.H. 454
Alhassid, Y. 382
Allinger, N.L. 240
Almoster, M.A. 39
Alnot, P. 538
Altkorn, R. 340, 552
Ambartzumian, R.V. 500, 577
Amdur, I. 88, 143
Amirav, A. 433, 452, 492, 518, 541, 579
Amme, R.C, 448
Andersen, N. 453
Andersen, T. 143
Anderson, J.B. 344, 575
Andres, R.P. 344
Andresen, P. 564
Anlauf, K.G. 205
Anner, O. 176
Apkarian, V.A. 452
Aquilanti, V. 243, 454
Armentrout, P.B. 72, 282
Arnold, F. 343
Arnold, G.S. 257
Arnoldi, D. 24
Arrighini, P. 142
Arrowsmith, P. 415
Ashfold, M.N.R. 577
Asscher, M. 341, 402, 570, 580
Aten, J.A. 438
Attermeyer, M. 374
Auerbach, D.J. 69, 275, 399–401, 403, 452
Auerbach, D.L. 398

Ausloos, P. 39, 343
Aussenberg, F.R. 451
Auston, D.H. 42
Avouris, Ph. 454

Bado, P. 583
Baede, A.P. 69, 438, 454
Baer, M. 39, 173, 243, 244, 345, 346, 454, 460, 473, 575
Baer, T. 243, 343
Baetzold, R.C. 582
Baggott, J.E. 340
Bagratashvili, V.N. 577
Bähring, A. 442, 455
Bailey, R.T. 448
Baiocchi, F.A. 516
Bair, R.A. 241
Baldwin, A.C. 577
Balint-Kurti, G.G. 159, 241, 340, 346, 415, 564
Balooch, M. 533
Bamford, C.H. 39
Band, E. 579
Band, Y.B. 348
Barat, M. 284
Barbalas, M.P. 506
Bardsley, J.N. 454
Barker, J.A. 452
Barker, J.R. 428, 450, 577
Baronavski, A.P. 340
Barton, A.E. 126
Basilevsky, M.V. 243, 346
Baskin, J.S. 361
Basov, N.G. 238
Bass, L. 481
Baudon, J. 143
Bauer, E. 439
Bauer, S.H. 238
Baulch, D.L. 238
Beauchamp, J.L. 282, 578
Beck, D. 114, 115, 142
Beck, S.M. 361

Autorenverzeichnis

Becker, C.A. 398, 399
Becker, C.H. 255, 302
Bederson, B. 39
Beenakker, J.J.M. 448
Behrens R. Jr. 513
Bender, C.F. 152, 241
Benedek, G. 39, 397, 451, 452
Benito, R.M. 178
Benjamin, I. 160
Ben-Reuven, A. 453
Ben-Shaul, A. 237, 253, 308, 319, 345, 369, 448, 470, 499, 572
Benson, S.W. 243
Benzinger, J. 581
Berens, P.H. 583
Bergmann, K. 116, 255
Bergsma, J.P. 583
Berkovitch-Yellin, Z. 579
Berkowitz, J. 179
Bernasek, S.L. 528, 580
Bernstein, R.B. 39, 43, 47, 72, 78, 83, 84, 86, 135, 139, 140, 142–144, 148, 238, 297, 298, 308, 312, 339, 344, 345, 382, 383, 477, 486, 499, 506, 508, 546, 548, 549, 571, 576
Berry, M.J. 238, 252, 340, 460, 467
Berry, R.S. 89, 284
Bersohn, R. 71, 238, 241, 261, 264, 348, 582
Beswick, A. 371
Beswick, J.A. 340, 579
Beuhler, R.J. 546
Beushausen, V. 564
Beynon, J.H. 341, 575, 576
Bhalla, K.C. 191
Bickes, R.W. 52
Bierbaum, V.M. 309
Bigeleisen, J. 243
Bird, R.B. 87
Birks, J.B. 39, 237
Birnbaum, G. 39, 453
Blais, N.C. 31, 71, 86
Blaney, B.L. 579
Bloembergen, N. 243
Bly, S.H. 415
Boerboom, A.J.H. 365
Boesl, U. 507, 508
Bomse, D.S. 578

Bonacic-Koutecky, V. 426
Bondybey, V.E. 340
Borondo, F. 576
Bosomworth, D.R. 405
Bott, J.L. 40
Bottcher, C. 241, 346
Boudart, M. 580
Bourdon, B.D. 543
Bowers, M.T. 39, 89, 243, 282, 481
Bowman, J.M. 39, 142, 346, 575
Brady, J.W. 579
Brandsen, B.H. 142
Brandt, M.A. 348
Brashears Jr. H.C. 241
Bratos, S. 453
Brauman, J.I. 241
Bray, R.G. 578
Brechignac, Ph. 451
Breckenridge, W.H. 455
Brenot, J.C. 284
Briggs, J.S. 41, 343
Broida, M. 190
Brooks, C.L. III, 580
Brooks, P.R. 39, 89, 144, 343, 545
Brophy, J.H. 257
Brown, F.B. 242
Bruch, L.W. 143
Brucker, C.F. 579
Brudzynski, R.J. 501
Brumbaugh, D.V. 579
Brumer, P. 196, 340, 346, 576
Brunner, T.A. 386, 387, 451
Brusdeylins, G. 396
Buck, U. 42, 88, 112, 449, 523
Buckingham, A.D. 143
Buelow, S. 263, 526
Buelow, S.J. 522
Bunker, D.L. 88, 89, 242
Burch, R.R. 580
Burden, A.G. 580
Burgmans, A.L. 54
Burhop, E.H.S. 88
Burkert, U. 240
Burnett, K. 453
Bush, G.E. 259
Buss, R.J. 248, 501
Butler, J.E. 195
Butler, L.J. 501

Cade, P.E. 159
Callear, A.B. 243, 449
Campargue, R. 344
Campbell, C.T. 530
Campbell, E.J. 516
Campbell, I.M. 238
Canning, N.D.S. 580
Cannon, B.D. 176, 244
Cantrell, C.D. 577
Cardillo, M. 582
Cardillo, M.J. 452, 533, 535, 580
Carley, J.S. 144
Carlson, L.R. 260
Carrington, T. 238, 455
Carter, C.F. 172
Carter, S. 240
Casassa, M.P. 346
Casavecchia, P. 248, 302
Case, D.A. 560
Casson, L.M. 499
Castleman, A.W. 579
Catal, J. 570
Cavanagh, R.R. 401
Cederbaum, L.S. 455
Celli, V. 452
Cerjan, C.J. 346, 451
Certain, P.R. 143, 576
Ceyer, S.T. 452
Chakraborti, P. 144
Chakravorty, K.K. 78, 548, 549
Chance, R.R. 452
Chandler, D.W. 517
Chapuisat, X. 161
Charters, P.E. 415
Chebotayev, V.P. 339
Chen, H.L. 357
Chesnavich, W.J. 89, 243, 481
Child, M.S. 87, 142, 346, 455
Chin, S.L. 577
Choi, S.E. 546, 549
Christov, S.G. 243
Chu, S.-I. 346, 577
Chuang, T.J. 452, 580
Chupka, W.A. 179
Clark, A.P. 450
Clary, D.C. 39, 89, 238, 243
Cliffs, N. 88
Clyne, M.A.A. 40, 237, 340

Coladonato, M.H. 583
Cole, M.W. 452
Comsa, G. 534, 581
Connick, R.E. 583
Connor, J.N.L. 243
Cool, T.A. 340
Corey, G.C. 450
Corney, A. 339
Cotter, T.P. 500
Cottrell, T.L. 448
Coveleskie, R.A. 497
Cowan, D.O. 237
Cowin, J.P. 398, 399, 543
Cox, D.M. 520, 521, 578
Craig, D.P. 340
Crim, F.F. 176, 235, 243, 244, 450
Crosley, D.R. 39, 339
Cross, R.J. 143, 411
Cruickshank, F.R. 448
Cruse, H.W. 271
Curl, R.F. 514
Curtis, R.A. 485
Curtiss, C.F. 87
Curtiss, T.J. 546

Dagdigian, P.J. 271, 343, 582
Dalgarno, A. 143, 238
Danen, W.C. 577
Dantus, M. 361
David, R. 534, 581
Davidovits, P. 39, 240, 439
Davis, M.J. 576, 577
de Haas, N. 226
Dehareng, D. 455
Delone, N.B. 453
Demtröder, W. 339, 340
DePristo, A.E. 346, 450
Desouter-Lecomte, M. 455
D'Evelyn, M.P. 538, 581
Dever, D.F. 577
DeVries, P.L. 453
Dickinson, A.S. 450
Diestler, D. 449
Diestler, D.J. 346
Dietz, W. 507
Dimoplon, G. 150
Dimpfl, W.L. 257
Dixit, M.N. 423

Dixon, D.A. 89, 242
Dixon, R.N. 563
Djeu, N. 341
Doak, R.B. 396
Doll, J.D. 345, 579
Dolson, D.A. 497
Domcke, W. 455
Donaldson, D.J. 160
Donovan, R.J. 577
Douglas, C.H. 283
Douglas, D.J. 24
Dowek, D. 242
Dreiling, T.D. 241
Drisko, R.L. 237
Drukarev, G. 455
Drukarev, G.F. 343
Dubrin, J. 343
Dujardin, G. 456
Duley, W.W. 237
Dunbar, R.C. 343
Dunning, F.B. 455
Dunning, T.H. 241, 455
Dupont-Roc, J. 340
Dupuy, C.G. 583
Durand, G. 161
Düren, R. 411
Durup, J. 340, 342
Durup-Ferguson, M. 284
Dutuit, O. 70, 179
Dykstra, C.E. 241

Eades, R.A. 241
Earl, B.L. 449
Eccles, J. 371
Eckbreth, A.C. 340
Ehlotzky, F. 39
Ehrlich, G. 581
Eichenauer, D. 452
Eichler, J. 39, 343
Eisenthal, K.B. 42, 340
Elbel, M.B. 255
Elber, R. 541
Elert, M.L. 341
Ellenbrock, T. 390
Ellis, A.B. 40
El-Sayed, M.A. 39, 40, 454, 577
Engel, T. 538
Engel, Y.M. 468

Eno, L. 346
Ertl, G. 42, 401, 530, 532, 538, 581
Ervin, K.M. 72
Este, G.O. 143
Estler, R.C. 552
Eu, B.C. 345
Evans, D. 452
Evans, D.K. 578
Even, U. 579
Evers, C. 440
Ewing, G.E. 143, 371, 450, 579
Ewing, J.J. 340
Eyring, E.M. 239
Eyring, H. 40, 88, 243
Ezra, G.S. 456

Fain, B. 345
Farantos, S.C. 240
Farrar, J.M. 54, 123, 144, 485
Faubel, M. 389, 390, 392, 451
Fayeton, J.A. 284
Fehsenfeld, F.C. 238
Felker, P.M. 236, 361
Fenn, J.B. 344
Fenstermaker, R.W. 383
Ferguson, E.E. 238, 343, 450
Ferreira, M.A.A. 40, 343
Feuerbacher, B. 397
Field, R.W. 454
Figger, H. 423
Fischer, S.F. 270, 449
Fisher, E.R. 161, 194, 439
Fisk, G.A. 450, 477
Fite, W.L. 39, 136
Fitz, D.E. 347
Fleming, G.R. 340
Fluendy, M.A.D. 344
Flygare, W.H. 353, 448, 449, 516
Flynn, G.W. 341, 359, 449–451, 499
Fontijn, A. 40, 237
Forst, W. 243
Foth, H.J. 413, 414, 453
Franklin, J.L. 238
Fredkin, D.R. 583
Freed, K.F. 346, 348, 455
Freedman, A. 513
Frei, H. 583
Frenckel, F. 401

Frey, H.M. 576
Friedman, L. 89
Frimer, A.A. 238
Frisoli, J.K. 241
Fromhold, L. 453
Fujimura, Y. 511, 577
Fukui, K. 240
Fuss, W. 500

Galbraith, H.W. 577
Gallagher, A. 411, 412
Gamss, L.A. 449
Gandhi, S.R. 546
Gardiner, W.C. 40, 237, 243
Garrett, B.C. 226, 245, 346, 455
Garrison, B.J. 452
Garvey, J.F. 423, 571
Gavezzotti, A. 582
Geddes, J. 136
Geilhaupt, M. 262
Gelb, A. 535
Gelbart, W.M. 341, 454
Geltman, S. 142
Gentry, W.R. 265, 283, 343, 344, 391, 450, 576
George, T.F. 40, 346, 421, 453, 456, 581
Gerber, R.B. 40, 42, 143, 451, 541
Gerlich, D. 281, 489
Gerrity, D.P. 31
Geusic, M.E. 520
Gianturco, F.A. 40, 142, 345, 451
Gierz, U. 390
Giese, C.F. 265, 391
Gilbert, J.R. 575, 576
Gilbody, H.B. 88
Gillen, K.T. 140, 297
Gilmore, F.R. 239, 439
Gislason, E.A. 455
Glasstone, S. 243
Glorieux, P. 40, 339
Gobeli, D.A. 577
Golde, M.F. 238
Golden, D.M. 577
Golden, S. 87
Goldstein, H. 87
Gole, J. 40, 579
Gole, J.L. 449
Gomer, R. 40, 451, 580, 581

Goodisman, J. 142
Goodman, F.O. 451
Goodman, L. 456
Gordon, M.S. 241
Gordon, R.G. 346, 410, 449
Gorry, P.A. 88
Gorse, D. 452
Götting, R, 137
Grant, E.R. 456, 502
Grant, J. 580
Green, S. 238
Green, W.R. 422
Greenblatt, G.D. 176
Greene, B.I. 342
Greene, C.H. 550, 552, 582
Greene, E.F. 43, 144, 581
Grein, F. 143
Grice, R. 88, 145, 172, 238, 277, 343
Gross, R.W.F. 40
Grossi, G. 454
Grunwald, E. 577
Guidotti, C. 42, 453
Guillot, B. 453
Gunthard, H.H. 195
Gupta, A. 278
Gush, H.P. 405
Guthrie, W.L. 402

Haas, Y. 40, 176, 237, 341, 577, 578
Haberland, H. 143, 579
Hack, W. 344
Hager, J. 401
Hall, G. 391
Hall, R.B. 40, 578
Halpern, B. 581
Halpern, B.L. 540
Halstead, J.A. 581
Hamers, R. 452
Hamilton, C.E. 238, 454
Hammes, G. 88
Hancock, G. 526, 577
Hanratty, A.M. 282
Harding, H.B. 241
Harding, L.B. 241, 575
Harper, P.G. 40, 339
Harris, F.M. 341
Harris, S.E. 422
Harrison, I. 543

Harvey, A.B. 41, 339
Hase, W.L. 191, 243, 245, 576
Hasselbrink, E. 411
Häusler, D. 564
Hay, P.J. 418, 455
Hayden, C.C. 235, 459, 460, 575
Hayes, E.F. 39, 144, 245, 575
Haynam, C.A. 579, 580
Heath, J.R. 514
Hedges, R.M. 576
Hefter, U. 116, 255
Heidberg, J. 581
Heiland, W. 452
Heilweil, E.J. 449
Heller, D.F. 341
Heller, E.J. 346, 417, 418
Helm, H. 450
Henchman, M.J. 343
Henderson, D. 40
Henke, W.E. 517
Hennessy, R.J. 558
Henshaw, J.P. 238
Herm, R.R. 513
Herschbach, D.R. 145, 172, 298, 299, 477, 479, 522, 560
Hertel, I.V. 39, 343, 412, 426, 442, 455
Herzberg, G. 240, 423
Hijazi, N.J. 561
Hilinski, E.F. 341
Hinkley, E.D. 40, 339
Hinze, J. 40, 576
Hiroka, T. 248
Hirota, I. 341
Hirschfelder, J.O. 40, 87, 142, 143, 200
Hirst, D.M. 240, 241
Hochstim, A.R. 41
Hochstrasser, R.M. 42, 341, 449
Hodgson, B.A. 203
Hoffbauer, M.A. 265
Hoffmann, R. 240
Hoffmann, S.M. 277
Hoffmeister, M. 79
Hoge, D. 581
Holbrook, K.A. 243
Holmer, B.K. 576
Holmes, B.E. 238
Hood, E. 346
Hopkins, J.B. 236, 361

Horowitz, C.J. 84, 154
Horsley, A. 578
Houston, P.L. 238, 452, 455
Houver, J.C. 284
Howard, B.J. 126, 579
Hsu, D.S. 560
Hubers, M.M. 69
Huppert, D. 341
Hurst, J.E. 398, 399
Hussla, I. 580
Hutchinson, M. 581
Hutson, J.M. 126, 450
Huxley, P. 240
Hynes, J.T. 245, 583

Illies, A.J. 282
Imre, D. 417, 454
Inouye, H. 53
Ippen, E.P. 42, 339, 341
Isaacson, A.D. 242, 245
Israelachvili, J.N. 142

Jackson, W.M. 41, 339
Jacobs, S.F. 339
Jaecks, D.H. 455
Jaeger, T. 41, 339
Jalenak, W.A. 342
Janda, K.C. 346, 398, 399, 450
Jang, J.C. 577
Jasinski, J.M. 241
Jaynes, E.T. 345
Jedrzejek, C. 346
Jellinek, J. 347, 460, 473, 575
Johnson, B.R. 163, 377, 461
Johnson, K. 558
Johnson, P.M. 578
Johnson, R.E. 87
Jonah, C.D. 558
Jones, P.L. 116
Jordan, J.E. 143
Jordan, K.D. 347
Jordan, P.C. 87
Jorgensen, P. 243
Jortner, J. 41, 42, 237, 243, 371, 433, 448, 451, 455, 492, 518, 576, 579
Jost, W. 40
Jouvet, C. 526
Ju, G.-Z. 346

Juan, J.-M. 453
Jursich, G.M. 195

Kahn, J.D. 583
Kaiser, W. 42, 270, 341, 449
Kaldor, A. 240, 520, 521, 578
Kamke, B. 412
Kamke, W. 412
Kanfer, S. 261
Kaplan, H.D. 315
Kappes, M.M. 579
Kapral, R. 583
Karny, Z. 552
Karp, A.W. 386
Karplus, M. 415
Kassal, T. 450
Kasuya, T. 524
Kato, S. 241
Katz, A. 344
Katz, B. 71
Kaufman, F. 243, 244
Kaufman, J.J. 241
Kaufmann, K.J. 341
Kauzmann, W. 87
Kawaguchi, K. 341
Keck, J.C. 244
Keehn, P.M. 577
Keelan, B.W. 492
Keeley, J.T. 581
Kempter, V. 238
Kenney-Wallace, G.A. 341
Kestner, N.R. 143
Khundar, L.R. 266
Kimel, S. 341
King, D.A. 41, 538, 580
King, D.L. 238
King, D.S. 401, 578
King, M.C. 244
Kinsey, J.L. 88, 145, 255–257, 341, 345, 417, 454
Kisliuk, P.J. 530
Kleine, O. 530
Kleinermanns, K. 494
Kleinpoppen, H. 41, 343
Klemperer, W.A. 143, 449, 516, 579
Kleyn, A.W. 400, 401, 403, 439, 455
Kliger, D.S. 41
Kneba, M. 238

Knee, J.L. 266
Knight, D.G. 143
Knudtson, J.T. 239
Kolodney, E. 452, 541
Kolts, J.H. 241
Kompa, K.L. 41, 237, 251, 339, 342
Köppel, H. 455
Kori, M. 540, 581
Korsch, H.J. 114, 384
Koski, W.S. 344
Kosloff, R. 175, 335
Koszykowski, M.L. 244
Kouri, D.J. 243, 244, 347, 450, 452, 460, 473, 575
Kowalzcyk, M.L. 260
Krainov, V.P. 453
Krajnovich, D.J. 578
Kramer, G.M. 578
Kramer, K.H. 382, 546
Krause, H.F. 136
Krause, L. 455
Kreek, H. 128
Krenos, J. 417, 454
Kresin, V.Z. 341
Krieger, W. 401
Kroto, H.W. 514
Ku, J.K. 559
Kubiak, G.D. 401
Kuebler, N.A. 404
Kukolich, S.G. 516
Kummler, R.H. 239
Kung, A.H. 344
Kuntz, P.J. 241, 242
Kuppermann, A. 43, 136, 347, 423, 575
Kurudoglu, Z.C. 575
Kusunoki, I. 486
Kutzelnigg, W. 143
Kuzmin, M.V. 577
Kvaran, A. 558
Kwok, H.S. 578

Lacmann, K. 88
Lahmani, F. 41, 237
Laidler, K.J. 240, 243, 244
Laing, J.R. 453
Lam, K.-S. 456
Lambert, J.D. 448
Lambropoulos, P. 577

Landman, U. 581
Langford, A.O. 309
Langridge-Smith, P.R. 126
Lantsch, B. 52
Lapujoulade, J. 452
Larin, I.K. 89
Last, I. 173
Lau, A.M.F. 421, 454
Laubereau, A. 41, 42, 270, 341, 449
Laudenslager, J.B. 341
Launay, J.M. 575
Lawley, K.P. 41, 87, 341, 344
Lawrence, W.D. 43
Leach, S. 41, 343, 455, 456
LeBreton, P.R. 298
Lecler, D. 40, 339
LeDourneuf, M. 575
Lee, E.K.C. 239
Lee, H.W. 581
Lee, K.T. 346, 575, 581
Lee, Y.T. 43, 54, 70, 121, 123, 143, 144, 179, 248, 260, 275, 298, 302, 344, 459, 460, 480, 501, 502, 504, 575, 578
Lefebvre, R. 575
Leforestier, C. 577
Leitner, A. 451
Lemont, S. 449
Lengyel, B.A. 339, 430
Leone, S.R. 43, 238, 239, 309, 311, 339, 341
LeRoy, D.J. 226
LeRoy, R.J. 128, 143, 144, 450
Lester, M.I. 499
Lester, W.A. 41, 195, 240, 341
Letokhov, V.S. 41, 43, 339, 341, 500, 577, 578
Leutwyler, S. 518, 579
Leventhal, J.J. 239
Levi, A.C. 452
Levine, R.D. 24, 41, 83, 84, 86, 139, 158, 160, 175, 220, 237, 243, 308, 312, 315, 319, 344, 345, 347, 377, 382, 448, 461, 462, 468, 470, 486, 508
Levy, D.H. 43, 289, 344, 517, 579, 580
Levy, M.R. 88, 172
Leyh-Nihant, B. 455
Lichtin, D.A. 508
Lifshitz, C. 344, 576

Light, J.C. 244, 245, 347, 348
Lin, M.C. 88, 340, 341, 581, 582
Lin, S.H. 88, 511, 577, 582
Lin, S.M. 88
Lin, T.H. 402
Lindinger, W. 144
Lineberger, W.C. 341, 342
Linnebach, E. 494
Lippitsch, M.E. 451
Liu, B. 54, 84, 154
Liu, K. 265, 391
Liu, Y. 514
Loesch, H.J. 79, 451
Lorquet, J.C. 455
Los, J. 69, 365, 438, 439, 455
Louisell, W.H. 577
Lu, T.M. 582
Luck, W.A.P. 144
Lui, W.-K. 144
Lukasik, J. 422
Lülf, H.W. 564
Luntz, A.C. 195, 400, 401, 403
Lutz, H.O. 41, 343
Lyo, S.K. 581

Maas, E.T. 578
Madix, R.J. 538, 580, 581
Maessen, B. 159
Magnotta, F. 311
Mahan, B.H. 241, 242, 344, 365, 456, 485
Maier, R. 423
Maitland, A. 143
Makarov, A.A. 577
Malerich, C.J. 411
Malrieu, J.P. 241
Mangir, M. 342
Mantell, D.A. 401
Manz, J. 24, 315, 347
Marcelin, G. 545
Marcus, R.A. 223, 244, 347, 374
Margenau, H. 143
Marinero, E.E. 31, 344
Märk, T.D. 579
Markus, R.A. 337
Martos, J. 580
Marx, R. 239
Mascord, D.J. 88
Mason, E.A. 144

Massey, H.S.W. 88
Mattheus, A. 116
Matthews, A. 116
Maylotte, D.H. 20
Mayne, H.R. 137, 414, 423
McAlpine, R.D. 578
McAuliffe, M.J. 391
McCaffery, A.J. 449, 451
McClelland, G.M. 401, 560
McClure, D.J. 283
McCourt, F.R.W. 144
McCurdy, C.W. 347, 575
McDermid, I.S. 340
McDonald, J.D. 239, 298, 477
McDowell, R.S. 499
McElroy, M.B. 239
McFadden, D.L. 39, 240, 439
McGinley, E.S. 176, 244
McGinnis, R.P. 410
McGowan, J.W. 41, 237, 239
McGuire, P. 144
McGurk, J.C. 449
McIver Jr. J.W. 244
McLean, A.D. 54
McNutt, J.F. 337, 473
Mead, C.A. 348
Mead, R.D. 342
Meadows, J.H. 241
Meath, W.J. 143
Meek, J.T. 581
Meier, K. 262
Menzel, D. 581
Menzinger, M. 88, 239, 244
Merrill, R.P. 452
Metiu, H. 346
Meyer, E. 442, 455
Meyer, H. 523
Meyer, W. 116
Micha, D.A. 347, 452, 575
Mies, F. 454
Miller, D.R. 533, 582
Miller, T.A. 342
Miller, W.B. 477, 479
Miller, W.H. 41, 142, 244, 346–348, 380
Misewitch, J. 452
Monchik, L. 144
Mooradian, A. 41, 339

Moore, C.B. 41, 43, 239, 241, 339, 341, 342, 357, 358, 449
Moore, J.W. 88
Moore, R. 449
Moran, T.F. 344
Morgner, H. 456
Moritz, G. 411
Morokuma, K. 241
Morse, M.D. 520
Moseley, J.T. 342, 344
Moskowitz, W.P. 255
Mott, N.F. 88
Moursund, A. 144
Moutinho, A.M. 438
Moyes, R.B. 580
Moylan, C.R. 241
Muckerman, J.T. 143, 157, 161, 192, 194, 242, 243, 460
Mueller, C.R. 144
Muetterties, E.L. 579, 580, 582
Muhlhausen, C.W. 398
Mukamel, S. 454, 455, 578
Müller, W. 116
Munakata, T. 524
Murphy, E.J. 257
Murphy, W.C. 581
Murray, R.W. 237
Murrell, J.N. 160, 240

Naaman, R. 524, 525
Nadler, I. 263
Nakamura, H. 456
Neitzke, H.P. 143
Nesbet, R.K. 345
Neumark, D.M. 459, 460, 575
Neusser, H.J. 507, 508, 511, 577, 578
Newton, K.R. 506, 508
Newton, R.G. 345
Neynaber, R.H. 283, 344
Ng, C.Y. 580
Nicolet, M. 239
Niehaus, A. 456
Nieman, J. 525
Nikitin, E.E. 88, 454, 456
Nitzan, A. 40, 42, 451, 456
Noble, M. 263, 526
Noid, D.W. 244

Noll, M. 376, 390
Nowotny, U. 489

Oba, D. 559
O'Brien, S.C. 514
Ogryzlo, E.A. 239
Okabe, H. 339
Oldershaw, G.A. 239
Ondrechen, M.J. 579
Ondrey, G. 261
Ondrey, G.S. 564
O'Neil, S.V. 152
Ono, Y. 558
Opsal, R.B. 581
Oraevsky, A.N. 238
Oref, I. 244
Orel, A.E. 454
Otis, C.E. 578
Ottinger, Ch. 239, 486, 558
Ovchinnikov, A.A. 456
Ovchinnikova, M, 456
Oxtoby, D.W. 450, 583
Ozenne, J.B. 284
Ozin, G.A. 581
Ozkan, I. 456
Ozment, J. 242

Pack, R.T. 418
Paisner, J.A. 42
Palma, A. 142
Pankratov, A.V. 238
Pao, Y.H. 42, 339
Parker, D.H. 78, 548, 549
Parker, J.H. 251
Parks, E.K. 89, 150
Parmenter, C.S. 244, 497, 576
Parr, C.A. 174
Parr, T.P. 513
Parrish, D.D. 299
Parson, J.M. 310, 480
Pascale, J. 411
Pattengill, M.D. 186, 242
Pauly, H. 88, 93, 107, 109, 142, 344
Pearson, J.M. 121
Pearson, P.K. 152
Pearson, R.G. 88, 240
Pease, R. 558
Pechukas, P. 244

Penta, J. 144
Perry, D.S. 278, 460
Persico, M. 426
Persky, A. 190
Petek, H. 43
Peters, K.S. 342
Pfab, J. 263
Pfeffer, G. 371
Phillips, L.F. 449
Pilling, M.J. 88
Pimentel, G.C. 42, 251, 342, 388, 582, 583
Piper, E. 371
Pirani, F. 454
Poirier, R.A. 414
Polanyi, J.C. 20, 24, 89, 174, 185, 186, 189, 203, 238, 242, 413–415, 423, 453, 460, 464, 467, 543, 561, 575
Polanyi, M. 237
Pollak, E. 220, 244, 473, 575
Pope, W.M. 477
Pople, J.A. 144
Porter, R.N. 239, 242
Powers, D.E. 236, 361
Powis, I. 344
Praet, M. 455
Present, R.D. 87
Pretzer, W.R. 579
Priorier, R.A. 423
Prisant, M.G. 250
Pritchard, D.E. 255, 386, 387, 451
Pritchard, H.O. 576
Prock, A. 452
Proctor, A.E. 72, 477
Proctor, M.J. 451
Proctor, T.R. 452
Pullman, B. 41, 42, 143, 451, 576

Quack, M. 244, 578
Quickert, K.A. 226

Rabinovitch, B.S. 244, 577
Rabinowitz, P. 578
Rabitz, H. 346, 348, 450, 452, 454
Radhakrishnan, G. 263, 526
Radziemski, L.J. 42
Raff, L.M. 242
Rahman, N.K. 42, 453

Ramsey, N.F. 343
Randolphlong, S. 581
Rapp, D. 450
Rast, R.H. 581
Rebentrost, F. 456, 572
Redmon, M.J. 337, 473
Reeves, R.R. 581
Reiland, W. 426
Reilly, J.P. 581
Reinhardt, W.P. 348, 576
Reintjes, J.F. 342
Reisler, H. 263, 342, 526, 576, 578
Rennagel, H.G. 401
Rentzepis, P.M. 341, 342
Rettner, C.T. 31, 250, 344, 553
Reuben, B.G. 89
Reuss, J. 142, 582
Rhodes, C.K. 42, 167, 339
Rhodes, W. 456
Rhodin, T.N. 42, 579, 580
Rice, S.A. 32, 41, 237, 244, 449, 451, 480, 576
Richards, D. 450
Rigby, M. 143
Riley, S.J. 477
Ringer, G. 371
Rizzo, T.R. 176, 235, 244
Robin, M.B. 404
Robinson, G.N. 459, 460, 575
Robinson, G.W. 342
Robinson, P.J. 243
Robota, H. 401
Romanowski, H. 575
Römelt, J. 244, 575
Ron, S. 473
Ronn, A.M. 43, 449, 578
Rosenblatt, G.M. 452
Ross, J. 42, 144, 245, 346
Ross, U. 114, 115
Rossi, M.J. 577
Rothe, E.W. 47, 283, 564
Rothenberger, G. 449
Roussel, F. 454
Rowland, F.S. 239
Ruhman, S. 176
Rulis, A.M. 135, 140, 148, 297, 298
Russek, A. 239
Russel, M.E. 179

Ryabov, E.A. 341
Ryaboy, V.M. 346

Sachtler, W.M.H. 581
Safron, S.A. 299, 477, 479
Sage, M.L. 576
Saha, H.P. 456
Salanon, B. 452
Salem, L. 240, 581
Sanders, W.R. 582
Santamaria, J. 178
Sargent, M. 339
Sathyamurthy, N. 242
Sattler, K. 580
Schaefer III, H.F. 144, 152, 240, 241, 575
Schafer, F.P. 339, 342
Schafer, T.P. 121, 123, 460
Schatz, G.C. 136, 242, 245
Schechter, I. 71, 175, 182
Schepper, W. 114, 115
Scheps, R. 411, 412
Scherer, N.F. 266
Schinke, R. 114, 116, 142, 384, 452
Schlag, E.W. 507, 508, 511, 517, 577, 578
Schleysing, R. 79
Schlier, Ch. 42, 88, 144, 220, 242, 489
Schmalz, T.G. 449
Schmidt, H. 442, 455
Schmidt, L.D. 582
Schmiedl, R. 342
Schreiber, J.L. 89, 186, 575
Schuler, K.E. 245
Schultz, A. 278
Schultz, P.A. 502, 504
Schulz, P.A. 578
Schumacher, E. 579
Schumacher, H. 47
Schwarz, H.A. 88
Schwenke, D.W. 346
Schwenz, R.W. 310
Scoles, G. 42, 143, 144
Scrocco, E. 241
Scully, M.O. 339
Secrest, D. 348, 451
Segner, J. 401, 530, 543
Selwyn, G.S. 582
Selzle, H.L. 517
Serri, J.A. 255

Setser, D.W. 42, 237, 238, 241, 309, 343, 559
Shafer, T.P. 459
Shamah, I. 359
Shank, C.V. 42, 339, 341, 342
Shank, C.W. 42
Shapiro, M. 340, 346, 348, 576
Shapiro, S.L. 42, 339
Shea, J.A. 516
Sheen, S.H. 150
Shen, Y.R. 42, 43, 339, 340, 502, 504, 578
Shepanski, J.F. 492
Shepard, R.L. 241
Shi, S. 346
Shin, H.K. 451
Shobatake, K. 260, 459, 460, 480
Shoemaker, C.L. 460, 473, 575
Shoonmaker, R.C. 570
Shrepp, W. 423
Shustorovich, E. 582
Sibener, S.J. 248
Sidis, V. 242
Siebrand, W. 456
Siegbahn, P. 84, 154
Siegel, A. 278
Silberstein, J. 508
Silbey, R. 452
Silver, D.M. 127
Silverberg, M. 572
Simon, J.D. 342
Simonetta, M. 582
Simons, J. 242
Simons, J.P. 342, 558
Singer, S.J. 348
Sinha, A. 417, 454
Sirkin, E.R. 388
Siska, P.E. 121, 143
Skodje, R.T. 245, 346, 576
Sloan, J.J. 24, 186
Smalley, R.E. 236, 239, 245, 344, 361, 514, 517, 520, 582
Smith, B. 144
Smith, D.D. 266
Smith, D.J. 277
Smith, E.B. 143
Smith, F.T. 201

Smith, I.W.M. 42, 88, 89, 237, 239, 242, 449
Smith, J.R. 582
Smith, N. 386
Smith, P.A. 558
Smith, R.L. 348
Smith, S.D. 41, 339
Sobelman, I.I. 453
Soep, B. 526
Solarz, R.W. 42
Somorjai, G. 528
Somorjai, G.A. 402, 452, 528, 537, 570, 580, 582
Sonnenfroh, D.M. 485
Sonnenschein, M. 492
Spanner, K. 270
Sparks, R.K. 260, 459, 460
Spector, G.B. 499
Speiser, S. 341
Spencer, N.D. 570
Squire, D.W. 506
Staemmler, V. 451
Stanners, C.D. 543
Stebbings, R.F. 455
Steckler, R. 242
Stein, H. 581
Steinfeld, J.I. 42, 43, 88, 340, 342, 449, 454
Stephenson, T.A. 32
Stevens, A.E. 342
Stevens, B. 448
Stewart, D.K. 581
Stickney, R.E. 533
Stockburger, M. 41
Stockseth, P. 41, 339
Stolt, K. 581
Stolte, S. 72, 89, 142, 477, 549, 582
Stolterfot, N. 39, 343
Stolzenberg, A.M. 580
Stwalley, W.C. 40, 144, 579
Su, T. 89, 481
Suchard, S.N. 43, 454
Sudbo, A.S. 502, 504, 578
Sundberg, R. 417
Sung, J.P. 309
Swofford, R.L. 342
Szilagyi, Z. 581

Tabor, M. 576
Taglauer, E. 452
Talrose, V.L. 89
Tamagake, K. 309
Tang, K.T. 348
Tanji-Noda, K. 53
Tannor, D. 417
Tardy, D.C. 577
Taylor, H. 242
Telle, H.H. 413, 414, 453, 454
Teloy, E. 489
Thirumalai, D. 346
Thirunamachandran, T. 340
Thomas, L.D. 142
Thompson, D.L. 242, 579
Thompson, T.C. 346
Thorne, L.R. 578
Tiedemann, P.W. 302
Tiernan, T.O. 344
Tipper, C.F.H. 39
Tischer, H. 411
Tittel, F.K. 514
Tittes, H.U. 426
Titze, B. 564
Toennies, J.P. 52, 88, 137, 142, 144, 344, 371, 376, 390, 396, 451, 452
Tomasi, J. 241
Tramer, A. 342, 456
Trevor, D.J. 520, 521
Tribus, M. 41, 344
Triggs, N. 581
Troe, J. 243–245, 492
Trommsdorff, H.P. 341
Truhlar, D.G. 31, 42, 71, 84, 89, 154, 226, 240, 242, 243, 245, 346, 348, 455, 575
Trujillo, S.M. 283
Tsukimaya, K. 71
Tully, F.P. 121
Tully, J.C. 242, 299, 398, 453, 456, 580, 582
Turner, T. 70, 179
Turro, N.J. 237

Umansky, S.Ya. 454, 456
Umemoto, H. 455
Umstead, M.E. 340, 341
Ureña, A.G. 239, 277

Ustinov, N.D. 41

Vainshtein, L.A. 453
Valbusa, U. 39, 143, 397, 451
Valentini, J.J. 31, 275, 302, 342
Van der Avoird, A. 144
Vanderplanque, J. 411
van Dop, H. 365
Varadas, A.J.C. 240
Vasudev, R. 563
Velsko, S. 449
Vetter, R. 40, 42, 339
Vidali, G. 452
Vielhaber, W. 401
Vigue, J. 42
Vinogradov, P.S. 89
Vix, U. 489

Wachman, H.Y. 451
Wadt, W.R. 455
Wagner, A.F. 576
Wahl, A.C. 144
Wakeham, W.A. 143
Walaschewski, K. 52
Walker, C.T. 339
Walker, R.B. 245, 348, 418, 575
Wallace, S.C. 342
Walsh, A.D. 172
Walsh, R. 576
Walther, H. 41, 43, 342, 401, 423
Wang, G.C. 582
Warshel, A. 583
Wasserman, H.H. 237
Watson, I.A. 195
Watson, W.D. 239, 240
Waytt, R.E. 337
Weare, J.H. 453
Weber, J.N. 89
Weinberg, W.H. 453
Weiner, J. 454
Weinstein, N.D. 299
Weiss, H. 581
Weisshaar, J.C. 342
Weitz, E. 359, 450, 451
Welge, K.H. 262, 342
Wells, M.G. 538
Wells, P.B. 580
Westenberg, A.A. 226

Western, C.M. 346
Weston, R.E. 88, 341
Weston, R.W. 428
Wexler, S. 89, 150
Wharton, L. 344, 398, 399, 517
Wherret, B.S. 40, 339
Whetten, R.L. 456, 520, 521
Whitaker, B.J. 451
White, J.M. 582
Whitehead, J.C. 240
Whitlock, P.A. 161, 194
Wiesenfeld, J.R. 195, 240
Wight, C.A. 311
Williams, D.A. 237
Williams, J.F. 41
Williams, L.R. 398
Williams, R.J. 160
Williams, W. 144
Wilson, J.R. 422
Wilson, K.R. 259, 583
Wilson, L.E. 43, 454
Wilson, T. 240
Winn, J.S. 144, 240
Winter, N.W. 163
Witt, J. 116, 255
Wittig, C. 263, 342, 526, 576, 578
Wodtke, A.M. 459, 460, 575
Wolfgang, R. 228, 244, 577
Wolfrum, J. 24, 231, 238, 240, 314, 342, 484, 494
Wolfsberg, M. 243
Wolken, G. 453
Wong, W.H. 174, 189
Wong, Y.C. 121
Woodall, K.B. 20, 464, 467
Woodin, R.L. 240, 578
Woodruff, D.P. 41, 580, 582
Woodward, R.B. 240
Woolley, R.G. 43, 345

Worsnop, D.R. 522
Wright, J.S. 160
Wright, M.D. 422
Wu, S.F. 461, 462
Wyatt, R.E. 245, 313, 348, 473, 575, 577

Xu, Q.-X. 546

Yang, J.J. 577
Yang, K. 450
Yardley, J.T. 448, 450
Yariv, A. 340
Yencha, A.J. 456
York, G. 411, 412
Young, J.F. 422
Young, L. 579, 580
Young, P.A. 543
Yu, W. 517
Yuan, J.M. 421
Yukov, E.A. 453

Zacharias, H. 262
Zaera, F. 582
Zakin, M.R. 520
Zamir, E. 312, 486
Zandee, L. 506, 508
Zare, R.N. 31, 43, 250, 271, 278, 340, 343, 344, 401, 550, 552, 553, 558, 563, 582
Zellner, R. 245
Zewail, A.H. 43, 236, 237, 243, 266, 343, 361, 492, 576
Zhang, Q. 514
Zhang, Z.H. 575
Zimmerman, H.E. 242
Zimmermann, I.H. 453
Zittel, P.F. 449
Zuhrt, Ch. 456
Zülicke, L. 456

Sachverzeichnis

Ablenkfunktion 91, 98
Ablenkwinkel 60, 91
Absorption 507
-, stoßinduziert 405
Abstreifprozeß 132, 140, 300
Adiabasie-Parameter 366, 431, 435
Adiabatischer Stoß 367
Adsorption 527
-, dissoziative 531
Aeronomie 426
Akkomodation 399
Aktivierter Komplex 225
Aktivierungsenergie 67, 217, 226
Akzeptanzkegel 168, 547
Ammoniaksynthese 574
A-priori-Verteilung 306, 318, 320
Arrhenius-Form 82
Arrhenius-Gesetz 210, 530
Ausrichtung 562

Barriere 70, 84, 149, 155, 168, 188, 219, 532
Bekleideter Zustand (mit Photonen) 421
Besetzungsumkehr → Inversion
Bobbahn-Effekt 184, 202, 336
Born-Oppenheimer-Näherung 153

Chaos 510
Chemilumineszenz 18, 249, 427, 458, 463
Chemische Aktivierung 147, 177
Chemischer Laser → Laser
Cluster 290, 512, 516, 519
CO_2-Laser 362, 495, 503, 542

Desorption 395, 527, 536, 542
Detailliertes Gleichgewicht 213, 443, 529, 554
DIM-Näherung 161, 164

Dimer 406, 481
s.a. Cluster
Dipolmoment 405
s.a. Übergangsdipolmoment
DIPR-Modell 207
Direkte Reaktion 134, 193, 232, 474, 480, 483
Dispersionskräfte 129, 166
Dissoziation 408, 419
-, stoßinduzierte 177
s.a. Multiphoton-Dissoziation
s.a. Photodissoziation
Doppler-Verschiebung (Laser) 136, 255
Drehimpuls 62, 103, 204, 384, 401, 408, 478
Druckverbreiterung (Spektrallinien) 409
Düsenstrahl 285, 459, 512

Effektives Potential 63, 82, 407
Einfang 81, 395, 409
Einstein-Koeffizient 443
Elastische Streuung 91
Elektronische Anregung 184, 425
Energieaufteilung (-verwertung) 18, 25, 146, 258, 265, 304, 307, 320, 463, 492, 503, 533
s.a. Spezifität
Energiebedarf (-ausnutzung) 149, 188, 304, 314, 469, 492
s.a. Selektivität
Energieschwelle → Schwellenenergie
Energieübertragung 36, 349, 363, 539
Entropie 305
Entropiemangel 306
Entropie-Maximierung 316
Exponentiallücke 368, 386

Flugzeitanalyse 48, 259

Sachverzeichnis

Fluoreszenz 184, 427, 496, 558
s.a. Chemielumineszenz
s.a. Laserinduzierte Fluoreszenz
Fluß → Geschwindigkeitsfluß
Freie Weglänge 45, 48

Geführte Strahlen → Strahlen
Gekoppelte Kanäle 324
Gemischte Strahlen → Strahlen
Geschwindigkeitsfluß 291, 458, 478
Gleichgewicht 23, 31, 44, 225, 350
s.a. Detailliertes Gleichgewicht
Glorie 92, 109, 110

Haftwahrscheinlichkeit 527, 538
Halbempirisch → Potentialfläche
Halbklassisch 75, 108, 328, 378
Halbstoß 177, 262, 412, 562
Harpunen-Modell 165, 299, 426, 435, 554
Harte Kugel 49, 97
Heiße Atome 149
Helium-Neon-Laser 430
Hochenergienäherung 99, 108
Höhenliniendiagramm 127, 151, 173, 200, 291, 299
s.a. Geschwindigkeitsfluß
s.a. Potentialfläche

Induktionskräfte 130
Inelastische Streuung 113, 125, 325, 333, 349, 390, 395, 403, 429
s.a. Energieübertragung
Infrarot → Chemielumineszenz
Innermolekulare Energieumverteilung 361, 495
Intra- → Inner-
Inversion (Besetzung) 446
Ionen-Molekül-Reaktion 68, 71, 81, 100, 278
Ionen-Zyklotron-Resonanz (ICR) 279
Ionenstrahl 280, 474
Ionisation → Multiphoton-Ionisation
Isotopentrennung 506
Isotopische Ersetzung → Masseneffekt

Kanal → Gekoppelte Kanäle
Katalyse 536
Klassische Trajektorie → Trajektorie
Kleinwinkelstreuung 97
Kollinear (Modell, Stoß) 364, 509
Komplex → Stoßkomplex
s.a. Komplexer Stoß
s.a. Langlebiger Komplex
Komplexbildung 232, 474, 480
Komplexer Stoß 134, 193, 230, 407
Koordinaten, massengewichtete 199
s.a. Scherung
s.a. Schwerpunktsystem
Korrespondierende Zustände 122
Kreuzung (Kurven/Flächen) 167, 310, 429, 434, 438, 532

Landau-Teller-Modell 369, 373, 375, 378
Landau-Zener-Theorie 436
Langlebiger Komplex 180, 195, 482, 492
Laser 30, 254, 268, 442, 506
-, chemischer 20, 251, 458
s.a. CO_2-, He-Ne-Laser
Laserinduzierte Fluoreszenz (LIF) 255, 263, 270, 356, 399, 515, 527, 562
Laserunterstützter Prozeß 420
Lebensdauer 255, 268, 406, 408, 427, 475, 483, 489
LEPS-Fläche 162, 460
Löschen 426, 427, 496

Masseneffekt 28, 187, 463
Mittelung 208, 212
Molekularstrahl 45, 271, 275, 399, 458, 474, 502, 539
Molekülorbital (MO) 168
Monte-Carlo-Verfahren 183, 191, 197
Multiphoton-Absorption 177, 495
Multiphoton-Dissoziation 495, 498
Multiphoton-Ionisation 505

Newton-Diagramm 118, 295

Oberflächenreaktion 527
Oberflächenstreuung 394

Opazitätsfunktion → Reaktivitätsfunktion
Optisches Modell 137
Orientierung (Reaktanden, Produkte) 77, 130, 181, 212, 261, 384, 441, 525, 544, 549
Oszillatorenstärke 446

Partialwelle 103, 109
Penning-Ionisation 429
Phasenverschiebung → Streuphase
Photoassoziation 557
Photodissoziation 234, 256, 412
Photofragmentation 258, 505, 542, 562
„Plötzliche" Näherung 332, 373, 380
„Plötzlicher" Stoß 113, 367
Polarisation 401, 555
Potential 51, 91, 120, 372, 420, 434, 544
-, ab-initio 121, 153
-, halbempirisch 162, 174
-, langreichweitiges 97, 99, 108, 129
-, nichtsphärisches 125, 380
s.a. Effektives Potential
Potentialenergiefläche 151
Potentialfläche 35, 564
-, ab-initio 460
-, halbempirisch 162
Potentialflächenkreuzung → Kreuzung
Potentialtopf 54, 91, 111, 123, 480, 483
Prädissoziation 407, 496

Quantenausbeute 433
Quantenmechanik 75, 103, 108, 183, 323, 479, 510
Quasigebundener Zustand → Resonanz
Querschnitt → Streuquerschnitt

Rate → Reaktionsrate, Relaxationsrate
Ratenkoeffizient 48, 67, 209, 215, 228
Reaktionskoordinate → Reaktionsweg
Reaktionsquerschnitt 68, 74
s.a. Streuquerschnitt, reaktiver
Reaktionsrate 219, 220, 474
s.a. Ratenkoeffizient
Reaktionswahrscheinlichkeit 74

Reaktionsweg 152, 155, 462, 480
Reaktivitätsfunktion 73, 74, 138, 140, 328, 381
Regenbogen 92, 111
Relaxation 350, 351
Relaxationsrate 219, 353
s.a. Ratenkoeffizient
Relaxationszeit 352, 355
Resonanz 407, 461, 471
Resonanzverstärkung (REMPI) 505
Rotationsenergie 59, 82, 191, 332
s.a. Zentrifugalenergie
Rotationsregenbogen 114
RRKM-Theorie 475, 488, 490, 497, 509
Rückwärtsreaktion 139

S-Matrix → Streumatrix
Sattel 157, 219, 482
Scherung 28, 200
Schwellenenergie 67, 69, 82, 226, 532
Schwerpunktsystem 56, 117, 290
Schwingungsverteilung 19, 321, 400, 487
Selektivität 23, 304, 495, 519
Semiklassisch → Halbklassisch
Solvatation 519, 522
Spektroskopie 403, 515, 572
Spezifizität 23, 304, 465
Spontane Emission 412, 443
Starrer Rotator 322
Statistische Theorie 228, 488
Sterische Behinderung 547
Sterischer Faktor 76, 86, 168, 441
Stimulierte Emission 387, 442
Stoßenergie 57
s.a. Translationsenergie
Stoßfrequenz → Stoßzahl
Stoßparameter 59, 62, 92, 197
s.a. Langlebiger Komplex
Stoßquerschnitt → Streuquerschnitt
Stoßzahl 48, 354
Strahlen, geführte 281
-, gemischte 287
-, überlagerte 281
Strahlungsloser Übergang 431

Sachverzeichnis 607

Streuamplitude 104, 326
Streumatrix 325
Streuphase 104
Streuquerschnitt 47, 65, 326
-, differentieller 66, 95, 100
-, elastischer 56
-, integraler 96, 108, 304
-, nichtreaktiver 74, 138
-, reaktiver 34, 68, 74, 134, 141
-, unvollständiger 101
Streuwinkel 60
   s.a. Ablenkwinkel, Winkelverteilung
Superpositionsprinzip 103, 324

Trajektorie 60, 95, 220, 229, 329, 373
Trajektorienrechnung 180, 190, 197, 378, 441, 460, 482, 540, 551, 561
Translationsenergie 73, 258
Transmission 230
Transporterscheinung 45, 123
Transportphänomene 54
Tunneleffekt 323, 408

Übergangs(dipol)moment 258, 565
Übergangszustand 35, 220, 487, 493, 531
Überraschungsanalyse 307, 487, 494
Überraschungswert 307, 465

Überschallstrahl → Düsenstrahl
Umkehrpunkt 64, 99
Unimolekulare Reaktion 177, 230, 474, 490

van-der-Waals-Konstante 130
van-der-Waals-Molekül 127, 265, 370, 512
van-der-Waals-Topf 122, 531
Verzweigungsverhältnis 232, 490
Virialkoeffizient 54, 122

Weglänge → Freie Weglänge
Wellenpaket 334
Winkelverteilung 27, 34, 94, 122, 134, 290, 300, 392, 438, 471, 475, 502, 524
   s.a. differentieller Streuquerschnitt

Zentrifugalbarriere 63, 64, 80, 105, 408
Zentrifugalenergie 58, 61, 475
Zentralität (Stoß) 60
Zufallsphase 110
Zuschauer 26, 140, 206, 367
Zustandsspezifisch 209, 228, 293, 304, 385
Zweilaser-Technik 80

Teubner Studienbücher

Physik

Becher/Böhm/Joos: **Eichtheorien der starken und elektroschwachen Wechselwirkung**
2. Aufl. DM 39,80

Berry: **Kosmologie und Gravitation.** DM 26,80

Bopp: **Kerne, Hadronen und Elementarteilchen.** DM 34,—

Bourne/Kendall: **Vektoranalysis.** 2. Aufl. DM 28,80

Büttgenbach: **Mikromechanik.** DM 32,—

Carlsson/Pipes: **Hochleistungsfaserverbundwerkstoffe.** DM 28,80

Constantinescu: **Distributionen und ihre Anwendung in der Physik.** DM 23,80

Daniel: **Beschleuniger.** DM 28,80

Engelke: **Aufbau der Moleküle.** DM 38,—

Fischer/Kaul: **Mathematik für Physiker**
Band 1: Grundkurs. 2. Aufl. DM 48,—

Goetzberger/Wittwer: **Sonnenenergie.** 2. Aufl. DM 29,80

Gross/Runge: **Vielteilchentheorie.** DM 39,80

Großer: **Einführung in die Teilchenoptik.** DM 26,80

Großmann: **Mathematischer Einführungskurs für die Physik.**
5. Aufl. DM 36,—

Grotz/Klapdor: **Die schwache Wechselwirkung in Kern-, Teilchen- und Astrophysik.** DM 46,—

Heil/Kitzka: **Grundkurs Theoretische Mechanik.** DM 39,—

Heinloth: **Energie.** DM 42,—

Kamke/Krämer: **Physikalische Grundlagen der Maßeinheiten.** DM 26,80

Kleinknecht: **Detektoren für Teilchenstrahlung.** 2. Aufl. DM 29,80

Kneubühl: **Repetitorium der Physik.** 4. Aufl. DM 48,—

Kneubühl/Sigrist: **Laser.** 2. Aufl. DM 42,—

Kopitzki: **Einführung in die Festkörperphysik.** 2. Aufl. DM 44,—

Kunze: **Physikalische Meßmethoden.** DM 28,80

Lautz: **Elektromagnetische Felder.** 3. Aufl. DM 32,—

Lindner: **Drehimpulse in der Quantenmechanik.** DM 28,80

Lohrmann: **Einführung in die Elementarteilchenphysik.** 2. Aufl. DM 26,80

Lohrmann: **Hochenergiephysik.** 3. Aufl. DM 34,—

Mayer-Kuckuk: **Atomphysik.** 3. Aufl. DM 34,—

Mayer-Kuckuk: **Kernphysik.** 4. Aufl. DM 39,80

B. G. Teubner Stuttgart